Prinzipien der Physiologie

Andreas Feigenspan

Prinzipien der Physiologie

Grundlegende Mechanismen und evolutionäre Strategien

Andreas Feigenspan
Lehrstuhl für Tierphysiologie
Friedrich-Alexander-Universität Erlangen-Nürnberg
Erlangen, Deutschland

ISBN 978-3-662-54116-6   ISBN 978-3-662-54117-3 (eBook)
https://doi.org/10.1007/978-3-662-54117-3

Die Deutsche Nationalbibliothek verzeichnet diese Publikation in der Deutschen Nationalbibliografie; detaillierte
bibliografische Daten sind im Internet über http://dnb.d-nb.de abrufbar.

Springer Spektrum
© Springer-Verlag GmbH Deutschland 2017

Gedruckt auf säurefreiem und chlorfrei gebleichtem Papier

Springer Spektrum ist Teil von Springer Nature
Die eingetragene Gesellschaft ist Springer-Verlag GmbH Deutschland
Die Anschrift der Gesellschaft ist: Heidelberger Platz 3, 14197 Berlin, Germany

Für K. F.

Inhaltsverzeichnis

II Interne Transportsysteme und Homöoostase

4 Atmung und Physiologie der Atemgase ... 153

Andreas Feigenspan

III   Informationsverarbeitung und Bewegung

IV   Sensorische Signalverarbeitung

Andreas Feigenspan

Energie und Temperatur

Alle Organismen sind hoch geordnete Systeme, die mit ihrer Umwelt in einem kontinuierlichen Austausch von Materie und Energie stehen. Während alle Moleküle, aus denen ein Tier besteht, im Laufe seines Lebens viele Male ersetzt und erneuert werden, ist sein Ordnungszustand eine unveränderliche und charakteristische Eigenschaft. Ordnung bestimmt den Aufbau von Körperstrukturen und die funktionale Konformation von Proteinen und anderen Makromolekülen. Sie liegt der räumlichen und zeitlichen Dynamik biochemischer Stoffwechselreaktionen sowie der Präzision von Muskelbewegungen zugrunde. Ordnung ermöglicht die Signalverarbeitung in Organismen und die Kommunikation zwischen Organismen. Sie kann jedoch nur aufrechterhalten werden, solange hinreichend viel Energie zur Verfügung steht.

Als heterotrophe Organismen können Tiere die notwendige Energie nur in Form ihrer Nahrung aufnehmen. Die in den chemischen Bindungen der Nahrungsmoleküle gespeicherte Energie wird erst in den Prozessen des oxidativen Stoffwechsels für den Organismus verfügbar. Er setzt diese Energie für die Bildung von Makromolekülen, die Instandhaltung körpereigener Strukturen und mechanische Arbeit ein. In allen Fällen dient die von außen zugeführte Energie letztlich der Aufrechterhaltung der inneren Ordnung.

Energie tritt in verschiedenen Erscheinungsformen auf, die ineinander umgewandelt werden können. Bei all diesen Umwandlungen wird unweigerlich ein mehr oder weniger großer Teil der Energie als Wärme freigesetzt. Wärme kann zwar im Organismus keine Arbeit verrichten – sie spielt aber für die Geschwindigkeit von Stoffwechselprozessen und die Funktionalität von Biomolekülen eine zentrale Rolle.

Im Mittelpunkt dieses ersten Teils steht das Konzept der Energie und ihrer Bedeutung für sämtliche Lebensprozesse. Dieses Konzept umfasst alle mit der Nahrungsaufnahme und der Verdauung zusammenhängenden Vorgänge, den Energiestoffwechsel selbst sowie die Temperatur als evolutionär wirksamen Faktor.

Ernährung und Verdauung

Andreas Feigenspan

© Springer-Verlag GmbH Deutschland 2017
A. Feigenspan, *Prinzipien der Physiologie*, https://doi.org/10.1007/978-3-662-54117-3_1

Schlüsselkonzepte
1. Die Nahrung versorgt heterotrophe Organismen mit Energie, Baustoffen, Vitaminen und Elektrolyten.
2. Tiere erhalten ihre Nahrung durch Aufnahme weniger großer oder vieler kleiner Individuen oder mithilfe von symbiotischen Mikroorganismen.
3. Verdauung und Resorption bestimmen den ernährungsphysiologischen Wert der Nahrung.
4. Das Verdauungssystem der Wirbeltiere besteht aus einem tubulären System mit unterschiedlichen Funktionen, in das akzessorische Drüsen münden.
5. Die Steuerung von Körpergewicht, Nahrungsaufnahme und Verdauungsprozessen erfolgt durch neuronale, endokrine und parakrine Mechanismen.

» Organisms are made of more than one thing.
  Robert W. Sterner
  James J. Elser

1.1 Evolution in Echtzeit

Die Massai und andere Viehwirtschaft betreibende Volksgruppen in Ostafrika können auch als Erwachsene Lactose verdauen. Damit stellen sie eine erstaunliche Ausnahme innerhalb der afrikanischen, aber auch der Weltbevölkerung dar, da die meisten Menschen nur im frühen Kindesalter Lactose verwerten können, während sie als Erwachsene Milchprodukte nicht vertragen. Eine vergleichbare **Lactosetoleranz** in der adulten Bevölkerung findet man weltweit nur bei Nordeuropäern (> 90 % in Schweden und Dänemark).

Der Milchzucker **Lactose** besteht aus den beiden Einfachzuckern Galaktose und Glucose und ist das häufigste Kohlenhydrat der Milch und damit ein wichtiger Energieträger. Im Dünndarm wird Lactose durch das Enzym **Lactase** (β-Galaktosidase) in die beiden Monosaccharide Galaktose und Glucose zerlegt (◧ Abb. 1.1), die wiederum mithilfe spezifischer Transportproteine aus dem Darmlumen in die Zellen des Körpers aufgenommen und dort dem Energiestoffwechsel zugeführt werden. Fehlt Lactase, kann der Milchzucker nicht gespalten und daher auch nicht von den Epithelzellen der Darmmukosa aufgenommen werden. Infolgedessen gelangt Lactose unverdaut in den Dickdarm und wird dort von Bakterien unter anaeroben Bedingungen, also unter Ausschluss von Sauerstoff abgebaut. Dabei entstehen Kohlenstoffdioxid (CO_2) und Wasserstoff (H_2) sowie Milchsäure. Die gasförmigen Endprodukte und der durch das osmotische Ungleichgewicht induzierte Wassereinstrom in den Darm führen letztlich zu Blähungen und Durchfall. Bei dieser sogenannten **Lactoseintoleranz** handelt es sich also um eine Verdauungsstörung, eine sogenannte Kohlenhydratmalabsorption.

Bei den meisten Menschen (> 75 % weltweit) wird das Gen für Lactase im Laufe der Entwicklung abgeschaltet, sodass ab einem Alter von fünf bis zehn Jahren keine Enzymaktivität mehr vorhanden ist. Das lebenslange Vorkommen von Lactase in der nordeuropäischen Bevölkerung konnte auf eine Punktmutation, einen sogenannten *Single Nucleotide Polymorphism* (SNP)[1] in der Kontrollregion des Gens zurückgeführt werden. Dieser Polymorphismus, der

---

[1] Das Genom zweier nicht miteinander verwandter Personen unterscheidet sich in etwa einer von 1000 Basen. Hierbei handelt es sich meist um einzelne Basenaustausche, die als *Single Nucleotide Polymorphisms* (SNPs)

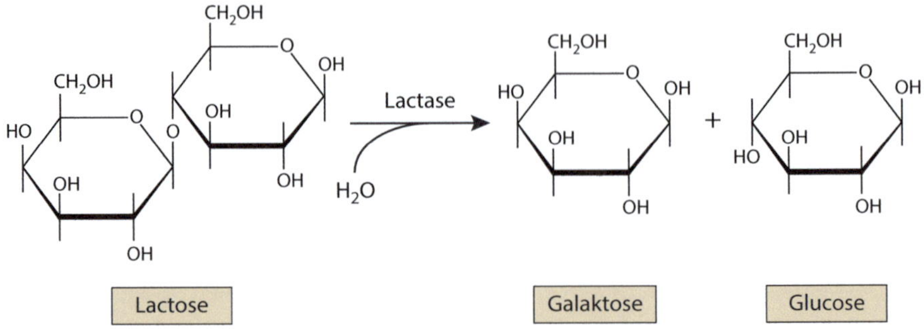

Abb. 1.1 Hydrolytische Spaltung von Lactose durch das Enzym Lactase in die Monosaccharide Galaktose und Glucose. Die Monosaccharide sind in der β-Pyranoseform dargestellt

dominant nach den mendelschen Gesetzen vererbt wird, trat ungefähr in den letzten 2000 bis 20.000 Jahren in Europa auf und war für die Verwertung von Milch in einer durch Viehwirtschaft geprägten Bevölkerung von großem Vorteil.

Gegenwärtig wird Lactoseintoleranz von vielen Menschen als eine Erkrankung angesehen – eine Sichtweise, die aufgrund der körperlichen Beschwerden und der damit verbundenen subjektiven Empfindung des Krankseins verständlich ist. Träger der Mutation zeigen beim Konsum von Milchprodukten hingegen keine Symptome, fühlen sich also nach landläufiger Meinung gesund. *Im Falle der Lactoseintoleranz geht der Phänotyp „krank" mit dem Normalfall einher, während der Phänotyp „gesund" eine genotypische Abweichung voraussetzt.*

Wie archäologische Untersuchungen zeigen, begann die Domestizierung von Rindern zusammen mit einer nomadischen Weidewirtschaft in Ostafrika vor etwa 5000 Jahren. Die Fähigkeit, die wertvollen Inhaltsstoffe der Milch (Kohlenhydrate, Fette, Proteine und Calcium) und das enthaltene Wasser in den trockenen Savannenlandschaften Afrikas auch als Erwachsener nutzen zu können, stellte einen außerordentlich großen Selektionsvorteil dar. Interessanterweise wurden in den lactosetoleranten ostafrikanischen Volksgruppen im Vergleich zur europäischen Bevölkerung andere SNPs gefunden, die etwa gleichzeitig mit dem Beginn intensiver Viehwirtschaft im Genom auftraten. Diese Mutationen entstanden also unabhängig von dem europäischen Polymorphismus als Anpassung an eine veränderte Lebensweise und die damit einhergehende Umstellung der Ernährung. Besonders bemerkenswert ist die Tatsache, dass es nur etwa 5000 Jahre gedauert hat, bis sich die Mutationen bei 60 bis 80 % der Angehörigen der ostafrikanischen Volksgruppen durchgesetzt haben. Diese Zusammenhänge erlauben erstmals eine genauere Vorstellung von der Geschwindigkeit, mit der evolutionäre Prozesse beim Menschen stattfinden können.

Die Entwicklung der Lactosetoleranz in Ostafrika zeigt eindrucksvoll, wie durch evolutionäre Veränderungen ernährungsphysiologischer Prozesse neue Nahrungsquellen erschlossen werden können. Außerdem unterstreicht sie die Tatsache, dass die Aufnahme eines Nährstoffes in den Magen-Darm-Trakt allein nicht ausreicht, um seinen Energiegehalt für den Organismus nutzbar zu machen. Zu diesem Zweck müssen die Nährstoffe von den Körperzellen – zuerst von den Epithelzellen des Dünndarms – aufgenommen und über das Kreislaufsystem im Körper verteilt werden. Dies geschieht aber nur dann, wenn die Nahrung durch passende Enzyme so

---

bezeichnet werden. Diese relativ gleichförmig in der DNA verteilten SNPs werden häufig zur Identifizierung von Genen, die mit Krankheiten assoziiert sind, eingesetzt.

weit zerlegt wird, dass die hierbei gebildeten einfachen Bausteine von spezifischen Transportern erkannt und in die Zellen befördert werden.

1.2 Ernährung – Übersicht

Alle Tiere zeichnen sich durch die Notwendigkeit einer mehr oder weniger regelmäßigen Nahrungsaufnahme aus. Um die vielfältigen Lebensfunktionen eines Organismus aufrechtzuerhalten, muss **Energie** bereitgestellt werden, und die einzige Quelle, die Tieren als heterotrophen Organismen[2] zur Verfügung steht, ist die in den Molekülen der Nahrung chemisch gebundene Energie. Die Nahrung muss also hinreichend viel Energie liefern, damit wesentliche Körperfunktionen wie Atmung, Kreislauf, Muskelkontraktionen und neuronale Signalverarbeitung ablaufen können.

Weiterhin ist jeder Organismus kontinuierlichen Austausch- und Umwandlungsprozessen unterworfen: Zellen sterben ab und entstehen neu, Proteine werden abgebaut und wieder aus Aminosäuren synthetisiert und im Laufe eines Lebens werden sämtliche Atome und Moleküle des Körpers unaufhörlich ersetzt. Daher besteht eine zweite wichtige Funktion der Nahrung in der Bereitstellung der passenden Baustoffe, die für die Synthese körpereigener Moleküle erforderlich sind. Schließlich sorgen Vitamine, Mineralstoffe und Spurenelemente für den reibungslosen Ablauf zahlreicher Stoffwechselreaktionen, ermöglichen Muskelkontraktionen und die Signalverarbeitung in Nervensystemen. **Nährstoffe** *sind demnach diejenigen mit der Nahrung aufgenommenen organischen und anorganischen Substanzen, die als energetische und materielle Grundlagen das Überleben eines Organismus sichern.*[3]

Im thermodynamischen Sinn sind Tiere **offene Systeme**, die in einem ständigen Stoff- und Energieaustausch mit ihrer Umgebung stehen (▶ Abschn. 2.3.1). Die physiologischen Prozesse der Aufnahme und Verdauung von Nährstoffen sowie ihrer Resorption durch den Körper sind eng miteinander verknüpft (◘ Abb. 1.2). Letztlich müssen Nährstoffbedarf und -versorgung präzise aufeinander abgestimmt sein, damit ein Organismus eine ausgeglichene Energiebilanz aufweist, die richtigen Baustoffe zur Verfügung hat und es keine Engpässe in der Versorgung mit Vitaminen und Elektrolyten gibt.

Unter dem **Nährstoffbedarf** eines Tieres verstehen wir die Menge und Art derjenigen Nährstoffe, die für Biosynthesen, die Aufrechterhaltung körpereigener Strukturen und Funktionen sowie für Bewegungsprozesse unbedingt erforderlich sind. Der Nährstoffbedarf hängt also wesentlich von der benötigten Energie und den Syntheseleistungen eines Organismus ab. Je mehr Stoffe ein Organismus aufgrund seiner enzymatischen Ausstattung selbst synthetisieren kann, desto weniger muss er mit der Nahrung aufnehmen (▶ Abschn. 1.3).

Die **Nahrungsaufnahme** beschreibt all diejenigen Prozesse, mit denen feste oder flüssige Nahrungsbestandteile aus der Außenwelt in das Verdauungssystem gelangen. In der Evolution haben sich hierfür meist besondere Angepasstheiten in Form von Körperstrukturen und Verhaltensweisen herausgebildet, die wiederum unmittelbar auf den Nährstoffbedarf abgestimmt sind (▶ Abschn. 1.4).

Die aufgenommenen Stoffe – in der Regel Makromoleküle bzw. Polymere – müssen zunächst in ihre einzelnen Bausteine (Monomere) zerlegt werden, damit sie als Energielieferanten oder im Baustoffwechsel eingesetzt werden können. Dieser Abbau erfolgt entweder enzyma-

---

[2] Heterotrophie bezeichnet die Aufnahme organischer Substanzen zur Ernährung, Autotrophie die Ernährung durch Synthese organischer Verbindungen aus anorganischen Ausgangsstoffen.
[3] In der Ernährungsphysiologie werden Mikronährstoffe (Vitamine, Mineralien, Spurenelemente) und Makronährstoffe (Kohlenhydrate, Proteine, Lipide) unterschieden.

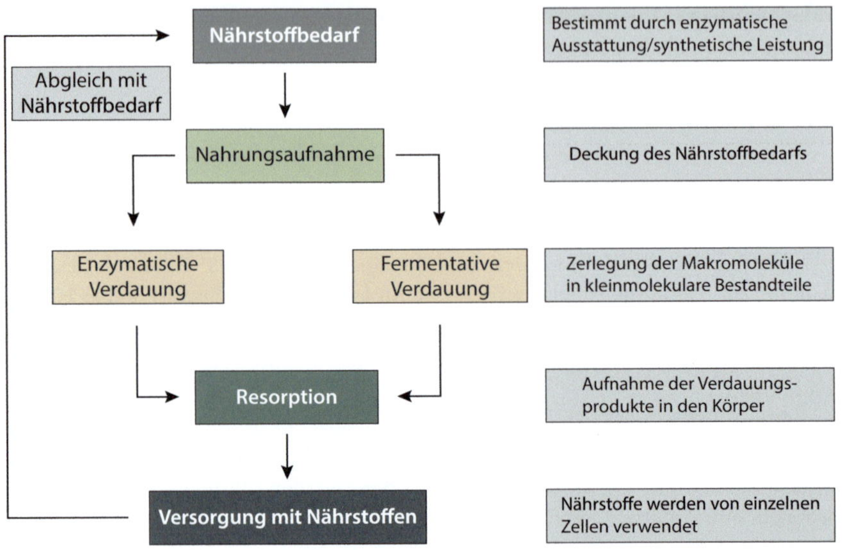

◘ Abb. 1.2 Übersicht über die Ernährung. Der Nährstoffbedarf eines Organismus bestimmt die Energie und die Baustoffe, die für seine Versorgung notwendig sind. Kontinuierliche Rückmeldungen über den aktuellen Versorgungsstatus gewährleisten die körperliche und funktionelle Integrität des Organismus

tisch durch extra- und intrazelluläre **Verdauung** (▶ Abschn.1.5) oder aber **fermentativ** durch die Aktivität symbiotischer Mikroorganismen (▶ Abschn.1.6).[4] *Die wichtigste Funktion der Verdauung liegt also darin, die Nahrung für die Aufnahme aus dem Lumen des Magen-Darm-Trakts ins Körperinnere vorzubereiten.* Nur diejenigen Nahrungsbestandteile, die abgebaut werden, können den Nährstoffbedarf eines Organismus decken (▶ Abschn.1.1). Daher hat das weltweit häufigste Biopolymer, der pflanzliche Zellwandbestandteil Cellulose, für den Menschen keinen ernährungsphysiologischen Wert, während zahlreiche andere Organismen adaptive Strategien entwickelt haben, um Cellulose zur Deckung ihres Energie- und Nährstoffbedarfs zu nutzen (▶ Abschn.1.6.4).

Der Prozess der Aufnahme von Monomeren aus dem Gastrointestinaltrakt in körpereigene Zellen wird als **Resorption** bzw. **Absorption** bezeichnet. Für diesen Zweck sind spezifische **Transporter** erforderlich – in den Zellmembranen des Darmepithels lokalisierte Proteine, die Kohlenhydrate, Aminosäuren und andere membranundurchlässige Substanzen zunächst ins Innere der Epithelzellen und anschließend ins Kreislaufsystem befördern (▶ Abschn.1.7).

Aufnahme und Abbau von Nahrungsstoffen sowie ihre Resorption bestimmen die Versorgung eines Organismus mit Nährstoffen. Der aktuelle Versorgungsstatus wird kontinuierlich mittels interner Kontrollmechanismen mit dem Nährstoffbedarf abgeglichen und gegebenenfalls werden Verhaltensänderungen ausgelöst, um Abweichungen zu kompensieren (▶ Abschn. 1.8). Wenn dauerhaft zu wenig Energie mit der Nahrung aufgenommen wird, ist die Energiebilanz negativ und es kommt zur **Unterernährung**. In diesem Fall wird Energie aus körpereigenen Speichern mobilisiert, wobei die Fettdepots eine besonders wichtige Rolle spielen. Bei einer positiven Energiebilanz hingegen wird zu viel Energie aufgenommen, sodass **Überernährung** und Fettsucht die Folge sind. Hierdurch steigt das Risiko für Schlaganfall und Herzinfarkt sowie

---

[4] Die Celluloseverdauung im Magen-Darm-Trakt von Wiederkäuern durch symbiotische Bakterien und Protozoen stellt ein Beispiel für einen fermentativen Abbau dar.

für Krebserkrankungen. Fehlen über einen längeren Zeitraum lebenswichtige Nährstoffe, wie etwa essenzielle Amino- und Fettsäuren, Vitamine oder Mineralstoffe, können unterschiedliche Formen der **Fehlernährung** auftreten.

1.3 Elementare Bestandteile des menschlichen Körpers

Der Nährstoffbedarf eines Organismus wird in erster Linie durch die Zusammensetzung seines Körpers bestimmt. Im Zuge sämtlicher Wachstumsprozesse müssen diese Körperstrukturen zunächst aufgebaut und dann mithilfe des Bau- und Energiestoffwechsels aufrechterhalten werden.

Beginnen wir die Diskussion des Nährstoffbedarfs beispielhaft am menschlichen Körper, dessen molekulare Zusammensetzung die folgende Summenformel stöchiometrisch korrekt wiedergibt [11]:

$$H_{375000000}O_{132000000}C_{85700000}N_{6430000}Ca_{1500000}P_{1020000}S_{206000}$$

$$Na_{183000}K_{177000}Cl_{127000}Mg_{40000}Si_{38600}Fe_{2680}Zn_{2110}$$

$$Cu_{76}I_{14}Mn_{13}F_{13}Cr_7Se_4Mo_3Co_1.$$

Der Anteil des Wassers am Gesamtgewicht eines Menschen beträgt etwa 70 %, Makromoleküle (Proteine, Polysaccharide, Lipide und Nukleinsäuren) machen ca. 25 % aus; übrig bleiben Ionen (v. a. Natrium, Kalium, Calcium, Chlorid) und kleine Moleküle mit einem Gewichtsanteil von insgesamt 5 % (❏ Abb. 1.3a). Bedingt durch den Wassergehalt und das Vorkommen verschiedener Makromoleküle sind Wasserstoff (H), Sauerstoff (O), Kohlenstoff (C) und Stickstoff (N) die häufigsten Elemente im menschlichen Körper.

Makromoleküle *entstehen, indem kleinere Moleküle durch kovalente Bindungen untereinander sehr große Moleküle bilden.* Bei der Synthese aller biologisch relevanten Makromoleküle wird in **Kondensationsreaktionen** Wasser freigesetzt, während umgekehrt die enzymatische Zerlegung von Makromolekülen im Prozess der **Hydrolyse** Wasser erfordert. Eine Zelle benötigt also nur ein relativ einfaches Repertoire an chemischen Reaktionen, um aus einzelnen Bausteinen eine kombinatorisch unüberschaubare Fülle unterschiedlicher Makromoleküle zu synthetisieren.

In biologischen Systemen kommen vier Klassen von Makromolekülen vor: Proteine, Polysaccharide, Nukleinsäuren und Lipide. Mit Ausnahme der Lipide bestehen alle Makromoleküle aus molekularen Einheiten, den sogenannten **Monomeren.** Langkettige Makromoleküle, die durch die Verknüpfung zahlreicher Monomere entstehen, werden auch als **Polymere** bezeichnet. Wir unterscheiden die folgenden biologisch bedeutsamen Stoffklassen:

- **Proteine** (Polypeptide) sind lineare Polymere unterschiedlicher Länge, die aus einem Bestand von insgesamt 20 verschiedenen Aminosäuren gebildet werden.
- **Polysaccharide** sind lineare oder verzweigte Kohlenhydrate, die aus identischen oder unterschiedlichen Monosacchariden bestehen.
- **Nukleinsäuren** werden durch die lineare Aneinanderreihung von vier unterschiedlichen Nukleotiden erzeugt.[5]

---

[5] Nukleotide der DNA sind Adenin, Guanin, Cytosin und Thymin; in der RNA wird Thymin durch Uracil ersetzt.

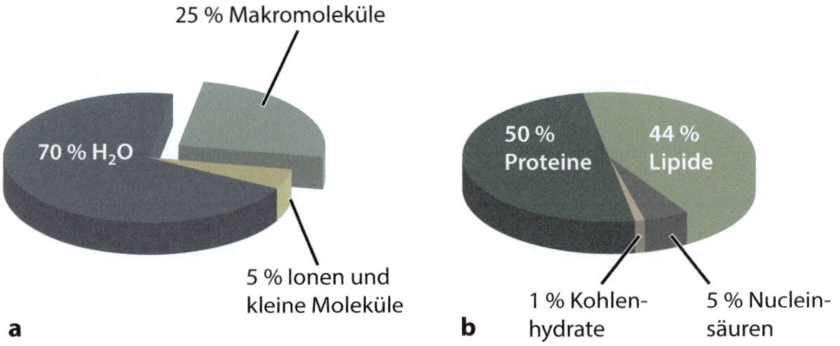

25 % Makromoleküle

70 % H₂O

5 % Ionen und kleine Moleküle

a

50 % Proteine

44 % Lipide

1 % Kohlenhydrate

5 % Nucleinsäuren

b

Abb. 1.3 Zusammensetzung des menschlichen Körpers. **a** Prozentualer Anteil von Wasser, Makromolekülen sowie Ionen und kleinen Molekülen am Gesamtgewicht. **b** Prozentuale Zusammensetzung der Makromoleküle. Die Werte beziehen sich auf einen durchschnittlichen Erwachsenen mit etwa 70 kg Körpergewicht

Lipide bilden in wässriger Lösung ebenfalls makromolekulare Strukturen, die jedoch nicht durch kovalente Verknüpfungen zahlreicher Monomere, sondern durch **hydrophobe Wechselwirkungen** zwischen einzelnen kleineren Molekülen zusammengehalten werden. Trotz der geringen Bindungsstärke einzelner hydrophober Wechselwirkungen verleiht ihre große Zahl den makromolekularen Lipidkomplexen eine hohe Stabilität.

Berücksichtigt man nur die Makromoleküle, so besteht der menschliche Körper vor allem aus Proteinen und Lipiden, gefolgt von Nukleinsäuren und Polysacchariden (■ Abb. 1.3b). Der vergleichsweise große Gewichtsanteil der Proteine ($\sim$ 50 %) beruht auf ihrer einzigartigen Bedeutung für beinahe alle biologischen Prozesse. Lipide ($\sim$ 44 %) wiederum sind zentraler Bestandteil aller Zellmembranen und außerdem ein sehr effizienter und weitverbreiteter Energiespeicher. Nukleinsäuren ($\sim$ 5 %) kommen in Form von DNA und RNA in allen Zellen eines Organismus vor. Kohlenhydrate sind zwar der wichtigste kurzfristige Energielieferant – insbesondere für das Gehirn und die roten Blutzellen. Sie werden aber nur in geringen Mengen langfristig als Polymere gespeichert, sodass ihr Gewichtsanteil im Verhältnis zu den anderen Makromolekülen eher klein ist.

Ionen bzw. Mineralstoffe und kleine Moleküle tragen insgesamt mit etwa 5 % zum Gesamtgewicht des Körpers bei (■ Abb. 1.3a). Zu dieser Stoffklasse gehören vor allem **Elektrolyte** wie Natrium (Na^+), Kalium (K^+), Calcium (Ca^{2+}), Magnesium (Mg^{2+}) und Chlorid (Cl^-), die alle eine wesentliche Rolle für die Funktion des Nervensystems und der Muskulatur spielen. Phosphor (P) kommt vor allem als Phosphatanion (PO_4^{3-}) in Nukleinsäuren und in Adenosintriphosphat (ATP) vor. **Spurenelemente** wie Eisen (Fe), Kupfer (Cu), Molybdän (Mo), Kobalt (Co), Zink (Zn), Mangan (Mn), Fluor (F), Chrom (Cr), Selen (Se) und Nickel (Ni) finden sich als Kofaktoren im aktiven Zentrum von Metalloenzymen, während Iod (I) an der Funktion der Schilddrüsenhormone wesentlich beteiligt ist. Wegen ihrer geringen Masse in den Diagrammen der ■ Abb. 1.3 nicht gesondert aufgeführt, aber dennoch lebenswichtig sind die **Vitamine**. Hierbei handelt es sich um **essenzielle Nahrungsbestandteile** – sie können also nicht vom Organismus selbst synthetisiert werden. Vitamine sind Coenzyme oder Bestandteile von Coenzymen und spielen für zahlreiche Reaktionen des Stoffwechsels sowie für Wachstums- und Fortpflanzungsprozesse eine wesentliche Rolle.

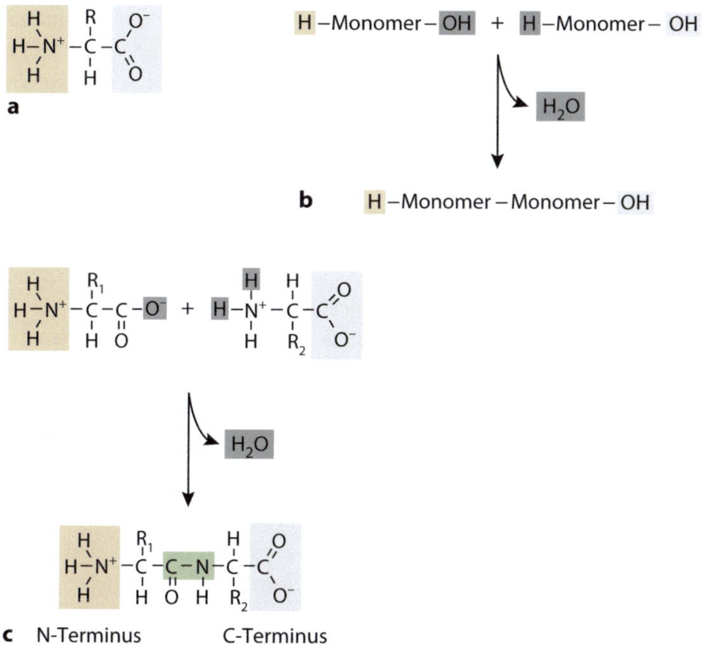

Abb. 1.4 Aminosäuren und Peptidbindung. **a** Struktur einer Aminosäure. Unter physiologischen Bedingungen ist die Aminogruppe positiv, die Carboxylgruppe negativ geladen; R bezeichnet die variable Seitenkette. **b** Allgemeines Schema einer Kondensationsreaktion, bei der einzelne Monomere durch eine kovalente Bindung verknüpft werden. **c** Die Carboxyl- und Aminogruppen zweier Aminosäuren reagieren in einer Kondensationsreaktion unter Bildung einer Peptidbindung (*grüne Box*) miteinander

1.3.1 Proteine

Proteine bestehen aus unverzweigt miteinander verknüpften **Aminosäuren**, wobei nur 20 der in der Natur vorkommenden L-Aminosäuren für den Einbau in Proteinen Verwendung finden (**proteinogene Aminosäuren**). Aminosäuren besitzen zwei funktionelle Gruppen, eine Carboxylgruppe ($-COOH$) und eine Aminogruppe ($-NH_2$); die Carboxylgruppe weist unter physiologischen Bedingungen eine negative Ladung, die Aminogruppe hingegen eine positive Ladung auf, sodass beide Gruppen ionisiert vorliegen (**Abb. 1.4a**). Die auch als R-Gruppe bezeichnete Seitenkette unterscheidet die Aminosäuren voneinander und ist für ihre jeweiligen chemischen Eigenschaften verantwortlich.

Die Carboxylgruppe einer Aminosäure reagiert mit der Aminogruppe einer zweiten Aminosäure unter Ausbildung einer **Peptidbindung** zu einem **Dipeptid** (**Abb. 1.4b, c**). Zahlreiche Aminosäuren können auf diese Weise zu einem langkettigen **Polypeptid** bzw. Protein verknüpft werden. Kleine Proteine bestehen nur aus wenigen Aminosäuren (Insulin: 51), während riesige Moleküle wie das Muskelprotein Titin aus mehr als 30.000 Aminosäuren aufgebaut sind.

Die Reihenfolge der Aminosäuren bestimmt die dreidimensionale Struktur (Konformation) eines Proteins und ist damit entscheidend für seine Funktion. Diese als **Primärsequenz** bezeichnete Abfolge von Aminosäuren wird durch die Aufeinanderfolge der Nukleotide im genetischen Code festgelegt. Außerdem ist die Kondensationsreaktion gerichtet: *Die Polymerisation erfolgt in Richtung von der Amino- zur Carboxylgruppe.* Proteine besitzen daher ein Aminoende (**N-Terminus**) und ein Carboxylende (**C-Terminus**).

Die außerordentliche strukturelle Vielfalt der Proteine ist eine entscheidende Voraussetzung für ihre Funktion bei grundlegenden zellulären und integrativen Prozessen:

- **Enzyme** katalysieren nahezu alle Reaktionen des Stoffwechsels,
- **Motorproteine** ermöglichen Bewegungen innerhalb einer Zelle sowie Ortsveränderungen des gesamten Organismus,
- **Strukturproteine** verleihen Zellen und Geweben Halt und Stabilität,
- **Abwehrproteine** erkennen und neutralisieren körperfremde Substanzen,
- **Transportproteine** sorgen für die Verteilung von Stoffen im Körper,
- **Hormone** kontrollieren zahlreiche physiologische Prozesse,
- **Rezeptoren** empfangen molekulare Signale aus dem Körperinneren und der Außenwelt.

Für die Synthese von Proteinen wird **Stickstoff** benötigt, dessen Verfügbarkeit in vielen terrestrischen und marinen Ökosystemen jedoch limitiert ist. Der in der Luft in großen Mengen enthaltene molekulare Stickstoff (N_2) ist chemisch zu stabil, um von den meisten Organismen für Biosynthesen eingesetzt werden zu können (Ausnahme: N_2-fixierende Bakterien). Um nutzbar zu sein, muss Stickstoff in Form von Nitrat- oder Ammoniumionen vorliegen. Die Konzentrationen dieser Stickstoffverbindungen in der Außenwelt sind aber häufig so gering, dass sie das Wachstum photosynthetischer Organismen einschränken. Auf diese Weise kann der Stickstoffmangel über die jeweiligen Nahrungsketten „nach oben" weitergegeben werden und letztlich die Größe von Karnivorenpopulationen auf höheren trophischen Stufen begrenzen.

Von den 20 proteinogenen Aminosäuren können Tiere nur etwa die Hälfte selbst herstellen; die sogenannten **essenziellen Aminosäuren** müssen sie mit der Nahrung aufnehmen (◘ Tab. 1.1).[6] Tiere legen keine Speicher freier Aminosäuren oder in Form von Depotproteinen an. Wenn ein bestimmtes Protein synthetisiert werden soll, müssen die notwendigen essenziellen und nichtessenziellen Aminosäuren zur Verfügung stehen. Fehlt eine Aminosäure, kann das Protein nicht hergestellt werden, und die anderen hierfür vorgesehenen Aminosäuren werden im Energiestoffwechsel um- bzw. abgebaut. *Nahrung muss also essenzielle Aminosäuren in ausreichender Menge und in der richtigen Mischung enthalten, um Proteinmangel vorzubeugen.* Ein bekanntes Beispiel ist die Kombination von Mais und Bohnen. Tryptophan und Lysin, im Mais nicht in ausreichender Menge vorhanden, kommen dagegen in Bohnen vor, die umgekehrt nur wenig Methionin enthalten. Beide Nahrungsmittel ergänzen sich daher und liefern einem erwachsenen Menschen die essenziellen Aminosäuren Tryptophan, Lysin und Methionin in ausreichender Menge. *Da jedoch keine Aminosäurespeicher vorhanden sind, müssen beide Nahrungsmittel immer annähernd gleichzeitig aufgenommen werden.*

Proteinmangel als Folge einer unzureichenden Versorgung mit Nahrungsproteinen oder essenziellen Aminosäuren ist eine der häufigsten Formen von Fehlernährung in den Entwicklungsländern. Der vermehrte Abbau von Blutproteinen, die aufgrund der Mangelsituation nun in den Energiestoffwechsel eingeschleust werden, verringert den kolloidosmotischen Druck des Blutplasmas und induziert einen Wasserausstrom ins umliegende Gewebe, was zu ausge-

---

[6] Bei verschiedenen Wirbeltieren und Insekten, aber auch bei dem Fadenwurm *Caenorhabditis* und dem Ciliaten *Tetrahymena* haben sich zehn Aminosäuren übereinstimmend als essenziell erwiesen. Bei einzelnen Tiergruppen können aber jeweils noch weitere Aminosäuren als essenzielle Nahrungsbestandteile hinzukommen.

▫ Tabelle 1.1 Essenzielle und nichtessenzielle Aminosäuren des Menschen

Essenziell	Bedingt essenziell	Nichtessenziell
Histidin	Tyrosin	Alanin
Isoleucin	Cystein	Asparagin
Leucin	Arginin	Asparaginsäure
Lysin	Glutamin	Glutaminsäure
Methionin	Glycin	
Phenylalanin	Prolin	
Threonin	Serin	
Tryptophan		
Valin		

Essenzielle Aminosäuren können vom Körper nicht synthetisiert werden, bedingt essenzielle Aminosäuren können aus anderen Aminosäuren oder komplexen stickstoffhaltigen Verbindungen hergestellt werden, während nichtessenzielle Aminosäuren im Stoffwechsel synthetisiert werden.

prägten Ödemen führt (▶ Abschn. 5.3.3). Werden bei anhaltendem Eiweißmangel auch Proteine der Skelettmuskulatur und des Nervensystems abgebaut, tritt zunehmend körperlicher und geistiger Verfall in Erscheinung, der letztlich zum Tod führt.

1.3.2 Kohlenhydrate

Kohlenhydrate sind die häufigsten organischen Verbindungen auf der Erde und ein zentraler Nahrungsbestandteil. Sie besitzen die allgemeine Formel $(CH_2O)_n$, wobei n meist Werte zwischen drei und sechs annimmt (▫ Abb. 1.5). Glycerinaldehyd, eine wichtige Zwischenstufe der Glykolyse, ist mit drei C-Atomen (Triose) der kleinste Zucker. Ribose und Desoxyribose – Bestandteile von RNA bzw. DNA – besitzen fünf C-Atome (Pentosen) und die aus sechs C-Atomen zusammengesetzte Glucose (Hexose) ist eines der häufigsten Monosaccharide. Obwohl Kohlenhydrate formal aus Kohlenstoff und Wasser bestehen, handelt es sich nicht um Hydrate im eigentlichen Sinne, da die Wassermoleküle nicht in der Form H_2O vorliegen.

Kohlenhydrate haben vor allem vier wichtige Funktionen:
- **Speicherung von Energie** zur kurz- oder langfristigen Nutzung (Pflanzen: Stärke; Tiere: Glykogen),
- **Transportform von Energie** zur Versorgung von Geweben in komplexen Organismen (z. B. Glucose im Blutplasma),
- **Strukturmaterial** (Pflanzen: Cellulose; Tiere: Chitin),
- **Signalmoleküle** an der Oberfläche von Zellen.

Die bisher besprochenen Kohlenhydrate werden auch als **Monosaccharide** oder Einfachzucker bezeichnet. Zwei Monosaccharide können untereinander eine Kondensationsreaktion eingehen, bei der **Disaccharide** entstehen. Hier sind die einzelnen Zucker über eine **glykosidische Bindung** kovalent miteinander verbunden. Je nachdem, ob die Bindung unterhalb

◻ Abb. 1.5 Häufige Monosaccharide mit 3 (Triosen), 5 (Pentosen) und 6 C-Atomen (Hexosen). Die Ziffern bezeichnen die Position der C-Atome. In der α-Form der Glucose befindet sich die Hydroxylgruppe am C-Atom 1 unterhalb der Ringebene

◻ Abb. 1.6 Bildung von Saccharose. Das C-Atom 1 der Glucose und das C-Atom 2 der Fructose reagieren unter Abspaltung von Wasser und Bildung einer β-1,2-glykosidischen Bindung (grüne Box) zum Disaccharid Saccharose. Die rechten Winkel der glykosidischen Bindung stellen keine C-Atome dar

oder oberhalb der Ringebene der Zuckermoleküle liegt, spricht man von einer α- bzw. β-glykosidischen Bindung.[7] Im Beispiel der Saccharose werden das C-Atom 1 der Glucose und das C-Atom 2 der Fructose durch eine α-1,2-glykosidische Bindung zu einem Disaccharid verknüpft (◻ Abb. 1.6). Weitere wichtige Disaccharide sind Maltose und Lactose sowie die vor allem bei Insekten vorkommende Trehalose.

Wir sprechen von **Polysacchariden**, wenn mehr als zehn Monosaccharide über glykosidische Bindungen miteinander verknüpft sind. **Cellulose** ist ein unverzweigtes Polymer von Glucose in β-1,4-glykosidischer Bindung, deren parallele, durch Wasserstoffbrücken verstärkte Struktur pflanzlichen Zellwänden außerordentliche Stabilität verleiht (◻ Abb. 1.7a).

Kohlenhydrate lassen sich chemisch verändern, indem zusätzliche funktionelle Gruppen eingefügt werden. Der Austausch einer Hydroxylgruppe durch eine Aminogruppe bildet einen Aminozucker (z. B. Glucosamin), der in einem weiteren Schritt acetyliert werden kann. Hierbei entsteht N-Acetylglucosamin, das in β-1,4-glykosidischen Bindungen zum **Chitin** polymerisiert (◻ Abb. 1.7b). Chitin ist wichtigster Bestandteil der Exoskelette der Arthropoden und der Zellwand von Pilzen und stellt zusammen mit Cellulose das häufigste Kohlenhydrat weltweit. Die in den kovalenten Bindungen von Cellulose und Chitin gespeicherte chemische Energie kann jedoch nicht ohne Weiteres von heterotrophen Organismen genutzt werden, da β-glykosidische Bindungen eine hohe Stabilität aufweisen und nur wenige höhere Organismen mit den entsprechenden hydrolytischen Enzymen (Cellulasen bzw. Chitinasen) ausgestattet

---

[7] Viele Zuckermoleküle liegen in einer zyklischen Form vor, indem ein Aldehyd mit einer Alkoholgruppe desselben Moleküls zu einem Halbacetal reagiert. Die Ringstruktur ist bei fünf- und sechsgliedrigen Ringen zwar nicht planar, dennoch lassen sich eindeutig Positionen in Bezug auf eine angenäherte Ebene des Rings definieren.

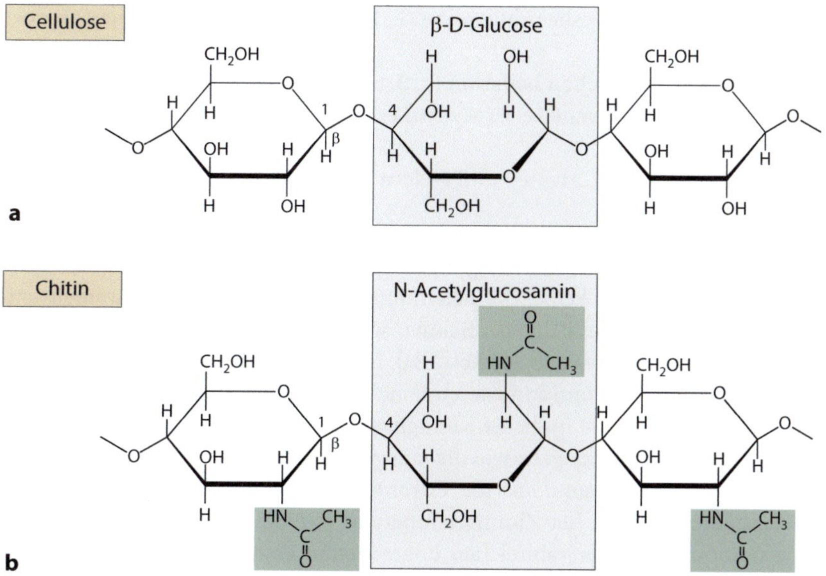

Abb. 1.7 Struktur der häufigsten Polysaccharide. **a** Cellulose besteht aus Glucosemonomeren, die über *β*-glykosidische Bindungen miteinander verknüpft sind. Die Hydroxylgruppen können intra- sowie intermolekulare Wasserstoffbrücken zu parallel angeordneten Cellulosemolekülen ausbilden und so mechanisch stabile Fibrillen erzeugen. **b** N-Acetylglucosamin besitzt eine acetylierte Amino- statt einer Hydroxylgruppe am C-Atom 2 und polymerisiert mittels *β*-glykosidischer Bindungen zu langkettigen Chitinmolekülen

sind. Symbiotische Mikroorganismen liefern die notwendigen Enzyme, sodass auch diese nahezu unerschöpfliche Energiequelle nicht ungenutzt bleibt. Für den Menschen ist Cellulose allerdings komplett unverdaulich und wird als Ballaststoff ausgeschieden.

Die in **Stärke** und **Glykogen** vorkommende *α*-glykosidische Bindung stellt dagegen für den enzymatischen Abbau keine Herausforderung dar. Daher sind beide Polysaccharide wichtige Energiespeicher in Tieren und Pflanzen. Glykogen, das vor allem in der Leber und der Muskulatur vorkommt, kann kurzfristig zu Glucose abgebaut werden, wenn über die Nahrung keine Glucose zur Verfügung steht. *Hochmolekulare Speicherformen einer Substanz verringern ihre osmotische Wirksamkeit, da sie nur von der Anzahl der gelösten Teilchen, aber nicht von deren Molekulargewicht abhängt.* Daher sind Makromoleküle wie Stärke und Glykogen im Gegensatz zu den mehr als 1000 einzelnen Glucosemolekülen, aus denen sie bestehen, osmotisch weitgehend inaktiv und bewirken keinen Wassereinstrom in die Zelle.

1.3.3 Lipide

Lipide kommen in tierischen Organismen beinahe so häufig vor wie Proteine. Es handelt sich um eine strukturell und chemisch sehr diverse Gruppe von Molekülen, die einen hohen Anteil an unpolaren Kohlenwasserstoffbindungen aufweisen und daher in polaren Lösungsmitteln wie Wasser nur schlecht oder gar nicht löslich sind.

Die zahlreichen Funktionen der Lipide lassen sich wie folgt zusammenfassen:

- **Energiespeicher:** Triglyceride enthalten im Vergleich zu Kohlenhydraten und Proteinen doppelt so viel Energie pro Gramm und lassen sich wasserfrei speichern.
- Phospholipide und Cholesterin sind wesentliche strukturelle **Bestandteile biologischer Membranen.**

- Steroidhormone und fettlösliche Vitamine (E, D, K, A) sind an der **Regulation des Stoffwechsels** beteiligt.
- Fette dienen der **thermischen Isolation** (z. B. bei Meeressäugern).
- Die Lipidschicht um Nervenfasern (Myelin) ermöglicht die schnelle **Fortleitung elektrischer Signale**.
- Öle und Wachse auf Haut, Haaren und Federn wirken **wasserabstoßend**.

Fettsäuren sind meist langkettige Kohlenwasserstoffe mit einer endständigen Carboxylgruppe, die unter physiologischen Bedingungen in ionisierter Form vorliegt ($-COO^-$). Wenn die Kohlenwasserstoffketten keine Doppelbindungen zwischen ihren C-Atomen enthalten, werden die Fettsäuren als **gesättigt** bezeichnet, während **ungesättigte** Fettsäuren eine oder mehrere Doppelbindungen besitzen (◘ Abb.1.8a). Normalerweise liegen die Doppelbindungen in der *cis*-Konfiguration vor und induzieren daher einen Knick in der Kohlenwasserstoffkette. Da die einzelnen Moleküle in dieser Konfiguration mehr Platz beanspruchen, können sie sich nicht so dicht zusammenlagern wie die langgestreckten Moleküle gesättigter Fettsäuren. *Ungesättigte Fettsäuren erhöhen daher die Viskosität von Lipiden.* So enthält Butter vor allem gesättigte Fettsäuren und ist bei Zimmertemperatur fest, während Olivenöl unter gleichen Bedingungen aufgrund seiner zahlreichen ungesättigten Fettsäuren eine flüssige Konsistenz aufweist. Die Viskosität der aus Phospholipiden bestehenden Plasmamembranen ist für ihre Funktion von entscheidender Bedeutung und kann daher nur in sehr engen Grenzen variiert werden.[8] Neben der *cis*-Konfiguration kann bei den Doppelbindungen ungesättigter Fettsäuren auch die *trans*-Konfiguration vorkommen. Diese sogenannten Transfettsäuren treten als gehärtete Fette vor allem in industriell gefertigter Nahrung auf und stehen im Verdacht, das Risiko von Herzinfarkt und Schlaganfall zu erhöhen.

Eine gebräuchliche Nomenklatur der ungesättigten Fettsäuren zählt die C-Atome vom Ende der Fettsäure her. Der Beginn der Fettsäure und damit C-1 wird durch die Carboxylgruppe festgelegt. ω-3 bezeichnet eine Doppelbindung zwischen dem dritt- und viertletzten C-Atom, bei ω-6 befindet sich die Doppelbindung am sechsten C-Atom (◘ Abb.1.8b, c).

Mehrfach ungesättigte Fettsäuren enthalten meist zwei bis vier Doppelbindungen, die jeweils durch eine Methylengruppe ($-CH_2$) voneinander getrennt sind (isolierte Doppelbindung). ω-3-Fettsäuren tragen zur Vorbeugung koronarer Herzerkrankungen bei. Zahlreiche Organismen können ungesättigte Fettsäuren nicht synthetisieren. Für den Menschen sind die ω-6-Fettsäure Linolsäure ($C_{18}H_{32}O_2$) mit zwei Doppelbindungen (◘ Abb.1.8b) und die ω-3-Fettsäure Linolensäure ($C_{18}H_{30}O_2$), drei Doppelbindungen) essenziell (◘ Abb.1.8c). Sie kommen vor allem in Pflanzen- und Fischölen vor und müssen in ausreichenden Mengen mit der Nahrung aufgenommen werden.

Fettsäuren sind zusammen mit Glycerol Grundbaustein der **Triglyceride** (Triacylglycerole), einer großen und weitverbreiteten Gruppe von Lipiden. Triglyceride entstehen durch die Veresterung der drei Hydroxylgruppen des Alkohols Glycerol mit jeweils einer Fettsäure (◘ Abb.1.9). Auch hier wird in einer Kondensationsreaktion unter Bildung von **Esterbindungen** Wasser freigesetzt. Die an Glycerol gebundenen Fettsäuren können unterschiedlich sein; bei Säugern kommen die gesättigten Fettsäuren Palmitin- und Stearinsäure häufig vor. *Triglyceride stellen als Depotfette die wichtigste Speicherform von Energie in Organismen dar.*

Strukturell eng mit den Triglyceriden verwandt sind die **Phosphoglyceride** bzw. **Phospholipide**, amphipathische Moleküle[9], die einerseits unpolare Fettsäuren aufweisen, andererseits

---

[8] Außer durch das Verhältnis von gesättigten zu ungesättigten Fettsäuren wird die Viskosität von Lipidmembranen maßgeblich von der Temperatur bestimmt (▶ Abschn.3.1).

[9] Amphipathische Moleküle besitzen einen hydrophilen und einen hydrophoben Anteil und sind daher sowohl in polaren als auch in unpolaren Lösungsmitteln löslich.

▣ Abb. 1.8 Strukturformeln und Kalottenmodelle gesättigter und ungesättigter Fettsäuren. **a** Palmitat ist die ionisierte Form der gesättigten Fettsäure Palmitinsäure. **b** Linoleat ist eine zweifach ungesättigte Fettsäure mit der ersten Doppelbindung an ω-6. **c** Die dreifach ungesättigte Fettsäure Linolenat mit der ersten Doppelbindung an ω-3. Die Anzahl der Doppelbindungen bestimmt das Ausmaß der Krümmung des jeweiligen Fettsäuremoleküls. Alle Doppelbindungen sind in der *cis*-Konfiguration dargestellt. Das C-Atom 1 an der Carboxylgruppe ist bei allen drei Fettsäuren markiert

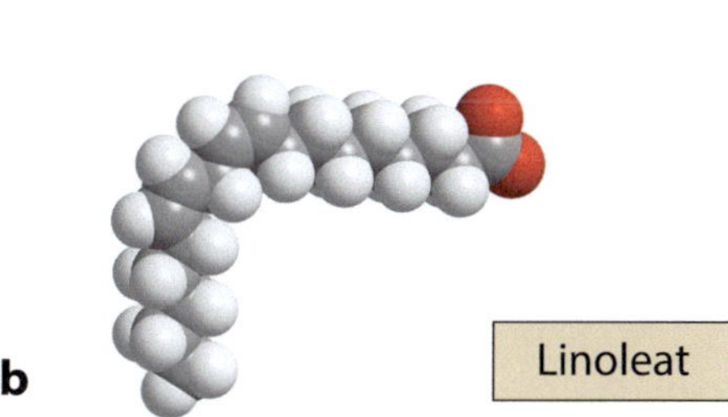

jedoch eine polare Gruppe besitzen, die aus einem Phosphatrest und einem Alkohol besteht (▣ Abb. 1.10). *Phospholipide sind ein zentraler Bestandteil biologischer Membranen.* Aufgrund ihrer besonderen molekularen Struktur bilden sich stabile Lipiddoppelschichten aus, in deren Mitte Fettsäuren hydrophobe Wechselwirkungen eingehen, während die polaren Gruppen mit dem wässrigen Milieu der Intra- und Extrazellulärlösung interagieren.

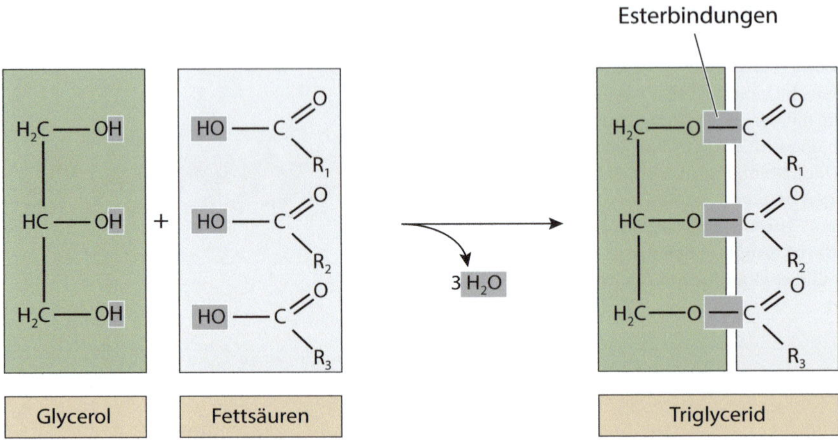

Abb. 1.9   Bildung von Esterbindungen. Drei Fettsäuremoleküle reagieren unter Abspaltung von Wasser mit den Hydroxylgruppen von Glycerol unter Bildung eines Triglycerids. R bezeichnet die unpolaren Kohlenstoffwasserstoffketten der Fettsäuren

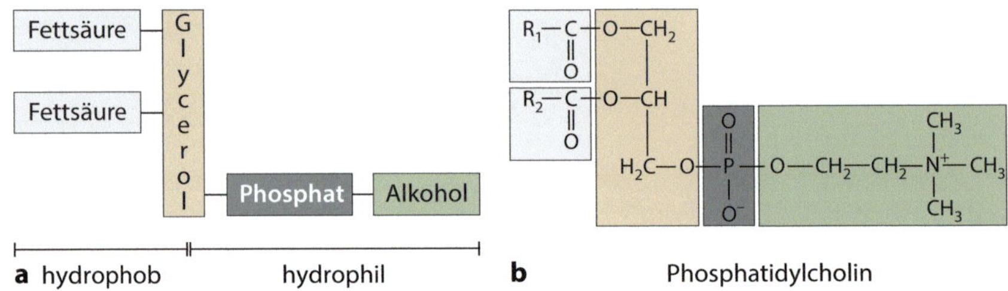

Abb. 1.10   Phospholipide besitzen hydrophile und hydrophobe Regionen. **a** Schematischer Aufbau eines Phospholipids. **b** Strukturformel des in Zellmembranen häufig vorkommenden Phosphatidylcholins. R_1 und R_2 bezeichnen die Kohlenwasserstoffketten zweier verschiedener Fettsäuremoleküle; die Phosphatgruppe ist mit dem Aminoalkohol Ethanolamin verestert

1.3.4 Energiegehalt der wichtigsten Nährstoffe

Neben den passenden Baustoffen muss die Nahrung hinreichend viel Energie für körpereigene Stoffwechselprozesse und Biosynthesen bereitstellen. Als wichtigste Nährstoffe haben wir Kohlenhydrate, Proteine und Lipide kennengelernt. Diese Makromoleküle unterscheiden sich jedoch deutlich in ihrem **Energiegehalt**, was für ihren jeweiligen Nutzen als Energieträger für einen Organismus von großer Bedeutung ist.

Tab. 1.2 fasst den Energiegehalt von Lipiden, Kohlenhydraten und Proteinen zusammen. Die angegebenen Brennwerte beziehen sich auf Mischungen verschiedener Moleküle einer Substanzklasse, so wie sie auch in der Nahrung eines Tieres normalerweise vorkommen. Man bestimmt ihren Energiegehalt, indem eine definierte Menge in einem Bombenkalorimeter unter Zufuhr von Sauerstoff vollständig verbrannt wird. Dieser Prozess setzt den größten Teil der in den Makromolekülen gespeicherten Energie als Wärme frei. Dabei entstehen kleinmolekulare Endprodukte (CO_2, H_2O, NH_3), die vergleichsweise wenig Energie enthalten und

☐ Tabelle 1.2 Energiegehalt der wichtigsten Nährstoffe

Nährstoff	Physikalischer Brennwert (kJ g^{-1})	Physiologischer Brennwert (kJ g^{-1})	Energetisches Äquivalent (kJ g^{-1} O$_2$)
Proteine	23,4	18,0	18,8
Kohlenhydrate	17,2	17,2	21,0
Lipide	39,4	39,4	19,5

Der physikalische Brennwert entspricht dem Energiegehalt eines Nährstoffs bei vollständigem Abbau zu CO_2 und H_2O, der physiologische Brennwert dem im Intermediärstoffwechsel schrittweise freigesetzten Energiebetrag. Beide Werte unterscheiden sich bei Proteinen, da die Endprodukte des Proteinstoffwechsels noch einen Teil der Energie enthalten. Das energetische Äquivalent wird in ▶ Abschn. 2.4.2 ausführlich besprochen.

aufgrund der Stabilität ihrer Bindungen auch vom Organismus nicht weiter als Energielieferanten genutzt werden können.

Tiere benötigen kontinuierlich Energie, mit wenigen Ausnahmen nehmen sie aber nicht ständig Nahrung zu sich. Energiereiche Moleküle müssen also für die Zeiträume, in denen keine Nahrungsaufnahme stattfindet, im Körper gespeichert werden, um eine konstante Versorgung des Organismus zu gewährleisten. Die damit einhergehende Zunahme des Körpergewichts kann minimiert werden, wenn diese Speicherformen (1) eine hohe Energiedichte besitzen und (2) möglichst ohne Wasser eingelagert werden.

Lipide enthalten mit über 39 kJ g^{-1} im Vergleich zu Kohlenhydraten und Proteinen mehr als doppelt so viel Energie und können zudem weitgehend wasserfrei gespeichert werden. Aus diesen Gründen sind Fette hervorragend als Energiedepot geeignet: *Sie stellen bei relativ geringem Gewicht eine hohe Energiedichte zur Verfügung.* Ein Mensch mit normalem Anteil an Körperfett kann daher etwa vier bis fünf Wochen ohne Nahrung überstehen.

Kohlenhydrate finden wegen ihres deutlich geringeren Energiegehalts von etwa 17 kJ g^{-1} nur bedingt als Energiespeicher Verwendung. Aufgrund ihrer osmotischen Wirksamkeit sind Monosaccharide als Speicherform ungeeignet und werden nur für den akuten Bedarf metabolisiert. Glucose wird daher in Form von osmotisch weitgehend inaktiven, hochmolekularen Glykogenmolekülen gespeichert, die jedoch so viel Wasser einlagern, dass ihre Energiedichte auf 4,6 kJ g^{-1} sinkt.

Glykogen kommt hauptsächlich in Leber- und Muskelzellen vor, aber die in der Gesamtmenge gespeicherte Energie deckt nicht mehr als den täglichen Grundumsatz eines Menschen ($\sim$ 400 g Glykogen, entsprechend 6300 bis 8300 kJ). Bei Bedarf wird Glykogen wieder zu einzelnen Glucosemolekülen abgebaut, die in den Energiestoffwechsel eingespeist werden. Während das Muskelglykogen die Skelettmuskulatur auf diese Weise mit Energie versorgt, sind das Gehirn und die Erythrozyten vor allem auf Glucose aus dem Glykogen der Leber angewiesen.

Proteine besitzen einen ähnlichen Energiegehalt wie Kohlenhydrate, werden aber nur dann zur Energiegewinnung herangezogen, wenn alle anderen Reserven (Fett, Glykogen) aufgebraucht sind. *Da alle körpereigenen Proteine wichtige Aufgaben erfüllen und es zudem keine Proteinspeicher gibt, kann ihr metabolischer Abbau zu erheblichen Funktionsstörungen im Organismus führen.*

☐ Abb. 1.11 zeigt den durchschnittlichen Energiebedarf eines Erwachsenen im Verhältnis zum Grundstoffwechsel. Fortbewegung erfordert Muskelaktivität, wodurch der Energiebedarf

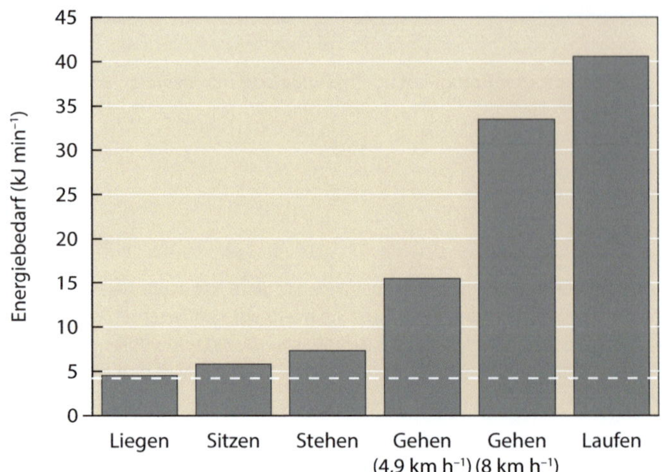

◘ Abb. 1.11   Energiebedarf eines 65 kg schweren Menschen für verschiedene Tätigkeiten. Die *gestrichelte Linie* repräsentiert den Grundumsatz von 4,2 kJ min^{-1}. Geschlechtsspezifische Unterschiede im Energiebedarf sind in der Abbildung nicht berücksichtigt

über den Grundumsatz hinaus erhöht wird. Je schneller die Fortbewegung, desto mehr Energie wird benötigt: So erfordert schnelles Gehen mit 8 km h^{-1} doppelt so viel Energie wie langsames Gehen mit 4,9 km h^{-1}.

Das menschliche Gehirn besitzt einen im Verhältnis zu seinem Anteil am Körpergewicht überdurchschnittlich hohen Energiebedarf – er macht etwa 20 % des Grundumsatzes bei einem Gewichtsanteil von nur 2 % aus. Dieser hohe Energiebedarf tritt unabhängig davon auf, ob wir anspruchsvollen geistigen Tätigkeiten nachgehen oder nicht. Demnach benötigt unser Gehirn auch im vermeintlichen „Leerlauf", der sich wider Erwarten durch ein kontinuierlich hohes Aktivitätsniveau auszeichnet, außerordentlich viel Energie – angestrengtes Nachdenken erhöht diesen Energiebedarf nur um 3 bis 4 % [2].

Für die Energiebilanz gilt: Wird mehr Energie mit der Nahrung aufgenommen als benötigt, werden zuerst die Glykogenreserven aufgefüllt; anschließend werden zusätzliche Kohlenhydrate und Proteine in Fettsäuren umgewandelt und zusammen mit überschüssigen Lipiden als Depotfette gespeichert. Hierbei handelt es sich um eine grundlegende evolutionäre Anpassung an Mangelzeiten, die jedoch in vielen menschlichen Gesellschaften zu Übergewicht und Fettsucht führt.

1.3.5 Zusammenfassung

Der Nährstoffbedarf eines Tieres beschreibt Menge und Art derjenigen Nährstoffe, die für den Zellstoffwechsel, den Aufbau von Körpersubstanz und für Bewegungen erforderlich sind. All diese Prozesse benötigen Energie und die passenden Baustoffe, die mit der Nahrung aufgenommen werden müssen (◘ Abb. 1.12).

Neben Wasser besteht die Nahrung vor allem aus Makromolekülen: Proteine, Polysaccharide, Nukleinsäuren und Lipide. Makromoleküle besitzen ein hohes Molekulargewicht, das durch die Verknüpfung kleinerer Bausteine mittels kovalenter Bindungen zustande kommt. Lipide

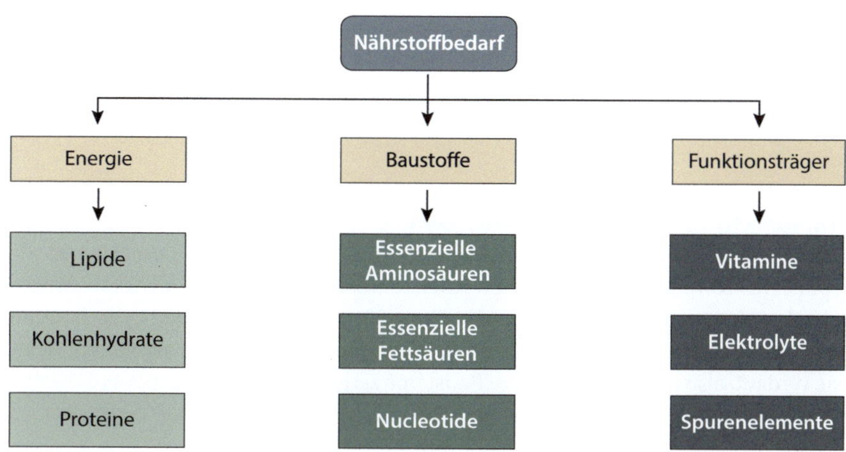

◻ Abb. 1.12 Übersicht über Nährstoffe und ihre Funktionen für den Organismus. Die mit der Nahrung aufgenommenen Nährstoffe liefern Energie für die Aufrechterhaltung der Homöostase und für Muskelbewegungen, Baustoffe für den Aufbau von Körpersubstanz sowie Funktionsträger für Stoffwechselprozesse

stellen eine Ausnahme dar, da ihre hochmolekularen Strukturen vor allem durch hydrophobe Wechselwirkungen zusammengehalten werden. Alle anderen Makromoleküle jedoch werden als sogenannte Polymere durch Kondensationsreaktionen aus Monomeren gebildet. Bei einer Kondensationsreaktion reagieren zwei Moleküle mit passenden funktionellen Gruppen unter Abspaltung von Wasser und Bildung einer kovalenten Bindung miteinander.

Proteine bestehen aus einer linearen Abfolge von Aminosäuren, die durch Peptidbindungen miteinander verknüpft sind. Proteine erfüllen aufgrund ihrer außerordentlichen Variabilität eine Vielzahl biologischer Funktionen; sie bilden jedoch keine Energiespeicher und werden nur im Notfall für die Energieversorgung des Organismus herangezogen.

Polysaccharide sind lineare oder verzweigte Ketten von Monosacchariden, die durch glykosidische Bindungen zusammengehalten werden. Die osmotisch inaktiven Speicherformen Stärke und Glykogen dienen vor allem der Energieversorgung, während Cellulose und Chitin als weitverbreitete Strukturmaterialien Verwendung finden.

Ein gemeinsames Merkmal von Lipiden ist ihr hoher Anteil an unpolaren Kohlenwasserstoffgruppen, der für die weitgehende Unlöslichkeit dieser Stoffklasse in Wasser verantwortlich ist. Lipide enthalten aufgrund ihres Reduktionsstatus mehr Energie pro Gramm als Kohlenhydrate und eignen sich daher sehr gut als Energiespeicher. Insbesondere die aus Fettsäuren und Glycerol bestehenden Triglyceride bilden die uns wohlbekannten Depotfette.

Neben den bisher beschriebenen Makromolekülen benötigt jeder Organismus Mineralstoffe und Vitamine. Diese werden jedoch in deutlich geringeren Mengen aufgenommen, da sie nicht im Energie- oder Baustoffwechsel, die aufgrund ihrer Umsatzraten einen hohen Materialbedarf haben, verarbeitet werden. Bei den Mineralstoffen unterscheiden wir Elektrolyte wie Na^+, K^+, Cl^-, Ca^{2+} und Mg^{2+} von den sogenannten Spurenelementen. Während Elektrolyte an der Regulation der Osmolarität und des Wasserhaushalts sowie an der Aufrechterhaltung von Membranpotenzialen beteiligt sind, werden Spurenelemente als Bestandteile von Proteinen für den O_2-Transport (Fe^{2+} in Hämoglobin) und als Kofaktoren zahlreicher Enzyme benötigt (z. B. Cu, Zn, Se, Mn).

Die meisten Organismen sind nicht in der Lage, alle von ihnen benötigten Baustoffe selbst zu synthetisieren, da ihnen die entsprechenden Enzyme fehlen. Sie müssen daher diese sogenannten essenziellen Nährstoffe mit ihrer Nahrung aufnehmen; essenziell sind etwa die Hälfte der proteinogenen Aminosäuren, ungesättigte Fettsäuren, Vitamine sowie die meisten Spurenelemente.

Die mit der Nahrung aufgenommenen Makromoleküle können in dieser hochmolekularen Form vom Organismus nicht verwertet werden. Die Polymere müssen vielmehr wieder in die einzelnen Monomere zerlegt werden, bevor sie von selektiven Transportproteinen über das Darmepithel ins Körperinnere befördert werden können. Die durch Kondensationsreaktionen gebildeten kovalenten Bindungen werden wieder gelöst, was die passenden hydrolytischen Enzyme sowie Energie erfordert. Daher kommen Makromoleküle nur dann als Nährstoffe infrage, wenn sie verdaut, also in transportierbare Bausteine zerlegt werden können. Aus diesem Grund stehen Cellulose und Chitin für die meisten Tiere nicht als Nährstoffe zur Verfügung.

1.4   Nahrungsaufnahme

Die **Nahrungsaufnahme** beschreibt all diejenigen *Prozesse, die der Gewinnung und Internalisierung von Nährstoffen dienen*. Im Laufe der Evolution haben sich zahlreiche Mechanismen herausgebildet, die auf den jeweiligen Nährstoffbedarf eines Organismus abgestimmt sind. Hierzu zählen vor allem die Struktur und Funktion des Kauapparates und das entsprechende Verhaltensrepertoire, die beide für eine möglichst energieeffiziente Nahrungsaufnahme optimiert sind.

Wir wollen die evolutionäre Vielfalt der strukturellen und funktionellen Aufnahmemechanismen am Beispiel der folgenden Strategien untersuchen (◘ Abb. 1.13):

- karnivore Strategie,
- Filtration von suspendiertem Material,
- Symbiosen mit Mikroorganismen.

Darüber hinaus existieren weitere Varianten des Nahrungserwerbs, wie etwa das Fressen von organischen Bodenbestandteilen (Regenwurm) oder stechend-saugende Ernährungsweisen (Blattläuse, Stechmücken). Da eine starke Konkurrenz um die begrenzten Ressourcen be-

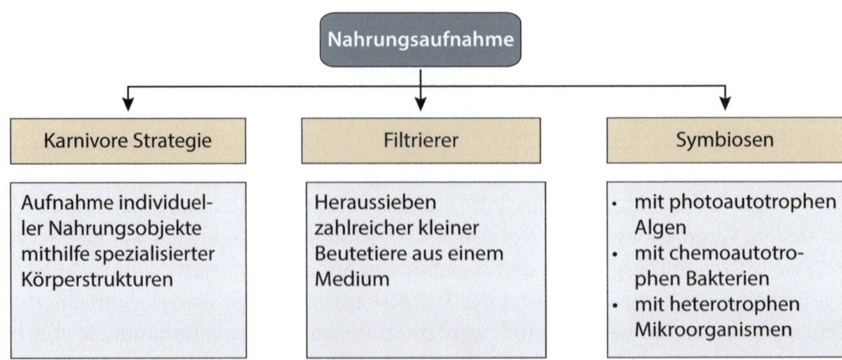

◘ **Abb. 1.13**   Drei grundlegende Strategien des Nahrungserwerbs. Die karnivore Strategie und die Filtration suspendierten Materials unterscheiden sich hinsichtlich der Größe und Anzahl der Beutetiere, während Symbiosen auf einem reziproken Energie- und Materialaustausch zwischen zwei Arten basieren

steht, unterliegen Angepasstheiten in Nahrungserwerb und Nahrungsaufnahme grundsätzlich einem hohen Selektionsdruck.

1.4.1 Strategien der Nahrungsaufnahme

Wir beginnen mit der Strategie der Aufnahme einzelner Nahrungsobjekte. Der Schwertwal (*Orcinus orca*) attackiert individuelle Beutetiere, insbesondere Fische und andere Meeressäuger. Häufig erfolgt eine örtliche Spezialisierung auf bestimmte Tiergruppen (z. B. Robben), die mit entsprechend angepassten Strategien gejagt werden. Es handelt sich um eine typisch **karnivore Ernährungsweise**, bei der einzelne, meist große Beutetiere als Nahrung dienen. *Jede Jagd ist energetisch kostspielig, sodass sie sich nur dann lohnt, wenn der Energiegewinn den Aufwand für das Fangen und Überwältigen der Beute überwiegt.* Die Zähne und kräftigen Kiefermuskeln der Schwertwale sind für diese Art der Nahrungsaufnahme optimiert; ihre hohe Intelligenz und ihr Sozialverhalten ermöglichen zudem die Entwicklung ausgefeilter Jagdstrategien.

Karnivoren mit einem Körpergewicht bis etwa 15 kg jagen vor allem deutlich kleinere Beutetiere, während die Beute großer Karnivoren kaum kleiner ist als die Jäger selbst – Katzen fangen Mäuse und Löwen jagen Gnus und Zebras. Das Körpergewicht, bei dem der Wechsel von kleinen zu großen Beutetieren stattfindet, wird von energetischen Gesichtspunkten bestimmt: Eine Hauskatze kann kein Gnu fangen und für einen Löwen lohnt es nicht, eine Maus zu jagen.[10]

Im Gegensatz zu den Zahnwalen ernähren sich Bartenwale wie der Blauwal (*Balaenoptera musculus*) von Plankton, also von Organismen, die um ein Vielfaches kleiner sind als sie selbst. Anstelle von Zähnen besitzen diese Wale Barten, verfilzte Hornplatten im Oberkiefer, mit denen sie Krill und andere Kleinstlebewesen aus dem Wasser herausfiltern. Diese Art der Nahrungsaufnahme kennzeichnet die sogenannten **Filtrierer**, die ihre Nahrung aus dem sie umgebenden Medium mit entsprechend angepassten Vorrichtungen entnehmen. In den meisten Fällen ist das Medium Wasser, da in Seen und Ozeanen aufgrund der hohen Dichte photosynthetisch aktiver Organismen insgesamt eine große Zahl von Lebewesen existiert. Daher hat sich diese Form der Nahrungsaufnahme in zahlreichen aquatischen Tiergruppen entwickelt. Im Gegensatz dazu ist die Nahrungsdichte in der Luft eher gering, sodass sich bei terrestrischen Lebensformen meist andere Strategien der Nahrungsaufnahme durchgesetzt haben (Ausnahme: Webspinnen).

Eine **Symbiose** bezeichnet das Zusammenleben von Organismen verschiedener Arten zu gegenseitigem Nutzen. In Korallenriffen liegt eine obligatorische Symbiose zwischen Steinkorallen und photosynthetisch aktiven Dinoflagellaten (Zooxanthellen) vor, die intrazellulär in der Gastrodermis[11] der Korallen leben. Die Korallen erhalten organische Moleküle und Sauerstoff (O_2) von den Algen, die ihrerseits von den Korallen mit Kohlenstoffdioxid (CO_2) und Stickstoffverbindungen versorgt werden. Aufgrund dieses direkten Transfers von Energie und Materie gehören Korallenriffe zu den produktivsten Ökosystemen der Erde.

In der Nähe von Hydrothermalquellen in der Tiefsee finden wir Symbiosen zwischen Bartwürmern (*Riftia*) und schwefeloxidierenden Bakterien. Diese Bakterien sind **chemoautotroph** – sie gewinnen ihre Energie aus der Oxidation von Sulfiden (S^{2-}), die ihrerseits aus Sulfiten ($SO_3{}^{2-}$) und Sulfaten ($SO_4{}^{3-}$) durch den hohen Wasserdruck und die Hitze der Hydrother-

---

[10] „A domestic cat can't catch a wildebeest and it isn't worth the effort for a lion to chase a mouse" (zitiert nach [5]).

[11] Die Gastrodermis bezeichnet das einschichtige innere Epithel der Nesseltiere (*Cnidaria*), das einen zentralen Hohlraum, das Gastrovaskularsystem, auskleidet.

malquellen entstehen. *Riftia* besitzt eine einzigartige Hämoglobinisoform, die sowohl O_2 als auch S^{2-} binden kann – im Gegensatz zu den meisten Hämoglobinisoformen jedoch an unterschiedlichen Stellen des Proteins.[12] Die Bakterien erhalten S^{2-} über das Kreislaufsystem von *Riftia* und versorgen ihren Wirtsorganismus mit organischen Molekülen. Durch diese miteinander verschränkten Prozesse kann *Riftia* die geothermische Energie in der Dunkelheit der Tiefsee nutzen, in der eine Symbiose mit photoautotrophen Organismen unmöglich ist.

Heterotrophe Mikroorganismen, die Cellulose spalten können, leben endosymbiotisch im Verdauungstrakt von Termiten und Wiederkäuern, der für die symbiotische Celluloseverdauung wie folgt optimiert ist [10]: Eine Gärkammer mit großem Volumen dient der Durchmischung des aufgenommenen Pflanzenmaterials und der symbiotischen Mikroorganismen. Dem teilweise fermentierten Nahrungsbrei werden ständig neue Pflanzenteile hinzugefügt, sodass die Mikroorganismen immer wieder mit neuen Substraten versorgt werden. Unter diesen Bedingungen können sie sich optimal vermehren und die Cellulose wird so effizient wie möglich abgebaut. Daraufhin gelangen die Endprodukte der Fermentation sowie ein Teil der Mikroorganismen in ein röhrenförmiges System, in dem keine Durchmischung mehr stattfindet. Vielmehr ermöglicht es einen kontinuierlichen Durchfluss, der fermentierte Nahrung und Mikroorganismen in aufeinanderfolgenden Regionen jeweils spezifischen Verdauungsenzymen aussetzt und so zu einem vollständigeren Abbau der Nahrung beiträgt. Durch diese hintereinander geschalteten Reaktionsräume werden vor allem Cellulose, aber auch Stickstoff, B-Vitamine und essenzielle Aminosäuren der Symbionten für den Wirtsorganismus verfügbar gemacht.

Allerdings herrscht auch in einer Symbiosebeziehung letztlich ein Konkurrenzverhältnis zwischen den Partnern vor – sie ist also weniger Ausdruck einer stabilen Koevolution als eines vorübergehenden „Zweckbündnisses". Symbiose, Parasitismus und Räuber-Beute-Beziehungen unterscheiden sich daher nur qualitativ in ihrer Ausprägung von Konkurrenz zwischen Bewohnern eines Ökosystems.

1.4.2 Evolutionärer Vorteil für Filtrierer: kurze Nahrungsketten

Die Nahrungsaufnahme in Form der **Filtration** hat sich in aquatischen Ökosystemen sehr häufig unabhängig voneinander entwickelt. Wir haben Blauwale als ein Beispiel kennengelernt, aber zahlreiche andere Tiergruppen benutzen ebenfalls diese Strategie. Schwämme, Korallen und Muscheln sind festsitzende (sessile) Organismen, die sehr kleine Partikel mit einer Größe von 5 bis 50 µm filtrieren. Unter den frei lebenden Filtrierern finden sich Knochenfische (v. a. Vertreter der Familie *Clupeidae*), aber mit Walhai (*Rhincodon typus*) und Riesenhai (*Cetorhinus maximus*) auch die größten bekannten Knorpelfische. Die Strategie der Filtration ist also in zweifacher Hinsicht evolutionär erfolgreich: (1) Sie ist im Tierreich weitverbreitet und (2) sie ermöglicht die Entstehung sehr großer Arten. Dieser Erfolg lässt sich einerseits durch die große Menge an Biomasse in Seen und Ozeanen erklären, die prinzipiell als Nahrung dienen kann. Außerdem setzen Filtrierer auf einer tieferen Stufe der Nahrungskette an als Tiere mit karnivorer Ernährungsweise – dies hat entscheidende Konsequenzen für die Energieausbeute.

Nehmen wir zunächst an, ein Wal ernährt sich anhand der oben für Schwertwale beschriebenen karnivoren Strategie und steht daher am Ende einer langen, aus zahlreichen Stufen bestehenden Nahrungskette (◨ Abb. 1.14a).[13] Photosynthetisch aktive Algen (Phytoplankton) pro-

---

[12] Bei anderen Organismen verliert Hämoglobin durch die Bindung von S^{2-} seine O_2-bindende Funktion.
[13] Das Beispiel stammt aus [7].

Beispiel: Zahnwal · Beispiel: Bartenwal

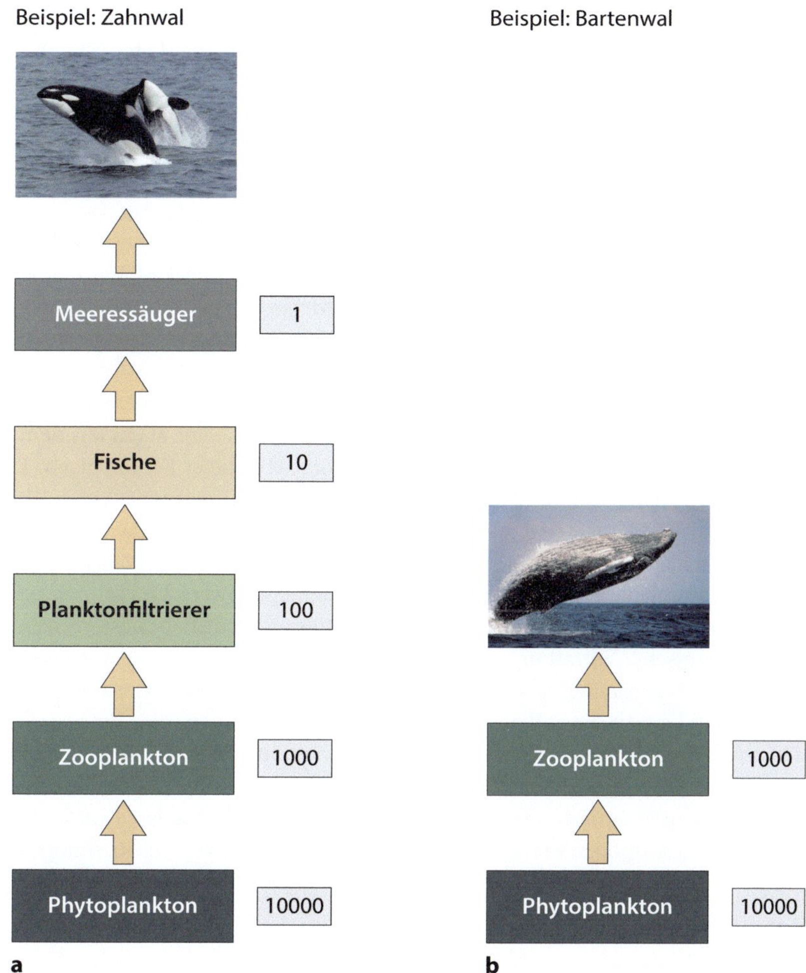

◘ Abb. 1.14 Vergleichende Darstellung des Energieverlustes bei langen und kurzen Nahrungsketten. Die Zahlen stellen die pro Monat in Form von Biomasse produzierte Energie in virtuellen Einheiten dar (Primärproduktion). **a** Für den karnivoren Schwertwal an der Spitze der längeren Nahrungskette bleibt nach mehreren Trophiestufen nur eine Energieeinheit übrig. **b** Der Buckelwal als Beispiel für einen Planktonfiltrierer hat wegen der kürzeren Nahrungskette etwa 1000-mal mehr Energie zur Verfügung (nach [7]. Mit freundlicher Genehmigung von Oxford University Press.)

duzieren 10.000 Energieeinheiten in Form von neuer Biomasse pro Monat. Die Algen werden von kleinen Krebsen gefressen (Zooplankton), diese wiederum von Planktonfiltrierern, die ihrerseits anderen Organismen zunehmender Größe als Nahrung dienen. *Bei jedem Übergang auf die nachfolgende trophische Stufe werden nur 10 % der verfügbaren Energie weitergegeben.* Aufgrund dieser Regel bestimmt die Länge einer Nahrungskette maßgeblich die Energie, die auf der obersten Stufe zur Verfügung steht. In unserem Beispiel, das aus insgesamt vier Übergängen besteht, kommt von den ursprünglichen 10.000 Energieeinheiten nur noch eine beim Wal an (0,01 %). Demnach gehen 99,99 % der Energie der Primärproduktion verloren und können von dem Wal an der Spitze der Nahrungskette nicht genutzt werden.

Die Filtration, bei der sehr viele kleine Organismen von etwa 2 bis 3 cm Körpergröße aufgenommen werden, beginnt auf einer niedrigeren Stufe der Nahrungskette (❏ Abb. 1.14b). In unserem Beispiel ernährt sich ein Buckelwal (*Megaptera novaeangliae*) von Krill und anderem Zooplankton. Auf diese Weise werden drei Trophiestufen mit ihren verlustreichen Übergängen vermieden, sodass diese kürzere Nahrungskette etwa 1000-mal mehr Energie pro Monat liefert. Diese effiziente Nutzung der Energie ist eine wichtige Voraussetzung für die individuelle Größe der Wale und verdeutlicht die Vorteile einer Filtrationsstrategie beim Nahrungserwerb.

Da die einzelnen Beutetiere relativ klein sind, müssen sie in großen Mengen aufgenommen werden, um den Energiebedarf eines filtrierenden Organismus zu decken. Ein Blauwal benötigt etwa 4000 kg Krill pro Tag, was etwa 40 Mio. Beutetieren entspricht. Daher sind effiziente Filtervorrichtungen erforderlich, um eine hinreichend große Nahrungsmenge aus dem Medium zu gewinnen. Blau- und Buckelwale gehören zu den Bartenwalen (*Mysticeti*), die keine Zähne besitzen, sondern mithilfe sogenannter **Barten** individuelle Beutetiere aus dem Wasser herausfiltern. Bei den Barten handelt es sich um Hornplatten, die vor allem aus dem Protein **Keratin**[14] bestehen und wie die Seiten eines Buches vom Oberkiefer herabhängen. Die stark ausgefransten und miteinander verfilzten Innenseiten dienen als Filtervorrichtung. Bartenwale nehmen eine große Wassermenge in ihre Mundhöhle auf und pressen das Wasser seitwärts durch die Barten nach außen. Dabei bleiben Krill, Ruderfußkrebse (*Copepoda*) und kleine Fische in diesem Keratingeflecht hängen und werden anschließend verschluckt.

Andere Organismen, die sich von in Wasser suspendierten Kleinstlebewesen ernähren, nutzen anstelle mechanischer Filtration hydrodynamische Kräfte zum Nahrungserwerb. Vertreter der Heringsartigen (*Clupeoidei*) weisen nichtrespiratorische Kiemenreusen auf, die das Wasser parallel an ihrer Oberfläche entlangführen und so die Nahrungspartikel konzentrieren. Bei den filtrierenden Leuchtkrebsen (*Euphausiacea*), die wiederum die ausschließliche Nahrung der Blauwale darstellen, bilden die Thoracopoden (Extremitäten des Thorax) einen komplizierten Fangkorb. Durch periodische Erweiterung und Kompression dieses Fangkorbs werden hydrodynamische Strömungen erzeugt, die letztlich Nahrungspartikel in Richtung Mundöffnung befördern.

1.4.3 Zusammenfassung

Die Nahrungsaufnahme dient der Internalisierung von organischer Substanz, um den Organismus mit Energie zu versorgen und seinen Bedarf an Baustoffen für den Aufbau von Körpergeweben zu decken. Die Strategien der Nahrungsaufnahme sind außerordentlich vielfältig und an den Nährstoffbedarf des jeweiligen Tieres angepasst, der wiederum von dessen Syntheseleistungen abhängt. Der Bedarf an verschiedenen Nährstoffen beeinflusst sowohl die anatomischen Strukturen des Kau- und Fangapparates eines Organismus als auch seine Verhaltensmuster im Zusammenhang mit der Nahrungsaufnahme. So sind beispielsweise die Lippen, Zähne und Kiefer grasender Säuger auf ihre jeweilige Nahrung hin spezialisiert: Zebras fressen andere Gräser als Gnus, die wiederum andere Pflanzen bevorzugen als Grant-Gazellen. Auf diese Weise können alle drei Spezies im Ökosystem afrikanischer Savannen koexistieren. Die Nahrungswahl bestimmt daher die ökologische Nische, die von den jeweiligen Vertretern dieser Herbivoren eingenommen wird.[15]

---

[14] Keratin ist ebenfalls ein wesentlicher Bestandteil von Haaren, Federn, Nägeln, Krallen und Hufen.
[15] Bei einer ökologischen Nische handelt es sich nicht um einen Ort, den eine Art besiedelt, sondern um die Stellung, die eine Art in einem Ökosystem einnimmt.

Wir haben mit Karnivoren, Filtrierern und unterschiedlichen Symbiosen drei grundlegend verschiedene Strategien der Nahrungsaufnahme kennengelernt. Eine typisch karnivore Strategie beschreibt das Jagen und Überwältigen von nur geringfügig kleineren Beutetieren. Der Aufwand und die Gefahr der Jagd sind zwar beträchtlich, aber im Falle eines Erfolgs steht sehr viel Energie zur Verfügung. Bei dieser Strategie beschränkt der Energieverlust von etwa 90 % beim Übergang zwischen zwei trophischen Ebenen die Größe und Individuenzahl von Spitzenkarnivoren am Ende einer Nahrungskette. Eine weitere Variation dieses Themas ist der Einsatz von Giften, um auch größere, stärkere oder schnellere Beutetiere zu überwältigen. Als Beispiele seien hier Vertreter der Kegelschnecken, Skorpione, zahlreiche Schlangen sowie Hohltiere genannt.

Filtrierer umgehen den Nachteil langer Nahrungsketten, indem sie auf einer niedrigeren trophischen Stufe ansetzen. Dort ist die Organismenzahl zwar sehr hoch, ihre individuelle Größe jedoch eher gering, sodass sehr viele einzelne Beutetiere zur Deckung des Energiebedarfs nötig sind. Auch hier finden wir sehr unterschiedliche Mechanismen und Verhaltensanpassungen, deren evolutionärer Erfolg sich in der weiten Verbreitung dieser Strategie im Tierreich und der beeindruckenden Größe einzelner Tierarten manifestiert.

Photo- und chemoautotrophe Symbiosen basieren auf den Fähigkeiten einiger Mikroorganismen, anorganische Energiequellen in Form von Sonnenlicht oder Geothermie für Biosynthesen zu nutzen. Beide Symbiosen ermöglichen die Synthese energiereicher organischer Verbindungen aus anorganischen Molekülen – Kohlenstoffdioxid und Wasser bei photoautotrophen und Schwefelwasserstoff bei chemoautotrophen Organismen. Dabei produzieren die Mikroorganismen mehr organische Substanz als sie selbst für ihren Energie- und Baustoffwechsel benötigen, sodass überschüssige Moleküle an den Wirtsorganismus abgegeben werden können. Der direkte, nicht über die Nahrungskette vermittelte Transfer verringert die oben genannten Energieverluste.

Bei heterotrophen Symbiosen, wie sie beispielhaft im Magen von Wiederkäuern vorkommen, schließen die Mikroorganismen sonst unverdauliche Strukturkohlenhydrate wie Cellulose auf. Der enzymatische Abbau von Cellulose liefert zunächst Glucose, die unter anaeroben Bedingungen weiter zu kurzkettigen Fettsäuren fermentiert wird. Als Endprodukte der Fermentation werden die Fettsäuren vom Wirtsorganismus absorbiert und im Zellstoffwechsel weiterverarbeitet. Zur Wiederverwertung von Stickstoff wandeln die Endosymbionten den vom Wirtsorganismus produzierten Harnstoff in Ammoniak (NH_3) um. NH_3 wiederum dient den Mikroorganismen als Stickstoffquelle für die Synthese von Aminosäuren, die – ebenso wie die Vitamine – erst nach enzymatischer Verdauung der Symbionten für den Wirt verfügbar sind.

1.5 Verdauungstrakt der Wirbeltiere

Die **Verdauung** dient der enzymatischen Zerlegung komplexer organischer Moleküle, die mit der Nahrung aufgenommen werden, in kleinere, absorbierbare Einheiten. *Nur diese Endprodukte der Verdauung können durch Transportprozesse aus dem Magen-Darm-Trakt in die Körperzellen gelangen.*

Die meisten Organismen verfügen über einen **vollständigen Verdauungstrakt**, in dem die Nahrung gerichtet durch einen an beiden Enden offenen Verdauungskanal geschleust wird. Diese röhrenförmige Struktur ermöglicht im Gegensatz zum **Gastrovaskularsystem** der *Cni-*

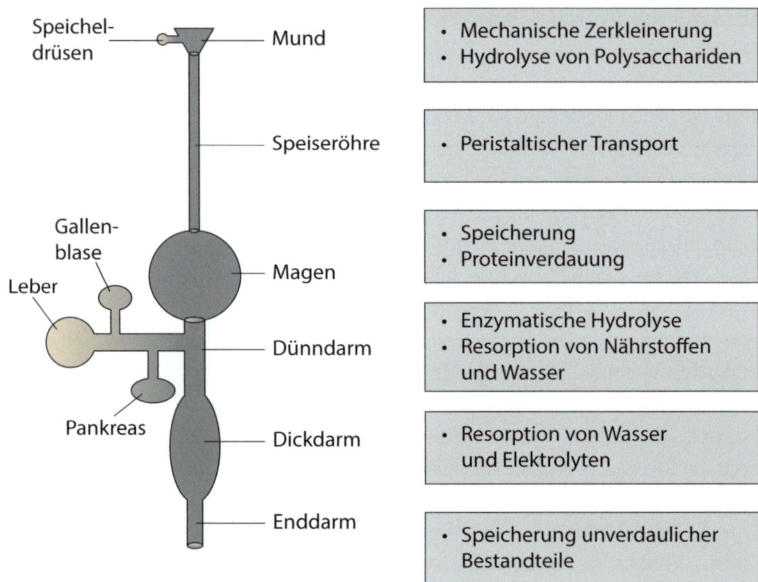

◘ Abb. 1.15 Schematische Darstellung des menschlichen Magen-Darm-Trakts beispielhaft für das Verdauungssystem von Säugetieren. In ein Röhrensystem, das vom Mund bis zum Enddarm durchgängig ist, münden die Ausführgänge der akzessorischen Drüsen (Speicheldrüsen, Leber, Pankreas). Jeder Bereich des Verdauungskanals ist auf bestimmte Aufgaben spezialisiert und durch Sphinkter von benachbarten Regionen abgegrenzt. Auf der rechten Seite sind die wichtigsten Funktionen aufgelistet (nach [4]. Mit freundlicher Genehmigung von Pearson Studium.)

daria die funktionelle Spezialisierung einzelner Abschnitte.[16] So kann beispielsweise Nahrung gespeichert und im Verlauf der Passage durch den Verdauungskanal unterschiedlichen hydrolytischen Enzymen ausgesetzt werden, wodurch ein Organismus die in der aufgenommenen Nahrung enthaltenen Nährstoffe effizienter verwerten kann.

1.5.1 Aufbau des Verdauungstrakts

Wir werden den Gastrointestinaltrakt der Säugetiere exemplarisch für einen vollständigen Verdauungstrakt besprechen (◘ Abb. 1.15). Dieser besteht grundsätzlich aus dem Kanalsystem selbst (Mund, Speiseröhre, Magen, Dünn- und Dickdarm), in das **akzessorische Drüsen** (Speicheldrüsen, Leber, Pankreas) Verdauungssekrete freisetzen. Für den Weitertransport der Nahrung sorgen peristaltische Kontraktionen der glatten Muskulatur in der Wand des Kanals. Einzelne Kompartimente sind durch ringförmige Sphinkter (Schließmuskeln) voneinander getrennt, um eine kontrollierte Passage des Nahrungsbreis zu gewährleisten, sodass eine mögliche Durchmischung (pH-Optimum verschiedener Enzyme) sowie die Überlastung einzelner Regionen vermieden wird.

Die Nahrung wird entweder im Ganzen heruntergeschluckt oder durch Zähne in der Mundhöhle mechanisch zerkleinert. Die Zerkleinerung vergrößert die Oberfläche und liefert

---

[16] Ein Gastrovaskularsystem ist ein Hohlraum des Körpers, der mit der Außenwelt nur über eine einzige Öffnung in Verbindung steht. Ein gerichteter Nahrungstransport ist daher nicht möglich.

so den hydrolytischen Enzymen mehr Angriffsfläche. Drei verschiedene **Speicheldrüsen**[17] setzen Muzine frei, die den Nahrungsbrei zum Schlucken und Weitertransport gleitfähiger machen. Den größten Anteil der von den Speicheldrüsen hergestellten Proteine stellen die sogenannten prolinreichen Proteine, die antimikrobiell wirken, als zusätzliches Gleitmittel dienen, Ca^{2+} binden und den Zahnschmelz schützen. Außerdem produzieren die Speicheldrüsen drei unterschiedliche Arten hydrolytischer Enzyme: (1) **α-Amylase**, die Stärke und Glykogen bis zum Disaccharid Maltose abbaut, (2) eine **saure Lipase** und (3) eine **Ribonuclease**. Insgesamt werden pro Tag etwa 1 bis 1,5 l Speichel gebildet.

Durch Schlucken gelangt die zerkleinerte Nahrung über den **Ösophagus** (Speiseröhre) in den **Magen**, der vor allem der Nahrungsspeicherung und der Proteinverdauung dient. Verschiedene sekretorische Zellen der Magenschleimhaut produzieren täglich ca. 2,5 bis 3 l **Magensaft**, der aus Muzinen, Salzsäure und proteolytischen Enzymen besteht.

Die Speicherfunktion des Magens erlaubt es zahlreichen Organismen, mit wenigen Mahlzeiten am Tag auszukommen, obwohl ihre Körpergewebe ständig Energie benötigen. Insgesamt kann der Magen aufgrund seiner elastischen Wand etwa 2 l feste und flüssige Nahrung aufnehmen und bis zu sechs Stunden speichern.

Der als **Chymus** bezeichnete teilweise verdaute Nahrungsbrei verlässt den Magen durch den **Pylorus** (Pförtner), der als Ringmuskel am Magenausgang für eine portionsweise Abgabe in den anschließenden Dünndarm sorgt. Im **Dünndarm** – bestehend aus Duodenum, Jejunum und Ileum – findet der größte Teil der Verdauung von Kohlenhydraten, Proteinen, Lipiden und Nukleinsäuren statt und die meisten Monomere werden dort vom Organismus resorbiert. Die Verdauungstätigkeit des Dünndarms wird durch das Pankreassekret sowie durch Gallensäuren unterstützt. Abhängig von der Nahrungszufuhr bildet das **Pankreas** (Bauchspeicheldrüse) zwischen 1 bis 3 l Sekret pro Tag. Das Pankreassekret neutralisiert den sauren Nahrungsbrei aus dem Magen und hydrolysiert alle Makromoleküle der Nahrung. Die Gallensäuren werden in der **Leber** gebildet und in der **Gallenblase** gespeichert. Sie sind für die Emulgation von Fetten und somit für ihre Löslichkeit in den wässrigen Körperflüssigkeiten wie Blut und Lymphe unerlässlich. Weiterhin findet im Dünndarm der größte Teil der **Resorption** von Nährstoffen, Wasser und Elektrolyten aus dem Darmlumen in den Körper statt. Zur Optimierung der Resorption ist die Fläche des Dünndarmepithels mit ca. $200\,m^2$ enorm vergrößert.

Der **Dickdarm** bildet mit Colon, Caecum und Rectum das Ende des Verdauungskanals. Er dient der weiteren Rückgewinnung von Wasser und Elektrolyten und der Speicherung unverdaulicher Nahrungsbestandteile bis zu ihrer Ausscheidung.

1.5.2 Verdauung im Magen

Die zerkleinerte Nahrung gelangt über den Ösophagus in den Magen, wo sie für die folgenden Verdauungsprozesse vorübergehend gespeichert wird. Die innere Auskleidung des Magens besteht aus zahlreichen Einfaltungen, die der Oberflächenvergrößerung dienen. Magengrübchen führen zu den aus unterschiedlichen Epithelzellen bestehenden **Magendrüsen**, deren Sekrete die Zusammensetzung des **Magensaftes** bestimmen.

Die wichtigsten Bestandteile des Magensaftes sind Salzsäure und Pepsinogen. **Salzsäure** zerstört die extrazelluläre Matrix in pflanzlichen und tierischen Geweben, wodurch ihre Verdauung wesentlich erleichtert wird. Weiterhin denaturiert Salzsäure Proteine, sodass die im

---

[17] Die paarigen Speicheldrüsen werden als Glandula parotis (Ohrspeicheldrüse), Glandula submandibularis (Unterkieferdrüse) und Glandula sublingualis (Unterzungendrüse) bezeichnet.

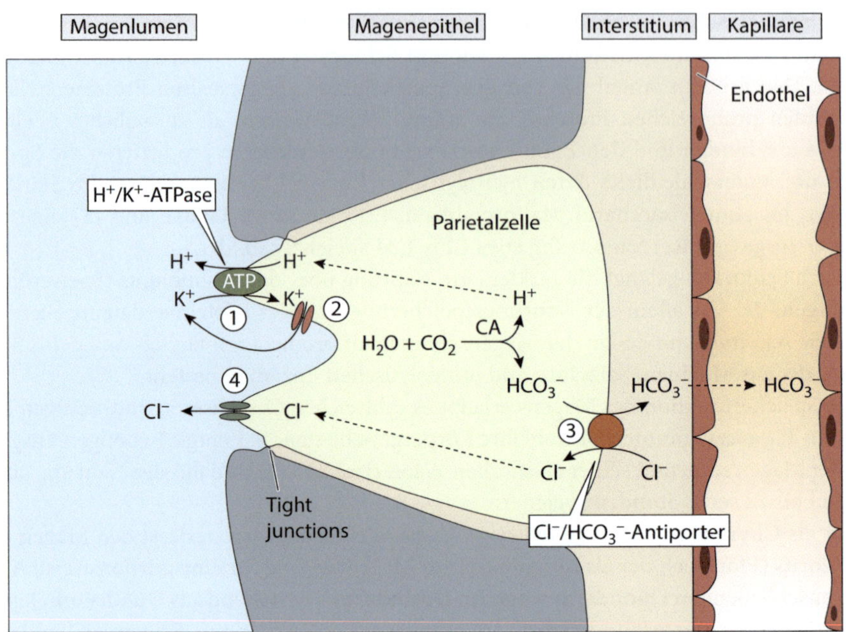

◘ Abb. 1.16 Sekretion von Salzsäure durch Parietalzellen des Magenepithels. ① Die H^+/K^+-ATPase pumpt Protonen unter ATP-Verbrauch aus den Parietalzellen ins Lumen des Magens. ② K^+-Ionen verlassen die Parietalzelle durch offene Kanäle. ③ Hydrogencarbonat gelangt im Austausch gegen Chlorid in die interstitielle Flüssigkeit und von dort ins Blut. ④ Cl^--Ionen diffundieren durch offene Kanäle in das Magenlumen. Tight Junctions verbinden die Parietalzellen mit benachbarten Epithelzellen und verhindern den parazellulären Transport von Substanzen aus dem Magenlumen ins Interstitium. CA, Carboanhydrase

Inneren der Proteinmoleküle liegenden Peptidbindungen für die enzymatische Hydrolyse zugänglich werden. Schließlich tötet die Säure in der Nahrung vorkommende Mikroorganismen ab und desinfiziert auf diese Weise den Nahrungsbrei.

Die Salzsäure wird von den **Parietalzellen** (Belegzellen) des Magenfundus produziert (◘ Abb. 1.16). Dabei stammen die Protonen (H^+) aus der Dissoziation von Kohlensäure (H_2CO_3), die wiederum durch das Enzym **Carboanhydrase** aus CO_2 und H_2O gebildet wird:

$$CO_2 + H_2O \rightleftharpoons H_2CO_3 \rightleftharpoons H^+ + HCO_3^-. \tag{1.1}$$

Gemäß der Reaktion (1.1) dissoziiert Kohlensäure unvollständig zu H^+ und Hydrogencarbonat (HCO_3^-). In den Parietalzellen des Magenepithels führen die folgenden molekularen Transportprozesse zur Bildung von Salzsäure (HCl) (◘ Abb. 1.16):

1. Protonen werden durch eine H^+/K^+-ATPase aus den Parietalzellen in das Magenlumen gepumpt. *Dieser Vorgang ist aktiv und erfordert Energie in Form von ATP.*
2. K^+-Ionen verlassen die Zelle durch offene Kaliumkanäle entlang ihres Konzentrationsgradienten in Richtung Magenlumen.
3. HCO_3^- wird im Antiport gegen Chlorid (Cl^-) ins Interstitium transportiert und gelangt von dort ins Blut, sodass der pH-Wert des venösen Blutes im Anschluss an eine Mahlzeit kurzfristig ansteigt.

4. Die Cl^--Ionen folgen ebenfalls ihrem nach außen gerichteten Konzentrationsgradienten und gelangen durch offene Kanäle an der apikalen Seite der Parietalzellen in den Extrazellulärraum.

Durch diesen Mechanismus der aktiven Sekretion von Protonen bilden die Parietalzellen ein stark saures Sekret, das mit einem pH-Wert von 0,8 bis 1,5 eine 10^6fach höhere Protonenkonzentration als das Blut aufweist. Außerdem sezernieren die Belegzellen den für die Absorption von Vitamin B_{12} entscheidenden **Intrinsic-Faktor**. Vitamin B_{12} und Intrinsic-Faktor bilden einen Komplex, der im unteren Ileum an einen spezifischen Rezeptor (Cubilin) bindet und anschließend durch Endozytose[18] aufgenommen wird.

Im Magen beginnt die Verdauung von Proteinen. Die **Hauptzellen** des Magens bilden die inaktive Proteasevorstufe **Pepsinogen**, die im Magenlumen unter Einwirkung von HCl in das aktive Enzym **Pepsin** umgewandelt wird. Pepsin wiederum spaltet weiteres Pepsinogen, sodass in einer positiven Rückkopplung immer mehr Pepsin entsteht. Pepsin ist eine **Endopeptidase**, die Proteine im Inneren der Aminosäurekette spaltet und auf diese Weise Bruchstücke von 600 bis 3000 Da[19] produziert. Das pH-Optimum von Pepsin liegt bei 1,8 – daher ist das Enzym nur im stark sauren Milieu des Magens hydrolytisch aktiv.

In den **Nebenzellen** wird der aus Muzinen bestehende Schleim produziert. **Muzine** sind hochmolekulare Glykoproteine, die mit einer Transmembranhelix in der Epithelzellmembran verankert sind und so das gesamte Magenepithel gelartig mit einer etwa 0,5 mm dicken Schicht überziehen. Die Nebenzellen produzieren außerdem HCO_3^-, das in einer strömungsfreien Schicht direkt die Epithelzellen umgibt und der Pufferung der Magensäure dient. *Schleimschicht und HCO_3^- bilden zusammen einen wirkungsvollen Schutzmechanismus, um die aggressive Säure und Proteasen vom Magenepithel fernzuhalten.* Verletzungen dieser Schutzschicht können zu Magengeschwüren (**Ulcus**) führen, wobei eine Infektion mit *Helicobacter pylori* eine der wichtigsten Ursachen ist. *Helicobacter* induziert eine Entzündung der Magenschleimhaut (**Gastritis**), was letztlich zu einer verstärkten Bildung von Salzsäure und Pepsin führt, wodurch die Schutzmechanismen des Magenepithels überfordert werden.

1.5.3 Verdauung im Dünndarm

Der Dünndarm besteht aus den drei Abschnitten **Duodenum** (Zwölffingerdarm), **Jejunum** (Leerdarm) und **Ileum** (Krummdarm). *Im 20 bis 30 cm langen Duodenum findet der Hauptteil der Verdauung statt, während Jejunum (1,5 m) und Ileum (2 m) vor allem für die Resorption von Nährstoffen verantwortlich sind.* Durch die vom enterischen Nervensystem gesteuerten Bewegungen des Dünndarms wird der Nahrungsbrei ständig durchmischt. Auf diese Weise kommen die Nahrungsmoleküle immer wieder von Neuem in Kontakt mit hydrolytischen Enzymen und durch das Aufwirbeln ruhender, dem Dünndarmepithel anliegender Schichten wird die Resorption gefördert. Die hydrolytischen Enzyme befinden sich sowohl im Lumen des Dünndarms als auch in den apikalen Membranen der Epithelzellen der Dünndarmwand (▶ Abschn. 1.6).

Am Beginn des Duodenums öffnen sich mit **Pankreasgang** und **Gallengang** die ausführenden Gänge der wichtigsten akzessorischen Drüsen Pankreas und Leber in den Verdauungstrakt. An dieser Stelle vermischt sich der Nahrungsbrei aus dem Magen mit dem Sekret des

---

[18] Endozytose bezeichnet die Aufnahme von Molekülen, Zellfragmenten und ganzen Zellen in eine Zelle.
[19] Da ist eine Abkürzung für Dalton und bezeichnet hier die Summe der Atommassen eines Moleküls.

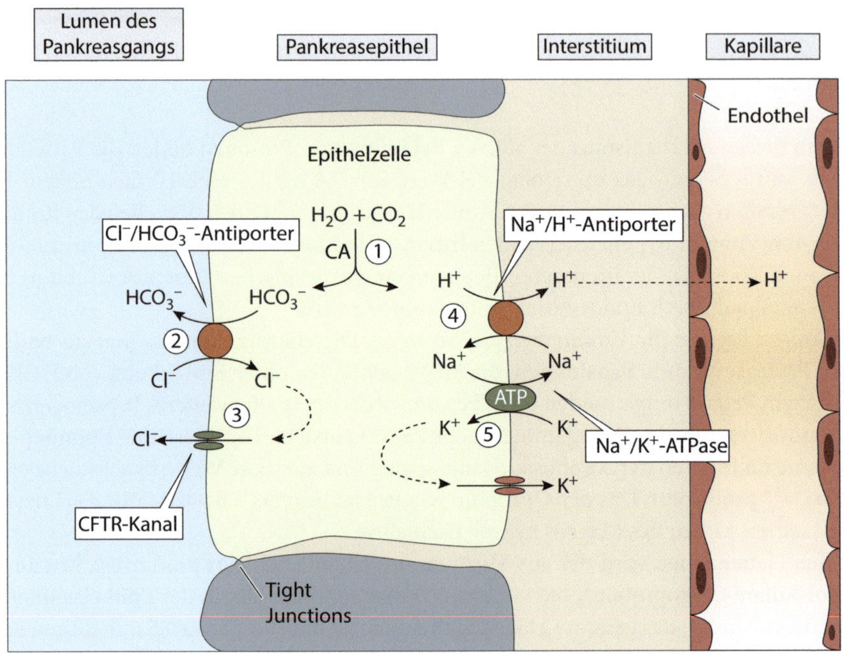

◘ Abb. 1.17 Sekretion von Hydrogencarbonat in die Ausführgänge des Pankreas. ① Carboanhydrase katalysiert die Bildung von Kohlensäure, die in Hydrogencarbonat (HCO_3^-) und Protonen (H^+) dissoziiert. ② Aufgrund der apikalen Lokalisation des Cl^-/HCO_3^--Antiporters wird Hydrogencarbonat in das Lumen eines pankreatischen Ausführgangs sezerniert, während gleichzeitig Cl^- in die Zelle gelangt. ③ Cl^--Ionen diffundieren durch einen apikalen CFTR-Kanal zurück ins Lumen des Ausführgangs. ④ Protonen gelangen durch einen basolateralen Na^+/H^+-Antiporter ins Interstitium und von dort ins Kreislaufsystem. ⑤ Der Na^+-Gradient wird durch eine basolaterale Na^+/K^+-ATPase erzeugt und aufrechterhalten. CA, Carboanhydrase

exokrinen Pankreas[20] und der von der Leber produzierten Galle. Zunächst muss der saure Nahrungsbrei neutralisiert werden, um (1) säurebedingte Schädigungen des Dünndarmepithels zu vermeiden und (2) ein pH-Optimum für die Enzyme des Pankreas herzustellen. Zur Neutralisation der Magensäure enthält das Pankreassekret **Hydrogencarbonat**, das mit den Protonen der Salzsäure zu Kohlensäure reagiert und so die Reaktion in Gl. 1.1 nach links verschiebt.

Im Pankreas wird Hydrogencarbonat von den Epithelzellen der ausführenden Gänge mithilfe des Enzyms Carboanhydrase hergestellt und durch den folgenden Transportmechanismus in das Duodenum sezerniert (◘ Abb. 1.17):

1. Die Epithelzellen des Pankreasgangs enthalten sehr viel Carboanhydrase, die wie in den Parietalzellen des Magens aus Wasser und Kohlenstoffdioxid Hydrogencarbonat bildet (Gl. 1.1).
2. HCO_3^- wird jedoch nicht in die interstitielle Flüssigkeit, sondern mithilfe eines apikalen **Cl^-/HCO_3^--Antiporters** in das Lumen der Ausführgänge sezerniert. Der Antiporter ist elektrisch neutral, da für jedes nach außen transportierte HCO_3^--Molekül ein Cl^--Molekül in die Zelle gelangt.

---

[20] Im Gegensatz zum exokrinen Teil des Pankreas, der an Verdauungsprozessen beteiligt ist, produziert der endokrine Teil des Pankreas Hormone wie Insulin und Glucagon.

3. Die auf diese Weise in die Epithelzelle transportierten Cl^--Ionen diffundieren durch einen Cl^--Kanal vom **CFTR-Typ**[21] zurück in das Lumen des Pankreas.
4. Die bei der Carboanhydrasereaktion entstehenden Protonen gelangen auf der basolateralen Seite über einen **Na^+/H^+-Antiporter** in die interstitielle Flüssigkeit und anschließend in den intestinalen Kreislauf, wo sie durch die von den Parietalzellen gebildeten HCO_3^--Ionen teilweise neutralisiert werden (▶ Abschn. 1.5.2).
5. Überschüssige Na^+-Ionen in den Epithelzellen werden durch eine basolaterale **Na^+/K^+-ATPase** wieder in den interstitiellen Raum zurücktransportiert, während K^+-Ionen durch offene Kanäle entlang ihres Konzentrationsgradienten ins Interstitium diffundieren.

Die Aktivität der Na^+/K^+-ATPase und des Na^+/H^+-Austauschers sind für die Sekretion von Hydrogencarbonat von entscheidender Bedeutung: *Die Na^+/K^+-ATPase erzeugt den Konzentrationsgradienten für* Na^+, *der wiederum den Na^+/H^+-Austauscher antreibt.* Auf diese Weise werden Protonen aus der Zelle entfernt und die Carboanhydrasereaktion gemäß dem Massenwirkungsgesetz in Richtung der Bildung von Hydrogencarbonat verschoben. Der Einsatz metabolischer Energie in Form von ATP verhindert die Einstellung eines Gleichgewichts zwischen CO_2 und HCO_3^- und gewährleistet so im Bedarfsfall die kontinuierliche Produktion von Hydrogencarbonat.

Im Vergleich zu den Parietalzellen des Magens führt die räumliche Verschiebung des Cl^-/HCO_3^--Antiporters von der basolateralen auf die apikale Seite der Zelle zu einer gegensätzlichen Wirkungsweise: Sekretion von Salzsäure und Ansäuerung im Magen, aber Sekretion von HCO_3^- und Neutralisation im Duodenum. *Die Polarität der Epithelzellen, die sich vor allem in einer differenziellen Lokalisation ihrer Transportproteine manifestiert, ist demnach eine notwendige Voraussetzung für ihre gewebeabhängige Funktion.* Ebenso wichtig ist jedoch die Tatsache, dass **Tight Junctions** als interzelluläre Barrieren den ungehinderten Stoffaustausch zwischen Lumen und Interstitium unterbinden.

Weiterhin enthält das Pankreassekret hydrolytische Enzyme zur Verdauung von Proteinen (Proteasen), Kohlenhydraten (Amylasen) und Fetten (Lipasen). Ähnlich der Aktivierung des Pepsins im Magen werden die Proteasen des Pankreas als inaktive Vorstufen in die Ausführgänge sezerniert, um eine Selbstverdauung des Organs zu verhindern (▶ Abschn. 1.6.1). Die eigentliche Aktivierung erfolgt erst im Lumen des Dünndarms durch die **Enteropeptidase**, die im Epithel des Duodenums verankert ist. Im Falle einer vorzeitigen Aktivierung proteo- und lipolytischer Enzyme kann eine lebensbedrohliche akute **Pankreatitis** auftreten.

Die mit der Nahrung aufgenommenen Fette, insbesondere Triglyceride und Cholesterin, sind im wässrigen Nahrungsbrei des Dünndarms unlöslich. Damit sie von den Pankreaslipasen hydrolysiert werden können, müssen sie emulgiert, d. h. in Lösung gebracht werden. Zu diesem Zweck werden in den Hepatozyten der Leber **Gallensäuren** gebildet, amphipathische Moleküle, die in wässriger Lösung spontan **Mizellen** bilden. Hierbei handelt es sich um kugelförmige Moleküläggregate von 3 bis 10 nm Durchmesser, bei denen die unpolaren Anteile im Inneren der Kugel durch hydrophobe Wechselwirkungen zusammengehalten werden, während die hydrophilen Gruppen nach außen in die wässrige Lösung gerichtet sind (◘ Abb. 1.18). In den lipophilen Kern können unter Bildung **gemischter Mizellen** andere Lipide wie Cholesterin und freie Fettsäuren eingebaut und auf diese Weise in Lösung gebracht werden. Dies macht die Nahrungslipide für die Lipasen besser angreifbar und trägt zu einer effizienteren

---

[21] Ein Defekt des CFTR-(*Cystic-Fibrosis-Transmembrane-Conductance-Regulator-*)Kanals führt zu einer Erhöhung der Viskosität und einer Verringerung des Volumens des Pankreassekrets und damit zu einer Pankreasinsuffizienz. Die Bildung von Zysten bei gleichzeitiger Erhöhung des Bindegewebeanteils (Fibrose) im Pankreas ist namensgebend für das Krankheitsbild der zystischen Fibrose (Mukoviszidose).

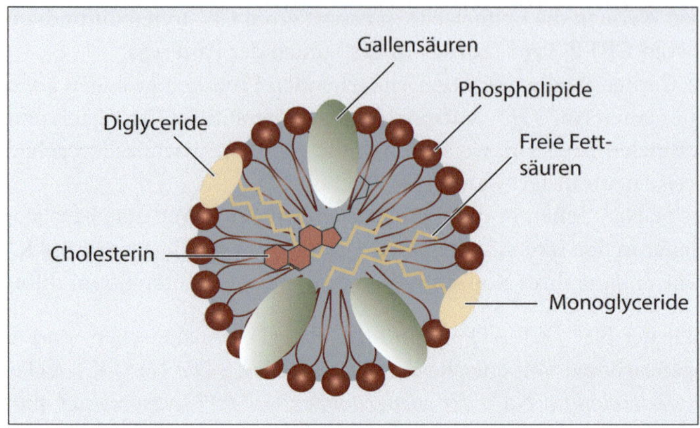

◘ Abb. 1.18   Schematischer Aufbau von Mizellen. Gemischte Mizellen enthalten Gallensäuren, Phospholipide sowie Mono- und Diglyceride, deren polare Gruppen nach außen gerichtet sind. Im hydrophoben Inneren der Mizellen werden freie Fettsäuren und Cholesterin transportiert

Hydrolyse bei. Insgesamt besitzt der menschliche Körper etwa 2 bis 4 g an Gallensäuren, was für den täglichen Bedarf nicht ausreicht. Daher zirkulieren die Gallensäuren mehrmals täglich im **enterohepatischen Kreislauf** zwischen Dünndarm und Leber.

Die Schleimhaut des Dünndarms produziert täglich 2,5 bis 3 l eines an Muzinen und Hydrogencarbonat reichen Verdauungssekrets. Die Muzine überziehen das Darmepithel mit einer gelartigen Schicht, die vor dem sauren Chymus des Magens und den aktiven Proteasen schützt. Neben der Sekretion von Gallenflüssigkeit ist die Leber an zahlreichen anderen wichtigen Prozessen im Kohlenhydrat-, Protein- und Lipidstoffwechsel beteiligt. Sie spielt außerdem eine wesentliche Rolle für **Biotransformationen** – die Umwandlung körpereigener oder -fremder, meist toxischer Substanzen in harmlose Ausscheidungsprodukte.

1.5.4 Zusammenfassung

Alle Verdauungsprozesse finden in dafür spezialisierten Kompartimenten des Magen-Darm-Trakts statt. Die Entwicklung eines vollständigen Verdauungskanals mit funktionell getrennten Räumen stellt einen großen evolutionären Fortschritt dar, da (1) die Nahrung sequenziell und damit effizienter aufgeschlossen und verwertet werden kann und (2) Organismen neue Nahrung aufnehmen können, während die Verdauungsprozesse noch andauern.

Ein vollständiger Verdauungskanal ist an beiden Enden offen und besteht aus einem tubulären System, in das akzessorische Drüsen mit ihren Ausführgängen einmünden. Bei den hier beispielhaft behandelten Wirbeltieren besteht der Verdauungskanal aus Mund, Ösophagus, Magen, Dünndarm und Dickdarm – eine Aufeinanderfolge einzelner, durch Schließmuskel getrennter Räume, die insgesamt für die Passage der Nahrung, ihre Verdauung und Resorption verantwortlich sind (◘ Abb. 1.15). Die Verdauung erfolgt zum größten Teil extrazellulär, indem akzessorische Drüsen, zu denen Speicheldrüsen, Leber und Pankreas gehören, hydrolytische Enzyme ins Lumen des Verdauungskanals freisetzen. Weitere Bestandteile der Verdauungssekrete sind Muzine zur Bildung einer Schutzschicht für Magen- und Darmepithel sowie Hydrogencarbonat zur Neutralisation der Magensäure beim Eintritt des Nahrungsbreis aus dem Magen ins Duodenum.

Im Mundraum beginnt die Kohlenhydratverdauung aufgrund der Aktivität der Speichelamylase; im stark sauren Milieu des Magens werden Proteine denaturiert und anschließend durch die Protease Pepsin in größere Peptidfragmente gespalten. Außerdem dient der Magen der kurzfristigen Speicherung der Nahrung.

Im Dünndarm finden der größte Teil der enzymatischen Spaltung von Proteinen, Kohlenhydraten und Lipiden sowie die Resorption der kleinmolekularen hydrolytischen Endprodukte statt.

Im Laufe der Passage durch den Verdauungskanal werden von den akzessorischen Drüsen und vom Darmepithel etwa 6 bis 8 l einer proteinhaltigen wässrigen Lösung produziert. Hinzu kommt noch das mit der Nahrung aufgenommene Wasser. Mehr als 80 % dieser Flüssigkeitsmenge werden bereits in den oberen Abschnitten des Dünndarms resorbiert, 18 % im Dickdarm, die restlichen 2 % werden ausgeschieden. Auch die Resorption zahlreicher Elektrolyte wie Na^+, Cl^-, K^+, Ca^{2+} und Mg^{2+} findet vor allem über das Dünndarmepithel statt. Die wichtigsten Funktionen des Dickdarms betreffen die abschließende Resorption von Mineralstoffen sowie die Speicherung unverdaulicher Nahrungsbestandteile bis zur Ausscheidung.

1.6 Verdauung von Nährstoffen

Die Nahrung der meisten Organismen besteht aus Makromolekülen, die in dieser Form vom Körper nicht aufgenommen werden können. *Die wichtigste Aufgabe der Verdauung ist daher die enzymatische Spaltung dieser hochmolekularen Verbindungen in kleinere Einheiten, für die entsprechende Transportsysteme aus dem Verdauungskanal ins Körperinnere existieren.*

Wie in ▶ Abschn. 1.3 beschrieben, entstehen Makromoleküle durch Kondensationsreaktionen, bei denen Monomere miteinander über kovalente Bindungen verknüpft werden. Die Umkehrung einer Kondensationsreaktion ist die Hydrolyse, die Spaltung der kovalenten Bindungen durch eine Reaktion mit Wasser (◘ Abb. 1.19a). Theoretisch ist dieser Prozess exergonisch[22], läuft aber unter physiologischen Bedingungen so langsam ab, dass er enzymatisch durch **Hydrolasen** beschleunigt werden muss. Diese Verdauungsenzyme wirken in drei unterschiedlichen Reaktionsräumen innerhalb eines Organismus (◘ Abb. 1.19b):

- **Intraluminale Enzyme** entfalten ihre Aktivität in einer Körperhöhle, etwa im Lumen des Magens oder des Dünndarms. Hierbei handelt es sich um eine Form der extrazellulären Verdauung.
- **Membranassoziierte Enzyme** sind an der apikalen Seite von Epithelien lokalisiert, die den Verdauungskanal auskleiden. Diese Form der Verdauung ist ebenfalls extrazellulär, da das katalytische Zentrum der Enzyme zum Lumen hin ausgerichtet ist. Ein Beispiel stellen die Oligopeptidasen im Bürstensaum des Dünndarmepithels dar.
- **Intrazelluläre Enzyme** finden sich meist in abgeschlossenen Organellen innerhalb von Zellen – beispielsweise sogenannte saure Hydrolasen in Lysosomen. Der Einschluss in Organellen schützt die zelleigenen Makromoleküle vor der katalytischen Aktivität der Enzyme. Diese intrazelluläre Verdauung ist bei Invertebraten weitverbreitet. Bei Säugern werden vor allem Di- und Tripeptide von cytoplasmatischen Endopeptidasen zu freien Aminosäuren hydrolysiert.

---

[22] Exergonische Reaktionen besitzen eine negative freie Energie ΔG, sie laufen daher spontan ab. Spontaneität sagt aber nichts über die Geschwindigkeit einer Reaktion aus (▶ Abschn. 2.2.3).

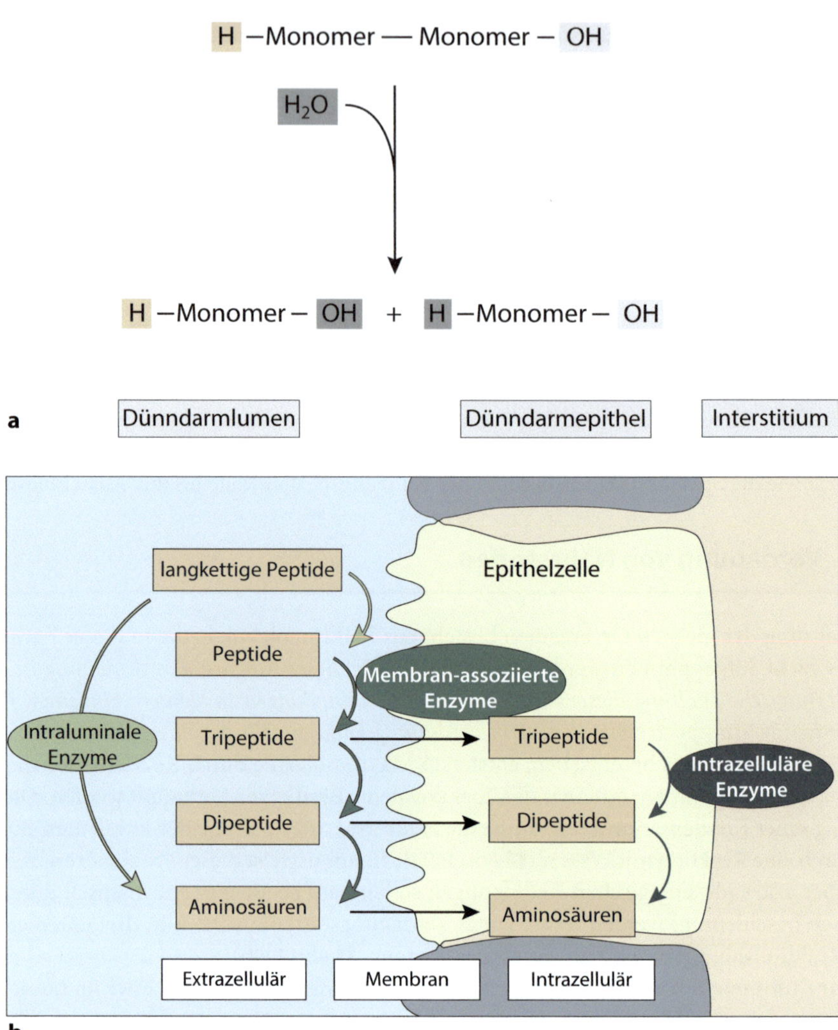

◘ Abb. 1.19   Verdauung von Proteinen. **a** Die kovalente Bindung zwischen den einzelnen Bausteinen eines Makromoleküls wird hydrolytisch gespalten, wobei die ursprünglichen Monomere entstehen. **b** Intraluminale und membranassoziierte Enzyme sind im Extrazellulärraum aktiv, während intrazelluläre Enzyme Verdauungsprozesse im Cytoplasma der Epithelzellen durchführen

1.6.1 Verdauung von Proteinen

Proteine sind lineare Sequenzen von Aminosäuren, die von Peptidbindungen zusammengehalten werden; ihre hydrolytische Spaltung erfolgt mithilfe von Proteasen. Zunächst werden die Proteine durch **Endoproteasen** wie Pepsin, Trypsin, Chymotrypsin und Elastase in kürzerkettige Poly- und Oligopeptide zerlegt. Anschließend spalten Amino- oder Carboxypeptidasen eine Aminosäure nach der anderen vom jeweiligen Ende der Peptidkette her ab (◘ Abb. 1.20). Da sie nicht Peptidbindungen im Inneren der Moleküle, sondern an ihren beiden Enden hydrolysieren, werden diese Enzyme als **Exopeptidasen** bezeichnet. *Als Endprodukte der hydro-*

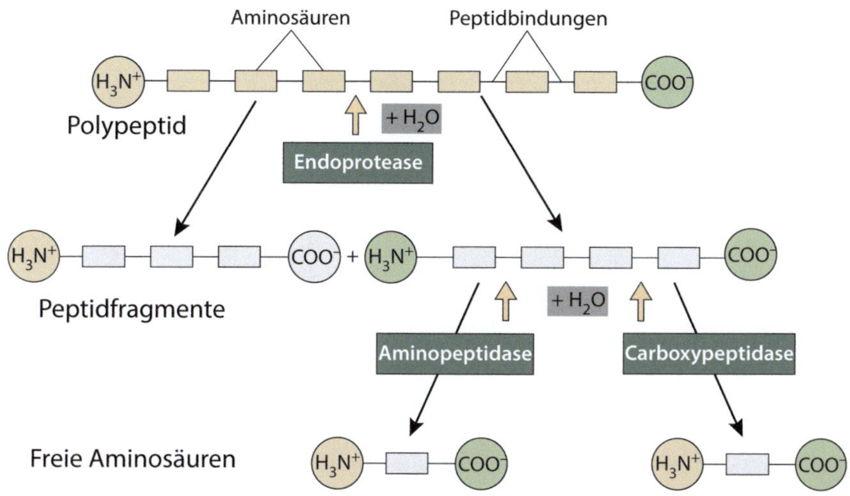

◘ Abb. 1.20 Hydrolytische Verdauung von Proteinen. Endoproteasen wie Pepsin und Trypsin spalten Peptidbindungen im Inneren der Aminosäurekette unter Bildung von kleineren Peptidfragmenten, während Exopeptidasen einzelne Aminosäuren vom aminoterminalen (Aminopeptidasen) oder vom carboxyterminalen Ende her (Carboxypeptidasen) abspalten

lytischen Spaltung von Proteinen entstehen freie Aminosäuren sowie Dipeptide und Tripeptide, die alle vom Dünndarmepithel resorbiert werden können.

Die Verdauung der Proteine beginnt im Magen, indem **Pepsin** Peptidbindungen, an denen die aromatischen Aminosäuren Phenylalanin und Tyrosin beteiligt sind, spaltet. Aufgrund dieser proteolytischen Aktivität im Magen entstehen größere Peptidfragmente, die ins Duodenum gelangen. Da Pepsin durch den steigenden pH-Wert im Dünndarm inaktiviert wird, übernehmen die Pankreasproteasen **Trypsin**, **Chymotrypsin** und **Elastase** die weitere Proteinverdauung. Trypsin bevorzugt Peptidbindungen mit Arginin- und Lysinresten, während Chymotrypsin Peptidbindungen aromatischer Aminosäuren hydrolysiert. Elastase schließlich spaltet vor allem neutrale Aminosäuren mit Kohlenwasserstoffseitenketten. *Die relativ breite Selektivität der luminalen Proteasen für Gruppen von Aminosäuren gewährleistet eine effiziente Proteolyse.*

Der letzte Schritt der Proteinverdauung erfolgt durch Proteasen in der apikalen Membran der Epithelzellen der Dünndarmwand, die auch als **Bürstensaummembran** bezeichnet wird. Die hierbei gebildeten Hydrolyseprodukte – freie Aminosäuren, Di- und Tripeptide – werden von den Epithelzellen mithilfe unspezifischer Transportproteine aufgenommen und im Cytoplasma der Zellen durch Amino- und Dipeptidasen in einzelne Aminosäuren zerlegt.

Die Proteasen in Magen und Pankreas unterscheiden nicht zwischen fremden und körpereigenen Proteinen, sodass beständig die Gefahr einer Selbstverdauung besteht. Ein wichtiger Schutzmechanismus besteht in der Synthese inaktiver Vorstufen, die als **Zymogene** bezeichnet werden. *Diese Proenzyme sind katalytisch nicht aktiv und werden erst an ihrem Wirkungsort im Magen oder Duodenum in enzymatisch aktive Hydrolasen umgewandelt.* Beispielsweise wird das inaktive Trypsinogen in die Ausführgänge des Pankreas sezerniert und gelangt von dort ins Lumen des Duodenums, wo es durch die membranständige **Enteropeptidase** zum aktiven Trypsin gespalten wird. Trypsin aktiviert in einem autokatalytischen Schritt weitere Trypsinogenmoleküle und außerdem andere pankreatische Hydrolasen, die ebenfalls

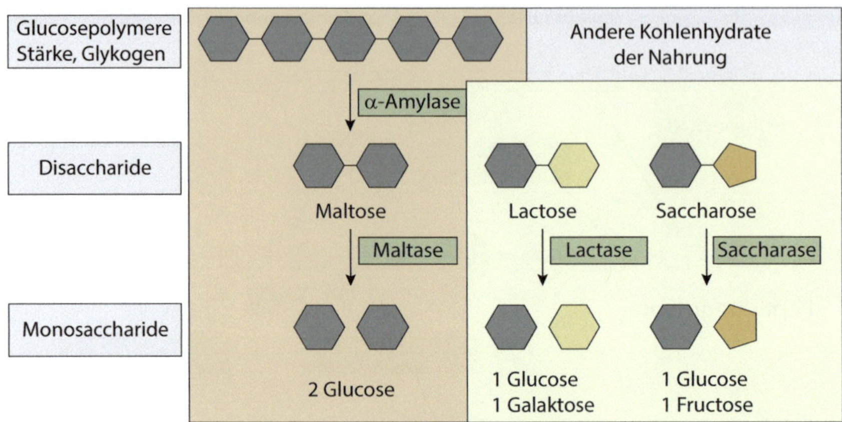

Abb. 1.21 Verdauung von Kohlenhydraten. Polysaccharide wie Stärke und Glykogen werden durch α-Amylase zu Maltose abgebaut. Anschließend wird Maltose zusammen mit anderen Disacchariden aus der Nahrung (Lactose, Saccharose) enzymatisch in die Monosaccharide Glucose, Galaktose und Fructose gespalten, die mittels Transporter vom Dünndarmepithel resorbiert werden

zunächst als Zymogene in das Lumen des Duodenums transportiert wurden. Durch diesen **positiven Rückkopplungsmechanismus** wird die Konzentration aktiver Proteasen in kurzer Zeit so stark erhöht, dass die mit der Nahrung aufgenommenen Proteine sehr schnell in freie Aminosäuren zerlegt werden können.

1.6.2 Verdauung von Kohlenhydraten

Um die linearen oder verzweigten Ketten von Polysacchariden aufzuschließen, müssen die glykosidischen Bindungen zwischen den monomeren Bausteinen gespalten werden. Die Verdauung der Polysaccharide Stärke und Glykogen beginnt mit der α-**Amylase** aus den Speicheldrüsen bereits im Mund und wird im Dünndarm durch die **Pankreasamylase** vervollständigt. Beide Amylasen spalten die α-1,4-glykosidischen Bindungen der Glucosepolymere zum Disaccharid Maltose. Die wichtigsten Disaccharide der Nahrung – Maltose, Saccharose und Lactose – werden von den entsprechenden **Disaccharidasen** Maltase, Saccharase und Lactase in die Einfachzucker Glucose, Fructose und Galaktose zerlegt (**Abb. 1.21**). Als membranständige Enzyme befinden sich Disaccharidasen im Bürstensaum des Dünndarmepithels.

1.6.3 Verdauung von Fetten

Bei der Fettverdauung wird die Esterbindung zwischen Fettsäuren und Glycerol enzymatisch gespalten, um beide Komponenten für den Organismus verfügbar zu machen. Die Fettverdauung beginnt mit der **Zungengrundlipase** im Speichel, die vor allem kurzkettige Fettsäuren aus den Triglyceriden des Milchfetts abspaltet. Die Lipase der Zungengrunddrüse ist ebenso wie die **Magenlipase** säurestabil – beide tragen wesentlich zur Fettverdauung bei Neugeborenen bei.

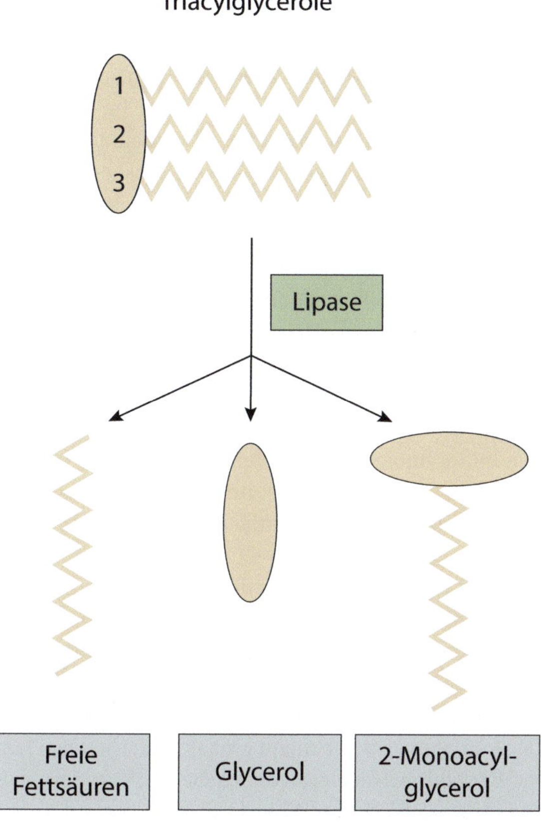

☐ Abb. 1.22 Verdauung von Fetten am Beispiel der Triglyceride. Durch hydrolytische Spaltung der Esterbindung an den Positionen C1 und C3 entstehen freie Fettsäuren und 2-Monoacylglyceride; bei der in geringerem Ausmaß vorkommenden vollständigen Hydrolyse wird zusätzlich Glycerol freigesetzt. Die Zahlen markieren die drei C-Atome im Glycerolmolekül

Die **Pankreaslipase** wird in Form von zwei Komponenten, die sich zu einem aktiven Komplex verbinden, vom Pankreas sezerniert.[23] Sie entfaltet ihre enzymatische Aktivität an der Grenzfläche zwischen Lipiden und Wasser – ihre katalytische Wirksamkeit hängt also weitgehend von der Größe dieser Oberfläche ab. *Daher ist die mit der Emulgation von Fetten durch Gallensäuren einhergehende Oberflächenvergrößerung eine wichtige Voraussetzung für eine effiziente hydrolytische Spaltung von Lipiden.* Aus Triglyceriden entstehen durch die Wirkung von Lipase und Colipase die Endprodukte Glycerol, freie Fettsäuren sowie 2-Monoacylglyceride (☐ Abb. 1.22).

Cholesterinesterasen und Phospholipasen hydrolysieren ebenfalls Lipide. Die Endprodukte der **Cholesterinesterase** sind Cholesterin und Fettsäuren, während Phospholipide in mehreren Schritten durch **Phospholipasen** abgebaut werden. Phospholipasen weisen eine Spezifität für das jeweilige Phospholipid, aber auch für die einzelnen Ester- und Phosphodiesterbindungen am Glycerolmolekül auf.

---

[23] Die Pankreaslipase besteht aus einer von Trypsin aktivierten Colipase sowie der TAG-Lipase, die zusammen mit der Colipase das aktive Enzym bildet.

1.6.4 Symbiosen – Celluloseverdauung durch Fermentation

Eine weitere Möglichkeit für einen Organismus, sich erforderliche Energieträger und essenzielle Nährstoffe zu verschaffen, haben wir im Zusammenhang mit den Symbiosen bereits kennengelernt (▶ Abschn. 1.4.1). Hierzu werden die Stoffwechselleistungen heterotropher Mikroorganismen (Bakterien und Protozoen), insbesondere ihre Ausstattung mit hydrolytischen Enzymen, für die Versorgung der Wirtstiere herangezogen. Diese Mikroorganismen finden sich im Verdauungstrakt von Vertebraten und Invertebraten, wo sie ihre Energie mittels anaerober Stoffwechselprozesse gewinnen. Der Abbau von Glucose und anderen organischen Nährstoffen unter Ausschluss von Sauerstoff wird als **Fermentation** bezeichnet. *Indem sie sich die Fermentationsleistungen von Mikroorganismen nutzbar machen, können auch Organismen ohne eine entsprechende Enzymausstattung Strukturkohlenhydrate wie Cellulose und Hemicellulose ernährungsphysiologisch verwerten.*[24]

Die Spaltung der β-glykosidischen Bindungen durch Cellulasen liefert Glucose, die von den Endosymbionten nicht vollständig zu CO_2 und H_2O, sondern nur bis zu den kurzkettigen Fettsäuren Acetat, Propionat und Butyrat abgebaut wird. Diese energiereichen Fettsäuren werden über das Epithel des Verdauungstrakts des Wirtsorganismus resorbiert. Allerdings entsteht bei ihrer Produktion neben CO_2 auch Methan (CH_4), das als effizientes Treibhausgas zusammen mit CO_2 wesentlich für die globale Erwärmung verantwortlich ist.

Bei dieser Form der fermentativen Verdauung wird Cellulose unter anaeroben Bedingungen abgebaut. Ein wichtiger Unterschied im Vergleich zum oxidativen Abbau von Glucose ist die wesentlich geringere Energieausbeute: *2 mol ATP pro Mol Glucose bei anaerobem Abbau stehen 38 mol ATP im aeroben Stoffwechsel gegenüber.* Dieser energetische Nachteil muss durch die Aufnahme entsprechend großer Futtermengen kompensiert werden.

Bei zahlreichen Herbivoren haben sich bestimmte Räume des Verdauungskanals auf die Behausung symbiotischer Mikroorganismen spezialisiert. Häufig findet der fermentative Abbau von Cellulose im Vorderdarm (Ösophagus, Magen) statt. **Wiederkäuer** (Rinder, Schafe, Ziegen, Elche, Antilopen, Giraffen, Kamele und andere) sind sogenannte **prägastrische Fermentierer**: Sie weisen eine hochgradige Spezialisierung ihres Vorderdarms auf, wobei sich vor allem das **Rumen** (Pansen) als Teil des Ösophagus zu einer großen Gärkammer entwickelt hat. *Die ständige Durchmischung von frisch zugeführter Nahrung mit dem bereits von Mikroorganismen besiedelten und teilweise vergorenen Nahrungsbrei ermöglicht einen effizienten fermentativen Abbau der Cellulose* (▶ Abschn. 1.4.1).

Neben dem Rumen besitzen Wiederkäuer noch weitere Mägen, von denen jedoch nur der sogenannte **Labmagen** eine säurehaltige Umgebung aufweist. Die Endosymbionten gelangen nach und nach in Labmagen und Dünndarm ($\sim$ 1,4 kg pro Tag beim Rind) und werden dort verdaut. Auf diese Weise erhält der Wirtsorganismus essenzielle Aminosäuren und B-Vitamine.

Bei anderen Tieren befinden sich die fermentativen Mikroorganismen in Teilen des Hinterdarms, vor allem im Caecum (Blinddarm) und im Colon des Dickdarms, die entsprechend vergrößert sind. Zu diesen **postgastrischen Fermentierern** gehören unter anderem die Hasenartigen, Pferde, Nashörner, Elefanten, Koalas und einige Nager. Auch hier werden durch Fermentation kurzkettige Fettsäuren gebildet, die über das Darmepithel resorbiert werden können. *Da sich die Mikroorganismen jedoch in einem Teil des Darmtrakts befinden, der hinter Magen und Dünndarm liegt, werden sie unverdaut ausgeschieden, sodass essenzielle Aminosäu-*

---

[24] Hemicellulose ist eine Sammelbezeichnung für Polysaccharide, die aus verschiedenen Hexosen und Pentosen aufgebaut sind. Da sie über β-glykosidische Verbindungen miteinander verknüpft sind, können sie wie Cellulose von den meisten Organismen nicht hydrolysiert und resorbiert werden.

ren und Vitamine verloren gehen. Viele Nagetiere und Hasenartige lösen dieses Problem, indem sie aus dem Inhalt des Caecums helle und weiche Kotballen produzieren und diese noch einmal aufnehmen (**Caecotrophie**). Eine erneute Passage durch den Verdauungskanal führt zu einem besseren Aufschluss der Nahrung und zur Verdauung und Resorption der von den Endosymbionten produzierten Nährstoffe. Bei der prä- und postgastrischen Fermentation werden etwa 50 % der Cellulose abgebaut, die andere Hälfte wird weitgehend unverdaut in Form von Ballaststoffen ausgeschieden.

Auch der menschliche Gastrointestinaltrakt beherbergt eine riesige Population von Mikroorganismen (*Eubacteria*, *Archaea* und *Protozoa*), die in ihrer Gesamtheit die Zahl der Körper- und Keimzellen um fast das Zehnfache übertrifft. Das menschliche Mikrobiom besteht aus einer Vielzahl von Zelllinien, die untereinander und mit dem Wirtsorganismus kommunizieren, Energie speichern und umverteilen, an zahlreichen biochemischen Reaktionen teilnehmen und sich durch Replikation selbst erhalten und vermehren. Im Vergleich zum menschlichen Genom besitzen die Mikroorganismen des Darmtrakts mehr als 100-mal mehr Gene, deren Produkte uns mit Eigenschaften ausstatten, die in unserer eigenen Evolution bisher nicht aufgetreten sind [1].

1.6.5 Zusammenfassung

Die in Form von Nahrung zugeführten Makromoleküle müssen in kleinere Bestandteile, meist ihre monomeren Einheiten gespalten werden, da nur diese vom Körper aufgenommen werden können. Daher können nur diejenigen Makromoleküle ernährungsphysiologisch verwertet werden, für die auch die passenden Verdauungsenzyme existieren. Aus diesem Grund sind Cellulose und Chitin für viele Organismen unverdauliche Ballaststoffe.

Die Spaltung kovalenter Bindungen in den Makromolekülen der Nahrung erfolgt durch Hydrolyse, wobei die Reaktionsgeschwindigkeit durch Verdauungsenzyme (Hydrolasen) beschleunigt wird. Verdauungsprozesse finden extrazellulär (intraluminale und membranassoziierte Enzyme) oder intrazellulär (lysosomale Enzyme) statt.

Die Peptidbindungen der Proteine werden von Proteasen gespalten, entweder durch Endoproteasen im Inneren der Peptidkette oder durch Exopeptidasen von ihrem Amino- oder Carboxylende her. Als Endprodukte der Proteinverdauung entstehen freie Aminosäuren sowie Di- und Tripeptide, die von Transportern im Dünndarmepithel resorbiert werden. Proteasen kommen im Lumen des Magens (Pepsin) und des Dünndarms (Trypsin, Chymotrypsin, Elastase) sowie in der apikalen Membran der intestinalen Epithelzellen vor.

Eine Verdauung körpereigener Proteine wird durch die Bildung proteolytisch inaktiver Vorstufen (Zymogene) und ihre lokale Umwandlung in aktive Hydrolasen verhindert.

Bei der Kohlenhydratverdauung werden die glykosidischen Bindungen von Polysacchariden durch α-Amylase aus Speicheldrüsen und Pankreas hydrolytisch gespalten. Disaccharidasen zerlegen die dabei entstehenden Zweifachzucker in die Monosaccharide Glucose, Galaktose und Fructose.

Der Hauptteil der Fettverdauung erfolgt durch Lipasen des Pankreas, die Triglyceride, Cholesterinester sowie Phospholipide in ihre jeweiligen Bestandteile zerlegen. Da Lipasen nur an der Lipid-Wasser-Grenzfläche wirksam sind, ist die Emulgation der Lipide durch Gallensäuren für die Fettverdauung essenziell.

Cellulose als Strukturelement aller Pflanzenzellen ist das häufigste Biopolymer weltweit und stellt eine nahezu unerschöpfliche Energiequelle dar. Andererseits exprimieren die meisten Herbivoren keine Cellulasen und sind daher auf endosymbiotische Mikroorganismen angewiesen, um Cellulose als Energieträger nutzen zu können. Sie beherbergen im weitgehend O_2-freien Milieu ihres Verdauungskanals Bakterien und Protozoen, die aufgrund ihrer enzymatischen Ausstattung in der Lage sind, die β-glykosidischen Bindungen der Cellulose zu hydrolysieren und die dabei entstehenden Glucosemonomere fermentativ zu kurzkettigen Fettsäuren abzubauen. Die Fettsäuren werden über das Darmepithel der Wirtsorganismen resorbiert und stellen den eigentlichen Energieträger dar.

Wiederkäuer sind das bekannteste Beispiel für prägastrische Fermentierer, bei denen sich die Mikroorganismen im Vorderdarm befinden; bei postgastrischen Fermentierern hat sich der Hinterdarm für die Behausung der Symbionten spezialisiert. In beiden Fällen stellt die Verdauung der Endosymbionten – entweder im Zuge der normalen Passage durch den Verdauungskanal oder durch Caecotrophie – die Versorgung mit essenziellen Aminosäuren und B-Vitaminen sicher.

1.7 Aufnahme von Nährstoffen

Als Resultat der extrazellulären Verdauungsprozesse liegen die Nährstoffe in einer kleinmolekularen Form vor und können so aus dem Verdauungskanal in den Körper aufgenommen werden. Freie Amino- und Fettsäuren sowie Monosaccharide überqueren die Epithelschicht des Magen-Darm-Trakts und werden mithilfe des Kreislaufsystems im Körper verteilt.

Epithelien sind Zellschichten, die eine Körperoberfläche, ein Organ oder einen Hohlraum umgeben und in seiner Form begrenzen (◗ Abb. 1.23). Einfache Epithelien bestehen aus einer einschichtigen Lage von Zellen, deren **apikale** Region nach außen gerichtet ist, während ihre **basale** Seite zum Körper hin zeigt. Epithelien liegen in der Regel auf einer extrazellulären

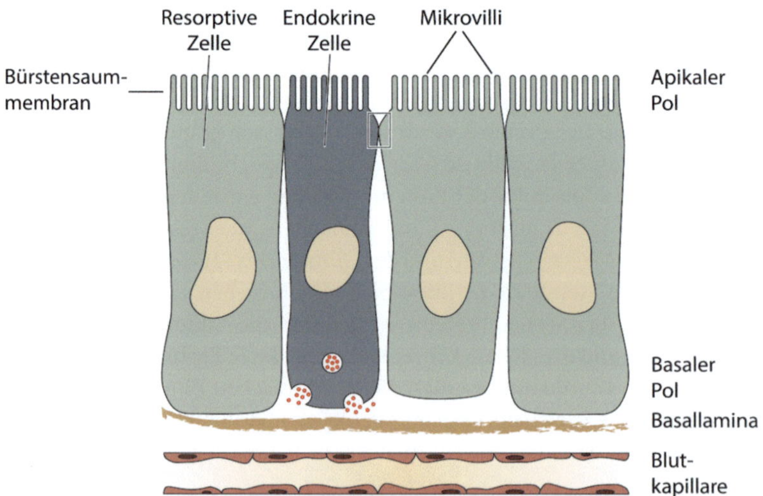

◗ **Abb. 1.23** Schematische Darstellung des einschichtigen Dünndarmepithels. Die apikale Region der Zellen zeigt zum Dünndarmlumen und ist mit Mikrovilli besetzt (Bürstensaummembran), während die basale Region zum Körper gerichtet ist und der Basallamina aufliegt. Apikale und basale Regionen sind durch Tight Junctions (Box) voneinander getrennt. In unmittelbarer Nähe befinden sich Kapillaren des Kreislaufsystems. Neben den resorptiven Zellen, die der Aufnahme der Verdauungsprodukte dienen, ist eine endokrine Zelle eingezeichnet, die Hormone zur Regulation der Verdauungsprozesse in den Blutstrom freisetzt. Die ebenfalls im Dünndarmepithel vorhandenen parakrin wirkenden Zellen sind nicht dargestellt

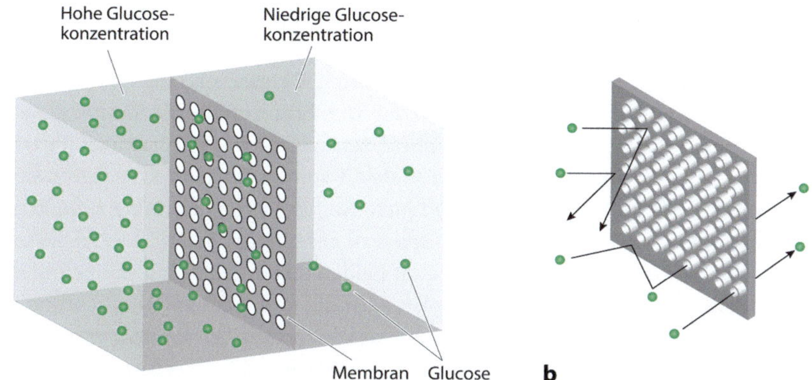

■ Abb. 1.24 Einfache Diffusion von Glucose durch eine Membran. **a** In dem Behälter befindet sich auf der linken Seite der Membran eine höhere Konzentration an Glucose als auf der rechten Seite. Glucose kann durch Poren in der Membran diffundieren. **b** Aufgrund ihrer ungerichteten thermischen Bewegungen kollidieren einzelne Glucosemoleküle miteinander und mit der Membran. Gelegentlich passiert ein Glucosemolekül zufällig eine Pore und gelangt auf die andere Seite der Membran (nach [7]. Mit freundlicher Genehmigung von Oxford University Press.)

Matrix aus Glykoproteinen und Kollagen, die als **Basallamina** oder Basalmembran bezeichnet wird. Unterhalb der Basalmembran befinden sich Blutkapillaren des Kreislaufsystems.

Wenn Epithelzellen aktiv an Transportprozessen, wie etwa der Resorption von Nahrungsbestandteilen, beteiligt sind, ist die Oberfläche ihrer apikalen Region meist durch Mikrovilli deutlich vergrößert. Tight Junctions zwischen benachbarten Epithelzellen verschließen die Zellzwischenräume und verhindern einen unkontrollierten parazellulären Transport.

Im Zuge der Aufnahme verdauter Nahrungsbestandteile über die Epithelien des Magen-Darm-Trakts spielen neben speziellen Transportproteinen Diffusionsprozesse eine zentrale Rolle. Wir besprechen daher zunächst die Grundlagen eines der wichtigsten biologischen Transportprozesse, der Diffusion.

1.7.1 Einfache Diffusion

Die **einfache Diffusion** ist ein physikalischer Prozess, der in biologischen Systemen den Transport von Stoffen über Membranen oder epitheliale Grenzschichten antreibt. Wir betrachten Diffusion zunächst auf der makroskopischen Ebene.

In einem Gefäß befindet sich auf der linken Seite eine hohe Konzentration von Glucose in einer wässrigen Lösung, auf der rechten Seite eine geringere Konzentration (■ Abb. 1.24a). Beide Seiten sind durch eine Membran getrennt, deren Poren für die Glucosemoleküle durchlässig sind. In diesem System wird sich Glucose quantitativ von links nach rechts bewegen, bis nach einer gewissen Zeit die Konzentrationen auf beiden Seiten der Membran gleich groß sind. In diesem Fall befindet sich das System im **Gleichgewicht**. *Bevor sich das Gleichgewicht einstellt, findet eine Nettobewegung der Moleküle von Bereichen höherer zu Regionen niedrigerer Konzentration statt.* Auch im Gleichgewicht diffundieren Moleküle weiterhin über die Membran, allerdings genauso viele von links nach rechts wie in umgekehrter Richtung. *Gleichgewicht bedeutet also nicht Stillstand und das Ende aller Molekülbewegungen, sondern stellt vielmehr einen dynamischen Zustand dar, in dem sich Zuwachs und Verlust auf beiden Seiten exakt ausgleichen.* Die zugrunde liegenden Mechanismen erschließen sich durch einen Blick auf die mikroskopische Ebene des Systems.

Oberhalb des absoluten Nullpunkts ($-273{,}15\,°C$) sind alle Atome und Moleküle unablässig in Bewegung. Diese thermische Bewegung ist aufgrund ständiger Kollisionen mit anderen Molekülen ungerichtet und insgesamt zufallsbedingt. Dennoch können auf diese Weise immer wieder Glucosemoleküle durch Poren in der Membran zufällig die Seite wechseln (◖ Abb. 1.24b). Da sich auf der linken Seite der Membran sehr viel mehr Glucosemoleküle befinden als rechts, ist die Wahrscheinlichkeit, dass ein Molekül von links nach rechts diffundiert, größer als der umgekehrte Fall. *Die von uns beobachtete Nettobewegung ist daher keine physikalische Kraft, die auf die einzelnen Teilchen wirkt, sondern ein statistisches Phänomen.* Wenn sich im Gleichgewicht identische Konzentrationen auf beiden Seiten der Membran befinden, ist auch die Wahrscheinlichkeit für ein Glucosemolekül, in die eine oder andere Richtung zu diffundieren, gleich groß. *Diffusion erfordert keine Energie, sondern ist vielmehr ein passiver Transportprozess.* Ausgehend vom Gleichgewichtszustand können sich wegen der außerordentlich geringen Wahrscheinlichkeit nicht spontan Bereiche unterschiedlicher Konzentration dauerhaft ausbilden (▶ Abschn. 2.2.2). Eine notwendige Voraussetzung für Diffusion ist allerdings ein Konzentrationsgradient, der eine höhere Ordnungsstufe und damit einen Zustand niedriger Entropie darstellt, den das System nur durch Zufuhr von Energie aus der Umgebung erzeugen und aufrechterhalten kann.

Natürlich findet Diffusion auch ohne Membranen statt, solange ein Konzentrationsgradient zwischen verschiedenen Bereichen besteht und thermische Molekülbewegungen möglich sind. Formal wird die passive Bewegung von Teilchen entlang eines Konzentrationsgradienten durch die **Diffusionsgleichung** beschrieben:

$$\frac{dn}{dt} = -D \cdot A \cdot \frac{dc}{dx}. \tag{1.2}$$

In Gl. 1.2 bezeichnet dn/dt die Veränderung der Teilchenzahl n pro Zeiteinheit t ($\mathrm{mol\,s^{-1}}$) und ist damit ein Maß für die Diffusionsrate – in unserem Beispiel die Geschwindigkeit, mit der die Glucosemoleküle von links nach rechts diffundieren. Der Konzentrationsgradient wird durch das Differenzial dc/dx ausgedrückt, d. h. durch den Konzentrationsunterschied dc über die Strecke dx. Weiterhin spielt die Fläche A, über der die Diffusion erfolgt, eine wichtige Rolle: *Je größer die Fläche, desto höher die Diffusionsrate.* Das Prinzip der **Oberflächenvergrößerung** ist daher eine wirkungsvolle evolutionäre Strategie, um Diffusionsprozesse über Epithelien zu optimieren. Der Diffusionskoeffizient D wird (1) von der Durchlässigkeit des Mediums (oder der Membran) für die diffundierenden Moleküle und (2) von der Temperatur bestimmt.

Diffusion ist ein außerordentlich schneller Prozess, wenn die Diffusionsstrecken kurz sind. Über Zellmembranen (10 nm) oder Epithelien ($\sim$ 10 µm) werden nur Sekundenbruchteile benötigt; bei einem 1 m langen Axon würde der Konzentrationsausgleich zwischen Soma und Axonterminal dagegen Jahrzehnte dauern. *Diffusion ist also nur für Distanzen bis zu wenigen Mikrometern ein geeigneter Transportmechanismus; bei längeren Strecken laufen Diffusionsprozesse zu langsam ab.*

1.7.2 Resorption von Monosacchariden

Die Absorption aller Nährstoffe erfolgt über ein als **Mukosa** bezeichnetes Epithelgewebe, das den Dünndarm vollständig auskleidet. Die apikale Bürstensaummembran der Epithelzellen weist zum Darmlumen, das mit der Außenwelt in Verbindung steht. Die Oberfläche dieser Seite ist durch Kerckring-Falten, Darmzotten und insbesondere durch Mikrovilli vergrößert. Die basolaterale Seite des Epithels zeigt zum Körperinneren und liegt der Basallamina auf. *Beide Seiten*

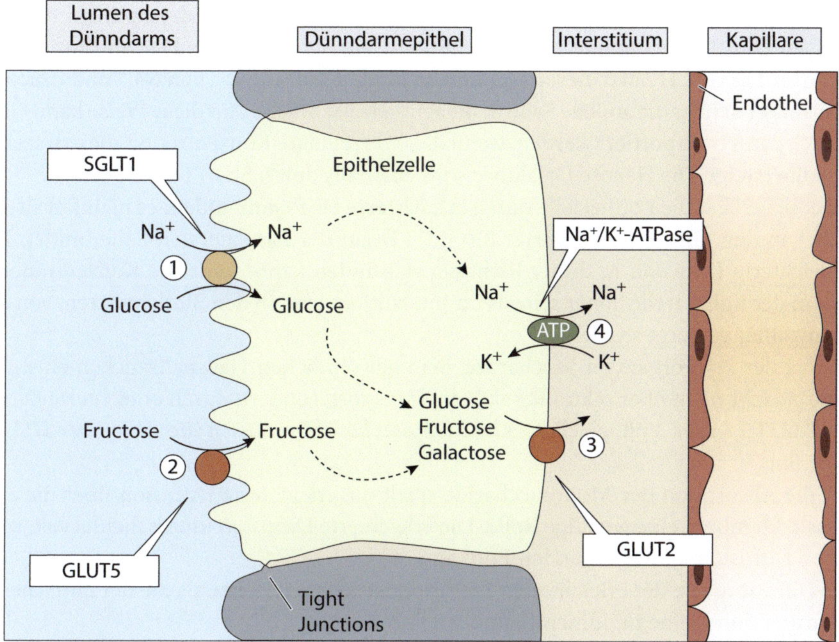

Abb. 1.25 Absorption von Monosacchariden. ① Glucose und Galaktose werden mit dem Sodium-Glucose-Transporter 1 (SGLT1) durch sekundär-aktiven Transport in die Mukosazelle aufgenommen. ② Fructose gelangt über erleichterte Diffusion mithilfe des Glutamattransporters 5 (GLUT5) in die Zelle. ③ Alle Monosaccharide verlassen die Epithelzellen auf der basolateralen Seite über den Glutamattransporter 2 (GLUT2) mittels erleichterter Diffusion. ④ Der für die Transportprozesse erforderliche Na^+-Gradient wird durch eine basolaterale Na^+/K^+-ATPase erzeugt

unterscheiden sich hinsichtlich der Ausstattung ihrer Membranen mit Transportproteinen. Die Epithelzellen sind durch sogenannte **Tight Junctions** oder Schlussleisten miteinander verbunden, die eine unkontrollierte Diffusion von Stoffen durch die Zellzwischenräume verhindern.

Wir wollen die Absorption von Monosacchariden beispielhaft für die Aufnahme hydrophiler Substanzen betrachten; ähnliche Mechanismen steuern die Resorption von Aminosäuren und wasserlöslichen Vitaminen. Aufgrund ihrer Polarität können diese Substanzen nicht direkt über die hydrophobe Phospholipidmembran diffundieren, sondern müssen mithilfe spezifischer Proteine in die Zellen hinein transportiert werden. *Daher kann die Resorption nur dort erfolgen, wo die entsprechenden Transportproteine vorhanden sind.*

Die Aufnahme von Monosacchariden wie Glucose erfordert Energie, die in Form von ATP vom Stoffwechsel bereitgestellt wird. Die **Na^+/K^+-ATPase** transportiert – angetrieben durch die Hydrolyse von ATP – Na^+-Ionen auf der basolateralen Seite aus der Zelle hinaus und K^+-Ionen in die Zelle hinein (**Abb. 1.25**). ATP dient also nicht direkt dem Transport von Zuckermolekülen, sondern dem Aufbau eines Konzentrationsgradienten für Na^+, der von außen nach innen gerichtet ist. *Die Energie von ATP wird in Form der potenziellen Energie eines elektrochemischen Gradienten gespeichert, der für den eigentlichen Transportprozess der Monosaccharide nutzbar gemacht werden kann.* Wir sprechen im Falle des Glucosetransports von einem **sekundär-aktiven Transport**, da die hierfür notwendige Energie aus dem elektrochemischen Gradienten eines gelösten Stoffes – in diesem Fall Na^+ – stammt.

Auch wenn die Na^+/K^+-ATPase in der basolateralen Membran der Epithelzellen lokalisiert ist, wird ein Na^+-Gradient über der apikalen Membran erzeugt. Der **Sodium-Glucose-Transporter 1 (SGLT1)** nutzt diesen Gradienten für den Kotransport von Na^+ und Glucose aus dem Darmlumen über die apikale Seite in die Epithelzelle hinein. Auf diese Weise kann Glucose sogar noch dann transportiert werden, wenn die intrazelluläre Konzentration die extrazelluläre deutlich übersteigt. Die Hexose Galaktose wird ebenfalls durch SGLT1 transportiert.

Glucose verlässt die Epithelzelle durch **erleichterte Diffusion**, indem es nichtkovalent und reversibel an den **Glucosetransporter 2** (GLUT2) auf der basolateralen Seite bindet. Damit eine erleichterte Diffusion in dieser Richtung stattfinden kann, muss die Konzentration von Glucose in der Epithelzelle höher sein als im Interstitium bzw. in den Blutkapillaren, von denen die Darmzotten versorgt werden.

Die bei der Hydrolyse von Saccharose, dem gewöhnlichen Haushaltszucker, entstehende Fructose gelangt nicht über sekundär-aktiven Transport, sondern durch erleichterte Diffusion mittels **GLUT5** in die Epithelzellen. *Alle Monosaccharide verlassen die Zelle über GLUT2 in Richtung Blut.*

Für die Absorption der Monosaccharide spielt die erleichterte Diffusion über die apikale und basale Membran eine wichtige Rolle. Die erleichterte Diffusion unterscheidet sich von der einfachen Diffusion in den folgenden Punkten:

- Die Diffusionsrate der erleichterten Diffusion ist sehr viel höher als die der einfachen Diffusion durch eine Lipidmembran.
- Da es nur eine limitierte Anzahl von Transportern gibt, ist die maximale Diffusionsrate begrenzt.
- Der Transport ist spezifisch. Jeder Transporter bindet nur ein bestimmtes Molekül (Glucose) oder eine Substanzklasse (Monosaccharide).

Beiden Diffusionsformen ist jedoch die Notwendigkeit eines Konzentrationsgradienten gemeinsam, der die Richtung des Substanztransports bestimmt.

1.7.3 Resorption von Aminosäuren und Oligopeptiden

Als Endprodukte der hydrolytischen Verdauung von Proteinen in Magen und Dünndarm entstehen freie Aminosäuren sowie kurze Oligopeptidketten (Di-, Tri- und Tetrapeptide). Aufgrund der hohen Variabilität der Aminosäureseitenketten existieren mehrere Transportsysteme in der apikalen Membran der Enterozyten[25], die gruppenspezifisch Aminosäuren über das Mukosaepithel befördern. So werden neutrale, saure oder basische Aminosäuren von jeweils spezifischen Transportproteinen gebunden und – angetrieben vom Na^+-Konzentrationsgradienten – in die Enterozyten transportiert (◘ Abb. 1.26). Ähnlich der Resorption von Glucose (1.7.2) handelt es sich hierbei um einen sekundär-aktiven Transport, der letztlich auf der Aktivität der basolateralen Na^+/K^+-ATPase beruht.

Die Aufnahme von Oligopeptiden wird nicht mithilfe eines Na^+-Gradienten, sondern durch eine hohe extrazelluläre Protonenkonzentration angetrieben. Ein **H^+/Oligopeptid-Kotransporter (PepT1)** befördert Di-, Tri- und Tetrapeptide zusammen mit H^+ über die

---

[25] Enterozyten bilden das resorbierende Oberflächenepithel des Dünndarms. Sie sind insbesondere durch ihren apikalen Bürstensaum gekennzeichnet.

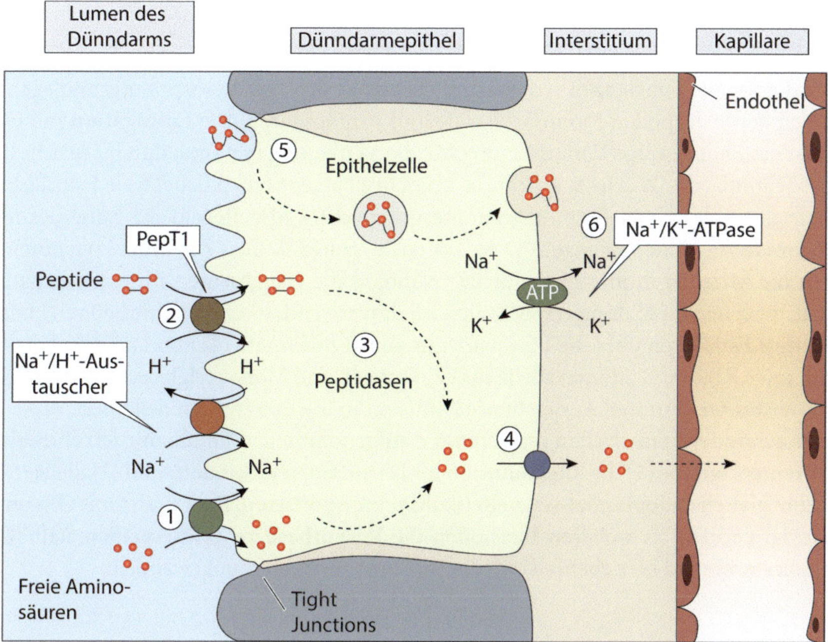

◘ Abb. 1.26 Absorption von Proteinen. ① Freie Aminosäuren werden durch einen Na^+-abhängigen sekundäraktiven Transport aus dem Lumen des Dünndarms in die Epithelzellen transportiert. ② Di- und Tripeptide gelangen im Symport mit H^+ durch den Transporter PepT1 in die Zelle, wobei ein Na^+/H^+-Austauscher den Konzentrationsgradienten für Protonen erzeugt. ③ Intrazelluläre Peptidasen spalten die aufgenommenen Oligopeptide in freie Aminosäuren, die ④ über einen Na^+-unabhängigen basolateralen Transporter ins Interstitium und in den Kreislauf gelangen. ⑤ Größere Peptide können durch endocytotische Prozesse auf der apikalen Seite aufgenommen und ohne intrazelluläre Proteolyse basolateral wieder freigesetzt werden. ⑥ Eine basolaterale Na^+/K^+-ATPase pumpt überschüssige Na^+-Ionen ins Interstitium

apikale Zellmembran, wobei ein Na^+/H^+-Austauscher den von außen nach innen gerichteten Protonengradienten erzeugt (◘ Abb. 1.26). Intrazelluläre Peptidasen spalten die Oligopeptide anschließend zu freien Aminosäuren. Der direkte Transport über die Membran und die katalytische Aktivität der Peptidasen bestimmen den Gehalt an freien Aminosäuren in den Epithelzellen der Darmmukosa. Etwa 10 % dieser Aminosäuren werden von den Epithelzellen zur eigenen Proteinsynthese eingesetzt, während der weitaus größte Teil mithilfe basolateraler Transportsysteme in den Blutkreislauf gelangt.

Neben den beiden bisher beschriebenen Transportmechanismen können größere Oligopeptide bis hin zu intakten Proteinen mittels **apikaler Endozytose**, die auch als **Transzytose** bezeichnet wird, in die Epithelzellen aufgenommen und ins Interstitium weitergegeben werden (◘ Abb. 1.26). Diese Variante der Proteinresorption ist vor allem bis zu einem Alter von sechs Monaten ausgeprägt und dient hauptsächlich der Übertragung passiver Immunität von der Mutter auf das Kind. Allerdings können auf diese Weise auch allergene Peptide in den Körper gelangen und so das Immunsystem zur Bildung von Antikörpern anregen, was bei Kindern, aber auch bei Erwachsenen, allergische Reaktionen auf bestimmte in der Nahrung enthaltene Proteine (z. B. Gluten) auslösen kann.

1.7.4 Resorption von Fetten

Fette sind lipophile Substanzen – daher unterscheidet sich ihre Resorption grundlegend von derjenigen der hydrophilen Monosaccharide und Aminosäuren. Die **Emulgation** mit Gallensäuren ist eine notwendige Voraussetzung für die Verdauung der Fette durch Lipasen im Lumen des Dünndarms. Wie in ▶ Abschn. 1.6.3 beschrieben entstehen dabei freie Fettsäuren und Monoacylglyceride, die in Form sogenannter **gemischter Mizellen** in die Nähe des resorptiven Dünndarmepithels gelangen. Dort, im leicht sauren Milieu der Enterozytenmembran, zerfallen die Mizellen in ihre Bestandteile. Während die Gallensäuren im enterohepatischen Kreislauf zur erneuten Bildung von Mizellen wiederverwendet werden, diffundieren kurz- und mittelkettige Fettsäuren über die Plasmamembran ins Zellinnere (■ Abb. 1.27). Für langkettige Fettsäuren (> 8 bis 10 C-Atome) sowie für Cholesterin und Monoacylglyceride wird auch eine durch Transporter vermittelte erleichterte Diffusion in die Enterozyten diskutiert.

Im Inneren der Epithelzellen reagieren die aufgenommenen Lipide mit **fettsäurebindenden Proteinen**, welche (1) die Rückdiffusion ins Darmlumen verhindern und (2) die Fettsäuren weiter zum glatten endoplasmatischen Retikulum transportieren. Dort findet mit Glycerol und Monoacylglyceriden als weiteren Baustoffen die **Resynthese zu Triglyceriden** statt (■ Abb. 1.27). Cholesterin wird hier ebenfalls wieder in Cholesterinester umgewandelt.

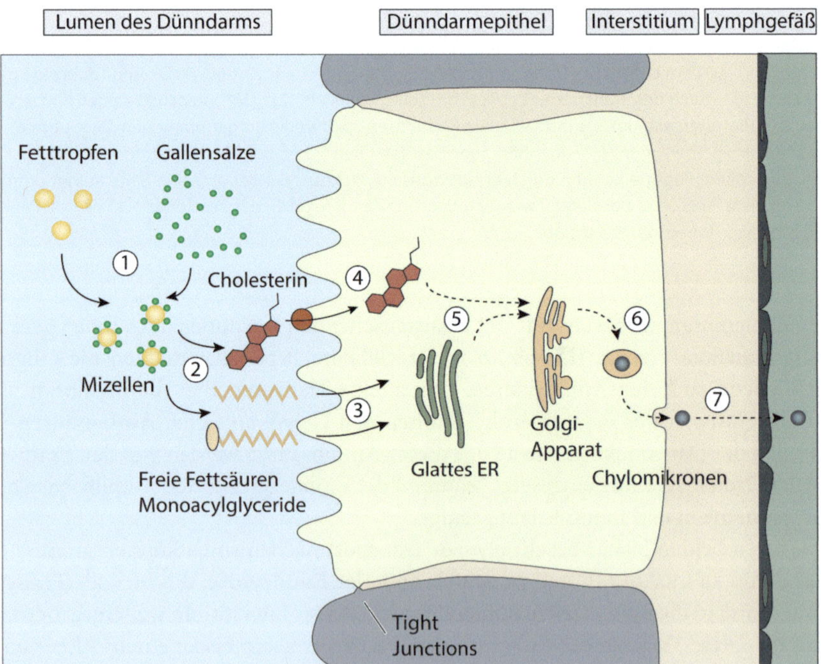

■ **Abb. 1.27** Verdauung und Absorption von Lipiden. ① Gallensalze emulgieren Fetttropfen unter Bildung von Mizellen. ② In der Nähe des Dünndarmepithels zerfallen die Mizellen in freie Fettsäuren, Monoacylglyceride und Cholesterin. ③ Fettsäuren und Monoacylglyceride diffundieren über die Membran der Darmepithelzellen, während Cholesterin mithilfe eines membranständigen Transporters aufgenommen wird ④. ⑤ Im glatten endoplasmatischen Retikulum (ER) findet die Resynthese von Triacylglyceriden und Cholesterinestern statt, die zum Golgi-Apparat transportiert und dort mit Apolipoproteinen als Chylomikronen verpackt werden. ⑥ Sekretorische Vesikel mit Chylomikronen spalten sich vom Golgi-Apparat ab und fusionieren mit der basolateralen Zellmembran. ⑦ Die ins Interstitium freigesetzten Chylomikronen diffundieren in benachbarte Lymphgefäße

In diesem Stadium der Fettverdauung befinden sich die Triglyceride, Cholesterinester und Phospholipide im glatten endoplasmatischen Retikulum. Diese Lipide müssen erneut emulgiert werden, um die Enterozyten verlassen zu können. Daher werden sie zu sogenannten **Chylomikronen** zusammengesetzt, die neben den genannten Lipiden auch **Apolipoproteine** enthalten. Die Apolipoproteine haben zwei wichtige Funktionen:

1. Sie erhöhen die Löslichkeit der Lipide in der wässrigen Umgebung der Zelle und im Blut.
2. Sie binden an membranständige Rezeptoren in bestimmten Zielzellen und steuern so präzise den Transport und die Aufnahme der Chylomikronen an Orten des Bedarfs.

Die Bildung der Chylomikronen erfolgt im Golgi-Apparat. Dort werden sie in sekretorische Vesikel verpackt und zur basolateralen Membran transportiert, wo die Vesikel mit der Plasmamembran fusionieren und ihren Inhalt in den Extrazellulärraum freisetzen (■ Abb. 1.27). Im Gegensatz zu den Monosacchariden und Aminosäuren gelangen die Chylomikronen nicht direkt ins Blut, sondern in den zentralen Lymphgang und erst über den **Ductus thoracicus** in den venösen Kreislauf.[26]

Eine Ausnahme von den bisher beschriebenen Prozessen stellen die kurz- und mittelkettigen Fettsäuren sowie Glycerol dar. Da diese Moleküle in Wasser relativ gut löslich sind, können sie ohne Bildung von Mizellen in die Enterozyten und von dort unmittelbar in das Pfortaderblut diffundieren. Die **Pfortader** führt das Blut direkt vom Verdauungskanal der Leber zu und versorgt sie mit Nährstoffen. Außerdem können mögliche Gifte von der Leber unschädlich gemacht werden, bevor sie in den allgemeinen Kreislauf gelangen. Die Sekretion von Chylomikronen in das lymphatische System umgeht zunächst die Pfortader, sodass die Lipide erst mit dem venösen Blutstrom in die Leber gelangen.

Chylomikronen gehören zu den **Lipoproteinen**, die im Zusammenhang mit den atherosklerotischen Risiken einer erhöhten Cholesterinkonzentration im Blut diskutiert werden. Insbesondere die cholesterinreichen Lipoproteine geringer Dichte (*Low Density Lipoproteins*, **LDL**) stehen am Anfang der Bildung von Plaques in den Gefäßen und erhöhen das Risiko eines Gefäßverschlusses. Dagegen transportieren die Lipoproteine hoher Dichte (*High Density Lipoproteins*, **HDL**) Cholesterin aus dem Gewebe in die Leber, wo es als Grundbaustein für die Synthese von Gallensäuren dient. Statistisch verringert eine hohe HDL-Konzentration im Blut das Risiko einer koronaren Herzkrankheit.

1.7.5 Zusammenfassung

Unter Absorption oder Resorption verstehen wir die Aufnahme der hydrolytischen Abbauprodukte von Makromolekülen über das Epithel des Verdauungskanals in den Körper. Das Lumen des Verdauungstrakts wird hierbei als Außenwelt betrachtet und erst der Transport in die angrenzenden Epithelzellen stellt den eigentlichen Resorptionsprozess dar. Zuvor müssen die Makromoleküle der Nahrung im Prozess der Verdauung in kleinere Bestandteile zerlegt werden, da ausschließlich für diese kleinmolekularen Komponenten selektive Transportproteine in der Membran der Enterozyten existieren. Die aufgenommene Nahrung kann also nur dann vom Organismus verwertet werden, wenn die passenden Verdauungsenzyme und Transporter synthetisiert werden, und sie kann nur dort stattfinden, wo die entsprechenden Proteine tatsächlich vorkommen (bei Wirbeltieren im ersten Abschnitt des Dünndarms). In jedem Fall

[26] Der Ductus thoracicus mündet beim Menschen in den linken Venenwinkel, der hinter Brust- und Schlüsselbein liegt und durch den Zusammenfluss von Vena jugularis interna und Vena subclavia gekennzeichnet ist.

findet die Aufnahme der Nährstoffe über die apikale Membran der Epithelzellen statt, während der Transport ins Interstitium über die basolaterale Membran erfolgt. Der funktionelle Unterschied zwischen diesen beiden Bereichen verleiht Epithelzellen eine Polarität und ist maßgeblich für den gerichteten Transport an der Grenze zwischen Außenwelt und Körperinnerem.

Die Mechanismen der Resorption unterscheiden sich bei einzelnen Nährstoffen in Abhängigkeit von ihrer Wasserlöslichkeit. Die Aufnahme der hydrophilen Monosaccharide und Aminosäuren erfolgt durch spezielle Proteine in der apikalen Membran, die den elektrochemischen Gradienten für Na^+ als Energiequelle für einen sekundär-aktiven Transport nutzen. Der Na^+-Gradient wird durch die Na^+/K^+-ATPase in der basolateralen Membran der Enterozyten unter Verbrauch von ATP kontinuierlich aufrechterhalten.

Die aufgenommenen Monomere verbleiben nicht in den Epithelzellen, sondern werden über die basolaterale Seite in die interstitielle Flüssigkeit abgegeben und gelangen von dort über die Kapillaren der Darmzotten zur Pfortader und weiter zur Leber. Der Transfer über die basolaterale Membran erfolgt mittels erleichterter Diffusion entlang des Konzentrationsgradienten für den jeweiligen Nährstoff.

Bei der Verdauung der Lipide entstehen vor allem freie Fettsäuren, Monoacylglyceride, Glycerol und Cholesterin. Diese Substanzen gelangen meist durch einfache Diffusion, aber auch mithilfe von Transportproteinen, über die Plasmamembran. Im glatten endoplasmatischen Retikulum der Enterozyten findet eine Resynthese von Triglyceriden und Cholesterinestern statt, die anschließend im Golgi-Apparat zusammen mit Apolipoproteinen zu Chylomikronen verpackt werden. Die Chylomikronen werden als sekretorische Vesikel von der Membran des Golgi-Apparates abgeschnürt und gelangen mittels Exozytose, d. h. Verschmelzung der vesikulären Membran mit der Plasmamembran, zunächst ins Interstitium und von dort ins lymphatische System, das über den Ductus thoracicus in den venösen Blutkreislauf einmündet. Über das Kreislaufsystem werden letztlich alle absorbierten Nährstoffe im gesamten Körper verteilt, um die Gewebe und Zellen mit Energieträgern und den nötigen Baustoffen zu versorgen. Die Aufnahme von Glucose aus dem Blut in die verschiedenen Körperzellen erfolgt mithilfe spezifischer Glucosetransporter (GLUT), die alle nach dem Prinzip der erleichterten Diffusion funktionieren.

Die Oberfläche des Darmepithels erfährt durch Faltenbildung, Darmzotten und apikale Mikrovilli eine außerordentliche Vergrößerung. Die Resorptionsfläche des Dünndarms beträgt insgesamt etwa 200 m^2, was die beteiligten Diffusionsprozesse wesentlich beschleunigt (multiplikativer Faktor A in der Diffusionsgleichung Gl. 1.2). Außerdem bietet die große Oberfläche zahlreichen Zellen und damit auch vielen Transportproteinen den nötigen Raum, wodurch die Resorptionsrate ebenfalls steigt.

1.8   Regulation der Verdauungsprozesse

Körperinterne Mechanismen stellen eine ausreichende Versorgung des Organismus mit den richtigen Nährstoffen sicher. Wir unterscheiden auf der Grundlage ihres Wirkungsradius zwei Systemebenen:

1. Die **Regulation der Verdauungsprozesse** findet auf der Ebene des Magen-Darm-Trakts statt und gewährleistet eine effiziente Verdauung der aufgenommenen Nahrung.
2. Die **Regulation von Nahrungsaufnahme und Körpergewicht** erfolgt auf der Ebene des Organismus und sorgt kurz- und langfristig für eine ausgeglichene Energiebilanz.

Die Regulation von Verdauungsprozessen beschreibt die koordinierten Reaktionen des Verdauungskanals auf die Zuführung von Nahrung. Sie umfassen die Sekretion von Magensäure, Verdauungsenzymen, Hydrogencarbonat und Gallensäuren sowie peristaltische Kontraktionen der glatten Muskulatur in der Darmwand als Voraussetzungen für die Durchmischung der Nahrung und ihren gerichteten Transport.

Bei der Regulation von Nahrungsaufnahme und Körpergewicht hingegen wird das Verhalten des gesamten Organismus auf eine Weise koordiniert, dass bei Bedarf entweder Nahrung zugeführt oder aber die Nahrungsaufnahme unterbrochen wird. Auf beiden Systemebenen werden durch Neurone sowie parakrin und endokrin wirkende Zellen Regelkreise im Organismus implementiert, die letztlich für die Konstanz des „inneren Milieus", die sogenannte **Homöostase**, maßgeblich verantwortlich sind.

1.8.1 Regulation der Magensäuresekretion

Wir wollen das Zusammenwirken neuronaler, parakriner und endokriner Regulationsmechanismen am Beispiel der Magensäuresekretion verdeutlichen (◘ Abb. 1.28). **Neuronale** Mechanismen basieren auf einer lokal eng begrenzten Freisetzung von Transmittermolekülen, während **parakrin** wirkende Substanzen – sogenannte Gewebshormone – ins umliegende Gewebe diffundieren und so ein größeres Gebiet erreichen können. Bei **endokrinen** Signalwegen werden Hormone ins Kreislaufsystem abgegeben und gelangen mit dem Blutstrom an ihre Zielstrukturen.

Magensäure wird von den Parietalzellen nicht kontinuierlich freigesetzt, sondern nur bei Bedarf, also wenn tatsächlich eine Nahrungsaufnahme stattfindet. Anblick, Geruch und Geschmack der Nahrung aktivieren den **Nervus vagus**, der als Teil des parasympathischen Nervensystems die Transmittersubstanz **Acetylcholin** ausschüttet. Acetylcholin stimuliert einerseits direkt die Säureproduktion der Parietalzellen und induziert andererseits die Freisetzung von **Gastrin** aus endokrinen G-Zellen der Magenschleimhaut (◘ Abb. 1.28). Die Produktion von Gastrin wird zusätzlich durch die Dehnung des Magens und durch chemische Reize – vor allem Peptidfragmente, aber auch Alkohol, Kaffee und ätherische Öle – ausgelöst. Gastrin ist ein Hormon, das ins Blut sezerniert wird und über das Kreislaufsystem zurück zum Magen gelangt, um dort die Freisetzung von Salzsäure aus den Parietalzellen zu verstärken.

Schließlich bilden die parakrinen ECL-Zellen[27] der Magendrüsen **Histamin**, ein ins Interstitium freigesetztes Gewebshormon (Mediator), das benachbarte Parietalzellen zur Säureproduktion anregt. *Die Regulation der Magensäuresekretion erfolgt synergistisch mithilfe komplementärer Mechanismen (Transmitter, Hormone, Mediatoren), die jeweils unterschiedliche Reize verarbeiten und auf die Parietalzellen als gemeinsamen Effektor konvergieren.* In der Membran der Parietalzellen befinden sich Rezeptoren für Acetylcholin, Gastrin und Histamin, die nach Bindung ihrer passenden Liganden und Aktivierung intrazellulärer Second-Messenger-Kaskaden die Bildung und Freisetzung von Salzsäure bewirken.

Darüber hinaus hat Gastrin noch zwei weitere Funktionen: Es aktiviert pepsinogenbildende Hauptzellen und erhöht die Beweglichkeit der Magenwand. Die Sekretion von Pepsinogen zusammen mit der verstärkten Durchmischung der Nahrung unterstützt und beschleunigt die Proteinverdauung im Magen.

[27] ECL-Zellen sind enterochromaffinähnliche Zellen (*Enterochromaffin-Like Cells*) in den Magendrüsen.

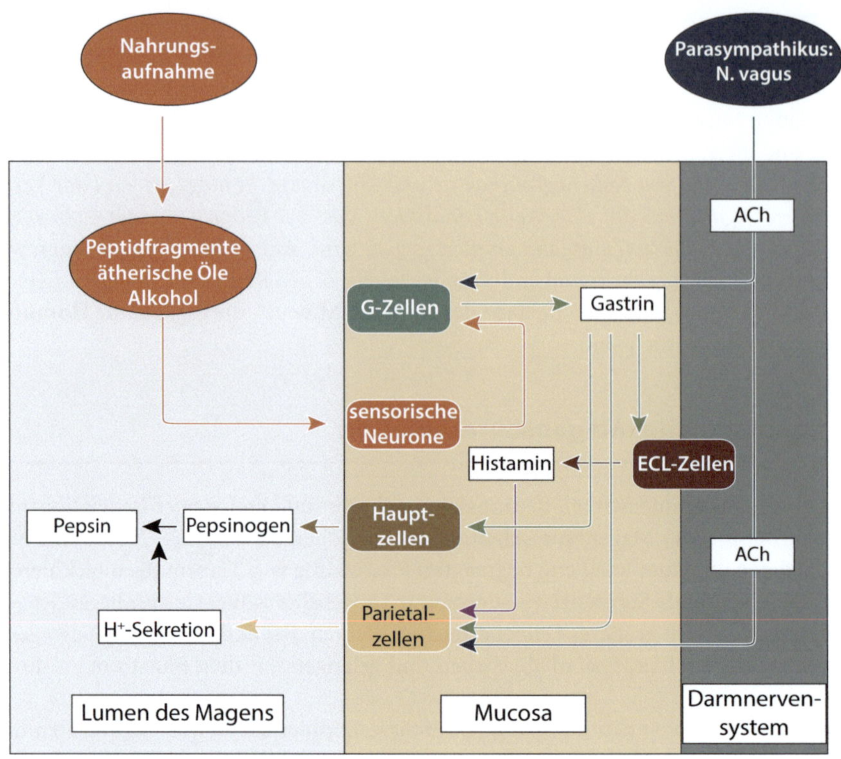

Abb. 1.28   Neuronale, hormonelle und parakrine Regulation der Magensaftsekretion. Acetylcholin (ACh), Gastrin und Histamin aktivieren gemeinsam die Sekretion von Protonen in Parietalzellen. ACh wirkt über eine Freisetzung aus synaptischen Endigungen des Nervus vagus, während Gastrin als Hormon die Parietalzellen über das Kreislaufsystem erreicht. ECL-(Enterochromaffin-Like-)Zellen produzieren Histamin, das als parakriner Wirkstoff durch das Gewebe der Magenmukosa diffundiert

Zahlreiche weitere Hormone sind an der Kontrolle und Regulation von Verdauungsprozessen in Magen und Dünndarm beteiligt (**Abb. 1.29**). Diese Hormone werden von endokrinen Zellen in verschiedenen Abschnitten des Dünndarms gebildet, wo sie jeweils unterschiedliche physiologische Funktionen ausüben. *Gleichzeitig wirken sie hemmend auf Prozesse zurück, die in einem anderen Teil des Verdauungstrakts stattfinden, und koordinieren so den Ablauf der Verdauung im gesamten Gastrointestinaltrakt mit der Aktivität von Leber und Pankreas.* Die physiologischen Wirkungen von Sekretin, Cholecystokinin und GIP stehen im Zentrum der Verdauungsregulation – die tatsächliche Vielfalt der beteiligten Hormone ist allerdings deutlich größer (**Tab. 1.3**).

Auslöser für die Ausschüttung von **Sekretin** ist eine Ansäuerung im proximalen Teil des Duodenums. Sekretin stimuliert die Freisetzung von Hydrogencarbonat aus dem Pankreas und dient damit der Neutralisierung des sauren Chymus. Außerdem hemmt Sekretin die Säureproduktion der Parietalzellen und die Motiliät der Magenwand, sodass sich die Entleerung des Magens verzögert, was wiederum zu einer effizienteren Verdauung der Nahrungsbestandteile im Duodenum führt.

Enthält der Chymus langkettige Fettsäuren oder Abbauprodukte von Proteinen, wird **Cholecystokinin** (CCK) aus Zellen des Dünndarmepithels freigesetzt. CCK steigert die Ausschüt-

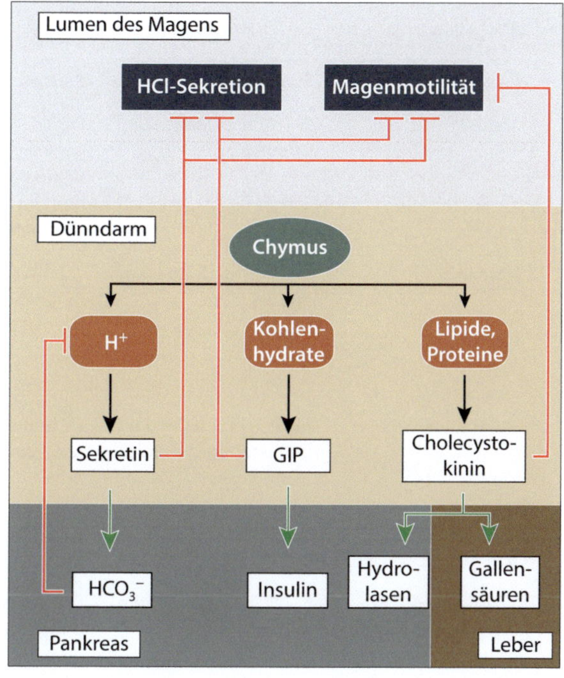

◘ Abb. 1.29 Steuerung der Verdauungsprozesse in Magen, Dünndarm und Leber. Der Eintritt von saurem Chymus in den Dünndarm induziert die Sekretion der Hormone Sekretin, GIP und Cholecystokinin, die ihrerseits die Produktion von Hydrogencarbonat, Insulin, Hydrolasen und Gallensäuren aktivieren. Gleichzeitig bewirken sie durch negative Rückkopplungsmechanismen eine Koordination von Magen- und Darmaktivitäten

tung hydrolytischer Enzyme aus dem Pankreas und induziert die Sekretion von Gallenflüssigkeit. Die Verzögerung der Magenentleerung durch CCK entlastet die langsame Fettverdauung im Dünndarm.

Glucose, Fett und freie Aminosäuren im Duodenum lösen die Freisetzung von **GIP** (*Glucose-Dependent Insulin-Releasing Peptide*) aus, das die Insulinsekretion im Pankreas fördert, während es im Magen die Säurebildung und Beweglichkeit der Magenwand reduziert.

Die hier beschriebenen Hormone wirken synergistisch im proximalen Teil des Dünndarms, indem sie die Bedingungen für die Verdauungsprozesse für Fette, Proteine und Kohlenhydrate optimieren. Eine durch GIP, CCK und Sekretin vermittelte negative Rückkopplung auf Verdauungsprozesse im Magen dient der zeitlichen Abstimmung der Aktivitäten von Magen und Dünndarm.

1.8.2 Regulation der Nahrungsaufnahme

Die Regulation der Nahrungsaufnahme ist eine notwendige Voraussetzung, um den Energie- und Nährstoffbedarf des Organismus nachhaltig zu decken. Im Interesse einer ausgeglichenen Energiebilanz sollte also weder zu viel noch zu wenig Nahrung aufgenommen werden. Endokrine Signale aus dem Verdauungssystem ans Gehirn führen zu den subjektiven Empfindungen von Hunger oder Sattheit und lösen entsprechende Verhaltensweisen aus. *Zur Regulation der Nahrungsaufnahme werden Hormone vom Magen-Darm-Trakt und vom Fettgewebe ins Blut freigesetzt, die Neurone im Hypothalamus und im Hirnstamm beeinflussen.*

Grundsätzlich unterscheiden wir eine **Kurzzeitregulation** und eine **Langzeitregulation** der Nahrungsaufnahme. Die Langzeitregulation führt zu einer sehr genauen Einstellung und lang anhaltenden Konstanz des Körpergewichts (< 1 % Veränderung über Jahre). Hierfür ver-

◘ Tabelle 1.3 Wichtige gastrointestinale endo- und parakrin wirkende Substanzen

Substanz	Syntheseort	Freisetzungsreize	Wirkung
Gastrin	G-Zellen im Magen und Duodenum	Peptide im Magen, Magenwanddehnung, Vagusaktivierung ↑ pH im Magensaft ↓ Somatostatin	↑ HCl-Sekretion ↑ Pepsinogensekretion ↑ Magenmotilität
Sekretin	S-Zellen im Duodenum und Jejunum	↓ pH-Wert im Duodenum Gallensalze und Fettsäuren im Duodenum	↑ HCO_3^--Sekretion im Pankreas ↑ Gallengangssekretion ↓ HCl-Sekretion und Magenentleerung
Cholecystokinin	I-Zellen in Duodenum und Jejunum, Nervenendigungen	Fettsäuren, Aminosäuren und Peptide im Duodenum	↑ Sekretion von Pankreasenzymen ↑ Gallenblasenkontraktion ↓ HCl-Sekretion und Magenentleerung ↑ Pepsinogensekretion
GIP (*Glucose-Dependent Insulin-Releasing Peptide*)	K-Zellen im Duodenum und Jejunum	Fettsäuren, Aminosäuren und Glucose im Duodenum	↑ Insulinsekretion ↓ HCl-Sekretion ↓ Magenmotilität
Somatostatin	D-Zellen im Pankreas, Magen und Dünndarm, Nervenendigungen	Fettsäuren, Glucose, Peptide und Gallensäuren im Dünndarm	↓ Magensaftsekretion ↓ Freisetzung von Gastrin, CCK, VIP, Motilin, Sekretin
Histamin	ECL-Zellen	↑ Vagusaktivität	↑ HCl-Sekretion ↑ Pepsinogensekretion
Acetylcholin	Parasympathische Nervenendigungen	↑ Parasympathikusaktivierung	↑ HCl-Sekretion

antwortlich sind vor allem die Peptidhormone Leptin und Insulin, deren Konzentrationen im Blut proportional zur Menge an Fettgewebe sind. *Die Langzeitregulation des Körpergewichts betrifft vor allem die Menge des Fettgewebes, das den wichtigsten Energiespeicher des Körpers bildet.*

Leptin ist das Produkt des *ob*-Gens, dessen Defekt oder Fehlen in homozygoten Mäusen (*ob/ob*) ständige Nahrungsaufnahme (Hyperphagie) und dadurch Übergewicht und Fettsucht hervorruft. Wenn *ob/ob*-Mäusen von außen Leptin zugeführt wird, fressen die Tiere wieder normal und ihr Übergewicht geht deutlich zurück. Leptin wird vom Fettgewebe gebildet und ins Blut ausgeschüttet – eine hohe Plasmakonzentration repräsentiert eine ausreichende Energieversorgung in Form von Fettreserven und hemmt daher die Nahrungsaufnahme. Das Fehlen von Leptin in *ob/ob*-Mäusen hingegen signalisiert dem Gehirn fälschlicherweise eine zu geringe Körperfettmenge und löst eine übermäßige Zufuhr fett- und kohlenhydratreicher Nahrung aus.

Insulin wird von den B-Zellen des endokrinen Pankreas als Reaktion auf einen hohen Blutglucosespiegel freigesetzt. Insulin senkt den Blutzuckerspiegel nach einer Nahrungsaufnahme, indem es die Aufnahme von Glucose vor allem in Fett- und Muskelzellen steigert. Eine Zunahme der Fettdepots verringert die Empfindlichkeit der Zielzellen für Insulin, sodass mehr Insulin freigesetzt werden muss, um den Blutglucosespiegel konstant zu halten. Daher ist die

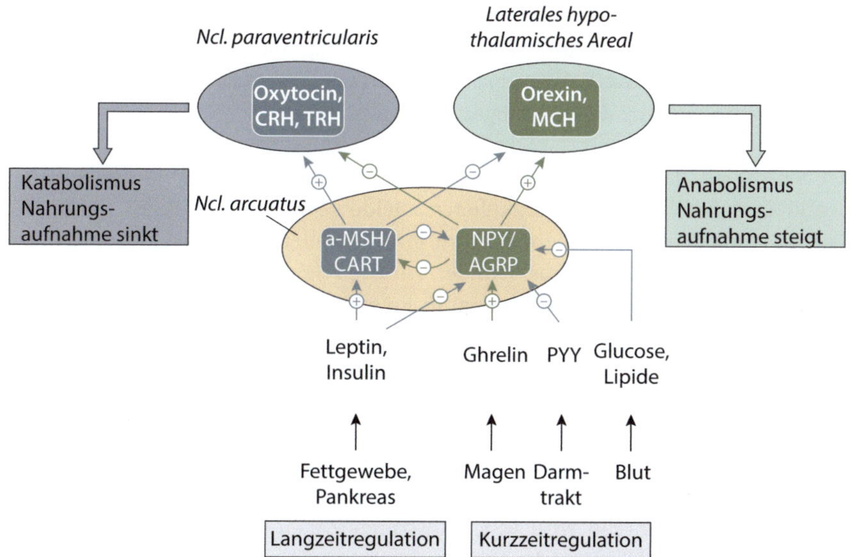

Abb. 1.30 Lang- und Kurzzeitregulation der Nahrungsaufnahme. Endokrine Signale aus Fettgewebe, Pankreas und Gastrointestinaltrakt sowie abgebaute Nahrungsbestandteile im Blut wie Glucose und Fettsäuren aktivieren oder hemmen Neuronenpopulationen im Nucleus arcuatus des Hypothalamus. Die Aktivierung des Nucleus paraventricularis führt zu einer katabolen Stoffwechsellage und Senkung der Nahrungsaufnahme, während die Aktivierung des lateralen hypothalamischen Areals eine anabole Stoffwechsellage mit steigender Nahrungsaufnahme bewirkt. ⊕ Aktivierung; ⊖ Hemmung. AGRP, Agouti-related Peptide; α-MSH, α-Melanocyten-stimulierendes Hormon; CART, Cocaine and Amphetamine-related Transcript; CRH, Corticotropin-releasing Hormone; MCH, Melanin-concentrating Hormone; NPY, Neuropeptid Y; TRH, Thyreotropin-releasing Hormone; Ncl., Nucleus

Konzentration von Insulin im Blut indirekt mit der Menge des Fettgewebes korreliert. Dies ist auch der Grund, warum Übergewicht als ein wichtiger Risikofaktor für Diabetes mellitus Typ 2 gilt: Die B-Zellen können die Insulinsekretion nicht noch weiter steigern, und es kommt zur **Hyperglykämie**.[28]

Ebenso wie Leptin ist Insulin ein **anorexigenes Signal**, das eine hinreichende Versorgung mit energiereichen Brennstoffen anzeigt und somit eine Reduktion der Nahrungsaufnahme veranlasst. Beide Hormone gelangen mit dem Blutstrom ins Zentralnervensystem und binden an spezifische Rezeptoren, die von Nervenzellen im **Nucleus arcuatus** des **Hypothalamus** exprimiert werden. Infolgedessen stellt der Stoffwechsel auf einen katabolen Arbeitsmodus um, der durch eine Erhöhung des Stoffwechsels und den Abbau von Makromolekülen zur Energiegewinnung gekennzeichnet ist.

Zwei Gruppen von Neuronen im Nucleus arcuatus sind an der Regulation des Körpergewichts beteiligt. Ihre Aktivierung hat jeweils gegenteilige Effekte auf die Stoffwechsellage (**Abb. 1.30**):

---

[28] Hyperglykämie bezeichnet einen Anstieg der Konzentration von Glucose im Blut auf Werte über $10\,\mathrm{mmol\,l^{-1}}$. Aufgrund der osmotischen Wirksamkeit der nichtresorbierten Glucose kommt es zu Verschiebungen im Wasser- und Elektrolythaushalt, die Funktionsstörungen des Nervensystems bis hin zur Bewusstlosigkeit verursachen können.

- Aktivierung von α-**MSH/CART**[29]-Neuronen führt zu einer katabolen Stoffwechsellage: Erhöhung des Stoffwechsels und Senkung der Nahrungsaufnahme,
- Aktivierung von **NPY/AGRP**[30]-Neuronen bewirkt eine anabole Stoffwechsellage bei gleichzeitiger Erhöhung der Nahrungsaufnahme.

Nehmen wir an, dass hinreichend große Fettreserven vorhanden sind und entsprechend viel Leptin und Insulin im Blut zirkulieren. Beide Hormone aktivieren α-MSH/CART-Neurone im Nucleus arcuatus, die wiederum ihre Zielzellen im **Nucleus paraventricularis**, der sich ebenfalls im Hypothalamus befindet, zur Freisetzung von Oxytocin, Corticotropin-Releasing-Hormonen (CRH) und Thyreotropin-Releasing-Hormonen (TRH) anregen (◘ Abb. 1.30). Diese Hormone bewirken eine katabole Stoffwechsellage, indem sie den Energieumsatz erhöhen und die Nahrungsaufnahme verringern. Die synergistische Hemmung von NPY/AGRP-Neuronen durch Insulin und Leptin unterdrückt gleichzeitig anabole Prozesse. Insgesamt führen diese komplexen hormonellen Wechselwirkungen zu einer *Mobilisierung von Energie und einer Reduktion der körpereigenen Energiereserven.*

Umgekehrt werden NPY/AGRP-Neurone im Nucleus arcuatus durch das Hormon **Ghrelin** aktiviert (◘ Abb. 1.30). Ghrelin wird von endokrinen Zellen der Magenschleimhaut produziert und ist das einzige Hormon des Verdauungstrakts, das die Nahrungsaufnahme fördert (**orexigenes Signal**). Durch die Bindung an spezifische Rezeptoren im Hypothalamus und nachfolgende Aktivierung kortikaler Hirnregionen erzeugt Ghrelin ein Hungergefühl. NPY und AGRP bewirken im lateralen hypothalamischen Areal die Ausschüttung von Orexin und Melanin-Concentrating-Hormone (MCH). *Orexin und MCH induzieren eine erhöhte Nahrungsaufnahme und verschieben die Stoffwechsellage in Richtung Anabolismus.*

Die **Kurzzeitregulation** der Nahrungsaufnahme, die vor allem die tägliche Nahrungsaufnahme steuert, erfolgt schneller als die Langzeitregulation, ist aber im Vergleich ungenauer. Die Dehnung von Magen und Dünndarm durch die zugeführte Nahrung aktiviert Mechanosensoren in der Wand des Verdauungskanals, deren Aktivität über das vegetative Nervensystem zum Hirnstamm und zum Hypothalamus weitergeleitet wird. Auch chemische Signale tragen zur Regulation bei, indem sie entweder in Form von Nahrungsbestandteilen (Glucose, Lipide) direkt auf die entsprechenden Hirnregionen einwirken oder aber als Hormone die Nahrungsaufnahme regulieren. Zu den Letzteren gehören die Peptide Ghrelin und Peptid YY (PYY).

Die Konzentration von Ghrelin im Blut fällt wieder, sobald Nahrung aufgenommen wird. Ghrelin und Leptin sind direkte Gegenspieler, da sie genau entgegengesetzte Wirkungen auf dieselben Neurone im Hypothalamus haben. **PYY** wird von endokrinen Zellen des Ileums und Colons vor allem als Reaktion auf Lipide in diesen Bereichen des Verdauungstrakts produziert. Eine erhöhte PYY-Konzentration im Blut hemmt die weitere Nahrungsaufnahme und vermittelt zusammen mit CCK das Sattheitsgefühl bei sehr fettreicher Nahrung.

◘ Tab. 1.4 listet die in diesem Kapitel besprochenen Hormone zur Regulation der Nahrungsaufnahme auf.

1.8.3 Anpassungen an Nahrungsmangel

Für die meisten Organismen ist Nahrung nicht regelmäßig verfügbar, sodass sie auf körpereigene Energiespeicher zurückgreifen müssen, um derartige Mangelzeiten zu überstehen. Daher

---

[29] α-MSH: α-Melanocyten-stimulierendes Hormon; CART: Cocaine and Amphetamine-related Transcript.
[30] NPY: Neuropeptid Y; AGRP: Agouti-Related Peptide.

◘ Tabelle 1.4 Orexigene und Anorexigene

	Bezeichnung	Herkunft	Wirkort
Orexigene	Neuropeptid Y (NPY)	Ncl. arcuatus	Ncl. paraventricularis, lateraler Hypothalamus
	Agouti-Related-Peptide (AGRP)	Ncl. arcuatus	Ncl. paraventricularis, lateraler Hypothalamus
	Ghrelin	Endokrine Zellen der Magenschleimhaut	NPY/AGRP-Neurone
	Orexin	Lateraler Hypothalamus	Ncl. tractus solitarii
	Melanin-Concentrating-Hormone (MCH)	Lateraler Hypothalamus	Ncl. tractus solitarii
Anorexigene	Leptin	Weißes Fettgewebe	Ncl. arcuatus
	Insulin	β-Zellen des Pankreas	Ncl. arcuatus
	Oxytocin	Ncl. paraventricularis	Ncl. tractus solitarii
	Thyreotropin-Releasing-Hormone (TRH)	Ncl. paraventricularis	Ncl. tractus solitarii
	Corticotropin-Releasing-Hormone (CRH)	Ncl. paraventricularis	Ncl. tractus solitarii

Ncl., Nucleus.

reagieren viele Tiere auf Nahrungsmangel mit biochemischen und physiologischen Anpassungsmechanismen, die es ihnen ermöglichen, mit der begrenzten Energiemenge ihrer Speicher so lange zu überleben, bis wieder Nahrung zur Verfügung steht. Wir können grundsätzlich folgende Strategien zur Einsparung von Energie unterscheiden:

- Reduktion des Grundumsatzes,
- Hypothermie,
- Verringerung physischer Aktivität,
- struktureller Umbau des Verdauungssystems.

Diese Strategien wirken synergistisch und werden häufig gemeinsam eingesetzt. Ist die Nahrungsknappheit saisonal bedingt, können die Tiere in einen Ruhezustand mit sehr geringem Grundumsatz, reduzierter Körpertemperatur und eingeschränkter körperlicher Aktivität verfallen. Ein bekanntes Beispiel ist der **Winterschlaf**, in dem kleine Säuger ihren Energieumsatz auf ein Hundertstel im Vergleich zum wachen Zustand verringern (bei größeren Säugern liegt die Energieeinsparung bei $\sim 80\,\%$). Herzfrequenz, Atmung, Blutdruck und O_2-Verbrauch werden auf ein Minimum gesenkt, wobei diese einzelnen Torporepisoden im Abstand von einigen Tagen von Wachphasen unterbrochen werden. Bei der **Tagesschlaflethargie** sind die torpiden Phasen deutlich kürzer als beim Winterschlaf und daher wird weniger Energie eingespart ($\sim 60\,\%$). Allerdings erlaubt die Tagesschlaflethargie normales Verhalten außerhalb der torpiden Phasen, etwa Nahrungssuche sowie territoriale und soziale Aktivität. Tagesschlaflethargie zeigen beispielsweise der Dsungarische Zwerghamster (*Phodopus sungorus*) sowie zahlreiche Kolibriarten (► Abschn. 3.5.5).

Die Reduktion der Körpertemperatur (**Hypothermie**) spielt vor allem für die endothermen Vögel und Säuger eine wichtige Rolle. Kleinere Tiere profitieren hier stärker, da sie im Verhältnis zum Körpergewicht eine größere Oberfläche aufweisen, über die sie Wärme an eine kältere Umgebung verlieren (▶ Abschn. 2.5.5). So regulieren Kleinsäuger im Winterschlaf ihre Körpertemperatur auf Werte zwischen 1 bis 8 °C – eine Reduktion um mehr als 30 °C. In Mangelsituationen können aber auch ektotherme Organismen ihre bevorzugte Körpertemperatur verhaltensgesteuert um einige Grad reduzieren, um Stoffwechselenergie einzusparen.

Die sogenannte **phänotypische Plastizität** ermöglicht es einem Organismus, auf sich ändernde physiologische Anforderungen mit morphologischen und funktionellen Umstrukturierungen seiner Organe und Organsysteme zu reagieren. *So bestimmen die zur Verfügung stehende Nahrungsmenge und ihre Zusammensetzung unmittelbar die Größe und Funktionalität des Verdauungsapparates.* Da die metabolisch sehr aktiven Zellen des Verdauungstrakts bis zu 40 % des Grundumsatzes beanspruchen, kann durch eine Reduktion des Darmepithels und der dort stattfindenden energieintensiven Prozesse der Grundumsatz deutlich gesenkt werden.

Das Verdauungssystem reagiert jedoch nicht nur auf Nahrungsmangel, sondern auch adaptiv auf Veränderungen in der Zusammensetzung der Nahrung. So werden durch eine an Kohlenhydraten reiche Diät die entsprechenden Transporter (SGLT1, GLUT2 und GLUT5) verstärkt exprimiert und auch die Sekretion von Pankreasamylase steigt an. Möglicherweise wird eine solche Anpassung durch Veränderungen in der Genexpression von Transportern und Hydrolasen ausgelöst. So können etwa freie Fettsäuren nach Bindung an einen cytosolischen Rezeptor in den Zellkern diffundieren und dort die Expression von Genen regulieren, die unmittelbar mit dem Lipidstoffwechsel zusammenhängen.

Diese Vorgänge der Umstrukturierung des Magen-Darm-Trakts wurden vor allem an Schlangen untersucht, die oft sehr lange ohne Nahrung auskommen müssen [12]. Manche Schlangen fressen nur wenige Male im Jahr – dann aber Beutetiere, die 50 % und mehr ihres eigenen Körpergewichts erreichen. Innerhalb von 12 bis 24 h nach Nahrungsaufnahme verdoppelt sich bei Pythons die Masse des Dünndarmepithels bei gleichzeitiger Vervielfachung der dort vorhandenen Transporter für Glucose und Aminosäuren. Außerdem wird die Oberfläche des Darmepithels durch Verlängerung der intestinalen Mikrovilli vergrößert. Diese Prozesse beruhen vor allem auf einer erhöhten Zellgröße (Hypertrophie) und weniger auf einer vermehrten Zellteilung (Hyperplasie). Infolge des Energieaufwands, der für die Verdauungsprozesse erforderlich ist, vervielfacht sich die Stoffwechselrate. Die physiologischen Veränderungen müssen allerdings vollständig reversibel sein, sodass die Tiere ihre Stoffwechselprozesse möglichst schnell an die jeweils vorhandene Nahrungsmenge anpassen können.

1.8.4 Zusammenfassung

Die Nahrungsaufnahme muss mittel- bis langfristig den Energiebedarf eines Organismus decken; daher ist es notwendig, dass sein physiologischer Versorgungsstatus kontinuierlich überwacht und mit dem jeweiligen Bedarf abgeglichen wird. Zahlreiche Regulationsprozesse finden auf der Ebene des Magen-Darm-Trakts infolge einer räumlichen und zeitlichen Koordination der Verdauungsprozesse durch neuronale, endokrine und parakrine Mechanismen statt. Die Transmittersubstanz Acetylcholin, das Hormon Gastrin und der Mediator Histamin regulieren synergistisch die Sekretion von Salzsäure durch die Parietalzellen des Magenepithels. Auf ähnliche Weise koordinieren Hormone die Aktivität unterschiedlicher Regionen des Verdauungstrakts (Magen, Pankreas, Gallenblase, Duodenum), sodass eine möglichst effiziente Hydrolyse und Aufnahme der Nährstoffe gewährleistet werden.

Neben den im Gastrointestinaltrakt implementierten Regelkreisen existieren weitere Kontrollmechanismen, die einerseits das Körpergewicht und andererseits die Nahrungsaufnahme regulieren. Hierzu ist die Kommunikation zwischen dem Verdauungssystem und Kontrollzentren im Gehirn, die im Hypothalamus und im Hirnstamm liegen, erforderlich. Das Gehirn steuert über bewusste, in der Großhirnrinde (Cortex) ausgelöste Empfindungen wie Hunger oder Sattheit die Nahrungsaufnahme und damit indirekt das Körpergewicht. Dazu benötigt es entsprechende Rückmeldungen aus anderen Körperregionen, die auf endokrinem Weg über den Blutkreislauf zum Gehirn gelangen. Wir unterscheiden hier die Langzeitregulation des Körpergewichts durch die Hormone Leptin und Insulin sowie die Kurzzeitregulation der Nahrungsaufnahme mittels Ghrelin und PYY. Defekte in diesen Regelkreisen wie etwa eine Mutation im *ob*-Gen, das für Leptin codiert, führen zu erheblichen Fehlsteuerungen von Nahrungsaufnahme und Körpergewicht.

Häufig nehmen Tiere über längere Zeitspannen keine Nahrung auf, ohne dass Symptome von Fehl- oder Mangelernährung auftreten. Diese Organismen sind während Mangelzeiten auf ihre internen Energiespeicher angewiesen, die sie mit sehr effizienten Strategien optimal nutzen. All diesen Strategien gemeinsam ist (1) das Einsparen von Energie durch einen verminderten Grundumsatz, (2) das Absenken der Körpertemperatur und (3) das Vermeiden energieintensiver körperlicher Aktivität. In extremen Fällen wie dem saisonalen Winterschlaf einiger Säuger lässt sich der Energiebedarf auf diese Weise um über 90 % reduzieren.

Die dynamische Anpassung der Größe des Verdauungstrakts an ein verändertes Nahrungsangebot wurde bisher vor allem bei Schlangen untersucht. Die Menge und Oberfläche des Darmepithels – und damit die Anzahl an Transportern und Pumpen – können abhängig von der zur Verfügung stehenden Nahrungsmenge herauf oder herunter reguliert werden. Da es sich beim Darmepithel um ein sehr stoffwechselaktives Gewebe handelt, wird so wirkungsvoll Energie eingespart.

Wir haben anfangs gesehen, dass eine veränderte Ernährungsweise durch positive Selektion Mutationen bevorzugt, welche die Verdauung von Lactose auch bei Erwachsenen erlauben. Das Nahrungsangebot kann demnach selbst in evolutionären Zeitdimensionen über eine Modifikation der genetischen Ausstattung auf ernährungsphysiologische Prozesse zurückwirken.

Literatur

1. Bäckhed F, Ley RE, Sonnenburg JL, Peterson DA, Gordon JL (2005) Host-bacterial mutualism in the human intestine. Science 307:1915–1920
2. Benedict FG, Benedict CG (1930) The energy requirements of intense mental effort. Proc Nat Acad Sci USA 16:438–443
3. Biesalski HK, Grimm P (2011) Taschenatlas der Ernährung. Thieme, Stuttgart
4. Campbell N, Reece JB, Urry LA, Cain ML, Wassermann SA, Minorsky PV, Jackson RB (2009) Biologie. 8. Aufl, Pearson Studium, München, S 1224
5. Denny M, McFadzean A (2011) Engineering Animals. The Belknap Press of Harvard University Press, Cambridge
6. Gómez-Pinilla F (2008) Brain foods: the effects of nutrients on brain function. Nat Rev Neurosci 9:568–578
7. Hill RH, Wyse GA, Anderson M (2016) Animal Physiology. 4. Aufl, Sinauer, Sunderland
8. Karasov WH, Martinez del Rio C (2007) Physiological Ecology: How Animals Process Energy, Nutrients, and Toxins. Princeton University Press, Princeton
9. Morton GJ, Meek TH, Schwartz MW (2014) Neurobiology of food intake in health and disease. Nat Rev Neurosci 15:367–378
10. Penry SM, Jumars PA (1987) Modeling animal guts as chemical reactors. Am Nat 129:69–96
11. Sterner RW, Elser JJ (2002) Ecological Stoichiometry: The Biology of Elements from Molecules to the Biosphere. Princeton University Press, Princeton
12. Wang T, Hung CCY, Randall J (2006) The comparative physiology of food deprivation: from feast to famine. Annu Rev Physiol 68:223–251

Energiestoffwechsel

Andreas Feigenspan

© Springer-Verlag GmbH Deutschland 2017
A. Feigenspan, *Prinzipien der Physiologie*, https://doi.org/10.1007/978-3-662-54117-3_2

Schlüsselkonzepte

1. Energie ist die Fähigkeit eines Systems, Arbeit zu verrichten.
2. Die geordnete Struktur von Molekülen, Zellen, Geweben, Organen und Organsystemen ist ein Grundprinzip des Lebens.
3. Organismen benötigen Energie, um ihre innere Ordnung aufrechtzuerhalten.
4. ATP ist eine universell einsetzbare Speicherform von Energie, die für physiologisch relevante Arbeiten eingesetzt wird.
5. Die Stoffwechselrate beschreibt die Gesamtheit der physiologischen Aktivitäten eines Tieres.
6. Kleine Tiere haben eine höhere gewichtsspezifische Stoffwechselrate als große Tiere.
7. Das Verhältnis zwischen Oberfläche und Volumen bestimmt die maximale Größe von Zellen.

» No man is an island.
John Donne

2.1 Was ist Energie?

Energie ist ein zentrales Konzept in biologischen Systemen. Tiere sind **heterotrophe** Organismen, die vorgefertigte Makromoleküle in Form von Kohlenhydraten, Proteinen und Lipiden als Nahrung benötigen. Diese organischen Moleküle werden einerseits als **Baustoffe** für den eigenen Körper verwendet; andererseits kann die in den kovalenten Bindungen gespeicherte **chemische Energie** nach entsprechenden Umwandlungen andere energieintensive Prozesse wie etwa Muskelkontraktionen antreiben. Heterotrophe Organismen nehmen organische Moleküle auf, indem sie andere Organismen fressen.

Dagegen verwenden **autotrophe** Organismen (Primärproduzenten) anorganische Energiequellen, die sie nutzen, um organische Moleküle aus anorganischen Vorläufern zu synthetisieren. Pflanzen stellen mithilfe der elektromagnetischen Energie der Sonnenstrahlung aus Kohlenstoffdioxid und Wasser das Kohlenhydrat Glucose her. Schwefeloxidierende Bakterien sind in der Lage, geothermische Energie unter dem hohen Druck der Tiefsee zur Synthese organischer Moleküle zu nutzen.

2.1.1 Energiefluss in Nahrungsketten

In den weitaus meisten Ökosystemen ist das Sonnenlicht die wichtigste Energiequelle. Die Sonneneinstrahlung bestimmt die oberen Grenzen von Populationsdichten und damit letztlich die organismische Zusammensetzung von Ökosystemen. Im Folgenden wollen wir mit einer einfachen Schätzung zeigen, wie die Strahlungsenergie der Sonne eine theoretische Obergrenze für die Anzahl von Löwen festlegt, die auf einer Fläche von einem Quadratkilometer ausreichend Nahrung finden können (◘ Abb. 2.1).

Die Energie des Sonnenlichts beträgt etwa 330 Kalorien pro Quadratmeter und Sekunde ($\text{cal}\,\text{m}^{-2}\,\text{s}^{-1}$). Davon erreichen jedoch nur 10 % die Erdoberfläche; der weitaus größere Teil wird durch die Erdatmosphäre und durch Wolken absorbiert.

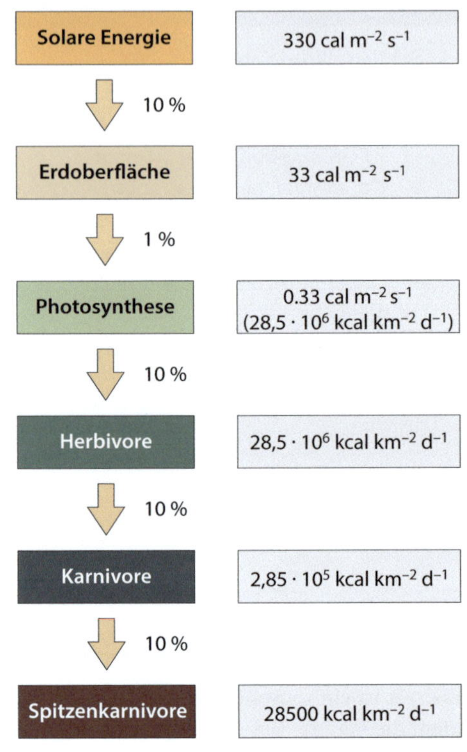

◻ Abb. 2.1 Vereinfachter Energiefluss durch ein Ökosystem vom Sonnenlicht bis zu den Spitzenkarnivoren. Bei jedem Übergang von einer trophischen Stufe zur nächsten gehen etwa 90 % der Energie verloren. Die Prozentangaben bezeichnen die jeweils übertragenen Energiemengen. Ausgehend von der solaren Energie bleiben letztlich für die Karnivoren der obersten Stufe noch 28.500 kcal pro Quadratkilometer und Tag übrig

Im Prozess der Photosynthese wird wiederum nur ein kleiner Teil der Energie des Sonnenlichts in Form von chemischen Bindungen gespeichert. Dies liegt vor allem an jahreszeitlichen Einschränkungen und an der Tatsache, dass nur ein Teil der Erdoberfläche mit photosynthetisch aktiven Organismen bedeckt ist. Gehen wir von einem Wirkungsgrad von etwa 1 % aus, bleiben noch $0{,}33\ \mathrm{cal\ m^{-2}\ s^{-1}}$ (entsprechend $28{,}5 \times 10^{6}\ \mathrm{kcal\ km^{-2}\ d^{-1}}$).

In einer **Nahrungskette** sind verschiedene trophische Ebenen hintereinander geschaltet. Eine Faustregel besagt, dass etwa 10 % der Energie an die nächste Ebene weitergegeben werden; pro Stufe gehen also 90 % verloren (▶ Abschn. 1.4.2). Herbivoren fressen nur einen Teil der Primärproduktion, und Karnivoren auf den unterschiedlichen Trophiestufen nutzen ebenfalls nicht die gesamte Beutepopulation. Außerdem benötigen Nahrungsaufnahme und -verdauung Energie und bei jeder Energieumwandlung im Körper eines Organismus geht Wärme als physiologisch nicht nutzbare Energieform verloren. *Je länger also eine Nahrungskette ist, desto weniger Energie kommt auf der obersten Ebene an.*

Löwen stehen am Ende einer relativ langen Nahrungskette. Gehen wir vereinfachend von drei Trophiestufen aus, bleiben noch $28{.}500\ \mathrm{kcal\ km^{-2}\ d^{-1}}$ für die Spitzenprädatoren übrig. Ein Löwe benötigt etwa 8000 kcal pro Tag, sodass die auf dieser Ebene verfügbare Energie maximal für drei bis vier Löwen auf einem Quadratkilometer ausreichen würde. Tatsächlich handelt es sich bei dieser Zahl um eine absolute Obergrenze, bestimmt durch die Strahlungsenergie der Sonne und die Energieverluste beim Übergang zwischen den verschiedenen trophischen Ebenen. Die tatsächliche Populationsdichte von Löwen liegt deutlich unter dem theoretischen Maximum – so wurde in afrikanischen Reservaten eine Dichte von einem Löwen auf $7\,\mathrm{km}^{2}$ gemessen. Bei Wölfen, die auf derselben Nahrungsstufe stehen wie Löwen und daher eine ähnliche Populationsdichte aufweisen sollten, ist der tatsächlich gemessene Wert noch niedriger. Beispielsweise schwankt in Nordkanada die Dichte zwischen einem Tier auf $20\,km^2$ und $500\,km^2$. Die vom theoretischen Maximum abweichenden, grundsätzlich geringeren Populationsdichten lassen sich durch Fressschutz der Pflanzen sowie Krankheiten und Territorialität aufseiten der Tiere erklären. Auf den unteren trophischen Stufen sind die Verhältnisse komplexer, da es dort mehr Spezies gibt und Interaktionen in Räuber-Beute-Systemen hinzukommen. Immer spielt jedoch der Energiefluss eine entscheidende Rolle.

2.1.2 Energie in biologischen Systemen

In anschaulicher Form versteht man unter Energie die Fähigkeit eines Körpers oder eines Systems, Arbeit zu leisten. In der Mechanik wird **Arbeit** definiert als das Skalarprodukt aus den beiden Vektoren Kraft (**F**) und Weg (**s**). Wenn auf einen Körper auf einer geraden Strecke **s** eine konstante Kraft **F** wirkt, wird an dem Körper die Arbeit W verrichtet:

$$W = \mathbf{F} \cdot \mathbf{s}. \tag{2.1}$$

Die Einheit für Energie oder in diesem Fall für Arbeit ist das Joule (J), wobei gilt: $1\,J = 1\,N\,m$. Wie können wir diese physikalische Definition auf lebende Systeme anwenden?

Kontraktionen der Skelett- und der Herzmuskulatur sind unmittelbar einleuchtende Beispiele, in denen Energie verwendet wird, um Arbeit zu leisten. Die Skelettmuskulatur setzt einen Körper oder Teile davon in Bewegung, während die Herzmuskulatur das Blut im Gefäßsystem antreibt. Auf zellulärer Ebene wird die Kontraktion von Skelett- und Herzmuskelzellen durch molekulare Motoren (Myosin) bewirkt, die Ortsveränderungen intrazellulärer Filamente (Actin) verursachen. In Nervenzellen transportieren Motorproteine Vesikel, Mitochondrien und Proteine entlang von Mikrotubuli vom Zellkörper zum Axonterminalsystem. Molekulare Transporter in der Zellmembran bewegen Nährstoffe und Ionen in die Zellen hinein. Diese Transportprozesse stellen die Energieversorgung der Zellen sicher und schaffen außerdem wesentliche Voraussetzungen für die Kommunikation in vielzelligen Systemen. In allen genannten Beispielen wird durch Energie Arbeit an einem System verrichtet, wobei sich das Konzept des Systems von der makroskopischen Ebene eines Organismus oder Gewebes bis hin zum molekularen Niveau subzellulärer Prozesse anwenden lässt.

Heterotrophe Organismen können nur diejenige Energie physiologisch nutzen, die in Form chemischer Bindungen gespeichert vorliegt. Der elementare Prozess der Energiefreisetzung in biologischen Systemen ist die **Oxidation von Glucose** zu Wasser (H_2O) und Kohlenstoffdioxid (CO_2):

$$C_6H_{12}O_6 + 6\,O_2 \longrightarrow 6\,H_2O + 6\,CO_2 \qquad \Delta G^{o\prime} = -2880\,kJ\,mol^{-1}. \tag{2.2}$$

Das negative Vorzeichen der freien Energie $\Delta G^{o\prime}$ in Gl. 2.2 besagt, dass die Reaktion von links nach rechts verläuft und die Produkte H_2O und CO_2 eine geringere Energie besitzen als die Ausgangsstoffe Glucose und Sauerstoff.[1] Bei dieser **exergonischen Reaktion** wird ein Energiebetrag von $2880\,kJ\,mol^{-1}$ freigesetzt, der für die Verrichtung von Arbeit in biologischen Systemen genutzt werden kann. Molekulare Arbeit wird beispielsweise in folgenden Prozessen geleistet:

---

[1] Die Gibbs freie Energie G oder ihre Änderung ΔG während einer Reaktion gibt die bei konstantem Druck und konstanter Temperatur freigesetzte Energiemenge an, die zur Verrichtung von Arbeit eingesetzt werden kann (▶ Abschn. 2.2.3).

- Synthese von Adenosintriphosphat (ATP);
- Knüpfen chemischer Bindungen bei der Synthese organischer Substanzen;
- Transfer von Elektronen oder Wasserstoff auf NAD^+ und FAD;
- Synthese von Makromolekülen aus kleineren Bausteinen;
- Transport von Nährstoffen wie Glucose und Aminosäuren gegen einen Konzentrationsgradienten in die Zelle hinein;
- Erzeugung eines elektrischen Potenzials durch Trennung von Ladungen (Ionen) über der Membran;
- Kontraktion von Muskelfasern gegen einen Widerstand.

Eine biochemisch außerordentlich wichtige Form von Arbeit wird in **Redoxreaktionen** geleistet, in denen Moleküle Elektronen abgeben und dabei oxidiert werden. Andere Moleküle nehmen diese Elektronen auf und werden auf diese Weise reduziert (■ Abb. 2.2a). Die Übertragung von Wasserstoffatomen entspricht einer Reduktion, da jedes Wasserstoffatom aus einem Proton (H^+) und einem Elektron (e^-) besteht (■ Abb. 2.2b). Bei Redoxreaktionen im Stoffwechsel entstehen energiereiche **Reduktionsäquivalente** wie $NADH + H^+$, die in der Atmungskette Elektronen an Sauerstoff abgeben (▶ Abschn. 2.3.3).

Grundsätzlich gilt: *Je reduzierter ein Molekül ist, desto mehr Energie kann es in Stoffwechselprozessen bereitstellen.* Entsprechend gibt das Verhältnis von Kohlenstoff zu Wasserstoff oder von Kohlenstoff zu Sauerstoff einen Hinweis auf den Energiegehalt eines Moleküls. Die stark reduzierten Fettsäuren enthalten demnach mehr Energie als die vergleichsweise weniger reduzierten Kohlenhydrate oder gar CO_2 (▶ Abschn. 1.3.4 und ■ Tab. 1.2).

Lebende Systeme zeichnen sich durch hochgeordnete Strukturen auf der Ebene von Makromolekülen, Zellen, Geweben, Organen und Multiorgansystemen aus. Diese strukturelle Or-

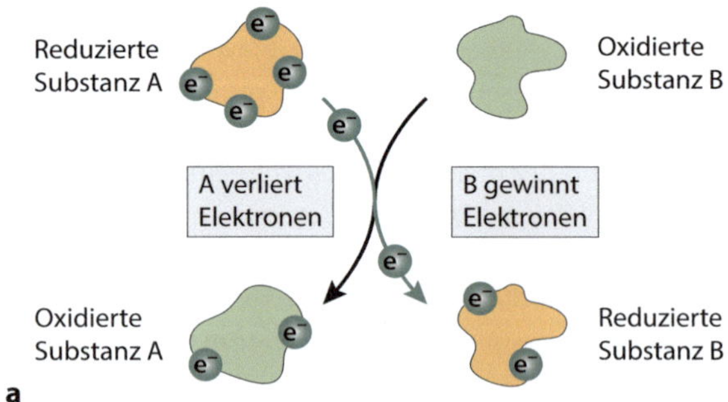

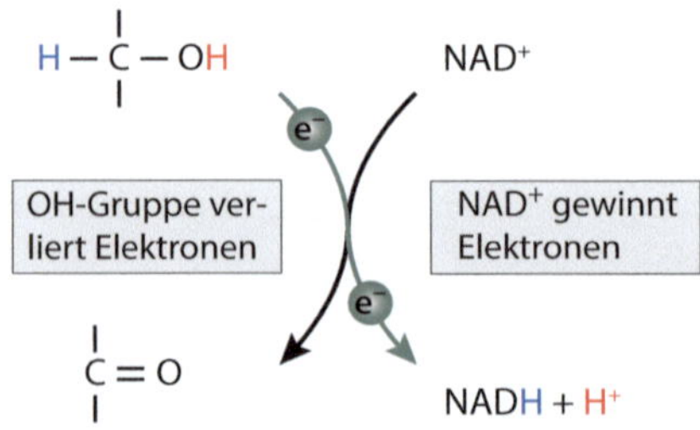

■ **Abb. 2.2**   Bei einer Redoxreaktion werden Elektronen und Protonen übertragen. **a** Schematische Darstellung einer Redoxreaktion. Substanz A verliert zwei Elektronen und wird oxidiert, Substanz B gewinnt zwei Elektronen hinzu und wird reduziert. Auf diese Weise wird Energie von A nach B übertragen. **b** Beispiel für eine Redoxreaktion im Stoffwechsel. Die Hydroxylgruppe (−OH) wird zu einer Carbonylgruppe (C=O) oxidiert; zwei Elektronen und ein Proton werden von NAD^+ aufgenommen, wobei $NADH + H^+$ entstehen. Eine solche Redoxreaktion läuft bei der Oxidation von Isocitrat zu α-Ketoglutarat im Citratzyklus ab. In einem weiteren Reaktionsschritt muss NADH wieder zu NAD^+ oxidiert werden

ganisation ist Voraussetzung für die Koordination komplexer Abläufe in einer Zelle oder in einem Organsystem. *Organisation ist ein entscheidendes Merkmal lebender Systeme.* Wir verstehen daher unter **physiologischer Arbeit** all diejenigen Prozesse, welche die Ordnung eines Organismus aufrechterhalten oder erhöhen. *Tiere nutzen die in den chemischen Bindungen ihrer Nahrung gespeicherte Energie, um ihre innere Ordnung aufrechtzuerhalten.*

2.1.3　Physiologisch relevante Energieformen

Energie existiert in verschiedenen Formen, von denen jedoch nur einige physiologisch relevant sind. An zentraler Stelle steht die **chemische Energie**, die alle Formen von Arbeit verrichten kann. *Unter chemischer Energie verstehen wir die in den kovalenten Bindungen von Kohlenhydraten, Lipiden und Proteinen gespeicherte Energie.* Formal besitzen alle Stoffe eine Form potenzieller Energie, die als **chemisches Potenzial** μ bezeichnet wird. Das chemische Potenzial beschreibt die Möglichkeiten eines Stoffes,

- chemische Reaktionen mit anderen Stoffen einzugehen;
- in eine andere Zustandsform überzugehen;
- sich durch Diffusion im Raum zu verteilen.

Die kovalenten Einfachbindungen der in ▶ Abschn. 1.3 besprochenen Makromoleküle besitzen Bindungsenergien von 300 bis 400 kJ mol^{-1}, während die Energiemenge in ihren Doppelbindungen 600 bis 800 kJ mol^{-1} beträgt. Bei der Verdauung von Nahrungsmolekülen werden die kovalenten Bindungen aufgebrochen und in enzymkatalysierten Reaktionssequenzen neu zusammengesetzt, wobei in jedem Schritt ein bestimmter Energiebetrag freigesetzt wird. ◗ Abb. 2.3 verdeutlicht dieses Prinzip am Beispiel des aeroben Glucoseabbaus. Diese Energie wird zur Synthese energiereicher ATP-Moleküle eingesetzt, deren Hydrolyse wiederum andere energieintensive Prozesse im Körper antreibt. Dadurch wird die Energiegewinnung in heterotrophen Organismen (Nahrungsaufnahme und Verdauung) zeitlich und räumlich von anderen physiologischen Vorgängen getrennt, die zu ihrem Ablauf Energie benötigen. *ATP ist eine universell einsetzbare Speicherform von Energie, mit der alle Formen physiologisch relevanter Arbeit verrichtet werden können.* Der Wirkungsgrad der ATP-Synthese aus Glucose beträgt höchstens 70 %, die restlichen 30 % werden als Wärme abgegeben.

Ein System besitzt **elektrische Energie**, wenn positive und negative elektrische Ladungen voneinander getrennt werden. Ein Beispiel ist der Protonengradient über der inneren Mitochondrienmembran, der in der Atmungskette die ATP-Synthase antreibt. Weiterhin verursacht die Ladungstrennung über der Plasmamembran das negative Ruhemembranpotenzial von Zellen und stellt eine notwendige Voraussetzung für die Signalverarbeitung in Nervensystemen dar (▶ Kap. 10). Elektrische Potenziale können ebenfalls als Energiespeicher – vergleichbar einer Batterie – verstanden werden, die Ionen in Bewegung setzen und auf diese Weise einen elektrischen Strom erzeugen. *Die Synthese von Makromolekülen kann jedoch nicht mittels elektrischer Energie angetrieben werden.*

Die Energie gerichteter Bewegungen heißt **mechanische Energie**. Hier bewegen sich fast alle Moleküle und Atome geordnet in dieselbe Richtung, wie etwa bei der Bewegung eines Arms oder beim Blutstrom durch ein geschlossenes Kreislaufsystem. Im ersten Beispiel wird mechanische Energie durch Kontraktion der Skelettmuskulatur erzeugt, im zweiten durch die koordinierte Aktivität der Herzmuskelzellen. In beiden Fällen wird die in ATP gespeicherte Energie in kinetische Energie (Bewegungsenergie) umgewandelt. *Ähnlich wie die elektrische Energie kann auch mechanische Energie nicht zu Biosynthesen herangezogen werden.*

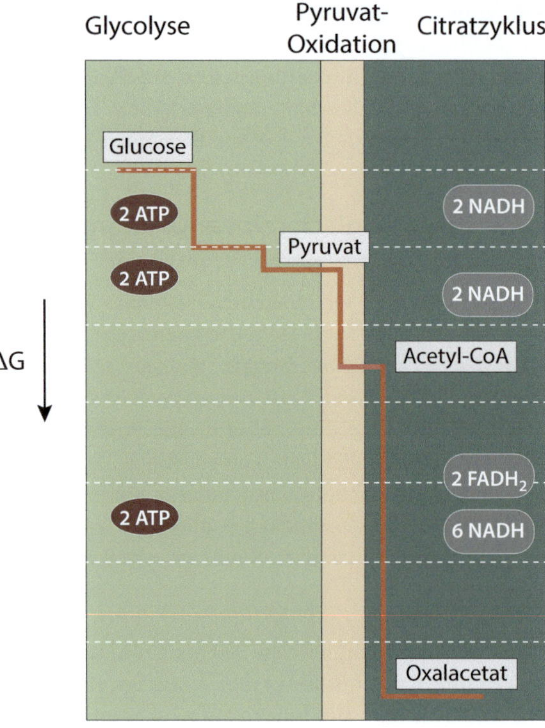

◘ Abb. 2.3 Energiebilanz des aeroben Glucosestoffwechsels. Die in der Glucose enthaltene Energie wird in den aufeinander folgenden Prozessen von Glykolyse, Pyruvat-Oxidation und Citratzyklus schrittweise freigesetzt und in Form von ATP und den reduzierten Coenzymen NADH und FADH$_2$ gespeichert. In der Glykolyse werden zunächst zwei Mol ATP pro Mol Glucose eingesetzt, sodass am Ende des Citratzyklus vier Mol ATP entstanden sind. Die *horizontalen Linien* repräsentieren Veränderungen der freien Energie ΔG von jeweils $100\,\mathrm{kcal\,mol}^{-1}$

Bei jeder Umwandlung von einer Energieform in eine andere – also auch bei allen Stoffwechselprozessen im Körper – entsteht unweigerlich **Wärme**. Physikalisch gesehen stellt Wärme die kinetische Energie ungerichteter Molekülbewegungen dar. Wärme ist also eine Energieform (gemessen in Joule, J), deren Intensität als Temperatur (gemessen in Kelvin, K)[2] in Erscheinung tritt. Im Gegensatz zur mechanischen Energie ist hier die Teilchenbewegung ungeordnet. *Tiere können Wärmeenergie jedoch nicht für physiologisch relevante Arbeit nutzen, da dauerhaft kein Temperaturgefälle innerhalb eines Organismus existiert.* Dennoch beeinflusst Wärme die Geschwindigkeit metabolischer Prozesse, die Fluidität von Lipiden und die dreidimensionale Struktur (Konformation) von Proteinen und damit maßgeblich ihre Funktionalität (▶ Abschn. 3.1). Schließlich nutzen endotherme Tiere die entstehende Stoffwechselwärme für eine von der Umgebung weitgehend unabhängige Körpertemperatur (▶ Abschn. 3.4). Bei allen genannten Prozessen wird allerdings keine Arbeit verrichtet.

2.1.4 Zusammenfassung

Die bei der Photosynthese in Form chemischer Bindungen gespeicherte Sonnenenergie ist Grundlage für alle Lebensprozesse auf der Erde. Innerhalb einer Nahrungskette gelangen nur etwa 10 % der Energie auf die nächsthöhere Stufe, sodass insgesamt der Energiefluss die Populationsdichten auf den verschiedenen trophischen Ebenen determiniert.

---

[2] Die Kelvin-Skala (K) besitzt im Gegensatz zur Celsius-Skala (°C) einen absoluten Nullpunkt, bei gleicher Graduierung beider Skalen. Grundsätzlich gilt: $0\,°\mathrm{C} \stackrel{\wedge}{=} 273{,}15\,\mathrm{K}$.

Unter Energie verstehen wir die Fähigkeit eines Systems, Arbeit zu leisten. In biologischen Systemen umfasst physiologische Arbeit jeden Prozess, der die Ordnung eines Organismus erhöht. Die in den chemischen Bindungen der Nahrungsmoleküle gespeicherte innere Energie kann jedoch nur nutzbar gemacht werden, wenn die Makromoleküle der Nahrung zunächst durch Verdauungsprozesse zerlegt und anschließend resorbiert werden.

Energie kommt in verschiedenen Erscheinungsformen vor: chemische, elektrische und mechanische Energie sowie Wärme. Elektrische Energie entsteht bei der Trennung von positiven und negativen Ladungen über der Zellmembran und ist Grundlage für die Signalerzeugung und -weiterleitung in Nervensystemen. Mechanische Energie hingegen wird für Muskelkontraktionen benötigt, die unter anderem für die Fortbewegung, die Ventilation des Atemmediums sowie für einen gerichteten Flüssigkeitsstrom im Kreislaufsystem verantwortlich sind.

Die verschiedenen physiologisch relevanten Energieformen sind jedoch nicht gleichwertig. Die in chemischen Bindungen gespeicherte Energie kann alle Formen physiologischer Arbeit in einem Organismus verrichten, wohingegen mit elektrischer und mechanischer Energie keine Biosynthesen angetrieben werden können. Bei jeder Umwandlung von Energie in eine andere Form wird immer Wärme freigesetzt. Unter Wärme verstehen wir ungerichtete Molekülbewegungen, die aufgrund ihrer Zufälligkeit keine physiologische Arbeit leisten können. Dennoch bleibt diese Wärmeproduktion nicht folgenlos, da sie zu einer Beschleunigung von Stoffwechselprozessen und zur Körpertemperatur endothermer Organismen beiträgt sowie die Funktionalität von Biomolekülen maßgeblich mitbestimmt.

2.2 Thermodynamische Grundlagen

Die Thermodynamik ist ein Teilgebiet der Physik, das den Austausch von Energie in Form von Wärme und Arbeit zwischen einem System und seiner Umgebung beschreibt. Unter einem **System** verstehen wir einen Ausschnitt oder einen Bereich, für den wir uns interessieren, etwa ein Becherglas mit einer wässrigen Lösung, ein Block aus Kupfer oder eine Muskelfaser des Wadenmuskels. Die Größe des Systems ist dabei flexibel und kann sich von mikroskopischen bis hin zu makroskopischen Strukturen erstrecken. Ein System besitzt eine Grenze zu seiner unmittelbaren **Umgebung**; zusammen bilden System und Umgebung das **Universum.**

Ein System wird über die Durchlässigkeit seiner Grenze mit der Umgebung definiert. Ein **offenes System** kann sowohl Energie als auch Materie mit seiner Umgebung austauschen. Ein Beispiel für ein offenes System ist eine Kaffeetasse, in die Zucker und Milch geschüttet werden können und die nach und nach Wärme an die Umgebung verliert. Aber auch lebende Organismen sind offene Systeme, da sie in einem ständigen Materie- und Energieaustausch mit ihrer Umgebung stehen (▶ Abschn. 2.3.1). Ein **geschlossenes System** hingegen kann zwar Energie, aber keine Materie mit der Umgebung austauschen. Eine verschlossene Wasserflasche stellt ein geschlossenes System dar, da keine Materie hinein- oder hinausgelangt, der Inhalt jedoch Wärmeenergie aus der Umgebung aufnehmen oder an die Umgebung abgeben kann. Ein **abgeschlossenes System** tauscht weder Energie noch Materie mit seiner Umgebung aus. Eine Thermoskanne mit einer heißen Flüssigkeit ist eine Annäherung an ein abgeschlossenes System, das in Reinform auch unter Laborbedingungen nur schwer zu realisieren ist.

Die Thermodynamik besteht aus vier fundamentalen Gesetzen, die auch als Hauptsätze bezeichnet werden. Aus historischen Gründen beginnt die Zählung beim Nullten Hauptsatz, der die Temperatur einführt. Im Ersten Hauptsatz geht es um die Konstanz der Energie, und im Zweiten Hauptsatz wird das Konzept der Entropie definiert. Der Dritte Hauptsatz schließlich beschreibt die Unmöglichkeit, die Temperatur eines Systems in einer endlichen Zahl von Schritten auf den absoluten Nullpunkt abzusenken.

Für biologische Prozesse sind vor allem der Erste und der Zweite Hauptsatz sowie das Konzept der freien Energie relevant, mit denen wir uns in den nächsten Abschnitten beschäftigen.

2.2.1 Erster Hauptsatz – Energie

Der Erste Hauptsatz der Thermodynamik lässt sich direkt aus dem **Satz von der Erhaltung der Energie** ableiten. *Der Erste Hauptsatz besagt, dass Energie in verschiedenen Erscheinungsformen existiert, die ineinander überführt werden können, sodass die Energie insgesamt konstant bleibt. Energie kann also weder erzeugt noch vernichtet werden.* Ein Radfahrer wandelt mithilfe seiner Skelettmuskulatur die in Form von ATP gespeicherte chemische Energie der Nahrungsmoleküle in Bewegungsenergie und potenzielle Energie, etwa einer Änderung seiner Position im Schwerefeld der Erde, um. Außerdem wird ein großer Teil der Energie (ca. 70 bis 80 % beim Radfahren) als Wärme freigesetzt. Die Gesamtsumme der Energie bleibt dabei jedoch gleich; Energie wird also nicht „verbraucht".

Formal wird der Erste Hauptsatz definiert, indem man die **Änderungen der inneren Energie** (ΔU) in einem geschlossenen System betrachtet (❏ Abb. 2.4). Die **innere Energie** U ist die gesamte in einem System enthaltene Energie, also die Summe aus thermischer, chemischer und Kernbindungsenergie sowie alle magnetischen und elektrischen Wechselwirkungen. Es können nur Änderungen der inneren Energie eines Systems, nicht aber ihr Absolutwert gemessen werden. Mögliche Formen der Energieübertragung in geschlossenen Systemen, die zu einer Änderung der inneren Energie führen, sind Wärme und Arbeit. Aus diesen Überlegungen ergibt sich der Erste Hauptsatz der Thermodynamik wie folgt:

$$\Delta U = Q + W. \tag{2.3}$$

Der Erste Hauptsatz besagt, dass sich die innere Energie eines geschlossenen Systems nur durch die vom oder am System geleistete Arbeit (W) sowie durch die vom System abgegebene oder aufgenommene Wärme (Q) ändert. Durch Arbeit und Wärme wird demnach Energie zwischen System und Umgebung transferiert, wobei die Gesamtenergie von System und Umgebung konstant bleibt (Energieerhaltungssatz). Der wichtigste Unterschied zwischen Arbeit und Wärme liegt im Ordnungsgrad der Molekülbewegung: Wird Arbeit verrichtet, bewegen sich die Moleküle geordnet in eine Richtung, während ihre Bewegungsrichtung bei einer Energieübertragung in Form von Wärme zufällig ist.

Die innere Energie eines Systems wird ausschließlich von seinem aktuellen Zustand bestimmt, wobei gleichgültig ist, auf welchem Weg das System in diesen Zustand gelangt ist. Diese Eigenschaft definiert eine **Zustandsfunktion**. Ebenso stellt die Temperatur eines Systems eine Zustandsfunktion dar, da die Weise, wie das System diese Temperatur erlangt hat, für den aktuellen Wert keine Rolle spielt (❏ Abb. 2.5a). Diese Tatsache ist von zentraler Bedeutung für den Energiestoffwechsel in biologischen Systemen, da zum Beispiel bei einem mehrstufigen Abbau von Glucose genauso viel Energie freigesetzt wird wie bei einer Verbrennung in einem einzigen Reaktionsschritt (❏ Abb. 2.5b). Der mehrstufige Prozess hat jedoch den entscheidenden Vorteil, dass dabei handhabbare „Energiepakete" entstehen, die vom Organismus sehr viel effizienter genutzt werden können als dies bei einer plötzlichen Freisetzung der gesamten in der Reaktion zur Verfügung stehenden Energie der Fall wäre.

Im **Energiestoffwechsel** der Tiere betrachten wir all diejenigen Prozesse, in denen Energie aufgenommen, umgewandelt, für physiologisch relevante Arbeit eingesetzt und schließlich als

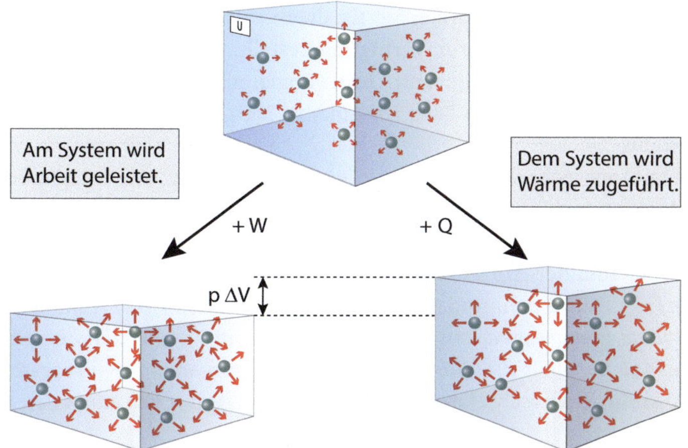

Abb. 2.4 Erster Hauptsatz der Thermodynamik. In einem geschlossenen System befinden sich Gasmoleküle mit einer mittleren kinetischen Energie, repräsentiert durch die *roten Pfeile*. Das System besitzt die innere Energie U, die sich durch Zufuhr von Wärme Q oder durch am System geleistete Arbeit W, in diesem Fall Volumenarbeit $p \cdot \Delta V$, ändert. In beiden Fällen erhöht sich die mittlere kinetische Energie der Gasmoleküle und die innere Energie des Systems steigt um den Betrag ΔU

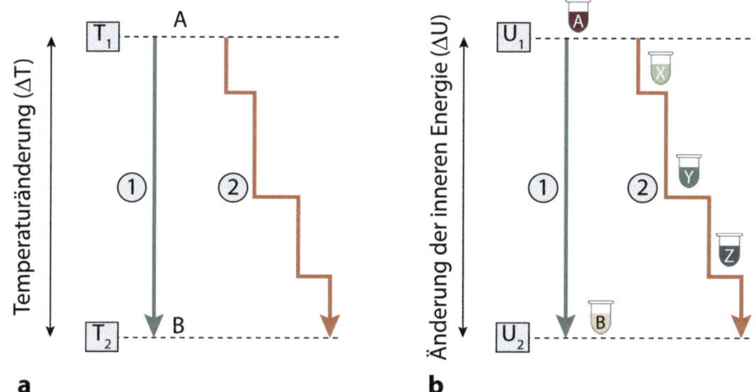

Abb. 2.5 Definition einer Zustandsfunktion am Beispiel der Temperatur und der inneren Energie. **a** Ein System wird von der Temperatur T_1 auf die Temperatur T_2 abgekühlt. Der Temperaturunterschied ΔT zwischen den beiden Zuständen A und B ist unabhängig vom Weg, auf dem man von A nach B gelangt. Es spielt daher keine Rolle, ob die Temperaturänderung in einem einzigen Schritt ① oder stufenweise erfolgt ②. **b** Bei der Energiegewinnung aus Nahrungsstoffen ändert sich die innere Energie der Makromoleküle von U_1 nach U_2. Die Nettoänderung ΔU ist unabhängig vom Weg der Reaktion. Bei einer einschrittigen Reaktion wird die gesamte Energie auf einmal freigesetzt, während der mehrstufige Prozess eine schrittweise Energieabgabe über die Zwischenstufen X, Y und Z ermöglicht

Wärme an die Umgebung abgegeben wird. Diese Prozesse laufen nach den Gesetzen der Thermodynamik ab. Im **anabolen Stoffwechsel** werden aus einfachen Vorstufen, entstanden durch die enzymatische Zerlegung von Nahrungsmolekülen, in hintereinander geschalteten Reaktionsschritten komplexe Verbindungen synthetisiert. Die Kohlenstoffkette gesättigter Fettsäuren beispielsweise wird aus Acetyl-CoA, einem aus zwei C-Atomen bestehenden Molekül, aufgebaut. Acetyl-CoA wiederum entsteht aus Pyruvat, dem Endprodukt des glykolytischen Abbaus von Kohlenhydraten. *Da das chemische Potenzial komplexer organischer Moleküle größer ist als das ihrer kleinmolekularen Bausteine, benötigen anabole Prozesse Energie.* Diese Energie wird in

Form von ATP und Reduktionsäquivalenten für die Biosynthesen von Polysacchariden, Proteinen, Lipiden und Nucleinsäuren zur Verfügung gestellt. Anabole Stoffwechselprozesse sind Voraussetzung für Körperwachstum und Gewebereparaturen bei ausgewachsenen Organismen. Beim Menschen müssen etwa 2 bis 3 % (240 bis 360 g) der körpereigenen Proteine jeden Tag ersetzt werden.

In **katabolen Stoffwechselprozessen** werden dagegen komplexe, energiereiche Moleküle, insbesondere Makromoleküle aus der Nahrung, zu einfacheren Verbindungen abgebaut. Aus Polysacchariden, Lipiden und Proteinen entstehen so in den zentralen Prozessen der Glykolyse, des Citratzyklus und der Atmungskette die energiearmen Endprodukte Kohlenstoffdioxid (CO_2), Wasser (H_2O) und Ammoniak (NH_3). *Die in den chemischen Bindungen der Makromoleküle enthaltene Energie wird teils als ATP und in Form von Reduktionsäquivalenten (v. a. NADH) gespeichert und teils als Wärme freigesetzt.* Da die anabolen Prozesse stets Energie benötigen, sind sie im Stoffwechsel der Organismen sehr eng mit den katabolen Prozessen verknüpft.

2.2.2 Zweiter Hauptsatz – Entropie

Während der Erste Hauptsatz der Thermodynamik das Konzept der Energie einführt, beschreibt der Zweite Hauptsatz die *Qualität der Energie als Grundlage für die Spontaneität von Prozessen.* Wir werden beispielsweise niemals beobachten, dass Wärme spontan aus der Umgebung in ein wassergefülltes Gefäß übergeht und dort das Wasser zum Kochen bringt, obwohl dieser Vorgang aufgrund seiner Energiebilanz mit dem Ersten Hauptsatz vereinbar wäre.

Der Zweite Hauptsatz der Thermodynamik bezieht sich auf **abgeschlossene Systeme**, die mit ihrer Umgebung weder Energie noch Materie austauschen. *Anschaulich formuliert besagt der Zweite Hauptsatz, dass ein System nie von selbst in einen unwahrscheinlicheren Zustand übergeht.*

Ein Maß für die Wahrscheinlichkeit eines Zustands ist die **Entropie**. Vereinfachend können wir Entropie mit Unordnung korrelieren: Wenn Materie und Energie in einem ungeordneten Zustand verteilt vorliegen (etwa in einem Gas), ist die Entropie des Systems hoch und die Qualität der darin gespeicherten Energie eher gering. Sind dagegen Materie und Energie in einem hochgeordneten Zustand (etwa in einem Kristall), ist die Entropie gering, die Qualität der Energie dagegen hoch.

Um das Konzept der Entropie zu veranschaulichen, gehen wir von einem System aus, das aus frei beweglichen Molekülen mit einer bestimmten thermischen Energie besteht. Aufgrund dieser Wärmeenergie bewegen sich die Moleküle unabhängig voneinander auf einen Gleichgewichtszustand hin, der bei einer statistisch gleichförmigen Verteilung der Moleküle im Raum erreicht ist. Bei dieser homogenen Verteilung besitzt das System ein Entropiemaximum.

Formal hängt die Entropie von der Anzahl der Möglichkeiten ab, wie sich die Teilchen im Raum verteilen können, also der Anzahl W_n verschiedener Mikrozustände, die das Gesamtsystem einnehmen kann. Betrachten wir die Verteilungswahrscheinlichkeit von Molekülen in einem Volumen mit zwei gleich großen Kammern (◘ Abb. 2.6). Mithilfe der **Binomialverteilung** lässt sich leicht zeigen, dass sich mit der größten Wahrscheinlichkeit die Hälfte der Moleküle in einer der beiden Kammern befindet, die andere Hälfte hingegen in der anderen Kammer. Im gezeigten Beispiel einer Verteilung von zehn Teilchen beträgt die Wahrscheinlichkeit einer Gleichverteilung in beiden Kammern etwa 0,25. Dagegen ist es sehr unwahrscheinlich, dass sich alle Teilchen in nur einer Kammer aufhalten – in unserem Beispiel etwa 0,001.[3]

---

[3] Bei höheren Teilchenzahlen reduziert sich die Wahrscheinlichkeit, dass sich alle Teilchen in einer Kammer aufhalten, auf extrem niedrige Werte: $7{,}9 \times 10^{-31}$ bei 100 Teilchen und $9{,}3 \times 10^{-302}$ bei 1000 Teilchen.

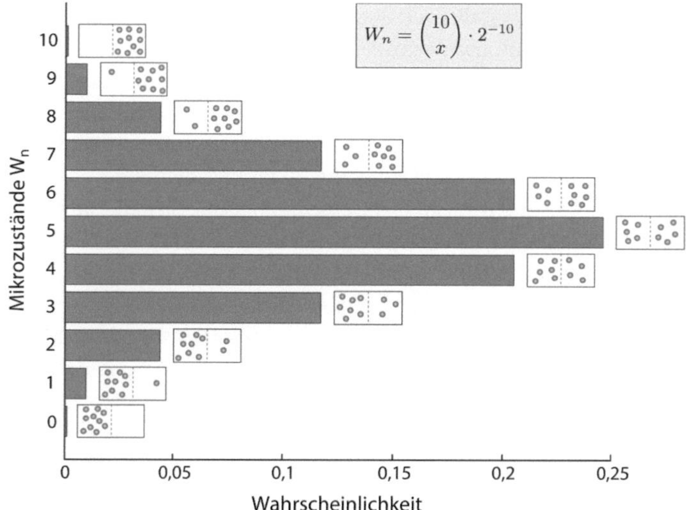

◘ Abb. 2.6 Zweiter Hauptsatz der Thermodynamik. Zehn Teilchen können sich in den beiden Hälften eines Behälters auf unterschiedliche Weise anordnen. Jede Anordnung entspricht einem Mikrozustand W_n. Eine Verteilung, bei der in beiden Hälften genau gleich viele Teilchen vorhanden sind, besitzt die höchste Wahrscheinlichkeit. Eher unwahrscheinlich dagegen sind Verteilungen, in denen sich alle Teilchen entweder in der einen oder in der anderen Hälfte befinden. Die Balkengrafik gibt die Binomialverteilung für $n = 10$ und $p = 0,5$ an

Der Zweite Hauptsatz formuliert die Unmöglichkeit, dass der wahrscheinliche Zustand der Gleichverteilung dauerhaft in den unwahrscheinlicheren Zustand einer Ungleichverteilung übergeht, in der sich alle Moleküle in einer der beiden Kammern befinden. Wir definieren daher die Entropie S_n formal wie folgt:

$$S_n = k \times \ln W_n. \tag{2.4}$$

Gl. 2.4 besagt, dass die Entropie S_n eines Systems umso höher ist, je mehr Mikrozustände W_n das System einnehmen kann. Die Proportionalitätskonstante k ist die **Boltzmann-Konstante** ($1,38 \times 10^{-23}\,\mathrm{J\,K^{-1}}$). Als biologisches Beispiel stellen Konzentrationsgradienten über Zellmembranen aus thermodynamischer Sicht geordnete Systeme dar, da die Wahrscheinlichkeit einer Ungleichverteilung weitaus geringer ist als die einer Gleichverteilung.

Wir wollen nun das Konzept der Entropie auf der Ebene des Organismus anwenden. *Lebewesen sind hochgeordnete Systeme, die ihre Ordnung nur durch eine kontinuierliche Zufuhr von Energie aufrechterhalten können.* Als heterotrophen Organismen steht Tieren nur die in den kovalenten Bindungen der Nahrungsstoffe gespeicherte Energie zur Verfügung. Diese Tatsache hat wesentliche Konsequenzen für die Konstanz der materiellen Zusammensetzung von Organismen.

Rudolf Schönheimer setzte stabile Isotope[4] ein, um den Austausch von Materie zwischen Organismen und ihrer Umwelt zu untersuchen. Wenn das in der Nahrung am häufigsten vorkommende Eisenisotop ^{56}Fe durch das sehr viel seltenere ^{58}Fe ausgetauscht wird, besteht nach einer gewissen Zeit das gesamte Eisen des Körpers aus dem seltenen Isotop ^{58}Fe. Wird die

---

[4] Isotope eines Elements unterscheiden sich in der Anzahl der Neutronen voneinander, sodass sie eine unterschiedliche Massenzahl aufweisen. Bei gleicher Anzahl von Protonen und Elektronen besitzen alle Isotope eines Elements dieselben chemischen Eigenschaften.

Nahrung wieder auf ^{56}Fe umgestellt, verlässt das ungewöhnliche Isotop ^{58}Fe nach und nach den Organismus. Entsprechend sind auch alle anderen Atome und Moleküle eines Lebewesens einem kontinuierlichen Austausch unterworfen. *Obwohl also rein äußerlich eine strukturelle Identität besteht, verändert sich im Laufe der Zeit die materielle Zusammensetzung eines Organismus vollständig.* Daher sind – entgegen der äußeren Anschauung – die materiellen Grenzen zwischen einem Lebewesen und seiner Umgebung nicht klar definiert.

Könnten wir die Atome und Moleküle, die eine biologische Struktur aufbauen, sehen, würden wir feststellen, dass trotz der materiellen Dynamik die räumlichen Beziehungen zwischen den einzelnen Molekülen weitgehend erhalten bleiben. Stellen wir uns ein Gebäude mit Ziegelmauern vor, bei denen immer wieder einzelne Ziegel ausgetauscht werden. Obwohl das Gebäude nach einer bestimmten Zeit vollständig aus anderen Ziegeln besteht, hat sich sein äußeres Erscheinungsbild nicht verändert. *Maßgeblich ist also nicht die materielle Identität der einzelnen Bausteine, sondern die Ordnung des Gesamtsystems.* Vor dem Hintergrund ständig wechselnder molekularer Bausteine ist Ordnung eine konstante Größe – Lebewesen weisen daher immer einen höheren Organisationszustand und damit eine geringere Entropie als ihre Umgebung auf. Aus thermodynamischer Sicht sind Organisation und Ordnung jedoch unwahrscheinliche Zustände, die nur durch die Zufuhr von Energie aufrechterhalten werden können. Da gleichzeitig ein kontinuierlicher Austausch von Materie mit der Umgebung stattfindet, erfüllen Tiere die Definition eines offenen Systems.

Als Anwendungsbeispiel für den Zweiten Hauptsatz betrachten wir nun ein abgeschlossenes System, das aus einem geschlossenen Kupferrohr besteht [7]. Durch das Innere des Rohrs fließt Wasser im Kreis, wobei uns zu diesem Zeitpunkt nicht interessiert, durch welche Kraft das Wasser ursprünglich in Bewegung versetzt worden ist. Wie können wir die Konzepte Energie, Entropie und Temperatur auf dieses abgeschlossene System anwenden?

Die kinetische Energie der einzelnen Wassermoleküle lässt sich auf einen Anteil geordneter Bewegung in Strömungsrichtung und – da die Temperatur des Systems oberhalb des absoluten Nullpunktes liegt – auf einen Anteil ungerichteter Wärmebewegung zurückführen. Die Kupferatome in der Wand des Rohres bewegen sich aufgrund ihrer thermischen Energie nur ungerichtet.

Im Anfangszustand überwiegt die geordnete Bewegung der Wassermoleküle in eine Richtung, während die ungeordnete thermische Bewegung nur einen geringfügigen Beitrag zur Gesamtenergie leistet. Die Temperatur ist also vergleichsweise niedrig, und das System weist einen hohen Ordnungsgrad auf. Die parallele Bewegung zahlloser Wassermoleküle in dieselbe Richtung ist ein hochgradig unwahrscheinlicher Zustand mit entsprechend niedriger Entropie.

Im Laufe der Zeit kollidieren jedoch Wassermoleküle miteinander oder mit den Kupferatomen der Wand. Bei jeder dieser Kollisionen wird ein Teil der gerichteten Bewegung der Moleküle in ungerichtete, zufällige Bewegungen, also in Wärme umgewandelt. Die innere Energie des Systems ändert sich dabei nicht (Erster Hauptsatz); der unwahrscheinlichere Zustand geordneter Bewegung geht jedoch nach und nach in den wahrscheinlicheren Zustand ungerichteter thermischer Bewegung über (Zweiter Hauptsatz). Im Endzustand, der dem Zustand eines thermodynamischen Gleichgewichts entspricht, ist die gesamte gerichtete Bewegung in zufällige Bewegung umgewandelt worden: Die Strömung des Wassers kommt zum Erliegen, und die Temperatur und die Entropie des Systems steigen an. Während der gerichtete Wasserstrom zu Beginn physiologisch relevante Arbeit leisten konnte, ist das System im Endzustand dazu nicht mehr in der Lage. *Im thermodynamischen Gleichgewicht kann also keine physiologische Arbeit verrichtet werden.*

Um den Wasserstrom dauerhaft aufrechtzuerhalten, muss Energie in das System investiert werden, etwa mithilfe elektrischer Energie, die eine Pumpe betreibt. Dann ist es aber kein abgeschlossenes System mehr, da zumindest Energie mit der Umgebung ausgetauscht wird.

Übertragen wir das Beispiel auf Kreislaufsysteme von Organismen, so leuchtet unmittelbar ein, dass Energie von außen nötig ist, um die gerichtete Bewegung eines Flüssigkeitsstroms aufrechtzuerhalten. In diesem Fall wird Energie für die Kontraktion der Herzmuskelzellen eingesetzt, wodurch ein kontinuierlicher Blutstrom in Gang gehalten wird. Solange Energie ein Lebewesen „durchströmt" und dort Arbeit verrichtet, befindet es sich ebenfalls in einem Gleichgewichtszustand. Wir sprechen in diesem Fall von einem **Fließgleichgewicht**, das im Gegensatz zum thermodynamischen Gleichgewicht auf die Zufuhr von Energie angewiesen ist und so lange bestehen bleibt, wie Energie zur Verfügung steht.

Insbesondere während der Embryonalentwicklung können komplexe Strukturen – also höhere Ordnung – auch ohne Nahrungsaufnahme ausgebildet werden. Einzelne Zellen differenzieren aus und organisieren sich zu den **räumlichen Mustern** der verschiedenen Gewebetypen, Gewebe wiederum bilden Organe, welche sich zu Organsystemen anordnen. Auf allen biologisch relevanten Ebenen erhöhen diese Prozesse die Ordnung und verringern die Entropie des jeweiligen Systems. Die hierzu notwendige Energie entstammt den energiereichen Makromolekülen des Dottermaterials. In einem Fließgleichgewicht können außerdem **zeitliche Muster** durch das Zusammenspiel von positiven (Autokatalyse) und negativen (Endprodukthemmung) Rückkopplungsmechanismen entstehen. Sie äußern sich beispielsweise in Form von periodischen Schwankungen (Oszillationen) in den Konzentrationen von Zwischenprodukten des Stoffwechsels.

2.2.3 Freie Energie

Das Konzept der **freien Energie** oder **Gibbs-Energie** erlaubt Vorhersagen darüber, wie viel Energie auf andere Prozesse übertragen werden kann, und ob eine chemische Reaktion spontan abläuft oder nicht. Für die Änderung der freien Energie ΔG einer Reaktion gilt die folgende Beziehung:

$$\Delta G = \Delta H - T\Delta S. \tag{2.5}$$

In Gl. 2.5 bestimmt die Kombination von ΔH und der Entropie ΔS die Änderung der freien Energie. Der Ausdruck ΔH beschreibt die Energiedifferenz zwischen dem Ausgangs- und dem Endzustand einer Reaktion, die sogenannte **Enthalpiedifferenz**. Sie entspricht der Gesamtenergie des Systems, von der jedoch nur ein Teil – die sogenannte freie Energie ΔG – für Arbeitsleistungen herangezogen werden kann.[5] Der andere Teil wird in Form einer Entropieänderung ΔS gebunden und entweder von der Gesamtenergie abgezogen (Entropie sinkt, ΔS negativ) oder hinzugefügt (Entropie steigt, ΔS positiv). Die Entropiedifferenz wiederum hängt linear von der Temperatur T des Systems ab: *Je höher die Temperatur, desto wirksamer ist der Beitrag der Entropie.*

Betrachten wir beispielhaft eine der wichtigsten biologischen Reaktionen, die Oxidation von Glucose zu CO_2 und H_2O (▶ Abschn. 2.1.2 und Reaktion 2.2). Ein Mol Glucose wiegt 180 g

---

[5] Ist $\Delta H < 0$, wird Wärme freigesetzt; die Reaktion ist exotherm. Bei einer endothermen Reaktion hingegen ist $\Delta H > 0$ und Wärme wird aus der Umgebung aufgenommen.

und besitzt eine Gesamtenergie ΔH von $-2800\,\text{kJ}\,\text{mol}^{-1}$, die näherungsweise in den kovalenten Bindungen zwischen Kohlenstoff, Wasserstoff und Sauerstoff innerhalb der einzelnen Glucosemoleküle gespeichert ist. Da die Ausgangssubstanz Glucose im Vergleich zu den kleinmolekularen Endprodukten CO_2 und H_2O einen höheren Ordnungsgrad und damit eine geringere Entropie aufweist, ist die Entropiedifferenz zwischen Ausgangs- und Endzustand der Reaktion positiv und die verfügbare freie Energie ΔG mit $-2880\,\text{kJ}\,\text{mol}^{-1}$ daher etwas größer als die Enthalpiedifferenz.

Bei der freien Energie ΔG einer Reaktion handelt es sich um diejenige Energie, die für andere biochemische Prozesse bereitgestellt werden kann und die somit Biosynthesen, den Transport von Ionen über Zellmembranen und Muskelkontraktionen antreiben kann. Wir unterscheiden drei mögliche Konstellationen:

1. $\Delta G < 0$: Bei einer chemischen Reaktion läuft vorzugsweise die Hinreaktion ab (Reaktanden $\rightarrow$ Produkte).
2. $\Delta G > 0$: Bei einer chemischen Reaktion läuft vorzugsweise die Rückreaktion ab (Produkte $\rightarrow$ Reaktanden).
3. $\Delta G = 0$: Hin- und Rückreaktion laufen mit gleicher Geschwindigkeit ab (Reaktanden $\leftrightarrow$ Produkte).

Im ersten Fall wird Energie freigesetzt, und wir sprechen von einer **exergonischen** Reaktion (◘ Abb. 2.7a). *Exergonische Reaktionen laufen spontan ab, wobei die Spontaneität einer Reaktion nichts über ihre Geschwindigkeit aussagt.* Neben der Oxidation von Glucose ist die Hydrolyse von ATP zu ADP und Phosphat eine exergonische Reaktion, die Stoffwechselprozesse in allen Zellen eines Organismus mit Energie versorgt.

Wenn ΔG positiv ist, verläuft eine Reaktion nicht spontan, und es wird Energie benötigt, damit die Ausgangssubstanzen zu Endprodukten umgesetzt werden. Solche Prozesse werden als **endergonisch** bezeichnet, wobei die Biosynthesen von Makromolekülen typische Beispiele darstellen (◘ Abb. 2.7b).

Damit eine Reaktion ablaufen kann, müssen Bindungen gelöst und wieder neu zusammengesetzt werden. Das Lösen von Bindungen erfordert Energie – alle chemischen Reaktionen verlaufen daher durch einen **Übergangszustand**, der eine höhere Enthalpie besitzt als die Ausgangsstoffe oder die Produkte der Reaktion. Um das Energieniveau des Übergangszustands

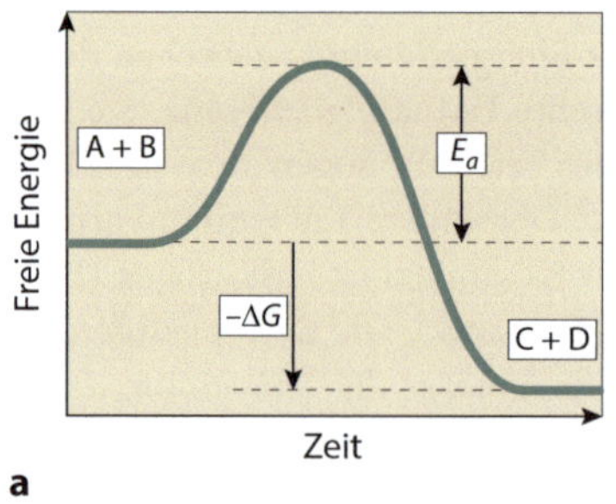

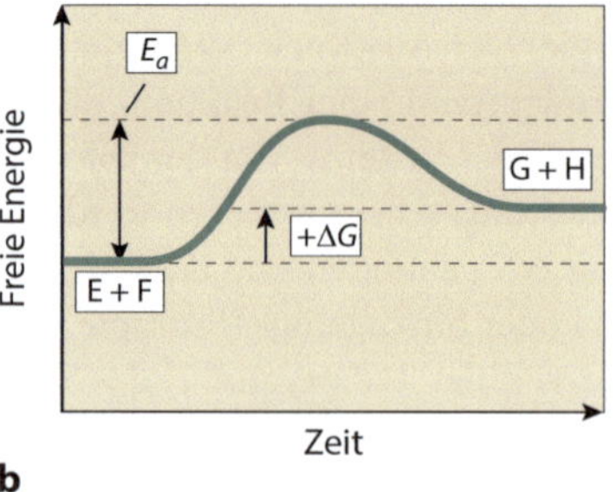

◘ **Abb. 2.7** Änderungen der freien Energie ΔG bei chemischen Reaktionen. **a** Bei einer exergonischen Reaktion besitzen die Ausgangsstoffe A und B einen höheren Energiegehalt als die Endprodukte C und D. ΔG ist negativ, und die Reaktion läuft spontan ab. **b** Bei einer endergonischen Reaktion besitzen die Endprodukte G und H einen höheren Energiegehalt als die Ausgangsstoffe E und F. Daher ist ΔG positiv, und die Reaktion läuft nicht spontan ab. In beiden Fällen muss eine Energiebarriere, die sogenannte Aktivierungsenergie E_a, überwunden werden

zu erreichen, muss zunächst eine sogenannte **Aktivierungsenergie** aufgebracht werden, unabhängig davon, ob die Gesamtreaktion exergonisch oder endergonisch ist (◘ Abb. 2.7). *Enzyme katalysieren Reaktionen des Stoffwechsels, indem sie die Aktivierungsenergie senken und damit die Bildung des Übergangszustands erleichtern.*

Wenn $\Delta G = 0$ ist, befindet sich das System im **thermodynamischen Gleichgewicht** und kann keine Arbeit verrichten. Eine Zelle, deren Stoffwechselprozesse ein thermodynamisches Gleichgewicht erreicht haben, ist tot. *Die Vermeidung des thermodynamischen Gleichgewichtszustands ist demnach eine notwendige Bedingung und ein universelles Kennzeichen aller Lebensprozesse und erfordert einen kontinuierlichen Ein- und Ausstrom von Materie und Energie in einem Fließgleichgewicht.* Lebewesen müssen daher offene Systeme im thermodynamischen Sinne sein.

2.2.4 Zusammenfassung

Der Erste und Zweite Hauptsatz der Thermodynamik sind grundlegend für das Verständnis des Energieaustauschs in Form von Wärme und Arbeit zwischen einem System und seiner Umgebung. Die Durchlässigkeit der Grenze zwischen System und Umgebung definiert offene Systeme (Austausch von Materie und Energie), geschlossene Systeme (Austausch von Energie, aber nicht von Materie) und abgeschlossene Systeme (kein Austausch von Materie und Energie).

Der Erste Hauptsatz der Thermodynamik besagt, dass Energie in verschiedenen Erscheinungsformen existiert, die ineinander überführbar sind. Die innere Energie U eines geschlossenen Systems kann durch Energieübertragung in Form von Wärme und Arbeit verändert werden. Dabei bleibt jedoch die Gesamtenergie von System und Umgebung konstant.

In biologischen Systemen beschreibt der Erste Hauptsatz die Energieumwandlungen bei katabolen und anabolen Stoffwechselprozessen. Im katabolen Stoffwechsel werden aus komplexen Makromolekülen der Nahrung die energiearmen Endprodukte Kohlenstoffdioxid, Wasser und Ammoniak gebildet und die in den kovalenten Bindungen enthaltene Energie letztlich in Form von ATP gespeichert. Anabole Stoffwechselwege gehen den umgekehrten Weg: Aus einfachen Vorstufen werden in enzymkatalysierten Reaktionssequenzen komplexe Verbindungen synthetisiert, wobei immer die Zufuhr von Energie erforderlich ist.

Der Zweite Hauptsatz der Thermodynamik führt das Konzept der Entropie ein, das als Maß für die Qualität von Energie verstanden werden kann. Eine geringe Entropie kennzeichnet geordnete Systeme, während Unordnung durch eine hohe Entropie beschrieben wird. Eine formale Definition der Entropie bezieht sich auf die Anzahl verschiedener Mikrozustände, die ein System einnehmen kann.

Lebewesen sind hochgeordnete Systeme, die einen höheren Organisationsgrad als ihre Umgebung aufweisen. Die geringe Entropie von Organismen lässt sich nur durch eine Entropieerhöhung der Umgebung aufrechterhalten, was wiederum einen kontinuierlichen Austausch von Energie und Materie mit der Umgebung zur Voraussetzung hat. Tiere sind daher offene Systeme.

Die freie Energie ΔG eines biochemischen Prozesses bezeichnet den Teil der Gesamtenergie, der zu Arbeitsleistungen wie Biosynthesen oder Muskelkontraktionen herangezogen werden kann. Bei exergonischen Reaktion ist ΔG negativ, und die Reaktion verläuft spontan; endergonische Prozesse weisen ein positives ΔG auf, und Energie muss von außen zugeführt werden, damit die Reaktion ablaufen kann. Im thermodynamischen Gleichgewicht ist ΔG gleich Null – in diesem Fall kommen alle Stoffwechselprozesse zum Erliegen.

2.3   Energie und Lebensvorgänge

Wir wollen nun die in den ersten beiden Abschnitten besprochenen Grundlagen auf lebende Organismen anwenden. Im Mittelpunkt steht die Notwendigkeit, dass Lebewesen als offene Systeme kontinuierlich Materie und Energie mit ihrer Umgebung austauschen. Die Fragen, wofür Energie in biologischen Systemen konkret benötigt und wie aus den Nahrungsstoffen nutzbare Energie gewonnen wird, werden anschließend thematisiert.

2.3.1 Lebewesen sind offene Systeme

Wir haben am Beispiel des Flüssigkeitsstroms in einem Kupferrohr gesehen, dass die Entropie in einem abgeschlossenen System nach einer bestimmten Zeit ein Maximum erreicht und das System sich im thermodynamischen Gleichgewicht befindet. *Dieser Gleichgewichtszustand ist genau derjenige Zustand des Systems, in dem die freie Energie ΔG ein Minimum annimmt.* Das thermodynamische Gleichgewicht ist zwar außerordentlich stabil, das System ist jedoch nicht mehr in der Lage, physiologisch relevante Arbeit zu verrichten. Darüber hinaus lösen sich geordnete Strukturen im Laufe der Zeit auf, sodass schließlich nur die ungerichtete und zufällige thermische Bewegung der Moleküle übrig bleibt. Um dies zu verhindern, muss kontinuierlich Energie von außen zugeführt werden, da sonst zentrale Lebensprozesse innerhalb kürzester Zeit nicht mehr ablaufen würden.

Muskeln benötigen zur Kontraktion chemische Energie in Form von ATP. Ohne kontinuierlichen Nachschub von ATP können keine Muskelkontraktionen mehr stattfinden, was unter anderem zur Lähmung der Willkürmotorik und zum Atemstillstand führt. Gleichzeitig verursacht das Fehlen von ATP einen Herzstillstand, sodass das Kreislaufsystem zum Erliegen kommt. Dadurch wird der Transport von Atemgasen und Nährstoffen unmöglich – mit der Folge eines Zusammenbruchs sämtlicher Organfunktionen.

Wie in ▶ Abschn. 2.2.2 beschrieben, unterliegen die Baustoffe in unserem Körper einem ständigen Auf- und Abbau. Ohne Energiezufuhr können keine neuen Moleküle synthetisiert oder wichtige Cofaktoren ersetzt werden; zelluläre Strukturen zerfallen nach und nach. Die Ionengradienten über der Zellmembran, die für die Erzeugung und Weiterleitung von Signalen von entscheidender Bedeutung sind, gleichen sich aus, sodass die Informationsverarbeitung in Nervensystemen und die Kommunikation der Zellen untereinander blockiert werden. Die Liste ließe sich fortsetzen, aber diese wenigen Beispiele verdeutlichen, dass ein thermodynamisches Gleichgewicht mit Lebensprozessen unvereinbar ist und erst mit dem Tod des Organismus eintritt.

Durch die kontinuierliche Zufuhr von Energie wird ein Ordnungszustand, der sich u. a. in der Regulation von Wachstum, Reparatur- und zahllosen Stoffwechselprozessen manifestiert, für die Lebensdauer eines Organismus stabilisiert. *Dies bedeutet aber, dass die Entropie eines Organismus während seiner Lebenszeit dauerhaft geringer sein muss als diejenige seiner Umgebung.* Innerhalb eines offenen Systems kann jedoch die Entropie nur dann sinken, wenn gleichzeitig die Gesamtentropie ΔS_{gesamt} von System und Umgebung steigt:

$$\Delta S_{\text{gesamt}} = \Delta S_{\text{System}} + \Delta S_{\text{Umgebung}} \geq 0. \tag{2.6}$$

Durch Stoffwechselprozesse geben Lebewesen Wärme und frei bewegliche Substanzen an die Umgebung ab. CO_2 und H_2O sowie die stickstoffhaltigen Exkretionsprodukte Ammoniak und Harnstoff besitzen ein geringes chemisches Potenzial und eine hohe Entropie. CO_2 und gasförmiges H_2O können sich im Raum gleichförmig verteilen und tragen durch Expansion und Durchmischung ebenfalls zu einer Entropieerhöhung der Umgebung bei.

Weiterhin verringert der Wärmeverlust des Organismus ΔQ die Entropie im System selbst und erhöht sie in der Umgebung. Dabei ist die Entropiezunahme der Umgebung proportional zum Wärmeverlust des Lebewesens und umgekehrt proportional zur Umgebungstemperatur T:

$$\Delta S_{\text{Umgebung}} = \frac{\Delta Q_{\text{System}}}{T}. \tag{2.7}$$

Je höher die Umgebungstemperatur, desto geringer ist der Effekt, den der Wärmeverlust auf die Entropieerhöhung hat.[6] *Lebende Systeme können demnach ihre innere Ordnung immer nur auf Kosten einer Entropiezunahme der Umgebung aufrechterhalten.*

Die Zunahme der Entropie ist ein **irreversibler Prozess**: Die ungerichtete thermische Bewegung homogen verteilter Atome und Moleküle kann ohne Energieaufwand nicht wieder in eine gerichtete Bewegung und damit in physiologisch relevante Arbeit zurückverwandelt werden. Es gibt also ein Früher und ein Später, sodass der Zweite Hauptsatz als mögliche Grundlage für eine Zeitstruktur diskutiert wird.

2.3.2 Tiere benötigen Energie für Biosynthesen, Instandhaltung und äußere Arbeit

Lebewesen benötigen kontinuierlich Energie, um ihre innere Ordnung aufrechtzuerhalten. Tieren dienen die energiereichen chemischen Bindungen der Nahrungsmoleküle als einzige Energiequelle, die jedoch nur genutzt werden kann, wenn die entsprechenden Verdauungsenzyme zur Verfügung stehen.

Die **assimilierte chemische Energie** bezeichnet die Differenz zwischen dem Brennwert der aufgenommenen Nahrung und demjenigen des Kots und sie hängt neben den Verdauungsleistungen des Magen-Darm-Traktes auch von der Qualität der Nahrung ab. Während bei celluloseverdauenden Organismen die Effizienz der Assimilation etwa 65 % beträgt, können Karnivore über 90 % erreichen. In ◗ Abb. 2.8 gehen wir davon aus, dass die gesamte assimilierte Energie dem Körper zur weiteren Nutzung zur Verfügung steht. Tatsächlich geht jedoch durch die Synthese stickstoffhaltiger Abbauprodukte (Ammoniak, Harnstoff, Harnsäure) zusätzlich Energie verloren, die hier nicht weiter berücksichtigt wird. Der tierische Organismus setzt die zugeführte chemische Energie für drei grundlegende Prozesse ein: (1) Biosynthesen, (2) Aufrechterhaltung von Körperstrukturen und -funktionen sowie (3) mechanische Arbeit.

Unter **Biosynthesen** verstehen wir die Neubildung lebenswichtiger Makromoleküle wie Proteine, Lipide, Polysaccharide und Nucleinsäuren aus den entsprechenden monomeren Bausteinen (Amino- und Fettsäuren, Zucker, Basen). Die chemische Energie der Nahrungsbestandteile wird erneut in Form energiereicher chemischer Bindungen im Körper gespeichert, wobei wie bei allen Energieumwandlungen ein Teil der Energie in Form von Wärme freigesetzt wird. Die Kategorie Biosynthesen beinhaltet auch die Bildung von Keimzellen, Milch, Federn, Schuppen, Haaren, etc., in deren Produktion vom Organismus ebenfalls Energie investiert werden muss.

---

[6] Peter Atkins hat diesen Zusammenhang mit dem Niesen in einer stillen Bibliothek und auf einer lauten Straße verglichen, wobei der Geräuschpegel die jeweilige Umgebungstemperatur repräsentiert. Im ersten Fall schreckt jeder auf (hohe Entropiezunahme), während im zweiten Fall das Niesen im Straßenlärm untergeht (geringe Entropiezunahme) [1].

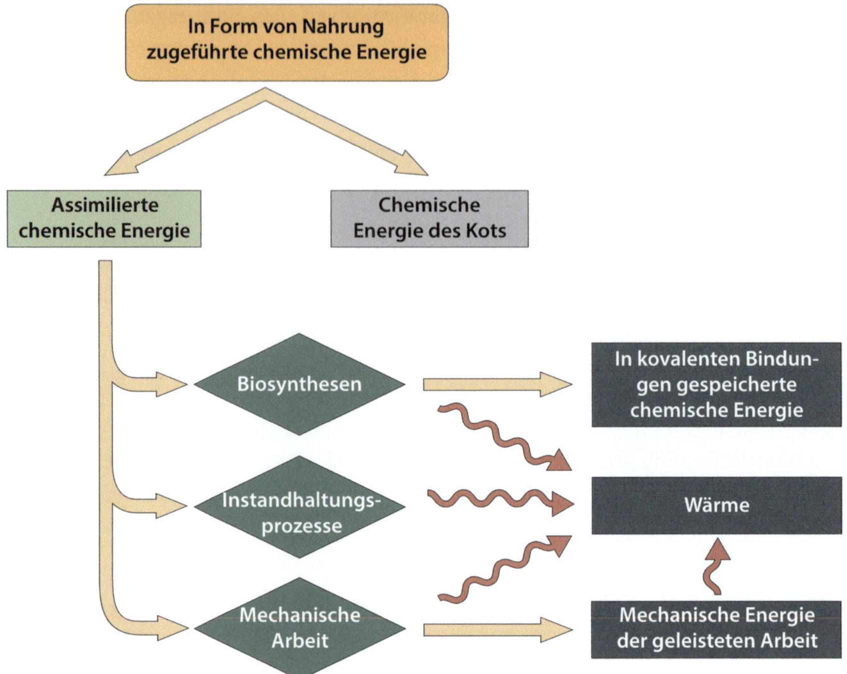

◘ Abb. 2.8 Verwendung der mit der Nahrung zugeführten Energie. Die assimilierte chemische Energie wird vom Körper aufgenommen, während die chemische Energie der unverdaulichen oder nicht absorbierten Bestandteile mit dem Kot ausgeschieden wird. Die assimilierte chemische Energie dient dem Organismus für Biosynthesen, Instandhaltungsprozesse und mechanische Arbeit. Bei allen Energieumwandlungen wird immer Wärme freigesetzt. Die spezifisch dynamische Wirkung ist in dieser Abbildung nicht berücksichtigt

Im Vergleich zum Energiegehalt einzelner Monomere sind die Energiekosten für die Synthese von Makromolekülen, die zudem mit einem Wirkungsgrad von etwa 95 % abläuft, eher gering. Daher eignen sich einige Makromoleküle wie die stark reduzierten Fettsäuren, aber auch Glykogen sehr gut als mittel- und langfristige Energiespeicher.

Instandhaltungsprozesse gewährleisten die dauerhafte Integrität von Körperstrukturen und -funktionen. Kreislauf, Atmung, Verdauung, neuronale Steuerung und die Reparatur von Geweben sind Beispiele für solche Instandhaltungsprozesse, die Energie in Form von ATP erfordern. In den meisten Fällen wird diese Energie letztlich vollständig in Wärme umgewandelt. Ein Kreislaufsystem benötigt Energie, um einen kontinuierlichen, gerichteten Materiestrom zu erzeugen (▶ Abschn. 2.2.2). Durch Kollisionen der Moleküle untereinander und mit der Wand der Gefäße sowie durch Reibungsverluste innerhalb einer hochviskosen Flüssigkeit wie Blut wird die kinetische Energie nach und nach in ungerichtete Wärmebewegung transformiert, wenn nicht der Blutstrom durch die Pumpleistung des Herzens aufrechterhalten wird.

Schließlich können Tiere **mechanische Arbeit** verrichten, indem sie entsprechende Kräfte auf Objekte außerhalb ihres Körpers ausüben. Unter mechanischer Arbeit verstehen wir vor allem die Aktivität der Skelettmuskulatur, die wiederum Energie in Form von ATP benötigt. Abgesehen von Lageänderungen im Gravitationsfeld der Erde, die als potenzielle Energie gespeichert werden, entsteht auch bei äußerer Arbeit vor allem Wärme. Der Wirkungsgrad der Fortbewegung ist vergleichsweise gering, und selbst bei gut trainierten Sportlern gehen mindestens 80 % als Wärme verloren. Die Gründe hierfür liegen im Wirkungsgrad der ATP-Synthese (maximal 70 %), und weil nur etwa die Hälfte der Energie der ATP-Moleküle tatsächlich für Kontraktionsvorgänge eingesetzt werden kann. Reibungs- und Dehnungswiderstände im Bewegungsapparat sorgen für weitere Energieverluste. Bei entsprechender Körperform erfordert Schwimmen den geringsten Energieaufwand, während Laufen etwa 10-mal höhere „Transportkosten" verursacht.

2.3.3 Energiegewinnung aus Nahrungsstoffen

Die Nahrungsstoffe müssen erst zerlegt und abgebaut werden, bevor ein Organismus ihre chemische Energie für eigene Stoffwechselprozesse einsetzen kann. Wie in ▶ Kap. 1 ausführlich beschrieben, werden mit der Nahrung hauptsächlich Polymere aufgenommen, langkettige oder verzweigte, hochmolekulare Substanzen, die zunächst durch enzymatische Prozesse in Monomere gespalten werden müssen. Aus **Fetten** entstehen auf diese Weise Fettsäuren und Glycerol, aus **Polysacchariden** Glucose und andere Monosaccharide und aus **Proteinen** Aminosäuren. Spezifische biochemische Abbauprozesse überführen die einzelnen Monomere schließlich in das gemeinsame Endprodukt **Acetyl-CoA**, das in den Citratzyklus eingeschleust wird (◗ Abb. 2.9).

Kohlenhydrate werden durch photosynthetische Prozesse gebildet, und Polysaccharide stellen ihre osmotisch weniger aktive Speicherform dar. Mit Ausnahme der Insekten, in denen vor allem das Disaccharid Trehalose vorkommt, stellt für die meisten Tiere Glucose die wichtigste Transportform für Kohlenhydrate in den Körperflüssigkeiten dar. Daher ist der Abbau von Glucose in der **Glykolyse** ein zentraler, phylogenetisch sehr alter Stoffwechselweg zur Bereitstellung von Energie. Für die Glykolyse selbst wird kein Sauerstoff benötigt – sie kann daher auch unter anaeroben Bedingungen ablaufen, wobei insgesamt aber nur zwei Mol ATP pro Mol Glucose entstehen. Im Gegensatz dazu werden im oxidativen Stoffwechsel insgesamt 38 Mol ATP pro Mol Glucose gebildet. *Die Glykolyse ist daher zwar ein schneller, aber kein besonders effizienter Weg zur Bereitstellung von Energie.*

Fette oder Lipide finden meist in Form von Triglyceriden als langfristige Energiespeicher Verwendung. In der **β-Oxidation**, dem Stoffwechselweg zum Abbau der Fettsäuren, entsteht hingegen nicht direkt ATP, sondern vielmehr die sogenannten **Reduktionsäquivalente** NADH[7] und $FADH_2$. Die durch die Oxidation der Fettsäuren verfügbare Energie wird in den reduzierten Coenzymen NADH und $FADH_2$ zunächst gespeichert, um schließlich in der oxidativen Phosphorylierung der Atmungskette für die Synthese von ATP eingesetzt zu werden.

Im Gegensatz zu Kohlenhydraten und Lipiden dienen Aminosäuren weniger der Bereitstellung von Energie (meist nur in Notsituationen, wenn keine anderen Energieträger zur Verfügung stehen), sondern vielmehr als Bausteine für die Synthese körpereigener Proteine. Aufgrund der Variabilität der Aminosäureseitenketten existieren unterschiedliche Abbauwege. **Transaminierungsreaktionen** entfernen zunächst die α-Aminogruppe, bevor das Kohlenstoffskelett in Form von Acetyl-CoA in den Citratzyklus eintritt (◗ Abb. 2.9).

---

[7] Nicotinamidadenindinukleotid (NAD^+) wird durch Aufnahme von zwei Elektronen und einem Proton zu NADH reduziert. In zahlreichen biochemischen Reaktionen werden zwei Protonen aus einem Molekül entfernt, wobei ein Proton an NAD^+ bindet, während das andere Proton in Lösung geht. Eine häufige Schreibweise für das reduzierte Coenzym ist daher $NADH + H^+$.

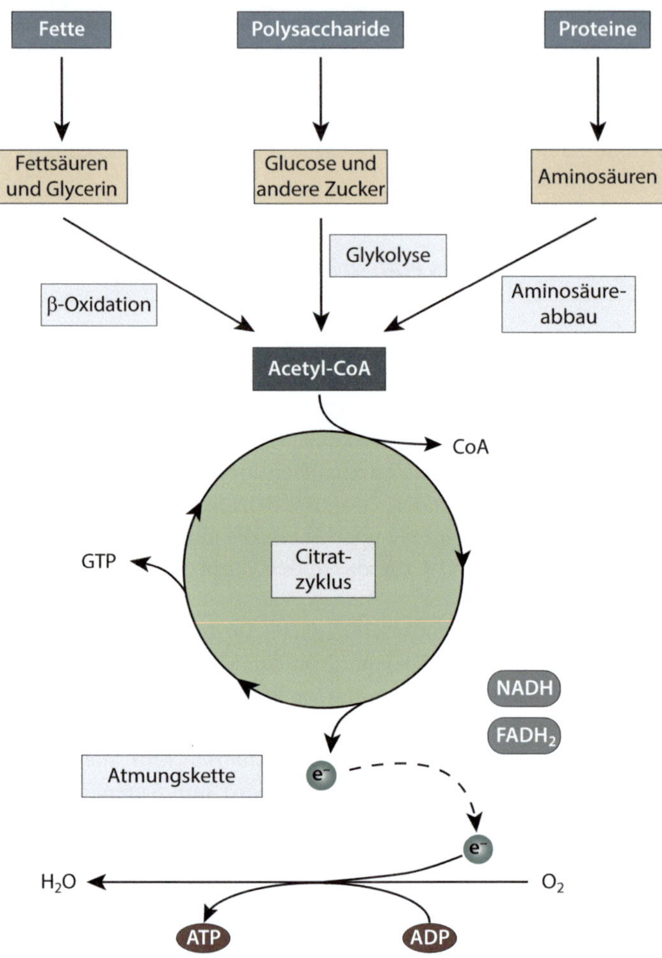

◻ Abb. 2.9 Energiegewinnung aus Nahrungsstoffen. Fette, Polysaccharide und Proteine werden in Monomere zerlegt und in verschiedenen Stoffwechselwegen in das gemeinsame Abbauprodukt Acetyl-CoA umgewandelt, das anschließend in den Citratzyklus eingeschleust wird. Während des schrittweisen Abbaus im Citratzyklus entstehen neben GTP vor allem reduzierte Coenzyme in Form von $NADH$ und $FADH_2$. In der Atmungskette übertragen die reduzierten Coenzyme in einer exergonischen Reaktion Elektronen auf O_2 unter Bildung von Wasser. Ein Teil der dabei freiwerdenden Energie dient der Synthese von ATP

Citratzyklus und **oxidative Phosphorylierung** stellen die gemeinsame Endstrecke der aeroben Energiegewinnung aus Nahrungsstoffen dar. Im Citratzyklus wird das aus zwei Kohlenstoffatomen bestehende Acetyl-CoA vollständig zu zwei Molekülen Kohlenstoffdioxid oxidiert und die freigesetzte Energie als Guanosintriphosphat (GTP), aber vor allem wieder in Form von Reduktionsäquivalenten gespeichert. GTP kann in einer einfachen Reaktion seine Phosphatgruppe auf ADP übertragen, wobei ATP entsteht – hinsichtlich ihres Energiegehalts sind GTP und ATP austauschbar.

In den bisherigen Reaktionsschritten ist wenig ATP, aber sehr viel NADH und $FADH_2$ entstanden. Diese reduzierten Coenzyme müssen zunächst oxidiert werden, um (1) wieder als Elektronenakzeptor in den oben genannten Abbauprozessen zur Verfügung zu stehen und (2)

ihre Energie auf ATP übertragen zu können. Beides wird im Prozess der **oxidativen Phosphorylierung**, der in den Mitochondrien stattfindet, erreicht. Die treibende Kraft hierbei ist die Übertragung von Elektronen von $NADH + H^+$ auf O_2, wobei H_2O entsteht:

$$\frac{1}{2} O_2 + NADH + H^+ \longrightarrow H_2O + NAD^+. \tag{2.8}$$

Betrachten wir bei dieser Reaktion nur die Übertragung von Elektronen und Protonen, so gilt:

$$2\,H^+ + 2\,e^- + \frac{1}{2} O_2 \longrightarrow H_2O \qquad \Delta G^{o\prime} = -220\,\text{kJ mol}^{-1}. \tag{2.9}$$

In Reaktion 2.9 wird NADH zu NAD^+ oxidiert, während O_2 zu H_2O reduziert wird. Die Proteinkomplexe der **Atmungskette** trennen in hintereinander geschalteten Reaktionsschritten Elektronen (e^-) und Protonen (H^+); der entstehende Protonengradient treibt die ATP-Synthese an. *Die wichtigste Funktion von O_2 – und damit der Grund, warum Organismen durch Atmung und Kreislauf O_2 zu jeder Körperzelle transportieren müssen – liegt in seiner Eigenschaft als finaler Elektronenakzeptor.* Ohne Sauerstoff können keine Elektronen übertragen werden, sodass die Atmungskette und damit die ATP-Synthese zum Erliegen kommen.

Die in Nucleinsäuren gespeicherte chemische Energie wird bei ihrem Abbau nicht zur ATP-Synthese benutzt. Vielmehr dienen die Bausteine entweder der Neusynthese von Nucleinsäuren, oder aber Harnsäure wird als stickstoffhaltiges Endprodukt gebildet (▶ Abschn. 8.1.3).

2.3.4 Wie kann ATP Arbeit verrichten?

Ein Organismus benötigt Energie für drei unterschiedliche Formen von Arbeit:

- **chemische Arbeit** wie die endergonische Synthese von Makromolekülen;
- **Transportarbeit** wie das Pumpen von Blut durch Kreislaufsysteme oder der Transport von Ionen über Zellmembranen;
- **mechanische Arbeit**, also vor allem Muskelkontraktionen, aber auch die Bewegung von Chromosomen im Zuge der Zellteilung.

Die katabolen Prozesse des Stoffwechsels stellen ATP als Energiequelle für alle Formen physiologischer Arbeit bereit. Hieraus resultieren zwei grundsätzliche Fragen: (1) Welche strukturellen Eigenschaften zeichnen ATP als „Energiewährung" aus? (2) Wie kann die in einem ATP-Molekül gespeicherte Energie für chemische und mechanische Arbeit sowie für Transportarbeit verfügbar gemacht und auf diese Prozesse übertragen werden?

ATP besteht aus der Purinbase **Adenin**, dem Zucker **Ribose** und einer Kette aus drei **Phosphatgruppen** (◘ Abb. 2.10). Die Hydroxylgruppen der Phosphate sind unter zellulären Bedingungen ionisiert, sodass sich auf engem Raum vier negative Ladungen befinden. Die Energie, die gegen die elektrostatische Abstoßung aufgebracht werden muss, um die Phosphatgruppen so weit anzunähern, dass kovalente Bindungen entstehen können, bleibt als freie Energie in den $P-O$-Bindungen gespeichert.

Die zentrale Reaktion zur Freisetzung dieser Energie ist die **Hydrolyse** von ATP zu **Adenosindiphosphat** (ADP) und einem **Phosphatanion** (P_i):

$$ATP + H_2O \longrightarrow ADP + P_i \qquad \Delta G^{o\prime} = -30{,}5\,\text{kJ mol}^{-1}. \tag{2.10}$$

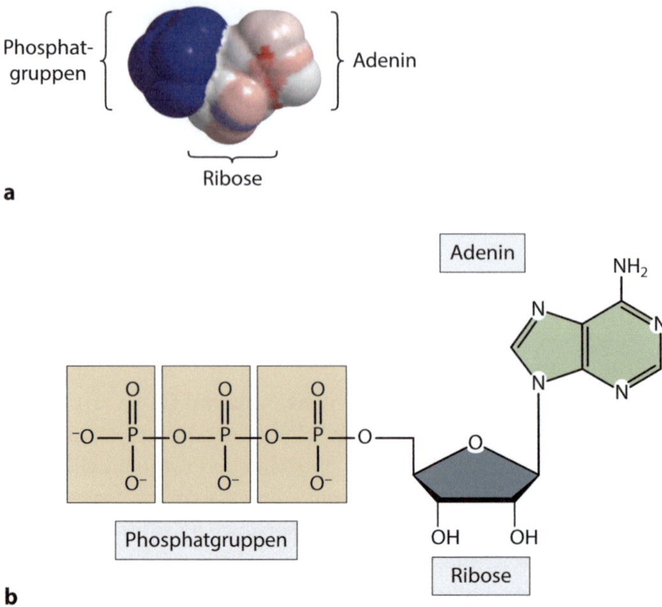

Abb. 2.10   Struktur von Adenosintriphosphat (ATP). **a** Das Oberflächenmodell zeigt eine hohe Ladungsdichte (*blau*) im Bereich der Phosphatgruppen, während Ribose und Adenin keine bzw. schwach positive Ladungen (*rot*) aufweisen. **b** Die Strukturformel zeigt die chemische Zusammensetzung der Komponenten Adenin, Ribose sowie drei über Anhydridbindungen verknüpfte Phosphatreste. Die eng benachbarten vier negativen Ladungen verleihen dem ATP-Molekül eine hohe chemische Energie

Diese Reaktion ist exergonisch, sie gibt also freie Energie ab. Unter Standardbedingungen sind dies $-30{,}5\,\mathrm{kJ\,mol^{-1}}$; unter realistischen zellulären Bedingungen etwa $-50\,\mathrm{kJ\,mol^{-1}}$. Die Endprodukte ADP und P$_i$ sind energieärmer als das Ausgangsprodukt ATP, da die Anzahl negativer Ladungen reduziert wird, und weil die freie Energie der H—O-Bindung des entstehenden Phosphats geringer ist als diejenige der P—O-Anhydridbindung im ATP-Molekül.

Die bei der Hydrolyse von ATP freigesetzte Energie erzeugt Wärme, wenn sie nicht an einen anderen Prozess gekoppelt wird. Diese Tatsache nutzen endotherme Organismen beim Kältezittern – schnelle, ungerichtete Kontraktionen der Skelettmuskulatur – zur Konstanthaltung der Körpertemperatur. Um jedoch die oben genannten physiologischen Arbeiten ausführen zu können, ist die Produktion von Wärme nicht hilfreich. *Vielmehr muss die Hydrolyse von ATP räumlich und zeitlich mit einem endergonischen Prozess gekoppelt werden.* Damit endergonische Prozesse ablaufen können, wird Energie benötigt, und diese Energie entstammt der Hydrolyse von ATP (**energetische Kopplung**). Zahlreiche Synthesereaktionen basieren auf der vorübergehenden Übertragung einer Phosphatgruppe von ATP auf ein Substrat (**Phosphorylierung**), und die Bildung dieser energiereichen Zwischenstufe ermöglicht erst die Gesamtreaktion. Bei Transportvorgängen und bei mechanischer Arbeit bindet ATP meist nicht-kovalent an ein Motorprotein, und die folgende Hydrolyse führt zu einer Konformationsänderung des Motorproteins, wodurch wiederum der eigentliche Transportprozess angetrieben wird.

Die meisten zellulären Reaktionen benötigen etwa 20 bis 40 kJ mol^{-1} und liegen hinsichtlich ihres Energiebedarfs in der Nähe – aber notwendigerweise unterhalb – des ΔG-Wertes der ATP-Hydrolyse. Dies hat einen entscheidenden Vorteil: Die beim Abbau komplexer Nahrungsmoleküle freigesetzte Energie (z. B. $-2880\,\mathrm{kJ\,mol^{-1}}$ bei der Oxidation von Glucose) wird auf kleinere „Energiepakete" verteilt und kann damit sehr viel besser die energetischen Erfordernisse einzelner Reaktionen des zellulären Stoffwechsels erfüllen, als wenn in einem einzigen Reaktionsschritt die gesamte freie Energie der Oxidation zur Verfügung steht (�‍ Abb. 2.3).

Neben der Hydrolyse von ATP stellt die Übertragung von Elektronen bei **Redoxreaktionen** eine weitere wichtige Möglichkeit des Energietransfers dar. Die Oxidation von NADH ist mit $-220\,\mathrm{kJ\,mol^{-1}}$ hochgradig exergonisch; *NADH enthält also mehr freie Energie als ATP*. Exergonische Prozesse in der Zelle produzieren vor allem NADH, während endergonische Reaktionen ATP benötigen. Entsprechend sind NADH und ATP im Prozess der oxidativen Phosphorylierung der Atmungskette eng miteinander gekoppelt.

2.3.5 Zusammenfassung

Ordnung ist das Grundprinzip alles Lebendigen. Während die materiellen Bausteine – Atome und Moleküle – einem kontinuierlichen Austausch mit der Außenwelt unterliegen, bleibt die Organisation eines Lebewesens konstant. Tiere müssen offene Systeme sein, die Materie und Energie mit ihrer Umgebung austauschen, da nur durch die ständige Zufuhr von Energie die Ordnung auf allen Organisationsebenen – Moleküle, Zellen, Gewebe, Organe, Organsysteme – dauerhaft aufrechterhalten werden kann. Die Entropie des Gesamtsystems (Lebewesen plus Umgebung) steigt jedoch, indem Wärme und kleinmolekulare Stoffwechselprodukte aus dem Organismus in die Umgebung abfließen.

Tiere sind hochgeordnete Strukturen, die fern vom thermodynamischen Gleichgewicht ihrer Umgebung kontinuierlich Energie entziehen. Der ständige Energiestrom erzeugt ein Fließgleichgewicht, das sich auf zellulärem Niveau, auf der Stufe einzelner Organismen, aber auch auf der Ebene von Ökosystemen manifestiert. Erst nach dem Tod, wenn kein Materie- und Energieaustausch mehr stattfindet, befindet sich ein System im thermodynamischen Gleichgewicht, und die Ordnung zerfällt.

Tiere verwenden die mit der Nahrung zugeführte Energie (1) für Biosynthesen, (2) für die Aufrechterhaltung von Körperstrukturen und -funktionen sowie (3) für mechanische Arbeit. Für die erste Aufgabe werden Körperbestandteile in Form von Makromolekülen – entweder für Wachstums- oder Reparaturprozesse – synthetisiert. Ein Teil der hierfür eingesetzten Energie bleibt in Form kovalenter chemischer Bindungen gespeichert. Anders hingegen findet bei Instandhaltungsprozessen eine fast vollständige Transformation der Energie in Wärme statt. Bei mechanischer Arbeit wird Energie zum Teil in Form von Lageänderungen als potenzielle Energie gespeichert; der Rest geht ebenfalls als Wärme verloren.

Bei der Energiegewinnung aus Nahrungsstoffen werden Polysaccharide, Lipide und Proteine in das gemeinsame Abbauprodukt Acetyl-CoA überführt, das im Citratzyklus in Kohlenstoffdioxid und in die Reduktionsäquivalente $NADH + H^+$ sowie $FADH_2$ umgewandelt wird. Die Reduktionsäquivalente übertragen in der Atmungskette Elektronen auf molekularen Sauerstoff unter Bildung von Wasser. Die bei dieser Redoxreaktion freigesetzte Energie von $-220\,\mathrm{kJ\,mol^{-1}}$ dient der Synthese von ATP. Dieser Prozess der oxidativen Phosphorylierung findet in der inneren Mitochondrienmembran statt.

ATP besteht aus der Purinbase Adenin, dem Einfachzucker Ribose und drei Phosphatgruppen, die bei einem physiologischen intrazellulären pH-Wert vier negative Ladungen tragen. Aufgrund der hohen Ladungsdichte und der energiereichen Anhydridbindungen ist die Hydrolyse von ATP mit $-30{,}5\,\mathrm{kJ\,mol^{-1}}$ exergonisch. Diese im ATP-Molekül gespeicherte Energie kann kontrolliert freigesetzt und auf endergonische Reaktionen übertragen werden, die ohne diese energetische Kopplung nicht ablaufen würden.

2.4 Stoffwechselraten

Wir haben gesehen, dass lebende Systeme Energie aufwenden müssen, um die Ordnung ihrer internen Strukturen dauerhaft aufrechtzuerhalten. Aber wie viel Energie benötigt ein Tier, um die zentralen Aufgaben der Biosynthesen, der Instandhaltung und mechanischer Arbeit zu erfüllen?

Energie kann zwar nicht verbraucht werden, aber sie wird durch Stoffwechselprozesse letztlich immer in Wärme überführt. Auch wenn elektrische und chemische Gradienten sowie Lageänderungen im Gravitationsfeld der Erde Energie vorübergehend speichern, so sind diese Energieformen doch nicht universell einsetzbar, und ihre entsprechenden Beträge gehen ebenfalls schließlich als Wärme verloren. Da Wärme keine physiologische Arbeit verrichten kann, muss dieser „Energieverlust" kontinuierlich vom Organismus ausgeglichen werden.

Die **Stoffwechselrate** (Metabolismusrate) ist als diejenige Energiemenge definiert, die ein Organismus pro Zeiteinheit umsetzt. Die entsprechende SI-Einheit[8] ist daher Joule pro Sekunde ($J\,s^{-1}$) oder Kilojoule pro Sekunde ($kJ\,s^{-1}$). Der Energietransfer pro Zeiteinheit wird auch als **Leistung**, gemessen in Watt (W), bezeichnet.

Die Stoffwechselrate eines Organismus ist keine konstante Größe, sondern sie hängt von zahlreichen Variablen (Alter, Geschlecht, Tages- und Jahreszeit, Umgebungstemperatur, Körpergröße, Aktivität, etc.) ab. Zwischen Ruhe und maximaler Aktivität kann die Stoffwechselrate um ein bis zwei Zehnerpotenzen schwanken. Vergleiche sind daher nur unter standardisierten Bedingungen sinnvoll.

Auch die einzelnen Organe des Körpers besitzen unterschiedliche Stoffwechselraten. Leber und Skelettmuskulatur des Menschen haben einen Anteil von jeweils etwa 26 % am Grundumsatz, während für das Gehirn rund 18 % erforderlich sind. Körperliche Aktivität wie Fortbewegung verschiebt den Energiebedarf in Richtung Skelettmuskulatur, die bei höchster Belastung bis zu 95 % der Stoffwechselrate beanspruchen kann. Insgesamt beträgt der Grundumsatz des Menschen etwa 80 W, entsprechend der Leistung einer herkömmlichen Glühbirne.

Die Untersuchung und Kenntnis von Stoffwechselraten ist für das Verständnis von Energieflüssen in Ökosystemen von grundsätzlicher Bedeutung: Insbesondere bei ausgewachsenen Tieren, bei denen also keine energieintensiven Wachstumsprozesse mehr stattfinden, bestimmt die Stoffwechselrate hauptsächlich, wie viel Nahrung sie benötigen. *Die Stoffwechselrate legt fest, welcher Anteil der gesamten Energie, die ein Tier mit seiner Nahrung aufnimmt, ausschließlich für grundlegende physiologische Prozesse eingesetzt werden muss* – mit anderen Worten „um am Leben zu bleiben". Mithilfe der Stoffwechselrate kann außerdem gemessen werden, wie hoch die Energiekosten für unterschiedliche Fortbewegungsarten – Laufen, Schwimmen und Fliegen – sind.

Da die gesamte für Stoffwechselprozesse investierte Energie letztlich in Form von Wärme freigesetzt wird, stellt die Wärmeproduktion eines Organismus ein quantitatives Maß für die Gesamtheit der physiologischen Aktivitäten eines Tieres dar. Wir können daher statt von Stoffwechselrate auch von **Stoffwechselintensität** sprechen. *Die Wärmebildung pro Zeiteinheit ist demnach dem Energieumsatz direkt proportional* und dient als Grundlage für eine als **direkte**

---

[8] Im Internationalen Einheitssystem (Système International d'Unités) wurden 1971 sieben Basisgrößen und die zugehörigen Basiseinheiten festgelegt. Von diesen Basisgrößen lassen sich alle übrigen in den Naturwissenschaften verwendeten Größen und ihre Einheiten ableiten.

Kalorimetrie bezeichnete Methode zur Messung der Stoffwechselrate. Diese Methode erfasst jedoch nur diejenigen Energiebeträge, die als Wärme freigesetzt werden. Energie in Form mechanischer Arbeit und chemischer Bindungen bleibt bei der direkten Kalorimetrie zumindest kurzfristig unberücksichtigt.

Weiterhin legt die Stoffwechselrate fest, wie viel nutzbare Energie ein Organismus einem Öko-system entzieht, und um welchen Betrag er die Entropie seiner Umgebung erhöht. Dies konkretisiert unser einführendes Beispiel, in dem wir die Dichte von Spitzenprädatoren auf den Energiefluss zurückgeführt haben: Stoffwechselraten beeinflussen maßgeblich die Populationsdichte einzelner Tierarten, und indem sie auf diese Weise über die Nutzung der verfügbaren Energie bestimmen, tragen sie nachhaltig zur Strukturierung von Ökosystemen bei.

2.4.1 Direkte Messung der Stoffwechselrate

Physiologische Merkmale können mit **direkten** und mit **indirekten** Methoden gemessen werden. Die Stoffwechselrate eines Organismus ist definiert als Energieumsatz pro Zeiteinheit, wobei sich die Energie weitgehend in Form von Wärme und mechanischer Arbeit manifestiert. Mit einer direkten Methode werden also genau diese Eigenschaften – Wärme und mechanische Arbeit – bestimmt. *Bei sorgfältiger Durchführung erlauben direkte Methoden die genaueste Messung der Stoffwechselrate eines Tieres.*

Bei der **direkten Kalorimetrie** wird die Wärmeproduktion eines Tieres gemessen, das in einer thermisch gut isolierten Kammer sitzt. Die vom Organismus freigesetzte Wärmemenge bringt eine bestimmte Menge Eis zum Schmelzen, wobei das Volumen an Schmelzwasser der von dem Tier erzeugten Wärmemenge proportional ist. In der ursprünglich von Lavoisier und Laplace erdachten Versuchsanordnung schirmt ein äußerer Mantel aus Eis den Organismus von der Umgebungstemperatur ab. Das Eis im Inneren des Kalorimeters kann also nur durch die vom Tier selbst produzierte Wärme zum Schmelzen gebracht werden. Über die Bestimmung des Wasservolumens lässt sich leicht die Wärmeproduktion berechnen: Gemäß der spezifischen Schmelzenthalpie des Wassers werden 333,5 kJ Energie benötigt, um 1 kg Eis (entsprechend 1 l Wasser) zu schmelzen.

Folgende Annahmen müssen für exakte Messungen mit dem direkten Kalorimeter vorausgesetzt werden:
1. Es finden keine äußere Arbeit, Wachstum oder andere Biosynthesen statt.
2. Energie wird vom Organismus nicht gespeichert (z. B. als Fett- oder Glykogendepots).
3. Der vom Organismus über die Haut und die respiratorische Epithelien abgegebene Wasserdampf muss gesondert bestimmt und in der Gesamtbilanz berücksichtigt werden.
4. Die Messungen müssen bei 0 °C erfolgen.
5. Die freigesetzte Wärmemenge hängt unabhängig von der Anzahl der Reaktionsschritte nur von der Enthalpiedifferenz der Ausgangs- und Endprodukte ab.

Der letzte Punkt besagt, dass die bei Stoffwechselreaktionen freigesetzte Wärmemenge, die sogenannte Reaktionsenthalpie, unabhängig vom Weg der Reaktion und damit eine Zustandsfunktion ist (◘ Abb. 2.5). Ob Glucose mit Sauerstoff in einem einzigen Schritt verbrannt wird oder in den aufeinander folgenden Reaktionssequenzen des aeroben Stoffwechsels (Glykolyse, Citratzyklus, Atmungskette) letztlich zu CO_2 und H_2O oxidiert wird: *Pro Mol Glucose wird immer derselbe Energiebetrag freigesetzt* (▶ Abschn. 2.2.1).

Die direkte Kalorimetrie stellt vor allem für kleine Säuger und Vögel, die aufgrund ihrer endothermen Lebensweise eine hohe Stoffwechselrate aufweisen, eine geeignete Messmethode dar. Ektotherme Organismen fallen dagegen bei 0 °C in eine Kältestarre, bei der physiologische Körperfunktionen nicht länger aufrechterhalten werden können. Ein weiterer Nachteil liegt in der Trägheit der Messungen, die keine hohe zeitliche Auflösung erlauben. Alternative, auch für größere Tiere geeignete Methoden sind die Wärmefalle und das Gradientenkalorimeter, auf die hier jedoch nicht näher eingegangen werden soll.

2.4.2 Indirekte Messung der Stoffwechselrate

Im Gegensatz zu den direkten Methoden messen indirekte Methoden Eigenschaften, die sich von der definierenden Größe des physiologischen Merkmals unterscheiden. Im Falle der Stoffwechselrate wird nicht die Wärmeproduktion oder die Arbeitsleistung gemessen, sondern der Verbrauch an Sauerstoff pro Zeiteinheit ($ml\ O_2\ min^{-1}$). Dieser Messwert kann zwar durch bekannte physikalische Gesetzmäßigkeiten in die ursprüngliche Einheit ($J\ s^{-1}$) umgerechnet werden – die Umwandlung der Messdaten von einer abgeleiteten Einheit in diejenige der definierenden Größe ändert aber nichts an der Tatsache, dass eine indirekte Methode angewandt wurde.

Da indirekte Methoden stellvertretend eine abgeleitete Eigenschaft messen, besitzen sie im Vergleich zu direkten Messungen häufig eine geringere Genauigkeit. Der große Vorteil indirekter Methoden liegt aber in der meist einfacheren praktischen Durchführung, wodurch Zeit und Kosten gespart werden können.

Eine der wichtigsten indirekten Methoden zur Untersuchung der Stoffwechselrate eines Tieres basiert auf der Messung des respiratorischen Gasaustauschs mit der Umgebung. Unter **Respiration** (Atmung) verstehen wir die Aufnahme von Sauerstoff (O_2) und die Abgabe von Kohlenstoffdioxid (CO_2) im Zuge aerober Stoffwechselprozesse.

Die vollständige Verbrennung von Glucose zu CO_2 und H_2O setzt eine konstante Energiemenge ΔG von $-2880\,kJ$ pro Mol Glucose unabhängig von der Anzahl der Reaktionsschritte frei. *Daher besteht eine feste stöchiometrische Beziehung zwischen der freien Energie ΔG und der in der Reaktion verbrauchten Menge an O_2.* Gemäß Gl. 2.2 werden bei der Oxidation von Glucose sechs Mol O_2 zur Freisetzung von 2880 kJ benötigt (entsprechend entstehen sechs Mol CO_2). Wenn wir also wissen, wie viel O_2 ein Tier aufgenommen oder wie viel CO_2 es abgegeben hat, können wir die entsprechende Wärmemenge berechnen: Pro ml O_2 bzw. CO_2 entstehen 21,1 J Wärme. Dieser Wert wird auch als **energetisches Äquivalent** bezeichnet.[9] *O_2-Verbrauch oder CO_2-Produktion sind daher ein indirektes Maß für die Stoffwechselrate eines Organismus.*

Der Wert von $21,1\ J\ ml^{-1}\ O_2$ gilt jedoch nur dann, wenn Kohlenhydrate oxidativ metabolisiert werden. Fette und Proteine, die ebenfalls dem aeroben katabolen Energiestoffwechsel zugeführt werden, weisen ein jeweils anderes energetisches Äquivalent auf (◘ Tab. 2.1).

Normalerweise besteht die Nahrung eines Tieres aus einer Mischung von Kohlenhydraten, Fetten und Proteinen, deren einzelne Anteile meist unbekannt sind. Allerdings kann die Stoffwechselrate nur dann anhand des O_2-Verbrauchs exakt bestimmt werden, wenn die Zusammensetzung der Nahrung bekannt ist. Für praktische Anwendungen geht man von einem Durchschnittswert von $20,2\ J\ ml^{-1}\ O_2$ aus; die Fehlergrenzen für die so berechneten Stoffwechselraten liegen bei ± 5 bis 8 %.

Außerdem metabolisieren Tiere nicht notwendigerweise die gerade aufgenommene Nahrung: Aus Kohlenhydraten werden Glykogen oder Fettsäuren synthetisiert und gespeichert,

---

[9] Das energetische Äquivalent entspricht dem Quotienten aus Brennwert ($kJ\ g^{-1}$) und dem bei der Verbrennung verbrauchten O_2 ($l\ g^{-1}$).

◻ Tabelle 2.1 Energetische Kenndaten der wichtigsten Nährstoffe

Nährstoff	O_2-Verbrauch $(l\,g^{-1})$	physiologischer Brennwert (kJ g^{-1})	energetisches Äquivalent (kJ l^{-1} O_2)	Respiratorischer Quotient (RQ)
Kohlenhydrate	0,82	17,2	21,1	1,0
Lipide	2,02	39,4	19,5	0,71
Proteine	0,96	18,0	18,8	0,83

Aminosäuren werden in Proteine eingebaut. Der **respiratorische Quotient** bzw. RQ-Wert gibt jedoch Aufschluss darüber, welche Nahrungsbestandteile tatsächlich auf zellulärer Ebene oxidiert werden. *Der RQ-Wert ist definiert als das Verhältnis der pro Zeiteinheit produzierten Menge an CO_2 zur verbrauchten Menge an O_2.* Wie ◻ Tab. 2.1 zeigt, hängt der RQ-Wert von der Art der Nahrungsbestandteile ab: Ein RQ-Wert von 1 deutet auf die ausschließliche Verbrennung von Kohlenhydraten hin, während für die Oxidation der reduzierten Kohlenwasserstoffketten der Lipide vergleichsweise mehr O_2 benötigt wird – es resultiert ein RQ-Wert von 0,7. Schwieriger zu interpretieren sind jedoch Werte, die zwischen 0,7 und 1 liegen. Ein RQ-Wert von 0,8 bedeutet nicht unbedingt, dass vor allem Proteine verbrannt werden, da auch eine Mischung von Kohlenhydraten und Lipiden (oder aller drei Substanzen) einen RQ-Wert von 0,8 erzeugen kann.

Ein Beispiel für die praktische Durchführung der indirekten Kalorimetrie zeigt das geschlossene Respirometer der Versuchsanordnung in ◻ Abb. 2.11. Zu Beginn der Messung liegt in beiden Flaschen ein identischer Gasdruck vor, und der Flüssigkeitspegel in den beiden Schenkeln des U-Rohrs, das die Flaschen verbindet und als Druckmessgerät fungiert, ist ausgeglichen. Der Organismus in der linken Flasche verbraucht aufgrund seiner Atmungsprozesse Sauerstoff und produziert CO_2. Da das entstehende CO_2 jedoch unmittelbar absorbiert wird, fällt der Gesamtdruck in der linken Flasche, und die Flüssigkeit auf der linken Seite des U-Rohrs steigt an. In definierten Zeitabständen wird durch die Spritze reiner Sauerstoff in die linke Flasche injiziert und dadurch der Druck so lange erhöht, bis der Flüssigkeitspegel wieder ausgeglichen ist. Da genau so viel Sauerstoff von außen zugeführt wird, wie das Tier in dem entsprechenden Zeitintervall verbraucht hat, kann der Sauerstoffverbrauch pro Zeiteinheit exakt bestimmt und mittels des energetischen Äquivalents in die entsprechende Stoffwechselrate umgerechnet werden. Häufig wird auch der Sauerstoffverbrauch pro Zeit und Körpergewicht als Maß für die Stoffwechselleistung angegeben.

2.4.3 Grundumsatz und Standardstoffwechselrate

Die Bedeutung der Stoffwechselrate eines Tieres fassen wir wie folgt zusammen:
1. Die Stoffwechselrate bestimmt, wie schnell die chemische Energie der Nahrungsbestandteile in Wärme und äußere Arbeit umgewandelt wird.
2. Die Stoffwechselrate determiniert den Energiebedarf eines Organismus und damit die Energiemenge, die dem Ökosystem entzogen wird.

Die Stoffwechselrate ist jedoch nicht konstant, sondern sie wird durch zahlreiche Faktoren verändert: Die körperliche Aktivität eines Organismus und die jeweilige Umgebungstemperatur haben einen großen Einfluss auf den Energiebedarf. Auch die Aufnahme und Verdauung

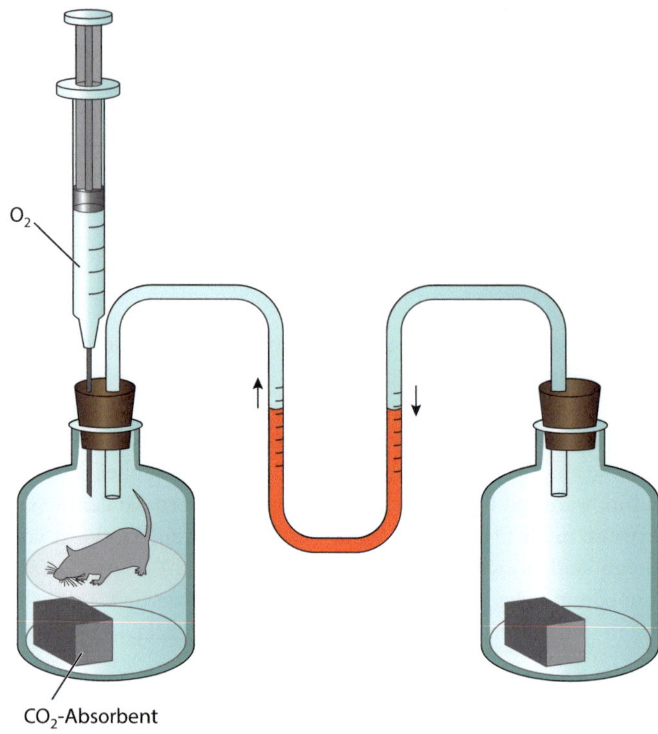

◘ Abb. 2.11   Indirekte Kalorimetrie in einem geschlossenen Respirometer. Der Organismus verbraucht O$_2$, wodurch der Gasdruck in der *linken* Flasche sinkt. Da sich der Druck in der *rechten* Flasche nicht ändert, steigt der Pegelstand der *roten* Flüssigkeit im linken Schenkel des U-Rohrs. In definierten Zeitabständen wird über die Spritze so viel O$_2$ nachgeliefert, bis der Gasdruck in beiden Flaschen wieder übereinstimmt und der Flüssigkeitspegel auf beiden Seiten des U-Rohrs gleich hoch ist (nach [7]. Mit freundlicher Genehmigung von Oxford University Press.)

von Nahrung führen zu einer erhöhten Stoffwechselrate, die mit einer bestimmten Zeitverzögerung nach Beendigung der Mahlzeit einsetzt und als **spezifisch dynamische Wirkung** bezeichnet wird. Die Verdauungsarbeit selbst – Magen-Darm-Motilität, Synthese von Verdauungsenzymen, aktiver Transport über das Darmepithel – trägt jedoch nur geringfügig zu dieser Umsatzsteigerung bei. Vermutlich sind die auf die Verdauung folgenden Prozesse des Proteinstoffwechsels für den größten Teil der spezifisch dynamischen Wirkung verantwortlich.

Um die Stoffwechselraten verschiedener Spezies miteinander vergleichen zu können, müssen die Rahmenbedingungen, unter denen die Messungen stattfinden, auf einen einheitlichen Standard festgelegt werden. Wichtige Parameter hierbei sind (1) die Lebensweise eines Organismus, (2) seine körperliche Aktivität und (3) die seit der letzten Nahrungsaufnahme verstrichene Zeit. Abhängig von der Regulation der Körpertemperatur werden die beiden Standards Grundumsatz und Standardstoffwechselrate eingeführt. *Hierbei handelt es sich um die jeweils niedrigsten Stoffwechselraten, die für die Aufrechterhaltung elementarer Körperfunktionen und damit für die Lebensfähigkeit eines Organismus unbedingt erforderlich sind.* Dieses absolute Minimum definiert den **Ruhestoffwechsel** eines Tieres.

Das Konzept des **Grundumsatzes** (BMR, *Basal Metabolic Rate*) wird für Organismen mit endothermer Lebensweise verwendet. Endotherme Tiere regulieren zwar ihre Körpertemperatur unabhängig von der Umgebungstemperatur, aber nur in einem bestimmten Temperaturbereich, der **Thermoneutralzone** (Indifferenztemperatur), erreicht ihr Energiebedarf ein Minimum (▶ Abschn. 3.4.3). Zur Bestimmung des Grundumsatzes dürfen sich die Tiere nicht bewegen und ihre letzte Nahrungsaufnahme muss so lange her sein, dass die spezifisch dynamische Wirkung keine Rolle mehr spielt (> 12 Stunden beim Menschen). Unter diesen Umständen benötigen Männer durchschnittlich 7100 kJ pro Tag, Frauen mit 6300 kJ pro Tag etwas weniger Energie. Männer benötigen mehr Energie, da sie im Verhältnis zu ihrem Körpergewicht eine größere Muskelmasse besitzen. Von allen Organen beanspruchen Leber, Skelettmuskulatur und Gehirn die größten Anteile am Grundumsatz.

Die **Standardstoffwechselrate** (SMR, *Standard Metabolic Rate*) beschreibt den Energiebedarf ektothermer Organismen, deren Körpertemperatur definitionsgemäß mit der Umgebungstemperatur schwankt. Die Stoffwechselrate wiederum steigt exponentiell mit der Körpertemperatur (▶ Abschn. 3.2.3). Für Ektotherme muss daher bei jeder Messung die Temperatur festgelegt und zusammen mit der jeweiligen Stoffwechselrate angegeben werden. Auch bei ektothermen Organismen erhöht die spezifisch dynamische Wirkung die Stoffwechselrate nach einer Nahrungsaufnahme für eine bestimmte Zeit (z. B. ein bis zwei Tage bei Fischen).

Der direkte Vergleich zwischen einem erwachsenen Menschen und einem etwa gleich schweren Alligator zeigt, dass eine ektotherme Lebensweise etwa 20-mal weniger Energie benötigt als die endotherme Strategie. *Die Unabhängigkeit von der Umgebungstemperatur ist demnach energetisch sehr kostspielig und hat sich in dieser Form evolutionär nur bei Säugern und Vögeln entwickelt.*

2.4.4 Zusammenfassung

Die chemische Energie der mit der Nahrung aufgenommenen makromolekularen Bestandteile wird dem Organismus durch katabole Stoffwechselprozesse zur Verfügung gestellt. Bei allen Abbauvorgängen wird ein Teil der Energie in Form von Wärme freigesetzt, d. h. der Wirkungsgrad ist immer kleiner als eins. Die Stoffwechselrate beschreibt die Geschwindigkeit, mit der ein Tier die chemische Energie seiner Nahrung in physiologische Arbeit und Wärme umwandelt, und sie bestimmt maßgeblich, wie viel Nahrung es zur Aufrechterhaltung elementarer Körperfunktionen benötigt. Daher ist die Stoffwechselrate ein Maß für die Energie und die Entropie, die ein Organismus einem Ökosystem entzieht bzw. zuführt.

Da letztlich alle aufgenommene Energie in Form von Wärmestrahlung abgegeben wird, repräsentiert die Wärmeproduktion eines Organismus den gesamten Energiebedarf seiner physiologischen Aktivitäten. Die direkte Kalorimetrie ist eine Methode zur Bestimmung der Stoffwechselrate, die auf der Wärmebildung pro Zeiteinheit beruht. Die Wärmeproduktion bringt Eis zum Schmelzen, und mit Kenntnis der Schmelzenthalpie des Wassers kann aus dem entstandenen Wasservolumen die abgegebene Wärmemenge berechnet werden. Das Verfahren ist jedoch aufwendig und nur für kleine endotherme Tiere geeignet.

Leichter durchführbar hingegen ist die Messung des O_2-Verbrauchs mittels respirometrischer Verfahren. Aufgrund der definierten stöchiometrischen Beziehung zwischen Glucose und O_2 sowie der bekannten freien Energie ΔG der Oxidation von Glucose, kann die äquivalente Wärmemenge mit $21{,}1\,\mathrm{J\,ml^{-1}}\,O_2$ berechnet werden. Der O_2-Verbrauch ist ein indirektes Maß für die Stoffwechselrate eines Organismus, und Messungen dieser Art werden daher als indirekte Kalorimetrie bezeichnet. Der oxidative Abbau von Lipiden und Proteinen liefert jeweils etwas andere Mengen an O_2 und CO_2.

Der respiratorische Quotient (RQ) gibt das Verhältnis von verbrauchtem Sauerstoff zu gebildetem Kohlenstoffdioxid an. Ein RQ von 1 deutet auf die ausschließliche Oxidation von

Kohlenhydraten hin, während ein RQ von 0,7 auf die Verbrennung von Lipiden hinweist. Dazwischen liegende Werte sind schwer interpretierbar, da sie auf unterschiedliche Anteile von Kohlenhydraten, Lipiden und Proteinen in der Nahrung zurückgeführt werden können.

Zum Vergleich von Stoffwechselraten verschiedener Organismen werden die Standards Grundumsatz und Standardstoffwechselrate eingeführt. Der Grundumsatz beschreibt die Stoffwechselrate von endothermen Tieren in der Thermoneutralzone, während sich die Standardstoffwechselrate auf ektotherme Organismen bei einer bestimmten Temperatur bezieht. In beiden Fällen muss ausgeschlossen sein, dass die Tiere Energie für andere Aktivitäten wie Bewegungen oder Verdauungsprozesse aufwenden.

2.5   Metabolische Skalierungen

Unter **metabolischer Skalierung** verstehen wir den Zusammenhang zwischen Körpergröße und Stoffwechselrate. Die zugrunde liegenden Mechanismen stellen trotz zahlreicher interessanter Hypothesen eines der ungelösten Probleme der vergleichenden Physiologie dar. Betrachten wir zunächst als indirektes Maß für den Energiebedarf eines Organismus beispielhaft die Menge an Nahrung, die pro Zeiteinheit benötigt wird.

Das Breitmaulnashorn (*Ceratotherium simum*) und die Wiesenwühlmaus (*Microtus pennsylvanicus*) leben in Afrika bzw. Nordamerika. Beide sind herbivore Säugetiere mit einer sehr ähnlichen Zusammensetzung ihrer Nahrung. Offensichtlich benötigt das Nashorn mit einem Körpergewicht von 1900 kg eine größere Menge an Pflanzen zur Deckung seines Nährstoffbedarfs als die Wühlmaus, die nur etwa 30 g wiegt. Entsprechend wurden 650 kg Grünfutter pro Woche für das Nashorn gegenüber 175 g pro Woche für die Wühlmaus gemessen [7].

Wären Nahrungsmenge und Körpergewicht proportional zueinander, würde das Nashorn etwa 63.000-mal mehr Nahrung als die Wühlmaus benötigen (1900 kg/30 g); tatsächlich verbraucht es aber nur 3700-mal mehr (650 kg/175 g). Dieser Unterschied wird sehr anschaulich, wenn wir die Futtermenge beider Tierarten auf ihr jeweiliges Körpergewicht normieren. Die Wühlmaus frisst in einer Woche das Sechsfache ihres Körpergewichts, während das Nashorn nur ein Drittel seines Gewichts als Grünfutter aufnimmt. *Demnach ist der Energiebedarf eines Organismus nicht proportional zu seiner Körpergröße.*

Max Kleiber hat diesen Zusammenhang bereits 1967 bildhaft beschrieben: Hätte ein Ochse denselben Energiebedarf pro Gramm Körpergewicht wie eine Maus, würde so viel Wärme entstehen, dass seine Körpertemperatur auf über 100 °C ansteigen müsste. Wäre umgekehrt eine Maus gezwungen, mit dem Energiebedarf eines Ochsen zu leben, müsste ihr Fell 20 cm dick sein, um den Wärmeverlust über ihre Körperoberfläche auszugleichen. Die Beziehung zwischen Körpergröße und Stoffwechselrate wird daher als **allometrisch**[10] bezeichnet. Unter Stoffwechselrate verstehen wir bei endothermen Lebewesen den in ▶ Abschn. 2.4.3 beschriebenen Grundumsatz und bei Ektothermen die Standardstoffwechselrate.

Natürlich müssen mehr als zwei Spezies miteinander verglichen werden, um eine allgemeingültige Aussage über den Zusammenhang zwischen Körpergewicht und Stoffwechselrate zu formulieren. Der Vergleich von mehr als 600 Arten plazentaler Säugetiere bestätigt jedoch die allometrische Beziehung.

◨ Abb. 2.12 verdeutlicht den Unterschied zwischen einem proportionalen und einem allometrischen Verhältnis. Nehmen wir an, ein Säuger mit einem Körpergewicht von 10 g verbraucht 400 J h^{-1}. Bei einem proportionalen Zusammenhang zwischen Stoffwechselrate und

---

[10] *allos* (griech.) anders, fremd; *metron* (griech.) Maß.

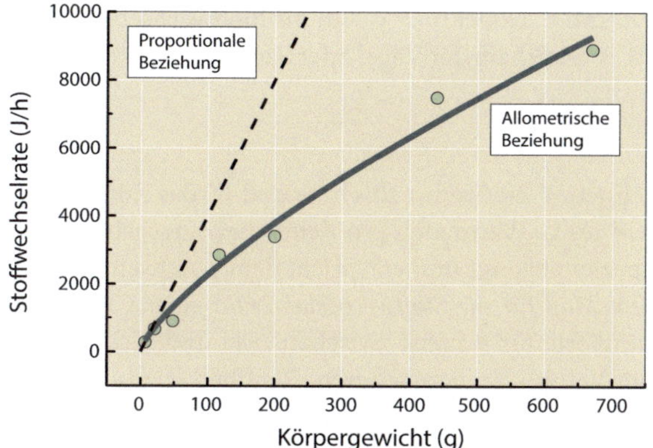

Abb. 2.12 Beziehung zwischen Stoffwechselrate und Körpergewicht für sieben nordamerikanische Säugerarten. Die *durchgezogene Linie* zeigt den tatsächlichen allometrischen Zusammenhang, während die *gestrichelte Linie* ein proportionales Verhältnis ausgehend von einem 10 g schweren Säuger darstellt. Die *durchgezogene Linie* repräsentiert die bestmögliche Anpassung der Daten an eine allometrische Funktion; daher liegen einzelne Spezies nicht notwendigerweise auf der Linie (Daten aus [6])

Gewicht würde eine 100 g schwere Säugerart das Zehnfache, nämlich 4000 J h^{-1} benötigen (gestrichelte Linie). Tatsächlich beträgt die durchschnittliche Stoffwechselrate eines 100 g schweren Säugers jedoch nur 2200 J h^{-1}. Die durchgezogene Linie zeigt die bestmögliche Anpassung an die experimentell bestimmten Messdaten.

Die allometrische Beziehung zwischen Körpergewicht bzw. -größe und Stoffwechselrate gilt nicht nur für Säugetiere, sondern auch für Vögel, Ektotherme und sogar für Einzeller. Es könnte sich also um ein allgemeines biologisches Prinzip handeln, das weit über den Energiestoffwechsel hinaus von grundlegender Bedeutung ist.

Eines der auffälligsten Merkmale von Tieren ist die außerordentliche Variabilität ihrer Größe. Selbst innerhalb der Klasse der Säugetiere reicht die Gewichtsspanne von der winzigen Etruskerspitzmaus (*Suncus etruscus*), die 2 g wiegt, bis hin zu den Blauwalen (*Balaenoptera musculus*) mit über 100 t Gewicht. Es stellt sich die Frage, warum in der Evolution eine solche Vielfalt von Körpergrößen entstanden ist, anstatt die Funktionalität für eine oder wenige Standardgrößen zu optimieren. Ein Verständnis der metabolischen Skalierung könnte möglicherweise wichtige Hinweise zur Beantwortung dieser Frage liefern.

2.5.1 Allometrische Funktionen

Der Zusammenhang zwischen Körpergewicht und Stoffwechselrate wird mathematisch durch eine **allometrische Funktion** beschrieben. Neben den Exponentialfunktionen sind allometrische Funktionen – auch **Potenzfunktionen** genannt – die häufigsten nicht-linearen Gleichungen in der Physiologie.

Die einfachsten allometrischen Funktionen sind vom Typ

$$y = f(x) = a \cdot x^{b}. \tag{2.11}$$

mit den Konstanten a und b, wobei $b \neq 1$. Auf die Stoffwechselrate verwandter Arten unterschiedlicher Größe (z. B. innerhalb der Vögel oder Säuger) übertragen, gilt folgende Beziehung:

$$M = a \cdot W^b. \tag{2.12}$$

In Gl. 2.12 bezeichnet M die Stoffwechselrate und W das Körpergewicht (in g). Die Stoffwechselrate wird meist als O_2-Verbrauch pro Zeiteinheit angegeben. a ist eine Konstante, die von der jeweiligen Spezies abhängt und entspricht dem y-Achsenabschnitt für eine 1 g schwere Art. *Daher ist a ein Maß für die Stoffwechselaktivität einer Gruppe eng verwandter Arten.* Für Säuger liegen die Werte für a meist zwischen zwei und sechs (Ausnahme: *Insectivora*[11], 17,3). Vögel haben im Vergleich einen höheren, Reptilien dagegen einen deutlich geringeren Grundumsatz. Während die Größe von a von der taxonomischen Gruppe abhängt, ist b offensichtlich eine für alle Tiere gültige Konstante. Max Rubners Oberflächenregel (1883), die wir in ▶ Abschn. 2.5.5 genauer besprechen werden, postuliert einen Wert von $\frac{2}{3}$ für b, während Max Kleiber (1932) nachwies, dass die Oberflächenregel keine allgemeingültige Erklärung liefert und die Stoffwechselrate eher einer $\frac{3}{4}$-Potenz des Körpergewichts folgt.

◘ Abb. 2.13a zeigt die beiden Exponenten im Vergleich. Der Unterschied zwischen $\frac{2}{3}$ und $\frac{3}{4}$ erscheint zunächst eher vernachlässigbar, die Auswirkungen auf den Stoffwechsel und damit auf den Energiebedarf eines Organismus sind jedoch beträchtlich. Die Gewichtsspanne der Landsäugetiere beträgt etwa sechs Größenordnungen (3 bis 3×10^6 g), und die hieraus berechnete Abweichung zwischen beiden Exponenten liegt bei 346 %. Es spielt also eine wichtige Rolle für die Energiemenge, die einem Ökosystem entzogen wird (und auch für die Zunahme der Entropie), ob der Exponent $\frac{2}{3}$ oder $\frac{3}{4}$ beträgt.

Die allometrische Funktion der Gl. 2.12 lässt sich linearisieren, indem man sie auf beiden Seiten logarithmiert:

$$\log M = \log a + b \cdot \log W. \tag{2.13}$$

Dadurch ergibt sich bei doppelt logarithmischer Auftragung eine lineare Funktion, wobei b die Steigung der Geraden beschreibt. In ◘ Abb. 2.13b sind die linearisierten allometrischen Funktionen dargestellt. Der große Vorteil der logarithmischen Auftragung liegt neben der Einfachheit der linearen Darstellung in der Abdeckung einer sehr großen Spanne von Körpergewichten. So können etwa die sechs Größenordnungen der Landsäugetiere innerhalb einer einzigen Grafik aufgetragen werden.

Neben der Stoffwechselrate hängen zahlreiche weitere physiologische Eigenschaften allometrisch mit der Körpergröße zusammen. Der Energiebedarf eines Organismus wird vor allem durch aerobe Stoffwechselprozesse gedeckt, die ihrerseits von der O_2-Versorgung abhängen. Kleine Arten zeigen daher deutlich höhere Herz- und Atemfrequenzen (▶ Abschn. 5.3.4). So schlägt das Herz einer Maus mit 580 Schlägen pro Minute (min^{-1}), das menschliche Herz mit 70 min^{-1} und das eines afrikanischen Elefanten mit 40 min^{-1}. Kleine Tiere benötigen mehr O_2 pro Gramm Körpergewicht als große, ihr Herz ist aber im Verhältnis zum Körpergewicht nicht größer. Daher kann die benötigte Menge an O_2 nur durch eine erhöhte Schlagfrequenz an die Körpergewebe geliefert werden. Die höhere Dichte an Mitochondrien in den Geweben kleinerer Arten unterstützt diesen Prozess. Auch die Gehirngröße steht über eine allometrische Funktion mit der Körpermasse in Beziehung.

---

[11] Zu den *Insectivora* gehören Igel, Maulwürfe, Spitzmäuse und andere Subtaxa, die als Taxon *Lipotyphla* zusammengefasst werden. Der Grund für die signifikante Abweichung von a im Vergleich zu anderen Säugern ist nicht bekannt.

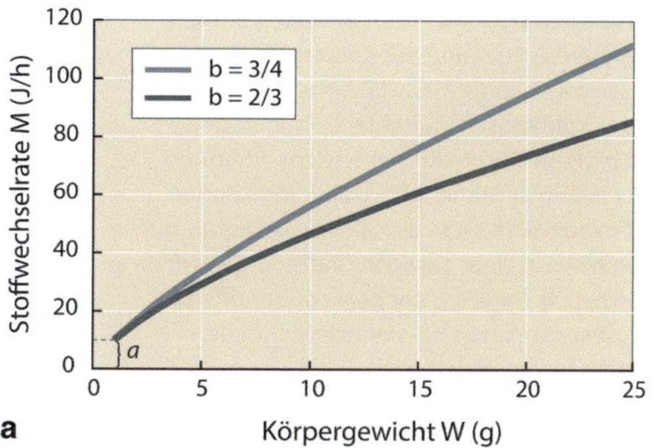

Abb. 2.13 Darstellung der Stoffwechselrate als allometrische Funktion. **a** Auftragung der Stoffwechselrate gegen das Körpergewicht bei linearer Achsenskalierung. **b** Durch doppelt-logarithmische Auftragung wird eine allometrische Funktion als Gerade dargestellt. Der Parameter a in a gibt die Stoffwechselrate für eine 1 g schwere Spezies an

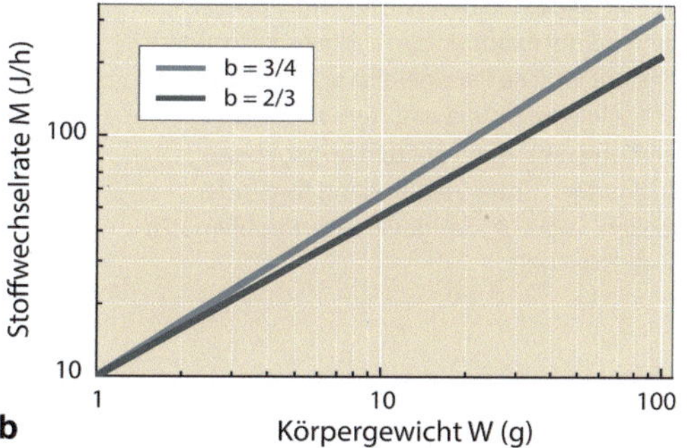

2.5.2 Gewichtsspezifische Stoffwechselrate

Innerhalb vergleichbarer systematischer Gruppen nimmt die Stoffwechselrate etwa mit dem Exponenten $\frac{3}{4}$ der allometrischen Funktion zu. Bei einer Verzehnfachung der Körpermasse steigt die Stoffwechselrate demnach nicht auf den zehnfachen Wert, sondern auf das $10^{3/4} = 5{,}62$-Fache an. Diese Tendenz wird besonders augenfällig, wenn wir die **gewichtsspezifische Stoffwechselrate** betrachten.

Bisher haben wir den Energieverbrauch des gesamten Organismus zugrunde gelegt, etwa in Form von Grünfutter, das eine Wiesenwühlmaus oder ein Breitmaulnashorn pro Woche benötigen. *Die gewichtsspezifische Stoffwechselrate normiert dagegen den Grundumsatz auf g oder kg Körpergewicht.* Da die Stoffwechselrate meist indirekt als Sauerstoffverbrauch pro Zeiteinheit gemessen wird, lautet die entsprechende Einheit $\mathrm{ml\,O_2\,g^{-1}\,h^{-1}}$ oder $\mathrm{l\,O_2\,kg^{-1}\,h^{-1}}$.

Die gewichtsspezifische Stoffwechselrate lässt sich leicht aus der allometrischen Funktion herleiten, indem man in Gl. 2.12 durch das Körpergewicht W teilt:

$$\frac{M}{W} = a \cdot W^{(b-1)}. \tag{2.14}$$

Abb. 2.14a zeigt den gewichtsspezifischen Grundumsatz landlebender Säugetiere von der Spitzmaus (3 g) bis zum Elefanten (> 3000 kg). *Die gewichtsspezifische Stoffwechselrate sinkt mit zunehmendem Körpergewicht.*

Die Zwergmaus (10 g) weist einen Grundumsatz von $2{,}5\,\mathrm{l\,O_2\,kg^{-1}\,h^{-1}}$ auf, und dieser Wert sinkt beim Elefanten auf ca. $0{,}1\,\mathrm{l\,O_2\,kg^{-1}\,h^{-1}}$ – er beträgt also nur etwa $\frac{1}{20}$ des Energiebedarfs der Zwergmaus. In Wirklichkeit sind die Unterschiede noch größer, da die Zwergmaus

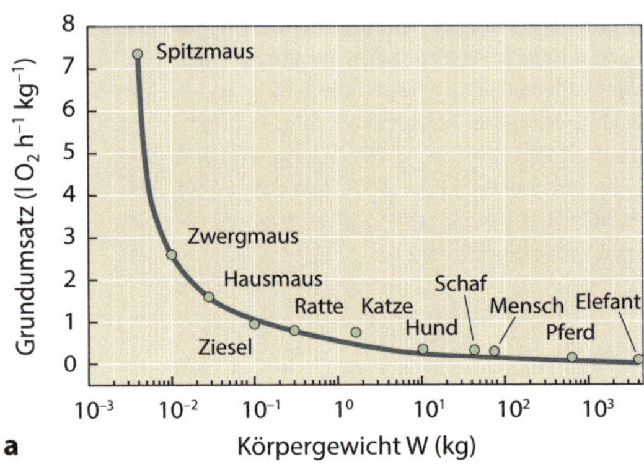

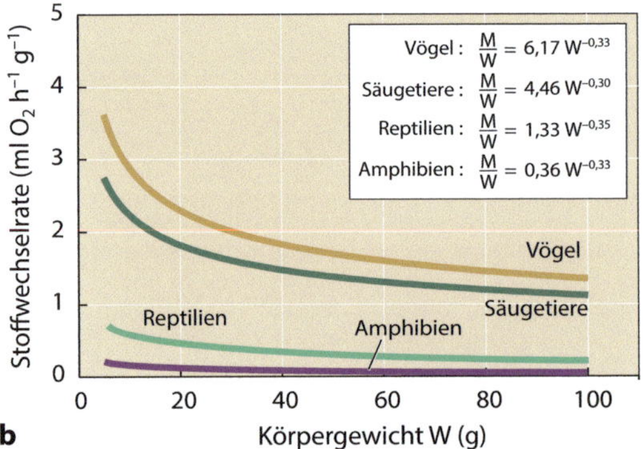

◘ Abb. 2.14 Gewichtsspezifische Stoffwechselraten als Funktion des Körpergewichts W. **a** Die sogenannte Maus-Elefanten-Kurve zeigt den Grundumsatz plazentaler Säugerarten in Abhängigkeit vom Körpergewicht. Aufgrund der halblogarithmischen Skalierung können Körpergewichte von der Spitzmaus bis hin zum Elefanten in einer einzigen Grafik dargestellt werden. **b** Vergleich der gewichtsspezifischen Stoffwechselraten bei vier taxonomischen Gruppen von Wirbeltieren. Für die endothermen Säuger und Vögel ist der Grundumsatz aufgetragen, für die Reptilien und Amphibien die Standardstoffwechselrate bei 37 °C bzw. bei 25 °C. Der Parameter a unterscheidet sich deutlich zwischen den Wirbeltiergruppen, während der Exponent $(b-1)$ vergleichsweise konstant ist. (Die Parameter a und b werden in Gl. 2.14 und im Text erläutert. Die einzelnen Kurven basieren auf den angegebenen Gleichungen unter Verwendung folgender Quellen: Vögel [9]; Säugetiere [6]; Reptilien [12]; Amphibien [13])

aufgrund ihres großen Oberflächen-Volumen-Verhältnisses mehr Wärme an die Umgebung verliert als der Elefant und entsprechend mehr Energie in die Thermoregulation investieren muss.

Größere Tiere leben also wesentlich energiesparender als kleinere Tiere. Die sehr steile Zunahme der gewichtsspezifischen Stoffwechselrate bei geringen Körpergewichten führt bei den hier dargestellten Säugern, aber auch bei Vögeln, zu einer absoluten Untergrenze der Körpergröße. Noch kleinere endotherme Organismen als Spitzmäuse und Kolibris können nicht überleben, da ihr Stoffwechsel in einer bestimmten Zeitspanne mehr Energie benötigt als gleichzeitig über die Nahrung aufgenommen werden kann – Kolibris verbringen fast ihre gesamte Lebenszeit mit der Nahrungssuche. *Aufgrund ihres deutlich geringeren Energiebedarfs ermöglicht nur eine ektotherme Lebensweise die Existenz noch kleinerer vielzelliger Organismen.*

In ◘ Abb. 2.14b sind die gewichtsspezifischen Stoffwechselraten verschiedener taxonomischer Wirbeltiergruppen aufgetragen. Auffällig ist die Ähnlichkeit der Exponenten $(b-1)$, während sich die Werte für a zwischen den einzelnen Klassen deutlich unterscheiden. Wie in ▶ Abschn. 2.5.1 erwähnt, ist a ein Maß für die Stoffwechselaktivität. Demnach besitzen Vögel die höchste Stoffwechselrate, gefolgt von den Säugern, Reptilien und Amphibien. Die Lücke zwischen Endothermen (Säuger, Vögel) und Ektothermen (Reptilien, Amphibien) spiegelt die hohen energetischen Kosten einer von der Umgebung unabhängigen Körpertemperatur wider.

Bisher konnte die Frage, ob der Exponent der allometrischen Beziehung 0,66, 0,7 oder 0,75 beträgt, nicht abschließend geklärt werden. Der Vergleich der Stoffwechselraten von Einzellern sowie ektothermen und endothermen Organismen deutet auf einen einheitlichen Wert in der

Nähe von 0,75 hin. Allerdings findet man auch innerhalb systematischer Gruppen zum Teil große Abweichungen von diesem Wert, die möglicherweise auf Unterschiede im Körperbau und in der Lebensweise zurückzuführen sind. Die physiologischen Gründe für die metabolische Skalierung bleiben daher weiterhin unbekannt.

2.5.3 Stoffwechselraten tragen zur Strukturierung von Ökosystemen bei

Wir haben zu Beginn dieses Kapitels gesehen, wie der Energiefluss in Nahrungsketten die Populationsdichte von Karnivoren maßgeblich bestimmt (► Abschn. 2.1.1). Die allometrische Beziehung zwischen Körpergewicht und Stoffwechselrate ist ein weiterer wichtiger Faktor, der zur Strukturierung von Ökosystemen beiträgt.

Der Vergleich von Wühlmaus und Nashorn hat gezeigt, dass kleinere Tiere in Bezug auf ihr Körpergewicht mehr Nahrung benötigen als größere Tiere. Dies hat unmittelbare Konsequenzen für die Anzahl der Tiere, die pro Flächeneinheit mit der notwendigen Energie versorgt werden können.

3500 Mäuse mit einem Körpergewicht von jeweils 20 g wiegen zusammen genauso viel wie ein 70 kg schweres Reh. Jedoch ist der Nahrungsbedarf einer Maus aufgrund ihrer höheren gewichtsspezifischen Stoffwechselrate etwa achtmal größer, sodass bereits 440 Mäuse (statt 3500) einem Ökosystem ähnlich viel Energie entziehen wie ein Reh.

Ein weiteres Beispiel stammt aus den Savannen Afrikas, in denen zahlreiche mittlere bis große Herbivoren beheimatet sind. Die Zahl der Individuen einer Art pro Fläche, multipliziert mit ihrem mittleren Körpergewicht, ergibt die Biomasse in Kilogramm pro Quadratkilometer ($kg\,km^{-2}$). ◘ Tab. 2.2 listet die durchschnittliche Biomasse verschiedener Arten im Vergleich zu ihrem jeweiligen Körpergewicht auf. Aus den Angaben der Tabelle ist ersichtlich, dass *die Biomasse einer Population und damit ihre Artendichte in Abhängigkeit vom Körpergewicht variiert.*

◘ **Tabelle 2.2** Biomassen verschiedener Herbivoren in afrikanischen Nationalparks

Art	Durchschnittliche Biomasse der gesamten Population ($kg\,km^{-2}$)	Durchschnittliches Körpergewicht eines Individuums (kg)
Oribi (*Ourebia ourebia*)	44	13
Kronenducker (*Sylvicapra grimmia*)	62	16
Rehantilope (*Pelea capreolus*)	105	25
Wüstenwarzenschwein (*Phacochoerus aethiopicus*)	95	69
Wasserbock (*Kobus ellipsiprymnus*)	155	210
Großkudu (*Tragelaphus strepsiceros*)	200	215
Steppenzebra (*Equus burchellii*)	460	275
Breitmaulnashorn (*Ceratotherium simium*)	2400	1900
Afrikanischer Elefant (*Loxodonta africana*)	1250	3900

Nach [10].

So beträgt die Biomasse aller Kronenducker (*Sylvicapra grimmia*), einer kleinen Antilopen-art, 62 kg km^{-2}, diejenige aller Zebras (*Equus burchelli*) 460 kg km^{-2} und die aller Elefanten (*Loxodonta africana*) 1250 kg km^{-2}. Im Vergleich zum Kronenducker erlaubt die gleiche Flä-che also eine 20-fach größere Biomasse an Elefanten. Auch wenn die allometrische Beziehung zwischen Stoffwechselrate und Körpergewicht nicht der einzige strukturierende Faktor ist, trägt der verhältnismäßig höhere Energiebedarf kleinerer Tiere maßgeblich zur beobachteten art-spezifischen Verteilung der Biomasse bei.

Die Körpergröße einer Spezies und ihre Populationsdichte bestimmen also letztlich über die Nutzung der verfügbaren Energie. Kleine Tiere besitzen eine höhere gewichtsspezifische Stoffwechselrate, was wiederum die absolute Anzahl der Individuen pro Flächeneinheit be-grenzt. Große Tiere – insbesondere die sogenannten Megaherbivoren mit einem Körperge-wicht über 1000 kg – benötigen pro Individuum sehr viel mehr Energie, aber die Individuen-zahl ist auch entsprechend gering. Eine Fläche von ca. 3 km^2 kann daher einen Elefanten und elf bis zwölf Kronenducker mit Nahrung versorgen (◘ Tab. 2.2).

Die friedliche Koexistenz der Herbivoren legt die Vermutung nahe, dass die Tiere unab-hängig von ihrer Größe einen ähnlichen Anteil der ihnen zur Verfügung stehenden Ressourcen nutzen. Aber möglicherweise täuscht dieser Eindruck und große Tiere beanspruchen aufgrund ihres hohen individuellen Bedarfs mehr Energie. Oder wird bedingt durch ihre höhere Stoff-wechselrate in Kombination mit einer hohen Individuenzahl das energetische Gleichgewicht in Richtung der kleineren Tierarten verschoben?

Tatsächlich nutzen große Tiere einen überdurchschnittlichen Anteil der Energie innerhalb ei-nes lokalen Ökosystems. Dies konnte für unterschiedliche taxonomische Gruppen (Säuger, Vö-gel und Fische) nachgewiesen werden, sodass es sich sehr wahrscheinlich um ein grundlegen-des Prinzip handelt. Offensichtlich bringt Größe ökologische Vorteile mit sich: (1) Dominanz (interspezifische Aggression), (2) effizientere Homöostase (Oberflächen-Volumen-Verhältnis) und (3) größere Mobilität (bessere Futterplätze). Aufgrund ihrer geringeren gewichtsspezifi-schen Stoffwechselrate kann bei großen Tieren pro Energieeinheit mehr Biomasse versorgt werden. Möglicherweise ist der ökologische Vorteil, der in der Monopolisierung von Ener-gieressourcen liegt, eine treibende evolutionäre Kraft in der intraspezifischen Entwicklung hin zu immer größeren Individuen (**Copes Regel**).

2.5.4 Metabolische Theorie der Lebensdauer

Wir haben Organismen als offene Systeme kennengelernt, deren geordnete Struktur in ei-nem Fließgleichgewicht durch die kontinuierliche Zufuhr von Energie aufrechterhalten wird. Warum aber altern und sterben Organismen, wenn ihre Bausteine ständig durch neue ersetzt werden, es also grundsätzlich keinen Verschleiß gibt? *Altern und Sterben sind demnach keine Abnutzungserscheinungen, sondern kontrollierte biologische Prozesse.*

Innerhalb des Tierreichs variiert die Lebensdauer um mehr als das 40.000-Fache und bei den Säugern immerhin um zwei Größenordnungen (Spitzmaus: 1 bis 2 Jahre, Elefant: > 80 Jahre). ◘ Abb. 2.15a veranschaulicht den positiven Zusammenhang zwischen Lebensdauer und Körpergewicht bei Säugern und Vögeln. Gemäß der Beziehung ($10,2 \times W^{0,22}$) wird ein 10 kg schweres Säugetier etwa 17 Jahre alt, während die Lebensdauer eines doppelt so schweren Tie-res ca. 20 Jahre beträgt. Die zugrunde liegenden Messwerte weisen jedoch eine relativ große Streuung auf, sodass Berechnungen dieser Art nur eine grobe Schätzung sein können.

In ▶ Abschn. 2.5.2 wird die höhere gewichtsspezifische Stoffwechselrate kleinerer Säuger beschrieben. Der Zusammenhang zwischen Körpergröße, Stoffwechselrate und Lebenser-

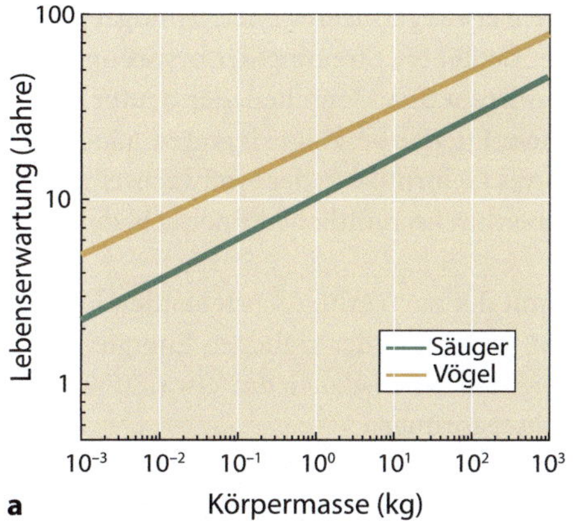
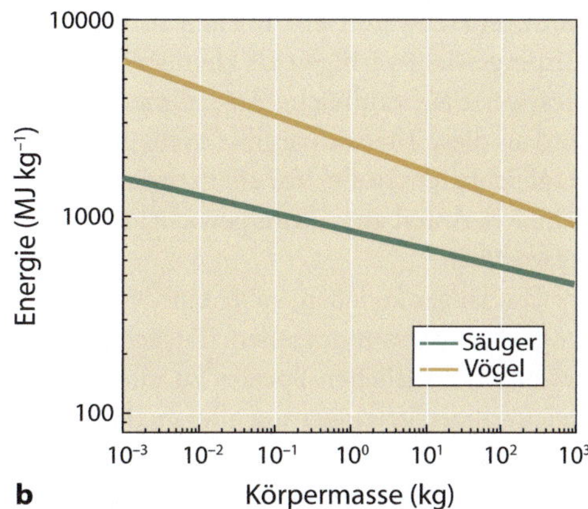

☐ Abb. 2.15 Metabolische Theorie der Lebensdauer. **a** Bei Säugern und Vögeln besteht ein allometrischer Zusammenhang zwischen Körpermasse und Lebenserwartung (Vögel: $19{,}7\,W^{0,20}$, Säuger: $10{,}2\,W^{0,22}$). **b** Die während der gesamten Lebenszeit benötigte Energie wurde gegen die Körpermasse aufgetragen (Vögel: $2354\,W^{-0,14}$, Säuger: $843\,W^{-0,09}$). Bei Säugern liegt der Energiebedarf bei etwa 1000 MJ pro kg Körpergewicht. (Gleichungen nach [8])

wartung, der allerdings nicht nur für Säugetiere gilt, wird als **metabolische Theorie der Lebensdauer** bezeichnet.

Bekanntermaßen skaliert die gewichtsspezifische Stoffwechselrate M mit dem Körpergewicht W gemäß der allometrischen Gleichung:

$$\frac{M}{W} = a \cdot W^{\left(\frac{3}{4}-1\right)} = a \cdot W^{\left(-\frac{1}{4}\right)}. \tag{2.15}$$

Die Lebensdauer t skaliert ebenfalls mit dem Körpergewicht:

$$t = b \cdot W^{\left(\frac{1}{4}\right)}. \tag{2.16}$$

a und b sind artspezifische Konstanten. Die Energiemenge, die ein Organismus während seines gesamten Lebens benötigt, ergibt sich aus dem Produkt von Stoffwechselrate und Lebenszeit:

$$\begin{aligned}
\frac{M}{W} \cdot t &= a \cdot W^{\left(-\frac{1}{4}\right)} \cdot b \cdot W^{\left(\frac{1}{4}\right)} \\
&= a \cdot b \cdot W^{0} \\
&= a \cdot b = \text{konst.}
\end{aligned} \tag{2.17}$$

Diese theoretischen Überlegungen zeigen, dass sich die auf das Körpergewicht bezogenen Größen Stoffwechselrate und Lebensdauer gegenseitig neutralisieren. *Demnach haben alle Säuger unabhängig von ihrer Größe während ihres gesamten Lebens einen sehr ähnlichen Energieverbrauch pro kg Körpergewicht*, und zwar etwa 1000 MJ kg^{-1} [8]. ☐ Abb. 2.15b lässt jedoch eher auf einen negativen Zusammenhang ($-0{,}09$ bei Säugern, $-0{,}14$ bei Vögeln) zwischen lebenslangem Energiebedarf und Körpergewicht schließen. Dies wiederum würde bedeuten, dass große und schwere Tiere im Laufe ihres Lebens über ein etwas geringeres Energiebudget pro kg Körpergewicht verfügen als kleinere Tiere. Auch hier deutet die Streuung der ursprünglichen Messwerte auf zahlreiche Ausnahmen hin – unter anderem den Menschen, der deutlich älter wird als diese Theorie vorgibt (25 bis 30 Jahre) und mehr Energie benötigt als andere Säugetiere vergleichbarer Größe. Vor allem unser energieintensives Gehirn (20 % der Stoffwechselenergie bei 2,5 % Anteil am Körpergewicht) ist für diesen überdurchschnittlichen Energiebedarf verantwortlich.

Um länger zu leben, sollte ein Organismus also mit der zur Verfügung stehenden Energie möglichst sparsam umgehen. Tatsächlich führte eine Reduktion der täglichen Energiezufuhr bei unterschiedlichen Spezies zu einer Verlängerung der Lebensdauer um etwa 30 % – bei gleichzeitiger Verringerung altersbedingter Stoffwechselstörungen.

Weiterhin wird die **Telomerlänge** der Chromosomen mit der Lebensdauer in Verbindung gebracht.[12] Telomere werden mit zunehmendem Alter kürzer, und eine Verzögerung dieses Prozesses verlängert die Lebensdauer. Außerdem spielen auch **reaktive Sauerstoffspezies**, die im Verdacht stehen, Gewebeschäden und Stoffwechselstörungen zu verursachen, eine wichtige Rolle.[13] Antioxidantien wie Vitamin C können reaktive O_2-Spezies neutralisieren und so zellschädigende Prozesse verzögern; ein positiver Effekt von Vitamin C auf die Lebensdauer ist allerdings äußerst umstritten.

2.5.5 Oberflächenregel

Es ist bis heute nicht abschließend geklärt, ob der Exponent b der allometrischen Gleichung $\frac{2}{3}$ bzw. $\frac{3}{4}$ beträgt oder aber mit 0,7 zwischen diesen beiden Werten liegt. Auffällig ist jedoch die Konstanz dieses Werts über taxonomische Gruppen hinweg, so als würde es sich um ein grundlegendes Organisationsprinzip des Lebens handeln.

Ein erster Versuch, den Zusammenhang zwischen Körpergewicht und Stoffwechselrate zu erklären, stammt von Max Rubner (1883). Er wird auch als **Oberflächenregel** bezeichnet, da Rubner das Oberflächen-Volumen-Verhältnis als bestimmenden Faktor für b annahm.

Die Oberfläche s einer Kugel ist proportional zum Quadrat ihres Radius r, während das Volumen v proportional zu r^3 ist:

$$s \propto r^2, \tag{2.18}$$

$$v \propto r^3. \tag{2.19}$$

Oberfläche und Volumen sind also über den Exponenten $\frac{2}{3}$ miteinander verknüpft:

$$r^2 = \left(r^3\right)^{\frac{2}{3}}, \tag{2.20}$$

$$s \propto \left(r^3\right)^{\frac{2}{3}}, \tag{2.21}$$

$$s \propto v^{\frac{2}{3}}. \tag{2.22}$$

Rubner hat die Oberflächenregel für Säuger formuliert. Was bedeuten also diese theoretischen Überlegungen für endotherme Organismen? Wärme wird im ganzen Körper erzeugt,

---

[12] Telomere sind spezielle Nucleotidsequenzen an den 3′-Enden eukaryontischer Chromosomen. Die Telomerlänge korreliert mit der Anzahl der Zellteilungen.

[13] Reaktive Sauerstoffspezies (ROS) beinhalten hochreaktive Radikale wie das Hyperoxidanion ($O_2{\cdot}^-$) und das Hydroxylradikal (OH·), aber auch Oxidantien wie Wasserstoffperoxid (H_2O_2). ROS entstehen im Zuge des oxidativen Stoffwechsels.

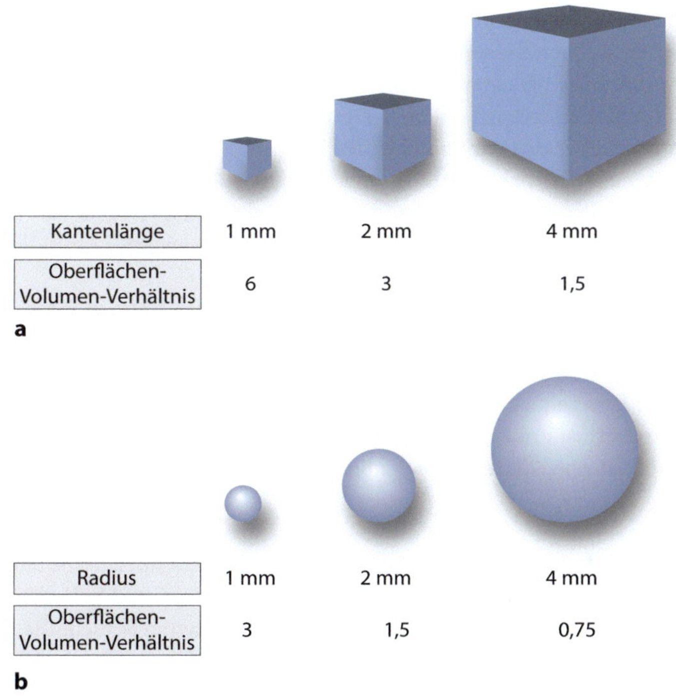

Kantenlänge	1 mm	2 mm	4 mm
Oberflächen-Volumen-Verhältnis	6	3	1,5

a

Radius	1 mm	2 mm	4 mm
Oberflächen-Volumen-Verhältnis	3	1,5	0,75

b

Abb. 2.16 Oberflächen-Volumen-Verhältnisse bei unterschiedlichen geometrischen Körpern. **a** Für drei Würfel mit einer Kantenlänge von 1 mm, 2 mm und 4 mm ist das jeweilige Oberflächen-Volumen-Verhältnis angegeben. **b** Drei Kugeln mit ansteigenden Radien und entsprechendem Oberflächen-Volumen-Verhältnis. Da bei zunehmender Größe das Volumen eines Körpers stärker ansteigt als seine Oberfläche, sinkt das Oberflächen-Volumen-Verhältnis. Große Objekte besitzen daher eine verhältnismäßig kleinere Oberfläche

jedoch nur über die Haut abgegeben. *Die Wärmeproduktion ist proportional zum Volumen, der Wärmeverlust jedoch proportional zur Oberfläche.* Demnach ist das **Oberflächen-Volumen-Verhältnis** entscheidend für den Wärmeverlust eines Organismus.

Das Volumen eines Körpers nimmt mit der 3. Potenz des Radius zu, die Oberfläche aber nur mit dessen Quadrat. *Daher verringert sich das Oberflächen-Volumen-Verhältnis mit zunehmender Größe eines Organismus.* Betrachten wir zunächst drei Würfel mit ansteigenden Kantenlängen (Abb. 2.16a). Der Würfel mit einer Kantenlänge von 1 mm besitzt eine Oberfläche von 6 mm^2 und ein Volumen von 1 mm^3, entsprechend ein Oberflächen-Volumen-Verhältnis von 6 : 1. Erhöhen wir die Kantenlänge auf 2 mm, resultiert eine Oberfläche von 24 mm^2, ein Volumen von 8 mm^3, also ein Oberflächen-Volumen-Verhältnis von 3 : 1. Beim Würfel mit einer Kantenlänge von 4 mm verringert sich das Oberflächen-Volumen-Verhältnis noch weiter bis auf ein Viertel des Ausgangswertes (1,5 : 1).

Bei Kugeln stellen wir einen ähnlichen Effekt fest: Das Oberflächen-Volumen-Verhältnis verringert sich ebenfalls um den Faktor vier, wenn der Radius von 1 mm auf 4 mm ansteigt (Abb. 2.16b). Im Vergleich zu Würfeln besitzen Kugeln jedoch ein geringeres Oberflächen-Volumen-Verhältnis.

Auf zellulärer Ebene bestimmt dieser Zusammenhang zwischen Oberfläche und Volumen die obere Grenze der Größe von individuellen Zellen. Da alle Stoffwechselprozesse im Inneren der Zelle (Volumen) stattfinden, der Austausch von Nährstoffen und Abfallprodukten mit der Außenwelt jedoch über die Zellmembran (Oberfläche) erfolgt, begrenzen letztlich Oberfläche und Diffusionsstrecke die notwendigen Austauschprozesse.

Auf der Organisationsstufe eines vielzelligen Organismus bestimmt die im Verhältnis zum Körpervolumen größere Oberfläche kleinerer Individuen den Wärmeverlust und damit ihre Empfindlichkeit gegenüber den vorherrschenden Lebensbedingungen.

Wir haben gesehen, dass bei einer Vergrößerung das Volumen eines Körpers unabhängig von seiner Form schneller ansteigt als seine Oberfläche und entsprechend das Verhältnis von Oberfläche zu Volumen sinkt. Dieser Zusammenhang ist eine wichtige Grundlage der Oberflächenregel, die auf folgendem Gedankengang basiert:

1. Säuger haben eine konstante Körpertemperatur von 37 °C und verlieren daher kontinuierlich Wärme an die Umgebung.
2. Der Wärmeverlust ist proportional zu ihrer Oberfläche.
3. Kleinere Säuger besitzen eine verhältnismäßig größere Oberfläche und haben daher einen höheren Wärmeverlust pro kg Körpergewicht.
4. Der Wärmeverlust wird durch eine erhöhte metabolische Wärmeproduktion ausgeglichen.

Nach Rubner erklärt diese Argumentation die höhere gewichtsspezifische Stoffwechselrate kleinerer Tiere und – aufgrund der Proportionalität von Oberfläche und Volumen – einen Wert von $\frac{2}{3}$ für den Exponenten b. Allerdings erklärt die Oberflächenregel nicht die Konstanz des Exponenten b, denn die meisten Messungen haben einen signifikant höheren Wert als $\frac{2}{3}$ ergeben. Außerdem gilt die allometrische Beziehung auch für Ektotherme und sogar für Einzeller, obwohl es bei beiden Gruppen keinen nennenswerten Wärmeverlust über die Körperoberfläche gibt.

Tiere in kälteren Klimazonen sind jedoch häufig größer als verwandte Arten in warmen Regionen, da sie über ihre verhältnismäßig kleinere Körperoberfläche weniger Wärme verlieren (**Bergmannsche Regel**). Weiterhin wird eine bestimmte Körpergröße nicht unterschritten, weil sonst der Wärmeverlust zu hoch wäre, um thermoregulatorisch gegenzusteuern (es gibt keine Mäuse in der Arktis). Aus dem gleichen Grund sind Körperanhänge bei Tieren in kälteren Regionen meist kleiner und runder, um den Wärmeverlust über eine möglichst kleine Grenzfläche zur Außenwelt zu minimieren (**Allensche Regel**).

2.5.6 Fraktale Geometrie

Welche Eigenschaften oder Organisationsprinzipien von Tieren sind so allgemeingültig, dass sie eine mögliche Konstanz des Exponenten b in der allometrischen Beziehung zwischen Körpergewicht und Stoffwechselrate erklären könnten? Die Stoffwechselrate ist von der Versorgung mit O_2 und Nährstoffen abhängig, und ein grundsätzliches Problem für alle Organismen ist die Verteilung dieser Stoffe im Körper. Bei sehr kleinen Tieren (< 1 mm) erfolgt die Verteilung durch Diffusion; größere Tiere benötigen jedoch ein internes Transportsystem, da die zu überwindenden Distanzen zu groß sind, und Diffusionsprozesse daher viel zu lange dauern würden. Möglicherweise sind also geometrische Beschränkungen in der Anpassung des Transportsystems an die Körpergröße der Tiere verantwortlich für die allometrische Beziehung.

Bei Säugern und vielen anderen größeren Tieren werden grundsätzliche Verteilungsaufgaben von einem **Kreislaufsystem** erfüllt. Wie aber muss ein Kreislaufsystem aufgebaut sein, um eine möglichst effiziente Versorgung des gesamten Körpers mit Nährstoffen und Atemgasen zu gewährleisten?

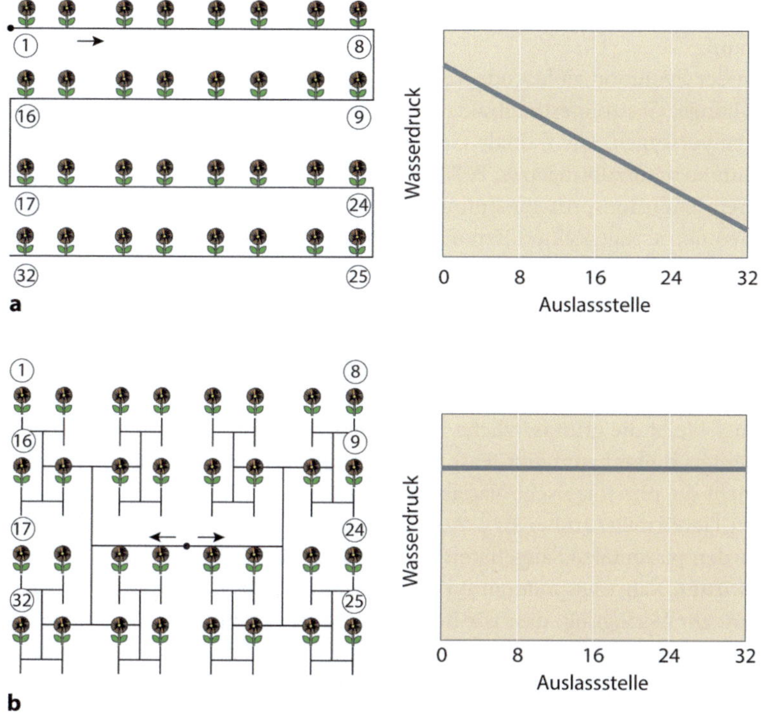

◘ Abb. 2.17 Verteilungsstrategien am Beispiel der Versorgung von einzelnen Pflanzen mit Wasser. **a** In einem linearen System herrscht zu Beginn ein relativ hoher Druck, der mit zunehmender Länge abnimmt. Die Pflanzen am Ende der Versorgungslinie erhalten aufgrund des geringen Wasserdrucks nur noch wenig Wasser. **b** Ein fraktales System umgeht dieses Problem, da die Versorgungslinien aller Pflanzen gleich lang sind. Der Wasserdruck ist demnach an allen Auslassstellen gleich groß, und die Pflanzen bekommen alle gleich viel Wasser. Die räumliche Anordnung der einzelnen Pflanzen entspricht der Situation in a. (nach [4]. Mit freundlicher Genehmigung von Harvard University Press.)

Sehen wir uns hierzu ein vergleichbares Problem an: In einer trockenen Region soll ein Bewässerungssystem eingerichtet werden. Eine naheliegende Lösung sieht einen linearen Verlauf des Wasserschlauchs mit Öffnungen bei den einzelnen Pflanzen vor (◘ Abb. 2.17a). Der Wasserdruck in einem solchen System ist am Anfang des Schlauchs sehr hoch, am Ende jedoch eher niedrig, sodass die Pflanzen ungleichmäßig mit Wasser versorgt werden. Eine weitaus bessere Alternative stellt ein Netzwerk dar, in dem die Pflanzen durch systematische Verzweigungen so versorgt werden, dass sie alle gleich weit von der Wasserquelle entfernt sind (◘ Abb. 2.17b). Bei dieser Lösung ist der Wasserdruck überall gleich groß, und alle Pflanzen bekommen dieselbe Menge an Wasser. Außerdem ist das System beliebig erweiterbar, indem einfach neue Verzweigungen hinzugefügt werden können. Dieses Bewässerungskonzept führt uns zur fraktalen Geometrie.

Die **fraktale Geometrie** beschreibt selbstähnliche Strukturen[14], die unabhängig von der Vergrößerung immer denselben Aufbau zeigen. Anders als in der Mathematik ist Selbstähn-

---

[14] Selbstähnlichkeit bezeichnet den Aufbau einer Struktur aus einzelnen Elementen, die der Gesamtstruktur sehr ähnlich sind. So besteht ein Blumenkohl aus einzelnen Röschen, die genauso aufgebaut sind wie der gesamte Blumenkohl.

lichkeit in der Natur jedoch nicht strikt, da die Anzahl der Verzweigungen nicht unendlich groß sein kann.

Das von der Evolution zu lösende Verteilungsproblem besteht darin, von einem zentralen Punkt aus (Lunge, Gastrointestinaltrakt) möglichst alle Zellen des Körpers gemäß ihres Energiebedarfs zu versorgen. Die fraktale Geometrie ermöglicht es, große Oberflächen in einem kleinen Volumen unterzubringen (z. B. 70 bis 90 m^2 Lungenoberfläche im Brustkorb), wodurch unter anderem Diffusionsprozesse optimiert werden können. Modelle auf der Grundlage der fraktalen Geometrie sagen einen Exponenten b von $\frac{3}{4}$ voraus und bestätigen damit die von Kleiber postulierte $\frac{3}{4}$-Regel.

Natürlich kann man auch verzweigte Netzwerke konstruieren, die nicht auf fraktalen Prinzipien, sondern auf der Minimierung energetischer Kosten oder der Maximierung der versorgten Oberflächen beruhen. Wir wollen auf diese Hypothesen nicht näher eingehen; es ergeben sich jeweils etwas andere Werte für b.

Allerdings bleibt die grundsätzliche Frage offen, ob es einen einheitlichen Zahlenwert für den Exponenten b überhaupt gibt. Fast alle Messungen basieren auf dem Grundumsatz, der natürlich nicht die physiologische Variabilität aktiver Tiere repräsentiert. So ist b bei sich frei bewegenden Tieren meist größer als $\frac{3}{4}$. Außerdem hängt b auch innerhalb einer taxonomischen Gruppe wie den plazentalen Säugetieren von Körpergröße, Lebensraum (insbesondere Wüste oder Nichtwüste), Nahrungspräferenzen und anderen Faktoren ab. Mittlerweile stehen so viele Datensätze zur Verfügung, dass die beobachteten Abweichungen als statistisch signifikant anzusehen sind. Die Struktur interner Transportsysteme hat maßgeblichen Einfluss auf deren Leistungsfähigkeit und damit auch auf die Stoffwechselrate – sie kann aber sehr wahrscheinlich nicht als Erklärung für einen universellen Exponenten dienen.

2.5.7 Zusammenfassung

Allometrische Funktionen sind Potenzfunktionen, bei denen die Konstante a ein Maß für die Stoffwechselaktivität unterschiedlicher Tiergruppen und damit hochgradig variabel ist, während der Exponent b weitgehende Konstanz zeigt. Körpergröße und Stoffwechselrate sind über eine allometrische Beziehung miteinander verknüpft. Dies bedeutet, dass die Stoffwechselrate verhältnismäßig langsamer ansteigt als das Körpergewicht. Besonders augenfällig wird dieser Zusammenhang, wenn man den Nahrungsbedarf von kleinen und großen Tieren miteinander vergleicht.

Bezogen auf ihr Körpergewicht benötigen große Tiere weniger Energie und daher weniger Nahrung als kleinere Tiere. Die gewichtsspezifische Stoffwechselrate nimmt also mit zunehmender Größe ab. Dieser allometrische Zusammenhang hat wichtige Konsequenzen für die Größe endothermer Tiere, da er eine absolute Untergrenze festlegt. Die unterschiedlichen Energieansprüche kleiner und großer Tiere sind mitbestimmend für die Verteilung der Biomasse einer Art pro Flächeneinheit und tragen damit zur Strukturierung von Ökosystemen bei.

Es ist bisher nicht geklärt, ob der Exponent der allometrischen Funktion $\frac{2}{3}$ oder $\frac{3}{4}$ beträgt oder aber mit 0,7 zwischen diesen beiden Werten liegt. Allerdings wird mittlerweile die Annahme eines für alle Lebewesen konstanten Wertes auf der Grundlage umfangreicher und genauer Messdaten angezweifelt. Dennoch gibt es – auch aus historischer Perspektive – zahlreiche Erklärungsversuche für einen einheitlichen Exponenten, von denen wir die Oberflächenregel und die fraktale Geometrie interner Transportsysteme angesprochen haben. Die Oberflächenregel beschreibt den zunehmenden Wärmeverlust kleinerer Tiere aufgrund ihres steigenden Oberflächen-Volumen-Verhältnisses. Atmungs- und Kreislaufsysteme bestimmen die Versorgung des Körpers mit Atemgasen und Nährstoffen und so die Stoffwechselrate. Für eine möglichst effiziente Verteilung sind in der Evolution selbstähnliche Strukturen entstanden, die durch die fraktale Geometrie erklärt werden können. Als universelle Erklärung für die allometrische Beziehung ist aber auch die fraktale Geometrie nicht geeignet.

Allometrische Beziehungen lassen sich auch auf die Lebensdauer von Tieren anwenden. Hierbei fällt auf, dass beispielsweise Säuger unabhängig von ihrer Körpergröße während ihres Lebens einen konstanten Energieverbrauch von etwa 1000 MJ pro Kilogramm Körpergewicht aufweisen. Der Zusammenhang zwischen Körpergröße, Stoffwechselrate und Lebenserwartung wird als metabolische Theorie der Lebensdauer bezeichnet.

Literatur

1. Atkins P (2007) Four Laws That Drive The Universe. Oxford University Press, Oxford
2. Atkins P, Jones L (2008) Chemical Principles. 4. Aufl, W.H. Freeman and Company, New York
3. Carbone C, Teacher A, Rowcliffe JM (2007) The costs of carnivory. PLOS Biol 5:e22
4. Denny M, MacFadzean A (2011) Engineering Animals. How Life Works. The Belknap Press of Harvard University Press, Cambridge
5. Haldane JBS (1985) On Being The Right Size. Oxford University Press, Oxford
6. Hayssen V, Lacy RC (1985) Basal metabolic rates in mammals: taxonomic differences in the allometry of BMR and body mass. Comp Biochem Physiol A Comp Physiol 81:741–754
7. Hill RH, Wyse GA, Anderson M (2008) Animal Physiology. 2. Aufl, Sinauer, Sunderland
8. Hulbert AJ, Pamplona R, Buffenstein R, Buttemer WA (2007) Life and death: metabolic rate, membrane composition, and life span of animals. Physiol Rev 87:1175–1213
9. McKechnie AE, Wolf BO (2004) The allometry of avian basal metabolic rate: good predictions need good data. Physiol Biochem Zool 77:502–521
10. Owen-Smith RN (1988) Megaherbivores: The Influence of Very Large Body Size On Ecology. Cambridge University Press, New York
11. Schmidt-Nielsen K (1984) Scaling: Why Is Animal Size So Important. Cambridge University Press, New York
12. Templeton JR (1970) Reptiles. In: Whittow GC (Hrsg) Comparative Physiology of Thermoregulation. Academic Press, New York, S 167–221
13. Whitford WG (1973) The effects of temperature on respiration in the Amphibia. Am Zool 13:505–512

Wärmehaushalt und Temperaturregulation

Andreas Feigenspan

© Springer-Verlag GmbH Deutschland 2017

A. Feigenspan, *Prinzipien der Physiologie*, https://doi.org/10.1007/978-3-662-54117-3_3

Schlüsselkonzepte

1. Die Stoffwechselrate sowie die Konformation und Funktionalität von Proteinen und Zellmembranen hängen von der Temperatur ab.
2. Temperaturunterschiede zwischen der Umgebung und dem Körper eines Tieres führen zu einer Aufnahme oder Abgabe von Wärme.
3. Endotherme Organismen sind in der Lage, ihre Körpertemperatur durch metabolische Wärmebildung konstant zu halten, während ektotherme Tiere ihre Körpertemperatur an die Umgebungstemperatur anpassen.
4. Die Stoffwechselrate ektothermer Organismen steigt exponentiell mit der Temperatur bis zu einem Optimum, danach fällt sie steil ab.
5. Bei endothermen Tieren ist die Stoffwechselrate in der Thermoneutralzone konstant, während sie bei niedrigeren und höheren Temperaturen ansteigt.
6. Zahlreiche mittel- und langfristige Strategien sowie evolutionäre Prozesse dienen der optimalen Anpassung an vorherrschende Temperaturen.

3.1 Bedeutung der Temperatur für biologische Systeme

Die Temperatur spielt in biologischen Systemen eine sehr wichtige Rolle, da sie die räumliche Struktur von Proteinen sowie die Fluidität von Lipiden verändert und damit die Funktionalität dieser Makromoleküle maßgeblich beeinflusst. Weiterhin wird die Geschwindigkeit chemischer Reaktionen innerhalb von Stoffwechselprozessen von der Temperatur festgelegt: Je höher die Temperatur ist, desto schneller laufen Reaktionen ab, da im Mittel mehr Moleküle eine hinreichend große kinetische Energie besitzen, um die Hürde der Aktivierungsenergie zu überwinden. Mit der Temperatur steigen daher die Stoffwechselrate und die Reaktionsgeschwindigkeiten der zugrunde liegenden metabolischen Prozesse in den Zellen und Geweben.

3.1.1 Thermische Grenzen des Lebens

Alle Reaktionen des Stoffwechsels finden in der wässrigen Lösung des Cytoplasmas statt. Daher markiert der Gefrierpunkt der intrazellulären Flüssigkeit die **absolute Untergrenze** der mit Lebensprozessen kompatiblen Temperatur. Wir werden in ▶ Abschn. 3.3.2 sehen, dass ein Einfrieren der extrazellulären Flüssigkeit in Grenzen toleriert werden kann. Grundsätzlich aber ist das Einfrieren von Körperflüssigkeiten gefährlich, weil Eiskristalle die Membranen von Zellen und Organellen zerstören können. Außerdem nimmt die Fluidität biologischer Membranen mit der Temperatur ab, was wiederum die Funktionalität von Membranproteinen wesentlich einschränkt.

Da Elektrolyte und andere Stoffe in den Körperflüssigkeiten gelöst sind, liegt ihr Gefrierpunkt mit $-0{,}5$ bis $-1{,}0\,^{\circ}\mathrm{C}$ tiefer als der Gefrierpunkt von reinem Wasser. Durch weitere Anpassungsmechanismen (z. B. Gefrierschutzproteine bei Eisfischen) kann der Gefrierpunkt bis auf $-4\,^{\circ}\mathrm{C}$ gesenkt werden. Arktische Insekten überleben Temperaturen von $-50\,^{\circ}\mathrm{C}$ in eingefrorenem Zustand und bei Larven der arktischen Motte *Gynaephora* konnte sogar eine Kältetoleranz bis zu $-70\,^{\circ}\mathrm{C}$ beobachtet werden.

Einschränkungen von Bewegung und Futteraufnahme sowie metabolischer und signalverarbeitender Prozesse treten allerdings schon bei Werten oberhalb der Letaltemperatur auf. Das

kritische thermische Minimum bezeichnet die niedrigste Temperatur, bei der sich ein Tier noch koordiniert bewegen kann. Unterhalb dieses Minimums fallen Insekten in ein Kältekoma – Bienen bei $12\,°C$, tropische Insekten schon bei $20\,°C$. Beim Menschen treten bei einer Körperkerntemperatur unter $30\,°C$ Herzrhythmusstörungen bis hin zum Kammerflimmern auf, während ab etwa $20\,°C$ ein kältebedingter Herzstillstand einsetzt.

Umgekehrt existiert auch eine **Obergrenze** der Temperatur zwischen $45\,°C$ und $55\,°C$, jenseits der Leben nur in Ausnahmefällen möglich ist. Hierzu zählen bis zu $100\,°C$ überstehende Eizellen und Juvenilstadien von Insekten sowie einige Archaeen und Bakterien, die in heißen Quellen am Meeresboden Temperaturen von über $110\,°C$ ausgesetzt sind. In allen Fällen beschreibt das **kritische thermische Maximum** diejenige Temperatur, bei der Koordinationsstörungen der Bewegung einsetzen. Oberhalb dieses Maximums treten akuter Hitzestress und schließlich Hitzetod auf.

Die Gründe für den negativen Einfluss hoher Temperaturen sind komplex und noch nicht im Detail verstanden. Wahrscheinlich kommt es bei Temperaturen von über $45\,°C$ zu einer Denaturierung von Proteinen. Durch erhöhte Temperaturen wird die Expression sogenannter Hitzeschockproteine (HSPs) ausgelöst, deren Aufgabe es ist, denaturierte Proteine wieder in ihre ursprüngliche Konformation zurückzufalten. Weiterhin erhöht sich die Fluidität der Zell- und Organellmembranen, wodurch die Stabilität der Lipiddoppelschicht und die Funktionen der verschiedenen Membranproteine beeinträchtigt werden.

Die komplex miteinander verknüpften Stoffwechselreaktionen unterscheiden sich meist hinsichtlich ihrer Temperaturabhängigkeit und ihres jeweiligen Temperaturoptimums. Dennoch müssen sie präzise aufeinander abgestimmt sein, damit keine Zwischenprodukte fehlen oder an anderer Stelle angehäuft werden. *Die normale Körpertemperatur eines Organimus stellt daher eine Art Kompromiss dar, bei dem die Koordination zwischen den Stoffwechselwegen am besten funktioniert.* Jede Temperaturänderung bedeutet eine Abweichung vom Optimum und damit eine Verschlechterung der Leistungsfähigkeit des Organismus.

Schließlich wirkt sich bei Wasserbewohnern eine höhere Temperatur auf ihre Versorgung mit Sauerstoff (O_2) aus. Warmes Wasser enthält weniger physikalisch gelösten Sauerstoff, während gleichzeitig aufgrund der temperaturbedingten höheren Stoffwechselrate der O_2-Bedarf in den Geweben steigt.

3.1.2 Wirkung der Temperatur auf chemische Reaktionen

Bei allen physiologischen Vorgängen in einem Organismus – von den Prozessen des Intermediärstoffwechsels bis hin zur Muskelkontraktion – handelt es sich letztlich um chemische Reaktionen, deren Geschwindigkeit von der Temperatur abhängt. Wir haben Wärme als die mittlere kinetische Energie ungerichteter Molekülbewegungen kennengelernt (▶ Abschn. 2.1.3). Am absoluten Nullpunkt von $-273,15\,°C$ ist die kinetische Energie der Moleküle gleich null; es gibt keine Bewegung und auch keine chemischen Reaktionen. Steigt die Temperatur, so nimmt die mittlere kinetische Energie der Moleküle zu – eine Voraussetzung dafür, dass überhaupt Reaktionen stattfinden können. *Je höher die Temperatur, desto größer die kinetische Energie der Moleküle und desto höher die Wahrscheinlichkeit, dass es bei einer Kollision zwischen verschiedenen Molekülen tatsächlich zu einer chemischen Reaktion kommt.*

Die uns aus alltäglicher Erfahrung vertrauten Begriffe Wärme und Kälte haben keine eigenen physikalischen Entsprechungen, sondern sie reflektieren lediglich unsere subjektiven Empfindungen. Objekte, die kälter sind als unsere Haut, aktivieren sogenannte Kaltsensoren und führen zur Empfindung „Kälte", während wärmere Objekte über Warmsensoren die Emp-

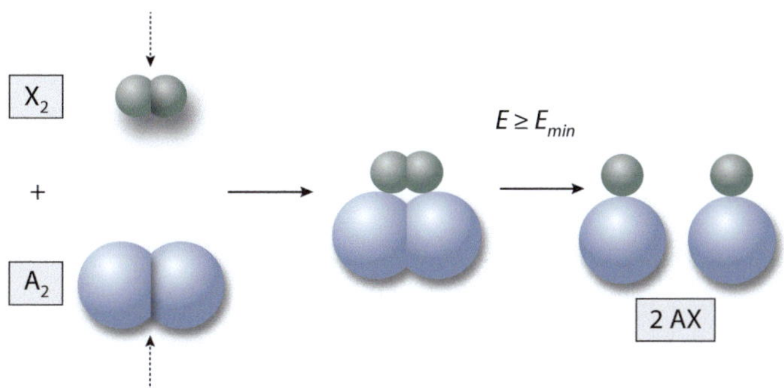

▣ Abb. 3.1 Die Kollision der Moleküle A_2 und X_2 führt zur Entstehung von zwei Molekülen AX, wenn die kinetische Energie E der Moleküle eine Mindestenergie E_{min} erreicht oder überschreitet (nach [11]. Mit freundlicher Genehmigung von Georg Thieme Verlag.)

findung „Wärme" vermitteln (▶ Abschn. 15.2). Aus physikalischer Sicht handelt es sich jedoch in beiden Fällen um Molekülbewegungen, die sich ausschließlich in ihrer mittleren kinetischen Energie unterscheiden.

Nehmen wir an, die Moleküle A_2 und X_2 liegen oberhalb des absoluten Nullpunkts bei einer bestimmten Konzentration in einem Reaktionsgemisch vor (▣ Abb. 3.1). In jedem Augenblick finden außerordentlich viele Kollisionen zwischen den einzelnen Molekülen statt. Ist die kinetische Energie der kollidierenden Moleküle zu klein, prallen sie unverändert wieder voneinander ab, und es findet keine chemische Reaktion zwischen ihnen statt. Damit es zu **effektiven Kollisionen** und damit zu einer Reaktion der Moleküle miteinander unter Bildung der neuen Verbindung AX kommen kann, muss eine bestimmte **Mindestenergie** überschritten werden. Man geht davon aus, dass bei der Reaktion von zwei Molekülen ein **Übergangszustand mit höherer potenzieller Energie** durchlaufen wird. Um dieses höhere Energieniveau zu erreichen, muss nach dem Ersten Hauptsatz der Thermodynamik ein Teil der kinetischen Energie der Moleküle in die potenzielle Energie des Übergangszustands umgewandelt werden. Der Übergangszustand selbst ist extrem instabil und nicht als eigenständiger molekularer Zustand isolierbar. Die **Aktivierungsenergie** E_a beschreibt die Differenz zwischen der Energie des Übergangszustands und derjenigen der Ausgangsprodukte (▣ Abb. 2.7).

Die Aktivierungsenergie sagt nichts darüber aus, ob eine Reaktion spontan abläuft oder nicht; dies wird ausschließlich durch die Differenz der freien Energie ΔG zwischen Produkten und Edukten bestimmt (▶ Abschn. 2.2.3). Bei einer hohen Aktivierungsenergie laufen exergonische Reaktionen sehr langsam ab, es sei denn, E_a wird durch einen Katalysator wie etwa ein Enzym herabgesetzt.

Für den Ablauf und die Geschwindigkeit einer chemischen Reaktion ist entscheidend, ob und wie viele Moleküle eine hinreichend große mittlere kinetische Energie aufweisen, um die Aktivierungsenergie des Übergangszustands zu erreichen. ▣ Abb. 3.2 zeigt die Energieverteilungskurven bei zwei unterschiedlichen Temperaturen T_1 und T_2, wobei T_1 kleiner ist als T_2. Die Fläche a unter der Kurve für T_1 ist proportional zur Anzahl der Moleküle, deren kinetische Energie gleich oder größer der Mindestenergie für eine Reaktion ist. Entsprechend ist die Fläche $a + b$ proportional zur Anzahl der Moleküle bei der höheren Temperatur T_2. Obwohl die Kurve für T_2 nur geringfügig in Richtung höherer Temperaturen verschoben ist, erhöht sich dadurch die Anzahl der Moleküle beträchtlich, deren kinetische Energie größer ist als die Mindestenergie für diese Reaktion.

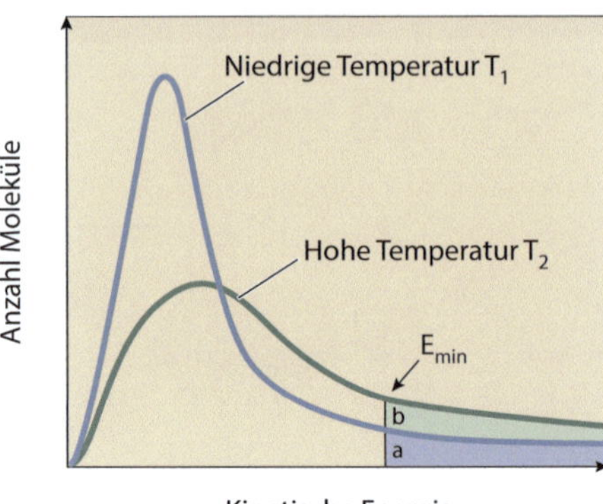

Abb. 3.2 Verteilung der Moleküle mit einer bestimmten kinetischen Energie bei zwei Temperaturen T_1 und T_2. Die Flächen a und b unter den jeweiligen Kurven entsprechen dem Anteil der Moleküle, deren kinetische Energie größer oder gleich der Mindestenergie E_{min} ist

Der Zusammenhang zwischen Temperatur T und Reaktionsgeschwindigkeit k wird durch die **Arrhenius-Gleichung** formuliert:

$$k = A \cdot e^{-E_a/RT}. \tag{3.1}$$

In Gl. 3.1 bezeichnet A die Häufigkeit, mit der Moleküle miteinander kollidieren, und R ist die allgemeine Gaskonstante.[1] Die Aktivierungsenergie E_a entspricht der Mindestenergie E_{min}, die für eine erfolgreiche Kollision und damit für den Ablauf einer chemischen Reaktion notwendig ist. Die Geschwindigkeit k einer biochemischen Reaktion kann also (1) durch eine Erhöhung der Temperatur T und (2) durch eine Verringerung der Aktivierungsenergie E_a erhöht werden. *Insgesamt beschreibt die Exponentialfunktion $e^{-E_a/RT}$ den Anteil derjenigen Moleküle, deren Energie groß genug ist, um die Barriere des Übergangszustands zu überwinden.*

3.1.3 Temperatur und Stoffwechselrate

Die meisten Reaktionen des Stoffwechsels laufen im engen Rahmen physiologischer Temperaturen nicht spontan ab. Auch wenn eine Reaktion exergonisch ist, also theoretisch Energie abgeben und Arbeit verrichten könnte, erreichen die Moleküle meist nicht die nötige Mindestenergie des Übergangszustands, und die Reaktion kommt nicht in Gang. **Enzyme** katalysieren diese Reaktionen, indem sie einen **Enzym-Substrat-Komplex** bilden, der eine deutlich geringere Aktivierungsenergie hat als der Übergangszustand ohne Katalysator. Dadurch ändert sich nichts am Energieprofil der Moleküle bei einer gegebenen Temperatur, aber durch die Absenkung der Aktivierungsenergie reicht die kinetische Energie von sehr viel mehr Molekülen nun für eine erfolgreiche Reaktion aus. Ohnehin spontan ablaufende Reaktionen werden durch Enzyme zusätzlich beschleunigt (z. B. Carboanhydrasereaktion, Gl. 1.1), während endergonische Reaktionen auch in Anwesenheit von Enzymen auf die äußere Zufuhr von Energie angewiesen bleiben.

Darüber hinaus ist die Geschwindigkeit biophysikalischer Vorgänge wie Diffusion und Osmose temperaturabhängig. Bei diesen Prozessen müssen die beteiligten Moleküle zwar keine bestimmte Mindestenergie für effektive Kollisionen überschreiten, aber ihre Beweglichkeit wird auch von der Temperatur des Systems beeinflusst. *Eine höhere Temperatur bedeutet eine*

---

[1] Die allgemeine oder universelle Gaskonstante R ist der Proportionalitätsfaktor zwischen Druck, Volumen und Temperatur in einem idealen Gas. Der Zahlenwert von R beträgt $8{,}3145\,\mathrm{J\,K^{-1}\,mol^{-1}}$.

größere mittlere Beweglichkeit der Moleküle, sodass sich die Wahrscheinlichkeit erhöht, aus einer Region hoher Konzentration in einen Bereich niedrigerer Konzentration zu diffundieren. Diese Temperaturabhängigkeit ist in der Konstante D der Diffusionsgleichung enthalten (▶ Abschn. 1.7.1).

Die räumliche Faltung von Proteinen bestimmt ihre dreidimensionale Struktur und ist für ihre physiologischen Funktionen von entscheidender Bedeutung. Diese Konformation wird durch relativ schwache, nichtkovalente Bindungen (Wasserstoffbrücken, hydrophobe und elektrostatische Wechselwirkungen) aufrechterhalten und kann sich durch thermischen Einfluss sehr schnell ändern. *Proteine denaturieren bei höheren Temperaturen, indem sie in eine andere, nicht oder nur noch teilweise funktionsfähige Konformation übergehen.*

Aber auch die Fluidität von Membranen und damit ihre Aufgabe, als selektiv permeable Barrieren den Austausch von Materie zwischen Zellinnerem und Außenwelt zu regulieren, werden maßgeblich von der Temperatur bestimmt. Bei hohen Temperaturen nimmt eine Phospholipidmembran einen zu flüssigen Zustand ein, um als wirksame Grenzschicht zu fungieren; bei tiefen Temperaturen wird sie zu fest und verliert ihre Transportfunktion.

Quantitativ wird die Temperaturwirkung auf biologische Prozesse durch den Q_{10}-**Wert** beschrieben. Dieser Wert ist als das Verhältnis der Stoffwechselraten eines Organismus bei zwei Temperaturen definiert, die sich um jeweils 10 °C unterscheiden:

$$Q_{10} = \left(\frac{k_2}{k_1}\right)^{\left[\frac{10}{T_2 - T_1}\right]}. \tag{3.2}$$

k_1 und k_2 sind die Stoffwechselraten bei den Temperaturen T_1 bzw. T_2. Die allgemeine Form der Gl. 3.2 gilt für zwei beliebige Temperaturen T_1 und T_2 und ihre entsprechenden Stoffwechselraten. *Meist liegt der Q_{10}-Wert zwischen 2 und 3, d. h., eine Erhöhung der Temperatur um 10 °C verdoppelt bzw. verdreifacht die Stoffwechselrate.* Der exponentielle Zusammenhang zwischen Reaktionsgeschwindigkeit bzw. Stoffwechselrate und Temperatur wird mithilfe des Q_{10}-Werts in einen anschaulichen multiplikativen Faktor umgewandelt (◘ Abb. 3.3a). Je höher der Q_{10}-Wert, desto steiler verläuft die Exponentialfunktion (◘ Abb. 3.3b). Allerdings ist der Q_{10}-Wert selbst temperaturabhängig, da er mit steigender Temperatur kleiner wird; für den Vergleich von Stoffwechselraten bei unterschiedlichen Temperaturen ist er daher weniger gut geeignet.

3.1.4 Thermoregulation und Körpertemperatur

Die Umgebungstemperatur ist einer der wichtigsten Faktoren im Lebensraum eines Tieres: Neben ihrem Einfluss auf die im Körper vorhandenen Biomoleküle bestimmt die Temperatur die Stoffwechselrate eines Organismus und damit seinen Bedarf an Energie und Nährstoffen. Auf diese Weise hängen biochemische und physikalische Prozesse in Zellen, Geweben und Organen und damit letztlich die Leistungsfähigkeit des gesamten Organismus in hohem Maße von der Temperatur ab. Dabei ist die Umgebungstemperatur in zahlreichen Lebensräumen keine konstante Größe – neben den Tag-Nacht-Schwankungen treten häufig auch saisonale Veränderungen auf.

Evolutionär haben sich zwei grundlegend unterschiedliche Strategien entwickelt, mit denen Tiere auf eine vorherrschende oder sich verändernde Umgebungstemperatur reagieren: Entweder sie erzeugen ihre eigene Körpertemperatur oder aber sie passen sich der Umgebungstemperatur an.

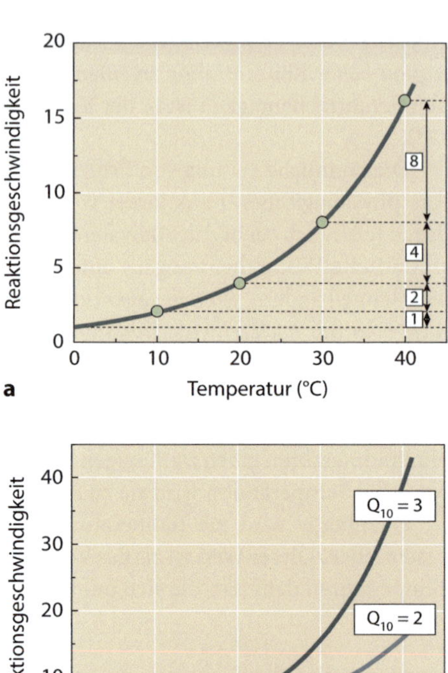

■ **Abb. 3.3** Der Q_{10}-Wert beschreibt die Abhängigkeit der Reaktionsgeschwindigkeit von der Temperatur. **a** Bei einem Q_{10}-Wert von 2 verdoppelt sich die Reaktionsgeschwindigkeit, wenn sich die Temperatur um $10\,°C$ erhöht. Die Zahlen *rechts* geben den multiplikativen Faktor an. **b** Exponentieller Verlauf der Temperaturabhängigkeit der Reaktionsgeschwindigkeit bei Q_{10}-Werten von 1,7 sowie 2 und 3

Die erste Strategie wird als **Endothermie** bezeichnet und beschreibt die Fähigkeit von Tieren, *ihre Körpertemperatur durch eigene metabolische Wärmebildung in einem relativ engen Rahmen konstant zu halten.* Endotherme Organismen sind daher von der Umgebungstemperatur weitgehend unabhängig und die physiologischen Prozesse in ihren Geweben laufen prinzipiell in jedem Lebensraum und zu jeder Tages- und Jahreszeit mit annähernd derselben Effizienz ab. Die Tiere müssen jedoch vergleichsweise viel Energie aufwenden, um die Konstanz ihrer Körpertemperatur dauerhaft zu gewährleisten.

Bei der zweiten Strategie hingegen, der sogenannten **Ektothermie**, wird die *Körpertemperatur eines Organismus durch die Umgebungstemperatur bestimmt.* Daher haben ektotherme Tiere eine deutlich geringere Stoffwechselrate und benötigen sehr viel weniger Energie als endotherme Organismen; allerdings sind sie den vorherrschenden Umgebungstemperaturen mit den oben besprochenen thermischen Problemen ausgesetzt.

Ein weiteres wichtiges Konzept ist die **Thermoregulation**, die wir mit den beiden bisher beschriebenen Strategien kombinieren. *Thermoregulation beschreibt die Fähigkeit eines Organismus, durch entsprechende Regelkreise Einfluss auf seine Körperwärme zu nehmen.* Anhand dieses Kriteriums lassen sich Organismen in vier unterschiedliche Kategorien einteilen:

1. **Nicht thermoregulierende Ektotherme**. Hierunter fallen die meisten Organismen mit ektothermer Lebensweise. Ihre Körpertemperatur entspricht exakt der Umgebungstemperatur. Sie werden auch **Poikilotherme**[2] genannt, da ihre Körpertemperatur mit der Temperatur der Umgebung schwankt. So haben die meisten Fische die gleiche Temperatur wie das See- oder Meerwasser, in dem sie sich aufhalten.

---

[2] *Poikilos* (griech.) verschieden.

2. **Thermoregulierende Ektotherme.** Obwohl ektotherme Tiere durch Stoffwechselprozesse Wärme produzieren, haben sie keine Mechanismen entwickelt, um diese metabolische Wärme in ihrem Körper zurückzuhalten. *Thermoregulation bei Ektothermen kann daher nur über ein entsprechend angepasstes Verhalten erfolgen.* Eine Eidechse, die aktiv einen warmen Stein in der Sonne aufsucht, zeigt verhaltensgesteuerte Thermoregulation.

3. **Nicht thermoregulierende Endotherme.** Diese Organismen können zwar metabolische Wärme nutzen, um ihre Körpertemperatur über die Umgebungstemperatur anzuheben. Da aber keine Kontrollmechanismen und Regelkreise vorhanden sind, schwankt die Körpertemperatur mit der Umgebungstemperatur, wenn auch auf höherem Niveau. Die Schwimmmuskulatur einiger Thunfische und Haie ist bis zu 15 °C wärmer als die Wassertemperatur. Die Ursache hierfür liegt in der hohen Wärmeproduktion der roten Muskulatur dieser sehr aktiven und schnell schwimmenden Fische sowie einem effizienten Gegenstromwärmetauscher (▶ Abschn. 3.5.2).

4. **Thermoregulierende Endotherme** besitzen eine konstante, von der Umgebung unabhängige Körpertemperatur. Vögel und Säuger, aber auch einige Insekten wie etwa Hummeln, stellen beispielhafte Vertreter dieser Strategie dar. Wegen ihrer gleichbleibenden Körpertemperatur werden sie auch als **Homöotherme**[3] bezeichnet.

3.1.5 Zusammenfassung

Die thermischen Grenzen des Lebens reichen vom Gefrierpunkt der intrazellulären Lösung (−1,0 °C) bis hin zu einer Obergrenze von etwa 55 °C. Einige Organismen stellen Ausnahmen dar, indem sie bei sehr viel niedrigeren, aber auch bei deutlich höheren Temperaturen – wenn auch meist in Form von Dauerstadien – überleben können.

Die Körpertemperatur eines Organismus hat weitreichende Konsequenzen für die Funktionalität von Proteinen und Lipiden und sie beeinflusst die Geschwindigkeit biochemischer Reaktionen bei allen Stoffwechselprozessen. Für eine erfolgreiche Reaktion muss eine Energiebarriere, die einen Übergangszustand mit höherem Energieniveau kennzeichnet, überwunden werden. Mit der Temperatur steigt die kinetische Energie der vorhandenen Moleküle, sodass eine größere Zahl von ihnen die erforderliche Aktivierungsenergie für die Reaktion besitzt. Der Zusammenhang zwischen Temperatur und Reaktionsgeschwindigkeit wird durch die Arrhenius-Gleichung beschrieben. Enzyme erhöhen die Reaktionsgeschwindigkeit, indem sie die Aktivierungsenergie einer biochemischen Reaktion unter Bildung eines Enzym-Substrat-Komplexes verringern.

Die Temperatur beeinflusst zudem die dreidimensionale Struktur von Proteinen und die Fluidität von Phospholipiden. Entsprechend hängt die physiologische Funktionalität dieser wichtigen Makromoleküle in hohem Maße von der Temperatur ab.

Die exponentielle Wirkung der Temperatur auf biologische Prozesse wird durch den Q_{10}-Wert quantitativ beschrieben. Ein Q_{10}-Wert von 2 bedeutet eine Verdopplung der Stoffwechselrate bei einer Temperaturerhöhung um 10 °C. In biologischen Systemen werden meist Q_{10}-Werte zwischen 2 und 3 gemessen.

Die Kombination der beiden Strategien Endothermie und Ektothermie mit dem Konzept der Thermoregulation führt zu vier unterschiedlichen Kategorien: (1) nichtthermoregulierende Ektotherme, bei denen die Körpertemperatur mit der Umgebungstemperatur schwankt, (2) thermoregulierende Ektotherme, die durch ihr Verhalten ihre Körpertemperatur in etwas

---

[3] *Homoios* (griech.) gleich.

engeren Grenzen einstellen können, (3) nichtthermoregulierende Endotherme, deren Körpertemperatur zwar über derjenigen der Umgebung liegt, aber mit der Umgebungstemperatur schwankt, (4) thermoregulierende Endotherme mit einer von der Umgebung unabhängigen Körpertemperatur.

3.2   Ektothermie

Die Körpertemperatur ektothermer Organismen befindet sich im Gleichgewicht mit der Umgebungstemperatur – steigt die Umgebungstemperatur, steigt auch die Körpertemperatur und umgekehrt. Ektothermie ist im Tierreich sehr weit verbreitet: Amphibien, die meisten Fische und Reptilien, alle aquatischen und fast alle terrestrischen Invertebraten sind ektotherm. Aufgrund der hohen Wärmeleitfähigkeit des Wassers entspricht die Körpertemperatur von aquatischen Ektothermen immer der Wassertemperatur, in der sich der Organismus befindet, während landlebende Ektotherme in der Regel nicht die Temperatur der Luft annehmen. Hierfür sind vor allem thermische Wechselwirkungen mit dem Untergrund (Konduktion), sich bewegende Luftströmungen (Konvektion), die Verdunstung von Wasser (Evaporation) sowie die Aufnahme und Abgabe von Strahlungsenergie verantwortlich. Diese grundlegenden physikalischen Prozesse werden im Folgenden näher erläutert.

3.2.1   Wärmetransfer im Körper und Austausch mit der Umgebung

Der Grundumsatz eines erwachsenen Menschen beträgt etwa 7000 kJ pro Tag, was einer Leistung von 80 W entspricht. Diese überschaubare Leistung kann durch erhöhte Muskelaktivität auf bis zu 1200 W steigen, was ein effizientes System der Wärmeabgabe erforderlich macht, um eine Überhitzung des Körpers zu vermeiden. Für eine konstante Körpertemperatur müssen sich Wärmeproduktion und -abgabe exakt ausgleichen – anderenfalls steigt oder fällt die Körpertemperatur.

Wärme entsteht in den Körpergeweben als Nebenprodukt aller Stoffwechselreaktionen und sie wird auf verschiedenen Wegen über die Körperoberfläche abgegeben. Hierbei dient die relativ kühle Haut mit ihrer großen Oberfläche als Wärmesenke, die mit der noch kühleren Umgebung in direktem Kontakt steht. *Der Temperaturunterschied zwischen Körperkern und Haut bestimmt maßgeblich die Effizienz der Wärmeabgabe.* An sehr heißen Tagen, wenn Haut- und Körperkerntemperatur annähernd gleich sind, geht die Funktion der Haut als Wärmesenke verloren und die Wärmeabgabe ist deutlich erschwert, sodass wir diese hohen Temperaturen als unangenehm empfinden. Der Transport der Wärme aus dem Körperkern zur Körperoberfläche geschieht vor allem mithilfe des Blutes (konvektiver Transport), während die passive Wärmeleitung (Konduktion) eine geringere Rolle spielt.

Der Wärmeaustausch mit der Umgebung kann grundsätzlich in beide Richtungen verlaufen. Ob Wärme abgegeben oder aufgenommen wird, hängt vor allem von der Temperaturdifferenz zwischen dem Organismus und seiner Umgebung ab. Die physikalischen Mechanismen Konduktion, Konvektion, Strahlung und Verdunstung beschreiben alle Formen des Wärmeaustausches.

Konduktion (Wärmeleitung) beschreibt die *Wärmeübertragung durch einen direkten Kontakt zwischen zwei Objekten unterschiedlicher Temperatur.* Wenn wir auf einem kalten Stein sitzen, verlieren wir aufgrund der Konduktion Wärme an den Stein, und zwar umso mehr, je größer die Kontaktfläche mit dem Stein und der Unterschied zwischen unserer Körpertemperatur und derjenigen des Steins ist. Dabei fließt Wärme nach den Prinzipien der Diffusion (▶ Abschn. 1.7.1) entlang des Temperaturgradienten vom wärmeren zum kälteren Objekt. Die Konduktion $Q_{\text{Konduktion}}$ wird durch die folgende Gleichung beschrieben:

$$Q_{\text{Konduktion}} = A\,\lambda\,\frac{T_1 - T_2}{d}. \tag{3.3}$$

$Q_{\text{Konduktion}}$, gemessen in Watt (W), ist proportional der Austauschfläche A, der Wärmeleitfähigkeit λ und dem Temperaturgradienten $(T_1 - T_2)/d$, wobei d die Diffusionsstrecke bezeichnet. Die Wärmeleitfähigkeit λ hängt vom jeweiligen Material ab. Wasser hat eine deutlich höhere Wärmeleitfähigkeit als Luft, sodass sich Wasser bei 20 °C entsprechend kälter anfühlt als Luft derselben Temperatur. Im Fell eines Säugers oder in einer Winterjacke wird eine bewegungslose Luftschicht festgehalten, sodass der Wärmeaustausch ausschließlich durch Konduktion erfolgt. Wird die Dicke dieser Luftschicht – und damit d in Gl. 3.3 – erhöht, verstärkt sich die isolierende Wirkung und es geht weniger Wärme an die Umgebung verloren. Entsprechend dient das Aufstellen des Fells oder das Aufplustern des Federkleids einer wirkungsvolleren Isolierung, wodurch mehr Wärme im Körper zurückgehalten wird.[4]

Konvektion bezeichnet den *Transport von Energie oder Teilchen mit einer Strömung.* Sie tritt dann auf, wenn sich ein Medium (Luft oder Wasser) in Bezug auf einen Körper bewegt. *Im Gegensatz zur Konduktion ist bei konvektivem Wärmeaustausch also immer die Bewegung eines Trägermediums erforderlich.* Aufgrund dieser kontinuierlichen Bewegung wird die Ausbildung ruhender, isolierender Luft- oder Wasserschichten verhindert und die Körperoberfläche kommt immer wieder von Neuem mit dem kälteren Außenmedium in Kontakt.

Die Rate der konvektiven Wärmeübertragung $Q_{\text{Konvektion}}$ ist der Temperaturdifferenz zwischen der Oberfläche eines Körpers (T_o) und dem strömenden Medium (T_m) direkt proportional:

$$Q_{\text{Konvektion}} = h_c\,(T_o - T_m). \tag{3.4}$$

Der Konvektionskoeffizient h_c hängt insbesondere von der Strömungsgeschwindigkeit des Mediums und der Form der exponierten Körperteile ab. Die Strömungsgeschwindigkeit macht sich als sogenannter Windchill-Faktor bemerkbar: Je höher die Windgeschwindigkeit, desto niedriger die subjektiv empfundene Temperatur. Weiterhin sind relativ kleine Körperteile wie etwa Finger deutlich empfindlicher für einen konvektiven Wärmeverlust (h_c steigt, da $\sqrt{d}$ sinkt[5]). Die in ▶ Abschn. 2.5.5 erwähnte Allensche Regel beschreibt die evolutionäre Konsequenz dieser physikalischen Gesetzmäßigkeit, indem kleinere und rundere Körperanhänge den konvektiven Wärmeverlust minimieren.

Strahlung bezeichnet die *elektromagnetische Energie, die von allen Körpern mit einer vom absoluten Nullpunkt verschiedenen Temperatur ausgestrahlt wird.* Die Wärmeaufnahme durch die Sonneneinstrahlung spielt bei landlebenden Organismen eine außerordentlich wichtige Rolle für thermoregulatorische Prozesse.

Die von Objekten abgegebene Wärmestrahlung umfasst einen Bereich, der sich mit steigender Oberflächentemperatur T_o hin zu kürzeren Wellenlängen verschiebt. Für ein Tier mit

---

[4] Die durch Frieren verursachte sogenannte Gänsehaut ist offensichtlich ein evolutionäres Relikt, welches das Aufstellen eines nicht mehr vorhandenen Fells widerspiegelt.

[5] Der Konvektionskoeffizient h_c ist gegeben durch: $h_c \propto \sqrt{v/d}$, wobei v die Strömungsgeschwindigkeit und d den Durchmesser eines zylindrischen Körpers bezeichnet. h_c wird größer, wenn (1) die Geschwindigkeit steigt und/oder (2) der Durchmesser sinkt.

einer Oberflächentemperatur von 30 °C betragen die kürzesten Wellenlängen 3 bis 4 µm, während sich der Großteil des emittierten Spektrums bis weit in den längerwelligen Bereich hinein erstreckt.[6] *Grundsätzlich liegt die Wärmestrahlung im infraroten Teil des Spektrums.* Wir können die Wärmestrahlung aufgrund der relativ geringen Oberflächentemperaturen nicht sehen – sie kann aber dennoch von bestimmten Sinnesorganen detektiert werden (z. B. den Grubenorganen der Schlangen).

Die von einem Körper abgestrahlte Leistung $H_\text{Strahlung}$ ist proportional zu seiner Oberfläche und zur vierten Potenz der Temperatur. Dieser Zusammenhang wird im **Stefan-Boltzmann-Gesetz** wie folgt formuliert:

$$H_\text{Strahlung} = e \; \sigma \; A \; T_o^4. \tag{3.5}$$

Die Größe e entspricht dem **Emissionsgrad** der betreffenden Oberfläche und nimmt Werte zwischen 0 und 1 an; der Faktor σ ist die **Stefan-Boltzmann-Konstante.** *Haben zwei Objekte unterschiedliche Temperaturen, wird Energie vom wärmeren auf das kältere Objekt übertragen, ohne dass die beiden Objekte in direktem Kontakt miteinander stehen müssen.* Der Wärmeaustausch erfolgt mit Lichtgeschwindigkeit über eine theoretisch beliebig große Entfernung. Steht ein Körper im thermischen Gleichgewicht mit seiner Umgebung, nimmt er genau so viel Strahlungsenergie durch Absorption auf, wie er an die Umgebung abgibt.

Grundsätzlich kann elektromagnetische Strahlung von einem Körper absorbiert, reflektiert oder unverändert durchgelassen werden. *Um im Organismus als Wärme in Erscheinung zu treten, muss Strahlungsenergie von Körperstrukturen absorbiert werden.* Hält sich eine Eidechse in der Nähe eines während des Tages aufgeheizten Steins auf, erhält sie eine relativ hohe Wärmeleistung von dem Stein und gibt ihrerseits eine geringere Leistung an den Stein ab. Da die Eidechse einen Großteil der Strahlungsenergie absorbiert, steigt ihre Körpertemperatur auf höhere Werte.

Evaporation beschreibt die *Verdunstung von Wasser auf der Haut oder auf Schleimhäuten des Respirationstrakts.* Die Verdunstung von Wasser erfordert verhältnismäßig viel Energie, da für den Übergang in die Gasphase erst unzählige Wasserstoffbrücken zwischen den Wassermolekülen gelöst werden müssen. Für die Verdunstung von 1 g Wasser werden 2,5 kJ Energie benötigt; bei einer Schweißproduktion von 2 l pro Stunde summiert sich die Verdunstungsenergie zu einer Wärmeabgabe von 5 MJ ($\sim$ 1400 W). Theoretisch kann also durch Evaporation die gesamte durch körperliche Aktivität erzeugte Wärme an die Umgebung abgeführt werden. Die Effizienz der Evaporation hängt allerdings nicht vom Temperaturunterschied, sondern vielmehr von der Differenz des Wasserdampfdrucks zwischen Haut und Umgebung ab – bei hoher Luftfeuchtigkeit ist die Wärmeabgabe durch Evaporation deutlich erschwert. Daher empfinden wir eine weitaus höhere Wärmebelastung an heißen Tagen mit hoher Luftfeuchtigkeit im Vergleich zu trockener Hitze, in der evaporative Mechanismen optimal funktionieren.

3.2.2 Verhaltensgesteuerte Thermoregulation

Zahlreiche ektotherme Organismen zeigen eine **verhaltensgesteuerte Thermoregulation**, die es ihnen ermöglicht, ihre Körpertemperatur in einem relativ engen Rahmen konstant zu halten. Die Spanische Mauereidechse (*Podarcis hispanica*) reguliert ihre Körpertemperatur durch ihr Verhalten in einem Bereich von etwa 30 bis 40 °C (◘ Abb. 3.4a). Eine Messung der Temperatur

---

[6] Zum Vergleich: Die Wellenlängen des sichtbaren Lichts liegen bei etwa 400 bis 700 nm.

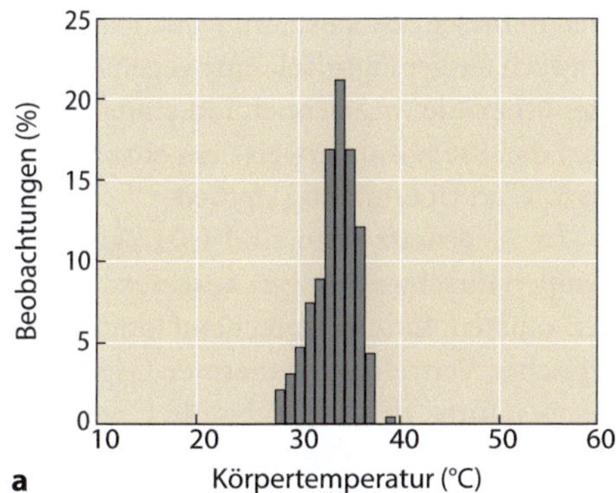

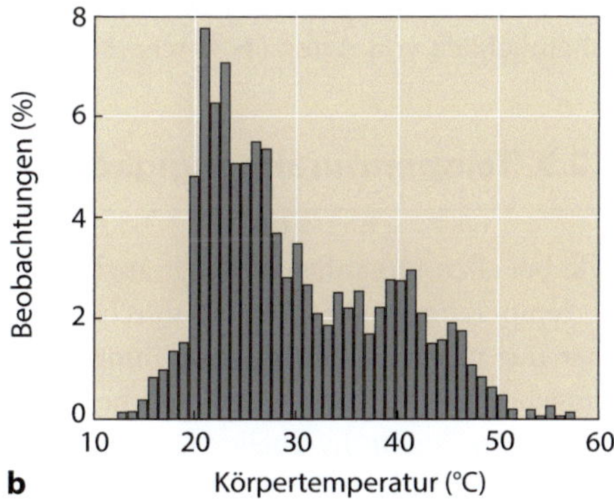

◘ Abb. 3.4 Verhaltensgesteuerte Thermoregulation am Beispiel der Spanischen Mauereidechse (*Podarcis hispanica*). **a** Das Histogramm zeigt die Streuung der Körpertemperatur von sich frei bewegenden Mauereidechsen. Die Messungen wurden mehrmals täglich durchgeführt. **b** Eidechsenmodelle wurden in allen Mikrohabitaten verteilt, in denen sich die Mauereidechsen während des Tages aufhalten. Das Histogramm zeigt eine deutlich breitere Streuung der Modelltemperaturen. In **a** und **b** wurde auf der y-Achse die Beobachtungshäufigkeit (in %) bei einer Messgenauigkeit von $1\,°C$ aufgetragen (nach [1]. Mit freundlicher Genehmigung von John Wiley & Sons.)

von eidechsenähnlichen Modellen, die an verschiedenen Orten im natürlichen Lebensraum der Tiere zufällig verteilt wurden, ergab eine sehr viel breitere Streuung von etwa 15 bis 55 °C (◘ Abb. 3.4b) [1]. Dieses Experiment zeigt, dass die Körpertemperatur der Eidechsen nicht ausschließlich durch das Gleichgewicht mit der Umgebungstemperatur bestimmt wird. Vielmehr können die Tiere durch ihr Verhalten (Aufsuchen von Sonne oder Schatten, Änderung der Körperhaltung usw.) aktiv Einfluss auf ihre aktuelle Körpertemperatur nehmen, indem sie die mögliche Temperaturspanne deutlich reduzieren – in diesem Beispiel von 40 °C auf 10 °C. Auf diese Weise sind sie in der Lage, extreme Temperaturschwankungen innerhalb ihres Lebensraums weitgehend auszugleichen und so einer **Präferenztemperatur** nahezukommen, die Voraussetzung für eine annähernd optimale Funktion ihrer Biomoleküle ist.

Viele aquatische Ektotherme steuern ebenfalls ihre Körpertemperatur durch ein entsprechendes Verhalten. In einem stehenden Gewässer nimmt die Wassertemperatur von der sonnenbeschienenen Oberfläche mit zunehmender Tiefe ab, sodass diese Organismen durch die Wahl einer bestimmten Wassertiefe ihre Körpertemperatur auf einen bestimmten Wert einstellen können. Natürlich ist die Variabilität hier auf die tatsächlich vorhandenen Wassertemperaturen beschränkt, sodass die Präferenztemperatur möglicherweise nicht immer erreicht werden kann.

Aufgrund ihrer Abhängigkeit von der Umgebungstemperatur wäre es für ektotherme Organismen vorteilhaft, wenn sie in einem eher breiten Temperaturbereich ohne größere Einschränkungen existieren könnten. Da in Meeren und großen Binnengewässern die Temperatur unabhängig von Tages- und Jahreszeiten weitgehend konstant bleibt, haben sich Organismen in diesem Lebensraum jedoch an geringe Temperaturschwankungen angepasst. Eine nur schwach ausgeprägte Toleranz gegenüber Veränderungen der Umgebungstemperatur wird als **Stenothermie**[7] bezeichnet. Ein eindrucksvolles Beispiel stellen Antarktisdorsche (*Nototheniidae*) dar, die normalerweise bei einer Wassertemperatur von $-1,8\,°C$ leben und schon bei 4 bis $6\,°C$ an Überhitzung sterben.

Im Gegensatz dazu sind Uferregionen und kleine stehende Gewässer deutlich größeren Temperaturschwankungen ausgesetzt, die von den dort lebenden Organismen toleriert werden müssen. Eine entsprechend breite Temperaturtoleranz wird **Eurythermie**[8] genannt. Ein typischer Vertreter eurythermer Organismen ist der Goldfisch (*Carassius auratus*), der bei Temperaturen zwischen 5 bis $30\,°C$ weitgehend normale Aktivität zeigt.

Wie sehr ein Organismus von Temperaturschwankungen betroffen ist, hängt vor allem von der Temperaturempfindlichkeit seiner Enzyme und anderer Proteine ab. In unmittelbarem Zusammenhang mit dem Klimawandel hat die Toleranz gegenüber Temperaturschwankungen beträchtliche Auswirkungen auf die Leistungsfähigkeit und damit auf die Überlebenswahrscheinlichkeit von Arten (▶ Abschn. 3.2.6).

3.2.3 Temperaturabhängigkeit der Stoffwechselrate bei Ektothermen

Wie bei allen Organismen hängt auch die Stoffwechselrate ektothermer Tiere von ihrer Körpertemperatur ab, die ihrerseits durch die Umgebungstemperatur festgelegt wird. Tiere können aber nur in einem bestimmten Temperaturbereich optimal „funktionieren" – daher hat die Umgebungstemperatur einen entscheidenden Einfluss auf das Verhalten und letztlich auf das Überleben eines individuellen Organismus und der zugehörigen Art. Ektotherme Tiere reagieren auf Änderungen der Temperatur mit einer unmittelbaren Änderung ihrer Stoffwechselrate, gefolgt von einer langfristigen Adaptation, die als **Akklimatisation** bezeichnet wird. Darüber hinaus können in evolutionären Zeiträumen Veränderungen im Genpool einer Art auftreten, die letztlich zu einer besseren Angepasstheit an eine dauerhaft veränderte Umgebungstemperatur beitragen. Wir betrachten zunächst kurzfristige Veränderungen der Stoffwechselrate, die infolge einer akuten Temperaturänderung auftreten.

Ausgehend vom kritischen thermischen Minimum steigt die Stoffwechselrate ektothermer Organismen exponentiell mit der Körpertemperatur an. Dieser nichtlineare Zusammenhang lässt sich durch das in ▶ Abschn. 3.1.2 besprochene Konzept der Aktivierungsenergie erklären: Die Zahl der Moleküle, deren Energie groß genug ist, um die Energiebarriere des Übergangszustands zu überwinden, hängt nach der Arrhenius-Gleichung Gl. 3.1 exponentiell von der Temperatur ab. Der Q_{10}-Wert bezeichnet dabei die Steigung der Exponentialfunktion (Gl. 3.2).

Gehen wir von einer Stoffwechselrate von $10\,J\,min^{-1}$ bei $10\,°C$ aus, dann verdoppelt sich bei einem Q_{10}-Wert von 2 die Stoffwechselrate bei $20\,°C$ auf $20\,J\,min^{-1}$ und bei $30\,°C$ auf $40\,J\,min^{-1}$. Eine Addition von $10\,°C$ führt also jeweils zu einer Multiplikation mit dem konstanten Faktor 2, eben dem Q_{10}-Wert (◳ Abb. 3.3a).

Die Leistungsfähigkeit eines Organismus spiegelt sich in zahlreichen temperaturabhängigen Prozessen wie der Stoffwechselrate, dem O_2-Verbrauch oder der Kontraktionskraft seiner Muskulatur wider. ◳ Abb. 3.5a zeigt den exponentiellen Anstieg der Leistungsfähigkeit bis hin zu einem Maximum bei einer optimalen Temperatur, die für jede Spezies in Abhängigkeit von ihrem Lebensraum unterschiedlich ist.

---

[7] *Stenos* (griech.) eng, schmal.
[8] *Eurys* (griech.) breit.

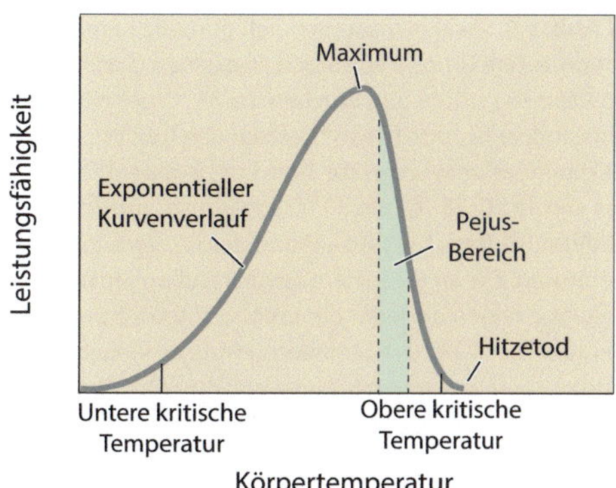

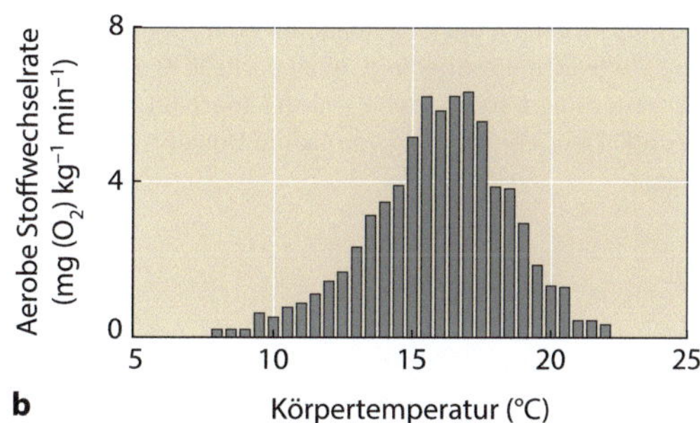

Wird die Körpertemperatur über dieses Optimum hinaus erhöht, fällt die Leistungsfähigkeit steil ab. Im Bereich der sogenannten **Pejus-Temperaturen** werden die Lebensbedingungen nach und nach schlechter. Die Temperaturen sind zwar noch nicht so hoch, dass die Tiere direkt durch den Wärmeeinfluss sterben, aber der zunehmende Hitzestress verringert ihre allgemeine Leistungsfähigkeit immer mehr. Beim kritischen thermischen Maximum leben die Tiere zwar noch, aber sie können ihre Stoffwechselrate nicht mehr über das Ruheniveau hinaus steigern. In diesem Stadium sind sie nicht mehr in der Lage, aktiv zu werden, um ihren Energiebedarf zu decken, sodass in diesem Temperaturbereich die Überlebenswahrscheinlichkeit deutlich sinkt. Bei einer weiteren Steigerung der Temperatur tritt der Hitzetod ein. In einigen Studien wurde nachgewiesen, dass eine irreversible Denaturierung von Proteinen noch höhere Temperaturen erfordert – die Schädigung der Proteine ist daher vermutlich nicht der einzige Grund für den Hitzetod.

Die aerobe Leistungsfähigkeit (O_2-Verbrauch pro kg und min) des Rotlachses (*Oncorhynchus nerka*) zeigt die Temperaturabhängigkeit anhand eines konkreten Beispiels (Abb. 3.5b). Die Lachse schwimmen zur Laichzeit bis zu 1000 km flussaufwärts, was außerordentlich viel aerobe Stoffwechselenergie erfordert. Daher ist ihre Fähigkeit, den O_2-Verbrauch bei Bedarf zu steigern, für ihr individuelles Überleben essenziell. Aufgrund der reduzierten Verfügbarkeit von O_2 bei Temperaturen über 17 °C nimmt die aerobe Stoffwechselrate jedoch steil ab. Bereits ein geringfügiges Überschreiten der optimalen Temperatur in den Pejus-Bereich hinein führt also zu einer nachhaltigen Verschlechterung der Lebensbedingungen, einer Reduktion der physiologischen Leistungsfähigkeit und damit möglicherweise langfristig zum Aussterben einer Art.

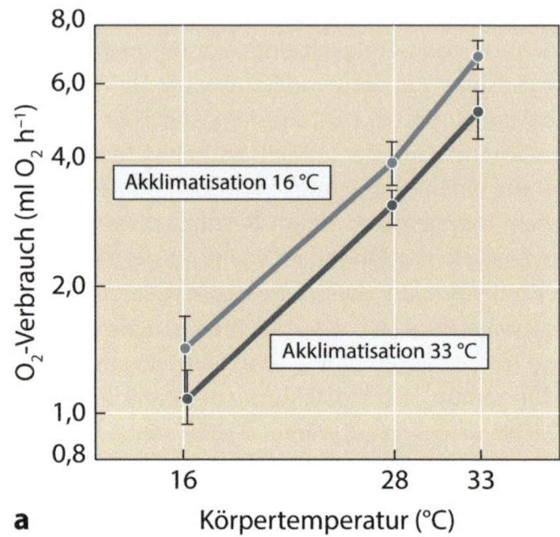

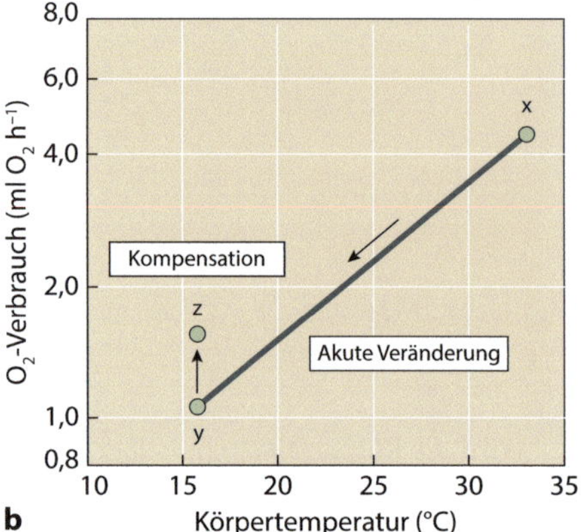

○ Abb. 3.6 Akklimatisation durch partielle Kompensation. **a** Eine Gruppe von Stachelleguanen (*Sceloporus occidentalis*) wurde fünf Wochen bei 33 °C gehalten, eine andere Gruppe bei 16 °C. Nach den fünf Wochen Akklimatisation wurden die Tiere kurz Temperaturen von 16 °C, 28 °C und 33 °C ausgesetzt und ihre Standardstoffwechselrate anhand des O_2-Verbrauchs gemessen. Die an die kältere Temperatur angepassten Leguane zeigen bei jeder der untersuchten Körpertemperaturen eine höhere Stoffwechselrate. Angegeben sind die arithmetischen Mittelwerte; die Fehlerbalken entsprechen ±2 Standardabweichungen (Daten nach [3]). **b** Wenn an 33 °C angepasste Stachelleguane plötzlich bei 16 °C gehalten werden, ändert sich ihre Stoffwechselaktivität entlang der Linie $x - y$ innerhalb der ersten Stunde nach der Temperaturänderung. Im Verlauf der folgenden fünf Wochen steigt ihre Stoffwechselrate bedingt durch partielle Kompensationsmechanismen von y nach z (nach [8]). Mit freundlicher Genehmigung von Oxford University Press.)

3.2.4 Anpassungen der Stoffwechselrate – phänotypische Plastizität

Aufgrund der exponentiellen Temperaturabhängigkeit verringert sich die Leistungsfähigkeit eines Organismus auch bei einer Verschiebung hin zu niedrigeren Temperaturen beträchtlich. Viele Ektotherme können sich jedoch an eine niedrigere Umgebungstemperatur anpassen, indem sie ihren Grundumsatz innerhalb von Tagen oder Wochen auf ein höheres Niveau anheben. Im Fall einer **partiellen Kompensation** verringert diese Akklimatisation den Effekt einer Temperaturverringerung, während eine **vollständige Kompensation** die ursprüngliche Leistungsfähigkeit wiederherstellt. Diese Anpassung an die Umgebungstemperatur ist ein Beispiel für **phänotypische Plastizität** – reversible Veränderungen im Phänotyp einer Population, die nicht mit Modifikation(en) des Genotyps einhergehen.

○ Abb. 3.6a zeigt die Stoffwechselrate eines Stachelleguans (*Sceloporus occidentalis*) anhand des O_2-Verbrauchs. Eine Gruppe der Echsen wurde für mehrere Wochen bei 33 °C gehalten, eine andere, genetisch identische Gruppe bei 16 °C. Dann wurden beide Gruppen kurzfristig auf eine Körpertemperatur von 16 °C, 28 °C und 33 °C gebracht und ihr O_2-Verbrauch gemessen. Die Änderung des O_2-Verbrauchs in Abhängigkeit von der Temperatur erlaubt zwei Schlussfolgerungen:

1. Die an 16 °C adaptierten Echsen haben einen signifikant höheren O_2-Verbrauch als die an 33 °C akklimatisierten Tiere.
2. Wie für Ektotherme erwartet, sinkt der O_2-Verbrauch beider Gruppen mit der Körpertemperatur.

Nehmen wir nun an, eine Echse wird fünf Wochen bei 33 °C gehalten, sodass ihr Stoffwechsel dem Wert x in ◗ Abb. 3.6b entspricht. Dann wird die Temperatur plötzlich auf 16 °C reduziert und die Stoffwechselrate fällt entlang der Geraden auf den Wert y. *Diese Reaktion entspricht der akuten Änderung des O_2-Bedarfs als Antwort auf die verringerte Temperatur.* Nun verbleibt der Leguan weitere fünf Wochen bei der geringeren Temperatur von 16 °C. Während dieser Zeit steigt die Stoffwechselrate von y nach z an. Die Tiere sind jetzt an 16 °C akklimatisiert und zeigen folglich die höhere Stoffwechselrate der an 16 °C gewöhnten Echsen (entsprechend der oberen Linie in ◗ Abb. 3.6a). Der ursprüngliche bei 33 °C gemessene O_2-Verbrauch wird allerdings nicht wieder erreicht – dieses Beispiel zeigt demnach eine partielle Kompensation.

Welche zellulären Mechanismen sind für diese Form der phänotypischen Plastizität verantwortlich? Die am besten untersuchte Reaktion auf eine Temperaturverringerung besteht in einer vermehrten Expression von Schlüsselenzymen des Citratzyklus und der Atmungskette. So steigen beispielsweise die Anzahl der Mitochondrien und die Aktivität der Cytochromoxidase in der Schwimmmuskulatur von kälteadaptierten Fischen deutlich an. Die Affinität von Enzymen für ihr jeweiliges Substrat nimmt zwar mit der Temperatur ab, aber durch ihre größere Anzahl können mehr Reaktionen pro Zeiteinheit katalysiert werden, sodass die Stoffwechselrate insgesamt ansteigt. Entsprechende Änderungen – nur in umgekehrter Richtung – finden bei einer Erhöhung der Temperatur statt. In diesem Fall äußert sich die Akklimatisation in einem langfristig verringerten Anstieg der Stoffwechselrate, da die Expression von Enzymen herunterreguliert wird. Diese Veränderungen der Genexpression benötigen eine gewisse Zeit; daher dauert die Akklimatisation meist einige Tage bis Wochen.

Auch wenn zahlreiche Organismen in der Lage sind, sich an veränderte Temperaturen anzupassen, *so findet diese Akklimatisation immer nur im Rahmen der genetisch festgelegten Temperaturtoleranz statt.* Stenothermen Tieren steht daher nur ein relativ kleiner Temperaturbereich offen, in dem Akklimatisation überhaupt möglich ist, während eurytherme Organismen eine größere Flexibilität zeigen. Wenn ihr Temperaturoptimum bereits nah am Pejus-Bereich liegt, ist jedoch auch für Eurytherme eine Erwärmung ihrer Umgebung kritisch, da in diesem Fall der Spielraum für eine Akklimatisation stark eingeschränkt wird.

3.2.5 Evolutionäre Anpassungen – Entwicklung von Isoformen

Neben den bisher besprochenen akuten und langfristigen Reaktionen auf Temperaturänderungen treten auch evolutionäre Anpassungen auf, die eine optimale Leistungsfähigkeit von Organismen bei einer bestimmten Präferenztemperatur ermöglichen. Die Funktionalität von Proteinen beruht auf ihrer dreidimensionalen Raumstruktur, die durch nichtkovalente Wechselwirkungen zwischen den verschiedenen Domänen eines Proteinmoleküls gebildet wird. Aufgrund ihrer niedrigen Bindungsenergien sind diese Wechselwirkungen außerordentlich temperaturempfindlich, sodass die Konformation und damit spezifische Proteinfunktionen in hohem Maße von der Temperatur abhängen.

Tiere, die in unterschiedlichen Temperaturzonen leben, besitzen sehr häufig verschiedene molekulare Varianten desselben Proteins. Diese sogenannten **Isoformen** repräsentieren ein einziges Protein und seine Funktion und sie unterscheiden sich oft nur durch wenige Aminosäuren voneinander. *Dennoch ist jede Isoform an genau den Temperaturbereich angepasst, der für den Lebensraum des entsprechenden Organismus charakteristisch ist.*

Ein eindrucksvolles Beispiel für die funktionelle Bedeutung von Isoformen liefert das Protein **α-Crystallin**, ein zentraler Bestandteil der transparenten Linsen von Wirbeltieraugen. In einer Studie wurden drei Organismen mit unterschiedlicher Körpertemperatur ausgewählt: (1) der bei −2 °C lebende Antarktisdorsch (*Dissostichus mawsoni*), (2) der zu den Soldatenfischen gehörende subtropische Knochenfisch (*Myripristis jacobus*), der eine Körpertemperatur von 18 °C aufweist, und (3) eine Kuh (*Bos taurus*) mit einer Körpertemperatur von 37 °C [10]. Die Linsen dieser drei Tierarten wurden nun unterschiedlichen Temperaturen ausgesetzt und hinsichtlich ihrer Transparenz miteinander verglichen.

Die Linse einer Kuh ist bei 25 °C noch klar, bei 0 °C bildet sich jedoch innerhalb von ein bis zwei Stunden eine Kältekatarakt aus – erkennbar an einer zentralen milchigen Trübung, welche die Lichtdurchlässigkeit und Brechkraft der Linse nachhaltig beeinträchtigt. Bei *Myripristis jacobus* zeigt die Linse nach 48 Stunden bei 0 °C eine Kältekatarakt. Allein das Linsenprotein des Antarktisdorsches weist keine kälteinduzierte Denaturierung auf und bleibt sogar bis −12 °C stabil.

Aus dem Vergleich von α-Crystallin bei unterschiedlichen Temperaturen lassen sich zwei Schlussfolgerungen ziehen:
1. Jede Spezies exprimiert eine bestimmte Isoform von α-Crystallin, die der Temperatur ihres jeweiligen Lebensraums angepasst ist.
2. Abweichungen von dieser Präferenztemperatur können einen vollständigen Funktionsverlust der betroffenen Struktur zur Folge haben.

Eine der wichtigsten funktionellen Eigenschaften von Enzymen ist die **Affinität** für ihr jeweiliges Substrat. Für eine optimale katalytische Aktivität sollte die Affinität nicht zu niedrig, aber auch nicht zu hoch sein, sondern in einem mittleren Bereich liegen. *Ist die Affinität zu gering, bindet nur wenig Substrat an das Enzym, und die Umsatzrate ist niedrig. Umgekehrt kann bei einer zu hohen Affinität der Enzym-Substrat-Komplex nicht mehr schnell genug gelöst werden, wodurch die Funktion des Enzyms blockiert wird.*

Die Affinität ist ihrerseits temperaturabhängig, sodass eine Veränderung der Körpertemperatur zu einer Verschiebung der Affinität in einen suboptimalen Bereich führen kann. Offensichtlich unterliegt die Enzym-Substrat-Affinität einem hohen Selektionsdruck. Die in ◨ Abb. 3.7 dargestellten vier Arten der Gattung Barrakuda (*Sphyraena*) leben bei Wassertemperaturen, die sich zwischen zwei Arten jeweils um 3 bis 4 °C unterscheiden[9]. Doch schon diese relativ moderaten Temperaturdifferenzen haben zur Entwicklung verschiedener Isoformen des Enzyms **Lactatdehydrogenase** (LDH) geführt.[9] Jede einzelne Kurve der Grafik zeigt die Temperaturabhängigkeit einer LDH-Isoform, deren Affinität mit steigender Temperatur sinkt. Die von *S. argentea* bis hin zu *S. ensis* zu immer höheren Temperaturen hin verschobenen Kurven korrelieren mit den von den einzelnen Spezies bevorzugten Wassertemperaturen. *Da jede Spezies ihre eigene Isoform der LDH exprimiert, bleibt die Enzym-Substrat-Affinität unabhängig von der Umgebungstemperatur weitgehend konstant, und alle LDH-Isoformen haben eine ähnliche katalytische Aktivität.* Würde dagegen nur eine einzige Isoform etwa mit den Eigenschaften der

---

[9] Die Lactatdehydrogenase katalysiert die Reduktion von Pyruvat zu Lactat, ein sehr wichtiger Reaktionsschritt im anaeroben Stoffwechsel.

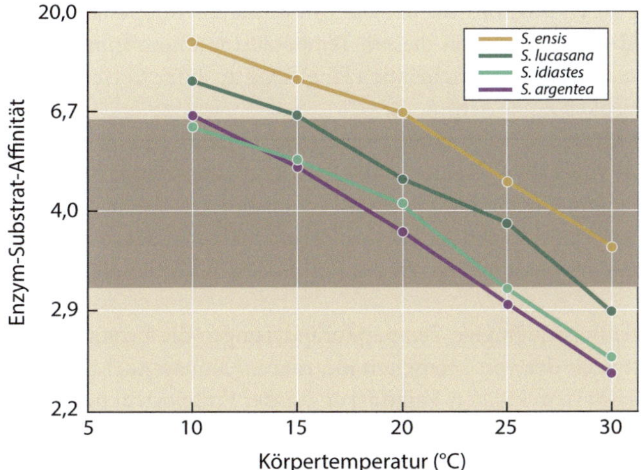

◖ **Abb. 3.7** Temperaturabhängigkeit verschiedener Lactatdehydrogenase-(LDH-)Isoformen. Vier Spezies der Gattung Barrakuda (*Sphyraena*), die bei unterschiedlichen Wassertemperaturen leben, exprimieren jeweils eine spezifische LDH-Isoform. Grundsätzlich nimmt die Enzym-Substrat-Affinität der LDH mit steigender Temperatur ab. Bei den von den Barrakudas bevorzugten Umgebungstemperaturen besitzen jedoch alle vier Isoformen eine ähnliche mittlere katalytische Aktivität (*schattierter Bereich*). Die katalytische Aktivität ist als Kehrwert der Michaelis-Konstanten K_M dargestellt (Daten nach [13])

LDH von *S. ensis* – also mit einem Optimum zwischen 20 °C und 30 °C – exprimiert, so würde diese LDH-Isoform aufgrund ihrer zu hohen Enzym-Substrat-Affinität bei allen anderen Spezies mit einer niedrigeren Körpertemperatur eine Reduktion des anaeroben Energiestoffwechsels bewirken.

Diese Beispiele machen deutlich, dass Proteine – Strukturproteine und Enzyme – für einen bestimmten Temperaturbereich optimiert sind. Die Evolution von Isoformen stellt die molekulare Grundlage für diesen Anpassungsmechanismus dar.

Die Fluidität von Lipiden und damit die Funktionalität von Biomembranen hängen ebenfalls maßgeblich von der Temperatur ab. Um ihre Barrierefunktion erfüllen zu können, dürfen Biomembranen nicht zu flüssig, aber auch nicht zu fest sein. Daher unterscheiden sich die Bewohner der Polarmeere von denjenigen tropischer Korallenriffe hinsichtlich der Lipidzusammensetzung ihrer zellulären Membranen. Da die Viskosität von Lipiden durch die Anzahl ihrer Doppelbindungen bestimmt wird, findet man sehr viel mehr ungesättigte Fettsäuren bei Tieren, die in kalten Lebensräumen heimisch sind, während bei tropischen Arten die Membranen mit einem höheren Anteil gesättigter Fettsäuren stabilisiert werden. *Durch den Anteil ungesättigter Fettsäuren kann daher die Fluidität von Biomembranen weitgehend unabhängig von der jeweils vorherrschenden Temperatur konstant gehalten werden.*

3.2.6 Evolution und Klimawandel

Wir haben mit α-Crystallin und Lactatdehydrogenase zwei Beispiele für eine evolutionäre Anpassung von Proteinen an die jeweiligen Umgebungstemperaturen kennengelernt. Die Erzeugung von Isoformen durch spontane Mutationen verschafft einem Organismus einen Selektionsvorteil und kann sich auf diese Weise langfristig in einer Population durchsetzen. Demnach erfüllen Proteine ihre Funktion nur bei einer bestimmten Temperatur auf die bestmögliche Weise und alle Abweichungen von diesem Temperaturoptimum führen zu einer reduzierten Proteinfunktion und damit wahrscheinlich langfristig zu einer Verschlechterung der Überlebenswahrscheinlichkeit einer Art.

Bei den vier Arten der Gattung *Sphyraena* reicht bereits eine Änderung der präferierten Wassertemperatur von 3 bis 4 °C aus, um die Evolution molekularer Proteinvarianten zu induzieren. Andere Proteine, insbesondere Enzyme, zeigen einen ähnlich engen Zusammenhang zwischen Temperatur und Funktion. Dies wiederum bedeutet, dass ein hoher Selektionsdruck auf der optimalen Angepasstheit der Proteinfunktionen an die jeweilige Umgebungstemperatur liegt.

Da bereits relativ geringfügige Temperaturänderungen die Evolution von Isoformen auslösen können, ist auch der von Menschen induzierte Klimawandel als evolutionärer Trigger wirksam. Im LDH-System können Veränderungen der Proteinstruktur, die durch einen einzigen Aminosäureaustausch hervorgerufen worden sind, eine funktionelle Änderung der katalytischen Aktivität oder der Bindungsaffinität verursachen.[10] Es stellt sich allerdings die Frage, ob diese evolutionären Mechanismen schnell genug ablaufen, um eine stetige Angepasstheit der Organismen an die Temperatur zu gewährleisten. Angesichts der gegenwärtigen Geschwindigkeit der globalen Erwärmung sind evolutionäre Prozesse mit hoher Wahrscheinlichkeit zu langsam, um die Organismen durch die Erzeugung von Proteinvarianten an eine steigende Temperatur anzupassen. Ektotherme Organismen laufen also Gefahr, über längere Zeiträume mit nichtoptimierten Proteinsystemen existieren zu müssen. Ob dies mittel- bis langfristig zum Aussterben einer Art führt, hängt neben vielen anderen Faktoren von der Toleranz gegenüber Temperaturschwankungen ab. Stenotherme Arten mit einer sehr steilen Temperaturabhängigkeit von Schlüsselenzymen des Stoffwechsels oder der Signalleitung reagieren selbst auf kleine Temperaturänderungen außerordentlich empfindlich und sind damit von der globalen Erwärmung weitaus stärker betroffen als eurytherme Arten.

3.2.7 Zusammenfassung

Der Austausch von Wärmeenergie zwischen einem Organismus und seiner Umgebung wird durch vier physikalische Prozesse bestimmt: Konduktion bezeichnet die Übertragung von Wärme durch direkten Kontakt, Konvektion den Transport von Wärmeenergie mit einer Strömung, Strahlung die von allen Körpern ausgesandte elektromagnetische Energie und schließlich Evaporation den Wärmeverlust aufgrund der Verdunstung von Wasser.

Ektotherme Organismen produzieren zwar metabolische Wärme, besitzen aber keine internen Regulationsmechanismen, um diese Wärme für eine Konstanthaltung ihrer Körpertemperatur zu nutzen. Daher steht ihre Körpertemperatur immer im Gleichgewicht mit der jeweils vorherrschenden Umgebungstemperatur. Allerdings können zahlreiche ektotherme Tiere ihre Körpertemperatur durch verhaltensgesteuerte Thermoregulation so verändern, dass sie eine Präferenztemperatur erreichen, bei der die Stoffwechselprozesse in ihren Zellen annähernd optimal ablaufen.

Die Stoffwechselrate ektothermer Organismen steigt exponentiell mit der Temperatur bis hin zu einem optimalen Wert. Jenseits dieses Optimums, im Bereich der sogenannten Pejus-Temperaturen, fällt die Leistungsfähigkeit jedoch steil ab.

---

[10] Die LDH-Orthologe von *Sphyraena lucasana* und *Sphyraena idiastes* unterscheiden sich in einer einzigen Aminosäure (N8D) [9].

Im zeitlichen Rahmen manifestiert sich die Abhängigkeit ektothermer Organismen von ihrer Umgebungstemperatur als akute und mittelfristige Reaktionen auf Temperaturschwankungen. Ektotherme Organismen können sich mehr oder weniger gut an Temperaturänderungen ihrer Umgebung anpassen (Akklimatisation). Eine plötzliche Abkühlung führt zunächst zu einem exponentiellen Abfall der Stoffwechselrate (akute Reaktion), während nach einiger Zeit ein erneuter Anstieg der Stoffwechselleistungen zu beobachten ist (mittelfristige Reaktion). Diese zumeist partielle Kompensation verringert den Effekt von Temperaturänderungen auf die Stoffwechselrate.

Bei länger andauernden Temperaturänderungen können evolutionäre Modifikationen auftreten, die zu einer besseren Angepasstheit der Organismen an die neuen Lebensbedingungen führen. Da die Temperatur einen maßgeblichen Einfluss auf die Konformation und damit auf die Funktionalität von Proteinen hat, reicht schon eine Änderung der Temperatur um wenige Grad Celsius aus, um die Bildung von Isoformen zu induzieren. Hierbei handelt es sich um molekulare Varianten eines Proteins, die sich in ihrer Primärsequenz in einer oder mehreren Aminosäuren voneinander unterscheiden. Eine Isoform wird beispielsweise von Organismen bei einer Temperatur T_1 exprimiert, eine weitere von anderen Organismen bei einer um wenige Grad höheren (oder niedrigeren) Temperatur T_2. In diesem Fall gewährleisten die verschiedenen Isoformen jeweils eine optimale Funktionalität in einem engen Temperaturbereich. Wir haben funktionelle Konstanz am Beispiel der Transparenz der von α-Crystallin gebildeten Linse des Wirbeltierauges und der Enzym-Substrat-Affinität von Lactatdehydrogenase verdeutlicht.

Die Entstehung von Proteinisoformen bei Temperaturänderungen von nur $3\,°C$ sowie der vergleichsweise hohe Anteil gesättigter Fettsäuren in den Phospholipiden tropischer Meeresbewohner verdeutlichen den enormen Selektionsdruck, der von der Umgebungstemperatur auf ektotherme Organismen ausgeübt wird. Evolutionäre Mechanismen sind aller Wahrscheinlichkeit nach zu langsam, um mit der vom Menschen verursachten globalen Erwärmung Schritt zu halten.

3.3 Überleben im Eis

Nicht nur zu hohe, sondern auch sehr tiefe Umgebungstemperaturen – insbesondere wenn sie unter den Gefrierpunkt des Wassers fallen – können das Überleben ektothermer Organismen gefährden. Neben der eingeschränkten Funktionalität von Proteinen und Lipiden kommt in diesem Fall erschwerend die Bildung von Eiskristallen hinzu, die zelluläre Membranen schädigen und zerstören.

Reines Wasser hat einen Gefrierpunkt von $0\,°C$. Salze oder andere im Wasser gelöste Teilchen behindern die Bildung von Eiskristallen und senken so den Gefrierpunkt auf Werte unter $0\,°C$. Dieser Effekt ist von der Konzentration der gelösten Teilchen abhängig: Meerwasser mit einem Salzgehalt von $1\,osmol\,l^{-1}$ hat einen Gefrierpunkt von $-1,8\,°C$. Der Gehalt an osmotisch aktiven Stoffen in Körperflüssigkeiten ist jedoch bei den meisten Organismen geringer als im Meerwasser, sodass intra- und extrazelluläre Flüssigkeiten zwischen $-0,5\,°C$ und $-1,0\,°C$ gefrieren. Fische in der Eisrandzone der Polarmeere leben bei einer Wassertemperatur von $-1,8\,°C$. Da der Gefrierpunkt ihrer Gewebe höher liegt, müssten sie theoretisch gefrieren, während sie sich in nichtgefrorenem Wasser befinden.

Andere Organismen können saisonal oder auch nur kurzfristig extremer Kälte ausgesetzt sein. So werden sessile Tiere wie beispielsweise Rankenfußkrebse (*Cirripedia*), die sich auf Felsen in der Gezeitenzone ansiedeln, im Winter nördlicher Breiten häufig in Eis eingehüllt, wobei 60 bis 80 % ihres Körperwassers gefrieren.

Diese Beispiele zeigen, dass Temperaturen unterhalb des Gefrierpunkts von Wasser eine zeitlich begrenzte oder dauerhafte thermische Belastung darstellen, auf die Tiere mit drei unterschiedlichen Strategien reagieren: Gefrierschutz, Unterkühlung und Einfrieren, wobei Gefrierschutz und Unterkühlung häufig gemeinsam eingesetzt werden.

1. **Gefrierschutz** fasst alle Mechanismen zusammen, die den Gefrierpunkt der Körperflüssigkeiten so weit reduzieren, dass keine extra- oder intrazelluläre Eisbildung stattfinden kann.
2. **Unterkühlung** bezeichnet in der Thermodynamik das Absenken der Temperatur einer Lösung unter ihren Gefrierpunkt, ohne dass diese gefriert. Wasser kann auf diese Weise bei bis zu $-40\,°C$ flüssig bleiben, wobei es sich jedoch um einen metastabilen Zustand handelt. Kristallisationskeime, wie etwa sich spontan bildende Eiskristalle, oder eine Bewegung führen zum schlagartigen Gefrieren der unterkühlten Flüssigkeit. Die Entstehung von Eiskristallen kann durch Zucker oder Polyalkohole in der Extrazellulärlösung unterdrückt werden. Fische, die in tieferen polaren Gewässern bei einer konstanten Wassertemperatur von $-1,8\,°C$ leben, kommen mit Eis nicht in Kontakt und leben deshalb häufig in einem unterkühlten Zustand.
3. **Einfrieren** ist eine Strategie in extremen Lebensräumen, in denen so tiefe Temperaturen vorherrschen, dass Gefrierschutz und Unterkühlung nicht mehr ausreichen, um das Gefrieren der Körperflüssigkeiten zu verhindern. In diesen Fällen können sich Tiere auch ohne tödliche Konsequenzen einfrieren lassen. Allerdings ist nur das Gefrieren der Extrazellulärflüssigkeit in einem bestimmten Umfang tolerierbar, während das Gefrieren der Intrazellulärflüssigkeit auf jeden Fall vermieden werden muss. Ein kontrolliertes Einfrieren lokaler extrazellulärer Bereiche wird durch bestimmte Proteine, sogenannte **Protein Ice Nucleators** (PINs), erzielt. Arktische Insekten können auf diese Weise Temperaturen von $-70\,°C$ überstehen.

3.3.1 Gefrierschutz

Wir haben drei Strategien kennengelernt, mit denen sich Organismen an Umgebungstemperaturen unterhalb des Gefrierpunkts des Wassers anpassen können. Das Einfrieren ist jedoch eine Option, die nur denjenigen Spezies offensteht, bei denen sich eine **Gefriertoleranz** entwickelt hat. Alle anderen müssen mit Gefrierschutz und Unterkühlung die Bildung von Eiskristallen in ihren Körperflüssigkeiten unbedingt vermeiden. Beim Gefrierschutz unterscheiden wir zwei Mechanismen, die beide auf einer Erniedrigung des Gefrierpunkts basieren: (1) Erhöhung der Konzentration gelöster Stoffe und (2) Expression von Gefrierschutzproteinen.

Der Gefrierpunkt einer wässrigen Lösung ist eine **kolligative Eigenschaft**, die nur von der Konzentration, aber nicht von der chemischen Natur oder der Zusammensetzung der gelösten Teilchen abhängt. Daher können Tiere durch eine Erhöhung der Osmolarität ihrer Körperflüssigkeiten über den physiologischen Wert hinaus den Gefrierpunkt auf weniger als $-1\,°C$ absenken. Um allerdings einen mit dem Meerwasser identischen Gefrierpunkt zu haben, müssten marine Knochenfische ihren Salzgehalt mehr als verdoppeln, was zu letalen Problemen bei der Ionenregulation führen würde.[11] Aus diesem Grund finden wir bei Knochenfischen keine

---

[11] Marine Invertebraten besitzen eine Osmolarität von etwa $1000\,\mathrm{mosm\,l^{-1}}$, marine Knochenfische hingegen durchschnittlich $400\,\mathrm{mosm\,l^{-1}}$. Bei Süßwasserbewohnern reicht die Osmolarität von ca. 40 bis $400\,\mathrm{mosm\,l^{-1}}$ (▶ Abschn. 7.3).

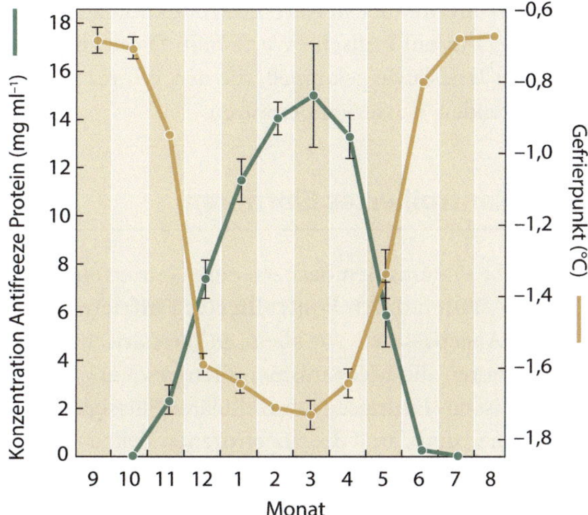

◘ Abb. 3.8 Saisonale Veränderungen in der Konzentration von Gefrierschutzproteinen bei der Winterflunder (*Pleuronectes americanus*). Die grüne Kurve zeigt die Konzentration von Gefrierschutzproteinen im Blutplasma der Flunder. Ausgelöst durch eine verstärkte Genexpression steigt die Konzentration im Herbst an und erreicht im Spätwinter ihr Maximum. Aufgrund der zunehmenden Konzentration von Gefrierschutzproteinen sinkt der Gefrierpunkt des Blutplasmas (hellbraune Kurve) (Daten nach [6])

oder nur eine minimale Erhöhung der Salzkonzentration in ihren Körperflüssigkeiten; vielmehr produzieren sie vermehrt Zuckeralkohole wie Glycerol, Sorbitol und Mannitol, die als wirksamer Gefrierschutz dienen. Tatsächlich wurde bei einigen arktischen Fischen eine außerordentlich hohe Glycerolkonzentration von bis zu $0{,}4\,\mathrm{mol\,l^{-1}}$ gefunden. Zusammen mit anderen osmotisch aktiven Bestandteilen in ihren intra- und extrazellulären Flüssigkeiten (Elektrolyte, Proteine etc.) erreichen diese Fische die Osmolarität und damit den Gefrierpunkt des Meerwassers. Allerdings ist die Produktion von Glycerol energetisch kostspielig – umso mehr, als Glycerol leicht über die Kiemen ins umgebende Wasser diffundiert und daher ständig nachgeliefert werden muss.

Die Wirkung von **Gefrierschutzproteinen** basiert nicht auf den kolligativen Eigenschaften einer wässrigen Lösung (für einen osmotischen Effekt ist ihre Konzentration viel zu gering), sondern vielmehr auf einer Verhinderung der Bildung und des Wachstums von Eiskristallen. Gefrierschutzproteine liegen entweder als reine Proteine vor (**Antifreeze Protein**, AFP) oder aber als Glykoproteine mit Kohlenhydratseitenketten (**Antifreeze Glycoprotein**, AFGP). Die spontane Anordnung von einigen Hundert oder Tausend Wassermolekülen zu einer Gitterstruktur bei tiefen Temperaturen dient als Kristallisationskeim bei der Eisbildung. Beide Arten von Gefrierschutzproteinen verhindern oder begrenzen die Bildung von Eiskristallen: Bei den AFPs werden Wasserstoffbrücken zwischen Protein und Eiskristall ausgebildet, während bei den AFGPs die Hydroxylgruppen der Kohlenhydrate mit den Wassermolekülen im Kristallgitter in Wechselwirkung treten. Gefrierschutzproteine werden vor allem von marinen Knochenfischen und von Insekten hergestellt.

Die Winterflunder (*Pleuronectes americanus*) in ◘ Abb. 3.8 zeigt beispielhaft saisonale Schwankungen der Konzentration von Gefrierschutzproteinen im Blutplasma und die damit einhergehenden Veränderungen des Gefrierpunkts. Die Konzentration an Antifreeze Protein steigt im Herbst steil an und erreicht in den Wintermonaten ihr Maximum (grüner Kurvenverlauf). Entsprechend fällt der Gefrierpunkt in dieser Zeit auf Werte zwischen $-1{,}6\,^{\circ}\mathrm{C}$ und $-1{,}8\,^{\circ}\mathrm{C}$ (hellbrauner Kurvenverlauf). Da das Wasser im Lebensraum der Winterflunder meist nicht kälter wird als $-1{,}8\,^{\circ}\mathrm{C}$, vermitteln Gefrierschutzproteine einen wirkungsvollen Schutz gegen das Einfrieren.

Die Winterflunder steigert die Produktion an Gefrierschutzproteinen, noch bevor die Wassertemperatur auf kritische Werte fällt. Diese antizipatorische Regulation der Genexpression ist an die Tageslänge gekoppelt, die den Winter zuverlässiger ankündigt als die oft kurzfristig schwankenden Wassertemperaturen.

3.3.2 Kontrolliertes Einfrieren

Zahlreiche Organismen besitzen eine Gefriertoleranz, die es ihnen ermöglicht, auch sehr tiefe Temperaturen durch **kontrolliertes Einfrieren** zu überstehen. Wir können diese Strategie als eine Angepasstheit vor allem an terrestrische Lebensräume verstehen, deren oft extreme Temperaturen die Mechanismen Gefrierschutz und Unterkühlung überfordern. Wie bereits erwähnt ist das Einfrieren intrazellulärer Flüssigkeiten tödlich, da die scharfen Eiskristalle Zellmembranen und damit die eingefrorenen Zellen zerstören würden. Extrazelluläre Flüssigkeiten können jedoch bis zu einem gewissen Grad gefrieren, ohne das Überleben der Zellen zu gefährden.

Die Gitterstruktur von Eiskristallen besteht fast ausschließlich aus Wassermolekülen. Wenn also die Eisbildung mit Eiskristallembryonen beginnt, werden die gelösten Bestandteile der extrazellulären Flüssigkeit nicht im Kristallgitter eingeschlossen, sondern in die noch nicht gefrorenen Bereiche verdrängt. Im verringerten Volumen der verbleibenden Flüssigkeit steigt daher die Konzentration osmotisch aktiver Teilchen an, sodass der Gefrierpunkt der Lösung sinkt und eine weitere Ausdehnung der Eisbildung verhindert wird. *Das Einfrieren der Extrazellulärflüssigkeit ist daher in gewissen Grenzen ein sich selbst beschränkender Prozess.*

Im nichtgefrorenen Zustand besitzen Extra- und Intrazellulärlösung die gleiche Konzentration an gelösten Teilchen (◨ Abb. 3.9a). Durch die beginnende Eisbildung im Extrazellulärraum wird die Flüssigkeit dort im Verhältnis zum Cytoplasma hyperton (◨ Abb. 3.9b). Diese Störung des osmotischen Gleichgewichts über der Plasmamembran führt zu einem Ausstrom von Wasser aus der Zelle – ein Prozess, der so lange anhält, bis die Wasserkonzentration auf beiden Seiten der Membran wieder ausgeglichen ist. Durch den Wasserverlust schrumpft die Zelle und entsprechend steigt die intrazelluläre Konzentration gelöster Substanzen und damit die Osmolarität (◨ Abb. 3.9c). Auf diese Weise wird der Gefrierpunkt der intrazellulären Flüssigkeit gesenkt, was wiederum ihr Einfrieren verhindert.

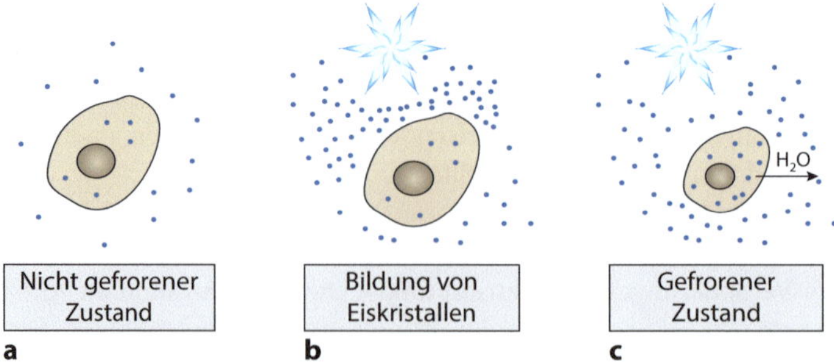

◨ **Abb. 3.9** Osmotische Prozesse beim Einfrieren von Körpergewebe. **a** Im nichtgefrorenen Zustand herrscht ein osmotisches Gleichgewicht zwischen Intra- und Extrazellulärraum. **b** Wenn sich im Extrazellulärraum Eiskristalle aus reinem Wasser bilden, erhöht sich die Osmolarität der extrazellulären Lösung, während sich die Osmolarität der intrazellulären Lösung nicht verändert. **c** Aufgrund des osmotischen Ungleichgewichts strömt Wasser aus der Zelle in den Extrazellulärraum, sodass die Zelle schrumpft und der intrazelluläre osmotische Druck ansteigt

Das kontrollierte Einfrieren der extrazellulären Lösung wird durch die gewebespezifische Expression von Proteinen, den sogenannten **Protein Ice Nucleators** (PINs), gesteuert. Eine Absenkung der Temperatur unter den Gefrierpunkt der Körperflüssigkeiten führt bei vielen Organismen zu einer metastabilen Unterkühlung mit der ständigen Gefahr eines schockartigen und damit unkontrollierbaren Gefrierens der Extra- und Intrazellularflüssigkeiten. PINs erhöhen die Größe von Eiskristallembryonen und induzieren so bereits die Eisbildung, bevor es zu einer Unterkühlung der Flüssigkeit kommt. Dadurch gefriert ein Teil der Extrazellulärflüssigkeit unter kontrollierten Bedingungen und die oben beschriebenen osmotischen Prozesse werden in Gang gesetzt. *Extrazelluläre PINs unterdrücken demnach letztlich die intrazelluläre Eisbildung.* Der osmotische Wasserverlust der Zellen birgt allerdings die Gefahr einer letalen Dehydrierung. Hier können hohe Konzentrationen an Glycerol die extrazelluläre Eisbildung begrenzen und so einem fatalen Wasserverlust entgegenwirken.

Selbst hoch entwickelte Organismen, wie einige an Land überwinternde Amphibien, zeigen eine Gefriertoleranz, mit der sie Temperaturen von bis zu $-9\,°C$ dauerhaft überstehen können. Mithilfe der Magnetresonanztomografie (MRT) konnte der zeitliche und räumliche Ablauf des Einfrierens und Auftauens beim Waldfrosch (*Rana sylvatica*) im Detail nachvollzogen werden [12]. Das Einfrieren erfolgt asymmetrisch, beginnend mit dem rechten Bein, und folgt – abhängig von der Gewebestruktur – dem Temperaturgradienten. Als letztes Organ gefriert die Leber, die zuvor aufgrund der oben beschriebenen Dehydrierung deutlich an Größe verliert. Der Auftauprozess hingegen verläuft nicht von außen nach innen, sondern vielmehr synchron im gesamten Körper – wahrscheinlich aufgrund des höheren Gefrierpunkts der inneren Organe –, sodass die Blutversorgung wichtiger Organe unmittelbar nach ihrem Auftauen sichergestellt ist. Auf diese Weise können die Frösche Perioden anhaltender Kälte unbeschadet überstehen.

3.3.3 Zusammenfassung

Der Gefrierpunkt der cytoplasmatischen Lösung stellt die absolute Untergrenze der mit Lebensprozessen kompatiblen Temperatur dar. Aufgrund der kolligativen Eigenschaften der in ihnen gelösten Teilchen gefrieren intra- und extrazelluläre Flüssigkeiten zwar erst bei $-0,5$ bis $-1\,°C$; in vielen Regionen fällt die Umgebungstemperatur aber deutlich unter diesen Wert. Mit den drei Strategien Gefrierschutz, Unterkühlung und kontrolliertes Einfrieren können Organismen dauerhaft tiefe Temperaturen unbeschadet überstehen.

Die Strategie des Gefrierschutzes beschreibt alle Mechanismen, die den Gefrierpunkt der Körperflüssigkeiten soweit herabsetzen, dass auch bei sehr tiefen Temperaturen keine Eisbildung stattfindet. Gefrierschutz basiert auf einer Erhöhung der Osmolarität und/oder auf der Expression von Gefrierschutzproteinen.

Unterkühlte Flüssigkeiten können auch noch weit unterhalb ihres Gefrierpunkts in flüssiger Form vorliegen; dies ist jedoch ein metastabiler Zustand, der durch Bewegung oder einen Kristallisationskeim schlagartig in die stabile Form des Kristallgitters übergehen kann.

Einige Organismen haben eine Gefriertoleranz entwickelt, die ein kontrolliertes Einfrieren der extrazellulären Flüssigkeit erlaubt. Die Bildung von Eis im Extrazellulärraum erhöht die Konzentration gelöster Stoffe in den noch nicht gefrorenen Bereichen, wodurch das weitere Wachstum von Eiskristallen eingeschränkt und ein osmotischer Wasserausstrom aus den Zellen induziert wird. Protein Ice Nucleators steuern den Prozess des Einfrierens, indem sie die extrazelluläre Eisbildung kontrollieren.

3.4   Endothermie

Endotherme Organismen können ihre Körpertemperatur mithilfe der vom Stoffwechsel erzeugten Wärme unabhängig von der Umgebungstemperatur konstant halten (**Homöothermie**). Während ektotherme Tiere unter ungünstigen Bedingungen ihre Präferenztemperatur und damit die optimale Leistungsfähigkeit ihrer Proteinsysteme nicht erreichen, laufen die Stoffwechselprozesse bei Endothermen immer bei einer konstanten Körpertemperatur ab. *Die Funktionalität von Proteinen und Lipiden unterliegt daher keinen temperaturbedingten Schwankungen, sondern sie ist optimal an die jeweilige Körpertemperatur angepasst.* Der Preis für diese weitgehende Unabhängigkeit von der Umgebungstemperatur ist allerdings hoch: Endotherme Organismen benötigen durchschnittlich 12- bis 20-mal mehr Energie als gleich große ektotherme Tiere bei gleicher Körpertemperatur. Diese Energie wird vor allem für die Wärmeproduktion im Zuge des aeroben Stoffwechsels eingesetzt. Isolierungen wie Fell oder Federn minimieren den Wärmeverlust an die Umgebung, sodass endotherme Tiere auch extrem kalte Regionen der Erde besiedeln können.

Endothermie muss nicht den gesamten Körper eines Organismus umfassen. Wir haben am Beispiel der Thunfische **regionale Endothermie** im Bereich der Schwimmmuskulatur kennengelernt (▶ Abschn. 3.1.4). Auf ähnliche Weise sind größere Insekten wie Hummeln in der Lage, die Temperatur ihrer Flugmuskulatur auf 37 bis 38 °C zu steigern – Werte, die weit über der Umgebungstemperatur liegen können. Diese regionale Endothermie ermöglicht den Tieren volle Bewegungsfähigkeit auch bei niedrigen Umgebungstemperaturen.

Endothermie im Zusammenhang mit einer effizienten Thermoregulation hat sich jedoch nur bei Säugern und Vögeln und zwar unabhängig voneinander entwickelt. Während die höheren Säuger (*Eutheria*) ihre Körpertemperatur auf 37 °C regulieren, liegt sie bei den Kloakentieren (*Monotremata*) und Beuteltieren (*Marsupialia*) bei 32 bis 35 °C, bei den Vögeln dagegen meist über 40 °C. Diese Variabilität legt nahe, dass keine für alle Endothermen gleichermaßen gültige optimale Temperatur existiert.

Auch wenn die Körpertemperatur auf 0,1 °C genau reguliert werden kann, werden sowohl räumliche als auch zeitliche Schwankungen beobachtet. Die als **regionale Heterothermie** bezeichneten räumlichen Temperaturunterschiede treten vor allem zwischen dem Körperkern (Rumpf mit den inneren Organen sowie dem Kopf) und der Peripherie (Körperschale) auf. Während der Körperkern bei Säugern eine weitgehend konstante Temperatur von 37 °C aufweist, verändert sich die Temperatur in der Peripherie abhängig von der Umgebungstemperatur. Mit ihrer variablen Dicke trägt die Körperschale zudem zur Wärmeisolierung des Körperkerns bei.

Allerdings schwankt die Körperkerntemperatur mit der Tageszeit: Abends ist die Temperatur um 0,5 bis 0,7 °C höher als morgens, während in der Nacht ein Temperaturminimum erreicht wird. Im Zyklus der Frau führt Progesteron nach der Ovulation zu einer um etwa 0,5 °C erhöhten Basaltemperatur, die bis zur nächsten Menstruation andauert. Aber auch starke körperliche Aktivität kann eine vorübergehende Erhöhung der Körperkerntemperatur verursachen (bis auf 40 °C), während eine dauerhafte Kälteexposition entsprechende Verringerungen hervorruft. Trotz der beschriebenen Schwankungen gibt es Toleranzgrenzen für die Temperatur im Bereich von 36 bis 38 °C, deren Überschreiten pathophysiologische Veränderungen mit sich bringt.

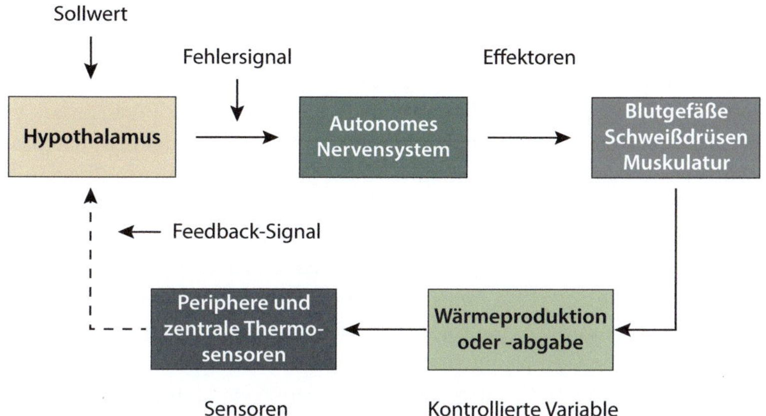

■ Abb. 3.10 Schematische Darstellung eines negativen Rückkopplungsmechanismus. Weicht die Körpertemperatur vom Sollwert ab, wird vom Hypothalamus ein Fehlersignal erzeugt, das zu einer kompensatorischen Reaktion der Effektoren führt. Die aktuelle Körpertemperatur wird von Thermosensoren gemessen und als Feedbacksignal an das Kontrollzentrum übertragen. Stimmen Sollwert und Feedbacksignal überein, wird kein Fehlersignal erzeugt

3.4.1 Aktive Regulation der Körpertemperatur

Für die Konstanz der Körpertemperatur sind thermoregulatorische Rückkopplungsschleifen erforderlich, bestehend aus (1) Messfühlern (Thermosensoren), (2) einem zentralen Regulationszentrum im **Hypothalamus** und (3) einem Signalleitungssystem (autonomes Nervensystem) und (4) Mechanismen zur Wärmeabgabe oder Wärmeproduktion (■ Abb. 3.10). Temperaturempfindliche Neurone in Haut, Rückenmark und Gehirn stellen die Messfühler für Schalen- und Kerntemperatur. Sie übertragen Informationen über Temperaturänderungen in Form neuronaler Signale an Kerngebiete im Hypothalamus, wo im Falle einer Differenz zwischen Ist- und Sollwert eine Reaktion des Organismus im Sinne einer negativen Rückkopplung ausgelöst wird. Auf diese Weise wird der Istwert dem Sollwert mit einer systemabhängigen zeitlichen Verzögerung angeglichen.[12]

Physiologisch relevante Temperaturänderungen können sowohl durch Schwankungen der Umgebungstemperatur als auch durch eine erhöhte Stoffwechselaktivität des Organismus verursacht werden. Daher werden zunächst Sensoren benötigt, die kontinuierlich die Temperatur an der Grenzfläche zur Außenwelt und im Körperinneren messen. Anhand dieser räumlichen Verteilung unterscheiden wir periphere und zentrale Thermosensoren.

- **Periphere Thermosensoren** sind freie Nervenendigungen in der Haut, die auf Änderungen der Umgebungstemperatur reagieren und diese Information in Form elektrischer Signale an den Hypothalamus weiterleiten. Kaltsensoren sprechen am besten auf Temperaturen von 15 bis 32 °C an, während Warmsensoren zwischen 30 bis 45 °C aktiv werden (▶ Abschn. 15.2.1). *Beide Sensortypen haben die Aufgabe, physiologisch relevante Änderun-*

---

[12] Bisher sind keine Neurone bekannt, deren Aktivität eine Referenz für eine bestimmte Temperatur repräsentiert. Der Begriff des Sollwerts wird in der physiologischen Thermoregulation daher funktionell verstanden.

gen der Umgebungstemperatur zu detektieren, sodass eine entsprechende Reaktion ausgelöst werden kann, bevor sich die Temperatur im Körperkern ändert.

- **Zentrale Thermosensoren** im Körperinneren sind für die Detektion von Temperaturänderungen des Körperkerns verantwortlich. Sie kommen im Rückenmark und im Hirnstamm, insbesondere aber im Hypothalamus, vor. Dort findet man hauptsächlich Warmsensoren, die auf eine Erhöhung der Körperkerntemperatur reagieren und daher eine wichtige Rolle für die Gegenregulation bei körperlicher Belastung spielen.

Wie können Informationen über die Temperatur des Körpers und der Außenwelt in Form elektrischer Signale codiert und auf neuronaler Ebene verarbeitet werden? Diese Frage beinhaltet (1) den Mechanismus der Signaltransduktion, die thermische Energie in ein elektrisches Signal umwandelt, (2) die Codierung von Temperaturänderungen als Voraussetzung für die Funktion von Kalt- und Warmsensoren und (3) die Repräsentation dieser Information in einem neuronalen Ensemble im Gehirn.

Studien zur Aktivierung von Warmrezeptoren durch **Capsaicin** – ein Alkaloid, das Chilis ihre brennende Schärfe verleiht – führten zur Identifizierung des Vanilloidrezeptors TRPV1. Dieser Rezeptor bildet einen Ionenkanal, der zur Familie der **Transient Receptor Potential Channels (TRP-Kanäle)** gehört. Mitglieder dieser Familie fungieren als hochempfindliche molekulare Thermometer, indem sie auf einen thermischen Reiz hin eine zentrale Kanalpore öffnen, worauf der Einstrom von Na^+ und Ca^{2+} die Zellmembran depolarisiert. Der Transduktionsmechanismus selbst ist derzeit noch nicht bekannt. Möglicherweise basiert das Öffnen der TRP-Kanäle auf temperaturabhängigen Änderungen der dreidimensionalen Struktur der Kanalproteine, was den Durchtritt von Kationen ermöglicht. Es ist auch denkbar, dass Temperaturänderungen Schwankungen der Membranfluidität auslösen, die zum Öffnen und Schließen der Ionenkanäle beitragen.

TRP-Kanäle unterscheiden sich hinsichtlich ihrer Temperaturempfindlichkeit. Der oben erwähnte TRPV1 beispielsweise reagiert erst bei Temperaturen über 43 °C mit einem Kationeneinstrom, während TRPM8 zwischen $\sim$ 25 °C bis 28 °C aktiviert wird (▶ Abschn. 15.2.2). Auf diese Weise wird der thermische Bereich der Aktivierung von Kalt- und Warmsensoren (10 bis 45 °C) durch die Präferenz einzelner TRP-Kanäle für unterschiedliche Temperaturen vollständig abgedeckt.

Über im Rückenmark verlaufende afferente Nervenbahnen[13] gelangen Informationen über Temperaturänderungen aus der Peripherie in den Hypothalamus, wo sie mit Signalen aus dem Körperkern verrechnet und in kompensatorische Steuerbefehle umgesetzt werden. Abhängig von einer Temperaturerhöhung oder -senkung werden unterschiedliche Effektormechanismen initiiert (◐ Abb. 3.11).

Eine Temperaturerhöhung aktiviert Regelkreise, die zu einer vermehrten Abgabe von Wärme aus dem Körper führen und so eine Überhitzung vermeiden. Unter Kontrolle cholinerger Neurone des **sympathischen Nervensystems** werden Schweißdrüsen aktiviert.[14] Schwitzen ermöglicht die Verdunstung von Wasser auf der Körperoberfläche, wodurch sehr viel Wärmeenergie an die Umgebung abgeführt werden kann (▶ Abschn. 3.6.2). Höhere Temperaturen bewirken zudem eine stärkere Durchblutung der Haut, hervorgerufen durch eine Weitstellung peripherer Gefäße. Diese Vasodilatation beruht auf der Hemmung der adrenergen Sympathi-

---

[13] Afferente Nervenbahnen ziehen aus der Peripherie ins Zentralnervensystem, efferente Bahnen verlaufen in umgekehrter Richtung.

[14] Nur bei der Innervation der Schweißdrüsen und der Gefäße der Skelettmuskulatur wird Acetylcholin vom sympathischen Nervensystem eingesetzt; in allen anderen Fällen ist Noradrenalin der Transmitter postganglionärer sympathischer Neurone.

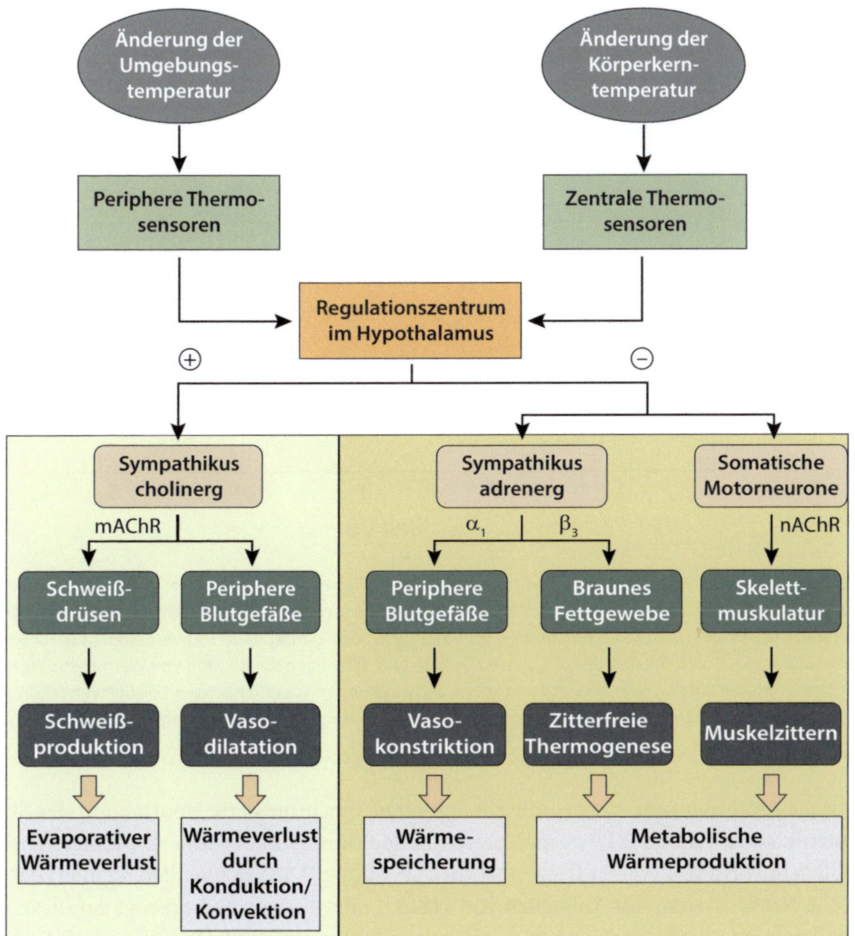

◘ Abb. 3.11 Regulation des Wärmehaushalts. Periphere und zentrale Thermosensoren übermitteln Signale über Temperaturänderungen in der Umgebung oder im Körperkern an ein Integrationszentrum im Hypothalamus. Von dort werden über negative Rückkopplungsschleifen kompensatorische Prozesse ausgelöst. Bei einer Temperatur-erhöhung aktivieren cholinerge Neurone des Sympathikus die Schweißdrüsen, während die Vasodilatation der peripheren Gefäße durch eine Hemmung der adrenergen Sympathikuswirkung erfolgt. Vasokonstriktion und zit-terfreie Thermogenese werden mithilfe adrenerger Neurone des Sympathikus reguliert. Somatische Motorneurone setzen ebenfalls Acetylcholin (ACh) als Neurotransmitter frei. ⊕ und ⊖ bedeuten eine Erhöhung bzw. Verringerung der Temperatur. mAChR, muscarinerge ACh-Rezeptoren; nAChR, nicotinerge ACh-Rezeptoren; bei α_1 und β_3 han-delt es sich um Isoformen adrenerger Rezeptoren

kuswirkung, die normalerweise eine Vasokonstriktion hervorruft. Aufgrund der Vasodilatati-on gelangt mehr Blut in die Körperperipherie, sodass verstärkt Wärme mittels Konduktion und Konvektion an die Umgebung abgegeben werden kann.

Im Falle einer Absenkung der Umgebungstemperatur werden hingegen Mechanismen in Gang gesetzt, die Wärme im Körper zurückhalten und so einer Unterkühlung entgegenwirken. Die Akti-vierung adrenerger Neurone des Sympathikus verursacht eine Engstellung peripherer Gefäße infolge der Bindung von Noradrenalin an α_1-Rezeptoren. Der durch diese Vasokonstriktion reduzierte Blutfluss verringert den Wärmeverlust über die Körperoberfläche (▶ Abschn. 3.5.2).

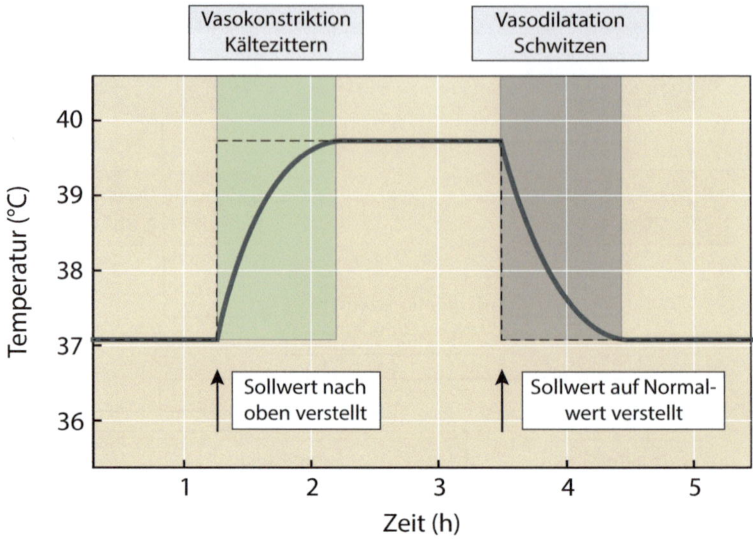

◘ Abb. 3.12 Thermoregulation und Sollwertverstellung bei Fieber. Zu Beginn eines Fieberanfalls führt eine Erhöhung des Sollwerts auf etwa 40 °C (*gestrichelte Linie*) zu einem Anstieg der Körpertemperatur. Durch Vasokonstriktion und Kältezittern wird die Körpertemperatur so lange erhöht, bis der neue Sollwert erreicht ist. Umgekehrt bewirken eine starke Durchblutung der peripheren Gefäße und Schwitzen die Abgabe von Wärme, sodass die Körpertemperatur wieder auf den Normalwert zurückgeht. Schwankungen vor und nach der Sollwertverstellung (nicht eingezeichnet) sowie die zeitliche Verzögerung der Reaktion sind auf die Trägheit des Regelkreises zurückzuführen

Somatische Motorneurone steuern die zeitlich nicht synchronisierte Kontraktion der Skelettmuskulatur, sodass die in ATP gespeicherte Energie durch unkoordiniertes Kältezittern ausschließlich in Form von Wärme freigesetzt wird (▸ Abschn. 3.5.3). Schließlich reguliert das sympathische Nervensystem das Aufstellen von Haaren oder Federn und erzeugt auf diese Weise eine isolierende Luftschicht zwischen der kühleren Umgebung und der Körperperipherie.

Die Frage der neuronalen Repräsentation thermischer Information ist weitgehend ungeklärt. Man vermutet, dass sowohl der Sollwert als auch der Istwert von Körperkern und Peripherie mithilfe eines **neuronalen Netzwerkes** codiert werden – synaptisch miteinander verbundene Zellen, deren individuelle Aktivitäten räumlich und zeitlich dynamische Muster erzeugen, die auf bisher unbekannte Weise Temperaturänderungen repräsentieren.

3.4.2 Fieber

Die bisherigen Beispiele haben gezeigt, wie bei einem unveränderten Sollwert Temperaturschwankungen in der Peripherie und im Körperkern durch negative Rückkopplungsmechanismen ausgeglichen werden, sodass die Körpertemperatur insgesamt konstant bleibt. Die mit **Fieber** einhergehenden Temperaturänderungen hingegen beruhen auf einer Verstellung des Sollwerts der Körperkerntemperatur nach oben. In diesem Fall wird aufgrund einer Differenz zwischen Ist- und Sollwert ein Fehlersignal erzeugt, das durch die Rekrutierung von Effektorsystemen die Körpertemperatur dem neuen, erhöhten Sollwert anpasst (◘ Abb. 3.12).

Fieber wird häufig durch Bakterien verursacht, die sogenannte **Pyrogene** in den Körper einschleusen. Diese exogenen Pyrogene sind Bestandteile der bakteriellen Zellwand; sie aktivieren das Immunsystem und lösen auf diese Weise die Freisetzung von **Zytokinen** (Interleukine, Interferone u. v. a.) aus – kleinmolekulare Proteine, die von Lymphozyten und Makrophagen im Zuge einer Immunantwort gebildet werden und zur Koordination der Abwehrreaktionen dienen. Für die Fieberreaktion besonders relevant ist **Interleukin-1β**, das die Bildung von **Prostaglandin E_2** (PGE_2) induziert. *PGE_2 ist eine zentrale Substanz bei der Fiebererzeugung, da es den Sollwert im Hypothalamus verstellt.*

Sobald der Sollwert verstellt ist, werden physiologische Reaktionen eingeleitet, die zur Erhöhung der Körperkerntemperatur führen: der Verschluss peripherer Gefäße und das als „Schüttelfrost" bekannte Kältezittern der Skelettmuskulatur. Die Körpertemperatur schwankt um den neuen Sollwert, während die Erreger vom Immunsystem bekämpft werden. Das Zurücksetzen des Sollwerts auf das ursprüngliche Niveau löst die entsprechenden Gegenreaktionen aus, indem verstärkte Hautdurchblutung und Schwitzen die Körpertemperatur wieder normalisieren.

Für die Biosynthese von PGE_2 ist u. a. das Enzym **Cyclooxygenase** (COX) verantwortlich. Fiebersenkende Substanzen wie Acetylsalicylsäure (Aspirin) hemmen die Cyclooxygenase, blockieren damit die Bildung von PGE_2 und beeinflussen so die Sollwertverstellung im Hypothalamus.

Fieber stellt eine kontrollierte **Hyperthermie** dar, die möglicherweise einer wirkungsvolleren Infektionsabwehr dient. Allerdings verursachen Körperkerntemperaturen von über 40 °C eine extreme Belastung von Stoffwechsel und Kreislauf, die nicht über längere Zeit ohne Schaden ertragen werden können.

3.4.3 Stoffwechselrate und Temperatur

In ► Abschn. 3.2.3 wird die exponentielle Temperaturabhängigkeit der Stoffwechselrate ektothermer Organismen bis hin zu einem thermischen Optimum beschrieben. Im Gegensatz dazu bleibt die Stoffwechselrate endothermer Tiere innerhalb der **Thermoneutralzone** konstant und entspricht – wenn das Tier nicht aktiv ist – dem Grundumsatz (◘ Abb. 3.13). Fällt die Umgebungstemperatur jedoch unter eine **untere kritische Temperatur** oder überschreitet sie eine **obere kritische Temperatur**, steigt die Stoffwechselrate linear an.[15]

Um die Konstanz der Stoffwechselrate in der Thermoneutralzone zu verstehen, müssen wir zunächst den Wärmeaustausch zwischen einem Organismus und seiner Umgebung betrachten. Da Verdunstung innerhalb der Thermoneutralzone kaum eine Rolle spielt, hängt der Wärmeaustausch direkt von der Temperaturdifferenz zwischen Organismus und Umgebung ab. Das **Newton'sche Abkühlungsgesetz** formuliert diesen Zusammenhang:

$$M = C \cdot (T_b - T_a). \tag{3.6}$$

Gl. 3.6 besagt, dass die Stoffwechselrate M proportional zur Temperaturdifferenz zwischen dem Körper (T_b) und seiner Umgebung (T_a) ist. Die Proportionalitätskonstante C ist ein Maß für die **Wärmeleitfähigkeit** einer Körperoberfläche: Hat C einen hohen Wert, verlieren Tiere leichter Wärme an die Umgebung als bei einem niedrigen Wert.

[15] Die untere und obere kritische Temperatur endothermer Organismen darf nicht mit dem kritischen Minimum und Maximum ektothermer Tiere verwechselt werden. Im Gegensatz zu Ektothermen ist die Überlebensfähigkeit endothermer Tiere bei Unterschreiten der unteren kritischen Temperatur bzw. bei Überschreiten der oberen kritischen Temperatur zunächst nicht eingeschränkt oder gefährdet.

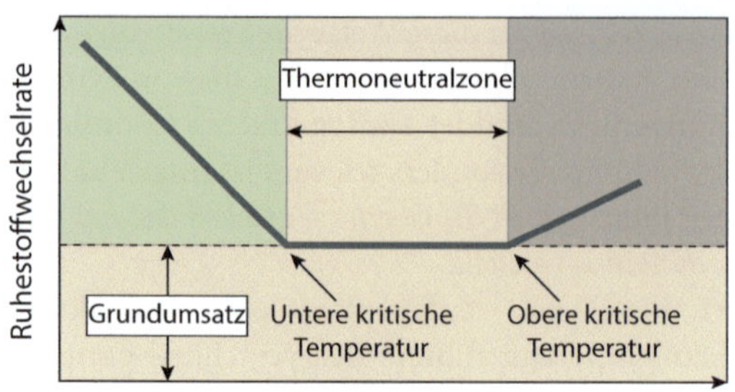

◘ Abb. 3.13 Allgemeine Beziehung zwischen Stoffwechselrate und Umgebungstemperatur bei Säugern und Vögeln. In der Thermoneutralzone bleibt die Stoffwechselrate unabhängig von der Umgebungstemperatur konstant. Fällt die Körpertemperatur auf Werte, die kleiner als die untere kritische Temperatur oder höher als die obere kritische Temperatur sind, muss über den Grundumsatz hinaus Stoffwechselenergie zur Aufrechterhaltung der Körpertemperatur eingesetzt werden

In der Thermoneutralzone ist die Körpertemperatur immer höher als die Umgebungstemperatur – der hieraus resultierende Wärmeverlust sollte daher bei endothermen Organismen einen kompensatorischen Anstieg der Stoffwechselrate auslösen. *Offensichtlich ist jedoch die Stoffwechselrate innerhalb der Thermoneutralzone unabhängig von der Umgebungstemperatur* (◘ Abb. 3.13). Diese vermeintlich paradoxe Situation löst sich wie folgt auf: Ein endothermer Organismus kann seine Wärmeleitfähigkeit aktiv verändern, indem er die Dicke einer isolierenden Schicht (Fell, Federkleid) oder entsprechende Verhaltensweisen an die jeweilige Außentemperatur anpasst. C ist in diesem Fall keine konstante Größe, sondern variiert genau gegenläufig zum Temperaturgradienten $(T_b - T_a)$. Als Konsequenz bleibt die Stoffwechselrate konstant.

Unterhalb der unteren kritischen Temperatur kann der Wärmeverlust jedoch nicht mehr durch weitere Verstärkung der Isolierung kompensiert werden und der Organismus muss die Stoffwechselrate erhöhen, um mithilfe metabolischer Wärmeproduktion seine Körpertemperatur konstant zu halten. Bei maximaler Isolierung steigt die Stoffwechselrate linear mit fallender Umgebungstemperatur T_a, wobei die Steigung der Geraden ein Maß für die Wärmeleitfähigkeit C der Körperoberfläche darstellt (◘ Abb. 3.13). Kältezittern und zitterfreie Thermogenese mithilfe des braunen Fettgewebes sind häufige Reaktionen auf Umgebungstemperaturen unterhalb der unteren kritischen Temperatur (▶ Abschn. 3.5).

Steigt hingegen die Außentemperatur T_a an, verringert sich $(T_b - T_a)$, und es wird für den Organismus immer schwerer, seine metabolische Wärme an die Umgebung abzugeben. Oberhalb der oberen kritischen Temperatur ist dies nicht länger ausschließlich durch Verringerung der Isolierung möglich und Stoffwechselenergie muss für die aktive Kühlung aufgebracht werden. Die obere kritische Temperatur entspricht nicht der Körpertemperatur, sondern liegt meist deutlich darunter.

Aktive Kühlung durch Verdunstung von Wasser (**Evaporation**) und die kontrollierte Erhöhung der Körpertemperatur (**Hyperthermie**) sind die beiden wichtigsten Mechanismen, mit denen Vögel und Säuger auf Umgebungstemperaturen oberhalb der Thermoneutralzone reagieren. Beide Prozesse erhöhen die Stoffwechselrate, was einerseits zu einer weiteren Wärmeproduktion beiträgt. Andererseits ist die Wärmeabgabe insbesondere durch die Wasserverdunstung so groß, dass diese zusätzliche thermische Belastung keine wesentliche Rolle spielt (▶ Abschn. 3.6).

Die Breite der Thermoneutralzone variiert sehr stark zwischen unterschiedlichen Tiergruppen. Große Säuger mit einem gut isolierenden Fell und einer verhältnismäßig kleinen Körperoberfläche besitzen eine weitaus größere Thermoneutralzone als kleinere Tiere (Schlittenhund: -25 bis $+35\,°C$, Maus: 30 bis $32\,°C$). Ein unbekleideter Mensch hat trotz seiner Körpergröße mit 28 bis $33\,°C$ eine relativ kleine Thermoneutralzone.

3.4.4 Zusammenfassung

Endotherme Organismen können ihre Körpertemperatur unabhängig von der Umgebungstemperatur auf einen konstanten Wert einstellen. Temperaturabhängige Biomoleküle wie Proteine und Lipide arbeiten daher in einem Temperaturbereich, der ihre optimale Funktionalität gewährleistet. Allerdings kostet diese Unabhängigkeit von der Umgebungstemperatur sehr viel Energie, die über katabole Prozesse des oxidativen Stoffwechsels bereitgestellt werden muss. Aus diesem Grund benötigen endotherme Organismen leistungsfähige Respirations- und Kreislaufsysteme, um alle Zellen ihres Körpers mit hinreichend viel O_2 und Energieträgern versorgen zu können.

Negative Rückkopplungsmechanismen – bestehend aus peripheren und zentralen Thermosensoren, einem Regulationszentrum im Hypothalamus und entsprechenden Effektoren, die eine Abgabe oder Erzeugung von metabolischer Wärme bewirken –, regulieren die Körpertemperatur bis auf $0{,}1\,°C$ genau. Diese Regulationsprozesse stellen ein Gleichgewicht her zwischen der vom Stoffwechsel produzierten Wärme, der passiv aufgrund hoher Umgebungstemperaturen in den Körper aufgenommenen Wärme und der nach außen abgegebenen Wärme. Die Lage des Gleichgewichts kann durch eine Sollwertverstellung, wie sie beispielsweise bei Fieber auftritt, angepasst werden.

Kalt- und Warmsensoren in der Haut sind periphere Thermosensoren, die Änderungen der Umgebungstemperatur detektieren; zentrale Thermosensoren in Rückenmark und Hypothalamus registrieren hingegen Änderungen der Körperkerntemperatur. Auf der molekularen Ebene wandeln Kationenkanäle der TRP-Familie Temperaturänderungen in elektrische Signale um, die über afferente Nervenbahnen in die entsprechenden Kerngebiete des Hypothalamus weitergeleitet werden. Vermutlich repräsentieren Aktivitätsmuster neuronaler Netzwerke im Zentralnervensystem Temperaturen bzw. Temperaturänderungen.

Im Gegensatz zur exponentiellen Abhängigkeit der Stoffwechselrate von der Temperatur bei ektothermen Tieren besitzen endotherme Organismen eine Thermoneutralzone mit einer konstanten Stoffwechselrate. Diese Konstanz wird durch eine variable Isolierung erreicht, die von einer unbewegten Luft- oder Wasserschicht gebildet wird und die den Wärmeaustausch mit der Umgebung deutlich verringert. Sowohl bei sehr tiefen als auch bei sehr hohen Umgebungstemperaturen muss jedoch Stoffwechselenergie zur Aufrechterhaltung der Körpertemperatur aufgewendet werden. Die Stoffwechselrate steigt, wenn die Umgebungstemperatur die untere kritische Temperatur unterschreitet oder über die obere kritische Temperatur steigt.

3.5   Thermoregulation bei Kälte

Endotherme Tiere haben unterschiedliche Strategien entwickelt, mit denen sie sich an niedrige Umgebungstemperaturen anpassen. Grundsätzlich basieren diese Mechanismen (1) auf einer Reduktion des Wärmeverlustes des Körpers (Isolierung und Regulation des peripheren Blutflusses) und (2) auf der aktiven Erzeugung von metabolischer Wärme (Kältezittern und zitterfreie Wärmebildung). In den meisten Fällen werden mehrere Strategien gleichzeitig eingesetzt, um den Energiebedarf für die Aufrechterhaltung der Körpertemperatur so gering wie möglich zu halten.

3.5.1 Isolierung

Die Isolierung der Körperoberfläche reduziert den Wärmeverlust an die Umgebung. Fellhaare oder ein Federkleid erzeugen eine unbewegliche Luftschicht, die aufgrund ihrer geringen Wärmeleitfähigkeit relativ wenig Wärme nach außen passieren lässt und daher den Körperkern effizient isoliert (Faktor d in Gl. 3.3). Die Dicke dieser stehenden Luftschicht kann abhängig von der Umgebungstemperatur aktiv reguliert werden, indem Fell oder Federn fest zusammengepresst (schwache Isolierung) oder aufgestellt (starke Isolierung) werden. Bei kleineren Tieren ist die maximal mögliche Felldicke aus Gründen der Beweglichkeit eingeschränkt; hinzu kommt noch ihr ungünstiges Oberflächen-Volumen-Verhältnis. Beide Faktoren resultieren in einer energetisch aufwendigen Thermogenese, die kleinen Tieren die Besiedlung kälterer Regionen nachhaltig erschwert (▶ Abschn. 2.5.5).

Wasser hat im Vergleich zu Luft eine sehr viel höhere Wärmeleitfähigkeit – Körperwärme wird also sehr schnell in das umgebende Wasser abgeführt. Zur Wärmeisolierung besitzen Meeressäuger wie Wale und Robben daher ein kräftig ausgeprägtes Unterhautfettgewebe, das bei großen Walarten mehr als 70 cm dick sein kann.

3.5.2 Regulation des peripheren Blutflusses

Wenn warmes Blut aus dem Körperkern in die Peripherie gelangt, geht bei niedriger Umgebungstemperatur aufgrund des Temperaturgradienten $(T_b - T_a)$ viel Wärme über die große Haut- und Lungenoberfläche verloren. Eine Reduktion des Blutflusses in die Peripherie kann diesen Wärmeverlust deutlich verringern und ist daher ein wichtiger Mechanismus für eine energieeffiziente Thermoregulation.

Über **Arteriolen** fließt das Blut in die peripheren **Kapillarnetze** und über **Venolen** zurück ins venöse System (◨ Abb. 3.14a). **Arteriovenöse Anastomosen** umgehen das Kapillarnetz, indem sie die arterielle und venöse Seite direkt miteinander verbinden. Zwei komplementäre Mechanismen sind für die Reduktion des Blutflusses über die Kapillarsysteme verantwortlich:

1. Durch die Kontraktion der glatten Ringmuskulatur am Eingang der Kapillaren (**präkapilläre Sphinkter**) wird der Blutfluss auf die **Metarteriolen** beschränkt (◨ Abb. 3.14b).
2. Aufgrund der Erweiterung des Lumens der arteriovenösen Anastomosen wird der Widerstand in diesen Gefäßen gesenkt, sodass ein großer Teil des Blutes an den Kapillaren vorbei direkt vom arteriellen ins venöse System fließt (◨ Abb. 3.14c).

Durch diese Veränderung der Widerstandsverhältnisse im peripheren Gefäßsystem wird das Kapillarnetz kurzgeschlossen und das Blut fließt bevorzugt durch die Metarteriolen und/ oder arteriovenösen Anastomosen. *Diese Umgehung des Kapillarsystems reduziert den Wärmeverlust über die Hautoberfläche maßgeblich, da wegen der höheren Strömungsgeschwindigkeit weniger Zeit für einen Wärmetausch zur Verfügung steht und die Austauschfläche deutlich kleiner ist.* Die begrenzte Versorgung der peripheren Gewebe mit Nährstoffen und der eingeschränkte Austausch der Atemgase können sich allerdings mittel- bis langfristig nachteilig auswirken. Die anatomische Anordnung der rückführenden Gefäße löst dieses Problem.

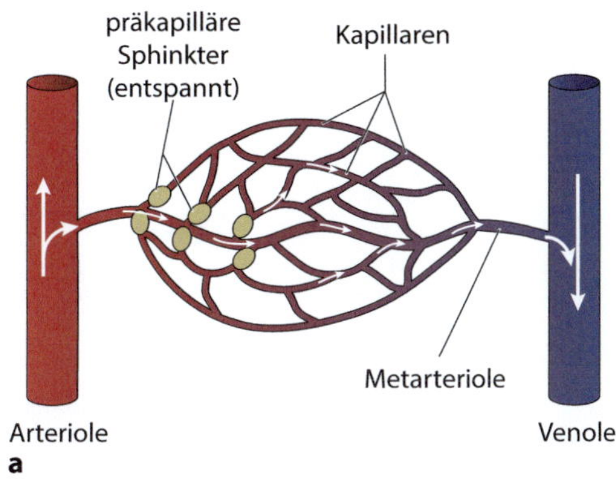

◧ Abb. 3.14 Regulation der Durchblutung in der Endstrombahn. **a** Die präkapillären Sphinkter sind entspannt und Blut strömt aus den Arteriolen durch die Kapillaren, in denen der Stoffaustausch mit dem Gewebe stattfindet, in die Venolen. **b** Durch Kontraktion der präkapillären Sphinkter kann die Durchströmung der Kapillaren reguliert werden. Aufgrund der verringerten lokalen Durchblutung wird weniger Wärme an die Umgebung abgegeben. **c** Kapillarsysteme können durch arteriovenöse Anastomosen, die ebenfalls über Sphinkter reguliert werden, umgangen werden. *Rot* bezeichnet oxygeniertes Blut, *blau* desoxygeniertes Blut

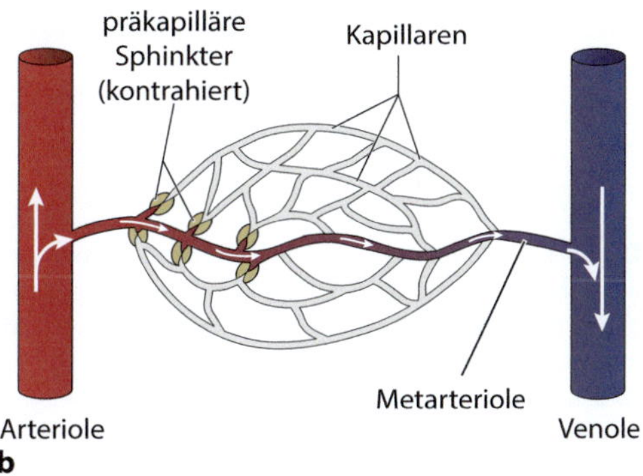

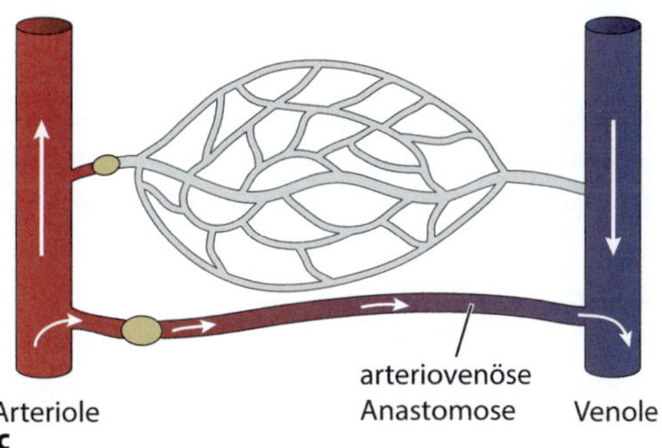

Aufgrund des Wärmeverlustes in der Peripherie hat das zurückströmende Blut eine niedrigere Temperatur als der Körperkern und muss dort erst wieder auf Normaltemperatur gebracht werden (◧ Abb. 3.15a). Liegen Arterien und Venen jedoch in unmittelbarer räumlicher Nähe zueinander, erwärmt sich das zurückströmende venöse Blut bereits, bevor es den Körperkern erreicht (◧ Abb. 3.15b). Ein solcher **Gegenstromwärmetauscher** spart also metabolische Energie, beeinträchtigt jedoch nicht die Versorgung der peripheren Gewebe mit O_2 und Nährstoffen. Insbesondere kältetolerante Organismen wie Wölfe oder Rentiere besitzen in ihren Extremitäten diese antiparallele Anordnung arterieller und venöser Gefäße. Auf diese Weise können sie die Temperatur ihrer Pfoten oder Hufe kontrolliert auf Werte absenken, die 10 bis 35 °C unter ihrer Körperkerntemperatur liegen, wobei jedoch Temperaturen unter 0 °C und damit drohen-

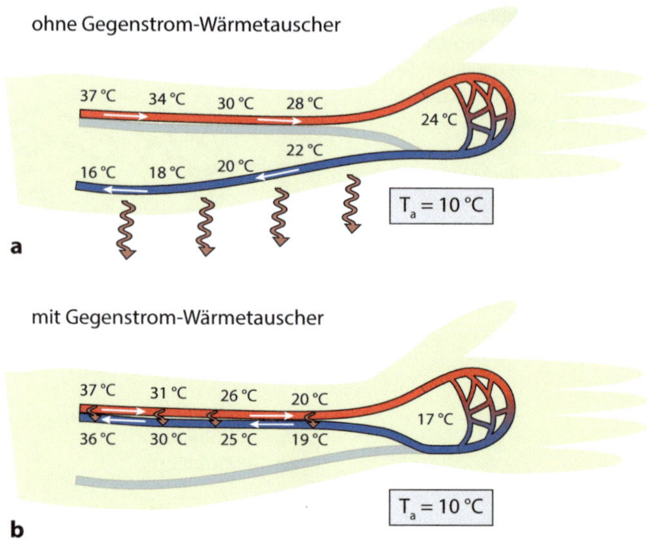

☐ Abb. 3.15 Temperatur des Blutes in einer Extremität ohne und mit Gegenstromwärmetauscher. Die Umgebungstemperatur T_a beträgt $10\,°C$ und liegt damit unterhalb der Körperkerntemperatur von $37\,°C$. Die *geraden Pfeile* geben die Strömungsrichtung des Blutes an, die *wellenförmigen Pfeile* die Richtung des Wärmeflusses. **a** Gefäßanordnung ohne Gegenstromwärmetauscher. Das venöse Blut wird dicht unter der Hautoberfläche in den Körper zurücktransportiert, sodass Wärme an die kühlere Umgebung abgegeben wird. Die Temperatur des zurückfließenden Blutes liegt weit unterhalb der Körperkerntemperatur. **b** Gefäßanordnung mit Gegenstromwärmetauscher. Die antiparallele Anordnung der Gefäße im Inneren der Extremität ermöglicht einen direkten Wärmetransfer zwischen Arterien und Venen. Auf diese Weise geht weniger Wärme an die Umgebung verloren und das in den Körper zurückkehrende Blut besitzt eine deutlich höhere Temperatur

de Erfrierungen vermieden werden. Mithilfe dieser **regionalen Heterothermie** reduzieren sie aufgrund des verringerten Temperaturgradienten ($T_b - T_a$) nachhaltig den Wärmeverlust in der Peripherie, ohne die Versorgung ihrer Gewebe zu gefährden. Ein Gegenstromwärmetauscher erlaubt es auch einigen Vogelarten, mit nur geringem Wärmeverlust auf den Eisflächen zugefrorener Gewässer zu stehen.

Wenn der venöse Rückstrom alternativ entweder in der Peripherie oder im Inneren von Extremitäten erfolgt, können Organismen nach Bedarf Wärme konservieren oder aber verstärkt über die Haut an die Umgebung abgeben. Während bei Kälte der venöse Rückstrom über tief im Gewebe liegende antiparallele Gefäße Energie einspart, kann bei hoher Außentemperatur das Blut auch durch unmittelbar unter der Haut gelegene Gefäße zurückfließen und so zu einer Reduktion der Wärmebelastung des Körperkerns beitragen.

3.5.3 Kältezittern

Durch variable Isolierung und Regulation des peripheren Blutflusses können Endotherme ihren Wärmeverlust innerhalb der Thermoneutralzone ohne zusätzlichen Energieaufwand bedarfsgerecht anpassen. Unter diesen Bedingungen reicht die beim Ruhestoffwechsel entstehende Wärme aus, um die Körpertemperatur konstant zu halten. Fällt die Außentemperatur jedoch unter die untere kritische Temperatur, muss zusätzliche Stoffwechselenergie für die Wärmeproduktion investiert werden.

Beim **Kältezittern** kontrahieren motorische Einheiten der Skelettmuskulatur mit relativ hoher Frequenz ($\sim$ 10 Hz beim Menschen). Im Gegensatz zu gerichteten Muskelbewegungen werden die motorischen Einheiten nicht synchron, sondern zufällig aktiviert, sodass Beuger und Strecker gleichzeitig kontrahieren. *Unter diesen Bedingungen wird keine äußere Arbeit in Form gerichteter Bewegungen geleistet und die gesamte Energie der ATP-Hydrolyse steht als Wärme zur Verfügung.* Allerdings ist beim Menschen die Effizienz des Kältezitterns begrenzt, da die verstärkte Durchblutung der peripheren Muskulatur den Wärmeverlust über die Körperoberfläche erhöht. Außerdem schränkt anhaltendes Kältezittern zielgerichtete Bewegungen mehr oder weniger stark ein.

3.5.4 Zitterfreie Wärmebildung

Während Kältezittern bei allen Endothermen vorkommt, findet man die **zitterfreie Wärmebildung** hauptsächlich bei plazentalen Säugern, vor allem bei kleinen bis mittelgroßen Tieren, bei Winterschläfern und bei Neugeborenen. Die zitterfreie Wärmebildung erfolgt im **braunen Fettgewebe**, das sich wie eine Heizdecke über Bereiche des Halses, des Schultergürtels und des oberen Brustkorbs legt. Im Gegensatz zum weißen Fettgewebe, das vor allem als Energiespeicher dient (▶ Abschn. 1.3.3), besitzt das braune Fettgewebe eine hohe Dichte an Mitochondrien, die eine zentrale Bedeutung für die Wärmebildung haben. *Als Energiequelle dient im braunen Fettgewebe der Protonengradient über der inneren Mitochondrienmembran, dessen potenzielle Energie im Bedarfsfall nicht zur ATP-Synthese, sondern für die Erzeugung von Wärme eingesetzt wird.*

Dazu müssen die Zellen des braunen Fettgewebes aus dem Normalbetrieb der ATP-Synthese in den Modus der Wärmeproduktion wechseln. Die Steuerung erfolgt über das sympathische Nervensystem, das bei einem kritischen Absinken der Körpertemperatur Noradrenalin direkt im braunen Fettgewebe freisetzt. Die Bindung von Noradrenalin an β_3-Rezeptoren[16], die von den Fettzellen (**Adipozyten**) des braunen Fettgewebes exprimiert werden, setzt eine intrazelluläre Signaltransduktionskaskade in Gang: Ein stimulatorisches G-Protein (G_s) aktiviert das Enzym Adenylatcyclase, dessen Produkt cAMP wiederum die katalytische Aktivität der Proteinkinase A (PKA) reguliert (◘ Abb. 3.16a). Die Aktivierung der PKA ist das zentrale thermogene Signal, das die folgenden synergistischen Prozesse auslöst:

1. **Aktivierung der Lipolyse im Cytoplasma.** Eine PKA-aktivierte Lipase spaltet Triglyceride in freie Fettsäuren und Glycerin. Die freien Fettsäuren dienen als Brennstoff in der β-Oxidation, wobei große Mengen der reduzierten Kofaktoren $NADH + H^+$ und $FADH_2$ entstehen, die anschließend in der Atmungskette zum Aufbau des Protonengradienten eingesetzt werden. Gleichzeitig aktivieren die bei der Lipolyse entstehenden freien Fettsäuren ein spezifisches **Entkopplerprotein** (*Uncoupling Protein 1*, **UCP1**) in der inneren Mitochondrienmembran.
2. **Modifikation der Genexpression.** PKA diffundiert in den Zellkern, wo sie die Bindung von CREB (*CRE-Binding Protein*) an entsprechende CRE-Bindungsstellen (*cAMP Response Element*) auf der DNA bewirkt. Dadurch wird die Genexpression von UCP1 erhöht, eine größere Anzahl von Entkopplerproteinen gelangt in die innere Mitochondrienmembran und der Wirkungsgrad der Thermogenese steigt.

---

[16] Bei Fehlen von β_3-Rezeptoren können auch andere noradrenerge Rezeptoren der β-Familie die Wärmeproduktion auslösen.

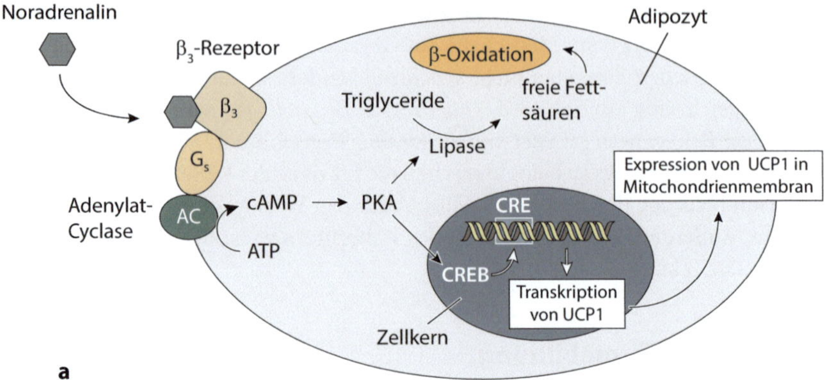

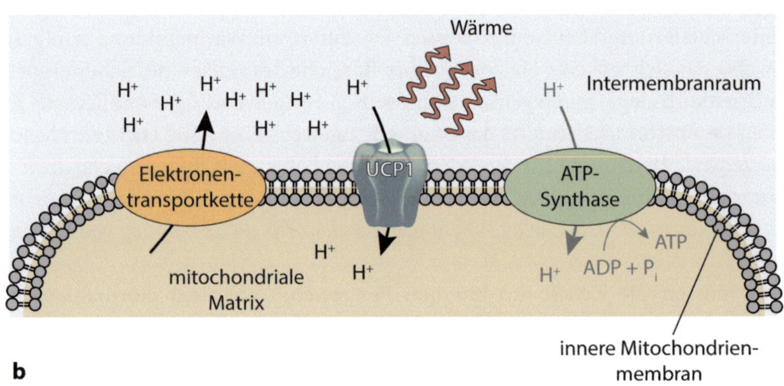

◻ **Abb. 3.16**   Zitterfreie Thermogenese in Adipozyten des braunen Fettgewebes. **a** Die Bindung von Noradrenalin an β_3-Rezeptoren aktiviert den cAMP/PKA-Signalweg. Infolgedessen werden in den Fettzellen gespeicherte Triglyceride hydrolysiert und die dabei freigesetzten Fettsäuren im Lipidstoffwechsel oxidiert (β-Oxidation). Die im Zuge der Lipidoxidation entstehenden Reduktionsäquivalente dienen dem Aufbau eines Protonengradienten über der inneren Mitochondrienmembran. Zusätzlich führt die Aktivierung von CREB im Nucleus der Adipozyten zu einer verstärkten Genexpression von UCP1. **b** Entkopplung von Atmungskette und ATP-Synthese. Der Protonengradient wird über UCP1 kurzgeschlossen, sodass das Konzentrationsgefälle von H^+ über der inneren Mitochondrienmembran nicht mehr ausreicht, um die ATP-Synthase anzutreiben. Die im Protonengradienten gespeicherte potenzielle Energie wird vollständig in Wärme umgewandelt

Die Elektronentransportkette erzeugt einen Protonengradienten über der inneren Mitochondrienmembran mit einer hohen H^+-Konzentration im Intermembranraum. Im Energiestoffwechsel wird die potenzielle Energie des Gradienten zur Synthese von ATP eingesetzt. Im Falle der zitterfreien Thermogenese hingegen induziert UCP1 einen Rückstrom von Protonen über die Membran, wobei die im H^+-Konzentrationsgradienten gespeicherte Energie als Wärme freigesetzt wird. UCP1 ist kein einfacher Kanal, durch den die Protonen diffundieren, sondern ein **Symporter**, der Anionen in Form langkettiger freier Fettsäuren zusammen mit Protonen über die Membran transportiert. Die Fettsäuren bleiben jedoch aufgrund hydrophober Wechselwirkungen an UCP1 gebunden, sodass netto nur Protonen in die Mitochondrienmatrix transportiert werden. Die molekularen Prozesse der Entkopplung der Atmungskette sind in ◻ Abb. 3.16b dargestellt.

Wie kann der Transport von Protonen über eine Membran Wärme erzeugen? Damit überhaupt ein Konzentrationsgradient über der inneren Mitochondrienmembran aufgebaut werden kann, muss zunächst die in den Lipiden gebundene chemische Energie in Form von Reduktionsäquivalenten in die Atmungskette eingespeist werden. Die Energie zum Aufbau des Konzentrationsgradienten stammt also letztlich aus der Hydrolyse von Lipiden. Ein Teil dieser chemischen Energie wird in Form potenzieller Energie im H^+-Gradienten gespeichert und wird freigesetzt, wenn sich die H^+-Konzentrationen im Intermembranraum und in der Mitochondrienmatrix ausgleichen. Da nach dem Energieerhaltungssatz Energie weder erzeugt noch vernichtet werden kann und gleichzeitig keine anderen energieintensiven Prozesse, wie beispielsweise die Synthese von ATP, stattfinden, wird die Energie des H^+-Gradienten ausschließlich in Wärme umgewandelt.

Die Wärme wird aus dem braunen Fettgewebe an die umgebenden Gefäße abgeführt und über den konvektiven Blutstrom im Körper verteilt. *Die biochemischen und intrazellulären Spezialisierungen des braunen Fettgewebes ermöglichen es einem Organismus, die hohe Energiedichte von Lipiden ausschließlich für die Wärmeproduktion zu nutzen.* Auch wenn Wärme selbst keine physiologisch relevante Arbeit leisten kann (▶ Abschn. 2.1.3), so dient sie endothermen Organismen der Aufrechterhaltung der Körpertemperatur und ist damit eine wesentliche Voraussetzung für die optimale Funktion aller anderen Stoffwechselprozesse.

3.5.5 Kontrollierte Hypothermie: Winterschlaf und Tagesschlaflethargie

Winterschlaf ist eine sehr effiziente Strategie, mit der einige Säugetierarten nördlicher Regionen ihren Energiebedarf in Mangelzeiten reduzieren. Die Körpertemperatur wird im Winter annähernd auf Umgebungsniveau abgesenkt, sodass keine oder nur sehr geringe Wärmeverluste aufgrund des Temperaturgradienten $(T_b - T_a)$ auftreten. Außerdem findet eine deutliche Reduktion des gewichtsspezifischen Energieumsatzes auf 1 bis 5 % des Bedarfs im wachen, aktiven Zustand statt, wobei insbesondere Atmung und Herzfrequenz auf ein Minimum verringert werden.

Winterschlaf ist vor allem eine Frage des Körpergewichts: Mit Ausnahme des Amerikanischen Schwarzbären (*Ursus americanus*) wiegen alle winterschlafenden Säugetiere weniger als 5 kg.[17] Andererseits treten in derselben geografischen Region bei etwa gleich großen Tieren sowohl Winterschläfer als auch ganzjährig aktive Arten auf. Winterschlaf ist also für kleine Säuger offensichtlich nicht obligatorisch.

Wie die allometrische Beziehung zwischen Stoffwechselrate M und Körpergewicht W (▶ Abschn. 2.5) zeigt, müssen kleinere Säuger in Mangelzeiten prozentual deutlich mehr Körpermasse zulegen als größere Tiere. Gemäß der Gleichung

$$M = 3{,}34 \cdot W^{\frac{3}{4}} \tag{3.7}$$

beträgt die Stoffwechselrate M eines 1 kg schweren Säugers 3,34 W. Bei einer angenommenen Winterdauer von 100 Tagen benötigt das Tier 28,9 MJ Energie, die es – da keine Nahrung zur Verfügung steht – vorher in Form von Körperfett bereitstellen muss. Lipide besitzen einen physiologischen Brennwert von etwa 39 kJ g^{-1} (◼ Tab. 1.2), sodass für 28,9 MJ insgesamt 741 g

---

[17] Schwarzbären stellen möglicherweise einen Sonderfall dar, da ihre Körpertemperatur während des Winterschlafs mit 30 °C deutlich über der Umgebungstemperatur liegt. Allerdings verringern sie ihre Stoffwechselrate auf 25 % des Grundumsatzes, was grundsätzlich den Verhältnissen bei den meisten anderen Winterschläfern entspricht.

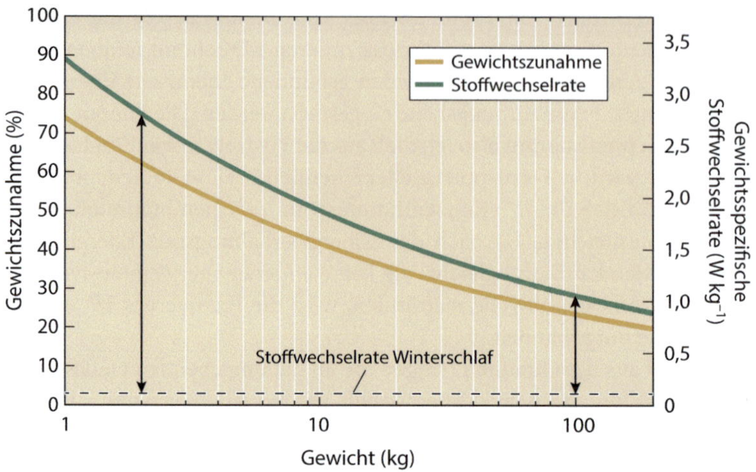

◘ Abb. 3.17   Energetische Vorteile des Winterschlafs für kleinere Tiere. Die gewichtsspezifische Stoffwechselrate wurde nach Gl. 3.7 berechnet und gegen das Körpergewicht aufgetragen (*grüne Kurve*). Gemäß der allometrischen Beziehung sinkt die Stoffwechselrate mit zunehmendem Gewicht. Die *hellbraune Kurve* gibt die notwendige Gewichtszunahme (in % des Ausgangsgewichts) an, um ohne Winterschlaf und Nahrungsaufnahme zu überleben. Die Zahlenwerte basieren auf einer angenommenen Winterdauer von 100 Tagen und einer ausschließlichen Verbrennung von Lipiden mit einem physiologischen Brennwert von 39 kJ g⁻¹. Die *gestrichelte Linie* zeigt die Stoffwechselrate während des Winterschlafs. Aufgrund ihrer höheren Stoffwechselrate sparen kleinere Tiere prozentual mehr Energie während des Winterschlafs ein als größere Tiere (*Pfeile*)

zusätzliche Körpermasse (entsprechend einer Gewichtszunahme von 74 %) erforderlich sind. Diese Berechnung gilt jedoch nur für den Grundumsatz in der Thermoneutralzone; bei zunehmender Kältebelastung erhöhen sich der Energie- und damit der Speicherbedarf an Körperfett entsprechend.

Im Vergleich liegt die Stoffwechselrate eines 150 kg schweren Schwarzbären bei 143 W, entsprechend einem Energiebedarf von 1237 MJ für 100 Tage und einer Erhöhung der Körpermasse um etwa 32 kg (21 % Gewichtszunahme). Im tiefen Winterschlaf beträgt die gewichtsspezifische Stoffwechselrate unabhängig von der Körpergröße etwa 0,1 W kg⁻¹. *Winterschlaf lohnt sich demnach vor allem für kleinere Tiere, da sie aufgrund ihrer höheren gewichtsspezifischen Stoffwechselrate verhältnismäßig mehr Energie einsparen* (◘ Abb. 3.17). Außerdem wird ein praktisches Problem gelöst, da die sonst notwendige Zunahme an Körpermasse eine wesentliche Einschränkung der Beweglichkeit zur Folge hätte.

Winterschlaf ist durch mehr oder weniger häufige **Wachphasen** gekennzeichnet, in denen die Tiere über einen Zeitraum von 12 bis 24 Stunden wieder ihre normale Körpertemperatur und Stoffwechselrate erreichen. Diese Aufwärmphasen sind außerordentlich energieintensiv; sie benötigen etwa 80 % des gesamten für den Winterschlaf zur Verfügung stehenden Energievorrats. Häufiges Aufwachen kann also möglicherweise mehr Energie kosten, als durch den reduzierten Stoffwechsel eingespart wird. Um dies zu vermeiden, müssen große Tiere relativ lange Winterschlafepisoden von mindestens einigen Tagen einlegen, während bei kleineren Tieren schon wenige Stunden für eine positive Energiebilanz ausreichen.

Warum wachen Winterschläfer im Abstand von einigen Tagen auf, obwohl dieses Verhalten energetisch sehr ungünstig ist? Diese Frage ist bislang ungeklärt – aktuelle Hypothesen diskutieren mögliche Auswirkungen der Hypothermie auf das Nerven- und/oder das Immunsystem. So könnte der kälteinduzierte Verlust von Dendriten und Synapsen oder die Hemmung der Immunantwort während hypothermer Episoden ein regelmäßiges Aufwachen für die Wiederherstellung der ursprünglichen Funktionalität unbedingt erforderlich machen.

Winterschlaf als kontrollierte Hypothermie bedeutet nicht ein einfaches Abschalten thermoregulatorischer Mechanismen, in dessen Folge sich ein Gleichgewicht zwischen Körper- und Umgebungstemperatur einstellt. Dieser auch als Q_{10}-**Effekt** bezeichnete Zusammenhang besagt, dass der Stoffwechsel aufgrund der Abkühlung auf die oben beschriebenen niedrigen Werte fällt. In Umkehrung der Kausalität kann jedoch auch zunächst die Stoffwechselrate reduziert werden und die Körpertemperatur sinkt als Konsequenz der verringerten Wärmeproduktion, möglicherweise mit anschließendem Q_{10}-Effekt.

Winterschläfer können zu jedem Zeitpunkt ihre Körpertemperatur aktiv regulieren. Dies spiegelt sich einerseits in den regelmäßigen Aufwärmphasen wider, andererseits aber auch in einer Konstanz der Körpertemperatur während der Schlafphasen. Selbst wenn die Umgebungstemperatur weit unterhalb des Nullpunktes liegt, sinkt die Körpertemperatur kaum unter 0 °C – offensichtlich findet hier Thermoregulation bei reduziertem Sollwert statt. In diesem Fall wird das mögliche Gefrieren der Körperflüssigkeiten durch Unterkühlung verhindert (▶ Abschn. 3.3).

Auch bei der **Tagesschlaflethargie** wird durch Einschränkung sämtlicher Stoffwechselfunktionen der Energiebedarf auf ein Minimum gesenkt. Hierbei wirken grundsätzlich dieselben Mechanismen wie beim Winterschlaf, lediglich die Dauer ist meist auf wenige Stunden pro Tag beschränkt. Ein bekanntes Beispiel stellen die Kolibris dar, deren gewichtsspezifische Stoffwechselrate so hoch ist, dass sie nahezu kontinuierlich sehr energiereiche Nahrung aufnehmen müssen. Da ihre körpereigenen Energiereserven nicht ausreichen, um auch nur kurze Zeit ohne Nahrung zu überleben, reduzieren sie während der Nachtstunden ihren Stoffwechsel und damit ihren Energiebedarf auf ein deutlich niedrigeres Niveau.

3.5.6 Zusammenfassung

Das Prinzip der Isolierung basiert auf einer unbeweglichen Luftschicht geringer Wärmeleitfähigkeit bei terrestrischen Organismen oder auf einem ausgeprägten Unterhautfettgewebe bei Meeressäugern.

Neben der variablen Isolierung kann die Wärmeabgabe auch mithilfe des peripheren Blutflusses reguliert werden. Eine Verringerung der peripheren Durchblutung reduziert die Wärmeabgabe an die Umgebung. Außerdem bildet eine mögliche antiparallele Engführung von arteriellen und venösen Gefäßen einen Gegenstromwärmetauscher, der das aus der Peripherie zurückströmende Blut bereits vor dem Eintritt in den Körperkern wieder erwärmt.

Kältezittern und zitterfreie Thermogenese sind zwei weitere Mechanismen zur Wärmeproduktion. Kältezittern basiert auf der Aktivierung von motorischen Einheiten, die zufällig und unabhängig voneinander kontrahieren. Auf diese Weise wird die in den ATP-Molekülen gespeicherte chemische Energie nicht für gerichtete Bewegungen eingesetzt, sondern in Form von Wärme an die umliegenden Gewebe und ans Blut abgegeben.

Die zitterfreie Thermogenese findet im braunen Fettgewebe statt, in dem unter Steuerung von Noradrenalin die Atmungskette von der ATP-Synthese entkoppelt wird. Die bei der Lipolyse entstehenden Reduktionsäquivalente bilden die energetische Grundlage zur Erzeugung eines Protonengradienten über der inneren Mitochondrienmembran. Der Rückstrom der Protonen erfolgt jedoch nicht über die ATP-Synthase unter Bildung von ATP, sondern durch das

Entkopplerprotein UCP1, sodass die potenzielle Energie des H^+-Konzentrationsgradienten ausschließlich in Wärme umgewandelt wird.

Winterschlaf und Tagesschlaflethargie stellen wichtige Anpassungsmechanismen an saisonale oder tägliche Temperaturschwankungen dar. Beide Mechanismen basieren auf einer kontrollierten Hypothermie, die die Stoffwechselrate reduziert und dadurch effizient Energie einspart. Durch Angleichung der Körpertemperatur an die Umgebungstemperatur kann der Energiebedarf während des Winterschlafs auf einen Bruchteil des Grundumsatzes gesenkt werden. Offensichtlich kommt die endotherme Lebensweise mit ihrem hohen Energiebedarf gerade bei kleineren Organismen unter extremen Temperaturbedingungen an ihre Grenzen.

Winterschläfer können zu jedem Zeitpunkt ihre Körpertemperatur aktiv regulieren; dies manifestiert sich durch wiederholte Aufwachphasen, aber auch durch die Tatsache, dass die Körpertemperatur selbst bei niedrigeren Umgebungstemperaturen $0\,°C$ kaum unterschreitet.

3.6   Thermoregulation bei Hitze

Insbesondere Bewohner heißer und trockener Regionen können durch Spezialisierungen in Körperform und Verhalten ihre Körpertemperatur regulieren, ohne dafür Stoffwechselenergie einsetzen zu müssen. Hierzu muss die Umgebungstemperatur aber niedriger als die Körpertemperatur sein – ist dies nicht der Fall, nimmt der Körper Wärme auf und kann nur noch evaporativ gekühlt werden.

3.6.1 Nichtevaporative Anpassungen

Reduzierte Aktivität während bestimmter Tageszeiten, Nachtaktivität oder das Graben und Bewohnen von Höhlen stellen häufige Verhaltensanpassungen an hohe Umgebungstemperaturen dar. Morphologische Spezialisierungen finden wir in Form großflächiger Körperanhänge – beispielsweise besitzen Eselhase (*Lepus californicus*) und Fennek (*Vulpes zerda*) relativ große Ohren mit regulierbarer Durchblutung, die der Wärmeabgabe an die Umgebung dienen.

Fell oder Federkleid vermitteln nicht nur einen wirkungsvollen Schutz gegen Kälte, sondern reduzieren auch die Aufheizung des Körpers durch die Wärmestrahlung der Sonne. Ein bekanntes Beispiel stellen die Altweltkamele (*Camelus*) dar, deren 5 bis 6 cm dickes Rückenfell eine isolierende Schutzschicht bildet.

Kamele, aber auch andere Säugetiere, zeigen mit der **kontrollierten Hyperthermie** eine weitere Anpassungsstrategie an große Hitze. Indem sie ihre Körpertemperatur tagsüber auf Werte bis zu $40\,°C$ ansteigen lassen, speichern sie überschüssige Wärme vorübergehend in ihrem Körper. Bei den kühleren Nachttemperaturen ist das Temperaturgefälle ($T_b - T_a$) zwischen Körper und Umgebung hinreichend groß, um Wärme ohne Wasserverbrauch durch Konduktion, Konvektion und Strahlung abzugeben, wobei die Körpertemperatur bis auf $34\,°C$ fällt. Durch die zyklischen Schwankungen seiner Körpertemperatur um $6\,°C$ kann ein $500\,kg$ schweres Kamel etwa $10\,MJ$ an Wärmeenergie tagsüber speichern und durch nichtevaporative Mechanismen nachts wieder abgeben. Auf diese Weise spart das Kamel mehr als $4\,l$ Wasser pro Tag, die anderenfalls für die Abgabe dieser Wärmemenge durch Verdunstungsprozesse bereitgestellt werden müssten.

3.6.2 Evaporative Mechanismen

Erst wenn die oben beschriebenen Strategien nicht mehr ausreichen, um die durch physiologische Prozesse entstehende Wärmeenergie abzuführen, oder der Körper gar Wärme von außen aufnimmt, wird die Verdunstung von Wasser (**Evaporation**) aktiv zur Kühlung eingesetzt. Der Übergang von Wasser aus dem flüssigen in den gasförmigen Zustand benötigt mit $2,5\,kJ\,g^{-1}$ (bei 35 °C) vergleichsweise viel Energie. Da die Evaporation von Wasser auf der Körperoberfläche stattfindet, wird die zur Verdunstung erforderliche Energiemenge dem Körper in Form von Wärme entzogen. Jeder kennt das Frösteln nach der morgendlichen Dusche, wenn der dünne Wasserfilm auf der Körperoberfläche mit dem entsprechenden Wärmeverlust verdunstet. *Evaporative Kühlung ist daher ein sehr wirkungsvoller Mechanismus, um ein Überhitzen des Körpers auch oberhalb der Thermoneutralzone zu verhindern.*

Allerdings hängt die Kühlwirkung nicht vom Temperaturunterschied, sondern von der Wasserdampfdruckdifferenz zwischen Haut und Umgebung ab: In trockener Luft ist die Verdunstung unproblematisch, während sehr feuchte Luft kaum noch zusätzlichen Wasserdampf aufnehmen kann. Entsprechend empfinden wir trockene Hitze als weniger belastend als dieselbe Temperatur bei einer hohen Luftfeuchtigkeit. Wenn das Wasser lediglich an der Körperoberfläche abfließt (wie beispielsweise in der Sauna), trägt es nicht zur Kühlwirkung bei.

Der wichtigste Nachteil der evaporativen Kühlung sind der Wasserverlust und die damit verbundene Gefahr der Dehydrierung, sodass vor allem die Bewohner trockener und heißer Regionen diese Strategie als letzte Option zur Aufrechterhaltung ihrer Körpertemperatur einsetzen. Schwitzen und Hecheln sind verbreitete Mechanismen der evaporativen Kühlung.

Schwitzen erfordert **Schweißdrüsen** (mehr als eine Million beim Menschen), die unter Kontrolle des sympathischen Nervensystems eine hypotone wässrige Lösung produzieren (▶ Abschn. 3.4.1). Über Haut und Atemwege verlieren wir auch ohne offensichtliches Schwitzen unbemerkt 20 bis 50 ml Wasser pro Stunde; dieser Wert kann bei extremer Wärmebelastung bis auf 2 l pro Stunde steigen. Entsprechend hoch ist der Verlust an Elektrolyten (vor allem Na^+ und Cl^-) bei starkem Schwitzen. Das Vorkommen von Schweißdrüsen folgt bei endothermen Tieren keinem erkennbaren Muster – Primaten, Rinder, Pferde und auch Kamele besitzen Schweißdrüsen, während sie bei Nagetieren und Vögeln nicht vorhanden sind.

Hecheln bezeichnet die Erhöhung der Atemfrequenz bei zunehmender Wärmebelastung und tritt bei Vögeln und Säugern auf. Durch die Ventilation der feuchten Epithelien der oberen Atemwege wird vermehrt Wasser verdunstet und dieser Prozess entzieht dem Körper Energie in Form von Wärme. Der Wasserverlust ist beim Hecheln deutlich geringer als beim Schwitzen und außerdem gehen keine Elektrolyte verloren. Allerdings birgt Hecheln die Gefahr einer respiratorischen Alkalose, da der pH-Wert des Blutes in den basischen Bereich hinein verschoben werden kann. Ähnlich einer Hyperventilation führt die hohe Atemfrequenz zu einem Ungleichgewicht zwischen Produktion und Abgabe von CO_2 (▶ Abschn. 4.9.3). Indem mehr CO_2 nach außen abgegeben als in den Geweben gebildet wird, verschiebt sich die Carboanhydrasereaktion Gl. 1.1 gemäß dem Massenwirkungsgesetz nach links, sodass die Protonenkonzentration im Blut fällt.

3.6.3 Zusammenfassung

Thermoregulatorische Mechanismen bei Temperaturen oberhalb der oberen kritischen Temperatur basieren auf Verhaltensanpassungen und nichtevaporativen Strategien, wie etwa der kontrollierten Hyperthermie. Bei großer Wärmebelastung muss jedoch Wasser auf der Körperoberfläche verdunstet werden – aufgrund seiner hohen Verdampfungsenthalpie führt dieser Prozess sehr effizient Stoffwechselwärme aus dem Körper an die Umgebung ab. Die evaporative Temperaturregulation hat jedoch auch Nachteile: Im Falle des Schwitzens gehen Wasser und Elektrolyte verloren, während beim Hecheln die Gefahr einer respiratorischen Alkalose besteht.

Literatur

1. Bauwens D, Hertz PE, Castilla AM (1996) Thermoregulation in a lacertid lizard: the relative contributions of distinct behavioral mechanisms. Ecology 77:1818–1830
2. Cannon B, Nedergaard J (2004) Brown adipose tissue: function and physiological significance. Physiol Rev 84:277–359
3. Dawson WR, Bartholomew GA (1956) Relation of oxygen consumption to body weight, temperature and temperature acclimation in lizards *Uca stansburiana* and *Sceloporus occidentalis*. Physiol Zool 29:40–51
4. Eliason EJ, Clark TD, Hague MJ, Hanson LM, Gallagher ZS, Jeffries KM, Gale MK, Patterson DA, Hinch SG, Farrell AP (2011) Differences in thermal tolerance among sockeye salmon populations. Science 332:109–112
5. Fedorenko A, Lishko PV, Kirichok Y (2012) Mechanism of fatty-acid-dependent UCP1 uncoupling in brown fat mitochondria. Cell 151:400–413
6. Fletcher GL, Goddard SV, Davies PL, Gong Z, Ewart KV, Hew CL (1998) New insights into fish antifreeze proteins: physiological significance and molecular regulation. In: Pörtner HO, Playle RC (Hrsg) Cold Ocean Physiology, Cambridge University Press, New York, S 239–265
7. Geiser F (2004). Metabolic rate and body temperature reduction during hibernation and daily torpor. Annu Rev Physiol 66:239–274
8. Hill RH, Wyse GA, Anderson M (2016) Animal Physiology. 4. Aufl, Sinauer, Sunderland
9. Holland LZ, McFall-Ngai M, Somero GN (1997) Evolution of lactate dehydrogenase-A homologs of barracuda fishes (genus *Sphyraena*) from different thermal environments: differences in kinetic properties and thermal stability are due to amino acid substitutions outside the active site. Biochemistry 36:3207–3215
10. Kiss AJ, Mirarefi AY, Ramakrishnan S, Zukoski CF, DeVries AL, Cheng CH (2004) Cold-stable lens crystallins of the Antarctic nototheniid toothfish *Dissostichus mawsoni* Norman. J Exp Biol 207:4633–4649
11. Mortimer CE, Müller U (2015) Chemie. Das Basiswissen der Chemie. 12. Aufl, Thieme, Stuttgart
12. Rubinsky B, Wong ST, Hong JS, Gilbert J, Roos M, Storey KB (1994) ^{1}H magnetic resonance imaging of freezing and thawing in freeze-tolerant frogs. Am J Physiol 266:R1771–R1777
13. Somero GN (1997) Temperature relationships: from molecules to biogeography. In: Dantzler WH GC (Hrsg) Comparative Physiology, Vol 2. Oxford University Press, New York, S 1391–1444
14. Somero GN (2004) Adaptation of enzymes to temperature: searching for „basic strategies". Comp Biochem Phys B 139:321–333
15. Somero GN (2011) Comparative physiology: a „crystal ball" for predicting consequences of global change. Am J Physiol 301:R1–R14
16. Tewsbury JJ, Huey RB, Deutsch CA (2008) Putting heat on tropical animals. Science 320:1296–1297
17. Vriens J, Nilius B, Voets T (2014) Peripheral thermosensation in mammals. Nat Rev Neurosci 15:573–589

Interne Transportsysteme und Homöoostase

Die Konstanz des inneren Milieus ist ein zentrales Konzept in der Physiologie. Durch Kompartimentierung wird der Innenraum eines Organismus von der Umgebung getrennt und erhält durch selektiven Stoffaustausch und intrazelluläre Biosynthesen eine andere Zusammensetzung. Interne Reaktionsräume ermöglichen die Optimierung chemischer Prozesse und gewährleisten eine weitgehende Unabhängigkeit von den oft schwankenden Bedingungen der Außenwelt.

Die in Teil I beschriebenen energetischen Prozesse dienen zu einem großen Teil der Aufrechterhaltung lebenswichtiger körpereigener Parameter. Hierzu gehören eine ausreichende Versorgung jeder Körperzelle mit Sauerstoff, sodass die für eine effiziente ATP-Synthese erforderlichen oxidativen Prozesse kontinuierlich in den Mitochondrien ablaufen können. Molekularer Sauerstoff wird dabei aus den Atemmedien Wasser oder Luft extrahiert, die beide jeweils besondere Anforderungen an die Konstruktion und die Funktion der Atemorgane stellen.

Die im Zuge der Verdauungsprozesse aufgenommenen Nährstoffe und der Sauerstoff werden zur Versorgung der körpereigenen Zellen im Organismus verteilt. Bei kleineren Tieren sind Diffusionsprozesse für die Verteilung ausreichend, da die Transportstrecken vergleichsweise kurz sind. Größere Tiere hingegen sind auf effektive Transportsysteme angewiesen, um die größeren Entfernungen zwischen den Orten der Aufnahme und denjenigen des Verbrauchs zu überbrücken. Die Evolution von Kreislaufsystemen mit einem zentralen Pumpenaggregat, dem Herzen, trägt dieser Notwendigkeit Rechnung.

Die Regulation des Wasser- und Elektrolythaushalts spielt eine wesentliche Rolle bei homöostatischen Prozessen. Abhängig von ihrem Lebensraum im Salzwasser, Süßwasser oder an Land verwenden Tiere unterschiedliche, meist energieintensive Strategien, um die Konzentration an gelösten Salzen und Wasser in ihrem Körper in engen Grenzen konstant zu halten.

Abbauprodukte des Stoffwechsels und nichtverwertbare Bestandteile der Nahrung werden wieder ausgeschieden. Für diese Aufgabe haben sich in der Evolution unterschiedliche Exkretionsorgane entwickelt, die neben der Ausscheidung stickstoffhaltiger Substanzen häufig wesentliche Funktionen bei der Regulation des Wasser- und Salzhaushalts übernehmen.

In zweiten Teil werden zunächst interne Transportmechanismen, die der Atmung und dem Kreislaufsystem zugrunde liegen, besprochen. Transport als physikalischer Vorgang verläuft nach exakten Gesetzmäßigkeiten, die Struktur und Funktion wesentlicher Bestandteile von Transportsystemen maßgeblich prägen. Osmoregulatorische und exkretorische Mechanismen werden anschließend beispielhaft für homöostatische Prozesse diskutiert.

Atmung und Physiologie der Atemgase

Andreas Feigenspan

© Springer-Verlag GmbH Deutschland 2017
A. Feigenspan, *Prinzipien der Physiologie*, https://doi.org/10.1007/978-3-662-54117-3_4

> **Schlüsselkonzepte**
>
> 1. Der Transport der Atemgase im Körper erfolgt durch einfache Diffusion und Konvektion.
> 2. Respiratorische Pigmente wie Hämoglobin erhöhen die Transportkapazität des Blutes oder der Hämolymphe für Sauerstoff (O_2).
> 3. Kohlenstoffdioxid wird im Blut physikalisch gelöst als CO_2, als Hydrogencarbonat und kovalent an Hämoglobin gebunden transportiert.
> 4. Kiemen sind Ausstülpungen der Körperoberfläche, deren respiratorische Funktion auf einer unidirektionalen Ventilation und dem Gegenstromprinzip beruht.
> 5. Die evolutionäre Entwicklung von Lungen als Einstülpungen der Körperoberfläche ermöglicht die Verwendung von Luft als Atemmedium und damit die Besiedlung terrestrischer Lebensräume.
> 6. Wasser ist ein ungünstigeres Atemmedium als Luft, da es weniger O_2 enthält, mehr Energie zur Ventilation benötigt und längere Diffusionszeiten erfordert.
> 7. Das Tracheensystem von Insekten bringt die Austauschfläche zu den Körperzellen; Atemgastransport durch ein Kreislaufsystem ist nicht erforderlich.
> 8. Die Atmung bei Wirbeltieren wird durch einen Rhythmusgenerator im Stammhirn reguliert.
> 9. Abweichungen des CO_2-Partialdrucks und des pH-Werts im Blut, aber auch Änderungen des O_2-Partialdrucks bewirken eine erhöhte Aufnahme von O_2.

4.1 Physikalische Grundlagen des Gasaustausches

Im oxidativen Stoffwechsel werden Kohlenhydrate, Fette und Proteine mit molekularem Sauerstoff (O_2) zu Kohlenstoffdioxid (CO_2) und stickstoffhaltigen Endprodukten umgesetzt. O_2 dient in der Atmungskette als Elektronenakzeptor und ohne O_2 kommt die ATP-Produktion schnell zum Erliegen (▶ Abschn. 2.3.3). Die Energieversorgung eines Organismus beruht also auf der kontinuierlichen Lieferung von O_2 an alle Zellen des Körpers, während gleichzeitig CO_2 aus den Geweben abtransportiert und nach außen abgegeben wird. Die Ventilation des Atemmediums (Luft oder Wasser) und der Transport von O_2 und CO_2 durch unterschiedliche Leitungssysteme ermöglichen einen flexiblen Gasaustausch, der unmittelbar an den jeweiligen Bedarf angepasst werden kann. O_2 und CO_2 werden zusammen auch als **Atemgase** bezeichnet.

Der Transport der Atemgase im Körper eines Organismus erfolgt durch zwei unterschiedliche Mechanismen: **einfache Diffusion** und **Konvektion**. Wir haben die einfache Diffusion als einen effizienten Mechanismus für den Stofftransport auf sehr kurzen Strecken kennengelernt (▶ Abschn. 1.7.1). Eine Diffusion von Atemgasen findet daher vor allem an den Grenzflächen zwischen den Atemorganen und der Umgebung sowie beim Übertritt der Atemgase aus den Kapillaren in die Gewebe statt – in beiden Fällen betragen die Diffusionsstrecken nur wenige Mikrometer. Für den Transport der Atemgase im Körper selbst ist die einfache Diffusion jedoch zu langsam, um eine Versorgung der Gewebe sicherzustellen. Für längere Strecken werden die Atemgase daher mittels Konvektion, also durch Strömung eines Trägermediums wie Atemluft und Blut transportiert.

Diffusion erfordert keinen direkten Einsatz von Stoffwechselenergie – bei Gasen ist allerdings ein Partialdruckgefälle erforderlich, das nur unter Energieaufwand erzeugt werden kann. Konvektive Prozesse benötigen äußere mechanische Energie, die in Form von Atembewegungen (Ventilation) und Pumpleistungen (Kontraktion der Herzmuskulatur) bereitgestellt werden muss.

4.1.1 Partialdruck und Konzentration von Gasen

Um zu verstehen, wie O_2 in den Körper gelangt und dort transportiert wird, müssen wir zunächst die Diffusion von Gasen betrachten. In wässriger Lösung erfolgt die Diffusion gelöster Stoffe wie Glucose entlang eines Konzentrationsgefälles zwischen verschiedenen Regionen, sodass die pro Zeit transportierte Stoffmenge dem Konzentrationsunterschied zwischen diesen Bereichen direkt proportional ist (▶ Abschn. 1.7.1 und Gl. 1.2). *Für den Übergang von O_2 aus der Luft in den Körper ist das Konzept eines Konzentrationsgradienten jedoch ungeeignet, da die Diffusion von Gasen nicht dem Konzentrationsgradienten, sondern dem Druckgefälle folgt.*

Trockene atmosphärische Luft ist ein Gasgemisch, bestehend aus 78 % Stickstoff (N_2), 21 % O_2, etwa 1 % Argon und anderen Edelgasen sowie 0,04 % CO_2. Jeder Bestandteil eines Gasgemisches, das den Gesamtdruck p_B aufweist, besitzt einen sogenannten **Partialdruck** p_i, der dem relativen Volumenanteil F_i des jeweiligen Gases proportional ist:

$$p_i = F_i \times p_B. \tag{4.1}$$

Gl. 4.1 besagt: *Je größer der Anteil eines Gases am Gesamtvolumen, desto höher ist sein Partialdruck.* Wir wollen mit dieser Gleichung beispielhaft den Partialdruck von O_2 auf Meereshöhe berechnen. Mit einem Volumenanteil F_i von 21 % O_2 und einem Gesamtdruck p_B von 1,013 bar (= 101,325 kPa) beträgt der O_2-Partialdruck 0,213 bar (21,3 kPa), entsprechend dem Druck, den ein Gewicht von 213 g auf eine Fläche von 1 cm^2 ausübt. Im Gegensatz zu festen Körpern wirkt der Druck von Gasen in der Luft und im Wasser jedoch von allen Seiten mit demselben Betrag.

Der Gesamtdruck p_B eines Gasgemisches setzt sich aus der Summe der Partialdrücke seiner Bestandteile zusammen und beträgt für trockene atmosphärische Luft auf Meereshöhe:

$$p_B = p_{O_2} + p_{CO_2} + p_{N_2} + p_{Edelgase}. \tag{4.2}$$

Die Beziehung zwischen der Konzentration und dem Partialdruck eines Gases hängt davon ab, ob sich das Gas in der Gasphase oder gelöst in einer Flüssigkeit befindet.

Gasphase In der Gasphase nehmen ideale Gase unter Normbedingungen[1] ein Volumen von 22,4 l mol^{-1} ein; 1 mol O_2 und 1 mol CO_2 besitzen dasselbe Volumen und daher auch identische Konzentrationen. Je mehr Moleküle eines Gases in einem bestimmten Volumen vorhanden sind, desto größer ist auch der Druck – *molare Konzentration und Druck sind also zueinander proportional.*[2] Diese Beziehung gilt auch für den Partialdruck p_i in einem Gasgemisch, was durch Umstellen des **allgemeinen Gasgesetzes** (Gl. 4.3) gezeigt werden kann:

$$p_i V = n_i RT, \tag{4.3}$$

$$p_i = \left(\frac{n_i}{V}\right) RT. \tag{4.4}$$

---

[1] Druck $p_0 = 101$ kPa, Temperatur $T_0 = 0\,°C = 273,15$ K.
[2] Die Konstanz von Temperatur und Volumen wird vorausgesetzt.

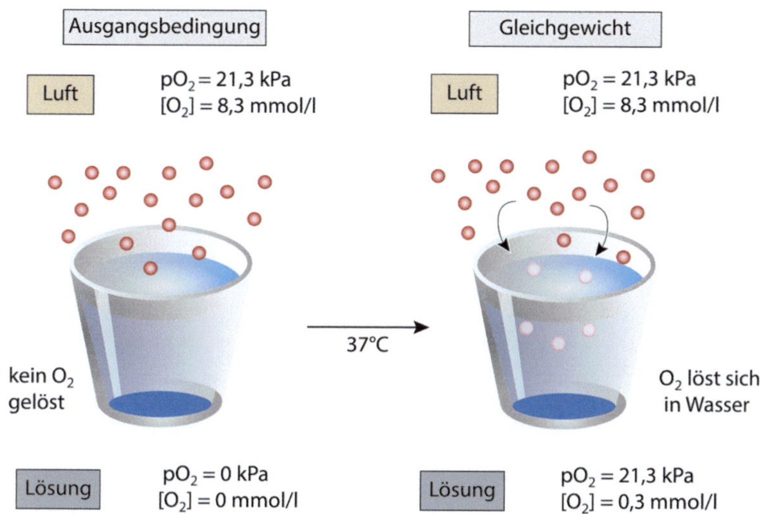

◘ Abb. 4.1 Lösung von Sauerstoff (O$_2$) in Wasser. Ein Wasservolumen steht über seine Oberfläche mit atmosphärischer Luft in Verbindung. Zu Beginn enthält die wässrige Lösung keinen Sauerstoff (Ausgangsbedingung). Aufgrund des O$_2$-Partialdruckgefälles zwischen Luft und Wasser löst sich solange O$_2$ in der wässrigen Lösung, bis im Gleichgewicht der O$_2$-Partialdruck des Wassers mit 21,3 kPa demjenigen der Luft entspricht. Trotz gleicher Partialdrücke ist die O$_2$-Konzentration im Wasser (0,3 mmol l^{-1}) weitaus geringer als in der Luft (8,3 mmol l^{-1})

R ist die allgemeine Gaskonstante und T die absolute Temperatur in K; die molare Konzentration verbirgt sich im Quotienten von Stoffmenge n_i der entsprechenden Komponente i und dem Gesamtvolumen V des Gasgemisches.

Wässrige Lösung In einer wässrigen Lösung gelten jedoch andere Gesetzmäßigkeiten, denn Gase lösen sich nur bis zu einer bestimmten Konzentration in einer Flüssigkeit, und nur in dieser Form stehen sie für den Gasaustausch zur Verfügung. *Gelöste Gase sind unsichtbar, genauso wie gelöste Zucker- oder Salzmoleküle unsichtbar sind.* Sobald Gase makroskopisch in Form von Bläschen in einer Flüssigkeit auftauchen, sind sie nicht länger gelöst, sondern befinden sich in der Gasphase. Die Löslichkeit eines Gases in Wasser wird durch folgende Eigenschaften bestimmt:

- *Die gelöste Menge eines Gases hängt von dessen Partialdruck ab.* Im Gleichgewicht ist der Partialdruck im Wasser genau so groß wie der Partialdruck des Gases in der umgebenden Luft (◘ Abb. 4.1).
- *Temperatur und Salzgehalt des Wassers beeinflussen die Löslichkeit eines Gases.* Steigende Temperatur und steigender Salzgehalt verringern die Löslichkeit (◘ Tab. 4.1).
- *Verschiedene Gase lösen sich unterschiedlich gut in Wasser* ($CO_2 > O_2 > N_2$).

Der letzte Punkt bezeichnet einen wichtigen Unterschied zwischen Gasphase und wässriger Lösung: *Obwohl zwei Gase identische Partialdrücke aufweisen, sind ihre Konzentrationen in wässriger Lösung unterschiedlich groß.* Wie gut sich ein Gas in Wasser löst, wird durch den gasspezifischen **Löslichkeitskoeffizienten** α ausgedrückt. Das **Gesetz von Henry** gibt den Zusammenhang zwischen der Konzentration c_i und dem Partialdruck p_i in einer Lösung an:

$$c_i = \alpha \times p_i. \tag{4.5}$$

◘ Tabelle 4.1 Löslichkeitskoeffizienten α und O_2-Gehalt in Süß- und Salzwasser bei unterschiedlichen Temperaturen

	Süßwasser		Salzwasser	
Temperatur	α	O_2-Gehalt	α	O_2-Gehalt
(°C)	(μmol l^{-1} kPa^{-1})	(ml l^{-1})	(μmol l^{-1} kPa^{-1})	(ml l^{-1})
0	21,7	10,3	17,7	8,4
10	16,9	8,1	13,9	6,6
20	13,7	6,5	11,5	5,5
30	11,6	5,5	9,86	4,7

Der O_2-Gehalt des Wassers entspricht idealer Sättigung bei einem Luftdruck von 101,3 kPa und einem O_2-Partialdruck von 21,3 kPa.

Gl. 4.5 besagt, dass Konzentration c_i und Partialdruck p_i zueinander proportional sind, wobei α die Proportionalitätskonstante ist. *Je größer α bei gleichem Partialdruck, desto besser löst sich das Gas und desto höher ist seine Konzentration in der wässrigen Lösung.* Vergleichen wir als Beispiel die Löslichkeit von O_2 und CO_2 in destilliertem Wasser bei 37 °C. Die Löslichkeitskoeffizienten für CO_2 und O_2 betragen unter diesen Bedingungen 250,5 μmol l^{-1} kPa^{-1} (CO_2) und 10,6 μmol l^{-1} kPa^{-1} (O_2). Legen wir für beide Gase denselben Partialdruck von 21,3 kPa zugrunde, lösen sich 5,3 mmol CO_2 (120 ml), aber nur 0,23 mmol O_2 (5 ml). *CO_2 besitzt demnach eine über 20-mal höhere Löslichkeit in Wasser als O_2.*

Die relativ geringe Löslichkeit von O_2 erklärt die deutlich geringere Konzentration von O_2 in einer wässrigen Lösung verglichen mit der atmosphärischen Luft. Steht die Oberfläche einer Flüssigkeit in direktem Austausch mit der Luftsäule darüber, sind nach Einstellen eines Gleichgewichts die Partialdrücke in Gasphase und Lösung gleich groß – im gezeigten Beispiel 21,3 kPa (◘ Abb. 4.1). *Trotz gleichen O_2-Partialdrucks unterscheiden sich die Konzentrationen in Luft und Wasser jedoch wesentlich:* Während bei 37 °C die O_2-Konzentration in der Luft 8,3 mmol l^{-1} beträgt, haben sich nur 0,23 mmol l^{-1} O_2 im Wasser gelöst. Selbst bei vollständiger Sättigung beträgt das O_2-Volumen in destilliertem Wasser bei 37 °C etwa 5 ml pro Liter (verglichen mit 210 ml O_2 pro Liter Luft). Im Blutplasma mit seinem höheren Salzgehalt sinkt dieser Wert auf 4 ml O_2 pro Liter Wasser.

Diese einfachen physikalischen Tatsachen haben wichtige biologische Konsequenzen:

- Die geringe O_2-Transportkapazität einer wässrigen Lösung wie Blutplasma reicht nicht aus, um die Gewebe eines Organismus ausreichend mit O_2 zu versorgen. **Respiratorische Pigmente** wie Hämoglobin erhöhen die O_2-Transportkapazität des Blutes um ein Vielfaches.
- Aufgrund seiner guten Löslichkeit kann das in den Geweben anfallende CO_2 direkt im Blutplasma gelöst transportiert werden – spezielle Transportproteine sind nicht nötig.
- Der geringe O_2-Gehalt des Wassers erfordert besonders effiziente Mechanismen der O_2-Aufnahme bei Organismen, die auf Wasser als Atemmedium angewiesen sind.

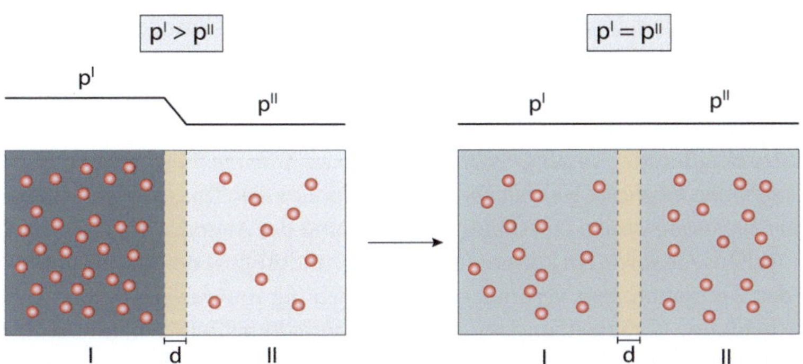

◘ Abb. 4.2 Diffusion von Gasen. Zwei Behälter I und II enthalten jeweils ein Gas mit einem bestimmten Partialdruck p und sind durch eine für das Gas durchlässige Membran der Dicke d voneinander getrennt. Zu Beginn ist der Partialdruck des Gases links (p^I) höher als der Partialdruck des Gases auf der *rechten Seite* (p^{II}). Aufgrund ihrer spontanen thermischen Bewegung durchmischen sich die Gase, bis auf beiden Seiten gleich viele Gasmoleküle vorhanden sind. Im Gleichgewicht sind daher die Partialdrücke auf der *linken* und *rechten Seite* gleich groß. Die *Linien* veranschaulichen die Partialdrücke über der trennenden Membran

4.1.2 Diffusion von Gasen

Grundsätzlich diffundieren Gase entlang des Druckgefälles von Bereichen höheren in Bereiche niedrigeren Partialdrucks. Dies gilt für die Diffusion von Gasen in der Gasphase, in einer wässrigen Lösung, aber auch an den Grenzflächen zwischen Luft und Wasser. Der Mechanismus für die Diffusion von Gasen entspricht demjenigen, den wir für die Diffusion gelöster Substanzen kennengelernt haben: Spontane thermische Molekülbewegungen führen zu einem statistischen Nettotransport in eine Richtung, ohne dass Energie aufgewendet werden muss.

Für eine formale Beschreibung der Diffusion von Gasen benötigen wir zunächst die **Krogh-Diffusionskonstante** K, die als Produkt aus D und dem Löslichkeitskoeffizienten α definiert ist:

$$K = \alpha \times D. \tag{4.6}$$

In der Diffusionsgleichung (Gl. 1.2) ersetzen wir nun die Konzentration durch den Partialdruck und den Diffusionskoeffizienten D durch die Krogh-Diffusionskonstante K. In nichtdifferenzieller Form lautet die Diffusionsgleichung für Gase:

$$\frac{M}{\Delta t} = -K \cdot A \cdot \frac{p^I - p^{II}}{d}. \tag{4.7}$$

Gl. 4.7 besagt, dass die Gasmenge M, die pro Zeiteinheit Δt transportiert wird, proportional zum Druckgefälle zwischen zwei Bereichen I und II (Partialdruckdifferenz $p^I - p^{II}$) und der Fläche A sowie umgekehrt proportional zur Dicke der Grenzschicht d ist, die bei der Diffusion zurückgelegt werden muss (◘ Abb. 4.2). Die Proportionalitätskonstante K bezeichnet die

Gasmenge, die bei einem bestimmten Partialdruckgefälle pro Sekunde durch die Fläche von einem Quadratmeter diffundiert.

Hinsichtlich des Aufbaus und der Effizienz von Atemorganen lassen sich aus der Diffusionsgleichung Gl. 4.7 folgende Stellgrößen ablesen:

1. **Partialdruckdifferenz:** *An der Grenzfläche zwischen Atemmedium und Blut sollte die Partialdruckdifferenz möglichst gleichbleibend groß sein, um den Transport der Atemgase mittels Diffusion zu gewährleisten.* Die ständige Umwälzung des Atemmediums durch Ventilation auf der Außenseite sowie ein kontinuierlicher Zu- und Abfluss des Blutes auf der Innenseite durch das Kreislaufsystem verhindern die Entstehung unbewegter Grenzschichten – eine entscheidende Voraussetzung für die Aufrechterhaltung der Partialdruckdifferenz. Der Partialdruck in einer Lösung wird nur durch freie Gasmoleküle verursacht, während an respiratorische Pigmente gebundener Sauerstoff oder Kohlenstoffdioxid in Form von Hydrogencarbonat den O_2- bzw. CO_2-Partialdruck nicht beeinflussen. Die Bindung von O_2 an Hämoglobin hält also den O_2-Partialdruck im Blut auf einem niedrigen Niveau und trägt damit wesentlich zur Konstanz der von außen nach innen gerichteten Partialdruckdifferenz bei.
2. **Oberfläche:** *Da die pro Zeiteinheit per Diffusion transportierte Gasmenge mit der Austauschfläche steigt, besitzen die meisten Atemorgane deutlich vergrößerte respiratorische Oberflächen.* Damit diese großen Flächen in einem relativ kleinen Volumen innerhalb des Körpers untergebracht werden können, weisen respiratorische Oberflächen meist komplexe Einfaltungen oder Verzweigungen auf.
3. **Diffusionsstrecke:** *Die Diffusionsstrecke sollte so kurz wie möglich sein.* Auch wenn die Diffusionsbarriere aus mehreren Zellschichten besteht, beträgt die Distanz zwischen Atemmedium und Blut in der menschlichen Lunge nicht mehr als 1 μm. In wässriger Lösung benötigt O_2 für diese Strecke etwa 0,1 ms (bei einer Diffusionsstrecke von 1 mm sind es bereits 100 s).

Die **Diffusionsgeschwindigkeit** von Gasen ist in Wasser sehr viel geringer als in Luft: Bei 20 °C diffundiert O_2 etwa 300.000-mal schneller durch Luft als durch Wasser.[3] In den einzelnen Geweben verläuft die Diffusion im Vergleich zu Wasser etwa halb so schnell. Ein Übertritt von Flüssigkeit aus dem Kreislauf in die Alveolen (alveoläres Lungenödem) kann daher aufgrund der verringerten Diffusionsgeschwindigkeit von O_2 zu einer lebensbedrohlichen Verlangsamung des Gasaustausches führen (▶ Abschn. 4.6.1).

4.1.3 Angewandte Gasdiffusion: Wasserinsekten und Taucher

Wasserinsekten wie der Schwimmkäfer *Dytiscus* machen sich die Prinzipien der Gasdiffusion zunutze, indem sie eine Luftblase an der Oberfläche eines Gewässers an speziellen Körperstrukturen fixieren, abtauchen und ihren O_2-Bedarf unter Wasser aus der Luftblase decken (◘ Abb. 4.3). Zu Beginn hat das Gasgemisch in der Blase die Zusammensetzung atmosphärischer Luft mit einem O_2-Partialdruck von 21,3 kPa, entsprechend einer Konzentration von 8,3 mmol l^{-1}. Da der Käfer O_2 in der Luftblase für aerobe Stoffwechselprozesse verbraucht, sinken dort im Laufe der Zeit der O_2-Partialdruck und die O_2-Konzentration.

---

[3] Bei 20 °C beträgt die Krogh-Diffusionskonstante in Wasser $0{,}274 \times 10^{-3}$ nmol cm^{-1} kPa^{-1}, in Luft dagegen 82,2 nmol cm^{-1} kPa^{-1}.

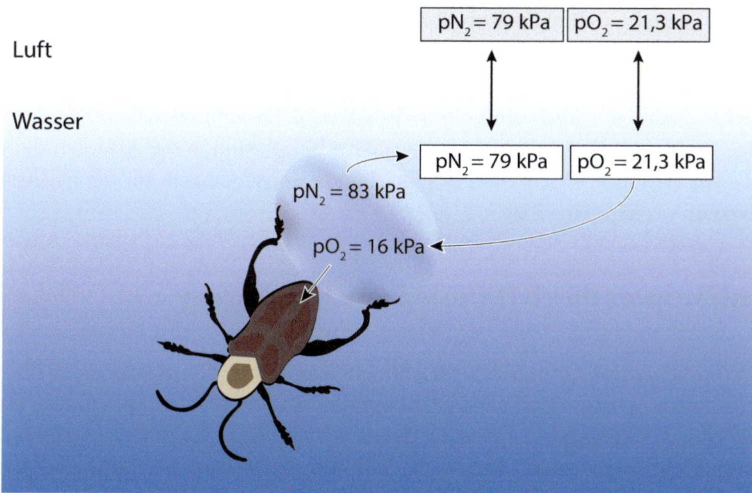

Abb. 4.3 Funktionsprinzip einer physikalischen Kieme. Ein Schwimmkäfer kann seinen Sauerstoffbedarf unter Wasser mithilfe einer Luftblase decken. Zu Beginn besitzt die Blase den O_2-Partialdruck atmosphärischer Luft. Da der Sauerstoff in der Blase vom Käfer verbraucht wird, sinkt der O_2-Partialdruck und O_2 diffundiert aus dem Wasser entlang seines Partialdruckgefälles in die Luftblase. Aufgrund der Diffusion von Stickstoff (N_2) ins umgebende Wasser schrumpft die Blase im Laufe der Zeit. pO_2 und pN_2 bezeichnen den Partialdruck von O_2 bzw. N_2

Das Wasser, in dem sich der Käfer befindet, steht mit der atmosphärischen Luft im Gleichgewicht, besitzt also bei 20 °C einen O_2-Partialdruck von 21,3 kPa und entsprechend der Löslichkeit von O_2 eine Konzentration von 0,3 mmol l^{-1}. Die Diffusion von Gasen erfolgt entlang des Partialdruckgefälles und folgt nicht dem Konzentrationsgradienten. *Sobald der O_2-Partialdruck unter den Wert von 21,3 kPa fällt, diffundiert O_2 aus dem umgebenden Wasser in die Luftblase, obwohl die O_2-Konzentration dort höher ist als im Wasser.* Der Käfer kann also mithilfe dieser **physikalischen Kieme** dem Wasser O_2 entziehen und auf diese Weise länger tauchen, als es der O_2-Vorrat in der Blase allein erlauben würde. Allerdings schrumpft die Blase letztlich doch, da N_2 entlang seines Partialdruckgefälles ins Wasser diffundiert.

Die Diffusion von Gasen entlang eines Partialdruckgefälles ist auch für das Gerätetauchen von großer Bedeutung. Da der Wasserdruck mit zunehmender Tiefe steigt (100 kPa pro 10 m), wird die luftgefüllte Lunge immer mehr zusammengedrückt und schließlich auf ein Restvolumen komprimiert. Beim Tauchen verhindert ein Atemregler, der den Luftdruck in der Lunge dem jeweiligen Wasserdruck anpasst, diese Kompression des Lungengewebes.

In 30 m Tiefe beträgt der Wasserdruck 400 kPa und der Partialdruck des Stickstoffs entsprechend seinem Volumenanteil 312 kPa. Mit der Zeit stellt sich ein Gleichgewicht zwischen dem N_2-Partialdruck in der Lunge und im Blut ein, sodass auch das Blut schließlich einen N_2-Partialdruck von 312 kPa besitzt. Zu schnelles Auftauchen führt zu einer großen Partialdruckdifferenz zwischen dem Blut mit noch immer 312 kPa und mikroskopisch kleinen Gasbläschen, die sich im Blut bilden und an der Oberfläche einen N_2-Partialdruck von 78 kPa besitzen. N_2 strömt nun entlang des Druckgefälles in diese Gasbläschen hinein, die dadurch makroskopische Größen erreichen und Gefäße verstopfen und beschädigen können. Langsames Auftauchen erlaubt die Anpassung an den sinkenden Wasserdruck und verhindert die **Dekompressionskrankheit**, indem überschüssiger Stickstoff über die Lunge nach außen abgegeben werden kann.

Wenn die Lunge beim Tauchen ohne Atemregler bei einer Tiefe von etwa 40 m ihr Restvolumen erreicht hat, kann sie nicht weiter zusammengedrückt werden, und folglich bleiben Volumen und der Druck der restlichen Luft in der Lunge konstant. Bei größeren Tiefen überschreiten der Wasserdruck und somit der hydrostatische Druck in den Gefäßen den Luftdruck in der Lunge, sodass eine wässrige Lösung aus dem Blutplasma in die Alveolen der Lunge gepresst wird – mit den in ▶ Abschn. 4.1.2 beschriebenen Konsequenzen für die Diffusion von O_2 aus den Alveolen ins kapilläre Blut.

4.1.4 Gastransport durch Diffusion und Konvektion

Konvektiver Transport bezeichnet den gerichteten Strom eines Gases oder einer Flüssigkeit, in der sich die zu transportierenden Moleküle befinden. *Konvektion ist immer dann erforderlich, wenn die Wegstrecken so lang sind, dass ein Transport durch Diffusion zu viel Zeit beansprucht.* Bei der Säugerlunge wird beispielsweise O_2 mithilfe der Atemmuskulatur aus dem Außenmedium über die Luftröhre bis in die Lunge befördert und von dort mithilfe des Blutstroms im Körper verteilt. *Grundsätzlich werden die Atemgase bei der Ventilation des Atemmediums und durch das Kreislaufsystem konvektiv transportiert.* Im Gegensatz zur Diffusion muss Arbeit geleistet werden, um den konvektiven Massenstrom in Bewegung zu setzen und aufrechtzuerhalten. Durch die geschickte Ausnutzung von Wasser- und Luftströmungen wird die Energie für die Ventilation des Atemmediums jedoch nicht notwendigerweise vom Organismus selbst aufgebracht.

Welche Faktoren bestimmen, wie viel O_2 pro Zeit durch konvektiven Gastransport befördert werden kann? In den geschlossenen Gefäßen des Kreislaufsystems legen zwei Faktoren die Rate des konvektiven Gastransports fest:

1. **Die Gesamtmenge an O_2 im Blut.** Bei Tieren mit hohem O_2-Bedarf ist die O_2-Konzentration im Blut durch Hämoglobin um ein Vielfaches erhöht (200 ml O_2 statt 4 ml bei ausschließlich physikalischer Lösung).
2. **Die Geschwindigkeit des Blutstroms.** Das Blut wird durch die regelmäßige Kontraktion eines Herzens angetrieben und der Herzschlag sorgt für eine Geschwindigkeit des Blutstrom bis zu $35\,l\,min^{-1}$ in Phasen hohen O_2-Bedarfs.

Für einen effizienten Gasaustausch wechseln sich Konvektion und Diffusion in vielen Fällen ab. Betrachten wir als Beispiel den O_2-Transport aus der atmosphärischen Luft bis zu den Mitochondrien im Gewebe eines landlebenden Wirbeltieres. Die relativ lange Strecke vom Außenmedium bis zur Lunge legt O_2 – angetrieben von der Atemmuskulatur – durch Konvektion zurück, gefolgt von Diffusion über das Alveolarepithel, Interstitium und Endothel der Lungenkapillaren in die roten Blutzellen (◘ Abb. 4.4a). Die Erythrozyten werden dann erneut mittels Konvektion durch den Blutstrom auf die verschiedenen Gewebe verteilt. Die letzten Mikrometer – aus den Erythrozyten über Endothel, Interstitium und Zellmembran in die Mitochondrien der jeweiligen Gewebezellen – legt O_2 schließlich wieder mittels Diffusion zurück (◘ Abb. 4.4b).

Damit O_2 aus dem Außenmedium ins Blut und im Gewebe aus dem Blut in die Zellen diffundieren kann, ist eine Partialdruckdifferenz zwischen dem Außenmedium und den Mitochondrien unbedingt erforderlich (◘ Abb. 4.5). Der O_2-Partialdruck von 21,3 kPa in atmosphärischer Luft verringert sich auf 13,3 kPa in den Alveolen, da dort nur eine unvollständige Durchmischung mit Frischluft stattfindet (▶ Abschn. 4.4.2). Eine Partialdruckdifferenz von 0,7 kPa ist jedoch ausreichend, um O_2 aus der Alveolarluft ins arterielle Blut zu transportieren. Die Gewebeka-

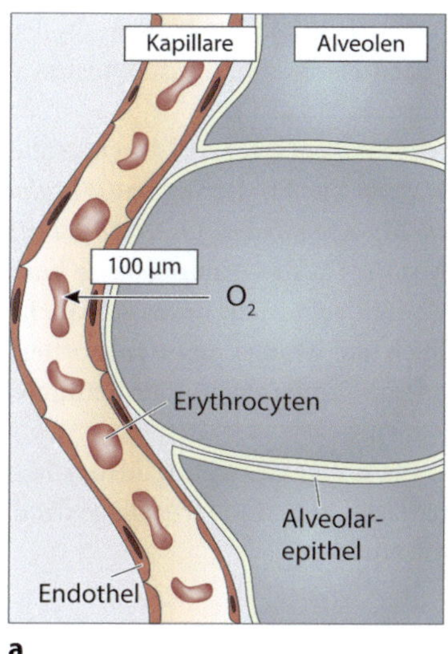
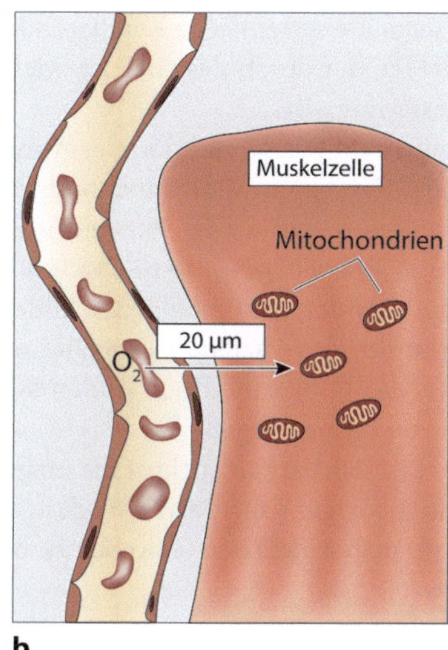

◘ Abb. 4.4 Diffusion von Sauerstoff in der Lunge und im Gewebe. **a** In der Lunge diffundiert Sauerstoff aus den mit Atemluft gefüllten Alveolen über das Alveolarepithel, Interstitium und Endothel in die Kapillaren und von dort in die Erythrozyten. **b** In den systemischen Geweben diffundiert Sauerstoff in umgekehrter Richtung aus den Erythrozyten über das Kapillarendothel, das Interstitium, die Zellmembran und schließlich die Mitochondrienmembranen in die Matrix der Mitochondrien

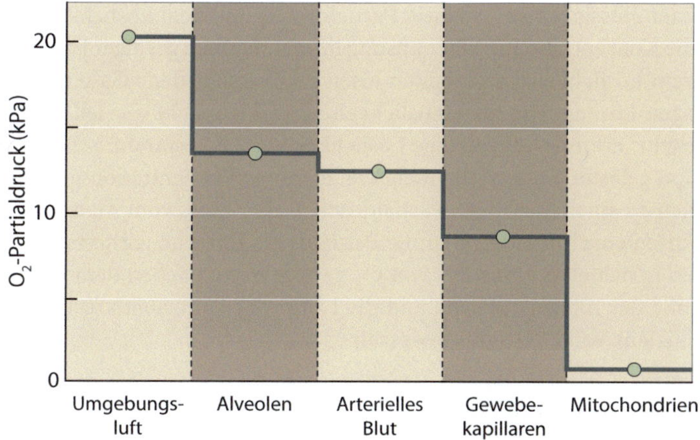

◘ Abb. 4.5 Veränderungen des Sauerstoffpartialdrucks auf dem Weg von der Umgebungsluft in die Mitochondrien. Ausgehend von 21,3 kPa im Atemmedium nimmt der O_2-Partialdruck kontinuierlich bis hin zu den Mitochondrien ab. Für eine Nettodiffusion ist bei jedem Übergang ein Partialdruckgefälle von mindestens 0,7 kPa erforderlich. Nur der Partialdruck in den Gewebekapillaren treibt den Transport von O_2 in die Mitochondrien an. Die Zahlenwerte entsprechen Messungen bei gesunden Erwachsenen auf Meereshöhe. Der O_2-Partialdruck der Mitochondrien stellt eine Schätzung dar

pillaren – auch als systemische Kapillaren bezeichnet – besitzen noch einen O_2-Partialdruck von etwa 9 kPa, der durch das Gleichgewicht zwischen Nachschub und Diffusion von O_2 ins Gewebe bestimmt wird.

Entscheidend für die Funktion der Atmungskette ist das O_2-Partialdruckgefälle zwischen systemischen Kapillaren und Mitochondrien. *Nur wenn der O_2-Partialdruck in den Gewebekapillaren höher ist als der O_2-Partialdruck in den Mitochondrien, findet eine Nettodiffusion von O_2 aus dem Kapillarblut in die Mitochondrien statt.* Da die Atmungskette kontinuierlich O_2 benötigt, darf der O_2-Partialdruck in den Mitochondrien nicht unter 0,1 kPa fallen. Nach Gl. 4.7 bestimmt das Partialdruckgefälle maßgeblich die Menge des transportierten Gases. Daher muss der O_2-Partialdruck in den systemischen Kapillaren immer deutlich über dem Minimum von 0,1 kPa liegen.

Für CO_2 ist das Partialdruckgefälle umgekehrt: Ein hoher CO_2-Partialdruck in den Geweben und ein niedriger CO_2-Partialdruck in der alveolären Luft sind Grundlage für den gerichteten CO_2-Transport aus den Geweben zu den Atemorganen.

4.1.5 Zusammenfassung

Atmosphärische Luft besteht aus Stickstoff (N_2, 78 %), Sauerstoff (O_2, 21 %), Kohlenstoffdioxid (CO_2, 0,04 %) sowie Spuren von Edelgasen. O_2 wird mit dem Luftstrom aus dem Atemmedium in den Körper transportiert und dient in den Mitochondrien als Elektronenakzeptor im Prozess der oxidativen Phosphorylierung. Über größere Distanzen wird O_2 mittels Konvektion transportiert, während der O_2-Transport über Entfernungen kleiner als 1 µm, insbesondere über Zellmembranen, durch Diffusion erfolgt.

Der Partialdruck beschreibt den Druck, den eine Komponente innerhalb eines Gasgemisches ausübt. Partialdruck und Konzentration eines Gases sind proportional zueinander. Gase lösen sich in einer Flüssigkeit gemäß ihres Partialdrucks und dem Löslichkeitskoeffizienten α, wobei jedoch die Konzentration in einer Lösung immer deutlich geringer ist als in der Luft. Abhängig von ihrem Löslichkeitskoeffizienten lösen sich verschiedene Gase unterschiedlich gut in einer wässrigen Lösung. Die hohe Löslichkeit von CO_2 macht spezielle Transportsysteme unnötig; umgekehrt erfordert die geringe Löslichkeit von O_2 respiratorische Pigmente.

Die Diffusion gelöster Gase erfolgt nicht entlang ihres Konzentrationsgradienten, sondern von einem hohen zu einem niedrigen Partialdruck. Daher muss vom Atemmedium bis hin zu den Mitochondrien eine hinreichend große Partialdruckdifferenz vorherrschen, die zu jedem Zeitpunkt einen gerichteten Transport von O_2 gewährleistet. Neben dem Partialdruckgefälle spielen die Größe der Austauschfläche und die Länge der Diffusionsstrecke eine wesentliche Rolle für die Effizienz von Diffusionsprozessen.

4.2 Respiratorische Pigmente

Die meisten Tierstämme besitzen **respiratorische Pigmente** (Hämoglobine, Hämocyanine, Hämerythrine und Chlorocruorine), deren gemeinsame Funktion die reversible Bindung von O_2 ist. Alle respiratorischen Pigmente sind Metalloproteine, die neben einem variablen Proteinanteil die Metallatome Eisen oder Kupfer enthalten, die O_2 nichtkovalent binden. *Durch respiratorische Pigmente wird die O_2-Transportkapazität des Blutes oder entsprechender Flüssigkeiten weit über das Niveau der reinen physikalischen Löslichkeit von O_2 in Wasser erhöht.*

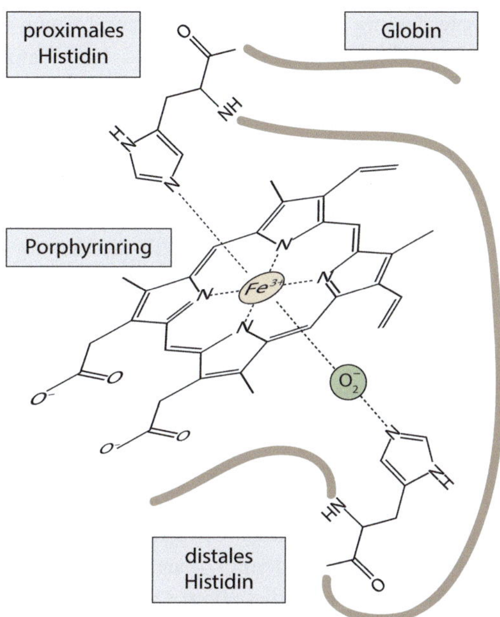

Abb. 4.6 Struktur der Hämgruppe im oxygenierten Hämoglobin. Häm besteht aus einem Porphyrinring mit einem zentralen Eisenatom, das mit vier Stickstoffatomen der Hämgruppe und einem proximalen Histidinrest der Globinkette verbunden ist. Die letzte freie Koordinationsstelle am Eisen wird beim oxygenierten Hämoglobin von einem Sauerstoffmolekül eingenommen, das wahrscheinlich ein Elektron vom Eisen unter Bildung von Fe^{3+} und einem Hyperoxidanion O_2^- abzieht. Ein Stickstoffatom des distalen Histidins stabilisiert den Sauerstoff. Die *hellbraune Struktur* stellt einen Teil der Globinkette dar

4.2.1 Aufbau des Hämoglobins

Hämoglobine kommen bei fast allen Wirbeltieren, aber auch bei zahlreichen Invertebraten vor. Es handelt sich um eine Familie verwandter Proteine, die vermutlich bereits vor der Entstehung vielzelliger Tiere vorhanden waren. Beim Menschen ist Hämoglobin ein tetrameres Molekül, besteht also aus vier Untereinheiten, die sich zu einem dreidimensionalen Komplex zusammenlagern. Jede Untereinheit enthält eine **Hämgruppe**, einen Porphyrinring mit einem zentralen zweiwertigen Eisenatom (Fe^{2+}). Jede Hämgruppe ist mit einer Proteinkette, dem **Globin**, verbunden. Man kann sich die Hämgruppe als ein annähernd scheibenförmiges Molekül vorstellen, das durch hydrophobe Wechselwirkungen und eine kovalente Bindung zwischen einem Histidinrest (proximales Histidin) und dem Eisenatom am Globin verankert ist (**Abb. 4.6**). Diese kovalente Verbindung überträgt Zustandsänderungen des Porphyrinrings wie Aufnahme oder Abgabe von O_2 auf die Konformation der Globinkette, was wiederum die O_2-Bindung in anderen Untereinheiten beeinflusst. Dies ist eine wichtige Voraussetzung für **kooperative Effekte**, von denen die physiologische Funktion des Hämoglobins maßgeblich abhängt.

Die funktionelle Bedeutung der Hämgruppe liegt in der reversiblen Anlagerung von O_2. Hierbei wird O_2 zwischen dem Eisenatom und einer weiteren Histidingruppe (distales Histidin) gebunden, wobei wahrscheinlich eine partielle Übertragung von Elektronen vom Eisen auf O_2 stattfindet (**Abb. 4.6**). Dabei entsteht ein Komplex aus einem **Eisen(III)-Ion** (Fe^{3+}) und einem **Hyperoxidanion** (O_2^-), wobei die zusätzliche negative Ladung die Bindung an das distale Histidin verstärkt. Bei der Abgabe von O_2 im Gewebe werden jedoch keine Hyperoxidanionen freigesetzt, sondern immer O_2, da (1) Hyperoxidanionen als Vertreter reaktiver Sauerstoffspezies zell- und gewebeschädigend wirken und (2) das zurückbleibende Fe^{3+} zusammen mit Globin **Methämoglobin** (Hämiglobin) bildet, das keinen Sauerstoff mehr binden kann. Daher sprechen wir bei der reversiblen O_2-Bindung an das Fe^{2+} des Hämoglobins auch von einer

Oxygenierung und bei der Abgabe von O_2 von einer **Desoxygenierung** und nicht von einer Oxidation bzw. Reduktion. Aufgrund der tetrameren Struktur können vier Moleküle O_2 pro Hämoglobin gebunden werden.

Die vier Untereinheiten des Globins werden beim Menschen aus zwei α- und zwei β-Ketten gebildet, die durch eine etwa 500 Mio. Jahre zurückliegende Genduplikation entstanden sind. Im fetalen Hämoglobin ist die β-Form durch ein γ-Globin ersetzt, wodurch sich die O_2-Affinität des fetalen Hämoglobins ($2\alpha 2\gamma$) im Vergleich zur adulten Form ($2\alpha 2\beta$) erhöht. Dies hat zwei wichtige Konsequenzen für die Versorgung des Fetus mit O_2: (1) O_2 gelangt mit höherer Effizienz aus dem mütterlichen ins fetale Blut und (2) auch bei niedrigem plazentalem O_2-Partialdruck enthält fetales Blut noch hinreichend viel O_2.

4.2.2 Sauerstoffbindung und Kooperativität

Die Hämoglobinmoleküle im Blut stellen insgesamt eine bestimmte Anzahl von O_2-Bindungsstellen zur Verfügung (beim Menschen etwa $5{,}4 \times 10^{20}$ Hämgruppen pro 100 ml Blut). Wie viele dieser Bindungsstellen tatsächlich von O_2 besetzt werden, hängt vom O_2-Partialdruck des Blutes ab: Mit steigendem O_2-Partialdruck werden mehr Bindungsstellen besetzt, bei sinkendem O_2-Partialdruck dissoziiert O_2 wieder von den Hämgruppen ab. Dieser Zusammenhang basiert auf folgenden Prinzipien:

1. *Der O_2-Partialdruck des Blutes bestimmt unmittelbar die Menge an physikalisch gelöstem Sauerstoff* und nur aus diesem Reservoir heraus erfolgt die Bindung an die Hämgruppen der respiratorischen Pigmente.
2. *Zwischen gebundenem und gelöstem Sauerstoff stellt sich ein Gleichgewicht ein*: Je höher der O_2-Partialdruck, desto mehr O_2 ist an die Hämgruppen gebunden.
3. *An eine Hämgruppe gebundener Sauerstoff trägt nicht mehr zum O_2-Partialdruck der Lösung bei.*

Die O_2-Sättigung ist demnach eine Funktion des O_2-Partialdrucks und wird in einer **O_2-Gleichgewichtskurve** (O_2-Bindungskurve) dargestellt. Der Kurvenverlauf der O_2-Bindung hängt davon ab, ob wir ein Protein mit einer (monomer) oder mit mehreren (multimer) Untereinheiten betrachten.

Als Beispiel für eine monomere Globinform wird meist das in den Muskeln vorkommende **Myoglobin** herangezogen. Myoglobin besteht nur aus einer einzigen Globinkette, deren Hämgruppe in einer einschrittigen Reaktion O_2 bindet oder wieder abgibt:

$$Mb + O_2 \rightleftharpoons MbO_2. \tag{4.8}$$

Mb und MbO_2 bezeichnen desoxygeniertes bzw. oxygeniertes Myoglobin. Die O_2-Sättigung S beschreibt den Anteil von MbO_2 am gesamten vorhandenen Myoglobin:

$$S = \frac{[MbO_2]}{[Mb] + [MbO_2]}. \tag{4.9}$$

Die eckigen Klammern symbolisieren die jeweiligen Konzentrationen. Durch Erhöhung des O_2-Partialdrucks, der nach dem Henry-Gesetz (Gl. 4.5) der Konzentration proportional ist, wird das Gleichgewicht der Reaktion nach rechts verschoben, und es entsteht mehr MbO_2. Demnach ist die Sättigung eine Folge des O_2-Angebots und kann als Funktion des Partialdrucks formuliert werden:

$$S = \frac{p_{O_2}}{p_{O_2} + p_{50}}. \tag{4.10}$$

◘ Abb. 4.7 Vergleich der Sauerstoff-bindungskurven von Myoglobin und Hämoglobin. Die O_2-Sättigung (in %) wurde in Abhängigkeit vom O_2-Partialdruck aufgetragen. **a** Da Myoglobin nur aus einer Untereinheit besteht, verläuft die O_2-Bindungskurve hyperbolisch mit einem steilen Anstieg und einem flachen Plateau. **b** Hämoglobin als tetrameres Protein zeigt eine sigmoidale Bindungskurve, deren Steilheit vom Hill-Koeffizienten n abhängt. Bei gleichem p_{50}-Wert unterscheiden sich die beiden Kurven hinsichtlich ihres Hill-Koeffizienten. Zum Vergleich ist die Bindungskurve für Myoglobin aus **a** *gestrichelt* eingezeichnet

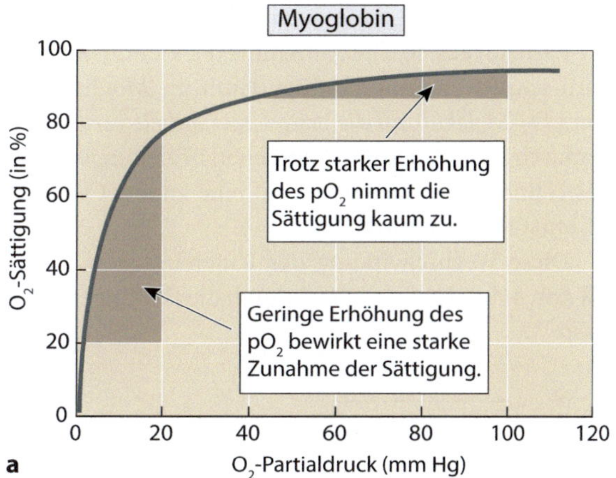

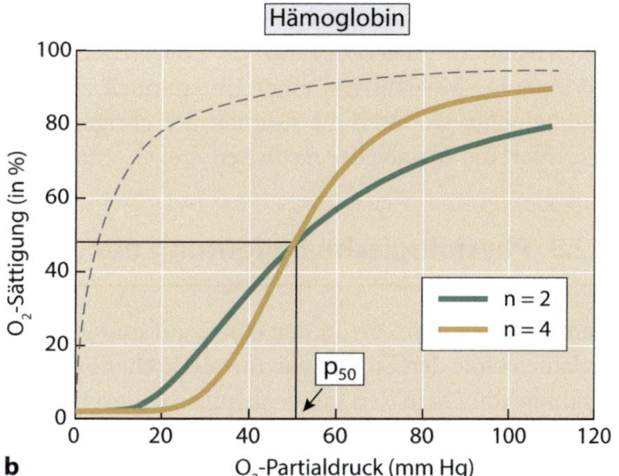

Der p_{50}-**Wert** gibt denjenigen O_2-Partialdruck an, bei dem genau die Hälfte der Bindungsstellen mit O_2 gesättigt ist – er ist daher ein Maß für die Affinität des Globins für O_2. Ein niedriger p_{50}-Wert besagt, dass schon bei relativ geringen O_2-Konzentrationen 50 % der Bindungsstellen gesättigt sind. In diesem Fall hat das Globin eine hohe Affinität für O_2. Grundsätzlich gilt: *Steigt der p_{50}-Wert, sinkt die Affinität für O_2 und umgekehrt.*

Im Fall des monomeren Myoglobins verläuft die O_2-Bindungskurve bei niedrigem bis mittlerem O_2-Partialdruck sehr steil, bevor sie sich asymptotisch der maximalen Sättigung annähert (◘ Abb. 4.7a). Im steilen Teil der Kurve reicht bereits eine geringfügige Erhöhung des O_2-Partialdrucks, um große Mengen an O_2 zu binden, während in der Plateauphase auch größere Veränderungen des O_2-Partialdrucks relativ wenig Einfluss auf die Menge des gebundenen Sauerstoffs haben.

Hämoglobin besteht dagegen aus vier Untereinheiten, die reversibel jeweils ein O_2-Molekül aufnehmen können:

$$Hb + 4\,O_2 \rightleftharpoons Hb(O_2)_4. \tag{4.11}$$

Wie beim Myoglobin auch hängt die Menge des gebundenen Sauerstoffs vom jeweiligen O_2-Partialdruck ab. Die Aufnahme der vier O_2-Moleküle erfolgt jedoch nicht gleichzeitig, sondern schrittweise und eröffnet damit die Möglichkeit **positiver Kooperativität**: *Die Bindung eines O_2-Moleküls an die erste Untereinheit verursacht eine Veränderung ihrer Tertiärstruktur.* Dadurch ändern sich die räumlichen Beziehungen der anderen Untereinheiten zueinander und das Hämoglobinmolekül nimmt eine andere Quartärstruktur ein, die insgesamt eine höhere Affinität für O_2 besitzt.

Diese Wechselwirkung der Untereinheiten führt zu einem **sigmoidalen Kurvenverlauf** (◨ Abb. 4.7b), der sich formal durch die Einführung eines Exponenten n in Gl. 4.10 beschreiben lässt:

$$S = \frac{(p_{O_2})^n}{(p_{O_2})^n + (p_{50})^n}. \tag{4.12}$$

Der als **Hill-Koeffizient** bezeichnete Parameter n gibt das Ausmaß der Kooperativität zwischen den Untereinheiten an – je höher sein Zahlenwert, desto steiler der Kurvenverlauf (◨ Abb. 4.7b). Bei Säugern liegt der Hill-Koeffizient des Hämoglobins zwischen 2,4 und 3,0.

Kooperativität beeinflusst nicht nur die Beladung von Hämoglobin mit O_2 in den Atemorganen, sondern umgekehrt auch die Freisetzung von O_2 in den systemischen Geweben. Wird das erste O_2-Molekül von einer Untereinheit abgegeben, ändert sich die Konformation des Hämoglobins, wodurch die Affinität der übrigen Untereinheiten für O_2 geringer wird – dies erleichtert die Abgabe der restlichen drei O_2-Moleküle.

4.2.3 Physiologische Bedeutung der O_2-Bindungskurve

Hämoglobin nimmt O_2 in der Lunge auf und gibt es im Gewebe wieder ab – beide Prozesse verlaufen ohne den Einsatz von metabolischer Energie. Eine hohe Affinität begünstigt zwar die Bindung von O_2 in den Lungenkapillaren, erschwert jedoch dessen Abgabe in den Geweben, während umgekehrt eine niedrige Affinität des Hämoglobins für O_2 eine zu geringe Sättigung und damit eine Unterversorgung des Organismus mit O_2 zur Folge hätte. Aufnahme und Abgabe von O_2 werden durch die in ▶ Abschn. 4.2.2 beschriebene sigmoidale O_2-Bindungskurve des Hämoglobins bestimmt. Dabei legt das jeweilige Partialdruckgefälle fest, ob und in welche Richtung O_2 transportiert wird. Wir betrachten im Folgenden beispielhaft den O_2-Transport beim Menschen.

Lunge Für die O_2-Aufnahme in der Lunge muss der O_2-Partialdruck des Blutes, das durch die Lungenkapillaren strömt, niedriger sein als der O_2-Partialdruck der Alveolarluft mit 13,3 kPa. Am Ende der Passage durch die Lunge liegt der O_2-Partialdruck des Blutes mit 12,0 bis 12,7 kPa noch immer unter demjenigen der Alveolarluft, aber dennoch ist das Blut unter diesen Bedingungen zu 96 % gesättigt (◨ Abb. 4.8). Da die Bindungskurve bei diesen hohen O_2-Partialdrücken sehr flach verläuft, wirken sich Schwankungen im alveolären O_2-Partialdruck kaum aus, und *das Blut, das die Lunge verlässt, ist immer fast vollständig mit O_2 gesättigt.* Die O_2-Bindungseigenschaften des Hämoglobins sind also nahezu optimal an den alveolären O_2-Partialdruck angepasst.

Gewebe Der niedrigere O_2-Partialdruck in den systemischen Geweben ermöglicht die Abgabe von Sauerstoff aus dem Blut. Die Atmungskette in den Mitochondrien verbraucht unaufhörlich O_2, sodass der O_2-Partialdruck im Gewebe auf 5,5 kPa absinkt, entsprechend dem Beginn des

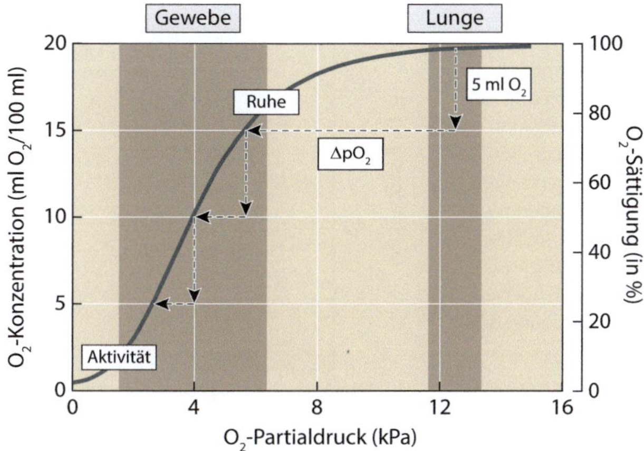

Abb. 4.8 Sauerstoffbindungskurve des menschlichen Hämoglobins. Beim O_2-Partialdruck in der Lunge ist das Hämoglobin annähernd vollständig mit O_2 gesättigt (Plateauphase der Bindungskurve). Der geringere O_2-Partialdruck in den Geweben fällt genau mit dem steileren Teil der Bindungskurve zusammen. Hier kann bereits durch eine geringfügige Reduktion des Partialdrucks relativ viel O_2 abgegeben werden. Die senkrechten Pfeile zeigen eine Abgabe von 5 ml O_2 pro 100 ml Blut, die *waagerechten Pfeile* die dafür jeweils erforderliche Veränderung des O_2-Partialdrucks $\Delta p O_2$. Die O_2-Partialdrücke im Gewebe reichen von Ruhebedingungen bis hin zu anstrengender körperlicher Aktivität

steilen Bereichs der O_2-Bindungskurve (■ Abb. 4.8). Das durch die Gewebekapillaren strömende Blut besitzt einen höheren O_2-Partialdruck als das umliegende Gewebe, sodass O_2 entlang des Partialdruckgefälles aus dem Blut in die Zellen und weiter in die Mitochondrien diffundiert. Dadurch sinkt der O_2-Partialdruck des Blutes (wir bewegen uns auf der Bindungskurve nach links) und O_2 wird von Hämoglobin freigesetzt.

Der Kurvenverlauf zeigt, dass die O_2-Sättigung des Blutes von 96 % in der Lunge auf 75 % im Gewebe sinkt. Nehmen wir an, das arterielle Blut strömt mit einer Beladung von 20 ml O_2 pro 100 ml in das Gewebe, so enthält das Blut nach dem Gasaustausch unter Ruhebedingungen noch immer 15 ml O_2 pro 100 ml. Dieses Blut, das die Gewebe verlässt und in den großen Hohlvenen dem Herzen zugeführt wird, bezeichnet man als **gemischtes venöses Blut**, da sein O_2-Partialdruck den durchschnittlichen O_2-Verbrauch der verschiedenen Gewebe repräsentiert.

Da in Ruhe nur etwa 25 % des verfügbaren Sauerstoffs verbraucht werden, verbleibt eine große **venöse Reserve**, die bei erhöhtem O_2-Bedarf zum Einsatz kommt. In diesem steilen Teil der O_2-Bindungskurve bewirken relativ geringe Änderungen des O_2-Partialdrucks verhältnismäßig große Veränderungen der O_2-Sättigung. Während im Bereich des Plateaus ein Absinken des O_2-Partialdrucks um etwa 7 kPa (von 12,7 kPa auf 5,5 kPa) die Freisetzung von 5 ml O_2 bewirkt, reichen im steilen Teil der Kurve zwischen 5,5 kPa und 3,5 kPa schon 2 kPa aus, um die O_2-Sättigung um weitere 5 ml O_2 zu reduzieren (■ Abb. 4.8). Abhängig vom Gewebe selbst sowie vom Aktivitätszustand des Organismus kann der O_2-Bedarf in den verschiedenen Organen stark schwanken.[4] *Der steile Teil der Bindungskurve gewährleistet eine vermehrte Abgabe von Sauerstoff, wodurch die O_2-Versorgung des jeweiligen Gewebes auch bei erhöhtem Bedarf sichergestellt wird.*

---

[4] Im Verhältnis zu ihrem Gewicht haben das Gehirn und die Nieren einen überproportional hohen O_2-Bedarf. Starke körperliche Aktivität erhöht ebenfalls den O_2-Verbrauch in den systemischen Geweben.

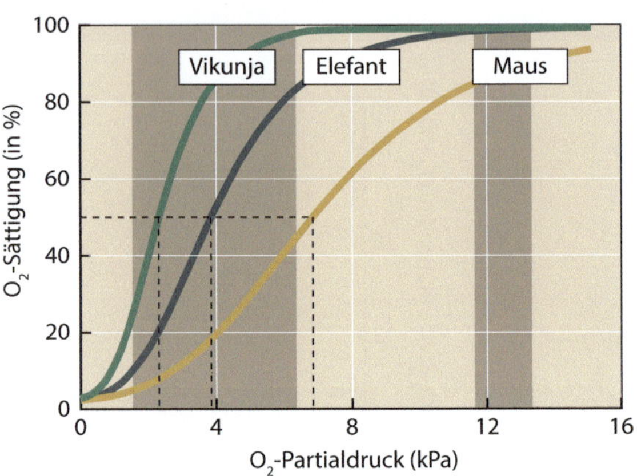

Abb. 4.9 Sauerstoffbindungskurven bei verschiedenen Säugetierarten. Aufgrund ihrer höheren gewichtsspezifischen Stoffwechselrate ist die O_2-Bindungskurve bei Mäusen im Vergleich zu Elefanten nach rechts verschoben. Die in großen Höhen lebenden Vikunjas hingegen zeigen eine Verschiebung ihrer O_2-Bindungskurve nach links hin zu höheren Affinitäten. Die *gestrichelten Linien* geben die jeweiligen p_{50}-Werte an. Je höher der p_{50}-Wert, desto mehr O_2 ist für eine Sättigung des Hämoglobins erforderlich

Die physiologische Bedeutung der O_2-Bindungskurve lässt sich wie folgt zusammenfassen:

1. *Der flache Verlauf bei hohem O_2-Partialdruck ist Grundlage für die nahezu vollständige O_2-Sättigung in der Lunge* und damit Voraussetzung für eine optimale Aufnahme von O_2.
2. *Im mittleren steilen Bereich, der in etwa den im Gewebe vorherrschenden O_2-Partialdrücken entspricht, wird relativ leicht O_2 freigesetzt*, was für die Anpassung der O_2-Versorgung in den einzelnen Organen von entscheidender Bedeutung ist.

Lage und Verlauf der O_2-Bindungskurve hängen bei verschiedenen Säugerarten von der Körpergröße ab: So ist beispielsweise der p_{50}-Wert bei der Maus im Vergleich zum Elefanten deutlich nach rechts verschoben (■ Abb. 4.9). Hämoglobin besitzt also bei der Maus eine geringere Affinität für O_2, was wiederum eine erleichterte O_2-Abgabe im Gewebe ermöglicht. Mäuse besitzen eine 20-mal höhere Stoffwechselrate als Elefanten, benötigen also auch entsprechend mehr O_2 pro Gramm Körpergewicht (▶ Abschn. 2.5). Die Verschiebung der Bindungskurve – hervorgerufen durch Änderungen der Aminosäuresequenz im Globinmolekül – trägt diesem höheren O_2-Bedarf Rechnung.

Im Vergleich zu terrestrischen Säugern, die nicht im Hochgebirge leben, zeigen tauchende Säugerarten mit 3 bis 4 kPa keine signifikante Verringerung ihrer p_{50}-Werte. Ihr Hämoglobin weist also keine höhere Affinität für O_2 als mögliche Angepasstheit an eine Hypoxie während des Tauchens auf. Allerdings besitzen tauchende Säugerarten eine weitaus größere Menge an Hämoglobin und können auf diese Weise mehr O_2 in ihrem Blut transportieren[5]. Im Gegensatz dazu ist der p_{50}-Wert bei Säugern wie Vikunjas (*Vicugna vicugna*), die an große Höhen angepasst sind, deutlich nach links verschoben (2,6 kPa; ■ Abb. 4.9). Diese erhöhte Affinität des Hämoglobins für O_2 gewährleistet auch bei den geringen O_2-Partialdrücken in Höhen bis 4800 m eine O_2-Sättigung des Blutes von mehr als 90 % [7].

4.2.4 Anpassung der O_2-Affinität – Bohr-Effekt und 2,3-Diphosphoglycerat

Die O_2-Bindungskurve kann durch verschiedene Substanzen, die an die respiratorischen Pigmente binden, nach links oder rechts verschoben werden. *Eine Verschiebung nach links bedeutet eine Erhöhung der Affinität für O_2, eine Rechtsverschiebung verringert die O_2-Affinität.* Beide Prozesse unterstützen die physiologische Funktion der Aufnahme und Abgabe von O_2.

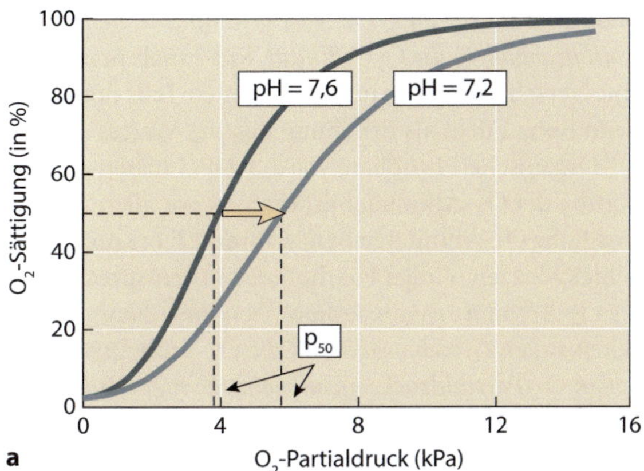

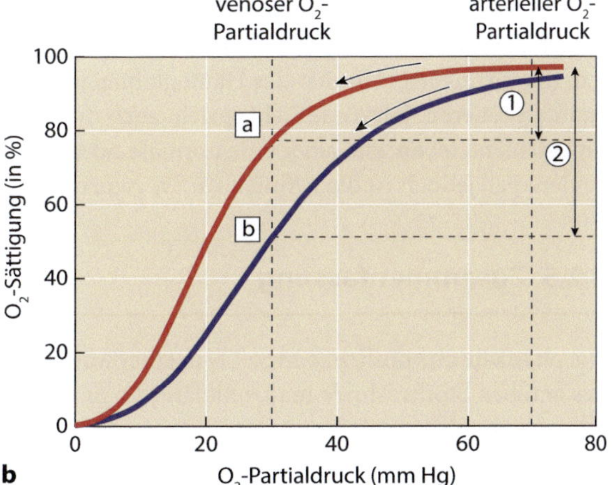

◘ Abb. 4.10 Bohr-Effekt: Verschiebung der Sauerstoffbindungskurve in Abhängigkeit vom pH-Wert. **a** Eine Verringerung des pH-Werts oder eine Zunahme des CO_2-Partialdrucks (nicht gezeigt) verschiebt die O_2-Bindungskurve nach rechts und verringert dadurch die Affinität des Hämoglobins für O_2. **b** Die Verschiebung der O_2-Bindungskurve nach rechts erleichtert die Freisetzung von O_2 im Gewebe. Die *rote Kurve* zeigt die Bindung von O_2 an Hämoglobin beim pH-Wert des Blutes in den Arterien und Arteriolen der Körperpassage. Im Zuge der Freisetzung von O_2 folgt man dem Kurvenverlauf vom arteriellen O_2-Partialdruck nach links bis zum Erreichen des venösen O_2-Partialdrucks (Punkt *a*). Entsprechend wird die durch den Doppelpfeil bezeichnete Menge an O_2 freigesetzt ①. Aufgrund des Bohr-Effektes verläuft die Bindungskurve im Gewebe nach rechts verschoben (*blaue Kurve*). Bei gleichem venösen O_2-Partialdruck (Punkt *b*) kann deutlich mehr O_2 freigesetzt werden ②. Die Größe des Bohr-Effekts ist zur Veranschaulichung verstärkt dargestellt

Der **Bohr-Effekt** beschreibt die Veränderung der O_2-Affinität durch den pH-Wert und den CO_2-Partialdruck: *Die O_2-Bindungskurve wird sowohl durch einen verringerten pH-Wert als auch durch einen erhöhten CO_2-Partialdruck nach rechts verschoben* (◘ Abb. 4.10a). Genau diese Bedingungen treten im Gewebe auf, da durch die Aktivität des oxidativen Stoffwechsels CO_2 entsteht, das mit Wasser zu Kohlensäure reagiert und auf diese Weise den pH-Wert des Blutes geringfügig senkt. Gleichzeitig bleibt ein Teil des CO_2 physikalisch gelöst und trägt so zu einer Erhöhung des CO_2-Partialdrucks bei. Bei vermehrter Anstrengung fallen neben CO_2 auch organische Säuren wie Lactat an, die ebenfalls den pH-Wert reduzieren.

H^+ und CO_2 greifen nicht direkt an der O_2-Bindungsstelle des Hämoglobins an, sondern vermitteln durch eine Wechselwirkung mit Histidin- und Valinresten der Globinketten eine Konformationsänderung des gesamten Proteinmoleküls. Aufgrund der reduzierten O_2-Affinität (höherer p_{50}-Wert) sinkt beim O_2-Partialdruck des Gewebes die Sättigung des Hämoglobins mit Sauerstoff, sodass die O_2-Abgabe wesentlich erleichtert wird (◘ Abb. 4.10b). Umgekehrt verbessert die erhöhte Affinität des Hämoglobins in der Lunge die Aufnahme von O_2.

Eine weitere wichtige Rolle bei der Modulation der O_2-Affinität spielen organische Phosphatverbindungen – bei Säugern insbesondere das Zwischenprodukt der Glykolyse **Diphos-**

phoglycerat (2,3-DPG). *2,3-DPG kommt in den Erythrozyten vor und verringert dort konzentrationsabhängig die O_2-Affinität.* Mit zunehmender Konzentration von 2,3-DPG erfolgt daher eine Verschiebung des mittleren steilen Teils der O_2-Bindungskurve nach rechts, was sich wie beim Bohr-Effekt als Erhöhung des p_{50}-Wertes äußert.

Organische Phosphate wie 2,3-DPG haben eine physiologische Funktion bei der Feinjustierung der O_2-Affinität. Sie kommen vor allem bei Arten vor, deren respiratorische Pigmente eine hohe O_2-Affinität haben, während Tiere mit Hämoglobin geringerer O_2-Affinität (Katzen, Schleichkatzen, einige Paarhuferarten) entsprechende Modulatoren nicht besitzen. *Indem sie die O_2-Affinität senken, ermöglichen diese Phosphatverbindungen eine effiziente O_2-Abgabe im systemischen Gewebe, während die O_2-Aufnahme in der Lunge aufgrund des dort herrschenden hohen O_2-Partialdrucks nicht beeinträchtigt wird.*

Die Erhöhung von 2,3-DPG in den Erythrozyten stellt eine bekannte Akklimatisationsreaktion dar, wenn Menschen aus dem Flachland in große Höhen aufsteigen. Dieser Befund wird zumeist damit erklärt, dass die aufgrund der hohen 2,3-DPG-Konzentration verringerte O_2-Affinität die Freisetzung von O_2 im Gewebe erleichtert. Nun ist eine Reduktion der Affinität ein zweischneidiges Schwert, da sie zwar eine bessere Freisetzung von O_2 ermöglicht, gleichzeitig jedoch die Aufnahme von O_2 aus der Alveolarluft ins Blut erschwert. Es ist also Vorsicht geboten, die verringerte Affinität des Hämoglobins für O_2 als eine Angepasstheit an große Höhen zu interpretieren. Für diese Sicht spricht auch die Tatsache, dass alle Säuger, die kontinuierlich im Hochland leben, entweder eine normale oder sogar eine erhöhte O_2-Affinität besitzen – in keinem Fall jedoch ist die Affinität für O_2 reduziert.

4.2.5 Zusammenfassung

Die physikalische Löslichkeit von O_2 in einer wässrigen Lösung reicht nicht aus, um den Bedarf des aeroben Stoffwechsels multizellulärer Organismen nachhaltig zu decken. Respiratorische Pigmente binden reversibel O_2 an einem zentralen Metallatom und erhöhen so die Transportkapazität des Blutes oder der Hämolymphe.

Eine weitverbreitete Familie respiratorischer Proteine sind die Hämoglobine, bestehend aus einem Proteinanteil, dem Globin, und einer Hämgruppe mit der O_2-Bindungsstelle. O_2 bindet reversibel an ein zentrales zweiwertiges Eisenatom der Hämgruppe, wobei vorübergehend ein Komplex aus einem Eisen(III)-Ion und einem Hyperoxidanion entsteht. Die Anlagerung von O_2 an Hämoglobin wird als Oxygenierung bezeichnet, die Abgabe von O_2 als Desoxygenierung.

Die O_2-Bindungskurve des Hämoglobins beschreibt die Abhängigkeit der Sättigung mit O_2 vom jeweiligen O_2-Partialdruck. Mit seiner tetrameren Quartärstruktur zeigt Hämoglobin Kooperativität, d. h., die Bindung des ersten O_2-Moleküls verändert die Konformation des gesamten Proteins und erleichtert so die Bindung der weiteren drei O_2-Moleküle. Im Gegensatz zum monomeren Myoglobin mit einer hyperbolischen Bindungskurve weist Hämoglobin aufgrund der Wechselwirkung seiner vier Untereinheiten eine sigmoidale Bindungskurve auf. Der p_{50}-Wert bezeichnet den O_2-Partialdruck bei 50 % O_2-Sättigung und beschreibt somit die Affinität des Hämoglobins für O_2, während der Hill-Koeffizient das Ausmaß der Kooperativität zwischen den Untereinheiten quantifiziert.

Im Bereich des alveolären O_2-Partialdrucks verläuft die O_2-Bindungskurve flach, was zu einer nahezu vollständigen Sättigung des Hämoglobins mit O_2 in der Lunge führt. Der steile Teil der Bindungskurve liegt im Bereich des O_2-Partialdrucks in den Geweben und ist Voraussetzung für eine effiziente Freisetzung von O_2 an den Orten des Verbrauchs.

Der Bohr-Effekt beschreibt die Abhängigkeit der O_2-Affinität vom pH-Wert und vom CO_2-Partialdruck des Blutes. Durch die Verschiebung der O_2-Bindungskurve nach rechts kann in den systemischen Geweben mehr O_2 freigesetzt werden. Organische Phosphatverbindungen wie 2,3-Diphosphoglycerat verringern ebenfalls konzentrationsabhängig die Affinität des Hämoglobins für O_2.

4.3 Transport von Kohlenstoffdioxid

Kohlenstoffdioxid (CO_2) entsteht als Endprodukt des aeroben Stoffwechsels in den Mitochondrien. Während CO_2 in wässriger Lösung nur geringfügig in physikalisch gelöster Form vorliegt, reagiert der weitaus größere Teil mit Wasser unter Bildung von Kohlensäure (H_2CO_3), die umgehend in ein Proton (H^+) und in **Hydrogencarbonat** (HCO_3^-) dissoziiert:

$$CO_2 + H_2O \rightleftharpoons H_2CO_3 \rightleftharpoons H^+ + HCO_3^-. \tag{4.13}$$

Die Dissoziation von Hydrogencarbonat in Carbonat (CO_3^{2-}) und ein weiteres Proton spielt physiologisch keine Rolle. Da bei der Reaktion Gl. 4.13 neben Hydrogencarbonat auch Protonen entstehen, wirkt CO_2 in wässriger Lösung als schwache Säure. Zum Transport des Kohlenstoffdioxids aus den Geweben über das Kreislaufsystem zur Lunge wird ein großer Teil des CO_2 in die wichtigste Transportform, das Hydrogencarbonat, umgewandelt. Gleichzeitig müssen die freigesetzten Protonen abgepuffert werden, um den pH-Wert des Blutes konstant zu halten. Beide Aufgaben werden durch die Puffersysteme des Blutes erfüllt.

4.3.1 Puffersysteme regulieren die Bildung von Hydrogencarbonat

Das im aeroben Stoffwechsel gebildete CO_2 wird zunächst gemäß seinem Löslichkeitskoeffizienten proportional zum CO_2-Partialdruck physikalisch im Blutplasma gelöst (Gl. 4.5). Das **Massenwirkungsgesetz** beschreibt das Verhältnis der an der Reaktion beteiligten Substanzen im Gleichgewicht:

$$K = \frac{[H^+] \cdot [HCO_3^-]}{[CO_2] \cdot [H_2O]}. \tag{4.14}$$

K ist die **Gleichgewichtskonstante** der Reaktion und die eckigen Klammern bezeichnen die Konzentrationen der jeweiligen Substanzen. Wir nehmen an, dass die Konzentrationen von CO_2 und H_2O konstant sind. Daher ist die Menge des in Reaktion Gl. 4.13 entstehenden Hydrogencarbonats umgekehrt proportional zur H^+-Konzentration:

$$K' = K \cdot [CO_2] \cdot [H_2O] = [H^+] \cdot [HCO_3^-], \tag{4.15}$$

$$[H^+] = K' \cdot \frac{1}{[HCO_3^-]}. \tag{4.16}$$

Wenn also kontinuierlich H^+ aus der Lösung entfernt und so die Protonenkonzentration niedrig gehalten wird, verschiebt sich Reaktion Gl. 4.13 nach rechts, und es wird ständig Hydrogencarbonat gebildet. Indem die Puffersysteme des Blutes H^+ binden, reduzieren sie die Konzentration freier Protonen. Auf diese Weise wird (1) der pH-Wert stabilisiert und (2) die Einstellung des Gleichgewichts verhindert, sodass fortwährend HCO_3^- nachgeliefert werden kann. Dadurch verläuft die Reaktion Gl. 4.13 weitgehend von links nach rechts und ein großer Teil des CO_2 wird in die Transportform HCO_3^- umgewandelt.

Hämoglobin trägt maßgeblich zu der beschriebenen Pufferwirkung des Blutes bei. Insbesondere die terminalen Aminogruppen sowie die Imidazolringe der Histidinseitenketten binden effizient Protonen und halten so die Protonenkonzentration im physiologischen Bereich konstant.

4.3.2 CO_2-Gleichgewichtskurve und Haldane-Effekt

CO_2 kommt im Blut in unterschiedlichen molekularen Formen vor, die alle für den Transport von den Geweben zur Lunge Verwendung finden:

- physikalisch gelöst als CO_2 (5 bis 10 %)[5],
- als Hydrogencarbonat (80 bis 90 %),
- kovalent an Hämoglobin oder an Plasmaproteine gebunden (5 bis 10 %). In diesem Fall entsteht durch Bindung von CO_2 an N-terminale Valinreste **Carbaminohämoglobin**, gekennzeichnet durch die funktionelle Gruppe $-NH-COO^-$.

Die CO_2-Gleichgewichtskurve beschreibt die CO_2-Konzentration des Blutes in Abhängigkeit vom CO_2-Partialdruck (◨ Abb. 4.11a), wobei jedoch nicht zwischen den oben beschriebenen molekularen Varianten unterschieden wird. In der Gleichgewichtskurve wird daher die Menge des gesamten im Blut vorkommenden CO_2 dargestellt.

Neben der Abhängigkeit vom CO_2-Partialdruck hat der Beladungszustand des Hämoglobins mit O_2 einen wichtigen Einfluss auf den Verlauf der Kurve. Dieser sogenannte **Haldane-Effekt** besagt, *dass bei einem bestimmten CO_2-Partialdruck desoxygeniertes Blut mehr CO_2 aufnimmt, während oxygeniertes Blut weniger CO_2 enthält* (◨ Abb. 4.11b). Aufgrund der Abgabe von O_2 aus dem Blut ins Gewebe wird Hämoglobin teilweise desoxygeniert. Dadurch verschiebt sich die CO_2-Gleichgewichtskurve nach oben: Es kann also mehr CO_2 vom Blut transportiert werden, als dies ohne Haldane-Effekt der Fall wäre. Umgekehrt nimmt Hämoglobin in der Lunge O_2 auf. Diese Oxygenierung verschiebt die Gleichgewichtskurve nach unten, sodass die CO_2-Konzentration in den Lungenkapillaren sinkt. Auf diese Weise *erleichtert der Haldane-Effekt letztlich den Transport von CO_2 aus den systemischen Geweben zur Lunge.*

Die Beladung des Hämoglobins mit O_2 und die CO_2-Transportkapazität des Blutes wird zudem durch den Bohr-Effekt beeinflusst (▶ Abschn. 4.2.4). In den systemischen Geweben und in der Lunge laufen folgende Prozesse ab (◨ Abb. 4.12):

- Durch den aeroben Stoffwechsel werden Protonen und CO_2 freigesetzt. Aufgrund des Bohr-Effekts sinkt dadurch die Affinität des Hämoglobins für O_2.
- Bei geringerer Affinität verschiebt sich die Reaktion Gl. 4.11 nach links und O_2 wird vermehrt freigesetzt. Dieser Sauerstoff wird im Gewebe in den Prozessen der oxidativen Phosphorylierung umgesetzt.
- Hämoglobin bindet einen Großteil der Protonen (Pufferfunktion), was gemäß Reaktion Gl. 4.13 die verstärkte Bildung von Hydrogencarbonat verursacht. Aufgrund des Haldane-Effekts kann das desoxygenierte Blut daher mehr CO_2 aufnehmen und aus dem Gewebe abtransportieren.

---

[5] Die Prozentangaben in Klammern beziehen sich auf arterielles Blut.

◘ Abb. 4.11 Kohlenstoffdioxidbindungskurve und Haldane-Effekt. **a** Abhängigkeit der CO_2-Konzentration in vollständig oxygeniertem menschlichen Blut vom CO_2-Partialdruck. Die *Gerade* zeigt die Menge an physikalisch gelöstem CO_2, während die *obere Kurve* die Gesamtmenge an CO_2 im Blut angibt. Die Differenz zwischen beiden Kurven wird hauptsächlich durch die Bildung von Hydrogencarbonat verursacht. **b** Bedeutung des Haldane-Effekts für den CO_2-Transport im menschlichen Blut. Desoxygeniertes Blut (*blaue Kurve*) enthält mehr CO_2 als oxygeniertes Blut (*rote Kurve*). Der Punkt a entspricht dem arteriellen CO_2-Partialdruck (40 mmHg), der Punkt v repräsentiert den venösen CO_2-Partialdruck (46 mmHg). Durch die Verschiebung der CO_2-Bindungskurve kann im Gewebe mehr CO_2 vom Blut aufgenommen bzw. in der Lunge abgegeben werden ①. Die Transportkapazität ohne Haldane-Effekt ist zum Vergleich für arterielles Blut eingezeichnet ②

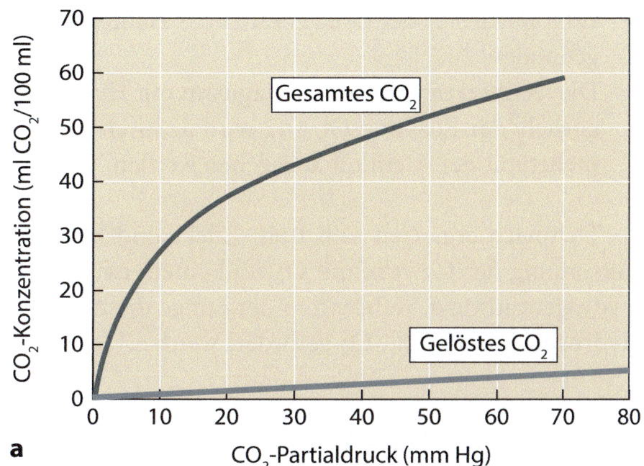

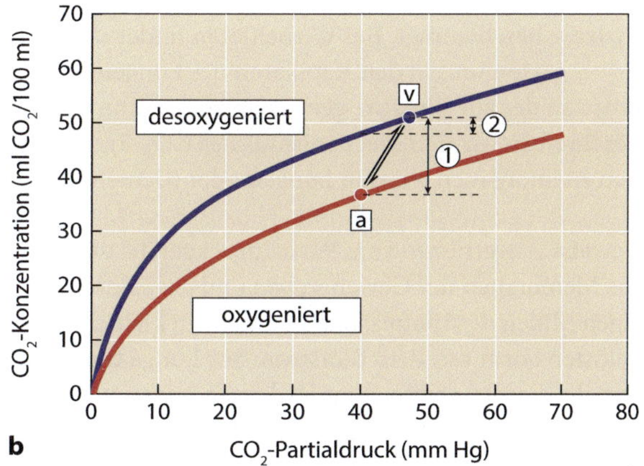

◘ Abb. 4.12 Synergie von Bohr-Effekt und Haldane-Effekt beim Gasaustausch in Gewebe und Lunge. Im Gewebe freigesetzte Protonen werden durch Bindung an Hämoglobin unter Bildung von Hb·H gepuffert. Gleichzeitig entsteht CO_2 als Nebenprodukt des oxidativen Stoffwechsels. CO_2 und H^+ erleichtern die Desoxygenierung des Blutes (Bohr-Effekt). Dem Gleichgewicht der Reaktion oben wird H^+ entzogen und CO_2 zugeführt, sodass die Reaktion von links nach rechts unter Bildung von Hydrogencarbonat abläuft. Daher kann desoxygeniertes Blut mehr CO_2 in Form von Hydrogencarbonat transportieren (Haldane-Effekt). In der Lunge werden Protonen freigesetzt und O_2 von Hämoglobin gebunden (HbO_2). Durch die Protonen verschiebt sich das Gleichgewicht in der Lunge nach links, sodass die Bildung von CO_2 und dessen Abgabe mit der Atemluft gefördert werden

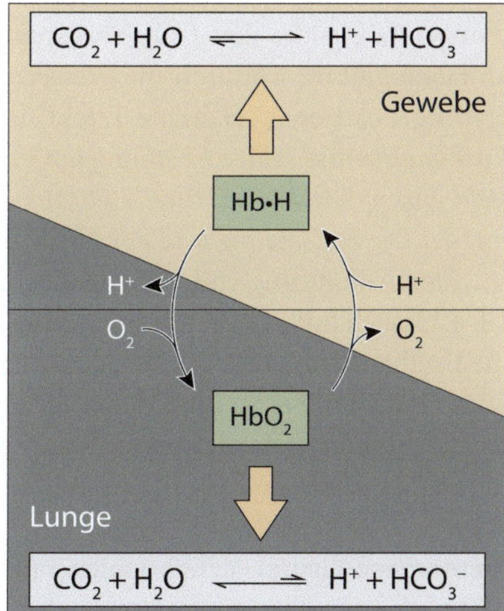

- Im Kapillarblut der Lunge besitzt das Hämoglobin eine höhere Affinität, und O_2 wird gebunden.
- Die freigesetzten Protonen reagieren mit Hydrogencarbonat wieder zu CO_2. Das Gleichgewicht der Reaktion Gl. 4.13 wird dadurch nach links verschoben und CO_2 kann vermehrt mit der Atemluft abgegeben werden.

Demnach ergänzen sich Bohr-Effekt und Haldane-Effekt und führen zu einer besseren Versorgung der Gewebe mit O_2 und einem effizienteren Abtransport von CO_2 in Form von Hydrogencarbonat, während in der Lunge die Aufnahme von O_2 und die Rückwandlung von Hydrogencarbonat in CO_2 gefördert werden.

4.3.3 CO_2-Transport im Blut der Wirbeltiere

Die Bildung von Hydrogencarbonat nach Gl. 4.13 erfolgt spontan sehr langsam. Um eine Anhäufung von CO_2 im Gewebe zu vermeiden, wird die Reaktion durch das Enzym **Carboanhydrase** beschleunigt. Bei Wirbeltieren findet sich Carboanhydrase fast ausschließlich in den Erythrozyten und in den Kapillaren des Lungen- und Muskelgewebes – hier wird Carboanhydrase an der zur Blutseite gerichteten Membran der Endothelzellen exprimiert. Im Folgenden beschreiben wir den Mechanismus des CO_2-Transports in den systemischen Geweben und in den Atemorganen wie den Lungen oder Kiemen (◼ Abb. 4.13).

Gewebe Angetrieben vom Partialdruckgefälle diffundieren die unpolaren CO_2-Moleküle über die Membranen der Gewebezellen und des Endothels in die umliegenden Kapillaren. Im wässrigen Milieu des Blutplasmas löst sich ein kleiner Teil des CO_2 und wird in dieser physikalisch gelösten Form mit dem Blutstrom zur Lunge transportiert. Weiteres CO_2 wird im Blutplasma von der Carboanhydrase zu Hydrogencarbonat umgesetzt.

Der weitaus größte Teil diffundiert jedoch in die Erythrozyten und reagiert dort – von einer intrazellulären Carboanhydrase katalysiert – zu Protonen und Hydrogencarbonat (◼ Abb. 4.13a) sowie mit Hämoglobin unter Bildung von **Carbaminohämoglobin**. Diese Reaktion spielt mengenmäßig für den CO_2-Transport jedoch keine Rolle. H^+ bindet in den Erythrozyten an Hämoglobin, wodurch die Freisetzung von O_2 (Bohr-Effekt) und die weitere Bildung von Hydrogencarbonat (Haldane-Effekt) begünstigt werden (▶ Abschn. 4.3.2). *Die Lokalisation der Carboanhydrase in den Erythrozyten mit ihrer außerordentlich hohen Hämoglobinkonzentration stellt eine optimale strukturelle Voraussetzung für die funktionelle Kopplung des CO_2-Transports mit der O_2-Freisetzung und der Neutralisation von Protonen dar.*

Eine Anhäufung von Hydrogencarbonat im Cytoplasma der Erythrozyten würde Reaktion Gl. 4.13 nach links in Richtung Bildung von CO_2 verschieben. Hydrogencarbonationen können die Erythrozyten wegen ihrer negativen Ladung jedoch nicht per Diffusion über die Zellmembran verlassen. Sie werden daher in einem Verhältnis von 1 : 1 gegen Chlorid (Cl^-) mithilfe eines **Anionenaustauschers**, der auch als **Bande-III-Protein** bezeichnet wird, in das Blutplasma transportiert und über das Kreislaufsystem zur Lunge befördert.

Atemorgane Grundsätzlich laufen in den Atemorganen die für die systemischen Gewebe beschriebenen Reaktionen in umgekehrter Richtung ab (◼ Abb. 4.13b). Schlüssel zum Verständnis sind wiederum die Reaktion Gl. 4.13 und die Verschiebung des Reaktionsgleichgewichts durch Veränderung der Konzentrationen der beteiligten Substanzen.

Da der CO_2-Partialdruck im Atemmedium geringer ist als im Blut, diffundiert CO_2 über die Membranen des Endothels, durch die interstitielle Flüssigkeit und über das Epithel der

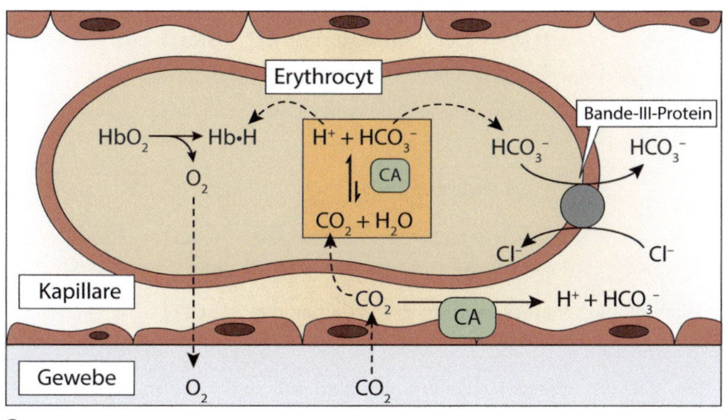

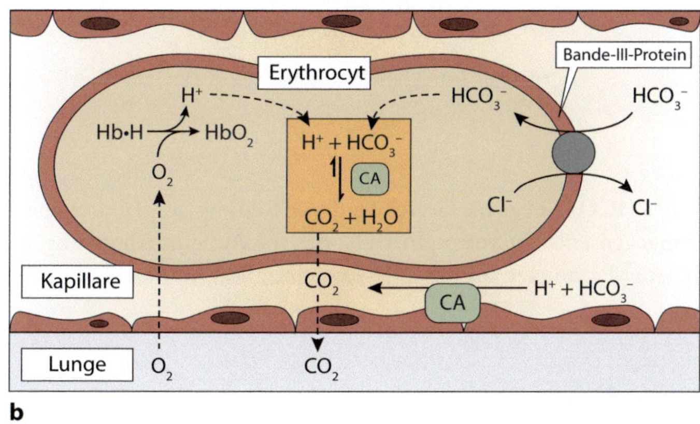

▢ Abb. 4.13 Transport von CO_2 im Gewebe und in der Lunge. **a** CO_2 diffundiert in die Erythrozyten und wird dort durch die Carboanhydrase (CA) zu Hydrogencarbonat umgesetzt. HCO_3^- verlässt die Erythrozyten im Austausch gegen Chlorid über einen Anionenaustauscher (Bande-III-Protein). CA im Endothel der Kapillaren katalysiert die Bildung von HCO_3^- im Blutplasma. **b** In der Lunge kehrt sich die Carboanhydrasereaktion unter Bildung von CO_2 um, das über die Epithelien in den Alveolarraum diffundiert. Der Nachschub von HCO_3^- aus dem Blutplasma in die Erythrozyten erfolgt mithilfe des Bande-III-Proteins. Der an Hämoglobin gebundene Anteil von CO_2 ist in der Abbildung nicht berücksichtigt. Die *gestrichelten Pfeile* zeigen Diffusionsprozesse an

Atemorgane ins Atemmedium. Dadurch wird der Reaktion Gl. 4.13 kontinuierlich CO_2 entzogen und das Gleichgewicht verschiebt sich nach links zugunsten der Bildung von weiterem CO_2. Hydrogencarbonat wird daher in den Erythrozyten verstärkt zu CO_2 umgesetzt, wobei die Aktivität des Anionenaustauschers für einen beständigen Nachschub aus dem Blutplasma sorgt. Hämoglobin nimmt in den Atemorganen O_2 auf und setzt die im Gewebe gebundenen Protonen frei, die schließlich mit Hydrogencarbonat zu Wasser und CO_2 reagieren. Ein Teil der Carboanhydrasereaktion findet auch im Blutplasma am Endothel der Lungenkapillaren statt, sodass nicht das gesamte Hydrogencarbonat in die Erythrozyten transportiert werden muss.

Die Diffusion von CO_2 erfolgt immer entlang des Partialdruckgefälles. Die mengenmäßig wichtigste Transportform ist Hydrogencarbonat, das in einer durch das Enzym Carboanhydrase vermittelten Reaktion aus CO_2 und H_2O gebildet wird. Das chemische Gleichgewicht

Tabelle 4.2 Effekte auf die CO_2-Konzentration im Blut

Parameter	Effekt auf CO_2-Konzentration bei Erhöhung des Parameters	Mechanismus
CO_2-Partialdruck	Konzentration an gelöstem CO_2 steigt	Henry-Gesetz
	Vermehrte Bildung von HCO_3^-	$CO_2 + H_2O \rightarrow HCO_3^- + H^+$
	Vermehrte Bildung von Carbamino-hämoglobin	$CO_2 + Hb{-}NH_3{+} \rightarrow Hb{-}NH{-}COO^- + 2\,H^+$
Konzentration Hämoglobin	Vermehrte Bildung von Carbamino-hämoglobin	$CO_2 + Hb{-}NH_3^+ \rightarrow Hb{-}NH{-}COO^- + 2\,H^+$
	Verstärkte Pufferfunktion erhöht Bildung von HCO_3^-	Haldane-Effekt
pH-Wert des Blutplasmas	Vermehrte Bildung von HCO_3^-	$CO_2 + H_2O \rightarrow HCO_3^- + H^+$
O_2-Partialdruck	Verminderte Pufferwirkung des Hämoglobins fördert Bildung von CO_2	$HCO_3^- + H^+ \rightarrow CO_2 + H_2O$
	Verminderte Bildung von Carbamino-hämoglobin	$Hb{-}NH{-}COO^- + 2\,H^+ \rightarrow CO_2 + Hb{-}NH_3^+$

zwischen CO_2 und HCO_3^- liegt im Gewebe auf der Bildung von Hydrogencarbonat, in den Atemorganen hingegen entsteht vermehrt CO_2, das ins Außenmedium abgegeben wird. Die Effekte verschiedener Parameter auf die CO_2-Konzentration im Blut sind in ◘ Tab. 4.2 zusammengefasst.

4.3.4 Zusammenfassung

Kohlenstoffdioxid (CO_2) entsteht als Endprodukt des aeroben Stoffwechsels bei der Oxidation von Kohlenhydraten, Lipiden und Aminosäuren. Es wird im Körper physikalisch gelöst als CO_2, vor allem aber in Form von Hydrogencarbonat (HCO_3^-) transportiert. Eine weitaus geringere Rolle spielt die Bindung von CO_2 an Hämoglobin unter Bildung von Carbaminohämoglobin.

CO_2 reagiert mit Wasser unter Bildung von Kohlensäure, die unmittelbar in Protonen und HCO_3^- dissoziiert. Die entstehenden Protonen führen zu einer Ansäuerung des Blutes und werden durch Puffersysteme neutralisiert.

Die CO_2-Gleichgewichtskurve beschreibt die Abhängigkeit der Gesamtkonzentration von CO_2 vom CO_2-Partialdruck im Blut. In desoxygeniertem Blut liegt aufgrund des Haldane-Effekts mehr HCO_3^- vor, sodass sich die CO_2-Gleichgewichtskurve nach oben verschiebt. Desoxygeniertes Blut kann daher mehr CO_2 transportieren.

Im Gewebe diffundiert CO_2 in die Erythrozyten und wird dort durch Carboanhydrase in HCO_3^- umgewandelt. Hydrogencarbonationen verlassen die Erythrozyten mithilfe eines Anionenaustauschers (Bande-III-Protein) und werden im Blutplasma zu den Atemorganen transportiert.

In den Atemorganen entsteht aus Hydrogencarbonat wieder CO_2, das als unpolares Molekül in den Alveolarraum diffundiert. Die für die Reaktion erforderlichen Protonen werden von Hämoglobin im Zuge der Oxygenierung freigesetzt.

4.4 Physiologie der Atemorgane

Grundsätzlich kann ein Gasaustausch an allen Grenzflächen zwischen Innen- und Außenraum, im einfachsten Fall der Körperoberfläche, stattfinden. Dazu muss die Austauschfläche groß genug, hinreichend durchlässig für O_2 und CO_2 und mit ein bis zwei Zellschichten auch entsprechend dünn sein. Die meisten vielzelligen Organismen benötigen zudem ein internes Transportsystem, um alle Gewebe des Körpers mit Atemgasen zu versorgen. Bei zahlreichen Organismen hat sich ein effizienter Gasaustausch in Form von Lungen, Kiemen und Tracheen etabliert – dennoch finden sich mit Epidermis und verschiedenen Teilen des Magen-Darm-Trakts sehr unterschiedliche evolutionäre Lösungen für das Problem des Gasaustausches.

4.4.1 Grundlagen der Atmung

Bei allen Tieren gelangen die Atemgase O_2 und CO_2 durch konvektiven Transport bis zu einer **respiratorischen Membran**, die das Atemmedium vom Körperinneren trennt. Außerhalb des Organismus werden die Atemgase meist durch Ventilation, im Inneren hingegen mithilfe eines Kreislaufsystems bewegt. O_2 und CO_2 passieren die Membranen der Atemorgane mittels Diffusion.[6] Daher ist für diesen Teil des Atemgastransports keine metabolische Energie erforderlich.

Die respiratorischen Oberflächen erfahren meist durch zahlreiche Einfaltungen und Einstülpungen eine deutliche Vergrößerung (Parameter *A* der Diffusionsgleichung Gl. 1.2). Gleichzeitig sind die Diffusionsstrecken, also die Entfernung vom Außenraum bis zu den Erythrozyten aufgrund einer außerordentlich dichten Versorgung mit Blutkapillaren bei gleichzeitig sehr flachen Epithelien so stark verkürzt, dass insgesamt Diffusionsprozesse schnell und effizient ablaufen können (▶ Abschn. 4.1.2). Die Diffusionsstrecke beträgt in der Säugerlunge etwa 0,4 μm, während sie bei Vögeln mit 0,2 μm nur halb so lang ist. Weitere Voraussetzungen für die Diffusion sind ein O_2-Partialdruckgefälle von der Atemluft ins Gewebe und ein CO_2-Partialdruckgefälle vom Gewebe zur Atemluft.

Ventilation verhindert die Bildung stehender Luft- oder Wasserschichten, die an O_2 verarmen oder übermäßig CO_2 anhäufen. Wir sprechen von aktiver Ventilation, wenn der Organismus durch Muskelkontraktion oder Bewegung von Zilien einen Luft- oder Wasserstrom selbst erzeugt, während bei der passiven Ventilation bestehende Strömungen des Atemmediums ausgenutzt werden. Aktive Ventilation benötigt zwar Energie, kann aber vom Organismus gesteuert werden und ist damit meist wirkungsvoller als Varianten der passiven Ventilation.

Bei den Atemorganen existieren mit Lungen, Tracheen und Kiemen drei unterschiedliche evolutionäre Strategien für die Atmung (◘ Abb. 4.14). Einige Organismen können zwar einen beträchtlichen Teil ihrer Atemgase über ihre Haut austauschen – allerdings besitzt die Haut in

---

[6] Bei Süßwasserfischen existieren auch aktive Transportmechanismen für CO_2, die auf der Expression des HCO_3^-/Cl^--Austauschers im Kiemenepithel basieren (▶ Abschn. 7.3.1).

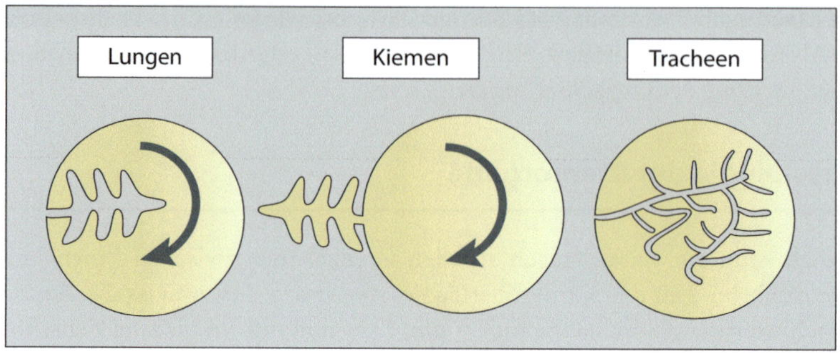

◘ Abb. 4.14   Generalisierte Struktur von Lungen, Kiemen und Tracheen. Lungen und Tracheen sind Einstülpungen der Körperoberfläche, während Kiemen als Ausstülpungen in das umgebende Atemmedium hineinragen. Lungen und Kiemen sind lokale Atemorgane, die ein angeschlossenes Kreislaufsystem benötigen (*Pfeile*). Die weit im Körper verzweigten Tracheen bilden die strukturelle Grundlage für eine kreislaufunabhängige Verteilung der Atemgase

der Regel eine Schutzfunktion, sodass die Diffusion der Atemgase maßgeblich eingeschränkt wird.

Lungen und **Tracheen** sind Einstülpungen der Körperoberfläche, die vom Atemmedium ausgefüllt werden. Lungen kommen vor allem bei Wirbeltieren vor, wo verschiedene Teile des Verdauungstrakts respiratorische Funktionen übernommen haben. Tracheen finden wir bei Insekten (*Insecta*), Spinnentieren (*Arachnida*), Tausendfüßern (*Myriapoda*) und Stummelfüßern (*Onychophora*) als Einstülpungen des Ektoderms. Beide Atemorgane stellen eine Anpassung an die terrestrische Lebensweise dar. Die Verlagerung ins Körperinnere dient dem Schutz des Gewebes vor dem Austrocknen und ermöglicht die Stabilisierung einer hochgradig verzweigten Struktur. Die lokal begrenzten respiratorischen Oberflächen der Lungen erfordern ein Kreislaufsystem zur Verteilung der Atemgase im Organismus, während das den gesamten Körper durchziehende Röhrensystem der Tracheen einzelne Zellen direkt versorgt.

Bei **Kiemen** handelt es sich um Ausstülpungen der Körperoberfläche, die entweder exponiert ins Atemmedium ragen (**äußere Kiemen**) oder durch körpereigene Anhänge geschützt sind (**innere Kiemen**). Kiemen findet man meist bei Wasserbewohnern, da der Auftrieb des Wassers ein Kollabieren der feinen Kiemenlamellen verhindert. Lungen und innere Kiemen benötigen aktive Ventilation, während äußere Kiemen meist durch Wasserströmungen ventiliert werden.

4.4.2 Strömungsmechanismen beeinflussen die Effizienz des Gasaustausches

Dem Atemmedium muss möglichst viel O_2 entnommen werden, damit der O_2-Partialdruck im arteriellen Blut immer höher ist als derjenige im Gewebe. Neben Oberflächenvergrößerung und Verkürzung von Diffusionsstrecken spielen die räumlichen Strömungsverhältnisse für die Effizienz der Atemorgane und damit für die O_2-Sättigung des Blutes eine zentrale Rolle.

Strömungen entstehen durch Ventilation des Atemmediums einerseits und den vom Herzen angetriebenen Blutstrom andererseits, wobei kontinuierlich O_2-reiches Atemmedium und O_2-armes Blut angeliefert werden. *An den respiratorischen Oberflächen der Atemorgane kommen beide Strömungen für kurze Zeit in enge räumliche Nähe und nur während dieser Kon-*

taktzeit, die durch die Länge der alveolären Kapillaren und die Geschwindigkeit des Blutstroms bestimmt wird, kann der Gasaustausch stattfinden.

Die Lungen der Säugetiere enden blind und werden durch die Atembewegungen nur zum Teil mit Frischluft gefüllt, da Ein- und Ausstrom der Luft auf demselben Weg erfolgen (**Poolatmung**). In den Alveolen befindet sich daher ein Luftgemisch, dessen O_2-Partialdruck mit 13,3 kPa deutlich unter dem Wert von 21 kPa in der Außenluft liegt. Nehmen wir an, die menschliche Lunge enthält nach dem Ausatmen ein Restvolumen von 2400 ml Luft. Mit dem nächsten Atemzug kommen 500 ml Frischluft hinzu, von denen jedoch 170 ml im anatomischen Totraum von Luftröhre und Bronchien, in denen kein Gasaustausch stattfindet, verbleiben. Demnach gelangen 330 ml Frischluft in die Nähe der respiratorischen Oberfläche, entsprechend 12 % (330 ml pro 2730 ml) der in der Lunge vorhandenen Luft. Entgegen unserer subjektiven Empfindung werden also bei einem Atemzug nur etwas mehr als 10 % der Luft in der Lunge durch Frischluft ersetzt, während die restlichen etwa 90 % nicht ausgetauscht werden.

O_2-armes Blut aus den Geweben erreicht mit einem Partialdruck von 5,3 kPa die alveolären Kapillaren in der Lunge (◘ Abb. 4.15a). Da am Beginn der Kapillaren ein hoher Partialdruckgradient vorherrscht, diffundiert O_2 schnell ins Blut. Über die gesamte Länge einer Kapillare nimmt der O_2-Gehalt des Blutes kontinuierlich zu und erreicht am Kapillarende etwa den alveolären Wert von 13,3 kPa. Die Kurve des O_2-Partialdrucks im kapillaren Blut verläuft steil, sodass es während der Kontaktzeit von 0,3 bis 0,7 s zu einem annähernd vollständigen Ausgleich der O_2-Partialdrücke zwischen den Alveolen und den Erythrozyten kommt (◘ Abb. 4.15b).

In der Säugerlunge wird das Atemmedium zwar ventiliert, aber es existiert keine definierte Strömungsrichtung. Beim **Gleichstromprinzip** verlaufen die Strömungen von Atemmedium und Blut parallel in derselben Richtung (◘ Abb. 4.16a). Auch in diesem Fall herrscht am Kapillarbeginn ein hohes O_2-Partialdruckgefälle, das im Verlauf der Kontaktzeit immer kleiner wird. *Entsprechend erreicht der O_2-Partialdruck des Blutes maximal die Werte der Ausatemluft.*

Beim **Gegenstromprinzip** hingegen sind die Strömungsrichtungen antiparallel angeordnet, sodass der O_2-Partialdruckgradient über die gesamte Austauschfläche konstant bleibt (◘ Abb. 4.16b). Am Kapillaranfang trifft das Blut auf ein Atemmedium, das bereits einen Großteil seines Sauerstoffs abgegeben hat. Dennoch ist das O_2-Partialdruckgefälle hinreichend groß, um eine gerichtete Diffusion von O_2 aus dem Atemmedium ins Blut zu gewährleisten. Im Verlauf der Kapillarpassage wird das Blut einem Atemmedium mit kontinuierlich steigendem O_2-Partialdruck ausgesetzt – entsprechend nimmt auch der O_2-Gehalt des Blutes zu. *Wenn das Blut die Kapillaren wieder verlässt, enthält es annähernd so viel O_2 wie die Einatemluft.*

Die einfache Umkehrung der Strömungsrichtung bewirkt im Vergleich zu Poolatmung und Gleichstrom eine deutliche Steigerung der Effizienz des Gasaustausches. Dem Atemmedium kann auf diese Weise mehr O_2 pro Zeit entnommen werden und die O_2-Sättigung des Blutes wird entsprechend erhöht. Wir finden das Gegenstromprinzip in den Kiemen der Fische, die nur mithilfe dieser außerordentlich wirkungsvollen Strategie ihren O_2-Bedarf im ungünstigen Atemmedium Wasser zu decken vermögen (▶ Abschn. 4.4.3).

Die Aufteilung des Blutstroms in zahlreiche Kapillaren, die quer zur unidirektionalen Strömungsrichtung der Luft verlaufen, führt zum **Kreuzstromprinzip**, das der Arbeitsweise der Vogellunge zugrunde liegt (◘ Abb. 4.16c). In jeder Verzweigung ist der O_2-Partialdruck des Blutes kleiner als derjenige des Atemmediums. Daher besitzt das Blut am Ende der Passage einen höheren O_2-Partialdruck als die ausgeatmete Luft, wenn auch nicht – wie beim Gegen-

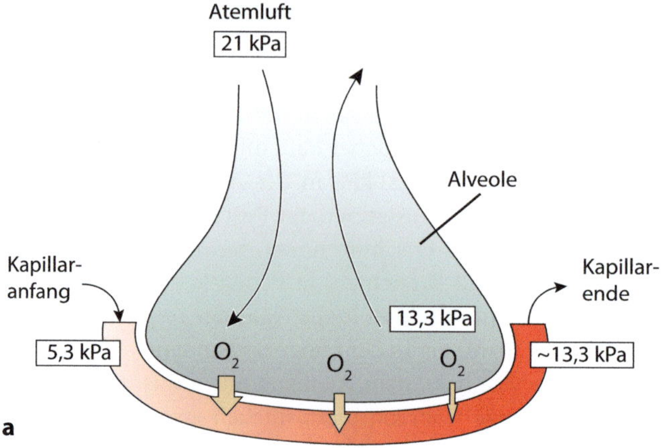

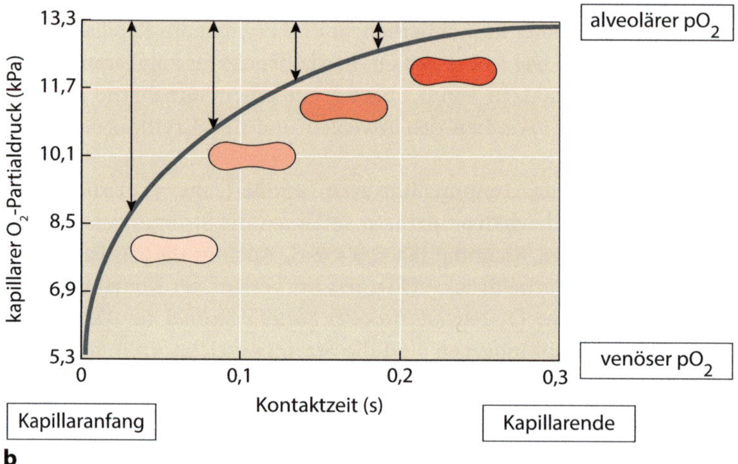

◘ Abb. 4.15   Poolatmung in der Säugerlunge. **a** Da die Säugerlunge am Ende eines Atemzugs nicht vollständig ge-leert wird, ist der alveoläre O_2-Partialdruck mit 13,3 kPa kleiner als derjenige der Atemluft (21 kPa). Desoxygeniertes Blut strömt mit einem O_2-Partialdruck von 5,3 kPa in die Kapillaren, wo aufgrund des Partialdruckgefälles O_2 aus den Alveolen ins Blut diffundiert. Am Kapillarende besitzt das Blut annähernd den alveolären O_2-Partialdruck. **b** Zunah-me des O_2-Partialdrucks in den Erythrozyten des Menschen während einer Kontaktzeit von 0,3 s. Mit zunehmender Diffusionszeit verringert sich das Partialdruckgefälle zwischen den Alveolen und dem Blut (*Doppelpfeile*). Der O_2-Gehalt der schematisch dargestellten Erythrozyten steigt während der Kontaktzeit bis zum maximal möglichen al-veolären O_2-Partialdruck

stromprinzip – der O_2-Gehalt des Einatemmediums erreicht wird. Das Kreuzstromprinzip liegt hinsichtlich seiner Effizienz also zwischen Gleich- und Gegenstromaustausch. Den Vögeln er-möglicht es jedenfalls, noch in Höhen zu fliegen, in denen Säugetiere aufgrund des O_2-Mangels keine koordinierte Muskelaktivität mehr ausführen können.[7]

---

[7] Die Streifengans (*Anser indicus*) überfliegt auf dem Weg in ihre Winterquartiere in Zentral- und Südindien den Himalaja in einer Höhe von mehr als 9000 m.

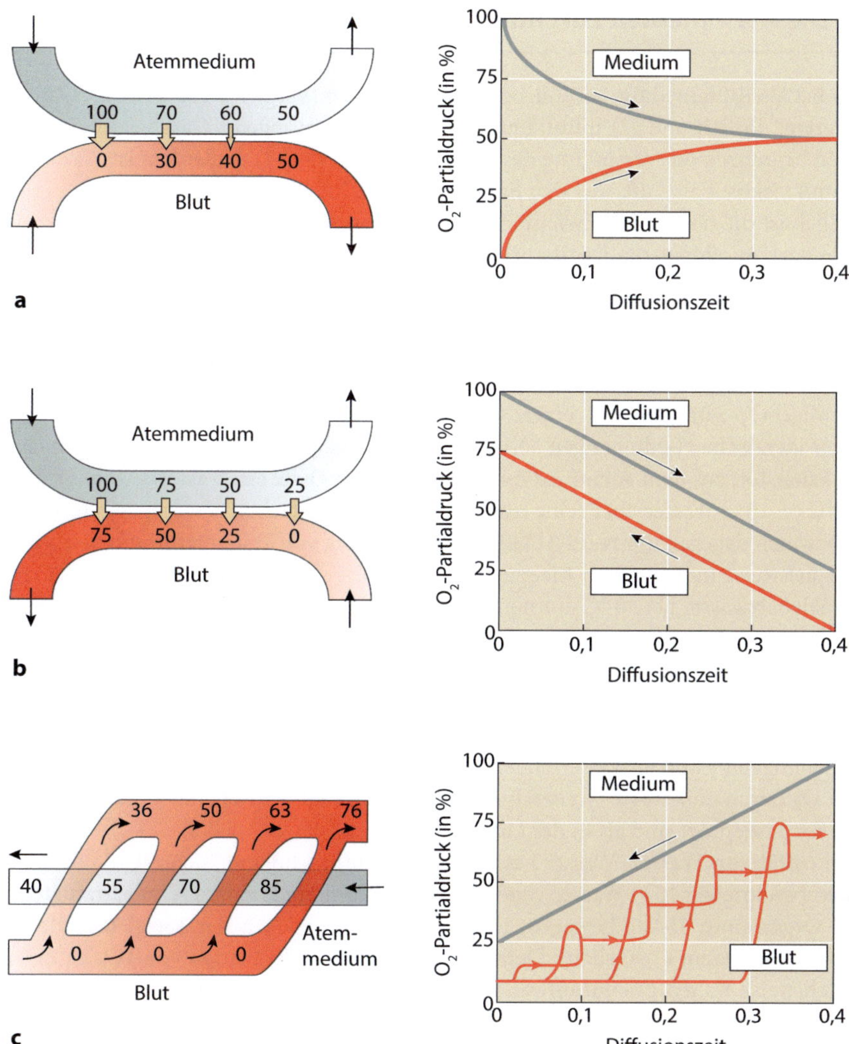

Abb. 4.16 Gleichstrom-, Gegenstrom- und Kreuzstromprinzip. Die jeweils *linke Grafik* zeigt die Strömungsrichtungen von Atemmedium und Blut. Die Zahlenangaben geben den O_2-Partialdruck in willkürlichen Einheiten an. Die jeweils *rechte Grafik* veranschaulicht die Veränderung des O_2-Partialdrucks im Atemmedium und im Blut in Abhängigkeit von der Kontaktzeit (Diffusionszeit). **a** Beim Gleichstromprinzip besitzen das ventilierte Atemmedium und das Blut die gleiche Strömungsrichtung. Während der Kontaktzeit gleichen sich die O_2-Partialdrücke einander an. **b** Das Gegenstromprinzip basiert auf einer antiparallelen Strömungsrichtung. Hier bleibt das Partialdruckgefälle während der Kontaktzeit konstant, sodass der O_2-Partialdruck im Blut annähernd die Werte der Ausatemluft erreicht. **c** Beim Kreuzstromprinzip passieren zahlreiche Kapillaren hintereinander die Atemluft führenden Hohlräume. Die Kapillaren münden in ein gemeinsames abführendes Gefäß, in dem sich der O_2-Partialdruck stufenweise erhöht. Die Effizienz des Kreuzstromprinzips liegt zwischen derjenigen von Gleichstrom- und Gegenstromprinzip

4.4.3 Die Atemmedien Luft und Wasser im Vergleich

Wasser hat als Atemmedium zahlreiche Nachteile. (1) Im Vergleich zur Luft ist O_2 in Wasser nur begrenzt löslich und (2) diffundiert mit wesentlich geringerer Geschwindigkeit – beide Faktoren begrenzen die Versorgung des Organismus mit O_2. (3) Außerdem ist Wasser dichter und damit viskoser als Luft, was den Energieaufwand für die Ventilation deutlich erhöht. (4) Schließlich ist die höhere Wärmeleitfähigkeit des Wassers maßgeblich für den Wärmeverlust über die stark durchbluteten respiratorischen Oberflächen verantwortlich.

Wir wollen diese Zusammenhänge im Folgenden mit einigen Zahlenbeispielen verdeutlichen:

1. **Löslichkeit von** O_2. Das Henry-Gesetz (Gl. 4.5) beschreibt die Löslichkeit eines Gases in Wasser (▶ Abschn. 4.1.1). Demnach lösen sich in einem Liter Wasser bei 20 °C und vollständiger O_2-Sättigung, d. h. einem O_2-Partialdruck von 21,3 kPa, 6,5 ml O_2, während Luft unter identischen Bedingungen 30-mal mehr, nämlich 195,8 ml O_2, enthält.[8] Um einen Liter Sauerstoff aus dem Atemmedium zu gewinnen, müsste ein Wasserbewohner daher bei 20 °C ca. 154 l Wasser über seine respiratorischen Oberflächen bewegen, ein terrestrisches Lebewesen dagegen nur rund 5 l Luft. Eine Erhöhung von Temperatur und Salzgehalt, wie beispielsweise in tropischen Meeren, verschlechtert die Löslichkeit von O_2 zusätzlich: So enthält Salzwasser bei 30 °C nur noch 4,7 ml O_2 pro Liter Wasser, was eine Ventilation von 213 l Meerwasser erfordert.

2. **Diffusion von** O_2. Die Diffusionsrate der Atemgase ist im Wasser weitaus niedriger als in Luft. So unterscheiden sich die Krogh-Diffusionskonstanten (▶ Abschn. 4.1.2) für O_2 in Wasser und Luft bei 20 °C um den Faktor 300.000, d. h., O_2 diffundiert mit gleicher Geschwindigkeit 1 mm in Wasser, aber 200 m in Luft. Dies limitiert insbesondere die Diffusion von O_2 durch unbewegte Grenzschichten, die aufgrund der höheren Viskosität im Wasser stärker ausgeprägt sind als in der Luft.

3. **Viskosität von Wasser.** Wasser besitzt eine wesentlich höhere Dichte als Luft. Wenn wie oben beschrieben 154 l Wasser ventiliert werden, um einen Liter O_2 zu extrahieren, muss der Organismus 154 kg bewegen; 154 l Luft dagegen wiegen nur 186 g[9] (bei gleichzeitig sehr viel höherem O_2-Gehalt). Demnach erfordert die Ventilation von Wasser einen vergleichsweise hohen Energieaufwand: Etwa 10 bis 40 % des Grundumsatzes werden von Wasserbewohnern für die O_2-Versorgung eingesetzt, während Luftatmer nur 1 bis 2 % benötigen.

4. **Wärmeleitfähigkeit von Wasser.** Die Wärmeleitfähigkeit des Wassers ist 24-mal höher als diejenige der Luft, sodass die bei Stoffwechselprozessen erzeugte Wärme im Wasser wesentlich schneller abgeführt wird. Daher empfinden wir Wasser bei 20 °C als deutlich kühler als Luft derselben Temperatur. Die ungünstigen Eigenschaften von Wasser als Atemmedium erfordern große respiratorische Oberflächen und sehr kurze Diffusionsstrecken – also einen engen Kontakt zum Kreislaufsystem. Dieser direkte Kontakt sorgt zwar für eine ausreichende Versorgung des Organismus mit O_2, verursacht jedoch gleichzeitig einen unvermeidlichen Wärmeverlust.

---

[8] Den Zahlenwerten liegen der Löslichkeitskoeffizient $\alpha = 0{,}306$ ml O_2 l^{-1} kPa^{-1} und der Kapazitätskoeffizient $\beta = 9{,}19$ ml O_2 l^{-1} kPa^{-1} bei 20 °C zugrunde.

[9] Die Dichte der Luft bei 20 °C beträgt 0,00121 $kg\,l^{-1}$.

Sehr wahrscheinlich erlauben die Schwierigkeiten bei der O_2-Versorgung und die kontinuierlichen Verluste an Stoffwechselwärme nur die ektotherme Lebensweise im Wasser, die durch einen relativ geringen O_2-Bedarf bei niedriger Stoffwechselrate gekennzeichnet ist. Die endothermen Meeressäuger sind sekundär in aquatische Lebensräume zurückgekehrt und atmen Luft. *Erst der Übergang zur terrestrischen Lebensweise mit Luft als O_2-Lieferanten hat die nötigen Voraussetzungen für die energieintensive Endothermie und damit die weitgehende Unabhängigkeit von der Temperatur des Lebensraums geschaffen.*

4.4.4 Zusammenfassung

Lungen, Kiemen und Tracheen stellen die häufigsten Atemorgane dar, wobei einige Organismen ihren O_2-Bedarf auch über die Haut decken können. Bei Lungen und Tracheen handelt es sich um Einstülpungen der Körperoberfläche, Kiemen hingegen sind Ausstülpungen der Körperoberfläche, die im Fall der inneren Kiemen noch durch spezialisierte Strukturen geschützt werden.

Ventilation bezeichnet die Bewegung des Atemmediums, wodurch die Bildung O_2-armer stehender Luft- oder Wasserschichten verhindert wird. Die Bewegung kann entweder aktiv erfolgen, wobei Energie aufgewendet werden muss, oder aber passiv unter Ausnutzung bestehender Strömungsverhältnisse.

An den respiratorischen Oberflächen kommen O_2-reiches Atemmedium und O_2-armes Blut miteinander in Kontakt. Die Strömungsrichtung beider Medien ist für die Effizienz das Gasaustausches von großer Bedeutung. Bei der Poolatmung der Säugerlunge erfolgt der Ein- und Ausstrom der Atemluft auf demselben Weg. In der menschlichen Lunge werden bei jedem Atemzug nur etwa 12 % der Luft ausgetauscht; daher besitzt das Luftgemisch in den Alveolen mit 13,3 kPa einen deutlich geringeren O_2-Partialdruck als die atmosphärische Luft. Am Ende des Austauschprozesses verlässt das Blut die Lunge mit einem Partialdruck von annähernd 13,3 kPa.

Gleich- und Gegenstromprinzip setzen einen gerichteten Strom des Atemmediums und des Blutes voraus. Beim Gleichstromprinzip fließen Atemmedium und Blut parallel in dieselbe Richtung; ähnlich wie bei der Poolatmung erreicht das Blut maximal den O_2-Partialdruck der Ausatemluft. Das Gegenstromprinzip basiert hingegen auf einer antiparallelen Strömung von Atemmedium und Blut. Dieses System arbeitet effizienter, da das Blut den O_2-Partialdruck des Einatemmediums erreichen kann. Die Kiemen der Fische nutzen das Gegenstromprinzip, um dem Atemmedium Wasser hinreichend viel O_2 zu entziehen.

Das Kreuzstromprinzip, das dem Gasaustausch in der Vogellunge zugrunde liegt, basiert auf zahlreichen Kapillaren, die quer zu einer unidirektionalen Luftströmung verlaufen. Der O_2-Gehalt ist am Ende der Passage zwar höher als in der Ausatemluft, liegt aber unterhalb des O_2-Partialdrucks der atmosphärischen Luft.

Im Vergleich zu Luft hat Wasser als Atemmedium wesentliche Nachteile. Abhängig von Temperatur und Salzgehalt enthält Wasser etwa 30-mal weniger O_2, sodass ein entsprechend größeres Volumen bei der Ventilation bewegt werden muss. Außerdem ist die Viskosität von Wasser höher, was deutlich mehr Stoffwechselenergie für die Ventilation erfordert. Weiterhin diffundiert O_2 in Wasser rund 300.000-mal langsamer als in Luft und die höhere Wärmeleitfähigkeit führt die vom Organismus erzeugte Stoffwechselwärme umgehend ab.

4.5   Atmung bei Fischen

Die Nachteile des Mediums Wasser haben bei den Fischen zur Evolution sehr leistungsfähiger Atemorgane geführt. Ihre Effizienz beruht (1) auf einer präzisen unidirektionalen Ventilation des Atemmediums und (2) auf dem Gegenstromprinzip. Wir wollen beispielhaft die Kiemenatmung bei den Knochenfischen betrachten.

4.5.1 Aufbau und Ventilation der Kiemen

Die Kiemen der Knochenfische, entstanden als Ausdifferenzierungen des Vorderdarms, trennen die Mund- von der Kiemenhöhle (◘ Abb. 4.17). Sie bestehen aus vier dorsoventral verlaufenden **Kiemenbögen**, die skelettal verstärkt als Stützstrukturen dienen. Die Kiemenbögen tragen **Kiemenfilamente** in etwa v-förmiger Anordnung (Abb. 4.18a). Senkrecht auf der Ober- und Unterseite der Kiemenfilamente stehen zahlreiche dünnwandige und stark durchblutete **Kiemenlamellen**, über die der Gasaustausch stattfindet (Abb. 4.18b). Bei 10 bis 40 Kiemenlamellen pro mm bleibt ein Zwischenraum von nur 0,02 bis 0,1 mm, durch den das Atemmedium Wasser unter Einsatz metabolischer Energie gepresst werden muss. In den Kiemenlamellen fließt das Blut in einem relativ großflächigen Kapillarnetz dem Wasserstrom entgegen: Durch diesen Gegenstromaustausch wird dem Atemmedium sehr effizient Sauerstoff entzogen (▶ Abschn. 4.4.2). *Je mehr O_2 ein Fisch aufgrund einer aktiven Lebensweise benötigt, desto größer ist die Oberfläche seiner Kiemen.*

Die zeitlich exakt aufeinander abgestimmten Aktivitäten einer Mund- und einer Kiemenhöhlenpumpe sorgen für einen gerichteten Wasserstrom, der wiederum eine zentrale Voraussetzung für den Gegenstromaustausch ist. Die aktive Vergrößerung von Mund- oder Kiemenhöhle bewirkt einen Druckabfall, die Verkleinerung beider Strukturen hingegen eine Druckzunahme. Die dadurch erzeugten Differenzen im Wasserdruck zwischen der Umgebung einerseits sowie der Mund- und Kiemenhöhle andererseits bestimmen die Strömungsrichtung des Wassers.

Die folgende Sequenz von Druckveränderungen führt zu einer fast vollständig (> 90 %) unidirektionalen Ventilation der Kiemen während eines Atemzyklus (Abb. 4.19):

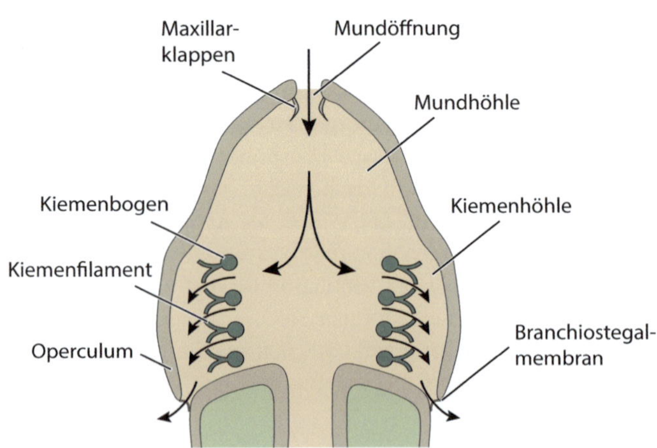

◘ Abb. 4.17 Schematische Darstellung der Kiemen von Knochenfischen. Wasser gelangt durch die Mundöffnung in die Mundhöhle und fließt von dort zwischen den Kiemenfilamenten vorbei in die durch ein Operculum geschützte Kiemenhöhle (innere Kiemen). Ein Ventil (Branchiostegalmembran) verhindert, dass Wasser von hinten in die Kiemen eindringt, und ermöglicht die Regulation des Wasserdrucks in der Kiemenhöhle

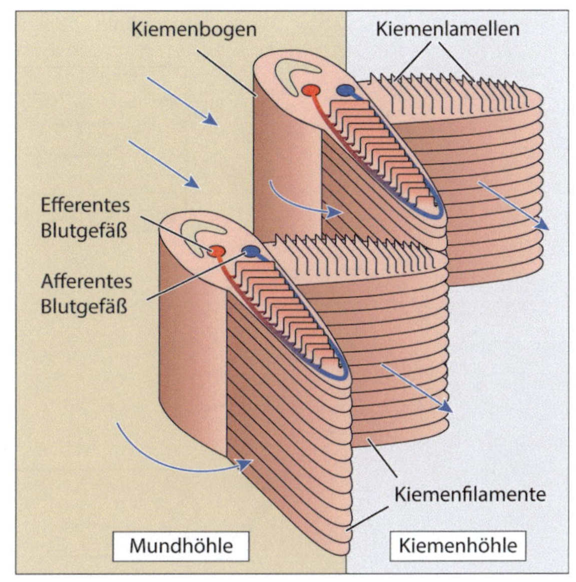

Abb. 4.18 Aufbau der Kiemenfilamente und Gegenstromprinzip. **a** Jeder Kiemenbogen trägt zwei v-förmige Kiemenfilamente, die auf ihrer Ober- und Unterseite mit Kiemenlamellen besetzt sind. Afferente Gefäße führen desoxygeniertes Blut (*blau*) in die Kiemenlamellen, wo es mit Sauerstoff beladen wird. Efferente Gefäße transportieren das oxygenierte Blut (*rot*) von den Kiemenfilamenten weg. **b** Vergrößerter Ausschnitt eines Kiemenfilaments mit drei Kiemenlamellen. Bei der vordersten Kiemenlamelle ist das Kapillarsystem angedeutet. Die Strömungsrichtungen von Blut (*schwarze Pfeile*) und Wasser (*blaue Pfeile*) sind antiparallel

1. Die Senkung des Mundbodens verringert den Druck in der Mundhöhle unter den Wasserdruck der Umgebung, sodass Wasser durch das geöffnete Maul in die Mundhöhle einströmt. Gleichzeitig erweitert sich die Kiemenhöhle, bis der Druck dort noch kleiner als in der Mundhöhle ist. Als Resultat strömt Wasser aus der Umgebung durch die Kiemenspalten in die Kiemenhöhle.
2. Der Mundboden hebt sich bei geschlossenem Maul, wodurch der Druck in der Mundhöhle steigt. Da der Druck in der Kiemenhöhle weiterhin geringer ist als in der Mundhöhle, bleibt der gerichtete Wasserstrom bestehen.
3. Das Wasser aus der Kiemenhöhle muss nach außen abgegeben werden. Die Kiemenhöhle übt Druck auf dieses Wasservolumen aus, indem sie sich verkleinert und der Kiemendeckel geöffnet wird. Gleichzeitig verringert sich das Volumen in der Mundhöhle noch weiter,

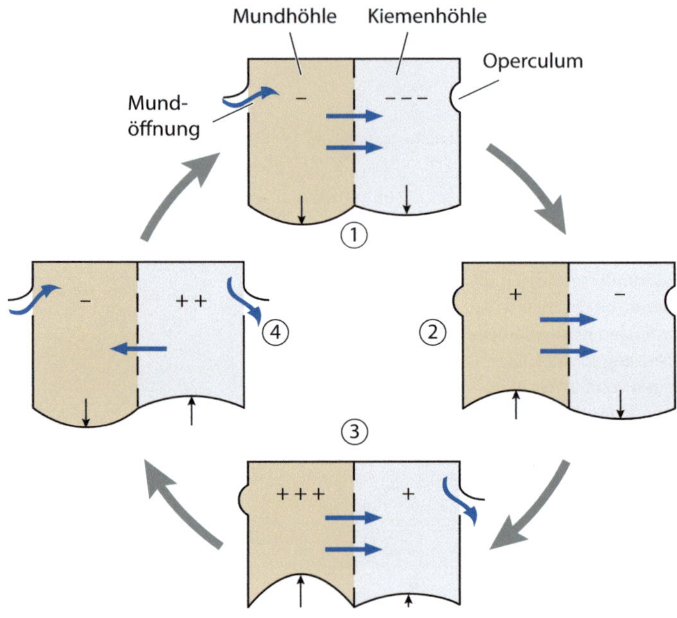

◻ Abb. 4.19 Atemzyklus bei Knochenfischen. ① Der Mundhöhlenboden wird abgesenkt, sodass sich die Mundhöhle mit Wasser füllt. Gleichzeitig erweitert sich die Kiemenhöhle und Wasser strömt aus der Mundhöhle in die Kiemenhöhle. ② Die Kiemenhöhle erreicht ihr maximales Volumen, während sich die Mundhöhle bereits wieder verkleinert. In Phase ③ wird in Mund- und Kiemenhöhle ein positiver Druck aufgebaut. Der Mund ist geschlossen, sodass Wasser über die Kiemen in die Kiemenhöhle und von dort in den Außenraum fließt. Phase ④ zeigt eine kurzfristige Umkehr der Druckverhältnisse mit einem geringfügigen Rückstrom von Wasser aus der Kiemenhöhle in die Mundhöhle

sodass dort im Vergleich zur Kiemenhöhle immer noch ein höherer Druck vorherrscht. Entsprechend strömt auch in dieser Phase des Atemzyklus Wasser aus der Mund- in die Kiemenhöhle.

4. Die Mundhöhle wird wieder vergrößert, sodass der Druck dort sinkt, während gleichzeitig der Druck in der Kiemenhöhle sein Maximum erreicht. Nur in dieser sehr kurzen Phase kann es zu einem geringfügigen Rückstrom von Atemwasser über die Kiemen in den Mundraum kommen.

Sobald Fische bei geöffnetem Maul mit einer Geschwindigkeit von 0,5 m s^{-1} bis 0,8 m s^{-1} oder schneller schwimmen, wird ein hinreichend großer Wasserdruck erzeugt, um die Kiemen unidirektional zu ventilieren. Diese sogenannte **Staudruckventilation** ist möglicherweise energetisch vorteilhafter als die oben beschriebene Kombination von Mund- und Kiemenhöhlenpumpe; auf jeden Fall werden deutlich höhere Flussraten über die respiratorischen Oberflächen erzielt.[10] Die Staudruckventilation kommt bei besonders aktiven und schnell schwimmenden Fischen wie Goldmakrelen (*Coryphenidae*), Thunfischen (*Thunnus*) und Makrelenhaien (*Lamnidae*) vor. Bei Thunfischen ist die Staudruckventilation obligatorisch – die Tiere müssen also kontinuierlich in Bewegung bleiben, um nicht zu ersticken.

---

[10] Ein Thunfisch erreicht bei ruhiger Schwimmaktivität im Vergleich zu einer gleich schweren Forelle etwa die siebenfache Durchflussrate seiner Kiemen.

4.5.2 Luftatmung bei Fischen

Kiemen sind zur Luftatmung nicht geeignet, da ohne den Auftrieb des Wassers die Kiemenfilamente und die filigranen Strukturen der Kiemenlamellen kollabieren. Neben der Gefahr des Austrocknens ist die verbleibende Oberfläche zu klein, um den Organismus trotz des hohen O_2-Gehalts der Luft mit hinreichend viel O_2 zu versorgen.

Dennoch finden sich auch bei Fischen zahlreiche Strategien, um den O_2-Gehalt der Luft zur Atmung zu nutzen – insbesondere als Anpassung an die O_2-Knappheit mancher Gewässer.[11] *Als gemeinsames Prinzip all dieser evolutionären Lösungen finden wir immer eine stark durchblutete, möglichst große Oberfläche,* wobei die anatomische Herkunft dieser respiratorischen Strukturen offensichtlich keine große Rolle spielt. Ihre morphologische Vielfalt reicht von Bestandteilen des Kiemenapparats über verschiedene Elemente des Verdauungstrakts bis hin zur Schwimmblase, die jedoch noch mit dem Darm in Verbindung stehen muss (z. B. Knochenhecht, *Lepisosteidae*). Häufig treten diese Anpassungen an die Luftatmung zusammen mit Kiemen in einem Organismus auf – in diesem Fall ergänzen sie die Kiemenatmung bei O_2-Mangel im Wasser. Bei den afrikanischen und südamerikanischen **Lungenfischen** (*Protopterus* bzw. *Lepidosiren*) ist die Luftatmung jedoch obligatorisch.[12] Ihre Lungen sind aus Aussackungen des Pharynx entstanden und komplexe Wandstrukturen tragen zur Oberflächenvergrößerung bei. *Protopterus* und *Lepidosiren* nutzen ihre Kiemen vor allem zur Abgabe von CO_2.

4.5.3 Zusammenfassung

Die Kiemen der Knochenfische bestehen aus Kiemenbögen, Kiemenfilamenten und Kiemenlamellen, wobei der Gasaustausch nur in den Kiemenlamellen stattfindet. Der Gasaustausch erfolgt nach dem Gegenstromprinzip.

Die unidirektionale Ventilation der Kiemen basiert auf zeitlich koordinierten Änderungen des Wasserdrucks, die von einer Mundhöhlen- und einer Kiemenhöhlenpumpe erzeugt werden. Während eines Atemzyklus besteht fast immer ein Druckgefälle von der Mundhöhle zur Kiemenhöhle, wodurch ein gerichteter Wasserstrom über die Kiemenlamellen erzeugt wird.

Sehr aktive und schnell schwimmende Fische betreiben eine Staudruckventilation. Die Fische schwimmen mit geöffnetem Maul und das Wasser wird allein aufgrund des Drucks, den sie mit ihrer Geschwindigkeit erzeugen, unidirektional über die Kiemenlamellen geführt.

Luft atmende Fische setzen zahlreiche anatomische Strukturen – von der Mundhöhle über den Verdauungstrakt bis zur Schwimmblase – als respiratorische Membranen ein. Allen Strukturen gemeinsam ist eine große, gut durchblutete Oberfläche, durch die O_2 per Diffusion in das Kreislaufsystem gelangt. Die Luftatmung dient wahrscheinlich als Option bei temporärer O_2-Armut, ist aber bei einigen Lungenfischarten obligatorisch.

---

[11] Möglicherweise dient die Luftatmung bei Fischen in manchen Fällen einer verbesserten Versorgung des Herzens mit O_2 (▶ Abschn. 5.4.1).
[12] Der australische Lungenfisch (*Neoceratodus*) muss hingegen zusätzlich Kiemenatmung betreiben.

4.6   Atmung bei Säugetieren

Für die Besiedlung terrestrischer Lebensräume war die Entwicklung von Lungen von außerordentlich großer Bedeutung, da so erstmalig Luft als Atemmedium dauerhaft genutzt werden konnte. Allerdings stellt die Luftatmung für die evolutionäre Konstruktion von Atemorganen eine enorme Herausforderung dar. Über die große und ungeschützte respiratorische Oberfläche geht kontinuierlich Wasser verloren; andererseits unterbindet eine wasserundurchlässige Grenzschicht den Gasaustausch. Da der Auftrieb durch das Wasser wegfällt, müssen körpereigene Strukturen den filigranen respiratorischen Membranen zusätzlich Halt geben.

Durch die Verlagerung der Atemorgane in einen Innenraum des Körpers werden die respiratorischen Epithelien sowohl vor dem Austrocknen geschützt als auch durch die benachbarten Körpergewebe mechanisch unterstützt. Allerdings muss hierbei das Problem gelöst werden, eine möglichst große Oberfläche in einem begrenzten Volumen unterzubringen.

Im Laufe der Evolution haben sich unabhängig voneinander bei Vertebraten (Lungenfische, Amphibien, Reptilien, Vögel, Säugetiere), aber auch bei einigen Invertebraten (Schnecken, Asseln, Spinnen) Lungen entwickelt. Wir unterscheiden die **Diffusionslungen** der Invertebraten, die den Gasaustausch ausschließlich mittels Diffusion bewerkstelligen, von den **Ventilationslungen** der Vertebraten, bei denen das Atemmedium zusätzlich bewegt wird. *Für den Transport der Atemgase über die respiratorischen Oberflächen sind jedoch auch bei den Ventilationslungen ausschließlich Diffusionsprozesse verantwortlich.*

4.6.1   Aufbau der Säugetierlunge

Bei der Säugetierlunge findet eine große Austauschfläche im kleinen Volumen des Brustkorbs Platz, indem eine Serie dichotomer (gabelförmiger) Verzweigungsschritte eine nahezu optimale Nutzung des zur Verfügung stehenden Raumes erlaubt. Die Luftröhre (**Trachea**) teilt sich in zwei **Bronchien** auf, die sich wiederum in **Bronchiolen** verzweigen und bei vielen Säugern nach etwa 20 Teilungsschritten in blind endende Lungenbläschen (**Alveolen**) münden (◘ Abb. 4.20a). *Aufgrund dieses Verzweigungsmusters ist die Wegstrecke der Atemgase von der Trachea zu allen Alveolen ungefähr gleich lang* (▶ Abschn. 2.5.6). Eine menschliche Lunge enthält insgesamt rund 300 Mio. Alveolen, von denen jede einen Durchmesser von etwa 0,25 mm besitzt. *Der eigentliche Gasaustausch findet nur in den Alveolen statt; die Leitungsbahnen (Trachea, Bronchien, Bronchiolen) dienen der Erwärmung, Befeuchtung und Reinigung der Atemluft.*

Die Luft gelangt durch konvektiven Gastransport zwar bis in die feinsten Bronchiolen – in den Alveolen ist die Luft jedoch bewegungslos. Daher kann O_2 die Alveolen selbst und die Grenzschicht zwischen Alveolen und Blut nur mittels Diffusion passieren. Diese **alveolokapilläre Membran** besteht aus drei Schichten (◘ Abb. 4.20b): (1) den Zellen des Alveolarepithels, (2) einer dünnen Basallamina und (3) den Zellen des Kapillarendothels. Bei einer Dicke von insgesamt etwa 0,4 μm laufen Diffusionsprozesse über diese Barriere in weniger als 1 ms ab, wodurch ein schneller Ausgleich der Partialdruckdifferenzen zwischen Alveolen und Kapillarblut in der relativ kurzen Kontaktzeit ermöglicht wird. Für eine effiziente Diffusion müssen die Alveolen jedoch mit Luft gefüllt sein. Ein Übertritt von Flüssigkeit aus dem Interstitium in die Alveolen (**alveoläres Lungenödem**) kann jedoch aufgrund der um das 300.000fache verrin-

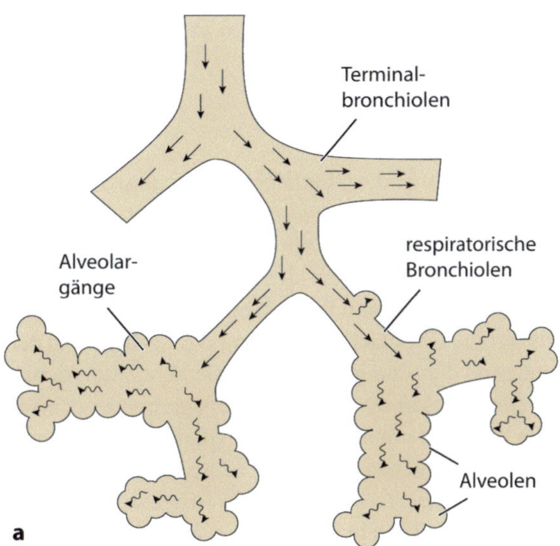

◘ Abb. 4.20 Gastransport in der Säugerlunge. **a** Nach zahlreichen Verzweigungen endet das Leitungssystem in den Terminalbronchiolen. Respiratorische Bronchiolen enthalten bereits Alveolen. Der Gastransport im Leitungssystem erfolgt mittels Konvektion (*gerade Pfeile*), während in den Alveolargängen und in den Alveolen selbst ausschließlich Diffusion durch stehende Luftschichten stattfindet (*geschlängelte Pfeile*). **b** Schematische Darstellung der Bestandteile der Diffusionsbarriere zwischen Alveolarluft und Erythrozyten. Die Diffusionsstrecke beträgt insgesamt etwa 0,4 µm

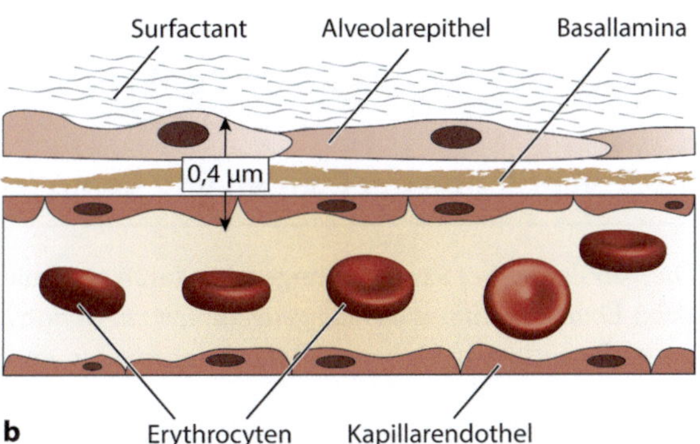

gerten Diffusionsgeschwindigkeit in Wasser (▶ Abschn. 4.1.2) die Versorgung des Organismus mit O_2 außerordentlich stark gefährden.[13]

4.6.2 Oberflächenspannung

Alveolen sind annähernd kugelförmige Bläschen, deren innere Oberfläche von einer sehr dünnen wässrigen Schicht überzogen ist. Aufgrund der unterschiedlichen **Oberflächenspannungen** zwischen der Luft im Innenraum der Alveolen und der wässrigen Schicht entsteht eine

[13] Typischerweise wird ein sogenanntes hämodynamisches Lungenödem durch eine Linksherzinsuffizienz ausgelöst. Infolgedessen steigt der Druck in den Lungenarterien und Flüssigkeit tritt aufgrund des erhöhten Blutdrucks aus den Kapillaren ins Lungengewebe und von dort in die Alveolen über.

Wandspannung, die das Volumen in den Alveolen gemäß der **Laplace-Beziehung** unter den Druck P setzt:

$$P = T \cdot \frac{2d}{r}. \tag{4.17}$$

T bezeichnet die Oberflächenspannung, d die Dicke des Alveolarepithels und r den Radius einer Alveole. *Das Laplace-Gesetz besagt, dass der Druck, der zum Offenhalten einer Alveole benötigt wird, mit sinkendem Radius ansteigt.* Demnach würde bei gleicher Oberflächenspannung T in kleineren Alveolen ein höherer Druck herrschen als in den größeren – sie würden daher kollabieren und ihren Inhalt in benachbarte größere Alveolen entleeren. Außerdem erschwert die Oberflächenspannung die Ausdehnung der Alveolen während des Einatmens, was wiederum den Energiebedarf für die Ventilation der Lungen erhöht.

Die Alveolen werden durch Einlagerung einer als **Surfactant** bezeichneten oberflächenaktiven Substanz stabilisiert. Hierbei handelt es sich um ein Gemisch aus Proteinen und Lipiden, das die Oberflächenspannung des Alveolarepithels reduziert, dadurch das Kollabieren der Alveolen verhindert und zudem den Arbeitsaufwand beim Einatmen verringert.

Surfactant besteht zu über 90 % aus Phospholipiden, außerdem kommen noch spezifische Surfactant-Proteine hinzu. Aufgrund seiner Zusammensetzung wirkt Surfactant ähnlich wie ein Detergens, indem sich die Phospholipide so in die Luft-Wasser-Grenzschicht einlagern, dass sich ihre hydrophilen Anteile in der wässrigen Lösung befinden, während die hydrophoben Bereiche in die Gasphase hineinragen. *Surfactant reduziert die Oberflächenspannung, indem es die Dichte der Wassermoleküle an der Luft-Wasser-Grenzschicht verringert.*

4.6.3 Ventilation der Lungen und Compliance

Die Ventilation der Säugetierlunge wird durch regelmäßiges Ein- und Ausatmen gewährleistet. *Beim Einatmen nimmt das Lungenvolumen zu, wodurch ein Unterdruck entsteht und Luft in die Lunge hineinströmt.* Dabei wird das Lungenvolumen durch zwei verschiedene Mechanismen vergrößert:

- Bei der **Bauchatmung** erweitert sich die Lunge durch Kontraktion des Zwerchfells (**Diaphragma**), ein quergestreifter Muskel, der Brust- und Bauchraum voneinander trennt. Durch die Kontraktion senkt sich das Zwerchfell, das Volumen des Thoraxraums nimmt zu und der entstehende Unterdruck saugt Luft in die beiden Lungenflügel.
- Im Fall der **Brustkorbatmung** basiert die Erweiterung des Lungenvolumens auf der Kontraktion der **äußeren Zwischenrippenmuskeln**, wodurch die Rippen seitlich und nach vorn angehoben werden. Die Bewegung der Rippen verursacht ebenfalls einen Unterdruck durch die Erweiterung des Thoraxraums.

Bei beiden Ventilationsmechanismen folgt die Lunge den Bewegungen des Thorax, da sie mit ihrer äußeren Begrenzung (inneres Pleurablatt) über einen kapillaren Flüssigkeitsfilm (Pleuraspalt) den sie umgebenden Geweben (äußeres Pleurablatt) anliegt. Durch Adhäsionskräfte entsteht eine hohe Zugfestigkeit senkrecht zu den Pleurablättern, wodurch ein Kollabieren der Lunge verhindert wird. Im Gegensatz dazu gleiten die Pleurablätter während des Ein- und Ausatmens ohne große Reibungsverluste parallel aneinander vorbei.[14] Beim so-

---

[14] Diese Anordnung wird oft mit zwei Glasscheiben verglichen, die über einen dünnen Flüssigkeitsfilm miteinander verbunden sind. Eine Verschiebung der beiden Platten parallel zueinander erfordert einen geringen Kraftaufwand, während die Platten jedoch in senkrechter Richtung nur schwer getrennt werden können.

genannten **Pneumothorax** dringt Luft in den Pleuraspalt, sodass sich die beiden Pleurablätter voneinander lösen – ein teilweises Kollabieren der Lunge ist die Folge.

Das Ausatmen erfolgt bei beiden Atemmechanismen rein passiv und beruht auf der Eigenelastizität der beteiligten Gewebe; bei sehr hoher Atemfrequenz können auch Kontraktionen der **inneren Zwischenrippenmuskeln** den Ausatemvorgang aktiv unterstützen.

Die elastischen Eigenschaften des Atemapparates werden als **Compliance** bezeichnet und sind ein entscheidender Faktor für die Arbeit, die beim Einatmen verrichtet werden muss. *Die Compliance bestimmt daher maßgeblich den Energieaufwand der Ventilation.* Bei der Inspiration wird Arbeit gegen den elastischen Widerstand der Bindegewebsfasern von Lunge und Thorax sowie gegen die Oberflächenspannung der Alveolen geleistet, während bei der Exspiration vor allem der Strömungswiderstand in den Atemwegen überwunden werden muss. Dieser sogenannte **visköse Widerstand** hängt vom Durchmesser der Atemwege[15] und von der Atemstromstärke, dem pro Zeiteinheit bewegten Luftvolumen, ab. In diesem Fall bilden sich mit zunehmender Geschwindigkeit auch in geradlinigen Passagen der Atemwege turbulente Strömungen, die den zur Bewegung der Luft erforderlichen Energieaufwand erhöhen. Beim **Asthma bronchiale**, einer der häufigsten Lungenerkrankungen, kommt es zu einer entzündlichen Verengung der Atemwege, was zu einem Anstieg des Atemwegswiderstands führt.[16]

4.6.4 Zusammenfassung

Die Lunge der Säuger besteht aus zahlreich verzweigten Luftwegen, die blind in kleinen, dünnwandigen und außerordentlich stark durchbluteten Lungenbläschen, den Alveolen, enden. Der Gasaustausch findet ausschließlich in den Alveolen statt, während die Luftwege neben ihrer Leitungsfunktion der Erwärmung, Befeuchtung und Reinigung der Atemluft dienen.

Da die Luft in den Alveolen bewegungslos ist, gelangt O_2 nur durch Diffusion in die Nähe der Austauschfläche. Diese alveolokapilläre Membran, bestehend aus Alveolarepithel, Basalmembran und Endothel, ist nur etwa 0,4 μm dick und ermöglicht daher eine sehr schnelle Diffusion von O_2 aus den Alveolen in die Kapillaren und von CO_2 in umgekehrter Richtung.

Alveolen besitzen eine Wandspannung, die durch das Laplace-Gesetz beschrieben wird. Damit die Alveolen aufgrund dieser Wandspannung nicht kollabieren, werden sie durch Surfactant, eine wie ein Detergens wirkende oberflächenaktive Substanz stabilisiert. Die Reduktion der Wandspannung verhindert das Kollabieren der Alveolen und verringert die mechanische Arbeit, die für die Ausdehnung der Lunge beim Einatmen geleistet werden muss.

Die Ventilation der Lunge basiert auf der Erweiterung des Brustkorbs – durch die Erzeugung eines Unterdrucks im Verhältnis zum Außenmedium strömt Luft in die Lunge. Die für das Einatmen erforderlichen Muskeln sind einerseits das Zwerchfell (Bauchatmung) und andererseits die äußeren Zwischenrippenmuskeln (Brustatmung). Das Ausatmen erfolgt in der Regel passiv aufgrund der elastischen Rückstellkräfte der Gewebe, kann aber durch die inneren Zwischenrippenmuskeln aktiv verstärkt werden.

---

[15] Nach dem Hagen-Poiseuille-Gesetz Gl. 5.4 hängt der Volumenfluss durch ein Rohr von der 4. Potenz seines Radius ab. Eine Halbierung des Durchmessers erhöht daher den Strömungswiderstand auf das $2^4 = 16$Fache.
[16] Asthma bronchiale ist eine chronisch-entzündliche Erkrankung der Atemwege, die auf allergische, aber auch auf nichtallergische Ursachen zurückzuführen ist. Mögliche Mechanismen der Verengung der Atemwege bei einem Asthmaanfall sind: (1) Kontraktionen der glatten Muskulatur der Bronchien, (2) Ödeme der Atemwege und (3) vermehrte Schleimproduktion.

4.7   Atmung bei Vögeln

Vögel haben aufgrund ihrer endothermen Lebensweise einen hohen Energiebedarf mit einer entsprechend hohen aeroben Stoffwechselrate. Einige Arten können in sehr großen Höhen fliegen, in denen ein geringer O_2-Partialdruck die Versorgung mit O_2 deutlich erschwert.[17] Um unter diesen außerordentlich schwierigen Bedingungen überhaupt fliegen zu können, muss die Vogellunge sehr effizient O_2 aus der Atemluft aufnehmen – Vögel besitzen die leistungsfähigsten respiratorischen Organe im Tierreich.

4.7.1 Aufbau der Vogellunge

Ähnlich wie bei den Säugern gabelt sich auch bei den Vögeln die Luftröhre in zwei Bronchien, die in die paarig angelegten Lungenflügel ziehen. Hier enden aber auch schon die Parallelen; sowohl die weitere Anatomie als auch die Funktionsweise der Vogellunge unterscheiden sich grundlegend vom Säugersystem. Die wichtigsten Unterschiede fassen wir in den folgenden Punkten zusammen:

1. Die Vogellunge ist weitgehend starr und ändert ihr Volumen beim Ein- und Ausatmen nicht.
2. Die Vogellunge wird sowohl beim Ein- als auch beim Ausatmen unidirektional von Luft durchströmt.
3. Ein vollständiger Atemzyklus besteht aus jeweils zwei Ein- und Ausatemvorgängen.
4. Der Gasaustausch in der Vogellunge basiert auf dem Kreuzstromprinzip.

Wenn das Lungenvolumen während der Atmung konstant bleibt, müssen andere körpereigene Strukturen für die nötigen Druckänderungen sorgen. Hierzu besitzen Vögel mehrere, jeweils paarig angelegte **Luftsäcke**, die vor und hinter der Lunge liegen und ein relativ großes Volumen innerhalb des Vogelkörpers beanspruchen.

Jeder Lungenflügel wird durch einen **Hauptbronchus** versorgt, der durch die Lunge im Körper nach hinten verläuft und in die posterioren Luftsäcke mündet (◉ Abb. 4.21). Von diesem primären Bronchus zweigen vor der Lunge vier bis sechs Bronchien 2. Ordnung (**Ventrobronchien**) ab, die sich unter der ventralen Lungenoberfläche weiter verzweigen. Im hinteren Teil des Primärbronchus entspringen weitere sechs bis zehn Bronchien 2. Ordnung (**Dorsobronchien**), die im kaudalen Bereich der Lungenoberfläche ein komplexes Netzwerk bilden. Dorso- und Ventrobronchien sind über die sogenannten Bronchien 3. Ordnung (**Parabronchien**) miteinander verbunden – dies sind zahlreiche parallel angeordnete Röhren mit einem Durchmesser von 0,5 bis 2 mm.

Die bisher beschriebenen Strukturen sind Leitungsbahnen, die ausschließlich der Durchströmung der Vogellunge mit Luft dienen. Der eigentliche Gasaustausch findet in den **Luftkapillaren** statt, die durch zahllose Öffnungen in den Wänden der Parabronchien in ein Netzwerk feinster Röhren (3 bis 15 μm Durchmesser) führen. Die Luftkapillaren enden entweder blind oder sie fusionieren mit den Luftkapillaren anderer Parabronchien. In jedem Fall werden sie durch ein ebenso dichtes System von Blutkapillaren versorgt, sodass die gesamte Austauschfläche der Vogellunge im Vergleich zur Säugerlunge bis zu zehnmal größer ist. Der O_2-Transport aus den Hohlräumen der Parabronchien in die Luftkapillaren erfolgt durch Diffusion.

---

[17] Der O_2-Partialdruck beträgt 6 kPa in 8000 m Höhe im Vergleich zu 21,3 kPa auf Meereshöhe.

⬛ Abb. 4.21 Weg der Atemluft durch die Vogellunge. **a** Beim ersten Einatmen gelangt die Luft durch den Haupt- und Mesobronchus in die hinteren Luftsäcke, deren Erweiterung einen Unterdruck verursacht. **b** Die hinteren Luftsäcke kontrahieren beim ersten Ausatmen und die Luft gelangt über die Austauschflächen der Parabronchien nach vorn. **c** Beim Einatmen im zweiten Atemzyklus expandieren die vorderen Luftsäcke und füllen sich mit Luft aus den Parabronchien. **d** Schließlich kontrahieren beim zweiten Ausatmen die vorderen Luftsäcke und transportieren die O_2-arme Luft über den Hauptbronchus nach außen. Für die vollständige Passage eines bestimmten Luftvolumens durch die Vogellunge sind insgesamt zwei Atemzyklen erforderlich, die hier zur Veranschaulichung nacheinander dargestellt werden. Tatsächlich kontrahieren und expandieren die vorderen und hinteren Luftsäcke gemeinsam. Die *Pfeile* deuten die Richtung der Luftströmung an, die *Pfeilspitzen* die Bewegung der Luftsäcke

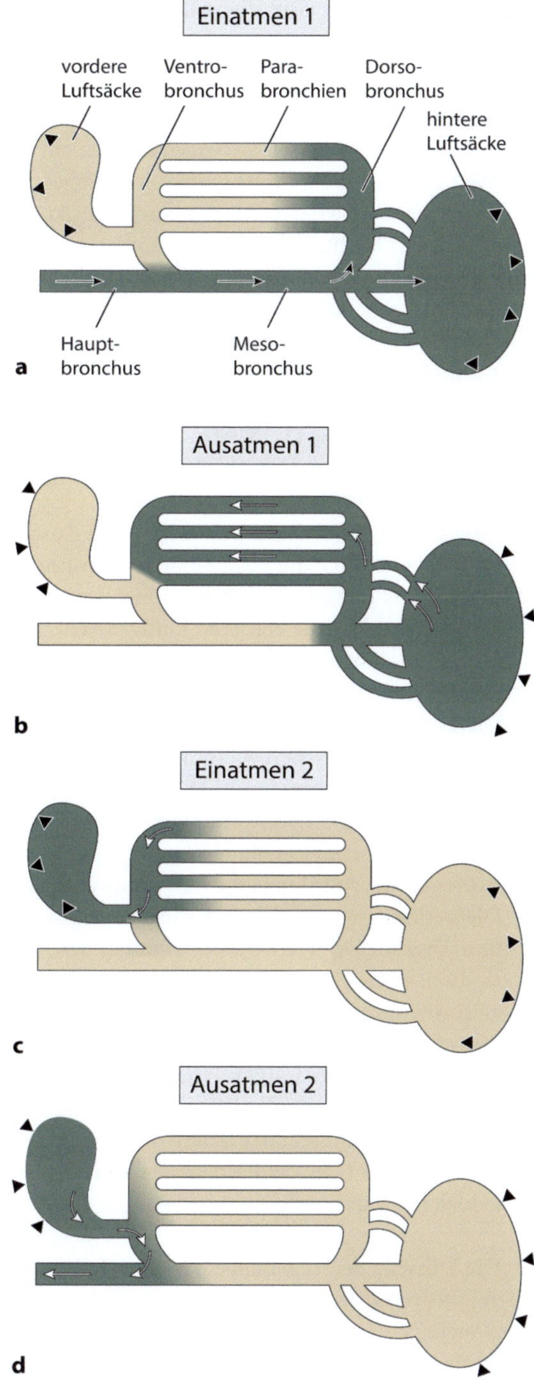

4.7.2 Ventilation der Vogellunge

Zum besseren Verständnis der Ventilation der Vogellunge, besprechen wir das Ein- und Ausatmen getrennt voneinander. Ein vollständiger Atemzyklus umfasst jeweils zwei Ein- und Ausatemvorgänge. Nehmen wir an, wir markieren ein bestimmtes Luftvolumen und verfolgen nun den Weg dieser Luft durch die Lunge eines Vogels.

Beim Einatmen werden die hinteren Luftsäcke vergrößert, während das Volumen der Lunge selbst konstant bleibt.[18] Durch diese Expansion entsteht in den hinteren Luftsäcken ein Unterdruck, sodass Frischluft durch den Primärbronchus und Mesobronchus bis in die hinteren Luftsäcke gelangt (◘ Abb. 4.21a). Die folgende Kontraktion der hinteren Luftsäcke presst die Frischluft in die Parabronchien (◘ Abb. 4.21b). Anschließend dehnen sich die vorderen Luftsäcke aus und der resultierende Unterdruck zieht die Luft aus den Parabronchien nach vorn. Da die Luft zu diesem Zeitpunkt die Austauschfläche der Luftkapillaren bereits passiert hat, enthält sie nur noch wenig O_2 (◘ Abb. 4.21c). Beim nachfolgenden Ausatmen werden die vorderen Luftsäcke komprimiert und die O_2-arme Luft gelangt über den Hauptbronchus wieder nach außen (◘ Abb. 4.21d).

Insgesamt sind also jeweils zwei Ein- und Ausatemvorgänge erforderlich, um ein Luftvolumen vollständig durch die Vogellunge zu transportieren. Nach dem ersten Ein- und Ausatmen hat die Luft die hinteren Luftsäcke (Einatmen 1) und die Parabronchien erreicht (Ausatmen 1), beim zweiten Mal die vorderen Luftsäcke (Einatmen 2) und schließlich das Außenmedium (Ausatmen 2). Die Bewegungen der vorderen und hinteren Luftsäcke wurden hier getrennt betrachtet – tatsächlich kontrahieren und expandieren alle Luftsäcke gemeinsam.

Die Lungen der Säuger und der Vögel unterscheiden sich in drei wesentlichen anatomischen und physiologischen Merkmalen, die gemeinsam für die Leistungsfähigkeit der Vogellunge verantwortlich sind:

— Anders als bei der Poolatmung der Säuger, bei denen nur ein kleiner Teil eines ruhenden Gasgemisches mit ohnehin geringem O_2-Partialdruck durch Frischluft ersetzt wird, strömt in der Vogellunge die Luft unidirektional von hinten nach vorn.

— Die Verlagerung der Volumenänderungen in verschiedene Luftsäcke entkoppelt das Ein- und Ausatmen von der Durchströmung der Lunge mit Luft. Im Gegensatz zu den periodisch wechselnden Druckänderungen der Säugerlunge ermöglicht die Aufteilung in zwei Atemzyklen eine kontinuierliche Durchströmung der Parabronchien.

— Dem Gasaustausch liegt das Kreuzstromprinzip zugrunde (▸ Abschn. 4.4.2), das dem unidirektionalen Luftstrom O_2-armes Blut in zahlreichen Kapillarschleifen entgegenschickt. Auf diese Weise kann das Blut, das die Lungen verlässt, einen höheren O_2-Partialdruck als das Ausatemmedium erreichen. In der Säugerlunge hingegen nähert sich während der Kontaktzeit der O_2-Partialdruck des Blutes demjenigen der Alveolen an, kann diesen jedoch nicht übersteigen.

Die Effizienz der Vogellunge basiert in hohem Maße auf der Erzeugung eines unidirektionalen Luftstroms. Es stellt sich daher die Frage, wie die Strömungsrichtung an den zahlreichen Verzweigungen reguliert wird, damit etwa beim Einatmen die Frischluft nur in den Hauptbronchus, aber nicht in die Ventrobronchien und die vorderen Luftsäcke gelangt. Klappen oder muskuläre Ventile konnten bisher nicht nachgewiesen werden – möglicherweise erzeugt die

---

[18] Die Luftsäcke werden passiv durch Kontraktion der inneren Zwischenrippenmuskeln und anderer thorakaler Muskeln gedehnt.

komplexe Anatomie der Luftwege aerodynamische Bedingungen, die eine strukturell offensichtliche Lenkung des Luftstroms überflüssig machen.

4.7.3 Zusammenfassung

Bei der Vogellunge handelt es sich um eine kompakte und weitgehend starre Struktur, die neben einem Hauptbronchus sowie Ventro- und Dorsobronchien vor allem aus parallel verlaufenden Parabronchien besteht. Vom Innenraum dieser Parabronchien zweigen zahlreiche sehr feine Luftkapillaren ab, in denen der Gasaustausch stattfindet. Die außerordentlich dichte Versorgung mit Blutkapillaren ist Voraussetzung für eine Austauschfläche, deren Größe diejenige der Säugerlunge um das Zehnfache übersteigt. Die anatomische Anordnung von Luft- und Blutkapillaren entspricht dem Kreuzstromprinzip.

Die Ventilation der Vogellunge erfolgt durch eine Kontraktion und Relaxation der vorderen und hinteren Luftsäcke, deren koordinierte Aktivität einen von hinten nach vorn gerichteten Luftstrom über die Parabronchien erzeugt. Insgesamt sind zwei vollständige Ein- und Ausatemvorgänge notwendig, um ein Luftvolumen aus dem Außenraum bis an die respiratorischen Membranen und wieder zurück nach außen zu transportieren. Die Konstruktion der Vogellunge ermöglicht sowohl beim Ein- als auch beim Ausatmen einen kontinuierlichen unidirektionalen Luftstrom über die Parabronchien.

4.8 Atmung bei Insekten

Im Vergleich zu den bisher beschriebenen Atemorganen haben Insekten eine gänzlich andere Strategie entwickelt, um ihren Stoffwechsel mit dem nötigen Sauerstoff zu versorgen. Bei dieser Klasse und auch bei einigen anderen Invertebraten ist die Gasaustauschfläche nicht zentral in einem respiratorischen Organ wie Lunge oder Kiemen lokalisiert, von dem aus ein angeschlossenes Kreislaufsystem für die Verteilung und den Transport der Atemgase im Organismus sorgt. *Vielmehr wird die Austauschfläche in unmittelbare Nähe zu allen Zellen des Körpers gebracht, sodass ein Kreislaufsystem für den O_2-Transport keine Rolle mehr spielt.*

4.8.1 Anatomie des Tracheensystems

Luft führende Röhren, die sogenannten **Tracheen**, durchziehen mit feinsten Verästelungen den gesamten Körper eines Insekts und vermitteln so einen direkten Kontakt zwischen Außenluft und Körperzellen. Die Tracheen öffnen mit ein bis elf auf beiden Körperseiten segmental angeordneten **Stigmen** zur atmosphärischen Luft. Sie sind meist durch Anastomosen miteinander verbunden und bilden so einen zusammenhängenden Luftraum im Inneren des Körpers. Der Durchmesser der Tracheen nimmt mit jeder Verzweigung ab, während die gesamte Querschnittsfläche aller Tracheen annähernd gleich groß bleibt. Die als **Tracheolen** bezeichneten blind endenden Terminalstrukturen sind etwa 200 bis 350 μm lang und verjüngen sich an ihrem Ende bis zu einem Durchmesser von nur noch 0,05 bis 0,2 μm.

Das Tracheensystem ist so stark verzweigt, dass jede Zelle des Körpers nicht weiter als höchstens 30 μm von einem luftgefüllten Kanal entfernt ist. Bei den Zellen der Flugmuskulatur wird diese Annäherung anatomisch perfektioniert, indem Tracheolen bis in die Muskelzellen hineinragen und in unmittelbarer Nähe der Mitochondrien verlaufen. *Insgesamt erzeugen die*

Verzweigungen eine sehr große Austauschfläche mit extrem kurzen Weglängen und schaffen damit optimale Voraussetzungen für ein auf Diffusion basierendes Transportsystem.

Die offensichtliche und einfache Lösung der Direktversorgung aller Körperzellen mit O_2 bringt jedoch auch Nachteile mit sich, denn Nährstoffe müssen weiterhin im Körper verteilt werden. Insekten benötigen also zwei unabhängige Transportsysteme: eines für die Versorgung mit Atemgasen und ein weiteres für die Beförderung von Nähr- und Signalstoffen sowie Endprodukten des Stoffwechsels. Außerdem basiert das Tracheensystem weitgehend auf dem Diffusionsprinzip – von den Stigmen bis hin zu den terminalen Tracheolen. Mit zunehmender Körpergröße werden die Diffusionsstrecken immer länger und die Diffusionszeit nimmt entsprechend zu. Um die längeren Diffusionsstrecken zumindest teilweise zu kompensieren, steigt zwar das Volumen des Tracheensystems überproportional mit der Körpergröße an, letztlich aber begrenzen die Diffusionsstrecken innerhalb des Tracheensystems die maximal mögliche Größe von Insekten.

4.8.2 Steuerung der Tracheenventilation

Kann ein physikalisches Transportsystem wie die Diffusion überhaupt an den aktuellen O_2-Bedarf eines Insekts angepasst werden? Tatsächlich ändert sich die Diffusionsrate mit dem O_2-Bedarf eines Organismus: Wird in den Mitochondrien mehr O_2 verbraucht, sinkt auch der O_2-Partialdruck in den Tracheolen, wodurch das Partialdruckgefälle zur Außenluft und damit die Diffusionsrate ansteigen. Die Flexibilität dieses Mechanismus ist allerdings begrenzt, da (1) der O_2-Gehalt der Mitochondrien nicht unter einen kritischen Wert sinken darf und (2) ein wenn auch geringer O_2-Partialdruckgradient (1,5 bis 2 kPa) zwischen Tracheolen und Mitochondrien bestehen bleiben muss, damit ein gerichteter O_2-Transport möglich ist.

Einige Insekten unterstützen die Diffusion durch konvektive Transportprozesse, indem sie ihr Tracheensystem aktiv ventilieren, insbesondere mittels Bewegungen der Flugmuskulatur oder durch die Kontraktion abdominaler Muskeln. Kompressible Tracheensäcke dienen als Luftreservoir, dessen Inhalt zusätzlich ins Tracheensystem gepumpt werden kann. Diese Mechanismen führen zu gerichteten Luftströmungen in den großen Tracheen und verkürzen so die Diffusionsstrecke zwischen den Stigmen und den terminalen Tracheolen.

Aber auch Insekten, die ihre Flug- oder Abdominalmuskulatur nicht zur Kompression der Tracheen nutzen, können ihr Tracheensystem aktiv ventilieren. Bei Käfern, Grillen und Ameisen wurde nachgewiesen, dass die großen Tracheen von Thorax und Kopf ein bis zweimal pro Sekunde kontrahieren, wobei sich ihr Volumen bis auf 50 bis 70 % des entspannten Zustands verringert (**mikroskopische Ventilation**). Sehr wahrscheinlich wird durch diese Kontraktionen ein konvektiver Luftstrom erzeugt, der insbesondere die Versorgung des Gehirns mit O_2 sicherstellt, da Stigmen im Kopfbereich fehlen.

Eine grundsätzliche Gefahr für terrestrische Organismen ist der drohende evaporative Wasserverlust über die Körperoberfläche. Durch ihre mit Wachseinlagerungen praktisch wasserundurchlässige Cuticula haben Insekten dieses Problem beinahe gelöst, wären nicht die respiratorischen Oberflächen des weitverzweigten Tracheensystems mit den Stigmen als Zugang. Daher werden die Stigmen nur für kurze Zeit ganz geöffnet, die meiste Zeit jedoch bis auf einen feinen Spalt geschlossen gehalten (**intermittierende Ventilation**). Während die Stigmen geschlossen sind, wird weiterhin O_2 verbraucht, wodurch der O_2-Partialdruck in den Tracheolen sinkt. Das im Zuge oxidativer Stoffwechselprozesse produzierte CO_2 wird nicht in die Tracheen abgegeben, sondern vorübergehend in den Körperflüssigkeiten gelöst gespeichert.

Auf diese Weise entsteht ein Unterdruck im Tracheensystem, der den Zustrom von O_2 auch durch die nur spaltweise geöffneten Stigmen erlaubt.

Ist die Speicherfähigkeit für CO_2 erschöpft, öffnen sich die Stigmen kurzzeitig, und CO_2 wird schubweise an die Außenluft abgegeben. Der CO_2-Partialdruck und/oder die H^+-Konzentration lösen das Öffnen der Stigmen aus – eine interessante Parallele zur Bedeutung von CO_2-Partialdruck und Protonenkonzentration für die Atemregulation bei Säugern (▶ Abschn. 4.9).

4.8.3 Zusammenfassung

Insekten und andere Invertebraten besitzen mit Tracheen ein hochgradig verzweigtes Röhrensystem innerhalb ihres Körpers, das O_2 direkt bis zu den einzelnen Körperzellen transportiert. Tracheen öffnen mit segmental angeordneten Stigmen zur Außenwelt und enden blind in Tracheolen, in denen der Gasaustausch per Diffusion stattfindet.

Neben dem Tracheensystem zum Gasaustausch benötigen Insekten ein weiteres Transportsystem, das Nährstoffe, Signalstoffe und Metabolite des Stoffwechsels an die Orte des Verbrauchs oder der Ausscheidung transportiert. Die weitgehende Abhängigkeit von Diffusionsprozessen beim Gasaustausch schränkt die maximal mögliche Größe von Insekten ein.

Bei zahlreichen Insekten kann die Effizienz des Gastransports durch aktive Ventilation der Tracheen erhöht werden. Dies geschieht einerseits indirekt durch Kontraktion der umgebenden Flugmuskulatur oder der abdominalen Muskeln, was zu einer Kompression und folglich zu einer Druckerhöhung in den Tracheen führt. Andererseits beschreibt die mikroskopische Ventilation aktive Kontraktionsprozesse der Tracheen. Beide Mechanismen bewirken neben der Diffusion einen zusätzlichen konvektiven Luftstrom innerhalb des Tracheensystems – als Konsequenz werden Diffusionsstrecken verkürzt und die Austauschrate der Atemgase erhöht.

Die intermittierende Ventilation bezeichnet ein nur vorübergehendes Öffnen der Stigmen, um den evaporativen Wasserverlust zu reduzieren. Durch den kontinuierlichen Verbrauch von O_2 entsteht ein Unterdruck im Tracheensystem, der einen Zustrom von Atemluft auch durch nur spaltweise geöffnete Stigmen erlaubt. CO_2 wird in den Körperflüssigkeiten gespeichert – ihre Sättigung mit CO_2 stellt ein Signal zum Öffnen der Stigmen dar.

4.9 Regulation der Atmung

Die kontinuierliche Ventilation der Lungen ist für den Austausch der Atemgase von größter Bedeutung. Dabei bestimmt die aerobe Stoffwechselrate das dynamische Gleichgewicht zwischen Verbrauch und Nachlieferung von Sauerstoff. Fehlt es an O_2, gerät die Energieversorgung des Organismus in Gefahr, während bei einem Überschuss an CO_2 vermehrt Protonen gebildet werden, wodurch der pH-Wert des Blutes und damit auch der anderen Körperflüssigkeiten absinkt. Da die Aktivität fast aller Enzyme pH-abhängig ist, muss die Protonenkonzentration mit hoher Genauigkeit reguliert werden.[19]

Die Kontrolle der Atmung unterliegt einem Regulationszentrum im Stammhirn, dem sogenannten **Atemzentrum**. Diese Hirnregion sorgt für einen regelmäßigen und stabilen Atemrhythmus und reagiert gleichzeitig schnell und adaptiv auf Fluktuationen in der Konzentration

---

[19] Der pH-Wert des Blutes wird durch die Puffersysteme zwischen 7,35 und 7,45 eingestellt.

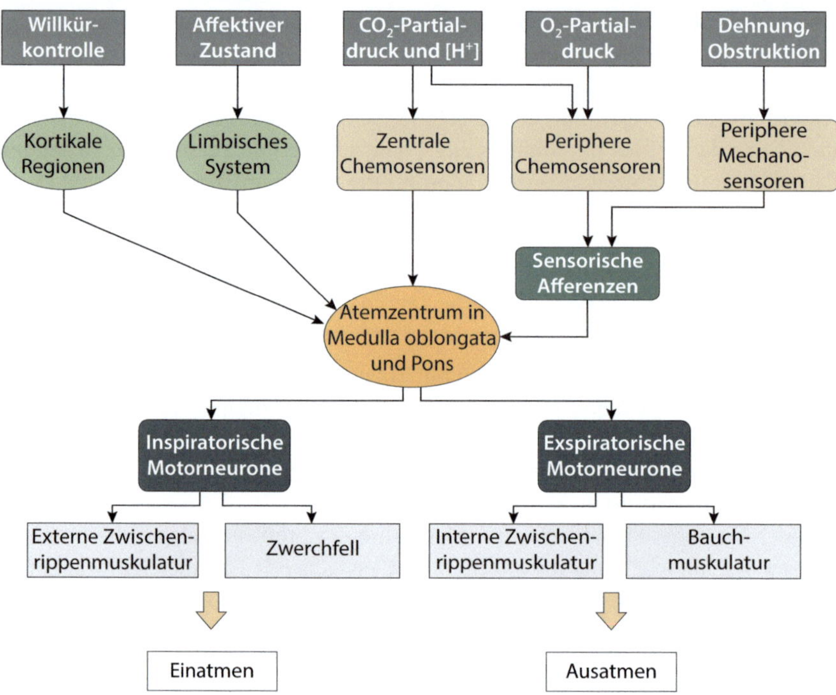

Abb. 4.22 Übersicht über die Regulation der Atmung. Zentrale und periphere Sensoren sowie kortikale und limbische Regionen beeinflussen gemeinsam das Atemzentrum im Stammhirn. Neuronale Signale aus dem Atemzentrum steuern inspiratorische und exspiratorische Motorneurone, die ihrerseits die entsprechende Atemmuskulatur aktivieren

von Atemgasen und Protonen sowie auf Veränderungen des O_2-Bedarfs eines Organismus. Das Atemzentrum besteht aus einer Reihe miteinander verbundener Kerngebiete, deren koordinierte Zusammenarbeit eine präzise und bedarfsgerechte Regulation der Atmung ermöglicht.[20]

Zentrale und **periphere Chemosensoren** messen die O_2- und CO_2-Partialdrücke sowie die H^+-Konzentration im Blut; gleichzeitig geben **Mechanosensoren** in Lunge, Brustkorb und Bewegungsapparat Rückmeldungen über die Dehnung der Lungenflügel und den Kontraktionszustand der Atem- und Skelettmuskulatur. *Die Regulation der Atmung basiert demnach – ähnlich wie die Regulation der Herztätigkeit – auf der Erzeugung einer Grundfrequenz, die durch Rückkopplungsmechanismen den jeweiligen Erfordernissen angepasst wird.* In gewissen Grenzen erlauben kortikale Hirnregionen eine willkürliche und bewusste Veränderung der Atemtätigkeit, während limbische Regionen einen affektiven Einfluss auf die Atemfrequenz vermitteln (▶ Abschn. 4.9.3). **■** Abb. 4.22 zeigt eine Übersicht über die neuronale und chemische Kontrolle der Atmung.

---

[20] In diesem Zusammenhang verstehen wir unter Kernen oder Nuclei (Sing. Nucleus) Ansammlungen von Nervenzellkörpern im Zentralnervensystem, die meist durch myelinisierte Fasertrakte, die sogenannte weiße Substanz, miteinander verbunden sind.

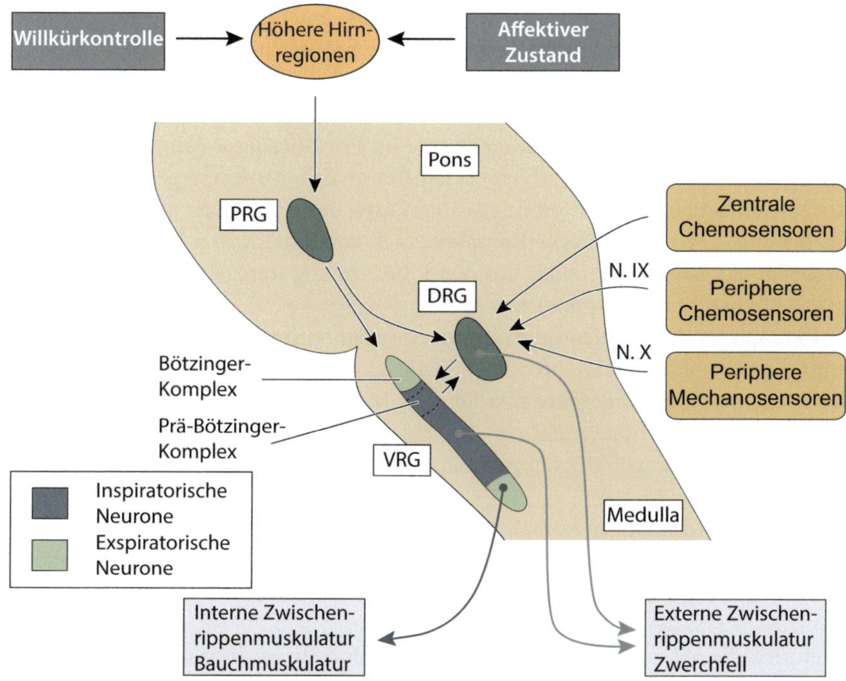

◻ Abb. 4.23 Schematische Darstellung des Atemzentrums in der Medulla oblongata und der regulatorischen Einflüsse auf die Atmung. Die ventrale respiratorische Gruppe (VRG) enthält Inspirations- und Exspirationsneurone mit einem Rhythmusgenerator im Prä-Bötzinger-Komplex. Die dorsale respiratorische Gruppe (DRG) verarbeitet chemo- und mechanosensorische Signale und steht mit der VRG in reziproker synaptischer Verbindung. Höhere Hirnregionen steuern das respiratorische Netzwerk über die pontine respiratorische Gruppe (PRG). Zentrale Chemosensoren in der Medulla kontrollieren den CO_2-Partialdruck und die $[H^+]$-Konzentration, während periphere Chemosensoren im Glomus caroticum und Glomus aorticum den O_2-Partialdruck überwachen. Der Nervus glossopharyngeus (N. IX) versorgt mit seinem viszerosensiblen Anteil das Glomus caroticum, der Nervus vagus (N. X) innerviert die Dehnungsrezeptoren von Lunge, Herz und Aortenbogen

4.9.1 Neuronale Regulation

Auch wenn wir den Atem wie etwa beim Tauchen willkürlich für eine bestimmte Zeit anhalten können, erfolgt die Ventilation der Lunge in der Regel ohne bewusste kortikale Steuerung. Die Periodizität der Atmung wird vielmehr im Atemzentrum in der **Medulla oblongata** des Stammhirns erzeugt, das aus zwei größeren, jeweils paarig angelegten und synaptisch miteinander verbundenen Bereichen besteht (◻ Abb. 4.23).

Die **ventrale respiratorische Gruppe** (VRG) enthält Nervenzellen, die während des Einoder Ausatmens eine erhöhte Aktivität zeigen. **Inspirationsneurone** bringen über mehrere synaptische Verschaltungen das Zwerchfell und die äußeren Zwischenrippenmuskeln zur Kontraktion und lösen so das Einatmen aus. **Exspirationsneurone** aktivieren die inneren

Zwischenrippenmuskeln, wodurch der Ausatemprozess unterstützt wird.[21] Die genannten respiratorisch aktiven Neurone besitzen selbst keine Schrittmachereigenschaften, d. h., sie sind nicht in der Lage, durch einen periodischen Wechsel ihrer Membranspannung den Grundrhythmus der Atmung vorzugeben. Ihre koordinierte Aktivität wird daher sehr wahrscheinlich durch einen übergeordneten Rhythmusgenerator im **Prä-Bötzinger-Komplex** – einem weiteren Kerngebiet des Stammhirns – hervorgerufen, dessen Zellen über erregende und hemmende synaptische Kontakte mit den Inspirations- und Exspirationsneuronen in Kontakt stehen. Allerdings benötigt der Prä-Bötzinger-Komplex einen kontinuierlichen Eingang von zentralen Chemosensoren; fallen diese Signale aus, wird die Atmung unregelmäßig und weist längere Phasen des Atemstillstands (Apnoe) auf.

Diese komplexen neuronalen Interaktionen im Stammhirn erzeugen letztlich eine Grundfrequenz in Form periodischer neuronaler Signale, die über absteigende Bahnen an Motorneurone im Rückenmark weitergegeben werden. Die Motorneurone dort wiederum innervieren Zwerchfell und Zwischenrippenmuskeln, deren abwechselnde Kontraktion und Relaxation die entsprechenden Änderungen des Lungenvolumens in Form von Ein- und Ausatmen verursachen.

Neurone des Prä-Bötzinger-Komplexes und weiterer atemregulatorischer Areale exprimieren **Opioidrezeptoren**, deren Aktivierung beim Menschen zu einer langsameren und flacheren Atmung führt. Diese Atemdepression ist die häufigste Todesursache beim Missbrauch von Opioiden.

In der Medulla oblongata befindet sich auch die **dorsale respiratorische Gruppe** (DRG), die ebenfalls Inspirationsneurone enthält. Vor allem reagieren die Neurone der DRG jedoch auf chemo- und mechanosensorische Signale aus der Körperperipherie. Die Rückmeldungen über den Status von Lunge, Atemmuskulatur und Blut werden mit zentralen Signalen verrechnet – die Bündelung und Integration dieser verschiedenen Informationsflüsse im Stammhirn sind Voraussetzung für eine präzise Anpassung des Atemrhythmus an die jeweiligen physiologischen Erfordernisse.

Schließlich bilden respiratorische Neurone in der Brücke (**Pons**) die **pontine respiratorische Gruppe** (PRG). Sie sind nicht direkt an der Rhythmogenese beteiligt, erhalten aber Informationen aus der DRG sowie höheren Hirnregionen und üben ihrerseits einen modifizierenden Einfluss auf das respiratorische medulläre Netzwerk aus.

4.9.2 Chemorezeption

Bedeutung von Kohlenstoffdioxid Der Gehalt des Blutes an CO_2, O_2 und Protonen hat einen maßgeblichen Einfluss auf die Atemfrequenz, wobei Veränderungen des CO_2-Partialdrucks und der H^+-Konzentration bei Säugern wirksamer sind als Änderungen des O_2-Partialdrucks.[22] So führt eine Erhöhung des CO_2-Partialdrucks im arteriellen Blut von 5,3 kPa auf 5,8 kPa ($\sim$ 9 %) zu einer Verdopplung des ventilierten Luftvolumens, während eine entsprechende Verringerung des arteriellen O_2-Partialdrucks die Atemfrequenz kaum verändert. Die Wirkung von CO_2 beruht vor allem auf der Freisetzung von Protonen infolge der Dissoziation von Kohlensäure; darüber hinaus werden aber auch Mechanismen vermutet, die CO_2 selbst und HCO_3^- eine wichtige Rolle in der chemosensorischen Signaltransduktion zusprechen.

---

[21] In der VRG existieren außerdem noch postinspiratorische Neurone, die unmittelbar nach der Einatemphase aktiv sind und zu einer Relaxation des Zwerchfells beitragen.

[22] Organismen, die Wasser als Atemmedium verwenden, reagieren vor allem auf Veränderungen des O_2-Partialdrucks in ihren Körperflüssigkeiten.

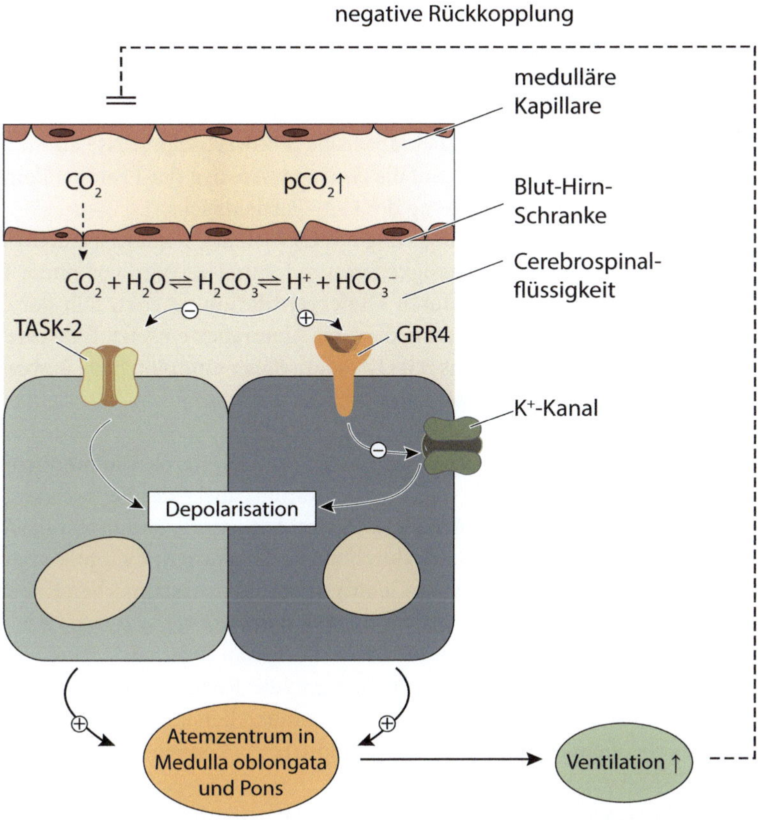

◐ Abb. 4.24 Reaktion zentraler Chemosensoren auf einen Anstieg des CO_2-Partialdrucks im Blut. CO_2 diffundiert durch die Blut-Hirn-Schranke in die Cerebrospinalflüssigkeit und bewirkt eine verstärkte Freisetzung von H^+ aus Kohlensäure. Zentrale Chemosensoren des Nucleus retrotrapezoideus reagieren auf diese Erhöhung der extrazellulären Protonenkonzentration mit einer Depolarisation der Zellmembran. Als mögliche Mechanismen werden die Aktivierung des G-protein-gekoppelten Rezeptors GPR4 sowie die Hemmung des K^+-Kanals TASK-2 diskutiert. Signale des Atemzentrums sorgen für eine Erhöhung der Ventilationsrate und so für eine Normalisierung des CO_2-Partialdrucks im Blut

Zentrale Chemosensoren in der Medulla oblongata[23] registrieren kontinuierlich die Konzentrationen von H^+ und CO_2 und eine Abweichung vom Sollwert führt unmittelbar zu einer Änderung der Atemfrequenz. CO_2 diffundiert leicht durch die Blut-Hirn-Schranke in die Cerebrospinalflüssigkeit, wo es im Gleichgewicht mit H^+ und HCO_3^- steht. Für die Detektion von extrazellulären Protonen werden zwei unterschiedliche Mechanismen diskutiert (◐ Abb. 4.24):

1. Schließen eines pH-abhängigen Kaliumkanals (TASK-2),
2. Aktivierung des G-protein-gekoppelten Rezeptors GPR4, der wiederum das Schließen einer K^+-Ruheleitfähigkeit bewirkt.

---

[23] Der Nucleus retrotrapezoideus innerhalb der ventralen respiratorischen Gruppe ist die wichtigste zentrale chemosensitive Region für die Messung des CO_2-Partialdrucks.

In beiden Fällen werden durch einen Anstieg der Protonenkonzentration K^+-Kanäle geschlossen, was den Ausstrom von K^+-Ionen aus der Zelle verhindert und so zu einer Depolarisation führt. Daraufhin erhöhen die Neurone die Frequenz ihrer Aktionspotenziale, was als Signal eine verstärkte Aktivität im zentralen Rhythmusgenerator verursacht. Bei sehr starker körperlicher Anstrengung laufen zusätzlich anaerobe Stoffwechselprozesse ab und die dabei produzierte Milchsäure führt im Blut ebenfalls zu einem Anstieg der Protonenkonzentration und wirkt somit synergistisch zur Erhöhung des CO_2-Partialdrucks.

Beim Tauchen zwingt nicht die Verringerung des O_2-Gehalts, sondern letztlich der Anstieg des CO_2-Partialdrucks in den Körperflüssigkeiten zum Luftholen. Wird vor einem Tauchgang jedoch der CO_2-Partialdruck im Blut durch **Hyperventilation** gesenkt, fällt der O_2-Gehalt möglicherweise auf kritische Werte ab, ohne dass der Atemreflex einsetzt. Eine **cerebrale Hypoxie** – die Unterversorgung des Gehirns mit O_2 – kann daher eine plötzliche Bewusstlosigkeit auslösen, noch bevor der Taucher die Wasseroberfläche erreicht.

Bedeutung von Sauerstoff Der O_2-Partialdruck wird von **peripheren Chemosensoren** registriert, die als **Glomus caroticum** in der sogenannten Karotisgabel – der Verzweigung der **Arteria carotis communis** in die inneren und äußeren Karotiden – sowie im Aortenbogen (**Glomus aorticum**) liegen. Glomera sind sehr stark durchblutete Strukturen, die optimal positioniert sind, um den O_2-Gehalt des Blutes, das ins Gehirn oder in den systemischen Kreislauf fließt, zu erfassen.[24] *Die intensive Durchblutung der Glomera stellt sicher, dass sich der lokale O_2-Partialdruck trotz hoher Stoffwechselrate nicht wesentlich vom arteriellen Wert unterscheidet.* Beim Menschen spielt das Glomus caroticum eine größere Rolle für die O_2-Homöostase als die Chemosensoren im Aortenbogen. Obwohl die Glomuszellen aufgrund ihrer hohen Empfindlichkeit für O_2 vor allem den O_2-Partialdruck registrieren, können sie auch Veränderungen der CO_2- und H^+-Konzentrationen detektieren.

Obwohl die Chemosensoren bereits bei einem normalen arteriellen O_2-Partialdruck von 95 bis 100 mmHg ansprechen, tritt eine merkliche Steigerung des Atemzeitvolumens erst dann auf, wenn der arterielle O_2-Partialdruck einen Wert von 50 bis 60 mmHg unterschreitet. Dies ist beispielsweise bei einem Aufenthalt in großen Höhen ($> 3000\,\mathrm{m}$) mit einem entsprechend niedrigen atmosphärischen O_2-Partialdruck der Fall. Der Grund für die Diskrepanz zwischen Sensorempfindlichkeit und physiologischer Reaktion liegt in dem großen Einfluss des CO_2-Partialdrucks auf die Atemregulation. Jede hypoxieinduzierte Erhöhung der Atemfrequenz senkt den CO_2-Partialdruck, was den über zentrale Chemosensoren vermittelten Atemantrieb vermindert und so nur eine langsame Steigerung des Atemzeitvolumens verursacht. Bei konstantem CO_2-Partialdruck hat Hypoxie einen deutlich stärkeren Effekt auf die Ventilationsrate.

Wie kann eine Zelle des Glomus caroticum den O_2-Gehalt der sie umgebenden Körperflüssigkeit „messen"? Typ-I-Glomuszellen besitzen Kaliumkanäle in ihrer Zellmembran, die bei abnehmendem O_2-Partialdruck im Blut schließen (◘ Abb. 4.25). Die Reduktion des Kaliumausstroms depolarisiert die Zellen, wodurch spannungsabhängige Calciumkanäle öffnen und an Synapsen mit dem afferenten Nerven Transmittermoleküle freigesetzt werden. Allerdings sind bisher weder der Mechanismus der hypoxieinduzierten Hemmung von Kaliumkanälen noch die chemische Natur der von den Glomuszellen gebildeten Transmitter zweifelsfrei aufgeklärt.[25] Möglicherweise bindet Dopamin an Rezeptoren der postsynaptischen Membran des

---

[24] Die gewichtsspezifische Durchblutung der Glomera ist etwa 40-mal höher als diejenige des Gehirns. Sie sind damit die am stärksten durchbluteten Gewebe des Körpers.

[25] Experimentelle Befunde deuten auf die Entstehung von Kohlenstoffmonoxid (CO) hin, das wiederum die enzymatische Erzeugung von Schwefelwasserstoff (H_2S) stimuliert; H_2S blockiert die Kaliumkanäle. Außerdem ist eine Kopplung mit dem Energiestoffwechsel möglich, da O_2-Mangel einen direkten Einfluss auf

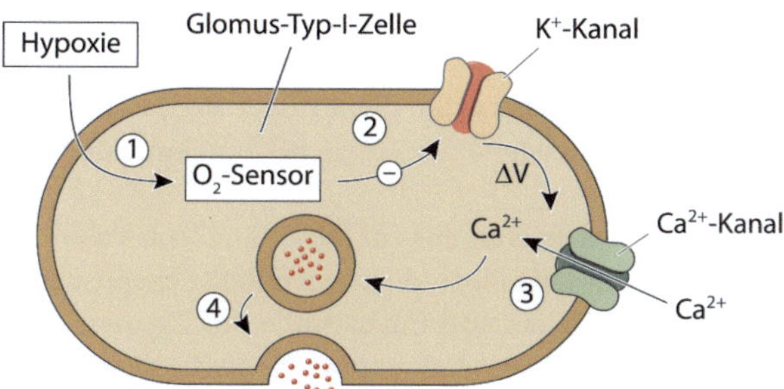

☐ **Abb. 4.25** Reaktion peripherer Chemosensoren auf Sauerstoffmangel. In Glomus-Typ-I-Zellen exprimierte periphere Chemosensoren registrieren den O_2-Partialdruck des Blutes ①. Auf unbekannte Weise aktiviert Hypoxie einen intrazellulären O_2-Sensor, wodurch K$^+$-Kanäle geschlossen werden ②. Die Depolarisation der Zellmembran (ΔV) aktiviert spannungsabhängige Ca^{2+}-Kanäle ③ und die Erhöhung der intrazellulären Ca^{2+}-Konzentration führt zur Fusion synaptischer Vesikel mit der Zellmembran und zur Freisetzung von Neurotransmittermolekülen ④

Nervus glossopharyngeus; die dadurch ausgelösten Aktionspotenziale stellen das Hypoxiesignal für das Atemzentrum dar.

Die bisher beschriebene Antwort auf O_2-Mangel betrifft den Organismus auf der Ebene der Organsysteme: Durch verstärkte Ventilation wird der O_2-Partialdruck im Blut so weit angehoben, dass die Versorgung der Organe, insbesondere des Gehirns, mit Sauerstoff sichergestellt ist. Darüber hinaus finden intrazelluläre Anpassungsprozesse statt, die es grundsätzlich jeder Körperzelle erlauben, auf Hypoxie zu reagieren, und die genau dann einsetzen, wenn O_2 aufgrund eines zu geringen Partialdruckgefälles nicht mehr in die Mitochondrien diffundieren kann.

Diese intrazelluläre Reaktion basiert auf der Expression eines evolutionär sehr alten Proteins, dem **Hypoxie-induzierten Faktor 1** (HIF-1). HIF-1 ist ein Heterodimer, bestehend aus einer von O_2 regulierten α-Untereinheit und einer konstitutiv exprimierten β-Untereinheit. Ist hinreichend viel O_2 vorhanden, wird HIF-1α kontinuierlich gebildet und wieder abgebaut, sodass HIF-1 in seiner Funktion als Transkriptionsfaktor inaktiv bleibt. Erst wenn die intrazelluläre O_2-Konzentration unter den Normwert sinkt, wird der Abbau von HIF-1α gehemmt, und beide Untereinheiten dimerisieren zum aktiven Transkriptionsfaktor, der an entsprechende Zielsequenzen (*Hypoxia Response Elements*) auf der DNA bindet.

Die zellspezifische Transkription von Genen resultiert letztlich in einer verstärkten Neubildung roter Blutzellen (Erythropoiese), einer erhöhten Syntheserate von Glucosetransportern und Enzymen des anaeroben Energiestoffwechsels sowie der Neubildung von Gefäßen (Angiogenese). Hier sind nur einige wenige Beispiele genannt – insgesamt stellt die Transkription von Hunderten Genen eine hochgradig koordinierte Reaktion des Organismus auf einen möglicherweise lebensbedrohlichen Sauerstoffmangel dar.

4.9.3 Modulatorische Einflüsse von Mechanosensoren und höheren Hirnregionen

Neben den bisher beschriebenen Feedbackmechanismen wird das respiratorische System noch durch weitere Einflüsse moduliert. **Dehnungssensoren** in der Wand der zuführenden Atemwege liefern Informationen über das Lungenvolumen, die an die Medulla weitergeleitet werden

Komponenten der Atmungskette hat. Hier wird eine Beteiligung von Adenosinmonophosphat (AMP), dessen Konzentration bei Hypoxie ansteigt, diskutiert.

und eine Überdehnung der Alveolen verhindern (**Hering-Breuer-Reflex**). Stattdessen wird die Inspirationsphase verkürzt, sodass zwar die Atemfrequenz steigt, die alveoläre Ventilation insgesamt aber konstant bleibt. Möglicherweise dient dieser Reflex auch der Verringerung der Atemarbeit, da der elastische Widerstand der Lunge bei zunehmender Dehnung überproportional zunimmt.

Weitere Dehnungssensoren reagieren nur auf die anfängliche Volumenzunahme der Lungen bei einer Inspiration; sie werden jedoch durch eine Reihe chemischer Stimuli (Serotonin, Histamin, Prostaglandine, Ammoniak und Inhaltsstoffe des Zigarettenrauchs) aktiviert. Ihre Funktion liegt vermutlich in der Detektion pathophysiologischer Veränderungen der Atemwege, wie sie durch chemische Irritation, Blockierung und Entzündungsreaktionen hervorgerufen werden können.

Zahlreiche nichtrespiratorische Funktionen müssen mit der Ventilation koordiniert werden. Hierzu gehören willentliche Aktivitäten wie Sprechen und Singen, Hyperventilation, Luftanhalten und das Spielen eines Blasinstruments sowie weitgehend unwillkürliche Ereignisse wie das Schlucken. Darüber hinaus haben auch affektive Zustände des Organismus, die über das limbische System vermittelt werden, einen erheblichen Einfluss auf die Atemregulation. So können Angst oder Panikattacken eine starke Hyperventilation auslösen. Aufgrund der Hyperventilation wird vermehrt CO_2 abgeatmet, was zu einer respiratorischen Alkalose führt. Durch Wiedereinatmen der eigenen Ausatemluft – etwa durch Atmen in eine Plastiktüte – kann der CO_2-Partialdruck im Blut wieder erhöht werden.

Höhere Hirnregionen kontrollieren die Ventilation mittels zweier unterschiedlicher Mechanismen:

- Kortikale Neurone senden Axone in das Atemzentrum in der Medulla oblongata. Diese übergeordneten „Steuerneurone" modifizieren den medullären Atemrhythmus als Anpassung an veränderte Umweltbedingungen oder Bedürfnisse des Organismus.
- Sogenannte Prämotorneurone des Cortex innervieren direkt – unter Umgehung des Atemzentrums – Motorneurone in Hirnstamm und Rückenmark, die ihrerseits die Atemmuskulatur steuern.

In sehr seltenen Fällen kann der zentrale Rhythmusgenerator in der Medulla oblongata ausfallen, während die willkürliche Steuerung durch den Cortex intakt bleibt.[26] Da bei ihnen der Antrieb durch das Atemzentrum fehlt, müssen von dieser Erkrankung betroffene Patienten jeden einzelnen Atemzug bewusst ausführen; während des Schlafs hingegen ist eine Beatmung lebensnotwendig.

4.9.4 Zusammenfassung

Die Regulation der Atmung erfolgt durch ein Atemzentrum in der Medulla oblongata des Stammhirns. Dieses besteht aus einer Reihe synaptisch miteinander verschalteter Kerngebiete, die einerseits einen regelmäßigen Atemrhythmus produzieren, andererseits die Atemfrequenz aber auch flexibel an einen veränderten Sauerstoffbedarf des Organismus anpassen können.

Die ventrale respiratorische Gruppe (VRG) enthält Inspirationsneurone, die das Zwerchfell und die äußere Zwischenrippenmuskulatur und damit den Einatemprozess regulieren, wohingegen Exspirationsneurone der VRG über die inneren Zwischenrippenmuskeln Ausatemvor-

---

[26] Diese Erkrankung wird nach einer Erzählung von Jean Giraudoux als Undines Fluch bezeichnet.

gänge kontrollieren. Der Prä-Bötzinger-Komplex im Stammhirn ist wahrscheinlich der zentrale Rhythmusgenerator, der den Grundrhythmus der Atmung vorgibt.

Die dorsale respiratorische Gruppe (DRG) reagiert vor allem auf chemo- und mechanosensorische Signale aus der Peripherie, während die pontine respiratorische Gruppe (PRG) als Zielstruktur kortikaler Regionen die Atemfrequenz beeinflusst.

Bei Säugern hat der Gehalt des Blutes an CO_2 den wichtigsten modulatorischen Einfluss auf den Atemrhythmus. Zentrale Chemosensoren in der Medulla oblongata reagieren auf eine Erhöhung des CO_2-Partialdrucks und der Protonenkonzentration. Beide Stimuli bewirken letztlich einen Anstieg der Atemfrequenz.

Periphere Chemosensoren in den Glomera des Aortenbogens und der Karotiden registrieren den O_2-Partialdruck, der vor allem bei einem Aufenthalt in größeren Höhen dauerhaft unter einen kritischen Wert fällt. Hypoxie depolarisiert auf unbekannte Weise die sensorischen Zellen, die mittels Ausschüttung von Transmittermolekülen den afferenten Nervus glossopharyngeus aktivieren.

Die Expression des Hypoxieinduzierten Faktors 1 (HIF-1) ermöglicht eine Anpassung an O_2-Mangel auf der Ebene einzelner Körperzellen. Bei Hypoxie bilden HIF-1α und HIF-1β ein Dimer, das als Transkriptionsfaktor in den Zellkern gelangt und dort die Transkription hypoxiespezifischer Gene auslöst.

Dehnungssensoren senden kontinuierlich Informationen über das Lungenvolumen ans Gehirn und verhindern eine Überdehnung der Lungen (Hering-Breuer-Reflex). Neben der negativen Rückkopplung durch periphere Signale beeinflussen kortikale Neurone die Rhythmogenese im Atemzentrum. Andere Neurone des Cortex innervieren direkt diejenigen Motorneurone in Hirnstamm und Rückenmark, von denen die Atemmuskulatur gesteuert wird.

Literatur

1. Feldman JL, Del Negro CA, Gray PA (2013) Understanding the rhythm of breathing: So near, yet so far. Annu Rev of Physiol 75:423–452
2. Guyenet PG, Bayliss DA (2015) Neural control of breathing and CO_2 homeostasis. Neuron 87:946–961
3. Hill RH, Wyse GA, Anderson M (2016) Animal Physiology. 4. Aufl, Sinauer, Sunderland
4. Maina JN (2002) Structure, function and evolution of the gas exchangers: comparative perspectives. J Anat 201:281–304
5. Davis RW (2014) A review of the multi-level adaptations for maximizing aerobic dive duration in marine mammals: from biochemistry to behavior. J Comp Physiol B 184:23–53
6. Semenza GL (2007) Life with oxygen. Science 318:62–64
7. Storz JF (2007) Hemoglobin function and physiological adaptation to hypoxia in high-altitude mammals. J Mamm 88:24–31
8. West JB, Watson RR, Fu Z (2007) The human lung: did evolution get it wrong? Eur Resp J 29:11–17
9. West JB, Luks AM (2015) West's Respiratory Physiology. The Essentials. 10. Aufl, Lippincott Williams & Wilkins, Philadelphia

Kreislaufsysteme

Andreas Feigenspan

© Springer-Verlag GmbH Deutschland 2017
A. Feigenspan, *Prinzipien der Physiologie*, https://doi.org/10.1007/978-3-662-54117-3_5

Schlüsselkonzepte

1. Tiere mit einer Körpergröße von mehr als 1 mm können die Zellen ihrer Gewebe nicht mehr allein durch Diffusion versorgen, sondern benötigen die konvektiven Verteilungsmechanismen eines Kreislaufsystems.
2. Kreislaufsysteme können offen oder geschlossen sein. In offenen Systemen umspült Hämolymphe die Gewebezellen direkt, während in geschlossenen Systemen Blut ausschließlich in Gefäßen mit einer definierten Wandstruktur fließt.
3. Ein gerichteter Blutstrom in einem Kreislaufsystem wird durch eine Druckdifferenz zwischen Herzausgang und Herzeingang erzeugt.
4. Eine geringfügige Veränderung der Gefäßweite hat einen sehr großen Einfluss auf den Strömungswiderstand, der dem Volumenstrom entgegengesetzt wird.
5. Arterien transportieren das Blut vom Herzen weg und bilden ein Verteilungssystem, in den Kapillaren finden Stoffaustausch und Filtration statt und die Venen als Sammelsystem führen das Blut zum Herzen zurück.
6. Ein hoher O_2-Bedarf erfordert eine dichte Versorgung der Gewebe mit Kapillaren, wodurch Strömungswiderstand und Blutdruck im Kreislaufsystem steigen.
7. Eine geringe Strömungsgeschwindigkeit und eine geringe Wandstärke in den Kapillaren sind essenzielle Voraussetzungen für den Stoff- und Gasaustausch durch Diffusion.

In der Regel können vielzellige Organismen, die größer als 1 mm sind, die Versorgung ihrer einzelnen Zellen mit Sauerstoff und Nährstoffen nicht mehr allein durch Diffusion bewerkstelligen. Aufgrund der langen Transportstrecken benötigen Diffusionsprozesse zu viel Zeit für eine ausreichende Versorgung. Der Austausch der Atemgase und die Aufnahme von Nährstoffen findet an dafür spezialisierten Strukturen statt, die als Teile von Organen auf bestimmte Körperregionen begrenzt sind. So befinden sich beim Säuger die respiratorischen Austauschflächen der Lunge im Brustkorb und resorptive Epithelien im Gastrointestinaltrakt. Entsprechend müssen Atemgase und Nährstoffe von diesen Orten der Aufnahme in die Bereiche ihres Verbrauchs in den systemischen Geweben transportiert werden. *Als Voraussetzung für eine adäquate Versorgung aller Körperzellen werden daher Transportsysteme benötigt, die mittels Konvektion größere Strecken schnell überbrücken können.* Kreislaufsysteme erfüllen genau diese Funktion: Sie liefern O_2 und Nährstoffe zu den Zellen und transportieren CO_2 und andere Endprodukte des Stoffwechsels zu den Orten ihrer Ausscheidung. Außerdem spielen Kreislaufsysteme als Transportmedium für Hormone eine zentrale Rolle für die Kommunikation innerhalb des Körpers. Sie bringen Moleküle und Zellen des Immunsystems an ihre Einsatzorte, und schließlich sorgen sie für den Abtransport der metabolisch erzeugten Wärme in die Peripherie, wo sie über die Körperoberfläche nach außen abgegeben werden kann.

Ihrer Funktion als Verteilungssystem entsprechend bestehen Kreislaufsysteme in der Regel aus drei Komponenten:

1. Ein mehr oder weniger komplexes System aus Röhren mit unterschiedlichem Durchmesser, die sogenannten **Gefäße**, verzweigt sich vielfach im Körper und bildet die anatomische Grundlage für die Verteilungsfunktion.
2. Ein Trägermedium wie **Blut**, das aus einer wässrigen Lösung (**Blutplasma**) und zellulären Bestandteilen zusammengesetzt ist, nimmt die zu verteilenden Substanzen auf.
3. Ein kontraktiler Mechanismus wie ein **Herz** erzeugt mithilfe metabolischer Energie Druckunterschiede innerhalb des Gefäßsystems und sorgt so für eine gerichtete Bewegung des Trägermediums.

Prinzipien der Strömungsdynamik bestimmen die Effizienz von Kreislaufsystemen und bilden den physikalischen Rahmen, in dem evolutionäre Optimierung stattfinden kann. Druck, Widerstand und Fluss in geschlossenen Röhren stehen daher am Anfang unserer Diskussion.

5.1 Grundlagen der Hämodynamik

Die Menge an Atemgasen und Nährstoffen, die ein Kreislaufsystem transportieren kann, hängt von dem Blutvolumen ab, das pro Zeiteinheit bewegt wird, dem sogenannten Volumenstrom. Eine bedarfsgerechte Anpassung dieses Volumenstroms an die metabolische Aktivität von Organen und Organsystemen basiert auf drei physikalischen Gesetzmäßigkeiten: Sie beschreiben (1) die Ursache für die Erzeugung eines gerichteten Blutstroms, (2) den Einfluss des Gefäßdurchmessers auf die Strömungsgeschwindigkeit des Blutes und (3) Prinzipien der Wandkonstruktion, die erforderlich sind, damit die Gefäße dem Blutdruck standhalten.

5.1.1 Druck und Widerstand

Ein direktes Maß für die bewegte Flüssigkeitsmenge ist der **Volumenstrom** F, definiert als das durch einen Gefäßquerschnitt strömende Volumen ΔV pro Zeiteinheit Δt (gemessen in $\mathrm{l\,s^{-1}}$):

$$F = \frac{\Delta V}{\Delta t}.\tag{5.1}$$

Um eine Flüssigkeit in einem geraden Rohr in Bewegung zu setzen, wird ein **Druckgefälle** ΔP zwischen Ein- und Ausgang benötigt; der Volumenstrom F ist diesem Gefälle proportional (◼ Abb. 5.1). *Je größer die Druckdifferenz, desto mehr Blut wird pro Zeiteinheit transportiert.* Gleichzeitig setzt das Gefäßsystem dem Flüssigkeitsstrom einen Strömungswiderstand R entgegen: *Steigt der Widerstand, wird der Volumenstrom geringer und umgekehrt.* Wir können den Zusammenhang zwischen Volumenstrom, Druckgefälle und Widerstand in der folgenden Gleichung beschreiben:[1]

$$F = \frac{\Delta P}{R}.\tag{5.2}$$

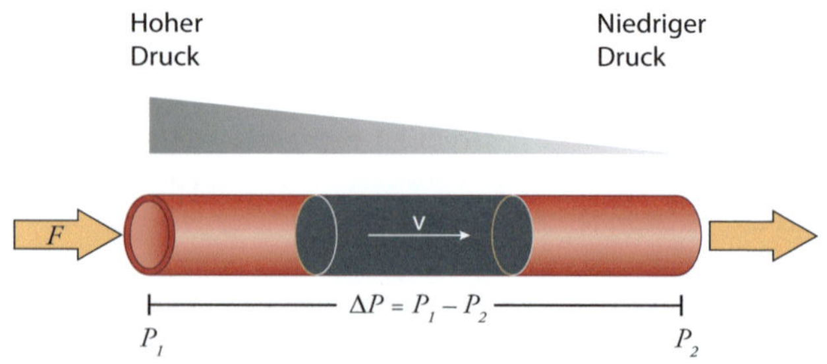

◼ **Abb. 5.1** Volumenstrom F durch eine kreisförmige Röhre. Das Druckgefälle ΔP bezeichnet die Differenz der Drücke am Eingang (P_1) und am Ausgang (P_2). Es ist Voraussetzung für die gerichtete Bewegung des Flüssigkeitsvolumens mit der Geschwindigkeit v durch die Röhre

[1] Dieser Zusammenhang wird auch als das ohmsche Gesetz für Flüssigkeiten bezeichnet, wobei in dieser Analogie der Volumenstrom dem elektrischen Strom, der Strömungswiderstand dem elektrischen Widerstand und die Druckdifferenz der elektrischen Spannung entsprechen.

Die Druckdifferenz ΔP resultiert aus der Kontraktion der Herzmuskulatur, während der Widerstand R innerhalb des Gefäßsystems durch drei physikalische Größen bestimmt wird: der Radius r und die Länge l des Gefäßes sowie die Viskosität η der strömenden Flüssigkeit. Der **Strömungswiderstand** R ist für starre Röhren mit kreisförmigem Querschnitt wie folgt definiert:

$$R = \frac{8\,\eta\,l}{\pi\,r^4}.$$

(5.3)

Die in Gl. 5.3 beschriebene Abhängigkeit des Strömungswiderstands von Radius und Länge des Gefäßes und der Viskosität der Flüssigkeit lässt sich auf die folgenden Grundsätze zurückführen:

1. Kurze Gefäße besitzen einen geringeren Strömungswiderstand als längere Gefäße.
2. Ein zähflüssiges Medium (hohe Viskosität) weist einen höheren Strömungswiderstand auf als ein Medium mit geringerer Viskosität.
3. Der Strömungswiderstand nimmt mit der vierten Potenz des Radius ab.

Wir fassen die Gleichungen Gl. 5.2 und Gl. 5.3 zusammen und erhalten so einen Ausdruck für den Volumenstrom F, das sogenannte **Hagen-Poiseuille'sche Gesetz**:

$$F = \frac{\Delta P\,\pi\,r^4}{8\,\eta\,l}.$$

(5.4)

Gl. 5.4 besagt, dass der Volumenstrom mit dem Druck und dem Gefäßradius zunimmt, während er mit der Viskosität des strömenden Mediums und mit der Gefäßlänge abnimmt. Der Gefäßradius spielt jedoch eine besondere Rolle, da er mit der 4. Potenz in die Gleichung eingeht: *Bei konstanter Druckdifferenz, Viskosität und Länge führt eine Verdopplung des Radius zu einem 16fach höheren Bluttransport, während umgekehrt der Volumenstrom bei einer Halbierung des Gefäßquerschnitts auf* $\frac{1}{16}$ *des ursprünglichen Wertes abnimmt.* Diese Gesetzmäßigkeit ist von außerordentlich großer Bedeutung für den Strömungswiderstand in einem Gefäßsystem, da schon eine geringfügige Veränderung der Gefäßweite einen sehr großen Einfluss auf den Widerstand und damit auf den Volumenstrom hat.

Der Durchmesser von Blutgefäßen kann durch Kontraktion und Relaxation der glatten Muskulatur in den Gefäßwänden aktiv verändert werden. Eine Weitstellung der Gefäße (Vasodilatation) senkt demnach den Widerstand und erhöht so den Volumenstrom, während eine Engstellung (Vasokonstriktion) den Widerstand erhöht und dadurch einen verringerten Volumenstrom bewirkt. Wir haben eine aktive Regulation des peripheren Gefäßradius bei der Steuerung der Wärmeabgabe über die Körperoberfläche kennengelernt (▶ Abschn. 3.5.2).

Die Viskosität des Blutes η wird durch mehrere Parameter bestimmt. Sie nimmt (1) mit dem relativen Anteil zellulärer Bestandteile (**Hämatokrit**) sowie (2) mit der Konzentration der Plasmaproteine zu. Da Blut jedoch als eine heterogene Flüssigkeit aus Plasma und Zellen besteht, ist die Viskosität nicht konstant, sondern hängt (3) auch von der Strömungsgeschwindigkeit ab. *Die Viskosität des Blutes steigt mit abnehmender Strömungsgeschwindigkeit.* Dieses Phänomen ist auf eine vorübergehende Bildung geldrollenartig vernetzter Erythrozyten zurückzuführen, die zu einer Stagnation der Strömung beitragen können. Weiterhin wird (4) die Blutviskosität vom Durchmesser der durchströmten Gefäße bestimmt. Bei Gefäßweiten unterhalb von etwa 300 µm verlagert sich der Strom der Erythrozyten in die Mitte des Gefäßes (**Axialmigration**) unter Bildung einer weitgehend zellfreien Randzone, in der das strömende Blutplasma eine deutlich verringerte Viskosität aufweist (**Fahraeus-Lindqvist-Effekt**).

5.1.2 Bernoullis Theorem

Bisher haben wir nur die Druckdifferenz ΔP als Ursache für einen Flüssigkeitsstrom kennengelernt – mit hydrostatischem Druck und kinetischer Energie kommen noch zwei weitere Faktoren hinzu. Jede Flüssigkeitssäule, die sich im Schwerefeld der Erde befindet, übt aufgrund ihres Gewichts einen hydrostatischen Druck aus, der in alle Richtungen gleichermaßen wirkt. Außerdem besitzt eine sich bewegende Flüssigkeit eine kinetische Energie, die einen Strömungsdruck in Längsrichtung des Rohres verursacht. Für eine allgemeingültige Beschreibung hämodynamischer Prozesse müssen wir daher alle drei Parameter – Druckdifferenz, hydrostatischer Druck und Strömungsdruck – berücksichtigen.

Bernoullis Theorem besagt, dass die Summe aus der potenziellen Druckenergie, der potenziellen Energie im Gravitationsfeld der Erde und der Bewegungsenergie der Flüssigkeit konstant ist:

$$\Delta P + \rho\, g\, h + \frac{1}{2}\,\rho\, v^2 = \text{const.} \tag{5.5}$$

Die **Druckdifferenz** ΔP basiert bei Säugetieren auf Druckunterschieden zwischen der Aorta (12,7 kPa bzw. 95 mmHg) und den großen Hohlvenen (0,5 kPa bzw. 4 mmHg), die das Blut zum Herzen zurückführen. Dieser Druck wird durch die ungeordnete Bewegung von Molekülen in der Flüssigkeit erzeugt und wirkt in alle Richtungen gleichermaßen. Daher üben diese ungerichteten Molekülbewegungen auch einen Druck auf die Gefäßwände aus, wo sie als sogenannter Blutdruck gemessen werden können. *Der Blutdruck entspricht daher nicht dem Druck in Strömungsrichtung, sondern er repräsentiert vielmehr den Wanddruck der strömenden Flüssigkeit auf die Gefäßwände.*

Der **hydrostatische Druck** $\rho\, g\, h$ beschreibt das Gewicht einer Flüssigkeitssäule der Höhe h, die der Schwerkraft ausgesetzt ist.[2] Weiterhin bezeichnet ρ die Dichte der Flüssigkeit und g die Erdbeschleunigung (9,81 m s^{-2}).

Der **dynamische Strömungsdruck** $\frac{1}{2}\,\rho\, v^2$ schließlich ist ein Maß für die kinetische Energie der Teilchen, die sich geordnet in Längsrichtung des Rohres bewegen. Dieser Druck hängt neben der Dichte ρ der strömenden Flüssigkeit vor allem von ihrer Geschwindigkeit v ab.

Die für die Erzeugung eines gerichteten Blutstroms wichtigste Größe in Gl. 5.5 ist die Druckdifferenz zwischen Ausgang und Eingang des Herzens. Aufgrund der relativ geringen Strömungsgeschwindigkeit des Blutes spielt der dynamische Strömungsdruck eine eher nebensächliche Rolle. Er sorgt jedoch dafür, dass Blut in der Endphase der Systole aus dem linken Ventrikel gepumpt wird, obwohl der Druck in der Aorta zu diesem Zeitpunkt bereits höher ist als im Ventrikel (▶ Abschn. 6.3).

Der hydrostatische Druck hat insbesondere bei größeren Tieren mit längeren vertikalen Flüssigkeitssäulen eine erhebliche Bedeutung. So beträgt der arterielle Blutdruck im unteren Beinbereich beim stehenden Menschen etwa 170 mmHg, deutlich höher als der Druck in der Aorta mit 90 mmHg. Wäre nur die Druckdifferenz des hydrostatischen Drucks für die Strömungsrichtung entscheidend, würde das Blut in umgekehrter Richtung aus den Beinen in die Aorta fließen. Tatsächlich ist aber der Gesamtdruck in der Aorta aufgrund der Herztätigkeit etwas höher als in den Beinarterien und wird noch durch die Schwerkraft verstärkt, die der

---

[2] Der hydrostatische Druck wirkt ebenfalls auf die Gefäßwände und verursacht den im Vergleich zur Aorta höheren Blutdruck in Gefäßen unterhalb des Herzens. Da die Geräte zur Blutdruckmessung nicht zwischen der Druckdifferenz ΔP und dem hydrostatischen Druck unterscheiden, sollten sich bei der Messung Herz und Messgerät etwa auf derselben Höhe befinden.

□ Abb. 5.2 Abhängigkeit des Wanddrucks von der Strömungsgeschwindigkeit in einer kreisförmigen Röhre. **a** Bei einem konstanten Querschnitt nimmt der Wanddruck mit zunehmender Gefäßlänge linear ab, da zwischen Eingang und Ausgang eine Druckdifferenz besteht. **b** Weist die Röhre eine Verengung auf, strömt die Flüssigkeit schneller durch die Engstelle; entsprechend sinkt dort der Wanddruck. Die Länge der *Pfeile* symbolisiert die Geschwindigkeit v der strömenden Flüssigkeit. Die Höhe der Flüssigkeitssäule repräsentiert den Wanddruck bei den Drücken P_1, P_2 und P_3

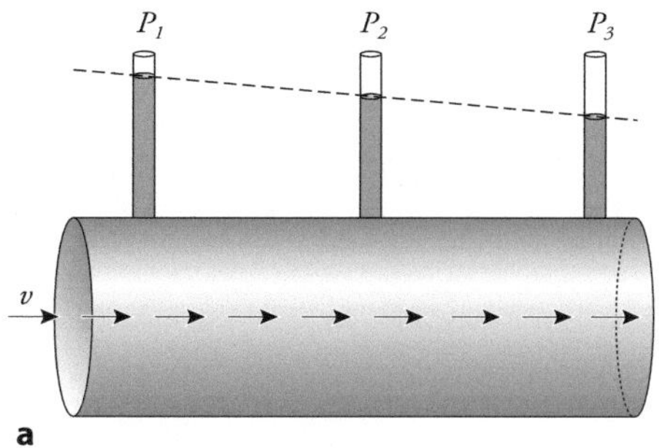

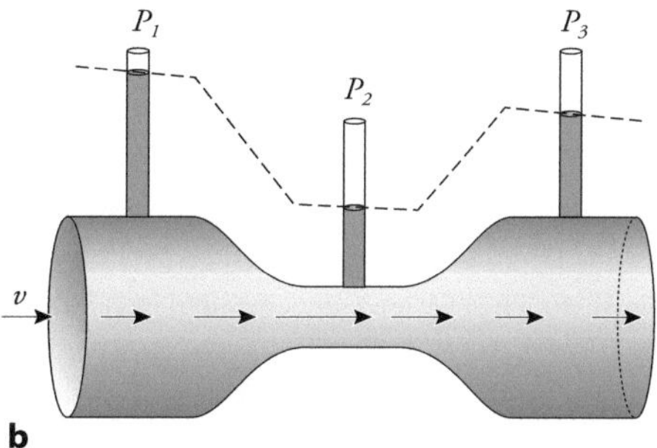

Blutsäule eine höhere potenzielle Energie verleiht. Beide Faktoren zusammen sorgen dafür, dass das Blut in die richtige Richtung – aus der Aorta in die Beinarterien – fließt.

Unter den Bedingungen einer gleichmäßigen Strömungsgeschwindigkeit und horizontaler Körperposition sind der hydrostatische Druck und der Strömungsdruck annähernd konstant. In diesem Fall wird die Flüssigkeit ausschließlich von der vom Herzen erzeugten Druckdifferenz angetrieben und das Blut fließt von Bereichen hohen Drucks in Bereiche niedrigen Drucks, also von der Aorta über die Arterien, Gewebekapillaren und Venen schließlich in die beiden großen Hohlvenen.

Bei einer variablen Strömungsgeschwindigkeit und unter Vernachlässigung des Schweredrucks besagt Bernoullis Theorem, dass sich Druck und Geschwindigkeit des Flüssigkeitsstroms gegensinnig verhalten, da die Summe beider Parameter konstant ist. *Je höher die Strömungsgeschwindigkeit, desto geringer ist der Druck der Flüssigkeit auf die Wand des Gefäßes.* Wird also ein Gefäß durch Vasokonstriktion verengt, fließt das Blut mit höherer Geschwindigkeit hindurch, während gleichzeitig ein geringerer Druck auf die Gefäßwände ausgeübt wird (□ Abb. 5.2).

Der Volumenstrom beschreibt, wie viel Blut pro Zeiteinheit bewegt wird, die Geschwindigkeit dagegen wie schnell es transportiert wird. Beide Größen stehen über den Gefäßquerschnitt miteinander in Beziehung, denn je schneller der Transport über eine bestimmte Querschnittsfläche erfolgt, desto größer ist der Volumenstrom. Nehmen wir an, ein Gefäß hat eine Querschnittsfläche der Größe A. Dann hängt der Volumenstrom F über diese Querschnittsfläche von der Geschwindigkeit v des Flüssigkeitsstroms ab:

$$F = v \cdot A. \tag{5.6}$$

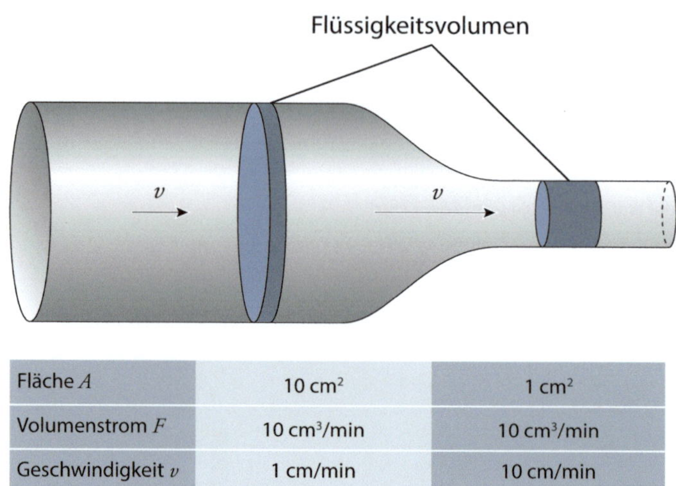

Fläche A	10 cm²	1 cm²
Volumenstrom F	10 cm³/min	10 cm³/min
Geschwindigkeit v	1 cm/min	10 cm/min

Abb. 5.3 Strömungsgeschwindigkeit und Gefäßdurchmesser sind umgekehrt proportional zueinander. Bei konstantem Volumenstrom F bewegt sich ein Flüssigkeitsvolumen umso langsamer, je größer der Durchmesser bzw. die Querschnittsfläche A einer kreisförmigen Röhre ist. v bezeichnet die Strömungsgeschwindigkeit. Die markierten Volumina sind gleich groß

Zunächst besagt Gl. 5.6, dass der Volumenstrom mit der Geschwindigkeit und der Querschnittsfläche ansteigt. Der Volumenstrom in Kreislaufsystemen ist aber in der Regel konstant; in diesem Fall bedeutet die Gleichung, dass die Flüssigkeit in einem weitlumigen Gefäß langsamer fließt als in einem Gefäß mit kleinerem Durchmesser (Abb. 5.3).[3] Diese sogenannte **Kontinuitätsbedingung** beschreibt gemeinsam mit Bernoullis Theorem Geschwindigkeit und Wanddruck des Blutes im Gefäßsystem: *In weitlumigen Gefäßen fließt das Blut langsamer als in Gefäßen mit kleinerem Durchmesser, wobei es einen höheren Druck auf die Gefäßwände ausübt.*

In den systemischen Kapillaren, die den kleinsten Durchmesser im gesamten Gefäßsystem besitzen, sind Strömungsgeschwindigkeit und Wandstärke hingegen außerordentlich gering. Dies steht nicht im Widerspruch zu dem bisher Gesagten, da sich im Falle der Kapillaren ein Gefäß in zahlreiche parallel verlaufende Röhren verzweigt, sodass der Gesamtquerschnitt deutlich ansteigt.[4] Insgesamt wird also das gleiche Volumen Blut über eine größere Querschnittsfläche transportiert und die Strömungsgeschwindigkeit sinkt entsprechend. Obwohl der Gesamtdruck aufgrund der geringeren Strömungsgeschwindigkeit nach dem Bernoulli-Theorem ansteigt, verteilt er sich nun auf eine große Zahl sehr kleiner Gefäße – mit einem entsprechend geringen Wanddruck für jede einzelne Kapillare. Daher können Kapillaren außerordentlich dünne Wandstrukturen besitzen, die nur aus einer einzigen Zellschicht, dem **Endothel**, und der extrazellulären **Basallamina** bestehen.

Ein effizienter Stoffaustausch zwischen Kapillarblut und Gewebe erfordert eine lange Kontaktzeit (geringe Strömungsgeschwindigkeit) und kurze Diffusionsstrecken (dünne Wandstruktur). Nach den bisher besprochenen hämodynamischen Prinzipien sind diese beiden Voraussetzungen nicht miteinander vereinbar. *Durch die Verzweigung weniger großer Gefäße*

---

[3] Das Wasser in einem breiten Fluss strömt langsamer als in einem schmalen Bach.
[4] Im Vergleich zur Aorta steigt der Gesamtquerschnitt der Kapillaren auf das 600 bis 800fache an. Dieser Berechnung liegen ein Innenradius der Aorta von 12,5 mm, ein mittlerer Kapillardurchmesser von 7 μm und eine Anzahl von 8 bis 10 Mrd. durchströmten Kapillaren zugrunde.

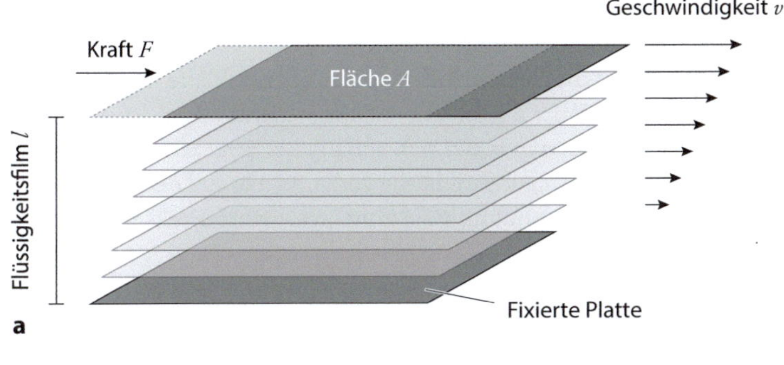

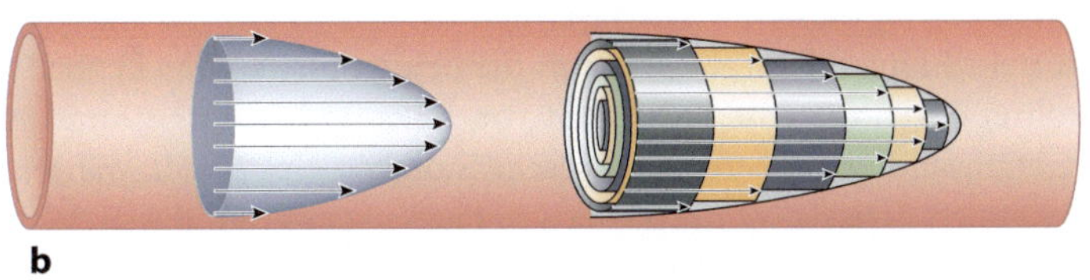

◘ Abb. 5.4 Viskosität und laminares Strömungsprofil. **a** Zwei Platten mit identischen Flächen A sind durch einen Flüssigkeitsfilm der Dicke l voneinander getrennt. Die obere Platte wird durch die Scherkraft F relativ zur unteren, fixierten Platte mit der Geschwindigkeit v von links nach rechts verschoben. Dadurch entsteht ein Geschwindigkeitsgradient, der senkrecht zur Bewegungsrichtung verläuft (*Pfeile*). Die Viskosität der Flüssigkeit zwischen den beiden Platten bestimmt den zur Verschiebung der oberen Platte erforderlichen Kraftaufwand. **b** Auf die kreisförmige Geometrie eines Blutgefäßes angewandt ergibt sich ein parabelförmiges Strömungsprofil, das aus infinitesimal kleinen, konzentrischen Schichten aufgebaut ist. In der Mitte des Gefäßes ist die Strömungsgeschwindigkeit maximal, während sie an den Gefäßwänden auf null zurückgeht. Dieses Strömungsprofil kennzeichnet eine laminare Strömung

in zahlreiche kleine Kapillaren wird die Querschnittsfläche außerordentlich erhöht, was eine dünne Wandstruktur trotz niedriger Strömungsgeschwindigkeit ermöglicht.[5]

5.1.3 Laminare und turbulente Strömung

Im Hagen-Poiseuille'schen Gesetz (Gl. 5.4) tritt mit der **Viskosität** eine wichtige Eigenschaft von Flüssigkeiten auf, die ebenfalls den Volumenstrom beeinflusst. Die Viskosität beschreibt, wie „flüssig" eine Flüssigkeit ist – etwas physikalischer ausgedrückt ist sie ein Maß dafür, wie eine Flüssigkeit auf Scherkräfte reagiert.

Wir nehmen an, dass zwei Platten mit identischen Flächen A durch einen Flüssigkeitsfilm der Dicke l voneinander getrennt sind (◘ Abb. 5.4a). Auf die obere der beiden Platten wird eine Kraft F ausgeübt, während die untere Platte unbeweglich ist. Diese **Scherkraft** verschiebt die obere Platte mit einer Geschwindigkeit v relativ zur unteren Platte. Für die Bewegung der oberen Platte ist eine Kraft nötig, da zwischen Platte und angrenzender Flüssigkeit Reibungs-

---

[5] Bei einer Kapillarlänge von 0,5 bis 1,0 mm und einer Strömungsgeschwindigkeit von 0,2 bis 1,0 mm s^{-1} steht eine Zeitspanne von 0,5 bis 5,0 s für den Stoffaustausch im Gewebe zur Verfügung. Zum Vergleich: Die Strömungsgeschwindigkeit in der Aorta beträgt 180 mm s^{-1}.

kräfte wirksam sind. Wir können nun das Flüssigkeitsvolumen in einzelne Schichten zerlegen, zwischen denen ebenfalls Reibungskräfte bestehen.

Die Viskosität bestimmt die Verschiebbarkeit der oberen Platte im Verhältnis zur unteren Platte: *Je geringer die Viskosität der Flüssigkeit, desto schneller lässt sich bei einer konstanten Kraft die obere Platte verschieben.* Hierbei bildet sich entlang der Strecke l ein Geschwindigkeitsgradient aus, der senkrecht zur Bewegungsrichtung verläuft.[6] Formal definieren wir die Viskosität η als das Verhältnis von Schubspannung F/A zum Geschwindigkeitsgradienten $\Delta v/\Delta l$:

$$\eta = \frac{F/A}{\Delta v/\Delta l} = \frac{F}{A} \cdot \frac{\Delta l}{\Delta v}. \tag{5.7}$$

Laut Gl. 5.7 sind die Viskosität der Flüssigkeit und die Kraft proportional zueinander: *Je höher die Viskosität, desto mehr Kraft ist erforderlich, um die obere Platte mit einer bestimmten Geschwindigkeit in Bewegung zu setzen.* Die Viskosität wird meist in Pa · s angegeben.

Als Modell für ein Blutgefäß biegen wir nun die beiden Platten aus ◘ Abb. 5.4a zu einer kreisförmigen Röhre, durch die eine Flüssigkeit von links nach rechts strömt. In unmittelbarer Nähe der Gefäßwand ist die Strömungsgeschwindigkeit gleich null, während sie in der Mitte des Gefäßes am größten ist. Wir zerlegen den Flüssigkeitsstrom durch das Blutgefäß in konzentrische Schichten, die sich parallel zur Längsachse des Gefäßes vorwärts bewegen. Die Schichten besitzen unterschiedliche Strömungsgeschwindigkeiten und bilden ein Geschwindigkeitsprofil, das in Längsrichtung eine Parabel beschreibt (◘ Abb. 5.4b). Dieses parabelförmige Geschwindigkeitsprofil kennzeichnet eine **laminare Strömung**. Die Parabel ist umso ausgeprägter, je geringer die Viskosität der Flüssigkeit ist; umgekehrt verhindert eine hohe Viskosität die Ausbildung eines steilen Geschwindigkeitsgradienten, sodass die Parabel einen eher flachen Verlauf besitzt.

Die laminare Strömung kann unter bestimmten Umständen in eine **turbulente Strömung** übergehen, bei der Wirbel in einem uneinheitlichen Geschwindigkeitsprofil auftreten. Die lineare Beziehung zwischen Druckdifferenz und Volumenstrom (Gl. 5.2) gilt bei einer turbulenten Strömung nicht mehr und es müssen im Vergleich zu einer laminaren Strömung höhere Drücke für den Transport aufgebracht werden. *Für einen Organismus bedeutet ein hoher Anteil turbulenter Strömung im Kreislaufsystem daher einen höheren Energieaufwand.*

Welche Faktoren bestimmen den Übergang von einer laminaren in eine turbulente Strömung? Neben den Eigenschaften der Viskosität η und Dichte ρ einer Flüssigkeit spielen die Geschwindigkeit v des Blutstroms und der Durchmesser d des Gefäßes eine wichtige Rolle. Diese Parameter definieren die dimensionslose **Reynolds-Zahl** *Re*:

$$Re = \frac{\rho \cdot d \cdot v}{\eta}. \tag{5.8}$$

Überschreitet die Reynolds-Zahl einen Wert von 2000 bis 2200, geht die laminare in eine turbulente Strömung über.[7] In den Kapillaren mit ihrem geringen Innendurchmesser und langsamer Strömungsgeschwindigkeit ist der Blutfluss vollständig laminar. Im Gegensatz dazu

---

[6] Dies entspricht dem Geschwindigkeitsprofil in einem fließenden Gewässer, in dem senkrecht zur Strömungsrichtung, also vom Ufer zur Mitte hin, die Fließgeschwindigkeit kontinuierlich zunimmt.

[7] Grundsätzlich gilt der Wert $Re = 2000$ für den Übergang von laminar nach turbulent nur für eine gerade, kreisförmige Röhre. Außerdem ist der Strömungsumschlag kein singuläres Ereignis, sondern findet in einem Übergangsbereich statt.

können in der Aorta aufgrund der Gefäßweite und der Geschwindigkeit des Blutstroms, insbesondere während der systolischen Druckspitzen, turbulente Strömungsprofile auftreten. Auch an arteriellen Verzweigungen und Engstellen kann die laminare in eine turbulente Strömung umschlagen. Atherosklerotische Verengungen der Gefäße verursachen daher häufig turbulente Strömungen, die wiederum eine stärkere Pumpleistung des Herzens erfordern und für eine Unterversorgung der peripheren Gewebe mit Sauerstoff und Nährstoffen verantwortlich sein können.

5.1.4 Zusammenfassung

Eine Körpergröße von etwa 1 mm stellt die obere Grenze für vielzellige Organismen dar, bei der eine Versorgung aller Zellen mittels Diffusion noch möglich ist. Alle größeren Organismen benötigen ein Kreislaufsystem, bestehend aus Gefäßen, einem Trägermedium und einer mechanischen Pumpe, die einen gerichteten Volumenstrom des Trägermediums erzeugt.

Der Flüssigkeitsstrom in den Gefäßen eines Kreislaufsystems wird durch die Gesetze der Hydrodynamik annähernd genau beschrieben. Nach dem Gesetz von Hagen-Poiseuille steigt der Volumenstrom mit der Größe der Druckdifferenz und dem Radius eines Gefäßes, während er abhängig von der Gefäßlänge und der Viskosität der Flüssigkeit sinkt. Der Gefäßradius geht dabei mit der vierten Potenz in die Gleichung ein, sodass bereits geringfügige Verstellungen der Gefäßweite (Vasodilatation oder Vasokonstriktion) zu erheblichen Veränderungen des Volumenstroms führen.

Neben der vom Herzen erzeugten Druckdifferenz tragen der hydrostatische Druck sowie der dynamische Strömungsdruck zum Gesamtdruck einer Flüssigkeitssäule bei. Gemäß Bernoullis Theorem ist die Summe dieser drei Komponenten konstant. Da die in einem Blutgefäß herrschenden Drücke verschiedene Energieformen darstellen (potenzielle Druckenergie, potenzielle Lageenergie und kinetische Energie), folgt Bernoullis Theorem aus der Anwendung des Energieerhaltungssatzes auf hydrodynamische Prozesse. Strömungsgeschwindigkeit und Wanddruck verhalten sich demnach gegensinnig – eine hohe Geschwindigkeit korreliert mit einem geringen Druck der Flüssigkeit auf die umliegenden Gefäßwände und umgekehrt. Bei der Blutdruckmessung wird grundsätzlich der Druck des Blutes auf die Gefäßwand registriert, nicht jedoch der Druck in Strömungsrichtung.

Die Kontinuitätsbedingung besagt, dass eine Flüssigkeit in weitlumigen Gefäßen langsamer fließt als in Gefäßen mit einem kleineren Durchmesser. Dieser Zusammenhang ist für den Stoff- und Gasaustausch in den Kapillaren von erheblicher Bedeutung. Der außerordentlich große Gesamtquerschnitt aller Kapillaren bewirkt eine langsame Strömungsgeschwindigkeit bei geringem Druck auf die Wand einzelner Kapillaren. Dadurch steht mehr Zeit für Diffusionsprozesse zur Verfügung und wegen der geringen Wandstärke können kurze Diffusionsstrecken realisiert werden.

Aufgrund der Viskosität des Blutes bildet sich in einer kreisförmigen Röhre eine laminare Strömung mit dem Geschwindigkeitsprofil einer Parabel aus. In der Mitte des Gefäßes fließt das Blut mit der höchsten Geschwindigkeit, während an der Gefäßwand eine ruhende Flüssigkeitsschicht entsteht. Der Übergang in eine turbulente Strömung, die sich durch ein chaotisches Strömungsprofil auszeichnet, erfolgt vor allem an Engstellen und Verzweigungen und wird von Eigenschaften der Flüssigkeit (Viskosität, Dichte und Geschwindigkeit) sowie der Gefäßgeometrie (Radius) bestimmt. Grundsätzlich erfordern turbulente Strömungen für den Organismus einen höheren Energieaufwand.

5.2   Blutgefäße

Kreislaufsysteme können geschlossen oder offen sein, je nachdem ob das Blut ausschließlich in Gefäßen durch den Körper strömt oder ob es diese Gefäße verlässt und die Gewebe und ihre Zellen direkt umspült. Da bei offenen Systemen Blut, Lymphe und interstitielle Flüssigkeit[8] nicht voneinander zu trennen sind, werden sie zusammen als **Hämolymphe** bezeichnet.

In einem **geschlossenen Kreislaufsystem**, wie es Säuger und Vögel, aber auch viele andere Wirbeltiere besitzen, ist das Blut durch die Wände der Gefäße von der interstitiellen Flüssigkeit getrennt und besitzt eine andere molekulare Zusammensetzung. Im Blutplasma kommen vor allem diverse Proteine vor, während die interstitielle Flüssigkeit normalerweise keine Proteine enthält. Hinsichtlich der Elektrolytzusammensetzung sind beide Flüssigkeiten weitgehend identisch.

Angetrieben vom Herzmuskel, der die nötigen Druckdifferenzen erzeugt, leiten **Arterien** und **Arteriolen** das Blut in die verschiedenen Körpergewebe, wo in den **Kapillaren** der Stoff- und Gasaustausch stattfindet. Während der Passage durch die Kapillaren verändert sich die Zusammensetzung des Blutes hinsichtlich der Atemgase und Nährstoffe. Über **Venolen** und **Venen** wird das Blut gesammelt und schließlich wieder zum Herzen zurückgeführt.

Auf der Grundlage ihrer jeweiligen Funktion können wir das Blutgefäßsystem in folgende Abschnitte einteilen:

- **Verteilungssystem**: Das komplexe Netzwerk der Arterien und Arteriolen verteilt Nährstoffe und Atemgase im Körper.
- **Diffusions- und Filtrationssystem**: In den systemischen Geweben werden Nährstoffe und Atemgase aus den Kapillaren und postkapillären Venolen in die körpereigenen Zellen transportiert.
- **Sammelsystem**: Die Venen sammeln das desoxygenierte und nährstoffarme Blut aus den Geweben und transportieren es zum Herzen zurück.

5.2.1   Arterien

Arterien leiten das Blut immer vom Herzen weg, wobei die Arterien im Körperkreislauf der Säuger O_2-reiches Blut enthalten, während die Lungenarterien O_2-armes Blut transportieren. Arterien müssen dem hohen Blutdruck, der am Herzausgang erzeugt wird, standhalten und diesen mit möglichst geringem Verlust bis in die Körperperipherie aufrechterhalten. Sie besitzen daher eine vergleichsweise dicke Wandstruktur, die (1) aus konzentrischen Schichten von Kollagenfasern, (2) glatter Muskulatur, (3) elastischem Bindegewebe und (4) einer dünnen Endothelschicht besteht (◘ Abb. 5.5a). Arterien besitzen einen Innendurchmesser von 2 bis 4 mm bei einer Wandstärke von 1 mm.

Im Folgenden werden die Komponenten arterieller Gefäßwände von innen nach außen beschrieben, wobei einzelne Strukturelemente auch in anderen Gefäßtypen zu finden sind.

Endothelzellen sind flache Epithelzellen, die als einzellige Schicht alle Blutgefäße und auch das Innere des Herzmuskels auskleiden. Indem sie den Kontraktionszustand der glatten Muskulatur und damit den Blutdruck beeinflussen, geht ihre Funktion weit über die einer rein passiven Barriere hinaus.[9] Außerdem sind sie an der Blutgerinnung, an immunologischen Pro-

---

[8] Die interstitielle Flüssigkeit ist die extrazelluläre Flüssigkeit zwischen den Zellen eines Gewebes.
[9] Endothelzellen bilden zahlreiche vasoaktive Substanzen, die an Rezeptoren der glatten Gefäßmuskulatur binden und dort eine Kontraktion oder eine Relaxation auslösen.

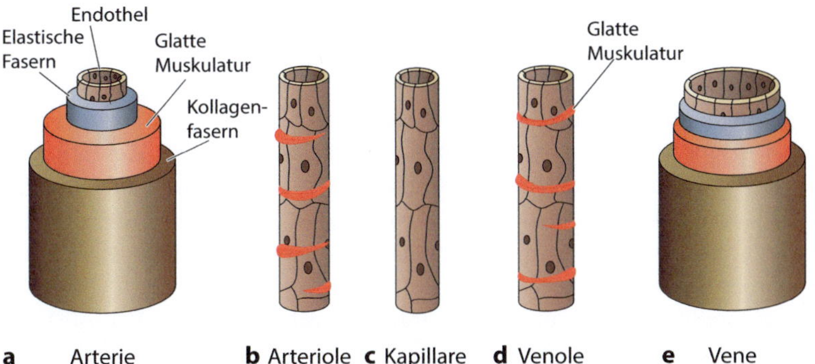

Abb. 5.5 Schematischer Aufbau und Wandstrukturen der Gefäße. Arterien (**a**) bestehen (von außen nach innen) aus einer Schicht von Kollagenfasern, glatter Muskulatur, elastischen Fasern sowie einer inneren Endothelschicht. Arteriolen (**b**) besitzen neben dem Endothel nur noch einige glatte Muskelfasern, die bei den Kapillaren (**c**) fehlen. Venolen (**d**) entsprechen in ihrem Wandaufbau weitgehend den Arteriolen, während Venen (**e**) im Vergleich zu Arterien bei ähnlichem Aufbau deutlich dünnere Wandstrukturen aufweisen

zessen und Entzündungsreaktionen beteiligt. Die Endothelzellen sind untereinander durch verschiedene Zellkontakte verbunden: Gap Junctions dienen der interzellulären Kommunikation, während Tight Junctions die Zellzwischenräume verschließen und somit einen unkontrollierten parazellulären Transport über das Endothel weitgehend verhindern.

Elastische Fasern bestehen vor allem aus dem Protein **Elastin**, das durch kovalente Querverbindungen zahlreicher Moleküle ein hochgradig verformbares Netzwerk bildet. Sie sind maßgeblich für die Elastizität der Arterien verantwortlich, die sich vor allem in einer Ausdehnung bei hohen Drücken äußert. Diese Dehnbarkeit der Arterien erfüllt zwei wichtige Funktionen im Kreislauf:

1. Ein Teil der vom Herzen erzeugten Druckenergie wird als potenzielle Energie in der elastischen Verformung der Gefäßwände gespeichert und mit einer gewissen Zeitverzögerung wieder auf das Blutvolumen übertragen. Auf diese Weise werden die während des Herzzyklus erzeugten Druckdifferenzen innerhalb des Gefäßsystems abgeschwächt (**Windkesselfunktion**).

2. Obwohl der Druck im linken Ventrikel gegen null geht, steht das Blut aufgrund der allmählichen Rückstellung der Gefäßwände auch während der Diastole unter einem Druck von etwa 80 mmHg.

Die Verringerung von Druckschwankungen und die Sicherstellung einer konstanten unteren Druckgrenze tragen maßgeblich zu einer gleichförmigen Verteilung des Blutes im Körper bei.

Glatte Muskulatur reguliert den Durchmesser der Blutgefäße und somit nach dem Gesetz von Hagen-Poiseuille (Gl. 5.4) maßgeblich deren Strömungswiderstand (▶ Abschn. 5.1.1). Die Regulation der Gefäßweite erfolgt (1) über den sympathischen Zweig des autonomen Nervensystems, (2) über Hormone und (3) über parakrin[10] wirkende Substanzen wie Stickstoffmonoxid (NO), das – vom Endothel freigesetzt – gefäßerweiternd wirkt.

Kollagenfasern bestehen vor allem aus fibrillärem Kollagen vom Typ I und Typ III und sind deutlich weniger dehnbar als die elastischen Fasern. Da sie relativ locker mit den ande-

---

[10] Parakrin wirkende Substanzen werden von Zellen in einem Gewebe freigesetzt und wirken lokal auf benachbarte Zellen. Im Gegensatz zur endokrinen Wirkungsweise der Hormone werden sie nicht mit dem Blutstrom im Körper verteilt.

ren Schichten der Blutgefäße verbunden sind, erlauben sie die Ausdehnung der weiter innen liegenden elastischen Fasern und verhindern gleichzeitig eine mögliche Überdehnung der Gefäße.

Abhängig vom Anteil elastischer Fasern oder glatter Muskelzellen werden Arterien vom **elastischen Typ** und Arterien vom **muskulären Typ** unterschieden. Wesentliches Merkmal der elastischen Arterien ist ihre Windkesselfunktion – es handelt sich daher vor allem um die großen Gefäße in Herznähe (Aorta, Arteria pulmonalis, Arteria carotis communis). In den Arterien vom muskulären Typ ist die glatte Muskulatur verhältnismäßig stark ausgeprägt; sie stellen den Großteil der Körperarterien.

Aorta, Arterien und Arteriolen bilden zusammen mit dem linken Ventrikel während der Systole das sogenannte **Hochdrucksystem**, das durch einen mittleren Blutdruck von etwa 100 mmHg gekennzeichnet ist. Die hohen Drücke in diesem Teil des Kreislaufsystems machen eine kompakte, kräftige Wandstruktur erforderlich. Arterien besitzen unabhängig vom Wanddruck eine kreisförmige Querschnittsfläche und dehnen sich bei zunehmendem Druck nach und nach aus. *Auf diese Weise können elastische Arterien die oben erwähnte Windkesselfunktion erfüllen und einen Teil des vom Herzen ausgeworfenen Blutvolumens in einem vorübergehend erweiterten Gefäßvolumen speichern.* Andererseits führt eine physiologische Druckerhöhung bei den muskulären Arterien nur zu einer begrenzten Änderung des Innenradius, sodass sich der Widerstand der Gefäße druckabhängig kaum ändert. Da Arterien und Arteriolen maßgeblich den peripheren Widerstand für den Blutfluss bestimmen, werden sie auch als **Widerstandsgefäße** bezeichnet.

5.2.2 Kapillaren und terminale Strombahn

Die **Kapillaren** und **postkapillären Venolen** bilden die **terminale Strombahn**, in der der Stoff- und Gasaustausch zwischen Blut und Gewebe stattfindet. Der Innendurchmesser der **Arteriolen** beträgt 40 bis 80 μm bei einer Wandstärke von etwa 6 μm (◘ Abb. 5.5b). Der Blutdruck ist in den Arteriolen mit 60 mmHg immer noch so hoch, dass sich die Frage stellt, wie die im Vergleich zu den Arterien sehr dünne Wandstruktur der Arteriolen diesem Blutdruck standhalten kann. Die Antwort gibt das **Laplace-Gesetz**, das den Zusammenhang zwischen Druck und tangentialer Wandspannung in einer geschlossenen Röhre beschreibt:

$$T = \Delta P \cdot r. \tag{5.9}$$

T bezeichnet die Wandspannung des Gefäßes, ΔP die Druckdifferenz zwischen dem Inneren des Gefäßes und dem Außenraum, also die Druckdifferenz über der Gefäßwand (transmuraler Druck), und r den Innenradius. Auf Blutgefäße angewandt besagt Gl. 5.9, dass *ein im Verhältnis zum Außenraum höherer Druck im Inneren des Gefäßes eine tangentiale Wandspannung erzeugt, die dem Innenradius des Gefäßes proportional ist.*[11] Da Arteriolen im Vergleich zu den Arterien einen sehr viel kleineren Innenradius besitzen, wirkt auf ihre Gefäßwände eine deutlich geringere Spannung, sodass die Wandstärke entsprechend reduziert werden kann.

In den Kapillaren beträgt der mittlere Blutdruck mit 4 kPa noch etwa ein Drittel des Wertes in der Aorta (13,3 kPa). Aufgrund ihres außerordentlich geringen Durchmessers sinkt die tangentiale Wandspannung in den einzelnen Kapillaren jedoch auf $\frac{1}{10.000}$ im Vergleich zur Wandspannung in der Aorta (◘ Abb. 5.6).

---

[11] Darüber hinaus ist die tangentiale Wandspannung umgekehrt proportional zur Wanddicke. Zur Vereinfachung wurde die Wanddicke in Gl. 5.9 weggelassen.

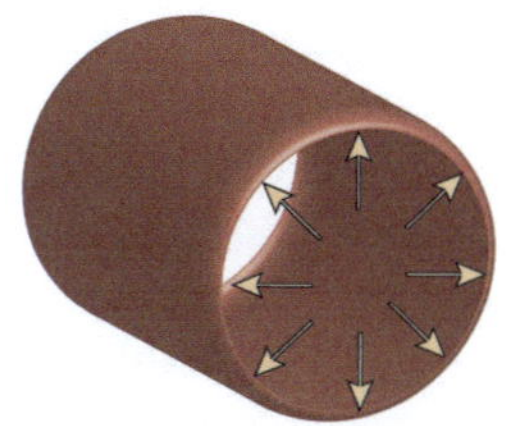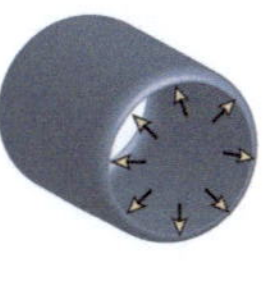

◘ Abb. 5.6 Anwendung des Gesetzes von Laplace auf die Aorta und die Kapillaren. In den Gefäßausschnitten deuten die *Pfeile* die Richtung der tangentialen Wandspannung an. In einem weitlumigen Gefäß wie der Aorta herrscht eine etwa 10.000fach höhere Wandspannung als in einer Kapillare. Die Druckangabe für die Aorta entspricht dem mittleren Blutdruck. Der Kapillarausschnitt ist im Verhältnis zur Aorta überproportional groß dargestellt

	Aorta	Kapillare
Radius	1,3 cm	4 µm
Druck	13,3 kPa	4 kPa
Wandspannung	173 N m⁻¹	0,016 N m⁻¹

Gefäßaneurysmen sind dauerhafte Erweiterungen eines Blutgefäßes, die vor allem in der Aorta und in den Arterien der Hirnbasis von großer klinischer Bedeutung sind. Sie entstehen häufig infolge atherosklerotischer Gefäßverengungen, die eine Unterversorgung der stromabwärts liegenden Wandstrukturen mit O_2 und Nährstoffen verursachen. Daraufhin degenerieren die Gefäßwände unter Verlust ihrer stützenden Elemente nach und nach, sodass das Gefäß dehnbarer wird und sich nach außen weitet. Dieser Prozess wird durch einen meist gemeinsam mit atherosklerotischen Plaques auftretenden Bluthochdruck noch verstärkt. Nach dem Laplace-Gesetz resultiert die Dehnung der Gefäßwand in einer höheren tangentialen Wandspannung, die letztlich zur Ruptur der Gefäße führen kann.[12]

Die Arteriolen spielen eine zentrale Rolle für die Regulation der lokalen Blutversorgung in den einzelnen Geweben. Da ihre Wände neben endothelialen Zellen fast ausschließlich aus glatter Muskulatur bestehen, können Arteriolen sehr effizient auf entsprechende Steuersignale hin mit einer Eng- oder Weitstellung ihres Innendurchmessers reagieren, was in einer schwächeren bzw. stärkeren Durchblutung der stromabwärts liegenden Kapillarbetten resultiert.

Darüber hinaus fungieren **präkapilläre Sphinkter** – aus glatter Muskulatur bestehende Ringmuskeln – als eine Art Ventil am Eingang der Kapillaren. Wenn die Muskulatur der Sphinkter kontrahiert, wird die Blutzufuhr in die Kapillaren gedrosselt oder ganz unterbrochen, und das Blut gelangt über sogenannte **Metarteriolen** direkt in das venöse System (Abb. ◘ Abb. 3.14). *Dieser Aufbau der terminalen Strombahn erlaubt gemeinsam mit einer neuronalen und hormonellen Steuerung eine außerordentlich präzise zeitliche und räumliche Regulation der Durchblutung.* So wird beispielsweise die Durchblutung peripherer Hautpartien abhängig von der jeweiligen Umgebungstemperatur reguliert. Bei hohen Außentemperaturen erweitern sich die peripheren Arteriolen, sodass vermehrt Blut in die Kapillarbetten der äußeren Hautschichten transportiert wird, um überschüssige Wärme abzugeben. Umgekehrt schließen bei Kälte die präkapillären Sphinkter, die Arteriolen verengen sich und das Blut verbleibt im Körperinneren, wodurch der Verlust von Wärmeenergie reduziert wird (▶ Abschn. 3.5.2).

Die Kapillaren selbst bilden ein komplexes Netzwerk sich verzweigender und wieder miteinander fusionierender Gefäße. Ihr Innendurchmesser ist mit 8 µm gerade groß genug, um roten Blutzellen (**Erythrozyten**) einzeln und nacheinander die Passage durch die Kapillaren

---

[12] Ein Aortenaneurysma rupturiert, wenn der Durchmesser des Gefäßes 5 cm übersteigt.

zu erlauben. Die Wände der Kapillaren bestehen aus einer einzelnen Schicht flacher Endothelzellen, die eine Dicke von 0,5 μm besitzen – diese kurze Wegstrecke erhöht wiederum die Rate des Stoffaustauschs durch Diffusion (❏ Abb. 5.5c). Weiße Blutzellen (**Leukozyten**) hingegen sind zu groß für die Kapillaren; sie umgehen die Kapillarbetten über Metarteriolen oder direkt über einen arteriovenösen Bypass.

Beim Menschen beträgt die Gesamtzahl der Kapillaren etwa 30 bis 40 Mrd., wobei unter Ruhebedingungen nur ein Drittel tatsächlich von Blut durchströmt wird. Aus dem Innendurchmesser der Kapillaren ergibt sich eine Gesamtquerschnittfläche von 0,2 bis 0,4 m^2 und damit eine **effektive Austauschfläche** von etwa 300 m^2, die bei Mobilisierung aller Kapillaren theoretisch bis auf 1000 m^2 erhöht werden kann. Auch hier finden wir auf kleinstem Raum eine enorme Oberflächenvergrößerung als Voraussetzung für eine möglichst effiziente Diffusion.

5.2.3 Venen

Postkapilläre Venolen sammeln das Blut nach dem Durchtritt durch die Kapillarbetten. Sie weisen mit 10 bis 20 μm einen sehr ähnlichen Durchmesser wie die Arteriolen auf, besitzen jedoch eine deutlich dünnere Gefäßwand (1 μm), die lediglich aus Endothel und fibrillärem Kollagen besteht (❏ Abb. 5.5d). In den sich anschließenden größeren Venolen und Venen kommen wieder elastisches Bindegewebe und glatte Muskulatur vor, bei einer im Vergleich zu den Arterien etwa halb so dicken Gefäßwand (❏ Abb. 5.5e). *Venen transportieren das Blut aus den Geweben sowie aus der Lunge zum Herzen; Venen des Körperkreislaufs führen daher desoxygeniertes Blut, die Lungenvenen hingegen oxygeniertes Blut.*[13]

Venen verhalten sich grundsätzlich anders als Arterien, wenn der Druck über der Gefäßwand, der sogenannte **transmurale Druck**, ansteigt. Sie reagieren auf einen relativ geringen Anstieg des transmuralen Drucks mit einer enormen Volumenvergrößerung ($\sim$ 400 % bei einer Druckerhöhung von 25 mmHg) und erst bei sehr hohen unphysiologischen Drücken flacht die Kurve ab (❏ Abb. 5.7). Diese Eigenschaft ist aber nicht auf eine unterschiedliche Ausstattung mit elastischen Fasern zurückzuführen, sondern auf die Tatsache, dass Venen im entspannten Zustand eine zusammengedrückt ellipsoide Form besitzen. Steigt der Druck, nehmen die Venen nach und nach eine Kreisform an, wobei sich der Durchmesser kaum, die Querschnittsfläche jedoch deutlich vergrößert. In den Venen befindet sich ca. 80 % der gesamten Blutmenge – sie werden daher auch als **Kapazitätsgefäße** bezeichnet.

Die Kapillaren, das gesamte venöse System, das rechte Herz, der Lungenkreislauf, der linke Vorhof und das linke Herz während der Diastole bilden das **Niederdrucksystem**. Hier beträgt der mittlere Blutdruck 0 bis 25 mmHg, was wiederum eine dünnere Wandstruktur der beteiligten Gefäße ermöglicht. Andererseits reicht der verbleibende Druck meist nicht mehr aus, um das Blut gegen die Schwerkraft zurück zum Herzen zu transportieren. Mehrere synergistisch wirkende Mechanismen sorgen für den Rückstrom, wobei **Venenklappen** eine zentrale Rolle spielen. Venenklappen sind bindegewebige Strukturen im Inneren der Gefäße, die wie Einwegventile arbeiten: Sie erlauben den Blutfluss nur in Richtung zum Herzen, während sie in Gegenrichtung schließen. Folgende Mechanismen tragen gemeinsam zum venösen Rückstrom bei:

---

[13] Diese Klassifizierung gilt nur für die Kreislaufsysteme von Säugern und Vögeln, in denen die Trennung von O$_2$-reichem und O$_2$-armem Blut perfektioniert wurde.

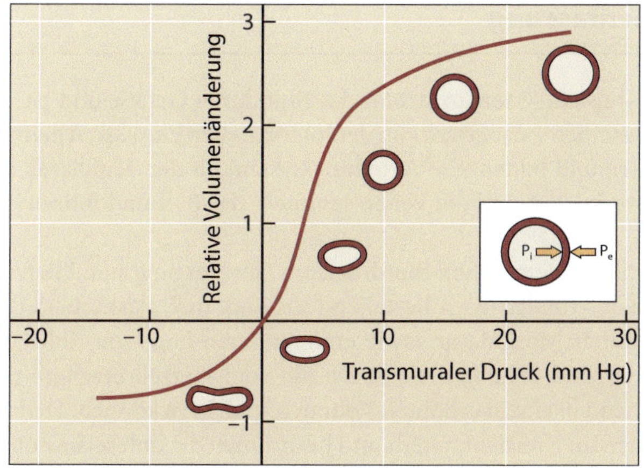

■ **Abb. 5.7** Beziehung zwischen dem Druck über der Gefäßwand (transmuraler Druck) und der relativen Volumenänderung in der Vena cava. Bei niedrigem transmuralem Druck nimmt die Vene eine ellipsoide Form an, die mit steigendem Druck in eine Kreisform übergeht. Im steilen Teil der Kurve führt bereits eine geringe Druckerhöhung zu einer relativ großen Volumenänderung. Der transmurale Druck entspricht der Differenz zwischen dem Wanddruck im Inneren des Gefäßes (P_i) und dem Druck, der von außen auf die Gefäßwand wirkt (P_e). Die Zeichnungen neben der Kurve repräsentieren die druckabhängigen Formveränderungen des Gefäßquerschnitts

- **Muskelpumpe**. Durch Kontraktion der Skelettmuskulatur werden die im Muskel verlaufenden Venen zusammengedrückt und das Blut weicht in beide Richtungen aus, wobei aufgrund des Schließens der Venenklappen das Blut nur herzwärts fließen kann. Bei langem Stehen oder Sitzen – wie etwa bei einer Flugreise – wird die Beinmuskulatur nur wenig kontrahiert; infolgedessen sammelt sich eine größere Blutmenge in den unteren Extremitäten. Hydrostatischer und strömungsbedingter Druck können sich bis zu einem Wert von 100 mmHg in den Fußvenen addieren, sodass es zu einem verstärkten Austritt von Flüssigkeit aus den Kapillaren ins Interstitium unter Bildung von Ödemen kommt.
- **Atmungspumpe**. Beim Einatmen sinkt der Druck im Thorax, sodass der transmurale Druck in den dort vorhandenen Venen steigt.[14] Dadurch werden die Gefäße gedehnt, es entsteht ein Unterdruck und Blut wird aus den extrathorakalen Venen angesaugt. Im Bauchraum hingegen sinkt durch die Verlagerung des Zwerchfells nach unten der transmurale Druck, sodass Venenklappen hier einen retrograden Blutfluss verhindern.
- **Ventilebenenmechanismus**. Die Verschiebung der Ventilebene des Herzens vergrößert periodisch den rechten Vorhof und der dadurch erzeugte Unterdruck setzt sich in die angeschlossenen Hohlvenen fort. *Das Herz fördert also selbst den venösen Rückstrom, indem es als Saugpumpe fungiert.*

---

[14] Der transmurale Druck beschreibt die Druckdifferenz zwischen dem Inneren eines Gefäßes und dem Außenraum, wobei der Innendruck höher ist als der Außendruck. Die Druckdifferenz über der Gefäßwand nimmt zu, wenn der Außendruck bei konstant hohem Innendruck abfällt. Umgekehrt führt eine Erhöhung des Außendrucks zu einer Reduktion des transmuralen Drucks.

5.2.4 Zusammenfassung

In geschlossenen Kreislaufsystemen strömt das Blut durch Gefäße und ist – im Gegensatz zu offenen Kreislaufsystemen – dauerhaft von der interstitiellen Flüssigkeit getrennt. Arterien führen vom Herzen weg und bilden ein Verteilungssystem, in den Kapillaren finden Diffusions- und Filtrationsprozesse statt und die Venen sammeln das Blut und führen es zum Herzen zurück.

Die Arterien müssen dem hohen Blutdruck am Herzausgang standhalten und daher besitzen sie eine kompakte Wandstruktur bestehend aus Endothel, elastischem Bindegewebe, einer kräftigen Schicht glatter Muskulatur sowie einer äußeren Lage von Kollagenfasern. Arterien vom elastischen Typ sind dehnbar, sodass sie die vom Herzen erzeugte potenzielle Druckenergie vorübergehend in einem erhöhten Volumen speichern können. Dadurch verringern sie Druckschwankungen im Kreislaufsystem und bestimmen die untere diastolische Druckgrenze von 80 mmHg. Die wenig dehnbaren Arterien vom muskulären Typ stellen den Großteil der Arterien; sie steuern die Gefäßweite durch Kontraktion ihrer glatten Muskulatur.

Linker Ventrikel, Aorta, Arterien und Arteriolen bilden das Hochdrucksystem mit einem mittleren Blutdruck von etwa 100 mmHg. Die von der glatten Muskulatur gesteuerte Gefäßweite der Arterien und Arteriolen bestimmt maßgeblich den peripheren Widerstand, der dem Blutfluss entgegengesetzt wird. Eine Gefäßerweiterung (Vasodilatation) verringert den Widerstand, eine Gefäßverengung (Vasokonstriktion) erhöht ihn.

Kapillaren und postkapilläre Venolen bilden die terminale Strombahn, wo der Stoff- und Gasaustausch zwischen Blut und Gewebe stattfindet. Da die Gefäße in der terminalen Strombahn einen sehr geringen Radius aufweisen, ist trotz des bestehenden Blutdrucks eine außerordentlich dünne Wandstruktur von nur einer Zellschicht möglich. Dies folgt aus dem Laplace-Gesetz, das den Zusammenhang zwischen Wandspannung, transmuralem Druck und Gefäßradius beschreibt. Die Durchblutung der Kapillaren wird räumlich und zeitlich durch neuronale und hormonelle Signale präzise gesteuert und so dynamisch dem Stoffwechsel des Organismus angepasst.

Venen transportieren das Blut aus der Körperperipherie zurück zum Herzen. Sie enthalten bis zu 80 % der gesamten Blutmenge und werden daher auch als Kapazitätsgefäße bezeichnet. Als Komponenten des Niederdrucksystems besitzen Venen eine im Vergleich zu den Arterien dünnere Wandstruktur, was vor allem auf eine Reduktion der glatten Muskulatur zurückzuführen ist. Da der postkapilläre Blutdruck für den venösen Rückstrom des Blutes gegen die Schwerkraft nicht ausreicht, wirken Venenklappen, Muskelpumpe, Atmungspumpe und der Ventilebenenmechanismus unterstützend.

5.3   Kreislaufsysteme der Säuger und Vögel

Säuger und Vögel besitzen – neben ihren vierkammerigen Herzen – weitgehend identische geschlossene Kreislaufsysteme, die sich in der Evolution beider Tiergruppen unabhängig voneinander entwickelt haben. Im Zentrum steht das Herz, das eine Lungen- und eine Körperschleife des Kreislaufsystems versorgt (◼ Abb. 5.8a).

▫ Abb. 5.8 Das Kreislaufsystem bei Säugern und Vögeln. **a** Schematische Darstellung der tatsächlichen anatomischen Verhältnisse. Die linke Herzhälfte versorgt die systemischen Gewebe, während die rechte Herzhälfte Blut in die Lungenarterie pumpt. **b** Eine Auftrennung beider Herzhälften verdeutlicht, dass die Körper- und die Lungenpassage des Kreislaufsystems hintereinander geschaltet sind. *Rot* bezeichnet oxygeniertes Blut, *blau* desoxygeniertes Blut. RA, rechtes Atrium; LA, linkes Atrium; RV, rechter Ventrikel; LV, linker Ventrikel (nach [3]. Mit freundlicher Genehmigung von Oxford University Press.)

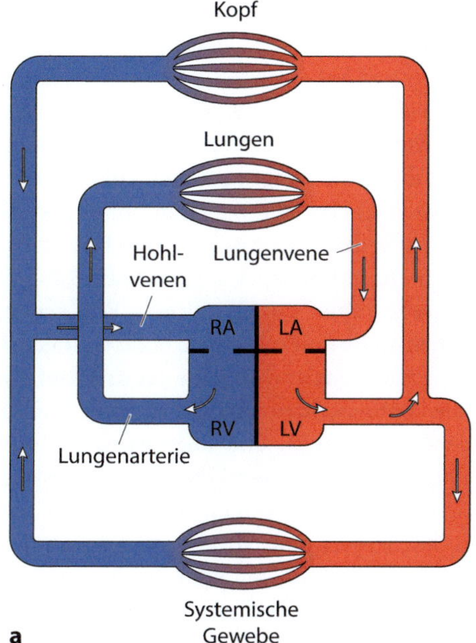

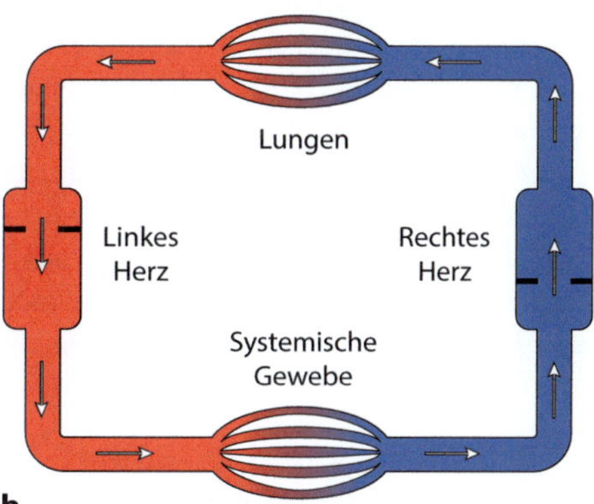

5.3.1 Durchströmung und Versorgung des Herzens

Das O_2-arme Blut gelangt über die beiden großen Hohlvenen (**Vena cava inferior** und **Vena cava superior**) in den Vorhof des rechten Herzens und wird von dort in den rechten Ventrikel und dann über die **Lungenarterien** (Arteria pulmonalis) in die Lunge gepumpt, wo der Austausch der Atemgase stattfindet. **Lungenvenen** (Vena pulmonalis) transportieren O_2-reiches Blut zum linken Vorhof, aus dem das Blut zunächst in den linken Ventrikel und von dort über die **Aorta** und das Verteilungssystem der Arterien in die systemischen Gewebe gelangt.

Die funktionelle Trennung in eine Lungen- und eine Körperpassage bedeutet jedoch nicht, dass bei Säugern und Vögeln zwei unabhängige Kreislaufsysteme nebeneinander existieren. *Rechte und linke Herzhälfte kontrahieren synchron und pumpen pro Zeiteinheit ein gleich großes Blutvolumen in die Lungen- und in die Körperschleife, sodass der Volumenstrom an jeder Stelle des Kreislaufsystems identisch ist.* Es fließt im Verlauf eines Herzzyklus demnach genauso viel Blut durch die Lungenarterien und Lungenvenen wie durch die Aorta und die Hohlvenen. Eine gedankliche Trennung von linker und rechter Herzhälfte verdeutlicht, dass die Lungen in Serie mit den systemischen Geweben geschaltet sind, wobei jeweils ein Pumpenaggregat für den nötigen Blutdruck sorgt (◘ Abb. 5.8b). Diese Anordnung hat den großen Vorteil, dass die Gewebe immer mit O_2-reichem Blut versorgt werden, wodurch der mit einer endothermen Lebensweise einhergehende hohe O_2-Bedarf der Vögel und Säuger gedeckt werden kann.

Eine essenzielle Aufgabe des Kreislaufsystems besteht in der Versorgung des Herzens selbst. Die kontinuierliche, energieintensive Kontraktion der Herzmuskelzellen erfordert die ständige Zufuhr von O_2 und Energieträgern in Form von Glucose, Lactat und Fettsäuren, da die Energie- und O_2-Reserven des Herzmuskels nur für wenige Sekunden ausreichen. Zwar werden die Herzkammern unaufhörlich von Blut durchströmt, aber das Muskelgewebe (**Myokard**) ist bei Säugern und Vögeln so kompakt, dass O_2 und Nährstoffe nicht weit genug ins Gewebe hinein diffundieren können, um eine ausreichende Versorgung zu gewährleisten.[15] Daher besitzen die Herzen dieser Organismen eine eigene Blutzufuhr, das **Koronarsystem**. Unmittelbar oberhalb der Aortenklappe entspringen die **Koronararterien** aus der Aorta. Sie verlaufen zunächst auf der Herzoberfläche und verzweigen sich dann in kleinere Gefäße, die als Kapillaren vom kontinuierlichen Typ (▶ Abschn. 5.3.3) in das Myokard eindringen und das O_2-reiche Blut zu den Herzmuskelzellen transportieren. Im Anschluss an den Stoff- und Gasaustausch im Gewebe wird das Blut von den **Herzvenen** im **Sinus coronarius** gesammelt und direkt dem rechten Vorhof zugeführt.

Der Verschluss von Koronargefäßen, ausgelöst durch Lipidablagerungen (Koronarsklerose), eine lokale Koronarthrombose[16] oder eine Fehlsteuerung der Gefäßweite (Koronarspasmus), führt zu einer Unterversorgung und häufig zu einem Absterben von Myokardgewebe. In den westlichen Industrieländern ist die auch als Herz- oder Myokardinfarkt bezeichnete **koronare Herzkrankheit** eine der häufigsten Ursachen für Invalidität und Tod.

5.3.2 Blutdruck und O_2-Bedarf

Der Blutdruck bei Säugern und Vögeln ist auffällig höher als bei den ektothermen Wirbeltieren. Die adäquate Versorgung des aeroben Stoffwechsels aller Körperzellen mit Nährstoffen und O_2 erfordert eine außerordentlich große Zahl sehr kleiner Gefäße. Dieser hohe Verzweigungsgrad mit einer entsprechenden Gefäßdichte hat die Vorteile, dass (1) die Transportstrecken kurz genug für effektive Diffusionsprozesse sind, (2) eine im Vergleich zur Aorta und den Arterien sehr große Querschnittsfläche zur Verfügung steht, die den Blutstrom so verlangsamt, dass mehr Zeit für den Stoffaustausch bleibt, und (3) eine große Gesamtoberfläche den diffusionsbedingten Stofftransport erleichtert. Allerdings gibt es auch einen wesentlichen Nachteil, denn

---

[15] Das unter dem Endothel liegende Myokard kann nur bis in eine Tiefe von etwa 100 μm vom Blut in den Herzkammern versorgt werden.

[16] Eine Thrombose bezeichnet die Blutgerinnung und Bildung von Gerinnseln im Inneren von Gefäßen.

nach dem Hagen-Poiseuille-Gesetz (Gl. 5.4) erhöhen Gefäße mit geringem Durchmesser den Widerstand überproportional stark. Die Arteriolen, Kapillaren und postkapillären Venolen der terminalen Strombahn setzen demnach dem Blutfluss einen hohen Widerstand entgegen, der nur durch einen gesteigerten Blutdruck überwunden werden kann (Gl. 5.2). Aus diesem Grund muss bei endothermen Organismen verhältnismäßig mehr Energie in die Pumpleistung des Herzens investiert werden.

Vom linken Ventrikel über die systemischen Kapillaren bis zu den großen Hohlvenen und dem rechten Vorhof ändern sich Blutdruck, Gesamtquerschnitt und Strömungsgeschwindigkeit auf charakteristische Weise (◘ Abb. 5.9). Die angegebenen Zahlenwerte gelten für das Kreislaufsystem des Menschen.

- In der linken Herzhälfte schwankt der **Blutdruck** im Rhythmus des Herzzyklus zwischen 10 mmHg und 120 mmHg. Sobald das Blut den linken Ventrikel verlässt, werden diese großen Druckschwankungen in den elastischen Wänden der Aorta und der herznahen Arterien als potenzielle Energie gespeichert und durch eine zeitverzögerte Abgabe an das Blutvolumen gedämpft (► Abschn. 5.2.1). Aufgrund dieser Windkesselfunktion beträgt der Unterschied zwischen systolischem (120 mmHg) und diastolischem Blutdruck (80 mmHg) in den Arterien nur noch 40 mmHg im Vergleich zu den oben erwähnten 110 mmHg im linken Ventrikel. In den terminalen Arterien und Arteriolen fällt der Blutdruck bedingt durch den hohen Strömungswiderstand – geringer Durchmesser bei relativ langen Gefäßen – steil ab. Die Kapillaren selbst sind zwar noch englumiger als die Arteriolen, aber in hohem Maße parallel geschaltet, sodass der Druckverlust in den Kapillarbetten insgesamt deutlich geringer ausfällt (◘ Abb. 5.9a). Der Blutdruck in den systemischen Venen beträgt noch zwischen 3 mmHg und 15 mmHg.
- Der **Gesamtquerschnitt** des Gefäßsystems beträgt in der Aorta etwa 4 cm^2 und steigt im Bereich der Kapillaren und Venolen auf Werte zwischen 2000 cm^2 und 4000 cm^2 an (◘ Abb. 5.9b). Obwohl der Durchmesser einzelner Arteriolen, Kapillaren und Venolen im Vergleich zur Aorta um ein Vielfaches kleiner ist, führt ihre durch zahlreiche dichotome Verzweigungen extrem erhöhte Anzahl zu dieser enormen Vergrößerung des Querschnitts und somit der Gesamtoberfläche, die für Diffusionsprozesse zur Verfügung steht. Je höher der Verzweigungsgrad der Gefäße, desto besser können einzelne Organe durchblutet werden; stoffwechselaktive Gewebe benötigen daher eine dichtere Versorgung mit Kapillaren als Gewebe mit geringerer Stoffwechselaktivität.[17]
- Die **Strömungsgeschwindigkeit** korreliert umgekehrt proportional mit der Querschnittsfläche des Gefäßsystems: Je kleiner der Durchmesser, desto höher ist die Geschwindigkeit. *Als eine direkte Konsequenz der Kontinuitätsbedingung kommt es auf den Gesamtquerschnitt aller Gefäße, nicht aber auf deren jeweilige Anzahl an.* Die Strömungsgeschwindigkeit ist in den Kapillaren und postkapillären Venolen am geringsten; dies wiederum erhöht die Kontaktzeit des Blutes mit der Austauschfläche und damit die Effizienz des Stofftransports über die endothelialen Membranen (◘ Abb. 5.9c).

◘ Tab. 5.1 fasst die wichtigsten Strömungsparameter der Gefäße im Kreislaufsystem des Menschen zusammen.

---

[17] In der Skelettmuskulatur liegt die Kapillardichte zwischen 100 und 1000 Kapillaren pro mm^2, in den sehr stoffwechselaktiven Geweben von Gehirn, Herz und Nieren dagegen bei 2000 bis 4000 Kapillaren pro mm^2.

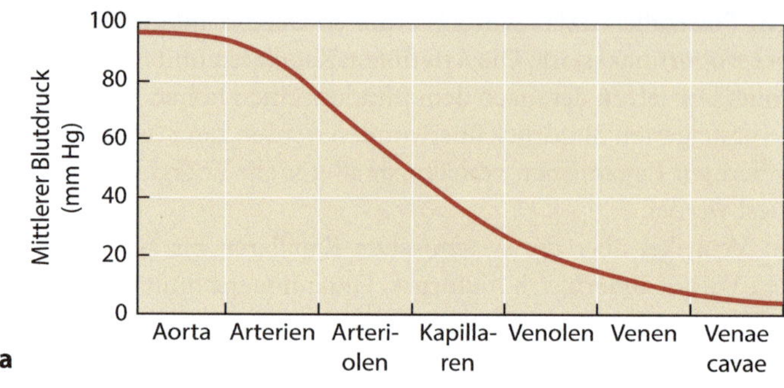

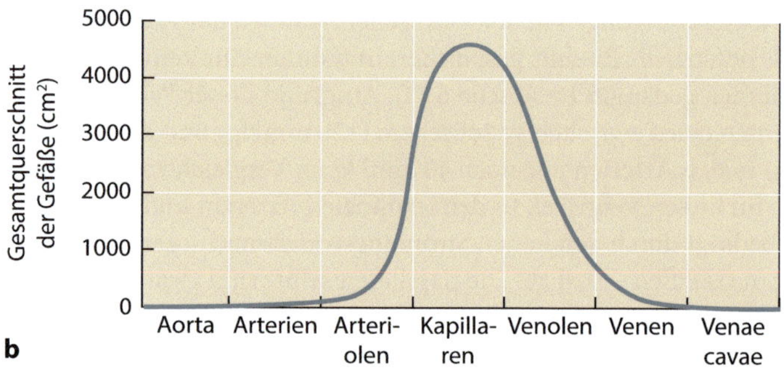

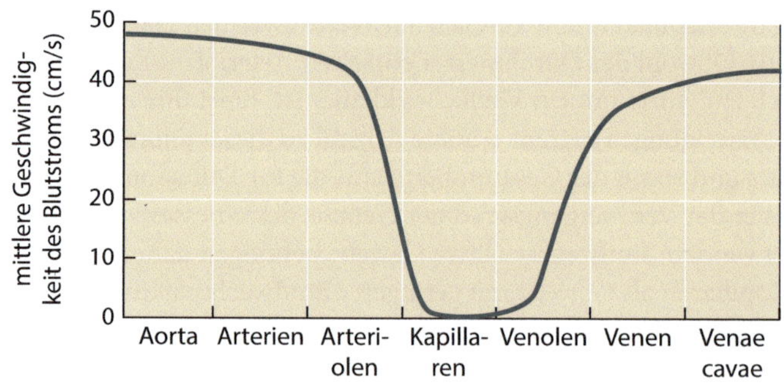

☐ Abb. 5.9 Blutstrom im Kreislaufsystem des Menschen. **a** Mittlerer Blutdruck in den verschiedenen Gefäßen des Kreislaufsystems. Der Blutdruck reicht von etwa 100 mmHg in der Aorta bis zu Werten von 3 bis 6 mmHg in den Hohlvenen. Der zeitlich gemittelte Blutdruck ist etwas kleiner als das arithmetische Mittel von diastolischem und systolischem Blutdruck, da die Diastole in der Regel länger dauert als die Systole. **b** Querschnittsfläche aller Gefäße. Aufgrund der großen Zahl der Kapillaren steigt die Querschnittsfläche außerordentlich stark an. **c** Mittlere Geschwindigkeit des Blutstroms. Im Bereich der Kapillaren geht die Strömungsgeschwindigkeit fast gegen null, sodass sich die Kontaktzeit erheblich verlängert

5.3.3 · Austauschprozesse in den Kapillaren

Der Austausch von Atemgasen und Nährstoffen zwischen Blut und interstitiellem Raum findet in der terminalen Strombahn statt. Lipidlösliche Stoffe wie die Atemgase O_2 und CO_2 können direkt über die Plasmamembran der Endothelzellen diffundieren, sodass ihnen prinzipiell die

◻ Tabelle 5.1 Strömungsparameter der Gefäße im Kreislaufsystem

Parameter	Aorta	Arterien	Arteriolen	Kapillaren	Vena cava
Anzahl	1	8000	2×10^7	1×10	1
Innenradius (cm)	1,13	0,05	$1,5 \times 10^{-3}$	3×10^{-4}	1,38
Querschnittfläche (cm^2)	4	$7,9 \times 10^{-3}$	$7,1 \times 10^{-7}$	$2,8 \times 10^{-7}$	6
Gesamtfläche (cm^2)	4	63	141	2827[a]	6
Volumenstrom (cm^3 s^{-1})	83	83	83	83	83
Mittlere Strömungsgeschwindigkeit (cm s^{-1})	21	1,3	0,6	0,03[a]	14
Volumenstrom pro Einheit (cm^3 s^{-1})	83	0,01	4×10^{-6}	8×10^{-9a}	83

[a] Den angegebenen Werten liegt eine Öffnung von 25 % aller Kapillaren zugrunde.

gesamte Austauschfläche der Kapillaren und postkapillären Venolen mit 300 m^2 bis maximal 1000 m^2 zur Verfügung steht.

Die Diffusion wasserlöslicher Stoffe hingegen erfolgt durch Lücken zwischen den Endothelzellen und – im Falle des Transports von Wasser – durch Wasserkanäle (**Aquaporine**). Die Austauschrate hydrophiler Stoffe hängt also maßgeblich von der Struktur des kapillären Endothels und der Expression von Aquaporinen ab. Folgende Typen des Kapillarendothels werden unterschieden:

- **Kapillaren vom kontinuierlichen Typ** kommen vor allem im Zentralnervensystem, der Lunge, der Haut sowie der Skelett- und Herzmuskulatur vor. Sie besitzen sehr schmale Interzellulärspalten, wodurch die Passage kleiner Moleküle ermöglicht wird. In den Kapillaren des Zentralnervensystems tragen zahlreiche Tight Junctions zwischen den Endothelzellen zur Ausbildung der **Blut-Hirn-Schranke** bei.
- **Fenestrierte Kapillaren** weisen intrazelluläre Poren auf, die zusammen mit den Lücken zwischen den Endothelzellen den Durchtritt wasserlöslicher Stoffe erlauben. Fenestrierte Kapillaren sind 100- bis 1000-mal permeabler für diese Substanzen als Kapillaren vom kontinuierlichen Typ und finden sich in Geweben mit hohem Flüssigkeitsaustausch wie Nieren, Darmschleimhaut und endokrinen Drüsen.
- **Diskontinuierliche Kapillaren** besitzen große intra- und interzelluläre Lücken und kommen in Leber, Milz und Knochenmark vor. Mit einer Breite von bis zu 1 μm ermöglichen diese Lücken den Durchtritt von Makromolekülen und korpuskulären Bestandteilen.

Hydrostatische und osmotische Druckdifferenzen zwischen Kapillaren und interstitiellem Raum bestimmen den Flüssigkeitsaustausch in der terminalen Strombahn. Das in die Kapillaren einströmende Blut besitzt einen höheren hydrostatischen Druck und – aufgrund der hohen Konzentration gelöster Proteine – einen im Vergleich zur interstitiellen Flüssigkeit erhöhten **kolloidosmotischen Druck**.[18] Beide Druckdifferenzen sind entgegengesetzt gerichtet:

---

[18] Der kolloidosmotische Druck ist ein osmotischer Druck, der im Wesentlichen von der Proteinkonzentration abhängt. Im Blutplasma sind zahlreiche Proteine gelöst, während die interstitielle Flüssigkeit kaum Proteine enthält. Als Synonym wird auch die Bezeichnung onkotischer Druck verwendet.

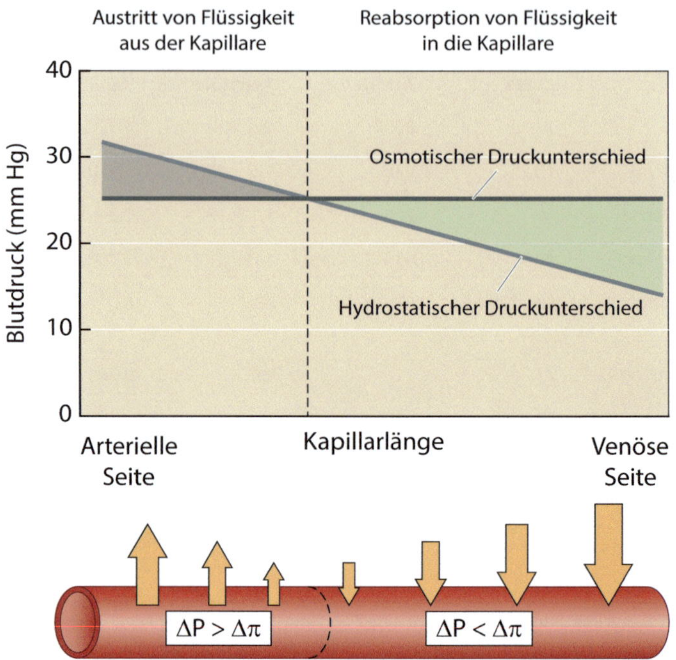

◘ Abb. 5.10   Austausch von Flüssigkeit zwischen Kapillaren und Interstitium nach der Starling-Landis-Hypothese. Auf der arteriellen Seite der Kapillaren ist der hydrostatische Druckunterschied (ΔP) über dem Kapillarendothel höher als der kolloidosmotische Druckunterschied zum Interstitium ($\Delta\pi$). In diesem Abschnitt der Kapillare wird Flüssigkeit durch das fenestrierte Endothel ins Interstitium filtriert. Auf der venösen Seite hingegen überwiegt der kolloidosmotische Druck des Blutplasmas und Flüssigkeit tritt in die Kapillaren ein. Sind beide Druckdifferenzen gleich groß, ist der effektive Filtrationsdruck gleich null (*gestrichelte Linie*). Die *Pfeile* über dem schematischen Gefäß zeigen den Nettoaustausch von Flüssigkeit zwischen Kapillaren und Interstitium

Der höhere Blutdruck verursacht in einem Filtrationsprozess den Verlust von Flüssigkeit ans Interstitium, umgekehrt begünstigen die Unterschiede im Proteingehalt die osmotische Aufnahme von Wasser in die Kapillaren. Beide Prozesse laufen gleichzeitig ab. Allerdings fällt der Blutdruck im Laufe der Kapillarpassage deutlich ab, während die osmotische Druckdifferenz annähernd konstant bleibt (◘ Abb. 5.10).

Am Kapillarbeginn auf der arteriellen Seite ist die transmurale Druckdifferenz mit 4 kPa (30 mmHg) größer als der osmotische Druck (3,3 kPa bzw. 25 mmHg) und das Blutplasma verliert Flüssigkeit an das umliegende Gewebe. Wenn jedoch auf der venösen Seite der Kapillaren der Blutdruck auf 2 kPa (15 mmHg) gesunken ist, überwiegt der kolloidosmotische Druck, und Wasser strömt aus dem Gewebe in die Kapillaren hinein. *Demnach bestimmt die jeweilige Differenz zwischen hydrostatischem und osmotischem Druckunterschied an jedem Punkt der Kapillarlänge, ob eine Auswärts- oder eine Einwärtsfiltration stattfindet.* Dieser Druckunterschied entspricht dem effektiven Filtrationsdruck P_{eff}:

$$P_{\mathrm{eff}} = \Delta P - \Delta\pi. \tag{5.10}$$

In Gl. 5.10 beschreibt ΔP den transmuralen Druckunterschied und $\Delta\pi$ bezeichnet die osmotische Druckdifferenz zwischen Blutplasma und Interstitium. Ist P_{eff} positiv, findet eine

Auswärtsfiltration statt, und das Blutplasma verliert Flüssigkeit, während bei einem negativen Wert Flüssigkeit aus dem Interstitium in die Kapillaren aufgenommen wird.

Nach der Hypothese von Starling und Landis geben die Kapillaren auf der arteriellen Seite Flüssigkeit ans Gewebe ab, während sie auf der venösen Seite Flüssigkeit aufnehmen. Die Bilanz ist jedoch nicht ausgeglichen, da nur etwa 90 % des filtrierten Plasmavolumens reabsorbiert werden, sodass insgesamt 2 bis 3 l Wasser pro Tag aus den Blutgefäßen ins umliegende Gewebe abfließen. Die überschüssige interstitielle Flüssigkeit wird von den **Lymphgefäßen** aufgenommen und schließlich wieder dem venösen System zugeführt. Die Verringerung des osmotischen Drucks bei ernährungsbedingtem Eiweißmangel kann die Auswärtsfiltration noch verstärken und eine pathologische Ansammlung von Flüssigkeit im Interstitium verursachen, die als **Ödem** bezeichnet wird (▶ Abschn. 1.3.1).

Eine Auswärtsfiltration von Flüssigkeit würde zu einem gravierenden Problem in den Lungen führen, wenn sich die Alveolen der Säuger oder die parabronchialen Luftkapillaren der Vögel mit Wasser füllen. Aufgrund der geringen Löslichkeit von O_2 und der im Vergleich zur Luft weitaus niedrigeren Diffusionsgeschwindigkeit in Wasser wird in diesem Fall der Gasaustausch über die respiratorischen Oberflächen außerordentlich stark beeinträchtigt (▶ Abschn. 4.4.3). *In den Lungen der Säuger und Vögel findet jedoch keine Auswärtsfiltration statt, da der Blutdruck in den Lungenkapillaren immer unter dem kolloidosmotischen Druck des Blutplasmas liegt.*

Die Lungenschleife des Kreislaufs gehört zum Niederdrucksystem – beim Menschen steigt der Blutdruck in diesem Teil des Kreislaufs nicht über 20 mmHg. Trotz dieses relativ geringen Blutdrucks wird hinreichend viel Blut in die Lungen gepumpt, da der Widerstand der Gefäße im Lungenkreislauf nur etwa 10 % des entsprechenden Widerstands im Körperkreislauf beträgt. So wird sichergestellt, dass der kolloidosmotische Druck auch auf der arteriellen Seite der Mikrozirkulation immer oberhalb des Blutdrucks liegt. Während der gesamten Passage des Blutes durch die Lungen findet also eine Flüssigkeitsbewegung aus dem Interstitium in die Kapillaren statt, sodass die Lungenalveolen auf diese Weise „trocken" gehalten werden.

5.3.4 Respiratorische Physiologie und Körpergröße

Zwischen Körpergröße und Stoffwechselrate besteht eine allometrische Beziehung: Kleinere Tiere besitzen eine höhere gewichtsspezifische Stoffwechselrate als größere Tiere (▶ Abschn. 2.5). Da der aerobe Stoffwechsel von einer kontinuierlichen Versorgung mit O_2 abhängt, liegt eine allometrische Beziehung zwischen Körpergröße und Volumenstrom im Kreislaufsystem nahe. Der Volumenstrom wiederum wird maßgeblich von der Herzleistung des jeweiligen Organismus bestimmt, sodass sich eine allometrische Beziehung zwischen Körpergröße und Herzleistung ergibt. Auf das Gesamtgewicht bezogen sind die Herzen kleinerer Tiere aber nicht größer, sodass der erhöhte O_2-Bedarf durch eine gesteigerte Herzfrequenz gedeckt wird.[19] *Grundsätzlich ist die Herzfrequenz bei kleinen Tieren höher als bei großen und bei Endothermen höher als bei gleich großen ektothermen Tieren.* So erreichen Spitzmäuse Herzfrequenzen, die in Ruhe bei mehr als 700 Schlägen pro min liegen, während die Herzfrequenz beim Menschen etwa 60 bis 70 Schläge pro min und beim Elefanten nur noch 25 Schläge pro min beträgt. Vögel besitzen größere Herzen und weisen daher niedrigere Herzfrequenzen auf als Säuger vergleichbarer Größe.

---

[19] Sowohl bei Mäusen als auch bei Elefanten macht das Herz etwa 0,6 % des Körpergewichts aus.

Die Durchblutung von Körperregionen, die oberhalb des Herzens liegen, erfordert zusätzlich zur Überwindung des Gefäßwiderstands auch eine gegen die Schwerkraft gerichtete Arbeit. Unter den rezenten Arten stellen Giraffen ein extremes Beispiel dar, denn ihr Gehirn kann bis zu 1,6 m über ihrem Herzen liegen. Um eine Blutsäule dieser Höhe gegen die Schwerkraft zu transportieren, ist ein deutlich erhöhter arterieller Blutdruck erforderlich, der mit 29 kPa (220 mmHg) mehr als doppelt so hoch ist wie der Wert von 13 kPa (100 mmHg) beim Menschen und vielen anderen Säugern. Daher besitzen Giraffen einen außerordentlich kräftigen linken Ventrikel und entsprechend dicke arterielle Gefäßwände, die diesem hohen Blutdruck standhalten können.

Große Sauropoden wie *Brachiosaurus* und *Barosaurus* besaßen deutlich längere Hälse als Giraffen, was in diesem Zusammenhang die Frage aufwirft, ob eine eher horizontale Halsposition die Regel war oder ob die Tiere ihren Kopf dauerhaft hoch über ihren Körper aufrichten konnten. In letzterem Fall muss zunächst eine Strecke von etwa 9 m vom Herzen bis in den Kopfbereich gegen die Schwerkraft überwunden werden; hinzu kommt noch der Gefäßwiderstand im Gehirn. Hierfür ist insgesamt ein Blutdruck von etwa 750 mmHg erforderlich – mehr als das 7Fache des menschlichen Blutdrucks. Es ist bislang nicht abschließend geklärt, ob die Sauropoden ein hinreichend großes und kräftiges Herz besaßen, um einen solchen Bluthochdruck zu erzeugen, und ob ihre Gefäße die notwendige Wandstärke hatten, diesem Druck auf Dauer standzuhalten. Darüber hinaus wäre der Energiebedarf eines Kreislaufsystems, das unter einem Druck von 750 mmHg steht, so hoch, dass fast die Hälfte der Stoffwechselenergie allein für die Blutzirkulation aufgewendet werden müsste [5]. Diese Überlegungen machen eine aufgerichtete Kopfposition eher unwahrscheinlich; sie schließen jedoch ein kurzfristiges Heben des Halses zur Nahrungssuche nicht notwendigerweise aus.

5.3.5 Zusammenfassung

Im vierkammerigen Herzen der Säuger und Vögel gelangt das sauerstoffarme Blut über die großen Hohlvenen zunächst in den rechten Vorhof und anschließend in den rechten Ventrikel. Von dort wird es über die Lungenarterien in die Lungenpassage des Kreislaufs gepumpt, wo CO_2 abgegeben und O_2 aufgenommen wird. Sauerstoffreiches Blut strömt durch die Lungenvenen in den linken Vorhof und von dort in den linken Ventrikel, der es in die Körperpassage des Kreislaufs befördert. Rechte und linke Herzhälfte arbeiten jedoch nicht unabhängig voneinander, sondern kontrahieren synchron, sodass zu jedem Zeitpunkt ein gleich großer Volumenstrom durch die Lungen- und Körperschleife fließt. In diesem Bauplan sind die Lungen in Serie mit den systemischen Geweben geschaltet, sodass der hohe O_2-Bedarf der Körperzellen direkt mit oxygeniertem Blut gedeckt werden kann. Das Herz selbst besitzt ein kompaktes Myokard, das eine eigene Blutversorgung über das Netzwerk der Koronargefäße erfordert.

In der Körperschleife ändern sich Blutdruck, Gesamtquerschnitt und Strömungsgeschwindigkeit in Abhängigkeit vom Verzweigungsgrad und Durchmesser der Gefäße. In der Aorta und den herznahen Arterien schwankt der Blutdruck zwischen 80 mmHg (Diastole) und 120 mmHg (Systole), während er in der terminalen Strombahn aufgrund des hohen Strömungswiderstands steil abfällt. Im venösen System liegt der Blutdruck unabhängig vom Kontraktionszustand des Herzens bei einem relativ niedrigen Wert von maximal 20 mmHg.

Die gesamte Querschnittsfläche des Gefäßsystems nimmt zwischen Aorta und Kapillaren etwa um das 1000Fache zu. Die Anzahl kapillärer Verzweigungen hängt dabei direkt mit der aeroben Stoffwechselaktivität des jeweiligen Gewebes zusammen und kann nach Bedarf variiert werden.

Strömungsgeschwindigkeit und Durchmesser eines Gefäßes sind umgekehrt proportional miteinander korreliert – daher fällt die Geschwindigkeit im Bereich der Kapillarbetten mit ihrem großen Gesamtquerschnitt rapide ab. Dabei kommt es nicht auf die Weite einer einzelnen Kapillare an, sondern auf die Summe aller Gefäßdurchmesser im Austauschgebiet der terminalen Strombahn.

Die im Vergleich zur Körpergröße riesige Gesamtfläche der Kapillaren und postkapillären Venolen bildet die strukturelle Voraussetzung für einen effizienten Stoff- und Gasaustausch in den Geweben. Während lipophile Stoffe problemlos über die Plasmamembranen der beteiligten Zellen diffundieren können, benötigen hydrophile Substanzen spezifische Zellstrukturen, die den Austausch erleichtern. In Abhängigkeit von der Permeabilität des Endothels unterscheiden wir kontinuierliche, fenestrierte und diskontinuierliche Kapillaren.

In der terminalen Strombahn findet ein Austausch zwischen Blut und interstitieller Flüssigkeit statt, der durch den effektiven Filtrationsdruck zwischen beiden Kompartimenten angetrieben wird. Der Blutdruck führt zu einer Auswärtsfiltration von Flüssigkeit ins Gewebe, während der kolloidosmotische Druck – hervorgerufen durch die hohe Proteinkonzentration im Blutplasma – einen Einstrom von interstitieller Flüssigkeit in die Gefäße bewirkt. Da in der Regel ein größeres Volumen aus dem Blut ins Interstitium filtriert als reabsorbiert wird, muss die überschüssige Flüssigkeit vom Lymphsystem aus den Zellzwischenräumen abtransportiert werden. Ödeme bezeichnen pathologische Ansammlungen von Flüssigkeit im interstitiellen Raum. Aufgrund des niedrigen Blutdrucks überwiegt in den Lungen immer die Reabsorption. Dies ist für die Lungenfunktion von entscheidender Bedeutung, da eine Filtration von Flüssigkeit in die Alveolen zu einer erheblichen Beeinträchtigung des Gasaustausches führen würde.

Die allometrische Beziehung zwischen Körpergröße und zahlreichen physiologischen Parametern schließt auch die Herzleistung ein: Kleinere Tiere besitzen eine höhere Herzfrequenz als größere Tiere. Auf diese Weise erhöhen sie den Volumenstrom in ihrem Kreislaufsystem und können so ihre hohe aerobe Stoffwechselrate aufrechterhalten.

Eine besondere Herausforderung für die Herzleistung stellt die Versorgung der Kopfregion bei sehr großen Tieren dar. So muss beispielsweise bei Giraffen eine Blutsäule vom Herzen gegen die Schwerkraft angehoben und anschließend gegen den Gefäßwiderstand durch die Gewebe des Kopfes, insbesondere durch die Kapillaren des Gehirns, gepumpt werden. Daher ist der arterielle Blutdruck der Giraffen im Vergleich zu dem des Menschen mehr als doppelt so hoch.

5.4   Das Kreislaufsystem der Fische

Fische besitzen wie alle anderen Wirbeltiere ein geschlossenes Kreislaufsystem. Der grundlegende Konstruktionsplan ist relativ einfach (❐ Abb. 5.11). Das Herz treibt das Blut durch die **ventrale Aorta** nach vorn in Richtung Kiemen. Die ventrale Aorta teilt sich in afferente **Kiemenbogenarterien** auf, die das Blut in die Kapillaren der Kiemenlamellen transportieren. Dort wird es mit O_2 beladen und strömt durch efferente Kiemenbogenarterien in die **dorsale Aorta**, die das Blut in den Geweben des Organismus verteilt. Nach dem Stoffaustausch in den Gewebekapillaren kehrt das Blut über die vorderen und hinteren **Kardinalvenen** zum Herzen zurück.

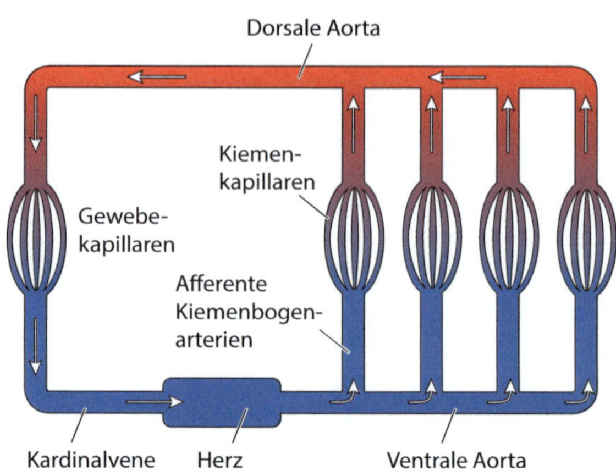

Abb. 5.11 Das Kreislaufsystem bei kiematmenden Fischen. Die schematische Darstellung zeigt den Blutstrom über die ventrale Aorta und die afferenten Kiemenbogengefäße in die Kiemenkapillaren. Nach der Beladung mit Sauerstoff fließt das Blut über die dorsale Aorta in die Kapillaren der systemischen Gewebe und gelangt mittels der Kardinalvenen zum Herzen zurück. Die Verzweigung zum Kopf und die Aufteilung in vordere und hintere Kardinalvenen ist zur Vereinfachung nicht eingezeichnet. *Rot* bezeichnet oxygeniertes Blut, *blau* desoxygeniertes Blut

5.4.1 Blutdruck und Versorgung des Myokards

Im Vergleich zu dem in ▶ Abschn. 5.3 beschriebenen Kreislaufsystem der Säuger und Vögel deuten sich im Bauplan der Fische zwei grundsätzliche Probleme an.

1. Nach Durchströmen der Kiemen hat das Blut an Druck verloren. Es gibt aber an dieser Stelle kein Herz, das erneut einen hinreichend großen Druck erzeugt, um das Blut durch den anschließenden Körperkreislauf zu transportieren. *Der Blutdruck in der ventralen Aorta muss demnach groß genug sein, um den Widerstand der Kiemenkapillaren und der systemischen Kapillaren in den Geweben zu überwinden.*

2. Die meisten Knochenfische besitzen keine Koronargefäße und das durch Atrium und Ventrikel strömende Blut übernimmt die Versorgung der Herzmuskelzellen mit O_2 und Nährstoffen. Das zum Herzen zurückkehrende Blut hat jedoch bereits den gesamten Körperkreislauf passiert und somit einen großen Teil seines Sauerstoffs an die Gewebe abgegeben. *Zur Versorgung des Myokards steht also nur weitgehend desoxygeniertes Blut zur Verfügung.*

Wir wollen im Folgenden diese möglichen Nachteile im Kreislauf der Fische genauer untersuchen. Der Druckverlust in den Kiemen beträgt etwa 20 bis 40 %. Bei Säugern hingegen fällt der Blutdruck von 12 kPa (90 mmHg) in den Arterien auf 2 kPa (15 mmHg) in den postkapillären Venolen – ein Druckverlust von über 80 %, verursacht durch den enormen Verzweigungsgrad der versorgenden Gefäße und den entsprechend hohen Widerstand. Ein niedrigerer Blutdruck in der dorsalen Aorta bedeutet einen geringeren Volumenstrom in den systemischen Geweben (Gl. 5.2). Dies stellt aber grundsätzlich kein Problem dar, da Fische als ektotherme Organismen ihre niedrige Stoffwechselrate auch mit dem reduzierten O_2-Angebot, das der verringerte Volumenstrom mit sich bringt, aufrechterhalten können.

Das Herz der Fische besteht aus vier hintereinander angeordneten Kammern (**Abb. 5.12**). O_2-armes Blut fließt in einen dünnwandigen **Sinus venosus**, von dort in eine Vorkammer (Atrium), dann in eine Hauptkammer (Ventrikel) und schließlich bei Knochenfischen in einen **Bulbus arteriosus**.[20] Die Herzkammer setzt sich aus einem schwammartigen Myokard zusammen – das sind langgestreckte Herzmuskelzellen, die das ventrikuläre Lumen kreuz und quer

---

[20] Bei Knorpelfischen wird diese Herzkammer als Conus arteriosus bezeichnet, der im Gegensatz zum Bulbus arteriosus zusammen mit dem Herzmuskel kontrahiert.

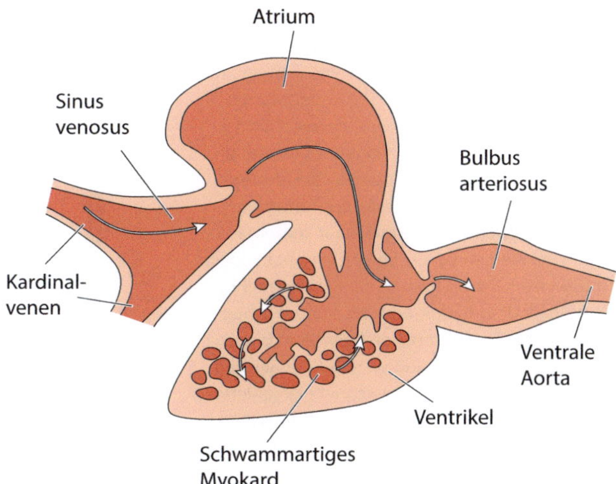

◘ Abb. 5.12 Das Herz eines Knochenfisches. Das Blut sammelt sich über die beiden Kardinalvenen im Sinus venosus und gelangt von dort ins Atrium und in den Ventrikel. Durch die Kontraktion des Ventrikels fließt das Blut in den Bulbus arteriosus und von dort in die ventrale Aorta. Das Myokard des Ventrikels besitzt eine schwammartige Struktur

durchziehen. Auf diese Weise umspült das Blut die Zellen des Myokards von allen Seiten, wodurch die Extraktion von O_2 aus dem desoxygenierten Blut verbessert wird.

Lachse und Thunfische sind sehr aktive Organismen mit einer entsprechend höheren Herzleistung; bei ihnen reicht die luminale O_2-Versorgung des Myokards allein nicht aus. Diese Spezies besitzen größere Herzen mit einem höheren Anteil an kompaktem Myokard, das wegen seiner sehr viel kleineren Interzellulärspalten eine zusätzliche Versorgung mit eigenen Blutgefäßen benötigt. Diese Koronargefäße erhalten O_2-reiches Blut von einer Arterie aus dem 3. Kiemenbogen. *Ein Anstieg der Herzleistung erfordert einen höheren Anteil an kompaktem Myokard, das wiederum eine eigene Versorgung mit Koronargefäßen benötigt.*

5.4.2 Atmung von Luft bewirkt Änderungen des Grundbauplans

Zahlreiche Fischarten haben neben der Kiemenatmung im Wasser verschiedene Mechanismen zur Nutzung des Atemmediums Luft entwickelt (▶ Abschn. 4.5.2). Um eine Struktur für den Gasaustausch in der Luft umzufunktionieren, wird grundsätzlich eine innere Körperoberfläche mit einem dünnen Epithel und einer ausreichenden Gefäßversorgung ausgestattet. Für die Luftatmung lassen sich körpereigene Strukturen wie etwa der Mundraum oder Abschnitte des Darmtrakts heranziehen, die im Grundbauplan des Kreislaufs entweder vor oder hinter den Kiemen liegen (◘ Abb. 5.13b, c). Unabhängig von ihrer anatomischen Lage fließt jedoch oxygeniertes Blut aus den O_2-aufnehmenden Geweben in den venösen Kreislauf, wo es sich mit O_2-armem Blut vermischt. Der vom Herzen ausgehende Blutstrom bildet eine Verzweigung zu dem O_2-aufnehmenden Gewebe, die nach dem Gasaustausch wieder mit dem venösen System fusioniert. *Im Gegensatz zum Kreislaufsystem kiemenatmender Fische wird in diesem Bauplan der Ort der O_2-Aufnahme nicht in Serie, sondern parallel zu den systemischen Geweben geschaltet* (◘ Abb. 5.13a). Als Konsequenz dieser Parallelschaltung vermischen sich kontinuierlich oxygeniertes und desoxygeniertes Blut und das Herz pumpt Blut mit einer maximalen O_2-Sättigung von 65 % in die Gewebe.

Zunächst scheint dieser Bauplan die O_2-Transportkapazität des Blutes nicht effizient zu nutzen: Das in den Geweben desoxygenierte Blut wird trotz der geringen Beladung mit Sau-

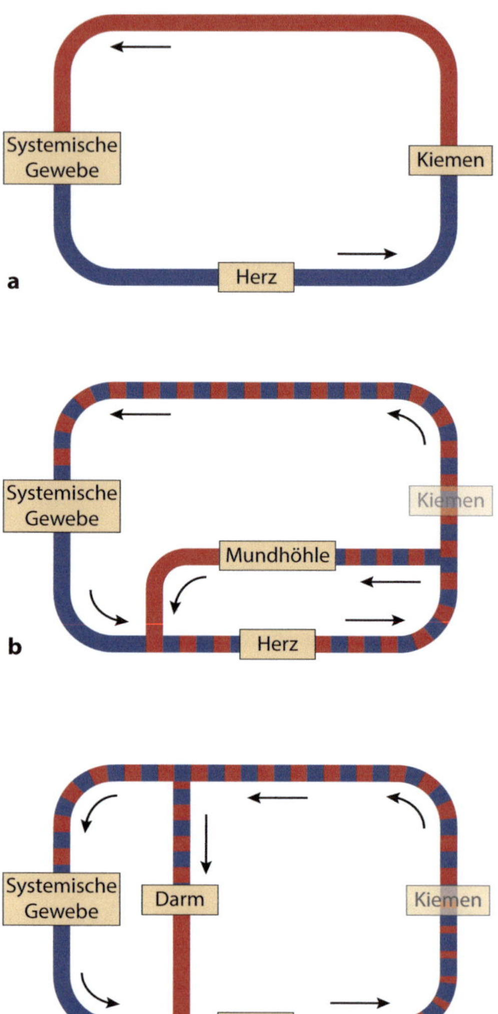

◪ Abb. 5.13 Kreislaufsysteme bei Luft atmenden Fischen. **a** Kreislaufsystem eines kiemenatmenden Knochenfisches zum Vergleich. Herz, Kiemen und systemische Gewebe sind in Serie angeordnet. **b** Kreislaufsystem eines Fisches, dessen Mundhöhle zur Aufnahme von O_2 aus der Luft dient; die Kiemen sind nicht funktionell. **c** Kreislaufsystem eines Fisches, in dem Teile des Darmtrakts als Gasaustauschfläche fungieren. In diesem Fall tragen die Kiemen zur O_2-Versorgung bei, sodass das Blut nach Durchströmen der Kiemen mehr O_2 enthält. Unabhängig von der anatomischen Herkunft des respiratorischen Epithels in **b** und **c** sind Herz, O_2-Quelle und systemische Gewebe parallel angeordnet. *Rot* bezeichnet oxygeniertes Blut, *blau* desoxygeniertes Blut; die *Pfeile* geben die Strömungsrichtung des Blutes an. (nach [4]. Mit freundlicher Genehmigung von Elsevier.)

erstoff teilweise direkt wieder in die Gewebe transportiert, während oxygeniertes Blut unmittelbar zurück in die O_2-aufnehmenden Strukturen gelangt. Eine einfache Veränderung würde Abhilfe schaffen, indem O_2-reiches Blut direkt nach dem Gasaustausch in das arterielle System eingespeist wird. Da der Selektionsdruck für eine solche Umstrukturierung des Kreislaufsystems bisher offensichtlich nicht groß genug war, stellt sich die Frage nach einem denkbaren Vorteil, den die Mischung von oxygeniertem und desoxygeniertem Blut mit sich bringen könnte. Möglicherweise benötigt das schwammartige Myokard Luft atmender Fische den erhöhten O_2-Gehalt, der aufgrund der Mischung von desoxygeniertem und oxygeniertem Blut zur Verfügung steht.

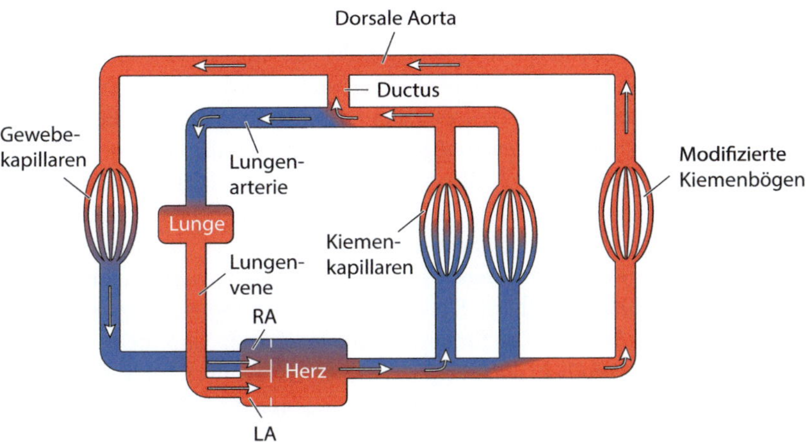

◘ Abb. 5.14 Kreislaufsystem eines Lungenfisches. Oxygeniertes Blut gelangt über eine Lungenvene in das linke Atrium des Herzens, während desoxygeniertes Blut aus den systemischen Geweben ins rechte Atrium fließt. Im Ventrikel und der ventralen Aorta findet eine teilweise Durchmischung von O_2-reichem und O_2-armem Blut statt. Von dort strömt das Blut durch Kiemenbögen, die keine Kapillaren enthalten (modifizierte Kiemenbögen), zur dorsalen Aorta und durch die Gewebekapillaren. Atmet der Lungenfisch mithilfe seiner funktionellen Kiemen, strömt das Blut durch den Ductus in die dorsale Aorta. Bei Luftatmung schließt sich der Ductus und das Blut wird über die respiratorischen Epithelien der Lunge geführt. *Rot* bezeichnet oxygeniertes Blut, *blau* desoxygeniertes Blut. RA, rechtes Atrium; LA, linkes Atrium

5.4.3 Lungenfische trennen oxygeniertes und desoxygeniertes Blut

Lungenfische (*Dipnoi*), die in stehenden, meist O_2-armen Gewässern leben, sind stammesgeschichtlich sehr urtümliche Organismen – sie gelten als die engsten Verwandten landlebender Tetrapoden. Ihre Lungen sind aus ventralen Aussackungen des Pharynx entstanden und weisen eine enorme Oberflächenvergrößerung auf, die dem afrikanischen Lungenfisch (*Protopterus*) und dem südamerikanischen Lungenfisch (*Lepidosiren*) die vollständige Deckung ihres Sauerstoffbedarfs durch Lungenatmung erlaubt. Der australische Lungenfisch (*Neoceratodus*) ist jedoch auf eine zusätzliche Kiemenatmung angewiesen.

Bei den Lungenfischen finden wir erstmals eine Trennung von desoxygeniertem und oxygeniertem Blut. Hierfür sind eine Reihe von Anpassungen nötig, die das Kreislaufsystem der Lungenfische von den bisher besprochenen Konstruktionsplänen abweichen lässt. *Die aus der Lunge abführenden Gefäße treten nicht länger in den venösen Kreislauf ein, sondern führen als Lungenvenen direkt in das linke Atrium, das vollständig durch ein Septum vom rechten Vorhof getrennt ist* (◘ Abb. 5.14). Der Sinus venosus erhält weiterhin desoxygeniertes Blut und mündet in das rechte Atrium. Rechter und linker Ventrikel sind unvollständig voneinander getrennt.

Der Bulbus arteriosus wird funktionell durch ein in Längsrichtung verlaufendes, aber unvollständiges Septum in zwei Kanäle aufgeteilt. Oxygeniertes Blut gelangt aus dem ventralen Kanal des Bulbus arteriosus über die vorderen Kiemenbogengefäße, die keine Kiemenlamellen und Kapillaren und daher keine respiratorische Austauschfläche besitzen, direkt in die dorsale

Aorta und von dort in den systemischen Kreislauf. Die beiden hinteren Kiemenbögen weisen noch rudimentäre Kiemenlamellen auf, deren Gefäße jedoch aufgrund ihres großen Durchmessers einen geringen Strömungswiderstand zeigen und außerdem durch Kurzschlussverbindungen umgangen werden können. Desoxygeniertes Blut gelangt aus dem dorsalen Kanal des Bulbus arteriosus in die hinteren Kiemenbögen und von dort in die Lungen.

Oxygeniertes und desoxygeniertes Blut werden im Kreislauf der Lungenfische weitgehend separat transportiert, obwohl ein großer Teil des Herzens keine entsprechenden Trennwände besitzt. Das Fehlen eines vollständigen Septums bringt möglicherweise einen Vorteil mit sich, der mit der **intermittierenden Atmungsweise** der Lungenfische zusammenhängt. Lungenfische, aber auch Amphibien, Eidechsen, Schlangen und Schildkröten atmen periodisch, d. h., sie atmen ein und halten dann die Luft für eine bestimmte Zeit an. Unmittelbar nach einer Einatemperiode steht daher viel O_2 in den Lungen für den Gasaustausch zur Verfügung, während gegen Ende der Apnoephase der O_2-Gehalt in der Lunge relativ gering ist. Im Rahmen einer möglichst effizienten Aufnahme von O_2 wird die Blutzufuhr zu den Lungen dann erhöht, wenn viel O_2 vorhanden ist, also unmittelbar nach dem Einatmen. Im Verlauf der Apnoephase sinkt der O_2-Gehalt in den Lungen und es wird entsprechend weniger Blut in den Lungenkreislauf gepumpt.

Alle oben genannten periodisch atmenden Tiergruppen besitzen ein unvollständig gekammertes Herz und damit die Möglichkeit, den Blutstrom in die Lungen nach Bedarf und unabhängig vom Körperkreislauf zu steuern. *Durch diese Abstimmung von Ventilation und Perfusion wird weder unnötig Energie in die Durchströmung der Lungen investiert, wenn dort kaum O_2 zur Verfügung steht, noch Atemarbeit verrichtet, wenn die Lunge nicht hinreichend viel Blut erhält.* Die Lungen von Vögeln und Säugern hingegen werden kontinuierlich von Luft durchströmt und der Volumenstrom im Lungen- und Körperkreislauf ist immer gleich groß.

5.4.4 Zusammenfassung

Fische besitzen ein einfaches geschlossenes Kreislaufsystem, in dem das Blut vom Herzen über eine ventrale Aorta in die Kiemenbogenarterien und in die Kapillaren der Kiemenlamellen gepumpt wird, wo die Beladung mit O_2 stattfindet. Die dorsale Aorta verteilt das oxygenierte Blut an die Gewebekapillaren, bevor es zum Herzen zurückkehrt. Mögliche Schwierigkeiten dieses Bauplans betreffen einen zu geringen Blutdruck in den systemischen Kapillaren sowie eine Unterversorgung des Myokards mit O_2, da den meisten Fischen Koronargefäße fehlen. Aufgrund ihrer ektothermen Lebensweise und der schwammartigen Beschaffenheit des Myokards sind der Stoffwechsel der Fische und die Versorgung des Herzens auf ein reduziertes O_2-Angebot abgestimmt, sodass die oben genannten Probleme praktisch kaum eine Rolle spielen.

Zahlreiche Fischarten sind in der Lage, auch Luft als Atemmedium zu nutzen, wobei sich in der Evolution vor allem unterschiedliche Strukturen des Darmtrakts zur Aufnahme von O_2 aus der Luft spezialisiert haben. Der Anschluss an das vorhandene Kreislaufsystem erfolgt durch eine Parallelschaltung zu den systemischen Geweben mit der Konsequenz einer Vermischung von oxygeniertem und desoxygeniertem Blut. Aus diesem Grund ist zwar die O_2-Sättigung in den Geweben relativ niedrig, das Myokard wird jedoch mit O_2-reicherem Blut versorgt, als es ohne diese zusätzliche Sauerstoffquelle der Fall wäre.

Bei den urtümlichen Lungenfischen führen zahlreiche Änderungen des Bauplans zu einer weitgehenden Trennung von oxygeniertem und desoxygeniertem Blut. Die aus der Lunge abführenden Gefäße treten als Lungenvenen in den linken Vorhof ein, der vollständig vom rechten Vorhof getrennt ist. Obwohl die Trennung der Ventrikel unvollständig bleibt, wird desoxygeniertes Blut bevorzugt in die Lungen gepumpt, während mit O_2 beladenes Blut vor allem in die systemischen Gewebe gelangt. Das Fehlen einer vollständigen Trennung der Ventrikel könnte für Tiere mit intermittierender Atmungsweise einen Selektionsvorteil bedeuten, da sie den Blutstrom in die Lungen unabhängig vom Körperkreislauf steuern können, was den Energiebedarf für Herzleistung und Atemarbeit reduziert.

5.5 Kreislaufsysteme von Amphibien und Reptilien

Das Herz der Amphibien und Reptilien[21] besitzt vollständig geteilte Vorkammern mit einer funktionellen Trennung: O_2-reiches Blut gelangt aus den Lungen ins linke Atrium, O_2-armes Blut aus dem Körperkreislauf ins rechte Atrium. Obwohl die Hauptkammer bei den Amphibien über kein Septum verfügt, zeigen Messungen der O_2-Sättigung eine erstaunlich wirkungsvolle Trennung von oxygeniertem und desoxygeniertem Blut im Ventrikel und im anschließenden Conus arteriosus.

Amphibien, die einen Teil ihres O_2-Bedarfs über die Haut decken, weisen eine ähnliche Gefäßkonstruktion auf wie die oben beschriebenen Luft atmenden Fische: Die von der Haut wegführenden Gefäße münden nicht in den Lungenkreislauf, sondern ins venöse System, wo sich das oxygenierte Blut mit dem O_2-armen Blut des systemischen Kreislaufs vermischt (◘ Abb. 5.15a). Bei fehlenden Koronargefäßen kann auch hier der erhöhte O_2-Gehalt des venösen Bluts zur luminalen Versorgung des schwammartigen Myokards beitragen (▶ Abschn. 5.4.1).

Die Reptilien besitzen getrennte Atrien und einen Ventrikel, der durch Septen und Muskelleisten unvollständig in drei Kammern geteilt wird. Bei der Kontraktion des Herzmuskels können sich die Muskelleisten und Septen bei einigen Gattungen (*Varanus*, *Python*) soweit annähern, dass in der Hauptkammer separate Räume entstehen, die eine weitgehend funktionelle Trennung von O_2-armem und O_2-reichem Blut ermöglichen. *Diese temporäre Unterteilung in mehrere Kammern während der Systole ist Voraussetzung für unterschiedliche Blutdrücke in den systemischen Arterien und in der Lungenpassage des Kreislaufs.* Auf diese Weise kann die Körperschleife mit vergleichsweise hohen Widerständen operieren und damit den Stoffaustausch optimieren, während in der Lungenschleife eine Ultrafiltration des Bluts in die Lufträume der Lunge aufgrund des geringeren Drucks vermieden wird (◘ Abb. 5.15b). Die Hautatmung spielt bei den meisten Reptilienarten nur noch eine untergeordnete Rolle.

Bei den Krokodilen ist die Trennung des Ventrikels vollständig – eine Eigenschaft, die sonst nur Säugern und Vögeln zukommt. Anders als bei diesen Tiergruppen besitzen Krokodile jedoch zwei systemische Aorten, die aus dem rechten und linken Ventrikel entspringen (◘ Abb. 5.15c). Die beiden Aorten sind unmittelbar nach ihrem Ursprung durch ein quer verlaufendes Gefäß, das **Foramen panizzae**, miteinander verbunden. Die Arbeitsweise des Herzens bei Krokodilen erschließt sich, wenn wir die unterschiedlichen Druckverhältnisse beim Einatmen sowie in Apnoephasen während des Tauchens betrachten.

— Während der **Einatemphase** bleibt der Blutdruck im rechten Ventrikel unterhalb des Drucks in der linken Aorta. Ein passives Ventil am Ausgang der linken Aorta wird dadurch geschlossen und das Blut strömt aus dem rechten Ventrikel in die Lungenarterie.

---

[21] Mit Reptilien ist die paraphyletische Gruppe der Sauropsiden ohne die Vögel gemeint, also Brückenechsen (*Rhynchocephalia*), Schuppenkriechtiere (*Squamata*), Schildkröten (*Chelonia*) und Krokodile (*Crocodylia*). Der Einfachheit halber folgen wir der traditionellen Einteilung in Reptilien und Vögel.

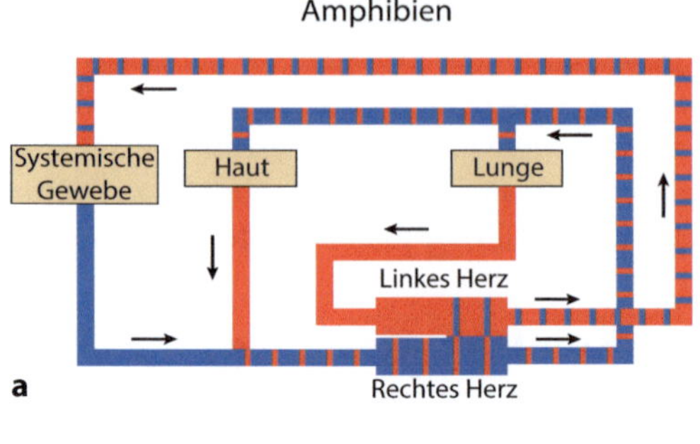

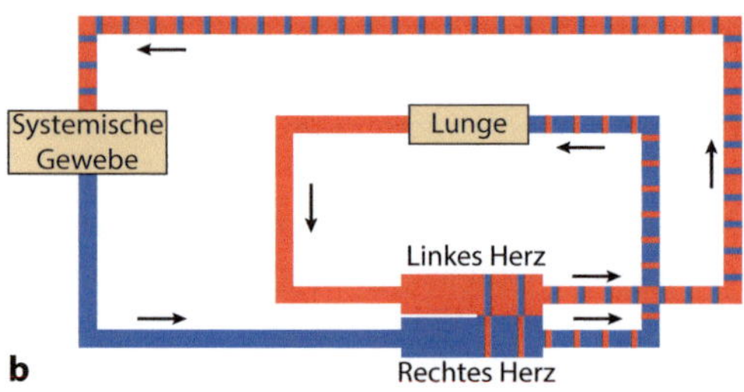

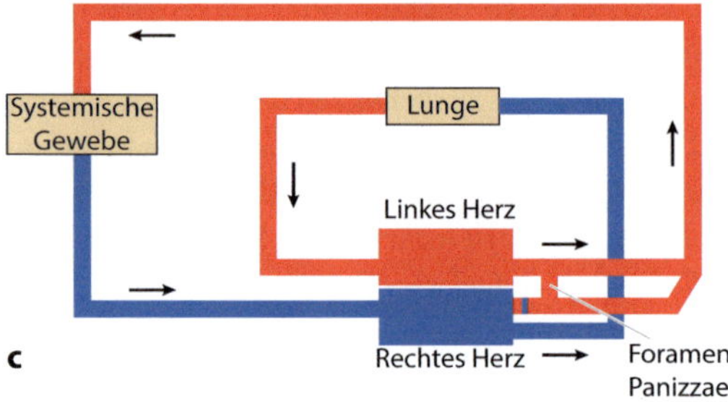

Abb. 5.15 Kreislaufsysteme von Amphibien und Reptilien. **a** Zahlreiche Amphibien decken einen großen Teil ihres O_2-Bedarfs durch Hautatmung. Oxygeniertes Blut gelangt von der Haut in den venösen Kreislauf. Rechtes und linkes Atrium sind vollständig getrennt. **b** Schildkröten, Eidechsen und Schlangen atmen vorwiegend mit Lungen; die Hautatmung ist daher nicht berücksichtigt. **c** Im Unterschied zu den anderen Reptilien besitzen Krokodile zwei systemische Aorten, die über das Foramen panizzae miteinander verbunden sind. O_2-armes und O_2-reiches Blut verlaufen in vollständig voneinander getrennten Teilen des Kreislaufsystems. Rot bezeichnet oxygeniertes Blut, blau desoxygeniertes Blut

Gleichzeitig wird im linken Ventrikel ein höherer Druck als in der rechten Aorta aufgebaut, was einen Blutstrom in die rechte Aorta und – über das Foramen panizzae – auch in die linke Aorta erzeugt (■ Abb. 5.16a).

— Wird bei **Tauchgängen** der Atem angehalten, steigt der Widerstand im Lungenkreislauf an, sodass die Klappen zur linken Aorta öffnen und vermehrt Blut unter Umgehung der Lungen in den systemischen Kreislauf gepumpt wird (■ Abb. 5.16b).

Mit dieser modifizierten Anatomie des Herzens und der abführenden Gefäße wurde bei Krokodilen eine evolutionäre Lösung realisiert, welche die Vorteile einer bedarfsabhängigen Lungenperfusion und gleichzeitig einer vollständigen Trennung von oxygeniertem und desoxygeniertem Blut in der Lungen- und Körperschleife des Kreislaufsystems miteinander kombiniert.

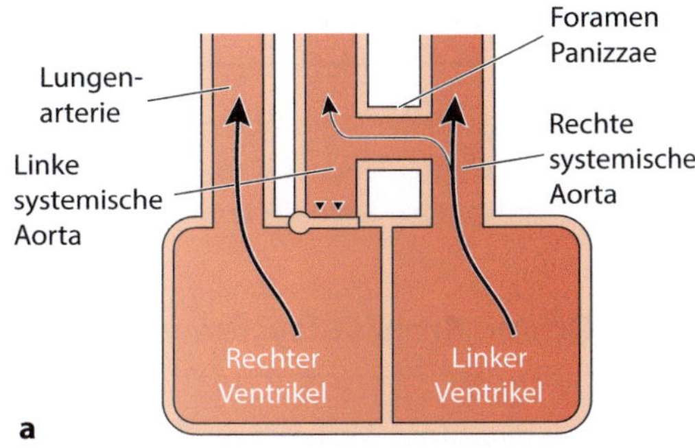

Abb. 5.16 Blutstrom im Ventrikel von Krokodilen. **a** Beim Atmen von Luft strömt desoxygeniertes Blut vom rechten Ventrikel in die Lungenarterie. Aufgrund des hohen Drucks in der linken Aorta bleibt eine Klappe am Aorteneingang geschlossen. Der linke Ventrikel pumpt oxygeniertes Blut in den systemischen Kreislauf. **b** Während des Tauchens oder längerer Apnoephasen steigt der Strömungswiderstand in den Lungengefäßen; entsprechend weniger Blut gelangt in die Lungenarterie. In diesem Fall ist der Druck im rechten Ventrikel groß genug, um die Klappe zur linken Aorta zu öffnen

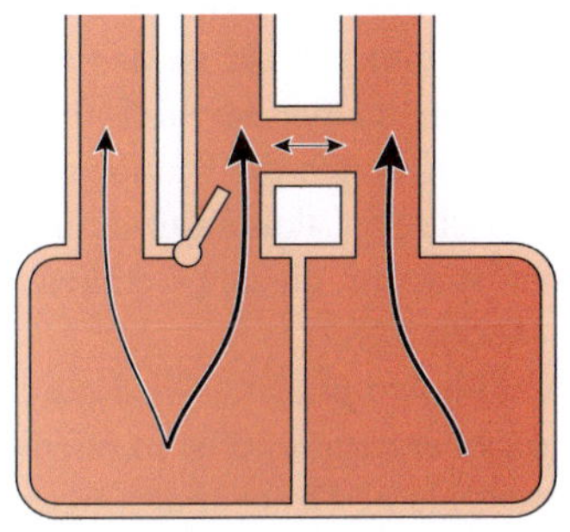

Das zu Beginn vorgestellte sehr einfache Kreislaufschema mit einem zentralen Herzen, das Blut zunächst zu den respiratorischen Epithelien und von dort in den Körperkreislauf transportiert (▶ Abschn. 5.4), hat im Laufe der Evolution zahlreiche Modifikationen erfahren. Die wichtigsten Veränderungen hierbei sind die vollständige Trennung von oxygeniertem und desoxygeniertem Blut in den Gefäßen und die dafür erforderliche funktionelle Aufteilung des Herzens in zwei getrennte Räume, welche die Lungen- und die Körperschleife des Kreislaufs unabhängig voneinander versorgen. Daher liegt der Gedanke einer kontinuierlichen Entwicklung hin zu immer komplexeren und leistungsfähigeren Kreislaufsystemen nahe, zumal dieser Prozess mit der Linie der Wirbeltiere von Fischen über Amphibien und Reptilien bis hin zu Säugern und Vögeln zu korrelieren scheint. Aber auch vermeintlich einfachere Lösungen wie etwa ein unvollständig gekammertes Herz können durchaus vorteilhaft sein, indem sie bei periodisch atmenden Tiergruppen die Versorgung der Lungen mit Blut von der Atemaktivität abhängig machen. Möglicherweise erfordert die eher aufgelockerte und schwammartige Myokardstruktur bei Herzen mit fehlenden Koronargefäßen einen höheren O_2-Gehalt des venösen Blutes, um die luminale Versorgung mit O_2 sicherzustellen. Die genannten Beispiele deuten darauf hin, dass Konstruktionsvarianten für Kreislaufsysteme auf jeder Organisationsstufe der Wirbeltiere ihre Berechtigung haben. Unter diesem Gesichtspunkt ist das unvollständig gekammerte Herz der Amphibien keine mangelhafte Zwischenstufe auf dem Weg zum Säugerbauplan, sondern eine unter positivem Evolutionsdruck stehende zweckmäßige Lösung eines komplexen Problems.

5.6   Kreislaufsysteme von Invertebraten

Da Invertebraten in der Regel offene Kreislaufsysteme besitzen, werden wir uns zunächst kurz mit den Eigenschaften offener Kreislaufsysteme beschäftigen, um dann beispielhaft die evolutionären Lösungen bei Krebsen und Insekten zu betrachten.

5.6.1 Offene Kreislaufsysteme

Mit Ausnahme einiger Vertreter der Ringelwürmer (*Annelida*) und Kopffüßer (*Cephalopoda*) besitzen Invertebraten **offene Kreislaufsysteme**, bei denen das Blut bzw. die Hämolymphe nur kurz oder gar nicht innerhalb geschlossener Gefäße durch den Körper transportiert wird. Vielmehr verlässt die Hämolymphe die Gefäße nach der Herzpassage und strömt durch Gewebespalten (**Lakunen**) direkt an den Körperzellen vorbei. Funktionell entsprechen die Lakunen den Kapillaren, da hier der Stoff- und Gasaustausch mit dem Gewebe erfolgt. Größere Binnenräume, in denen sich die Hämolymphe für einen gerichteten Transport sammelt, werden als **Sinus** bezeichnet. Lakunen und Sinus werden nur durch nichtvaskuläres Gewebe begrenzt – eine Wandstruktur, die den Gefäßen geschlossener Kreislaufsysteme entspricht, fehlt vollständig (▶ Abschn. 5.2).

Der Hämolymphdruck wird durch ein dorsales Herz sowie durch unterstützende Körperbewegungen erzeugt und ist in offenen Kreislaufsystemen meist relativ gering. Dies bedeutet, dass bereits kleine Druckänderungen ausreichen, um einen gerichteten Transport der Hämolymphe zu gewährleisten. So beträgt die Druckdifferenz zwischen der arteriellen und venösen Seite bei Muscheln (*Bivalvia*) weniger als 0,5 kPa (4 mmHg) und kann bei Langusten (*Palinuridae*) bis zu 2 kPa (15 mmHg) erreichen. Dieser geringe Hämolymphdruck bedeutet jedoch nicht notwendigerweise, dass die Hämolymphe in einem offenen Kreislaufsystem langsam fließen würde. Gl. 5.2 besagt, dass der Volumenstrom von der Druckdifferenz ΔP und umgekehrt proportional vom Widerstand R abhängt. *Wenn demnach der Widerstand klein ist, kann auch bei geringer Druckdifferenz eine hohe Flussrate erreicht werden.* Lakunen und Sinus eines offenen Kreislaufsystems setzen dem Hämolymphstrom einen sehr viel geringeren Strömungswiderstand entgegen als die englumigen Kapillaren geschlossener Systeme. Dies hat zur Folge, dass einige Crustaceenarten ihre Hämolymphe mehr als dreimal schneller durch den Körper transportieren können als Fische vergleichbarer Größe das Blut durch ihr geschlossenes Kreislaufsystem. Auf diese Weise können Crustaceen die deutlich geringere O_2-Kapazität ihrer Hämolymphe mithilfe eines erhöhten Volumenstroms kompensieren.[22] Bei den meisten anderen Invertebraten hingegen ist die Strömungsgeschwindigkeit wesentlich niedriger.

In offenen Kreislaufsystemen sind zwar nur geringe Druckdifferenzen für einen gerichteten Hämolymphstrom erforderlich und es müssen keine hohen Strömungswiderstände überwunden werden – allerdings übertrifft das Volumen der Hämolymphe das Blutvolumen von Tieren mit einem geschlossenen Kreislaufsystem. Demnach wird am Herzausgang kein hoher Druck erzeugt, aber das Herz muss insgesamt ein größeres Flüssigkeitsvolumen in Bewegung setzen. Außerdem stellt sich die Frage, wie präzise der Hämolymphstrom in die stoffwechselaktiven

---

[22] Im Vergleich zum Blut besitzt die Hämolymphe eine niedrigere Konzentration an O_2-bindenden respiratorischen Pigmenten und kann daher nur eine geringere Menge Sauerstoff transportieren.

und respiratorischen Gewebe gelenkt werden kann, wenn Gefäße als Leitungsbahnen weitgehend fehlen.

Eine geringe Strömungsgeschwindigkeit bei gleichzeitig großem Flüssigkeitsvolumen bedeutet eine relativ langsame Umlaufzeit der Hämolymphe, die bei dekapoden Krebsen 40 bis 50 s beträgt. Diese träge Zirkulation hat möglicherweise einen begrenzenden Einfluss auf die Körpergröße von Tieren mit einem offenen Kreislaufsystem.

5.6.2 Kreislaufsysteme von Crustaceen und Insekten

Wir wollen zunächst das Kreislaufsystem der Zehnfußkrebse (*Decapoda*) beispielhaft für die offenen Systeme der Invertebraten besprechen. Diese Ordnung der Crustaceen besitzt ein **dorsales Herz**, das durch elastische Fasern (Ligamente) in einem Hohlraum, dem **perikardialen Sinus**, aufgehängt ist (◻ Abb. 5.17a). Bei Kontraktion des Herzens werden die Fasern angespannt, während in der Diastole elastische Rückstellkräfte das ursprüngliche Volumen wiederherstellen.

Vom Herzen gehen ausschließlich Arterien aus, die als **anteriore** und **posteriore Aorta** in Richtung Kopf bzw. Abdomen ziehen. Die Hämolymphe gelangt durch **Ostien** ins Herz, seitliche Öffnungen, die während der Systole durch passive Klappen geschlossen bleiben, aber bedingt durch den Unterdruck in der Diastole Hämolymphe aus dem perikardialen Sinus ansaugen.

Bei den dekapoden Krebsen wird die Hämolymphe eine relativ lange Strecke in geschlossenen Gefäßen geführt; so können alle Körperregionen gezielt und ausreichend mit O_2 und Nährstoffen versorgt werden. In den Zielgeweben enden die Arterien und die Hämolymphe strömt in den interstitiellen Raum. Nach dem Stoffaustausch wird die O_2-arme Hämolymphe in einem **Infrabranchialsinus** gesammelt und den Kiemen zugeführt, wo der Austausch der Atemgase erfolgt (◻ Abb. 5.17b). Die oxygenierte Hämolymphe verlässt die Kiemen und strömt – geführt von **branchiokardialen Kanälen** – zum perikardialen Sinus zurück. Diese Kanäle entsprechen funktionell den Venen der Wirbeltiere, besitzen aber nicht deren Wandstruktur. Dennoch ermöglichen sie auch in einem offenen Kreislaufsystem einen geordneten Rückstrom der Hämolymphe von den Kiemen zum Herzen. Der Hämolymphstrom erfährt während der Passage durch die Kiemen nur einen geringen Widerstand, sodass kleine Druckunterschiede von nur 0,2 kPa (1 bis 2 mmHg) für die Kiemenperfusion ausreichen.

Insekten besitzen ein röhrenförmiges Herz auf der dorsalen Körperseite ihres Abdomens. Dieses am posterioren Ende geschlossene Rückengefäß pumpt die Hämolymphe durch peristaltische Kontraktionen in eine **dorsale Aorta**, die Thorax und Kopfregion versorgt. Auch wenn bei einigen Insektenarten noch kurze laterale Arterien vom Herzen ausgehen, bleibt der Gefäßanteil des offenen Kreislaufsystems in seiner Komplexität weit hinter dem der dekapoden Krebse zurück.

Dennoch sind viele Insekten außerordentlich aktive Tiere, die eine hohe aerobe Stoffwechselrate aufweisen. Ihre Versorgung mit O_2 erfolgt jedoch nicht über das Kreislaufsystem, sondern mithilfe eines weitverzweigten Netzwerks von Tracheen (▶ Abschn. 4.8). *Offensichtlich reicht bei den Insekten ein offener Kreislauf mit vergleichsweise einfacher Struktur als Transportsystem für Nährstoffe und Signalmoleküle aus, während ein unabhängiges System die Verteilung der Atemgase im Körper übernimmt.*

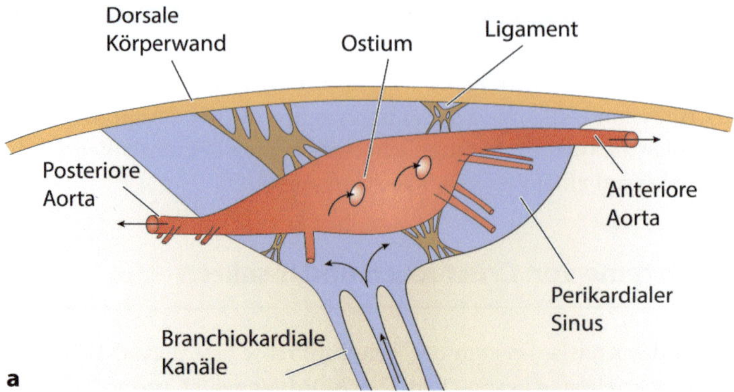

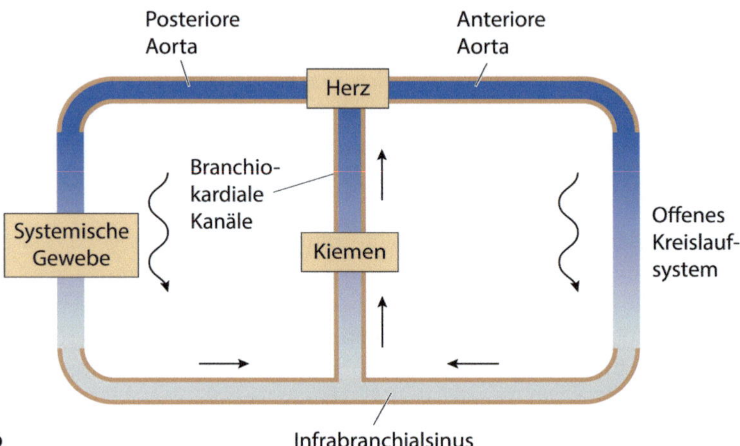

Abb. 5.17 Herz und Kreislaufsystem dekapoder Krebse. **a** Das Herz befindet sich aufgehängt an elastischen Ligamenten im perikardialen Sinus. Hämolymphe strömt durch branchokardiale Kanäle in den perikardialen Sinus und von dort durch Ostien ins Herz. **b** Schematische Darstellung des Kreislaufsystems. Das respiratorische Pigment der Krebse ist Hämocyanin, das bei vollständiger Beladung mit Sauerstoff eine bläuliche Färbung annimmt. *Blau* bezeichnet oxygenierte Hämolymphe, *hellgrau* desoxygenierte Hämolymphe. In den systemischen Geweben liegt ein offenes Kreislaufsystem vor. Die *Pfeile* in a und b geben die Strömungsrichtung der Hämolymphe an

5.6.3 Zusammenfassung

Invertebraten besitzen in der Regel offene Kreislaufsysteme, in denen die Hämolymphe durch Gewebespalten (Lakunen) fließt und auf diese Weise die Körperzellen direkt umspült und versorgt. Außerdem existieren größere Binnenräume (Sinus), in denen sich die Hämolymphe vorübergehend sammelt.

Auch in den offenen Kreislaufsystemen der Invertebraten wird ein Herz benötigt, das Druckänderungen erzeugt und so den Hämolymphstrom antreibt. Aufgrund des geringen Strömungswiderstands reichen bereits kleine Druckänderungen für einen gerichteten Hämolymphstrom aus. Die Flussrate kann bei einigen Arten durchaus höher sein als bei geschlossenen Systemen vergleichbarer Größe; meist ist die Strömungsgeschwindigkeit jedoch deutlich niedriger.

Dekapode Krebse und Insekten besitzen ein dorsales Herz, das durch elastische Fasern in einem perikardialen Sinus aufgehängt ist. Die Hämolymphe wird bei den Krebsen durch eine anteriore und eine posteriore Aorta in Richtung Kopf bzw. Abdomen gepumpt und ist aufgrund langer geschlossener Gefäße sowie der branchiokardialen Kanäle, in denen die Hämolymphe zum perikardialen Sinus zurückgeführt wird, über weite Strecken gerichtet. Desoxygenierte Hämolymphe gelangt in den Infrabranchialsinus und von dort zum Gasaustausch in die Kiemen.

Bei den Insekten findet man eine dorsale Aorta, die Thorax und Kopfregion versorgt. Im Vergleich zu den Crustaceen ist die Komplexität des Kreislaufsystems jedoch deutlich geringer, da die Insekten mit dem Tracheensystem über ein unabhängiges Transport- und Verteilungssystem für die Versorgung mit Atemgasen verfügen.

Literatur

1. Farrell AP (1991) Circulation of body fluids. In: Prosser CL (Hrsg) Comparative Animal Physiology, Environmental and Metabolic Animal Physiology, 4. Aufl, Wiley-Liss, New York
2. Hall JE (2016) Guyton and Hall Textbook of Medical Physiology. 13. Aufl, Saunders, Philadelphia
3. Hill RH, Wyse GA, Anderson M (2016) Animal Physiology. 4. Aufl, Sinauer, Sunderland
4. Johansen K (1970) Air breathing in fishes. In: Hoar WS, Randall DJ (Hrsg) Fish Physiology. Academic Press, New York
5. Seymore RS, Sander PM, Christian A, Gee CT (2009) Sauropods kept their heads down. Science 323:1671–1672
6. Wilkens, JL (1999) Evolution of the cardiovascular system in Crustacea. Am Zool 39:199–214

6

Herzerregung und Herzmechanik

Andreas Feigenspan

© Springer-Verlag GmbH Deutschland 2017

A. Feigenspan, Prinzipien der Physiologie, https://doi.org/10.1007/978-3-662-54117-3_6

Schlüsselkonzepte

1. Die durch die Kontraktion erzeugten Druckdifferenzen zwischen Eingang und Ausgang des Herzens sind Voraussetzung für einen gerichteten Blutstrom durch das Kreislaufsystem.
2. Schrittmacherzellen können aufgrund ihrer spezifischen Ausstattung mit Ionenkanälen autonom und spontan Aktionspotenziale erzeugen.
3. Die Schrittmacheraktivität gibt eine konstante Herzfrequenz vor. Die Anpassung der Herzleistung an veränderte Bedingungen erfolgt durch erregende und hemmende neuronale Einflüsse.
4. Das Aktionspotenzial einer Herzmuskelzelle dauert genauso lange wie ihre mechanische Kontraktion. Das Myokard ist daher im Gegensatz zur Skelettmuskulatur nicht tetanisierbar.
5. Gap Junctions sind die strukturelle Grundlage für niederohmige interzelluläre Verbindungen und ermöglichen eine verzögerungsfreie elektrische Kommunikation zwischen Zellen des Myokards.
6. Die Kontraktionskraft einer Herzmuskelfaser wird maßgeblich durch die Vordehnung ihrer Sarkomere bestimmt.
7. Ca^{2+}-Ionen verknüpfen eine elektrische Spannungsänderung über der Plasmamembran mit der Verschiebung von Actin- und Myosinfilamenten im Inneren einer Muskelzelle als Voraussetzung für ihre mechanische Kontraktion.

» The animal's heart is the basis of its life, its chief member, the sun of its microcosm; on the heart all its activity depends, from the heart all its liveliness and strength arise.
William Harvey

6.1 Das Säugerherz

Ein Herz ist für die Transportfunktion eines Kreislaufsystems nicht unbedingt notwendig – ein Flüssigkeitsstrom kann auch durch die peristaltische Kontraktion von Blutgefäßen oder sogar nur durch die für Körperbewegungen erforderlichen Muskelkontraktionen erzeugt werden. Allerdings stellen Herzen in Form zentraler und diskreter Pumpenaggregate eine weitverbreitete und effiziente Strategie dar, um die für einen gerichteten Blutstrom notwendigen Druckdifferenzen innerhalb eines Kreislaufsystems aufzubauen. Ihre Kontraktionsleistung ist Voraussetzung für den hohen Blutdruck in geschlossenen Kreislaufsystemen, ohne den die systemischen Gewebe nicht adäquat versorgt werden können. Als kompakte Einheiten lassen sich Herzen wirkungsvoll hormonell und neuronal steuern, um ihre Leistung den jeweiligen Bedürfnissen des Organismus anzupassen.

6.1.1 Anatomie des Herzens

Das Herz der Säugetiere besteht aus vier voneinander getrennten Kammern: zwei Vorkammern (**Atrien**) und zwei Hauptkammern (**Ventrikel**). Rechte und linke Herzhälfte sind vollständig durch ein Septum voneinander getrennt, sodass sich oxygeniertes und desoxygeniertes Blut nicht vermischen.

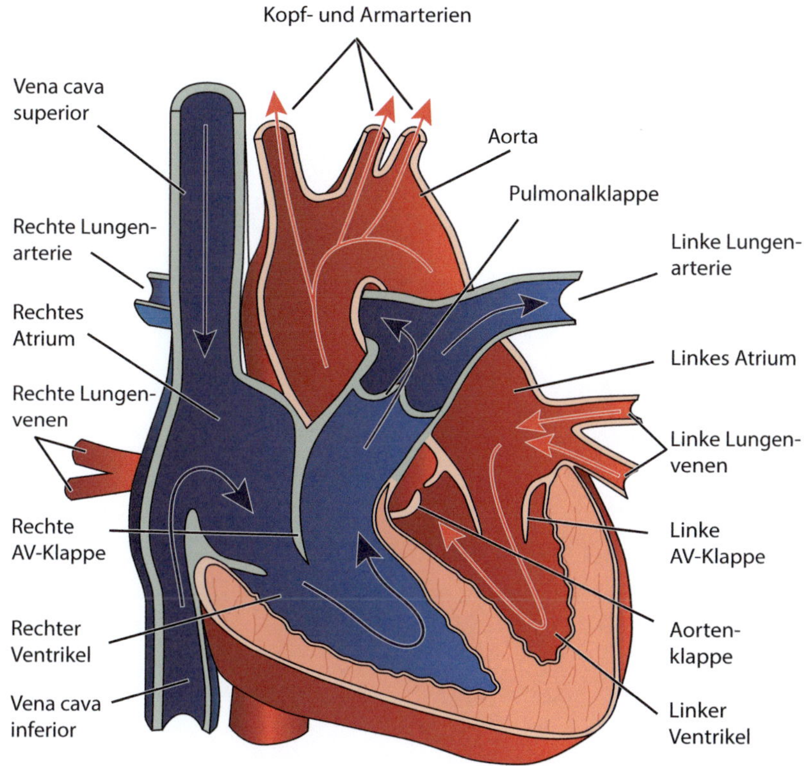

Abb. 6.1 Verlauf des Blutstroms durch das menschliche Herz. Desoxygeniertes Blut gelangt über die großen Hohlvenen in das rechte Atrium und von dort in den rechten Ventrikel, der es über die Pulmonalklappe in die Lungenarterien pumpt. Das mit Sauerstoff beladene Blut fließt zunächst in das linke Atrium und wird anschließend aus dem rechten Ventrikel in die Aorta und die Körperpassage des Kreislaufs ausgeworfen. *Rot* bezeichnet oxygeniertes Blut, *blau* desoxygeniertes Blut

Um den Blutstrom durch das Herz zu verfolgen, beginnen wir am linken Atrium, das oxygeniertes Blut aus den **Lungenvenen** erhält (Abb. 6.1). Atrium und Ventrikel sind durch die linke **Atrioventrikularklappe** (Bikuspidalklappe) miteinander verbunden, durch die das Blut in den linken Ventrikel gelangt. Von dort wird es durch die **Aortenklappe** über die **Aorta** in den systemischen Kreislauf gepumpt. Demnach versorgt der linke Ventrikel die Körperpassage des Kreislaufs und damit das Hochdrucksystem (▶ Abschn. 5.2.1). Um den dafür erforderlichen Blutdruck erzeugen zu können, besteht der linke Ventrikel aus einem entsprechend kräftig ausgebildeten Herzmuskelgewebe.

Nachdem das Blut die Körperschleife passiert hat, wird es in den großen Hohlvenen (**Vena cava inferior** und **Vena cava superior**) gesammelt und dem rechten Atrium zugeführt. Es gelangt durch die rechte Atrioventrikularklappe (**Trikuspidalklappe**) in den rechten Ventrikel, der das Blut über die **Lungenarterien** zur Lunge transportiert. Da dieser Teil des Kreislaufs zum Niederdrucksystem gehört, ist das Myokard des rechten Ventrikels deutlich schwächer ausgeprägt. Alle abführenden Gefäße setzen an der Herzbasis an – die Kontraktion der Ventrikel beginnt daher an der Herzspitze und setzt sich bis zur Herzbasis fort.

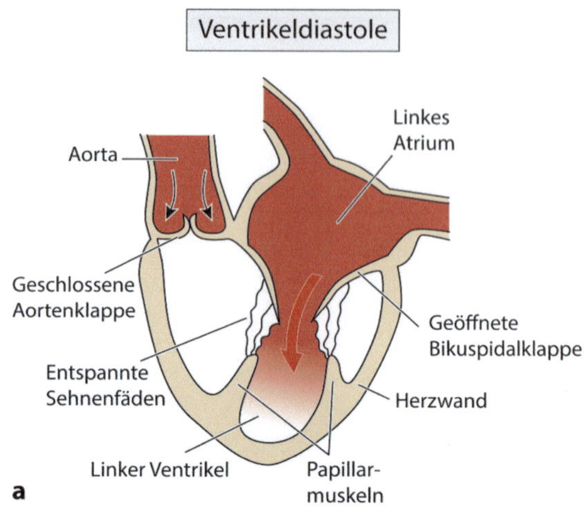

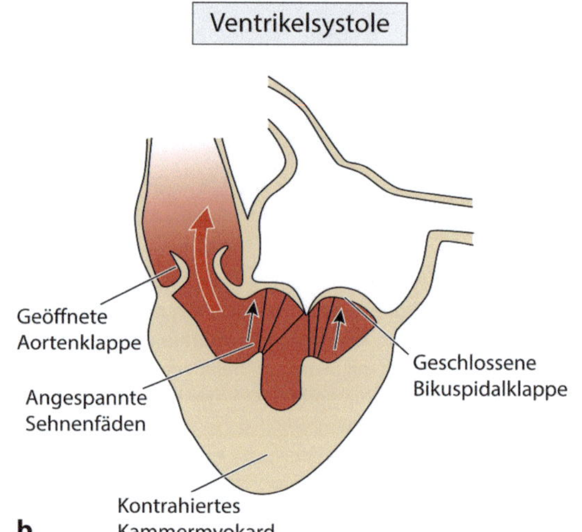

Abb. 6.2 Funktion der Herzklappen am Beispiel der linken Herzhälfte. **a** Ventrikeldiastole. Der Druck in der Aorta ist höher als der Druck im Ventrikel, sodass die Aortenklappe geschlossen bleibt. Durch die geöffnete Bikuspidalklappe strömt Blut aus dem linken Atrium in den Ventrikel. Bei der Füllung des linkes Ventrikels wird kein Hohlraum aufgefüllt, sondern das Restvolumen des Ventrikels wird durch das einströmende Blut ausgedehnt. **b** Ventrikelsystole. Der linksventrikuläre Druck übersteigt den Aortendruck und Blut wird durch die Aortenklappe in den systemischen Kreislauf ausgeworfen. Die Bikuspidalklappe ist geschlossen und die angespannten Sehnenfäden verhindern ein Zurückschlagen der Klappe in das Atrium

6.1.2   Struktur und Funktion der Herzklappen

Die Herzklappen fungieren als passive Ventile, die auf bestehende Druckverhältnisse reagieren und so die Flussrichtung des Blutes bestimmen. Die zwischen den beiden Atrien und Ventrikeln gelegenen Atrioventrikularklappen verhindern den Rückstrom des Blutes aus den Hauptkammern in die Vorhöfe. Die Klappen bestehen aus zwei (Bikuspidalklappe) bzw. drei (Trikuspidalklappe) dünnen, bindegewebigen Strukturen, die wie Segel in die Öffnung zwischen Atrium und Ventrikel hineinragen („Segelklappen"). Die Atrioventrikularklappen werden durch kollagenöse Sehnenfäden, die **Chordae tendineae**, und die **Papillarmuskeln** an der Herzwand befestigt. Das Schließen der Klappen bei der Ventrikelkontraktion setzt den Komplex aus Sehnenfäden und Papillarmuskeln unter Zugspannung, wodurch ein Zurückschlagen in die Atrien und damit ein Rückstrom des Blutes verhindert wird (Abb. 6.2).

Als Gefäßklappen der Ausstrombahn unterbinden Aorten- und Pulmonalklappe den Rückstrom des Blutes aus der Aorta und den Lungenarterien in den linken bzw. rechten Ventrikel. Beide Klappen besitzen keine Segel oder Sehnenfäden, sondern bestehen aus halbmondförmigen Aussackungen, den sogenannten Taschen („Taschenklappen"), die sich bei einem höheren Druck in der Ausstrombahn mit Blut füllen und so die Klappen schließen. Die von den Taschenklappen freigegebene Öffnung ist kleiner als diejenige der Atrioventrikularklappen, woraus eine deutlich höhere Strömungsgeschwindigkeit resultiert. Grundsätzlich sind die Herzklappen, insbesondere ihre Schließungsränder, einer hochgradigen mechanischen Belastung ausgesetzt, die sie anfällig für Schädigungen wie Endokarditis, Aortenklappenstenose und Aortenklappeninsuffizienz macht.[1]

6.1.3 Zusammenfassung

Das Herz der Säuger und Vögel besteht aus zwei Vorkammern (Atrien) und zwei Hauptkammern (Ventrikel). Die rechte Herzhälfte erhält desoxygeniertes Blut aus den beiden Hohlvenen, das es zur Beladung mit Sauerstoff in die Lungenschleife pumpt. Oxygeniertes Blut gelangt aus der Lunge in die linke Herzhälfte und von dort in die Körperschleife des Kreislaufs. O_2-reiches und O_2-armes Blut bleiben während der gesamten Passage durch den Kreislauf vollständig voneinander getrennt.

Atrien und Ventrikel beider Herzhälften sind durch ein passives Klappensystem, die Atrioventrikularklappen, miteinander verbunden. Die Herzklappen dienen als Ventile, die die Kontraktion von Atrium und Ventrikel in einen gerichteten Blutstrom umsetzen. Die Pulmonalklappe stellt den Kontakt zwischen rechtem Ventrikel und Lungenarterien her, während die Aortenklappe den Auswurf des Blutvolumens in den Körperkreislauf kontrolliert. Alle Herzklappen öffnen und schließen allein aufgrund der dynamischen Druckverhältnisse auf beiden Seiten – vom Organismus muss also keine Energie zur Bewegung der Klappen aufgewendet werden.

6.2 Physiologie der Herzmuskelzellen

Der weitaus größte Teil des Herzens besteht aus kontraktilen Muskelfasern, dem sogenannten **Arbeitsmyokard**, während etwa 1 % der Zellen Schrittmacherfunktionen übernimmt. *Diese Zellen sind in der Lage, spontan Aktionspotenziale zu erzeugen und so das Herz ohne Signale vom Zentralnervensystem zur Kontraktion zu bringen.* Spontan aktive **Schrittmacherzellen** befinden sich in den Strukturen des **Sinusknotens** und des **Atrioventrikularknotens** im rechten Vorhof. Schrittmacherzellen stammen von Muskelzellen ab, besitzen aber weniger kontraktile Elemente und Mitochondrien als die Zellen des Arbeitsmyokards. Sie tragen demnach nicht aktiv zur Kontraktion der Vorhofmuskulatur bei.

Bei den Zellen des Arbeitsmyokards hingegen handelt es sich um quergestreifte Muskulatur, in der die kontraktilen Filamente in Sarkomeren organisiert angeordnet sind (▶ Abschn. 12.1.1).

---

[1] Die genannten Erkrankungen bezeichnen eine bakterielle Infektion der innersten auskleidenden Schicht der Herzwand, des Endokards (Endokarditis), eine Verengung der Öffnung der Aortenklappe (Stenose) und ein unvollständiges Schließen der Aortenklappe (Aortenklappeninsuffizienz), was zu einem Rückfluss von Blut aus der Aorta und infolgedessen zu einer erhöhten Volumenbelastung und Hypertrophie des linken Ventrikels führt.

Herzmuskelzellen unterscheiden sich jedoch von den ebenfalls quergestreiften Skelettmuskelzellen in einigen wichtigen Eigenschaften:

1. Im Gegensatz zu den langgestreckten und vielkernigen Skelettmuskelzellen sind Herzmuskelzellen kleiner und besitzen nur einen einzigen Zellkern. Außerdem bilden Herzmuskelzellen Verzweigungen aus, die eine synchrone Ausbreitung der Depolarisationswelle über das Arbeitsmyokard erleichtern.

2. Unterschiedliche Zell-Zell-Kontakte stellen Verbindungen zu benachbarten Myokardzellen her: (1) **Desmosomen** verknüpfen einzelne Zellen fest miteinander und sorgen für die Stabilität der interzellulären Verbindungen in einem durch ständige Kontraktionen mechanisch stark belasteten Gewebe. (2) **Gap Junctions** ermöglichen die elektrische Kommunikation zwischen den Zellen, indem sie das Cytoplasma benachbarter Myokardzellen durch Ionenkanäle miteinander verbinden. Da alle Herzmuskelzellen auf diese Weise elektrisch gekoppelt sind, spricht man auch von einem **funktionellen Synzytium**. *Gap Junctions stellen die strukturelle Grundlage für die Erregungsausbreitung über das Arbeitsmyokard dar.*

3. Das **sarkoplasmatische Retikulum** (SR) im Myokard ist kleiner als in der Skelettmuskulatur, da der Einstrom von extrazellulärem Ca^{2+} eine vergleichsweise größere Rolle spielt als die Freisetzung von Ca^{2+} aus intrazellulären Speichern.

4. Die hohe Dichte an Mitochondrien verdeutlicht die außerordentlich große Bedeutung des aeroben Stoffwechsels für die Kontraktion des Arbeitsmyokards.

Das Arbeitsmyokard deckt seinen Energiebedarf ausschließlich durch aerobe Stoffwechselprozesse. Bei Unterbrechung der O_2-Versorgung reichen die ATP- und O_2-Reserven der Herzmuskelzellen nur für wenige Sekunden, bevor es zu massiven Funktionsstörungen kommt.[2] Mögliche Ursachen einer mangelhaften Versorgung mit Sauerstoff sind (1) Einschränkungen der Durchblutung des Myokards (**Ischämie**), hervorgerufen durch den Verschluss von Koronargefäßen, (2) eine Verringerung des O_2-Partialdrucks im arteriellen Blut (**arterielle Hypoxie**), beispielsweise bei einem Aufenthalt in großen Höhen, und (3) eine verringerte Kapazität des Blutes für O_2 (**Anämie**), die durch eine verringerte Hämoglobinkonzentration im Blut verursacht werden kann.

6.2.1 Aktionspotenziale im Herzen

Im unerregten Zustand besitzen Herzmuskelzellen ein **Ruhemembranpotenzial** von etwa $-90\,mV$. Es liegt also eine elektrische Spannung über der Membran, wobei das Zellinnere im Vergleich zum Extrazellulärraum negativ geladen ist. Das Ruhemembranpotenzial basiert auf der Ausbildung eines Gleichgewichtszustands zwischen einem chemischen und einem elektrischen Gradienten. K^+-Ionen diffundieren durch offene Kanäle in der Membran entlang ihres Konzentrationsgradienten von innen nach außen. Da die makromolekularen intrazellulären Anionen die Membran nicht passieren können, bleiben nichtneutralisierte negative Ladungen in der Zelle zurück und es kommt zu einer Ladungstrennung über der Membran. Durch den Überschuss negativer Ladungen im Zellinneren baut sich eine elektrische Spannung auf, sodass die Nettodiffusion weiterer K^+-Ionen von innen nach außen verlangsamt wird und schließlich im Gleichgewichtszustand vollständig zum Erliegen kommt.

---

[2] Die Zeitreserve bis zum Auftreten irreversibler Schäden ist jedoch deutlich länger. So treten etwa 20 min nach einer Durchblutungsstörung Nekrosen von Herzmuskelgewebe auf („Herzinfarkt").

Formal wird der Zusammenhang zwischen dem Gleichgewichtspotenzial U_K und der K^+-Konzentration durch die **Nernst-Gleichung** beschrieben:[3]

$$U_K = -61{,}5\,\text{mV} \cdot \log \frac{[\text{K}^+]_i}{[\text{K}^+]_e}. \tag{6.1}$$

Hierbei bedeuten $[\text{K}^+]_i$ und $[\text{K}^+]_e$ die intra- und extrazellulären Konzentrationen von K^+, die bei Herzmuskelzellen etwa $145\,\text{mmol}\,\text{l}^{-1}$ bzw. $4\,\text{mmol}\,\text{l}^{-1}$ betragen. Werden diese Werte in die Nernst-Gleichung eingesetzt, ergibt sich ein Gleichgewichtspotenzial U_K von $-90\,\text{mV}$. Die für das Ruhemembranpotenzial verantwortlichen K^+-Kanäle werden als **K^+-Einwärtsgleichrichter** (K_{ir}-Kanäle) bezeichnet.[4]

Die Schrittmacherregionen des Herzens und das Arbeitsmyokard erfüllen unterschiedliche physiologische Funktionen, die maßgeblich auf den Eigenschaften ihrer Aktionspotenziale beruhen. Entsprechend unterscheidet sich der zeitabhängige Spannungsverlauf der Aktionspotenziale bei den jeweiligen Zellen deutlich voneinander.

Wir beschreiben im Folgenden das Aktionspotenzial einer Herzmuskelzelle beispielhaft für das Arbeitsmyokard und das Aktionspotenzial einer Schrittmacherzelle des Sinusknotens. Das Aktionspotenzial beim Herzen wird traditionell in fünf aufeinander folgende Phasen eingeteilt und beginnt konventionsgemäß mit der Phase 0 (□ Abb. 6.3):

- **Phase 0** beschreibt die **Depolarisation** der Zelle ausgehend vom Ruhepotenzial.[5] Verantwortlich für diese Potenzialänderung sind Na^+-Kanäle in der Membran der Herzmuskelzellen, die spannungsabhängig öffnen und so einen Einstrom von Na^+ (i_{Na}) in die Zelle erlauben (□ Abb. 6.3a). Na^+-Ionen diffundieren aufgrund ihres elektrochemischen Gradienten durch offene Na^+-Kanäle in die Zelle und erzeugen dort einen vorübergehenden Überschuss positiver Ladungen, der für den Aufstrich des Aktionspotenzials verantwortlich ist. Bei den Schrittmacherzellen wird dieser Prozess durch Ca^{2+}-Ionen vermittelt, die durch spannungsabhängige Ca^{2+}-Kanäle fließen. Der Aufstrich des Aktionspotenzials verläuft in den Schrittmacherregionen daher vergleichsweise langsamer als bei der Na^+-getragenen Depolarisation in den Zellen des Myokards (□ Abb. 6.3b).
- **Phase 1** bezeichnet die schnelle **initiale Repolarisation** des Aktionspotenzials der Herzmuskelzellen. Sie basiert auf der Inaktivierung der Na^+-Kanäle sowie auf einem kurzzeitigen Auswärtsstrom von K^+-Ionen (i_{to}). Bei Schrittmacherzellen tritt diese vorübergehende Repolarisation nicht auf.
- **Phase 2** ist die für Myokardzellen charakteristische **Plateauphase** des Aktionspotenzials (□ Abb. 6.3a). Sie dauert 200 bis 400 ms und wird durch einen Einwärtsstrom von Ca^{2+}-Ionen vermittelt (i_{Ca}). Ähnlich wie Na^+ folgt auch Ca^{2+} seinem elektrochemischen Gradienten und diffundiert durch spannungsabhängige **L-Typ-Ca^{2+}-Kanäle** aus dem Extrazellulärraum in die Zelle. *Die Plateauphase bestimmt die Dauer des Aktionspotenzials im Arbeitsmyokard und ist aufgrund des Ca^{2+}-Einstroms entscheidend für die Kontraktion der Herzmuskulatur.* Da bei den Schrittmacherzellen der Einstrom von Ca^{2+} funktionell keine Rolle spielt, tritt auch keine Plateauphase auf (□ Abb. 6.3b).
- **Phase 3** beschreibt die **Repolarisation** des Aktionspotenzials. In dieser Phase geht die Spannung über der Membran vom Plateauwert ($\sim 0\,\text{mV}$) auf das Ruhepotenzial von

---

[3] Eine allgemeine Form der Nernst-Gleichung sowie eine ausführliche Beschreibung des Ruhemembranpotenzials finden sich in ▶ Abschn. 10.2.2.

[4] Einwärtsgleichrichter sind Kanäle, die bei negativen Membranpotenzialen eine höhere Leitfähigkeit besitzen als bei positiven Potenzialen. Auswärtsgleichrichter verhalten sich genau umgekehrt.

[5] Der Begriff Depolarisation bezeichnet eine Positivierung der Spannung über der Membran. Alle Prozesse, die ein positiveres Membranpotenzial ($> -90\,\text{mV}$) bewirken, depolarisieren die Zellmembran.

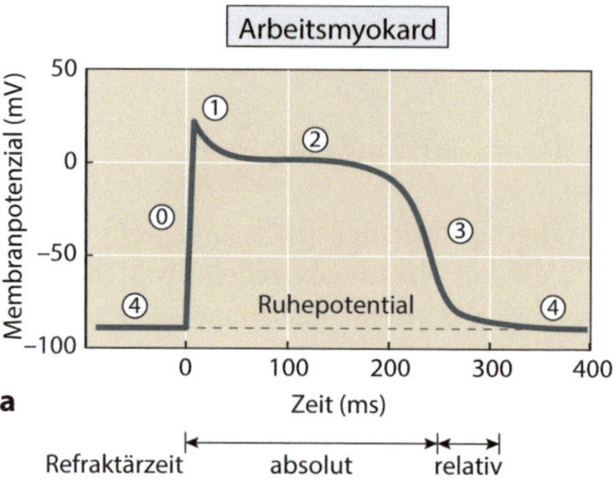

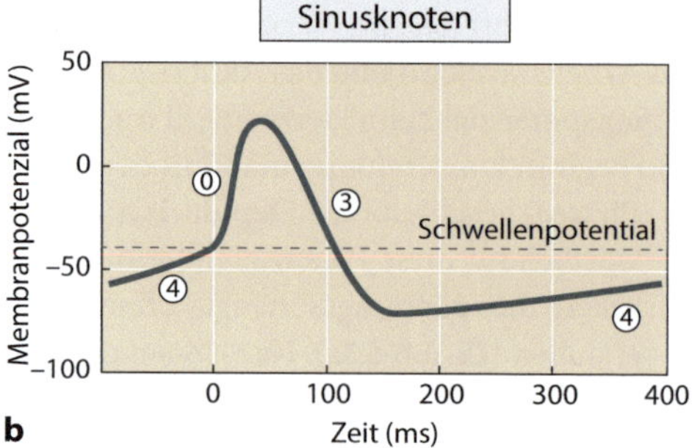

◘ Abb. 6.3 Aktionspotenziale im Arbeitsmyokard und im Sinusknoten. **a** Aktionspotenzial einer Herzmuskelzelle im Arbeitsmyokard; Verlauf und Einteilung in fünf Phasen. Phase 0 ist der schnelle Aufstrich, gefolgt von einer teilweisen Repolarisation (Phase 1). Die lange Plateauphase (Phase 2) geht in die endgültige Repolarisation über (Phase 3), die zurück zum Ruhemembranpotenzial führt (Phase 4). In der absoluten Refraktärzeit kann kein weiteres Aktionspotenzial ausgelöst werden. **b** Aktionspotenzial einer Schrittmacherzelle im Sinusknoten. Die langsame Depolarisation bis zum Schwellenwert wird vor allem durch den Schrittmacherstrom getragen

−90 mV zurück. Die Repolarisation wird durch die zunehmende Inaktivierung der Ca^{2+}-Kanäle sowie einen **K^+-Auswärtsgleichrichter**, der mit zeitlicher Verzögerung durch die Depolarisation aktiviert wird, verursacht. Hierbei handelt es sich um einen K^+-Kanal, der den Ausstrom von K^+-Ionen aus der Zelle ermöglicht. Der entsprechende Strom wird mit i_K bezeichnet.

— **Phase 4** ist das Ruhemembranpotenzial, im Myokard hervorgerufen durch den oben beschriebenen K^+-Einwärtsgleichrichter (i_{K1}). Während das Ruhepotenzial der Herzmuskelzellen bei −90 mV stabil bleibt, zeigen die Zellen des Sinusknotens eine langsame Depolarisation bis zum Schwellenwert – sie besitzen demnach kein konstantes Ruhemembranpotenzial (◘ Abb. 6.3b). Die langsame Depolarisation wird durch den sogenannten **Schrittmacherstrom** vermittelt, dem prinzipiell drei unterschiedliche Ionenströme zugrunde liegen: (1) ein Einstrom von Na^+ und Ca^{2+} durch HCN-Kanäle[6] (i_f), (2) ein langsamer Ca^{2+}-Strom durch spannungsabhängige Kanäle (i_{Ca}) und (3) ein K^+-Auswärtsstrom (i_K).

◘ Tab. 6.1 fasst die dem Aktionspotenzial des Arbeitsmyokards zugrunde liegenden Membranströme und Ionenkanäle sowie ihre jeweiligen Funktionen zusammen.

Während der Plateauphase des Aktionspotenzials befindet sich der Herzmuskel in der **absoluten Refraktärphase**. Selbst mit sehr hohen Reizstärken kann kein weiteres Aktionspoten-

---

[6] HCN-Kanäle (*Hyperpolarization-Activated Cyclic Nucleotide-Gated*) gehören zur Familie der spannungsabhängigen Kationenkanäle und sind permeabel für Na^+ und K^+. Sie werden bei hyperpolarisierten Membranpotenzialen geöffnet und durch zyklische Nukleotide moduliert.

◘ Tabelle 6.1 Wichtige Ionenkanäle und Membranströme während des Aktionspotenzials im Herzen

Strom	Kanal	Funktion	Phase
i_{K1}	K$^+$-Einwärtsgleichrichter	Ruhemembranpotenzial	4
i_{Na}	Na$^+$-Kanal (schnell)	Aufstrich des Aktionspotenzials	0
i_{to}	K$^+$-Kanal (transient auswärts)	Initiale Repolarisation	1
i_{Ca}	L-Typ Ca^{2+}-Kanal (langsam)	Plateauphase	2
i_K	K$^+$-Auswärtsgleichrichter	Repolarisation	3
i_f („funny")	Na$^+$, K$^+$, Ca^{2+} (HCN-Kanal)	Schrittmacher im Sinusknoten	Diastole

zial ausgelöst werden, da die spannungsabhängigen Na$^+$-Kanäle sämtlich inaktiviert vorliegen und daher bei einer erneuten Depolarisation nicht öffnen. Erst wenn das Membranpotenzial auf Werte unterhalb von $-50\,$mV gefallen ist, kann durch eine erhöhte Reizintensität wieder ein Aktionspotenzial ausgelöst werden (**relative Refraktärphase**). So können beispielsweise durch einen Stromstoß während der relativen Refraktärzeit **kreisende Erregungen** entstehen, bei denen es zu einem Wiedereintritt der Erregung in nichtrefraktäre Areale kommt. In einem solchen Fall verliert der Sinusknoten seine Schrittmacherfunktion und der normalerweise vorgegebene Herzrhythmus wird von einer unkoordinierten Kontraktion der Ventrikelmuskulatur, dem **Kammerflimmern**, abgelöst. Da kein Blut mehr in den Kreislauf ausgeworfen wird, entspricht das Kammerflimmern funktionell einem Herzstillstand. Die kreisenden Erregungen kommen meist nicht von selbst zum Stillstand. Als Notfallmaßnahme ist eine elektrische **Defibrillierung** notwendig, die das gesamte Herz vollständig depolarisiert, sodass der Sinusknoten wieder seine Schrittmacherfunktion übernehmen kann.

Die Bedeutung der Refraktärzeit für die optimale Funktion des Herzmuskels wird durch einen Vergleich mit der Skelettmuskulatur deutlich (◘ Abb. 6.4). Ein Aktionspotenzial im Skelettmuskel dauert 2 bis 5 ms, da die Depolarisation ausschließlich von Na$^+$-Ionen getragen wird und die lange Plateauphase fehlt (► Abschn. 12.2). Die Kontraktionsdauer einer Skelettmuskelfaser ist hingegen ähnlich lang wie im Herzmuskel, also 200 bis 400 ms (◘ Abb. 6.4a). Aufgrund dieser unterschiedlichen Dauer von Aktionspotenzial und Kontraktion kommt es zu einer zeitlichen Entkopplung beider Prozesse. Auch Skelettmuskelfasern sind während und unmittelbar nach einem Aktionspotenzial refraktär; die Refraktärzeit ist jedoch viel kürzer, sodass Skelettmuskelzellen mit einer höheren Frequenz Aktionspotenziale erzeugen können. Wenn die Aktionspotenziale schneller aufeinanderfolgen, als die jeweiligen Kontraktionen abgeklungen sind, überlagern sich einzelne Kontraktionen zu einem sogenannten **Tetanus**. *Die Tetanisierbarkeit des Skelettmuskels ermöglicht eine graduelle und fein abgestufte Erhöhung der Muskelspannung und ist die Grundlage für die optimale Kraftentwicklung einer Muskelfaser* (◘ Abb. 6.4b).

Eine Tetanisierung des Myokards hingegen würde die präzise synchronisierte Kontraktion der einzelnen Herzmuskelzellen durcheinanderbringen und zu unkoordinierten Erregungen in verschiedenen Regionen des Herzmuskels führen, was Herzrhythmusstörungen und einen möglichen Herzstillstand zur Folge hätte. Die ausgedehnte Plateauphase des myokardialen Aktionspotenzials stellt sicher, dass die spannungsabhängigen Na$^+$-Kanäle während der Kontraktion inaktiviert bleiben. Da das Aktionspotenzial einer Herzmuskelzelle genauso lange dauert wie ihre Kontraktion (◘ Abb. 6.4c), können sich – anders als im Skelettmuskel – einzelne Kontraktionen nicht überlagern. (◘ Abb. 6.4d). *Die lange absolute Refraktärzeit als Grundlage für die*

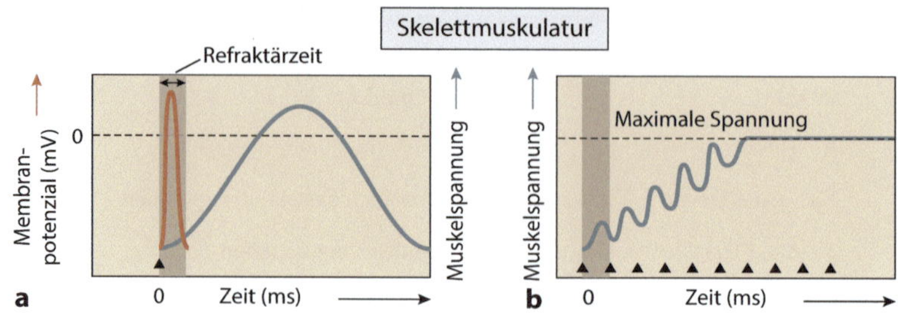

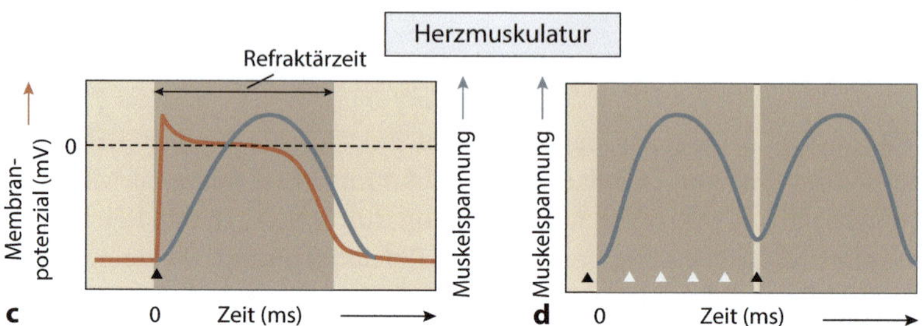

◘ Abb. 6.4   Unterschiede in der Tetanisierbarkeit von Skelett- und Herzmuskulatur. **a** Im Skelettmuskel bewirkt ein wenige Millisekunden andauerndes Aktionspotenzial eine etwa 100-mal längere Kontraktion der Muskelfaser. **b** Da die absolute Refraktärzeit in der Skelettmuskulatur kurz ist, können Aktionspotenziale so schnell aufeinanderfolgen, dass sich die Einzelkontraktionen zu einem glatten Tetanus aufsummieren. **c** Im Unterschied zum Skelettmuskel dauern beim Herzmuskel Aktionspotenzial und Kontraktion annähernd gleich lang. **d** Die ausgedehnte Plateauphase verursacht eine entsprechend lange absolute Refraktärzeit, wodurch die Summierung von Einzelkontraktionen verhindert wird. Die *Dreiecke* bezeichnen eine überschwellige Depolarisation, die normalerweise ein Aktionspotenzial und eine Kontraktion der Muskelfaser auslöst

zeitliche Kopplung von Aktionspotenzialdauer und Kontraktion schützt das Myokard demnach vor einer verfrühten Neuerregung und verhindert eine Desynchronisation der Herzerregung.

6.2.2 Erregungsbildung und Erregungsleitung

Das myogene Herz der Wirbeltiere besitzt spontan aktive Schrittmacherzellen, die eine automatische Erregungsbildung initiieren und auf diese Weise die periodische Kontraktion der Herzmuskelzellen bewirken. Neuronale Eingänge sind zwar vorhanden; sie dienen jedoch nicht der Erzeugung des eigentlichen Herzrhythmus, sondern vielmehr der Anpassung der Herzleistung an den jeweiligen Sauerstoffbedarf des Organismus (▶ Abschn. 6.3.2). Wir unterscheiden Regionen der Erregungsbildung, in denen spontan und periodisch Aktionspotenziale erzeugt werden, und Strukturen der Erregungsleitung, die die Spannungsänderungen über den Herzmuskel ausbreiten.

Der primäre Schrittmacher befindet sich im **Sinusknoten** in der hinteren Wand des rechten Vorhofs, in der Nähe der Einmündung der Vena cava superior. Er bestimmt den normalen Sinusrhythmus mit einer Herzfrequenz von 60 bis 75 Schlägen pro Minute. Die vom Sinusknoten ausgehende Depolarisation wird über das Myokard des rechten Vorhofs bis zum **Atrioventrikularknoten** (AV-Knoten) weitergeleitet, der sich seinem Namen entsprechend in der Nähe der Grenze zwischen Atrium und Ventrikel befindet.[7] Innerhalb des Vorhofmyokards breitet sich die Depolarisation über Gap Junctions mit einer Geschwindigkeit von 0,3 bis 0,6 m s^{-1} aus – die Erregung benötigt etwa 130 ms, um den rechten Vorhof bis zum AV-Knoten zu überbrücken.

Im AV-Knoten wird die Weiterleitung der Erregung deutlich verzögert. Dies liegt einerseits am geringen Faserdurchmesser der Zellen im AV-Knoten, andererseits fehlt das schnelle Na^{+}-System der Herzmuskelzellen, sodass der Aufstrich des Aktionspotenzials im AV-Knoten erheblich langsamer erfolgt und dem Zeitverlauf im Sinusknoten ähnelt (◘ Abb. 6.3b). Die Verzögerung der Erregungsweiterleitung um 40 bis 50 ms erfüllt zwei wichtige Funktionen:

1. Der AV-Knoten wirkt wie ein Tiefpassfilter, der im Falle eines Vorhofflimmerns den Ventrikel vor hochfrequenter Erregung schützt.
2. Die Verzögerung stellt sicher, dass die Vorhöfe maximal kontrahiert sind, bevor die Ventrikelkontraktion beginnt, wodurch eine vollständige Füllung der Ventrikel gewährleistet wird.

Zwischen Atrium und Ventrikel liegt ein bindegewebiges Septum, die sogenannte **Ventilebene**. Da Zellen des Bindegewebes elektrisch nicht erregbar sind, stellt die Ventilebene einen Isolator dar, der mithilfe eines Bündels spezialisierter Muskelzellen, dem sogenannten **His-Bündel**, überwunden wird. Das His-Bündel verläuft zunächst in der Scheidewand zwischen beiden Ventrikeln, bevor es sich in die beiden **Kammerschenkel** (Tawara-Schenkel) verzweigt. Die Enden der Kammerschenkel gehen in die **Purkinje-Fasern** über, die ihrerseits über Gap Junctions den Kontakt zu den Muskelzellen des Ventrikelmyokards herstellen. Im His-Bündel und in den Purkinje-Fasern ist die Leitungsgeschwindigkeit mit 1,0 bis 4,0 m s^{-1} wieder vergleichsweise hoch, sodass die Erregung innerhalb von 20 ms bis zur Herzspitze gelangt. Eine vollständige Erregung des gesamten Herzens dauert etwa 210 ms. Ein Vergleich mit der Dauer eines Aktionspotenzials ($\sim$ 300 ms) zeigt, dass die Erregung bereits abgeschlossen ist, während sich der Herzmuskel noch in der absoluten Refraktärphase befindet. *Auf diese Weise kommt die Erregung kontrolliert zum Stillstand und die nächste Kontraktion kann erst wieder durch die Aktivität des Schrittmachers ausgelöst werden.*

Innerhalb des Erregungsleitungssystems, zwischen Leitungssystem und Myokard sowie innerhalb des Arbeitsmyokards wird die elektrische Erregung über **Gap Junctions** von einer Zelle auf die nächste übertragen (◘ Abb. 6.5). Gap Junctions bestehen aus zwei Halbkanälen (**Connexone**), die ihrerseits aus sechs Proteinuntereinheiten, den **Connexinen**, aufgebaut sind. Die Connexone zweier Nachbarzellen lagern sich zu einem durchgängigen Kanal zusammen, der das Cytoplasma der beiden Zellen miteinander verbindet. Gap Junctions selektieren nach Größe: Ionen und Moleküle mit einem Molekulargewicht bis zu 1 kDa können den Gap-Junction-Kanal passieren (▶ Abschn. 11.1.2).

Gap Junctions besitzen zwei für die Erregungsleitung und -übertragung wichtige Eigenschaften: (1) Ihre hohe Leitfähigkeit stellt sicher, dass die Amplitude der Depolarisation auch nach der elektrischen Übertragung durch den Gap-Junction-Kanal groß genug ist, um auch in der Nachbarzelle immer ein Aktionspotenzial auszulösen.[8] So wird gewährleistet, dass die Depolarisationswelle nicht zwischen Sinusknoten und Ventrikelmyokard versiegt, sondern das

---

[7] Der AV-Knoten besitzt ebenfalls spontan aktive Schrittmacherzellen, die in einem langsameren Rhythmus als die Zellen des Sinusknotens depolarisieren (40 bis 55 Schläge pro Minute). Sie werden daher normalerweise vom Sinusrhythmus dominiert, übernehmen jedoch bei einem Ausfall des Sinusknotens die Schrittmacherfunktion.

[8] Eine hohe Leitfähigkeit bedeutet, dass der Kanal dem elektrischen Stromfluss nur einen relativ geringen Widerstand entgegensetzt; entsprechend weniger Spannung fällt am Widerstand ab (▶ Abschn. 10.3.1).

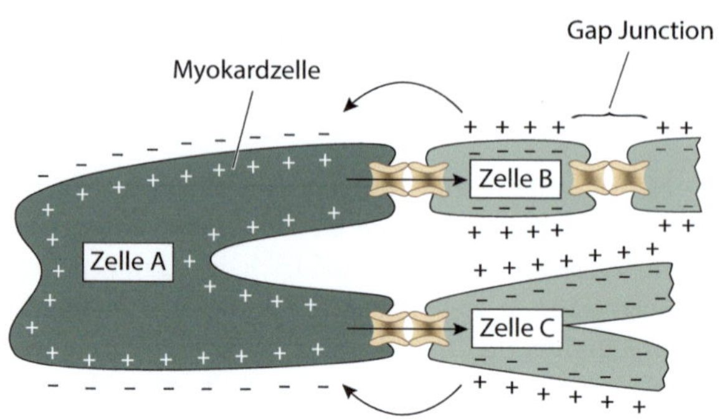

Abb. 6.5 Übertragung von Aktionspotenzialen über Gap Junctions im Myokard. Gap Junctions stellen Kontakte zwischen angrenzenden Zellen her, durch die elektrische Ladungen von einer Zelle in die andere fließen können. Zelle A ist bereits depolarisiert und gibt die Spannungsänderung an die Zellen B und C weiter, die noch unerregt sind. Die *Pfeile* geben die lokalen Stromflüsse wieder, während $\oplus$ und $\ominus$ die Ladungen über der Zellmembran darstellen. Die Gap Junctions sind vereinfacht im Querschnitt und überproportional vergrößert dargestellt

gesamte Herz in einer zeitlich koordinierten Folge von der Erregung erfasst wird. (2) Die Übertragung des elektrischen Signals zwischen zwei Zellen erfolgt nahezu verzögerungsfrei, wodurch eine synchrone Kontraktion des Myokards an der Spitze der Erregungsfront ermöglicht wird.

Insbesondere die Purkinje-Fasern sind über zahlreiche Gap Junctions mit dem umgebenden Arbeitsmyokard verbunden. Insgesamt hängt die Geschwindigkeit der Signalübertragung in den verschiedenen Strukturen des Erregungsleitungssystems von mehreren Faktoren ab:

1. Ein größerer Faserdurchmesser bewirkt eine höhere Leitungsgeschwindigkeit. Zellen im AV-Knoten besitzen relativ kleine Durchmesser, was zu der funktionell wichtigen Verzögerung der Depolarisation beim Übertritt vom Atrium in den Ventrikel führt.
2. Das schnelle Na^+-System – basierend auf der Expression spannungsabhängiger Na^+-Kanäle – bestimmt die Steilheit des Aufstrichs beim Aktionspotenzial (■ Abb. 6.3a) und beschleunigt so die Ausbreitung der Depolarisation.
3. Ein geringer Widerstand der interzellulären Kontakte, der wiederum durch die Anzahl der Gap Junctions und die Eigenschaften der konstituierenden Connexine bestimmt wird, erhöht ebenfalls die Leitungsgeschwindigkeit.[9]

Schrittmacherregionen, Erregungsleitungssystem und Arbeitsmyokard bestehen aus unterschiedlichen Zellen und die räumlich und zeitlich präzise Koordination ihrer elektrischen und mechanischen Aktivität gewährleistet die kontinuierliche Funktion des Herzens während der Lebensdauer eines Organismus. Die Zellen der einzelnen Regionen unterscheiden sich hinsichtlich ihrer Morphologie und ihrer individuellen Ausstattung mit Ionenkanälen – beides gemeinsam determiniert die zelltypspezifischen Aktionspotenziale sowie die charakteristischen Leitungsgeschwindigkeiten (■ Abb. 6.6):

- Die Aktionspotenziale der Schrittmacherregionen Sinusknoten und AV-Knoten sind durch eine Spontandepolarisation sowie eine geringe Steilheit der Phase 0 (■ Abb. 6.3b) gekennzeichnet.

---

[9] Connexine (Cx) existieren in zahlreichen Isoformen. So werden im Erregungsleitungssystem vor allem Cx40 und Cx43 exprimiert, während im Ventrikelmyokard Cx43 und Cx45 vorkommen. Die einzelnen Isoformen unterscheiden sich in ihren physiologischen Eigenschaften.

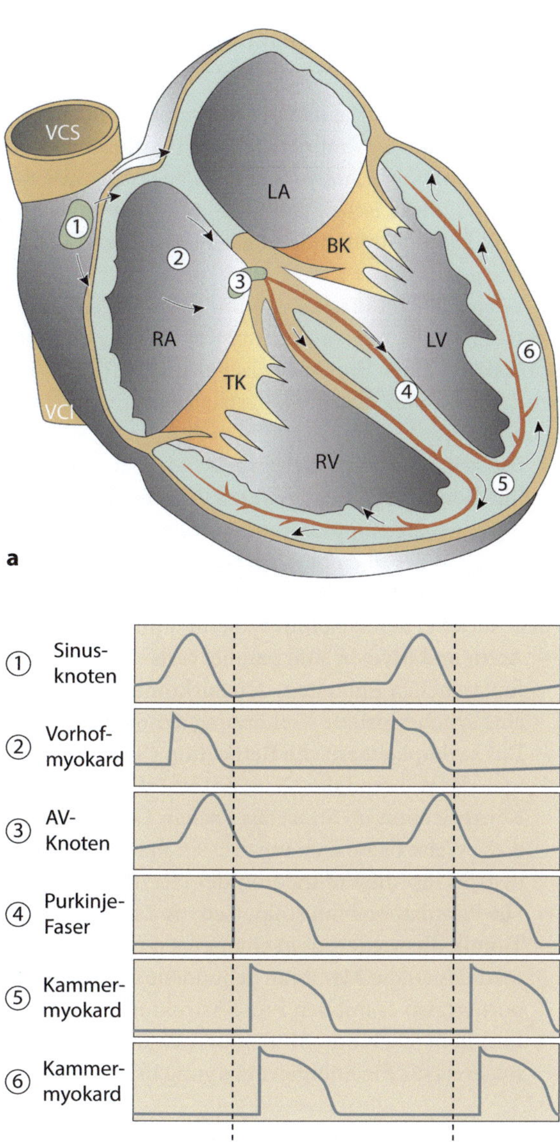

◘ Abb. 6.6 Elektrische Aktivität in verschiedenen Regionen des Herzens. **a** Anatomie des Erregungsleitungssystems. Aktionspotenziale beginnen im Sinusknoten und breiten sich über Vorhofmyokard, Atrioventrikularknoten (AV-Knoten) und Purkinje-Fasern auf das ventrikuläre Myokard aus. VCS, Vena cava superior; VCI, Vena cava inferior; RA, rechtes Atrium; LA, linkes Atrium; RV, rechter Ventrikel; LV, linker Ventrikel; TK, Trikuspidalklappe; BK, Bikuspidalklappe. **b** Zeitlicher Verlauf von Aktionspotenzialen aus Schrittmacherregionen, Erregungsleitungssystem und Myokard

- Aktionspotenziale in den Purkinje-Fasern weisen eine deutlich ausgedehnte Plateauphase auf; die dadurch verlängerte Refraktärzeit schützt vor dem Wiedereintritt lokaler Depolarisationen aus dem Myokard ins Erregungsleitungssystem.
- Zellen des Arbeitsmyokards im Vorhof und im Ventrikel besitzen ein stabiles Ruhemembranpotenzial und einen sehr steilen Aufstrich des Aktionspotenzials, der durch Aktivierung spannungsabhängiger Na^+-Kanäle hervorgerufen wird (◘ Abb. 6.3a). Aktionspotenziale im Myokard der Atrien sind deutlich kürzer als in den Ventrikeln. Aber auch innerhalb des ventrikulären Myokards gibt es große Unterschiede in der Aktionspotenzialdauer – zuletzt depolarisierte Zellen repolarisieren als erste.

6.2.3 Elektromechanische Kopplung

Jedes Aktionspotenzial in einer Herzmuskelzelle führt entweder zu einer Längenänderung der Zelle bei konstanter Kraftentwicklung (**isotonische Kontraktion**) oder aber zur Erzeugung von Muskelspannung bei unveränderter Länge der Muskelzelle (**isometrische Kontraktion**) (▶ Abschn. 12.2.3). Elektrische Spannungen liegen immer über Zellmembranen an, da nur dort eine effektive Ladungstrennung möglich ist, während sich kontraktile Prozesse im Inneren der Zelle abspielen.

Wir wollen in diesem Abschnitt die folgenden Fragen beantworten: (1) Wie kann eine elektrische Erregung in Form eines Aktionspotenzials einen mechanischen Prozess wie die Kontraktion einer Herzmuskelzelle auslösen? (2) Wie gelangt das Signal zur Kontraktion von der Zellmembran, also der Oberfläche, ins Innere der Zelle, wo sich die kontraktilen Elemente befinden?

Die zellulären und molekularen Mechanismen, welche die Depolarisation der Membran und die Kontraktion der gesamten Zelle funktionell miteinander verknüpfen, werden als **elektromechanische Kopplung** oder als **Erregungs-Kontraktions-Kopplung** bezeichnet. Sie basieren neben der oben beschriebenen Ausstattung mit Ionenkanälen (◻ Tab. 6.1) auf morphologischen und mechanischen Spezialisierungen der Herzmuskelzellen, die in abgewandelter Form auch bei der Skelettmuskulatur auftreten (▶ Abschn. 12.1):

- **Actin** und **Myosin** sind parallel verlaufende Myofibrillen, die in hintereinander liegenden funktionellen Einheiten, den **Sarkomeren**, angeordnet sind. Der Muskelkontraktion liegt eine synchronisierte Verkürzung der Sarkomere zugrunde.
- Das **sarkoplasmatische Retikulum (SR)** bildet ein komplexes internes Membransystem, das während der Diastole Ca^{2+}-Ionen speichert. Voraussetzung für die hohe Ca^{2+}-Konzentration im SR ist das Protein **Calsequestrin**, das Ca^{2+}-Ionen bindet und sie auf diese Weise osmotisch unwirksam macht. Die kontrollierte Freisetzung von Ca^{2+} aus dem SR löst die Kontraktion der Herzmuskelzellen aus.
- Die Plasmamembran stülpt sich ins Zellinnere ein und bildet dabei die sogenannten **T-Tubuli**, die wiederum in einer engen räumlichen Beziehung mit dem SR stehen. Dadurch wird das an die Membran gebundene elektrische Signal ins Innere der Muskelzelle transportiert, wo es mit den Proteinstrukturen des SR in Wechselwirkung treten kann.
- Eine hohe Dichte an Mitochondrien unterstreicht die Bedeutung des oxidativen Stoffwechsels für die Energieversorgung der Herzmuskelzellen.

Ähnlich wie beim Skelettmuskel spielt die intrazelluläre Ca^{2+}-Konzentration eine zentrale Rolle für den Kontraktionsprozess. Sie ist unter Ruhebedingungen mit 0,1 μmol l^{-1} extrem niedrig, kann aber bei maximaler Aktivierung der Zelle bis auf 100 μmol l^{-1} ansteigen.

Bei einer Depolarisation der Herzmuskelzelle durch ein Aktionspotenzial öffnen sich spannungsabhängige L-Typ Ca^{2+}-Kanäle in der Membran der T-Tubuli und Ca^{2+} strömt entlang seines Konzentrationsgradienten in die Zelle hinein. Dieser initiale Anstieg der intrazellulären Ca^{2+}-Konzentration öffnet Ca^{2+}-Kanäle im SR und löst so eine weitaus größere Freisetzung von Ca^{2+} aus dem SR ins Cytoplasma der Herzmuskelzelle aus.[10] Entsprechend wird dieser Prozess als **Ca^{2+}-abhängige Ca^{2+}-Freisetzung** bezeichnet (◻ Abb. 6.7).

Ca^{2+}-Ionen sind der entscheidende Trigger für die Kontraktion: Wie in ▶ Abschn. 12.1.4 ausführlich dargestellt, induziert Ca^{2+} eine Konformationsänderung des regulatorischen Proteins

---

[10] Diese Kanäle werden durch das pflanzliche Alkaloid Ryanodin aktiviert und man bezeichnet sie daher auch als Ryanodinrezeptoren (RyR). Koffein hemmt die Ryanodinrezeptoren.

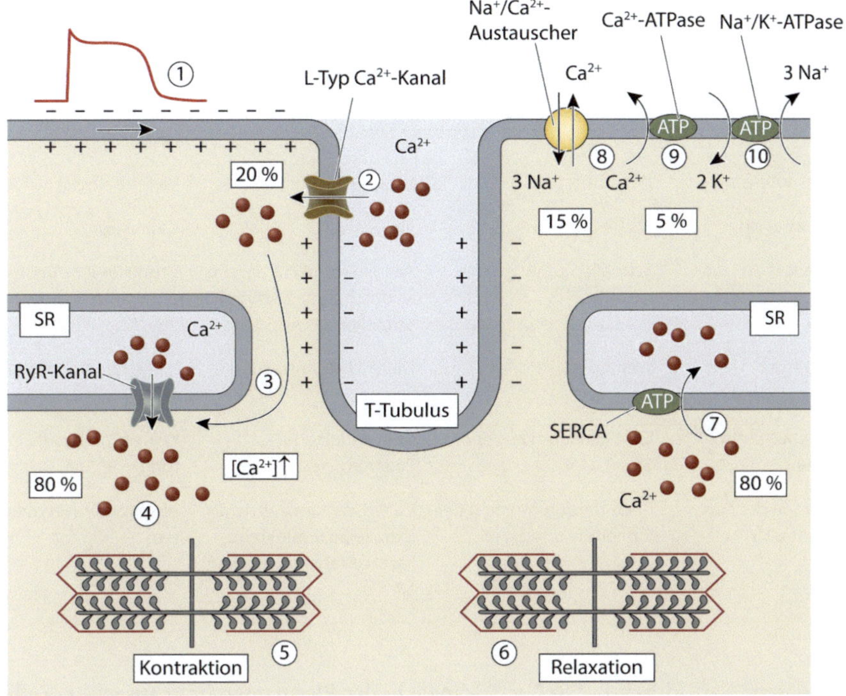

◘ Abb. 6.7 Elektromechanische Kopplung in einer Herzmuskelzelle. ① Ein Aktionspotenzial depolarisiert die Zellmembran; die Depolarisation breitet sich über die T-Tubuli ins Innere der Zelle aus. ② Bedingt durch die Depolarisation öffnen spannungsabhängige L-Typ Ca^{2+}-Kanäle in der Plasmamembran und Ca^{2+}-Ionen diffundieren in die Zelle. ③ Ca^{2+} öffnet Ryanodinrezeptoren (RyR) in der Membran des sarkoplasmatischen Retikulums (SR), woraufhin Ca^{2+}-Ionen aus dem SR ins Cytoplasma diffundieren. ④ Die Ca^{2+}-Konzentration steigt lokal stark an, wodurch die Kontraktion der Muskelzelle ausgelöst wird ⑤. Etwa 80 % der intrazellulären Ca^{2+}-Ionen stammen aus dem SR. ⑥ Die Relaxation erfolgt durch den SERCA-vermittelten Rücktransport der intrazellulären Ca^{2+}-Ionen ins SR ⑦, durch einen Na^+/Ca^{2+}-Austauscher ⑧ sowie durch eine Ca^{2+}-ATPase ⑨. Der für den Austauscher erforderliche Na^+-Gradient wird durch die Na^+/K^+-ATPase erzeugt ⑩. Die Prozentangaben beziehen sich auf den relativen Anteil der drei Transportsysteme an der Rückführung der Ca^{2+}-Ionen

Troponin C, wodurch Myosinbindungsstellen auf den Actinmolekülen freigegeben werden und der Querbrückenzyklus ablaufen kann.

Während der Diastole wird die hohe intrazelluläre Ca^{2+}-Konzentration wieder auf den Ruhewert verringert. Für diesen Prozess sind drei unterschiedliche Mechanismen verantwortlich (◘ Abb. 6.7):

1. Eine im Membransystem des SR lokalisierte Ca^{2+}-ATPase (**SERCA**) pumpt etwa 80 % des gesamten Ca^{2+} aus dem Cytoplasma der Herzmuskelzelle zurück ins SR.
2. Etwa 15 % der intrazellulären Ca^{2+}-Ionen gelangen durch einen **Na^+/Ca^{2+}-Austauscher** in der Plasmamembran in den Extrazellulärraum.
3. Die restlichen 5 % werden durch eine plasmamembranständige **Ca^{2+}-ATPase** aus dem Cytoplasma nach außen transportiert.

Auch wenn die zentralen molekularen Kontraktionsmechanismen bei Herz- und Skelettmuskelzellen sehr ähnlich sind, existieren doch grundlegende Unterschiede, die vor allem den Einstrom von Ca^{2+} betreffen. Die Kontraktion der Myokardzellen wird durch die Diffusion von

◻ Tabelle 6.2 Eigenschaften von Zellen der Skelett- und Herzmuskulatur und Schrittmacherregionen			
	Skelettmuskel	**Arbeitsmyokard**	**Schrittmacherzentren**
Membranpotenzial	Stabil bei $-70\,mV$	Stabil bei $-90\,mV$	Unstabiles Schrittmacherpotenzial
Aktionspotenzialdauer	Kurz; 1 bis 2 ms	Lang; $> 200\,ms$	Variabel; meist $> 150\,ms$
Depolarisation	Na^+-Strom	Na^+-Strom	Ca^{2+}-Strom
Repolarisation	Schneller K^+-Ausstrom	Ausgedehnte Plateauphase durch Ca^{2+}-Einstrom; schneller K^+-Ausstrom	Schneller K^+-Ausstrom
Refraktärzeit	Wenige ms	Dauer der Kontraktion	Keine funktionelle Bedeutung
Elektromechanische Kopplung	Ca^{2+}-Einstrom aus dem SR	Ca^{2+}-induzierter Ca^{2+}-Einstrom	Keine funktionelle Bedeutung
Regulation der Kontraktionskraft	Rekrutierung motorischer Einheiten	Ca^{2+}-Einstrom aus dem Extrazellulärraum reguliert Freisetzung aus dem SR	Autonomes Nervensystem

extrazellulärem Ca^{2+} durch L-Typ Ca^{2+}-Kanäle in der Plasmamembran ausgelöst. Zellen der Skelettmuskulatur exprimieren zwar ebenfalls L-Typ Ca^{2+}-Kanäle in ihrer Plasmamembran; diese Proteine sind jedoch keine funktionellen Ionenkanäle, sondern fungieren ausschließlich als Spannungssensoren. Daher erfolgt die Kontraktion beim Skelettmuskel aufgrund der Ca^{2+}-Freisetzung aus dem SR, während beim Herzmuskel der initiale Einstrom von Ca^{2+} aus dem Extrazellulärraum die anschließende Freisetzung aus dem SR steuert.

Dieser Unterschied hat wichtige physiologische Konsequenzen hinsichtlich der Regulierbarkeit der Kontraktion. *Aufgrund der Dominanz des SR als Ca^{2+}-Speicher ist die Kontraktionskraft einer einzelnen Skelettmuskelfaser nicht stufenweise regulierbar.* Die Steuerung der Kraftentwicklung kann nur durch Rekrutierung einer unterschiedlich großen Anzahl von Muskelfasern in Form motorischer Einheiten erfolgen. Hingegen hängen beim Herzmuskel die Beladung und somit die Freisetzung von Ca^{2+} aus dem SR von der bereits vorhandenen cytoplasmatischen Ca^{2+}-Konzentration ab, deren Anstieg durch das spannungsabhängige Öffnen von L-Typ Ca^{2+}-Kanälen bestimmt wird. *Daher kann die Kontraktionsstärke einer Herzmuskelzelle innerhalb des physiologisch relevanten Bereichs verstellt werden.* Die bedarfsabhängige Steuerung der Herzleistung durch das autonome Nervensystem erfolgt letztlich durch eine Anpassung der intrazellulären Ca^{2+}-Konzentration.

◻ Tab. 6.2 fasst die wichtigsten Unterschiede zwischen Skelett- und Herzmuskulatur zusammen.

6.2.4 Zusammenfassung

Die quergestreiften Herzmuskelzellen des Arbeitsmyokards sind verzweigt und über Zell-Zell-Kontakte miteinander verknüpft. Desmosomen sorgen für die mechanische Stabilität in einem kontinuierlich kontrahierenden Gewebe, während Gap Junctions die strukturelle Grundlage für die Weiterleitung von Aktionspotenzialen über das Myokard bilden. Der Energiebedarf des Myokards wird ausschließlich durch aerobe Stoffwechselprozesse gedeckt; eine mangelhafte Versorgung mit Sauerstoff aufgrund von Ischämie, arterieller Hypoxie oder Anämie führt innerhalb weniger Sekunden zu Funktionsstörungen des Herzens und nach etwa 20 min zum Absterben von Herzmuskelgewebe.

Neben dem Arbeitsmyokard kommen im Herzen sogenannte Schrittmacherzellen vor, die als umgewandelte Muskelzellen nicht zur Kontraktion beitragen, sondern autonom einen Kontraktionsrhythmus vorgeben. Schrittmacherzellen befinden sich im Sinusknoten und im Atrioventrikularknoten, die beide im rechten Vorhof lokalisiert sind. Normalerweise gibt der Sinusknoten den Herzrhythmus vor (Sinusrhythmus).

Das Ruhemembranpotenzial der Herzmuskelzellen liegt bei etwa -90 mV und basiert auf der Diffusion von K^+-Ionen durch einen K^+-Einwärtsgleichrichterkanal aus der Zelle hinaus. Formal wird das K^+-Gleichgewichtspotenzial durch die Nernst-Gleichung beschrieben.

Aktionspotenziale im Herzen werden konventionsgemäß in fünf Phasen eingeteilt: Phase 0 beschreibt die schnelle Depolarisation der Membran und damit den Aufstrich des Aktionspotenzials. In Herzmuskelzellen wird diese Depolarisation durch Na^+-Ionen getragen, bei den Schrittmacherzellen hingegen durch Ca^{2+}. In Phase 1 repolarisiert das Membranpotenzial bei Myokardzellen kurz, bevor es in die charakteristische Plateauphase (Phase 2) übergeht. Die Plateauphase bewirkt eine anhaltende Inaktivierung der Na^+-Kanäle und verhindert so eine Tetanisierung der Herzmuskulatur. Schließlich kehrt die Spannung – vermittelt durch das Schließen der Ca^{2+}-Kanäle und das Öffnen von K^+-Auswärtsgleichrichterkanälen – zum Ruhemembranpotenzial zurück (Phase 3). Im Gegensatz zu den Zellen des Myokards besitzen Schrittmacherzellen kein stabiles Ruhemembranpotenzial (Phase 4), sondern zeigen eine langsame Depolarisation, bis der Schwellenwert zur Auslösung eines weiteren Aktionspotenzials erreicht wird. Dieser Depolarisation liegen verschiedene Ionenströme zugrunde, die zusammen als Schrittmacherstrom bezeichnet werden.

Die lange absolute Refraktärzeit der Herzmuskelzellen verhindert die Entstehung kreisender Erregungen, die zu Kammerflimmern führen können. Die zeitliche Kopplung von Aktionspotenzialdauer und Kontraktion unterbindet eine verfrühte Erregung des Arbeitsmyokards und trägt damit wesentlich zu einem regelmäßigen Herzzyklus bei.

Die Herzerregung beginnt in der Regel im Sinusknoten und breitet sich über das Myokard der beiden Vorhöfe aus. Im AV-Knoten wird die Weiterleitung verzögert, sodass eine maximale Kontraktion der Atrien und somit eine vollständige Füllung der Ventrikel gewährleistet ist. Die nichtleitende Ventilebene wird mithilfe des His-Bündels überbrückt und die Erregung gelangt über die im Septum verlaufenden Kammerschenkel und Purkinje-Fasern ins ventrikuläre Myokard. Alle Strukturen des Erregungsleitungssystems sind untereinander durch Gap Junctions verbunden, die Spannungsänderungen mit hoher Leitfähigkeit und weitgehend verzögerungsfrei weiterleiten.

Die unterschiedlichen Gewebetypen des Herzens erfüllen jeweils spezifische Funktionen im Gesamtprozess der Herzerregung. Autonome Schrittmacherregionen geben die Herzfrequenz vor, das Erregungsleitungssystem gewährleistet die Übertragung der elektrischen Signale über das Herz und das Arbeitsmyokard führt die mechanischen Kontraktionen aus, die für die Erzeugung einer Druckdifferenz zwischen arteriellem Ausgang und venösem Eingang und somit für einen gerichteten Blutstrom im Kreislaufsystem essenziell sind.

Die elektromechanische Kopplung beschreibt den molekularen Zusammenhang zwischen elektrischer Erregung einer Herzmuskelzelle und ihrer Kontraktion. Sie basiert vor allem auf der Ca^{2+}-abhängigen Verkürzung der Sarkomere. Die unmittelbare räumliche Nähe von zellulären Einstülpungen (T-Tubuli) und dem sarkoplasmatischen Retikulum der Muskelzelle ist

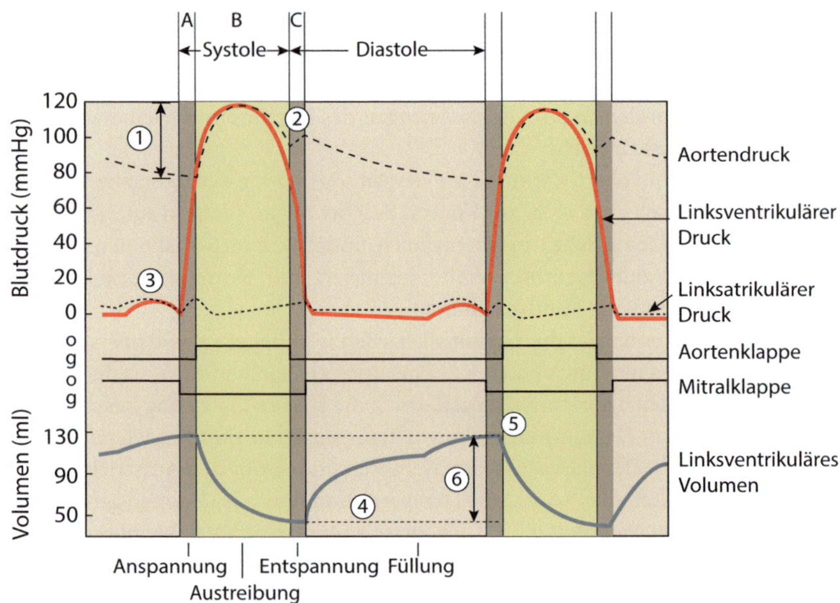

Abb. 6.8 Druck- und Volumenänderungen im linken Ventrikel während des Herzzyklus. Die Systole besteht aus den Phasen *A* (isovolumetrische Kontraktion), *B* (Austreibungsphase) und *C* (isovolumetrische Relaxation). ① bezeichnet die Differenz zwischen diastolischem und systolischem Blutdruck, ② Inzisur, ③ atriale Systole, ④ endsystolisches Volumen, ⑤ enddiastolisches Volumen und ⑥ Auswurfvolumen. o, offen; g, geschlossen

eine wichtige strukturelle Voraussetzung, damit das elektrische Signal von der Zelloberfläche ins Innere der Zelle gelangen kann, wo sich die kontraktilen Elemente befinden.

Die durch ein Aktionspotenzial ausgelöste Depolarisation der Myokardmembran führt zum Einstrom von Ca^{2+}-Ionen durch spannungsabhängige Ionenkanäle, wodurch wiederum die Freisetzung von Ca^{2+} aus dem SR induziert wird (Ca^{2+}-abhängige Ca^{2+}-Freisetzung). Ein Anstieg der intrazellulären Ca^{2+}-Konzentration löst den für die Kontraktion der Herzmuskelzelle grundlegenden Querbrückenzyklus aus.

Skelett- und Herzmuskel haben zahlreiche molekulare Gemeinsamkeiten, unterscheiden sich aber auf der regulatorischen Ebene. Während die Kraftentwicklung eines Skelettmuskels von der Anzahl der aktivierten Fasern abhängt, kann die Kontraktionsstärke einer Herzmuskelfaser durch Modulation der intrazellulären Ca^{2+}-Konzentration präzise gesteuert werden. Sympathikus und Parasympathikus regulieren als Bestandteile des autonomen Nervensystems die Herzleistung.

6.3   Der Herzzyklus

Der Herzzyklus besteht aus einem stetigen Wechsel von Kontraktion (**Systole**) und Entspannung (**Diastole**). Während der Systole wird der Druck in den Herzkammern erhöht, in der Diastole wird er gesenkt; der Blutstrom folgt diesen dynamischen Druckdifferenzen aus Bereichen höheren in Bereiche niedrigeren Drucks. Grundsätzlich können wir den Herzzyklus in vier aufeinanderfolgende Phasen unterteilen (■ Abb. 6.8):

1. **Füllung von Atrium und Ventrikel** (Füllungsphase). Das Myokard beider Atrien ist entspannt und der Druck in den Vorhöfen ist geringer als in den zuführenden Venen. Entsprechend fließt desoxygeniertes Blut aus den beiden Hohlvenen in den rechten Vorhof und oxygeniertes Blut aus den Lungenvenen in den linken Vorhof. Das Ventrikelmyokard entspannt ebenfalls. Sobald der Druck in den Atrien den ventrikulären Druck überschreitet, öffnen die Atrioventrikularklappen und Blut strömt aus den Vorhöfen in die Hauptkammern. *Etwa 80 % des Schlagvolumens gelangen bereits ohne Kontraktion des Vorhofmyokards in den Ventrikel.* Die Systole der Atrien pumpt das restliche Blut in die Hauptkammern und beendet damit die ventrikuläre Füllungsphase. In dieser Phase des Herzzyklus ist der Blutdruck in den Atrien höher als in den Venen. Da die zuführenden Gefäße an ihren jeweiligen Eintrittsstellen in die Atrien keine Klappen besitzen, kann theoretisch ein geringes Blutvolumen in umgekehrter Richtung in die Venen gedrückt werden. Praktisch bleibt der Rückstrom aufgrund der Trägheit des einströmenden Blutes jedoch minimal.
2. **Anspannungsphase.** Die Anspannungsphase bezeichnet die beginnende ventrikuläre Systole, die aufgrund der verzögerten Erregungsleitung am AV-Knoten etwa 100 ms später als die atriale Systole erfolgt. Das Arbeitsmyokard der Ventrikel kontrahiert um ein nicht komprimierbares Blutvolumen, sodass der Blutdruck in den Ventrikeln ansteigt und so die Atrioventrikularklappen schließt. Da zu diesem Zeitpunkt aufgrund des höheren Drucks in den Ausstromgefäßen auch die Aorten- und Pulmonalklappen geschlossen sind, kann das Blut in keine Richtung ausweichen und der Druck steigt bei konstantem Volumen. Dieser Prozess wird als **isovolumetrische Kontraktion** bezeichnet. Gleichzeitig relaxieren die Vorhöfe und füllen sich erneut mit Blut aus den Venen.
3. **Austreibungsphase.** Sobald der Druck im linken Ventrikel den Druck in der Aorta überschreitet, öffnet sich die Aortenklappe und ein Schlagvolumen von etwa 70 ml Blut wird in die Aorta ausgeworfen, während ein Restvolumen von 50 bis 60 ml im Ventrikel zurückbleibt. Entsprechendes gilt für den rechten Ventrikel, der das Blut in die Lungenarterie auswirft. Die Atrioventrikularklappen bleiben weiterhin geschlossen, sodass das Blut nur durch die abführenden Gefäße, aber nicht zurück in die Atrien fließen kann. Das Restvolumen im Ventrikel dient als Reserve, auf die bei starker körperlicher Anstrengung zurückgegriffen werden kann.
4. **Isovolumetrische Erschlaffungsphase.** Die Entspannung der Ventrikel basiert auf einer Relaxation der Herzmuskelzellen und geht mit einer Drucksenkung bei konstantem Volumen einher. Sobald der Ventrikeldruck unter den Blutdruck von Aorta und Lungenarterien gefallen ist, schließen die Aorten- und die Pulmonalklappe. Der Ventrikeldruck fällt weiter und unterschreitet schließlich den Druck in den Atrien, sodass die Atrioventrikularklappen öffnen und der Herzzyklus von vorn beginnt.

◼ Tab. 6.3 und ◼ Abb. 6.8 fassen die Ereignisse während des Herzzyklus zusammen. Im Folgenden gehen wir noch auf einige Punkte gesondert ein.

▬ Bei der isovolumetrischen Kontraktion (A) und der isovolumetrischen Relaxation (C) sind sowohl die Aorten- als auch die Bikuspidalklappe geschlossen. Entsprechend bleibt das linksventrikuläre Volumen während dieser Intervalle konstant.
▬ Während der Austreibungsphase nimmt das linksventrikuläre Volumen um das Auswurfvolumen – die Differenz zwischen enddiastolischem und endsystolischem Volumen – ab.
▬ Die Systole umfasst die isovolumetrische Kontraktion (A) und die Austreibungsphase (B), entsprechend der Zeitdauer vom Schließen der Bikuspidalklappe bis zum Schließen der Aortenklappe.

◘ Tabelle 6.3   Ereignisse während des Herzzyklus

Phase	Herzklappen	Atrien und Ventrikel
1. Füllungsphase	Öffnen der Atrioventrikularklappen	Schnelle Ventrikelfüllung (80 %) Kontraktion der Atrien (20 % Ventrikelfüllung)
2. Anspannungsphase	Schließen der Atrioventrikularklappen	Isovolumetrische Kontraktion
3. Austreibungsphase	Öffnen der Aorten- und Pulmonalklappen	Schnelle Ventrikelentleerung
4. Entspannungsphase	Schließen der Aorten- und Pulmonalklappen	Isovolumetrische Relaxation

— Nach dem Öffnen der Aortenklappe steigt der Blutdruck bis zum maximalen systolischen Wert von 120 mmHg. Danach kontrahiert der Herzmuskel mit verringerter Kraft und der Blutdruck fällt, da die Aorta und die großen Arterien das Blut schneller wegtransportieren, als es durch die reduzierte Ventrikelkontraktion nachgeliefert wird.

— Am Ende der Systole kehrt der Blutstrom durch die Aortenklappe kurzfristig seine Richtung um, wodurch das Schließen der Klappe ausgelöst wird. Der Einschnitt (Inzisur) in der Aortendruckkurve repräsentiert den Druckanstieg, nachdem die Aortenklappe geschlossen ist und das Blut wieder in Richtung Körperkreislauf fließt.

— Durch die Kontraktion des linken Atriums werden die restlichen 20 % des Blutes in den Ventrikel gepumpt; sie ist für den langsamen Anstieg im letzten Drittel der linksventrikulären Volumenkurve verantwortlich.

6.3.1 Druck-Volumen-Beziehung während des Herzzyklus

Die ventrikulären Druck- und Volumenverhältnisse hängen unmittelbar mit der Beziehung zwischen Muskelspannung und Länge der Herzmuskelfasern im ventrikulären Myokard zusammen (◘ Abb. 6.9a). Das **Längenspannungsdiagramm** des ventrikulären Myokards ist daher grundlegend für die Funktion des Herzens.

Ausgehend von ihrer Ruhelänge (Punkt A) wird die Herzmuskelfaser durch die Füllung des Ventrikels passiv gedehnt; dadurch steigt die Muskelspannung geringfügig an. Am Punkt B beginnt die isovolumetrische Kontraktion, d. h., die Muskelfaser entwickelt Spannung, ohne ihre Länge zu verändern. Zwischen den Punkten C und D kontrahiert das Ventrikelmyokard und die Faser verkürzt sich bis auf ihre Ruhelänge. Im Prozess der isovolumetrischen Relaxation entspannt die Faser bei konstanter Länge, bis auch die Muskelspannung wieder den Ruhewert erreicht und der Herzzyklus erneut beginnt.

Wenn wir die Druck- und Volumenänderungen während eines Herzzyklus gegeneinander auftragen, gelangen wir zu dem in ◘ Abb. 6.9b dargestellten **Arbeitsdiagramm** für die linke Herzhälfte. Am Punkt A ist der Ventrikel entspannt, Druck und Volumen nehmen ihre kleinsten Werte an. Übersteigt der Druck im linken Vorhof den ventrikulären Druck, öffnet die Bikuspidalklappe und der linke Ventrikel füllt sich mit Blut aus dem Vorhof; entsprechend steigt das Volumen entlang des Intervalls $A - B$. Im entspannten Zustand ist das Myokard elastisch – das einströmende Blut dehnt also den Ventrikel nach und nach aus, ohne dass der

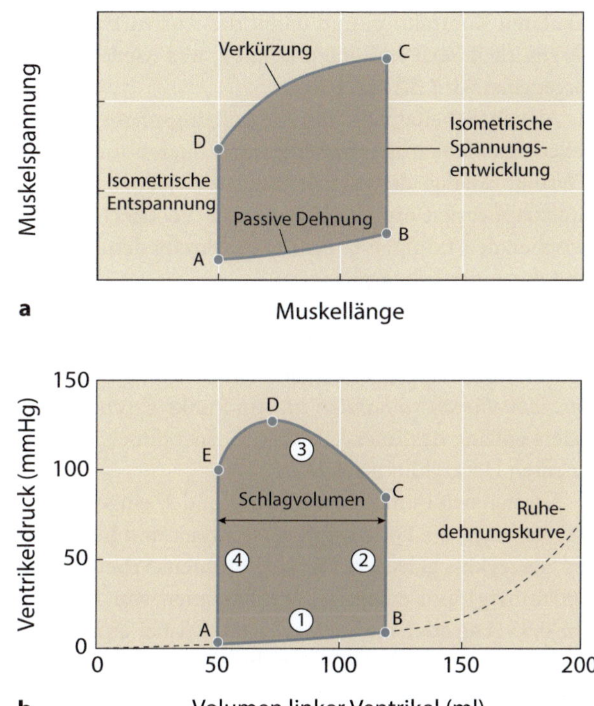

◘ Abb. 6.9 Längenspannungsdiagramm und Arbeitsdiagramm einer Herzmuskelfaser. **a** Längenspannungsdiagramm einer Herzmuskelfaser. **b** Druck-Volumen-Diagramm (Arbeitsdiagramm) des Herzens. Aufgetragen ist der Druck gegen das Volumen im linken Ventrikel. Am Punkt A schließt die Bikuspidalklappe und der Ventrikel füllt sich entlang seiner Ruhedehnungskurve mit Blut ①. Der Druck im Ventrikel steigt passiv und ist am Punkt B so groß, dass die Bikuspidalklappe schließt. ② Die Herzmuskulatur kontrahiert isovolumetrisch, bis am Punkt C der Druck in der Aorta überschritten wird und die Aortenklappe öffnet. Es folgt die Auswurfphase ③, in der das ventrikuläre Volumen bis auf das endsystolische Volumen sinkt (E). D bezeichnet das Druckmaximum der ventrikulären Muskulatur. ④ Während der isovolumetrischen Relaxation kehrt der ventrikuläre Druck zur Ruhedehnungskurve zurück

Innendruck nennenswert zunimmt. Die anschließende Kontraktion des linken Vorhofs erhöht noch einmal Druck und Volumen im Ventrikel bis zum Punkt *B*, der den **enddiastolischen Füllungsdruck** von 5 bis 8 mmHg bei einem Volumen von etwa 120 bis 140 ml bezeichnet. Zwischen den Punkten *A* und *B* folgt die Druck-Volumen-Beziehung der **Ruhedehnungskurve**, die vor allem durch die elastischen Eigenschaften des Ventrikelmyokards bestimmt wird. Sie beschreibt die Zunahme der Wandspannung aufgrund der passiven Dehnung des Ventrikels. *Die geringfügige Steigerung des Drucks im linken Ventrikel von A nach B wird nicht durch eine aktive Kontraktion ausgelöst, sondern erfolgt allein aufgrund der passiven Dehnung der Herzmuskelzellen.*

Am Punkt *B* beginnt die Anspannungsphase: Aufgrund des erhöhten Ventrikeldrucks schließt die Bikuspidalklappe, während die Aortenklappe noch geschlossen ist. Daher ändert sich das Volumen nicht und wir sprechen von einer isovolumetrischen Kontraktion des linken Ventrikels. Durch die Kontraktion steigt der Druck im Ventrikel kontinuierlich an, bis am Punkt *C* mit ∼ 90 mmHg der Druck in der Aorta überschritten wird und die Aortenklappe öffnet (Intervall *B − C*). Da das Blut jetzt in die Aorta ausströmen kann, verkürzt sich das Myokard des linken Ventrikels und das Blutvolumen sinkt schnell von 120 ml auf etwa 75 ml. Dennoch nimmt der linksventrikuläre Druck auch mit fortdauernder Kontraktion vorübergehend weiter zu und erreicht am Punkt *D* mit 120 bis 130 mmHg sein systolisches Maximum.

Während der Austreibungsphase erzeugt der Muskel eine konstante Kraft unter Verkürzung seiner Länge (isotonische Kontraktion gegen eine Nachlast[11]). Das Ausmaß der ven-

---

[11] Die Nachlast ist der Widerstand, gegen den das Herz anpumpen muss; sie entspricht dem Druck in den Ausstromgefäßen, insbesondere in der Aorta (▶ Abschn. 6.3.4).

trikulären Kontraktion und damit das Auswurfvolumen hängen davon ab, wie stark sich die Herzmuskelfasern verkürzen können, was wiederum durch das Längenspannungsdiagramm vorgegeben wird (■ Abb. 6.9a).

Ab dem Scheitelpunkt der Austreibungsphase verringert sich der ventrikuläre Druck, da die Zellen des Myokards schwächer kontrahieren und das Blutvolumen im Ventrikel kontinuierlich sinkt. Solange der ventrikuläre Druck jedoch höher als der Aortendruck ist, wird weiterhin Blut ausgeworfen und das Volumen im Ventrikel fällt auf etwa 50 ml am Punkt D. Die Kurve zwischen den Punkten C und D beschreibt demnach die Druck-Volumen-Verhältnisse während der Austreibungsphase.

Der Punkt E bezeichnet den **endsystolischen Füllungsdruck** von ca. 100 mmHg, bei einem Restvolumen von 50 ml. *Insgesamt werden ungefähr 60 % des ventrikulären Gesamtvolumens ausgeworfen, sodass eine hinreichend große Reserve für Anpassungen an ein größeres Herzzeitvolumen vorhanden ist.* Am Punkt E schließt die Aortenklappe und der Ventrikel relaxiert entlang des Intervalls $E - A$ isovolumetrisch, bis bei A der Ausgangspunkt für einen erneuten Herzzyklus erreicht ist.

Die von den Punkten A, B, C, D und E eingeschlossene Fläche hat als Produkt von Druck und Volumen die Dimension einer Arbeit und beschreibt daher die vom Herzen während eines Herzzyklus geleistete **Druck-Volumen-Arbeit**.[12] Bei einem mittleren Druck von 13,3 kPa (100 mmHg) und einem Auswurfvolumen von 70 ml Blut wird pro Herzzyklus eine Arbeit von 0,93 N m oder etwa 1 J geleistet. Da bei einer Systole der Volumenstrom der Blutsäule in der Aorta auf 500 ml s^{-1} erhöht werden muss, kommt noch die Arbeit hinzu, die (1) zur **Beschleunigung** des ausgeworfenen Blutvolumens[13] sowie (2) zur **Erzeugung der Pulswelle** aufgewendet werden muss. Die Gesamtarbeit des Herzens beträgt unter Ruhebedingungen etwa 1,5 J pro Systole. Aufgrund der unterschiedlichen Druckverhältnisse – ein 7fach höherer Blutdruck in der Aorta im Vergleich zu den Lungenarterien – beträgt die Herzarbeit des rechten Ventrikels nur etwa 15 % der Arbeit im linksventrikulären Myokard.

6.3.2 Anpassung der Herzleistung

Die vom Herzen pro Zeiteinheit bewegte Flüssigkeitsmenge, das **Herzzeitvolumen**, ist das Produkt aus **Herzfrequenz** (60 bis 75 Schläge pro Minute) und **Schlagvolumen** (70 ml) und beträgt beim Erwachsenen in Ruhe 4 bis 5 l min^{-1}. Das gesamte Blutvolumen von 5 l wird also einmal pro Minute durch den Körper gepumpt. Das Herzzeitvolumen kann bei körperlicher Anstrengung auf bis zu 35 l min^{-1} ansteigen. *Die dynamische Anpassung des Herzzeitvolumens an einen kurzfristig wechselnden Bedarf des Organismus erfolgt durch eine Änderung des Schlagvolumens und/oder der Herzfrequenz.* Die aktuelle Größe des Herzzeitvolumens wird durch das autonome Nervensystem mit seinen sympathischen und parasympathischen Anteilen, dem arteriellen Blutdruck und dem ventrikulären Füllungsdruck eingestellt (■ Abb. 6.10). Herzfrequenz und Schlagvolumen werden dabei durch mehr als einen regulatorischen Prozess beeinflusst.

Die bei körperlicher Belastung gesteigerte Herzleistung ist auf eine Aktivierung des Sympathikus zurückzuführen, während der Parasympathikus das Herzzeitvolumen verringert. Der Parasympathikus reduziert vor allem die Herzfrequenz (**negative Chronotropie**), hat aber keinen direkten Einfluss auf das Schlagvolumen des Ventrikels (■ Abb. 6.10).

---

[12] Die Dimensionen von Druck und Volumen sind N m^{-2} bzw. m^3, was miteinander multipliziert N m oder J ergibt.

[13] Die Beschleunigungsarbeit für ein Auswurfvolumen von 70 g bei einer mittleren Strömungsgeschwindigkeit in der Aorta von 0,18 m s^{-1} beträgt: $\Delta W = \frac{1}{2}mv^2 = 1{,}13 \times 10^{-3}$ J.

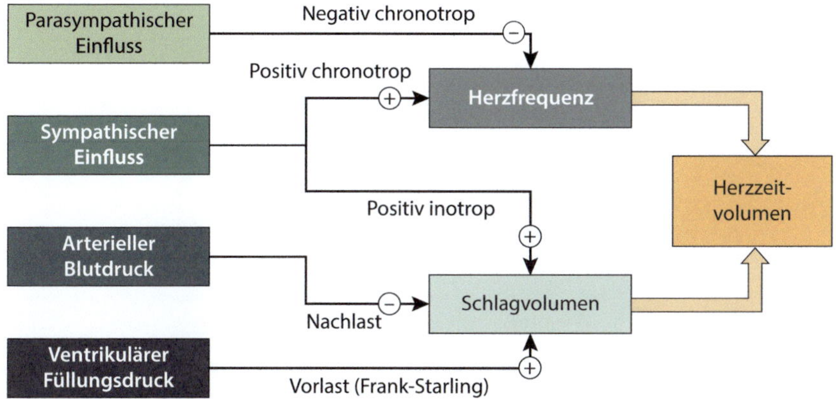

◘ Abb. 6.10 Anpassung des Herzzeitvolumens durch modulatorische Einflüsse. Sympathikus und Parasympathikus wirken antagonistisch auf die Herzfrequenz. Eine Aktivierung des Sympathikus und der ventrikuläre Füllungsdruck erhöhen das Schlagvolumen, indem sie die Kontraktionskraft der Herzmuskelzellen verstärken. Eine Erhöhung des arteriellen Blutdrucks senkt dagegen aufgrund der gestiegenen Nachlast zunächst das Schlagvolumen des Ventrikels, was im nächsten Herzzyklus jedoch durch den Frank-Starling-Mechanismus wieder kompensiert wird

Parasympathische Innervation. Der **Nervus vagus** innerviert als Teil des parasympathischen Nervensystems vor allem den Sinusknoten und den AV-Knoten sowie das Vorhofmyokard – er ist also weitgehend auf atriale Strukturen beschränkt. Der an den Endigungen des Nervus vagus freigesetzte Transmitter **Acetylcholin** (ACh) bindet an **muscarinerge ACh-Rezeptoren**, die als G-protein-gekoppelte Rezeptoren eine intrazelluläre Signalkaskade auslösen, in deren Folge K^+-Kanäle öffnen und Ca^{2+}-Kanäle schließen (▶ Abschn. 11.3.2, ◘ Abb. 6.11). Das Öffnen von K^+-Kanälen bewirkt einen Ausstrom von K^+ aus der Zelle und somit eine Hyperpolarisation der Zellmembran. Gleichzeitig unterbindet das Schließen von Ca^{2+}-Kanälen die weitere Diffusion von Ca^{2+} in die Zelle, während membranständige Pumpen Ca^{2+}-Ionen aus dem Cytoplasma transportieren und so die intrazelluläre Ca^{2+}-Konzentration niedrig halten. Beide Effekte wirken synergistisch, indem sie (1) die Herzfrequenz und (2) die Kraftentwicklung in der Vorhofmuskulatur senken sowie (3) die Übertragungsgeschwindigkeit am AV-Knoten reduzieren. *Die Aktivierung des Parasympathikus führt zu einer Reduktion der Herzleistung.*

Die **sympathische Innervation** erfolgt über die **Nervi cardiaci** (Herznerven), die zum **Plexus cardiacus**[14] ziehen und mit Sinus- und AV-Knoten, Erregungsleitungssystem und Ventrikelmyokard alle Herzstrukturen erreichen. Infolge einer Aktivierung des Sympathikus wird einerseits **Noradrenalin** von den sympathischen Neuronen selbst freigesetzt, andererseits entlässt das Nebennierenmark **Adrenalin** in den Kreislauf, das über den Blutstrom das Herz erreicht. Beide Substanzen binden an β_1-**adrenerge Rezeptoren** auf ihren Zielzellen, die mittels Aktivierung des Enzyms **Adenylatcyclase** zyklisches AMP (cAMP) als Second Messenger bilden, wodurch letztlich Na^+- und Ca^{2+}-Kanäle geöffnet werden (▶ Abschn. 11.3.3, ◘ Abb. 6.12). β-Blocker inhibieren u. a. β_1-adrenerge Rezeptoren und hemmen auf diese Weise die positive Wirkung des Sympathikus auf die Herztätigkeit.

---

[14] Der Plexus cardiacus ist ein Geflecht vegetativer Nervenfasern, das an der Herzbasis und an den Koronargefäßen besonders ausgeprägt ist.

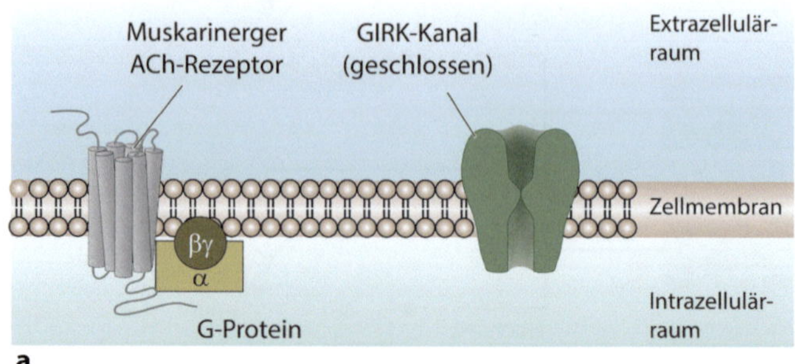

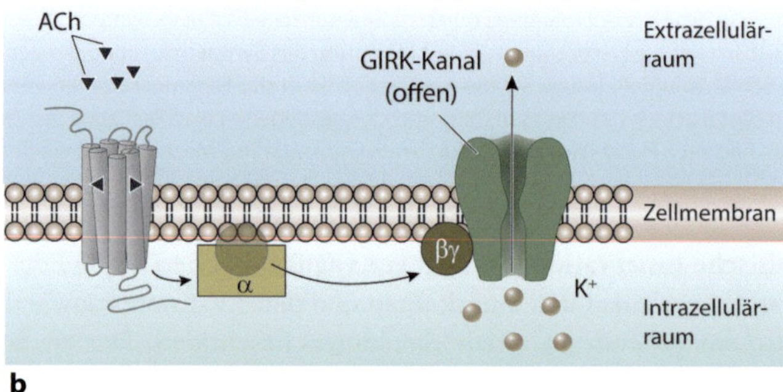

◘ Abb. 6.11   Regulation von K^+-Kanälen durch Aktivierung muscarinerger Acetylcholinrezeptoren. **a** Ohne Acetylcholin (ACh) bleiben die K^+-Kanäle geschlossen. **b** Vom Nervus vagus freigesetztes ACh bindet an G-proteingekoppelte muscarinerge ACh-Rezeptoren. Nach Dissoziation von der α-Untereinheit aktiviert das $\beta\gamma$-Heterodimer einen K^+-Kanal (*GIRK, G Protein-gated Inward-Rectifier* K^+ *Channel*). Aufgrund seines elektrochemischen Gradienten strömt K^+ aus der Zelle, was zu einer Hyperpolarisation und Hemmung der Herzmuskelzelle führt. Die im Text erwähnte Aktivierung von Ca^{2+}-Kanälen ist in der Abbildung nicht berücksichtigt

Der verstärkte Einstrom von Na^+ und Ca^{2+} erhöht die Geschwindigkeit der Depolarisation in den Schrittmacherzellen und die Kontraktionskraft im Arbeitsmyokard. Die dem Schrittmacherstrom I_f zugrunde liegenden HCN-Kanäle bleiben bei der höheren cAMP-Konzentration länger geöffnet, sodass die Depolarisation des Schrittmacherpotenzials schneller erfolgt und somit die Herzfrequenz steigt. Die erhöhte intrazelluläre Ca^{2+}-Konzentration führt zu einer größeren Kontraktionskraft.

Durch die Aktivierung des Sympathikus verschiebt sich das Arbeitsdiagramm des Herzens in den folgenden Punkten (◘ Abb. 6.13a):

- Aufgrund der größeren Kontraktionskraft des Myokards verläuft die Austreibungskurve zwischen den Punkten C und D deutlich steiler.
- Da gleichzeitig der Blutdruck ansteigt, wird der Punkt D nach D' verschoben.
- Bei der isovolumetrischen Relaxation kehrt der Blutdruck zum Punkt A' zurück, sodass insgesamt eine größere Fläche im Druck-Volumen-Diagramm entsteht und ein entsprechend erhöhtes Schlagvolumen (SV') ausgeworfen wird.

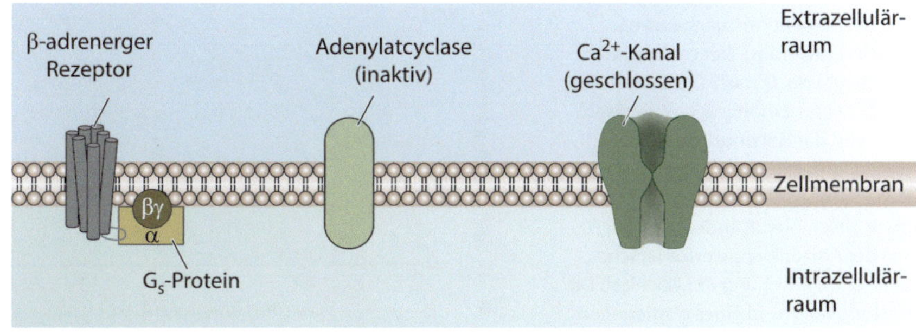

a

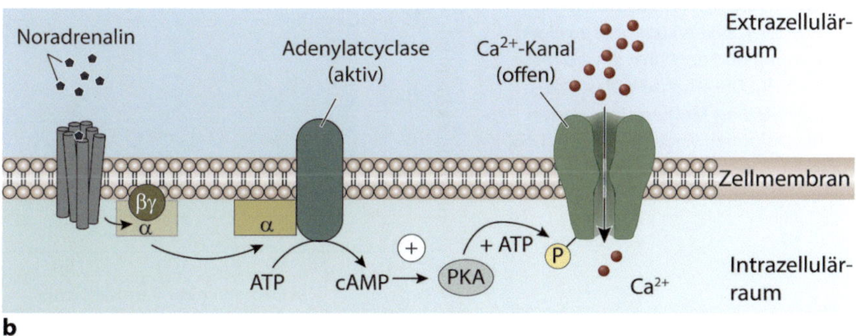

b

◘ Abb. 6.12 Regulation von Ca^{2+}-Kanälen durch Aktivierung β-adrenerger Rezeptoren. **a** Zustand in Abwesenheit von Noradrenalin. Der Ca^{2+}-Kanal liegt in der geschlossenen Konformation vor. **b** Bindung von Noradrenalin an G_s-protein-gekoppelte Rezeptoren führt zur Aktivierung der Adenylatcyclase durch die α-Untereinheit des G-Proteins und zur Bildung von zyklischem AMP (cAMP). cAMP ist ein wichtiger Regulator der Proteinkinase A (PKA), die ihrerseits Ca^{2+}-Kanäle phosphoryliert (P) und so den Einstrom von Ca^{2+} durch die Kanäle verstärkt. Die höhere intrazelluläre Ca^{2+}-Konzentration bewirkt eine stärkere Kontraktion der Herzmuskelzelle

Allerdings führt auch die Erhöhung der Herzfrequenz selbst zu einer stärkeren Kontraktionskraft (**positive Frequenzinotropie**). Da die Aktionspotenziale schneller aufeinanderfolgen, strömt zunächst mehr Na^+ in die Herzmuskelzellen. Aufgrund dieser Depolarisation diffundiert mehr Ca^{2+} durch spannungsabhängige Kanäle ins Cytoplasma der Zellen und daher werden auch mehr Ca^{2+}-Ionen ins SR aufgenommen. Bei der nächsten Systole steht also eine höhere Ca^{2+}-Konzentration im SR zur Freisetzung zur Verfügung, sodass eine stärkere Kontraktion ausgelöst wird.

Unter Ruhebedingungen liegt die Herzfrequenz mit 60 bis 75 Schlägen pro Minute unterhalb der von den Schrittmacherzellen des Sinusknotens vorgegebenen intrinsischen Frequenz von 90 bis 100 Schlägen pro Minute. Eine Steigerung der Herzfrequenz erfolgt also zunächst durch eine Verringerung des parasympathischen Einflusses und erst oberhalb der intrinsischen Frequenz führt eine Aktivierung des Sympathikus zu einer weiteren Frequenzsteigerung.

■ **Abb. 6.13** Druck-Volumen-Diagramm des linken Ventrikels nach Aktivierung unterschiedlicher Regulationsmechanismen. **a** Sympathikusaktivierung. Der endsystolische Druck steigt von D nach D'. **b** Erhöhung der Vorlast. Bei einer Erhöhung des venösen Rückstroms wird die Herzmuskulatur stärker gedehnt und der Punkt B verschiebt sich auf der Ruhedehnungskurve nach B'. Da der Aortendruck gleich bleibt, ändert sich der für das Öffnen der Aortenklappe erforderliche Druck nicht (C'). **c** Erhöhung der Nachlast. Die Druckbelastung aufgrund eines gestiegenen Aortendrucks führt zu einer Verschiebung von C nach C'. Bei gleicher Kontraktionsstärke resultiert ein höherer endsystolischer Druck sowie ein größeres Restvolumen im Ventrikel (D'). Beim folgenden Herzzyklus kommt es zu einer Volumenbelastung und der Punkt B verschiebt sich daher nach B_1. Die erhöhte Vorlast aktiviert den Frank-Starling-Mechanismus, sodass sich das Schlagvolumen wieder normalisiert. SV, Schlagvolumen

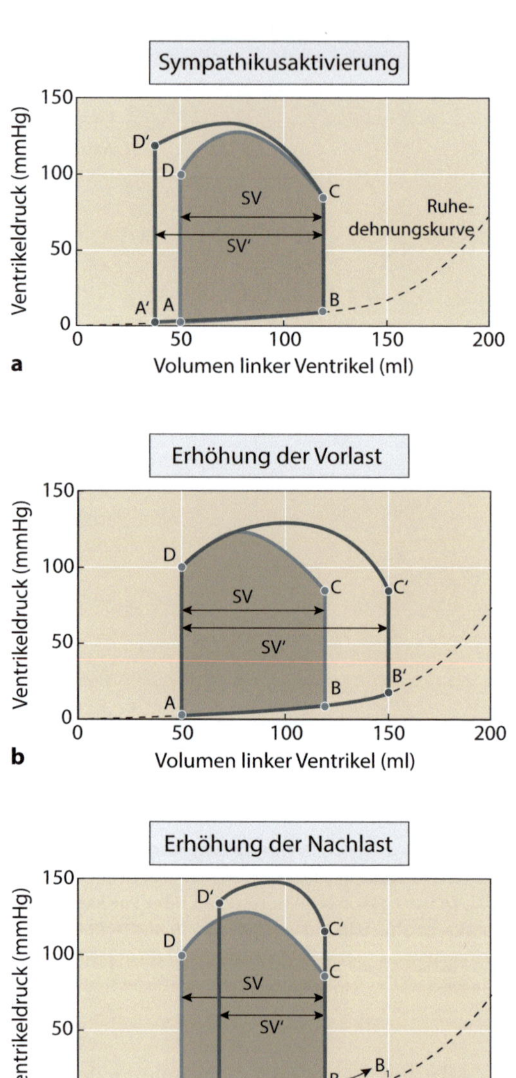

6.3.3 Erhöhung der Vorlast: Frank-Starling-Mechanismus

Die **Vorlast** bezeichnet die Wandspannung[15] des Ventrikels am Ende der Diastole; sie wird durch den enddiastolischen Füllungsdruck bestimmt. Das während der Diastole in den Ventrikel einströmende Blut führt zu einer Vordehnung des Ventrikelmyokards, wodurch eine Erhöhung der Wandspannung resultiert. *Die Vorlast hängt von der Volumenbelastung und damit von der Füllung des Ventrikels ab.*

Das aus den Hohlvenen und Lungenvenen zum Herzen zurückströmende Blut füllt die Atrien und Ventrikel und führt zu einer passiven Dehnung der Herzmuskulatur entlang der

---

[15] Unter Wandspannung versteht man die Kraft pro cm^2 Muskelquerschnitt.

Ruhedehnungskurve. Kommt es aufgrund eines erhöhten Herzzeitvolumens zu einem verstärkten venösen Rückstrom, nehmen die Ventrikel mehr Blut auf und das enddiastolische Volumen steigt entlang der Druck-Volumen-Kurve von B nach B', sodass die Vordehnung des Herzmuskels ebenfalls zunimmt (◗ Abb. 6.13b). Nach dem von Otto Frank und Ernest Starling beschriebenen Mechanismus wird dieses größere Blutvolumen mit einer erhöhten Kontraktionskraft gegen einen unveränderten Aortendruck ausgeworfen – der Druck bei den Punkten C und C' ist gleich groß. Das Herz leistet mehr Arbeit, indem es ein größeres Volumen gegen einen unveränderten Druck auswirft. *Das Schlagvolumen steigt um genau die Menge Blut, die dem Herz zusätzlich aus den Venen zugeführt wurde.*

Der **Frank-Starling-Mechanismus** besitzt eine zentrale Bedeutung für die Anpassung der Pumpleistung des Herzens an veränderte physiologische Bedingungen:

- **Abstimmung der Auswurfvolumina des rechten und linken Ventrikels.** Beide Ventrikel müssen exakt dasselbe Blutvolumen in ihre abführenden Gefäße auswerfen, da sonst mittel- bis langfristig Volumenverschiebungen und damit Druckänderungen in der Lungen- und Körperschleife des Kreislaufs die Folge wären. Nehmen wir an, der linke Ventrikel pumpt 65 ml min^{-1}, während der rechte Ventrikel 5 ml mehr Blut im gleichen Zeitraum auswirft. Diese zunächst geringe Differenz summiert sich bei einer Herzfrequenz von 60 Schlägen pro Minute innerhalb einer Stunde zu einem Volumenunterschied zwischen beiden Kreisläufen von 18 l. Solche Volumenverschiebungen können durch Änderungen der Körperlage (Stehen → Liegen), die den Einfluss der Schwerkraft auf den venösen Rückstrom aus den unteren Extremitäten verringern, ausgelöst werden.
- **Abstimmung von Herzzeitvolumen und venösem Rückstrom.** Erhöht sich der venöse Rückstrom, muss entsprechend mehr Blut in den Lungen- und Körperkreislauf gepumpt werden, da sonst das endsystolische Volumen dauerhaft ansteigen würde. Dies hätte jedoch bei konstantem venösen Rückstrom innerhalb kurzer Zeit eine enorme Vordehnung des Herzens zur Folge, die jenseits des optimalen Überlappungsbereichs der Myofilamente liegt. Hier setzt ein Teufelskreis ein: Obwohl das Herz mehr und mehr Blut pumpen muss, wird seine Kontraktionskraft immer geringer. Die andauernde Dehnung (**Dilatation**) des Herzens kann in diesem Fall zu einer **Herzinsuffizienz** führen.[16]

Die von einem Muskel entwickelte Kraft hängt innerhalb eines bestimmten Bereichs von der Vordehnung seiner einzelnen Muskelfasern ab: Wird der Muskel gedehnt, erzeugt er eine höhere Spannung als in ungedehntem Zustand. Dieser Zusammenhang gilt sowohl für die Skelettmuskulatur als auch für das Myokard des Herzens, da beide Muskeltypen quergestreift sind und auf der Grundlage der gegeneinander gleitenden Myofilamente Actin und Myosin kontrahieren (◗ Abb. 6.14a). *Eine normale Vordehnung führt zu einer optimalen Überlappung von Actin- und Myosinfilamenten und damit zu einer maximalen Kraftentwicklung.* Werden die Myofilamente jedoch bei einer zu starken Vordehnung über den optimalen Bereich hinaus auseinandergezogen, überlappen sie nur noch wenig und die Kraftentwicklung des Muskels sinkt.

Das Ausmaß der Überlappung von Actin- und Myosinfilamenten bestimmt die Anzahl möglicher Querbrücken und damit die Kraftentwicklung des Muskels (▶ Abschn. 12.1.1). Beim Skelettmuskel sorgt eine Sarkomerlänge von 2,0 bis 2,2 μm für eine optimale Überlappung der Filamente und damit für eine maximale Kraftentwicklung; bei größeren Sarkomerlängen fällt die Kurve wieder ab (◗ Abb. 6.14b). Dagegen steigt die Sarkomerlängenspannungskurve beim Herzmuskel bis 2,2 μm an und erreicht erst bei dieser Länge ihr Maximum. Daher müssen

---

[16] Die dilatative Kardiomyopathie wird vor allem linksventrikulär beobachtet. Es handelt sich hierbei um eine Kontraktionsstörung, die mit einem vergrößerten Herzvolumen bei konstanter Wanddicke verbunden ist.

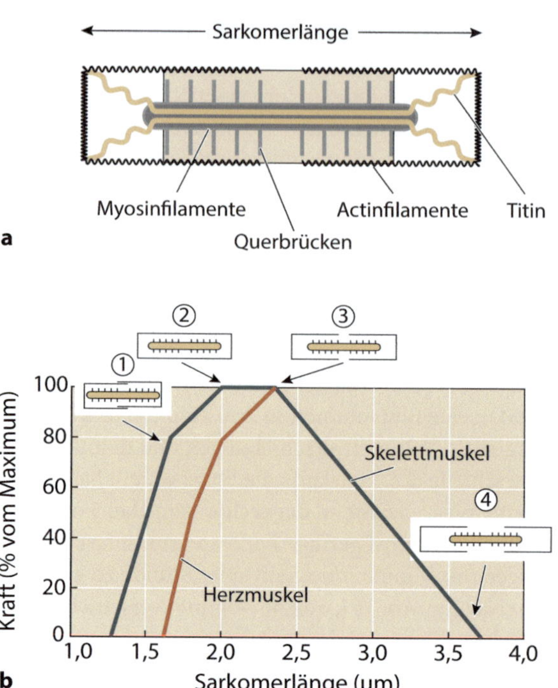

◘ Abb. 6.14 Zusammenhang zwischen Sarkomerlänge und Kraftentwicklung einer quergestreiften Muskelfaser. **a** Schematische Darstellung eines Sarkomers der Herzmuskulatur. Myosin- und Actinfilamente treten über Querbrücken miteinander in Verbindung. Der zur Kraftentwicklung erforderliche Überlappungsbereich beider Myofilamente ist *schattiert* dargestellt. **b** Das Diagramm zeigt den Einfluss der Sarkomerlänge auf die Kraftentwicklung von Skelett- und Herzmuskel. Das Ausmaß der Überlappung von Actin- und Myosinfilamenten bestimmt die Kraftentwicklung der Muskulatur. ① Bei Sarkomerlängen unter 2 µm kommt es zu einer Überlagerung von Actinfilamenten und einer Kollision der Myosinfilamente mit den Enden des Sarkomers, sodass eine geringere Kraftentwicklung resultiert. ② und ③ Im optimalen Längenbereich von 2,0 bis 2,2 µm wird eine gleichbleibend maximale Kraft erreicht. ④ Steigt die Sarkomerlänge weiter an, werden immer weniger Querbrücken ausgebildet, bis bei einer Länge von 3,6 µm der Muskel keine Kraft mehr entwickeln kann. Im Vergleich zum Skelettmuskel zeigt die Herzmuskulatur eine steilere Anstiegsphase und im Bereich von 2,0 bis 2,2 µm kann das Myokard zusätzlich Kraft entwickeln

beim Myokard neben dem Maß der Überlappung der Myofilamente zusätzliche Faktoren für die verstärkte Kontraktionskraft bei zunehmender Sarkomerlänge verantwortlich sein.

Grundsätzlich ist die Stärke einer Muskelkontraktion vom Anstieg der intrazellulären Ca^{2+}-Konzentration abhängig. Die Vordehnung der Myokardzellen führt zwar zu einer stärkeren Kontraktion, jedoch bleibt der Anstieg der Ca^{2+}-Konzentration im Vergleich zu einer nichtgedehnten Herzmuskelfaser unverändert. Dieser Befund deutet darauf hin, dass sich die Sensitivität der Myofilamente für Ca^{2+} durch die Vordehnung erhöht hat.

Wird eine Muskelfaser gedehnt, verringert sich ihre Querschnittsfläche und die Myofilamente gelangen in eine engere räumliche Nähe zueinander. Dadurch erhöhen sich auf bisher unbekannte Weise die Affinität von Troponin C für Ca^{2+} und somit die Wahrscheinlichkeit für eine Ausbildung von Querbrücken, was letztlich zu einer verstärkten Kontraktionskraft führt. *Der Frank-Starling-Mechanismus beruht demnach maßgeblich auf einer Erhöhung der Ca^{2+}-Sensitivität der Myofilamente.*

Wir haben in ▶ Abschn. 5.2.2 das Laplace-Gesetz kennengelernt, das den Zusammenhang zwischen Wandspannung, Innendruck und Radius in einer Kugel oder einem Zylinder beschreibt. Demnach ist bei einer stärkeren Füllung der Ventrikel (größerer Radius) eine höhere Wandspannung nötig, um den erforderlichen systolischen Druck zu erzeugen. Die einzelnen Herzmuskelzellen müssen also deutlich mehr Kraft entwickeln, damit Blut in die Aorta ausgeworfen werden kann. Genau dies leistet der Frank-Starling-Mechanismus: *Aufgrund der stärkeren Vordehnung können die Herzmuskelzellen eine größere Kraft generieren und so einen hinreichend hohen systolischen Druck im Ventrikel erzeugen.*

6.3.4 Erhöhung der Nachlast

Als **Nachlast** wird der Widerstand bezeichnet, den das Herz während der Systole überwinden muss. Sie wird vor allem vom mittleren Druck in der Aorta bestimmt.[17] *Die Nachlast hängt also von der Druckbelastung in den Ausstromgefäßen ab.*

Bei einer Steigerung des arteriellen Blutdrucks[18] auf Werte über 120 mmHg muss der linke Ventrikel das Blut gegen einen erhöhten Druck in der Aorta auswerfen. In diesem Fall wird ein größerer Teil der Kontraktionskraft für den zusätzlichen Druckaufbau benötigt, sodass verhältnismäßig weniger Kraft für den Auswurf des Blutes zur Verfügung steht. Die Aortenklappe öffnet später und der Punkt C wird nach C' im Arbeitsdiagramm des Herzens verschoben (◘ Abb. 6.13c). Aufgrund des erhöhten arteriellen Blutdrucks schließt die Aortenklappe bei einem höheren endsystolischen Druck (D') und es wird zunächst ein geringeres Blutvolumen ausgeworfen (SV').

Da die Auswurffraktion kleiner ist, bleibt jedoch ein größeres endsystolisches Volumen im Ventrikel zurück. Bei konstantem venösen Rückstrom erhöht sich im nächsten Herzzyklus das Gesamtvolumen im Ventrikel und es kommt zu einer stärkeren Vordehnung des ventrikulären Myokards – der Arbeitspunkt B verschiebt sich entlang der Ruhedehnungskurve nach B_1. In diesem Fall setzt der Frank-Starling-Mechanismus ein und aufgrund der gesteigerten Kontraktionskraft wird beim folgenden Herzzyklus wieder ein nahezu unverändertes Schlagvolumen ausgeworfen.

Die endogenen Regulationsmechanismen des Herzens gewährleisten auch bei erhöhtem arteriellen Blutdruck ein weitgehend konstantes Herzzeitvolumen und stellen damit die essenziellen Kreislauffunktionen für den Organismus dauerhaft sicher. Der Frank-Starling-Mechanismus und die inotropiesteigernde Wirkung des Sympathikus sind grundsätzlich verschiedene Prozesse, auch wenn beide letztlich die Druck-Volumen-Arbeit des Herzens erhöhen.

6.3.5 Das Elektrokardiogramm

Das **Elektrokardiogramm** (EKG) ist eines der wichtigsten diagnostischen Werkzeuge in der Medizin, da es Rückschlüsse auf die Erregungsbildung und -ausbreitung, die Erregungsrückbildung, die Lage der elektrischen Herzachse[19] und die Schrittmacheraktivität erlaubt.

---

[17] Gemäß dem Gesetz von Laplace hängt die Wandspannung außerdem vom enddiastolischen Volumen des linken Ventrikels ab. Weiterhin beeinflusst die Trägheit der zu beschleunigenden Blutsäule die Wandspannung.

[18] Eine dauerhafte Erhöhung des systolischen Blutdrucks über 140 mmHg wird als Hypertonie bezeichnet. Neben einer genetischen Prädisposition können Manifestationsfaktoren wie Übergewicht, salzreiche Ernährung und psychischer Stress Hypertonie verursachen, wobei wahrscheinlich mehr als ein Faktor gleichzeitig für die Hypertonie verantwortlich ist (multifaktorielle Pathogenese).

[19] Aufgrund seiner relativ großen Masse bestimmt das Ventrikelmyokard die Lage der elektrischen Herzachse im Körper. Normalerweise ist die Herzachse zwischen 30° und 60° gegenüber der Senkrechten nach links geneigt.

◘ Abb. 6.15 Grundlagen des Elektrokardiogramms. **a** Zwischen einer depolarisierten und einer nichtdepolarisierten Herzmuskelzelle bildet sich ein elektrischer Dipol aus, der durch Richtung und Stärke eines elektrischen Feldvektors beschrieben werden kann. Der Vektor ist von ⊝ nach ⊕ gerichtet, zeigt also von einer erregten zu einer unerregten Zelle, wobei die Ladungen im Extrazellulärraum zugrunde gelegt werden. Die Herzmuskelzellen sind über Gap Junctions miteinander verbunden. **b** Basierend auf der Erregung einzelner Muskelzellen bildet sich eine Depolarisationswelle aus, die im Sinusknoten beginnt und über das Myokard der Atrien und Ventrikel verläuft. Bereits erregte Bereiche sind negativ geladen, während in Regionen, die von der Depolarisation noch nicht erfasst wurden, positive Ladungen vorherrschen. Der eingezeichnete Feldvektor entspricht dem Summenvektor aller Dipole zwischen benachbarten Zellen

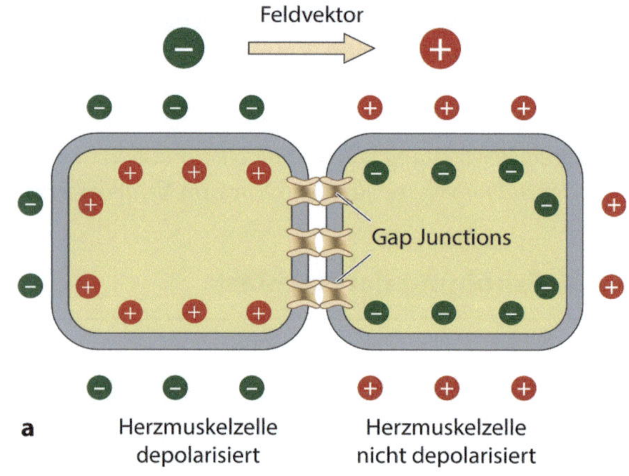

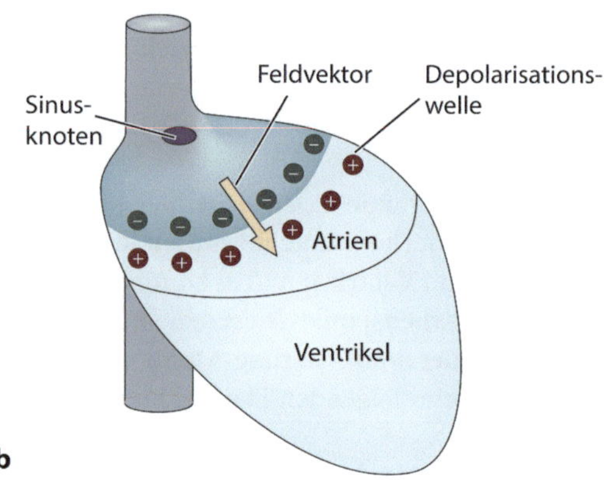

Wenn eine Erregung in Form einer geordneten Depolarisationswelle über das Herz läuft, besitzen die bereits erregten Zellen eine negative Ladung an ihrer Außenseite (innen positiv), während die noch unerregten Zellen an ihrer Außenseite positiv geladen sind (Ruhemembranpotenzial, innen negativ). An der Wellenfront zwischen erregten und unerregten Zellen bildet sich daher das elektrische Feld eines **Dipols** aus, der durch einen **elektrischen Feldvektor** beschrieben werden kann. Die Pfeilspitze des Vektors zeigt entgegen der physikalischen Konvention von der negativen zur positiven Ladung, also in Richtung der noch nicht erregten Zelle (◘ Abb. 6.15a).

Da letztlich alle Zellen des Herzens über Gap Junctions miteinander verbunden sind und so ein funktionelles Syncytium bilden[20], lässt sich der bisher nur für zwei Zellen beschriebene Feldvektor auf das gesamte Herz übertragen (◘ Abb. 6.15b). Es resultiert ein **elektrischer Summenvektor**, der nach den Regeln der Vektoraddition gebildet wird und aus der Überlagerung einzelner Dipole besteht. Der Summenvektor ist umso größer, je mehr Dipole in dieselbe

---

[20] Ein echtes Syncytium ist ein vielkerniger Plasmabereich, der durch Fusion einkerniger Zellen oder das Ausbleiben von Zellteilungen entsteht. Durch Gap Junctions verbundene Myokardzellen sind weiterhin einkernig, verhalten sich aber funktionell wie ein vielkerniges Netzwerk.

Richtung weisen, wenn die Erregungsfront also geradlinig verläuft. Die Richtung des Summenvektors selbst wird durch die Richtung der Erregungsausbreitung bestimmt.

Grundsätzlich erfolgt die Erregung des Herzens von der Herzbasis in Richtung Herzspitze („von oben nach unten"), während die Erregungsrückbildung in umgekehrter Richtung verläuft. Da die Erregungsausbreitung in einem dreidimensionalen Gebilde erfolgt, bilden die Feldvektoren schleifenartige Strukturen.[21] Insgesamt werden während eines Herzzyklus drei schleifenförmige Bahnen durchlaufen: (1) die Erregung der Vorhöfe, (2) die Erregung der Ventrikel und (3) die ventrikuläre Erregungsrückbildung.

Wenn das gesamte Herz gleichermaßen erregt oder aber nicht erregt ist, existieren keine Spannungsunterschiede zwischen benachbarten Zellen und daher auch kein elektrischer Feldvektor (**isoelektrische Linie**). In diesem Fall kehren die drei Schleifen an ihren Ausgangspunkt zurück.

Die Spannungsänderungen im Herzen – also die Summenvektoren zwischen erregten und unerregten Arealen – werden auf die Körperoberfläche projiziert. *Das eigentliche EKG besteht in der Messung dieser vom Herzen ausgehenden Spannungsänderungen auf der Körperoberfläche mit Kontaktelektroden.* Da der dreidimensionale Prozess der Herzerregung auf die zweidimensionale Struktur der Körperoberfläche abgebildet wird, hängt der gemessene EKG-Verlauf unmittelbar von der Positionierung der Elektroden ab. Wir wollen hier nicht auf alle in der Kardiologie verwendeten Ableitkonfigurationen eingehen; die gezeigten Abbildungen entsprechen der Ableitung nach Einthoven.

Ein normales EKG besteht aus charakteristischen Abschnitten, die von den oben beschriebenen Vektorschleifen gebildet werden (◘ Abb. 6.16).

1. Die **P-Welle** beschreibt die Erregungsausbreitung in den beiden Vorhöfen. Die Erregung beginnt ausgehend vom Sinusknoten mit der Depolarisation des Vorhofmyokards. Sie breitet sich über das rechte und linke Atrium bis zur bindegewebigen Ventilebene aus. Aufgrund der geringen Muskelmasse der Vorhöfe ist auch die Spannungsamplitude der P-Welle relativ klein.

2. **PQ-Strecke.** Nach vollständiger Erregung beider Vorhöfe sind die Spannungsdifferenzen innerhalb der Atrien gleich null. Der AV-Knoten besteht nur aus wenigen Zellen, sodass der Summenvektor zwischen Vorhofmyokard und AV-Knoten zu klein ist, um im EKG messbar zu sein. Es resultiert eine isoelektrische Linie, die PQ-Strecke. Das **PQ-Intervall** (Beginn P-Welle bis Beginn Q-Zacke) dauert < 200 ms. Der Ventrikel ist zwar zu diesem Zeitpunkt noch nicht erregt; das elektrisch isolierende Bindegewebe der Ventilebene verhindert jedoch, dass die Erregung von den Vorhöfen auf die Kammern übertritt.

3. Der **QRS-Komplex** stellt insgesamt die Erregung beider Ventrikel dar. Nachdem die Ventilebene durch AV-Knoten und His-Bündel überbrückt wurde, beginnt die Erregungsausbreitung im Ventrikelmyokard. Der QRS-Komplex besteht aus der **Q-Zacke** (Erregung des Septums in Richtung Herzbasis), der **R-Zacke** (Erregung der Hauptmasse der Ventrikelmuskulatur in Richtung Herzspitze) und der **S-Zacke** (Erregung vor allem der linksventrikulären Muskulatur in der Nähe der Herzbasis). Insbesondere der linke Ventrikel besitzt eine große Muskelmasse, sodass der Summenvektor eine entsprechend große Spannungsamplitude auf der Körperoberfläche abbildet – die R-Zacke hat eine Amplitude von 1 bis

---

[21] Zu jedem Zeitpunkt des Herzzyklus existiert ein Summenvektor mit einer bestimmten Länge und Richtung. Wenn die jeweiligen Endpunkte dieser Summenvektoren miteinander verbunden werden, erhält man eine zeitabhängige Darstellung der jeweiligen Vektorspitzen und damit den exakten Verlauf der Erregung in Form einer Schleife.

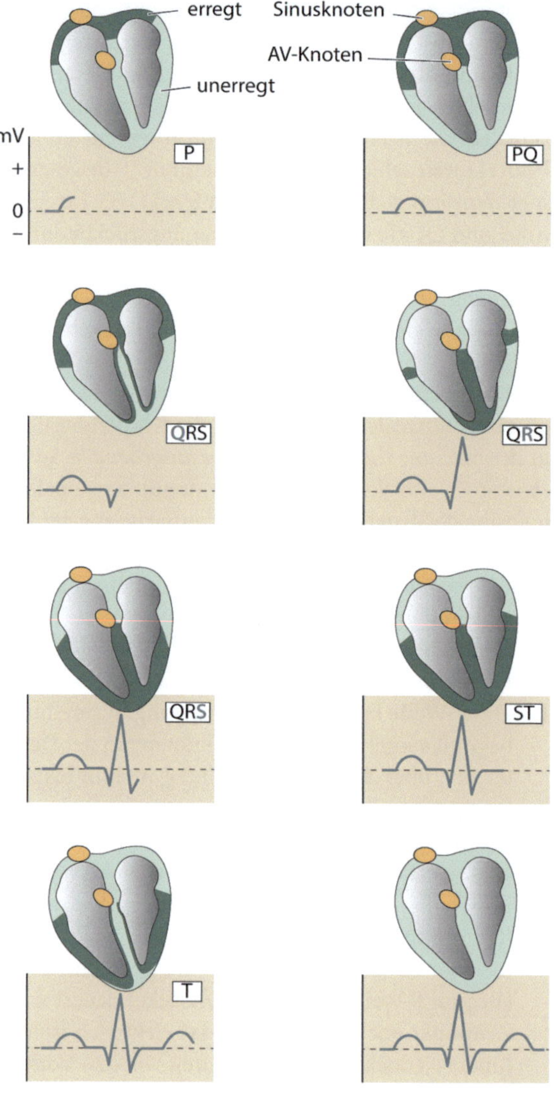

Abb. 6.16 Erregungsausbreitung im Herzen und korrespondierende Phasen im Elektrokardiogramm (EKG). Die Abbildung zeigt erregte und unerregte Regionen des Herzens und den jeweils zugehörigen Verlauf des EKGs

2 mV. Die Repolarisation der Vorhöfe fällt zeitlich weitgehend mit dem QRS-Komplex zusammen und ist daher im EKG nicht erkennbar.

4. Die **ST-Strecke** ist wiederum eine isoelektrische Linie – bei vollständiger Erregung beider Ventrikel existieren keine Spannungsdifferenzen.

5. Die Rückbildung der ventrikulären Erregung wird durch die **T-Welle** gekennzeichnet. Die Repolarisation verläuft umgekehrt wie die Depolarisation, von der Herzspitze in Richtung Herzbasis. Da sich gleichzeitig die Richtung des Summenvektors umkehrt, hat die T-Welle das gleiche Vorzeichen wie die R-Zacke.

6. Gelegentlich wird eine **U-Welle** beobachtet, die möglicherweise der späten Repolarisation in den Purkinje-Fasern zugeordnet werden kann. Purkinje-Fasern besitzen ein langes Aktionspotenzial und repolarisieren daher später als das ventrikuläre Arbeitsmyokard.

6.3.6 Störungen des Herzrhythmus

Aufgrund des normalen Sinusrhythmus von etwa 60 bis 80 Schlägen pro Minute zeigt das EKG eine regelmäßige, periodische Abfolge von P-Welle, QRS-Komplex und T-Welle mit zeitlich konstanten Intervallen. Dieser Ablauf kann gestört werden, wenn Erregungen außerhalb des Sinusknotens entstehen oder nicht regelhaft von den Vorhöfen auf die Kammern weitergeleitet werden. Im ersten Fall sprechen wir von Extrasystolen, im zweiten Fall von einem AV-Block.

Extrasystolen sind Erregungen des Myokards, die nicht von den normalen Schrittmacherzentren im Sinusknoten oder AV-Knoten ausgehen, sondern von Myokardzellen mit einer abnormen Aktivität (ektope Schrittmacher). Diese spontane Erregungsbildung kann durch eine Unterversorgung mit O_2 und Nährstoffen (lokale Ischämie) verursacht werden oder aber durch Kalzifizierungen, die angrenzende Myokardzellen mechanisch irritieren. Auch bei gesunden Menschen können Extrasystolen durch Alkohol, Koffein, Nikotin oder emotionale Erregung spontan ausgelöst werden. In jedem Fall tritt neben dem regulären Sinusrhythmus eine zweite Erregungsquelle auf.

- **Supraventrikuläre Extrasystolen** entstehen im Vorhof. Die Erregung wird vom AV-Knoten, der nicht zwischen normaler und pathologischer Erregung unterscheiden kann, auf den Ventrikel weitergeleitet. Die Kammererregung verläuft also grundsätzlich normal, die Abstände zwischen den einzelnen QRS-Komplexen sind jedoch nicht regelmäßig (◘ Abb. 6.17a).
- **Ventrikuläre Extrasystolen** entstehen im Ventrikel. Die Erregung breitet sich von der ektopen Quelle ausgehend unregelmäßig über das Arbeitsmyokard des Ventrikels aus, was zu einem verzerrten QRS-Komplex führt. Gleichzeitig erzeugt der Sinusknoten weiterhin periodische Erregungen, die jedoch nicht weitergeleitet werden, wenn sie in die Refraktärphase der Extrasystole fallen. Es entsteht eine **kompensatorische Pause** und erst die nächste Erregung des Sinusknotens führt wieder zu einer vollständigen Kammererregung und Kontraktion (◘ Abb. 6.17b).

Supraventrikuläre und ventrikuläre Extrasystolen finden sich bei den meisten Herzgesunden und sind in der Regel harmlos.

Unter einem **AV-Block** verstehen wir eine gestörte Überleitung der Erregung vom Vorhof über den AV-Knoten auf die Ventrikel. Sie werden nach dem EKG-Befund in drei Grade eingeteilt:

- **AV-Block I. Grades.** Aufgrund einer langsamen Überleitung ist das PQ-Intervall deutlich länger als 200 ms (◘ Abb. 6.17c).
- **AV-Block II. Grades.** Nicht jede Vorhoferregung wird auf die Ventrikel weitergeleitet; es fallen also mit einer bestimmten Periodik QRS-Komplexe aus. Entweder verlängert sich das PQ-Intervall systematisch bis zu einer Maximalzeit, bevor eine Erregung ausfällt (◘ Abb. 6.17d), oder Erregungen werden nur in einem festen Verhältnis übergeleitet – z. B. von zwei P-Wellen führt immer nur eine zu einer Ventrikelkontraktion (◘ Abb. 6.17e).
- **AV-Block III. Grades.** Erregungen werden überhaupt nicht weitergeleitet und es kommt also zu einem totalen AV-Block. Die Kammererregung erfolgt über ein Ersatzzentrum im Erregungsleitungssystem, das eine im Vergleich zum Sinusknoten deutlich niedrigere Impulsfrequenz von 20 bis 40 Schlägen pro Minute erzeugt. Vorhof und Kammer kontrahieren nun unabhängig voneinander, was sich im EKG in Form regelmäßiger P-Wellen und Q-Wellen manifestiert, die jeweils eine eigene Periodizität aufweisen (◘ Abb. 6.17f). Eine Frequenz von 20 bis 40 Schlägen pro Minute reicht allerdings zur Versorgung des

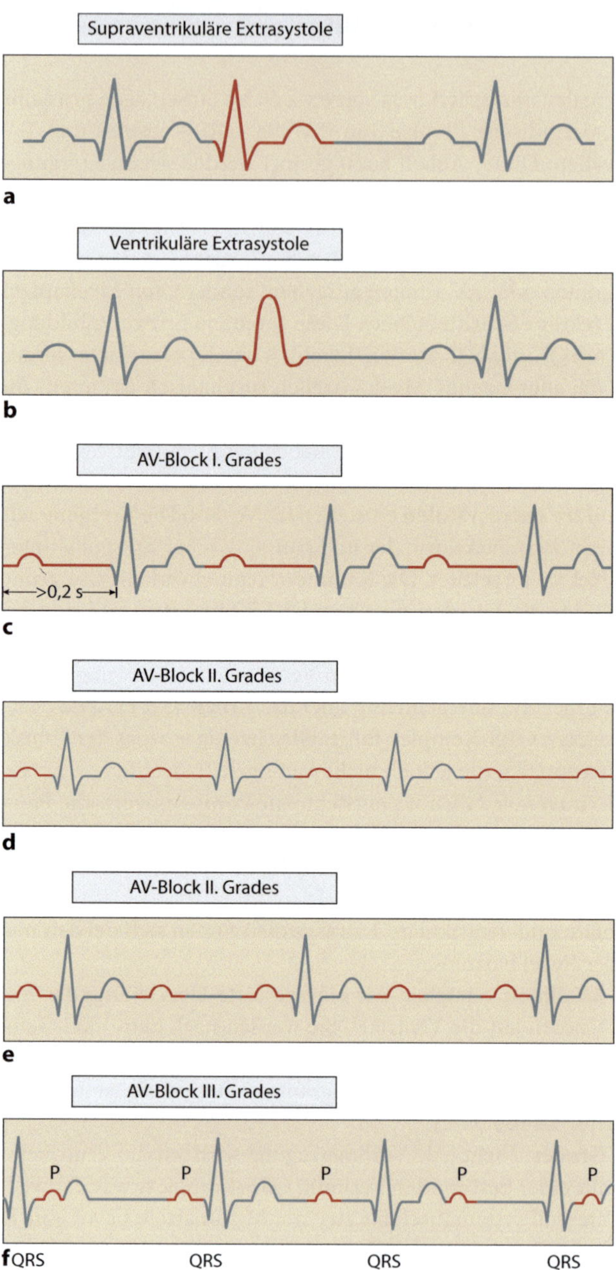

☐ Abb. 6.17 Herzrhythmusstörungen. **a** Supraventrikuläre Extrasystole. Die P-Welle ist nicht vorhanden, der QRS-Komplex verläuft normal, folgt aber unmittelbar auf die vorhergehende T-Welle. Der nächste Herzzyklus erfolgt wieder im normalen Sinusrhythmus. **b** Ventrikuläre Extrasystole mit kompensatorischer Pause. Aufgrund der ektopen Ventrikelerregung zeigt der QRS-Komplex einen deformierten und breiten Verlauf. Die nächste Erregung des Sinusknotens fällt in die Refraktärphase des Kammermyokards und wird daher nicht weitergeleitet. Diese kompensatorische Pause führt zu einer Verdopplung des Intervalls zwischen zwei normalen QRS-Komplexen. **c** AV-Block I. Grades mit einer abnormen Verlängerung des PQ-Intervalls. **d** AV-Block II. Grades, bei dem das PQ-Intervall immer länger wird, bis die Überleitung schließlich ausbleibt. **e** AV-Block II. Grades, bei dem in diesem Beispiel nur jede zweite Vorhoferregung weitergeleitet wird. **f** AV-Block III. Grades. Erregungen werden nicht weitergeleitet; Atrien und Ventrikel kontrahieren mit jeweils eigenem Rhythmus

Organismus nicht aus, sodass bei einem AV-Block III. Grades die Versorgung mit einem Schrittmacher indiziert ist.

Das **Vorhofflattern** bezeichnet eine Kontraktion des Vorhofmyokards mit Frequenzen von 250 bis 350 Schlägen pro Minute; bei Frequenzen über 350 Schlägen pro Minute handelt es sich um **Vorhofflimmern**. Häufig werden beide Formen der Vorhoftachykardie durch kreisende Erregungen verursacht.[22] Aufgrund der langen Überleitungszeiten im AV-Knoten und der Refraktärzeiten im Ventrikelmyokard werden nur in unregelmäßigen Abständen Impulse des hochfrequenten Erregungsmusters auf die Hauptkammern weitergeleitet, was zu einer aperiodischen Erregungsbildung im Arbeitsmyokard führt. Im EKG zeichnet sich ein Vorhofflimmern durch fehlende P-Wellen und irreguläre atriale Oszillationswellen aus; der Kammerrhythmus selbst zeigt keine Periodizität (absolute Arrhythmie).

Das **Kammerflimmern** ist eine hochfrequente Tachykardie der Ventrikel mit Frequenzen von mehr als 350 Schlägen pro Minute. Sie setzt eine elektrische Instabilität des Herzens voraus, wie sie etwa durch eine chronisch ischämische Herzerkrankung oder durch einen akuten Myokardinfarkt verursacht werden kann. Bei Herzgesunden stellen Extrasystolen, die während der vulnerablen Phase der Ventrikelerregung stattfinden und kreisende Erregungen auslösen (etwa durch einen Stromschlag), eine häufige Ursache für die Entstehung von Kammerflimmern dar. Beim Kammerflimmern kommt es zu unkoordinierten Kontraktionen von Teilen des Myokards, sodass weder die Ventrikel gefüllt noch Blut in die Ausstromgefäße gepumpt werden kann (▶ Abschn. 6.2.1).

6.3.7 Zusammenfassung

Der Herzzyklus besteht aus einer vollständigen Sequenz von Kontraktion (Systole) und Erschlaffung (Diastole) der Herzmuskulatur. Unter Ruhebedingungen schlägt das menschliche Herz mit einer Frequenz von 60 bis 75 Schlägen pro Minute, sodass die Dauer eines Herzzyklus zwischen 0,8 s und 1 s beträgt.

Der Herzzyklus wird in vier aufeinanderfolgende Phasen eingeteilt: (1) die Füllungsphase, in der sich die Atrien und Ventrikel mit Blut füllen, (2) die Anspannungsphase mit isovolumetrischer Kontraktion der Ventrikel, (3) die Austreibungsphase, in der Blut in die Aorta und die Lungenarterien ausgeworfen wird, und schließlich (4) die Entspannungsphase mit isovolumetrischer Relaxation des Ventrikelmyokards. Das Druck-Volumen-Diagramm fasst die Ereignisse des Herzzyklus in einem Phasendiagramm zusammen, wobei die eingeschlossene Fläche der vom Herzen geleisteten Arbeit entspricht. Die Gesamtarbeit des menschlichen Herzens für einen vollständigen Herzzyklus beträgt etwa 1,5 J – sie besteht aus der Druck-Volumen-Arbeit, der Beschleunigungsarbeit und der Arbeit, die zur Erzeugung der Pulswelle aufgewendet werden muss.

Das autonome Nervensystem, bestehend aus Sympathikus und Parasympathikus, reguliert die Herzleistung gemäß dem aktuellen Sauerstoffbedarf des Organismus. Die sympathische Innervation durch die Herznerven führt zu einer Steigerung der Herzfunktion auf der Ebene der Vorhöfe und der Ventrikel. Als Transmitter dient Noradrenalin, dessen Bindung an β_1-adrenerge Rezeptoren eine schnellere und stärkere Depolarisation von Schrittmacher- und Herzmuskelzellen bewirkt. Infolgedessen steigen die Herzfrequenz und die Erregungsleitungsgeschwindigkeit sowie die Kraftentwicklung im Vorhof- und im Kammermyokard.

---

[22] Eine Tachykardie bezeichnet Herzfrequenzen von über 100 Schlägen pro Minute, eine Bradykardie tritt bei Werten unterhalb von 50 Schlägen pro Minute auf.

Die Wirkung des Parasympathikus erfolgt vor allem an den Schrittmacherzentren und am Vorhofmyokard, ist also weitgehend auf die beiden Atrien beschränkt. Aus Endigungen des Nervus vagus wird der Transmitter Acetylcholin freigesetzt, der an muscarinerge Rezeptoren auf Zellen der genannten Vorhofstrukturen bindet. Acetylcholin senkt die Aktionspotenzialfrequenz des Sinusknotens und die Weiterleitungsgeschwindigkeit am AV-Knoten bei gleichzeitiger Reduktion der Kraftentwicklung im Vorhofmyokard.

Neben der Steuerung durch das autonome Nervensystem spielen auch die Vorlast (Volumenbelastung aufgrund der enddiastolischen Wandspannung) und die Nachlast (vor allem der Blutdruck in der Aorta) eine wichtige Rolle für die Kontraktion der Herzmuskelfasern. Gelangt mehr Blut in die beiden Ventrikel, wird auch ein entsprechend größeres Blutvolumen aufgrund einer erhöhten Kontraktionskraft ausgeworfen. Dieser sogenannte Frank-Starling-Mechanismus dient der Abstimmung der Auswurfvolumina von rechtem und linkem Ventrikel sowie der Anpassung des Herzzeitvolumens an einen variablen venösen Rückstrom. Das jeweilige Füllungsvolumen bestimmt die Vordehnung des Herzmuskels; als molekulare Grundlage für den Frank-Starling-Mechanismus verändern sich der Überlappungsgrad und die Ca^{2+}-Sensitivität der Myofilamente in den Sarkomeren.

Eine veränderte Nachlast tritt vor allem bei Hypertonie auf, wenn der linke Ventrikel Blut gegen einen erhöhten arteriellen Blutdruck auswerfen muss. Auch in diesem Fall sorgen Regulationsmechanismen des Herzens selbst für eine weitgehende Konstanz des Herzzeitvolumens.

Das Elektrokardiogramm (EKG) beschreibt die Spannungsänderungen während eines Herzzyklus. Zwischen bereits depolarisierten und noch nicht erregten Arealen des Herzens entsteht ein zeitlich veränderliches elektrisches Feld, das an der Körperoberfläche mit Elektroden gemessen werden kann. Das menschliche EKG besteht aus drei charakteristischen Abschnitten: P-Welle (Erregung der Vorhöfe), QRS-Komplex (Erregung der Ventrikel) und T-Welle (Repolarisation der Ventrikel). Isoelektrische Linien (Nulllinien) kennzeichnen die jeweils vollständige Erregung von Atrien und Ventrikeln.

Ein EKG lässt diagnostische Rückschlüsse auf Erregungsbildung, Rhythmus- und Leitungsstörungen sowie die Lage der elektrischen Herzachse zu. Im EKG erkennbare Herzrhythmusstörungen umfassen u. a. Tachykardien wie Vorhofflattern und Vorhofflimmern sowie das Kammerflimmern. Hierbei handelt es sich um irreguläre Oszillationswellen, die im Falle des Kammerflimmerns zu einem Kreislaufstillstand führen. Extrasystolen können sowohl im Vorhof als auch in der Hauptkammer auftreten; sie gehen von ektopen Schrittmachern aus und treten neben dem normalen Sinusrhythmus auf. Eine gestörte Überleitung aus den Atrien in die Ventrikel wird als AV-Block bezeichnet. Er reicht vom Ausfall einzelner Impulse bis hin zu einer kompletten Blockierung der Erregungsleitung über die Ventilebene.

Literatur

1. Farmer CG (1999) Evolution of the vertebrate cardio-pulmonary system. Annu Rev Physiol 61:573–592
2. John RM, Tedrow UB, Koplan BA, Albert CM, Epstein LM, Sweeney MO, Miller AL, Michaud GF, Stevenson WG (2012) Ventricular arrhythmias and sudden cardiac death. Lancet 380:1520–1529
3. Kléber AG, Rudy Y (2004) Basic mechanisms of cardiac impulse propagation and associated arrhythmias. Physiol Rev 84:431–488
4. Mangoni ME, Nargeot J (2008) Genesis and regulation of the heart automaticity. Physiol Rev 88:919–982
5. Mohrman DE, Heller LJ (2014) Cardiovascular Physiology. 8. Aufl, McGraw Hill Education, New York
6. Monfredi O, Maltsev VA, Lakatta EG (2013) Modern concepts concerning the origin of the heartbeat. Physiology 28:74–92
7. Park DS, Fishman GI (2011) The cardiac conduction system. Circulation 123:904–915

Osmoregulation

Andreas Feigenspan

© Springer-Verlag GmbH Deutschland 2017
A. Feigenspan, *Prinzipien der Physiologie*, https://doi.org/10.1007/978-3-662-54117-3_7

Schlüsselkonzepte
1. Der osmotische Druck ist eine kolligative Eigenschaft. Unterschiede im osmotischen Druck bestimmen die Bewegung von Wasser über semipermeable Membranen.
2. Alle Tiere regulieren ihren intra- und extrazellulären Gehalt an Wasser und Elektrolyten. Die Osmo- und Ionenregulation erfordert Energie; evolutionäre Mechanismen minimieren diese energetischen Kosten.
3. Hyperosmotische Organismen (Lebensraum Süßwasser) nehmen osmotisch Wasser auf und verlieren Elektrolyte durch Diffusion.
4. Hypoosmotische Organismen (Lebensraum Meerwasser) verlieren osmotisch Wasser an ihre Umgebung und nehmen durch Diffusion Salze auf.
5. Terrestrische Organismen verlieren Wasser im Zuge von Verdunstungsprozessen und durch die Ausscheidung stickstoffhaltiger Stoffwechselprodukte.

» Water, water, every where,
And all the boards did shrink;
Water, water, every where,
Nor any drop to drink.
Samuel Taylor Coleridge

7.1 Bewegung von Wasser über Membranen

Marine Knochenfische leben in einer Umgebung, die im Vergleich zu ihren Körperzellen einen mehr als doppelt so hohen Salzgehalt aufweist. Infolgedessen verlieren die Fische kontinuierlich Wasser an ihren Lebensraum. Umgekehrt nehmen Süßwasserfische ständig Wasser auf, da ihre Gewebe einen höheren Salzgehalt besitzen als das Wasser von Flüssen, Bächen und Seen. Andere Organismen wie beispielsweise Lachse, die den größten Teil ihres Lebens im Meer verbringen und erst zur Laichzeit ins Süßwasser zurückkehren, können ohne Schwierigkeiten zwischen diesen Umgebungen mit unterschiedlichem Salzgehalt wechseln.

Landlebende Organismen sind beständig der Gefahr der Dehydrierung ausgesetzt. Sie verlieren Wasser durch Verdunstung – einerseits im Zuge von Atmung (▶ Abschn. 4.4.1) und Thermoregulation (▶ Abschn. 3.6.2), aber auch aufgrund der Notwendigkeit, überschüssige Salze und stickstoffhaltige Stoffwechselprodukte des Amino- und Nukleinsäureabbaus in Form wässriger Lösungen auszuscheiden (▶ Abschn. 8.1).

Ein gesunder Mensch kann zwar längere Zeit ohne Nahrung, jedoch nur wenige Tage ohne Wasser überleben. Der Körper des Menschen besteht zu etwa 70 % aus Wasser und ein Verlust von mehr als 10 % des körpereigenen Wassers ist lebensbedrohlich. Daher steht die Homöostase des Wasser- und Elektrolythaushalts im Zentrum komplexer Regulationsmechanismen, die für das Überleben eines Organismus von größter Bedeutung sind.

7.1.1 Kolligative Eigenschaften und osmotischer Druck

Wasser kommt in allen Organismen sowohl in den Zellen (intrazellulär) als auch im Extrazellulärraum vor. Letzterer umfasst die Räume zwischen den Zellen und die Gefäße des Kreislaufsystems. In beiden Kompartimenten sind jeweils spezifische Substanzen physikalisch in

Wasser gelöst, wobei Elektrolyten und Proteinen eine besonders wichtige Rolle zukommt. Obwohl die gelösten Substanzen zum Teil sehr unterschiedliche chemische Strukturen besitzen, versehen sie eine wässrige Lösung mit **kolligativen Eigenschaften**. *Kolligative Eigenschaften hängen grundsätzlich nur von der Anzahl der gelösten Teilchen, nicht aber von ihrer chemischen Beschaffenheit ab.*

Die physiologisch wichtigsten kolligativen Eigenschaften einer wässrigen Lösung sind der osmotische Druck, der Gefrierpunkt und der Dampfdruck über einer Flüssigkeit.[1] Es spielt also keine Rolle, ob in einer wässrigen Lösung positiv geladene K^+-Ionen oder negativ geladene Cl^--Ionen gelöst sind noch ob sich in ihr Glucose, Harnstoff oder große Proteine befinden – wenn jeweils gleich viele Moleküle vorhanden sind, stimmen die Lösungen hinsichtlich ihres osmotischen Drucks, Gefrierpunkts und Dampfdrucks überein. Dabei ist die Größe einer kolligativen Eigenschaft proportional zur Konzentration der gelösten Teilchen. Für physiologische Prozesse ist vor allem der osmotische Druck relevant; er steht daher im Mittelpunkt der folgenden Diskussion.

Der **osmotische Druck** einer wässrigen Lösung hängt von den Konzentrationen der in ihr gelösten Teilchen ab. Besteht eine Lösung aus unterschiedlichen Substanzen, ist die Summe aller Teilchen für den osmotischen Druck maßgeblich. Dieser Zusammenhang entspricht der Situation in einem idealen Gas, dessen Gesamtdruck sich aus der Summe der Partialdrücke der einzelnen Komponenten zusammensetzt (▶ Abschn. 4.1.1). Entsprechend können wir den osmotischen Druck Π aus dem allgemeinen Gasgesetz ableiten:

$$\text{allgemeines Gasgesetz: } p = \frac{n}{V}\,R\,T, \tag{7.1}$$

$$\text{osmotischer Druck: } \Pi = \Delta C\,R\,T. \tag{7.2}$$

Gl. 7.2 besagt, dass der osmotische Druck dem Konzentrationsunterschied ΔC zwischen zwei Lösungen proportional ist.[2] R bezeichnet die allgemeine Gaskonstante ($8{,}314\,\mathrm{J\,mol^{-1}\,K^{-1}}$) und T die absolute Temperatur (K).

Ein osmotischer Druck tritt nur dann als physikalisch messbarer Druck in Erscheinung, wenn zwei Lösungen unterschiedlicher Konzentration durch eine für das Lösungsmittel, aber nicht für den gelösten Stoff durchlässige Membran voneinander getrennt sind. Eine Lösung erzeugt selbst keinen osmotischen Druck, ganz gleich wie hoch die Konzentration der in ihr gelösten Teilchen ist. Nach Gl. 7.2 hat eine Glucoselösung mit einer Konzentration von $1\,\mathrm{mol\,l^{-1}}$ bei $25\,^\circ\mathrm{C}$ theoretisch einen osmotischen Druck von fast $2500\,\mathrm{kPa}$ oder $24\,\mathrm{atm}$.[3] Dieser Druck wird aber nur dann physiologisch relevant, wenn die Glucoselösung mit reinem Wasser über eine **semipermeable Membran** in Kontakt steht.[4]

Während die **Molarität** die Konzentration eines gelösten Stoffes beschreibt, ist die **Osmolarität** ein Maß für den osmotischen Druck der Lösung. Ein idealer Nichtelektrolyt mit einer Konzentration von $1\,\mathrm{mol\,l^{-1}}$ besitzt eine Osmolarität von $1\,\mathrm{osm\,l^{-1}}$. *Je höher die Osmolarität einer wässrigen Lösung, desto weniger Wasser ist in einem bestimmten Volumen der Lösung vorhanden, desto geringer ist also ihre Wasserkonzentration.* Um die Osmolarität einer Lösung zu bestimmen, müssen wir wissen, wie viele Teilchen sich letztlich gelöst haben. Hierbei ist

---

[1] Eine weitere kolligative Eigenschaft betrifft den Siedepunkt einer Flüssigkeit, der jedoch unter physiologischen Bedingungen selten relevant ist.

[2] Da biologische Moleküle, insbesondere große Proteine, ein nicht zu vernachlässigendes Volumen einnehmen, wird die Konzentration genauer als Molalität in $\mathrm{mol\,kg^{-1}}$ angegeben.

[3] Dieser Wert entspricht etwa dem Wasserdruck in $250\,\mathrm{m}$ Tiefe.

[4] Eine semipermeable Membran ist für das Lösungsmittel, aber nicht für den gelösten Stoff durchlässig.

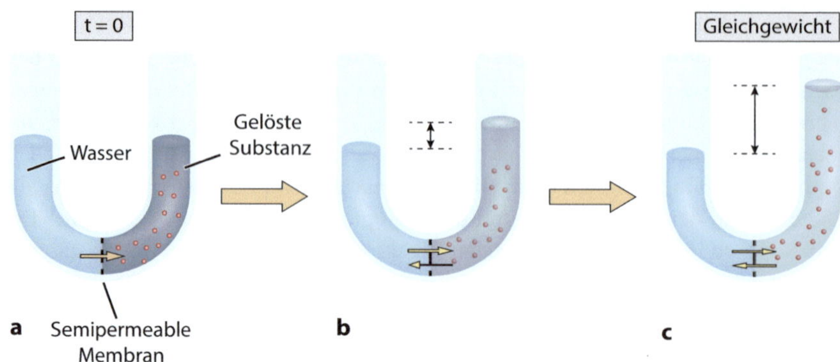

◉ Abb. 7.1 Osmotischer Druck. **a** In den beiden Schenkeln eines U-Rohrs befinden sich reines Wasser (*links*) und eine wässrige Lösung einer Substanz mit einer bestimmten Konzentration (*rechts*). Beide Lösungen sind durch eine semipermeable Membran voneinander getrennt. Zum Zeitpunkt $t = 0$ strömt Wasser von links nach rechts. **b** Die Wassersäule im rechten Teil des U-Rohrs steigt und erzeugt einen hydrostatischen Druck, der einen Rückstrom von Wasser verursacht. Dennoch gelangt aufgrund des Konzentrationsunterschieds weiterhin mehr Wasser in den rechten Schenkel. **c** Im Gleichgewichtszustand sind der hydrostatische Druck und der osmotische Druck gleich groß und entgegengesetzt. Infolgedessen hört die Nettobewegung von Wasser über die Membran auf und die Volumina auf beiden Seiten bleiben konstant

entscheidend, ob eine Substanz in wässriger Lösung dissoziiert (Elektrolyte) oder nicht (Nichtelektrolyte).

Nichtelektrolyte wie Glucose oder Harnstoff werden bei der Lösung in Wasser von einer Hydrathülle aus Wassermolekülen umgeben, sie ändern dabei aber nicht ihre chemische Struktur. Ein Mol Glucose umfasst $6{,}023 \times 10^{23}$ Moleküle (**Avogadro-Zahl**). Eine Lösung von 1 mol Glucose in einem Gesamtvolumen von 1 l besitzt eine Molarität von $1\,\mathrm{mol\,l^{-1}}$ und somit die gleiche Teilchenzahl wie eine Lösung von Harnstoff mit derselben Konzentration – beide Lösungen enthalten $6{,}023 \times 10^{23}$ Moleküle und ihre Osmolarität beträgt $1\,\mathrm{osm\,l^{-1}}$.

Elektrolyte hingegen dissoziieren in wässriger Lösung: Ein Molekül NaCl zerfällt in zwei Ionen (1 Na^+ und 1 Cl^-), $CaCl_2$ in drei Ionen (1 Ca^{2+} und 2 Cl^-), wobei jedes der dissoziierten Ionen osmotisch aktiv ist. Eine $1\,\mathrm{mol\,l^{-1}}$ NaCl-Lösung besitzt demnach eine Osmolarität von $2\,\mathrm{osm\,l^{-1}}$, eine $1\,\mathrm{mol\,l^{-1}}$ Lösung von $CaCl_2$ eine Osmolarität von $3\,\mathrm{osm\,l^{-1}}$. Entsprechend ist der osmotische Druck der NaCl-Lösung doppelt, derjenige der $CaCl_2$-Lösung dreimal so hoch wie der osmotische Druck einer Glucoselösung gleicher Molarität.

Wir wollen am Beispiel eines Nichtelektrolyten den osmotischen Druck als einen physikalisch messbaren Druck veranschaulichen. In ◉ Abb. 7.1a befinden sich in den beiden Schenkeln eines U-Rohrs jeweils reines Wasser (links) bzw. die wässrige Lösung eines Stoffes (rechts). Beide Kompartimente sind durch eine semipermeable Membran voneinander getrennt, sodass zwar Wasser, aber nicht der gelöste Stoff die Membran überqueren kann. Zum Zeitpunkt $t = 0$ strömt Wasser von links nach rechts, sodass das Volumen auf der rechten Seite zunimmt, während der Flüssigkeitspegel auf der linken Seite fällt. Entsprechend steigt die Flüssigkeitssäule rechts an und erzeugt einen zunehmend starken hydrostatischen Druck, der Wasser durch Ultrafiltration über die Membran wieder auf die linke Seite befördert (◉ Abb. 7.1b). *Im Gleichgewichtszustand sind der osmotische Druck der wässrigen Lösung und der hydrostatische Druck der Wassersäule gleich groß und entgegengesetzt, sodass auf beiden Seiten keine Volumenveränderungen mehr stattfinden* (◉ Abb. 7.1c). Wassermoleküle passieren weiterhin die semipermeable Membran; da jedoch gleich viele Teilchen in beide Richtungen transportiert werden, findet keine Nettobewegung von Wassermolekülen mehr statt. Wir können den osmotischen Druck daher wie folgt definieren: *Der osmotische Druck einer Lösung entspricht dem hydrostatischen Druck, der zwischen der Lösung und reinem Wasser aufgebaut werden muss, um eine Nettobewegung von Wassermolekülen über eine semipermeable Membran zu verhindern.*

7.1.2 Osmose

Osmose beschreibt den passiven Transport von Wasser über eine Grenzfläche, die in biologischen Systemen eine Zellmembran, aber auch eine aus zahlreichen Zellen bestehende epitheliale Struktur darstellen kann. In der physikalischen Chemie wird meist eine semipermeable Membran als trennende Schicht verwendet. *Alle Grenzflächen, über die osmotische Prozesse stattfinden können, sind für Wasser, jedoch nicht für die darin gelösten Stoffe durchlässig.*

Osmose basiert auf der spontanen Bewegung von Wassermolekülen, die bei einer Temperatur oberhalb des absoluten Nullpunkts in Form von Wärme in Erscheinung tritt (▶ Abschn. 2.1.3). Bei osmotischen Prozessen bewegt sich das Wasser aus Bereichen mit wenig gelösten Stoffen (niedriger osmotischer Druck) in Regionen mit einer hohen Teilchenkonzentration (hoher osmotischer Druck). Ein passiver Transport von „niedrig" nach „hoch" scheint zunächst bekannte Gesetzmäßigkeiten zu verletzen, da die Diffusion von gelösten Stoffen und Gasen sowie der Wärmetransport immer in umgekehrter Richtung, nämlich entlang eines Gefälles von „hoch" nach „niedrig", erfolgen. *Bei einem niedrigen osmotischen Druck herrscht jedoch eine höhere Wasserkonzentration, sodass letztlich Wasser in Richtung seines Konzentrationsgradienten strömt.*[5]

Da Osmose als passiver Transportprozess ohne äußere Zufuhr von Energie abläuft, stellt sich nach einiger Zeit ein Gleichgewichtszustand ein, der durch einen gleich großen Wasserstrom in beiden Richtungen über die Membran gekennzeichnet ist (◨ Abb. 7.1c). Osmose betrifft nur die Bewegung von Wassermolekülen, nicht aber diejenige der gelösten Teilchen. Daher sind auch im Gleichgewicht die Konzentrationen der wässrigen Lösungen auf beiden Seiten der semipermeablen Membran nicht notwendigerweise gleich groß.

Die Geschwindigkeit des osmotischen Wassertransports wird in Analogie zur Diffusionsgleichung Gl. 1.2 wie folgt definiert:

$$\frac{J}{A} = k\,\frac{\Pi_1 - \Pi_2}{x}.$$

$$(7.3)$$

In Gl. 7.3 bedeutet J/A die Flussrate J über der Querschnittsfläche A, Π_1 und Π_2 bezeichnen die osmotischen Drücke auf den beiden Seiten der semipermeablen Membran der Dicke x. Der Quotient $\frac{\Pi_1 - \Pi_2}{x}$ definiert den **osmotischen Druckgradienten** und die Proportionalitätskonstante k ist ein Maß für die Wasserdurchlässigkeit der Membran.

Zwei Lösungen heißen **isoosmotisch**, wenn sie denselben osmotischen Druck besitzen; eine **hyperosmotische** Lösung hat einen höheren osmotischen Druck, eine **hypoosmotische** Lösung einen niedrigeren osmotischen Druck. Relativ zu ihrer Umgebung sind Süßwasserfische hyperosmotisch, während marine Knochenfische im Verhältnis zu Meerwasser hypoosmotische Körperflüssigkeiten besitzen.

Das Konzept der **Tonizität** bezieht sich ausschließlich auf Veränderungen im Zellvolumen. In einer **isotonen** Lösung ändern Zellen ihr Volumen nicht. Aufgrund des Wasserverlustes

---

[5] In biologischen Systemen sollte Osmose nicht als eine reine Diffusion von Wasser betrachtet werden, da der Wassertransport über Membranen häufig schneller stattfindet als bei einem idealen Diffusionsprozess.

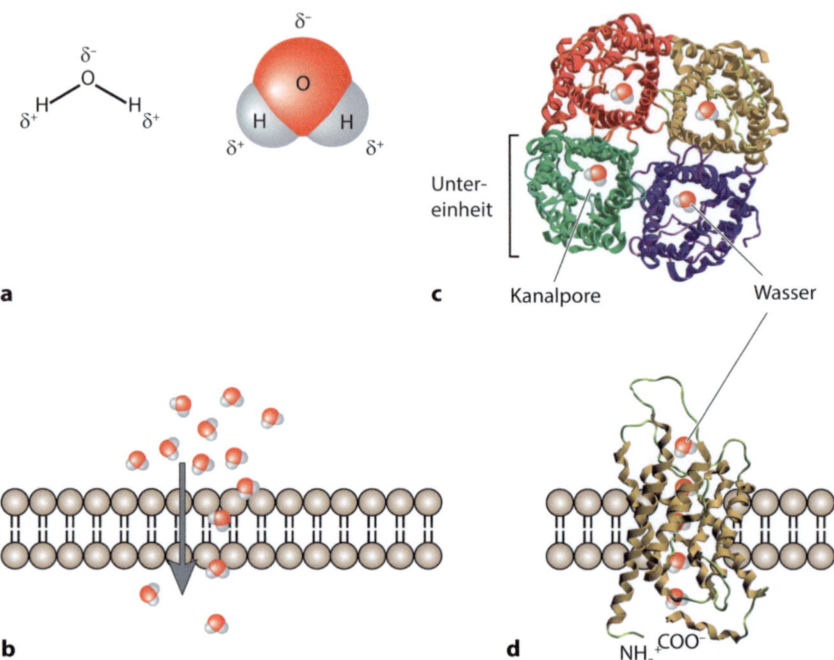

◘ Abb. 7.2 Bewegung von Wassermolekülen über Zellmembranen. **a** Strukturformel und Kalottenmodell eines Wassermoleküls. Die Elektronen der kovalenten Bindung zwischen Sauerstoff und Wasserstoff sind zum Sauerstoff hin verschoben, sodass dort eine negative Partialladung (δ^-) vorliegt, während die beiden Wasserstoffatome jeweils eine positive Partialladung (δ^+) aufweisen. **b** Trotz ihrer Polarität können Wassermoleküle die hydrophobe Phospholipidschicht direkt passieren. Die Wassermoleküle sind im Vergleich zur Dicke der Zellmembran überproportional groß dargestellt. **c** Strukturmodell eines Aquaporinmoleküls in einer Aufsicht vom Extrazellulärraum. Jede Untereinheit bildet eine Kanalpore, angedeutet durch die einzelnen Wassermoleküle im Zentrum. **d** Seitenansicht einer einzelnen Untereinheit und ihrer Position in der Zellmembran. Wassermoleküle passieren die Untereinheit durch ihren zentralen Kanal. NH_3^+ und COO^- bezeichnen das amino- bzw. carboxyterminale Ende des Proteins

schrumpfen sie in einer **hypertonen** Lösung, aus einer **hypotonen** Lösung nehmen sie dagegen Wasser auf.

7.1.3   Aquaporine erhöhen die Permeabilität für Wasser

In einem Wassermolekül trägt der Sauerstoff eine negative, die beiden Wasserstoffatome hingegen eine positive Partialladung, was dem Molekül den Charakter eines Dipols verleiht (◘ Abb. 7.2a). Trotz dieser Polarität diffundieren Wassermoleküle durch die hydrophobe Phospholipidschicht von Zellmembranen (◘ Abb. 7.2b). Die Diffusionsgeschwindigkeit wird jedoch deutlich erhöht, wenn Wasserkanäle (**Aquaporine**) in der Membran vorhanden sind.[6] Erstmalig 1992 in Erythrozyten nachgewiesen, kommen Aquaporine vor allem in Geweben vor, die sich durch eine hohe Rate der Sekretion und Absorption von Wasser auszeichnen. Aquaporine spielen bei folgenden Prozessen eine zentrale Rolle:

---

[6] Die Geschwindigkeit osmotischer Prozesse kann durch Aquaporine um das 50Fache gesteigert werden. Durch jeden Aquaporinkanal diffundieren bis zu 10^9 Wassermoleküle pro Sekunde.

- Urinproduktion in den Nierentubuli,
- Bildung von Kammerwasser im Auge,
- Sekretion von Schweiß,
- Sekretion von Tränenflüssigkeit,
- Funktionalität der Blut-Hirn-Schranke (Expression in Astrozyten).

Aquaporine sind tetramere Proteine und im Gegensatz zu den neuronalen Ionenkanälen mit einer zentralen ionenselektiven Pore besitzt jede der vier Untereinheiten einen wasserpermeablen Kanal (◨ Abb. 7.2c, d). Weiterhin unterscheiden sich Aquaporine von Ionenkanälen, da sie nicht durch externe Reize wie Spannungs- oder Druckänderungen geöffnet werden, sondern dauerhaft für Wasser durchlässig sind. *Die Wasserpermeabilität von Epithelien lässt sich jedoch regulieren, indem die Anzahl der vorhandenen Aquaporinmoleküle in der Plasmamembran erhöht oder verringert wird.*

Für den Transport von Wasser durch Aquaporinkanäle wird keine metabolische Energie benötigt. Grundsätzlich können Wassermoleküle Aquaporine in beiden Richtungen passieren, wobei die Nettobewegung immer in Richtung der geringeren Wasserkonzentration erfolgt (▶ Abschn. 7.1.1). Der Durchmesser der Kanalpore entspricht mit 0,28 nm etwa der Größe eines Wassermoleküls und ist für die Selektivität der Wasserkanäle von entscheidender Bedeutung. Wasserstoffbrücken zwischen den Wassermolekülen und Aminosäuren und Carbonylgruppen der Kanalwand bilden ein molekulares Sieb, das die zentrale Pore der Aquaporine für andere Ionen (insbesondere H_3O^+) weitgehend undurchlässig macht. Eine hohe Wasserpermeabilität und bestehende Ionengradienten über einer Zellmembran schließen sich daher nicht gegenseitig aus.

7.1.4 Volumenregulation

In biologischen Systemen treten Differenzen im osmotischen Druck und Unterschiede in der Konzentration gelöster Stoffe häufig gemeinsam auf. Sie basieren in der Regel auf einer unterschiedlichen Zusammensetzung der extra- und intrazellulären Flüssigkeiten. *Osmotische Druckdifferenzen führen zu Volumenänderungen der Zelle, wenn die beteiligten Zellmembranen für Wasser durchlässig sind, während sich Konzentrationsgradienten bei entsprechender Permeabilität für den gelösten Stoff durch Diffusion über die Membran ausgleichen.* Die folgenden Beispiele verdeutlichen, wie Unterschiede in der Osmolarität und Konzentrationsgradienten bei der Volumenregulation zusammenwirken.

1. Im ersten Fall nehmen wir an, dass ein gelöster Stoff in der Zelle höher konzentriert ist als außerhalb (◨ Abb. 7.3a). Die gelösten Teilchen können die Membran jedoch nicht passieren, sodass die Zelle im Verhältnis zum Extrazellulärraum hyperosmotisch ist. Deshalb strömt Wasser in die Zelle hinein und das Zellvolumen nimmt zu, bis die Osmolarität auf beiden Seiten der Membran ausgeglichen ist.[7] Zellen reagieren auf diese Vergrößerung ihres Volumens, indem sie K^+- und/oder Cl^--Kanäle in ihrer Membran aktivieren. Beide Ionen diffundieren entlang ihres Konzentrationsgradienten aus der Zelle heraus und verringern so die Osmolarität über intrazellulären Lösung. Das Gleichgewicht ist erreicht, wenn die Konzentrationen gelöster Teilchen auf beiden Seiten der Membran gleich groß sind, extra- und intrazelluläre Lösung also dieselbe Osmolarität aufweisen. *Nur weil es auf die absolute Anzahl der Moleküle, aber nicht auf die Art der gelösten Teilchen ankommt, kann das*

---

[7] Falls ein solcher Ausgleich nicht stattfinden kann, platzt die Zelle.

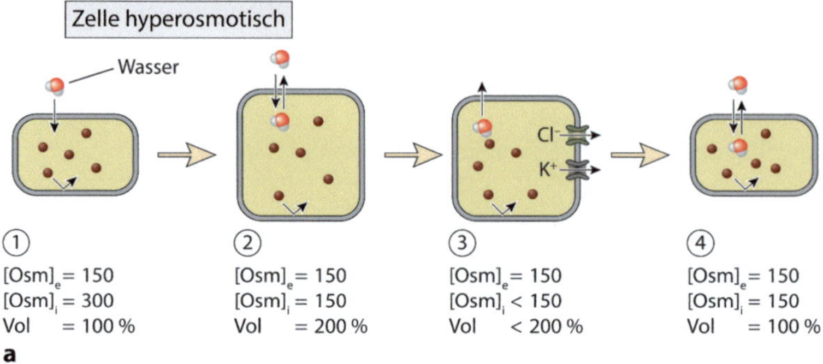

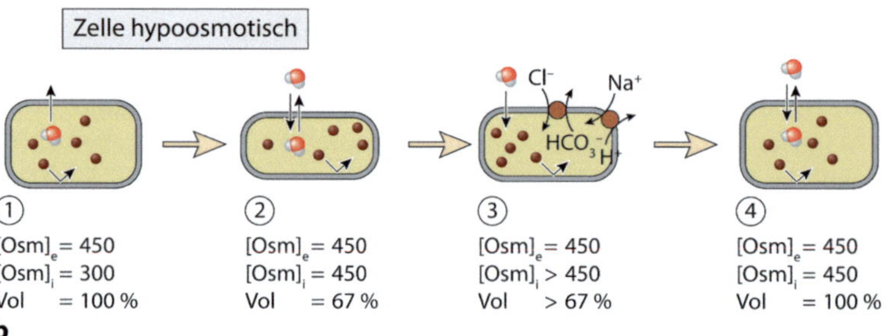

▢ Abb. 7.3 Regulation des Zellvolumens in Lösungen unterschiedlicher Osmolarität. **a** ① Im Vergleich zum Extrazellulärraum enthält die Zelle eine doppelt so hohe Konzentration gelöster Stoffe, die die Zellmembran nicht passieren können. ② Wasser strömt ein und das Volumen der Zelle steigt, bis die Konzentrationen auf beiden Seiten ausgeglichen sind. ③ Der Ausstrom von K^+ und Cl^- durch selektive Ionenkanäle verringert die intrazelluläre Osmolarität, sodass Wasser passiv nach außen fließt. ④ Das Zellvolumen kehrt zum Ausgangswert zurück. **b** ① Die Zelle ist hypoosmotisch und verliert Wasser an den Extrazellulärraum. ② Das Volumen nimmt ab, bis die Osmolarität auf beiden Seiten gleich groß ist. Der Transport von Na^+ und Cl^- in die Zelle erhöht die intrazelluläre Osmolarität, was den Einstrom von Wasser ③ und die Wiederherstellung des ursprünglichen Zellvolumens nach sich zieht ④. Bei den Punkten ② und ④ befindet sich das System im osmotischen Gleichgewicht. Die Tabellen fassen die osmotischen Bedingungen und Volumenänderungen zusammen. $[Osm]_e$ bezeichnet die extrazelluläre und $[Osm]_i$ die intrazelluläre Osmolarität, beide in $mosm\,l^{-1}$

osmotische Gleichgewicht durch den Transport von K^+- oder Cl^--Ionen hergestellt werden. Der Konzentrationsgradient des gelösten Stoffes, der die Volumenänderung ursprünglich ausgelöst hat, bleibt hingegen unverändert.

2. Im zweiten Beispiel ist die Konzentration einer gelösten Substanz in der Zelle geringer als außerhalb – demnach ist die Zelle hypoosmotisch bezogen auf den Extrazellulärraum (▢ Abb. 7.3b). Der höhere osmotische Druck der extrazellulären Lösung verursacht einen Ausstrom von Wasser aus der Zelle, wodurch das Zellvolumen abnimmt. Das System befindet sich im osmotischen Gleichgewicht, wenn die Osmolarität auf beiden Seiten der Membran gleich ist. Zahlreiche Zellen reagieren auf die Verringerung ihres Volumens mit einem kompensatorischen Prozess, der die Ionenkonzentration in ihrem Intrazellulärraum erhöht. Die Aktivierung eines Na^+/H^+-Austauschers zusammen mit einem HCO_3^-/Cl^--Austauscher bewirkt einen Nettoeinstrom von Na^+- und Cl^--Ionen und somit eine Erhöhung der intrazellulären Osmolarität. Als Konsequenz nimmt die Zelle wieder Wasser auf, und ihr Volumen kehrt zum ursprünglichen Wert zurück.

3. Unter isoosmotischen Bedingungen ist die Osmolarität auf beiden Seiten der Zellmembran gleich groß und das Zellvolumen ändert sich nicht.

Aus ◨ Abb. 7.3 ist ersichtlich, dass sich das System unabhängig vom Zellvolumen im osmotischen Gleichgewicht befindet, wenn auf beiden Seiten der Membran dieselbe Osmolarität vorliegt. Die Regulation des Zellvolumens erfolgt durch eine Justierung der intrazellulären Osmolarität und den damit verbundenen passiven Strom von Wasser über die Membran. In beiden Beispielen wird das Volumen des extrazellulären Raums als unendlich groß im Vergleich zum Volumen einer einzelnen Zelle angesehen; daher ändert sich die Osmolarität der extrazellulären Lösung trotz der Wasser- und Ionenströme nicht.

Für den Stoffaustausch mit dem Außenraum muss eine Zellmembran für zahlreiche Substanzen durchlässig sein.[8] Allerdings kann die Anwesenheit einer membranpermeablen Substanz im Extrazellulärraum möglicherweise fatale Konsequenzen für eine Zelle haben. Eine membranpermeable Substanz A im Extrazellulärraum befindet sich im Diffusionsgleichgewicht, wenn die Konzentrationen von A auf beiden Seiten der Membran gleich groß sind. Es gilt also:

$$[A]_i = [A]_e. \tag{7.4}$$

$[A]_i$ und $[A]_e$ bezeichnen die Konzentrationen von A im Intra- und Extrazellulärraum. In einer Zelle sind immer nichtpermeable Proteine mit einer Konzentration $[P]_i$ enthalten; im osmotischen Gleichgewicht muss also die Gesamtkonzentration der gelösten Teilchen auf beiden Seiten der Membran gleich sein:

$$[A]_i + [P]_i = [A]_e. \tag{7.5}$$

Damit sich das Diffusionsgleichgewicht für A und das osmotische Gleichgewicht für alle gelösten Teilchen einstellen können, müssen die beiden Gleichungen Gl. 7.4 und Gl. 7.5 gleichzeitig zutreffen. Dies ist nur dann der Fall, wenn die Konzentration der intrazellulären Proteine gegen null geht, d. h., das Volumen der Zelle wird unendlich groß, sodass die Zelle schließlich platzt. Das folgende Beispiel verdeutlicht diese Problematik.

In ◨ Abb. 7.4a wird eine Zelle mit einer intrazellulären Proteinkonzentration von 0,5 mol l^{-1} in eine ebenso hoch konzentrierte Harnstofflösung gebracht. Die Proteine können die Plasmamembran nicht passieren, während Harnstoffmoleküle frei permeabel sind. Da die Osmolarität auf beiden Seiten der Membran mit jeweils 0,5 mol l^{-1} gleich groß ist, ändert sich das Zellvolumen zunächst nicht. Allerdings diffundiert Harnstoff entlang seines Konzentrationsgradienten in die Zelle und erhöht so zusammen mit den Proteinen die Osmolarität im Vergleich zum Außenraum. Das Volumen der Zelle nimmt durch den folgenden Wassereinstrom zu, bis im Gleichgewicht die Harnstoffkonzentration in der Zelle der extrazellulären Konzentration entspricht. In diesem Fall muss aber gemäß Gl. 7.5 $[P]_i = 0$ sein, sodass die Zellmembran schließlich aufreißt.

Das Aufreißen der Membran und die Zerstörung der Zelle werden vermieden, wenn die Zellmembran für mindestens eine extrazelluläre Substanz impermeabel ist. Nehmen wir im Beispiel der ◨ Abb. 7.4b an, dass neben der permeablen Substanz Harnstoff außerdem das membranundurchlässige Disaccharid Maltose in der Extrazellulärlösung vorhanden ist. Maltose und Harnstoff liegen in gleicher Konzentration vor – die Extrazellulärlösung ist also zu Beginn

---

[8] Unter Durchlässigkeit verstehen wir die Tatsache, dass eine Substanz die Membran passieren kann, unabhängig vom Mechanismus, mit dem der Durchtritt erfolgt.

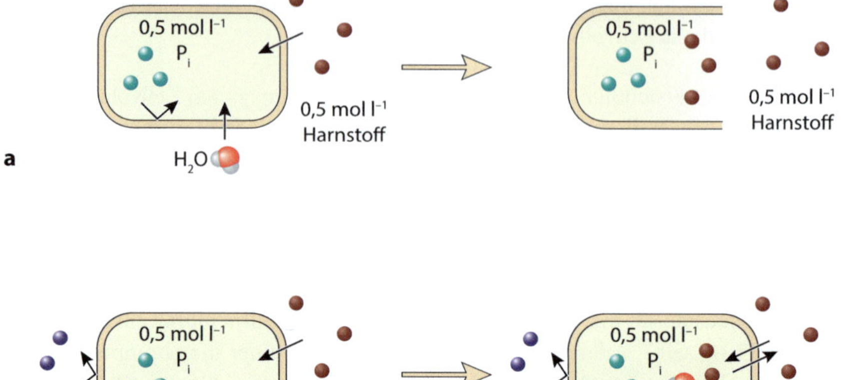

◘ Abb. 7.4 Konzentrationsgradient und osmotischer Gradient wirken bei der Einstellung eines Gleichgewichts zusammen. **a** Eine Zelle, die 0,5 mol l⁻¹ intrazelluläre Proteine (P_i) enthält, wird in eine wässrige Lösung von 0,5 mol l⁻¹ Harnstoff gebracht. Harnstoff diffundiert aufgrund seines Konzentrationsgradienten in die Zelle und induziert so einen osmotischen Wassereinstrom, der die Zelle zum Platzen bringt. **b** Eine nichtpermeable Substanz in der extrazellulären Lösung verhindert die Volumenänderung in **a**. Im Gleichgewicht sind die Konzentrationen von Wasser und Harnstoff auf beiden Seiten der Membran gleich groß

mit einer Gesamtkonzentration von 1,0 mol l⁻¹ hyperosmotisch im Vergleich zum Zellinneren (0,5 mol l⁻¹). Im Gleichgewicht gilt gemäß den Gleichungen Gl. 7.4 und Gl. 7.5:

$$[\text{Harnstoff}]_i = [\text{Harnstoff}]_e, \tag{7.6}$$

$$[\text{Harnstoff}]_i + [P]_i = [\text{Harnstoff}]_e + [\text{Maltose}]_e. \tag{7.7}$$

Beide Gleichungen treffen genau dann zu, wenn $[P]_i = 0,5\ \text{mol}\,l^{-1}$, was der Ausgangsbedingung entspricht. Obwohl die Zelle aufgrund der höheren extrazellulären Osmolarität zunächst Wasser verliert, stellt sich im Gleichgewicht ihr ursprüngliches Volumen wieder her, da Harnstoff bis zum Konzentrationsausgleich in die Zelle diffundiert und so einen Rückstrom von Wasser auslöst. *Im Gleichgewicht müssen intra- und extrazelluläre Konzentrationen gleich groß sein; dies gilt sowohl für die gelösten Teilchen als auch für das Lösungsmittel Wasser.*

Grundsätzlich stellt eine höhere Konzentration einer nichtpermeablen Substanz auf einer Seite einer Membran ein osmotisches Ungleichgewicht dar, das einen Nettostrom von Wasser in Richtung der höher konzentrierten Lösung verursacht. Wir haben mit der Mikrozirkulation in den Kapillaren ein Beispiel für ein derartiges Ungleichgewicht kennengelernt (▶ Abschn. 5.3.3). Die im Vergleich zur interstitiellen Lösung hohe Proteinkonzentration im Blutplasma induziert den kontinuierlichen Einstrom von Wasser aus den Geweben in die Kapillaren. Gleichzeitig bewirkt der Blutdruck in der terminalen Strombahn eine Ultrafiltration von Flüssigkeit aus dem Gefäßsystem ins umliegende Gewebe. Ohne den kolloidosmotischen Druck der Plasmaproteine würde sehr viel mehr Flüssigkeit aus dem Blut ins Interstitium gelangen.

Der Transport von Wasser erfolgt nach dem gegenwärtigen Kenntnisstand immer auf passivem Weg; es existieren keine ATP-getriebenen Pumpen, die Wasser unter Einsatz metabolischer Energie gegen einen Konzentrationsgradienten befördern. Dennoch gibt es eine indirekte Möglichkeit für einen Organismus, den Wasserstrom in die gewünschte Richtung zu lenken. Gelöste Stoffe wie Salze und Glucose werden durch primär- oder sekundär-aktiven Transport über Membranen befördert und so Konzentrationsgradienten mit einem entsprechenden osmotischen Druck erzeugt. Infolgedessen strömt Wasser passiv nach – die Exkretionsorgane der Insekten funktionieren nach diesem Prinzip (▶ Abschn. 8.4).

7.1.5 Zusammenfassung

Der osmotische Druck als kolligative Eigenschaft einer wässrigen Lösung hängt ausschließlich von der Anzahl der gelösten Teilchen, nicht aber von ihren chemischen Eigenschaften ab. Er tritt nur dann als physikalisch messbarer Druck in Erscheinung, wenn zwei Lösungen unterschiedlicher Konzentration durch eine semipermeable Membran voneinander getrennt sind. In diesem Fall kommt es zu einer Nettobewegung von Wassermolekülen aus der Lösung mit einer hohen Wasserkonzentration (geringe Zahl gelöster Teilchen) in die Lösung mit einer geringen Wasserkonzentration (hohe Zahl gelöster Teilchen). Der osmotische Druck entspricht dem Druck, der aufgewendet werden muss, um eine Nettobewegung von Wassermolekülen zu verhindern. Eine hyperosmotische Lösung besitzt einen höheren osmotischen Druck, eine hypoosmotische Lösung einen niedrigeren osmotischen Druck. Unter isoosmotischen Bedingungen sind die Wasserkonzentrationen beider Lösungen gleich.

Die Osmolarität ist ein Maß für den osmotischen Druck einer Lösung. Bei Nichtelektrolyten entspricht die Osmolarität der molaren Konzentration (Molarität), während Elektrolyte in wässriger Lösung in Ionen dissoziieren, von denen jedes osmotisch aktiv ist.

Dem osmotischen Druck liegt als physikalischer Mechanismus die Osmose zugrunde, die auf der zufälligen thermischen Bewegung von Wassermolekülen basiert. Wie bei der Diffusion gelöster Stoffe bewegen sich die Wassermoleküle in Richtung ihres Konzentrationsgradienten; bei der Osmose ist jedoch eine Membran erforderlich, die für Wasser permeabel sein muss.

Trotz ihres Dipolcharakters können Wassermoleküle die Phospholipidschicht biologischer Membranen überqueren. Die Expression von Wasserkanälen (Aquaporine) in der Membran zahlreicher an Austauschprozessen beteiligter Epithelien erhöht jedoch die Permeabilität der jeweiligen Grenzfläche und so die Geschwindigkeit der Osmose. Osmotische Prozesse sind immer passiv – das Wasser folgt also seinem Konzentrationsgradienten, ohne dass hierfür Stoffwechselenergie vom Organismus eingesetzt werden muss.

Osmotische Druckdifferenzen und Konzentrationsgradienten gelöster Stoffe wirken bei der Volumenregulation von Zellen eng zusammen. In einer hypoosmotischen Lösung nehmen Zellen Wasser auf und das Zellvolumen steigt an. Zellen können auf eine solche Volumenänderung reagieren, indem sie die Konzentration intrazellulärer K^+- und Cl^--Ionen reduzieren und so ihre Osmolarität senken. Der passive Wasserausstrom stellt das ursprüngliche Zellvolumen wieder her. In einer hyperosmotischen Umgebung hingegen schrumpfen die Zellen aufgrund des osmotischen Wasserverlustes. Auch hier kann durch einen kompensatorischen Prozess, der vor allem auf dem Transport von Na^+- und Cl^--Ionen in die Zelle basiert, das Zellvolumen weitgehend konstant gehalten werden. Diese kompensatorischen Prozesse basieren auf der Aktivität von Ionenpumpen – sie sind also energieaufwendig.

7.2   Flüssigkeitsräume und ihre Regulation

Leben ist an das Vorhandensein von Wasser gebunden, da alle Stoffwechselreaktionen in der wässrigen Lösung der Körperflüssigkeiten stattfinden. Wir unterscheiden einen **intrazellulären** Flüssigkeitsraum innerhalb von Zellen und einen **extrazellulären** Flüssigkeitsraum, der sich außerhalb von Zellen (aber innerhalb des Organismus) befindet. Wenn ein geschlossener Blutkreislauf vorhanden ist, wird der Extrazellulärraum noch in **Interstitium** und **Blutplasma** unterteilt. Darüber hinaus existieren **transzelluläre Flüssigkeiten**, die von Epithelzellen in topologische Außenräume des Körpers sezerniert werden (Speichel, Verdauungssäfte, Schweiß, Liquor etc.). Das Volumen dieser transzellulären Flüssigkeiten kann beträchtlich sein und einen enormen Einfluss auf den Wasser- und Elektrolythaushalt des Organismus ausüben.

7.2.1   Extra- und intrazelluläre Flüssigkeiten

Aufgrund ihres Wassergehalts tragen die Körperflüssigkeiten beispielsweise beim Menschen etwa 70 % zum Körpergewicht bei, wobei der größte Anteil auf den intrazellulären Flüssigkeitsraum fällt (◘ Abb. 7.5). Der Wassergehalt eines Organismus ist außerordentlich variabel und kann bei Quallen bis zu 99 % betragen. Wasser erfüllt im Körper zahlreiche Aufgaben:

- Wasser ist das **Substrat**, in dem alle Stoffwechselreaktionen der Zelle stattfinden. Es fungiert als struktureller Bestandteil des Intra- und Extrazellulärraums.
- Wasser wird für die **Hydrolyse** aller kovalenten Bindungen benötigt, die durch Kondensationsreaktionen entstanden sind (▶ Abschn. 1.3).
- Wasser dient als **Lösungsmittel** für alle polaren Stoffe und bildet **Hydrathüllen** um gelöste Ionen. Auch Proteine und andere Makromoleküle werden mit einer Wasserhülle umgeben, sofern sie polare Regionen aufweisen. Als Lösungsmittel für Ionen ist Wasser ein wichtiger Regulator der extra- und intrazellulären **Elektrolytkonzentration** sowie des **Säure-Basen-Haushalts**.
- Wasser ist als Trägermedium des Blutes **Transportmittel** für alle Substanzen, die mit dem Kreislaufsystem im Körper verteilt werden müssen.
- Aufgrund seiner hohen Verdampfungsenthalpie spielt Wasser bei der **Thermoregulation** eine wichtige Rolle.

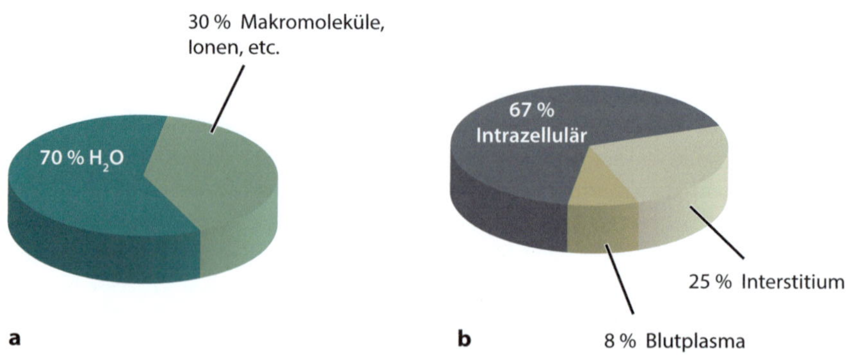

◘ **Abb. 7.5**   Anteil und Zusammensetzung des körpereigenen Wassers bei einem erwachsenen Menschen. **a** Der Anteil des Wassers am Körpergewicht beträgt etwa 70 %. Der Rest besteht aus Makromolekülen und anorganischen Elementen. **b** Das meiste körpereigene Wasser findet man im Intrazellulärraum, gefolgt von den Gewebezwischenräumen (Interstitium) und dem Blutplasma

◘ Tabelle 7.1 Ionale Zusammensetzung der Körperflüssigkeiten

	Blutplasma	Interstitielle Flüssigkeit	Intrazelluläre Flüssigkeit
	(mmol l^{-1})	(mmol l^{-1})	(mmol l^{-1})
Kationen			
Na^+	140	143	12
K^+	4,3	4,4	140
Ca^{2+}	2,6	2,5	$0{,}0001^a$
Mg^{2+}	1	0,7	$1{,}6^a$
Summe	148	150,6	154
Anionen			
Cl^-	104	115	4
HCO_3^-	24	27	12
HPO_4^{2-}	2	2,3	29
Proteine	12	1	55
Organische Phosphate	5,9	5	54
Summe	148	150,3	154

[a] Bei Ca^{2+} und Mg^{2+} sind die Konzentrationen an freien Ionen angegeben.

Der intrazelluläre Flüssigkeitsraum ist nur durch die Plasmamembran vom Interstitium getrennt, während das einschichtige Endothel der Kapillaren Interstitium und Blutplasma voneinander abgrenzt. Aquaporine erleichtern osmotische Prozesse an diesen Grenzflächen, während Ionenkanäle und -transporter in den Membranen den Austausch von Ionen durch Diffusion und aktiven Transport ermöglichen. Aufgrund ihrer engen räumlichen und funktionellen Verknüpfung sind die drei körpereigenen Flüssigkeitsräume nicht unabhängig voneinander arbeitende Kompartimente, sondern sie beeinflussen sich in hohem Maße gegenseitig.

Die interstitielle Flüssigkeit entspricht in ihrer Zusammensetzung und Osmolarität weitgehend dem Blutplasma, da sie durch Ultrafiltration durch das fenestrierte Endothel der Kapillaren entsteht (▶ Abschn. 5.3.3). Dabei können – angetrieben vom Blutdruck – Wassermoleküle und gelöste Bestandteile aus den Kapillaren in die Gewebezwischenräume übertreten, während Proteine und zelluläre Bestandteile des Blutes in den Gefäßen verbleiben. Daher unterscheiden sich Blutplasma und interstitielle Flüssigkeit in ihrem Proteingehalt, während die Elektrolytkonzentrationen annähernd identisch sind (◘ Tab. 7.1).

Normalerweise besitzen intra- und extrazelluläre Flüssigkeiten eine annähernd gleiche Osmolarität – andernfalls würden die Zellen ständigen Volumenänderungen unterliegen. Beide Flüssigkeitsräume unterscheiden sich aber maßgeblich in ihrer Elektrolytkonzentration, was vor allem auf die Aktivität der Na^+/K^+-ATPase zurückzuführen ist. Daher liegt intrazellulär eine höhere K^+-Konzentration vor, während extrazellulär etwa 10-mal mehr Na^+-Ionen vorkommen (◘ Tab. 7.1). *Die Ungleichverteilung von K^+-Ionen über der Zellmembran ist Grundlage für das Ruhemembranpotenzial aller Zellen* (▶ Abschn. 10.2).

Einen noch stärkeren relativen Konzentrationsunterschied zwischen Extra- und Intrazellulärraum finden wir für Ca^{2+}: Die intrazelluläre Ca^{2+}-Konzentration wird durch aktive Transportprozesse mit 0,1 $\mu mol\,l^{-1}$ auf einem sehr niedrigen Wert konstant gehalten, während extrazellulär eine etwa 10.000-fach höhere Konzentration vorliegt. *Dieser außerordentlich steile Gradient prädestiniert Ca^{2+} für eine Rolle als Signalmolekül, da bereits relativ wenige Ca^{2+}-Ionen eine signifikante Erhöhung der intrazellulären Konzentration bewirken.* Neben der Aktivierung zahlreicher Ca^{2+}-abhängiger Enzyme wird die Kontraktion von Herz- und Skelettmuskulatur sowie die synaptische Freisetzung von Neurotransmittermolekülen durch eine Erhöhung der intrazellulären Ca^{2+}-Konzentration ausgelöst.

7.2.2 Regulationsmechanismen

Die meisten Tiere leben in einer Umgebung, deren Wasser- und Salzgehalt sich deutlich von den Konzentrationen ihrer intra- und extrazellulären Lösungen unterscheidet. Über Grenzflächen, die zum Transport von Atemgasen und Nährstoffen erforderlich und daher für Diffusionsprozesse optimiert sind, werden auch Wasser und Elektrolyte mit der Umgebung ausgetauscht. Grundsätzlich kann sich ein Organismus passiv an osmotische Veränderungen seines Lebensraums anpassen (solange diese Veränderungen mit zellulären und physiologischen Prozessen vereinbar sind), oder aber er verfügt über aktive Regulationsmechanismen, mit denen er sein inneres Milieu weitgehend konstant hält.

Die meisten marinen Invertebraten sind **Osmokonformer**, d. h., ihre körpereigene Osmolarität entspricht derjenigen des Meerwassers, die mit rund 1000 $mosm\,l^{-1}$ außerordentlich konstant ist (◘ Abb. 7.6a). Zahlreiche marine Crustaceen hingegen können die Osmolarität ihrer Körperflüssigkeiten unabhängig vom umgebenden Milieu auf einen bestimmten Wert einstellen – sie sind also **Osmoregulierer** (◘ Abb. 7.6b).[9]

Während für die erste Strategie keine Regelkreise und auch keine Stoffwechselenergie benötigt werden, sind Regulationsprozesse immer energieintensiv. Sie erfordern Sensoren und Effektoren sowie informationsverarbeitende Strukturen, die Abweichungen vom Sollwert registrieren und in eine kompensatorische Reaktion des Organismus umwandeln. In diesem Fall ist ein aktiver Transport von Ionen über Zellmembranen gegen einen Konzentrationsgradienten erforderlich.

Die Regulation der Körperflüssigkeiten erfolgt durch die Steuerung der folgenden Parameter:

1. **Osmoregulation**: Konstanz des osmotischen Drucks in den intra- und extrazellulären Flüssigkeiten,
2. **Ionenregulation**: Anpassung der Konzentrationen von intra- und extrazellulären Ionen,
3. **Volumenregulation**: Aufrechterhaltung eines konstanten Flüssigkeitsvolumens auf der Ebene einzelner Zellen und des gesamten Organismus.

Die Regulation von osmotischem Druck, Ionenkonzentrationen und Volumen erfolgt in spezialisierten Organen wie den Nieren der Säuger, den Kiemen aquatischer Organismen sowie den Salzdrüsen von Vögeln und Reptilien. Am Beispiel der Nieren sollen grundsätzliche

[9] In den Mündungsgebieten von Flüssen entstehen allerdings Bereiche variabler, aber grundsätzlich geringerer Osmolarität (Brackwasser). Tümpel der Gezeitenzone können hingegen aufgrund der Wasserverdunstung einen deutlich höheren Salzgehalt als das Meerwasser aufweisen.

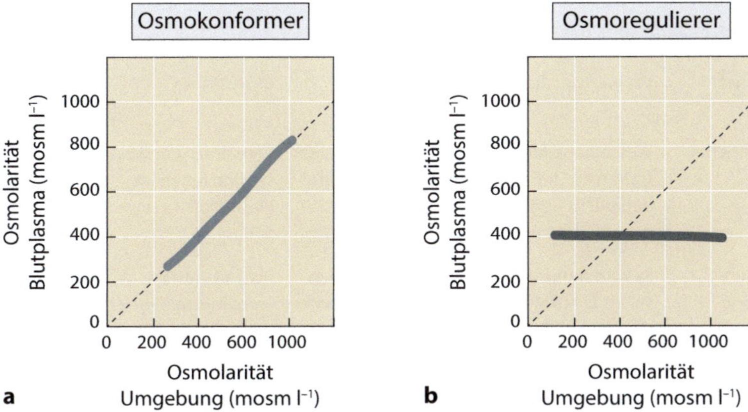

⬛ Abb. 7.6   Osmokonformer und Osmoregulierer. **a** Ein Osmokonformer passt den osmotischen Druck seiner Körperflüssigkeiten an die Osmolarität der Umgebung an. **b** Ein idealisierter Osmoregulierer besitzt unabhängig von der Osmolarität seiner Umgebung einen konstanten osmotischen Druck in seinen Körperflüssigkeiten. Die *gestrichelte Linie* in a und b stellt die isoosmotische Linie dar

Konzepte der Regulation vorgestellt werden, die auch auf entsprechende Prozesse in Kiemen und Salzdrüsen übertragen werden können.[10]

Nieren verarbeiten Flüssigkeiten: Blutplasma strömt in die Nieren hinein, wird dort modifiziert und verlässt die Nieren in Form von Urin. Der Vergleich von ionaler Zusammensetzung und osmotischem Druck von Plasma und Urin erlaubt unmittelbar Rückschlüsse auf die Nierenfunktion. Im Folgenden werden am Beispiel der Osmoregulation und der Ionenregulation unterschiedliche Szenarien diskutiert.

Osmoregulation Ein Süßwasserfisch nimmt aufgrund des höheren Salzgehalts seiner Körperflüssigkeiten Wasser aus der Umgebung auf, sodass die Osmolarität des Blutplasmas sinkt. Um den ursprünglichen Wert wiederherzustellen, muss der Fisch das überschüssige Wasser aus seinem Blutplasma entfernen. Seine Nieren müssen also einen Urin produzieren, der im Verhältnis zum Plasma hypoosmotisch ist. Auf diese Weise wird relativ mehr Wasser als Elektrolyte ausgeschieden, sodass die Osmolarität des Plasmas auf den physiologischen Ausgangswert zurückkehrt.

Wenn die Umgebung einen geringeren Wassergehalt (terrestrischer Lebensraum) oder eine höhere Osmolarität aufweist (mariner Lebensraum), verliert ein Organismus Wasser an seine Umgebung und die Osmolarität seines Blutplasmas steigt an. Die Produktion eines hyperosmotischen Urins reduziert die Elektrolytkonzentration im Blutplasma bei einem vergleichsweise geringen Wasserverlust über die Nieren.

Im Verlauf der Evolution haben nur wenige Tiergruppen die Eigenschaft erworben, einen hyperosmotischen Urin zu produzieren. Man findet diese Fähigkeit vor allem bei Säugern, Vögeln und Insekten, also bei Organismen, die vor allem aufgrund ihrer Atmung[11], aber auch durch evaporative Thermoregulation ständig Wasser an ihre Umgebung verlieren und so der

---

[10] Eine detaillierte Besprechung der in den Nieren ablaufenden Prozesse findet sich in ► Kap. 8.
[11] Lungenepithelien sind für einen möglichst effizienten Gasaustausch optimiert. Über diese dünnen, mit einem Flüssigkeitsfilm überzogenen Membranen verdunstet jedoch auch Wasser aus dem Körper in die Lungenbläschen. Daher ist die Ausatemluft in der Regel zu 100 % mit Wasserdampf gesättigt, was zu einem signifikanten Wasserverlust führen kann.

◘ Tabelle 7.2   Regulation des Wasser- und Ionenhaushalts

Osmolarität	Wasserhaushalt	Ionenhaushalt	Blutplasma	Beispiel-organismen
Isoosmotischer Urin	Wasserkonzentration im Urin entspricht derjenigen im Plasma	Ionenkonzentration im Urin entspricht derjenigen im Plasma	Verhältnis von Wasser und Ionen im Plasma bleibt unverändert	Einige Süßwasserkrabben, marine Knochenfische
Hypoosmotischer Urin	Es wird mehr Wasser als Elektrolyte ausgeschieden	Elektrolyte werden im Körper zurückgehalten	Plasma enthält verhältnismäßig mehr Elektrolyte; der osmotische Druck steigt	Süßwasserfische, marine Knorpelfische
Hyperosmotischer Urin	Wasser wird im Körper zurückgehalten	Es werden mehr Elektrolyte als Wasser ausgeschieden	Plasma enthält verhältnismäßig mehr Wasser; der osmotische Druck sinkt	Säuger, Vögel, Insekten

Gefahr einer Dehydrierung ausgesetzt sind. Trotz ihres hyperosmotischen Lebensraums sind marine Knochenfische nicht in der Lage, einen hyperosmotischen Urin zu produzieren (▶ Abschn. 7.3.2).

Ionenregulation Auch die Konzentrationen einzelner Ionenarten im Blutplasma und im Urin erlauben Rückschlüsse auf homöostatische Regulationsprozesse. Enthält beispielsweise der Urin weniger Na^+ als das Blutplasma, wird Na^+ im Körper zurückgehalten. Andererseits ist die Na^+-Konzentration im Urin im Verhältnis zum Plasma erhöht, wenn etwa aufgrund einer Salzbelastung verstärkt Na^+-Ionen ausgeschieden werden. *Auch wenn Urin und Blutplasma eine identische Osmolarität aufweisen, bewirkt die Tätigkeit der Nieren eine unterschiedliche ionale Zusammensetzung beider Flüssigkeiten: Osmoregulation und Ionenregulation sind also verschiedene Prozesse.*

Der Zusammenhang zwischen der Osmolarität des Urins und dem Wasser- und Ionenhaushalt ist in ◘ Tab. 7.2 zusammengefasst.

7.2.3 Wasserhaushalt

Zahlreiche Organismen einschließlich des Menschen können ihren Flüssigkeitsbedarf nicht mit Meerwasser decken; vielmehr führt das Trinken von Meerwasser zu einer weitaus schnelleren Dehydrierung des Körpers, als wenn gar nichts getrunken wird. Der hohe Salzgehalt des Meerwassers, insbesondere die hohe Cl^--Konzentration, lässt die Osmolarität der körpereigenen Flüssigkeiten ansteigen, sodass osmoregulatorische Mechanismen in Gang gesetzt werden müssen, um das osmotische Gleichgewicht wiederherzustellen.

Um Meerwasser als Flüssigkeitsressource zu nutzen, müssten die Nieren einen hyperosmotischen Urin produzieren, dessen Osmolarität diejenige des Meerwassers übersteigt. Da neben den Salzen auch noch die stickstoffhaltigen Stoffwechselendprodukte zusammen mit Wasser ausgeschieden werden müssen, ist die Wasserbilanz nur bei einer Osmolarität des Urins von

◘ Tabelle 7.3 Bei der Oxidation von Nährstoffen gebildetes Wasser

Nährstoff	Menge an metabolischem Wasser (g H_2O pro g Nährstoff)
Kohlenhydrate[a]	0,56
Lipide	1,07
Proteine (Harnstoff)	0,40
Proteine (Harnsäure)	0,50

[a] Der Zahlenwert basiert auf der Oxidation von Stärke (nach [11]).

deutlich mehr als 1000 mosm l^{-1} insgesamt positiv. Da die menschlichen Nieren dazu physiologisch nicht in der Lage sind, benötigen wir ein größeres Wasservolumen, um das überschüssige Cl^- und die übrigen Salze wieder auszuscheiden, als wir mit dem Trinken von Meerwasser aufgenommen haben.[12] Körpereigenes Wasser muss zusätzlich zur Exkretion herangezogen werden – in der Bilanz verliert der Körper Wasser und dehydriert mit hoher Geschwindigkeit.

Ein ähnliches Problem stellt sich für marine Säuger und Knochenfische, deren Nahrung aus Invertebraten des Meeres besteht. Als Osmokonformer besitzen die Körperflüssigkeiten der meisten marinen Invertebraten die Osmolarität von Meerwasser. Daher stellt die Aufnahme größerer Mengen dieser Beutetiere eine außerordentliche Belastung für den Wasser- und Elektrolythaushalt dar. Entsprechendes gilt für Herbivoren, die sich von extrem salzhaltigen Pflanzen (*Halophyten*) ernähren. Nur sehr wenige Säugerarten, wie etwa die Sandratte (*Psammomys obesus*), können aufgrund der Leistungsfähigkeit ihrer Nieren Halophyten als Nahrungsquelle nutzen.[13]

Aber auch sehr proteinreiche Nahrung kann einen Organismus dehydrieren. Da Proteine im Gegensatz zu Kohlenhydraten und Lipiden Stickstoff (N) enthalten (▶ Abschn. 1.3.1), entstehen bei ihrem Abbau im Energiestoffwechsel N-haltige Exkretionsprodukte. Der bei Säugern hauptsächlich gebildete **Harnstoff** kann jedoch nur in einem bestimmten Volumen Wasser gelöst über die Nieren ausgeschieden werden. Ein anderes N-haltiges Exkretionsprodukt ist die **Harnsäure**, deren Synthese zwar energetisch aufwendiger ist, im Vergleich zu Harnstoff jedoch deutlich weniger Wasser für die Ausscheidung benötigt.

Neben dem durch Trinken und mit der Nahrung aufgenommenen Wasser wird beim oxidativen Stoffwechsel zusätzlich Wasser gebildet, das sogenannte **Oxidationswasser**. Hierzu betrachten wir beispielhaft die Oxidation von Glucose:

$$C_6H_{12}O_6 + 6\,O_2 \longrightarrow 6\,CO_2 + 6\,H_2O. \tag{7.8}$$

Bei dieser zentralen Reaktion des oxidativen Stoffwechsels entstehen für jedes Mol Glucose sechs Mol H_2O; bei Lipiden und Proteinen liegt ein etwas anderes stöchiometrisches Verhältnis vor (◘ Tab. 7.3). Dieses Oxidationswasser wird jedoch nicht notwendigerweise positiv in der

---

[12] Um die mit 1 l Meerwasser aufgenommenen Salze auszuscheiden, müssen 1,5 l Urin produziert werden.
[13] Die Sandratte kann einen Urin herstellen, der bis 30fach höher konzentriert ist als das Blutplasma, Menschen erreichen eine etwa vierfach höhere Konzentration.

Wasserbilanz verbucht, da auch immer Wasserverluste im Zusammenhang mit der Nahrungsaufnahme stehen.[14]

Einige in sehr trockenen Lebensräumen vorkommende Säuger benötigen neben ihrer Nahrung, die aus getrockneten Samen besteht, kein zusätzliches Wasser. Ein Beispiel für diese Anpassung an extreme Wasserknappheit stellt die Kängururatte (*Dipodomys merriami*) dar, die in den Wüsten des nordamerikanischen Südwestens lebt. Kängururatten gewinnen 0,54 g metabolisches Wasser aus 1 g getrockneter Gerste, verlieren aber insgesamt nur 0,47 g Wasser, sodass ein Gewinn von 0,07 g Wasser verbucht wird. Dieser Wasserüberschuss wird entweder ausgeschieden oder kompensiert andere Wasserverluste. Eine Ratte (*Rattus rattus*) hingegen produziert genauso viel metabolisches Wasser in ihrem Stoffwechsel, wenn sie die gleichen Nahrungsstoffe aufnimmt wie die Kängururatte; sie verliert jedoch mehr Wasser über ihre Urinausscheidung und weist somit eine negative Wasserbilanz auf. *Der wichtigste Unterschied zwischen beiden Tierarten liegt demnach in der Fähigkeit, den Urin so stark zu konzentrieren, dass eine positive Wasserbilanz resultiert.* Die Kängururatten sind in der Lage, einen stark hyperosmotischen Urin herzustellen, der den Wasserverlust auf ein Minimum reduziert. Entsprechend weisen ihre Nieren sehr viel längere Henle-Schleifen auf als diejenigen der Ratten – eine entscheidende anatomische Voraussetzung für die Erzeugung eines hyperosmotischen Urins (▶ Abschn. 8.3.5).

Ein gesunder Erwachsener mit 70 kg Körpergewicht verzeichnet einen Verlust von etwa 2 l Wasser pro Tag, das für einen ausgeglichenen Wasserhaushalt wieder zugeführt werden muss. Oxidationswasser macht hierbei – abhängig von der Zusammensetzung der Nahrung – etwa 300 ml aus; der Rest wird durch Trinken und über den Wassergehalt der Nahrung aufgenommen.

Über die normalerweise empfohlene Flüssigkeitsaufnahme von 2 l pro Tag hinaus können wahrscheinlich bis zu 10 l Wasser pro Tag vom menschlichen Organismus verkraftet werden. Eine exzessive Wasseraufnahme oder die Infusion hypotoner Lösungen führt zur **hypotonen Hyperhydratation**, die durch ein erhöhtes Extra- und Intrazellulärvolumen bei verringerter Osmolarität gekennzeichnet ist. Hierdurch kann es zu peripheren Ödemen, in schweren Fällen zu einem Hirnödem mit Kopfschmerzen, Übelkeit, Erbrechen und Bewusstseinsstörungen kommen.

7.2.4 Zusammenfassung

Ein Organismus besitzt zwei topologisch unterschiedliche Flüssigkeitsräume, die sich entweder innerhalb von Zellen (intrazellulär) oder aber außerhalb von Zellen (extrazellulär) befinden. Sind geschlossene Blutgefäße vorhanden, unterteilt man den Extrazellulärraum noch in Interstitium und Blutplasma.

Wasser stellt den Hauptbestandteil der Flüssigkeitsräume und ist das Lösungsmittel, in dem Elektrolyte, Proteine, Kohlenhydrate und alle anderen Moleküle des Zellstoffwechsels gelöst sind. Die Flüssigkeitsräume sind durch Phospholipidmembranen voneinander getrennt und zwischen ihnen findet ein ständiger Austausch von Stoffen statt, der durch einfache Diffusion über die Membran, aber auch durch membranständige Aquaporine, Ionenkanäle und Transporter vermittelt wird. Intra- und extrazelluläre Flüssigkeiten besitzen zwar eine identische Osmolarität, sie unterscheiden sich jedoch deutlich hinsichtlich der Konzentration verschie-

---

[14] Hierzu gehören (1) der respiratorische Wasserverlust, (2) das für die Ausscheidung von N-haltigen Produkten benötigte Wasser sowie (3) der Wassergehalt der Fäzes.

dener Elektrolyte. Der Konzentrationsgradient für K^+ ist von innen nach außen gerichtet, derjenige für Na^+ und Ca^{2+} von außen nach innen. Im Gegensatz zum Interstitium enthält das Blutplasma zahlreiche Proteine, die für den kolloidosmotischen Druck und für den Flüssigkeitsaustausch zwischen Kapillaren und Interstitium verantwortlich sind.

Tiere können sich entweder dem Salzgehalt ihrer Umgebung anpassen (Osmokonformer) oder aber durch interne Regulationsmechanismen den Wasser- und Elektrolythaushalt unabhängig von äußeren Bedingungen regulieren (Osmoregulierer). Regulation erfordert Energie, bringt aber den Vorteil der Konstanz des inneren Milieus mit sich. Die wichtigsten Regulationsprozesse umfassen die Konstanthaltung von Osmolarität und Ionenkonzentration körpereigener Flüssigkeiten sowie des Zellvolumens.

Die Osmolarität des Urins im Verhältnis zum Blutplasma bestimmt die Zusammensetzung der Körperflüssigkeiten. Ein hypoosmotischer Urin zeigt die Ausscheidung von verhältnismäßig mehr Wasser an, sodass der osmotische Druck im Blutplasma steigt. Umgekehrt sinkt die Elektrolytkonzentration im Plasma, wenn ein hyperosmotischer Urin ausgeschieden wird. Bei Produktion eines isoosmotischen Urins ändert sich das Verhältnis von Wasser und Elektrolyten im Blutplasma nicht.

Verliert ein Organismus mehr Wasser, als er aufnimmt, droht eine Dehydrierung mit möglicherweise fatalen Konsequenzen. Ein Verlust von Wasser an die Umgebung tritt immer dann auf, wenn die Wasserkonzentration im Körper höher ist als außerhalb, etwa in marinen und terrestrischen Lebensräumen. Eine hohe Salzbelastung oder Aufnahme von Proteinen durch die Nahrung kann ebenfalls zu einer Dehydrierung führen, da sowohl ein Überschuss an Salzen als auch die beim Proteinstoffwechsel entstehenden Endprodukte nur mit einem Mindestvolumen an Wasser ausgeschieden werden können. Die notwendige Wassermenge hängt von der Fähigkeit der Exkretionsorgane ab, einen hyperosmotischen Urin zu produzieren.

Eine zusätzliche Ressource für Wasser stellt das beim oxidativen Abbau von Nahrungsstoffen entstehende Oxidationswasser dar. Bei einigen Organismen reicht das Oxidationswasser zur Deckung des Wasserbedarfs aus, was bei der Besiedlung extrem trockener Lebensräume einen entscheidenden Selektionsvorteil darstellt.

7.3 Osmoregulation in verschiedenen Lebensräumen

Als eine Voraussetzung für ihren evolutionären Erfolg haben sich alle Tiergruppen zwar an die osmotischen Bedingungen unterschiedlicher Lebensräume angepasst, aber sie weichen dennoch in ihrer Zusammensetzung von der jeweiligen Umgebung ab. Diese osmotischen Unterschiede sind im Falle zahlreicher mariner Invertebraten eher geringfügig, bei marinen Knochenfischen, die mit einer Plasmaosmolarität von 300 bis 500 mosm l^{-1} in einer zwei- bis dreimal so hoch konzentrierten Salzlösung schwimmen, hingegen sehr deutlich ausgeprägt.

7.3.1 Osmoregulation im Süßwasser

Alle Bewohner des Süßwassers stammen von marinen Lebensformen ab, mussten sich also im Verlauf ihrer Entstehung an eine drastische Reduktion der Salzkonzentration in ihrem Lebensraum anpassen. Der osmotische Druck ihrer Körperflüssigkeiten umfasst etwa eine Größenordnung und reicht von 44 mosm kg^{-1} bei der Teichmuschel (*Anodonta cygnea*) bis zu

◨ Abb. 7.7 Osmoregulation bei limnischen Knochenfischen. Der Fisch ist hyperosmotisch im Verhältnis zu seiner Umgebung, was zu einem osmotischen Wassereinstrom sowie einem Verlust von Elektrolyten über die Kiemen führt. Die aktive Aufnahme von Salzen über das Kiemenepithel und die Produktion eines im Vergleich zum Blutplasma stark hypoosmotischen Urins sorgen für einen ausgeglichenen Wasser- und Salzhaushalt

436 mosm kg^{-1} beim Flusskrebs (*Astacus fluviatilis*).[15] *Da der osmotische Druck des Süßwassers zwischen 0,5 mosm kg^{-1} und 1,0 mosm kg^{-1} beträgt, sind die Körperflüssigkeiten aller Süßwasserbewohner hyperosmotisch im Vergleich zu ihrem Lebensraum.*[16]

Aufgrund ihrer Hyperosmolarität werden limnische Organismen mit zwei Problemen konfrontiert: (1) der osmotischen Aufnahme von Wasser und (2) dem Verlust von Ionen durch Diffusion (◨ Abb. 7.7). Beide Prozesse führen zu einer Verdünnung ihrer Körperflüssigkeiten. Das osmotische und ionale Gleichgewicht muss daher durch aktive Regulationsmechanismen aufrechterhalten werden, die unter Einsatz von Stoffwechselenergie ablaufen. Zwei evolutionäre Strategien ermöglichen eine effiziente und energiesparende Ionen- und Osmoregulation:

1. **Niedrige Permeabilität der Körperoberfläche**. Eine grundsätzliche Strategie, das Eindringen von Wasser und den Verlust von Elektrolyten zu verhindern, besteht darin, die Körperoberfläche möglichst undurchlässig für diese Substanzen zu machen. *Eine niedrige Permeabilität der Körperoberfläche verlangsamt passive Austauschprozesse.* Tatsächlich beträgt die Permeabilität des Integuments von Süßwasserkrebsen für Wasser, Na$^+$ und Cl$^-$ nur etwa ein Zehntel der Durchlässigkeit bei marinen Crustaceen. Gleichzeitig erfordern die Resorption von Nährstoffen und der Austausch von Atemgasen jedoch Grenzflächen, über die ein Stofftransport mit hinreichend hoher Geschwindigkeit stattfinden kann. Insbesondere die Kiemen können nicht gleichzeitig permeabel für O$_2$ und CO$_2$, dabei aber undurchlässig für H$_2$O sein. Permeabilität und große Oberfläche der respiratorischen Epithelien

---

[15] Die Teichmuschel zeigt eine der geringsten bei einem Tier gemessenen Osmolalitäten. Offensichtlich sind noch niedrigere Werte mit Lebensprozessen nicht vereinbar. Wir sprechen von Osmolalität, wenn die Zahl der osmotisch wirksamen Teilchen auf die Masse des Lösungsmittels (in kg) bezogen wird. Aufgrund der Dichte des Wassers von 1 kg l^{-1} sind die Zahlenwerte für Osmolarität und Osmolalität weitgehend identisch.
[16] Die angegebenen Zahlenwerte stammen aus [5].

□ Tabelle 7.4 Urinproduktion, relative Osmolarität und relative Plasmakonzentration von Na^+ bei limnischen Organismen (nach [5])

Spezies	Urinproduktion (ml pro 100 g Körpergewicht · Tag)	Osmotisches Urin-Plasma-Verhältnis	Na^+-Urin-Plasma-Verhältnis
Sumpfdeckelschnecke (*Viviparus viviparus*)	36–131	0,20	0,28
Flusskrebs (*Astacus fluviatilis*)	8	0,10	0,006–0,06
Moskitolarven (*Aedes aegypti*)	≤ 20	0,12	0,05
Echte Frösche (*Rana clamitans*)	32	–	–
Krallenfrosch (*Xenopus laevis*)	58	0,16	0,10
Goldfisch (*Carassius auratus*)	33	0,14	0,10

wirken sich nachteilig auf den Wasser- und Ionenhaushalt aus. Die Entwicklung effizienter Austauschflächen bei aktiven Arten mit einem hohen O_2-Bedarf korreliert mit höheren Transportraten für Wasser und Ionen und daher mit der Notwendigkeit leistungsfähiger Regulationsmechanismen. *Der Preis für eine höhere metabolische Aktivität besteht also in einem höheren Energieaufwand für die Homöostase der Körperflüssigkeiten.*

2. **Reduktion der Osmolarität körpereigener Flüssigkeiten.** Wir haben marine Invertebraten als Osmokonformer kennengelernt, deren osmotischer Druck mit $1000\,\text{mosm}\,\text{kg}^{-1}$ demjenigen des Meerwassers entspricht (▶ Abschn. 7.2.2). Im Süßwasser lebende Dekapoden besitzen hingegen einen osmotischen Druck von weniger als $500\,\text{mosm}\,\text{kg}^{-1}$, sodass die Steilheit von Wasser- und Ionengradienten zwischen Körperflüssigkeiten und Außenmilieu annähernd halbiert wird. Ein flacherer Gradient bedeutet eine niedrigere Flussrate (geringerer Einstrom von Wasser und geringerer Ausstrom von Ionen) und damit reduzierte Transportkosten, um das physiologische Gleichgewicht wiederherzustellen. Wir können also die im Vergleich zu den marinen Tiergruppen geringere Osmolarität evolutionär verwandter limnischer Organismen als eine Angepasstheit verstehen, die letztlich die Energiekosten der Osmo- und Ionenregulation senkt.

Im Verhältnis zu ihrem Lebensraum nehmen hyperosmotische Organismen ständig Wasser durch Osmose auf – dieser Wasserüberschuss wird durch die Exkretion großer Mengen eines hypoosmotischen Urins ausgeglichen (□ Tab. 7.4). Die Produktion eines hypoosmotischen Urins durch die Nieren hat folgende Konsequenzen: (1) Das überschüssige Wasservolumen wird wieder nach außen abgegeben und (2) Ionen werden im Blutplasma zurückgehalten (▶ Abschn. 7.2.2 und □ Tab. 7.2).

So produzieren Frösche beispielsweise ein Urinvolumen pro Tag, das etwa einem Drittel ihres Körpergewichts entspricht.[17] Laut □ Tab. 7.4 ist das osmotische Urin-Plasma-Verhältnis sowie das Na^+-Urin-Plasma-Verhältnis bei limnischen Organismen kleiner als eins. Sie produzieren also einen hypoosmotischen Urin, der vergleichsweise weniger Na^+-Ionen als das Blutplasma enthält.

---

[17] Bei einem 70 kg schweren Menschen wären das im Vergleich 23 l pro Tag.

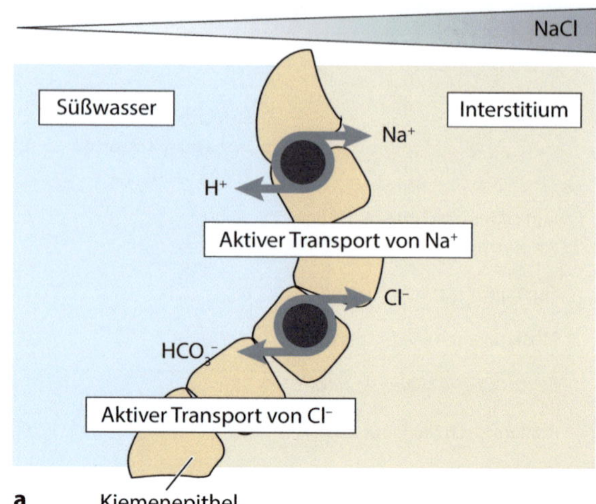

Abb. 7.8 Osmoregulatorische Transportmechanismen im Kiemenepithel eines limnischen Knochenfisches. **a** Schematische Ansicht der Transportprozesse über das Kiemenepithel. Diese transepitheliale Ansicht zeigt einen Nettotransport von Na^+ und Cl^- gegen den Konzentrationsgradienten. **b** Molekulare Mechanismen des Na^+- und Cl^--Transports. ① Eine Protonenpumpe in der apikalen Membran erleichtert die Diffusion von Na^+-Ionen durch epitheliale Na^+-Kanäle und treibt indirekt den Cl^-/HCO_3^--Antiporter an ③. Cl^- diffundiert durch einen CFTR-Kanal ins Interstitium ④, während Na^+ ② und Ca^{2+} ⑤ durch ATP-getriebene Pumpen über die basolaterale Membran befördert werden

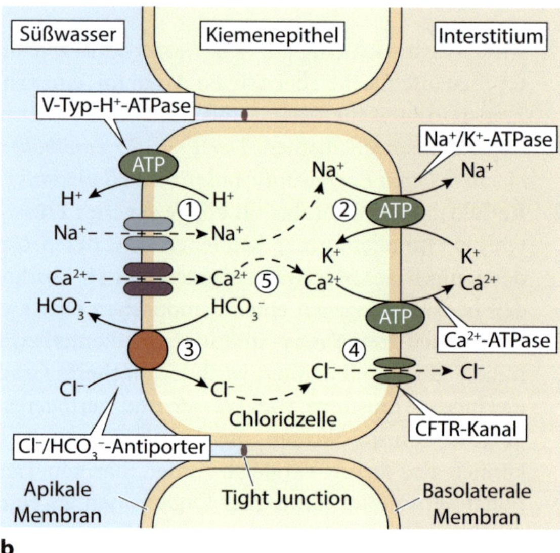

Auch wenn der Urin hypoosmotisch ist, enthält er doch Elektrolyte, die zusammen mit den Diffusionsprozessen über respiratorische Epithelien einen Nettoverlust insbesondere von Na^+ und Cl^- verursachen. Da die Aufnahme von Salzen mit der Nahrung allein nicht ausreicht, um diesen Verlust an Ionen auszugleichen, müssen Na^+ und Cl^- gegen ihren Konzentrationsgradienten aus dem Wasser in den Körper transportiert werden (Abb. 7.8a). Bei einem 10.000-fachen Konzentrationsunterschied[18] zwischen Blutplasma und Süßwasser wird für diesen aktiven Transport Stoffwechselenergie in Form von ATP benötigt. Die Energiekosten für einen ausgeglichenen Wasser- und Salzhaushalt liegen bei 3 bis 7 % der Standardstoffwechselrate.

---

[18] Die Konzentration von Na^+ und Cl^- beträgt zwischen $100\,mmol\,l^{-1}$ und $200\,mmol\,l^{-1}$ im Blutplasma, aber nur $0{,}01\,mmol\,l^{-1}$ im Süßwasser.

Das Kiemenepithel von Knochenfischen besteht grundsätzlich aus zwei Zelltypen: **Iono-cyten** (Chloridzellen) sind maßgeblich für den Transport von Ionen verantwortlich, während in den **Pflasterzellen** der Austausch der Atemgase erfolgt. Ionocyten stellen keine homogene Zellpopulation dar; vielmehr werden aufgrund der differenziellen Expression biochemischer Marker unterschiedliche Zelltypen postuliert.

Limnische und marine Fische besitzen Ionocyten, die sich je nach Lebensraum hinsichtlich ihrer Ausstattung mit Ionenkanälen und Membrantransportern unterscheiden. Fische, wie beispielsweise Lachse und Aale, die während ihrer Lebensdauer zwischen Süßwasser und Meerwasser wechseln, passen den Typ ihrer Ionocyten an die Salinität ihrer Umgebung an. *Die Kiemen der Knochenfische besitzen also nicht nur eine respiratorische Funktion, sondern spielen auch eine zentrale Rolle für die Homöostase des Elektrolythaushalts.*

Zur Aufrechterhaltung des ionalen Gleichgewichts laufen in den Ionocyten folgende Prozesse ab (☒ Abb. 7.8b):

1. Eine **V-Typ-ATPase** (H^+-ATPase) in der apikalen Membran pumpt unter Hydrolyse von ATP Protonen aus der Zelle hinaus. Durch den Verlust positiver Ladungen im Intrazellulärraum entsteht eine Potenzialdifferenz von mehr als $100\,mV$ über der Zellmembran (innen negativ), die den Eintritt von Na^+-Ionen in die Zelle begünstigt. Na^+ diffundiert entlang seines elektrochemischen Gradienten durch epitheliale Na^+-Kanäle (**ENaC**) über die Membran.[19]

2. Eine basolaterale **Na^+/K^+-ATPase** sorgt für den Transport von Na^+ aus den Chloridzellen des Kiemenepithels ins Interstitium und weiter ins Blutplasma. Aufgrund der Aktivität der Na^+/K^+-ATPase bleibt die intrazelluläre Konzentration von Na^+ gering, sodass neben dem elektrischen Gradienten auch ein Konzentrationsgefälle den apikalen Eintritt von Na^+-Ionen in die Zelle erleichtert.

3. Ein apikaler **Cl^-/HCO_3^--Antiporter** transportiert Cl^- in die Zelle und im Gegenzug Hydrogencarbonat ins umgebende Medium. Die Ansäuerung durch die V-Typ-ATPase reduziert die Konzentration von HCO_3^- im Süßwasser und treibt auf diese Weise den Antiporter an. HCO_3^- in der Chloridzelle entsteht im Zuge der durch Carboanhydrase katalysierten Reaktion von CO_2 mit H_2O zu H_2CO_3 und der anschließenden Dissoziation der Kohlensäure in H^+ und HCO_3^-.

4. Die Diffusion von Cl^- aus den Zellen ins Interstitium erfolgt über basolaterale **Cl^--Kanäle** vom **CFTR-Typ**.[20]

5. Süßwasserfische nehmen auch Ca^{2+}-Ionen über das Kiemenepithel auf. Da die intrazelluläre Ca^{2+}-Konzentration extrem gering ist, besteht zusammen mit dem Transmembranpotenzial (Punkt 1) ein steiler elektrochemischer Gradient für die Diffusion von Ca^{2+}-Ionen über die apikale Membran. Ca^{2+} muss allerdings aktiv über die basolaterale Membran mithilfe einer **Ca^{2+}-ATPase** ins Interstitium transportiert werden, da hier Konzentrationsgradient und Spannung den passiven Transport per Diffusion verhindern.

Die unter (1) und (2) genannten Prozesse verursachen einen Nettotransport von Na^+ über das Kiemenepithel aus dem Süßwasser ins Blutplasma. Hierbei wird Stoffwechselenergie in Form von ATP eingesetzt. Der Transport von Cl^- hingegen ist passiv – angetrieben durch das Konzentrationsgefälle von Hydrogencarbonat über der apikalen Membran (3) bzw. durch den Cl^--Gradienten über der basolateralen Membran (4).

---

[19] Diese Na^+-Kanäle werden aufgrund ihrer Hemmung durch Amilorid auch als Amilorid-sensitive Na^+-Kanäle bezeichnet. Die diuretische Wirkung von Amilorid basiert auf der Blockierung des menschlichen ENaC im distalen Tubulus des Nephrons, sodass mehr Na^+ und damit auch mehr Wasser ausgeschieden werden.
[20] CFTR ist eine Abkürzung für *Cystic Fibrosis Transmembrane Conductance Regulator* (▶ Abschn. 1.5.3).

Der Ca^{2+}-Gehalt des Süßwassers kann von $1\,mg\,l^{-1}$ bis zu $120\,mg\,l^{-1}$ schwanken („Wasserhärte"). Als Anpassung an sehr geringe Ca^{2+}-Konzentrationen nimmt die Anzahl der Ionocyten im Kiemenepithel zu. Da Ionocyten größer sind als die Pflasterzellen, die sie ersetzen, erhöht sich insgesamt die Diffusionsstrecke für den Austausch der Atemgase. *Eine effizientere Aufnahme von Ca^{2+} erschwert also die Diffusion von O_2.*

Die meisten limnischen Organismen produzieren einen hypoosmotischen Urin. Diese Fähigkeit ist offensichtlich eine der wichtigsten Strategien der Anpassung an das Leben im Süßwasser, um den osmotischen Wassereinstrom zu kompensieren, ohne dabei allzu viele Elektrolyte zu verlieren. Einige Arten von Süßwasserkrabben (*Potamen niloticus, Eriocheir sinensis*) stellen jedoch Ausnahmen dar, indem sie geringe Mengen eines zur Hämolymphe isoosmotischen Urins herstellen. Die geringe Wasserpermeabilität ihres Integuments reduziert den Wassereinstrom und die ausgeschiedenen Salze können durch die oben beschriebenen aktiven Transportprozesse ersetzt werden. Offensichtlich gibt es also zwei Möglichkeiten, den Salzverlust auszugleichen: (1) Rückresorption in den Exkretionsorganen und Ausscheidung eines hypoosmotischen Urins oder (2) verstärkter aktiver Transport über respiratorische Epithelien und Produktion eines isoosmotischen Urins. Im zweiten Fall muss jedoch ein deutlich steilerer Konzentrationsgradient für den Transport von Ionen überwunden werden, sodass die energetischen Kosten pro Ion höher sind – Tiere mit hypoosmotischem Urin sparen also im Vergleich zu denjenigen mit isoosmotischem Urin Energie. Die weite Verbreitung der ersten Strategie deutet darauf hin, dass energieintensive Prozesse einem hohen Selektionsdruck unterliegen.

7.3.2 Osmoregulation im Salzwasser

Die Osmoregulation im Salzwasser ist durch unterschiedliche Strategien gekennzeichnet, die von den einzelnen Tiergruppen eingesetzt werden. Darüber hinaus spielt die evolutionäre Herkunft aus einer limnischen Umgebung eine entscheidende Rolle.

Marine Invertebraten Marine Invertebraten, die während ihrer evolutionären Entwicklung niemals das Meer verlassen haben, sind meist isoosmotisch zum Meerwasser, d. h., ihre Hämolymphe besitzt eine Osmolarität von etwa $1000\,mosm\,l^{-1}$. Daher besteht bei diesen Organismen keine Notwendigkeit der Osmoregulation (Osmokonformer). Andererseits unterscheidet sich die Konzentration verschiedener Elektrolyte in der Hämolymphe zum Teil deutlich von derjenigen des Meerwassers. Ionenregulatorische Prozesse in den Exkretionsorganen sind maßgeblich für diese Unterschiede verantwortlich.

Marine Knochenfische Marine Knochenfische dagegen sind mit einer Plasmaosmolarität von durchschnittlich $400\,mosm\,l^{-1}$ hypoosmotisch im Vergleich zum Salzgehalt ihrer Umgebung. Mit hoher Wahrscheinlichkeit stellt die geringere Osmolarität der marinen Knochenfische ein evolutionäres Relikt ihrer ursprünglichen Herkunft aus dem Süßwasser dar. Die Besiedlung mariner Lebensräume hat die vormals limnischen Organismen mit einem mehr als doppelt so hohen Salzgehalt und daher mit erheblichen osmoregulatorischen Herausforderungen konfrontiert.[21] *In einer hyperosmotischen Umgebung verlieren die Fische Wasser durch Osmose und nehmen Ionen – insbesondere Cl^- – durch Diffusion auf* (◼ Abb. 7.9).

---

[21] Die osmotische Differenz zwischen Süßwasser und limnischen Knochenfischen beträgt etwa $300\,mosm\,l^{-1}$, bei marinen Knochenfischen sind es zwischen $500\,mosm\,l^{-1}$ und $700\,mosm\,l^{-1}$.

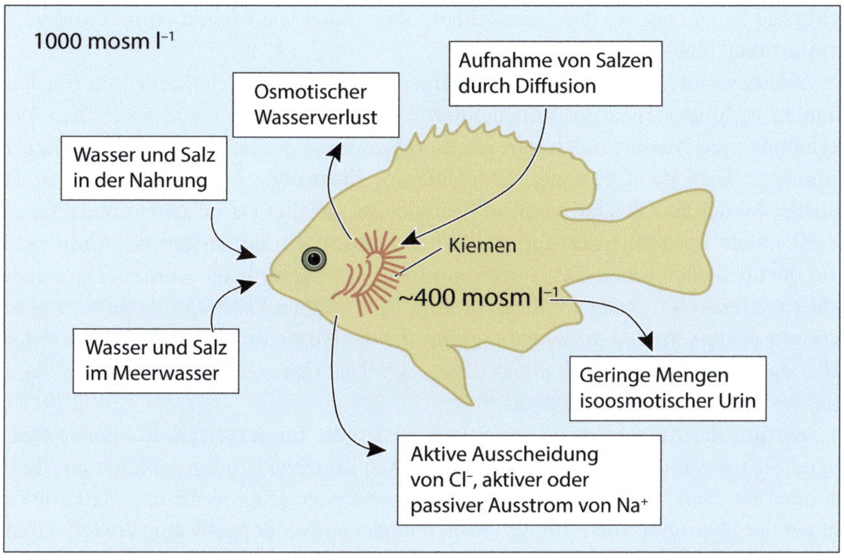

◘ Abb. 7.9 Osmoregulation bei marinen Knochenfischen. Der Fisch ist hypoosmotisch im Verhältnis zu seinem Lebensraum. Daher verliert er Wasser an seine Umgebung und nimmt Salze durch Diffusion auf. Da marine Knochenfische einen isoosmotischen Urin produzieren, werden die überschüssigen Salze mithilfe eines aktiven Transportmechanismus über die Kiemen abgegeben

Knochenfische trinken Meerwasser, um den osmotischen Wasserverlust auszugleichen. Wir haben in ▶ Abschn. 7.2.3 festgestellt, dass Menschen durch das Trinken von Meerwasser schneller dehydrieren als ohne Wasseraufnahme. Warum können hingegen marine Knochenfische Meerwasser für den Ausgleich ihres Wasserhaushalts heranziehen, obwohl sich die Osmolarität ihrer Körperflüssigkeiten nicht wesentlich von derjenigen des Menschen unterscheidet? Die Antwort auf diese Frage liegt in der räumlichen und funktionellen Trennung von Wasseraufnahme über das Darmepithel und Ionenabgabe über das Kiemenepithel. Die über diese Grenzflächen ablaufenden Transportprozesse erlauben eine effektive Ionen- und Osmoregulation in dem dehydrierenden Lebensraum Meerwasser.

Da das beim Trinken aufgenommene Meerwasser hyperosmotisch zum Blutplasma ist, erfolgt zunächst eine Nettobewegung von Wasser aus dem Plasma in den Gastrointestinaltrakt; der Körper verliert also erwartungsgemäß Wasser an den topologischen Außenraum des Darmlumens. Aufgrund dieses Verdünnungsprozesses sinkt die Osmolarität des Meerwassers in Magen und Darm. Gleichzeitig werden durch aktiven Transport Na^+- und Cl^--Ionen über das Darmepithel ins Interstitium befördert, sodass **lokale osmotische Gradienten** entstehen, die einen passiven Wassereinstrom aus dem Darmlumen ins Blutplasma begünstigen. Auf diese Weise können marine Knochenfische 50 bis 85 % reines Wasser aus dem Meerwasser extrahieren.

Der Wassertransport folgt passiv einem osmotischen Gradienten, der durch den aktiven Transport von Elektrolyten aufgebaut wird. Daher verursacht ein ausgeglichener Wasserhaushalt notwendigerweise eine hohe Salzbelastung im Organismus – Volumenregulation geht in diesem Fall auf Kosten des Ionenhaushalts. Hinzu kommt noch das Salz, das angetrieben vom Konzentrationsgradienten über die Kiemen aufgenommen wird. Wie können die Fische diese überschüssige Salzmenge wieder ausscheiden, ohne dabei wie Menschen und andere Säuger überproportional viel Wasser zu verlieren?

Der Wasserverlust wird durch eine Verlagerung der Salzausscheidung von der Niere zu den Kiemen verhindert. Marine Knochenfische produzieren einen isoosmotischen Urin. Da das Verhältnis von Wasser und Ionen im Blutplasma unverändert bleibt (Tab. 7.2), ist ein isoosmotischer Urin nicht geeignet, überschüssige Elektrolyte loszuwerden und so den Ionenhaushalt wieder ins Gleichgewicht zu bringen. Bei gleicher Osmolarität unterscheidet sich jedoch die ionale Zusammensetzung des Urins deutlich von derjenigen des Plasmas, indem verstärkt die divalenten Ionen Ca^{2+}, Mg^{2+} und $SO_4{}^{2-}$ ausgeschieden werden. *Die mengenmäßig wichtigsten Ionen Na^+ und Cl^- sowie die N-haltigen Stoffwechselendprodukte werden dagegen nicht über die Nieren, wo ihre Ausscheidung einen hohen Wasserverlust verursachen würden, sondern über das Kiemenepithel nach außen abgegeben.* Das Urinvolumen selbst macht daher nur maximal 3,5 % des Körpergewichts aus.[22]

7

Im Zentrum der Ausscheidung von Salzen stehen die **Ionocyten** im Kiemenepithel mariner Fische. Sie transportieren Cl^--Ionen gegen einen Konzentrationsgradienten aus dem Blutplasma oder aus dem interstitiellen Raum ins Meerwasser. Die hierfür erforderliche Energie stammt aus der Hydrolyse von ATP. Na^+-Ionen folgen entweder passiv auf parazellulärem Weg oder ebenfalls durch aktiven Transport.[23]

Die folgende Auflistung und Abb. 7.10 fassen die molekularen Prozesse in den Ionocyten mariner Knochenfische zusammen:

1. Eine basolaterale **Na^+/K^+-ATPase** befördert Na^+ aus den Ionocyten hinaus (und K^+ hinein) und erzeugt auf diese Weise einen von außen nach innen gerichteten Na^+-Konzentrationsgradienten, der für den sekundär-aktiven Transport von Cl^- erforderlich ist.
2. Cl^--Ionen gelangen zusammen mit Na^+ und K^+ über die basolaterale Membran in die Ionocyten hinein. Dieser Prozess wird vom **Na/K/Cl-Kotransporter** (NKCC) vermittelt, der selbst keine ATPase ist, sondern als sekundärer Transporter den vorhandenen Na^+-Gradienten als treibende Kraft nutzt.
3. Cl^- diffundiert durch **CFTR-Kanäle** aus den Ionocyten ins umgebende Meerwasser. Dadurch wird die apikale Seite des Kiemenepithels negativ geladen, sodass eine Potenzialdifferenz zwischen Meerwasser und Interstitium entsteht, die den Ausstrom von Na^+ durch die Zellzwischenräume erleichtert.
4. Na^+ verlässt die interstitielle Flüssigkeit entweder auf parazellulärem Weg über die Tight Junctions zwischen den Epithelzellen oder der Export erfolgt durch aktive Mechanismen, die jedoch einen transzellulären Na^+-Transport voraussetzen.
5. Die K^+-Ionen, die durch die Aktivität von Na^+/K^+-ATPase und NKCC in die Zelle gelangt sind, diffundieren entlang ihres Konzentrationsgradienten über K^+-Kanäle in der basolateralen Membran zurück ins Interstitium.

Der einzige energieintensive Prozess bei diesem Mechanismus besteht in der Erzeugung eines Konzentrationsgradienten für Na^+ durch die Na^+/K^+-ATPase (1). Die in dieser Konzentrationsdifferenz über der Membran gespeicherte potenzielle Energie wird für den Transport

[22] Bei limnischen Organismen nimmt die Urinproduktion bezogen auf das Körpergewicht sehr viel höhere Werte an (Tab. 7.4).

[23] Ein parazellulärer Transport erfolgt zwischen den Zellen; es müssen daher keine Plasmamembranen überquert werden. Anders bei einem transzellulären Mechanismus: Hier verläuft der Transport durch die Zelle hindurch, also über die apikale und basolaterale Membran.

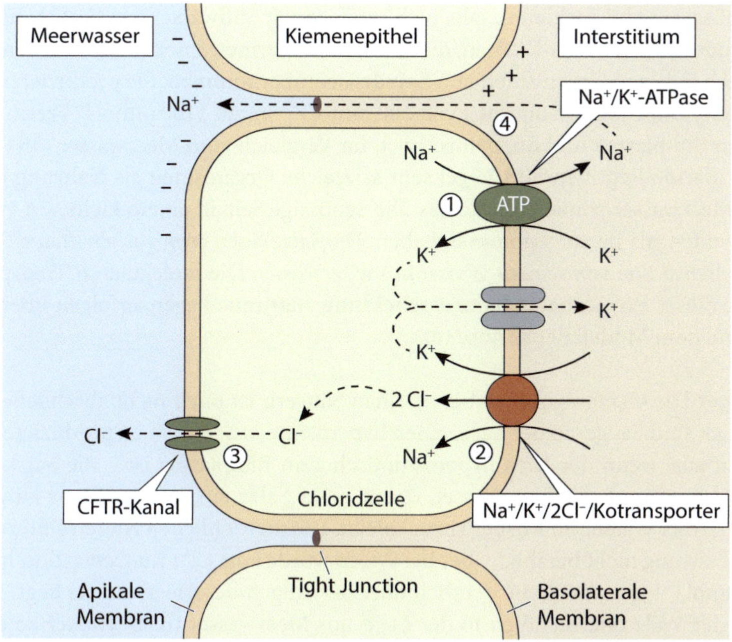

◘ Abb. 7.10 Osmoregulatorische Mechanismen bei einem marinen Knochenfisch. ① Eine basolaterale Na^+/K^+-ATPase erzeugt einen Konzentrationsgradienten für Na^+, der den sekundär-aktiven Na/K/Cl-Kotransporter antreibt ②. Auf diese Weise gelangt Cl^- aus dem Interstitium in die Zelle und über CFTR-Kanäle ins Meerwasser ③, wo es negative Ladungen in der Nähe der apikalen Membran anhäuft. Diese Potenzialdifferenz erleichtert die parazelluläre Diffusion von Na^+-Ionen über die Tight Junctions ④

von Cl^--Ionen gegen den elektrochemischen Gradienten eingesetzt (2). Alle anderen Transportprozesse (3 und 4) erfolgen passiv ohne Einsatz von Stoffwechselenergie.

Bei marinen Knochenfischen betragen die Energiekosten für osmo- und ionenregulatorische Prozesse 8 bis 17 % der Standardstoffwechselrate und sind damit im Vergleich mit limnischen Knochenfischen annähernd doppelt so hoch (▶ Abschn.7.3.1). Dieser höhere Energieaufwand geht auf den doppelt so steilen Konzentrationsgradienten zwischen Meerwasser und Blutplasma zurück, der entsprechend höhere Transportkosten verursacht.

Andere marine Vertebraten, wie beispielsweise Meeresschildkröten (*Cheloniidae*), Pinguine (*Spheniscidae*), Robben (*Pinnipedia*) und Wale (*Cetacea*), sind mit etwa 400 mosm l^{-1} ebenfalls hypoosmotisch zum Meerwasser. Die geringere Osmolarität ihrer Körperflüssigkeiten lässt sich als evolutionäres Relikt ihrer terrestrischen Vorfahren erklären. Ihre Herkunft von landlebenden Organismen erleichtert diesen marinen Wirbeltieren jedoch die Osmoregulation auf zweifache Weise: (1) Als Erbe der Angepasstheit an einen dehydrierenden Lebensraum ist ihre Körperoberfläche weitgehend undurchlässig für Wasser; (2) als Luftatmer besitzen sie keine respiratorischen Oberflächen, die direkt mit Meerwasser in Kontakt kommen. Wasserverluste entstehen dennoch durch Evaporation über das Lungenepithel und in geringerem Maße über die Körperoberfläche. Eine hohe Salzbelastung geht bei diesen Vertebraten vor allem auf die Nahrung zurück, die in der Regel mit dem Meerwasser isoosmotisch ist.

Marine Reptilien und Vögel Die Nieren der marinen Reptilien und der Seevögel sind nicht in der Lage, einen hyperosmotischen Urin zu produzieren. Sie können also nicht als Exkretionsorgane für überschüssige Salze fungieren, falls nicht unbegrenzt Süßwasser zur Verfügung steht. Die osmoregulatorische Rolle der Kiemen, die wir bei den marinen Knochenfischen kennengelernt haben, wird bei diesen Organismen von **Salzdrüsen** übernommen. Sie produzieren eine Salzlösung, deren Konzentration an NaCl von $600\,\mathrm{mmol\,l^{-1}}$ bis zu $1100\,\mathrm{mmol\,l^{-1}}$ reicht – fünfmal höher als im Blutplasma und doppelt so hoch im Vergleich zum Meerwasser ($554\,\mathrm{mmol\,l^{-1}}$). So können marine Reptilien und Vögel sehr salzreiche Organismen als Nahrung aufnehmen oder auch Meerwasser trinken, da sie das überschüssige Salz in einem kleineren Wasservolumen ausscheiden, als sie aufgenommen haben. *Die Salzdrüsen ermöglichen diesen Organismen letztlich die Extraktion von reinem Wasser aus Meerwasser.* Die molekularen Transportmechanismen, die dieser **extrarenalen Salzausscheidung** zugrunde liegen, erfolgen über Ionocyten entsprechend dem Modell der ◖ Abb. 7.10.

Marine Säuger Die Osmoregulation bei marinen Säugern ist noch nicht abschließend geklärt. Grundsätzlich sind Säuger in der Lage, einen hyperosmotischen Urin zu produzieren. Es reicht jedoch nicht aus, wenn der Urin hyperosmotisch zum Blutplasma ist – die Salzkonzentration muss höher sein als im Meerwasser, damit mehr Salze ausgeschieden als aufgenommen werden und freies Wasser im Körper zurückbleibt. Die menschlichen Nieren sind zu dieser osmotischen Leistung nicht befähigt, aber bei Walen wurde eine Cl^--Konzentration im Urin von etwa $800\,\mathrm{mmol\,l^{-1}}$ gemessen, die deutlich über derjenigen des Meerwassers liegt. Daher sind die Nieren der Wale offensichtlich in der Lage, aus Meerwasser freies Wasser zu extrahieren bzw. den hohen Salzgehalt ihrer Nahrung auf renalem Wege auszuscheiden.

Marine Knorpelfische Eine besondere Strategie der Osmoregulation haben die **Knorpelfische** (*Chondrichthyes*) entwickelt, zu denen die Chimären (*Holocephali*) sowie die Haie und Rochen (*Neoselachii*) gehören. *Ihr Blutplasma besitzt einen höheren osmotischen Druck als Meerwasser, weist aber gleichzeitig eine geringere Konzentration an Elektrolyten auf.* Die hohe Osmolarität der Körperflüssigkeiten wird durch die organischen Substanzen Harnstoff und Trimethylaminoxid (TMAO) verursacht, die gemeinsam etwa 50 % zum gesamten osmotischen Druck beitragen. In hohen Konzentrationen wirkt Harnstoff allerdings denaturierend auf Proteine, was in der Regel mit einem Funktionsverlust einhergeht. Einige Enzyme der Knorpelfische sind relativ unempfindlich gegenüber dieser destabilisierenden Wirkung von Harnstoff; die meisten ihrer Proteine hingegen erfahren bei höheren Konzentrationen eine deutliche funktionelle Beeinträchtigung. *TMAO schützt die Proteine der Knorpelfische vor harnstoffbedingten Änderungen ihrer Konformation und somit vor einem Funktionsverlust.* Der hohe Harnstoffgehalt des Blutplasmas erfordert demnach die Koevolution eines weiteren gelösten organischen Stoffes, dessen Konzentration hoch genug sein muss, um die denaturierenden Effekte von Harnstoff auszugleichen.

Im Gegensatz zu marinen Knochenfischen, die den osmotischen Wasserverlust durch aktive Transportprozesse kompensieren, verursacht der hohe osmotische Druck bei den Knorpelfischen einen ständigen Wassereinstrom. Daher müssen sie auch kein Meerwasser trinken und vermeiden die damit verbundene hohe Salzbelastung. Allerdings nehmen Knorpelfische aufgrund ihrer geringeren Ionenkonzentration Salze durch Diffusion auf. Für die Exkretion der überschüssigen Salzlast kommen zwei Mechanismen zum Einsatz:

1. die Produktion geringer bis mittlerer Mengen eines hypoosmotischen Urins, der vor allem divalente Ionen enthält,
2. die extrarenale Ausscheidung von NaCl mithilfe von **Rektaldrüsen.**

Das Sekret der Rektaldrüsen ist annähernd isoosmotisch zum Blutplasma, enthält jedoch eine höhere Konzentration an NaCl, sodass bei Bedarf eine Nettoausscheidung von Na^+- und Cl^--Ionen erfolgt. Die Exkretion von NaCl durch die Rektaldrüsen verläuft wie in den Ionocyten der Salzdrüsen von Reptilien und Vögeln (◘ Abb. 7.10).

Wir haben mit den Knochenfischen und den Knorpelfischen zwei Tiergruppen kennengelernt, die unterschiedliche Strategien einsetzen, um im dehydrierenden Lebensraum des Meeres durch osmo- und ionenregulatorische Mechanismen die Homöostase ihrer Körperflüssigkeiten zu gewährleisten. Auf den ersten Blick scheint die Strategie der Knorpelfische energieeffizienter zu sein, da sie ihr Wasser sozusagen „kostenlos" bekommen, während die Knochenfische zusammen mit dem Meerwasser, das sie für ihren Wasserhaushalt benötigen, eine hohe Salzlast aufnehmen. Allerdings kostet auch die Synthese von Harnstoff, der für den hohen osmotischen Druck des Blutplasmas notwendig ist, Energie in Form von ATP. Die Knochenfische verwenden Ammoniak (NH_3) als N-haltiges Endprodukt, müssen im Vergleich zur Harnstoffsynthese also weniger Energie für den Abbau von Aminosäuren und Nukleotiden investieren.[24] Der osmotische Wassereinstrom der Knorpelfische ist also nicht kostenfrei, da eine energetisch aufwendige Harnstoffsynthese Voraussetzung für die Hyperosmolarität des Plasmas ist. Offensichtlich stellt die hyperosmotische Strategie der Knorpelfische keine energieeffizientere Lösung osmoregulatorischer Probleme dar als die bei den Knochenfischen realisierte hypoosmotische Variante [7].

7.3.3 Osmoregulation in terrestrischen Lebensräumen

Die Übersiedlung vom Wasser ans Land brachte für die ersten Organismen entscheidende Vorteile: Zusammen mit ihrem früheren Lebensraum ließen sie auch Nahrungskonkurrenten und Fressfeinde hinter sich. Entsprechend hoch muss der Selektionsdruck auf diesen Evolutionsschritt gewesen sein.

Andererseits stellen der Wasserverlust durch Verdunstung (Evaporation) sowie die variable Verfügbarkeit von Wasser grundlegende Probleme für die Homöostase des Wasser- und Salzhaushalts in terrestrischen Lebensräumen dar. Einige Tiere halten sich daher in einer sehr feuchten Umgebung auf (z. B. Regenwürmer, die meisten Amphibien und landlebende Krebse), während andere Tiere in der Lage sind, auch einen geringen Wassergehalt ihres Lebensraums zu tolerieren (z. B. Säuger, Vögel, Reptilien, Insekten und Spinnentiere).

Der Wasserverlust erfolgt grundsätzlich durch Verdunstung über die Körperoberfläche und über die respiratorischen Epithelien sowie durch die Urinproduktion. Wir werden im Folgenden zunächst evolutionäre Strategien besprechen, die den evaporativen Wasserverlust minimieren, und anschließend auf den renalen Wasserverlust eingehen. Strategien zur Reduktion des evaporativen Wasserverlusts betreffen (1) die Wasserpermeabilität des Integuments und (2) die Lage und Aktivität der respiratorischen Epithelien.

Wasserpermeabilität des Integuments Gl. 7.3 besagt, dass die Geschwindigkeit des Wassertransports über eine Oberfläche vom osmotischen Druckgradienten auf beiden Seiten der Membran sowie von ihrer Wasserdurchlässigkeit abhängt. Tiere, deren Integument eine hohe Durchlässigkeit für Wasser aufweist, können nur in einer feuchten Umgebung überleben. Häufig setzt die Körperbegrenzung dieser Organismen dem evaporativen Wasserverlust überhaupt keinen

---

[24] Für eine detaillierte Diskussion der Endprodukte des Amino- und Nukleinsäurestoffwechsels siehe ► Abschn. 8.1.

◙ Tabelle 7.5   Widerstand des Integuments gegen evaporativen Wasserverlust (nach [8])

Tiergruppe	Widerstand (s cm^{-1})^a
Frösche (*Ranidae*) und Kröten (*Bufonidae*)	0–3
Nattern (*Colubridae*)	150–890
Vipern (*Viperidae*)	790–1690
Leguane (*Iguania*)	110–1360
Vögel	30–200
Mensch	380
Hausmaus	160

^{a} Die Leitfähigkeit einer Grenzschicht für Wasser entspricht dem Quotienten aus der Geschwindigkeit des Wasserverlusts (g · cm^{-2} · s^{-1}) und der Wasseraktivität (g · cm^{-3} Luft). Der Widerstand ist der Kehrwert der Leitfähigkeit, also s cm^{-1}.

Widerstand entgegen (◙ Tab. 7.5), sodass als einzige Möglichkeit die Verringerung des osmotischen Druckgradienten – in diesem Fall das Dampfdruckgefälle zwischen Körper und Umgebung – verbleibt. In einer sehr feuchten Umgebung herrscht ein hoher Wasserdampfdruck, der weitgehend demjenigen der Körperflüssigkeiten entspricht. Aufgrund dieses geringen Druckgradienten verlieren die Tiere daher kaum Wasser über ihre Körperoberfläche.

Das Überleben in einer trockenen Umgebung, in der ein großer Unterschied im Wasserdampfdruck zwischen Organismus und Luft vorherrscht, setzt dagegen eine möglichst geringe Permeabilität der Körperoberfläche für Wasser voraus. Dies wird durch eine nur wenige Mikrometer dicke Lipidschicht erreicht, die sich im **Stratum corneum** der Epidermis befindet.[25] Bei Säugern und Vögeln besteht diese Lipidschicht vor allem aus Ceramiden[26], Cholesterin und freien Fettsäuren; bei den Insekten und Spinnentieren findet man langkettige Kohlenwasserstoffe und Wachse. Selbst innerhalb einer Tiergruppe bestehen zum Teil große Unterschiede im Widerstand des Integuments gegenüber evaporativen Wasserverlusten (z. B. > 10fache Variabilität bei Leguanen; ◙ Tab. 7.5). Verschiedene Lipidarten und unterschiedliche Mengen von Lipiden sind maßgeblich für diese Bandbreite verantwortlich.

Wir haben am Beispiel der Fluidität von Zellmembranen die Temperaturabhängigkeit von Lipiden kennengelernt (▶ Abschn. 3.1). Entsprechend findet bei einer bestimmten Temperatur ein Phasenübergang der Lipide im Stratum corneum statt, der die Wasserpermeabilität des Integuments drastisch erhöht.

Lage und Aktivität der respiratorischen Epithelien Einige Tiere decken mittels Hautatmung einen beträchtlichen Teil ihres O_2-Bedarfs über die äußere Körperoberfläche. Da das Integument nicht gleichzeitig durchlässig für Atemgase und undurchlässig für Wasser sein kann, besteht bei Hautatmern grundsätzlich die Gefahr eines evaporativen Wasserverlustes. Dieser kann nur dann minimiert werden, wenn das Dampfdruckgefälle möglichst gering ist, die Tiere

---

[25] Das Stratum corneum ist die äußerste, verhornte Schicht eines mehrschichtigen Plattenepithels. Sie besteht aus toten Zellen, die noch durch Desmosomen zusammengehalten werden. Die Zellzwischenräume sind mit wasserabweisenden Lipiden gefüllt.
[26] Ceramide sind Lipide, bestehend aus einer Fettsäure, die mit der Aminogruppe eines Sphingosinmoleküls verknüpft ist. Sie sind Ausgangspunkt der Synthese der Sphingolipide.

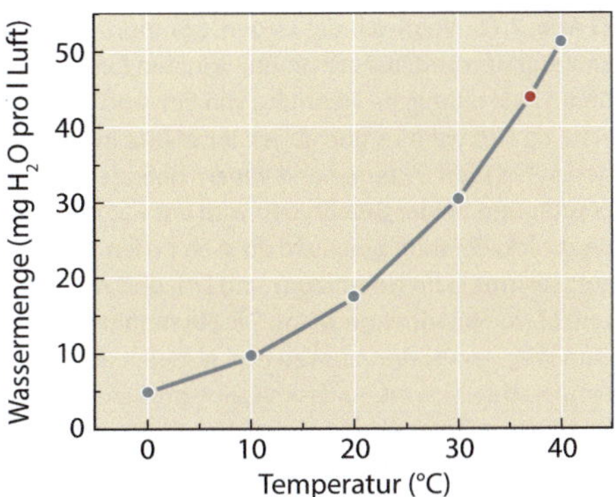

◪ Abb. 7.11 Temperaturabhängigkeit des Wassergehalts wasserdampfgesättigter Luft. Mit zunehmender Temperatur steigt der Wasserdampfdruck über einer wässrigen Lösung und damit die Menge an Wasser, die von einem Liter Luft aufgenommen werden kann. Der Wassergehalt verdoppelt sich annähernd mit jeder Temperaturerhöhung von 11 °C. Der *rot* hervorgehobene Datenpunkt bei 37 °C entspricht der Wassermenge bei der Körpertemperatur von Säugern (43,9 mg H_2O pro Liter Luft)

also in einer sehr feuchten Umgebung leben. *Hautatmung als grundsätzlicher Versorgungsmechanismus mit O_2 ist demnach mit der Besiedlung trockener Lebensräume nicht vereinbar.*

Säuger, Insekten und Lungenschnecken repräsentieren drei unterschiedliche Tiergruppen, bei denen sich die respiratorischen Epithelien in Form von Lungen oder Tracheen im Inneren des Körpers befinden. *Die Entkopplung von Atmung und Permeabilität des Integuments ist Voraussetzung für die Unabhängigkeit vom Wasserdampfdruck der Umgebung und ermöglicht die Entwicklung einer wasserundurchlässigen Körperoberfläche, ohne die O_2-Versorgung zu gefährden.* Ein weiterer Vorteil besteht in der Regulation des Zugangs für Luft aus dem Außenraum – Wirbeltiere steuern die Ventilation ihrer Lungen, Insekten öffnen oder schließen die Stigmen ihrer Tracheen. Diese konvergente Entwicklung in so unterschiedlichen Tiergruppen wie Säugern und Insekten deutet auf einen hohen Selektionsdruck hin, der auf der Internalisierung der Atemorgane zur Reduktion des evaporativen Wasserverlusts liegt.

Neben den genannten Vorteilen verursacht die Verlagerung der Atemorgane ins Körperinnere, insbesondere bei den endothermen Säugern und Vögeln, allerdings ein neues Problem. Wie ◪ Abb. 7.11 zeigt, ist der Wassergehalt der Luft von der Temperatur abhängig: Mit Wasserdampf gesättigte Luft enthält bei 30 °C annähernd doppelt so viel Wasser im Vergleich zu einer um 20 °C kühleren Luft. Bei einem Säuger wird die eingeatmete kühle Luft auf ihrem Weg in die Alveolen bis auf eine Körpertemperatur von 37 °C aufgewärmt und nimmt dabei Wasser auf. Dieses Wasser wird dem Körper entzogen und ginge verloren, würde die Luft mit einer Temperatur von 37 °C wieder ausgeatmet. *Zur Vermeidung eines solchen Wasserverlustes existieren Mechanismen, mit denen die Luft beim Ausatmen wieder auf Werte in der Nähe der Umgebungstemperatur abgekühlt wird.* Einigen Arten wie der Kängururatte gelingt es sogar, die Temperatur ihrer Ausatemluft unter die Umgebungstemperatur zu senken und so den respiratorischen Wasserverlust zu minimieren.

Die zur Erwärmung der Luft erforderliche Energie und die Verdunstungswärme von Wasser werden den Geweben, die den respiratorischen Trakt auskleiden, entzogen, sodass die Temperatur dort deutlich unterhalb der Körpertemperatur liegt. Wenn beim Ausatmen die 37 °C warme, wasserdampfgesättigte Luft die kühleren Epithelien passiert, kühlt die Ausatemluft ab und Wasser kondensiert insbesondere an den Innenflächen des Nasenraums. Zur Effizienzsteigerung dieses Gegenstromwärmetauschers ist die Oberfläche des Nasenraums bei zahlreichen Tiergruppen durch gefaltete Knochenlamellen deutlich vergrößert und bildet die sogenannten **Turbinalia**.[27] Einen ähnlichen Gegenstromwärmetauscher haben wir im Zusammenhang mit

---

[27] Die bei einigen Arten sehr große Oberfläche der Turbinalia bietet gleichzeitig den Geruchsrezeptoren mehr Platz – Fläche des Riechepithels und Anzahl an Geruchsrezeptoren korrelieren mit der Leistungsfähigkeit unterschiedlicher Tiergruppen, Gerüche zu differenzieren und zu identifizieren (▶ Kap. 16).

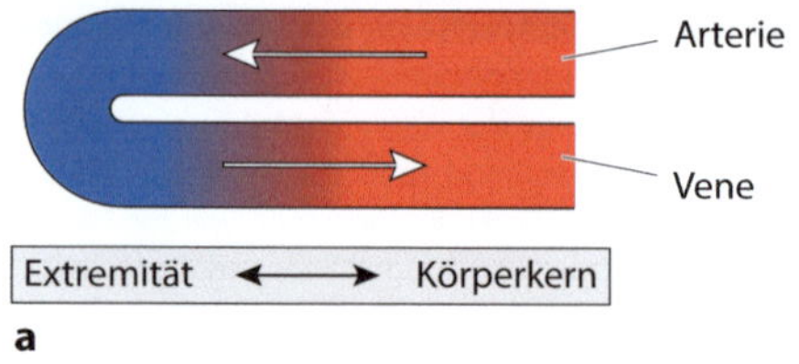

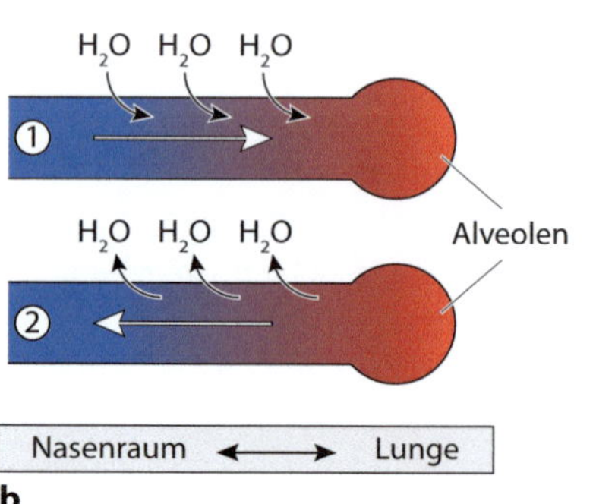

☐ **Abb. 7.12** Vergleich des Gegenstromprinzips in den Extremitäten und im Nasenraum. **a** In den Extremitäten findet eine räumliche Trennung von Ein- und Ausstrom statt, da sich warmes und abgekühltes Blut in verschiedenen Gefäßen (Arterien und Venen) befinden. Durch die Engführung beider Gefäßtypen wird das aus der Peripherie zurückkehrende Blut auf dem Weg in den Körperkern aufgewärmt. **b** Im Nasenraum sind Ein- und Ausstrom zeitlich voneinander getrennt. Die Einatemluft wird auf dem Weg vom Nasenraum zu den Alveolen auf Körpertemperatur erwärmt, so dass sie eine größere Menge Wasserdampf aufnehmen kann. Dieses Wasser wird den angrenzenden epithelialen Schichten entzogen. Dadurch kühlen die Epithelien, die den Nasenraum auskleiden ab, wobei ein Temperaturgradient von außen nach innen entsteht ①. Die zurückströmende Ausatemluft, die zunächst Körpertemperatur besitzt, gibt aufgrund des Temperaturgradienten Wärme ab. Die abgekühlte Luft kann weniger Wasserdampf aufnehmen, so dass Wasser an den kühleren Wandstrukturen kondensiert ②. *Rot* bezeichnet die Körpertemperatur, *blau* die Umgebungstemperatur

der Regulation des peripheren Blutflusses bei thermoregulatorischen Prozessen kennengelernt (▶ Abschn. 3.5.2). *Während der Gegenstromwärmetauscher in den Extremitäten auf einer räumlichen Trennung von Arterien und Venen basiert, ist der Ein- und Ausstrom von Luft über den Nasenraum zeitlich voneinander getrennt* (☐ Abb. 7.12). In beiden Fällen wird der Mechanismus des Gegenstromprinzips eingesetzt, um einerseits den Energieaufwand zur Thermoregulation, andererseits den evaporativen Wasserverlust zu reduzieren.

Menschen haben eine relativ weite Nasenhöhle, sodass der Abstand zwischen dem Zentrum der Strömung, in dem sich die Luft mit der höchsten Geschwindigkeit bewegt, und den Wandstrukturen zu groß für einen effizienten Wärmetausch ist. Wir atmen eine wasserdampfgesättigte Luft aus, die annähernd Körpertemperatur besitzt, und der evaporative Wasserverlust ist daher entsprechend hoch. Bei Außentemperaturen unter 0 °C kann der Energieaufwand für das Anwärmen und die Sättigung der Einatemluft mit Wasserdampf mehr als 20 % des Grundumsatzes betragen.

Die Größe von Tieren beeinflusst ihren evaporativen Wasserverlust über die Körperoberfläche und über die respiratorischen Epithelien. Daher skaliert auch der Wasserverlust durch Verdunstung in Form einer allometrischen Funktion mit der Körpergröße, wobei kleinere Tiere einen relativ höheren Wasserverlust aufweisen (▶ Abschn. 2.5):

- Kleinere Tiere besitzen ein ungünstiges Oberflächen-Volumen-Verhältnis und verlieren daher relativ mehr Wasser über ihre Körperoberfläche.
- Aufgrund ihrer höheren gewichtsspezifischen Stoffwechselrate haben kleinere Tiere einen höheren O_2-Bedarf, der durch eine erhöhte Atemfrequenz gedeckt wird. Entsprechend verlieren sie mehr Wasser über ihre respiratorischen Epithelien.

Neben den oben beschriebenen Verdunstungsprozessen stellt die renale Exkretion N-haltiger Endprodukte des Protein- und Nukleinsäurestoffwechsels eine weitere wichtige Ursache für Wasserverluste dar. Zwei unterschiedliche, aber komplementäre evolutionäre Strategien minimieren diesen exkretorischen Wasserverlust: (1) Konzentrierung des Urins, d. h. die Ausscheidung einer möglichst großen Stoffmenge in einem möglichst kleinen Wasservolumen, und (2) Reduktion der im Urin gelösten Substanzen, was wiederum ein geringeres Wasservolumen erfordert.

Konzentrierung des Urins Von allen terrestrischen Lebewesen besitzen nur Insekten, Säuger und Vögel die Fähigkeit, einen Urin zu produzieren, der hyperosmotisch im Vergleich zu ihrer Hämolymphe oder ihrem Blutplasma ist. Ein hyperosmotischer Urin ist Voraussetzung für die Rückhaltung von Wasser im Körper (▶ Abschn. 7.2.2). Von den drei genannten Tiergruppen produzieren die Säuger den konzentriertesten Urin – so kann bei australischen Hüpfmäusen (*Notomys alexis*) die Osmolarität des Urins bis zu 26-mal höher sein als diejenige des Blutplasmas.

Diese erstaunliche Konzentrierungsleistung, die in den Nieren stattfindet, hängt unmittelbar mit der Tatsache zusammen, dass Säuger als eine der wenigen terrestrischen Tiergruppen Harnstoff als Endprodukt des N-Stoffwechsels synthetisieren. Harnstoff muss immer mit einer bestimmten Wassermenge ausgeschieden werden, die dem Organismus zwangsläufig verloren geht. Daher stellt die Fähigkeit, dieses Wasservolumen auf ein absolutes Minimum zu reduzieren, einen entscheidenden Selektionsvorteil in trockenen Lebensräumen dar.

Reduktion der im Urin gelösten Substanzen Hauptbestandteile des Urins sind überschüssige Elektrolyte und N-haltige Stoffwechselendprodukte. Wir haben mit den Salzdrüsen mariner Vögel extrarenale Exkretionsorgane kennengelernt, mit deren Hilfe die Salzkonzentration im Urin und damit das für die Ausscheidung nötige Wasservolumen reduziert werden können. Als Endprodukte des N-Stoffwechsels kommen neben Harnstoff auch andere Substanzen infrage, die mit deutlich weniger Wasser ausgeschieden werden können, wie etwa Harnsäure, Urate[28], Allantoin und Guanin. Die Fähigkeit zur Synthese dieser Substanzen ist in der Evolution mehrmals unabhängig voneinander entstanden, was auf einen beträchtlichen Selektionsvorteil einer wassersparenden Ausscheidung hindeutet.

7.3.4 Zusammenfassung

Alle Tiere unterscheiden sich hinsichtlich der Konzentration und der Zusammensetzung ihrer Körperflüssigkeiten mehr oder weniger stark von ihrer Umgebung. Grundsätzlich stellen limnische, marine und terrestrische Lebensräume unterschiedliche Anforderungen an die osmoregulatorischen Fähigkeiten ihrer Bewohner. Die Osmolalitäten der Körperflüssigkeiten einiger Vertreter aus allen drei Lebensräumen sind in ◘ Abb. 7.13 zusammengefasst.

Die Körperflüssigkeiten limnischer Organismen sind immer hyperosmotisch im Vergleich zum Süßwasser. Infolgedessen dringt osmotisch Wasser über permeable Grenzflächen in den Körper ein und Ionen diffundieren aus den Geweben ins Außenmedium. Die Homöostase des Wasser- und Ionenhaushalts basiert auf dem kontinuierlichen Einsatz von Stoffwechselenergie. Die Energiekosten werden durch eine geringe Permeabilität der Körperoberfläche für Wasser und Ionen sowie durch eine moderate Reduktion der Osmolarität der Körperflüssigkeiten gesenkt. Die Exkretion großer Mengen eines hypoosmotischen Urins reduziert den Wasserüberschuss, während aktive Transportmechanismen den Ionenverlust ausgleichen. Der Netto-

---

[28] Urate sind Salze der Harnsäure. Sie ermöglichen neben der Exkretion von Stickstoff die annähernd wasserfreie Ausscheidung präzipitierter Kationen.

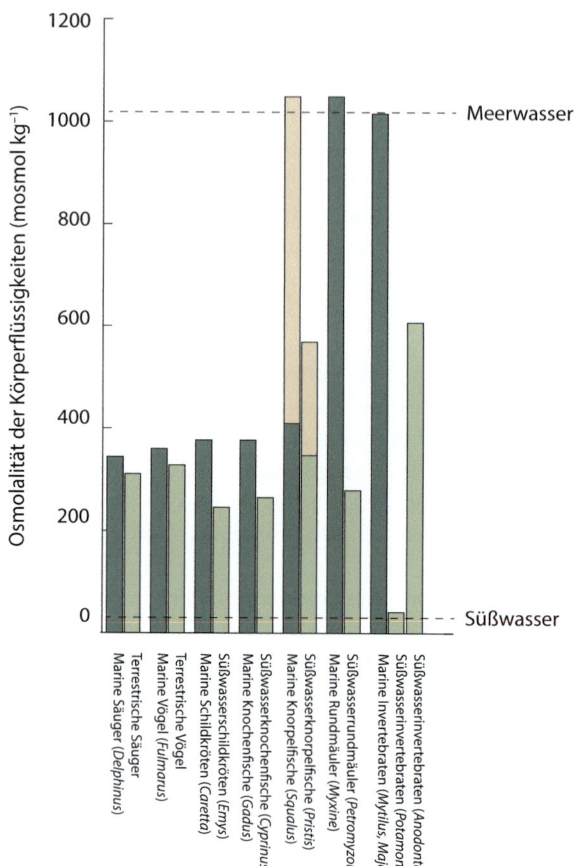

◘ Abb. 7.13 Die Osmolalitäten der Körperflüssigkeiten von verschiedenen marinen, limnischen und terrestrischen Tiergruppen. Die *hellbraun unterlegten Balken* zeigen die relativen Anteile von Harnstoff und Trimethylaminoxid bei Knorpelfischen an. Die *gestrichelten waagerechten Linien* markieren die Osmolalität von Süßwasser und Meerwasser (nach [4])

transport von Na$^+$ und Cl$^-$ aus dem Süßwasser ins Blutplasma wird von spezialisierten Zellen des Kiemenepithels, den Ionocyten oder Chloridzellen, durchgeführt.

Während marine Invertebraten als Osmokonformer isoosmotisch zum Meerwasser sind, weisen die meisten marinen Vertebraten eine geringere Osmolarität ihrer Körperflüssigkeiten auf. Die Folgen – osmotischer Wasserverlust und Diffusion von Ionen in den Körper – sind bei allen hypoosmotischen Tieren gleich; sie werden jedoch durch unterschiedliche Regulationsmechanismen kompensiert.

Marine Knochenfische trinken Meerwasser, um den osmotischen Wasserverlust auszugleichen. Die hohe Salzbelastung wird vor allem durch eine extrarenale Ausscheidung mittels Ionocyten über das Kiemenepithel reduziert. Bei den marinen Reptilien und Vögeln, die ähnlich den Knochenfischen keinen hyperosmotischen Urin produzieren können, übernehmen Salzdrüsen die Funktion der extrarenalen Exkretion von überschüssigem NaCl. Einige marine Säuger sind in der Lage, durch Produktion eines stark hyperosmotischen Urins Salze, die durch Nahrung und Wasseraufnahme in den Körper gelangt sind, wieder auszuscheiden.

Eine besondere Strategie haben marine Knorpelfische entwickelt, die ihr Blutplasma mit den organischen Substanzen Harnstoff und Trimethylaminoxid (TMAO) anreichern, bis ihre Osmolarität die Salzkonzentration des Meerwassers übersteigt. Dadurch gewinnen sie osmotisch Wasser, während sie das durch Diffusion aufgenommene Salz über ihre Rektaldrüsen wieder nach außen abgeben. Die potenziell denaturierende Wirkung von Harnstoff wird durch TMAO aufgehoben.

Terrestrische Lebensräume stellen eine außerordentlich dehydrierende Umgebung dar, die landlebende Organismen vor enorme Herausforderungen stellt. Im Vordergrund stehen evaporative Wasserverluste über die Körperoberfläche (spontan oder im Zuge thermoregulatorischer Prozesse) und über die respiratorischen Epithelien. Weiterhin verursacht der Abbau N-haltiger Verbindungen wie Proteine und Nukleinsäuren harnpflichtige Endprodukte, die über die Nieren in einem bestimmten Mindestvolumen an Wasser ausgeschieden werden müssen.

Evaporative Wasserverluste über die Körperoberfläche werden durch Verringerung der Wasserpermeabilität des Integuments reduziert; hierunter fällt die Einlagerung von Lipiden in die äußeren Zellschichten der Epidermis oder der Cuticula. Weiterhin wurden die respiratorischen Epithelien ins Körperinnere verlagert, wo sie als Lungen oder Tracheen in einem geschützten Innenraum mit einem kontrollierten Zugang liegen. Die aufgewärmte Luft wird beim Ausatmen durch einen Gegenstromwärmetauscher abgekühlt, sodass möglichst wenig Wasser in Form von Wasserdampf mit der Atemluft nach außen abgegeben wird.

Der exkretorische Wasserverlust über die Nieren kann durch Ausscheidung eines hyperosmotischen Urins (Säuger) oder durch Reduktion der im Urin gelösten Substanzen minimiert werden. Harnsäure und ihre Salze sowie andere N-haltige Endprodukte können mit deutlich weniger Wasser ausgeschieden werden als Harnstoff, eine Strategie, die vor allem von Vögeln und Insekten eingesetzt wird.

Literatur

1. Borgnia M, Nielsen S, Engel A, Agre P (1999) Cellular and molecular biology of the aquaporin water channels. Annu Rev Biochem 68:425–458
2. Bradley TJ (2009) Animal Osmoregulation. Oxford University Press, New York
3. Evans DH, Piermarini PM, Choe KP (2005) The multifunctional fish gill: dominant site of gas exchange, osmoregulation, acid-base regulation, and excretion of nitrogenous waste. Physiol Rev 85:97–177
4. Hildebrandt JP, Bleckmann H, Homberg U (2015) Penzlin – Lehrbuch der Tierphysiologie. 8. Aufl, Springer, Heidelberg
5. Hill RW Wyse GA (1989) Animal Physiology. 2. Aufl, Harper & Row, New York
6. Hochachka PW, Somero GN (2002) Biochemical Adaptation. Princeton University Press, Princeton
7. Kirschner LB (1993) The energetics of osmotic regulation in ureotelic and hyposmotic fishes. J Exp Zool 267:19–26
8. Lillywhite HB (2006) Water relations of tetrapod integument. J Exp Biol 209:202–226
9. Marshall WS (2002) Na^+, Cl^-, Ca^{2+} and Zn^{2+} transport by fish gills: retrospective review and prospective synthesis. J Exp Zool 293:264–283
10. Nagelhus EA, Ottersen OP (2013) Physiological roles of aquaporin-4 in brain. Physiol Rev 93:1543–1562
11. Schmidt-Nielsen K (1964) Terrestrial Animals in Dry Heat: Desert Rodents. In: Dill DB (Hrsg) Adaptation to the Environment (Handbook of Physiology, Section 4), 493–507. Oxford University Press, New York
12. Schmidt-Nielsen K (1972) How Animals Work. Cambridge University Press, Cambridge

Exkretorische Mechanismen

Andreas Feigenspan

© Springer-Verlag GmbH Deutschland 2017
A. Feigenspan, *Prinzipien der Physiologie*, https://doi.org/10.1007/978-3-662-54117-3_8

Schlüsselkonzepte

1. Exkretionsorgane scheiden stickstoffhaltige Endprodukte des Protein- und Nukleinsäurestoffwechsels aus und regulieren den Wasser- und Elektrolythaushalt.

2. Die Ausscheidung von Ammoniak, Harnstoff oder Harnsäure als stickstoffhaltige Endprodukte hängt vom jeweiligen Lebensraum ab.

3. Filtration, Reabsorption und Sekretion sind grundlegende Prinzipien der Exkretion.

4. Bei der Filtration wird eine extrazelluläre Flüssigkeit durch einen komplexen Filter in ein tubuläres System gepresst, in dem der Primärharn abschnittweise modifiziert wird. Zur Erzeugung des Filtrationsdrucks ist metabolische Energie erforderlich.

5. Die Filtration der gesamten extrazellulären Flüssigkeit innerhalb kurzer Zeit ist Grundlage für die homöostatische Funktion von Exkretionsorganen.

6. Reabsorption und Sekretion basieren auf der Expression von primär- und sekundäraktiven Transportsystemen in der Zellmembran des Tubulusepithels.

7. Die Produktion eines hyperosmotischen Urins spart Wasser und stellt eine Anpassung an die Trockenheit vieler terrestrischer Lebensräume dar.

8. Ein hyperosmotischer Urin kann durch ein Gegenstrommultiplikationssystem oder durch die aktive Sekretion von Ionen erzeugt werden.

> In no instance is the chemical composition of a biological solution identical to the composition of the surrounding medium.
> *Peter W. Hochachka*
> *George N. Somero*

8.1 Exkretstoffe

Alle Stoffe, die durch Nahrungsaufnahme oder auf passivem Weg in den Körper gelangen, werden nach einer bestimmten Zeit entweder unverändert oder modifiziert wieder ausgeschieden. **Exkretstoffe** sind Substanzen, die vom Organismus nicht weiter verwertet werden können, entweder weil ein energetisches Minimum erreicht ist oder aber die für weitere Abbauschritte erforderlichen Enzyme fehlen. Exkretstoffe werden in der Regel an die Außenwelt abgegeben, um ihre Anreicherung im Körper bis hin zu toxischen Konzentrationen zu vermeiden.

Der weitaus größte Teil der Exkretstoffe entstammt dem katabolen Stoffwechsel. Beim Abbau von Kohlenhydraten und Lipiden werden Kohlenstoffdioxid (CO_2) und Wasser (H_2O) gebildet. CO_2 wird über die respiratorischen Epithelien an die Umgebung abgegeben, während H_2O als Oxidationswasser in den Wasserhaushalt einfließt. Proteine und Nukleinsäuren enthalten jedoch Stickstoff (N), der meist in Form von Ammoniak (NH_3), Harnstoff, Harnsäure und Guanin ausgeschieden wird. Welche dieser Substanzen als stickstoffhaltiges Stoffwechselendprodukt Verwendung findet, hängt unmittelbar mit dem Lebensraum eines Tieres und der darin verfügbaren Wassermenge zusammen.

Die oben genannten Exkretstoffe entstehen in der Regel als Endprodukte oxidativer Stoffwechselprozesse. Darüber hinaus werden im anaeroben Energiestoffwechsel energiereiche **organische Säuren** gebildet, die bei einer Anreicherung im Körper zu einem osmotischen Ungleichgewicht führen würden und daher ausgeschieden werden müssen. Weitere Exkretstoffe stellen **Xenobiotika** dar – synthetisch hergestellte Substanzen, die normalerweise nicht Teil der chemischen Ausstattung von Zellen und Geweben sind. Sie haben häufig hydrophobe Eigen-

▣ Abb. 8.1 Entfernung von Stickstoff beim Abbau von Aminosäuren. **a** Bildung von Ammoniak bei der Desaminierung der Aminosäure Serin. Der Wasserstoff des α-C-Atoms und die Hydroxylgruppe des β-C-Atoms reagieren miteinander zu Wasser, wobei die instabile Zwischenstufe Aminoacrylat entsteht. Aminoacrylat reagiert mit Wasser unter Bildung von Pyruvat und Ammoniumionen (NH_4^+). Die Reaktionssequenz wird von der Serin-Dehydratase katalysiert. **b** Bei den meisten Aminosäuren wird die Aminogruppe auf α-Ketoglutarat übertragen, wobei Glutamat entsteht. Die oxidative Desaminierung von Glutamat liefert letztendlich NH_4^+

schaften und werden durch Enzymsysteme der Leber in eine lösliche Form überführt, in der sie ausgeschieden werden können.[1]

8.1.1 Ammoniak

Wir haben in ▶ Abschn. 1.3.1 festgestellt, dass es keine körpereigenen Speicher für Aminosäuren und Proteine gibt. Überschüssige Aminosäuren werden vielmehr durch die Abspaltung der Aminogruppe desaminiert und dem Energiestoffwechsel zugeführt. Bei dieser Desaminierungsreaktion – hier am Beispiel von Serin gezeigt – werden direkt Ammoniak und Pyruvat gebildet (▣ Abb. 8.1a). Der Abbau der meisten anderen Aminosäuren erfolgt durch eine von **Transaminasen** katalysierte Übertragung der Aminogruppe am α-C-Atom auf α-Ketoglutarat, wobei zunächst Glutamat und durch oxidative Desaminierung letztlich Ammoniumionen (NH_4^+) entstehen (▣ Abb. 8.1b).

Da **Ammoniak** ein Endprodukt des Aminosäureabbaus ist, benötigt ein Organismus für die Synthese keine zusätzliche Energie. Außerdem ist Ammoniak selbst ein relativ energiearmes Molekül, sodass die in den kovalenten Bindungen der Aminosäuren gespeicherte Energie

---

[1] Im endoplasmatischen Retikulum von Leberzellen (Hepatozyten) sorgt Cytochrom P450 für eine Hydroxylierung (Oxidation) xenobiotischer Verbindungen, die auf diese Weise wasserlöslich werden. Beim Menschen spielt diese Reaktion eine wichtige Rolle für den Abbau von Arzneimitteln.

zum größten Teil im Organismus verbleibt. *Die Ausscheidung von Stickstoff in Form von Ammoniak stellt daher evolutionär die ursprünglichste und für den Organismus energetisch günstigste Lösung dar.* Allerdings ist Ammoniak in höherer Konzentration toxisch, da es in wässriger Lösung den pH-Wert erhöht, was wiederum die Konformation von Proteinen und ihre Funktionalität verändern kann. Darüber hinaus wird diskutiert, dass Ammoniak dem Citratzyklus α-Ketoglutarat entzieht und auf diese Weise das Fließgleichgewicht des oxidativen Stoffwechsels nachhaltig verschiebt. Neben diesen Stoffwechselveränderungen stört eine zu hohe Ammoniakkonzentration die neuronale Signalweiterleitung. Hier werden Effekte auf die Synthese von Neurotransmittern sowie eine Wechselwirkung mit den etwa gleich großen K^+-Ionen vermutet.

In den wässrigen Lösungen der Körperflüssigkeiten reagiert Ammoniak mit Wasser zu Ammoniumhydroxid, das in einer Gleichgewichtsreaktion zu Ammonium- und Hydroxidionen dissoziiert:

$$NH_3 + H_2O \rightleftharpoons NH_4OH \rightleftharpoons NH_4^+ + OH^-. \tag{8.1}$$

Bei einem physiologischen pH-Wert liegen fast 99 % des Ammoniaks in Form von Ammoniumionen vor. Die Reaktion in Gl. 8.1 hat zwei wichtige Konsequenzen für den Organismus:

- Die gleichzeitige Bildung von Hydroxidionen birgt die Gefahr einer **Alkalose**[2], sodass entsprechende Puffersysteme zur Neutralisierung von OH^- in den Körperflüssigkeiten existieren müssen.
- NH_3 ist ein weitgehend unpolares Molekül, das durch die Lipiddoppelschicht der Plasmamembran diffundieren kann. Gelangt NH_3 entlang seines Konzentrationsgradienten aus der Zelle und reagiert im Extrazellulärraum mit Wasser zu Ammoniumionen, wird dem Gleichgewicht der Reaktion in Gl. 8.1 kontinuierlich NH_3 entzogen, und gemäß dem Massenwirkungsgesetz verläuft die Reaktion von rechts nach links. Daher sind für Ammoniak keine aktiven Transportsysteme notwendig.

Ammoniak als Endprodukt des Proteinabbaus besitzt also vom energetischen Standpunkt aus einen maßgeblichen Vorteil, aufgrund seiner Giftigkeit aber auch einen schwerwiegenden Nachteil. Bei Tieren, die ganz oder überwiegend im Wasser leben, spielt die Toxizität jedoch keine große Rolle, da Ammoniak über die Körperoberfläche kontinuierlich ins Außenmedium diffundiert, bevor es sich im Körper bis auf kritische Werte anreichert. Im Wasser selbst wird Ammoniak auf geringe Konzentrationen verdünnt. Ammoniak ist daher der bevorzugte Exkretstoff bei zahlreichen Wasserbewohnern, die daher als **ammoniotelische Tiere** bezeichnet werden. Hierzu gehören unter anderem die Schwämme, Hohltiere, Ringelwürmer, Krebstiere, Knochenfische und Schwanzlurche sowie wasserlebende Larvenformen von Insekten und Fröschen.

Bei Landbewohnern muss Ammoniak in relativ hohen und somit toxischen Konzentrationen angereichert und ausgeschieden werden, damit der exkretorische Wasserverlust für die Tiere handhabbar bleibt. Daher ist Ammoniak in der Regel für terrestrische Organismen kein geeigneter Exkretstoff, sodass sich bei ihnen alternative Mechanismen der Stickstoffausscheidung entwickelt haben.[3]

---

[2] Unter einer Alkalose versteht man die Erhöhung des pH-Wertes über den Normwert von 7,4.
[3] Es gibt jedoch Ausnahmen: Bei Asseln wird Ammoniak direkt an der Körperoberfläche gebildet und nach außen abgegeben, wodurch eine Anreicherung in Körperflüssigkeiten vermieden wird.

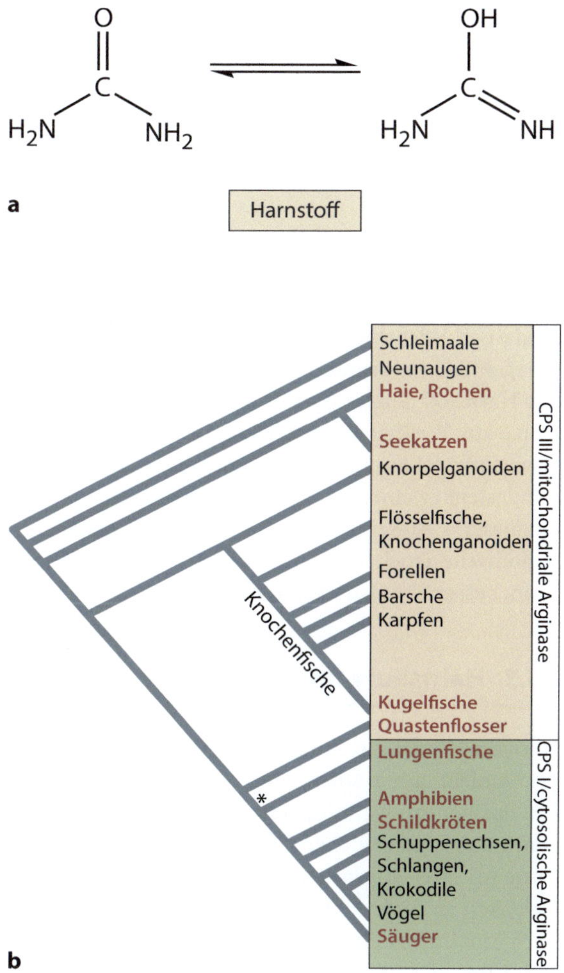

Abb. 8.2 Evolution der Harnstoffsynthese. **a** Harnstoff ist ein Diamid der Kohlensäure, das in den beiden dargestellten mesomeren Grenzstrukturen vorkommt. **b** Der phylogenetische Stammbaum zeigt die Expression von Enzymen des Ornithin-Harnstoff-Zyklus bei adulten Vertebraten. Die *rot hervorgehobenen* Vertebraten synthetisieren Harnstoff als Hauptprodukt des Proteinabbaus. Carbamylphosphat-Synthetase (CPS) und Arginase sind zwei Enzyme des Ornithin-Harnstoff-Zyklus. Während der Evolution hat ein Wechsel von CPS III und mitochondrialer Arginase hin zu CPS I und cytosolischer Arginase stattgefunden. (*) bezeichnet das erste Auftreten von CPS I und cytosolischer Arginase (Teil b nach [9])

8.1.2 Harnstoff

Harnstoff enthält zwei Aminogruppen pro Molekül und ist daher hinsichtlich der Menge an Stickstoff osmotisch nur halb so wirksam wie Ammoniak (Abb. 8.2a). Die erste Aminogruppe stammt von freiem NH_4^+, die zweite von Aspartat, das wiederum durch die Transaminierung von Glutamat entstanden ist. Harnstoff wird im **Ornithin-Harnstoff-Zyklus** gebildet, der beim Menschen ausschließlich in der Leber stattfindet, da nur dort die entsprechenden Enzymsysteme exprimiert werden.

Die Harnstoffsynthese ist energieaufwendig: Pro Mol Harnstoff wird das Äquivalent von vier Mol ATP verbraucht.[4] Die Summenformel der Harnstoffsynthese lautet:

$$NH_4^+ + HCO_3^- + 3\,ATP + \text{Aspartat} + 2\,H_2O \rightarrow \text{Harnstoff} + 2\,ADP + AMP + 4\,P_i + \text{Fumarat}. \quad (8.2)$$

[4] Es werden insgesamt 4 Mol energiereiche Phosphodiesterbindungen (3 Mol ATP und 1 Mol Pyrophosphat) zu P_i gespalten.

Aufgrund seiner niedrigen Toxizität kann Harnstoff in deutlich höherer Konzentration bis zur Ausscheidung im Körper gespeichert werden. Als bevorzugtes stickstoffhaltiges Exkretionsprodukt landlebender Organismen kommt Harnstoff bei allen terrestrischen Amphibien und Säugetieren, aber auch bei einigen Invertebraten vor. Sie werden gemeinsam als **ureotelische Tiere** bezeichnet. Darüber hinaus haben wir Harnstoff als osmoregulatorische Substanz in den Körperflüssigkeiten von Knorpelfischen und anderen marinen Vertebraten kennengelernt (▶ Abschn. 7.3.2).

Obwohl der Ornithin-Harnstoff-Zyklus mit hoher Wahrscheinlichkeit schon bei den frühesten Wirbeltieren auftrat, sind die entsprechenden Enzyme eher punktuell auf die rezenten Wirbeltierklassen und -ordnungen verteilt (◘ Abb. 8.2b). Man nimmt daher an, dass zwar alle modernen Wirbeltiere die notwendigen Gene zur Harnstoffsynthese besitzen, diese aber nur unregelmäßig exprimiert werden. Insbesondere für aquatische Wirbeltiere muss die Synthese von Harnstoff dem Organismus Nutzen bringen, da Ammoniak als energetisch günstige Alternative zur Verfügung steht. Die in ▶ Abschn. 7.3.2 genannte osmoregulatorische Funktion des Harnstoffs stellt sicher einen wichtigen Selektionsvorteil dar, zumal diese Art der Verwendung mindestens zweimal unabhängig voneinander entstanden sein muss (Knorpelfische und Quastenflosser[5]). Außerdem können durch die Umstellung des Stoffwechsels auf Harnstoffsynthese periodische Trockenzeiten, in denen Ammoniak nicht ins Außenmedium abgegeben werden kann, besser überdauert werden.

8.1.3 Harnsäure und Purinstoffwechsel

Harnsäure weist ein Purinringsystem auf und entsteht entweder als direktes Abbauprodukt der Nukleinsäuren Adenin und Guanin (alle Organismen) oder aber im Zuge der Neusynthese von Purinen aus Aminosäuren, Ribose-5-phosphat, CO_2 und NH_3 (Vögel, Reptilien, Insekten). Harnsäure kann zwischen der Keto- und der Enolform tautomerisieren und bildet als schwache Säure mit Na^+-Ionen Urate, die zur Bildung von Nierensteinen oder bei Ablagerung in den Gelenken zu Gicht führen können (◘ Abb. 8.3a).

Harnsäure besitzt von allen bisher besprochenen stickstoffhaltigen Exkretstoffen die niedrigste Toxizität, aber auch die geringste Wasserlöslichkeit und den prozentual höchsten Gehalt an Stickstoff. Daher kann Harnsäure mit einem sehr kleinen Wasservolumen ausgeschieden werden – von manchen Organismen sogar in kristalliner Form. Diese Minimierung des exkretorischen Wasserverlustes ist eine außerordentlich wichtige Voraussetzung für die Besiedlung trockener Lebensräume. Insekten, Reptilien und Vögel verwenden Harnsäure als wichtigstes stickstoffhaltiges Exkretionsprodukt (**uricotelische Tiere**). Ein Nachteil ist jedoch die außerordentlich aufwendige und energieintensive Biosynthese der Harnsäure.

Bei Primaten, Vögeln, terrestrischen Reptilien und einigen Insekten ist Harnsäure das Endprodukt des Purinstoffwechsels, da ihnen die Enzyme zum weiteren Abbau fehlen. Andere Tiergruppen sind jedoch in der Lage, Harnsäure über Allantoin und Allantoinsäure weiter in Harnstoff umzuwandeln (◘ Abb. 8.3b). Organismen, die das Enzym **Urease** besitzen, können Harnstoff letztlich in Ammoniak und CO_2 überführen (dekapode Krebse und andere marine Invertebraten).

Neben den bisher genannten stickstoffhaltigen Exkretstoffen wird vor allem von Spinnen und Skorpionen **Guanin** als Endprodukt verwendet. Guanin ist im Vergleich zu Harnsäure

---

[5] Zu diesen als *Actinistia* bezeichneten Fischen gehört *Latimeria*, ein „lebendes Fossil".

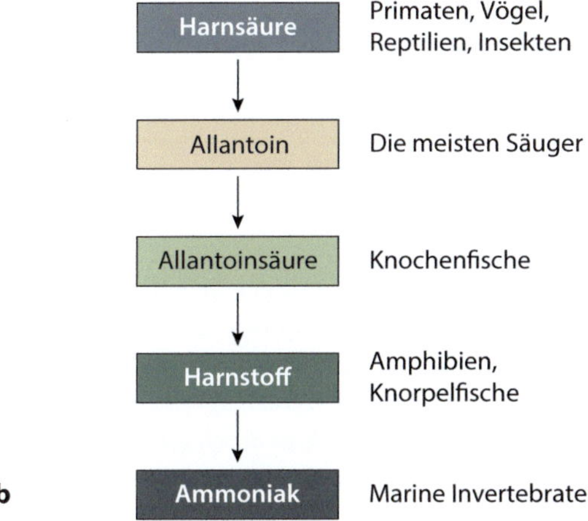

▢ Abb. 8.3 Harnsäure und Abbauprodukte des Purinstoffwechsels. **a** Strukturformel von Harnsäure und Keto-Enol-Tautomerie. Harnsäure ist eine schwache Säure, die aus der Enolform in Urat und ein Proton dissoziieren kann. Hier ist das Na^+-Salz dargestellt. **b** Schematischer Abbau der Harnsäure bis zum Ammoniak. Die angegebenen Tiergruppen bilden die jeweilige Substanz als Hauptabbauprodukt ihres Purinstoffwechsels

noch weniger wasserlöslich und enthält ein Stickstoffatom mehr, ist also hervorragend zur wassersparenden Ausscheidung von Stickstoff geeignet.

Nukleinsäuren können im Gegensatz zu Lipiden, Kohlenhydraten und Aminosäuren nicht zur Energiegewinnung herangezogen werden, da bei den Abbauprozessen keine energiereichen Phosphate oder Reduktionsäquivalente entstehen, die in der Atmungskette zur ATP-Synthese eingesetzt werden könnten (▶ Abschn. 2.3.3).

Säuger produzieren Harnsäure im Zuge des Purinabbaus, aber Harnstoff als Endprodukt des mengenmäßig bedeutsameren Abbaus von Aminosäuren. An diesen Stoffwechselwegen sind unterschiedliche biochemische Prozesse mit den entsprechenden Enzymsystemen beteiligt, die unabhängig voneinander entstanden sind. Die Synthese von Harnstoff erfordert Energie und relativ viel Wasser zur Ausscheidung, was für die Besiedlung trockener Lebensräume zunächst einmal problematisch ist. Warum produzieren also gerade Säuger Harnstoff und nicht Harnsäure wie andere terrestrische Organismen auch? Es wird diskutiert, dass bei Säugern die biochemischen und physiologischen Voraussetzungen zur Produktion von Harnsäure als Abbauprodukt des Aminosäurestoffwechsels niemals entstanden sind. Daher setzt die evolutionäre Entwicklung in diesem Fall bei einer Optimierung der exkretorischen Organe an – wie

◘ Tabelle 8.1   Übersicht über die häufigsten stickstoffhaltigen Exkretstoffe

Exkretstoff	Bezeichnung	Vorteile/Nachteile	Vorkommen
Ammoniak	Ammoniotelisch	⊕ Kein Energieaufwand für Synthese und Transport ⊖ Hohe Toxizität	Die meisten wasserlebenden Tiere
Harnstoff	Ureotelisch	⊕ Geringe Toxizität ⊖ Wasserverlust, energieaufwendige Synthese	Knorpelfische, Quastenflosser, Lungenfische, Amphibien, Säuger
Harnsäure	Uricotelisch	⊕ Geringe Toxizität, kaum Wasserverlust ⊖ Sehr energieaufwendige Synthese	Insekten, Reptilien, Vögel

wir in ▶ Abschn. 8.3.5 am Beispiel Wüsten bewohnender Säugetiere, die einen hochkonzentrierten Urin herstellen können, sehen werden.

Andererseits ist es auch möglich, dass sich die Fähigkeit zu einer effizienten Konzentrierung von Harnstoff im Urin zuerst entwickelt hat, sodass der Selektionsdruck auf eine vollständige Umstellung des Exkretionssystems auf Harnsäure keine entscheidende Rolle mehr spielte. *Unabhängig vom genauen Verlauf der evolutionären Entwicklung werden offensichtlich die Nachteile eines hohen Energieaufwands und eines potenziellen Wasserverlusts durch geringere Toxizität und reduzierte osmotische Wirksamkeit des Harnstoffs ausgeglichen.*

8.1.4 Zusammenfassung

Exkretstoffe sind alle Substanzen, die vom Körper nicht weiter abgebaut werden können und in dieser Form ausgeschieden werden. Die wichtigsten Exkretstoffe, die bei katabolen Stoffwechselprozessen anfallen, sind Kohlenstoffdioxid, Wasser und die stickstoffhaltigen Endprodukte des Aminosäure- und Nukleinsäureabbaus. Zu den Letzteren gehören vor allem Ammoniak, Harnstoff und Harnsäure.

Welche dieser stickstoffhaltigen Substanzen letztlich gebildet wird, hängt in hohem Maße vom Lebensraum und der enzymatischen Ausstattung eines Tieres ab. Ammoniak wird vor allem von wasserlebenden Organismen produziert, da es leicht über die Körperoberfläche diffundiert und daher keine toxischen Konzentrationen in den Körperflüssigkeiten erreicht. Die Synthese von Ammoniak kostet keine zusätzliche Energie.

Bei landlebenden Tieren, die keine hohen Ammoniakkonzentrationen tolerieren können, haben sich mit Harnstoff und Harnsäure zwei weitere stickstoffhaltige Endprodukte etabliert. Harnstoff ist relativ ungiftig, die Synthese kostet aber Stoffwechselenergie und die Ausscheidung erfordert immer eine Mindestmenge an Wasser. Trotz des Wasserverlustes ist Harnstoff der wichtigste Exkretstoff der Säuger, denen durch die evolutionäre Optimierung renaler Konzentrierungsmechanismen auch die Besiedlung extrem trockener Lebensräume ermöglicht wurde.

Harnsäure entsteht beim Abbau von Purinen, ist nicht toxisch und kann beinahe wasserfrei ausgeschieden werden. Harnsäure ist das bevorzugte stickstoffhaltige Ausscheidungsprodukt terrestrisch lebender Organismen wie Insekten, Vögel und Reptilien. Die wichtigsten stickstoffhaltigen Exkretstoffe und ihre Eigenschaften sind in ◘ Tab. 8.1 zusammengefasst.

8.2   Prinzipien der Exkretion

Tiere nehmen organische und anorganische Stoffe mit ihrer Nahrung auf, sie trinken Wasser und verlieren es durch Verdunstung oder Ausscheidung. Diese Prozesse verändern das Volumen, die Konzentration und die Zusammensetzung der körpereigenen Flüssigkeiten. Gleichzeitig ist die Konstanz des inneren Milieus eine unerlässliche Voraussetzung für den reibungslosen Ablauf aller Stoffwechselvorgänge, für die Funktionalität von Geweben und Organen sowie für die Signalverarbeitung in Nervensystemen. Daher sind einerseits Regelkreise erforderlich, die Abweichungen von physiologischen Normwerten detektieren und entsprechende Korrektursignale erzeugen, andererseits müssen Effektororgane diese Signale praktisch in Änderungen der Osmolarität, der Konzentrationen bestimmter Ionen und des Volumens von Körperflüssigkeiten umsetzen.

Während der evolutionären Entwicklung haben sich unabhängig voneinander zahlreiche exkretorische Mechanismen etabliert, die alle dieselbe Aufgabe haben – die Homöostase der intra- und extrazellulären Flüssigkeiten. *Die Homöostase wird durch die Ausscheidung von stickstoffhaltigen Stoffwechselprodukten sowie die Kontrolle von Wassergehalt und Zusammensetzung körpereigener Flüssigkeiten gewährleistet.* Den Körperflüssigkeiten wird dabei eine definierte Menge von gelösten Stoffen und Wasser entzogen und in Form von Urin ausgeschieden. Die Zusammensetzungen von Blutplasma und Urin hängen aufgrund zahlreicher Austauschprozesse unmittelbar miteinander zusammen (▶ Abschn. 7.2).

Die Niere ist das wichtigste Ausscheidungsorgan der Vertebraten; ihre Funktionen reichen jedoch weit über die Osmo- und Ionenregulation hinaus und umfassen Aufgaben des anabolen Stoffwechsels und der Hormonproduktion:

- Ausscheidung **harnpflichtiger Substanzen**, die nur über den Urin den Körper verlassen können. Hierzu gehören Endprodukte des Protein- und Nukleinsäureabbaus (Harnstoff, Harnsäure, Ammoniak), aber auch körperfremde Substanzen wie Pharmaka und Toxine (Xenobiotika),
- Kontrolle des **Volumens** und der **Elektrolytzusammensetzung** des Extrazellulärraums,
- Regulation des **Blutdrucks** durch Veränderung des Plasmavolumens,
- Regulation des **Calcium-** und des **Phosphathaushalts**, die ihrerseits die Mineralisierung der Knochen wesentlich beeinflussen,
- Regulation des **Säure-Basen-Haushalts** durch Ausscheidung von Protonen und Hydrogencarbonat,
- Bildung des Hormons **Erythropoietin**, das die Teilung von roten Blutzellen (Erythrozyten) stimuliert,
- Synthese von Glucose aus Pyruvat, das aus Lactat und den glucogenen Aminosäuren stammt; dieser biochemische Prozess wird als **Gluconeogenese** bezeichnet.

In diesem Kapitel stehen die Niere und ihre Funktion als Exkretionsorgan im Vordergrund. Die Niere erfüllt ihre exkretorischen Aufgaben, indem sie durch **Filtration** einen **Primärharn** produziert, dessen Volumen und ionale Zusammensetzung während der tubulären Passage mittels **Reabsorption** kontinuierlich verändert werden. *Diese Regulationsmechanismen repräsentieren die zentrale Funktion der Niere – die Steuerung von Volumen und Zusammensetzung des Blutplasmas und anderer Körperflüssigkeiten.* Filtration und Reabsorption sind daher grundlegende Prinzipien der Exkretion (◘ Abb. 8.4). Der unspezifische Prozess der Filtration wird durch die **Sekretion** ergänzt, bei der nur bestimmte Substanzen mithilfe selektiver Transportsysteme aus dem Blut in die Tubuli transportiert werden.

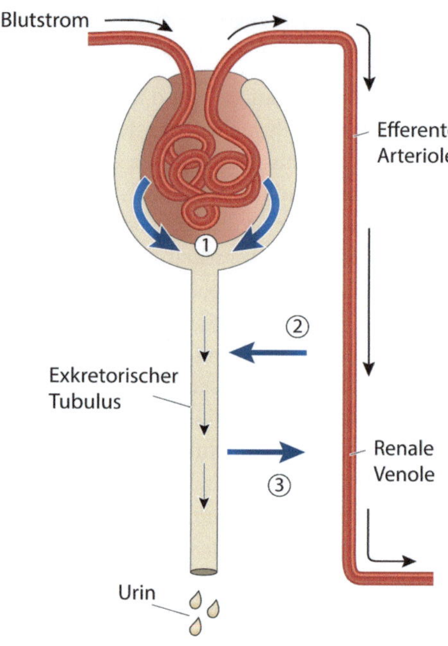

◘ Abb. 8.4   Grundprinzipien der Exkretion. Filtration ① produziert ein Ultrafiltrat des Blutes oder der Hämolymphe, Sekretion ② fügt dem Filtrat durch aktiven Transport weitere Substanzen zu und Reabsorption ③ entnimmt dem Filtrat nützliche Stoffe und führt sie wieder dem Blutstrom zu

8.2.1 Filtration und Sekretion

Beim Prozess der Filtration werden die extrazellulären Flüssigkeiten Blut, Hämolymphe oder Coelomflüssigkeit aus dem Blutgefäßsystem oder dem Interstitium durch einen komplexen Filter in ein System enger Röhren (**Tubuli**) befördert. Das Innere der Tubuli, das Tubuluslumen, gehört topologisch zur Außenwelt. Daher werden alle Stoffe, die den Filter passieren, ausgeschieden – es sei denn, sie gelangen durch Reabsorptionsprozesse in den Körper zurück.

Die Filtration in ein tubuläres System bietet wichtige Vorteile für die anschließende Modifikation der Flüssigkeiten: (1) Zellen und Makromoleküle werden herausgefiltert, (2) die lokale Expression von Transportern und Aquaporinen im Tubulusepithel erlaubt eine präzise Regulation der Durchlässigkeit der Wandstruktur für die entsprechenden Substanzen und damit eine hochgradig selektive Wiederaufnahme und (3) die langsame Passage durch die Tubuli ermöglicht eine sequenzielle Prozessierung des Primärharns in aufeinanderfolgenden Abschnitten des Tubulus.

Die Filtration erfolgt in unterschiedlichen Tiergruppen mithilfe der folgenden Mechanismen:

– **Ziliare Filtration.** Der Filtrationsdruck wird durch schlagende Zilien erzeugt. Die Protonephridien und Metanephridien zahlreicher Invertebraten arbeiten nach diesem Prinzip. **Protonephridien** kommen bei Tieren ohne Coelom (z. B. bei Plattwürmern und Larven von Anneliden) vor.[6] Sie besitzen ein ständig schlagendes Zilienbündel in einer **Reusengeißelzelle**, das durch einen nach außen gerichteten Flüssigkeitsstrom einen Unterdruck im tubulären System erzeugt. Die Wandstruktur der Reusengeißelzelle fungiert als mechanischer Filter, der nur Wasser, Ionen und andere kleinmolekulare Substanzen passieren lässt.

---

[6] Das Coelom ist eine sekundäre Leibeshöhle, die von mesodermalem Epithel ausgekleidet wird.

Bei den **Metanephridien**, die sich bei Tieren mit Coelom finden (z. B. Ringelwürmer), strudelt ein mit Zilien besetzter Trichter Coelomflüssigkeit in ein tubuläres System hinein. Da die Coelomflüssigkeit bereits ein Filtrat des Blutes ist, besitzen Metanephridien selbst keine Filtrationseinrichtungen. Der Primärharn wird jedoch durch Sekretionsprozesse im Anfangsteil der Tubuli modifiziert. Die ziliare Filtration erzeugt nur relativ geringe Druckgradienten, sodass sich Filtrat und Körperflüssigkeit in ihrer Zusammensetzung kaum unterscheiden.

- **Hydrostatische Filtration** erfordert einen hinreichend hohen Blutdruck und ist typisch für die Arbeitsweise der Wirbeltierniere, die **Nephrone** als funktionelle Einheiten besitzt. Angetrieben vom Herzen, das einen hohen Blutdruck im kapillaren Gefäßsystem der Niere erzeugt, wird Blutplasma über einen engmaschigen Filter in das anschließende tubuläre System gepresst. Da Makromoleküle und Proteine den Filter nicht passieren können, wird dieser Prozess auch als **Ultrafiltration** bezeichnet.
- **Sekretion und osmotische Filtration** basieren auf der Erzeugung eines osmotischen Gradienten für Wasser. In den **Malpighi-Gefäßen** der Insekten, Tausendfüßer und Spinnen werden aktiv unter Einsatz von Stoffwechselenergie Ionen über ein Epithel in das Tubuluslumen transportiert. Infolgedessen entsteht ein höherer osmotischer Druck im Tubuluslumen, was den osmotischen Nachstrom von Wasser bewirkt. Dadurch wiederum erhöht sich das Flüssigkeitsvolumen im Tubulus, sodass andere Stoffe verdünnt werden. Falls das Tubulusepithel permeabel für diese Stoffe ist, diffundieren sie aus dem Interstitium entlang ihres Konzentrationsgradienten ins Tubuluslumen (❏ Abb. 8.5).

Alle Filtrationsprozesse erfordern Energie, die letztlich durch die Hydrolyse von ATP zur Verfügung gestellt wird. Ziliare Strukturen setzen Energie für den „Ruderschlag" ihres Motorproteins **Dynein** ein, bei der Ultrafiltration ist Energie für die Erzeugung eines hinreichend hohen Blutdrucks erforderlich und sekretorische Systeme benötigen Energie für den aktiven Transport von Ionen gegen einen Konzentrationsgradienten.

8.2.2 Reabsorption

Der durch Filtration erzeugte Primärharn unterscheidet sich bis auf die fehlenden Makromoleküle kaum von der extrazellulären Flüssigkeit. Um regulativ auf die Körperflüssigkeiten zurückwirken zu können, müssen die Konzentrationen wichtiger Elektrolyte im Primärharn sowie das ausgeschiedene Wasservolumen dem physiologischen Bedarf angepasst werden. Außerdem würden ohne anschließende Modifikation im tubulären System der Exkretionsorgane Elektrolyte, Nährstoffe und sehr viel Wasser verloren gehen. **Reabsorption** – die Wiederaufnahme von Substanzen aus dem Tubuluslumen zurück in den Körper – ist daher ein entscheidender Bestandteil des Exkretionsprozesses und für die Regulation der Körperflüssigkeiten unerlässlich.

Da die wässrigen Lösungen in den Tubuli und im Extrazellulärraum dieselbe Osmolarität und ionale Zusammensetzung haben, kann die Rückgewinnung von Ionen und Nährstoffen nicht durch Diffusion erfolgen, sondern es müssen aktive, ATP-verbrauchende Transportprozesse eingesetzt werden. Obwohl einige spezifische Transportsysteme im Epithel der Tubuli existieren, wird insgesamt eine wenig selektive Strategie der Rückgewinnung verfolgt. Einige Ionen, vor allem Na^+ und K^+, werden ATP-abhängig über die tubulären Epithelien transportiert, was einen Konzentrationsgradienten und eine elektrische Spannung über der Membran der Epithelzellen erzeugt. *Die Konzentrationsgradienten über der Zellmembran fungieren als Energiespeicher, der zum Transport anderer Substanzen herangezogen werden kann.* Diese Stra-

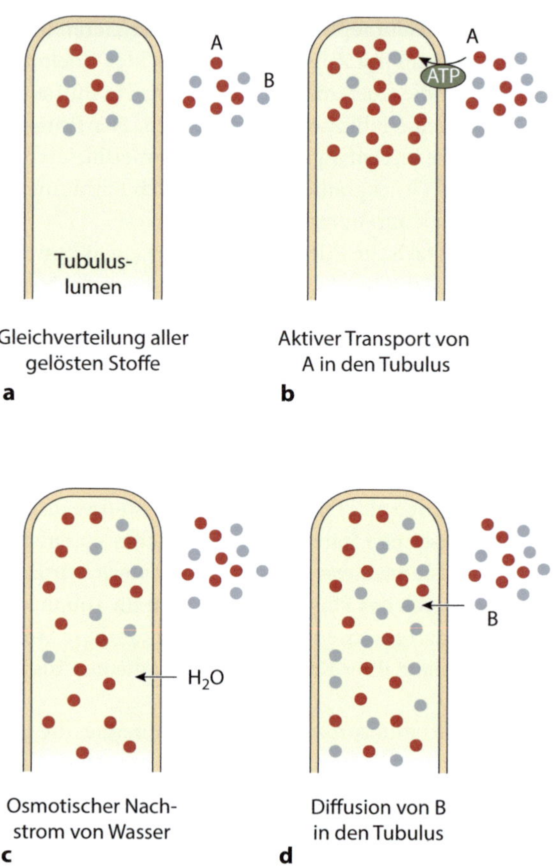

◘ Abb. 8.5 Bildung von Primärharn durch aktive Sekretion. **a** Im Ausgangszustand liegen die beiden gelösten Substanzen A und B im Tubuluslumen und im Außenraum in gleicher Konzentration vor. Es bestehen weder ein osmotischer Gradient noch ein Konzentrationsgefälle. **b** Energie aus der Hydrolyse von ATP wird für den aktiven Transport von A in das Tubuluslumen eingesetzt. Dadurch erhöht sich die Konzentration von A im Tubulus und damit die Gesamtosmolarität im Vergleich zum Außenraum. **c** Wasser strömt osmotisch in das Tubuluslumen und verdünnt die dort vorhandenen gelösten Stoffe. **d** Aufgrund der geringeren Konzentration von B im Tubulus diffundiert nun B entlang seines Konzentrationsgefälles aus dem Medium in den Tubulus hinein. Wenn sich das System wieder im Gleichgewicht befindet, hat eine Sekretion von A und B sowie von Wasser in den Tubulus stattgefunden (nach [8]. Mit freundlicher Genehmigung von Oxford University Press.)

tegie hat den Vorteil, dass nicht für jedes einzelne Ion und jeden Nährstoff evolutionär ein individuelles Transportsystem entwickelt werden musste. Vielmehr transportieren der osmotische Gradient und die Potenzialdifferenz nichtselektiv alle gelösten bzw. geladenen Stoffe.

Gegenwärtig werden zwei Modelle zur Energetisierung der Membran als Voraussetzung für epitheliale Transportprozesse diskutiert:

1. Das **Ussing-Modell** basiert auf der Aktivität einer Na^+/K^+-ATPase. Die **Na^+/K^+-ATPase** ist eine membranständige P-ATPase[7] mit einem Molekulargewicht von etwa 100 kDa, deren Aktivität die unterschiedlichen intra- und extrazellulären Konzentrationen von Na^+ und K^+ erzeugt (**◘** Tab. 7.1). Da die Na^+/K^+-ATPase bei jedem Zyklus drei Na^+-Ionen aus der Zelle hinaus transportiert, aber nur zwei K^+-Ionen importiert, baut sie eine elektrische Spannung über der Membran auf (-5 bis $-10\,mV$, innen negativ) – die Na^+/K^+-ATPase ist **elektrogen**. Aufgrund der Ungleichverteilung von K^+ im Intra- und Extrazellulärraum liegt außerdem eine Spannungsdifferenz von etwa $-80\,mV$ über der Membran vor. Diese Spannung wird auch als **Ruhemembranpotenzial** oder Ruhepotenzial bezeichnet (▶ Abschn. 10.2). *Die bei der Hydrolyse von ATP freigesetzte Energie wird durch die Aktivität der Na^+/K^+-ATPase in den Aufbau eines Konzentrationsgradienten investiert, der alle weiteren Transportprozesse über der Zellmembran antreibt.*

---

[7] P-ATPasen bilden während eines Transportzyklus eine phosphathaltige Zwischenstufe, V-ATPasen hingegen nicht. Sie wurden ursprünglich bei Pflanzen entdeckt, wo sie Vakuolen ansäuern.

◘ Abb. 8.6 Energetische Grundlage epithelialer Transportprozesse. **a** Im Ussing-Modell wird mittels einer Na^+/K^+-ATPase Na^+ aus der Zelle und gleichzeitig K^+ in die Zelle transportiert. Dadurch entsteht ein Konzentrationsgradient für Na^+ über der Membran, der den transzellulären Transport von Na^+ über die apikale Membran antreibt (sekundär-aktiver Transport). Cl^- diffundiert durch die Interzellulärspalten. Die Diffusion von K^+ durch offene K-Kanäle erzeugt eine Spannung über der Membran von -80 mV. **b** Das Wieczorek-Harvey-Modell basiert auf der Expression einer Protonenpumpe in der basolateralen Membran der Epithelzellen. Der Nettotransport von Protonen verursacht eine Spannung von -200 mV über der Zellmembran, die ebenfalls die parazelluläre Diffusion von Cl^- energetisiert. Protonen kehren über einen elektrogenen Carrier (hier als H^+/K^+-Austauscher gezeigt) ins Cytoplasma zurück

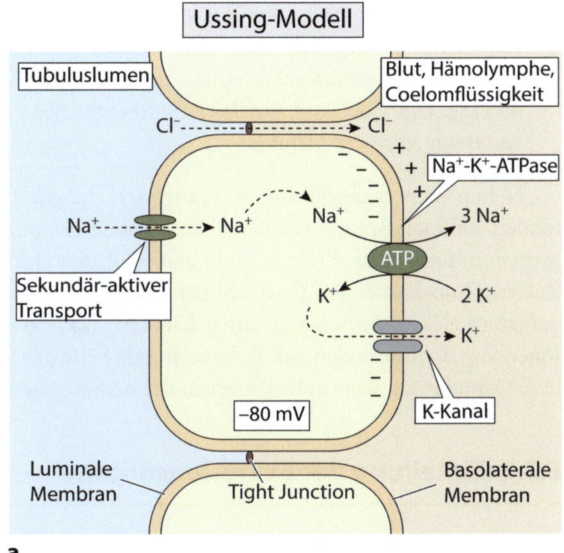

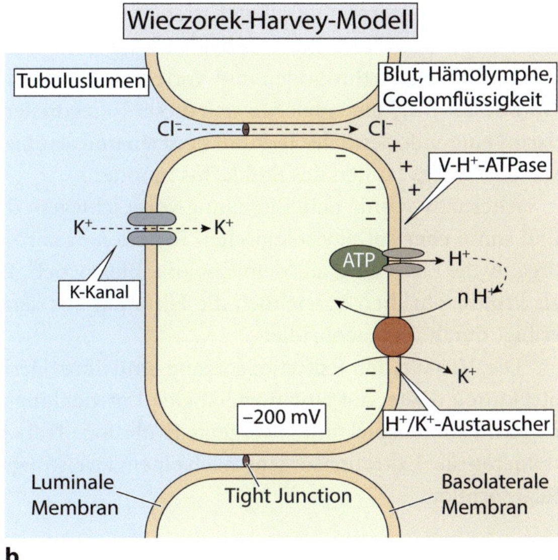

Im Ussing-Modell befindet sich die Na^+/K^+-ATPase auf der basolateralen Seite der Epithelzellen; ihre Aktivität erzeugt jedoch einen Konzentrationsgradienten von Na^+ über der gesamten Zellmembran (◘ Abb. 8.6a). *Zusammen mit der Membranspannung des Ruhepotenzials wird so eine elektrochemische Kraft erzeugt, die einen Nettostrom von Na^+ aus dem Tubuluslumen in die interstitielle Flüssigkeit antreibt.*

2. Das **Wieczorek-Harvey-Modell** favorisiert eine Protonenpumpe (V-ATPase). Die Protonenpumpe des Wieczorek-Harvey-Modells ist eine V-ATPase, die bei Tieren neben zahlreichen anderen Funktionen zur Ansäuerung von Lysosomen und zum vesikulären Transport von Neurotransmittern beiträgt. Da ausschließlich Protonen aus der Zelle in den Extrazel-

lulärraum transportiert werden, verursacht die V-ATPase ein negatives Membranpotenzial, das wiederum den Transport von Kationen antreibt (□ Abb. 8.6b). In diesem Fall ist das Potenzial über der Membran mit -100 bis -200 mV deutlich negativer als bei der Na^+/K^+-ATPase. *Die V-ATPase speichert die Energie der ATP-Hydrolyse in Form einer elektrischen Spannung über der Membran.*

Neben dem **transzellulären Transport**, der die Überquerung der apikalen und basolateralen Zellmembranen erfordert, findet auch ein **parazellulärer Transport** durch die Zellzwischenräume statt. Er basiert ebenfalls auf den elektrogenen Ionenpumpen, die die äußere Zellmembran mit einem Überschuss positiver Ladungen versehen und so die Passage von Cl^- aufgrund elektrostatischer Kräfte erleichtern (□ Abb. 8.6). Aufgrund des Nettotransports von Ionen von der luminalen auf die basolaterale Seite des Epithels besitzt das Interstitium eine höhere Osmolarität, wodurch wiederum der osmotische Nachstrom von Wasser verursacht wird.

8.2.3 Einteilung der Exkretionsorgane

Die klassische Einteilung der Exkretionsorgane, an der wir uns auch in diesem Kapitel orientieren, erfolgt nach ihrer Entstehung aus den unterschiedlichen Keimblättern, also nach embryologischen und morphologischen Kriterien [7]. Nach diesem Schema entstammen **Nephridien** (Protonephridien und Metanephridien) aus dem Ektoderm, während die Exkretionsorgane von Mollusken, Arthropoden und Vertebraten mesodermalen Ursprungs sind. Die **Malpighi-Gefäße** der Insekten entziehen sich dieser Kategorisierung, da sie als Ausstülpungen des Enddarms eine endodermale Herkunft besitzen und als einzige Exkretionsorgane nicht nach außen, sondern in das Lumen des Enddarms münden.

Alternativ wurde eine Einteilung vorgeschlagen, die den Ort der Filtration zugrunde legt und somit eher auf physiologischen Kriterien basiert [13]. Demnach werden alle Exkretionsorgane, die Flüssigkeit aus dem Coelom, Blastocoel[8], Pseudocoel[9] oder Interstitium filtrieren, als Protonephridien bezeichnet; die Filtration aus dem Blut oder der Hämolymphe hingegen erfolgt durch Metanephridien.

Die Vielfalt der Exkretionsorgane und ihre Herkunft aus verschiedenen embryonalen Strukturen deutet auf eine unabhängige Entwicklung in den einzelnen Tiergruppen hin und ist damit ein Beispiel für konvergente Evolution. Trotz ihrer morphologischen Diversität funktionieren alle Exkretionsorgane nach einem zweistufigen Prozess von Filtration/Sekretion und Reabsorption.

8.2.4 Zusammenfassung

Die körpereigenen Flüssigkeiten sind einem ständigen Wandel unterworfen: Aufnahme und Verlust von Wasser, Elektrolyten und Nährstoffen sowie der Abbau stickstoffhaltiger Verbindungen führen zu wechselnden Konzentrationen gelöster Stoffe und variablen Flüssigkeitsmengen. Gleichzeitig ist die Konstanz des inneren Milieus eine unerlässliche Voraussetzung für den reibungslosen Ablauf aller Stoffwechselprozesse. Exkretionsorgane, die der Ausscheidung von Exkretstoffen sowie der Kontrolle des Wassergehalts und der Zusammensetzung der Körperflüssigkeiten dienen, regulieren das innere Milieu.

---

[8] Das Blastocoel ist ein Hohlraum der Blastula, aus dem Derivate der primären Leibeshöhle entstehen.
[9] Ein Pseudocoel ist eine Leibeshöhle ohne typische Coelomwand.

Bei exkretorischen Prozessen wird Blutplasma oder Hämolymphe in ein Röhrensystem filtriert (Primärharn) und dort anschließend in seiner Zusammensetzung bis zum Endharn verändert. Der Primärharn ist in der Regel frei von zellulären Bestandteilen und Makromolekülen. Filtration, Sekretion und Reabsorption sind grundlegende Prinzipien der Exkretion.

Die Filtration erfolgt entweder durch ziliare Strukturen, die den notwendigen Flüssigkeitsstrom erzeugen (Protonephridien und Metanephridien), oder aber durch hydrostatischen Druck (Nephrone der Niere). Die Malpighi-Gefäße hingegen verwenden einen sekretorischen Mechanismus, der auf lokalen osmotischen Gradienten – hervorgerufen durch den aktiven Transport von Ionen – basiert.

Die Reabsorption dient der Rückgewinnung von Elektrolyten, Nährstoffen und Wasser aus dem Primärharn. Als treibende Kraft für die Reabsorption werden zwei unterschiedliche Mechanismen diskutiert. (1) Eine Na^+/K^+-ATPase erzeugt einen Konzentrationsgradienten für Na^+ (Ussing-Modell) und (2) eine Protonenpumpe baut einen elektrischen Gradienten auf (Wieczorek-Harvey-Modell). Bei beiden Mechanismen wird die chemische Energie von ATP in Form der potenziellen Energie eines Gradienten gespeichert und kann so für andere Transportprozesse genutzt werden. Die Notwendigkeit der Entwicklung molekülspezifischer Transportsysteme entfällt.

Die vielfältigen Exkretionsorgane der Tiere sind unabhängig voneinander entstanden; es handelt sich also um einen Prozess konvergenter Evolution. Die klassische Einteilung in Protonephridien, Metanephridien, Nephrone und Malpighi-Gefäße orientiert sich an embryologischen Kriterien, während eine funktionelle Kategorisierung den Ort der Filtration in den Vordergrund stellt.

8.3 Renale Physiologie

Wir haben Filtration, Sekretion und Reabsorption als grundlegende Prinzipien exkretorischer Mechanismen kennengelernt, die letztlich der Homöostase der Körperflüssigkeiten dienen. Diese physiologischen Prozesse laufen in körpereigenen Strukturen ab, die in hohem Maße für ihre jeweiligen Aufgaben spezialisiert sind. Wir wollen im Folgenden die exkretorischen Mechanismen beispielhaft an den Nieren der Säugetiere besprechen.

Die funktionelle Einheit der Wirbeltierniere ist das **Nephron**, bestehend aus der blind endenden **Bowman-Kapsel** und einem Kanal (Tubulus) mit variablem Durchmesser.[10] Der vordere Teil des Kanals wird als **proximaler Tubulus** bezeichnet; er wird gefolgt von der mehr oder weniger langen **Henle-Schleife**, die in den **distalen Tubulus** übergeht (◗ Abb. 8.7). Zahlreiche Nephrone münden in ein gemeinsames **Sammelrohr**, das sich zum Nierenbecken hin öffnet. Eine menschliche Niere besitzt mehr als eine Million Nephrone.

Die einzelnen anatomischen Strukturen erfüllen im Wesentlichen die folgenden Funktionen:

1. In der Bowman-Kapsel und im **Glomerulus** findet die Filtration des Primärharns aus dem Blutplasma in die Tubuli statt.
2. Der **proximale Tubulus** dient vor allem der Reabsorption. Etwa $\frac{2}{3}$ des filtrierten NaCl und Wassers sowie fast alle Aminosäuren und Glucose werden hier aus dem Tubuluslumen wieder ins Blut zurück transportiert.

---

[10] In die Bowman-Kapsel ist ein Knäuel von Kapillaren eingestülpt, das als Glomerulus bezeichnet wird. Bowman-Kapsel und Glomerulus bilden zusammen das Nierenkörperchen.

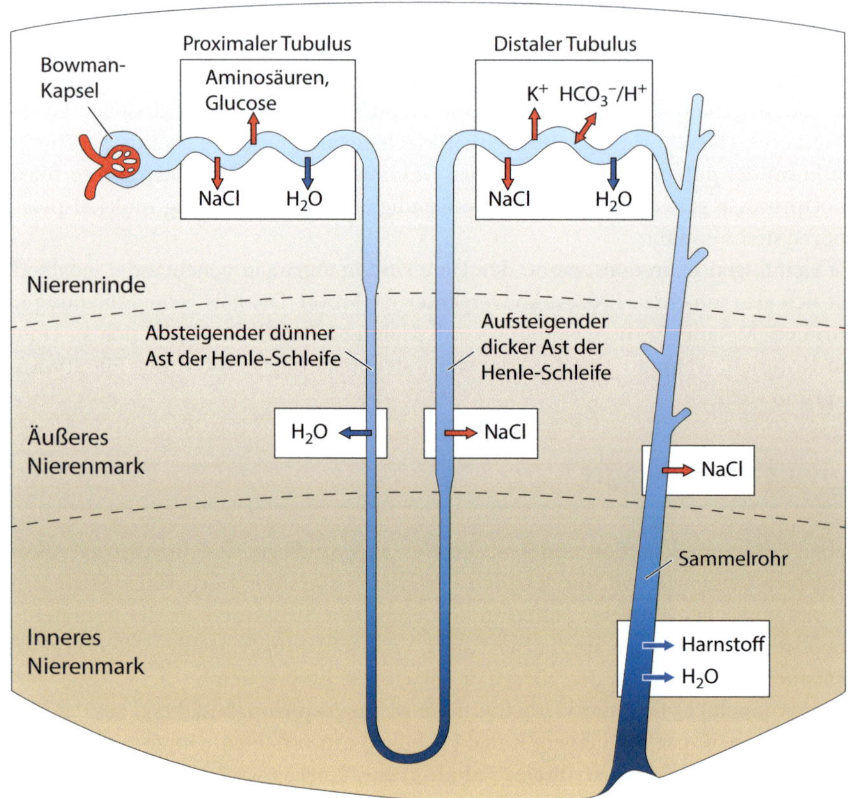

◻ Abb. 8.7   Struktur und wichtigste Funktionen des Säugernephrons. Von der Nierenrinde bis zum inneren Nierenmark steigt die Konzentration gelöster Stoffe von 300 mmol l^{-1} bis 1000 mmol l^{-1} an. *Rote Pfeile*, aktiver Transport; *blaue Pfeile*, passiver Transport

3. Die wichtigste Aufgabe der **Henle-Schleife** ist die Erzeugung eines interstitiellen Konzentrationsgradienten, der von der Nierenrinde in Richtung des Nierenmarks gerichtet ist. *Der hohe osmotische Druck im Nierenmark ist Voraussetzung für die Fähigkeit der Niere, einen im Verhältnis zum Blutplasma hyperosmotischen Urin zu produzieren.*

4. Der **distale Tubulus** reguliert gemeinsam mit dem **Sammelrohr** die endgültige Zusammensetzung des Urins. Das Sammelrohr dient vor allem der Konzentrierung des Urins, die auf dem von der Henle-Schleife aufgebauten Konzentrationsgradienten basiert.

◘ Tabelle 8.2 Änderungen von Volumen und Osmolarität im Filtrat

Struktur	Volumen (l d^{-1})	Osmolarität (mosm l^{-1})
Bowman-Kapsel	180	300
Proximaler Tubulus	54	300
Henle-Schleife	18	100
Sammelrohr	1,5	50–1200

Beim Menschen werden pro Tag etwa 180 l eines zum Blutplasma isoosmotischen Primärharns von den Nephronen durch Filtration gebildet. Der Hauptteil der Wasserreabsorption findet im proximalen Tubulus statt. In der Henle-Schleife wird der Primärharn verdünnt und bis auf etwa 10 % des Ausgangsvolumens reduziert. Am Ende des Sammelrohrs kommen noch durchschnittlich 1,5 l Urin pro Tag an, dessen Osmolarität bis auf das Vierfache der Plasmaosmolarität ansteigen kann (◘ Tab. 8.2). Am Ende der tubulären Passage wurden vom ursprünglichen Volumen des Primärharns mehr als 99 % wieder in den Körper zurückgeführt.

8.3.1 Ultrafiltration in den Nierenkörperchen

Die Ultrafiltration des Blutplasmas aus den glomerulären Kapillaren in die Bowman-Kapsel ist ein unspezifischer Prozess, der auf der mechanischen Filtration einer Flüssigkeit durch eine siebartige Struktur basiert. Aufgrund der Maschenweite des Filters und bedingt durch elektrostatische Effekte bleiben Blutzellen und Plasmaproteine im Blut zurück, während Wasser, Elektrolyte und alle kleinmolekularen gelösten Stoffe (Glucose, Aminosäuren etc.) den Filter passieren können.

Drei aufeinanderfolgende Strukturen bilden die Filterbarriere zwischen den Kapillaren und dem Lumen der Bowman-Kapsel (◘ Abb. 8.8a):

1. Die glomerulären Kapillaren werden von einem einschichtigen **Endothel** ausgekleidet, das zum fenestrierten Typ gehört (▶ Abschn. 5.3.3). Mit einem Durchmesser von 50 bis 100 nm verhindern diese endothelialen Poren, dass zelluläre Bestandteile aus dem Blut in den Tubulus gelangen.
2. Die **Basallamina** zwischen dem Kapillarendothel und dem Epithel der Bowman-Kapsel besteht aus einem Netzwerk aus Kollagen und anderen Proteinen der extrazellulären Matrix. Sie enthält negative Ladungen und wirkt als **Anionenbarriere**, die den Durchtritt negativ geladener Plasmaproteine mit einem Molekulargewicht zwischen 50 kDa und 400 kDa unterbindet.
3. Das Epithel der Bowman-Kapsel, das auf seiner viszeralen Seite mit den Kapillaren in engem Kontakt steht, wird von hochgradig spezialisierten Zellen, den **Podocyten** gebildet, deren stark verzweigte Fortsätze eng miteinander verzahnt sind und dazwischen sogenannte **Schlitzporen** freilassen. Das mengenmäßig wichtigste Plasmaprotein Albumin mit einer Molekülmasse von 66 Da kann den Filter kaum noch passieren.[11]

---

[11] Die Filtrationseffizienz von Albumin ist mit 0,01 bis 0,05 % der Plasmakonzentration entsprechend außerordentlich gering.

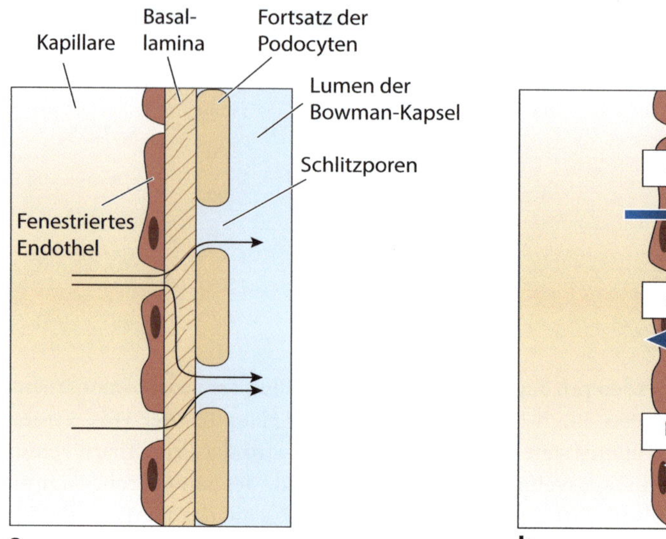

◻ **Abb. 8.8**   Ultrafiltration in der Säugerniere. **a** Schematischer Aufbau der Filterstruktur. Blutplasma wird durch das fenestrierte Epithel, die Basalmembran und die Schlitzporen der Podocyten in das Lumen der Bowman-Kapsel filtriert. **b** Druckverhältnisse im Glomerulus. P_{Kap} bezeichnet den Blutdruck in den Kapillaren, π_{onk} den kolloidosmotischen Druckunterschied zwischen Blutplasma und Filtrat und P_{Bow} den hydrostatischen Druck in der Bowman-Kapsel. Der effektive Filtrationsdruck ist von den Kapillaren in die Bowman-Kapsel gerichtet

Der für die Ultrafiltration erforderliche hydrostatische Druck wird letztlich durch die Kontraktion der Herzmuskulatur erzeugt. Daher kann eine Herzinsuffizienz die Nierenfunktion wesentlich beeinträchtigen, obwohl die Nieren selbst keine Schädigungen aufweisen.

Bis zu den glomerulären Kapillaren fällt der arterielle Blutdruck auf etwa 6,7 kPa ab. Dieser Wert ist deutlich höher als der kapillare Blutdruck in anderen Geweben, da die zuführenden Arteriolen einen größeren Durchmesser aufweisen und daher dem Blutfluss einen geringeren Widerstand entgegensetzen. *Ein hinreichend hoher und konstanter Blutdruck in den glomerulären Kapillaren ist von zentraler Bedeutung für den Filtrationsprozess.* Aus diesem Grund existieren effektive Rückkopplungsmechanismen, die den renalen Blutfluss durch Anpassung des Strömungswiderstands in einem engen Bereich regulieren (▶ Abschn. 8.3.4).

Der kapillare Blutdruck P_{Kap} kann jedoch nicht vollständig zur Filtration eingesetzt werden – zwei andere Drücke wirken gleichzeitig in entgegengesetzter Richtung (◻ Abb. 8.8b): (1) der hydrostatische Druck in der Bowman-Kapsel (P_{Bow}) von 1,9 kPa und (2) die kolloidosmotische bzw. onkotische Druckdifferenz (π_{onk}) von 3,5 kPa zwischen Blutplasma und Filtrat, die durch unterschiedliche Proteinkonzentrationen in den glomerulären Kapillaren und in der Tubulusflüssigkeit hervorgerufen wird.[12] Maßgeblich für die Ultrafiltration ist also nicht allein der hydrostatische Druck in den Kapillaren P_{Kap}, sondern der **effektive Filtrationsdruck** P_{eff}:

$$P_{eff} = P_{Kap} - (P_{Bow} + \pi_{onk}). \tag{8.3}$$

Mit den angegebenen Zahlenwerten ergibt sich ein effektiver Filtrationsdruck von 1,3 kPa (10 mmHg) am afferenten Ende der Kapillare, also dort, wo die Filtration beginnt. Während der

---

[12] Die Differenz zwischen hydrostatischem und kolloidosmotischem Druck spielt ebenfalls eine zentrale Rolle für die Austauschprozesse in Kapillaren (▶ Abschn. 5.3.3 und Gl. 5.10).

Passage durch den Glomerulus erhöht sich der kolloidosmotische Druck mit zunehmender Filtration – Plasmaproteine werden durch den Flüssigkeitsverlust höher konzentriert – und erreicht bei 4,8 kPa schließlich das Filtrationsgleichgewicht. *In diesem Gleichgewichtszustand ist der kapillare Blutdruck gleich der Summe aus hydrostatischem Druck und kolloidosmotischem Druck, sodass der effektive Filtrationsdruck auf null sinkt und keine Filtration mehr stattfindet.* Eine Erhöhung der Nierendurchblutung kann die Position des Filtrationsgleichgewichts weiter ans efferente Ende der Kapillaren verschieben und somit die Effizienz der Filtration erhöhen.

Die **glomeruläre Filtrationsrate (GFR)** beschreibt den Anteil des im Glomerulus abfiltrierten Plasmas im Verhältnis zum gesamten Plasmavolumen, das pro Zeiteinheit die Nieren passiert. Die GFR beträgt bei einem gesunden Erwachsenen etwa 120 ml min^{-1} und damit 20 % des Plasmavolumens, das pro Minute durch die Nieren fließt. Bei dieser Filtrationsrate wird das gesamte Plasmavolumen innerhalb von 30 min einmal filtriert – die Nieren sind damit das am stärksten durchblutete Organ des Körpers (▶ Abschn. 8.3.6).

8.3.2 Reabsorption im proximalen Tubulus

Die wichtigste Funktion des **proximalen Tubulus** besteht in der **Reabsorption** von Wasser, NaCl und anderen Elektrolyten sowie Glucose und Aminosäuren. Damit die enorme Stoffmenge von 900 g NaCl und 110 l Wasser pro Tag über das Epithel des proximalen Tubulus transportiert werden kann, wird (1) eine große Oberfläche und (2) Energie in Form von ATP für den aktiven Transport von Na$^+$-Ionen benötigt. Wir verwenden die Bezeichnung Reabsorption, um zu unterstreichen, dass es sich um eine Wiederaufnahme von Substanzen handelt. Bei der Resorption, die im Dünndarm stattfindet, werden Stoffe aus der Außenwelt erstmalig in den Körper aufgenommen.

Die **Oberflächenvergrößerung** schafft die räumlichen Voraussetzungen für die Expression einer außerordentlich hohen Zahl von Transportproteinen. Entsprechend ist die Innenwand des proximalen Tubulus mit einem dichten Bürstensaum ausgekleidet, der die luminale Oberfläche des Tubulusepithels bis auf das 60Fache vergrößert.[13] Außerdem erleichtert die Vergrößerung der zur Kapillarseite hin gerichteten Oberfläche durch basolaterale Einfaltungen die Sekretion der Transportstoffe in den interstitiellen Raum.

Alle Epithelien fungieren als Grenzschichten zwischen dem Körperinneren und der Außenwelt und besitzen daher eine wichtige Barrierefunktion. Die einzelnen Epithelzellen sind über **Tight Junctions** (Schlussleisten) miteinander verbunden, die in hohem Maße den Stofftransport durch die Zellzwischenräume und damit die Wirksamkeit des Epithels als Barriere beeinflussen. Der proximale Tubulus besitzt ein sogenanntes **leckes Epithel**, in dem die Tight Junctions dem parazellulären Stofffluss keinen oder nur einen sehr geringen Widerstand entgegensetzen. *Daher kann sich dauerhaft kein osmotischer Gradient zwischen dem Lumen des proximalen Tubulus und dem Interstitium ausbilden, sodass aktive Transportprozesse erforderlich sind.*

Die Transportprozesse im ersten Abschnitt des proximalen Tubulus sind in der folgenden Auflistung und in ◘ Abb. 8.9 zusammengefasst:
1. Die **Na$^+$/K$^+$-ATPase** in der basolateralen Zellmembran spielt eine zentrale Rolle für den aktiven Transport von Na$^+$-Ionen im proximalen Tubulusepithel. Sie transportiert Na$^+$ aus der Epithelzelle ins Interstitium und erzeugt auf diese Weise einen von außen nach innen

---

[13] Das Dünndarmepithel besitzt einen sehr ähnlichen Bürstensaum, der ebenfalls der Oberflächenvergrößerung dient (▶ Abschn. 1.7).

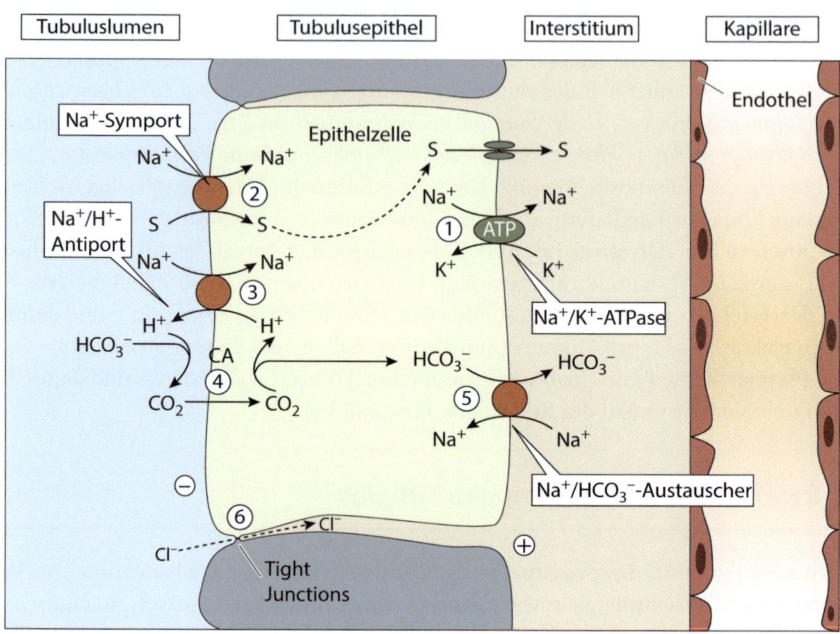

◻ **Abb. 8.9** Transportprozesse im Epithel des proximalen Tubulus. ① Eine basolaterale Na^+/K^+-ATPase erzeugt einen Konzentrationsgradienten für Na^+, der den sekundär-aktiven Na-Symport-Carrier in der apikalen Membran antreibt ②. Ein Na^+/H^+ Antiporter transportiert Na^+ in die Zelle und Protonen im Gegenzug ins Lumen des Tubulus ③, wo sie in einer von der Carboanhydrase (CA) katalysierten Reaktion mit Hydrogencarbonat zu CO_2 und H_2O umgesetzt werden ④. HCO_3^- wird im Austausch mit Na^+ ins Interstitium transportiert ⑤. Die Potenzialdifferenz zwischen Tubuluslumen und Interstitium treibt den parazellulären Transport von Cl^--Ionen an ⑥. S bezeichnet alle vom Na^+-Symport-Carrier transportierten Substrate. Wasser gelangt durch Aquaporine und parazellulären Transport aus dem Tubuluslumen ins Interstitium (nicht eingezeichnet)

gerichteten Konzentrationsgradienten für Na^+, der alle anderen Prozesse der Reabsorption antreibt.

2. **Na^+-Symport-Carrier** in der apikalen Membran nutzen den Na^+-Gradienten für sekundär-aktive Transportprozesse von Glucose, Aminosäuren, Phosphat, Sulfat, Lactat und anderen organischen Säuren aus dem Lumen in die Epithelzellen des proximalen Tubulus. Die durch den Na^+-Symport-Carrier in die Zelle transportierten Substanzen gelangen mittels passiver Transportprozesse über die basolaterale Membran ins Interstitium und von dort ins Kreislaufsystem.

3. Na^+-Ionen gelangen vor allem mithilfe des **Na^+/H^+-Antiporters**, der durch den Na^+-Gradienten angetrieben wird (sekundär-aktiver Transport), aus dem Lumen des proximalen Tubulus in die Epithelzellen. In diesem elektroneutralen Austauschprozess wird ein Na^+-Ion in die Zelle hinein und ein Proton aus der Zelle hinaus transportiert. Der Na^+/H^+-Antiporter erzeugt zusammen mit der Na^+/K^+-ATPase einen transzellulären Strom von Na^+-Ionen über das Tubulusepithel.

4. Eine weitere wichtige Funktion des Na^+/H^+-Antiporters besteht in der Reabsorption des filtrierten Hydrogencarbonats. Katalysiert durch eine luminale Carboanhydrase reagiert H^+ mit HCO_3^- zu CO_2, das über die Plasmamembran in die Zelle diffundiert und dort wieder zu Hydrogencarbonat umgesetzt wird. HCO_3^- verlässt die Epithelzelle über einen basolateralen Na^+/HCO_3^--Austauscher. Da kontinuierlich HCO_3^- aus der Reaktion (Gl. 1.1) entfernt wird, verschiebt sich das Gleichgewicht in Richtung der Bildung von Hydrogencarbonat.

5. Der Na^+-gekoppelte Transport entzieht dem Tubuluslumen positive Ladungen, wenn ein Na^+-Ion zusammen mit einem ungeladenen Molekül wie Glucose in die Zelle befördert wird. Auf diese Weise entsteht ein **lumennegatives transepitheliales Potenzial** von 1 bis 2 mV im ersten Abschnitt des proximalen Tubulus. Die elektrostatische Abstoßung treibt nun einen Teil der filtrierten Cl^--Ionen auf parazellulärem Weg aus dem Tubuluslumen ins Interstitium.

6. Der Transport von Elektrolyten und ungeladenen gelösten Substanzen verursacht ein kurzfristiges osmotisches Ungleichgewicht zwischen Tubuluslumen und Interstitium, das maßgeblich für den Nachstrom von Wasser verantwortlich ist. Wasser diffundiert hierbei einerseits auf parazellulärem Weg über die Tight Junctions des lecken Epithels, zu einem größeren Teil jedoch durch **Aquaporine** (AQP1) in der luminalen und basolateralen Membran. Die durch den Stofftransport erzeugten osmotischen Differenzen werden sofort durch das nachströmende Wasser ausgeglichen, sodass sich kein dauerhafter osmotischer Gradient bildet. Dieser annähernd isoosmotische Transport ermöglicht daher die Reabsorption einer großen Wassermenge, ohne dass die Osmolarität der Tubulusflüssigkeit oder des Interstitiums verändert wird. Der parazelluläre Wasserstrom trägt auch gelöste Teilchen über das tubuläre Epithel, ein als **Solvent Drag** bezeichnetes Phänomen.

Am Ende dieser ersten Phase der Reabsorption sind vor allem Hydrogencarbonat, Aminosäuren, Glucose und andere zusammen mit Na^+ transportierte Substanzen aufgenommen worden. Auch Na^+-Ionen haben das Lumen verlassen – aufgrund der gleichzeitig stattfindenden Wasserrückresorption hat sich die luminale Konzentration an Na^+ jedoch nicht verändert. Cl^- hingegen liegt in dieser Phase im Tubulus höher konzentriert vor als im Interstitium und dieser Konzentrationsgradient treibt nun die parazelluläre Diffusion von Cl^- in der zweiten Hälfte des proximalen Tubulus an.

Wenn Cl^--Ionen von der Lumen- auf die Kapillarseite des Epithels wechseln, lassen sie einen Überschuss positiver Ladungen zurück; es entsteht ein **lumenpositives transepitheliales Potenzial** von bis zu 2 mV. Dieses Potenzial verursacht eine elektrostatische Abstoßung luminaler Kationen und bewirkt so den passiven parazellulären Transport von Na^+, K^+, Mg^{2+} und Ca^{2+}. *Die passiven Folgeprozesse in Form eines Cl^--Gradienten und transepithelialen Potenzials erhöhen die Effizienz der Na^+/K^+-ATPase, da nun statt 3 mol Na^+ pro Mol ATP fast 10 mol Na^+ pro Mol ATP transportiert werden können.*

Wir fassen die grundlegenden Prinzipien der Reabsorption im proximalen Tubulus wie folgt zusammen (◘ Tab. 8.3):

— Die Reabsorption aller filtrierten Substanzen wird durch die Aktivität einer basolateralen Na^+/K^+-ATPase angetrieben, die einen in die Tubuluszelle gerichteten Konzentrationsgradienten für Na^+ aufbaut. Nur an dieser Stelle wird Energie in Form von ATP investiert.

— Der Na^+-Gradient treibt Symportprozesse für zahlreiche andere filtrierte Stoffe an, u. a. Glucose, Aminosäuren und organische Säuren.

— Ein kurzfristiges osmotisches Ungleichgewicht ist Grundlage für die Reabsorption von Wasser über Wasserkanäle und auf parazellulärem Weg.

— Transepitheliale Potenzialdifferenzen erleichtern die parazelluläre Diffusion von Cl^- (erste Phase) sowie physiologisch relevanter Kationen (zweite Phase).

Bedingt durch die Reabsorption sammelt sich Wasser im Interstitium an und muss unmittelbar mithilfe des Kreislaufsystems abtransportiert werden. Der Übertritt von Wasser aus dem

◪ Tabelle 8.3   Transportprozesse im proximalen Tubulus

Substanz	Transportmechanismen

Na^+	Transzellulär
	    luminal: Na^+/H^+-Antiporter, Na^+-Symport mit Glucose u. a.
	    basolateral: Na^+/K^+-ATPase, Na^+/HCO_3^--Symport
	parazellulär (transepitheliales Potenzial)

HCO_3^-	Reagiert im Lumen mit sezerniertem H^+ zu CO_2 (Diffusion über Membran) basolateraler Na^+/HCO_3^--Austauscher
Cl^-, K^+, Ca^{2+}, Mg^{2+}	v. a. parazellulär (transepitheliales Potenzial)
Wasser	Osmotischer Druck (Lumen → Interstitium)
Glucose, Aminosäuren	Na^+-Symport
Organische Säuren	
Harnstoff	Diffusion
H^+	Luminale Sekretion durch Na^+/H^+-Antiporter

interstitiellen Raum in die Kapillaren erfolgt entlang des effektiven hydrostatischen Drucks, der sich aus drei Komponenten zusammensetzt (Gl. 8.3): (1) der hydrostatische interstitielle Druck, (2) der onkotische Druck in den Kapillaren und (3) der hydrostatische Kapillardruck. Der interstitielle Druck ist aufgrund des osmotischen Wassertransports relativ hoch. Da Proteine nicht filtriert werden, besitzt das Kapillarblut einen stark erhöhten onkotischen Druck – interstitieller und onkotischer Druck wirken hier gemeinsam in Richtung Kapillarlumen. Hiervon abziehen muss man den hydrostatischen Kapillardruck, der jedoch im Vergleich zum hydrostatischen Druck im Glomerulus bereits deutlich abgefallen ist. *Insgesamt resultiert daraus ein hoher effektiver hydrostatischer Druck, der das interstitielle Wasser durch Aquaporine und auf parazellulärem Weg in die peritubulären Kapillaren drückt.*

8.3.3 Reabsorption in der Henle-Schleife

Die wichtigste Funktion der **Henle-Schleife** besteht in der Erzeugung eines **osmotischen Gradienten**, der von der äußeren in die innere Schicht des Nierenmarks gerichtet ist. Dieser osmotische Gradient ist Voraussetzung für die Produktion eines hyperosmotischen Urins, eine Fähigkeit, die den exkretorischen Wasserverlust bei terrestrischen Organismen deutlich reduziert (▶ Abschn. 7.3.3).

Die Henle-Schleife schließt sich unmittelbar an den proximalen Tubulus an und besteht aus drei unterschiedlichen tubulären Segmenten, die haarnadelförmig von der Nierenrinde ins Mark und wieder zurück ziehen (◪ Abb. 8.7):

1. Der **absteigende dicke Teil** gehört funktionell zum proximalen Tubulus und besitzt die in ▶ Abschn. 8.3.2 beschriebenen Transportproteine. Entsprechend werden dort alle in ◪ Tab. 8.3 aufgelisteten Substanzen reabsorbiert oder sezerniert.

2. Im **dünnen Teil** der Henle-Schleife existieren keine aktiven Transportsysteme. Hier findet eine passive Reabsorption von Wasser und Cl^--Ionen auf parazellulärem und transzellulärem Weg statt.

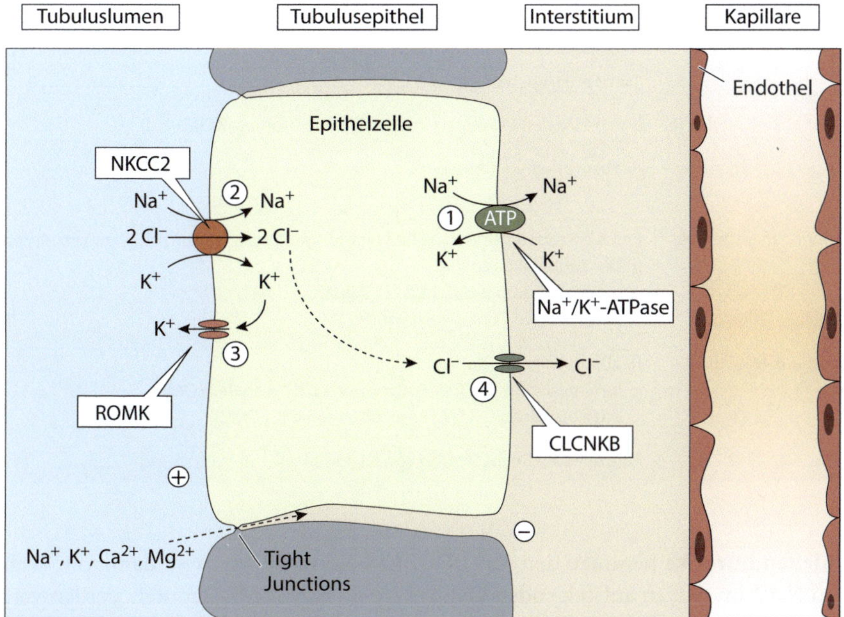

◘ Abb. 8.10 Transportprozesse im dicken aufsteigenden Teil der Henle-Schleife. ① Eine basolaterale Na$^+$/K$^+$-ATPase erzeugt einen Konzentrationsgradienten für Na$^+$. ② In der apikalen Membran nutzt ein Na$^+$/K$^+$/2 Cl$^-$-Kotransporter (NKCC2) den Na$^+$-Gradienten für den Transport von K$^+$ und Cl$^-$ in die Tubuluszelle. ③ K$^+$-Ionen diffundieren durch ROMK-Kanäle (*Renal Outer Medullary K Channel*) zurück ins Lumen des Tubulus, während Cl$^-$-Ionen die Tubuluszelle durch basolaterale Kanäle (CLCNKB) in Richtung des Interstitiums verlassen. Kationen wie Na$^+$, K$^+$, Ca^{2+} und Mg^{2+} diffundieren angetrieben von der transepithelialen Ladungsdifferenz parazellulär ins Interstitium

3. Der **aufsteigende dicke Teil** der Henle-Schleife ist für Wasser undurchlässig. Aquaporine in der Zellmembran fehlen und die Tight Junctions sind so dicht, dass ein parazellulärer Wassertransport nicht möglich ist. Die Hauptaufgabe dieses Abschnitts besteht im Transport von Na$^+$ durch einen luminalen Transporter in die Epithelzellen hinein. Dieser als **Na$^+$/K$^+$/2 Cl$^-$-Symporter** (NKCC2) bezeichnete Carrier transportiert 1 Na$^+$, 1 K$^+$ und 2 Cl$^-$, wobei wiederum eine basolaterale Na$^+$/K$^+$-ATPase für den erforderlichen Na$^+$-Gradienten sorgt (◘ Abb. 8.10).

Durch den Na$^+$/K$^+$/2 Cl$^-$-Symporter gelangen neben Na$^+$-Ionen auch K$^+$- und Cl$^-$-Ionen in die Zelle und müssen wieder hinaus transportiert werden, um eine intrazelluläre Anhäufung zu verhindern. K$^+$-Ionen verlassen die Epithelzellen durch luminal und basolateral lokalisierte K$^+$-Kanäle (ROMK), während für Cl$^-$ nur basolaterale Kanäle existieren (CLCNKB).[14] Auf der Kapillarseite ist demnach die Rezirkulation elektroneutral, da gleichermaßen K$^+$ und Cl$^-$ sezerniert werden, während in das Tubuluslumen nur positiv geladene K$^+$-Ionen entlassen werden. Dadurch entsteht ein **lumenpositives transepitheliales Potenzial**, das wiederum die parazelluläre Diffusion von Kationen (Na$^+$, K$^+$, Ca^{2+} und Mg^{2+}) antreibt. Dieser Prozess ist passiv und erhöht ähnlich wie im proximalen Tubulus die Effizienz der Na$^+$/K$^+$-ATPase.

---

[14] Mutationen in den Genen für NKCC2, ROMK oder CLCNKB resultieren im Bartter-Syndrom, das durch massive Verluste an NaCl gekennzeichnet ist.

◘ Tabelle 8.4   Transportprozesse in der Henle-Schleife

Ort	Transportmechanismen
Dicker absteigender Teil	Entspricht den Prozessen im proximalen Tubulus (◘ Tab. 8.3)
Dünner absteigender Teil	Reabsorption von Wasser
Dünner aufsteigender Teil	Passive Reabsorption von NaCl (vorherige Wasserreabsorption konzentriert NaCl in der Tubulusflüssigkeit) luminale und basolaterale Cl^--Kanäle parazellulärer Nachstrom von Na^+
Dicker aufsteigender Teil	Reabsorption von Na^+ und Cl^- luminal: $Na^+/K^+/2\,Cl^-$-Kotransporter, K^+-Kanäle (ROMK) basolateral: Na^+/K^+-ATPase, Cl^--Kanäle (CLCNKB)
	Parazelluläre Reabsorption von Kationen (Na^+, K^+, Ca^{2+}, Mg^{2+})

Schleifendiuretika hemmen den $Na^+/K^+/2\,Cl^-$-Kotransporter und damit die Reabsorption von NaCl im dicken aufsteigenden Teil der Henle-Schleife.[15] Dadurch werden vermehrt Na^+- und Cl^--Ionen ausgeschieden und gleichzeitig sinkt der osmotische Gradient im Nierenmark. Daher nimmt die Reabsorption von Wasser deutlich ab, woraus eine verstärkte Wasserausscheidung (Diurese) resultiert.

Am Ende der Henle-Schleife sind etwa 86 % des filtrierten Wassers und 92 % der Na^+- und Cl^--Ionen zurückgewonnen worden. Da in der Henle-Schleife mehr NaCl als Wasser reabsorbiert wird, sinkt die Osmolarität des Filtrats auf die Hälfte. Die Tubulusflüssigkeit, die ins distale Konvolut weiterfließt, ist also hypoton im Vergleich zum Blutplasma.

In ◘ Tab. 8.4 sind die Transportprozesse in der Henle-Schleife zusammengefasst. Der absteigende Teil der Henle-Schleife ist für die Wiederaufnahme von Wasser verantwortlich – hier wird jedoch kein NaCl reabsorbiert. Das Tubulusepithel im absteigenden Teil ist durch Aquaporine hochgradig permeabel für Wasser. Umgekehrt ist der aufsteigende Ast der Henle-Schleife undurchlässig für Wasser – hier findet die Reabsorption von NaCl statt. Da mehr Salze als Wasser in den Körper zurücktransportiert werden, produziert der aufsteigende Teil der Henle-Schleife eine zum Blutplasma hypoosmotische Flüssigkeit und wird daher auch als „Verdünnungssegment" bezeichnet.

An die Henle-Schleife schließt sich der **distale Tubulus** an. Er hat ähnliche Aufgaben wie der dicke aufsteigende Teil der Henle-Schleife, nämlich die Reabsorption von NaCl ohne Wasser. Hierfür ist ein luminaler Na^+/Cl^--Kotransporter verantwortlich, der zusammen mit der basolateralen Na^+/K^+-ATPase einen transzellulären Strom von Na^+ erzeugt.

8.3.4 Hormonelle Steuerung in Verbindungstubulus und Sammelrohr

In den bisher besprochenen tubulären Abschnitten des Nephrons werden die Ionenkanäle und Transporter **konstitutiv** exprimiert, d. h., ihre Anzahl und Dichte bleibt unabhängig von einem

---

[15] Diuretika verringern das Extrazellulärvolumen, indem sie die tubuläre Reabsorption von Na^+ unterdrücken. Einerseits sind Na^+-Ionen zentral für die osmotische Wasserreabsorption, andererseits bestimmt der Na^+-Gehalt des Körpers maßgeblich das Volumen der Extrazellulärflüssigkeit.

sich kontinuierlich verändernden Wasser- und Elektrolytgehalt des Körpers weitgehend konstant. Auf diese Weise wird der weitaus größte Teil des filtrierten Wassers und der Ionen in der Tubulusflüssigkeit (v. a. Na^+, Cl^- und K^+) reabsorbiert; regulatorische Funktionen der Niere, insbesondere die bedarfsgerechte Erzeugung eines konzentrierten oder verdünnten Urins, können jedoch von diesen Tubulusabschnitten nicht erfüllt werden.

Diese regulatorischen Aufgaben übernehmen der Verbindungstubulus und das Sammelrohr, indem sie unter hormoneller Kontrolle die Anzahl von Ionen- und Wasserkanälen in der Membran ihrer Epithelzellen variieren. Eine bedarfsgerechte Steuerung erfordert Rückmeldungen über das aktuelle Volumen und die Osmolarität der Extrazellulärflüssigkeit, die von Osmosensoren bzw. Volumensensoren (Dehnungssensoren) registriert und in Form hormoneller Signale an die Niere weitergeleitet werden. Die Hormone Aldosteron, antidiuretisches Hormon (ADH, Vasopressin) und atriales natriuretisches Peptid (ANP, Atriopeptin) vermitteln diese körpereigenen Informationen an das Tubulusepithel, das seine Permeabilität für Na^+, K^+ und Wasser den homöostatischen Erfordernissen entsprechend reguliert. Auf diese Weise können große Mengen eines hypoosmotischen Urins oder aber sehr geringe Volumina eines hyperosmotischen Urins produziert werden.

Regulation der Wasserausscheidung. Alle Salze sowie stickstoffhaltige Exkretstoffe müssen mit einem Minimum an Wasser ausgeschieden werden. Dieses Wasser ist osmotisch gebunden und kann nicht zur Regulation des internen Wasserhaushalts herangezogen werden. Wasser, das nicht für die Exkretion löslicher Stoffe erforderlich ist, sondern allein der Regulation des Extrazellulärvolumens dient, wird hingegen als osmotisch freies Wasser bezeichnet. *Eine der wichtigsten Funktionen des Verbindungstubulus und des Sammelrohrs liegt in der Ausscheidung des überschüssigen, osmotisch freien Wassers.*

Unter osmotisch freiem Wasser verstehen wir diejenige Wassermenge, die nicht an die Ausscheidung von Elektrolyten oder stickstoffhaltigen Exkretionsprodukten gebunden ist und daher für Regulationsprozesse zur Verfügung steht. Amphibien gehören beispielsweise zu den Tieren, die nicht zur Urinkonzentrierung befähigt sind, d. h., die Osmolarität ihres Urins übersteigt nicht diejenige des Blutplasmas. Ein zum Blutplasma isoosmotischer Urin enthält daher ausschließlich osmotisch gebundenes Wasser, da zumindest so viel Wasser ausgeschieden werden muss, dass die Osmolarität des Plasmas erreicht wird. Nur bei einem verdünnten, hypoosmotischen Urin kommt zusätzlich osmotisch freies Wasser hinzu, das zur Regulation des Wasserhaushalts abgegeben wird. Beim Menschen kann der Urin im Vergleich zum Blutplasma mit bis zu 1200 mosm l^{-1} um das Vierfache höher konzentriert sein – in diesem Extremfall ist alles Wasser osmotisch gebunden. Niedrigere Konzentrationen enthalten dagegen immer osmotisch freies Wasser, und zwar um so mehr, je geringer die Osmolarität des Urins ist. *Das ausgeschiedene Wasservolumen kann also nur dann unabhängig von der Exkretion gelöster Stoffe reguliert werden, wenn osmotisch freies Wasser zur Anpassung der Urinkonzentration zur Verfügung steht.*

Diese Anpassung der Osmolarität des Urins erfolgt über eine Regulation der Wasserpermeabilität des Epithels im Verbindungstubulus und Sammelrohr. Das im Hypothalamus gebildete und von der **Neurohypophyse**[16] in den Blutstrom ausgeschüttete **antidiuretische Hormon** spielt hierbei eine zentrale Rolle, indem es die Dichte von Aquaporinen (AQP-2) in der luminalen Plasmamembran steuert. ADH wird freigesetzt, wenn die Extrazellulärflüssigkeit eine zu hohe Osmolarität aufweist oder wenn das extrazelluläre Flüssigkeitsvolumen unter einen

---

[16] Die Neurohypophyse (Hypophysenhinterlappen) bildet zusammen mit der Adenohypophyse (Hypophysenvorderlappen) die Hypophyse (Hirnanhangsdrüse).

kritischen Wert fällt (⬛ Abb. 8.11a).[17] *Aufgrund der erhöhten Wasserpermeabilität wird mehr Wasser im Körper zurückgehalten, sodass die extrazelluläre Osmolarität sinkt bzw. das Plasmavolumen ansteigt.*

Bei einer geringen ADH-Konzentration sind nur wenig Aquaporine vorhanden und das Epithel des Sammelrohrs ist kaum wasserdurchlässig. Dies hat folgende Konsequenzen:

1. Die geringe Reabsorption von Wasser ins Interstitium führt zur Ausscheidung eines relativ großen Wasservolumens.
2. Da die Reabsorption von NaCl diejenige des Wassers übersteigt, wird die Flüssigkeit im Sammelrohr hypoosmotisch im Verhältnis zum Plasma. Dieser Effekt verstärkt sich mit zunehmender Dauer der Passage, da dem Filtrat kontinuierlich NaCl entzogen wird.

Umgekehrt steigt bei einer hohen ADH-Konzentration die Dichte an Wasserkanälen und Wasser wird vermehrt reabsorbiert. Die treibende Kraft für die Diffusion von Wasser ins Nierengewebe ist der osmotische Gradient zwischen dem Lumen des Sammelrohrs und dem Interstitium. Da insgesamt weniger Wasser ausgeschieden wird, ist der Urin entsprechend höher konzentriert und besteht fast ausschließlich aus osmotisch gebundenem Wasser. *Eine geringe ADH-Konzentration führt also zur Ausscheidung großer Mengen eines hypoosmotischen Urins, während eine erhöhte Konzentration von ADH die Produktion geringer Mengen eines hyperosmotischen Urins verursacht.*

Als Hormon gelangt ADH mit dem Kreislauf an seinen Wirkungsort. Der Effekt von ADH auf die Wasserpermeabilität des Sammelrohrs beginnt mit der Diffusion durch das Kapillarendothel und der Bindung des Hormons an passende Rezeptoren (V_2-Rezeptoren) auf der basolateralen, zu den Kapillaren gerichteten Seite der Epithelzellen (⬛ Abb. 8.11b). Die Aktivierung eines Second-Messenger-Systems (cAMP/PKA)[18] bewirkt den Einbau von Aquaporin-2 aus intrazellulären Speichervesikeln in die luminale Plasmamembran. Die Aquaporine sind dauerhaft geöffnet und erlauben den osmotischen Einstrom von Wasser in die Zelle. Der transzelluläre Wassertransport wird durch basolaterale Aquaporin-3-Kanäle, die unabhängig von der ADH-Konzentration konstitutiv exprimiert werden, vervollständigt.

Regulation der Natriumsekretion Im Verbindungstubulus und im Sammelrohr findet bei Bedarf die Reabsorption von Na^+-Ionen durch einen **amiloridsensitiven Na^+-Kanal** (ENaC, *Epithelial Na^+ Channel*) statt. Dieser Kanal wird in der luminalen Membran exprimiert und erlaubt die Diffusion von Na^+ aus dem Tubuluslumen in die Epithelzelle. Auf der basolateralen Seite sorgt die Na^+/K^+-ATPase für den Ausstrom von Na^+ ins Interstitium.

Eine zentrale Rolle bei der Regulation des körpereigenen Gehalts an Na^+ spielt das Mineralocorticoid **Aldosteron**. Auslöser für die Ausschüttung von Aldosteron sind ein zu geringer Na^+-Gehalt der extrazellulären Flüssigkeiten, ein Abfall des Blutdrucks und eine erhöhte K^+-Konzentration (⬛ Abb. 8.12a). Aldosteron wird in der Nebennierenrinde synthetisiert und ins Kreislaufsystem abgegeben, wo es an ein Transportprotein bindet und mit dem Blutstrom in die Nieren gelangt. Wichtigster Zielort von Aldosteron sind die **Hauptzellen** im letzten Teil des Verbindungstubulus und im Sammelrohr.

---

[17] Beim Menschen reicht die Osmolarität des Urins normalerweise von 50 mosm l^{-1} bis zu 1200 mosm l^{-1} bei einem Volumen von 0,5 bis 2,0 l pro Tag. Pathologisch können jedoch bei Diabetes insipidus (keine Produktion oder fehlende Wirkung von ADH) pro Tag bis zu 20 l eines extrem verdünnten Urins ausgeschieden werden.

[18] Ein Second-Messenger-System überträgt ein Signal von der Zellmembran, wo ein extrazellulärer Botenstoff an einen passenden Rezeptor bindet, ins Innere der Zelle. In diesem Fall ist das zyklische Nukleotid cAMP beteiligt, das ein Enzym, die Proteinkinase A (PKA), aktiviert. Die anschließende Phosphorylierung von Zielproteinen ist die molekulare Grundlage für zelluläre Effekte (▶ Abschn. 11.3).

◻ Abb. 8.11 Regulation des Flüssigkeitshaushalts durch das antidiuretische Hormon (ADH). **a** Wirkungsweise von ADH in der Niere. Eine erhöhte Osmolarität der Körperflüssigkeiten, ein verringertes Blutvolumen oder ein reduzierter Blutdruck führen zur Freisetzung von ADH aus der Neurohypophyse. ADH bewirkt eine verstärkte Reabsorption von Wasser und hält auf diese Weise die genannten Parameter innerhalb des Normbereichs konstant. **b** Die Bindung von ADH an Rezeptoren der basolateralen Membran aktiviert den cAMP/PKA-Signalweg in Epithelzellen des Sammelrohrs. Infolgedessen fusionieren Speichervesikel, die Aquaporin-2 (AQP-2) enthalten, mit der luminalen Membran, wodurch die Dichte an AQP-2 auf der luminalen Seite des Sammelrohrepithels erhöht wird. Die Zahl der AQP-3-Kanäle auf der basolateralen Seite wird durch ADH nicht beeinflusst

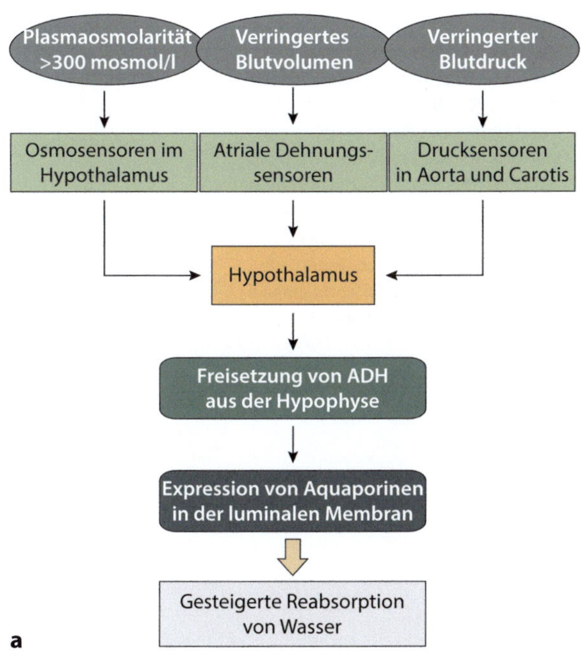

a

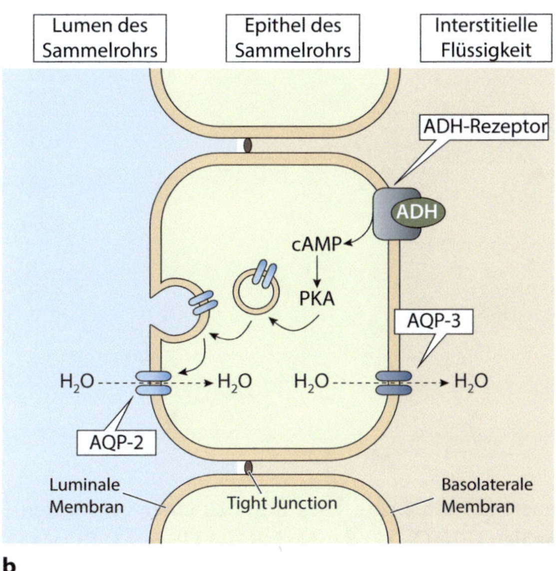

b

Als hydrophobes Molekül diffundiert Aldosteron über die Plasmamembran ins Cytoplasma der Epithelzellen und bindet dort an einen **Steroidhormonrezeptor**; der Hormon-Rezeptor-Komplex gelangt nach Aktivierung in den Zellkern, wo er die Expression spezifischer Gene

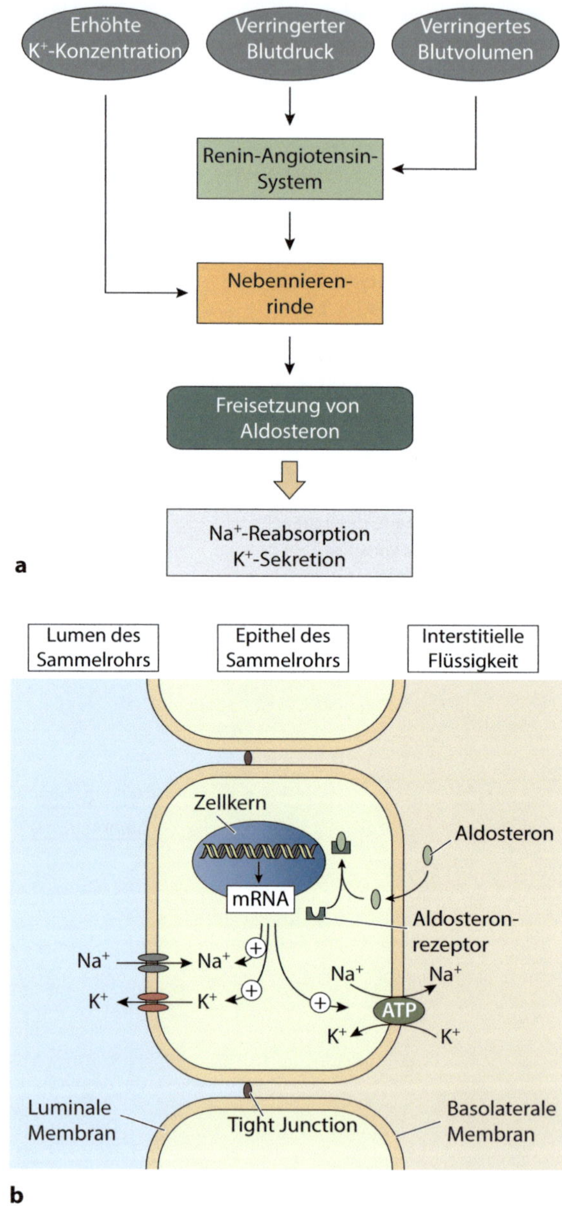

Abb. 8.12 Regulation der Natriumsekretion. **a** Wirkungsweise von Aldosteron in der Niere. Ein Blutdruckabfall bzw. ein unzureichendes Blutvolumen führen zur Aktivierung des Renin-Angiotensin-Systems. **b** Aldosteron diffundiert in die Hauptzellen des Sammelrohrs und bindet dort an einen cytoplasmatischen Rezeptor. Der aktivierte Hormon-Rezeptor-Komplex bewirkt die Expression von Genen, die eine Reabsorption von Na^+ und eine Sekretion von K^+ zur Folge haben

steuert (■ Abb. 8.12b). Dies führt zu einer verstärkten Expression von (1) epithelialen Na^+-Kanälen (ENaC), (2) der Na^+/K^+-ATPase, (3) ROMK-K^+-Kanälen und (4) Enzymen des Citratzyklus, die möglicherweise auf Grundlage eines gesteigerten Substratumsatzes den Energiebedarf einer erhöhten Reabsorption decken. Bedingt durch die gesteigerte Transkriptionsrate werden vermehrt epitheliale Na^+-Kanäle, K^+-Kanäle sowie Na^+/K^+-ATPasen in die luminale bzw. basolaterale Tubulusmembran eingebaut. *Aldosteron bewirkt daher eine verstärkte Wiederaufnahme von Na^+ aus dem Lumen des Sammelrohrs in die Epithelzellen und es steigert gleichzeitig die Sekretion von K^+.*

�‣ Tabelle 8.5 Hormonelle Regulation des Natriumhaushalts

Eigenschaft	Antidiuretisches Hormon	Aldosteron	Atriales natriuretisches Peptid
Herkunft	Neurohypophyse	Nebennierenrinde	Myokardzellen
Chemische Struktur	Peptid (9 Aminosäuren)	Mineralocorticoid	Peptid (28 Aminosäuren)
Plasmatransport	Gelöst	Gebunden an Transport-protein	Gelöst
Freisetzung	Osmolarität ↑	Blutdruck/-volumen ↓	Blutdruck ↓
	Blutdruck/-volumen ↓	Hyperkaliämie	
Zielgewebe	Verbindungstubulus, Sammelrohr	Sammelrohr, Hauptzellen	Nieren, Gehirn, Nebennierenrinde
Rezeptor/Second Messenger	V2-Rezeptoren/cAMP	Cytosolischer Mineralocorticoidrezeptor	NPR-Rezeptoren, Guanylylcyclase
Wirkungsweise	Reabsorption von H_2O ↑	Anstieg der Na^+-Reabsorption und K^+-Sekretion	Anstieg der Exkretion von Salzen und H_2O
	Einbau von Aquaporinen in luminale Membran	Neusynthese von ENaC, ROMK und Na^+/K^+-ATPase	

Eine erhöhte Na^+-Belastung des Körpers ist immer mit einem größeren extrazellulären Flüssigkeitsvolumen und mit einem erhöhten Blutdruck verbunden. Dadurch werden Blutgefäße gedehnt und die gestiegene Wandspannung aktiviert Dehnungssensoren.[19] Ausgelöst durch eine erhöhte Wandspannung setzen Zellen in den Vorhöfen des Herzens **atriales natriuretisches Peptid** (ANP) frei, dessen synergistische Wirkungen letztlich die Exkretion von Na^+-Ionen und Wasser fördern:

- ANP hemmt die Reabsorption und bewirkt die Exkretion von Na^+.
- ANP unterdrückt die Freisetzung von ADH und Aldosteron und neutralisiert auf diese Weise die Wirkungen derjenigen Hormone, die Wasser (ADH) und Na^+ (Aldosteron) einsparen.
- ANP erhöht die glomeruläre Filtrationsrate, sodass insgesamt mehr Flüssigkeit ausgeschieden werden kann.

◣ Tab. 8.5 fasst die Eigenschaften und die Wirkungsweise der an der Regulation des Na^+-Haushalts beteiligten Hormone zusammen.

Regulation der Kaliumsekretion Hormongesteuerte Transportsysteme in Verbindungstubulus und Sammelrohr sind hauptverantwortlich für die Konstanz der extrazellulären K^+-Konzentration. Beim Menschen schwankt die normale Konzentration von K^+ im Blutplasma zwischen $3{,}5\,\mathrm{mmol\,l^{-1}}$ und $4{,}8\,\mathrm{mmol\,l^{-1}}$; jede Abweichung von diesem Normbereich kann lebensbedrohlich sein. Herzmuskelzellen reagieren besonders empfindlich auf Veränderungen der extrazellulären K^+-Konzentration, da sie das negative Ruhemembranpotenzial der

---

[19] Dehnungssensoren findet man vor allem in der Wand der großen Hohlvenen, in der Portalvene der Leber und in den beiden Vorhöfen des Herzens.

Zellen bestimmt und ihre Stabilität daher eine notwendige Voraussetzung für die periodische Erregbarkeit der Herzmuskulatur ist (▶ Abschn. 6.2.1). Eine über den Normwert erhöhte Konzentration von K^+-Ionen (**Hyperkaliämie**) forciert die Exkretion von K^+ ins Sammelrohr, während umgekehrt bei einer Verringerung des plasmatischen K^+-Gehalts (akute **Hypokaliämie** oder chronischer K^+-Mangel) überhaupt kein K^+ mehr ausgeschieden wird.[20]

Eine hohe K^+-Konzentration im Blutplasma führt zur Freisetzung von Aldosteron aus der Nebennierenrinde, was wiederum die Permeabilität des Sammelrohrepithels für K^+ erhöht und zu einer verstärkten Sekretion von K^+-Ionen führt (◙ Abb. 8.12a). Diese erhöhte Sekretionsrate basiert (1) auf einer Aktivierung der Na^+/K^+-ATPase und (2) auf der Erhöhung der Anzahl luminaler K^+-Kanäle (ROMK). K^+ wird durch die Na^+/K^+-ATPase aus dem Interstitium in die Epithelzelle transportiert und diffundiert durch die luminalen K^+-Kanäle in Richtung seines Konzentrationsgradienten aus dem Intrazellulärraum in das Lumen des Sammelrohrs. Das Zusammenwirken beider Transportsysteme bewirkt daher einen gerichteten Ausstrom von K^+ aus dem Kapillarblut ins Sammelrohr, d. h. eine Exkretion von K^+.

Obwohl der Mechanismus der Aldosteronwirkung auf zellulärer Ebene einheitlich ist, wirkt das Hormon gegensätzlich auf den Na^+- und K^+-Haushalt: Na^+ wird reabsorbiert, während K^+ ausgeschieden wird. Der Grund hierfür liegt in den Konzentrationsgradienten für Na^+ und K^+, die von der Na^+/K^+-ATPase aufgebaut werden. Aufgrund der höheren intrazellulären Konzentration diffundiert K^+ in das Tubuluslumen, umgekehrt gelangt Na^+ entlang des entgegengesetzt gerichteten Gradienten in die Epithelzelle. Wäre der chemische Na^+-Gradient die einzige treibende Kraft, könnte die Na^+-Konzentration im Sammelrohr nicht unter die intrazelluläre Konzentration fallen – tatsächlich werden im Endharn deutlich geringere Na^+-Konzentrationen erreicht. Dies wird durch das negative Membranpotenzial der Epithelzellen ermöglicht, das zusammen mit dem Konzentrationsgradienten die Diffusion von Na^+ aus dem Sammelrohr antreibt.

Das Renin-Angiotensin-Aldosteron-System Wir haben im letzten Abschnitt gesehen, dass Aldosteron eine zentrale Rolle für die Na^+-Reabsorption und die K^+-Sekretion spielt. Für die Biosynthese und Freisetzung von Aldosteron ist eine komplexe Kaskade erforderlich, die mit der Protease **Renin** beginnt. Ausgelöst durch einen Blutdruckabfall oder einen zu geringen extrazellulären Na^+-Bestand bilden Epitheloidzellen des **juxtaglomerulären Apparates** Renin.[21] Renin spaltet vom Glykoprotein **Angiotensinogen** ein Peptid von zehn Aminosäuren Länge ab, das **Angiotensin I**, welches wiederum durch das *Angiotensin-I-Converting-Enzyme* (**ACE**) um zwei Aminosäuren zu **Angiotensin II** verkürzt wird. Angiotensin II bindet an G-proteingekoppelte Membranrezeptoren und erfüllt die folgenden homöostatischen Aufgaben (◙ Abb. 8.13):

1. Verengung systemischer Arteriolen (Vasokonstriktion), was zur Erhöhung des arteriellen Blutdrucks ohne eine Änderung des Blutvolumens beiträgt.
2. Stimulation der Bildung von Aldosteron in der Nebennierenrinde. Die verstärkte Reabsorption von Na^+ dient der Konstanthaltung der Plasmaosmolarität.

---

[20] Hypokaliämie führt zu Herzrhythmusstörungen, während eine Hyperkaliämie aufgrund der Dauerdepolarisation des Myokards einen Herzstillstand verursacht.

[21] Der juxtaglomeruläre Apparat besteht aus umgewandelten glatten Muskelzellen (myoepitheliale Zellen) in der Wand der afferenten Arteriole, der Macula densa (Messung des Drucks im distalen Tubulus) und extraglomerulären Mesangiumzellen. Der juxtaglomeruläre Apparat liegt gegenüber dem Glomerulus an der Ein- und Austrittsstelle der afferenten bzw. efferenten Arteriole.

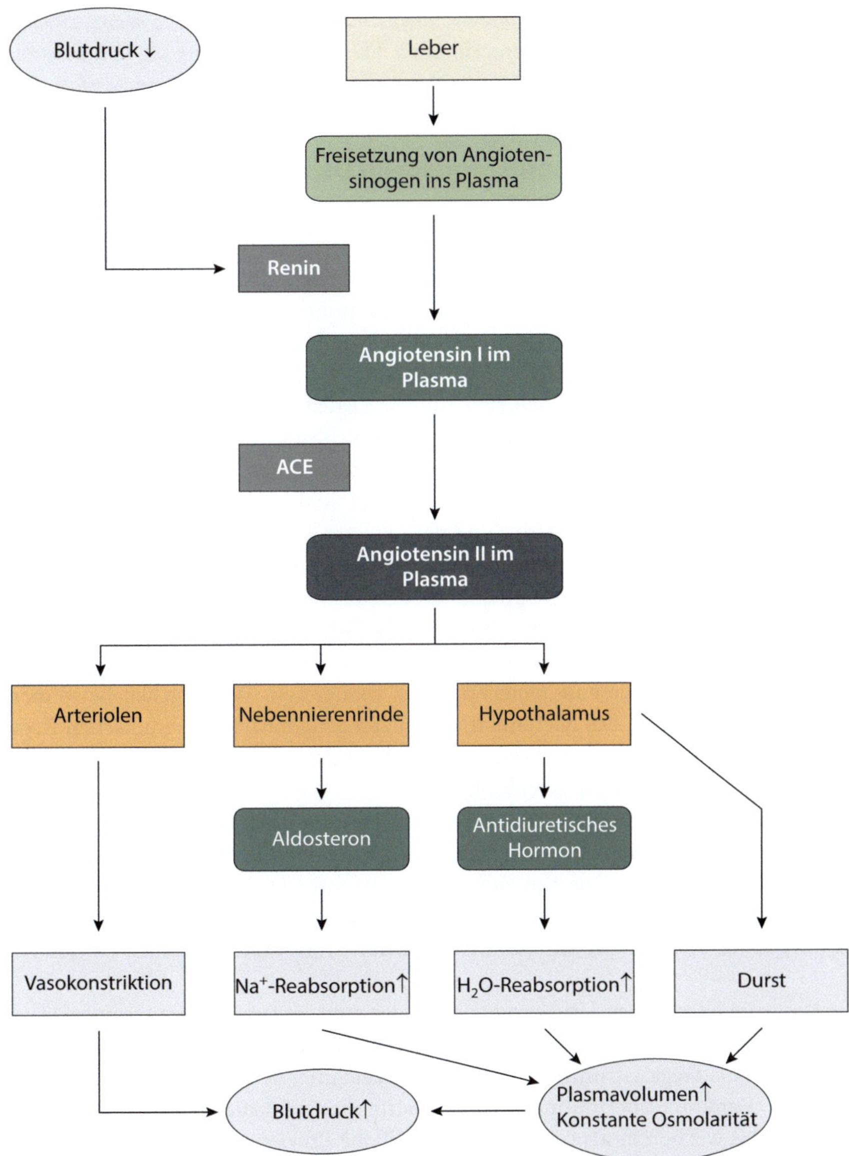

◘ Abb. 8.13 Das Renin-Angiotensin-System. Ein Blutdruckabfall bewirkt die Bildung von Renin in den juxtaglomerulären Epitheloidzellen. Renin erzeugt Angiotensin I, das durch Angiotensin-Converting-Enzyme (ACE) in Angiotensin II umgewandelt wird. Angiotensin II löst zahlreiche systemische Effekte aus, die letztlich den Blutdruck wieder in den Bereich des Normwertes ansteigen lassen

3. Steigerung der Freisetzung des antidiuretischen Hormons aus der Neurohypophyse, wodurch die Reabsorption von Wasser erhöht wird. Die Wiederaufnahme von Flüssigkeit hält das Blutvolumen und damit den Blutdruck konstant.
4. Auslösung von Durst und Salzappetit im Zentralnervensystem und entsprechende Erhöhung der Salz- und Wasseraufnahme in den Körper.

Angiotensin II integriert die Funktionen renaler und kardiovaskulärer Systeme zu einem gemeinsamen Ziel: die Erhöhung des extrazellulären Flüssigkeitsvolumens als Voraussetzung für eine Stabilisierung des Blutdrucks sowie einer Normalisierung der Plasmaosmolarität.

8.3.5 Erzeugung eines hyperosmotischen Urins

Die Fähigkeit, einen hyperosmotischen Urin zu produzieren und so körpereigenes Wasser einzusparen, ist eine wichtige Voraussetzung für die erfolgreiche Besiedlung trockener terrestrischer Lebensräume. Studien zur vergleichenden Anatomie der Niere bei verschiedenen Säugerarten haben schon frühzeitig die Vermutung nahegelegt, dass die Henle-Schleife des Nephrons hierbei eine zentrale Rolle spielt.

Im Nierenmark sind die Henle-Schleifen und die begleitenden Blutgefäße parallel zueinander angeordnet: Die kurzen Schleifen oberflächlicher Nephrone durchziehen das äußere Mark, während die langen Schleifen juxtamedullärer Nephrone durch das innere Mark bis an die Papille reichen. Daher bestimmt die Länge der Henle-Schleifen die Dicke des Nierenmarks. Der Vergleich der Osmolarität des Urins und der relativen Dicke des Nierenmarks[22] bei unterschiedlichen Säugern erlaubt drei prinzipielle Schlussfolgerungen:

1. Die Urinkonzentration korreliert positiv mit der relativen Dicke des Nierenmarks (◘ Abb. 8.14a): *Je länger die Henle-Schleife, desto höher die Osmolarität des Endharns.*
2. Säuger aus wasserarmen Lebensräumen weisen eine größere relative Dicke des Nierenmarks auf als solche, die eine Umgebung mit moderatem Wassergehalt bewohnen. Die geringste relative Dicke des Nierenmarks besitzen Säugerarten aus limnischen Regionen. *Der Wassergehalt des jeweiligen Lebensraums ist ein entscheidender evolutionärer Faktor in der Entwicklung der Urinkonzentrierung.*
3. Die relative Dicke des Nierenmarks sinkt allometrisch mit der Körpergröße (◘ Abb. 8.14b). *Kleinere Tiere produzieren demnach einen höher konzentrierten Urin als größere Tiere desselben Lebensraums.* Der Zusammenhang zwischen der Dicke des Nierenmarks und der Körpergröße stellt ein weiteres Beispiel für eine allometrische Beziehung zwischen einer grundlegenden physiologischen Funktion und der Größe eines Tieres dar (▶ Abschn. 2.5).

Wie kann die Niere einen Urin produzieren, der eine weitaus höhere Osmolarität als das Blutplasma aufweist, und welche Rolle spielt dabei die Henle-Schleife? Der grundlegende Mechanismus wird als **Gegenstrommultiplikation** bezeichnet, bei dem die Henle-Schleife eine entscheidende Funktion übernimmt. Die Gegenstrommultiplikation basiert auf dem Gegenstromprinzip, das wir bereits als Grundlage für die hohe Effizienz der Sauerstoffextraktion bei der Kiemenatmung (▶ Abschn. 4.4.2) sowie bei der Erwärmung des aus den Extremitäten in den Körperkern zurückkehrenden Blutes kennengelernt haben (▶ Abschn. 3.5.2).

Der Prozess der Urinkonzentrierung selbst findet im Sammelrohr und nicht in der Henle-Schleife statt – tatsächlich ist das Filtrat beim Verlassen der Henle-Schleife hypoosmotisch (▶ Abschn. 8.3.3). *Die Konzentrierung erfolgt aufgrund der osmotischen Entfernung von Wasser aus der Tubulusflüssigkeit des Sammelrohrs.* Im Zustand der **Antidiurese** (hohe Konzentration von ADH) ist das Tubulusepithel des Sammelrohrs für Wasser durchlässig, jedoch nicht für die in der Tubulusflüssigkeit gelösten anorganischen Ionen. Gleichzeitig existiert auf der Außenseite des Nephrons, im Nierenmark, ein Konzentrationsgradient für NaCl, der von 300 mosm l^{-1}

---

[22] Die relative Dicke des Nierenmarks bezeichnet eine Normierung auf die Gesamtgröße der Niere, sodass Vergleiche zwischen unterschiedlich großen Säugerarten möglich sind.

Abb. 8.14 Zusammenhang zwischen Osmolarität des Endharns und relativer medullärer Dicke. **a** Die maximale Urinkonzentration korreliert positiv mit der relativen Dicke des Nierenmarks. Die einzelnen Punkte repräsentieren 68 verschiedene Säugerarten. **b** Die allometrische Beziehung zwischen der Dicke des Nierenmarks und dem Körpergewicht hängt maßgeblich vom Lebensraum des Tieres ab. Jeder *Punkt* repräsentiert eine Säugerart. Die *Geraden* in **a** und **b** stellen die beste statistische Anpassung an die Datenpunkte dar (**a** nach [1]; **b** nach [2])

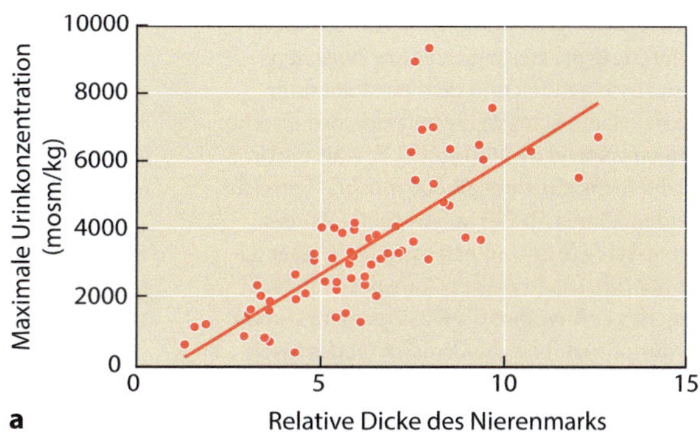

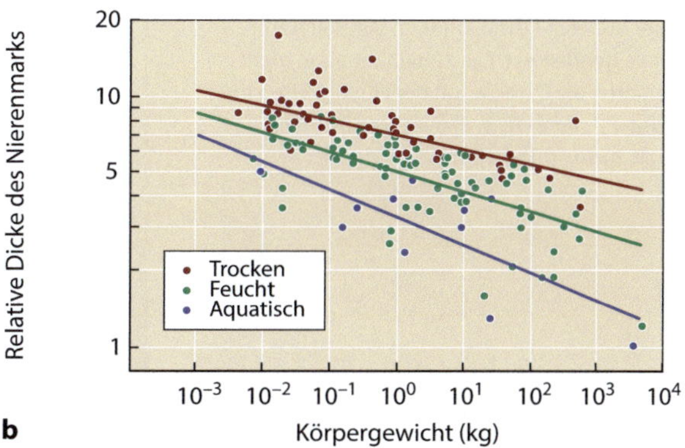

an der Grenze zum Nierencortex bis über 1000 mosm l^{-1} im inneren Nierenmark reicht. Das Wasser im Tubulus des Sammelrohrs erfährt also während der Passage durch das Nierenmark eine kontinuierlich steigende Konzentration von NaCl in der interstitiellen Flüssigkeit, die einen osmotischen Wasserausstrom aus dem Tubulus ins Nierenmark verursacht. Da die gelösten Stoffe dem Wasserstrom nicht folgen können, steigt die Konzentration anorganischer Salze in der Tubulusflüssigkeit an. *Im Gleichgewicht entspricht die Osmolarität im Sammelrohr der Osmolarität in der interstitiellen Flüssigkeit des Nierenmarks.* Die Osmolarität der Tubulusflüssigkeit im Sammelrohr wird von unterschiedlichen anorganischen Ionen (Na^+, K^+, Ca^{2+}, Mg^{2+}, Cl^-, $H_2PO_4^{2-}$) hervorgerufen, während im Interstitium des Nierenmarks vor allem NaCl vorhanden ist.

Die Erzeugung eines hyperosmotischen Urins basiert auf einem Konzentrationsgradienten für NaCl zwischen Nierenmark und Lumen des Sammelrohrs, während gleichzeitig das Sammelrohrepithel für Wasser durchlässig, für anorganische Ionen aber undurchlässig ist. Die Henle-Schleife mit ihren eng benachbarten absteigenden und aufsteigenden Ästen bietet die anatomischen Voraussetzungen für ein Gegenstromsystem, mit dessen Hilfe der NaCl-Gradient im Nierengewebe aufgebaut wird. Die Gegenstrommultiplikation in der Niere geht von einem osmotischen Gradienten aus, der zwischen dem absteigenden und aufsteigenden Ast der Henle-Schleife ausgebildet wird und etwa 200 mosm l^{-1} beträgt (**Abb. 8.15a**). Diese osmotische Differenz wird zusätzlich in Längsrichtung der beiden Äste, also vom Cortex zum inneren Mark auf mehr als 600 mosm l^{-1} verstärkt. Wir beginnen die Diskussion der Erzeu-

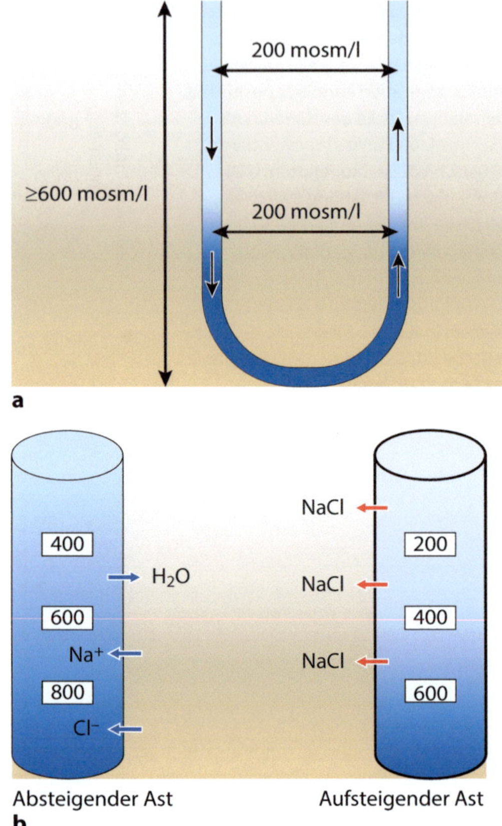

Abb. 8.15 Erzeugung einer osmotischen Differenz in der Henle-Schleife. **a** Zwischen dem absteigenden und dem aufsteigenden Ast der Henle-Schleife besteht eine osmotische Differenz von etwa 200 mosm l^{-1}, während in axialer Richtung mehr als 600 mosm l^{-1} erreicht werden können. **b** Der aufsteigende Ast der Henle-Schleife ist undurchlässig für Wasser (*dicke Kontur*). Durch aktiven Transport von NaCl über das Epithel wird die Flüssigkeit im Lumen verdünnt, während die Osmolarität des Interstitiums steigt. Dies bewirkt einen osmotischen Ausstrom von Wasser aus dem absteigenden Ast der Henle-Schleife bei gleichzeitiger Diffusion von Na^+ und Cl^- in dessen Lumen. Beide Prozesse führen zu einer Konzentrierung der Flüssigkeit im absteigenden Ast der Henle-Schleife und zu einer höheren Osmolarität im Vergleich zum aufsteigenden Ast. Die Zahlenangaben repräsentieren die Osmolarität der Flüssigkeiten in mosm l^{-1}. *Rote Pfeile*, aktiver Transport; *blaue Pfeile*, passiver Transport

gung des NaCl-Gradienten im Nierengewebe, indem wir zunächst den dicken aufsteigenden Teil der Henle-Schleife betrachten.

Wie in ▶ Abschn. 8.3.3 beschrieben, ist der dicke aufsteigende Teil der Henle-Schleife für Wasser undurchlässig. Energie in Form von ATP wird investiert, um die Na^+/K^+-ATPase in der basolateralen Tubulusmembran zu betreiben. Der dadurch entstehende Na^+-Gradient stellt die Grundlage für den sekundär aktiven Symport von Na^+ durch NKCC2-Carrier aus dem Tubuluslumen ins Interstitium dar (**Abb. 8.10**). Da Wasser dem Na^+-Ausstrom osmotisch nicht folgen kann, sinkt die Konzentration von NaCl im aufsteigenden Ast und steigt im angrenzenden Nierenmark. Der parallel verlaufende absteigende Ast ist durchlässig für Wasser, Na^+ und Cl^-. Aufgrund der osmotischen Verhältnisse strömt Wasser aus dem absteigenden Ast ins Interstitium, während Na^+- und Cl^--Ionen aus dem Nierenmark in den Tubulus hinein diffundieren (**Abb. 8.15b**). *Der aktive Transport von NaCl verringert die Osmolarität im aufsteigenden Ast der Henle-Schleife und erhöht die Osmolarität im Interstitium und im absteigenden Ast.* Insgesamt erzeugt dieser Mechanismus eine osmotische Differenz von etwa 200 mosm l^{-1} zwischen den beiden Ästen der Henle-Schleife. Für diesen Effekt ist keine axiale Strömung durch den Tubulus erforderlich – erst die Gegenstrommultiplikation basiert auf einem Flüssigkeitsstrom aus dem absteigenden in den aufsteigenden Ast, der durch die haarnadelförmige Struktur der Henle-Schleife ermöglicht wird.

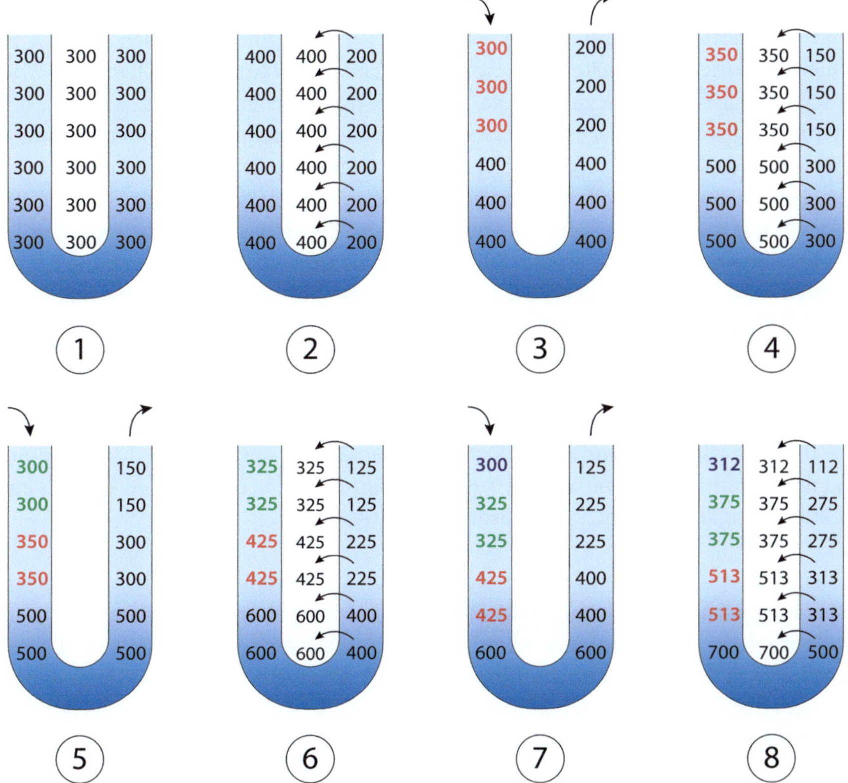

◘ Abb. 8.16 Gegenstrommultiplikation in der Henle-Schleife. Zur Veranschaulichung wurde der kontinuierliche Prozess in diskrete Zeitabschnitte eingeteilt. ① Zu Beginn beträgt die Osmolarität im absteigenden und aufsteigenden Ast der Henle-Schleife sowie im Interstitium 300 mosm l^{-1}. ② Ein osmotischer Gradient von etwa 200 mosm l^{-1} wird durch die in Abb. 8.15 dargestellten Prozesse erzeugt. ③ Neue Flüssigkeit strömt mit einer Osmolarität von 300 mosm l^{-1} in axialer Richtung nach. ④ Die osmotische Differenz wird durch aktive und passive Transportprozesse wieder auf 200 mosm l^{-1} eingestellt. In den Abschnitten ⑤ bis ⑧ wiederholt sich diese alternierende Sequenz der Erzeugung eines osmotischen Gradienten zwischen absteigendem und aufsteigendem Ast der Henle-Schleife und dem Nachstrom von Flüssigkeit aus dem Verbindungstubulus. Das nachströmende Filtrat ist jeweils *farbig hervorgehoben*. Die Zahlenwerte stammen aus einem Modell von Pitts [10] und geben die Osmolarität der Flüssigkeiten in mosm l^{-1} an

Bei der Gegenstrommultiplikation werden die soeben beschriebenen Prozesse auf eine gegenläufig strömende Flüssigkeit angewandt. Energie wird in Form von ATP in das System investiert, um aktiv Na$^+$ aus dem Tubulus ins Interstitium zu transportieren. Die hydrostatische Druckdifferenz zwischen Bowman-Kapsel und Nierenbecken erzeugt einen gerichteten Flüssigkeitsstrom durch die Tubuli des Nephrons.

Wir besprechen die Gegenstrommultiplikation schrittweise, indem wir den Flüssigkeitsstrom in zeitlich diskrete Abschnitte unterteilen (◘ Abb. 8.16):[23]

---

[23] Diese Unterteilung dient lediglich der vereinfachenden Darstellung. In der Niere finden die Gradientenbildung in horizontaler Richtung und der axiale Flüssigkeitsstrom durch die Henle-Schleife gleichzeitig statt.

1. Die aus dem proximalen Tubulus in die Henle-Schleife eintretende Flüssigkeit ist weitgehend isoosmotisch zum Blutplasma. Daher weisen zu Beginn die beiden Äste der Henle-Schleife und die interstitielle Flüssigkeit die gleiche Osmolarität von 300 mosm l^{-1} auf.
2. Durch den aktiven Transport von Na^+ wird ein osmotischer Gradient zwischen dem dicken aufsteigenden Teil der Henle-Schleife einerseits und dem absteigenden Teil sowie dem Interstitium andererseits aufgebaut. Dieser osmotische Gradient beträgt wie oben beschrieben etwa 200 mosm l^{-1} in horizontaler Richtung.
3. Neues Filtrat mit einer Osmolarität von 300 mosm l^{-1} gelangt in den absteigenden Teil der Henle-Schleife und verschiebt die Flüssigkeitssäule im Gegenstrom durch die haarnadelförmige Schleife. Entsprechend wird konzentriertere Flüssigkeit in den aufsteigenden Teil der Schleife gedrückt – der osmotische Druck im inneren Nierenmark hat sich im ersten Schritt um 100 mosm l^{-1} erhöht.
4. Auf die im letzten Schritt erzeugten Konzentrationen wirken erneut der aktive Transport von Na^+ und die Mechanismen zur Erzeugung eines horizontalen osmotischen Gradienten. Dadurch wird der osmotische Druck im innersten Teil der absteigenden Henle-Schleife und im Interstitium auf 500 mosm l^{-1} erhöht, während die in den distalen Tubulus ausströmende Flüssigkeit nur noch 150 mosm l^{-1} aufweist.

In den Schritten 5 bis 8 wiederholen sich die oben aufgelisteten Ereignisse, sodass schließlich die Flüssigkeit am Umkehrpunkt der Henle-Schleife und im Interstitium mit 700 mosm l^{-1} hyperosmotisch im Vergleich zum Blutplasma ist, jedoch eine hypoosmotische Lösung die Henle-Schleife in Richtung distalen Tubulus verlässt. Die Osmolarität des Nierenmarks entspricht exakt derjenigen im absteigenden Teil der Henle-Schleife, da das Tubulusepithel in diesem Abschnitt für Wasser und Ionen permeabel ist. Aufgrund der beschriebenen Mechanismen bildet sich daher eine osmotische Differenz von der Grenzfläche zur Nierenrinde bis ins innere Nierenmark aus, die beim Menschen bis 1000 mosm l^{-1} betragen kann.[24] Die Konzentration von NaCl im inneren Nierenmark hängt neben der Größe des horizontalen osmotischen Gradienten vom Flüssigkeitsstrom durch die Henle-Schleife und von der Gesamtlänge der Schleife ab. Je länger die Henle-Schleife, desto höhere Konzentrationen an NaCl werden im inneren Nierenmark erreicht. Lange Henle-Schleifen und eine relativ große Dicke des Nierenmarks korrelieren daher mit der Fähigkeit, einen hochkonzentrierten Urin herzustellen (◘ Abb. 8.14a).

Die Gegenstrommultiplikation basiert auf der Verstärkung eines horizontalen osmotischen Gradienten durch einen vertikalen Flüssigkeitsstrom, der die Konzentrationsverhältnisse im absteigenden und aufsteigenden Ast der Henle-Schleife kontinuierlich verändert und damit die initialen Unterschiede potenziert.

Der **interrenale Harnstoffkreislauf** zwischen Sammelrohr und Henle-Schleife unterstützt die Konzentrierung des Urins. Während das Filtrat das distale Nephron und die ersten Abschnitte des Sammelrohrs passiert, wird NaCl aktiv reabsorbiert und Wasser folgt zumindest unter antidiuretischen Bedingungen osmotisch nach. Das Tubulusepithel ist in diesem Teil des Sammelrohrs jedoch weitgehend undurchlässig für Harnstoff, sodass sich bis zum letzten Abschnitt des Sammelrohrs im inneren Nierenmark relativ viel Harnstoff in der Tubulusflüssigkeit anreichert. Da hier eine freie Diffusion ins Interstitium aufgrund der Expression des Harnstofftransporters UT-A1 möglich ist, verlässt Harnstoff das Tubuluslumen und gelangt ins Interstitium, wo es zusammen mit NaCl die Gesamtosmolarität des Nierenmarks bestimmt. Aus dem Interstitium diffundiert der Harnstoff zurück in die Henle-Schleife und wird von dort

---

[24] Die für ihre Fähigkeit zur Urinkonzentrierung bekannte australische Springmaus (*Notomys alexis*) erreicht eine osmotische Differenz von 9000 mosm l^{-1}.

mit dem Flüssigkeitsstrom ins Sammelrohr transportiert. Dieser interrenale Harnstoffkreislauf ist ein selbstverstärkender Prozess: Je höher die Harnstoffkonzentration im Interstitium, desto mehr gelangt über die Henle-Schleife ins Sammelrohr und entsprechend stärker wird der Harnstoff dort angereichert, was wiederum zu einer Erhöhung der Harnstoffmenge im Interstitium des Nierenmarks führt.

Parallel zur Henle-Schleife jedes einzelnen Nephrons verlaufen Kapillaren, das System der **Vasa recta**. Aus den efferenten Arteriolen der juxtamedullären Glomeruli zweigen die absteigenden Vasa recta im Nierenmark ab. Im inneren Nierenmark kehren die Kapillaren ihre Richtung um und ziehen als aufsteigende Vasa recta in Richtung Cortex, wo sie in Venolen münden und die Niere verlassen.

Neben der Versorgung des Nierengewebes mit Sauerstoff und Nährstoffen dienen die Vasa recta als Transportkanäle für die Entfernung von Wasser aus der interstitiellen Flüssigkeit des Nierenmarks. Da das Sammelrohr während der Antidiurese für Wasser durchlässig ist, gelangt Wasser dem osmotischen Gradienten folgend aus dem Tubuluslumen ins Interstitium. Ohne sofortigen Abtransport des Wassers würde der von der Henle-Schleife erzeugte NaCl-Gradient wieder verdünnt werden und damit die Fähigkeit der Niere, einen hyperosmotischen Urin zu produzieren, maßgeblich einschränken. Die Vasa recta nehmen angetrieben durch ihren höheren onkotischen Druck osmotisch Wasser auf und transportieren es aus dem Nierenmark heraus.

Der haarnadelförmige Verlauf der Vasa recta im inneren Nierenmark ist entscheidend für die Funktion des Wassertransports. Aufgrund der hohen Permeabilität des Kapillarendothels für Wasser und Ionen nimmt das Blutplasma vom Cortex bis ins Nierenmark per Diffusion NaCl und Harnstoff auf und gibt osmotisch Wasser ans Interstitium ab. Würden die Vasa recta die Niere über die Papille und das Nierenbecken verlassen, bliebe vermehrt Wasser im Interstitium zurück, während Harnstoff und Na^+- sowie Cl^--Ionen ausgeschwemmt würden. Infolgedessen würde der osmotische Gradient im Nierenmark ständig „verwässert" bzw. könnte überhaupt nicht aufgebaut werden (◘ Abb. 8.17a). Da die Kapillaren jedoch ihre Richtung umkehren, fließt das Blut nach Passieren des Scheitelpunkts vom Nierenmark zur Nierenrinde durch eine Umgebung mit kontinuierlich sinkender Osmolarität. Dadurch kehrt Wasser osmotisch ins Blutplasma zurück und Harnstoff und NaCl werden wieder ans Interstitium abgegeben (◘ Abb. 8.17b). Zu jedem Zeitpunkt besteht ein osmotisches Gleichgewicht zwischen Blutplasma und Interstitium – die Vasa recta fungieren als **Gegenstromaustauscher**.

Gegenstromaustauscher sind passive Systeme, d. h., der Austausch von Stoffen oder Wärme erfolgt ohne den Einsatz von Stoffwechselenergie. Passive Systeme können keine Gradienten erzeugen, denn dafür müsste Energie investiert werden. Sie konservieren jedoch Gradienten, die durch andere, energieintensive Prozesse entstanden sind. Ein Beispiel hierfür ist der Wärmetauscher in den Extremitäten der Säuger (▶ Abschn. 3.5.2). Gegenstrommultiplikatoren hingegen benötigen für ihre Funktion metabolische Energie – sie sind also aktive Systeme, die Gradienten entlang ihrer Flussrichtung aufbauen können. Die Erzeugung des osmotischen Gradienten im Nierenmark stellt ein typisches Beispiel dar [14].

8.3.6 Regulation der Nierendurchblutung

Die Nieren erhalten durchschnittlich 1,2 l Blut pro Minute (bis zu 25 % des Herzzeitvolumens) und sind damit bezogen auf ihren Anteil am Körpergewicht (0,4 %) außerordentlich stark durchblutet. Im Gegensatz zum Myokard, das bei großer Belastung eine ähnlich hohe Durchblutung aufweist, steht der renale Blutfluss fast ausschließlich im Dienst der Filtration

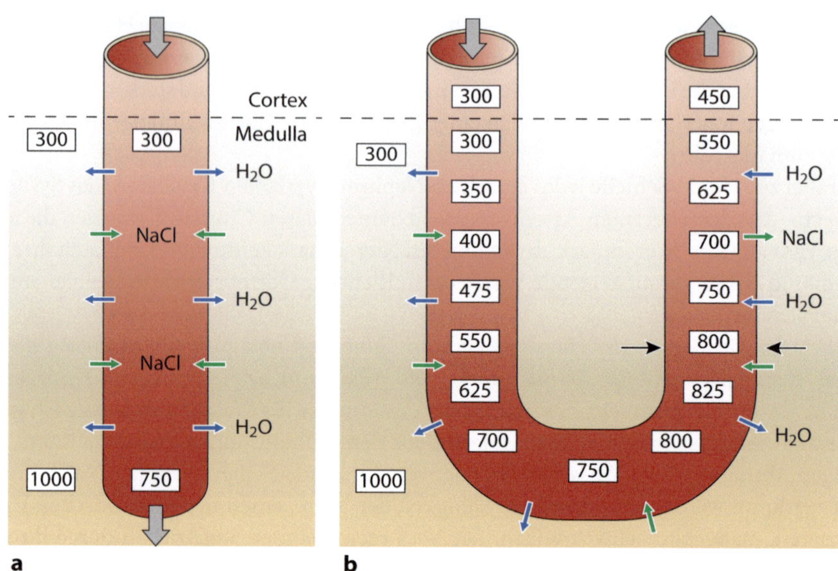

Abb. 8.17 Gegenstromaustausch in den Vasa recta der Niere. **a** Bei einem geradlinigen Verlauf vom Cortex zum inneren Nierenmark besitzt das Blut beim Verlassen der Niere eine hohe Osmolarität. Während der Passage durch das Nierengewebe diffundiert Wasser aus dem Gefäß (*blaue Pfeile*) und Salze werden aufgenommen (*grüne Pfeile*), wodurch der osmotische Gradient im Interstitium ausgewaschen wird. **b** Durch die Umkehr der Strömungsrichtung im Nierenmark fließt das Blut in Richtung Cortex durch eine Umgebung mit sinkender Osmolarität. Nach Passieren des osmotischen Gleichgewichts (*schwarze Pfeile*) diffundiert Wasser in das Gefäß, NaCl hingegen hinaus. Auf diese Weise bleibt der osmotische Gradient im Nierengewebe erhalten und die Osmolarität von ein- und ausströmendem Blut ist annähernd gleich groß. Die Zahlenwerte stammen aus einem Modell von Pitts [10] und repräsentieren die Osmolarität der Flüssigkeiten in $\text{mosm}\,\text{l}^{-1}$

und nicht – wie beim Herzen – der Versorgung des Organismus mit O_2. Dennoch benötigt natürlich auch das Nierengewebe O_2 zur Aufrechterhaltung des aeroben Stoffwechsels in den Zellen, der vor allem durch den Energiebedarf der Na^+/K^+-ATPase bestimmt wird. Bei einer Verringerung des renalen Blutflusses und der glomerulären Filtrationsrate sinkt auch der O_2-Verbrauch, da weniger Energie für die Reabsorption des filtrierten Na^+ benötigt wird. *In der Niere bestimmt also die Durchblutung den O_2-Bedarf, während im Herzen und im Gehirn umgekehrt ein erhöhter O_2-Bedarf eine gesteigerte Durchblutung zur Folge hat.* Filtrationsprozesse finden ausschließlich in der Nierenrinde statt, sodass diese Region mit rund 90 % den größten Anteil des renalen Blutflusses beansprucht.

Da eine konstante Durchblutung der Niere für ihre Funktion von entscheidender Bedeutung ist, müssen Schwankungen des Blutdrucks innerhalb des Gefäßsystems der Niere unmittelbar ausgeglichen werden. Tatsächlich steigt der renale Blutfluss bis etwa 80 mmHg proportional zum arteriellen Blutdruck an, bleibt dann aber in einem Bereich von 80 bis 170 mmHg weitgehend unverändert (**Abb. 8.18**). In diesem Bereich der **Autoregulation** führt ein erhöhter Blutdruck zu einem höheren Strömungswiderstand in den renalen Gefäßen, wodurch wiederum die Durchblutung reduziert wird.

Nach aktuellem Kenntnisstand erfolgt die Autoregulation der Nierendurchblutung ohne neuronale oder hormonelle Steuerung. Folgende Mechanismen werden diskutiert:

— **Myogene Reaktion.** Eine Steigerung des arteriellen Blutdrucks erhöht den Druck auf die Wände der Nierengefäße vor dem Glomerulus und aktiviert Dehnungssensoren in

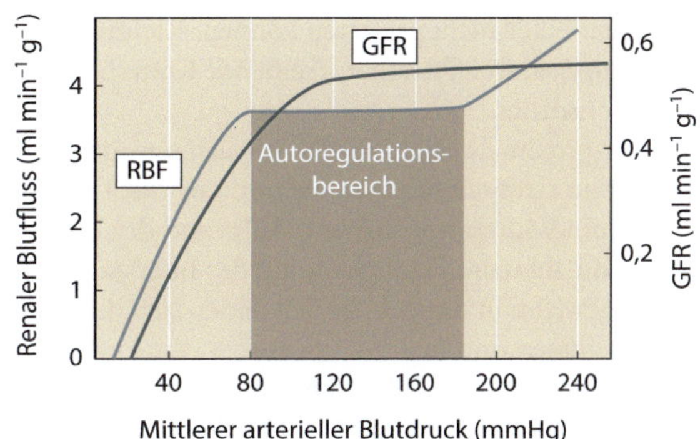

Abb. 8.18 Autoregulation in der Niere. Die Durchblutung der Nierenrinde (RBF, renaler Blutfluss) bleibt auch bei Schwankungen des mittleren arteriellen Blutdrucks zwischen 80 mmHg und etwa 170 mmHg konstant, sodass eine gleichbleibende glomeruläre Filtrationsrate (GFR) gewährleistet ist

der Gefäßwand, die letztlich eine Kontraktion der glatten Muskulatur auslösen. Dadurch wird der Gefäßradius verringert und die Wandspannung annähernd auf ihren Ausgangswert reduziert. Diese als **Bayliss-Effekt** bezeichnete Reaktion findet sich neben der Niere auch im Gehirn und stellt eine der wichtigsten Mechanismen der autoregulatorischen Organdurchblutung dar.

— **Tubuloglomeruläres Feedback.** Im Zentrum dieses Mechanismus steht die **Macula densa** des juxtaglomerulären Apparates (▶ Abschn. 8.3.4). Zellen der Macula densa registrieren die luminale Na^+-Konzentration und passen die Filtrationsrate an ihrem Glomerulus entsprechend an. Wird mehr NaCl filtriert als reabsorbiert, gelangt eine größere Menge an NaCl bis zur Macula densa, die daraufhin die afferente Arteriole kontrahiert und auf diese Weise die glomeruläre Filtration zurückfährt. Diese Rückkopplung sorgt demnach (1) für eine Autoregulation der renalen Durchblutung und (2) für eine Anpassung der Filtrationsrate an die Transportkapazität des Nephrons.

Neben diesen beiden autoregulatorischen Mechanismen spielt auch das Renin-Angiotensin-System eine wichtige Rolle bei der Steuerung der renalen Durchblutung, da es ein Absinken des Blutdrucks mit einer Widerstandserhöhung der efferenten Arteriole beantwortet. Wenn „stromabwärts" vom Glomerulus der Gefäßwiderstand steigt, wird ein größerer Anteil des Blutplasmas filtriert und somit ein blutdruckbedingtes Absinken der Filtrationsrate verhindert.

8.3.7 Zusammenfassung

Das Nephron bildet die funktionelle Einheit der Wirbeltierniere. Es besteht aus der Bowman-Kapsel, in die ein Kapillarknäuel (Glomerulus) hineinragt, und einem tubulären System (proximaler Tubulus, Henle-Schleife und distaler Tubulus), in dessen unterschiedlichen Abschnitten die durch sie hindurchströmende Flüssigkeit nach und nach verändert wird. Menge und Konzentration des ausgeschiedenen Endharns werden so reguliert, dass Volumen und Osmolarität der extrazellulären Flüssigkeitsräume im Organismus weitgehend konstant bleiben.

Die Filtration des Blutplasmas findet zwischen Glomerulus und Bowman-Kapsel statt und erfolgt durch drei aufeinanderfolgende siebartige Strukturen: (1) das fenestrierte Endothel der Kapillaren, (2) die extrazelluläre Basallamina zwischen Endothel und Epithel der Bowman-Kapsel und (3) die Podocyten der Bowman-Kapsel. Die Maschenweite des Filters und eine elektrostatische Abstoßung bewirken, dass Blutzellen und Makromoleküle, die größer als 50 kDa sind, den Filter nicht passieren können. Kleinmolekulare Substanzen, Elektrolyte und Wasser sind hingegen frei filtrierbar. Treibende Kraft für die Filtration des Blutplasmas ist der effektive Filtrationsdruck.

Der proximale Tubulus schließt sich unmittelbar an die Bowman-Kapsel an. Hier werden bereits ein Großteil des Wassers und des NaCl sowie die gesamte filtrierte Menge an Glucose und Aminosäuren reabsorbiert. Aufgrund der Undichtigkeit des Epithels in diesem Abschnitt stehen die tubuläre Flüssigkeit und das Interstitium des renalen Cortex in einem osmotischen Gleichgewicht; in diesem Bereich bilden sich daher keine Konzentrationsgradienten zwischen Tubuluslumen und Interstitium aus.

Die Reabsorption aller Substanzen im proximalen Tubulus wird letztlich durch die Aktivität einer basolateralen Na^+/K^+-ATPase ermöglicht. Sie baut einen chemischen Gradienten für Na^+ auf, der sekundär-aktive Symportprozesse für Glucose, Aminosäuren und zahlreiche andere filtrierte Stoffe antreibt. Der Transport osmotisch aktiver Substanzen aus dem Tubuluslumen ins Interstitium erzeugt vorübergehend ein osmotisches Ungleichgewicht als Grundlage für die Wiederaufnahme von Wasser über Aquaporine und durch Zellzwischenräume.

Die Henle-Schleifen, Sammelrohre und Vasa recta bilden parallel angeordnete Strukturen im Nierenmark, deren Zusammenwirken es Säugern ermöglicht, einen hyperosmotischen Urin zu produzieren. Hierbei korrelieren die Länge der Henle-Schleife bzw. die Dicke des Nierenmarks mit der Fähigkeit zur Urinkonzentrierung.

Die wichtigste Aufgabe der Henle-Schleife besteht in der Erzeugung eines von der Nierenrinde bis zum Nierenmark gerichteten osmotischen Gradienten, der vor allem auf der Anreicherung von NaCl, aber auch von Harnstoff beruht. Absteigender und aufsteigender Teil der Henle-Schleife bilden eine haarnadelförmige Struktur, die funktionell ein Gegenstrommultiplikationssystem bildet. Da der dünne absteigende Teil der Henle-Schleife keine aktiven Transportsysteme besitzt, stellt sich ein osmotisches Gleichgewicht mit dem Interstitium ein. Der aufsteigende dicke Teil transportiert hingegen aktiv Na^+ aus dem Lumen des Tubulus ins Interstitium und sorgt so insgesamt für eine hohe Konzentration von NaCl im inneren Nierenmark.

Verbindungstubulus und Sammelrohr steuern Volumen und Osmolarität des ausgeschiedenen Endharns, indem sie unter endokriner Kontrolle die Anzahl von Ionen- und Wasserkanälen in ihren Epithelzellen dem Elektrolyt- und Wassergehalt des Organismus anpassen. Das antidiuretische Hormon (ADH) erhöht die Dichte von Aquaporinen in der luminalen Plasmamembran, wodurch die Reabsorption von Wasser verstärkt wird. Das Mineralocorticoid Aldosteron reguliert den Na^+- und K^+-Haushalt: Bei Mangel an Na^+ hemmt Aldosteron dessen renale Ausscheidung, während es bei einem K^+-Überschuss die Exkretion von K^+ erleichtert. Für die Bildung und Freisetzung von Aldosteron ist mit dem Renin-Angiotensin-Aldosteron-System eine komplexe Proteinkaskade erforderlich, die durch einen Abfall des arteriellen Blutdrucks oder eine zu geringe extrazelluläre Na^+-Konzentration ausgelöst wird. Einer erhöhten Na^+-Belastung begegnen die körpereigenen Regelkreise mit der Freisetzung des atrialen natriuretischen Peptids (ANP), das die Exkretion von Na^+ fördert und dessen Reabsorption hemmt.

Die renale Durchblutung ist im Bereich von 80 bis 170 mmHg weitgehend konstant. Diese Regulation erfolgt durch intrarenale Mechanismen (Autoregulation) und gewährleistet eine von Schwankungen des systemischen Blutdrucks unabhängige Nierenfunktion.

8.4   Die Malpighi-Gefäße der Insekten

Die Exkretionsorgane der Insekten und anderer landlebenden Arthropoden werden als **Malpighi-Gefäße** bezeichnet. Im Gegensatz zu den bisher besprochenen Exkretionssystemen funktionieren sie nicht nach dem Filtrationsprinzip, sondern arbeiten sekretorisch. *Sekretion bedeutet im Unterschied zur Filtration, dass Energie für den aktiven Transport von Ionen, nicht aber für die Erzeugung einer hydrostatischen Druckdifferenz eingesetzt wird.* Auf diese Weise entsteht ein Konzentrationsgradient, der den passiven osmotischen Nachstrom von Wasser ermöglicht. Der geringe hydrostatische Druck in einem offenen Kreislaufsystem (▶ Abschn. 5.6.1) reicht möglicherweise für eine Ultrafiltration der Hämolymphe nicht aus. Das Einsparen von Wasser scheint jedoch keine wesentliche Rolle zu spielen, da auch das sekretorische System der Insekten ein – bezogen auf das Körpergewicht – großes Volumen an Primärharn produziert, das erst durch anschließende Reabsorption wieder verringert wird.[25] Die Malpighi-Gefäße funktionieren nur gemeinsam mit dem Enddarm als Exkretionsorgane.

8.4.1   Sekretionsmechanismen der Malpighi-Gefäße

Bei den Malpighi-Gefäßen handelt es sich um blind endende Ausstülpungen des Darms, die am Übergang zwischen Mittel- und Enddarm in den Verdauungstrakt münden. Abhängig von der jeweiligen Spezies kann ihre Zahl zwischen 2 und 200 betragen. Die Wand der Malpighi-Gefäße wird aus einem einschichtigen Epithel gebildet, dessen wichtigste Funktion im Transport von Kationen, vor allem K^+, besteht.

Die Malpighi-Gefäße bilden den Primärharn, indem sie sekundär-aktiv K^+-Ionen aus der Hämolymphe in das Tubuluslumen transportieren. Der Transportmechanismus schließt mehrere Symporter und Antiporter ein, deren Zusammenwirken einen Nettotransport von K^+-Ionen über die luminale und basolaterale Membran der Epithelzellen verursacht (◼ Abb. 8.19).

1. Ein Teil der metabolischen Energie für den K^+-Transport wird für die Aktivität einer **V-Typ-ATPase**[26] eingesetzt, die Protonen über die apikale Membran der Epithelzellen in das Tubuluslumen pumpt. Dadurch wird (1) ein Protonengradient zwischen Cytosol und Tubuluslumen aufgebaut und (2) die Ansäuerung im Tubulus erleichtert die Bildung kristalliner Harnsäuresalze (Urate), die als osmotisch inaktive Form gespeichert oder ohne weiteren Wasserbedarf ausgeschieden werden können.

2. Der Protonengradient treibt einen **Kationen/Protonen-Austauscher** in der apikalen Membran an, der K^+ (gegebenenfalls auch Na^+) aus dem Cytosol ins Tubuluslumen und H^+ zurück in die Zelle transportiert. Dadurch schließt sich der Protonenkreislauf und K^+ wird sezerniert.

---

[25] Bei der Gelbfiebermücke (*Aedes aegypti*) beträgt das Volumen des in 24 Stunden produzierten Primärharns etwa das 12Fache des gesamten extrazellulären Flüssigkeitsvolumens. Bezogen auf den extrazellulären Flüssigkeitsraum erzeugt die menschliche Niere ein ähnlich großes Volumen an Primärharn.

[26] Eine Protonenpumpe in Form einer V-Typ-ATPase wird auch von den Ionocyten limnischer Knochenfische exprimiert. Bei diesen Organismen dient sie der Erzeugung einer Potenzialdifferenz, die den Eintritt von Na^+-Ionen in die Zellen begünstigt (▶ Abschn. 7.3.1).

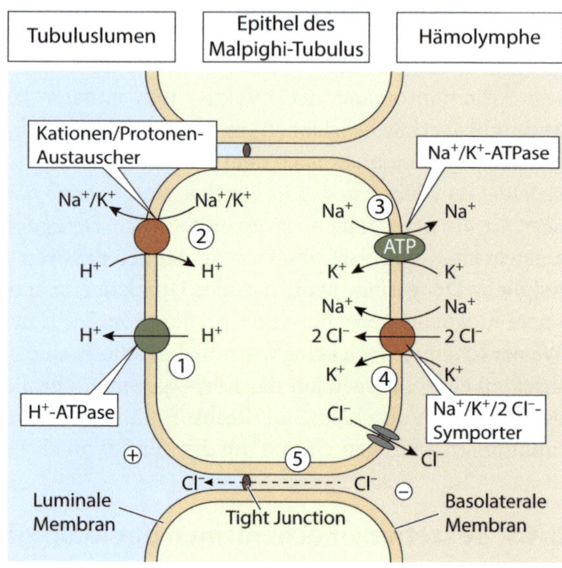

◘ Abb. 8.19 Transportprozesse in den Malpighi-Tubuli. ① Eine Protonenpumpe (H⁺-ATPase) erzeugt einen H⁺-Gradienten über der luminalen Membran der Epithelzellen, der einen Protonen/Kationen-Austauscher antreibt ②. Auf diese Weise wird vor allem K⁺ ins Tubuluslumen sezerniert. ③ K⁺-Ionen werden durch eine basolaterale Na⁺/K⁺-ATPase ins Cytoplasma befördert. ④ Na⁺ und K⁺ gelangen durch sekundär-aktiven Transport mithilfe des Na⁺/K⁺/2 Cl⁻-Kotransporters in die Epithelzelle. ⑤ Das lumenpositive Potenzial ⊕ bewirkt einen parazellulären Transport von Cl⁻-Ionen

3. Eine basolaterale **Na⁺/K⁺-ATPase** benötigt ebenfalls Energie, um K⁺ ins Cytosol nachzuliefern. Ihre Aktivität baut einen chemischen Gradienten für Na⁺ auf.

4. Bei einigen Insektenarten, die neben K⁺ auch Na⁺ aktiv sezernieren, treibt der Na⁺-Gradient einen basolateralen **Na⁺/K⁺/2 Cl⁻-Symporter** an.

5. Der transepitheliale Transport von Kationen aus der Hämolymphe ins Tubuluslumen erzeugt ein lumenpositives elektrisches Potenzial, dem wiederum Cl⁻-Ionen passiv auf parazellulärem Weg folgen.

Die bisher beschriebenen Prozesse reichern KCl und bei manchen Arten NaCl in der Tubulusflüssigkeit an. In beiden Fällen entsteht kurzfristig ein osmotischer Gradient, der den passiven Nachstrom von Wasser – parazellulär und durch Aquaporine – aus der Hämolymphe in das Lumen des Tubulus ermöglicht. Ähnlich wie bei der Reabsorption von Wasser im proximalen Tubulus der Säugerniere (▶ Abschn. 8.3.2) handelt es sich hier um einen annähernd isoosmotischen Transport, d. h., der osmotische Druck in Tubulusflüssigkeit und Hämolymphe bleibt weitgehend gleich. Durch den Nachstrom von Wasser werden Konzentrationsgradienten für andere lösliche Stoffe aufgebaut, die ebenfalls in den Tubulus diffundieren. Da Insekten häufig giftige Stoffe mit ihrer pflanzlichen Nahrung aufnehmen, existieren außerdem leistungsfähige Sekretionsmechanismen in den Tubuluszellen, um diese Xenobiotika nach außen abzugeben.

Während der Passage durch den Tubulus der Malpighi-Gefäße werden Elektrolyte, Wasser und andere Moleküle wie Glucose und Aminosäuren reabsorbiert. Die Flüssigkeit, die den Enddarm erreicht, ist annähernd isoosmotisch zur Hämolymphe, besitzt jedoch eine grundlegend andere Zusammensetzung. Insbesondere kann die K⁺-Konzentration der Tubulusflüssigkeit diejenige der Hämolymphe um das 20Fache übersteigen. Trotz dieser hohen Konzentration wird ein Großteil der K⁺-Ionen reabsorbiert und in den Sekretionskreislauf zurückgeführt. Diese Reabsorption findet hauptsächlich im Enddarm statt.

Die Funktionsweise der Malpighi-Gefäße basiert auf der energieintensiven Sekretion von Ionen (v. a. K⁺), wodurch ein osmotisches Gefälle zwischen der Hämolymphe und dem Lumen der Malpighi-Tubuli verursacht wird. Infolgedessen strömt Wasser passiv in den Tubulus nach und gleicht die Unterschiede in der Osmolarität wieder aus. Ähnlich den Nephronen der Säugerniere dient die Passage der Flüssigkeit durch die Tubuli der Reabsorption und Sekretion ausgewählter Substanzen.

8.4.2 Urinkonzentrierung im Enddarm

Neben Säugern und Vögeln sind Insekten die einzige Tiergruppe, die evolutionär die Fähigkeit entwickelt hat, einen hyperosmotischen Urin zu produzieren. Für die Konzentrierung des Urins und seine Anpassung zur Homöostase der Körperflüssigkeiten spielt der Enddarm eine außerordentlich wichtige Rolle. Es werden drei unterschiedliche Mechanismen der Urinkonzentrierung diskutiert:

1. Bei Insekten mit **Rektalpapillen** (*Periplaneta*, *Schistocerca*, *Calliphora*) findet eine **lokale Osmose** statt. Interzellularspalten zwischen zwei Reihen von Epithelzellen bilden einen extrazellulären Flüssigkeitsraum, in den aktiv gelöste Substanzen von den Epithelzellen sezerniert werden (❑ Abb. 8.20a). Dadurch steigt die Osmolarität und Wasser gelangt dem osmotischen Gefälle folgend aus dem Lumen des Enddarms in die Interzellularspalten. Aufgrund dieser lokalen Osmose kann die Flüssigkeit im Enddarm höher konzentriert werden als die Hämolymphe. Der interzelluläre Flüssigkeitsraum ist mit sogenannten **Infundibularkanälchen** verbunden, aus denen aktiv gelöste Substanzen wieder in die Epithelzellen zurück transportiert werden. Auf diese Weise können die für die lokale Osmose benötigten Ionen wiederverwendet werden, sodass eine annähernd isoosmotische Flüssigkeit in das Hämocoel gelangt. *Da aus dem Enddarm mehr Wasser als gelöste Stoffe reabsorbiert werden, resultiert ein hyperosmotischer Urin.*

2. Der zweite Mechanismus basiert auf dem sogenannten **cryptonephridialen Komplex**, bei dem sich die distalen Regionen der Malpighi-Gefäße in unmittelbarer Nähe des Enddarms befinden und beide gemeinsam von einer **Perinephridialmembran** umgeben sind, die sie vom Hämocoel trennt (❑ Abb. 8.20b). Diese anatomische Struktur besitzen einige Schmetterlingslarven (*Lepidoptera*) sowie Larven und adulte Formen von Käfern (*Coleoptera*). KCl und NaCl werden aktiv aus der Hämolymphe in die Tubuli transportiert, während Wasser aufgrund der undurchlässigen Perinephridialmembran osmotisch nicht folgen kann. Dadurch entsteht ein steiler osmotischer Gradient zwischen dem Lumen der Malpighi-Gefäße (hohe Osmolarität) und dem eng benachbarten Lumen des Enddarms (geringe Osmolarität), der die Reabsorption von Wasser aus dem Enddarm in die distalen Malpighi-Gefäße antreibt.

3. Ein dritter Mechanismus findet sich bei einigen Insektenarten, die in einer relativ salzreichen aquatischen Umgebung leben. Sie sezernieren aktiv Ionen in das Lumen des Enddarms und gleichen so die kontinuierliche Diffusion von Ionen in ihre Körperflüssigkeiten aus.

8.4.3 Zusammenfassung

Die Exkretionsorgane der Insekten sind die Malpighi-Gefäße, blind endende tubuläre Strukturen, die in den Enddarm münden. Die Produktion des Primärharns basiert auf der Sekretion von KCl aus der Hämolymphe in die Tubuli der Malpighi-Gefäße. Der Mechanismus der KCl-Sekretion umfasst mehrere primär- und sekundär-aktive Transportsysteme, kostet also immer metabolische Energie in Form von ATP. Wasser und Cl^--Ionen folgen einem osmotischen bzw.

■ **Abb. 8.20** Mechanismen der Urinkonzentrierung im Enddarm von Insekten. **a** Bei Insekten mit rektalen Papillen sezernieren die auskleidenden Epithelzellen osmotisch wirksame Teilchen in Interzellularspalten und erzeugen so eine hohe lokale Osmolarität zwischen Enddarm und Interstitium. Infolgedessen diffundiert Wasser aus dem Lumen des Rektums in die Interzellularspalten. Die gelösten Teilchen werden aus den Infundibularkanälchen, die von der Basallamina benachbarter Epithelien gebildet werden, wieder in die Epithelzellen aufgenommen. Eine Lösung mit geringerer Osmolarität verlässt die Infundibularkanälchen, sodass der Flüssigkeit im Enddarm effektiv Wasser entzogen wird. **b** Insekten mit einem cryptonephridialen Komplex konzentrieren ihren Urin, indem sie aktiv Na^+ und K^+ in die distalen, blind endenden Regionen ihrer Malpighi-Gefäße sezernieren und dort eine hohe Osmolarität erzeugen. Wasser diffundiert aus dem Enddarm in die Malpighi-Gefäße; eine Diffusion aus der Hämolymphe ist wegen der wasserundurchlässigen Perinephridialmembran nicht möglich. *Rote Pfeile*, aktiver Transport von Ionen; *blaue Pfeile*, osmotischer Nachstrom von Wasser

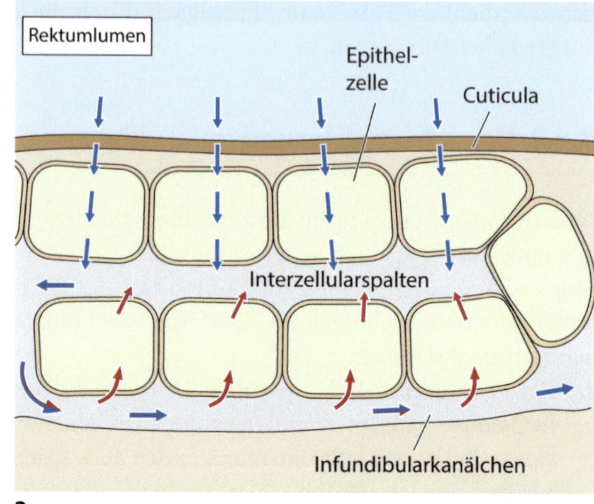

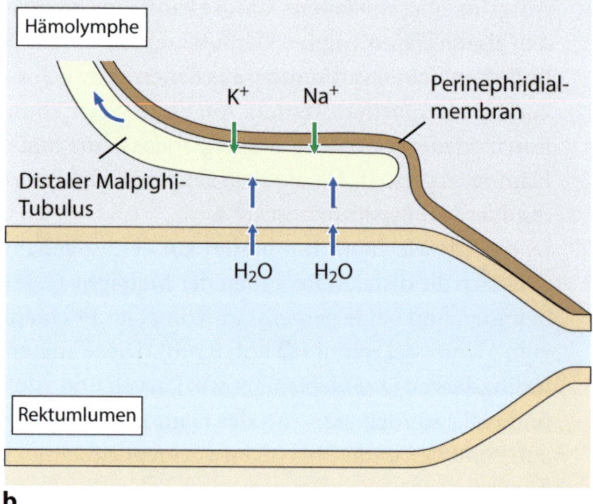

elektrischen Gradienten, der ihre Diffusion durch Aquaporine oder auf parazellulärem Weg aus dem Interstitium in die Tubuli antreibt.

Während der Passage durch die Tubuli wird der Primärharn modifiziert, indem Substanzen selektiv reabsorbiert oder sezerniert werden. Der Primärharn, der den Enddarm erreicht, ist isoosmotisch zur Hämolymphe.

Im Enddarm findet die endgültige Anpassung des Primärharns hinsichtlich Volumen, Zusammensetzung und Osmolarität statt. Insekten können einen hyperosmotischen Urin produzieren, indem sie mehr Wasser als gelöste Substanzen reabsorbieren und auf diese Weise die Osmolarität des Endharns im Rektum erhöhen. Dieser Prozess findet entweder mittels lokaler Osmose in den Rektalpapillen zahlreicher Insektenarten oder aber im cryptonephridialen Komplex statt. Insekten, die in einer salzreichen wässrigen Umgebung leben, sezernieren aktiv Ionen in den Enddarm.

Literatur

1. Beuchat CA (1990) Body size, medullary thickness, and urine concentrating ability in mammals. Am J Physiol 258:R298–R308
2. Beuchat CA (1996) Structure and concentrating ability of the mammalian kidney: correlations with habitat. Am J Physiol 271:R157–R179
3. Beyenbach KW (2001) Energizing epithelial transport with the vacuolar H^+-ATPase. News Physiol Sci 16:145 – 151
4. Beyenbach KW, Skaer H, Dow JAT (2010) The developmental, molecular, and transport biology of Malpighian tubules. Annu Rev Entomol 55:351–374
5. Boron WT, Boulpaep EL (2012) Medical Physiology. 2. Aufl, Elsevier, Philadelphia
6. Eaton DC, Pooler JP (2013) Vander's Renal Physiology. 8. Aufl, McGraw Hill Education, New York
7. Goodrich ES (1945) The study of nephridia and genital ducts sind 1895. Quart J Microscop Sci 86:113–317
8. Hill RH, Wyse GA, Anderson M (2016) Animal Physiology. 4. Aufl, Sinauer, Sunderland
9. Mommsen TP, Walsh PJ (1989) Evolution of urea synthesis in vertebrates: the piscine connection. Science 243:72–75
10. Pitts RF (1974) Physiology of the Kidney and Body Fluids. 3. Aufl, Year Book Medical, Chicago
11. Rossier BC, Baker ME, Studer RA (2015) Epithelial sodium transport and its control by aldosterone: the story of our internal environment revisited. Physiol Rev 95:297–340
12. Rupert EE (1994) Evolutionary origin of the vertebrate nephrons. Am Zool 34:542–553
13. Ruppert EE, Smith PR (1988) The functional organization of filtration nephridia. Biol Rev 63:231–258
14. Schmidt-Nielsen K (1972) How Animals Work. Cambridge University Press, Cambridge
15. Wright PA (1995) Nitrogen excretion: three end products, many physiological roles. J Exp Biol 198:273–281

Informationsverarbeitung und Bewegung

Die Regulation körpereigener Prozesse und Stellgrößen macht ein bestimmtes Maß an Informationsverarbeitung erforderlich, das von der Komplexität des Organismus abhängt. Molekulare Sensoren erfassen kontinuierlich die aktuellen Werte lebenswichtiger Parameter und geben diese Informationen über definierte Regelkreise an integrative Zentren eines Nervensystems weiter. Dort werden Signale erzeugt, die Prozesse innerhalb des Organismus und/oder Verhaltensänderungen auslösen, die eine Konstanz dieser Parameter innerhalb enger Grenzen dauerhaft gewährleisten.

Aber auch die Interaktion mit der Außenwelt erfordert informationsverarbeitende Fähigkeiten. Wie in Teil IV beschrieben, werden physikalische, chemische und mechanische Signale von peripheren Sensoren registriert und in elektrische Signale umgewandelt. Erst die Interpretation dieser Signale durch ein Gehirn ermöglicht eine kohärente Wahrnehmung der Außenwelt und eröffnet Handlungsspielräume beim Aufsuchen von Nahrungsressourcen, bei der innerartlichen Kommunikation sowie bei der Vermeidung von Gefahren.

Strukturelle und funktionelle Grundlage für alle informationsverarbeitenden Prozesse sind Nervenzellen, die durch komplexe Verbindungen untereinander Netzwerke mit hoher Rechenleistung bilden. Nerven- und Muskelzellen können durch die Veränderung ihres Membranpotenzials elektrische Signale erzeugen, die entweder an andere Zellen weitergeben werden oder aber eine Reaktion der Zelle selbst – beispielsweise in Form einer Muskelkontraktion – verursachen.

Elektrische Signale sind Veränderungen des Membranpotenzials, die durch den Fluss von Ionen über die Zellmembran verursacht werden. Hierfür sind Ionenkanäle erforderlich, die als Transmembranproteine die Diffusion geladener Teilchen durch die Plasmamembran ermöglichen.

Die Weitergabe elektrischer Signale von einer Nervenzelle zur nächsten erfolgt an Synapsen, bei denen es sich nicht um statische, fest verdrahtete Strukturen handelt, sondern um hochgradig dynamische Systeme. Diese synaptische Plastizität ermöglicht die Speicherung von Erfahrungen in Form neuronaler Aktivitätsmuster als eine zentrale Grundlage für Lernen und Gedächtnis.

Wir werden uns in diesem Teil zunächst mit dem Aufbau von Nervenzellen und Ionenkanälen beschäftigen, bevor spannungsabhängige Prozesse thematisiert werden. Grundlegende Vorgänge an chemischen Synapsen am Beispiel der neuromuskulären Endplatte und die wichtigsten Konzepte der Bewegung werden anschließend besprochen.

Neurone und Ionenkanäle

Andreas Feigenspan

© Springer-Verlag GmbH Deutschland 2017
A. Feigenspan, *Prinzipien der Physiologie*, https://doi.org/10.1007/978-3-662-54117-3_9

> **Schlüsselkonzepte**
> 1. Ein Neuron ist die grundlegende anatomische, physiologische, genetische und metabolische Einheit des Nervensystems.
> 2. Gliazellen regulieren als Astrozyten die Homöostase im Nervensystem, bilden als Oligodendrozyten oder Schwann-Zellen Myelin und spielen als Mikroglia eine wichtige Rolle im angeborenen und erworbenen Immunsystem.
> 3. Ionenkanäle sind Transmembranproteine, die den Fluss von Na^+, K^+, Ca^{2+} und Cl^- über die hydrophobe Zellmembran ermöglichen.
> 4. Der Selektivitätsfilter der Ionenkanäle basiert energetisch und strukturell auf dem Ersatz der Hydrathülle durch ein polares, hochkonserviertes Peptidsegment.
> 5. Ionenkanäle werden in einem als Gating bezeichneten Prozess durch chemische, mechanische und elektrische Signale reguliert.

» In the beginning was the squid giant axon.
Francisco Bezanilla

9.1 Nervensysteme und Neurone

Fast alle vielzelligen Organismen besitzen ein **Nervensystem**, das aus zahlreichen miteinander verbundenen Nervenzellen oder **Neuronen** besteht. Ein Nervensystem ermöglicht es einem Tier, Signale der Außenwelt wahrzunehmen und darauf zu reagieren, es koordiniert Bewegungen einzelner Muskeln und Muskelgruppen und es kontrolliert interne Körperfunktionen. Im Gegensatz zum endokrinen System, das auf der Freisetzung von Hormonen in den Blutkreislauf und damit auf einer eher langsamen, den ganzen Körper erfassenden Wirkungsweise basiert, wird die neuronale Kommunikation in der Regel zeitlich und räumlich außerordentlich präzise gesteuert.

Neurone sind die zentralen Einheiten der Signalverarbeitung. Aufgrund dieser elementaren Funktion unterscheiden sie sich in zwei wichtigen Punkten von anderen Zellen des Körpers:

1. Neurone zeigen eine **funktionelle und morphologische Asymmetrie**. In einem Bereich der Nervenzelle werden Signale aufgenommen, während ihre Weiterleitung von einer anderen Region ausgeführt wird. Diese Asymmetrie begründet die unidirektionale Signalausbreitung von einem Neuron zum nächsten.
2. Die **elektrische und chemische Erregbarkeit** von Neuronen ist eine zentrale Voraussetzung für die Informationsverarbeitung in Nervensystemen. Spezifische Membranproteine – Ionenkanäle und Rezeptoren – ermöglichen Änderungen des Membranpotenzials, die ihrerseits als biologische Signale Informationen codieren.

Wir werden uns in diesem Kapitel zunächst mit dem Aufbau von Nervenzellen beschäftigen und anschließend die Struktur und Funktion von Ionenkanälen näher betrachten.

9.1.1 Grundlegende Funktionen des Nervensystems

Nervensysteme sind hochgeordnete Ansammlungen von Zellen, die unaufhörlich Informationen empfangen, verarbeiten, analysieren und so einem Organismus erst die Möglichkeit eröffnen, sinnvolle und verhaltensrelevante Entscheidungen zu treffen. Visuelle, auditorische und andere sensorische Signale gelangen über spezifische Kanäle in das Gehirn und liefern wichtige Informationen über die Außenwelt. Gleichzeitig registrieren körpereigene Sensoren grundlegende physiologische Parameter der Innenwelt, die durch vom Gehirn gesteuerte negative Rückkopplungsschleifen in engen Grenzen konstant gehalten werden und somit für die im zweiten Teil beschriebenen homöostatischen Prozesse von entscheidender Bedeutung sind. Während sensorische Informationen aus der Außenwelt zumindest beim Menschen häufig ins Bewusstsein gelangen, erfolgt die Regulation des inneren Milieus in der Regel unbewusst.

Unter **Verhalten** werden äußerlich sicht- und messbare Reaktionen eines Organismus auf Änderungen in der Außen- und Innenwelt verstanden. Verhaltensäußerungen in Form motorischer und emotionaler Reaktionen sind augenfällige Manifestationen solcher Veränderungen. Das **motorische System**, das eine Vielzahl unterschiedlicher Hirnregionen umfasst, steuert die Skelettmuskulatur und ermöglicht präzise abgestufte, willkürliche Bewegungen. Auch emotionalen Verhaltensäußerungen liegt die Aktivierung unterschiedlicher Areale des Gehirns zugrunde. Schließlich reguliert das **vegetative Nervensystem** die Funktion der inneren Organe und trägt damit wesentlich zu einer situationsbedingten Flexibilität des physiologischen Zustands eines Organismus bei.

Ausgelöst durch faszinierende medizinische Fallbeispiele hat die neurowissenschaftliche Forschung die Bedeutung des Zentralnervensystems für Lern- und Gedächtnisprozesse eindeutig nachgewiesen und zahlreiche molekulare Mechanismen entschlüsselt, die Lernen und Gedächtnis zugrunde liegen.

Darüber hinaus werden beim Menschen kognitive Prozesse, die sowohl für unsere tägliche Erfahrung der Außenwelt als auch für das Erleben einer Ichperspektive von zentraler Bedeutung sind, vom Gehirn gesteuert: Motivation, Aufmerksamkeit, Sprache und Bewusstsein. All diesen komplexen Fähigkeiten liegt ein Gehirn mit rund 100 Mrd. (10×10^{11}) Nervenzellen und den synaptischen Verschaltungen zwischen ihnen zugrunde. Im Durchschnitt bildet jedes Neuron etwa 1000 Kontakte zu anderen Nervenzellen aus, sodass die Gesamtzahl an Synapsen im menschlichen Gehirn auf annähernd 10×10^{14} geschätzt wird.

Zahlreiche Erkrankungen des Nervensystems betreffen diese zentralen Funktionen und haben unmittelbare Auswirkungen auf das Leben und die Persönlichkeit der betroffenen Menschen. **Morbus Alzheimer** ist eine unheilbare degenerative Erkrankung des Großhirns, gekennzeichnet durch fortschreitende Demenz und einen Zerfall der Persönlichkeitsstruktur. Verschiedene Komponenten des motorischen Systems sind bei **Morbus Parkinson** und **multipler Sklerose** betroffen. Eine durch einen **Hirninfarkt** (Schlaganfall) verursachte Unterversorgung des Gehirns mit Sauerstoff hat – abhängig von der Lokalisation und Größe der Schädigung – meist weitreichende Konsequenzen für die Patienten. Auch wenn zahlreiche Funktionen aufgrund der Plastizität des Gehirns von anderen Arealen übernommen werden können, bleiben häufig irreversible Schäden zurück, die zu einer dauerhaften Beeinträchtigung führen.

Trotz weitreichender Erkenntnisse im Verständnis komplexer neuronaler Prozesse kann die Frage, wie das Gehirn eine Ichperspektive und damit Bewusstsein erzeugt, bisher nicht zufriedenstellend beantwortet werden. Der Nachweis der Kontinuität von Gehirn und Geist stellt vermutlich eine der größten Herausforderungen für die modernen Neurowissenschaften dar.

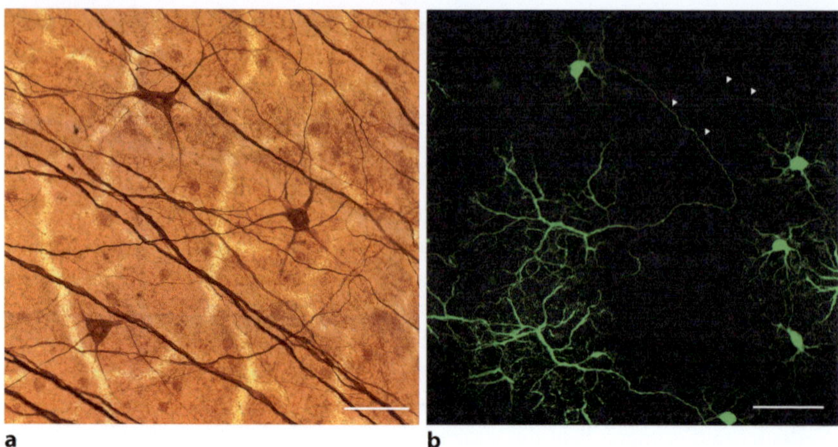

◻ Abb. 9.1   Anfärbung von Neuronen mit verschiedenen histologischen Methoden. **a** Golgi-Färbung einer Retina der Katze. In diesem Ausschnitt sind drei Ganglienzellen deutlich erkennbar, während alle anderen Ganglienzellen in diesem Bildausschnitt den Farbstoff nicht aufgenommen haben. Bei den quer verlaufenden Strukturen handelt es sich um die gebündelten Axone von Ganglienzellen, die außerhalb des Gesichtsfeldes liegen. (Das Retinapräparat stammt von Dr. Leo Peichl, Frankfurt/Main.) **b** Horizontalzellen einer transgenen Mausretina, bei der eGFP unter der Kontrolle des zelltypspezifischen GAD67-Promoters exprimiert wird. Es sind einzelne Somata von Horizontalzellen zu erkennen sowie ein langes Axon (*Pfeilspitzen*), das ein weitverzweigtes Axonterminalsystem ausbildet. Skalierungsbalken: (a) 100 μm, (b) 25 μm

9.1.2 Die Neuronendoktrin

Die von Jakob Schleiden und Theodor Schwann 1839 veröffentlichte **Zelltheorie** besagt, dass (1) alle Organismen aus Zellen bestehen und dass (2) eine Zelle die grundlegende strukturelle Einheit alles Lebendigen ist. Obwohl die Zelltheorie bald zu einem zentralen Dogma der Biologie wurde, hielten einige Anatomen der damaligen Zeit das Gehirn für eine Ausnahme. Die außerordentlich komplexe Morphologie der Nervenzellen mit ihren zahlreichen Verzweigungen begründete die Auffassung eines kontinuierlichen Netzwerks, in dem Zellen ohne erkennbare Grenzen ineinander übergehen. Die zu jener Zeit verfügbaren Mikroskope und Färbetechniken waren nicht geeignet, die Struktur von Nervengewebe mit hinreichender Genauigkeit aufzuklären, um eine eindeutige Unterscheidung zwischen individuellen Zellen und einem vielfach miteinander verflochtenen Netzwerk zu treffen.

Erst die Entdeckung der „schwarzen Reaktion" im Jahr 1873 durch Camillo Golgi, einem der prominentesten Verfechter der Netzwerkhypothese, brachte einen entscheidenden methodischen Durchbruch mit sich. Golgi behandelte fixiertes Hirngewebe mit Silbernitrat, wodurch sich ein schwarzes Präzipitat in nur 1 bis 5 % der Nerven- und Gliazellen bildete. So blieb die große Mehrzahl der Zellen unsichtbar und die wenigen gefärbten Zellen traten in bisher unerreichter Klarheit auf einem transparenten Hintergrund hervor (◻ Abb. 9.1a). Diese Färbemethode wird nach ihrem Entdecker als **Golgi-Färbung** bezeichnet.

Santiago Ramón y Cajal erkannte die Möglichkeiten dieser neuen Färbetechnik und wandte sie umgehend in seinen anatomischen Studien von neuronalem Gewebe an. In zahlreichen grundlegenden Arbeiten gelangte Cajal zu der Auffassung, dass Nervenzellen anatomisch diskrete Strukturen sind – individuelle Zellen, die sich zwar auf sehr komplexe Weise verzweigen, aber nicht ineinander übergehen. Damit unterstützte Cajal die zuvor von Heinrich Wilhelm

Waldeyer formulierte **Neuronendoktrin**. Demnach stellt das Nervengewebe keine Ausnahme von der Zelltheorie dar, sondern es besteht wie alle anderen Gewebe auch aus einzelnen, abgrenzbaren Zellen. Für die Informationsverarbeitung werden neuronale Signale über spezifische Kontaktstellen – die sogenannten **Synapsen** – von einer Nervenzelle auf die nächste weitergegeben. *Ein Neuron ist daher die grundlegende anatomische, physiologische, genetische und metabolische Einheit des Nervensystems.*

Golgi vertrat jedoch weiterhin vehement die Netzwerkhypothese, die erst mit der Einführung der Elektronenmikroskopie in die Biologie in den Fünfzigerjahren des letzten Jahrhunderts endgültig falsifiziert wurde. Allerdings existieren in Form der elektrischen Synapsen (Gap Junctions) kontinuierliche cytoplasmatische Verbindungen zwischen Neuronen. Diese sind jedoch in den meisten Fällen regulierbar, d. h., sie können geöffnet oder geschlossen werden, und selbst die interzelluläre Kontinuität ändert nichts an der Tatsache, dass Neurone individuelle Zellen sind.

Auch wenn die Golgi-Färbung in der Histologie noch immer Verwendung findet, werden heutzutage Färbetechniken bevorzugt, die auf einer genetischen Modifikation von Modellorganismen beruhen. Promotoren, die nur in einem bestimmten Zelltyp aktiviert werden, steuern die Expression fluoreszenter Proteinmoleküle (z. B. *Enhanced Green Fluorescent Protein*, EGFP) in homogenen neuronalen Populationen. Auf diese Weise können alle Zellen desselben Typs bis ins kleinste morphologische Detail sichtbar gemacht werden (❍ Abb. 9.1b). Im Gegensatz zur Golgi-Methode ist die Expression genetisch codierter Farbstoffe also zelltypspezifisch steuerbar und kann vor allem im lebenden Organismus für physiologische Studien angewandt werden. Die Kombination von Multiphotonenmikroskopie und funktionellen Farbstoffen (Indikatoren für Ca^{2+}, Spannung, pH-Wert) ermöglicht daher eine umfassende Analyse von Struktur und Funktion definierter neuronaler Zellpopulationen im intakten Gewebe.

9.1.3 Struktur von Neuronen

Nervenzellen besitzen typischerweise vier morphologisch und funktionell unterschiedliche Regionen (❍ Abb. 9.2):
1. einen Zellkörper (**Soma**) mit Zellkern und Organellen als genetisches und metabolisches Zentrum,
2. mehrere **Dendriten** als signalaufnehmende Strukturen,
3. meist ein einziges **Axon**, das den Zellkörper am Axonhügel verlässt und Signale über größere Entfernungen (0,1 mm bis 2 m) weiterleitet,
4. ein **Axonterminalsystem**, das durch die Ausschüttung von Neurotransmittern elektrische Signale in chemische Signale umwandelt und so auf nachgeschaltete Zellen überträgt.

Jeder dieser Abschnitte besitzt seine eigene wichtige Rolle bei der Erzeugung und Weiterleitung von Signalen. Dendriten und somatische Membran stellen die Eingangs- oder Inputregionen eines Neurons dar, Soma und Axonhügel die Integrationsregion, das Axon selbst entspricht einer Leitungszone und das Axonterminalsystem ist die Ausgangs- oder Outputregion des Neurons.

Soma Das Soma einer Nervenzelle besitzt einen mittleren Durchmesser von etwa 20 μm, kann aber bei einigen Neuronen, wie beispielsweise den Betz-Zellen, bis zu 100 μm groß sein.[1] Der

---

[1] Betz-Zellen sind außerordentlich große Pyramidenzellen in Schicht V des primären motorischen Cortex.

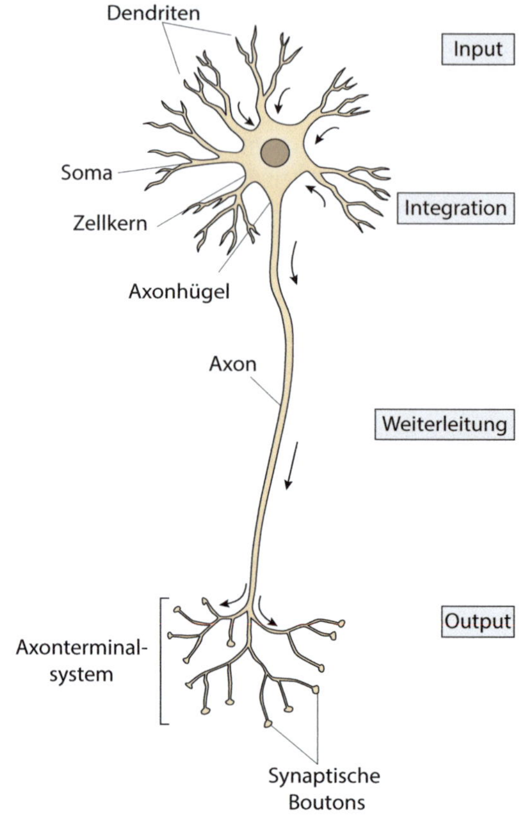

◘ Abb. 9.2 Allgemeiner Aufbau einer Nervenzelle. Die Information wird von den Dendriten aufgenommen, in Soma und Axonhügel verarbeitet und über das Axon weitergeleitet. Das Axonterminalsystem zeigt einige präsynaptische Endstrukturen (Boutons). Die *Pfeile* geben die Ausbreitungsrichtung des elektrischen Signals an

Zellkörper enthält das Cytosol sowie alle Organellen, die sich auch in allen anderen Körperzellen finden: Zellkern (Nucleus), raues und glattes endoplasmatisches Retikulum (ER), Golgi-Apparat, Mitochondrien und Lysosomen. *Der entscheidende Unterschied zwischen einem Neuron und einer Zelle aus anderen Geweben des Körpers besteht in der Expression neuronenspezifischer Gene.* Alle neuronalen Funktionen basieren auf diesen spezifischen Genen und den von ihnen codierten Proteinen. Genetisch veränderte Tiere, in denen ein oder mehrere neuronale Gene ausgeschaltet („Knock-out") oder überexprimiert werden, liefern grundlegende Einsichten über die Funktion(en) des Genprodukts für die Signalverarbeitung oder bei Erkrankungen des Nervensystems.

Neurone besitzen einen relativ hohen Anteil an rauem endoplasmatischen Retikulum. Die Ribosomen dieses Organells synthetisieren membrangebundene und sekretorische Proteine und insbesondere diese beiden Arten von Proteinen verleihen Neuronen ihre einzigartige Fähigkeit zur Informationsverarbeitung. Die zahlreich vorhandenen Mitochondrien deuten auf eine hohe aerobe Stoffwechselrate hin, die mittels ATP den Energiebedarf neuronaler Prozesse deckt (▶ Abschn. 2.3.4).

Dendriten Cajal hat in seinem **Prinzip der dynamischen Polarisation** postuliert, dass der elektrische Signalfluss innerhalb eines Neurons in einer Richtung erfolgt – von den Dendriten zum Axonhügel des Zellkörpers, wo Aktionspotenziale erzeugt und über das Axon zum Axonterminalsystem weitergeleitet werden. Dendriten nehmen die Signale von präsynaptischen

Neuronen auf, eine „Antennenfunktion", die durch zahlreiche Verzweigungen und die daraus resultierende große Oberfläche wesentlich unterstützt wird. So weisen α-Motorneurone des Rückenmarks durchschnittlich über 10.000 synaptische Kontakte auf ihren Dendriten auf, während Purkinje-Zellen im Cerebellum mehr als 250.000 Synapsen ausbilden können. Das Verzweigungsmuster der Dendriten ist Grundlage für die morphologische Einteilung von Neuronen in unipolare, bipolare und multipolare Zelltypen (▶ Abschn. 9.1.4).

Im Gegensatz zu Axonen, die über ihre gesamte Länge einen konstanten Durchmesser aufweisen, werden Dendriten bei jeder Verzweigungsstufe schmaler. Raues endoplasmatisches Retikulum und Polysomen kommen vor allem im basalen Teil der Dendriten in der Nähe des Zellkörpers vor, wo für die Struktur und Funktion der Dendriten wichtige Proteine synthetisiert werden. Bei zahlreichen neuronalen Zelltypen ist die Oberfläche der Dendriten mit kleinen Ausstülpungen, sogenannten **Dornfortsätzen (Spines)** übersät. Hierbei handelt es sich um postsynaptische Spezialisierungen erregender glutamaterger Synapsen, die aufgrund ihrer speziellen Morphologie eng umgrenzte **Mikrokompartimente** bilden.[2]

Dendriten werden erst relativ spät in der Entwicklung des Nervensystems gebildet und sie besitzen zu Beginn nur wenige Verzweigungen und Dornfortsätze. Mit zunehmender Ausreifung erhöht sich die Komplexität des dendritischen Verzweigungsmusters und die Zahl der Dornfortsätze nimmt stark zu. In einer Studie wurden bei geistig behinderten Kindern sehr viel weniger dendritische Dornfortsätze festgestellt als bei gesunden Kindern und die vorhandenen Dornfortsätze waren außergewöhnlich lang und dünn. Ihre Morphologie entsprach eher den Dornfortsätzen bei einem normalen menschlichen Fetus. Zudem korrelierte der Schweregrad der Behinderung weitgehend mit dem Ausmaß der Veränderungen an den Dornfortsätzen. Offensichtlich hat bei diesen Formen geistiger Behinderung die normale Entwicklung von Synapsen und funktionellen Schaltkreisen im Gehirn, die von Prozessen im Kleinkindalter und in der frühen Kindheit abhängt, nicht in hinreichendem Maße stattgefunden [11].

Aber auch im erwachsenen Gehirn spielen dynamische Veränderungen der Zahl und Lage von Dornfortsätzen und damit eine aktivitätsabhängige Neuordnung von Synapsen eine entscheidende Rolle für die **Plastizität** des Nervensystems. *Unter neuronaler Plastizität verstehen wir die anatomische und funktionelle Veränderbarkeit der Verknüpfungen zwischen Nervenzellen.* Die Verringerung von Dendriten und Dornfortsätzen im Präfrontalcortex bei Schizophrenie deutet auf einen Verlust von erregenden Synapsen hin, der möglicherweise für einige Symptome der Krankheit verantwortlich sein könnte. Weiterhin konnten auch nach Lernvorgängen strukturelle Veränderungen von Dornfortsätzen nachgewiesen werden. Diese Neu- und Umstrukturierung synaptischer Verbindungen ist nicht auf frühe Entwicklungsstadien beschränkt, sondern findet während der gesamten Lebensdauer eines Individuums statt und stellt einen grundlegenden Mechanismus für Lern- und Gedächtnisprozesse, aber auch für neurodegenerative Veränderungen dar.

Um die chemischen Signale präsynaptischer Neuronen empfangen zu können, exprimieren Dendriten **Neurotransmitterrezeptoren**. Diese Transmembranproteine sind vor allem im Bereich der Synapsen lokalisiert – eine wichtige Voraussetzung für möglichst kurze Diffusionsstrecken und somit eine schnelle Reaktion der postsynaptischen Zelle. Allerdings existieren auch sogenannte **extrasynaptische Rezeptoren**, die sich außerhalb der Synapsen befinden und als Sensoren für die kontinuierliche Messung der Neurotransmitterkonzentration in der extrazellulären Flüssigkeit fungieren.

---

[2] Mikrokompartimente sind sehr kleine Räume innerhalb einer Zelle, die sich durch eine spezifische Ausstattung mit Proteinen und/oder Membranlipiden auszeichnen. Aufgrund ihres geringen Volumens ändert bereits die Diffusion weniger Ionen die Elektrolytzusammensetzung dieser lokalen Regionen.

Axon Das Axon dient der Informationsübertragung im Nervensystem über größere Entfernungen. Für diese Aufgabe ist eine spezialisierte Struktur notwendig, da die rein passive Weiterleitung elektrischer Signale bereits nach einer kurzen Strecke zum Erliegen kommt (▶ Abschn. 10.5).

Das Axon beginnt bei den meisten Neuronen am sogenannten **Axonhügel**, der durch eine hohe Dichte spannungsabhängiger Na^+-Kanäle gekennzeichnet ist. Die hohe Ionenkanaldichte und ein niedriger Schwellenwert begünstigen die Entstehung von Aktionspotenzialen, die entlang des Axons bis zur präsynaptischen Endigung weitergeleitet werden. Im Unterschied zum Soma enthält das Axon weder raues endoplasmatisches Retikulum noch freie Ribosomen. Daher kann im Axon keine Proteinbiosynthese stattfinden und alle Proteine des Axons, der axonalen Membran und des Terminalsystems stammen aus dem Soma und müssen an ihre Zielorte transportiert werden. Aufgrund der Länge des Axons dauert eine rein passive Diffusion viel zu lange, sodass aktive Transportprozesse zum Einsatz kommen, die allerdings Stoffwechselenergie erfordern. Wir unterscheiden zwei Transportmechanismen:

1. Der **schnelle axonale Transport** befördert mit etwa 400 mm pro Tag membranumschlossene Organellen zum Terminalsystem (**anterograd**) und in umgekehrter Richtung zurück zum Soma (**retrograd**). Er basiert auf **Mikrotubuli**, die parallel entlang des Axons angeordnet sind und molekularen Motoren als Leitstrukturen dienen. Das Motorprotein **Kinesin** vermittelt den anterograden Transport, während ein Protein aus der Familie der **Dyneine** (*Microtubuli Associated Protein*, MAP-1C) für den retrograden Transport verantwortlich ist. Beide Motorproteine sind ATPasen, die metabolische Energie in Form von ATP für den gerichteten Transport von Partikeln einsetzen. Anterograd werden vor allem Vorläufer synaptischer Vesikel, Mitochondrien sowie Proteine und Lipide transportiert. Auf retrogradem Weg befinden sich zum lysosomalen Abbau bestimmte Proteine oder Proteinaggregate, aber auch Signalmoleküle, die Informationen über Prozesse im Terminalsystem an den Zellkern vermitteln und entsprechend die Genexpression regulieren.
2. Der **langsame axonale Transport** erfolgt ausschließlich in anterograder Richtung und besteht aus zwei Komponenten mit unterschiedlichen Geschwindigkeiten. Die langsamere Variante (*Slow Component a*, SCa) transportiert Proteine des Cytoskeletts (Mikrotubuli und Neurofilamente) mit 0,1 bis 1 mm pro Tag, während die etwa doppelt so schnelle zweite Komponente (*Slow Component b*, SCb) Clathrin, Actin und actinbindende Proteine sowie zahlreiche Enzyme der Transmittersynthese zum Axonterminalsystem befördert. Der Mechanismus des langsamen axonalen Transports ist noch nicht endgültig aufgeklärt; möglicherweise ergänzen sich mehrere Mechanismen wie Diffusion und ein auf Motorproteinen basierender Transport zu einem einheitlichen Phänomen.

Der axonale Durchmesser liegt bei Säugern zwischen 1 μm und 25 μm, kann aber beim Riesenaxon des Tintenfisches bis zu 1 mm betragen. Die Geschwindigkeit, mit der Axone Signale weiterleiten, wird neben dem Membranwiderstand maßgeblich von ihrem Durchmesser bestimmt (▶ Abschn. 10.5).

Axonterminalsystem Das Axonterminalsytem ist die Kontaktstelle eines Neurons mit anderen Zellen – hier werden Synapsen mit nachgeschalteten Zellen, entweder anderen Neuronen oder Muskel- und Drüsenzellen, ausgebildet. Das Axonterminalsystem ist **präsynaptisch** und wird durch einen **synaptischen Spalt** von der **postsynaptischen** Membran getrennt. Häufig sind Axonterminalsysteme verzweigt und nehmen synaptische Verbindungen mit mehreren nachgeschalteten Zellen auf (**Divergenz**). Auf diese Weise kann das Signal eines Neurons auf verschiedene Zellen verteilt und gegebenenfalls unabhängig voneinander in unterschiedlichen Kanälen weiterverarbeitet werden.

Das Cytoplasma des Axonterminalsystems weist eine Reihe von Besonderheiten auf. (1) Die Mikrotubuli des Axons enden vor der Terminalstruktur. (2) Das Axonterminalsystem enthält synaptische Vesikel, also membranumhüllte Strukturen, die Neurotransmittermoleküle in hoher Konzentration enthalten. (3) Das Vorhandensein zahlreicher Mitochondrien deutet auf einen hohen Energiebedarf synaptischer Prozesse hin. Synapsen und synaptische Vorgänge werden detailliert in ► Kap. 11 besprochen.

9.1.4 Klassifizierung von Neuronen

Das menschliche Gehirn besteht insgesamt aus etwa 100 Mrd. Neuronen, die sich in mindestens 100 unterschiedliche Typen einteilen lassen. Diese Kategorisierung stellt einen Versuch dar, die riesige Zahl von Nervenzellen einem Ordnungsschema zu unterwerfen, in der Hoffnung, dass sich alle Zellen innerhalb einer Kategorie auch weitgehend gleich verhalten. Anstatt die Funktion des Nervensystems über die Beiträge individueller Neurone zu verstehen, wird die Komplexität auf die Anzahl unterschiedlicher Klassen von Nervenzellen reduziert und so besser handhabbar.[3]

Die Klassifizierung von Neuronen kann nach morphologischen, physiologischen oder genetischen Kriterien erfolgen. Allerdings ergeben sich je nach Anwendungskriterium unterschiedliche Teilmengen einer Neuronenpopulation: Ein morphologisch einheitlicher Zelltyp kann durchaus Zellen mit verschiedenen physiologischen Eigenschaften aufweisen, die ihrerseits unterschiedliche genetische Marker exprimieren. Umgekehrt kann eine homogene genetische Population von Neuronen eine Vielzahl physiologischer und morphologischer Zelltypen aufweisen. Da die verschiedenen Möglichkeiten der Klassifizierung offensichtlich zu nicht komplementären Zellklassen führen, ist ein funktionelles Verständnis nur im Rahmen der jeweiligen Kategorisierung möglich.

Wir wollen hier kurz auf das klassische, bereits von Cajal konzipierte Einteilungsschema eingehen, das auf der Anzahl der Dendriten basiert:

- **Unipolare Neurone** besitzen nur einen einzigen Fortsatz, der sich jedoch häufig verzweigt, wobei ein Ast als Axon, der andere als Dendritenbaum fungiert (■ Abb. 9.3a). Dieser neuronale Typ findet sich vor allem in den Nervensystemen von Invertebraten sowie im autonomen Nervensystem der Vertebraten.
- **Bipolare Neurone** weisen zwei Fortsätze auf, die den Zellkörper meist an gegenüberliegenden Stellen verlassen. Ein Fortsatz erfüllt dendritische Funktionen, der andere dient als Axon (■ Abb. 9.3b). Zahlreiche sensorische Neurone, etwa in der Retina oder im olfaktorischen Epithel, zeigen eine bipolare Morphologie.
- Einen Sonderfall bipolarer Zellen stellen die **pseudounipolaren Neurone** dar, bei denen die beiden Fortsätze während der zellulären Entwicklung fusionieren, sich aber kurz nach Verlassen des Somas in zwei Äste aufteilen (■ Abb. 9.3c). Beide Äste haben jedoch axonale Funktionen: Der eine Ast zieht in die Peripherie und nimmt dort Signale auf, die vom anderen Ast zentralwärts weitergeleitet werden, wobei das Soma an der Signalverarbeitung nicht notwendigerweise beteiligt ist. Sensorische Neurone in den Spinalganglien sind ein Beispiel für diesen Zelltyp.

[3] Bei zahlreichen Invertebraten lassen sich individuelle Neurone anhand ihrer Morphologie, Physiologie und Lage im Nervensystem identifizieren und bei allen Organismen dieser Art an derselben Stelle wiederfinden. Aufgrund der Vielzahl von Neuronen und der Komplexität ihrer Nervensysteme ist dieses Konzept bei Säugern nicht anwendbar.

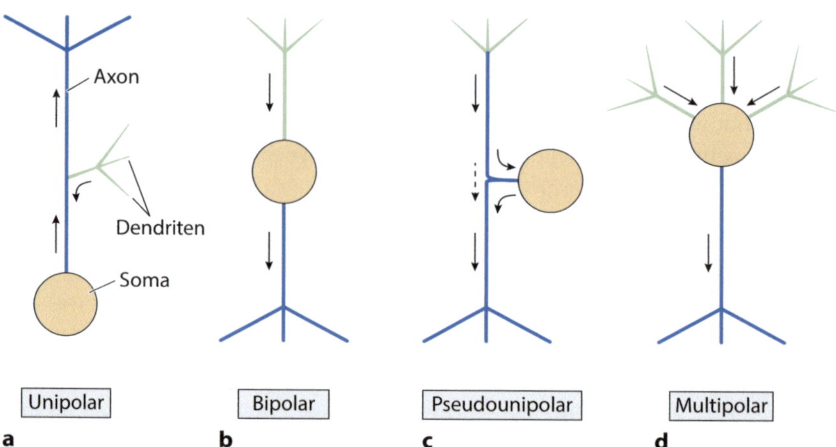

◘ Abb. 9.3   Klassifizierung von Neuronen nach morphologischen Kriterien. **a** Unipolare Zellen besitzen einen einzigen Fortsatz, dessen Verzweigungen axonale (*blau*) und dendritische (*grün*) Funktionen übernehmen. **b** Bipolare Neurone besitzen zwei Fortsätze, die als Axon oder als Dendriten fungieren. **c** Pseudounipolare Zellen stellen einen Sonderfall der bipolaren Morphologie dar, bei dem beide Fortsätze teilweise fusionieren und gemeinsam aus dem Soma austreten. Die dendritische Funktion des einen Fortsatzes beschränkt sich auf die Verzweigungen in der Peripherie; von dort werden die Signale über axonale Strukturen zum Soma und weiter zentralwärts geleitet. Der *gestrichelte Pfeil* deutet eine direkte Signalleitung ohne Beteiligung des Somas an. **d** Multipolare Neurone weisen ein Axon und mehrere dendritische Strukturen auf. Die *Pfeile* bezeichnen die Richtung der Signalleitung in den einzelnen Zelltypen

— **Multipolare Neurone** besitzen in der Regel ein Axon und mehr als zwei dendritische Fortsätze (◘ Abb. 9.3d). Sie stellen den häufigsten morphologischen Typ im Nervensystem der Vertebraten dar und umfassen so unterschiedliche Zelltypen wie Motorneurone im Rückenmark, kortikale Pyramidenzellen sowie Purkinje-Zellen im Kleinhirn.

Eine weitere, häufig verwendete Einteilung basiert auf funktionellen Kriterien (◘ Abb. 9.4). **Sensorische** oder **afferente Neurone**[4] wandeln physikalische oder chemische Reize an den sensorischen Oberflächen des Körpers in elektrische Signale um und leiten sie in Richtung Zentralnervensystem. **Motorische** oder **efferente Neurone** übermitteln Signale in die umgekehrte Richtung – sie steuern die Willkürmuskulatur, die glatte Muskulatur und zahlreiche Drüsenzellen. **Neurosekretorische Zellen**, die ihren Transmitter direkt in den kapillaren Blutstrom freisetzen, kommen in sogenannten **Neurohämalorganen** vor.[5]

Den zahlenmäßig weitaus größten Anteil der Nervenzellen im Gehirn stellen die **Interneurone** dar, die Neurone untereinander verknüpfen. Sie werden weiterhin in **lokale Interneurone** und in **Projektionsneurone** unterteilt. Lokale Interneurone besitzen in der Regel kurze Axone und verknüpfen Neurone in lokalen Schaltkreisen miteinander; hier findet der größte Teil der Informationsverarbeitung im Gehirn statt. Projektionsneurone hingegen haben längere Axone, mit denen Signale in unterschiedliche, räumlich entfernte Areale des Gehirns gesendet wer-

---

[4] Der Begriff „afferent" bezieht sich auf alle Signale, die aus der Peripherie zum Zentrum geleitet werden, während „sensorisch" genau genommen nur diejenigen Signale bezeichnet, die beim Organismus zu einer Wahrnehmung führen. Meist werden beide Begriffe jedoch synonym verwendet.

[5] Bei Säugern werden Vasopressin und Oxytocin von hypothalamischen Neuronen gebildet und an ihren axonalen Endigungen in der Neurohypophyse ins Kreislaufsystem abgegeben.

◘ Abb. 9.4 Einteilung von Neuronen nach funktionellen Kriterien. **a** Pseudounipolare sensorische Neurone leiten Signale aus der Peripherie ins Zentralnervensystem. **b** Motorneurone innervieren Muskelzellen der glatten und quergestreiften Muskulatur. **c** Neurosekretorische Zellen setzen ihren Transmitter ins Gefäßsystem frei. **d** Projektionsneurone übermitteln Signale über größere Entfernungen zwischen Nervenzellen unterschiedlicher Hirnregionen. **e** Lokale Interneurone verknüpfen Nervenzellen in derselben Hirnregion miteinander. Dendriten, Axon und Axonterminalsystem sind bei den einzelnen Zelltypen mit *unterschiedlichen Farben* gekennzeichnet

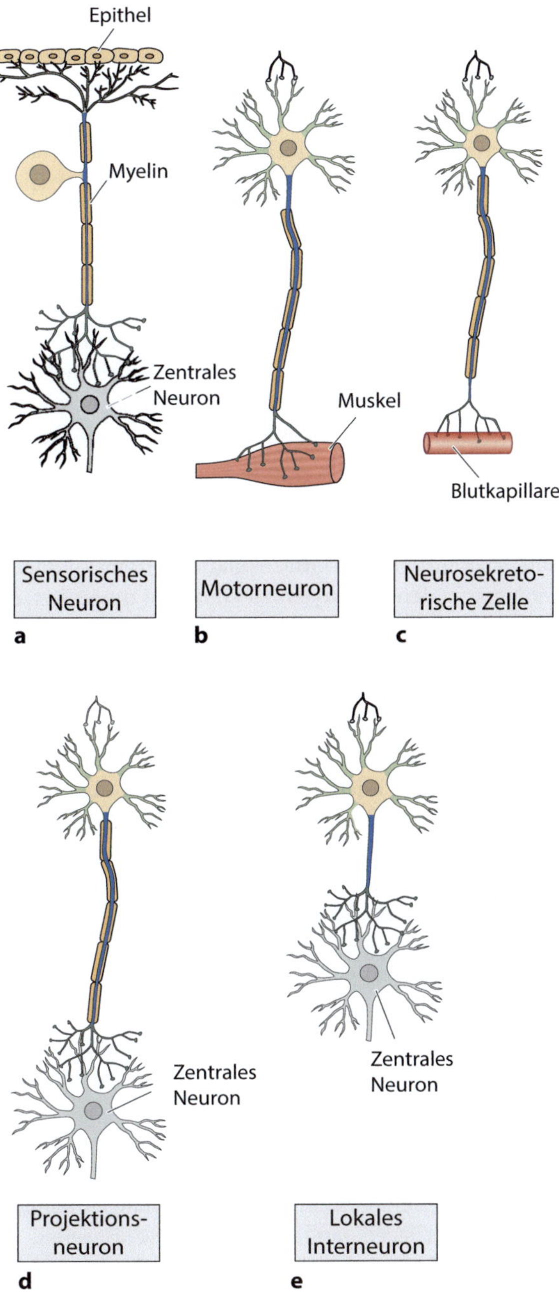

den. So gelangen beispielsweise im Zuge der Verarbeitung von Sinnesinformationen Signale vom Zwischenhirn (Thalamus) in die entsprechenden kortikalen Regionen (primäre sensorische Cortices).

9.1.5 Gliazellen

Gliazellen entstehen zwar aus denselben embryonalen Vorläuferzellen wie Neurone und manche Gliazelltypen zeigen mit zahlreichen Fortsätzen eine relativ komplexe Morphologie – sie besitzen jedoch keine Dendriten und Axone. Nach aktuellem Kenntnisstand sind sie elektrisch nicht erregbar, erzeugen also keine Aktionspotenziale und tragen auch nicht direkt zur elektrischen Signalverarbeitung bei. Gliazellen umgeben Zellkörper, Dendriten und Axone von Neuronen und sind durch die Kontrolle der Konzentrationen von Neurotransmittermolekülen und K^+-Ionen maßgeblich an der Homöostase des Extrazellulärraums beteiligt. Außerdem spielen Interaktionen zwischen Neuronen und Gliazellen möglicherweise eine wichtige Rolle bei der Steuerung der Entwicklung und Funktion von Synapsen.

Astrozyten sind die häufigsten Gliazellen und sie machen insgesamt etwa die Hälfte aller Zellen des Gehirns aus. Die sternförmigen Astrozyten umhüllen Synapsen und nehmen mit ihren hochaffinen, membranständigen Transportern Neurotransmittermoleküle aus dem Extrazellulärraum auf. Diese Wiederaufnahme verhindert die Anhäufung von Transmittern im synaptischen Spalt und damit die Blockade postsynaptischer Rezeptoren für nachfolgende Signale. In vielen Fällen besitzen Astrozyten die für die Wiederverwendung von Neurotransmittern erforderlichen intrazellulären Enzymsysteme. So wird beispielsweise aufgenommenes Glutamat in den Astrozyten zu Glutamin umgesetzt, das zurück in die synaptische Endigung der glutamatergen Neurone transportiert und dort wieder zu Glutamat resynthetisiert wird (Glutamat-Glutamin-Zyklus). Astrozyten registrieren die neuronale Aktivität, da sie Rezeptoren für Neurotransmitter besitzen und ihre Zellmembran durch das in ihrer Nähe freigesetzte K^+ depolarisiert wird.

Gleichzeitig bilden Astrozyten zahlreiche dünne Fortsätze aus, die alle Kapillaren innerhalb des Gehirns umschließen. Auf diese Weise verbinden Astrozyten den perizellulären Raum von Neuronen und Synapsen mit dem Gefäßsystem und ermöglichen so eine effiziente Regulation der extrazellulären K^+-Konzentration. Bei elektrischer Aktivität setzen Neurone verstärkt K^+-Ionen frei; eine Anhäufung von K^+ im Extrazellulärraum muss jedoch unbedingt vermieden werden, da hohe K^+-Konzentrationen die neuronalen Zellmembranen depolarisieren und damit die Signalerzeugung und -weiterleitung blockieren (▶ Abschn. 10.2.1). Astrozyten nehmen K^+ durch selektiv permeable Kanäle in der Nachbarschaft der Neurone auf und geben es an entfernter Stelle wieder ins Blutgefäßsystem ab, wo K^+-Ionen den renalen Regulationsmechanismen unterliegen (▶ Abschn. 8.3.4). Astrozyten fungieren daher als **Kaliumpuffer**, der die extrazelluläre K^+-Konzentration in engen Grenzen konstant hält und so die Funktionalität der Neurone gewährleistet.

Schließlich formen die perivaskulären Fortsätze der Astrozyten eine von drei Schichten der **Blut-Hirn-Schranke**.[6] Diese Struktur verhindert, dass potenziell neurotoxische Substanzen aus dem Gefäßsystem ins Gehirn gelangen können und dient daher dem Schutz des nur eingeschränkt regenerationsfähigen Nervengewebes.

Myelinisierende Gliazellen bilden die Myelinscheide um Axone, spiralig gewundene Schichten von Phospholipiden, die den Membranwiderstand des Axons erhöhen und so die Weiterleitungsgeschwindigkeit elektrischer Signale um ein Vielfaches steigern (▶ Abschn. 10.5.3). Die Myelinschicht besteht aus einzelnen Segmenten, die an den **Ranvier'schen Schnür-**

---

[6] Insgesamt besteht die Blut-Hirn-Schranke (1) aus dem Endothel der Kapillaren mit dichten Tight Junctions, (2) der Basalmembran und (3) den Fortsätzen der Astrozyten. In Bereichen des Gehirns, die eine direkte Kommunikation mit der Blutbahn erfordern (zirkumventrikuläre Organe), fehlt die Blut-Hirn-Schranke. Hierzu gehören neben anderen Regionen das Brechzentrum im Mittelhirn und die Neurohypophyse.

ringen unterbrochen sind – nur an dieser Stelle des Axons werden Aktionspotenziale ausgelöst, die das Signal wieder auf seine ursprüngliche Größe verstärken. Eine myelinisierende Gliazelle umwickelt nicht das gesamte Axon, sondern immer nur ein Segment. Wir unterscheiden **Oligodendrozyten** im Zentralnervensystem und **Schwann-Zellen** im peripheren Nervensystem. Eine Schwann-Zelle versorgt einen Abschnitt eines einzigen Axons, während ein Oligodendrozyt bis zu 30 axonale Segmente mit Myelin versehen kann.

Die Zusammensetzung der Myelinschicht entspricht mit 70 % Lipiden und 30 % Proteinen etwa derjenigen der Plasmamembran der Gliazellen. Die Proteine, insbesondere das basische Myelinprotein (*Myelin Basic Protein*) und das Proteolipidprotein 1 (*Myelin Proteolipid Protein-1*) in Oligodendrozyten, stabilisieren die Myelinstruktur, können jedoch in einer fehlgeleiteten Immunreaktion als Autoantigene demyelinisierende Erkrankungen wie **multiple Sklerose** auslösen. Im peripheren Nervensystem führt eine Autoimmunreaktion gegen zwei Proteine der Schwann-Zellen (P_0 und PMP22) zum demyelinisierenden Krankheitsbild des **Guillain-Barré-Syndroms**. Bei beiden Krankheiten ist die axonale Signalweiterleitung verlangsamt oder ganz unterbrochen.

Im Gegensatz zu den neuroektodermalen Astrozyten, myelinisierenden Gliazellen, aber auch anderen Makrophagen des Zentralnervensystems stammt die **Mikroglia** aus hämatopoietischen Vorläuferzellen des Dottersacks. Mikrogliale Zellen wandern erst während der Embryonalentwicklung ins Nervensystem ein, wo sie als gewebeständige Makrophagen Zellreste oder pathogene Organismen phagozytieren. Aktivierte Mikroglia trägt zur angeborenen Immunantwort bei, indem sie antibakterielle Peptide, Zytokine, Chemokine und reaktive Sauerstoffmoleküle freisetzt. Durch verstärkte Expression von Klasse-II-MHC-Molekülen wird die Mikroglia zu antigenpräsentierenden Zellen, die zudem mittels proinflammatorischer Zytokine die Differenzierung von T-Helferzellen steuern. Dieses Aktivitätsspektrum ist Teil der erworbenen Immunantwort.[7]

Ependymzellen werden ebenfalls zu den Gliazellen gezählt. Sie kleiden in Form einer epithelartigen Zellschicht die inneren Flüssigkeitsräume des Gehirns, die sogenannten Ventrikel, aus und trennen so Cerebrospinalflüssigkeit (**Liquor cerebrospinalis**) und Hirngewebe. Mithilfe ihrer Zilien bewegen sie die Cerebrospinalflüssigkeit durch das Ventrikelsystem.[8]

9.1.6 Zusammenfassung

Nervensysteme erlauben einem mehrzelligen Organismus die Wahrnehmung von Reizen aus der Außen- und Innenwelt sowie die Ausführung präzise gesteuerter und koordinierter Bewegungen. Weiterhin sind Nervensysteme Grundlage für Lernen, Gedächtnis und komplexe kognitive Prozesse wie Motivation, Aufmerksamkeit, Sprache und Bewusstsein.

Gemäß der Neuronendoktrin stellen Nervenzellen oder Neurone die grundlegenden anatomischen, physiologischen, genetischen und metabolischen Einheiten des Nervensystems dar. Als direkte Folgerung aus der Neuronendoktrin wurde von Sherrington die Existenz spezifischer Regionen postuliert, an denen Signale von einer Nervenzelle auf die nächste übertragen

---

[7] Das bei allen Tieren vorhandene angeborene Immunsystem basiert auf unspezifischen Abwehrmechanismen, die unabhängig vom jeweiligen Krankheitserreger weitgehend gleich ablaufen. Die adaptive oder erworbene Immunität, die es nur bei Wirbeltieren gibt, verläuft langsamer und ermöglicht eine spezifische Reaktion auf ein bestimmtes Pathogen. Sie ist Grundlage für die Ausbildung eines immunologischen Gedächtnisses.

[8] Das Ventrikelsystem besteht beim Menschen aus vier Ventrikeln und einem äußeren Liquorraum, der als Flüssigkeitskissen das stoßempfindliche Gehirn gegen den Schädelknochen abschirmt. Der Liquor selbst dient der Konstanthaltung des extrazellulären Milieus und der Entfernung möglicherweise schädlicher Metabolite.

werden. Diese als Synapsen bezeichneten Kontaktstellen bestehen aus einer präsynaptischen und einer postsynaptischen Struktur, die ein 20 bis 50 nm breiter synaptischer Spalt voneinander trennt.

Wie andere Körperzellen auch besitzen Neurone ein Soma mit Zellkern und Mitochondrien, glattem und rauem endoplasmatischen Retikulum, Golgi-Apparat sowie Endosomen. Im Cytoplasma der Neurone finden alle Reaktionen des zellulären Stoffwechsels statt. Neurone unterscheiden sich von nichtneuronalen Zellen aufgrund ihrer verzweigten Morphologie, bei der Dendriten Signale aufnehmen und in Form von Spannungsänderungen zum Soma weiterleiten. Hier werden alle eintreffenden Signale integriert und meist in eine Sequenz von Aktionspotenzialen umgewandelt, die ihrerseits im Axonterminalsystem die Freisetzung von Neurotransmittermolekülen auslösen. Dieser bei allen Neuronen vorkommende gerichtete Signalfluss von den Dendriten über Zellkörper und Axon bis zur Synapse wurde von Cajal als Prinzip der dynamischen Polarisation bezeichnet.

Zahlreiche Verzweigungen und eine insgesamt große Oberfläche kennzeichnen Dendriten als signalaufnehmende Strukturen. Bei den Dornfortsätzen handelt es sich um postsynaptische Spezialisierungen erregender glutamaterger Synapsen, deren Zahl und Lokalisation dynamisch im Rahmen von Lernprozessen, aber auch im Zuge neurodegenerativer Veränderungen variiert. Die Neu- und Umstrukturierung zentralnervöser Synapsen stellt ein grundlegendes Prinzip der Plastizität von Nervensystemen dar.

Da im Axon und im Axonterminalsystem aufgrund des Fehlens von Ribosomen keine Proteinsynthese stattfindet, müssen alle erforderlichen Proteine mittels aktiver Transportmechanismen an die Orte ihres Bedarfs gebracht werden. Wir unterscheiden den schnellen axonalen Transport, der sowohl anterograd in Richtung Axonterminalsystem als auch retrograd zurück zum Soma gerichtet ist, vom ausschließlich anterograden langsamen axonalen Transport. Beide Transportarten sind aktiv, benötigen also metabolische Energie in Form von ATP.

Eine häufige Klassifizierung von Neuronen basiert auf der Anzahl der Dendriten – entsprechend werden unipolare, bipolare und multipolare Neurone unterschieden. Ausgehend von ihrer allgemeinen Funktion in neuronalen Schaltkreisen existieren sensorische bzw. afferente Neurone, die Signale aus der Peripherie ins Zentralnervensystem leiten, und motorische bzw. efferente Neurone, die in umgekehrter Richtung Kommandos an die Willkürmotorik oder an die glatte Muskulatur verschiedener Organe senden. Interneurone verknüpfen diese beiden funktionellen Typen und sind maßgeblich für die Informationsverarbeitung innerhalb komplexer Nervensysteme verantwortlich.

Gliazellen sind nichtneuronale Zellen, deren Gesamtzahl diejenige der Neurone um ein Mehrfaches übersteigt. Der häufigste Gliazelltyp, die Astrozyten, hat vor allem homöostatische Funktionen und bildet mit seinen Ausläufern einen Teil der Blut-Hirn-Schranke. Myelinisierende Gliazellen, die im Zentralnervensystem als Oligodendrozyten und im peripheren Nervensystem als Schwann-Zellen bezeichnet werden, umwickeln axonale Segmente und erhöhen die Leitungsgeschwindigkeit der Axone für elektrische Signale. Schließlich handelt es sich bei der Mikroglia um gewebeständige Makrophagen, die im Zentralnervensystem wichtige Funktionen der angeborenen und erworbenen Immunität erfüllen.

9.2   Ionenkanäle

Eine wesentliche Eigenschaft aller Lebensformen ist ihre Abgrenzung von der Umwelt, also die Kompartimentierung ihrer eigenen Organisationsform. Die Plasmamembran trennt das Innere einer Zelle vom Außenraum. Erst diese Kompartimentierung erlaubt, die Zusammensetzung

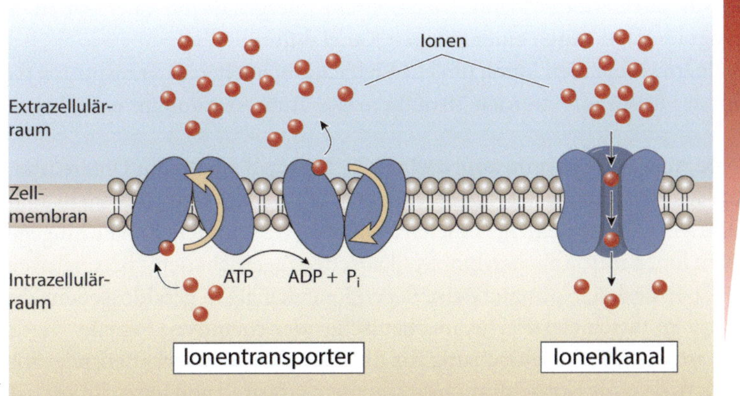

Abb. 9.5 Ionentransporter und Ionenkanäle. Ionentransporter erzeugen einen Konzentrationsgradienten über einer neuronalen Membran, indem sie Ionen aus der Zelle in den Extrazellulärraum befördern. Hierbei binden die Ionen an den Transporter und werden durch Änderungen der Proteinkonformation über die Membran transportiert. Dieser Prozess erfordert Energie und wird durch die Hydrolyse von ATP angetrieben. Ionenkanäle ermöglichen Ionen die Diffusion durch die Membran entlang eines elektrochemischen Gradienten. Das *Dreieck rechts* bezeichnet die Richtung des Ionengradienten

des Intrazellulärraums zu kontrollieren und für Stoffwechselprozesse zu optimieren. Da alle Organismen und damit auch die Zellen, aus denen sie bestehen, offene Systeme sind, stellt sich unmittelbar das Problem des Austauschs mit dem Extrazellulärraum (▶ Abschn. 2.3.1). Insbesondere der Transport von polaren oder geladenen Substanzen wie Ionen über die hydrophobe Lipiddoppelschicht kann aufgrund der hohen Energiebarriere nicht durch Diffusion erfolgen, sondern erfordert membranständige Transportsysteme.

Der Aufbau der neuronalen Plasmamembran und ihre Ausstattung mit Membranproteinen bestimmen wesentlich alle Formen der elektrischen Aktivität einer Nervenzelle. Um positiv oder negativ geladene Ionen über die Membran zu befördern, sind **Ionentransporter** erforderlich, die unter Verbrauch von ATP Konzentrationsgradienten bestimmter Ionen erzeugen. Die Konzentrationsunterschiede zwischen Intra- und Extrazellulärraum sind wiederum für die Entstehung eines elektrochemischen Gradienten über der Membran verantwortlich, der als Energiequelle zur Erzeugung und Weiterleitung elektrischer Signale dient. Eine Trennung positiver und negativer Ladungen über der Membran erzeugt eine konstante Spannung, die in Form des Ruhemembranpotenzials bei allen Neuronen vorkommt. Diese Ladungstrennung allein stellt aber noch kein elektrisches Signal dar. *Erst zeitliche und räumliche Veränderungen dieser Spannung repräsentieren dynamische Prozesse in dem für den Organismus relevanten Ereignisraum – seien es Informationen aus der Außenwelt oder Signale innerhalb des eigenen Körpers.*

Änderungen der Membranspannung werden durch einen Nettofluss von Ionen über die Membran hervorgerufen, was entweder durch die oben erwähnten Transporter oder aber durch **Ionenkanäle** erfolgen kann.[9] Ionenkanäle unterscheiden sich im Wesentlich durch die beiden folgenden Eigenschaften von Ionentransportern (**•** Abb. 9.5):

---

[9] Unter Nettofluss verstehen wir eine nichtelektroneutrale Bewegung von Ionen über die Membran. Dadurch entsteht ein Ladungsüberschuss auf einer Seite der Membran.

1. Der Fluss von Ionen erfordert keine metabolische Energie, da die Ionen entlang ihres Konzentrationsgradienten durch einen offenen Kanal diffundieren.
2. Ionenkanäle transportieren Ionen um ein Vielfaches schneller als Transporter, da Wechselwirkungen der Ionen mit internen Strukturen des Transportproteins entfallen.

Ionenkanäle sind **Transmembranproteine**, die meist aus mehreren Untereinheiten bestehen und eine Selektivität für Na^+, K^+, Ca^{2+} oder Cl^- aufweisen. Manche Ionenkanäle besitzen eine hohe Selektivität für eine einzige Ionenart, wie etwa Na^+, andere Kanäle hingegen sind für eine Gruppe von Ionen mit ähnlichen biophysikalischen Eigenschaften – beispielsweise einwertige Kationen – permeabel. Normalerweise liegen Ionenkanäle in geschlossenem Zustand vor; ihre Öffnung erfolgt durch elektrische, mechanische oder chemische Signale. Diese Regulierbarkeit ist eine wesentliche Voraussetzung für die Detektion von verhaltensrelevanten Reizen und sie verhindert, dass die Konzentrationsgradienten aufgrund von Ionenströmen durch kontinuierlich offene Kanäle abgebaut werden bzw. mit hohem Energieaufwand aufrechterhalten werden müssen.

Ionenkanäle ermöglichen eine sehr schnelle Passage von hydrophilen Ionen durch die hydrophobe Zellmembran. *Zeitliche und räumliche Änderungen des elektrochemischen Gradienten über der Membran sind Grundlage für die Erregbarkeit von Neuronen und damit für die Aufnahme und Verarbeitung von Informationen.*

9.2.1 Struktur von Ionenkanälen

Als Proteine weisen Ionenkanäle unterschiedliche räumliche Strukturen auf, die sich in folgende Organisationsebenen unterteilen lassen:

1. Die **Primärstruktur** beschreibt die genetisch festgelegte Aminosäuresequenz. Anhand der Primärstruktur können diejenigen Regionen eines Kanalproteins identifiziert werden, die sich innerhalb der Plasmamembran befinden (hydrophobe Aminosäuren) oder in den Intra- bzw. Extrazellulärraum hineinragen. In der intrazellulären Sequenz finden sich häufig Phosphorylierungsstellen, während bestimmte extrazelluläre Aminosäuren glykosyliert werden können.[10] **Polare** Aminosäuren liegen meist extra- oder intrazellulär vor, während **unpolare** Aminosäuren über hydrophobe Wechselwirkungen in Kontakt mit den Lipiden der Zellmembran treten.
2. **Wasserstoffbrücken** zwischen den Seitenketten von Aminosäuren, die in der Primärsequenz nicht benachbart sind, erzeugen eine regelmäßige **Sekundärstruktur**. α-Helix und β-Faltblatt stellen die häufigsten Beispiele für Sekundärstrukturen dar.
3. Die verschiedenen Sekundärstrukturen ordnen sich zu einer räumlich stabilen **Tertiärstruktur** an. Wechselwirkungen zwischen den Seitenketten einzelner Aminosäuren sind für die Bildung und Stabilität einer Tertiärstruktur verantwortlich. Zu diesen Wechselwirkungen gehören Wasserstoffbrücken, hydrophobe Wechselwirkungen, Van-der-Waals-Kräfte sowie kovalente Bindungen in Form von Disulfidbrücken zwischen zwei Cysteinmolekülen. Bereiche mit eigener Tertiärstruktur werden als **Domänen** bezeichnet und übernehmen meist definierte Funktionen innerhalb eines Proteinmoleküls.

---

[10] Unter Phosphorylierung versteht man die kovalente Bindung von Phosphatgruppen an Serin, Threonin und Tyrosin, während Glykosylierung eine ebenfalls kovalente Bindung von Kohlenhydraten an die Seitenketten bestimmter Aminosäuren bezeichnet (N-Glykosylierung bei Asparagin, O-Glykosylierung bei Serin und Threonin).

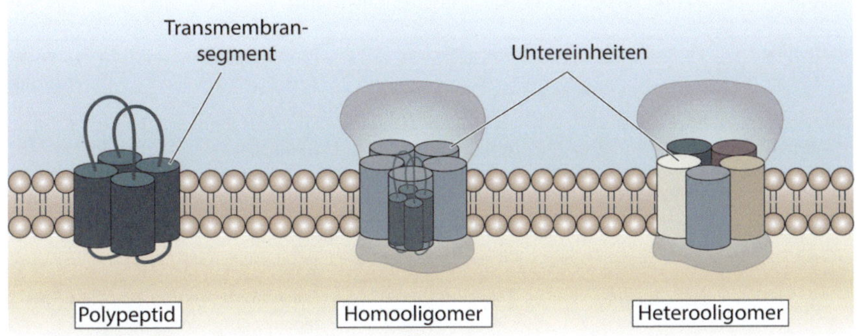

◘ Abb. 9.6 Struktur von Ionenkanälen. Polypeptide bestehen aus einzelnen Transmembransegmenten, die durch intra- und extrazelluläre Schleifen miteinander verbunden sind. Mehrere Polypeptide können sich zu einer Quartärstruktur zusammenlagern, die entweder aus identischen (Homooligomer) oder aus verschiedenen Untereinheiten (Heterooligomer) besteht

4. Bestehen Proteine aus mehreren Polypeptiden, wird die räumliche Anordnung dieser sogenannten **Untereinheiten** als **Quartärstruktur** bezeichnet. Da die meisten Ionenkanäle aus mehr als einer Polypeptidkette aufgebaut sind, spielt die Quartärstruktur eine wichtige Rolle für ihre Funktionalität.[11] **Heterooligomere** besitzen mehrere verschiedene Untereinheiten, **Homooligomere** hingegen mehrere identische Untereinheiten (◘ Abb. 9.6).

Trotz ihrer Vielzahl und Variabilität lassen sich Ionenkanäle in einige wenige Superfamilien einteilen, die verwandte Aminosäuresequenzen und Membrantopologien besitzen.[12] Die Ähnlichkeit zwischen Ionenkanälen innerhalb einer Familie deutet auf einen gemeinsamen evolutionären Ursprung in Form eines Vorläufergens hin, das nach wiederholter Genduplikation und anschließender unabhängiger Modifikation der Nukleotidsequenzen in den beiden Genloci zur heute vorhandenen Vielfalt geführt hat. Diejenigen Aminosäuresequenzen, die für essenzielle Eigenschaften der Ionenkanäle von zentraler Bedeutung sind, haben sich aufgrund des hohen Selektionsdrucks während der Evolution der Kanalproteine nicht oder nur an sehr wenigen Positionen verändert. Die Superfamilie der Ionenkanäle besteht aus spannungsgesteuerten Kanälen, ligandengesteuerten Kanälen und Gap-Junction-Kanälen (◘ Tab. 9.1).

Spannungsgesteuerte Ionenkanäle Diese Ionenkanäle werden durch Änderungen der Membranspannung, meist in Form einer Depolarisation, aktiviert und tragen maßgeblich zur Erzeugung und Weiterleitung von Aktionspotenzialen bei. In der Regel sind spannungsabhängige Kanäle selektiv für Na^+, K^+ oder Ca^{2+}. Na^+- und Ca^{2+}-Kanäle bestehen aus einem einzigen langen Polypeptid, aufgeteilt in vier Domänen, wobei jede Domäne aus sechs Transmembransegmenten aufgebaut ist (◘ Abb. 9.7a). Die Segmente S5 und S6 sind durch eine sogenannte **P-Schleife** miteinander verbunden, die haarnadelförmig von der extrazellulären Seite in die

---

[11] Wir haben am Beispiel des Hämoglobins ein tetrameres Protein kennengelernt. Hier ist die Quartärstruktur wesentlich für die Kooperativität bei der Bindung von O_2 (▶ Abschn. 4.2.2).

[12] Unter Membrantopologie verstehen wir die Anzahl und die Position von Sekundärstrukturen, v. a. α-Helices, in der Membran. So ist etwa die Zahl der Transmembransegmente ein wichtiges Kriterium zur Klassifizierung von Ionenkanälen bzw. Membranproteinen. Die Position und Ausrichtung der Transmembransegmente bestimmen wiederum die Orientierung der extra- und intrazellulären Anteile des Proteins.

◘ Tabelle 9.1   Die wichtigsten Familien eukaryontischer Ionenkanäle

Kanalfamilie	Vertreter	Kennzeichen	Physiologische Funktion	Membrantopologie
Spannungsgesteuerte Kanäle	K^+-Kanäle	Homo- oder Heterotetramer	Repolarisation des Aktionspotenzials	6 TMs
	Kir-Kanäle	Homo- oder Heterotetramer, einwärts gleichrichtend	Ruhemembranpotenzial	2 TMs
	Na^+-Kanäle	Pseudotetramer	Aufstrich des Aktionspotenzials	6 TMs
	Ca^{2+}-Kanäle	Pseudotetramer	Plateauphase beim Herzaktionspotenzial, Freisetzung von Transmitter und Hormonen	6 TMs
	CNG-Kanäle	Tetramer, durch zyklische Nukleotide gesteuert	Sensorische Transduktion in Photorezeptoren und Riechsinneszellen	6 TMs
Ligandengesteuerte Kanäle	Nicotinerge ACh-Rezeptoren	Pentamer	Nichtselektive Kationenkanäle (Na^+, K^+), EPSPs in Neuronen und Muskulatur	4 TMs
	Serotoninrezeptoren	Pentamer	Nichtselektive Kationenkanäle (Na^+, K^+), neuronale EPSPs	4 TMs
	GABA-Rezeptoren	Pentamer	Cl^--Kanäle, IPSPs	4 TMs
	Glycinrezeptoren	Pentamer	Cl^--Kanäle, IPSPs	4 TMs
Glutamatrezeptoren	AMPA/Kainat-Rezeptoren	Tetramer	Nichtselektive Kationenkanäle (Na^+, K^+), neuronale EPSPs	3 TMs
	NMDA-Rezeptoren	Tetramer	Nichtselektive Kationenkanäle (Na^+, K^+, Ca^{2+}), Langzeitpotenzierung, Gedächtnis	3 TMs
Gap-Junction-Kanäle	Connexin	Hexamer	Elektrische und metabolische Kopplung	4 TMs

EPSPs, exzitatorische postsynaptische Potenziale; IPSPs, inhibitorische postsynaptische Potentiale.

Membran eintaucht und den **Selektivitätsfilter** der Kanäle bildet (▶ Abschn. 9.2.2). K^+-Kanäle hingegen bestehen aus vier Untereinheiten, die ihrerseits jeweils einer Domäne der Na^+- und Ca^{2+}-Kanäle homolog sind (◘ Abb. 9.7b). Alle spannungsgesteuerten Kanäle besitzen einen **Spannungssensor** im Transmembransegment S4, der in Form positiv geladener Aminosäuren Spannungsänderungen über der Membran registriert und in eine Konformationsänderung des Kanalproteins umsetzt.

Ligandengesteuerte Ionenkanäle Diese Familie von Kanalproteinen bildet Rezeptoren für die Neurotransmitter Acetylcholin, GABA, Glycin und Serotonin und wird daher in zahlreichen

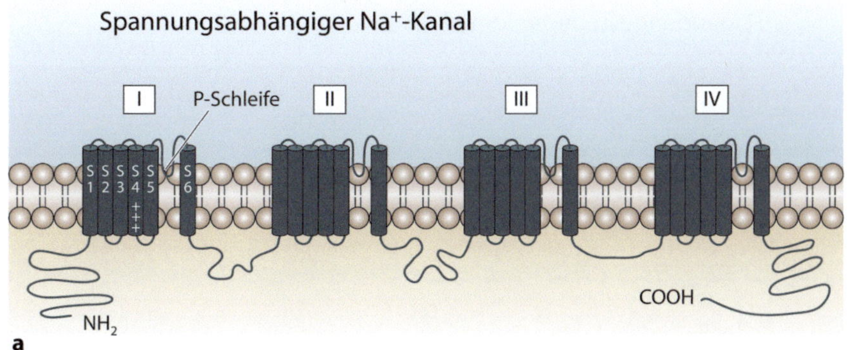

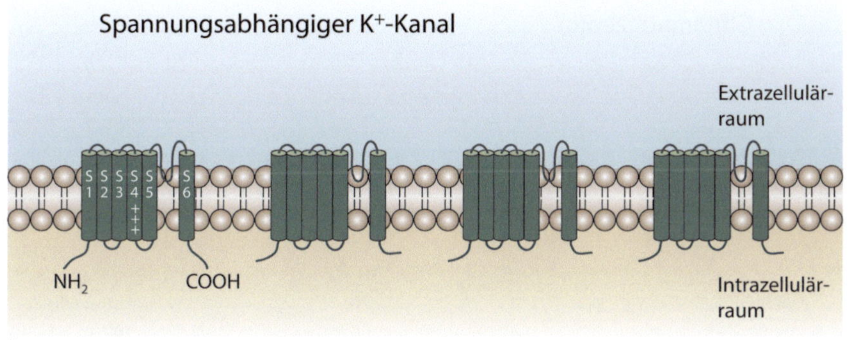

▪ Abb. 9.7 Aufbau spannungsabhängiger Ionenkanäle. **a** Spannungsabhängige Na^+-Kanäle bestehen aus einem einzigen Polypeptid, das in vier Domänen (I–IV) aufgeteilt wird. Jede Domäne setzt sich aus sechs Transmembransegmenten (S1–S6) zusammen, wobei S4 als Spannungssensor fungiert ⊕. N- und C-Terminus befinden sich intrazellulär. **b** Spannungsabhängige K^+-Kanäle sind aus vier Untereinheiten aufgebaut, von denen jede einer Domäne der Na^+-Kanäle homolog ist. Die zylindrischen Strukturen repräsentieren α-Helices

Synapsen des zentralen und peripheren Nervensystems exprimiert. Alle Vertreter ligandengesteuerter Kanäle bestehen aus fünf eng miteinander verwandten Untereinheiten, die ihrerseits aus vier transmembranen α-Helices aufgebaut sind (▪ Abb. 9.8a). Die Bindung von Neurotransmittermolekülen an eine extrazelluläre Bindungsstelle öffnet eine zentrale Kanalpore, sodass Kationen oder Anionen entlang ihres elektrochemischen Gradienten über die Membran diffundieren können.

Glutamatrezeptoren Bei dieser Rezeptorfamilie handelt es sich ebenfalls um Ionenkanäle, die durch extrazelluläre Bindung eines Liganden geöffnet werden. Glutamat als häufigster erregender Neurotransmitter bindet an drei verschiedene Typen von Glutamatrezeptoren, die als AMPA-, Kainat- und NMDA-Rezeptoren bezeichnet werden.[13] Im Gegensatz zu den ligandengesteuerten Ionenkanälen besitzen Glutamatrezeptoren drei Transmembransegmente und eine

---

[13] Diese pharmakologische Unterscheidung basiert auf der weitgehend selektiven Bindung von α-Amino-3-hydroxy-5-methyl-4-isoxalonpropionat (AMPA), Kainat und N-Methyl-D-Aspartat (NMDA) an drei Typen von Glutamatrezeptoren.

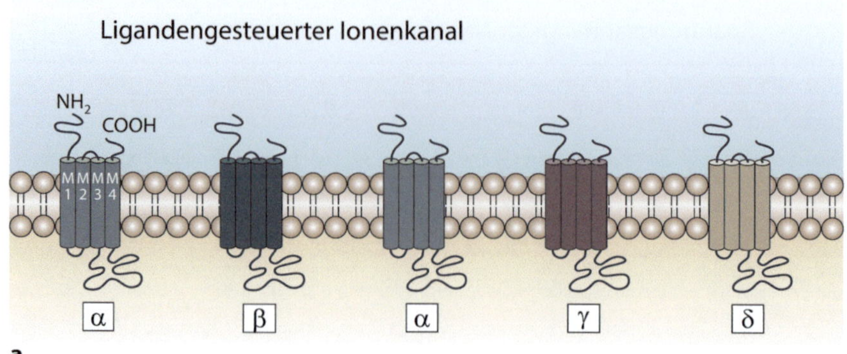

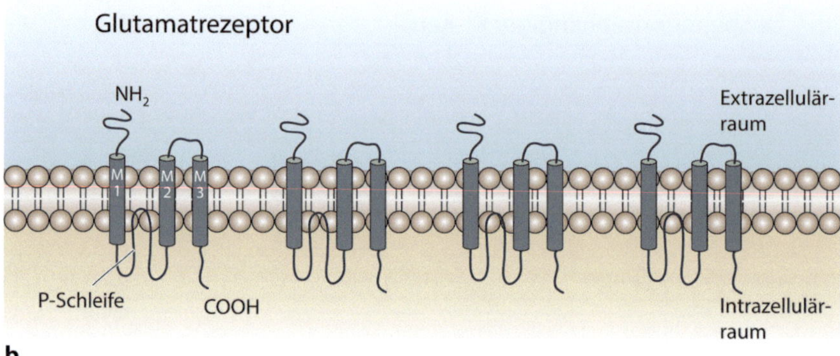

▢ Abb. 9.8   Aufbau ligandengesteuerter Ionenkanäle und Glutamatrezeptoren. **a** Ligandengesteuerte Ionenkanäle bestehen aus fünf Untereinheiten, von denen jede aus vier Transmembransegmenten (M1–M4) aufgebaut ist. Die
Quartärstruktur des Kanals wird meist durch verschiedene homologe Untereinheiten, in diesem Fall α, β, γ und δ
gebildet. N- und C-Terminus befinden sich extrazellulär. Es existiert keine Porenschleife; vielmehr kleiden hydrophile Aminosäuren der fünf M2-Segmente die Kanalpore aus. **b** Glutamatrezeptoren bilden Ionenkanäle, die aus vier
Untereinheiten bestehen. Jede Untereinheit besitzt drei Transmembransegmente (M1–M3) und eine invertierte Porenschleife, die vom Intrazellulärraum in die Membran hineinragt. Der N-Terminus befindet sich extrazellulär, der
C-Terminus intrazellulär

P-Schleife, die allerdings invertiert, d. h. von der intrazellulären Seite in die Membran hineinragt. Diese grundlegenden Unterschiede haben zur Einteilung der Neurotransmitterrezeptoren
in zwei Familien von Ionenkanälen geführt.

Gap-Junction-Kanäle Gap Junctions bilden die strukturelle Grundlage **elektrischer Synapsen**,
die den direkten Stromfluss zwischen einer prä- und postsynaptischen Zelle ermöglichen
(▶ Abschn. 11.1). Ein Gap-Junction-Kanal wird durch zwei Hemikanäle gebildet, die aneinan-
derdocken und so den extrazellulären Raum zwischen den Zellen überbrücken. Zu jedem
Hemikanal (**Connexon**) gehören sechs identische Untereinheiten (**Connexine**), bestehend aus
jeweils vier Transmembransegmenten (▢ Abb. 9.9).

Ionenkanäle bestehen aus Untereinheiten oder Domänen, homologe Module, die sich pseu-
dorotationssymmetrisch um eine zentrale Pore anordnen. *Zusammen mit der Zahl der Untereinheiten steigt der Durchmesser der Pore, während parallel die Ionenselektivität des Kanals*

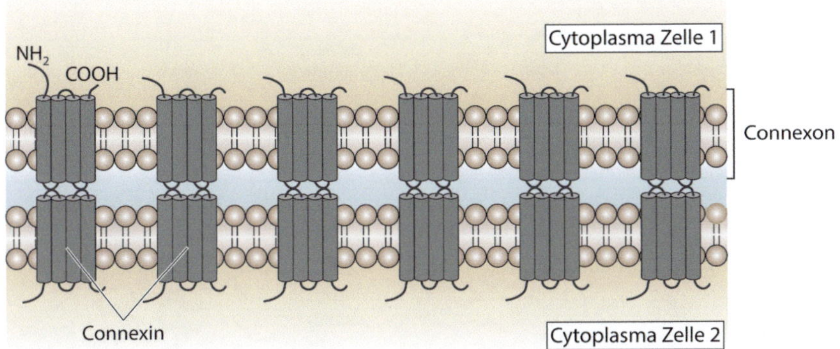

◘ Abb. 9.9 Aufbau von Gap-Junction-Kanälen. Gap-Junction-Kanäle bestehen aus zwei Hemikanälen bzw. Connexonen, die ihrerseits aus jeweils sechs Untereinheiten (Connexine) aufgebaut sind. Jedes Connexin besitzt vier Transmembransegmente. Die Connexone benachbarter Zellen treten über extrazelluläre Motive in ihren Aminosäuresequenzen miteinander in Kontakt und bilden einen gemeinsamen Ionenkanal

◘ Abb. 9.10 Die Zahl der Untereinheiten bestimmt die Größe der Kanalpore. **a** Schematische Darstellung der Untereinheitenzusammensetzung bei spannungsgesteuerten und ligandengesteuerten Ionenkanälen sowie bei Gap-Junction-Kanälen. Der Durchmesser der zentralen Kanalpore nimmt mit der Zahl der Untereinheiten zu. **b** Lage der Kanäle in der Zellmembran. I–IV bezieht sich auf die Domänen spannungsgesteuerter Na⁺-Kanäle, während α, β, γ und δ die Untereinheiten eines heterooligomeren ligandengesteuerten Kanals bezeichnen. Im Falle der Gap-Junction-Kanäle sind zwei Connexone dargestellt, die im Extrazellulärraum zwischen den beiden Plasmamembranen miteinander in Kontakt treten

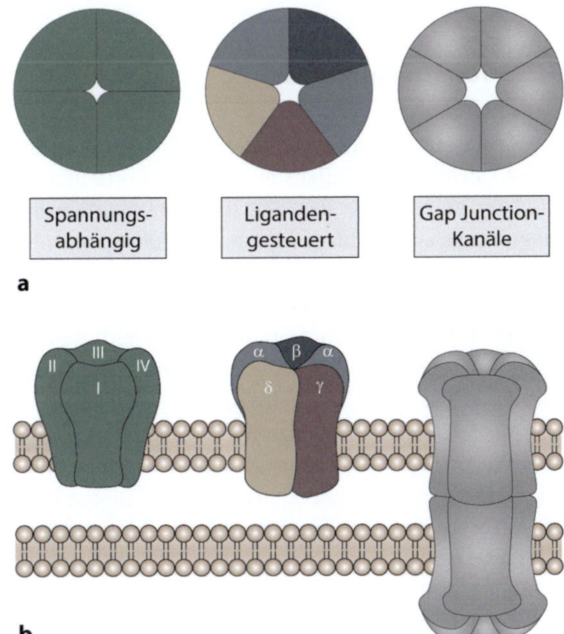

abnimmt (◘ Abb. 9.10). Die aus vier Untereinheiten aufgebauten spannungsabhängigen Kanäle sind hochgradig selektiv für Na⁺, K⁺ oder Ca²⁺. Die fünf Untereinheiten der ligandengesteuerten Ionenkanäle ermöglichen noch eine Unterscheidung zwischen Kationen und Anionen, während Gap-Junction-Kanäle mit sechs Untereinheiten pro Hemikanal nur nach molekularer Größe selektieren [14]. Gap-Junction-Kanäle erlauben die passive Diffusion von Molekülen, die kleiner als 1 kDa sind, inklusive Nährstoffe, Metaboliten, intrazellulärer Botenstoffe sowie Kationen und Anionen.

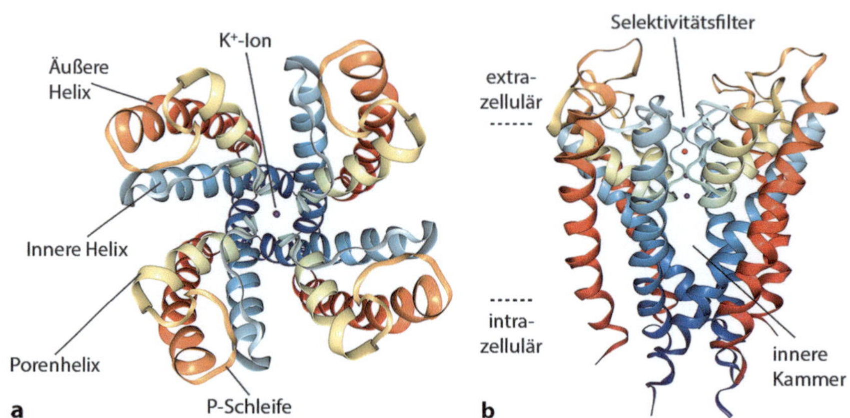

Abb. 9.11 Dreidimensionale Struktur des bakteriellen K$^+$-Kanals KcsA in atomarer Auflösung. **a** Ansicht von oben auf den Kanal mit einem K$^+$-Ion in der Kanalpore. Die vier Untereinheiten sind deutlich zu erkennen. **b** Darstellung des KcsA-Kanals in Seitenansicht. Die *gestrichelten horizontalen Linien* deuten die Position der Zellmembran an. Der Selektivitätsfilter wird durch die Porenschleifen der vier Untereinheiten gebildet (nach [5])

9.2.2 Ionenselektivität

Die Kristallisation und anschließende Röntgenstrukturanalyse eines bakteriellen Kaliumkanals (KcsA) stellt einen Meilenstein in der Aufklärung der funktionellen Struktur spannungsabhängiger Ionenkanäle dar. Mit dieser Methode war es erstmals möglich, den Aufbau eines Ionenkanals auf atomarer Ebene aufzuklären und die bisher vorhandene indirekte physiologische Evidenz direkt mit der Proteinstruktur zu korrelieren.

Eine Untereinheit des bakteriellen K$^+$-Kanals KcsA besteht aus zwei Transmembransegmenten, einer inneren und einer äußeren Helix. Beide Helices sind durch eine kurze Aminosäuresequenz, eine Porenhelix, die in Richtung Kanalpore zeigt, und eine P-Schleife miteinander verbunden (**Abb. 9.11a**). Insgesamt entspricht eine Untereinheit des KcsA-Kanals weitgehend der von den S5- und S6-Segmenten gebildeten Region eukaryontischer K$^+$-Kanäle. Vier Untereinheiten lagern sich rotationssymmetrisch zu einem funktionellen Ionenkanal zusammen. Die vier inneren Helices bilden am intrazellulären Eingang des Kanals eine geschlossene Struktur, die erst durch eine Konformationsänderung des Kanalproteins geöffnet wird. Inmitten der Membran liegt eine relativ weite (1 nm Durchmesser) wassergefüllte innere Kammer, die durch die Seitenketten hydrophober Aminosäuren zur Lipidschicht hin abgegrenzt ist. Daran schließt sich der Selektivitätsfilter an, der von den vier P-Schleifen der einzelnen Untereinheiten gebildet wird (**Abb. 9.11b**).

Die energetische Barriere, die ein Ion beim Passieren einer Plasmamembran überwinden muss, ist in der Mitte der Lipiddoppelschicht am höchsten. Der KcsA-Kanal weist zwei strukturelle Besonderheiten auf, die den Energieaufwand für die Passage von K$^+$ minimieren. (1) Die wassergefüllte innere Kammer macht einen beträchtlichen Teil der gesamten Kanallänge aus und die hochgradig polare Umgebung der Wassermoleküle stellt für die K$^+$-Ionen keinen energetischen Unterschied zum Intrazellulärraum dar. (2) Die elektronegativen Carboxylenden der vier Porenhelices, die zur inneren Kammer hin angeordnet sind, erzeugen einen Dipol, der ebenfalls die K$^+$-Ionen stabilisiert.

Mithilfe der Röntgenstrukturanalyse konnte auch das lange ungelöste Rätsel der Selektivität eines Ionenkanals aufgeklärt werden. Auch hier spielen wieder energetische Aspekte eine

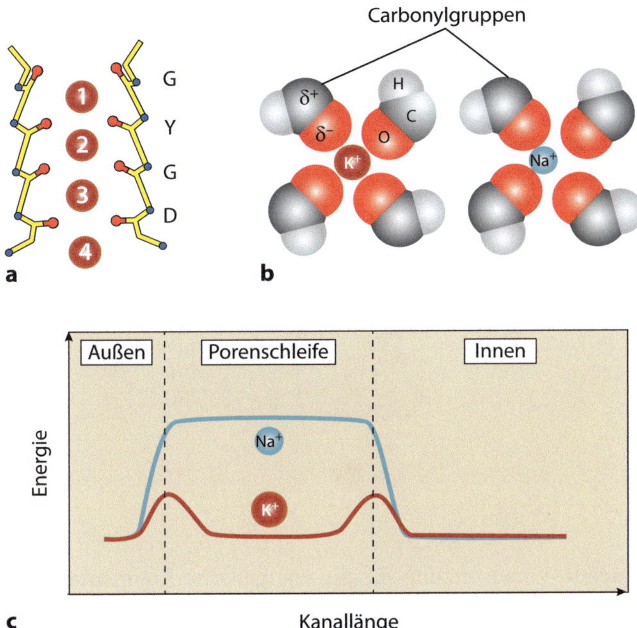

Abb. 9.12 Stabilisierung von K^+-Ionen in der Porenschleife. **a** Die Carbonylgruppen des GYGD-Motivs bilden die Wandstruktur des Selektivitätsfilters. Dargestellt sind die Porenschleifen der rechten und linken Untereinheit, die vordere und hintere Porenschleife sind aus Gründen der Übersichtlichkeit weggelassen. Die Zahlen 1 bis 4 repräsentieren Bindungsstellen für K^+-Ionen im Selektivitätsfilter. **b** Vier polare Carbonylgruppen binden ein zentrales K^+-Ion durch elektrostatische Wechselwirkungen. Aufgrund der Abstände zwischen ihnen ersetzen die Carbonylgruppen die Wassermoleküle der Hydrathülle sehr effizient und stabilisieren das K^+-Ion in einem energetischen Minimum. Für die kleineren Na^+-Ionen sind die Abstände zu den Carbonylgruppen zu groß. **c** Energieprofil der Passage von K^+- und Na^+-Ionen durch den Selektivitätsfilter. Während für K^+ nur am Eingang und Ausgang des Kanals ein relativ geringes Energiemaximum zu überwinden ist, liegt für Na^+-Ionen über die gesamte Länge der Porenschleife ein konstant hohes Energieniveau vor (nach [1].)

zentrale Rolle: Um die relativ enge Kanalpore zu passieren, müssen die Wassermoleküle, die normalerweise eine sogenannte Hydrathülle um geladene Teilchen bilden, entfernt werden. Die für das Abstreifen der Hydrathülle erforderliche Energie wird durch die molekulare Struktur der P-Schleife zu einem beträchtlichen Teil kompensiert. Die P-Schleife besitzt eine evolutionär konservierte Aminosäuresequenz, das sogenannte **GYGD-Motiv**.[14] *Die polaren Carbonylgruppen dieser kurzen Folge von Aminosäuren kleiden die Kanalpore aus und ersetzen aufgrund ihrer Polarität und exakten räumlichen Anordnung die Wassermoleküle der Hydrathülle.* Insgesamt werden so vier Bindungsstellen für K^+-Ionen im Kanal gebildet, die aus jeweils acht Carbonylgruppen bestehen – vier ringförmig angeordnete Strukturen oberhalb und vier unterhalb eines gebundenen K^+-Ions (Abb. 9.12a).

Carbonylgruppen (C=O) bilden einen Teil des Rückgrats einer Peptidsequenz. Aufgrund der Elektronegativität des Sauerstoffatoms ist die Doppelbindung polarisiert und der Sauerstoff trägt eine negative Partialladung (δ^-), ähnlich wie der Sauerstoff in Wassermolekülen. Elektrostatische Wechselwirkungen zwischen den negativen Partialladungen und den positiv geladenen K^+-Ionen sind Grundlage für die Ausbildung von Bindungsstellen im Kanal.

---

[14] GYGD ist der Einbuchstabencode der Aminosäuresequenz Glycin-Tyrosin-Glycin-Aspartat.

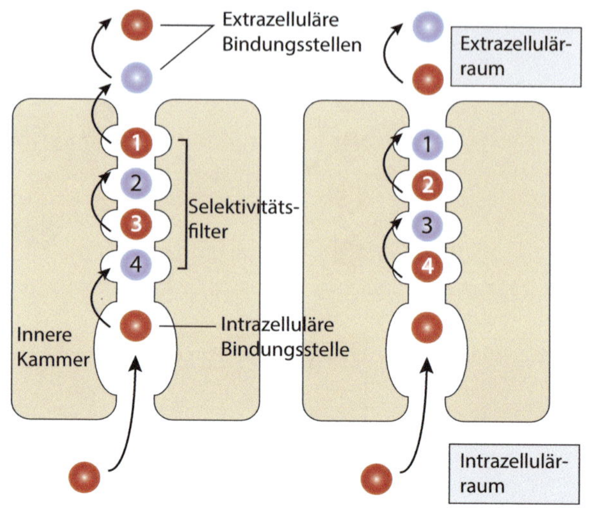

◼ Abb. 9.13 Durchtritt von K$^+$-Ionen durch die Pore eines K$^+$-Kanals. Aufgrund der elektrostatischen Abstoßung untereinander bewegen sich K$^+$-Ionen (*rot*) paarweise durch die Kanalpore. In einer Konfiguration sind die Bindungsstellen 1 und 3 besetzt, in der folgenden Konfiguration die Bindungsstellen 2 und 4. Die unbesetzten Bindungsstellen werden von Wassermolekülen eingenommen (*blau*) (nach [10]. Mit freundlicher Genehmigung von Nature Publishing Group.)

Eine entscheidende Voraussetzung für die energetische Kompensation der Hydrathülle durch Carbonylgruppen und damit für die Ionenselektivität des Kanals besteht in einer räumlichen stabilen Proteinstruktur im Bereich des Selektivitätsfilters. Die Aminosäureseitenketten des GYGD-Motivs ragen von der Längsachse des Kanals weg und tragen zu einem konstanten Innenradius der Pore bei. Denn nur wenn die Carbonylgruppen räumlich exakt ausgerichtet sind und sich die Abstände zwischen ihnen nicht verändern, können sie die Wassermoleküle der Hydrathülle ersetzen (◼ Abb. 9.12b). Bei den kleineren Na$^+$-Ionen wird der Verlust der Hydrathülle deutlich schlechter kompensiert, sodass der Energieaufwand für die Passage eines Na$^+$-Ions durch einen K$^+$-Kanal wesentlich höher ausfällt (◼ Abb. 9.12c). Die Frage der Ionenselektivität lässt sich also letztlich auf das Energieprofil der gelösten Ionen zurückführen: *K$^+$ passiert einen K$^+$-Kanal mit einer deutlich höheren Wahrscheinlichkeit als Na$^+$, da die Energieschwelle für K$^+$-Ionen niedriger ist und daher bei physiologischen Temperaturen sehr viel mehr K$^+$-Ionen die erforderliche Mindestenergie besitzen.* Die Passage von Na$^+$ ist nicht unmöglich; sie geschieht nur mit einer weitaus geringeren Wahrscheinlichkeit, da der Energieaufwand signifikant höher ist und nur wenige Na$^+$-Ionen die hierfür notwendige Energie besitzen.

Warum bewegen sich K$^+$-Ionen überhaupt durch den Kanal und binden nicht im Energieminimum der Kanalpore permanent an die dort vorhandenen polaren Gruppen? Tatsächlich kann die Diffusionsrate durch einen Kanal mit mehr als 10 Mio. Ionen pro Sekunde außerordentlich hoch sein. Diese hohe Diffusionsgeschwindigkeit liegt vor allem an der elektrostatischen Abstoßung der positiv geladenen K$^+$-Ionen untereinander, die sich gleichzeitig in der Kanalpore befinden. Aus diesem Grund sind von den vier möglichen Bindungsstellen des KcsA-Kanals immer nur zwei gleichzeitig von K$^+$ besetzt, wobei die K$^+$-Ionen niemals benachbarte Bindungsstellen einnehmen (◼ Abb. 9.13). Die freie Bindungsstelle zwischen ihnen wird in der Regel von einem Wassermolekül besetzt. Während der Diffusion durch den Kanal bewegen sich die K$^+$-Ionen immer paarweise vorwärts – die gegenseitige Abstoßung lässt nur sehr kurze Bindungszeiten zu und führt letztlich zu der hohen Diffusionsrate.

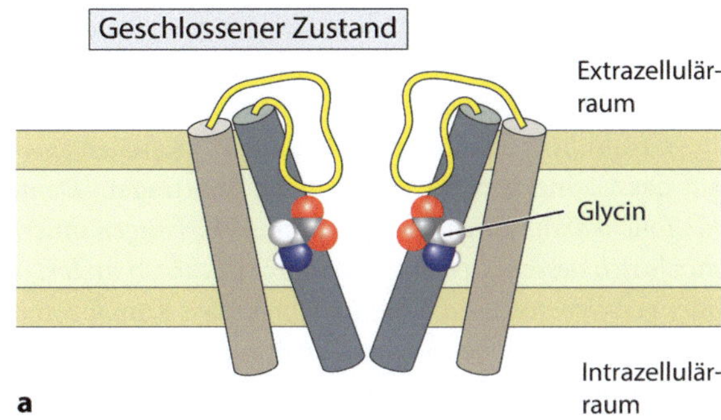

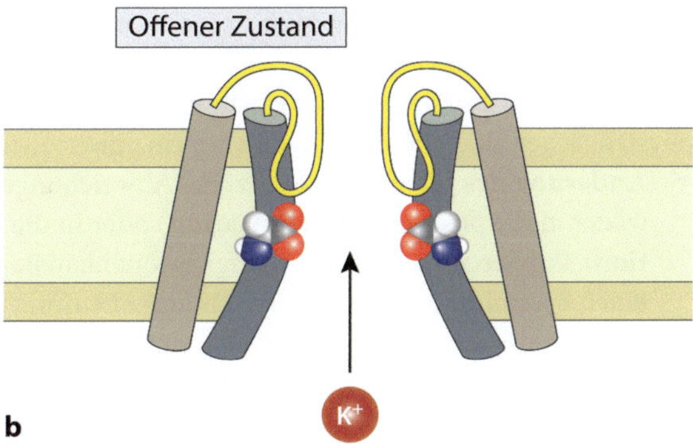

Abb. 9.14 Schematische Darstellung des Gatings bakterieller K^+-Kanäle. **a** Im geschlossenen Zustand blockieren die inneren Helices den intrazellulären Zugang zur Kanalpore. **b** Das Abknicken der Helix an einem konservierten Glycinrest bewirkt eine Freigabe der Kanalpore und den Ausstrom von K^+-Ionen aus der Zelle. Der konservierte Glycinrest ist überproportional groß dargestellt. Von den vier Untereinheiten sind nur zwei eingezeichnet

9.2.3 Gating

Das Öffnen und Schließen eines Ionenkanals wird als **Gating** bezeichnet. Die Röntgenstrukturanalyse hat gezeigt, dass die vier inneren Helices an der intrazellulären Seite des KcsA-Kanals eine Engstelle bilden, deren Durchmesser für den Durchtritt von K^+-Ionen zu klein ist. Wie verschiebt sich während des Gating-Prozesses die Lage der vier Helices zueinander, damit die Kanalpore für K^+-Ionen permeabel wird?

Zur Aufklärung des molekularen Mechanismus, der dem Gating zugrunde liegt, wurde ein verwandter bakterieller K^+-Kanal verwendet (MthK), der im Gegensatz zu KcsA in der offenen Konfiguration kristallisiert werden konnte.[15] Die inneren Helices werden während des Gatings bedingt durch das Abknicken der Peptidsequenz an einer flexiblen Stelle auseinandergebogen. Auf diese Weise wird auf der intrazellulären Seite eine Pore von 2 nm freigegeben, die hinreichend groß ist, um K^+ passieren zu lassen (**Abb. 9.14**). Die Aminosäure Glycin bildet dieses Scharnier, da sie klein und flexibel genug für solche Konformationsänderungen ist. Gly-

---

[15] MthK besitzt eine cytoplasmatische Bindungsstelle für Ca^{2+}, die den Kanal unabhängig von einer Spannungsänderung öffnet. Wenn die Kristallisation der Kanalproteine bei einer hohen Ca^{2+}-Konzentration stattfindet, liegt MthK im geöffneten Zustand vor.

cin kommt bei zahlreichen Ionenkanälen an genau dieser Position der Aminosäuresequenz vor – sehr wahrscheinlich handelt es sich also um einen grundlegenden, evolutionär konservierten Gating-Mechanismus.

Grundsätzlich können wir die bei K^+-Kanälen gewonnenen mechanistischen Erkenntnisse auf das Gating anderer Ionenkanäle übertragen. *Demnach wird das Öffnen und Schließen eines Ionenkanals durch Konformationsänderungen innerhalb des Proteinmoleküls verursacht, wodurch sich dessen dreidimensionale Struktur so ändert, dass die Kanalpore entweder freigegeben oder verschlossen wird.* Dies bedeutet, dass Kanalproteine in mindestens zwei, meist aber mehr stabilen funktionellen Zuständen vorkommen, die mit einer jeweils bestimmten Geschwindigkeitskonstante ineinander übergehen können. In der Regel treten sehr komplexe räumliche und zeitliche Umstrukturierungen auf, die zu mehreren Offen- und Geschlossenzuständen führen. Diese strukturellen Veränderungen umfassen sowohl eine Verbreiterung des Zugangs zum Inneren des Kanals als auch eine Erhöhung der Polarität innerhalb der Kanalpore durch Umlagerung entsprechender Aminosäuren. Beide Prozesse ermöglichen bzw. erleichtern den Durchtritt von Ionen.

Die für das Gating von Ionenkanälen relevanten Mechanismen lassen sich auf die folgenden physikalischen und chemischen Grundprinzipien zurückführen:

- **Änderung des Membranpotenzials.** Abweichungen vom Ruhemembranpotenzial, entweder in die positive (**Depolarisation**) oder in die negative Richtung (**Hyperpolarisation**) aktivieren spannungsabhängige Ionenkanäle (◘ Abb. 9.15a). Diese Kanäle enthalten einen Spannungssensor in Form einer Anhäufung positiver Ladungen, der sich bei Änderungen des elektrischen Feldes über der Membran bewegt. Dadurch ändert sich die freie Energie des Kanalproteins und das Gleichgewicht zwischen geschlossenem und offenem Zustand wird entsprechend verschoben.
- **Bindung eines Neurotransmitters.** Bei diesen **ionotropen Rezeptoren** binden extrazelluläre oder intrazelluläre Liganden an spezifische Regionen des Proteins (◘ Abb. 9.15b).[16] Die Bindung erfolgt durch nichtkovalente schwache Wechselwirkungen, sodass die Bindungsstärke insgesamt relativ gering ist. Daher bleibt ein Neurotransmittermolekül auch nicht dauerhaft an das Kanalprotein gebunden, sondern dissoziiert vergleichsweise schnell wieder ab. *Die kurze Bindungsdauer ist eine wichtige Voraussetzung für eine hinreichend hohe zeitliche Auflösung bei synaptischen Prozessen.* Die mit der Bindung des Liganden einhergehende Änderung der chemischen Energie des Systems bewirkt die für das Gating erforderliche Konformationsänderung.
- **Phosphorylierung.** Zahlreiche Neurotransmitter binden an einen **metabotropen Rezeptor.** Diese Klasse von Transmembranproteinen besitzt keine eigene Kanalpore – die Bindung des Liganden aktiviert vielmehr eine intrazelluläre Reaktionssequenz (Signaltransduktionskaskade), bei der letztlich ein Enzym aus der Familie der **Kinasen** einen räumlich entfernten Ionenkanal phosphoryliert (◘ Abb. 9.15c). Die Energie für die Konformationsänderung stammt aus der Hydrolyse von ATP. Der umgekehrte Prozess, die **Dephosphorylierung**, wird durch **Phosphorylasen** katalysiert.
- **Mechanische Kräfte.** Manche Ionenkanäle dienen als **Mechanosensoren**, die durch Zug oder Druck auf die Membran aktiviert werden können (◘ Abb. 9.15d). Die Übertragung der Kraft erfolgt durch Proteine des Cytoskeletts, die Kanalproteine und Zellmembran miteinander verbinden. Der physikalische Reiz selbst liefert die für die Kanalöffnung notwendige Energie.

---

[16] Neurotransmitter binden extrazellulär, während Ca^{2+}, zyklische Nukleotide und GTP-bindende Proteine von der intrazellulären Seite her an den Kanal binden.

◪ Abb. 9.15 Gating von Ionenkanälen durch chemische und physikalische Mechanismen. **a** Änderungen des Membranpotenzials in Form einer Depolarisation öffnen den Kanal, während er durch eine Hyperpolarisation geschlossen wird. **b** Die Bindung eines Neurotransmitters führt ebenfalls zu einer Konformationsänderung des Kanalproteins. **c** Die Phosphorylierung des Ionenkanals infolge der kovalenten Bindung einer Phosphatgruppe (P_i) an eine intrazelluläre Aminosäure öffnet den Kanal, die Entfernung der Phosphatgruppe schließt ihn wieder. **d** Das Gating bei mechanosensitiven Ionenkanälen erfolgt durch Druck- oder Zugkräfte, die am Cytoskelett angreifen und auf das Kanalprotein übertragen werden

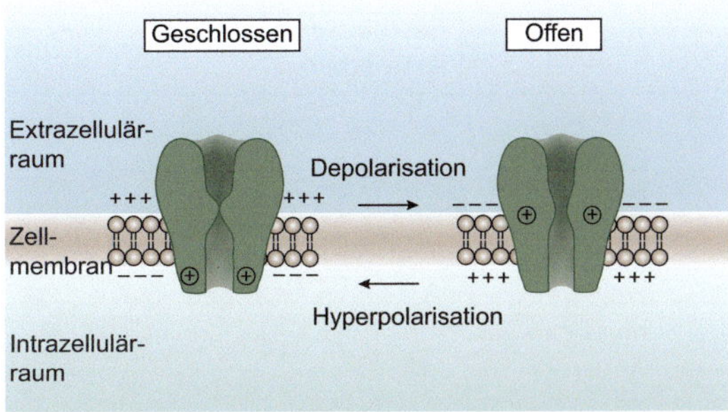

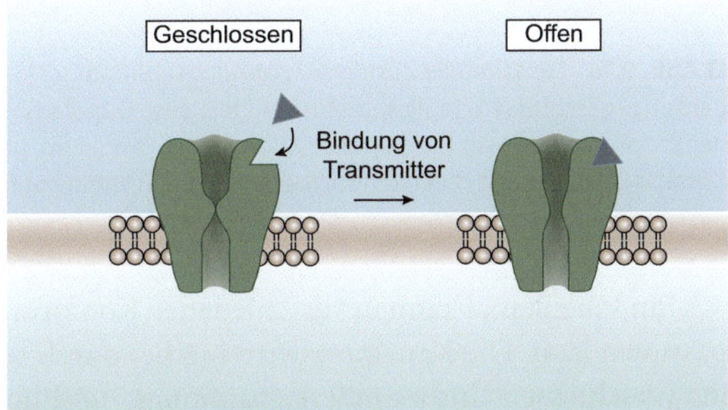

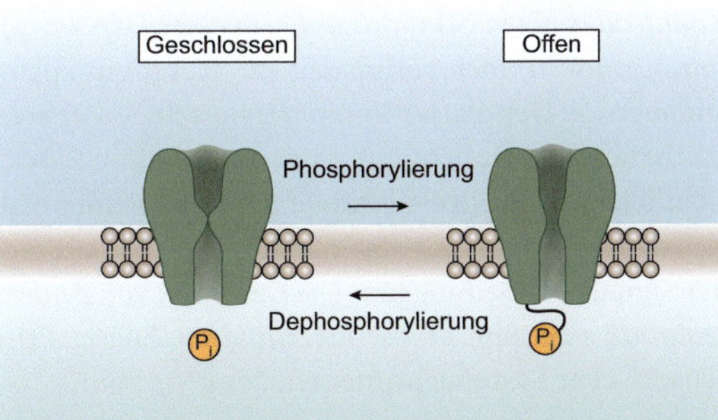

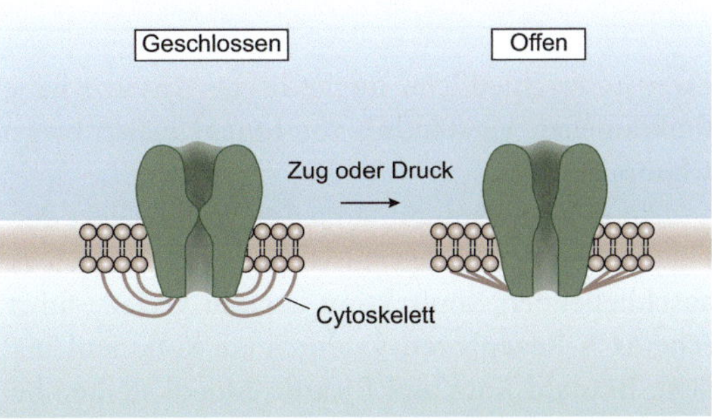

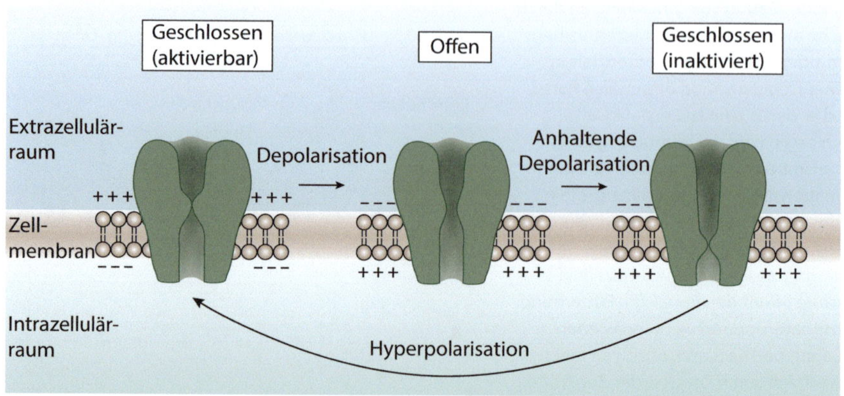

Abb. 9.16 Funktionelle Zustände spannungsabhängiger Ionenkanäle. Beim Ruhemembranpotenzial ist der Ionenkanal geschlossen. In diesem Zustand löst eine Depolarisation eine Aktivierung des Kanals und eine Öffnung der Kanalpore aus. Hält die Depolarisation jedoch länger an, geht der Kanal in einen geschlossenen, inaktivierten Zustand über, der erst durch eine Hyperpolarisation wieder aufgehoben werden kann

Ein Ionenkanal kann in verschiedenen Konformationen existieren, in denen er keine Ionen passieren lässt. Die Kanalpore wird hierbei durch unterschiedliche Regionen des Kanalproteins verschlossen. Insbesondere spannungs- und ligandengesteuerte Kanäle können in einen refraktorischen Zustand eintreten, der als **Inaktivierung** bzw. als **Desensitisierung** bezeichnet wird. *Sowohl bei der Inaktivierung als auch bei der Desensitisierung schließt der jeweilige Kanal, obwohl der Stimulus in Form einer Depolarisation oder erhöhten Konzentration von Neurotransmittern noch vorhanden ist.* Wenn ein spannungsgesteuerter Kanal durch eine länger andauernde Depolarisation inaktiviert, bleibt er solange geschlossen, bis eine Hyperpolarisation zurück zum Ruhemembranpotenzial diese Blockierung wieder aufhebt (**Abb. 9.16**). Offensichtlich hat sich ein evolutionärer Mechanismus etabliert, der unabhängig von der eigentlichen Reizdauer die Durchlässigkeit eines Ionenkanals reguliert. Dies deutet auf ein zentrales Prinzip der Signalverarbeitung hin: *Die Detektion von Änderungen spielt eine größere Rolle als die Repräsentation einer konstanten Reizsituation.* Dieses Prinzip wird uns vor allem bei der Diskussion sensorischer Systeme immer wieder begegnen.

9.2.4 Messung einzelner Ionenkanäle

Zwei unterschiedliche methodische Ansätze haben wesentlich zu unserem gegenwärtigen funktionellen Verständnis von Ionenkanälen beigetragen, die **Rauschanalyse** und die **Patch-Clamp-Technik**.

An der neuromuskulären Synapse bewirkt der Transmitter Acetylcholin (ACh) eine Depolarisation der Skelettmuskelfaser, die letztlich zur Erzeugung eines Aktionspotenzials und anschließenden Kontraktion der Muskelzelle führt (▶ Abschn. 12.1). ACh bindet an **nikotinische ACh-Rezeptoren**, wodurch ein Kationenkanal geöffnet wird, der Na^+ und K^+ passieren lässt. Bernard Katz und Ricardo Miledi stellten bei ihren Untersuchungen der Wirkung von ACh auf die Muskelfaser fest, dass während der Präsenz von ACh das gemessene Stromsignal ein deutlich stärkeres elektrisches Rauschen aufwies als unter Kontrollbedingungen. Dieses

Rauschen ließ sich auf statistisch zufällige Fluktuationen der ACh-Rezeptorkanäle zwischen offenen und geschlossenen Zuständen zurückführen [8].

Das Rauschen wird durch den maximalen Abstand der einzelnen Fluktuationen zueinander (Amplitude) sowie durch die Häufigkeit der Ereignisse (Frequenz) vollständig beschrieben. Mithilfe der binominalen Statistik kann aus diesen beiden Parametern auf die biophysikalischen Eigenschaften der zugrunde liegenden Ionenkanäle zurückgeschlossen werden. Hierbei kommen folgende einfache Prinzipien zur Anwendung:

1. Eine hohe Leitfähigkeit der Ionenkanäle bewirkt größere Fluktuationen als eine niedrige Leitfähigkeit.
2. Kanäle mit einer langen Offenzeit verursachen Rauschen mit einer niedrigen Frequenz, kurze Offenzeiten dagegen eine hohe Frequenz.

Zahlreiche weitere Experimente dieser Art konnten zeigen, dass pro Sekunde etwa 10 Mio. Ionen durch die ACh-Rezeptorkanäle fließen – bei einer mittleren Offenzeit der Kanäle von 1 bis 2 ms.

Die von Erwin Neher und Bert Sakmann eingeführte Patch-Clamp-Technik ermöglicht die direkte Messung elektrischer Ströme durch einzelne Ionenkanäle. Hierfür wird eine Glaselektrode auf die Zellmembran aufgesetzt und aufgrund des außerordentlich hohen Abdichtwiderstands zwischen Glas und Zellmembran lassen sich die extrem kleinen Ströme, die durch einzelne Ionenkanäle fließen, detektieren.

Diese sogenannten Einzelkanalströme (*Single Channel Currents*) werden durch einen entsprechenden Stimulus ausgelöst und zeigen einen annähernd rechteckigen Zeitverlauf (◻ Abb. 9.17). Die Ionenkanäle sind während des Reizes jedoch nicht kontinuierlich geöffnet, sondern Übergänge aus dem geschlossenen in den offenen Zustand treten unregelmäßig auf – ein Ionenkanal weist also eine bestimmte **Offenwahrscheinlichkeit** auf.[17] Die Ströme besitzen in der Regel eine konstante Amplitude, aber variable Offenzeiten, die sich auch in Form von sogenannten **Bursts** zeitlich häufen können. Aufgrund der statistischen Natur des Gating-Prozesses ist nicht vorhersagbar, wann ein bestimmter Ionenkanal öffnet und wie lange er im offenen Zustand bleiben wird.

Mit der Patch-Clamp-Technik können zentrale Fragen hinsichtlich der Eigenschaften von Ionenkanälen beantwortet werden: Diese Methode ermöglicht die Messung von Leitfähigkeiten und Offenzeiten sowie die Effekte von Spannungsänderungen oder die Bindung von Transmittermolekülen auf die Offenwahrscheinlichkeit eines Kanals. Die Patch-Clamp-Technik erlaubt die Beobachtung des Schaltverhaltens eines Membranproteins in Echtzeit und hat damit entscheidend zum aktuellen Verständnis der biophysikalischen Eigenschaften von Ionenkanälen beigetragen.

9.2.5 Zusammenfassung

Ionenkanäle sind Transmembranproteine, die den Fluss von Anionen und Kationen über die unpolare Lipiddoppelschicht ermöglichen. Sie bestehen meist aus mehreren Untereinheiten und sind für die physiologisch relevanten Ionen Na^+, K^+, Ca^{2+} und Cl^- selektiv permeabel. Im Gegensatz zu Transportproteinen in der Membran, die metabolische Energie für den aktiven

---

[17] Die Offenwahrscheinlichkeit p_0 kann Werte zwischen 0 und 1 annehmen. Ein Wert von 0 bedeutet, dass der Kanal während der Stimulusdauer geschlossen bleibt, 1 hingegen eine ununterbrochene Öffnung des Kanals.

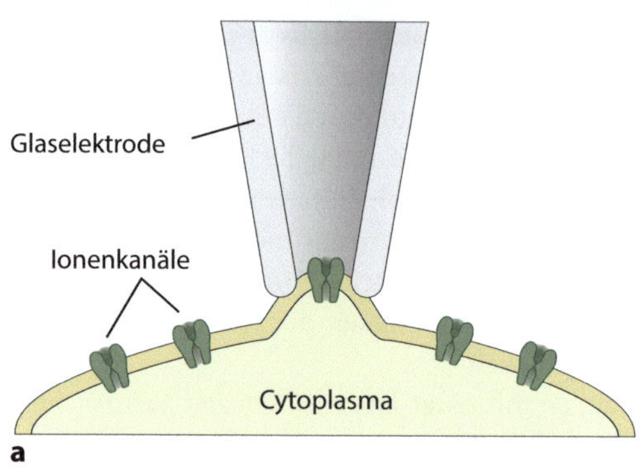

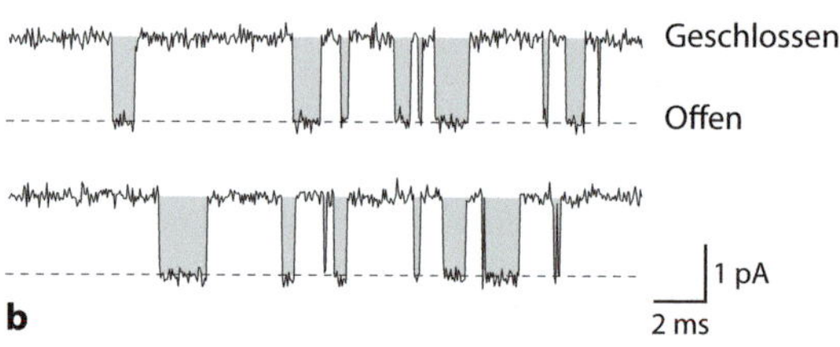

Abb. 9.17 Messung des Stroms durch einzelne Ionenkanäle mit der Patch-Clamp-Technik. **a** Eine Glaselektrode, die eine Lösung mit Elektrolyten enthält, wird auf die Zellmembran eines Neurons aufgesetzt. Aufgrund des hohen Abdichtwiderstands zwischen Glas und Lipidmembran können Ströme, die durch einen einzelnen Ionenkanal fließen, gemessen werden. **b** Einzelkanalableitungen mithilfe der Patch-Clamp-Technik. Einzelkanalströme erscheinen als annähernd rechteckige Ereignisse von variabler Dauer und konstanter Amplitude

Transport einsetzen, diffundieren Ionen passiv entlang ihres elektrochemischen Gradienten durch die Ionenkanäle. Die Bewegung geladener Teilchen über die Zellmembran ändert das Membranpotenzial und ist Grundlage für die Erregbarkeit von Neuronen und damit für die Signalverarbeitung in Nervensystemen.

Alle Ionenkanäle besitzen einen gemeinsamen evolutionären Ursprung, der sich in der Existenz sogenannter Superfamilien manifestiert. Wir unterscheiden anhand der Aminosäuresequenz, Membrantopologie und Quartärstruktur spannungsgesteuerte Kanäle, ligandengesteuerte Kanäle, Glutamatrezeptoren und Gap-Junction-Kanäle.

Spannungsgesteuerte Kanäle werden durch Änderungen der Membranspannung reguliert. Sie besitzen einen Spannungssensor und eine P-Schleife, die als Selektivitätsfilter für die entsprechenden Ionen fungiert. Ligandengesteuerte Kanäle binden Neurotransmitter und sind zusammen mit der Familie der Glutamatrezeptoren maßgeblich an der synaptischen Übertragung beteiligt. Gap-Junction-Kanäle schließlich bilden elektrische Synapsen als Grundlage für die elektrische und metabolische Kopplung zwischen Neuronen.

Für zahlreiche Ionenkanäle steht durch Anwendung der Röntgenstrukturanalyse mittlerweile eine räumliche Auflösung auf dem Niveau einzelner Atome zur Verfügung. Der Selektivitätsfilter des spannungsgesteuerten K^+-Kanals basiert auf einer hochgradig konservierten Aminosäuresequenz, deren Carbonylsauerstoffatome die Hydrathülle der den Kanal passierenden K^+-Ionen perfekt ersetzen. Bei den kleineren Na^+-Ionen wird der Verlust der Hydrathülle energetisch weniger gut kompensiert. Sie benötigen daher eine weitaus höhere Energie für den Durchtritt durch einen K^+-Kanal, die in der Regel nicht zur Verfügung steht. Von den vier möglichen Bindungsstellen in der Kanalpore sind immer nur zwei gleichzeitig besetzt; die gegenseitige Abstoßung der Ionen bewirkt eine hohe Diffusionsgeschwindigkeit von mehr als 10 Mio. Ionen, die pro Sekunde einen Kanal passieren können.

Das Konzept des Gatings bezeichnet das Öffnen und Schließen eines Ionenkanals. Durch Konformationsänderungen der dreidimensionalen Struktur des Kanalproteins wird eine zentrale Pore freigegeben oder verschlossen. Die für diese Konformationsänderungen erforderliche Energie wird durch vier grundlegende Prozesse bereitgestellt: (1) Änderungen des Membranpotenzials, (2) Bindung eines Neurotransmitters, (3) intrazelluläre Phosphorylierung und (4) mechanische Kräfte. Spannungs- und ligandengesteuerte Kanäle können als Reaktion auf länger andauernde Reize einen geschlossenen, refraktorischen Zustand einnehmen.

Eine wichtige Kenngröße eines Ionenkanals ist seine Leitfähigkeit, die gemäß dem ohmschen Gesetz die Proportionalität zwischen Strom und Spannung herstellt. Es fließt nur dann Strom durch einen Kanal, wenn die Leitfähigkeit von null verschieden, der Kanal also geöffnet ist und gleichzeitig eine elektrochemische Kraft für die Diffusion der Ionen über der Membran vorhanden ist.

Die biophysikalischen Eigenschaften von Ionenkanälen können mit der indirekten Methode der Rauschanalyse gemessen werden. Dieses Verfahren basiert auf statistischen Fluktuationen eines Kanals zwischen einem geschlossenen und einem offenen Zustand, die sich in Form von elektrischem Rauschen manifestieren. Eine direkte Methode ist die Patch-Clamp-Technik, die einen außerordentlich hohen Abdichtwiderstand zwischen Glaselektrode und Zellmembran zur Voraussetzung hat. Sie ermöglicht die Messung von elektrischen Strömen durch einzelne Ionenkanäle und damit Aussagen über Leitfähigkeit, Offenzeiten und Offenwahrscheinlichkeiten von Kanalproteinen.

Literatur

1. Armstrong CM (2007) Life among the axons. Annu Rev Physiol 69:1–18
2. Bear MF, Connors BW, Paradiso MA (2015) Neuroscience: exploring the brain. 4. Aufl, Lippincott Williams & Wilkins, Philadelphia
3. Bezanilla F (2008) Ion channels: from conductance to structure. Neuron 60:456–468
4. Catterall WA (2010) Ion channel voltage sensors: structure, function, and pathophysiology. Neuron 67:915–928
5. Doyle DA, Morais Cabral J, Pfuetzner RA, Kuo A, Gulbis JM, Cohen SL, Chait BT, MacKinnon R (1998) The structure of the potassium channel: molecular basis of K^+ conductance and selectivity. Science 280:69–77
6. Hille B (2001) Ion channels of excitable membranes. 3. Aufl, Sinauer, Sunderland
7. Hirokawa N, Takemura R (2005) Molecular motors and mechanisms of directional transport in neurons. Nat Rev Neurosci 6:201–214
8. Katz B, Miledi R (1972) The statistical nature of the acetylcholine potential and its molecular components. J Physiol 224:665–699
9. Khakh BS, Sofroniew MV (2015) Diversity of astrocyte function and phenotypes in neural circuits. Nat Neurosci 18:942–952
10. Miller C (2001) See potassium run. Nature 414:23–24
11. Purpura DP (1974) Dendritic spine „dysgenesis" and mental retardation. Science 186:1126–1128
12. Purves D, Augustine GJ, Fitzpatrick D, Hall WC, LaMantia AS, White LE (2012) Neuroscience. 5. Aufl, Sinauer, Sunderland
13. Segal M (2005) Dendritic spines and long-term plasticity. Nat Rev Neurosci 6:277–284
14. Unwin N (1989) The structure of ion channels in excitable cells. Neuron 3:665–676

Spannungsabhängige Prozesse

Andreas Feigenspan

© Springer-Verlag GmbH Deutschland 2017
A. Feigenspan, *Prinzipien der Physiologie*, https://doi.org/10.1007/978-3-662-54117-3_10

> **Schlüsselkonzepte**
>
> 1. Ionen diffundieren angetrieben von einem Konzentrationsgradienten und einer elektrischen Spannung durch Ionenkanäle über die Zellmembran.
> 2. Gleichgewichtspotenziale entstehen aufgrund unterschiedlicher Ionenkonzentrationen im Extra- und Intrazellulärraum. Sie können mit der Nernst-Gleichung berechnet werden.
> 3. Das Ruhemembranpotenzial von etwa $-65\,\mathrm{mV}$ basiert auf der Ladungstrennung von K^+ über der Zellmembran.
> 4. Die Zellmembran ist neben K^+ auch für Na^+ und Cl^- permeabel, wobei $P_K \gg P_{Cl} > P_{Na}$ ist. Die Berechnung des Ruhepotenzials erfolgt mit der Goldman-Hodgkin-Katz-Gleichung.
> 5. Die neuronale Membran kann als ein Äquivalenzschaltkreis, bestehend aus einer Parallelschaltung von Kapazität und Widerstand, beschrieben werden.
> 6. Aktionspotenziale dienen Neuronen der Informationsübertragung über längere Strecken. Ihre Frequenz und ihr Spannungsverlauf bilden den neuronalen Code.
> 7. Aktionspotenziale entstehen durch einen positiven Rückkopplungszyklus (Na^+-Kanäle), der mit einem negativen Rückkopplungszyklus (K^+-Kanäle) verschränkt ist.

» Science is no less magical than magic. It is just repeatable.
> *Louis J. DeFelice*

10.1 Bewegung von Ionen über Zellmembranen

In ▶ Kap. 9 werden Ionenkanäle beschrieben, die geladenen Teilchen die Überquerung der Zellmembran ermöglichen. Als strukturelle Grundlage für schnelle Änderungen des Membranpotenzials spielen Ionenkanäle eine zentrale Rolle für die Erzeugung und Weiterleitung elektrischer Signale. Ionentransporter bzw. ATP-getriebene Pumpen erlauben Ionen ebenfalls den Durchtritt durch die Zellmembran – sie arbeiten allerdings langsamer und benötigen Energie. Daher tragen Ionenpumpen in der Regel nicht unmittelbar zur Signalerzeugung und -weiterleitung bei; sie sind jedoch maßgeblich für die unterschiedlichen extra- und intrazellulären Konzentrationen von Na^+, K^+, Ca^{2+} und Cl^- verantwortlich, die in Form elektrochemischer Gradienten die Diffusion von Ionen durch die Ionenkanäle antreiben (◘ Tab. 10.1).

10.1.1 Konzentrationsgradienten

Damit sich Ionen von einer Seite der Membran auf die andere bewegen, sind Kräfte erforderlich, die auf diese Ionen wirken. Einen wichtigen Faktor haben wir bereits in ▶ Abschn. 1.7.1 kennengelernt: Die **einfache Diffusion** benötigt einen Konzentrationsgradienten, der von Transportproteinen unter Hydrolyse von ATP aufgebaut wird. Dieser Gradient erhöht die Wahrscheinlichkeit, dass sich Ionen aufgrund ihrer spontanen thermischen Molekularbewegung von Bereichen hoher Konzentration in Regionen niedriger Konzentration – also in Richtung des Gradienten – bewegen. Ein Konzentrationsgradient stellt keine physikalische Kraft im eigentlichen Sinne dar; als ein Zustand höherer Ordnung kann er aber als ein Energiespeicher verstanden werden, der die Nettobewegung von Ionen antreibt.

◘ Tabelle 10.1 Physiologisch relevante Ionenkonzentrationen in Neuronen von Säugetieren

Ion	Extrazelluläre Konzentration (mmol l^{-1})	Intrazelluläre Konzentration (mmol l^{-1})	[Ion]$_e$ / [Ion]$_i$	Gleichgewichtspotenzial (mV)
K$^+$	5	140	0,036	−89
Na$^+$	150	15	10	+62
Ca^{2+}	1,5	0,0001	15.000	+129
Cl$^-$	110	15	7	−53

Die Gleichgewichtspotenziale beziehen sich auf eine Temperatur von 37 °C.
Die intrazellulären Konzentrationen von Na$^+$ und Cl$^-$ können um wenige mmol l^{-1} schwanken; angegeben sind Durchschnittswerte.
e, extrazellulär; i, intrazellulär.

Beispielsweise befördert die Na$^+$/K$^+$-ATPase in einem Zyklus drei Na$^+$-Ionen nach außen und zwei K$^+$-Ionen nach innen und bewirkt auf diese Weise eine Anreicherung von Na$^+$ im Extrazellulärraum bzw. von K$^+$ im Intrazellulärraum. Sofern offene Ionenkanäle vorhanden sind, verursachen diese Gradienten einen Ausstrom von K$^+$ aus der Zelle und einen Einstrom von Na$^+$ in die Zelle. *Die Diffusion eines Ions über die Zellmembran kann also nur dann erfolgen, wenn ein Konzentrationsgefälle für dieses Ion vorhanden ist und entsprechende Ionenkanäle geöffnet sind.*

Diffusionsprozesse tendieren dazu, Konzentrationsgradienten auszugleichen. Im Gleichgewichtszustand, wenn die Konzentrationen auf beiden Seiten der Membran gleich groß sind, findet keine Nettobewegung von Ionen mehr statt. Die kontinuierliche Aktivität von Ionenpumpen dient der Aufrechterhaltung des Ungleichgewichts als notwendige Voraussetzung für gerichtete Ionenbewegungen in Nervenzellen.

10.1.2 Elektrische Spannung

Geladene Teilchen können neben der Diffusion auch durch Anlegen einer **elektrischen Spannung** in Bewegung gesetzt werden. Positiv geladene Teilchen (**Kationen**) wandern dabei zur Kathode, negativ geladene Teilchen (**Anionen**) zur Anode. Die Bewegung von Ladungen stellt einen **elektrischen Strom** dar. Die Stromstärke wird durch zwei Faktoren bestimmt: die vorherrschende Spannung (gemessen in Volt, V) und den Widerstand (gemessen in Ohm, Ω), der dem Stromfluss von den leitenden Materialien entgegengesetzt wird.

In ◘ Abb. 10.1a befindet sich NaCl in gleichen Konzentrationen auf beiden Seiten einer Membran, die jedoch für beide Ionen undurchlässig ist. Obwohl eine elektrische Spannung über der Membran mithilfe einer Batterie angelegt wird, können die Ionen die Membran nicht passieren. Da der Widerstand unendlich groß bzw. die Leitfähigkeit gleich null ist, fließt kein Strom.

Existieren in der Membran jedoch Ionenkanäle, die für Na und Cl$^-$ permeabel sind, bewegen sich die Ionen entlang des elektrischen Feldes über die Membran, indem Na$^+$ zur Kathode und Cl$^-$ zur Anode diffundieren (◘ Abb. 10.1b). Die Bewegung J der Ionen ist überall propor-

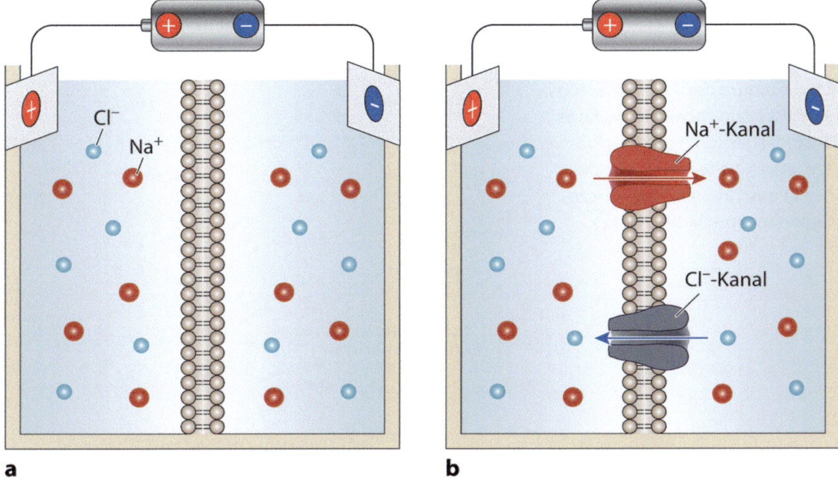

Abb. 10.1 Elektrizität als eine treibende Kraft für den Fluss von Ionen über eine Membran. **a** Ein Behälter wird durch eine Membran in zwei Hälften geteilt, in denen identische Konzentrationen von NaCl gelöst sind. Mithilfe einer Batterie wird eine Spannung über der Membran erzeugt. Da die Membran für Na^+ und Cl^- undurchlässig ist, können die Ionen die Membran nicht passieren. **b** In der Membran befinden sich Kanäle, die für Na^+ und Cl^- permeabel sind. Aufgrund der elektrischen Spannung fließen nun Na^+-Ionen zum Minuspol (Kathode) und Cl^--Ionen zum Pluspol (Anode)

tional zur Feldstärke E mit der elektrischen Leitfähigkeit ∂_{el} als Proportionalitätskonstante:[1]

$$J = \partial_{el}\, E = -\mu\, z\, c\, \frac{\partial \psi}{\partial x}. \tag{10.1}$$

Dieser Zusammenhang entspricht dem ohmschen Gesetz für die Bewegung von Ionen in einem elektrischen Feld. In dieser expliziten Form zeigt sie die Bedeutung von Beweglichkeit und Konzentration eines Ions für seine Leitfähigkeit in einer wässrigen Lösung. Gemäß Gl. 10.1 hängt die elektrische Leitfähigkeit von drei Eigenschaften der Ionen ab: (1) der Beweglichkeit (μ), (2) ihrer Valenz (z) und (3) ihrer Konzentration (c). Da in der Regel nur die eindimensionale Bewegung von Ionen über eine Zellmembran betrachtet wird, können wir das elektrische Feld vereinfachend durch das partielle Differenzial in x-Richtung ($\frac{\partial \psi}{\partial x}$) – also senkrecht zur Membranoberfläche – beschreiben (**Abb. 10.2**). *Bei gleichen Ionenkonzentrationen auf beiden Seiten einer Membran fließt nur dann ein elektrischer Strom, wenn offene Ionenkanäle vorhanden sind und eine Spannung anliegt.*

Wenn die Beweglichkeit und das elektrische Feld unabhängig von x sind, können wir das partielle Differenzial in Gl. 10.1 durch den Quotienten aus der angelegten Spannung U und der Wegstrecke l ersetzen:

$$J = -\mu\, z\, c\, \frac{U}{l}. \tag{10.2}$$

---

[1] Die einzelnen physikalischen Größen in Gl. 10.1 besitzen folgende Einheiten: J, $\mathrm{mol\,s^{-1}\,cm^{-2}}$; ∂_{el}, $\mathrm{mol\,V^{-1}\,s^{-1}\,cm^{-1}}$; E, $\mathrm{V\,cm^{-1}}$; U, V; x, cm; c, $\mathrm{mol\,cm^{-3}}$; μ, $\mathrm{cm^2\,V^{-1}\,s^{-1}}$; z ist dimensionslos.

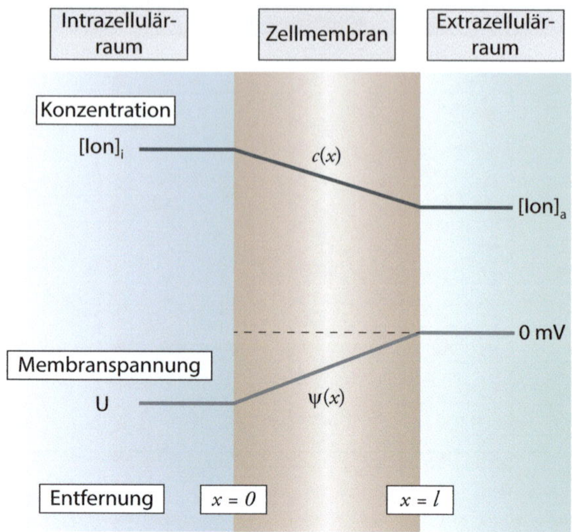

Abb. 10.2 Das elektrochemische Potenzial über einer Membran. Die Kombination aus chemischem und elektrischem Gradienten bestimmt den Fluss eines Ions über eine Phospholipidschicht. Das Konzentrationsprofil des Ions von der intra- zur extrazellulären Seite wird durch die Funktion $c(x)$ beschrieben, das entsprechende Spannungsprofil durch $\psi(x)$

In der Regel bestehen sowohl ein Konzentrationsgradient als auch eine elektrische Spannung über der Membran einer Nervenzelle. Konzentrationsgradient und elektrische Spannung bestimmen gemeinsam das **elektrochemische Potenzial** einer Zellmembran, das für Richtung und Geschwindigkeit von Ionenbewegungen maßgeblich ist. Häufig wirken die chemische und die elektrische Komponente in dieselbe Richtung – etwa wenn Na^+-Ionen aus dem Extrazellulärraum (hohe Na^+-Konzentration) in das Zellinnere fließen (negatives Ruhemembranpotenzial). Im Falle von K^+ ist es jedoch umgekehrt: Der Konzentrationsgradient treibt die Diffusion von K^+-Ionen aus der Zelle an, während der elektrische Gradient einen Einstrom von K^+ bewirkt. Die Nettobewegung von Ionen ergibt sich daher aus der Summe von elektrischem und chemischem Potenzial.

10.1.3 Zusammenfassung

Die Richtung und Geschwindigkeit der Bewegung von Ionen über eine Zellmembran werden durch das elektrochemische Potenzial bestimmt. Es basiert auf dem Konzentrationsgradienten für das jeweilige Ion und dem elektrischen Feld, das zwischen Intra- und Extrazellulärraum besteht.

Der chemische Gradient verursacht die Diffusion von Ionen entlang eines vorhandenen Konzentrationsgefälles. Auf der Grundlage spontaner thermischer Molekülbewegungen diffundieren die Ionen mit höherer Wahrscheinlichkeit von einer hohen zu einer niedrigen Konzentration, sodass eine gerichtete Nettobewegung von Ionen resultiert, die erst mit dem Erreichen eines Gleichgewichts endet. Die kontinuierliche Aktivität von Ionenpumpen verhindert das Einstellen des Gleichgewichtszustands unter Einsatz von metabolischer Energie.

Ein elektrisches Feld über einer neuronalen Membran übt eine Kraft auf geladene Teilchen aus und bewegt sie entlang der elektrischen Feldlinien. Die gerichtete Bewegung von Ionen entspricht einem elektrischen Strom, dessen Stärke gemäß dem ohmschen Gesetz durch den Widerstand, den die Membran dem Stromfluss entgegensetzt, sowie die Spannung über der Membran festgelegt wird.

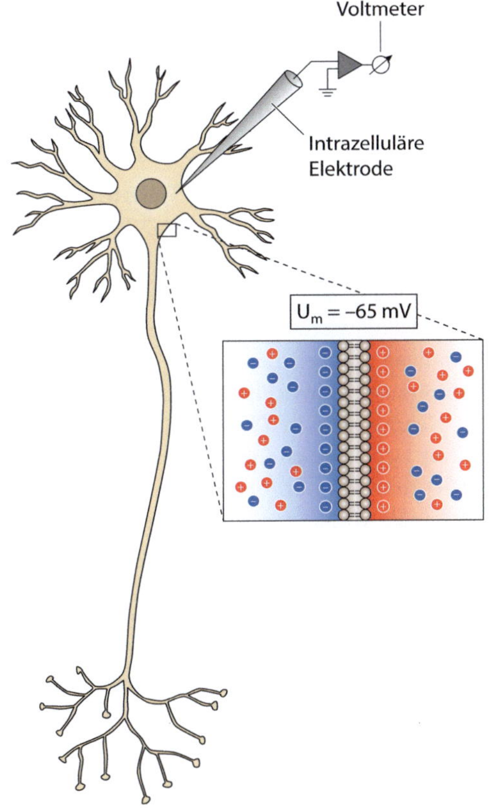

◘ Abb. 10.3 Die Ladungstrennung über der Zellmembran ist Grundlage für das Ruhemembranpotenzial. Ein Voltmeter misst eine Potenzialdifferenz zwischen der Spitze einer Elektrode im Inneren einer Nervenzelle und einer Referenzelektrode im Extrazellulärraum. Diese Spannung von etwa −65 mV wird durch eine Ladungstrennung über der Zellmembran erzeugt. Ein Überschuss negativer Ladungen befindet sich auf der intrazellulären Seite der Plasmamembran und erzeugt dort die Spannung U_i, eine entsprechende Anzahl positiver Ladungen auf der Außenseite die Spannung U_a. Der weitaus größte Teil der intra- und extrazellulären Flüssigkeitsräume ist jedoch elektrisch neutral

Damit Ionen eine Membran passieren können, muss sowohl eine Leitfähigkeit in Form offener Ionenkanäle als auch ein elektrochemisches Potenzial vorliegen, das die Diffusion antreibt. Ein elektrochemischer Gradient kann keinen Ionenstrom erzeugen, wenn Ionenkanäle geschlossen oder nicht vorhanden sind; ebenso reichen offene Kanäle allein nicht aus, solange keine treibende Kraft die Ionen in Bewegung setzt.

10.2 Spannungen über Zellmembranen

Das **Membranpotenzial** U_m einer Zelle beschreibt die elektrische Spannung über der Membran, ist also definiert als die Potenzialdifferenz zwischen Intra- und Extrazellulärraum:

$$U_m = U_i - U_a. \tag{10.3}$$

U_i und U_a bezeichnen die Spannung innerhalb bzw. außerhalb der Zelle. Das Membranpotenzial basiert auf einer **Ladungstrennung**: Die extrazelluläre Oberfläche weist einen Überschuss an positiven Ladungen auf, während sich auf der intrazellulären Seite der Membran mehr negative Ladungen befinden (◘ Abb. 10.3). Diese Ladungstrennung, die jedoch nur auf die unmittelbare Umgebung der Plasmamembran beschränkt ist, verursacht in Neuronen eine Potenzialdifferenz von etwa −65 mV.

Eine Ladungstrennung stellt einen geordneten Zustand dar, der nicht spontan entsteht, sondern nur durch die Zufuhr von Energie erzeugt und aufrechterhalten werden kann. Im Folgenden werden diejenigen Mechanismen diskutiert, die für die Entstehung des Membranpotenzials verantwortlich sind.

10.2.1 Diffusion von K^+-Ionen

Aufgrund der Aktivität der Na^+/K^+-ATPase ist die intrazelluläre Konzentration von K^+ etwa 30-mal höher als im Extrazellulärraum (⬛ Tab. 10.1). Da wässrige Lösungen immer elektrisch neutral sind, werden die positiven Ladungen der K^+-Ionen durch exakt gleich viele negative Ladungen ausgeglichen. Im Cytoplasma stellen vor allem negativ geladene Seitenketten von Aminosäuren sowie Phosphatgruppen diese Anionen.

Nehmen wir in ⬛ Abb. 10.4a zunächst an, eine für Ionen undurchlässige Zellmembran trennt zwei Bereiche mit unterschiedlicher K^+-Konzentration voneinander. In diesem Fall findet trotz des Konzentrationsgradienten keine Diffusion von K^+ statt, da keine offenen Ionenkanäle vorhanden sind. Unter diesen Bedingungen kann auch keine Potenzialdifferenz zwischen den beiden Kompartimenten gemessen werden.

Im nächsten Schritt werden K^+-selektive Kanäle in die Membran eingefügt (⬛ Abb. 10.4b). Da K^+-Ionen die Membran nun passieren können, bewirkt der Konzentrationsgradient eine Nettobewegung von K^+-Ionen von links nach rechts. Für die Anionen existieren jedoch keine Ionenkanäle, sodass sie den K^+-Ionen nicht folgen können. Jedes K^+-Ion, das von links nach rechts diffundiert, entzieht dem linken Kompartiment eine positive Ladung und fügt sie auf der rechten Seite hinzu, während die zurückbleibenden Anionen die Anzahl negativer Ladungen auf der linken Seite der Membran erhöhen. Mit zunehmender Diffusion von K^+-Ionen häufen sich daher positive Ladungen auf der rechten Seite an, während sich links ein Überschuss negativer Ladungen aufbaut. Diese zunehmende Ladungstrennung erzeugt eine immer stärker werdende elektrische Spannung zwischen beiden Seiten, die dem Konzentrationsgradienten von K^+ entgegengesetzt ist. Die Nettobewegung von K^+ verlangsamt sich daher, bis ein Gleichgewichtszustand erreicht ist, in dem sich die Wirkungen der Potenzialdifferenz und des Konzentrationsgefälles auf die Ionenbewegung gegenseitig aufheben (⬛ Abb. 10.4c). In diesem Gleichgewichtszustand besteht zwischen beiden Seiten eine konstante Ladungstrennung und wir messen eine Potenzialdifferenz, das sogenannte **Gleichgewichtspotenzial**. Bei physiologischen K^+-Konzentrationen beträgt das Gleichgewichtspotenzial für K^+ etwa $-90\,mV$.

Das Gleichgewichtspotenzial für K^+ wird immer dann aufgebaut, wenn ein Konzentrationsgradient zwischen Intra- und Extrazellulärraum besteht und offene K^+-Kanäle vorhanden sind. Die dadurch entstehende Spannung über der Zellmembran beeinflusst wiederum die Bewegung aller anderen physiologisch relevanten Ionen.

Auch im Gleichgewichtszustand passieren weiterhin K^+-Ionen die Zellmembran. Da jedoch die Wahrscheinlichkeit für eine Bewegung in beiden Richtungen gleich groß ist, ändert sich in der Gesamtbilanz die Anzahl der K^+-Ionen auf beiden Seiten nicht. Die offenen K^+-Kanäle und die thermische Molekularbewegung erzeugen einen dynamischen Gleichgewichtszustand, in dem gleich viele K^+-Ionen aus der Zelle hinaus und in die Zelle hinein diffundieren.

Die negativen Ladungen im Intrazellulärraum und die positiven Ladungen im Extrazellulärraum ziehen sich über die Dicke der Membran (5 nm) gegenseitig an. Von einer isolierenden Schicht getrennte Ladungen kennzeichnen einen **Kondensator**; entsprechend besitzt die Lipiddoppelschicht zusammen mit der unmittelbar angrenzenden Extra- und Intrazellulärlösung

◘ Abb. 10.4 Einstellen des Gleichgewichtspotenzials bei einer selektiv permeablen Membran. **a** Positiv geladene K^+-Ionen (*rot*) und Anionen (*blau*) befinden sich höher konzentriert auf der linken Seite einer undurchlässigen Membran. Da die Ionen die Membran nicht passieren können, registriert das Voltmeter keine Spannung über der Membran. **b** Werden in die Membran K^+-Kanäle eingeführt, diffundieren K^+-Ionen entlang ihres Konzentrationsgradienten von links nach rechts. Aufgrund der Nettobewegung positiver Ladungen entwickelt sich eine Spannung über der Membran. **c** Die Anhäufung negativer Ladungen auf der linken Seite und positiver Ladungen auf der rechten Seite verlangsamt die weitere Nettobewegung von K^+-Ionen von links nach rechts. Im Gleichgewicht diffundieren schließlich genauso viele K^+-Ionen von links nach rechts wie in umgekehrter Richtung, wobei die Ladungsdifferenz zwischen beiden Seiten das Gleichgewichtspotenzial definiert

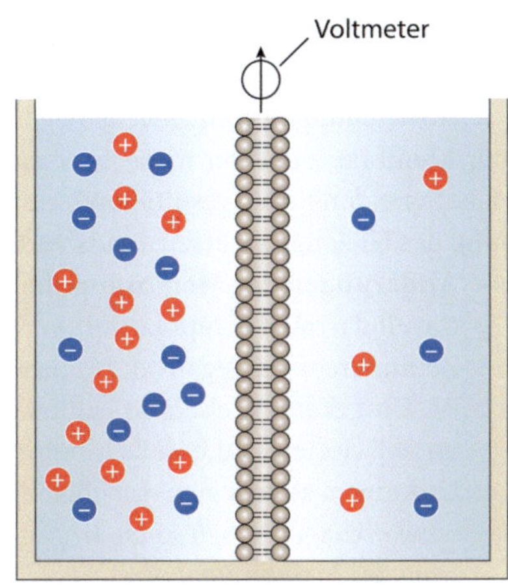

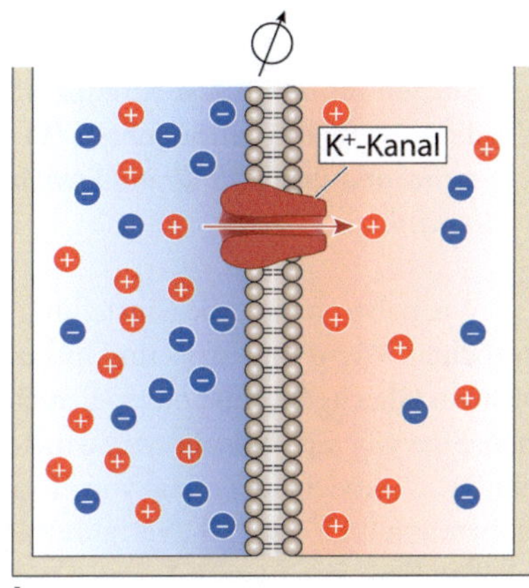

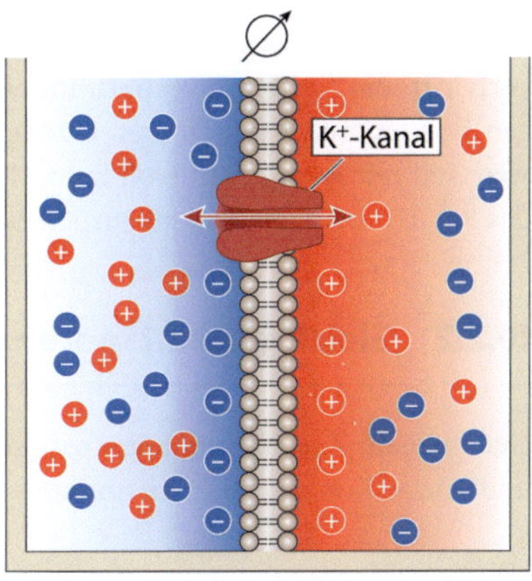

kapazitive Eigenschaften, die wir im Zusammenhang mit der Erzeugung und Ausbreitung elektrischer Signale ausführlicher besprechen werden (▶ Abschn. 10.3.2).[2]

Abweichungen vom Gleichgewichtszustand können durch Änderungen der Spannung über der Membran oder der intra- bzw. extrazellulären Ionenkonzentrationen hervorgerufen werden. In beiden Fällen resultieren Ionenbewegungen, die immer in Richtung der Wiederherstellung des Gleichgewichtszustands verlaufen:

- **Änderungen des Membranpotenzials.** Bei einer Zunahme positiver Ladungen im Intrazellulärraum (Depolarisation) strömt als Reaktion K^+ aus der Zelle hinaus und das Zellinnere wird negativer, bis das ursprüngliche Membranpotenzial wiederhergestellt ist. Umgekehrt fließen im Fall einer vorausgehenden Negativierung (Hyperpolarisation) K^+-Ionen in die Zelle hinein. Die Kationen neutralisieren die zusätzlichen negativen Ladungen, sodass sich das Gleichgewichtspotenzial wieder einstellt. *Indem sie Potenzialschwankungen ausgleichen, tragen die kompensatorischen K^+-Ströme zu einer Stabilisierung des Membranpotenzials bei.*
- **Änderungen der K^+-Konzentration.** Wird das Verhältnis zwischen der extrazellulären und der intrazellulären K^+-Konzentration verschoben, stellt sich ein neues Gleichgewichtspotenzial ein (◘ Abb. 10.5a). Bei der physiologisch wichtigen Erhöhung der K^+-Konzentration im Außenraum strömt vermehrt K^+ in die Zelle und depolarisiert auf diese Weise die Zellmembran (◘ Abb. 10.5b). *Grundsätzlich führt eine Veränderung der extra- und intrazellulären Ionenkonzentrationen zu einem veränderten Gleichgewichtspotenzial.*

Wir haben bisher die Einstellung eines Gleichgewichtspotenzials am Beispiel von K^+ besprochen. Wenn die extra- und intrazellulären Konzentrationen eines Ions bekannt sind, lässt sich ein Gleichgewichtspotenzial auch für alle anderen physiologisch relevanten Ionen errechnen. So ergibt sich beispielsweise mit den extra- und intrazellulären Konzentrationen von Na^+ ein Gleichgewichtspotenzial von etwa 60 mV. Ebenso lässt sich mit den bekannten Konzentrationen von Ca^{2+} und Cl^- verfahren (◘ Tab. 10.1).

Die Bewegung von K^+-Ionen entlang eines Konzentrationsgradienten führt zu einer Ladungstrennung über der Zellmembran und damit zu einer Potenzialdifferenz zwischen Extra- und Intrazellulärraum. Hierbei handelt es sich um ein **Diffusionspotenzial**, das ohne Zufuhr metabolischer Energie entsteht. Dennoch ist Energie erforderlich; sie wird allerdings schon vorher in das System investiert, indem die Na^+/K^+-ATPase den für die Diffusion notwendigen Konzentrationsgradienten erzeugt. Obwohl die Na^+/K^+-ATPase elektrogen ist, trägt ihre Aktivität nur wenige Millivolt zum Membranpotenzial bei.[3] Der weitaus größere Anteil ist auf das K^+-Diffusionspotenzial zurückzuführen.

10.2.2 Gleichgewichtspotenziale – Nernst-Gleichung

Der formale Zusammenhang zwischen dem Gleichgewichtspotenzial eines bestimmten Ions und seinen Konzentrationen im Intra- und Extrazellulärraum wird durch die **Nernst-Gleichung**

---

[2] Die Kapazität eines Kondensators bestimmt die Menge an Ladungen, die bei Anlegen einer Spannung auf den beiden Platten des Kondensators gespeichert werden können. Im Falle der Zellmembran bestehen die Platten aus den Elektrolytlösungen der intra- und extrazellulären Flüssigkeitsräume.

[3] Die Na^+/K^+-ATPase transportiert 3 Na^+-Ionen aus der Zelle hinaus, aber nur 2 K^+-Ionen hinein, erzeugt also einen Überschuss positiver Ladungen auf der Außenseite, wodurch eine Spannung von 5 bis 10 mV über der Zellmembran erzeugt wird.

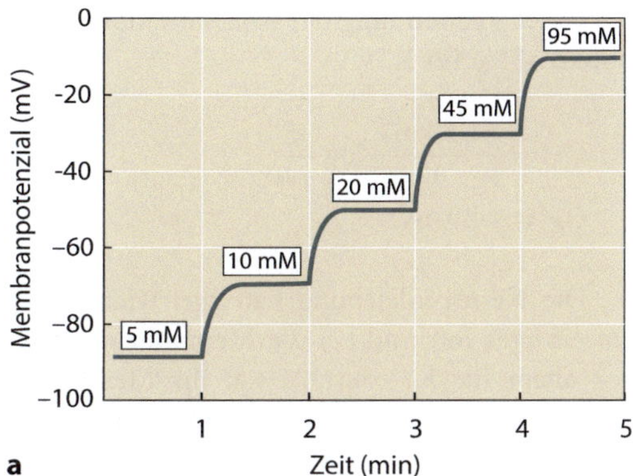

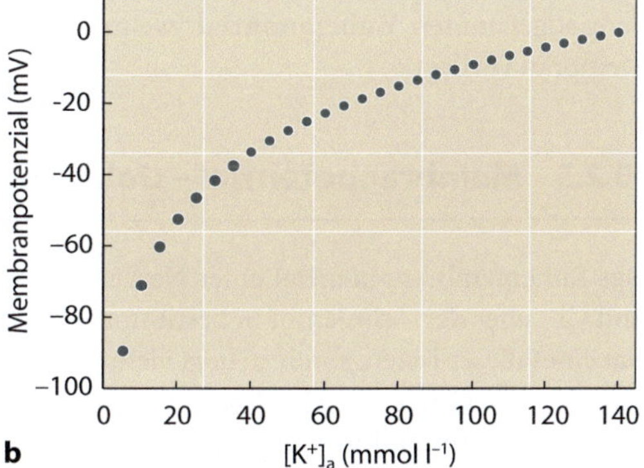

Abb. 10.5 Abhängigkeit des Gleichgewichtspotenzials von der extrazellulären K^+-Konzentration. **a** Eine schrittweise Erhöhung der extrazellulären K^+-Konzentration (Angaben in $mmol\,l^{-1}$) depolarisiert die Zellmembran. **b** Beziehung zwischen Membranpotenzial und extrazellulärer K^+-Konzentration. Den Datenpunkten liegt die Nernst-Gleichung mit einer intrazellulären K^+-Konzentration von $5\,mmol\,l^{-1}$ zugrunde. $[K^+]_a$ bezeichnet die extrazelluläre K^+-Konzentration

beschrieben. Ihre Herleitung basiert auf der Tatsache, dass im Gleichgewicht keine Nettobewegung von Ionen über die Membran stattfindet: *Die vom Konzentrationsgradienten und der elektrischen Spannung verursachten Ionenbewegungen sind gleich groß und entgegengesetzt gerichtet.*

Formal wird der Zusammenhang zwischen dem Gleichgewichtspotenzial und den Ionenkonzentrationen mit der Nernst-Gleichung wie folgt beschrieben:

$$U_x = \frac{R\,T}{z\,F} \ln \frac{[X]_a}{[X]_i}. \tag{10.4}$$

In Gl. 10.4 entspricht U_x dem Gleichgewichtspotenzial für das Ion x, R, der allgemeinen Gaskonstante ($8{,}3145\,J\,mol^{-1}\,K^{-1}$), T der absoluten Temperatur (in K), z der Valenz des Ions, F der Faraday-Konstante ($9{,}6485 \times 10^4\,C\,mol^{-1}$) sowie $[X]_a$ und $[X]_i$ der extra- bzw. intrazellulären Konzentration von x.

Zur Vereinfachung können die Konstanten vor dem Logarithmus zu einem Zahlenwert zusammengefasst und der natürliche in den dekadischen Logarithmus umgewandelt werden. Bei einer Temperatur T von $37\,°C$ ($310\,K$) ergibt sich daher:

$$U_x = \frac{61{,}54\,mV}{z} \log \frac{[X]_a}{[X]_i}. \tag{10.5}$$

Unter Verwendung der Konzentrationen in ◘ Tab. 10.1 errechnen wir ein Gleichgewichtspotenzial U_K für K^+:

$$U_K = \frac{61{,}54\,\text{mV}}{1} \log \frac{5}{140},$$

$$U_K = -89\,\text{mV}. \tag{10.6}$$

Die Nernst-Gleichung hat zwei wichtige Voraussetzungen: (1) Sie gilt jeweils nur für ein einziges Ion und (2) die Membran muss für dieses Ion permeabel sein. Gliazellen sind vor allem für K^+ durchlässig; ihr Membranpotenzial entspricht daher weitgehend dem K^+-Gleichgewichtspotenzial. Bei Neuronen liegt eine kompliziertere Situation vor: Ihre Zellmembran ist zwar vor allem für K^+-Ionen permeabel, aber die Beiträge von Na^+ und Cl^- können nicht vernachlässigt werden. *Wir müssen also zwischen dem Gleichgewichtspotenzial für ein bestimmtes Ion und dem Membranpotenzial einer Zelle unterscheiden, das durch die Beiträge mehrerer Ionen erzeugt werden kann.* Bei erregbaren Zellen entspricht das Membranpotenzial dem sogenannten **Ruhepotenzial**, wenn keine Depolarisation oder Hyperpolarisation der Membran vorliegt.

10.2.3 Membranpotenzial – Goldman-Hodgkin-Katz-Gleichung

Das Ruhemembranpotenzial einer Nervenzelle wird zwar durch die Verteilung von K^+, Na^+ und Cl^- über der Zellmembran bestimmt; es entspricht aber nicht dem Gleichgewichtspotenzial eines dieser Ionen, sondern liegt vielmehr zwischen den Werten für U_K ($-89\,\text{mV}$) und U_{Na} ($62\,\text{mV}$). Die Größe des Membranpotenzials wird maßgeblich durch zwei Faktoren bestimmt:
1. die extra- und intrazellulären Konzentrationen der beteiligten Ionen,
2. die Permeabilität der Membran für diese Ionen.

Die **Permeabilität** hat die Dimension einer Geschwindigkeit (cm s^{-1}) und ist anschaulich ein Maß für die „Leichtigkeit", mit der Ionen die Zellmembran durch selektive Kanäle passieren können. Die Permeabilität hängt einerseits von den Eigenschaften der Membran – insbesondere der Anzahl der Ionenkanäle sowie der Breite und der Länge der Kanalpore – ab. Andererseits spielen die relative Löslichkeit der Ionen und ihre Beweglichkeit in der Membran eine wichtige Rolle. Diese beiden Eigenschaften werden in Form des **Diffusionskoeffizienten** zusammengefasst.[4]

Permeabilität und Leitfähigkeit sind zwar konzeptuell eng miteinander verknüpft, beschreiben aber unterschiedliche physikalische Eigenschaften eines Ionenkanals. Die Permeabilität ist eine intrinsische Eigenschaft eines offenen Kanals. Damit ein Kanal auch eine messbare Leitfähigkeit aufweist, müssen außerdem Ionen vorhanden sein, da nur dann ein elektrischer Strom fließen kann. *Ohne Ionen ist die Leitfähigkeit gleich null, ganz gleich, wie groß die Permeabilität des Kanals ist.* Darüber hinaus ist die Leitfähigkeit unmittelbar von der Ionenkonzentration abhängig: *Je geringer die Ionenkonzentration, desto kleiner ist die Leitfähigkeit eines Kanals.*

Jedes der physiologisch relevanten Ionen K^+, Na^+ und Cl^- trägt gemäß seiner Permeabilität zum Membranpotenzial bei. Die Abhängigkeit des Membranpotenzials U_m von den Kon-

---

[4] Permeabilität P und Diffusionskoeffizient D sind über den Quotienten β / l proportional zueinander. β beschreibt die Verteilung eines Ions zwischen der wässrigen Phase des Extra- und Intrazellulärraums und der Lipidphase der Zellmembran, l ist die Dicke der Membran.

zentrationen der Ionen und ihrer jeweiligen Permeabilität wird durch die **Goldman-Hodgkin-Katz-Gleichung** ausgedrückt:

$$U_m = \frac{R\,T}{z}\,\ln\frac{P_K\left[K^+\right]_a + P_{Na}\left[Na^+\right]_a + P_{Cl}\left[Cl^-\right]_i}{P_K\left[K^+\right]_i + P_{Na}\left[Na^+\right]_i + P_{Cl}\left[Cl^-\right]_a}. \tag{10.7}$$

Die Größen in den eckigen Klammern entsprechen den intra- (i) und extrazellulären (a) Ionenkonzentrationen und P_x der Permeabilität der jeweiligen Ionenspezies. R, T und z haben dieselbe Bedeutung wie in Gl. 10.4. Die Goldman-Hodgkin-Katz-Gleichung gilt nur unter Ruhebedingungen, also nicht während eines Aktionspotenzials oder eines synaptischen Potenzials, wenn sich die Permeabilitäten zeitabhängig ändern.

In der Goldman-Hodgkin-Katz-Gleichung werden die einzelnen Ionenkonzentrationen durch einen multiplikativen Faktor, die Permeabilität, gewichtet. *Die Goldman-Hodgkin-Katz-Gleichung besagt, dass eine Ionenspezies um so mehr zum Membranpotenzial beiträgt, je größer ihre Permeabilität ist* (❍ Abb. 10.6). Wenn wie im Fall der Gliazellen die Permeabilität für K^+ sehr viel größer ist als diejenige für Na^+ und Cl^- ($P_K = 1$; P_{Na}, $P_{Cl} \to 0$), vereinfacht sich Gl. 10.7 zur Nernst-Gleichung für K^+:

$$U_m \cong \frac{R\,T}{z}\,\ln\frac{\left[K^+\right]_a}{\left[K^+\right]_i}. \tag{10.8}$$

Der Beitrag einer Ionenspezies zum Membranpotenzial kann gemessen werden, indem die extrazelluläre Konzentration des entsprechenden Ions systematisch variiert wird. Bei Neuronen hat die extrazelluläre K^+-Konzentration einen bestimmenden Effekt auf das Membranpotenzial; die Cl^--Konzentration wirkt wesentlich schwächer und Na^+ hat kaum einen Einfluss. Bezogen auf den maximalen Wert für K^+ ergibt sich daher die folgende Reihenfolge der Permeabilitäten für K^+, Na^+ und Cl^-:

$$P_K : P_{Na} : P_{Cl} = 1{,}0 : 0{,}04 : 0{,}45. \tag{10.9}$$

Unter Ruhebedingungen besitzt K^+ im Verhältnis zu Na^+ eine 25fach höhere Permeabilität und passiert die Membran mehr als doppelt so leicht wie Cl^-. Im Falle neuronaler Aktivität können sich diese Permeabilitätsverhältnisse in Richtung P_{Na} (Aktionspotenzial: Öffnen von Na^+-Kanälen) oder zugunsten von P_{Cl} (inhibitorische Synapsen: Öffnen von Cl^--Kanälen) verschieben.

Das Einsetzen der Werte für die Permeabilität aus Gl. 10.9 und der Konzentrationen aus ❍ Tab. 10.1 in die Goldman-Hodgkin-Katz-Gleichung (Gl. 10.7) ergibt:

$$U_m = 61{,}54\,\text{mV}\,\log\frac{1\cdot 5 + 0{,}04\cdot 150 + 0{,}45\cdot 15}{1\cdot 140 + 0{,}04\cdot 15 + 0{,}45\cdot 110} = -63\,\text{mV}. \tag{10.10}$$

Dieser theoretisch berechnete Wert von -63 mV stimmt sehr gut mit dem experimentell gemessenen durchschnittlichen Ruhemembranpotenzial zahlreicher Nervenzellen überein.

10.2.4 Zusammenfassung

Das Membranpotenzial beschreibt die elektrische Spannung zwischen Intra- und Extrazellulärraum, die durch eine Ladungstrennung über einer Zellmembran hervorgerufen wird. Aufgrund eines von innen nach außen gerichteten Konzentrationsgradienten diffundieren K^+-Ionen durch selektiv permeable Kanäle aus der Zelle hinaus. Da intrazelluläre Anionen, die

◻ Abb. 10.6   Die Ionenpermeabilität bestimmt das Membranpotenzial. **a** Auf beiden Seiten einer Membran befinden sich Na^+, K^+ sowie Anionen (A^-) in jeweils physiologischen Konzentrationen. Die Membran enthält ausschließlich K^+-permeable Ionenkanäle, sodass das Membranpotenzial U_m dem Gleichgewichtspotenzial für K^+ (U_K) entspricht. **b** Sind hingegen nur Na^+-Kanäle vorhanden, wird das Membranpotenzial durch das Gleichgewichtspotenzial für Na^+ (U_{Na}) bestimmt. **c** Kommen in der Membran sowohl Na^+- als auch K^+-Kanäle vor, liegt U_m zwischen den Gleichgewichtspotenzialen der beiden Ionen

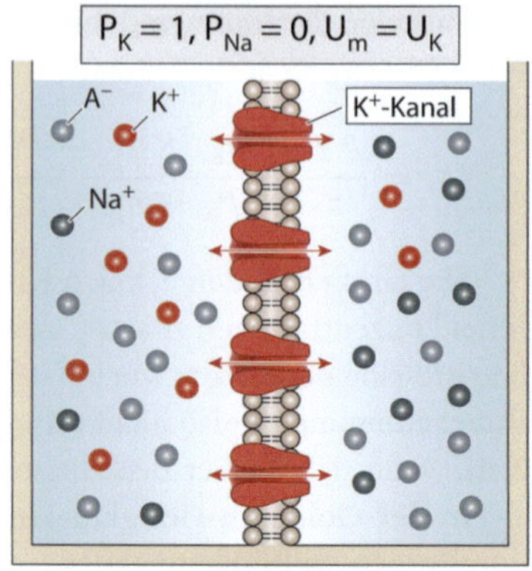

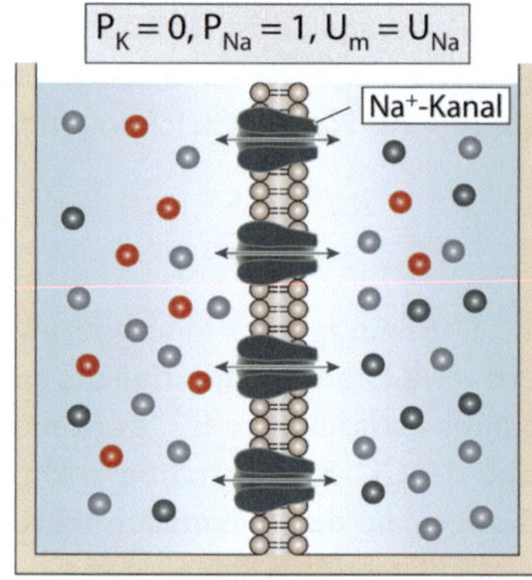

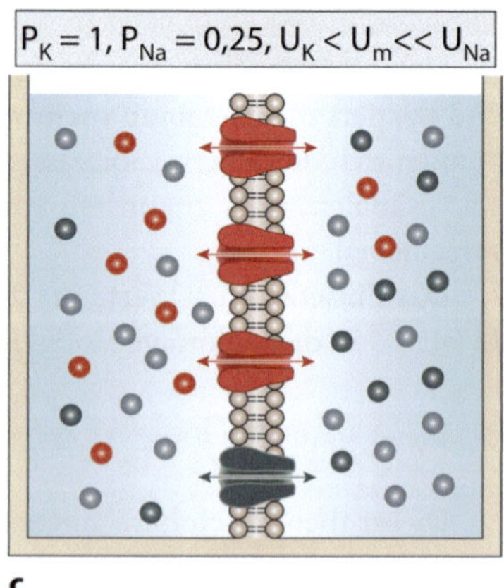

meist in Form von negativ geladenen Aminosäuren und Phosphaten vorliegen, dem Ausstrom von K^+ nicht folgen können, werden auf der Innenseite der Membran im Verhältnis zur Außenseite negative Ladungen angehäuft. Dadurch entsteht eine elektrische Spannung, die den weiteren Ausstrom von K^+-Ionen verlangsamt und schließlich zum Erliegen bringt. Im Gleichgewicht sind die durch den chemischen und elektrischen Gradienten erzeugten Ionenströme über der Membran gleich groß und entgegengesetzt. Die resultierende Spannung wird als Gleichgewichtspotenzial bezeichnet.

Die Nernst-Gleichung formuliert den Zusammenhang zwischen dem Gleichgewichtspotenzial eines Ions und seinen extra- und intrazellulären Konzentrationen. Sie gilt immer nur für jeweils ein Ion und die Zellmembran muss für dieses Ion durchlässig sein – es werden also ionenselektive Kanäle vorausgesetzt. Da die meisten Nervenzellmembranen neben K^+ auch für Na^+ und Cl eingeschränkt permeabel sind, lässt sich die Nernst-Gleichung nicht zu einer vollständigen Beschreibung neuronaler Membranpotenziale anwenden.

Neben den Konzentrationen bestimmt die Permeabilität der Membran für eine Ionenspezies das Membranpotenzial. In der Goldman-Hodgkin-Katz-Gleichung tritt die Permeabilität als multiplikativer Faktor in Erscheinung, der zusammen mit der jeweiligen Konzentration den Beitrag einer Ionenspezies zum Membranpotenzial gewichtet. Bei den physiologischen Konzentrationen der relevanten Ionen steigt die Bedeutung einer Ionenspezies für das Membranpotenzial linear mit ihrer Permeabilität. Unter Ruhebedingungen spielt K^+ die größte Rolle, gefolgt von Cl^- und Na^+. Diese Verhältnisse kehren sich jedoch um, wenn ein Neuron Aktionspotenziale erzeugt oder aufgrund synaptischer Aktivität erregt oder gehemmt wird. Experiment und Theorie ergeben ein Ruhemembranpotenzial von etwa $-65\,\mathrm{mV}$.

10.3 Äquivalenzschaltkreis der Zellmembran

Die Goldman-Hodgkin-Katz-Gleichung liefert zwar eine exakte Beschreibung des Ruhemembranpotenzials, gibt jedoch keine Auskunft über die Geschwindigkeit von Potenzialänderungen oder die Größe von Ionenströmen über der Membran. Daher werden die elektrischen Eigenschaften der Zellmembran in Form eines elektrischen Schaltkreises dargestellt, der aus drei unterschiedlichen elektronischen Bauteilen besteht: Widerständen, Batterien und Kondensatoren. Dieser **Äquivalenzschaltkreis** ermöglicht eine quantitative Beschreibung der Richtung und Größe von Ionenströmen.

10.3.1 Ionenkanäle als Leitfähigkeiten

Die Bewegung von geladenen Teilchen durch einen Ionenkanal stellt einen **elektrischen Strom** dar. Der Kanal selbst setzt dem Stromfluss einen bestimmten **Widerstand** entgegen bzw. der Kanal besitzt eine **Leitfähigkeit**. Die Leitfähigkeit γ ist ein Maß für die Strommenge, die bei einer bestimmten Spannung durch einen Ionenkanal fließt. Leitfähigkeit und Widerstand sind reziprok: Eine hohe Leitfähigkeit bedeutet einen geringen Widerstand und umgekehrt. *Daher fließt bei einer konstanten Spannung viel Strom, wenn der Kanal eine hohe Leitfähigkeit besitzt, und wenig Strom bei einer geringen Leitfähigkeit.*

Die Leitfähigkeit eines Ionenkanals wird in Siemens (S) gemessen: 1 S entspricht der Strommenge von 1 Ampere (A), wenn eine Spannung von 1 Volt (V) angelegt wird. Die Leitfähigkeit einzelner Ionenkanäle liegt normalerweise in der Größenordnung von einigen Picosiemens ($1\,\mathrm{pS} = 10^{-12}\,\mathrm{S}$).

Wir haben in ▶ Abschn. 10.2.1 gesehen, dass der Strom durch einen K^+-Kanal sowohl vom Membranpotenzial als auch vom Konzentrationsgradienten für K^+ abhängt. Zur Vereinfachung betrachten wir zunächst beide Faktoren unabhängig voneinander:

1. Wenn nur eine Spannung U_m über der Membran anliegt, aber kein Konzentrationsgradient vorhanden ist, können wir den Strom i_K durch einen geöffneten K^+-Kanal mithilfe

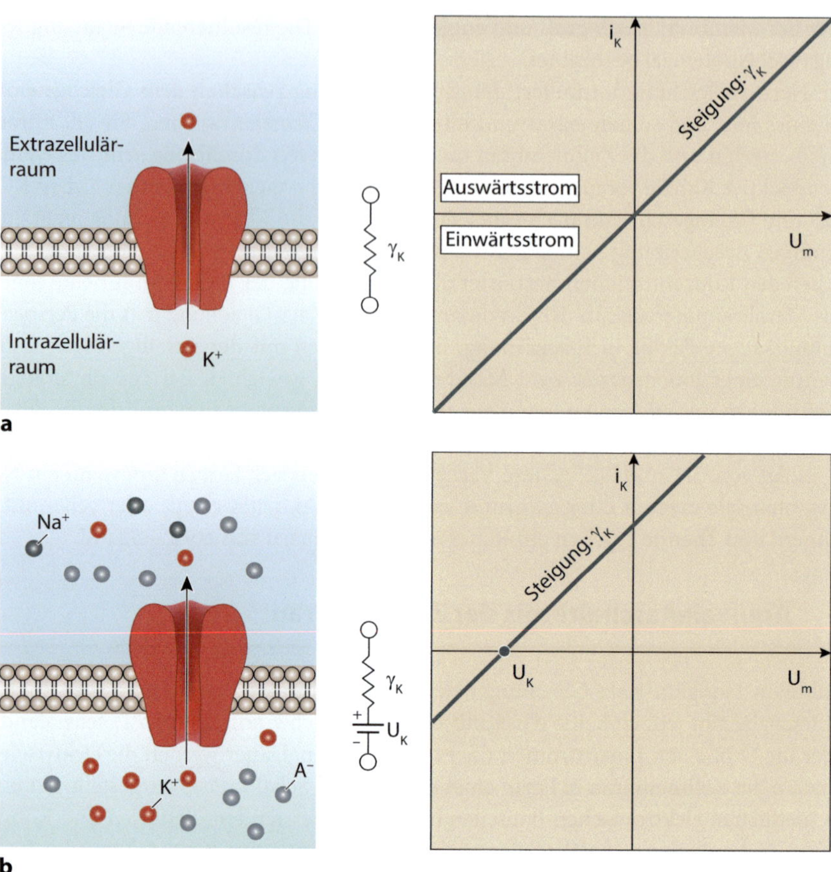

◱ **Abb. 10.7** Stromfluss durch einen einzelnen K$^+$-Kanal. **a** Ein offener K$^+$-Kanal stellt eine Leitfähigkeit γ_K dar. Zwischen dem K$^+$-Strom (i_K) und der Spannung über der Membran (U_m) besteht eine lineare Beziehung mit der Steigung γ_K. **b** Liegt K$^+$ in unterschiedlichen extra- und intrazellulären Konzentrationen vor, wird ein Diffusionspotenzial aufgebaut, das dem Gleichgewichtspotenzial U_K entspricht. Die lineare Strom-Spannungs-Kennlinie verschiebt sich nach links, sodass der Nullpunkt nun bei U_K liegt. Die Leitfähigkeit des Kanals bleibt unverändert. U_K ist elektronisch als Batterie in Serie mit der Einzelkanalleitfähigkeit γ_K dargestellt

des **ohmschen Gesetzes** beschreiben. Für den Strom durch einen einzelnen K$^+$-Kanal gilt daher:

$$i_K = \gamma_K \cdot U_m. \tag{10.11}$$

Gl. 10.11 beschreibt einen linearen Zusammenhang zwischen Strom und Membranpotenzial mit der Leitfähigkeit γ_K eines einzelnen K$^+$-Kanals als Proportionalitätskonstante (◱ Abb. 10.7a).

2. Liegt hingegen nur ein Konzentrationsgefälle mit einer höheren intrazellulären K$^+$-Konzentration vor, verursacht der chemische Gradient einen Ausstrom von K$^+$-Ionen. Wie in ▶ Abschn. 10.2 beschrieben, entsteht auf diese Weise eine Spannung über der Membran, die dem Gleichgewichtspotenzial U_K für K$^+$ entspricht. Gemäß der Konvention wird der Ausstrom positiver Ladungen aus der Zelle mit einem positiven Vorzeichen versehen,

der Einstrom positiver Ladungen in die Zelle hingegen mit einem negativen Vorzeichen.[5] Gl. 10.12 beschreibt den K^+-Strom, der durch den Konzentrationsgradienten verursacht wird:

$$i_K = -\gamma_K \cdot U_K. \tag{10.12}$$

Auch hier gilt das ohmsche Gesetz – die lineare Strom-Spannungs-Kennlinie wird lediglich in Richtung des Gleichgewichtspotenzials für K^+ verschoben (◘ Abb. 10.7b). Bei einem Membranpotenzial von 0 mV diffundiert K^+ aus der Zelle, am Gleichgewichtspotenzial U_K ist der K^+-Strom gleich null und bei noch negativeren Potenzialen strömt K^+ in die Zelle hinein. Das Minuszeichen in Gl. 10.12 passt das Vorzeichen des Stroms der Konvention an.[6]

Im physiologisch realistischen Fall – es liegen ein Konzentrationsgradient und eine Spannung über der Zellmembran vor – wird der Strom durch einen einzelnen K^+-Kanal durch die Summe von Gl. 10.11 und Gl. 10.12 bestimmt:

$$i_K = (\gamma_K \cdot U_m) - (\gamma_K \cdot U_K),$$
$$i_K = \gamma_K \cdot (U_m - U_K). \tag{10.13}$$

Die Differenz zwischen Membranpotenzial U_m und K^+-Gleichgewichtspotenzial U_K wird auch als **elektrochemische Triebkraft** bezeichnet, die Richtung und Größe des Ionenstroms bestimmt. Wir unterscheiden drei mögliche Fälle:

1. $U_m = U_K$: Wenn Membranpotenzial und Gleichgewichtspotenzial gleich groß sind, ist das System im Gleichgewicht und es fließt kein Strom über die Membran ($i_K = 0$).
2. $U_m > U_K$: Das Membranpotenzial ist positiver als das Gleichgewichtspotenzial. Auf die K^+-Ionen wirkt eine elektrochemische Kraft, die sie aus der Zelle hinaustreibt, und wir registrieren einen Auswärtsstrom ($i_K > 0$).
3. $U_m < U_K$: Das Membranpotenzial ist negativer als das Gleichgewichtspotenzial. In diesem Fall diffundieren K^+-Ionen aufgrund der elektrochemischen Triebkraft in die Zelle hinein – wir messen also einen Einwärtsstrom ($i_K < 0$).

In allen Fällen wird durch die Richtung der K^+-Ströme der Gleichgewichtszustand wiederhergestellt (▶ Abschn. 10.2.1).

Bisher haben wir nur den Strom durch einen einzelnen K^+-Kanal betrachtet. Eine Nervenzelle exprimiert aber in der Regel viele Tausende identischer Ionenkanäle, sodass wir unsere Überlegungen auf die **Gesamtzahl der Ionenkanäle** ausweiten müssen. Insgesamt entspricht der Strom I_K durch alle K^+-Kanäle einer Zelle der Summe der Einzelkanalströme i_K (◘ Abb. 10.8):

$$I_K = N_K \cdot p_o \cdot \gamma_K \cdot (U_m - U_K). \tag{10.14}$$

Gl. 10.14 besagt, dass der durch alle K^+-Kanäle einer Zelle fließende Strom von vier Faktoren abhängt: (1) der Gesamtzahl aller vorhandenen Kanäle (N_K), (2) der Wahrscheinlichkeit,

---

[5] Für negative Ladungen gilt der umgekehrte Zusammenhang.
[6] K^+ besitzt unter physiologischen Bedingungen ein negatives Gleichgewichtspotenzial, sodass bei 0 mV ein Auswärtsstrom (positives Vorzeichen) fließt.

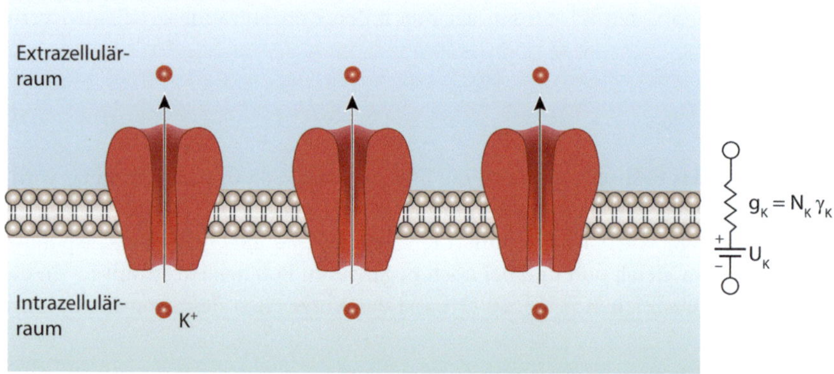

◘ Abb. 10.8 Stromfluss durch mehrere K$^+$-Kanäle. Die Gesamtleitfähigkeit g_K der Zellmembran für K$^+$ wird durch die Summe aller Kanäle N_K und deren Einzelkanalleitfähigkeit γ_K bestimmt. Leitfähigkeit und Gleichgewichtspotenzial sind in Serie geschaltet

dass sich ein Kanal im offenen Zustand befindet (p_o), (3) der Leitfähigkeit eines einzelnen Ionenkanals (γ_K) und (4) dem elektrochemischen Gradienten ($U_m - U_K$), also der treibenden Kraft für die Diffusion von Ionen über die Membran.

Als Komponente im Äquivalenzschaltkreis benötigen wir die Gesamtleitfähigkeit der Zelle für K$^+$-Ionen. Die Leitfähigkeit aller K$^+$-Kanäle in der Membran g_K entspricht der Summe der Einzelkanalleitfähigkeiten γ_K:

$$g_K = N_K \cdot \gamma_K. \tag{10.15}$$

Hierbei bezeichnet N_K wieder die Gesamtzahl der offenen K$^+$-Kanäle einer Zelle. Entsprechend verfahren wir mit den Leitfähigkeiten für Na$^+$ (g_{Na}) und Cl$^-$ (g_{Cl}), die mit g_K parallel geschaltet sind (◘ Abb. 10.9). Die Gleichgewichtspotenziale U_K, U_{Na} und U_{Cl} werden durch eine jeweils eigene Batterie repräsentiert, deren Polung die Richtung der Ladungstrennung widerspiegelt. So zeigt der negative Pol der K$^+$-Batterie in Richtung Cytoplasma, da im Gleichgewicht das Zellinnere im Vergleich zum Außenraum negativ geladen ist; die Na$^+$-Batterie hat eine umgekehrte Polarität.

10.3.2 Die Phospholipidschicht wirkt als Kondensator

Die Lipiddoppelschicht einer Zellmembran ist für geladene Teilchen annähernd undurchlässig, wirkt also wie ein elektrischer Isolator. Zusammen mit den angrenzenden leitenden Flüssigkeitsschichten des Extra- und Intrazellulärraums bildet die Zellmembran einen **Kondensator** (◘ Abb. 10.10). Kondensatoren speichern eine bestimmte Menge elektrischer Ladungen auf ihren leitfähigen Platten – in diesem Fall Flüssigkeitsschichten – und besitzen daher eine bestimmte **Kapazität**. *Je größer die Kapazität eines Kondensators, desto mehr Ladungen können durch die isolierende Schicht voneinander getrennt und auf den beiden Kondensatorplatten gespeichert werden.* Dabei ist die Ladungsmenge proportional zur Spannung, die zwischen den Platten des Kondensators anliegt:

$$Q = C \cdot U. \tag{10.16}$$

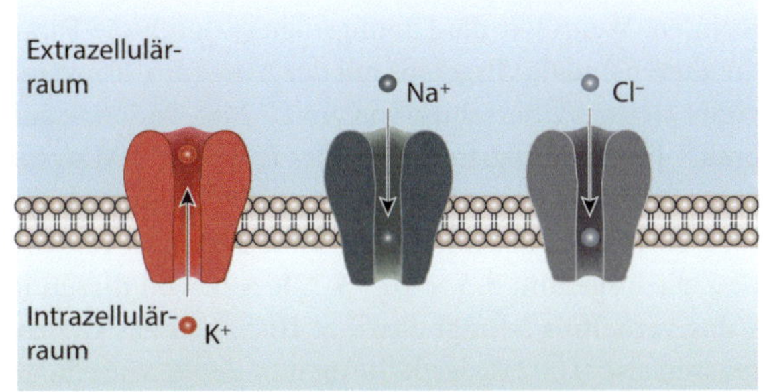

◨ Abb. 10.9 Na^+-, K^+- und Cl^--Kanäle bilden parallele Leitfähigkeiten in der Zellmembran. Die einzelnen Ionenkanäle sind jeweils in Serie mit einer Batterie geschaltet, deren Ladung ihrem Gleichgewichtspotenzial entspricht. Unter physiologischen Bedingungen diffundiert K^+ aus der Zelle, während die Na^+- und Cl^--Ströme einwärts gerichtet sind

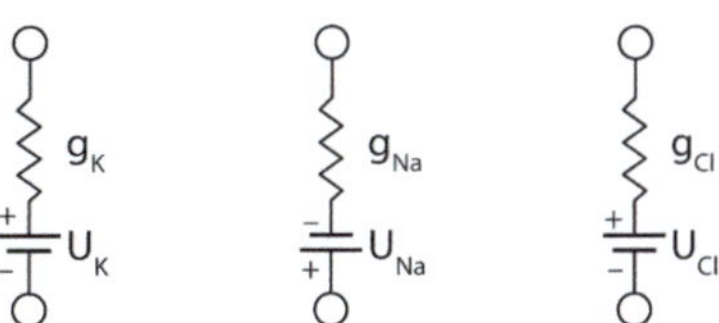

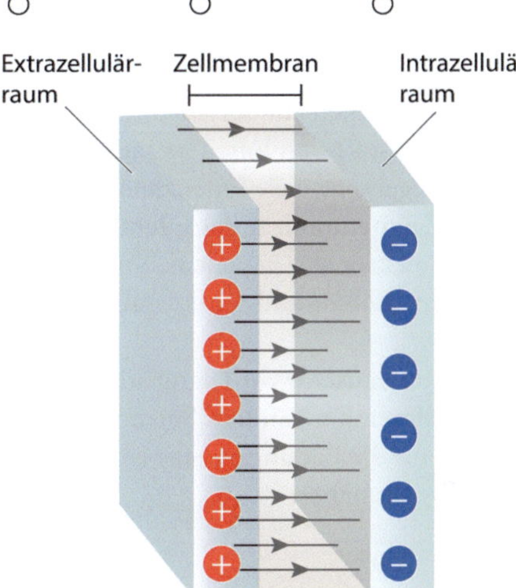

◨ Abb. 10.10 Extra- und intrazelluläre Lösungen bilden gemeinsam mit der Zellmembran einen Plattenkondensator. Die beiden Flüssigkeitsräume tragen positive bzw. negative Ladungen und stellen die Platten dar, die von der als elektrischer Isolator wirkenden Zellmembran voneinander getrennt werden

In Gl. 10.16 bezeichnet Q den Überschuss an positiven oder negativen Ladungen (gemessen in Coulomb, C), die sich jeweils auf einer Platte des Kondensators befinden. C ist die Kapazität des Kondensators (gemessen in Farad, F) und U die durch die Ladungstrennung erzeugte Spannung (in V). Die Kapazität der Zellmembran entspricht weitgehend derjenigen einer proteinfreien Lipiddoppelschicht und beträgt $1\,\mu F\,cm^{-2}$. *Die Kapazität hängt also unmittelbar von der Membranoberfläche ab und kann als Maß für die Größe einer Zelle herangezogen werden.*[7] Daher kann eine Vergrößerung der Zelloberfläche, wie sie beispielsweise bei der Fusion synaptischer Vesikel mit der Plasmamembran auftritt, in Form einer Änderung der Membrankapazität gemessen werden.

Aus Gl. 10.16 folgt unmittelbar, dass zum Einstellen des K^+-Gleichgewichtspotenzials von $-89\,mV$ eine Ladungsmenge von $8,9 \times 10^{-8}\,C$ pro cm^2 voneinander getrennt werden muss. Um die Gesamtzahl überschüssiger Anionen auf der Innenseite der Membran zu berechnen,

---

[7] Eine Zelle mit einer Kapazität von $25\,pF$ besitzt eine Fläche von $2,5 \times 10^{-5}\,cm^2$ bzw. $2500\,\mu m^2$.

müssen wir von Ladungen (in Coulomb) in die Dimension einer Stoffmenge (in Mol) umrechnen. Wenn wir die Ladungsmenge durch die Faraday-Konstante ($9{,}6485 \times 10^4$ C mol^{-1}) dividieren und das Ergebnis mit der Avogadro-Konstanten ($6{,}022 \times 10^{23}$ mol^{-1}) multiplizieren, ergibt sich ein Überschuss von etwa 7 Mio. Anionen auf der intrazellulären Seite der Zellmembran.[8] Eine Ladungstrennung von lediglich 7 Mio. Ionen verursacht eine Potenzialdifferenz von -89 mV in einem kugelförmigen Neuron mittlerer Größe.

Bei einer intrazellulären K^+-Konzentration von 140 mmol l^{-1} enthält unsere angenommene Zelle insgesamt $3{,}5 \times 10^{11}$ K^+-Ionen. Von diesen Ionen haben 7×10^6 die Zelle verlassen – das Verhältnis beträgt also 2×10^{-5}. Um das Gleichgewichtspotenzial für K^+ einzustellen, müssen also 0,002 % der K^+-Ionen in den Extrazellulärraum diffundieren.

Diese ausführliche Rechnung veranschaulicht ein wichtiges neurophysiologisches Prinzip: *Bezogen auf die Ausgangskonzentrationen reicht die Diffusion von relativ wenigen Ionen über die Zellmembran aus, um eine Potenzialänderung zu erzeugen.* Hieraus ergeben sich die folgenden Punkte:

- In einem kurzfristigen Zeitrahmen verändert die neuronale Signalerzeugung die intra- und extrazellulären Ionenkonzentrationen kaum. Mittel- bis langfristig ist jedoch die Aktivität von Ionenpumpen zur Aufrechterhaltung der Konzentrationsgradienten von Na^+ und K^+ erforderlich. Die Gesamtmenge diffundierender Ionen hat daher direkte Auswirkungen auf den Energiehaushalt eines Neurons.
- Die Flussrate von Ionen beträgt etwa 1 bis 10 Mio. Ionen pro Sekunde und Kanal. Da in der Regel sehr viele Ionenkanäle exprimiert werden, laufen Spannungsänderungen über der Zellmembran außerordentlich schnell ab. Eine hohe Geschwindigkeit bei der Erzeugung neuronaler Signale ist Voraussetzung für eine exzellente Zeitauflösung relevanter Informationen und für entsprechend schnelle Verhaltensänderungen.

Ein Kondensator wird dann auf- bzw. umgeladen, wenn sich die Spannung über der neuronalen Zellmembran ändert. Bei diesem Prozess fließt ein **kapazitiver Strom**, dessen Amplitude ein Maß für die Ladungsmenge ist, die pro Zeiteinheit verschoben wurde. Für den kapazitiven Strom I_C gilt daher:

$$I_C = \frac{\mathrm{d}Q}{\mathrm{d}t}, \tag{10.17}$$

$$I_C = C\,\frac{\mathrm{d}U}{\mathrm{d}t}. \tag{10.18}$$

Gemäß Gl. 10.18 ist der kapazitive Strom I_C proportional zur Spannungsänderung ($\frac{\mathrm{d}U}{\mathrm{d}t}$), mit der Kapazität C als Proportionalitätskonstante. *Es fließt nur in dem Zeitraum ein kapazitiver Strom, in dem sich die Spannung über der Membran ändert.* Demnach wird bei einer reizinduzierten Spannungsänderung zunächst der Membrankondensator durch den kapazitiven Strom umgeladen, bevor sich spannungsabhängige Ionenkanäle öffnen.

Der kapazitive Strom I_C unterscheidet sich grundsätzlich vom Strom im ohmschen Gesetz, da er keine Bewegung von Ladungen über einen Widerstand repräsentiert, sondern vielmehr die Verschiebung von Ladungen zwischen zwei Kondensatorplatten.

---

[8] Für die Berechnung wurde eine kugelförmige Zelle mit 20 μm Durchmesser, entsprechend einem Volumen von 4,2 pl zugrunde gelegt.

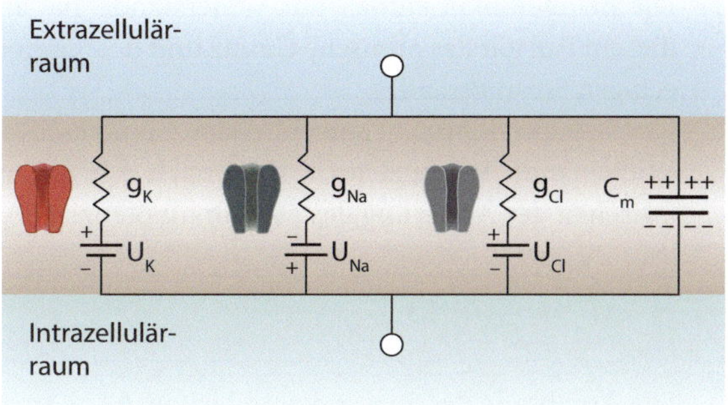

Abb. 10.11 Äquivalenzschaltkreis einer neuronalen Zellmembran. Der Schaltkreis besteht aus drei parallel geschalteten Leitfähigkeiten, die durch die ionenselektiven Kanäle gebildet werden. Das Gleichgewichtspotenzial jedes Ions entspricht einer Batterie, die zu der jeweiligen Leitfähigkeit in Serie geschaltet wird. Die Kapazität der Zellmembran befindet sich in paralleler Anordnung zu den Ionenkanälen

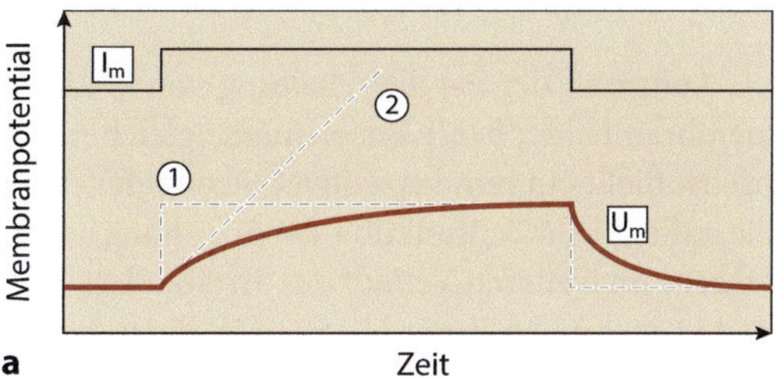

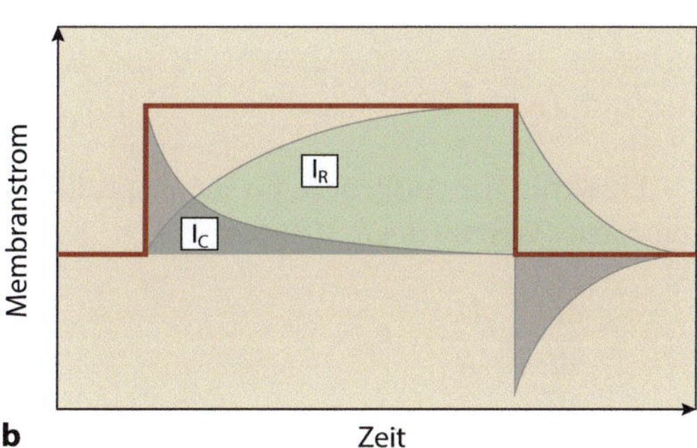

Abb. 10.12 Die elektronischen Eigenschaften der Zellmembran werden durch ihre resistiven und kapazitiven Komponenten bestimmt. **a** Änderung des Membranpotenzials ausgelöst durch einen rechteckigen Strompuls (I_m). Der Verlauf der Membranspannung in ① entspricht einer ausschließlich resistiven Komponente, während der Spannungsverlauf in ② durch ein rein kapazitives Element erzeugt wird. Der tatsächliche Zeitverlauf der Membranspannung U_m entspricht einer Kombination beider Komponenten. **b** Der Gesamtstrom über der Membran besteht aus einem resistiven Strom (I_R) durch die vorhandenen Ionenkanäle und einem kapazitiven Strom (I_C)

10.3.3　Die Zellmembran als RC-Schaltkreis

Die Parallelschaltung von Widerstand R (Gesamtzahl der Ionenkanäle) und Kondensator C (Lipiddoppelschicht) in einer neuronalen Zellmembran bildet einen **RC-Schaltkreis** (■ Abb. 10.11). Die Eigenschaften dieses Schaltkreises bestimmen die Signalerzeugung in Nervenzellen und die Geschwindigkeit der passiven Weiterleitung in Dendriten und Axonen.[9]

Anhand der Spannungsantwort der Zellmembran auf einen rechteckigen Strompuls betrachten wir zunächst beide Komponenten des Schaltkreises getrennt voneinander (■ Abb. 10.12a):

[9] Die passive Weiterleitung bezeichnet die räumliche Ausbreitung von Spannungsänderungen in einer Nervenzelle ohne die Beteiligung von Aktionspotenzialen.

1. Die Zellmembran enthält nur Widerstände, hat aber keine kapazitiven Eigenschaften. In diesem Fall gilt das ohmsche Gesetz und der Spannungsverlauf entspricht exakt dem rechteckigen Stromverlauf.
2. Der Schaltkreis besteht ausschließlich aus einem Kondensator, enthält also keine ohmschen Widerstände. Wir stellen Gl. 10.18 nach ΔU um und erhalten folgende lineare Beziehung zwischen der Änderung des Membranpotenzials ΔU und der Zeit Δt:

$$\Delta U = \frac{1}{C} I_C \, \Delta t. \tag{10.19}$$

Die Amplitude der Spannungsänderung ΔU hängt von der Dauer des Strompulses Δt ab, da das Auf- und Entladen des Membrankondensators eine bestimmte Zeit beansprucht.

Aufgrund der Parallelschaltung von Widerstand und Kondensator bei einer realen Zellmembran haben beide Bauelemente gleichermaßen Einfluss auf das Membranpotenzial. Zunächst fließt ein rein kapazitiver Strom, der den Membrankondensator umlädt, und daher ist die anfängliche Zeitfunktion der Spannung auf die Eigenschaften des Kondensators zurückzuführen. Im weiteren Verlauf des Strompulses fließt immer weniger Strom in den Kondensator und immer mehr Strom über den Widerstand, sodass gegen Ende eine ausschließlich resistive Komponente vorherrscht (◨ Abb. 10.12b).

Um den Zeitverlauf der Spannungsänderung zu berechnen, gehen wir davon aus, dass die Summe von resistivem (I_R) und kapazitivem Strom (I_C) gleich der Amplitude des Strompulses I_m ist:

$$I_C + I_R = I_m. \tag{10.20}$$

Einsetzen der Ausdrücke für den kapazitiven Strom (Gl. 10.18) und den resistiven Strom (ohmsches Gesetz) in Gl. 10.20 ergibt:

$$C \frac{dU}{dt} + \frac{U}{R} = I_m, \tag{10.21}$$

$$R\,C \frac{dU}{dt} + U = I_m \cdot R. \tag{10.22}$$

Gl. 10.22 besagt, dass die Geschwindigkeit der Spannungsänderung der ursprünglich anliegenden Spannung proportional ist – wenn die Spannung fällt, sinkt auch die Geschwindigkeit der Spannungsänderung.[10] Der Ausdruck $R\,C$ wird als **Zeitkonstante** (τ) bezeichnet.[11] *Die Zeitkonstante ist ein Maß für die zeitliche Verzögerung der Spannungsänderung, die durch die Anwesenheit eines Kondensators in einen elektrischen Schaltkreis eingeführt wird.*

Die Lösung der Differenzialgleichung Gl. 10.22 beschreibt den Verlauf der Membranspannung, wenn ein rechteckiger Strompuls einsetzt (◨ Abb. 10.13a):

$$U = I_m R \cdot \left(1 - e^{-t/\tau}\right), \tag{10.23}$$

$$U = U_0 \cdot \left(1 - e^{-t/\tau}\right). \tag{10.24}$$

---

[10] Analog sinkt die Geschwindigkeit, mit der Wasser aus einem Behälter strömt, wenn der Flüssigkeitsspiegel in dem Behälter und damit der Druck sinken.

[11] Die Zeitkonstante besitzt die Dimension einer Zeit: $[R\,C] = \Omega \cdot F = V/(C \cdot s) \cdot C/V = s$.

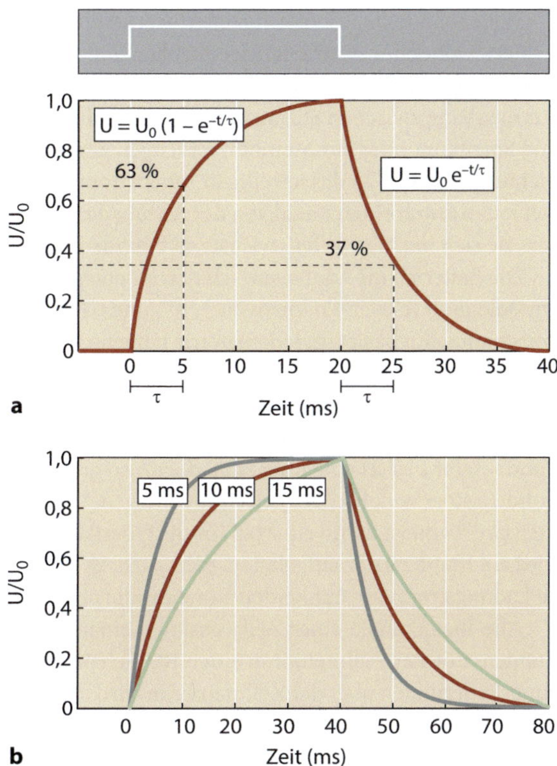

Abb. 10.13 Einfluss der Zeitkonstanten auf den Spannungsverlauf. **a** Ein rechteckiger Strompuls führt zu einer Spannungsänderung über einer neuronalen Membran. Die Zeitkonstante τ gibt den Zeitpunkt an, bei dem das Potenzial 63 % seines Maximums erreicht hat bzw. auf 37 % abgeklungen ist. **b** Die Größe der Zeitkonstante bestimmt die Geschwindigkeit der Spannungsänderung

Das Produkt aus I_m und R entspricht der maximal möglichen Spannungsänderung U_0. Am Ende des Strompulses klingt das aufgebaute Potenzial U_0 exponentiell ab:

$$U = U_0 \cdot e^{-t/\tau}. \tag{10.25}$$

Die Zeitkonstante bezeichnet die Zeit, die eine Membran benötigt, bis ihre Spannung $\frac{1}{e} = 0{,}37$ des endgültigen Wertes erreicht hat.[12] *Der rechteckige Zeitverlauf des Stromsignals wird aufgrund der elektrischen Eigenschaften der Membran in ein nichtlineares Spannungssignal umgewandelt: Je größer der Wert der Zeitkonstante, desto länger dauert es, bis die Spannung ihre maximale Amplitude erreicht hat* (■ Abb. 10.13b). Der RC-Schaltkreis der Zellmembran wirkt demnach wie ein zeitlicher Filter, der hohe Signalfrequenzen aussortiert (**Tiefpassfilter**). Die Verarbeitung hochfrequenter Signale hängt also maßgeblich von der Zeitkonstante der neuronalen Membran ab.

10.3.4 Zusammenfassung

Eine Zellmembran besitzt elektrische Eigenschaften, die sich auf drei Typen elektronischer Bauteile zurückführen lassen: Widerstände, Batterien und Kondensatoren. Zusammen bilden sie einen Äquivalenzschaltkreis, der eine quantitative Beschreibung elektrischer Phänomene über der Zellmembran ermöglicht.

---

[12] Einsetzen von $t = \tau$ in Gl. 10.25 ergibt: $U = \frac{1}{e} \cdot U_0$.

Widerstände bzw. Leitfähigkeiten werden durch Ionenkanäle in der Zellmembran repräsentiert, wobei nur geöffnete Ionenkanäle eine Leitfähigkeit besitzen. Grundsätzlich wird der Strom durch offene Ionenkanäle durch das ohmsche Gesetz beschrieben, das einen linearen Zusammenhang zwischen Stromstärke und Membranpotenzial herstellt. Konzentrationsgradient und Spannung über der Membran erzeugen gemeinsam eine elektrochemische Triebkraft, die Richtung und Größe des jeweiligen Ionenstroms festlegt. Darüber hinaus hängt die Diffusion von Ionen durch einen Kanal von der Anzahl der vorhandenen Kanäle, der Wahrscheinlichkeit, dass sie sich in einem offenen Zustand befinden, und ihrer Leitfähigkeit ab.

Die Batterien im Äquivalenzschaltkreis entsprechen den Gleichgewichtspotenzialen für die physiologisch relevanten Ionen Na^+, K^+ und Cl^-, die wiederum auf den jeweiligen Konzentrationsgradienten basieren. Jede Batterie hat eine Polarität, die die Richtung des Gleichgewichtspotenzials anzeigt.

Das hydrophobe Innere der Lipiddoppelschicht bildet gemeinsam mit den unmittelbar angrenzenden leitfähigen Schichten des Intra- und Extrazellulärraums einen Kondensator. Jeder Kondensator besitzt eine Kapazität, die umso größer ist, je mehr Ladungen auf den Platten des Kondensators voneinander getrennt vorliegen. Die Kapazität von Zellmembranen beträgt etwa $1\,\mu F\,cm^{-2}$ und ist damit ein Maß für die Oberfläche einer Zelle. Beim Anlegen einer Spannung wird ein Kondensator aufgeladen, d. h., es fließt ein kapazitiver Strom als Voraussetzung für eine Ladungstrennung auf beiden Kondensatorplatten.

Alle Ionenkanäle einer Zelle besitzen einen Gesamtwiderstand, der zusammen mit dem Kondensator der Zellmembran einen RC-Schaltkreis erzeugt. Die Geschwindigkeit von Spannungsänderungen über der Zellmembran wird maßgeblich von den elektronischen Eigenschaften dieser Parallelschaltung von Widerstand und Kapazität bestimmt. Bei einer Spannungsänderung herrscht zunächst ein kapazitiver Strom vor, der den Membrankondensator umlädt, bevor der Großteil des Stroms über die ohmschen Widerstände geöffneter Ionenkanäle fließt.

Ein exponentieller Anstieg und Abfall der Membranspannung kennzeichnen den zeitlichen Verlauf der Spannung in einem RC-Schaltkreis. Die Zeitkonstante τ als Produkt von Membranwiderstand und Membrankapazität beschreibt die Geschwindigkeit der Spannungsänderung. Sie ist ein Maß für die zeitliche Verzögerung, mit der ein Ausgangssignal in einem RC-Schaltkreis repräsentiert und verarbeitet wird. Die zeitlichen Filtereigenschaften eines RC-Schaltkreises begrenzen die Verarbeitung hochfrequenter Signale.

10.4 Aktionspotenziale

Aktionspotenziale sind Änderungen des Membranpotenzials, bei denen der Intrazellulärraum kurzfristig einen Überschuss positiver Ladungen im Vergleich zum Extrazellulärraum aufweist. Aktionspotenziale dienen der Übertragung von Signalen über größere Entfernungen, beispielsweise von einer Hirnregion in eine andere oder vom Rückenmark zu Muskelfasern in den Extremitäten. Obwohl sich Aktionspotenziale verschiedener Neurone in ihrem Spannungsverlauf zum Teil deutlich voneinander unterscheiden, besitzen alle Aktionspotenziale vier gemeinsame Eigenschaften:

- Es muss eine Mindestspannung, der sogenannte **Schwellenwert**, überschritten werden, um ein Aktionspotenzial auszulösen.
- Sobald der Schwellenwert überschritten wird, läuft ein Aktionspotenzial invariant ab. Dieses häufig als **Alles-oder-nichts-Ereignis** bezeichnete Phänomen besagt, dass der Spannungsverlauf eines Aktionspotenzials unabhängig vom auslösenden Reiz bei einer bestimmten Nervenzelle immer gleich ist.

- Aktionspotenziale werden aufgrund ihrer **regenerativen Eigenschaften** ohne Abschwächung ihrer Amplitude weitergeleitet. Die ursprüngliche Signalstärke bleibt daher auch bei größeren Entfernungen erhalten – eine wichtige Voraussetzung für eine verlustfreie Informationsübertragung.[13]
- Während der sogenannten **Refraktärzeit** können keine weiteren Aktionspotenziale ausgelöst werden. Die Refraktärzeit begrenzt daher die Anzahl von Aktionspotenzialen, die pro Sekunde erzeugt werden können (Frequenz); dies wiederum beeinflusst die Codierung hochfrequenter Signale.

Aktionspotenziale tragen afferente, sensorische Signale aus der Peripherie des Körpers zur Verarbeitung ins Zentralnervensystem und efferente Signale in umgekehrter Richtung in die Peripherie. Innerhalb neuronaler Ensembles vermitteln sie die Kommunikation von Nervenzellen untereinander. *Frequenz und Spannungsverlauf von Aktionspotenzialen sind Grundlage für die Codierung von Informationen in allen bekannten Nervensystemen.*

10.4.1 Messung von Aktionspotenzialen

Da Spannungen immer nur zwischen zwei Punkten gemessen werden können, werden zwei Elektroden benötigt, um den Zeitverlauf eines Aktionspotenzials zu verfolgen. Eine der beiden Elektroden befindet sich in der extrazellulären Lösung und dient als **Referenzelektrode**, deren Potenzial definitionsgemäß gleich null gesetzt wird. Die Position der zweiten Elektrode, der **Messelektrode**, legt fest, ob es sich um eine intra- oder extrazelluläre Ableitung handelt.

Eine Messung mit **intrazellulären Mikroelektroden** registriert das Membranpotenzial zwischen dem Intra- und dem Extrazellulärraum. Hierzu wird eine Elektrode vorsichtig in eine Nervenzelle eingestochen und das Potenzial in der Zelle im Vergleich zur Referenzelektrode außerhalb der Zelle gemessen. Diese intrazellulären Ableitungen beschreiben den zeitlichen Verlauf der Spannung über der Zellmembran während eines Aktionspotenzials (⬛ Abb. 10.14a).

Ausgehend vom Ruhemembranpotenzial erfolgt nach Überschreiten des Schwellenwerts eine schnelle Depolarisation der Zellmembran, die durch den Einstrom von Na^+-Ionen in die Zelle vermittelt wird (**Aufstrich**). Der Potenzialverlauf oberhalb von 0 mV wird als **Overshoot** bezeichnet. Das Membranpotenzial nimmt mit 40 bis 50 mV in der Nähe des Na^+-Gleichgewichtspotenzials seinen positivsten Wert an, bevor es durch den Ausstrom von K^+-Ionen wieder hyperpolarisiert (**Repolarisation**). Dabei erreicht das Membranpotenzial etwa den Wert des Gleichgewichtspotenzials für K^+ (**Nachpotenzial**). Da dies in der Regel um wenige Millivolt negativer als das Ruhemembranpotenzial ist (▶ Abschn. 10.2.2), wird das Aktionspotenzial erst durch eine Depolarisation zurück zum Ruhepotenzial beendet. Insgesamt dauert ein neuronales Aktionspotenzial etwa 2 ms bei einer maximalen Amplitude von 120 bis 130 mV.

Aktionspotenziale können auch mithilfe einer **extrazellulären Elektrode** gemessen werden, die sich in unmittelbarer Nähe einer Zellmembran befindet (⬛ Abb. 10.14b). Da Referenz- und Messelektrode beide im Außenraum platziert sind, wird unter Ruhebedingungen keine Spannungsdifferenz zwischen den Elektroden registriert. Im Gegensatz zur intrazellulären Messung liegt die Grundlinie also bei 0 mV und nicht beim Ruhemembranpotenzial. Diffundieren nun während des Aufstrichs des Aktionspotenzials verstärkt Na^+-Ionen in die Zelle hinein, verarmt die unmittelbare Umgebung der Zellmembran an positiven Ladungen,

---

[13] Die passiven elektronischen Eigenschaften einer Membran führen zu einer exponentiellen Abschwächung der Signalamplitude (▶ Abschn. 10.5).

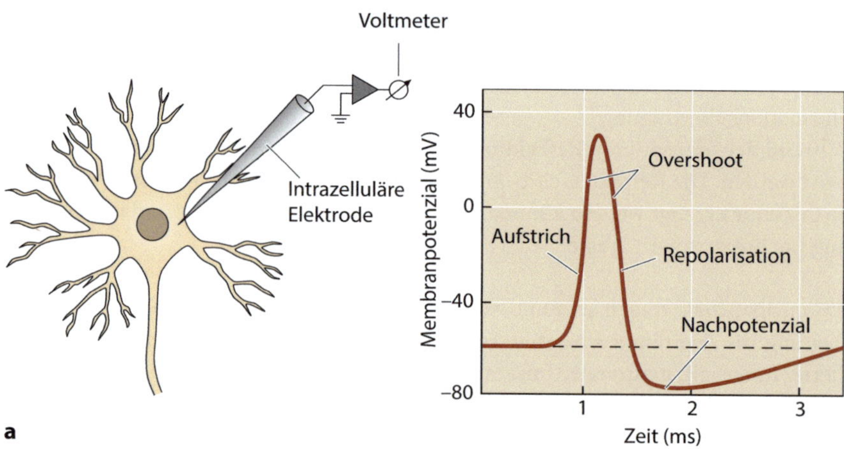

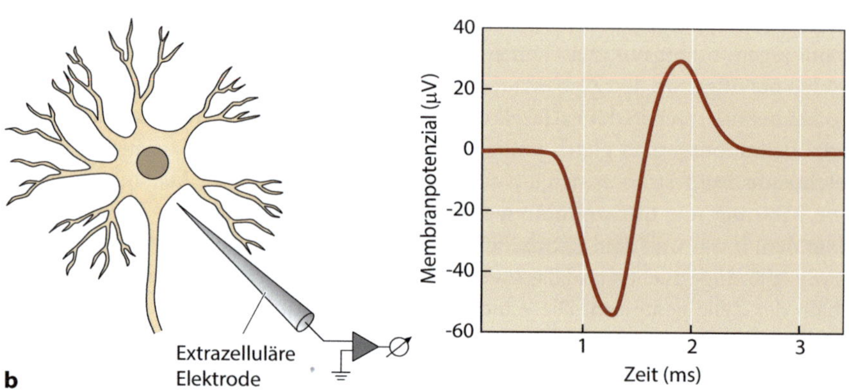

Abb. 10.14 Intra- und extrazelluläre Messung von Aktionspotenzialen. **a** Bei einer intrazellulären Messung wird eine Elektrode in die Nervenzelle eingestochen und die Spannungsdifferenz zwischen Innen- und Außenraum gemessen. Aktionspotenziale besitzen den *rechts* gezeigten charakteristischen Spannungsverlauf. Die *gestrichelte Linie* gibt das Ruhemembranpotenzial an. **b** Bei einer extrazellulären Ableitung befindet sich die Messelektrode im Außenraum, sodass die Zellmembran intakt bleibt. Gemessen werden lokale Ladungsverschiebungen in unmittelbarer Nähe der Zellmembran, die bei einem Aktionspotenzial zu dem gezeigten biphasischen Spannungsverlauf führen

sodass eine Spannungsdifferenz zwischen der Messelektrode und der weiter entfernten Referenzelektrode resultiert. Der Ausstrom von K^+-Ionen während der Repolarisation kehrt die Spannungsverhältnisse um: Ein Überschuss an positiven Ladungen im Extrazellulärraum verursacht eine positive Spannungsdifferenz zwischen beiden Elektroden. Insgesamt ist ein extrazellulär gemessenes Aktionspotenzial (1) durch einen biphasischen Verlauf – negative Spannung gefolgt von einer positiven Spannung – und (2) durch eine deutlich kleinere Spannungsamplitude (etwa 100 μV) gekennzeichnet.

Anders als in **Abb. 10.14b** dargestellt, ist bei extrazellulären Ableitungen die Messelektrode in der Regel von zahlreichen Neuronen umgeben, von denen mehrere annähernd gleichzeitig Aktionspotenziale erzeugen können. Gemessen wird also meist ein sogenanntes **Summenpo-**

tenzial, das sich aus den einzelnen unbekannten Beiträgen verschiedener Nervenzellen zusammensetzt.

Neben den oben beschriebenen elektronischen Verfahren ist es auch möglich, Aktionspotenziale mittels optischer Methoden sichtbar zu machen (**Imaging**). Hierzu werden spannungsabhängige oder ionenselektive Farbstoffe verwendet, in eine Nervenzelle (oder eine Population von Nervenzellen) gebracht und mit Licht einer bestimmten Wellenlänge angeregt. Die durch die Energie des eingestrahlten Lichts angeregten Elektronen fallen wieder auf ein niedrigeres Energieniveau zurück und geben dabei Licht einer längeren Wellenlänge ab – ein als **Fluoreszenz** bezeichneter Prozess. Da sich die Intensität des abgestrahlten Lichts in Abhängigkeit von der intrazellulären Spannung oder Ionenkonzentration ändert, können Rückschlüsse auf signalverarbeitende Prozesse innerhalb der Zelle gezogen werden. Die Kalibrierung des Systems mit bekannten Potenzialen bzw. Konzentrationen ermöglicht auch mit optischen Methoden eine Messung absoluter Spannungswerte.

Der Nachteil optischer Verfahren liegt in ihrer relativen Trägheit, da die Aufnahmedauer einzelner Bilder die Zeitauflösung maßgeblich einschränkt. Andererseits besitzen optische Methoden eine exzellente räumliche Auflösung und eröffnen die Möglichkeit, die Aktivität zahlreicher Nervenzellen gleichzeitig zu beobachten.[14] Grundsätzlich erfordert eine gute räumliche Auflösung allerdings so viel Zeit für die Bildaufnahme, dass schnelle Ereignisse wie neuronale Aktionspotenziale nicht in hinreichend viele Einzelbilder zerlegt werden können.

10.4.2 Ionenströme bei Aktionspotenzialen

Der Einstrom von Na^+-Ionen und der anschließende Ausstrom von K^+-Ionen erzeugen ein neuronales Aktionspotenzial. Im Folgenden wollen wir kurz die wichtigsten Experimente nachvollziehen, die maßgeblich zu unserem heutigen Wissen über die Ionenströme bei Aktionspotenzialen beigetragen haben.

Kenneth Cole und Howard Curtis konnten in grundlegenden Experimenten zeigen, dass dem Aktionspotenzial eine kurzfristige Erhöhung der Leitfähigkeit der Zellmembran zugrunde liegt. Änderungen der Leitfähigkeit gehen mit elektrischen Strömen einher, die in biologischen Systemen von Ionen getragen werden. Doch welche Ionen sind für das Aktionspotenzial verantwortlich, und wie können Ionen die Zellmembran überqueren bzw. wie wird ihre Passage reguliert?

Die erste Frage konnten Alan Hodgkin und Bernard Katz beantworten, indem sie eine sequenzielle Folge der Aktivierung von Na^+- und K^+-Leitfähigkeiten nachwiesen. Eine kurzfristige Erhöhung der Leitfähigkeit für Na^+-Ionen bringt das Membranpotenzial in die Nähe des Na^+-Gleichgewichtspotenzials U_{Na}; die darauf folgende erhöhte Leitfähigkeit für K^+ repolarisiert die Membran hin zu U_K (◘ Abb. 10.15).

Die Leitfähigkeiten für Na^+ und K^+ sind ihrerseits spannungsabhängig. Steigt beispielsweise die Na^+-Leitfähigkeit ausgehend vom Ruhewert minimal an, strömen Na^+-Ionen entlang ihres elektrochemischen Gradienten über die Membran und depolarisieren die Zelle, wodurch sich die Leitfähigkeit für Na^+ weiter erhöht. Entsprechend mehr Na^+-Ionen diffundieren über die Membran, sodass die Zelle noch weiter depolarisiert wird. Dieser positive

---

[14] Multielektrodenarrays (MEAs) ermöglichen die gleichzeitige extrazelluläre Ableitung einer großen Zahl von Nervenzellen mit außerordentlich guter zeitlicher Auflösung, allerdings weitgehend ohne räumliche Informationen. Eine Kombination beider Methoden vereint die gute zeitliche Auflösung der MEAs mit der hohen räumlichen Auflösung optischer Verfahren.

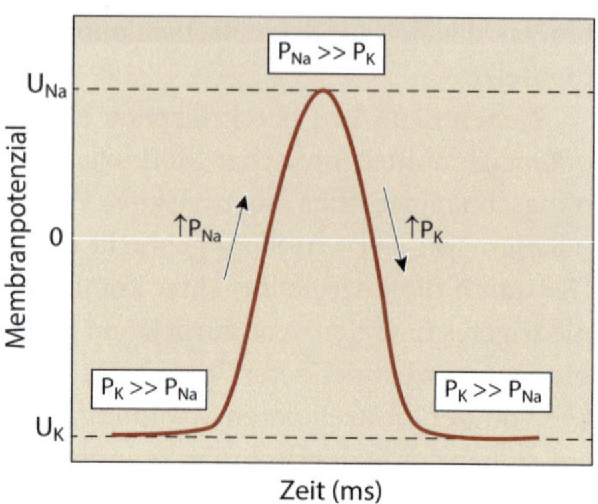

◻ **Abb. 10.15** Leitfähigkeiten für Na^+ und K^+ während eines Aktionspotenzials. Am Ruhepotenzial ist die neuronale Membran überwiegend permeabel für K^+-Ionen und die Spannung über der Membran liegt in der Nähe des Gleichgewichtspotenzials für K^+ (U_K). Ein Aktionspotenzial wird durch eine vorübergehende Erhöhung der Permeabilität für Na^+-Ionen ausgelöst, sodass das Membranpotenzial kurzfristig U_{Na} erreicht. P_K und P_{Na} bezeichnen die Permeabilitäten für K^+ und Na^+

Rückkopplungszyklus kommt erst am Na^+-Gleichgewichtspotenzial zum Stillstand. Hier ist die Leitfähigkeit für Na^+ maximal, d. h., sie ist konstant und daher nicht mehr spannungsabhängig. Es kommt zu keinem weiteren Einstrom von Na^+, da sich elektrischer und chemischer Gradient gegenseitig ausgleichen (▶ Abschn. 10.2.2).

Wir haben in ▶ Abschn. 10.3.1 gesehen, dass Leitfähigkeiten auf die Expression von Ionenkanälen in der Zellmembran zurückzuführen sind. Der Anstieg der Na^+-Leitfähigkeit bedeutet demnach, dass nach und nach alle vorhandenen spannungsabhängigen Na^+-Kanäle öffnen. Da somit immer mehr offene Kanäle zur Verfügung stehen, nimmt auch der Ionenstrom durch diese Kanäle zu. Eine Nervenzelle besitzt jedoch nur eine bestimmte Anzahl von Na^+-Kanälen; sind alle Kanäle geöffnet, erreichen die Leitfähigkeit und damit der Ionenstrom ein Maximum und können nicht weiter erhöht werden.

Um das Aktionspotenzial vollständig zu beschreiben, müssen also die Ionenströme, die den Spannungsverlauf eines Aktionspotenzials bestimmen, gemessen werden. Allerdings verhindert der positive Rückkopplungszyklus eine unmittelbare Messung dieser Ströme, da während der Aktivierungsphase der Na^+-Kanäle kein stabiles Membranpotenzial existiert. Erst die von Kenneth Cole entwickelte Methode der **Spannungsklemme** ermöglichte die direkte Messung von Ionenströmen bei einem konstanten Membranpotenzial und damit die Beantwortung der zweiten Frage nach der Regulation der Leitfähigkeiten bzw. der zugrunde liegenden Ionenkanäle.

Die Spannungsklemme basiert auf einem negativen Rückkopplungsmechanismus. Dazu wird zunächst eine Ableitelektrode in die Nervenzelle eingestochen und die Spannung im Verhältnis zum Extrazellulärraum gemessen. Die wesentliche Neuerung der Methode liegt nun darin, den gemessenen Spannungswert in einen Rückkopplungsverstärker einzuspeisen und dort mit einem Kommandopotenzial zu vergleichen (◻ Abb. 10.16). Sobald der Verstärker eine Abweichung zwischen beiden Spannungswerten registriert, fließt ein kompensatorischer Strom in die Zelle, der das Membranpotenzial dem Kommandopotenzial angleicht. Dieser kompensatorische Strom entspricht dem gesuchten Ionenstrom über der Membran.

Nehmen wir zunächst an, wir depolarisieren die Nervenzelle mit einem rechteckigen Spannungssprung von $-70\,mV$ auf $-60\,mV$ (◻ Abb. 10.17a). Der Membrankondensator wird aufgrund der Potenzialänderung teilweise entladen (Gl. 10.18) und entsprechend fließt kurzfristig ein kapazitiver Strom I_C. Während der Dauer der Depolarisation registrieren wir einen relativ kleinen positiven Strom, den sogenannten Leckstrom I_L, der durch unregulierte Ionenkanäle der Zellmembran fließt. Da diese Kanäle permanent offen sind, stellen sie einen ohmschen

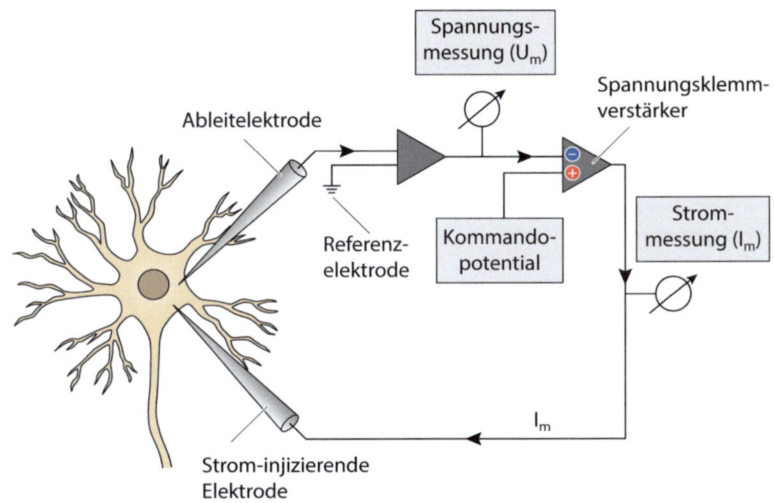

◘ Abb. 10.16 Prinzip der Spannungsklemme. Eine Ableitelektrode misst kontinuierlich die Spannung über der Zellmembran. Das Spannungssignal wird in den negativen Eingang eines Spannungsklemmverstärkers eingespeist und mit einem frei einstellbaren Kommandopotenzial verglichen. Im Falle einer Abweichung zwischen beiden Spannungswerten erzeugt der Verstärker einen kompensatorischen Strom (I_M), der mittels einer zweiten Elektrode so lange in die Zelle injiziert wird, bis die Membranspannung U_M dem Wert des Kommandopotenzials entspricht. Dieser Strom kann mit einem Amperemeter gemessen werden

Widerstand dar, d. h., der Stromfluss ist proportional zur Spannungsänderung. Am Ende der Depolarisation fließt erneut ein kapazitiver Strom, der den Membrankondensator wieder auf den ursprünglichen Wert auflädt. In diesem Beispiel bleibt eine Depolarisation von 10 mV unterschwellig und die spannungsabhängigen Leitfähigkeiten zur Erzeugung eines Aktionspotenzials werden nicht aktiviert.

In einem zweiten Fall depolarisieren wir die Zelle mit einem Kommandopotenzial von 0 mV weit über einen hypothetischen Schwellenwert hinaus. Ohne Spannungsklemme würde nun ein Aktionspotenzial mit dem in ◘ Abb. 10.14a dargestellten Spannungsverlauf ausgelöst werden. In der Spannungsklemme ist dies aber nicht möglich, da die Spannung vom Verstärker bei 0 mV festgehalten wird. Vielmehr werden die in der Zelle ablaufenden Leitfähigkeitsänderungen bzw. Öffnungen von Ionenkanälen, die dem Aktionspotenzial zugrunde liegen, durch einen kompensatorischen Strom mit entsprechender Amplitude und Polarität exakt ausgeglichen. Dieser vom Spannungsklemmverstärker erzeugte Strom ist ein genaues Abbild der Ionenströme während eines Aktionspotenzials (◘ Abb. 10.17b).

Der überschwellige Spannungssprung löst einen Membranstrom aus, der zunächst in negativer Richtung verläuft (Einwärtsstrom) und innerhalb weniger Millisekunden seine größte Amplitude erreicht. Anschließend kehrt sich die Stromrichtung um, passiert die Nulllinie und geht in einen positiven Strom über. Dieser Auswärtsstrom erreicht ein Plateau und kehrt erst am Ende des Spannungssprungs zum Ausgangswert zurück. Offensichtlich sind zwei unterschiedliche spannungsabhängige Leitfähigkeiten für die zeitliche Abfolge von schnellem Einwärtsstrom und verzögertem Auswärtsstrom verantwortlich.

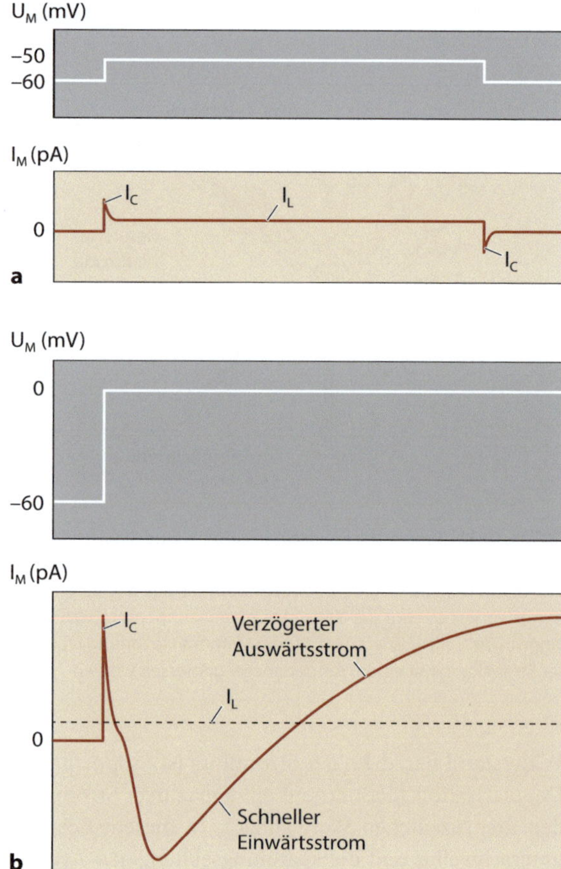

◘ Abb. 10.17 Ionenströme bei einem Aktionspotenzial. **a** Eine Depolarisation mit einer Amplitude von 10 mV löst am Anfang und am Ende des Spannungssprungs kapazitive Ströme (I_C) aus. Während der Depolarisation fließt ein Leckstrom I_L durch permanent offene Ionenkanäle. **b** Eine stärkere Depolarisation von −60 mV nach 0 mV bewirkt neben einem größeren kapazitiven Strom und einem erhöhten Leckstrom eine charakteristische Abfolge von schnellem Einwärts- und verzögertem Auswärtsstrom

10.4.3   Aktionspotenziale beruhen auf Na$^+$- und K$^+$-Strömen

Ein offener Ionenkanal besitzt eine konstante Leitfähigkeit und der Strom durch diesen Kanal wird daher vollständig durch das ohmsche Gesetz beschrieben. Unter Berücksichtigung der vorhandenen Ionengradienten gilt für die Ströme durch Na$^+$-Kanäle (I_{Na}) und K$^+$-Kanäle (I_K):

$$I_{Na} = g_{Na} \cdot (U_m - U_{Na}), \tag{10.26}$$

$$I_K = g_K \cdot (U_m - U_K). \tag{10.27}$$

U_m bezeichnet das Membranpotenzial, U_{Na} und U_K die Gleichgewichtspotenziale für Na$^+$ bzw. K$^+$, g_{Na} und g_K die entsprechenden Leitfähigkeiten (▶ Abschn. 10.3.1). *Im Falle spannungsabhängiger Ionenkanäle ist die Leitfähigkeit jedoch zunächst nicht konstant, sondern bis zum vollständigen Öffnen aller Kanäle eine Funktion der Spannung über der Zellmembran.* Daher ist das ohmsche Gesetz erst dann anwendbar, wenn alle Kanäle geöffnet sind.

Ein Ionenkanal liegt entweder in einer geschlossenen oder offenen Konformation vor, wobei der Zeitpunkt und die Dauer der Öffnung für jeden einzelnen Kanal variieren, also nur statistisch vorhersagbar sind. Da nicht nur ein einziger, sondern zahlreiche Kanäle mit zeitli-

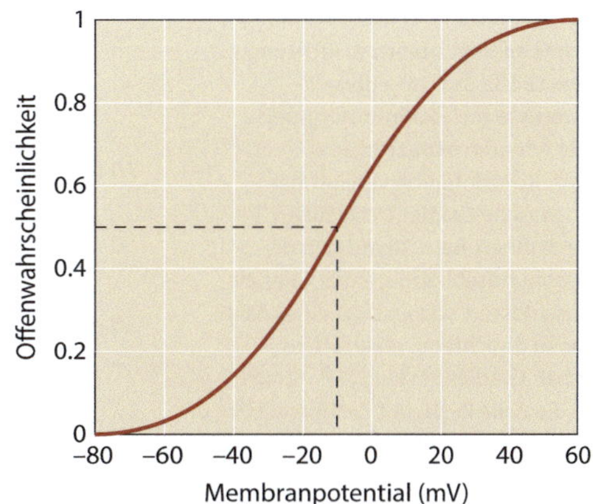

◘ Abb. 10.18 Die Boltzmann-Verteilung beschreibt die Offenwahrscheinlichkeit spannungsabhängiger Ionenkanäle. Bei hyperpolarisierten Membranpotenzialen sind alle Kanäle geschlossen. Die Wahrscheinlichkeit einer Öffnung der Kanäle erhöht sich mit zunehmender Depolarisation der Membran, bis bei etwa 60 mV alle Ionenkanäle in geöffnetem Zustand vorliegen. Die *gestrichelte Linie* gibt diejenige Spannung an, bei der die Hälfte der Kanäle geöffnet ist

cher Variabilität vom geschlossenen in den offenen Zustand übergehen, zeigt die Aktivierung der gesamten Kanalpopulation einen sigmoiden Verlauf, der formal mithilfe einer **Boltzmann-Verteilung** beschrieben werden kann (◘ Abb. 10.18). Bei einem Membranpotenzial von -80 mV sind alle Kanäle geschlossen, bei 60 mV hingegen liegen alle Kanäle in einem offenen Zustand vor. Je stärker die Depolarisation der Zellmembran, desto höher ist die Offenwahrscheinlichkeit der in der Zellmembran vorhandenen Ionenkanäle. In der Verteilung der ◘ Abb. 10.18 ist beispielsweise bei einem Membranpotenzial von -10 mV die Hälfte aller Ionenkanäle geöffnet.

◘ Abb. 10.19 stellt Größe und Richtung von Na^+- und K^+-Strömen in Abhängigkeit vom Membranpotenzial dar. Der Konzentrationsgradient über der Membran bleibt trotz der Ionenströme konstant, da verglichen mit den Ausgangskonzentrationen bei einem Aktionspotenzial nur sehr wenige Ionen die Membran passieren (▶ Abschn. 10.3.2). Das Membranpotenzial wird systematisch depolarisiert, wodurch sich der elektrochemische Gradient als Summe des chemischen und elektrischen Gradienten ändert. Wir betrachten im Folgenden die Stromverläufe für Na^+- und K^+-Ionen getrennt.

Na^+-Ströme (◘ Abb. 10.19a) Der Konzentrationsgradient für Na^+ zeigt unabhängig vom Membranpotenzial von außen nach innen. Beim Ruhemembranpotenzial von etwa -65 mV weisen elektrischer und chemischer Gradient in dieselbe Richtung, sodass eine große treibende Kraft für den Einstrom von Na^+ in die Zelle vorliegt. Es kann jedoch kein Strom über die Membran fließen, da bei diesem Potenzial alle Na^+-Kanäle geschlossen sind. Zunehmende Depolarisationen bis -10 mV verringern den elektrischen Gradienten über der Membran und öffnen immer mehr Na^+-Kanäle. Da der elektrochemische Gradient für Na^+ weiterhin in die Zelle gerichtet ist, wird ein Einwärtsstrom gemessen, der etwa bei -10 mV seinen größten Wert erreicht. Bei 0 mV ist der elektrische Gradient verschwunden. Da jedoch alle vorhandenen Na^+-Kanäle geöffnet sind, bewirkt der Konzentrationsgradient einen Einstrom von Na^+ in die Zelle.

Depolarisationen über 0 mV hinaus kehren die Polarität der Zellmembran um, sodass Konzentrationsgefälle und elektrischer Gradient in unterschiedliche Richtungen weisen. Bei diesen Potenzialen liegen die Na^+-Kanäle mit einer hohen Wahrscheinlichkeit im geöffneten Zustand vor, sodass wir das ohmsche Gesetz anwenden können: Die Leitfähigkeit g_{Na} ist konstant und die Amplitude des Na^+-Stroms wird von der Differenz zwischen Membranpotenzial und Na^+-Gleichgewichtspotenzial ($U_m - U_{Na}$) bestimmt (Gl. 10.26). Solange der chemische Gradient überwiegt, strömt Na^+ in die Zelle hinein. Am Gleichgewichtspotenzial U_{Na} von etwa 55 mV ist der Einfluss von elektrischem und chemischem Gradienten auf den Na^+-Strom gleich groß

■ **Abb. 10.19** Der elektrochemische Gradient bestimmt Richtung und Größe des Na$^+$- und K$^+$-Stroms. **a** Na$^+$-Ströme. Aufgrund der höheren extrazellulären Na$^+$-Konzentration verläuft der chemische Gradient von außen nach innen. Bei -70 mV sind die spannungsabhängigen Na$^+$-Kanäle geschlossen, sodass trotz eines nach innen gerichteten elektrochemischen Gradienten kein Na$^+$-Strom in die Zelle fließt. Mit zunehmender Depolarisation öffnen vermehrt Na$^+$-Kanäle und es entwickelt sich ein Einwärtsstrom, der hier bei -10 mV seine größte Amplitude erreicht. Bei 0 mV ändert der elektrische Gradient seine Polarität und ist nun von innen nach außen gerichtet. Entsprechend wird der Einwärtsstrom kleiner, bis er beim Gleichgewichtspotenzial für Na$^+$ (U_{Na}) seine Richtung umkehrt. **b** K$^+$-Ströme. Der Konzentrationsgradient für K$^+$ ist bei allen Membranpotenzialen von innen nach außen gerichtet; der elektrische Gradient entspricht der Situation in **a**. Der elektrochemische Gradient nimmt mit steigender Depolarisation der Zellmembran kontinuierlich zu, sodass die spannungsabhängige Aktivierung von K$^+$-Kanälen eine monoton steigende Stromamplitude bewirkt. Die Richtung und Größe des chemischen und elektrischen Gradienten sowie die Summe aus beiden Kräften werden durch die jeweiligen Balken repräsentiert. ΔV bezeichnet die Spannungsänderung

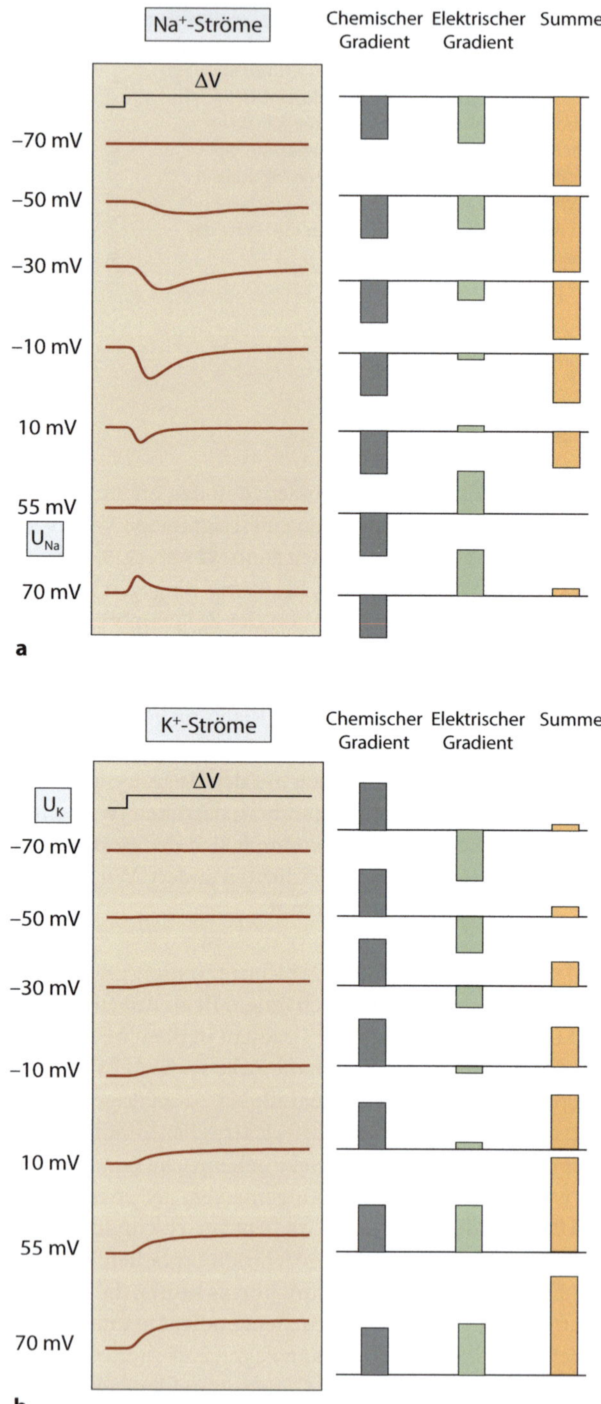

und entgegengesetzt – in der Summe fließt also kein Strom. Bei noch stärkeren Depolarisationen überwiegt der elektrische Gradient und Na^+ strömt aus der Zelle in den Extrazellulärraum.

Na^+-Ströme fließen nur unmittelbar nach Beginn des Spannungssprungs – obwohl die Depolarisation andauert, kehrt die Stromkurve im weiteren Zeitverlauf zur Nulllinie zurück. Dieses Verhalten spannungsgesteuerter Na^+-Kanäle wird als **Inaktivierung** bezeichnet und durch das Schließen der Kanalpore hervorgerufen.[15] Die Inaktivierung kann nur durch eine Repolarisation zurück zum Ruhemembranpotenzial wieder aufgehoben werden. Dieser Prozess kostet Zeit und während dieser Zeit sind die Na^+-Kanäle nicht aktivierbar. Daher bestimmt die Dauer der Inaktivierung die Refraktärzeit und damit die maximale Frequenz, mit der eine erregbare Zelle Aktionspotenziale erzeugen kann.

K^+-Ströme (◼ Abb. 10.19b) Der Konzentrationsgradient für K^+ ist bei allen Membranpotenzialen von innen nach außen gerichtet, während der elektrische Gradient demjenigen für Na^+-Ionen entspricht. Am Ruhemembranpotenzial zeigt der elektrochemische Gradient nach außen, es fließt aber kein Strom, da auch die spannungsabhängigen K^+-Kanäle geschlossen sind. Mit zunehmender Depolarisation steigt die nach außen gerichtete elektrochemische Triebkraft für K^+-Ionen, sodass ein zunehmender Auswärtsstrom gemessen wird. Anders als bei den Na^+-Strömen, die abhängig von der Depolarisationsstärke ihr Vorzeichen wechseln, treten im Falle der K^+-Ströme ausschließlich Auswärtsströme auf. Dies ist aber lediglich der Tatsache geschuldet, dass bei den hier gezeigten Spannungen das Membranpotenzial das K^+-Gleichgewichtspotenzial nicht unterschreitet – erst bei einer Spannung negativer als $-89\,mV$ können wir einen Einwärtsstrom von K^+-Ionen messen.

Im Gegensatz zu den Na^+-Kanälen zeigen die K^+-Kanäle keine Inaktivierung. Der durch den Spannungssprung ausgelöste Auswärtsstrom steigt bis zu einem Maximalwert an und bleibt während der Dauer der Depolarisation konstant.

Aus den spannungsabhängigen Stromkurven der ◼ Abb. 10.19 lassen sich die folgenden allgemeinen Regeln ableiten:

- Die treibende Kraft für die Ionenströme setzt sich aus einer chemischen und einer elektrischen Komponente zusammen.
- Trotz eines großen elektrochemischen Gradienten fließt bei geschlossenen Ionenkanälen kein Strom ($g_{Na} = 0$; Gl. 10.26).
- Am Gleichgewichtspotenzial, dem sogenannten **Umkehrpotenzial**, heben sich der chemische und der elektrische Anteil der treibenden Kraft gegenseitig auf; auch unter diesen Bedingungen fließt kein Strom ($U_m - U_{Na} = 0$; Gl. 10.26).
- Bei Depolarisationen, die alle Ionenkanäle öffnen, nehmen die jeweiligen Leitfähigkeiten einen konstanten, von null verschiedenen Wert an. Es gilt das ohmsche Gesetz und die Stromamplitude wird ausschließlich durch die Differenz zwischen Membranpotenzial und Gleichgewichtspotenzial bestimmt.
- Die theoretisch mögliche Amplitude eines Aktionspotenzials wird durch die Differenz der Na^+- und K^+-Gleichgewichtspotenziale ($U_{Na} - U_K$) festgelegt.

Na^+- und K^+-Ströme treten mit einem geringfügigen Zeitversatz auf – sie werden daher auch als **schneller Einwärtsstrom** (I_{Na}) und als **verzögerter Auswärtsstrom** (I_K) bezeichnet (◼ Abb. 10.20a). Diesen Ionenströmen liegen die zeitlich aufeinanderfolgenden Leitfähigkeiten für Na^+- und K^+-Ionen zugrunde (◼ Abb. 10.20b).

---

[15] Die Inaktivierung wird durch einen anderen Teil des Kanalproteins vermittelt als die Aktivierung. Sie darf auch nicht mit der Deaktivierung verwechselt werden, die das Schließen des Kanals nach Beendigung einer Depolarisation bezeichnet.

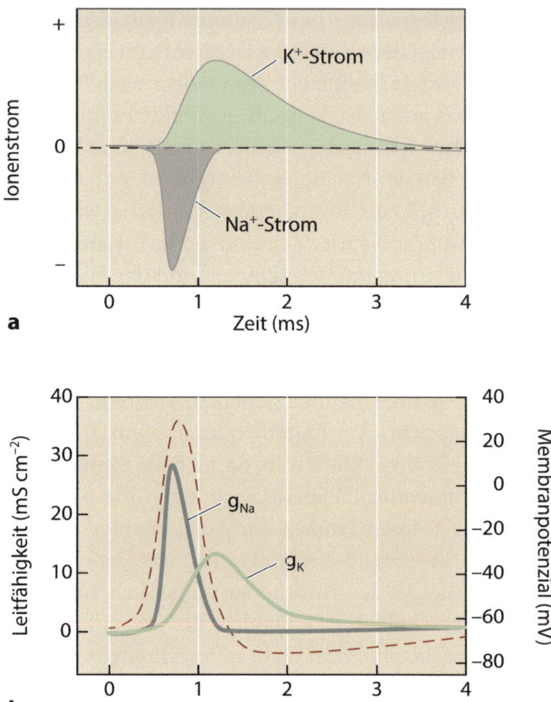

◻ **Abb. 10.20**   Der Spannungsverlauf eines Aktionspotenzials basiert auf der zeitlich aufeinanderfolgenden Aktivierung einer Na$^+$- und einer K$^+$-Leitfähigkeit. **a** Zeitlicher Verlauf von Na$^+$- und K$^+$-Strömen bei einem Aktionspotenzial. ⊖ bedeutet Einwärtsstrom, ⊕ Auswärtsstrom. **b** Zeitverlauf der Na$^+$- und K$^+$-Leitfähigkeiten während eines Aktionspotenzials. Die Na$^+$-Leitfähigkeit (g_{Na}) setzt etwas früher ein als die K$^+$-Leitfähigkeit (g_K) und korreliert zeitlich mit dem Aufstrich des Aktionspotenzials. Die anschließend aktivierte K$^+$-Leitfähigkeit vermittelt die Repolarisation des Aktionspotenzials zurück zum Ruhemembranpotenzial. Aufgrund ihrer Inaktivierung bleiben die Na$^+$-Kanäle nur kurz geöffnet; entsprechend schnell klingt die Na$^+$-Leitfähigkeit wieder ab. Die Leitfähigkeit für K$^+$ sinkt, da die K$^+$-Kanäle im Zuge der Repolarisation wieder schließen. Der Spannungsverlauf des Aktionspotenzials ist *gestrichelt* dargestellt

Indem Na$^+$- und K$^+$-Ströme mit kurzem zeitlichen Abstand aufeinanderfolgen, aber nicht gleichzeitig ablaufen, wird ein „Kurzschluss" der Zelle vermieden. Bei Gleichzeitigkeit beider Ströme würden sich der Na$^+$-Einwärtsstrom und der K$^+$-Auswärtsstrom gegenseitig weitgehend aufheben und keine oder nur eine geringfügige Spannungsänderung über der Zellmembran hervorrufen. Dennoch würden Ionen durch offene Kanäle fließen und entsprechend müsste die Zelle Energie zur Aufrechterhaltung der Ionengradienten investieren – allerdings ohne ein zelluläres Signal zu erzeugen.

Zwischen den einzelnen Phasen eines Aktionspotenzials und den bisher besprochenen Ionenströmen besteht ein enger kausaler Zusammenhang. Der schnelle Aufstrich des Aktionspotenzials wird durch den Na$^+$-Einwärtsstrom verursacht. Hierbei handelt es sich um einen positiven Rückkopplungsprozess, der das Membranpotenzial in weniger als 1 ms um bis zu 100 mV depolarisiert. Eine geringfügige Depolarisation aktiviert einige Na$^+$-Kanäle, Na$^+$ diffundiert in die Zelle und die positiven Ladungen der Na$^+$-Ionen verstärken die anfängliche Depolarisation. Dadurch öffnen sich zusätzliche Na$^+$-Kanäle, was die Depolarisation weiter verstärkt, sodass noch mehr Na$^+$-Kanäle aktiviert werden. *Dieser regenerative Prozess endet erst, wenn das Membranpotenzial das Na$^+$-Gleichgewichtspotenzial erreicht.* Auf diese Weise werden Aktionspotenziale mit weitgehend konstanter Amplitude erzeugt, was wiederum eine wichtige Voraussetzung für die Signalübertragung über größere Entfernungen ist.

In den meisten Fällen verläuft die Depolarisation nicht bis zum theoretischen Wert von U_{Na}, sondern die Repolarisation setzt schon bei niedrigeren Membranpotenzialen ein. Dies lässt sich einerseits auf die Inaktivierung der Na$^+$-Kanäle und den dadurch reduzierten Einstrom positiver Ladungen zurückführen. Andererseits öffnen zu diesem Zeitpunkt bereits spannungsabhängige K$^+$-Kanäle und K$^+$-Ionen diffundieren aus der Zelle hinaus.

Einmal ausgelöst sind positive Rückkopplungsmechanismen nur schwer zu kontrollieren und tendieren zu chaotischem Verhalten; möglicherweise kommen sie daher in biologischen Systemen deutlich seltener vor als die Stabilität garantierenden negativen Rückkopplungsprozesse. Im Falle des Aktionspotenzials existiert mit U_{Na} jedoch eine physikalisch festgelegte Obergrenze für die Spannung, die das System nicht überschreiten kann. Allerdings würde das Membranpotenzial dauerhaft den Wert von U_{Na} annehmen, sich also in einem Zustand konstanter Depolarisation befinden, wenn die Zellmembran nicht durch einen negativen Rückkopplungszyklus wieder repolarisiert würde. Diese negative Rückkopplung basiert auf dem verzögerten Ausstrom von K^+-Ionen. Der Ausstrom positiver Ladungen aus der Zelle bringt das Membranpotenzial innerhalb von 1 bis 2 ms wieder zurück zum Ruhepotenzial und beendet so das Aktionspotenzial.

Da während der Repolarisationsphase fast ausschließlich K^+-Kanäle geöffnet sind, erreicht das Membranpotenzial einen Wert in der Nähe des K^+-Gleichgewichtspotenzials. Der größte Teil der Na^+-Kanäle befindet sich noch in einem inaktivierten Zustand und kann daher unmittelbar nach einem Aktionspotenzial keinen Beitrag zum Membranpotenzial leisten – eine kurzfristige Hyperpolarisation der Membran in Form des Nachpotenzials ist die Folge. Erst das erneute Öffnen der Na^+-Kanäle als Voraussetzung für einen Einstrom von Na^+ stellt das Ruhemembranpotenzial wieder her.

Die Kenntnis der Ionenströme ermöglicht auch ein Verständnis des Schwellenwerts zur Auslösung eines Aktionspotenzials. *Der Schwellenwert ist nicht diejenige Depolarisationsstärke, die zur Aktivierung von Na^+-Kanälen erforderlich ist.* Vielmehr öffnen Na^+-Kanäle gemäß einer Boltzmann-Verteilung: Bereits am Ruhemembranpotenzial befindet sich ein Teil der Na^+-Kanäle in einem offenen Zustand und jede weitere Depolarisation öffnet weitere Na^+-Kanäle (◘ Abb. 10.18). Eine Depolarisation, die das Membranpotenzial vom K^+-Gleichgewichtspotenzial entfernt, aktiviert jedoch immer auch spannungsabhängige K^+-Kanäle, und der Ausstrom von K^+-Ionen bringt die Membranspannung wieder zurück zum Ruhepotenzial. Wird allerdings bei einer Depolarisation eine bestimmte Membranspannung überschritten, öffnen so viele Na^+-Kanäle gleichzeitig, dass der Ausgleich durch das kompensatorische K^+-System nicht mehr ausreicht und der regenerative Na^+-Einstrom die Überhand gewinnt. *Der Schwellenwert entspricht also demjenigen Membranpotenzial, bei dem sich in einem Gleichgewichtszustand der Einstrom von Na^+ und der Ausstrom von K^+ gegenseitig exakt aufheben.* Jede Depolarisation über diese Spannung hinaus löst den oben beschriebenen positiven Rückkopplungsmechanismus und damit die vorübergehende Dominanz des Na^+-Einstroms aus.

10.4.4 Experimenteller Nachweis von Na^+- und K^+-Strömen

Die Beiträge der Na^+- und K^+-Leitfähigkeiten zum Aktionspotenzial lassen sich durch zwei unterschiedliche experimentelle Ansätze bestimmen: (1) selektiver Austausch von Ionen und (2) Blockierung der Ionenkanäle durch pharmakologisch aktive Substanzen.

Selektiver Austausch von Ionen. Eine Nervenzelle wird bei einer physiologischen extrazellulären Na^+-Konzentration auf das überschwellige Potenzial von 0 mV depolarisiert, sodass die Sequenz von frühem Einwärtsstrom und verzögertem Auswärtsstrom ausgelöst wird (◘ Abb. 10.21a). Werden nun die extrazellulären Na^+-Ionen durch Kationen ersetzt, die die Na^+-Kanäle nicht passieren können, verschwindet bei der Depolarisation der frühe Einwärtsstrom, während der verzögerte Auswärtsstrom unverändert bleibt (◘ Abb. 10.21b). Nach Wiederherstel-

◼ Abb. 10.21 Der frühe Einwärtsstrom hängt von der extrazellulären Na^+-Konzentration ab. **a** Unter physiologischen Bedingungen (extrazelluläre Na^+-Konzentration 150 mmol l^{-1}) bewirkt eine Depolarisation nach 0 mV eine Aktivierung des frühen Einwärtsstroms, gefolgt vom verzögerten Auswärtsstroms. **b** In einer Na^+-freien Extrazellulärlösung verschwindet der Einwärtsstrom, während der Auswärtsstrom nicht beeinflusst wird. **c** Der Effekt des Austauschs von Na^+-Ionen auf den Einwärtsstrom ist vollständig reversibel

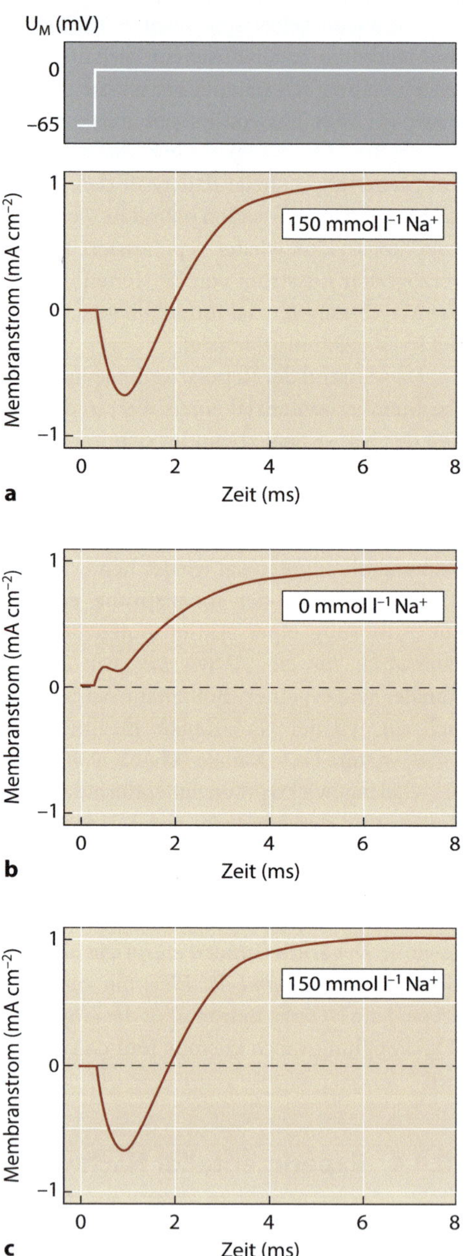

lung der ursprünglichen Na^+-Konzentration, tritt auch der Einwärtsstrom wieder auf (◼ Abb. 10.21c). Diese Umkehrbarkeit des Effekts – das „Auswaschen" – ist ein wichtiger Nachweis der Spezifität des veränderten Parameters.[16]

---

[16] Durch eine experimentelle Manipulation könnte der Kanal auch dauerhaft aufgrund eines unspezifischen Effekts in einen anderen Funktionszustand übergehen. In diesem Fall führt die Wiederherstellung der Ausgangsbedingungen jedoch nicht zu einer Wiederherstellung der ursprünglichen Funktionalität des Kanals.

Der Austausch der extrazellulären Na^+-Ionen kehrt den Konzentrationsgradienten um. Na^+ ist nun in der Zelle höher konzentriert als außerhalb und gleichzeitig besteht aufgrund der Depolarisation nach 0 mV keine Potenzialdifferenz über der Membran. Daher ist der elektrochemische Gradient für Na^+ unter diesen Bedingungen von innen nach außen gerichtet und Na^+-Ionen diffundieren aus der Zelle hinaus.

In ähnlicher Weise beeinflusst ein Austausch der intrazellulären K^+-Ionen ausschließlich den Auswärtsstrom, hat jedoch keinen Effekt auf den Einwärtsstrom. *Der selektive Austausch von Na^+ und K^+ durch membranundurchlässige Ionen beeinflusst den frühen Einwärtsstrom bzw. den verzögerten Auswärtsstrom und weist daher eindeutig die Beteiligung von Na^+- und K^+-Ionen am Aktionspotenzial nach.*

Blockierung von Ionenkanälen. Neben dem Austausch von Ionen lassen sich die Leitfähigkeiten für Na^+ und K^+ gezielt durch Hemmstoffe beeinflussen. Die außerordentlich selektive Wirkung dieser sogenannten Blocker oder **Toxine** auf Ionenleitfähigkeiten stellte einen wichtigen Hinweis für die Existenz von Ionenkanälen überhaupt dar. Ein Toxin kann seine spezifische physiologische Wirkung nur dann ausüben, wenn molekulare Wechselwirkungen mit entsprechenden **Rezeptoren** im Nervengewebe stattfinden. Rezeptoren sind biologisch relevante Moleküle, in den meisten Fällen Proteine, und in diesem konkreten Beispiel entsprechen sie extrazellulären Bindungsstellen auf Ionenkanälen.[17]

Die molekularen Interaktionen eines Toxins mit seinem Rezeptor beruhen in der Regel auf schwachen Wechselwirkungen. Die Bindungsstelle des Proteinmoleküls besitzt eine dreidimensionale Struktur, die derjenigen des Toxins komplementär ist, sodass Wasserstoffbrücken, elektrostatische Wechselwirkungen sowie Van-der-Waals-Bindungen ausgebildet werden können. Obwohl die Stärke einer einzelnen Bindung sehr schwach ist, erzeugen sie in ihrer Gesamtheit eine stabile Bindung zwischen Toxin und Rezeptor. Die **Affinität** ist ein Maß für die Bindungsstärke zwischen Toxinmolekül und Rezeptor.[18]

In einem sehr einfachen Modell gehen wir davon aus, dass ein Toxinmolekül (T) und ein Rezeptor (R) eine reversible Bindung eingehen, wobei benachbarte Toxinmoleküle und Rezeptoren durch diese Reaktion nicht beeinflusst werden. Dabei entsteht ein Toxin-Rezeptor-Komplex (TR), dessen Menge quantitativ durch die Dissoziationskonstante K_d (Einheit: $mol\,l^{-1}$) beschrieben werden kann:

$$T + R \underset{k_{-1}}{\overset{k_1}{\rightleftharpoons}} TR,$$

$$K_d = \frac{k_{-1}}{k_1} = \frac{[T][R]}{[TR]}. \tag{10.28}$$

k_1 und k_{-1} sind die Geschwindigkeitskonstanten der Hin- bzw. der Rückreaktion. Gemäß Gl. 10.28 bezeichnet K_d das Verhältnis von Rückreaktion zu Hinreaktion im Gleichgewichtszustand und ist damit ein Maß für die Konzentration des Toxin-Rezeptor-Komplexes bezogen auf die Ausgangssubstanzen. Verläuft die Reaktion annähernd vollständig von links nach rechts, wird viel TR gebildet, aber nur wenig freies T und R bleiben zurück, sodass K_d einen nied-

---

[17] Der Begriff des Rezeptors ist in der Biologie mehrdeutig. Neben der ausschließlich molekularen Anwendung werden insbesondere in der Sinnesphysiologie aus historischen Gründen auch Zellen als Rezeptoren bezeichnet (z. B. Photorezeptoren). Die Verwendung des Begriffs Sensor für reizaufnehmende und -umwandelnde Zellen dient der Vermeidung von Missverständnissen.

[18] Diese Überlegungen gelten nicht nur für Toxine, sondern für alle Wechselwirkungen zwischen einem Rezeptor und einer an diesen Rezeptor bindenden Substanz, die auch als Ligand bezeichnet wird. Die Bindung von Neurotransmittermolekülen an spezifische Rezeptoren ist ein weiteres Beispiel für eine Rezeptor-Liganden-Wechselwirkung.

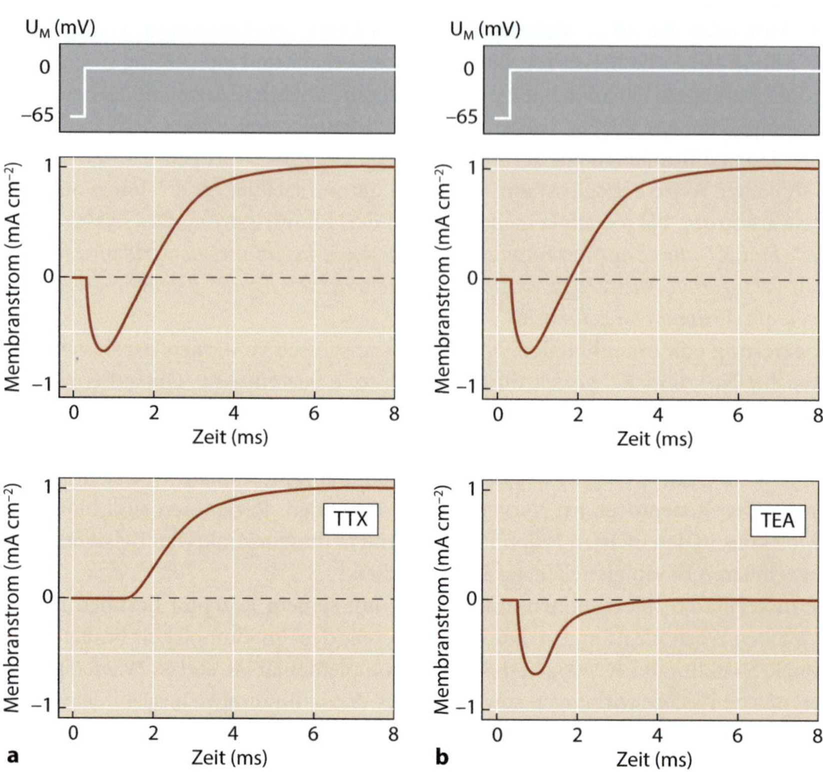

Abb. 10.22 Selektive Blockierung von Na^+- und K^+-Kanälen. **a** Unter Kontrollbedingungen erzeugt eine Depolarisation nach 0 mV eine Sequenz von frühem Einwärtsstrom und verzögertem Auswärtsstrom. Tetrodotoxin (TTX) hemmt den Einwärtsstrom, hat aber keine Wirkung auf den Auswärtsstrom. **b** Umgekehrt blockiert Tetraethylammonium (TEA) selektiv den Auswärtsstrom, ohne den Einwärtsstrom zu beeinflussen

rigen Wert annimmt. *Je kleiner die Dissoziationskonstante, desto mehr Toxin-Rezeptor-Komplex liegt im Gleichgewicht vor und desto höher ist die Affinität des Rezeptors für den Liganden.*

Tetrodotoxin (TTX), das Gift der Kugelfische (*Tetraodontidae*), blockiert selbst in sehr geringen Konzentrationen ($nmol\,l^{-1}$) selektiv spannungsabhängige Na^+-Kanäle. Eine überschwellige Depolarisation in Anwesenheit von TTX erzeugt daher einen ähnlichen Stromverlauf wie beim Austausch von Na^+-Ionen: Der schnelle Einwärtsstrom verschwindet, während der verzögerte Auswärtsstrom unverändert bleibt (**Abb. 10.22a**). Eine ähnliche Wirkung auf Na^+-Kanäle zeigen das von Dinoflagellaten produzierte **Saxitoxin** sowie synthetisch hergestellte Derivate des Kokains wie Procain und Lidocain, die als Lokalanästhetika und Antiarrhythmika Verwendung finden. Grundsätzlich stellen spannungsabhängige Na^+-Kanäle aufgrund ihrer zentralen Bedeutung für die Erzeugung und Weiterleitung neuronaler Signale ein außerordentlich effektives Ziel für biologische Gifte dar.

Zahlreiche Skorpione und Schlangen produzieren ein komplexes Gemisch biologisch wirksamer Toxine, das auch selektive Blocker von K^+-Kanälen umfasst. Die Hemmung spannungsabhängiger K^+-Kanäle hat lang andauernde Aktionspotenziale zur Folge, da der repolarisierende Effekt des K^+-Ausstroms wegfällt.[19] Letztlich kehrt die Spannung aufgrund der Inaktivierung der Na^+-Kanäle zum Ruhemembranpotenzial zurück. **Tetraethylammonium** (TEA) und **4-Aminopyridin** sind synthetisch hergestellte Inhibitoren spannungsgesteuerter K^+-Kanäle. Sie hemmen gezielt den verzögerten Auswärtsstrom, haben aber keinen Effekt auf den frühen Einwärtsstrom (◐ Abb. 10.22b).

Die differenzielle Wirkung von Hemmstoffen wie TTX und TEA auf den durch eine überschwellige Depolarisation induzierten Strom zeigt, dass zwei verschiedene Kanalproteine für den Gesamtstrom über der Membran während eines Aktionspotenzials verantwortlich sind. Aufgrund der Selektivität der Toxine für Na^+- bzw. K^+-Kanäle lässt sich der schnelle Einwärtsstrom als ein Na^+-Strom, der verzögerte Auswärtsstrom hingegen als ein K^+-Strom identifizieren. Die zeitlich aufeinanderfolgende Aktivierung dieser Ionenkanäle verursacht den charakteristischen Spannungsverlauf eines Aktionspotenzials.

10.4.5 Zusammenfassung

Aktionspotenziale stellen sehr schnelle (1 bis 2 ms) Änderungen des Membranpotenzials dar, bei denen die Spannung über der Zellmembran kurzfristig ihre Polarität umkehrt. Aktionspotenziale dienen der Codierung sensorischer Informationen und motorischer Kommandos, insbesondere für die Signalübertragung über längere Strecken. Ihre Frequenz und ihr Zeitverlauf bestimmen den neuronalen Code.

Aktionspotenziale besitzen unabhängig vom Ort ihrer Entstehung vier gemeinsame Eigenschaften: (1) Es muss ein Schwellenwert überschritten werden, (2) ein Aktionspotenzial läuft immer gleichförmig ab, (3) die Weiterleitung erfolgt ohne Abschwächung der Amplitude und (4) die Refraktärzeit bestimmt die maximale Frequenz, mit der Aktionspotenziale aufeinanderfolgen.

Der Zeitverlauf eines Aktionspotenzials hängt von der Messmethode ab. Bei einer intrazellulären Ableitung wird ausgehend vom Ruhepotenzial eine schnelle Depolarisation beobachtet, der eine langsamere Repolarisation folgt. Extrazelluläre Ableitungen hingegen sind durch einen biphasischen Spannungsverlauf gekennzeichnet (Negativierung → Positivierung), der die gegenläufigen Ionenbewegungen in unmittelbarer Nähe der Zellmembran widerspiegelt.

Die während eines Aktionspotenzials fließenden Ionenströme können mit der Methode der Spannungsklemme gemessen werden. Hierzu wird eine Kommandospannung vorgegeben und kontinuierlich mit dem Membranpotenzial verglichen; bei Abweichungen erzeugt der Verstärker einen Strom, der das Membranpotenzial dem Wert des Kommandopotenzials anpasst. Dieser kompensatorische Strom ist ein direktes Maß für die Ionenströme, die bei Spannungsänderungen des Neurons über die Zellmembran fließen.

Die schnelle Depolarisation des Aktionspotenzials wird durch den Einstrom von Na^+-Ionen durch spannungsabhängige Kanäle hervorgerufen. Dieser Einstrom positiver Ladungen depolarisiert das Membranpotenzial bis in die Nähe des Na^+-Gleichgewichtspotenzials. Nach

---

[19] Diese neurotoxische Wirkung eines Schlangen- oder Skorpionengifts verursacht eine Lähmung der Atemmuskulatur. Darüber hinaus enthalten Schlangengifte meist auch hämotoxisch wirkende Substanzen, die zu Schädigungen der Blutzellen sowie zu Gewebenekrosen führen.

einer kurzen Verzögerung aktivieren spannungsabhängige K^+-Kanäle und der Ausstrom von K^+-Ionen bringt das Membranpotenzial wieder zurück zum Ruhewert.

Alle Ionenbewegungen über die Membran erfolgen passiv mittels einfacher Diffusion, wobei der elektrochemische Gradient für Na^+ und K^+ Richtung und Größe des Stroms durch die geöffneten Ionenkanäle bestimmt. Es fließt kein Strom, wenn die Ionenkanäle geschlossen sind oder wenn elektrischer und chemischer Gradient gleich groß sind, aber in entgegengesetzte Richtungen zeigen. In diesem Fall entspricht das Membranpotenzial dem Gleichgewichtspotenzial für das jeweilige Ion.

Die Beiträge von Na^+- und K^+-Strömen zum Gesamtstrom über der Membran lassen sich durch den gezielten Austausch von Ionen sowie mit selektiven Hemmstoffen (Toxinen) voneinander trennen. Als Blocker für Na^+-Kanäle findet Tetrodotoxin Verwendung, für K^+-Kanäle wird vor allem Tetraethylammonium eingesetzt.

Dem Aufstrich eines Aktionspotenzials liegt ein schneller, von Na^+-Ionen getragener Einwärtsstrom zugrunde, während die Repolarisation durch den verzögerten Ausstrom von K^+-Ionen getragen wird. Das Aktionspotenzial stellt das Produkt zweier verschränkter Rückkopplungszyklen dar: Eine positive Rückkopplung sorgt für die Depolarisation, eine negative Rückkopplung für die Rückkehr zum Ausgangszustand als Voraussetzung für die Auslösung weiterer Aktionspotenziale.

10.5 Weiterleitung von Signalen

Elektrische Signale in Form von Spannungsänderungen werden lokal in einer Nervenzelle erzeugt und über Dendriten und Axone an ihre Zielorte weitergeleitet. Näherungsweise stellen Axone lang gestreckte, annähernd zylindrische Strukturen dar, deren Geometrie und elektrische Eigenschaften die Signalausbreitung in Längsrichtung der Nervenfaser maßgeblich beeinflussen.

Die Signalweiterleitung kann entweder ohne oder mithilfe von Aktionspotenzialen erfolgen:

- Die **passive** oder **elektrotonische Weiterleitung** basiert auf den intrazellulär vorhandenen Ionen, die als Ladungsträger den Strom innerhalb des Axons leiten. Der Zeitverlauf des elektrischen Signals wird durch die Parallelschaltung von Widerstand und Kondensator in einer neuronalen Zellmembran (▶ Abschn. 10.3.3) bestimmt. *Bei der passiven Weiterleitung werden keine Aktionspotenziale generiert.*
- Die **aktive Weiterleitung** von Signalen erfordert hingegen immer die Erzeugung von Aktionspotenzialen. Häufig sind die leitenden Nervenfasern durch eine Myelinschicht elektrisch isoliert – in diesem Fall sprechen wir von **saltatorischer Erregungsleitung**.

Die beiden Leitungsarten schließen einander nicht aus, sondern treten in der Regel gemeinsam in Nervenzellen auf. Wir beginnen mit der elektrotonischen Weiterleitung neuronaler Signale.

10.5.1 Elektrotonische Signalleitung

Mithilfe einer Elektrode wird ein elektrischer Strom an einer bestimmten Stelle einer Nervenfaser[20] injiziert und mit einer zweiten Elektrode die Spannungsänderung innerhalb der

---

[20] Die Begriffe Nervenfaser und Axon werden meist synonym verwendet. Ein Nerv hingegen besteht aus zahlreichen Nervenfaserbündeln, die durch eine bindegewebige Hülle (Epineurium) von anderen Körperstruktu-

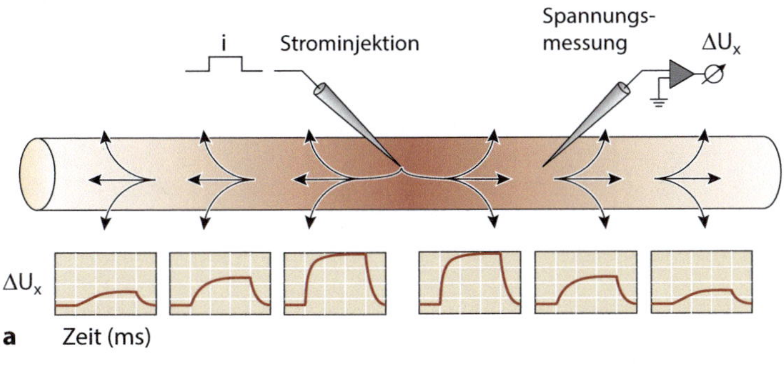

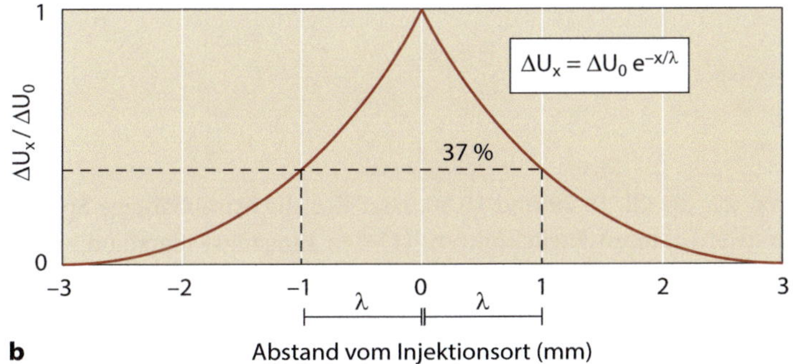

Abb. 10.23 Passive Ausbreitung einer Spannungsänderung in einer Nervenfaser. **a** Mithilfe einer intrazellulären Elektrode wird Strom (i) in eine Nervenfaser injiziert; eine andere Elektrode dient der Messung der Spannungsänderung ΔU_x in verschiedenen Entfernungen vom Injektionsort ($x = 0$). Die Amplitude des Spannungssignals wird mit zunehmender Entfernung kleiner. Die *Pfeile* geben den Stromfluss innerhalb der Nervenfaser und über den Membranwiderstand nach außen an. **b** Die Amplitude der Spannungsänderung nimmt exponentiell mit der Entfernung ab. Die Längskonstante λ gibt diejenige Entfernung an, bei der die Spannung auf 37 % der ursprünglichen Signalstärke abgefallen ist

Faser mit steigender Entfernung zum Injektionsort gemessen (■ Abb. 10.23a). In unmittelbarer Nähe der Stromelektrode verläuft die Spannungsänderung sehr schnell und besitzt eine große Amplitude; mit zunehmendem Abstand wird die Antwort langsamer und kleiner. Diese Spannungsänderungen werden als **elektrotonische Potenziale** bezeichnet. Ihr nichtlinearer Zeitverlauf ist auf den RC-Schaltkreis der Zellmembran zurückzuführen.

Wenn wir die Amplituden der elektrotonischen Potenziale in Abhängigkeit von der Entfernung zum Injektionsort auftragen, zeigt sich ein exponentieller Abfall der Spannung mit der Distanz (■ Abb. 10.23b). Die folgende Gleichung beschreibt die Spannungsänderung ΔU als Funktion der Entfernung x:

$$\Delta U(x) = \Delta U_0 \exp(-x/\lambda). \tag{10.29}$$

In Gl. 10.29 bezeichnet λ die **Längskonstante** der Nervenfaser und ΔU_0 die Spannungsänderung an der Stelle der Strominjektion ($x = 0$). Nach dem ohmschen Gesetz ist die Spannungsänderung am Injektionsort ΔU_0 dem injizierten Strom i und dem Eingangswiderstand

---

ren abgegrenzt werden. Nerven kommen nur im peripheren Nervensystem vor; im zentralen Nervensystem werden die gebündelten Axone als Tractus bezeichnet.

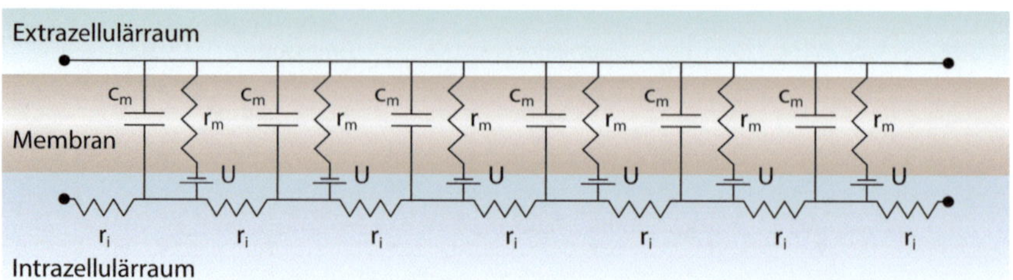

◻ Abb. 10.24 Elektrisches Modell einer Nervenfaser. Die Nervenfaser besteht aus hintereinander geschalteten Modulen, die ihrerseits durch den Membranwiderstand r_m, die Membrankapazität c_m und die Spannung U über der Membran beschrieben werden. r_i bezeichnet den Widerstand in Längsrichtung des Axons

r_{input} der Nervenfaser proportional:

$$\Delta U_0 = i\, r_{\text{input}}. \tag{10.30}$$

Kombinieren wir die Gl. 10.29 und 10.30, lässt sich die ortsabhängige Spannungsantwort einer Faser auf zwei Faktoren zurückführen: (1) den Eingangswiderstand r_{input} und (2) die Längskonstante λ.

Wir teilen eine Nervenfaser gedanklich in eine Reihe einzelner Module auf, kleine Elemente von 1 cm Länge, deren elektrische Eigenschaften jeweils durch ihren Membranwiderstand r_m, ihre Kapazität c_m und ihr Membranpotenzial U_m definiert sind (◻ Abb. 10.24). Da der Strom von einem dieser Module ins nächste fließt, kommt noch der Widerstand des Cytoplasmas r_i in Längsrichtung der Faser hinzu.[21] Die Kombination dieser Parameter führt zur sogenannten **Kabelgleichung**, mit der wir die Abhängigkeit der Spannung von der räumlichen Distanz zum Ort der Strominjektion formal beschreiben:

$$U = \frac{r_m}{r_i} \cdot \frac{d^2 U}{dx^2}. \tag{10.31}$$

Die in Gl. 10.29 dargestellte Exponentialfunktion ist eine Lösung dieser Differenzialgleichung.

Ausgehend vom Injektionsort kann sich eine Spannungsänderung theoretisch in beide Richtungen der Nervenfaser ausbreiten. Wir nehmen aber im Folgenden vereinfachend an, dass der Strom nur in eine Richtung fließt.[22] In diesem Fall kann der Strom in einem Axon zwei mögliche Wege einschlagen: Entweder er verläuft innerhalb der Faser oder aber er fließt über die Zellmembran nach außen. *Nur der im Inneren der Faser verlaufende Strom trägt zur Signalweiterleitung bei, wohingegen der über die Membran in den Extrazellulärraum abfließende Strom die Signalamplitude abschwächt.* Welche der beiden Möglichkeiten bevorzugt wird, hängt vom Verhältnis des Membranwiderstands r_i zum Innenwiderstand r_m ab. Ist $r_m > r_i$, wird verstärkt Strom in Richtung der Faser fließen; im umgekehrten Fall hingegen ($r_m < r_i$) fließt ein größerer Teil des Stroms über die Membran in den Extrazellulärraum ab. Für eine effiziente Signalweiterleitung sollten also der Innenwiderstand der Faser möglichst klein und der Membranwiderstand möglichst hoch sein.

---

[21] Der Widerstand der Extrazellulärlösung wird definitionsgemäß gleich null gesetzt, obwohl häufig die Enge des extrazellulären Raumes dem Stromfluss einen deutlichen Widerstand entgegensetzt.
[22] Als positive Richtung wird ein Stromfluss von links nach rechts definiert.

Die Längskonstante λ beschreibt das Verhältnis von Membran- und Innenwiderstand und ist daher ein Maß für die Ausbreitung einer Spannungsänderung in Richtung des Axons:

$$\lambda = \sqrt{\frac{r_m}{r_i}}. \tag{10.32}$$

Bei einem hohen Membranwiderstand fließt mehr Strom im Inneren der Nervenfaser und nur wenig Strom gelangt über die Membran in den Außenraum. Die Längskonstante nimmt also mit steigendem Membranwiderstand zu, der maßgeblich von einer elektrischen Isolierung der axonalen Membran durch myelinisierende Gliazellen bestimmt wird. *Je größer die Längskonstante, desto geringer ist die Abschwächung der Spannungsänderung, sodass sich eine Depolarisation über eine größere Entfernung entlang der Nervenfaser ausbreiten kann.*

Setzen wir $x = \lambda$ in Gl. 10.29 ein, erhalten wir $e^{-1} = 1/e = 0,37$ als Verhältnis von U zu U_0. Die Längskonstante λ bezeichnet also diejenige Entfernung, in der die Spannungsänderung auf 37 % der ursprünglichen Signalstärke abgeklungen ist (❏ Abb. 10.23b).

Neben der Längskonstante beeinflusst der **Eingangswiderstand** r_{input} der Nervenfaser die Spannungsantwort auf ein Stromsignal. Als Eingangswiderstand bezeichnet man denjenigen Widerstand, der in einem geschlossenen Stromkreis der Rückkehr des Stroms vom Ort der Injektion über Membranwiderstand und Innenwiderstand in den Extrazellulärraum entgegengesetzt wird. Die Definition des Eingangswiderstands lautet wie folgt:

$$r_{\text{input}} = 0,5 \cdot \sqrt{r_m\, r_i}. \tag{10.33}$$

Der Faktor 0,5 in Gl. 10.33 ist auf die Tatsache zurückzuführen, dass sich die Nervenfaser vom Injektionsort in beide Richtung ausdehnt; jede Hälfte besitzt jeweils den Eingangswiderstand $(r_m/r_i)^{1/2}$.

Welche Konsequenzen haben diese Gesetzmäßigkeiten für die Größe und Geschwindigkeit neuronaler Signale? Wir fassen die wichtigsten Punkte zusammen:

- *Der Durchmesser einer Nervenfaser beeinflusst maßgeblich ihre Leitungsgeschwindigkeit.* Ein weiter Durchmesser bedeutet einen geringeren Widerstand in Längsrichtung der Faser und somit eine größere Längskonstante.[23] In einer größeren Faser breitet sich eine Depolarisation daher über eine längere Strecke aus als in einer kleineren.
- *Der Eingangswiderstand fällt mit steigendem Faserdurchmesser.* Daher führt eine Strominjektion in einer größeren Faser zu einer kleineren Spannungsänderung und umgekehrt (ohmsches Gesetz). Relativ kleine Ströme können daher in Mikrokompartimenten wie den dendritischen Dornfortsätzen außerordentlich große Spannungsänderungen verursachen.

Um die Amplitude des Signals und seine Leitungsgeschwindigkeit zu erhöhen, müssen daher die beiden Parameter Innenwiderstand r_i und Membranwiderstand r_m in gegenläufiger Richtung verändert werden: Verringerung von r_i und Erhöhung von r_m.

Verringerung des Innenwiderstands Eine Vergrößerung des Faserdurchmessers hat eine Verringerung von r_i und damit eine Erhöhung der Leitungsgeschwindigkeit zur Folge. Insbesondere Invertebraten zeigen eine evolutionäre Tendenz hin zu sehr großen Fasern – wie etwa

---

[23] Der Innenwiderstand ist umgekehrt proportional zur Querschnittsfläche der Faser (quadratische Abhängigkeit vom Radius), der Membranwiderstand umgekehrt proportional zu ihrer Oberfläche (lineare Abhängigkeit vom Radius). Innenwiderstand und Membranwiderstand sinken beide mit zunehmender Fasergröße; bedingt durch die quadratische Abhängigkeit fällt der Innenwiderstand jedoch schneller, sodass λ in Gl. 10.32 steigt.

◻ **Tabelle 10.2**   Klassifikation peripherer Nervenfasern beim Menschen

	Fasertyp	Faserdurch-messer (μm)	Leitungs-geschwindigkeit (m s^{-1})	Funktion
Myelinisiert	Aα	12–20	70–120	Primäre Muskelspindelafferenzen, Motoneurone
	Aβ	6–12	30–70	Hautafferenzen Berührung, Druck
	Aγ	4–8	15–30	Muskelspindelefferenzen
	Aδ	1–6	12–30	Hautafferenzen Temperatur, Nozizeption
	B	1–3	5–20	Präganglionäre vegetative Fasern
Unmyelinisiert	C	0,2–1,5	0,4–2,0	Hautafferenzen Nozizeption, post-ganglionäre vegetative Fasern

das Riesenaxon des Tintenfischs mit einem Durchmesser von bis zu 1 mm.[24] Vertebraten besitzen ebenfalls große Nervenfasern, deren Durchmesser mit maximal 20 μm aber deutlich unter demjenigen des Riesenaxons der Tintenfische bleibt. Fasern dieser Größe beanspruchen viel Platz und in den komplexen Nervensystemen der Vertebraten, in denen mehrere Tausend bis hin zu einer Million Axone in einem Nerv oder Fasertrakt gebündelt sind, steht dieser Platz nicht zur Verfügung. Die kleineren Faserdurchmesser der Vertebraten stellen offensichtlich einen Kompromiss zwischen hoher Leitungsgeschwindigkeit und begrenztem Platzangebot dar.

Erhöhung des Membranwiderstands Zusätzlich zum Innenwiderstand wird mit der Erhöhung des Membranwiderstands eine zweite Strategie implementiert, die den begrenzten Raum effektiv nutzt. Ein hoher Membranwiderstand bedeutet eine größere Längskonstante (Gl. 10.32) und einen höheren Eingangswiderstand (Gl. 10.33). Dies wird durch die **Myelinisierung** von Axonen erreicht, bei der zahlreiche Phospholipidschichten dem Stromfluss über die Zellmembran einen sehr hohen Widerstand entgegensetzen. *Die Myelinisierung entspricht also einer elektrischen Isolierung, die einen verstärkten Stromfluss in Längsrichtung des Axons bewirkt.*

◻ Tab. 10.2 fasst Durchmesser und Leitungsgeschwindigkeit peripherer Nervenfasern zusammen. Der direkte Vergleich zwischen myelinisierten Aδ- und den etwa gleich großen unmyelinisierten C-Fasern zeigt, dass die Myelinisierung die Leitungsgeschwindigkeit deutlich erhöht. Insgesamt werden durch die Kombination von verringertem Innenwiderstand und erhöhtem Membranwiderstand Leitungsgeschwindigkeiten von bis zu 120 m s^{-1} in den größten Aα-Fasern erzielt. Im Gegensatz dazu erreicht das Riesenaxon des Tintenfisches eine maximale Geschwindigkeit von etwa 20 m s^{-1}. Die Bedeutung der Myelinisierung für die Leitungsgeschwindigkeit zeigt sich in pathologischer Form im Krankheitsbild der **multiplen Sklerose**,

---

[24] Der Begriff „Riesenaxon" bezeichnet keine absolute Größe, sondern die relative Größe einer Nervenfaser im Vergleich zu anderen Fasern im selben Organismus. Aufgrund ihrer hohen Leitungsgeschwindigkeit vermitteln Riesenaxone häufig Fluchtreflexe. Vermutlich hat der hohe Selektionsdruck auf eine derart überlebenswichtige Reaktion zur Vergrößerung des Axondurchmessers unabhängig voneinander in mehreren Tiergruppen geführt.

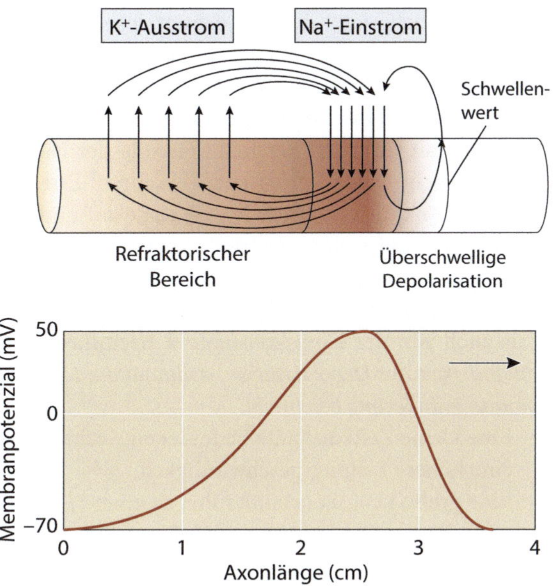

Abb. 10.25 Ausbreitung eines Aktionspotenzials entlang einer axonalen Membran. Das Aktionspotenzial bewegt sich in Form einer Depolarisationswelle von links nach rechts entlang des Axons. Der Bereich vor dem Maximum der Spannungsänderung wird durch die Bewegung positiver Ladungen in Ausbreitungsrichtung überschwellig depolarisiert, sodass dort Na$^+$-Kanäle in der axonalen Membran öffnen und den Aufstrich des Aktionspotenzials verursachen. Hinter dem Depolarisationsmaximum ist die Membran refraktär. Das Aktionspotenzial nimmt insgesamt 3 bis 4 cm auf dem Axon ein (nach [7]. Mit freundlicher Genehmigung von Oxford University Press.)

bei der die Zerstörung der Myelinschicht durch Autoantikörper einen Leitungsblock verursacht (▶ Abschn. 9.1.5).

10.5.2 Weiterleitung von Aktionspotenzialen

Im Gegensatz zu den elektrotonischen Potenzialen verlaufen Aktionspotenziale ohne Abschwächung die gesamte Nervenfaser entlang. Da ihre Amplitude unabhängig von der Entfernung ist, können sie Signale ohne Informationsverlust über größere Distanzen übertragen. Die passive Weiterleitung findet wegen ihrer exponentiellen Abschwächung hingegen nur für sehr kurze Entfernungen Verwendung.

Ein Aktionspotenzial hat eine bestimmte Dauer und es bewegt sich mit einer bestimmten Geschwindigkeit entlang einer Nervenfaser. Dies bedeutet, dass die mit einem Aktionspotenzial einhergehenden Spannungsänderungen nicht auf einen eng umgrenzten Ort auf der axonalen Membran beschränkt sind, sondern sich in Längsrichtung der Faser ausdehnen (▶ Abb. 10.25). Wir übertragen also das Aktionspotenzial aus einer zeitlichen in eine räumliche Dimension.

Nehmen wir an, ein Aktionspotenzial dauert 2 ms und hat eine Geschwindigkeit von 15 m s^{-1}. Dann erstreckt sich die Spannungsänderung insgesamt über 30 mm der axonalen Membran.[25] Der Ort des maximalen Na$^+$-Einwärtsstroms – also die Spitze des Aktionspotenzials – entspricht genau dem Punkt der Strominjektion in ▶ Abb. 10.23. Das Membransegment vor dem Maximum des Aktionspotenzials depolarisiert zunächst aufgrund passiver Weiterleitung, wodurch sich spannungsabhängige Na$^+$-Kanäle öffnen und einen Einstrom von Na$^+$ verursachen. Auf diese Weise wird das Axon überschwellig depolarisiert und das Aktionspotenzial ins nächste Segment weitergeleitet.

---

[25] Je höher die Leitungsgeschwindigkeit, desto größer die räumliche Ausdehnung eines Aktionspotenzials.

Der Bereich hinter dem Maximum des Aktionspotenzials repolarisiert aufgrund des Ausstroms von K^+-Ionen durch spannungsabhängige K^+-Kanäle. Da gerade eine Depolarisationswelle diesen Abschnitt des Axons passiert hat, befinden sich die Na^+-Kanäle im Zustand der Inaktivierung. Diese Region kennzeichnet den **refraktorischen Bereich** des Axons, in dem die Membran aufgrund der Inaktivierung der Na^+-Kanäle und der hohen K^+-Leitfähigkeit zunächst nicht wieder erregt werden kann.[26] Erst die Rückkehr zum Ruhemembranpotenzial hebt die Inaktivierung der Na^+-Kanäle auf und schließt die K^+-Kanäle. *Der refraktorische Bereich des Axons verhindert eine „Rückwärtsbewegung" der Depolarisation und gibt auf diese Weise dem Aktionspotenzial eine definierte Richtung.*

Die Leitungsgeschwindigkeit eines Aktionspotenzials wird sowohl von der Zeitkonstante τ als auch von der Längskonstante λ beeinflusst. *Die Zeitkonstante ist ein Maß für die Geschwindigkeit der Depolarisation, während die Längskonstante die räumliche Ausdehnung einer Spannungsänderung beschreibt.*

- Eine kleine Zeitkonstante bedeutet eine schnelle Depolarisation der Membran und damit eine höhere Leitungsgeschwindigkeit.
- Eine große Längskonstante führt zu einer räumlich ausgedehnten Ausbreitung der überschwelligen Depolarisation und damit ebenfalls zu einer höheren Leitungsgeschwindigkeit.

Im Gegensatz zur Längskonstanten hängt die Zeitkonstante vom Widerstand und der Kapazität der Membran, aber nicht vom Durchmesser der Nervenfaser ab (Gl. 10.32).

Auch bei der Signalleitung mithilfe von Aktionspotenzialen wird die Ausbreitung der Depolarisation in Längsrichtung des Axons vor allem durch elektrotonische Prozesse vorangetrieben. *Beim Aktionspotenzial selbst fließen die Ionenströme durch Kanäle in der Membran – also senkrecht zur Längsachse – und tragen daher nicht direkt zur Weiterleitung des Signals bei.* Vielmehr halten Aktionspotenziale die intrazelluläre Depolarisation auf einem konstant hohen, überschwelligen Niveau und ermöglichen so auf indirekte Weise die regenerative Ausbreitung in Längsrichtung. Gleichzeitig entsteht hinter dem Aktionspotenzial ein nicht erregbarer, refraktorischer Bereich, der die Signalweiterleitung nur in einer Richtung erlaubt.

◘ Tab. 10.3 fasst die wichtigsten Eigenschaften der passiven und aktiven Ausbreitung neuronaler Signale zusammen.

10.5.3 Saltatorische Erregungsleitung

Im Nervensystem der Vertebraten sind alle größeren Axone von einer **Myelinschicht** umhüllt, die entweder von Oligodendrozyten im zentralen Nervensystem oder von Schwann-Zellen im peripheren Nervensystem gebildet wird (▶ Abschn. 9.1.5). Diese beiden Arten von Gliazellen umwickeln axonale Segmente mit ihren Fortsätzen, aus denen anschließend das verbliebene Cytoplasma herausgedrückt wird. Übrig bleiben bis zu 150 spiralig gewundene Lipidschichten, deren wichtigste Funktion die Erhöhung des Widerstands der axonalen Membran ist. Der hohe Membranwiderstand zwingt den elektrischen Strom in die Längsrichtung des Axons und verhindert ein Abfließen über die Zellmembran. Darüber hinaus verringert die Myelinschicht die Kapazität der Zellmembran, sodass bei einer Spannungsänderung der kapazitive Strom kleiner ist und die Membran schneller depolarisiert.

---

[26] Selbst wenn nicht alle Na^+-Kanäle inaktiviert sein sollten, verhindert die hohe Membranleitfähigkeit eine überschwellige Spannungsänderung.

◻ Tabelle 10.3 Passive und aktive Ausbreitung von Signalen

Elektrotonisch	Aktionspotenziale
Strom fließt in Längsrichtung des Dendriten	Strom fließt quer zur Membran
Spannung nimmt exponentiell mit der Entfernung ab	Spannung bleibt unabhängig von der Entfernung konstant
Leitungsgeschwindigkeit[a]: maximal $3 \times 10^6 \, \mathrm{m\,s^{-1}}$	$0{,}5$ bis $120 \, \mathrm{m\,s^{-1}}$
Keine Refraktärzeit	Refraktärzeit
Depolarisation oder Hyperpolarisation	Ausschließlich Depolarisation
Kein Schwellenwert	Definierter Schwellenwert

[a] Die Leitungsgeschwindigkeit von Ionen in einer wässrigen Lösung hängt von ihrer Größe, Ladung, der Viskosität und Temperatur des Mediums sowie der elektrischen Feldstärke ab.

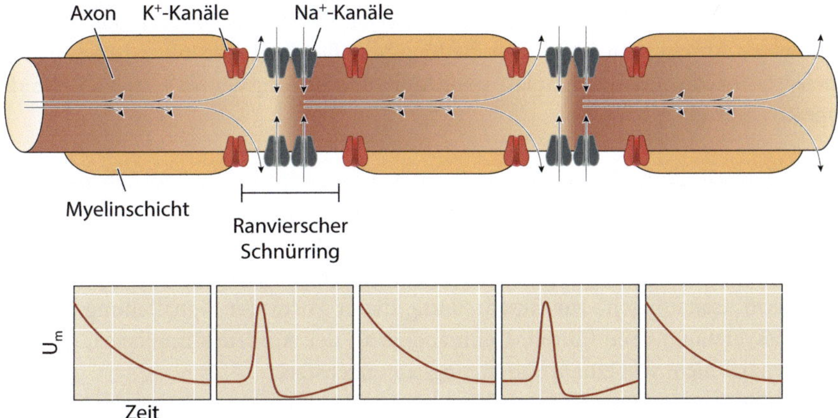

◻ Abb. 10.26 Saltatorische Erregungsleitung bei myelinisierten Axonen. An den Ranvier'schen Schnürringen befinden sich spannungsabhängige Na$^+$-Kanäle, die bei einer überschwelligen Depolarisation ein Aktionspotenzial auslösen; K$^+$-Kanäle sind im Bereich der Paranodien lokalisiert. Zwischen den Ranvier'schen Schnürringen erfolgt eine elektrotonische Weiterleitung mit einer exponentiellen Abschwächung der Signalamplitude. Das Aktionspotenzial verläuft von links nach rechts über das Axon

Die Myelinschicht wird in regelmäßigen Abständen von den **Ranvier'schen Schnürringen** unterbrochen. An diesen Stellen steht die axonale Membran in direktem Kontakt mit der Extrazellulärlösung. *Nur im Bereich der Schnürringe werden spannungsabhängige Na$^+$-Kanäle exprimiert und nur dort fließt ein Einwärtsstrom von Na$^+$-Ionen über die Membran des Axons.* Im Bereich der Myelinschicht sind – bis auf die Expression von K$^+$-Kanälen in den Paranodien[27] – keine Ionenkanäle vorhanden. Der Abstand zwischen zwei Schnürringen variiert von $200 \, \mu\mathrm{m}$ bis zu 2 mm (◻ Abb. 10.26).

Da nur im Bereich der Schnürringe Aktionspotenziale erzeugt werden, kann eine Spannungsänderung zwischen zwei Schnürringen nur durch passive Mechanismen weitergeleitet werden. Hieraus lassen sich die folgenden allgemeinen Prinzipien ableiten:

---

[27] Paranodien bezeichnen die Regionen unmittelbar vor und hinter einem Ranvier'schen Schnürring.

1. Zwischen zwei Schnürringen fällt die Spannungsamplitude exponentiell ab (▶ Abschn. 10.5.1). Die Erhöhung des Membranwiderstands durch die Myelinschicht erzeugt eine große Längskonstante, sodass die räumliche Ausdehnung der Spannungsänderung die Länge eines einzelnen Schnürrings weit übersteigt.

2. Der Abstand zwischen zwei Schnürringen muss klein genug sein, um eine überschwellige Depolarisation am nächsten Schnürring zu gewährleisten. Normalerweise beträgt der Sicherheitsfaktor 5, d. h., die Spannungsamplitude am folgenden Schnürring ist etwa 5-mal größer als für eine überschwellige Depolarisation erforderlich. Demyelinisierende Erkrankungen reduzieren diesen Sicherheitsfaktor.

3. Die an den Schnürringen erzeugten Aktionspotenziale dienen nicht unmittelbar der Weiterleitung des Signals in Längsrichtung des Axons, da der Stromfluss über die Membran und damit senkrecht zur Ausbreitungsrichtung erfolgt. Vielmehr stellen die Aktionspotenziale nach der exponentiellen Abklingphase innerhalb eines Schnürrings die ursprüngliche Spannungsamplitude wieder her. Auf diese Weise kann das Signal ohne Abschwächung über die gesamte Länge des Axons weitergeleitet werden.

4. Die ausschließliche Erzeugung von Aktionspotenzialen an den Schnürringen spart Stoffwechselenergie, da nicht über die gesamte axonale Membran, sondern nur in diesen eng umgrenzten Abschnitten Ionen über die Membran fließen. Diese lokale Beschränkung der Ionenströme reduziert die Energie die zur Aufrechterhaltung der Na^+- und K^+-Gradienten eingesetzt werden muss.

Diese **saltatorische Erregungsleitung** basiert auf einer funktionellen Arbeitsteilung zwischen passiven Membraneigenschaften und spannungsgesteuerten Kanälen: (1) schnelle, gerichtete Weiterleitung des Signals durch elektrotonische Prozesse und (2) regelmäßige Wiederherstellung der Spannungsamplitude mithilfe von Aktionspotenzialen.

Der Begriff „saltatorisch" zur Beschreibung dieser Form der Signalleitung kann jedoch leicht zu Missverständnissen führen. Denn anders als der Ausdruck impliziert, springt[28] das Aktionspotenzial nicht von einem Schnürring zum nächsten.

- Die Signalleitung in Längsrichtung des Axons findet immer im Inneren der Nervenfaser statt – und zwar durch passive Weiterleitung. Um den Stromkreis zu schließen, fließen Ionen durch den Extrazellulärraum zurück zum letzten Schnürring. Niemals springt ein Aktionspotenzial über den Extrazellulärraum von einem Schnürring zum nächsten.

- Selbst bei der sehr moderaten Leitungsgeschwindigkeit von $15\ \mathrm{m\,s^{-1}}$ beträgt die räumliche Ausdehnung eines Aktionspotenzials über die axonale Membran etwa 30 mm (▶ Abschn. 10.5.2). Dieser Wert erhöht sich bei sehr schnell leitenden Fasern auf bis zu 240 mm. Bei einem Abstand von etwa 2 mm zwischen zwei Schnürringen erstreckt sich die Depolarisation eines Aktionspotenzials im ersten Fall über mindestens 15, im zweiten Fall über 120 Schnürringe.

Von einem „Springen" des Aktionspotenzials von Schnürring zu Schnürring kann also keine Rede sein; vielmehr wird das Depolarisationsniveau an den Schnürringen durch die Auslösung eines Aktionspotenzials immer wieder auf den Ausgangswert erhöht.

---

[28] *Saltare* (lat.) springen.

10.5.4 Zusammenfassung

Die Signalweiterleitung in Neuronen erfolgt aufgrund der elektrischen Eigenschaften der Zellmembran, die durch eine Parallelschaltung von Widerstand und Kondensator gekennzeichnet sind, sowie durch das Öffnen spannungsabhängiger Ionenkanäle und die Erzeugung von Aktionspotenzialen. Im ersten Fall bezeichnen wir die Weiterleitung als passiv oder elektrotonisch, im zweiten Fall als aktiv.

Bei der elektrotonischen Weiterleitung einer Depolarisation klingt die Spannungsamplitude exponentiell mit der Länge der Nervenfaser ab. Die Längskonstante λ ist ein Maß für die räumliche Ausdehnung einer Spannungsänderung über der axonalen Membran. Sie kann durch Erhöhung des Membranwiderstands r_m oder durch Verringerung des Innenwiderstands r_i der Nervenfaser vergrößert werden. Evolutionäre Prozesse zur Steigerung der Leitungsgeschwindigkeit setzen beide Strategien ein: (1) Eine Vergrößerung des Faserdurchmessers senkt r_i, (2) eine Myelinisierung des Axons erhöht r_m. Ein Vorteil der passiven Weiterleitung liegt in ihrer relativ hohen Geschwindigkeit, ein Nachteil in der entfernungsabhängigen Abschwächung des Signals.

Aktionspotenziale hingegen besitzen eine konstante Amplitude, die Ionenströme verlaufen jedoch über die Membran und damit senkrecht zur eigentlichen Ausbreitungsrichtung des Signals. Sie erfordern den Einsatz metabolischer Energie zur Aufrechterhaltung der Ionengradienten, die ansonsten aufgrund der Diffusion von Na^+- und K^+-Ionen ausgeglichen würden.

Bedingt durch seine Dauer und Geschwindigkeit besitzt ein Aktionspotenzial eine räumliche Ausdehnung von mehreren Zentimetern auf der axonalen Membran. Ein Aktionspotenzial stellt eine Depolarisationswelle dar, auf deren Vorderseite die Membran noch unerregt ist und daher durch Ströme, die im Inneren des Axons fließen, überschwellig depolarisiert werden kann. Hinter dem Maximum des Aktionspotenzials befindet sich der refraktorische Bereich, in dem für einen bestimmten Zeitraum kein Aktionspotenzial ausgelöst werden kann. Dadurch verläuft ein Aktionspotenzial nur in einer Richtung entlang einer Nervenfaser.

Die Umhüllung aufeinanderfolgender axonaler Segmente durch spezialisierte Gliazellen ist Grundlage für die saltatorische Erregungsleitung. Hierbei werden Aktionspotenziale nur an bestimmten Stellen der axonalen Membran, den sogenannten Ranvier'schen Schnürringen erzeugt. Zwischen den Schnürringen erfolgt die Weiterleitung aufgrund der elektrotonischen Eigenschaften der Membran.

Die saltatorische Weiterleitung kombiniert die Geschwindigkeit der passiven Signalleitung mit der Amplitudenkonstanz der Aktionspotenziale. Auf diese Weise können bei Vertebraten sehr hohe Leitungsgeschwindigkeiten erreicht werden, was die Verarbeitungskapazität und die Leistungsfähigkeit ihrer Nervensysteme maßgeblich erhöht.

Literatur

1. Armstrong CM, Hille B (1998) Voltage-gated ion channels and electrical excitability. Neuron 20:371–380
2. Bean BP (2007) The action potential in mammalian central neurons. Nat Rev Neurosci 8:451–465
3. Debanne D, Campanac E, Bialowas A, Carlier E, Alcaraz G (2011) Axon physiology. Physiol Rev 91:555–602
4. DeFelice LD (1997) Electrical Properties Of Cells: Patch-Clamp For Biologists. Plenum Press, New York
5. Hartline DK, Colman DR (2007) Rapid conduction and the evolution of giant axons and myelinated fibers. Curr Biol 17:R29–R35
6. Johnston D, Wu SMS (1995) Foundations Of Cellular Neurophysiology. MIT Press, Cambridge
7. Nicholls JG, Martin AR, Fuchs PA, Brown DA, Diamond ME, Weisblat DA (2012) From Neuron To Brain. 5. Aufl, Sinauer, Sunderland
8. Rasband MN (2010) The axon initial segment and the maintenance of neuronal polarity. Nat Rev Neurosci 11:552–562
9. Waxman SG (2006) Ions, energy, and axonal injury: towards a molecular neurology of multiple sclerosis. Trends Mol Med 12:192–195

Synaptische Übertragung

Andreas Feigenspan

© Springer-Verlag GmbH Deutschland 2017
A. Feigenspan, *Prinzipien der Physiologie*, https://doi.org/10.1007/978-3-662-54117-3_11

Schlüsselkonzepte

1. Elektrische Synapsen vermitteln einen direkten Stromfluss zwischen Neuronen, während an chemischen Synapsen ein Transmitter freigesetzt wird.
2. Die Bindung von Transmittermolekülen an einen ionotropen Rezeptor ändert die Leitfähigkeit der postsynaptischen Membran. Infolgedessen fließt ein elektrischer Strom durch Ionenkanäle, der ein postsynaptisches Potenzial erzeugt.
3. Das Gleichgewichtspotenzial der diffundierenden Ionen bestimmt die Richtung der postsynaptischen Spannungsänderung.
4. Exzitatorische postsynaptische Potenziale depolarisieren die Membran und erhöhen die Wahrscheinlichkeit, dass ein Aktionspotenzial ausgelöst wird.
5. Inhibitorische postsynaptische Potenziale reduzieren die Wahrscheinlichkeit von Aktionspotenzialen.
6. Die Bindung von Transmittermolekülen an einen metabotropen Rezeptor löst eine intrazelluläre Signaltransduktionskaskade aus, die der Signalverstärkung dient.
7. Phosphorylierbare Proteine sind molekulare Schalter, die durch kovalente Bindung von Phosphatgruppen an Serin-, Threonin- und Tyrosinresten ihren Funktionsstatus ändern.
8. Die Freisetzung von Neurotransmittermolekülen erfolgt in diskreten Einheiten, sogenannten Quanten.
9. Ca^{2+}-Ionen übertragen ein elektrisches Signal in eine nichtelektrische Antwort des Nervensystems.

» Without Ca^{2+} channels our nervous system would have no outputs.
   Bertil Hille

Die Neuronendoktrin (▶ Abschn. 9.1.2) postuliert, dass Nervensysteme aus individuellen und unabhängigen diskreten Einheiten, den Neuronen, bestehen. Damit eine Kommunikation zwischen den Nervenzellen in Form einer Signalweiterleitung stattfinden kann, müssen die einzelnen Neurone über Kontaktstellen miteinander verbunden sein. Diese spezialisierten Bereiche, an denen eine Nervenzelle mit einer anderen in Kontakt tritt, wurden von Charles Sherrington (1897) **Synapsen** genannt. Bereits einige Jahre zuvor hatte Ramón y Cajal diese Kontaktstellen lichtmikroskopisch beschrieben.

Auf der Basis der vorhandenen Kenntnisse über das Nervensystem ging man zunächst von einer rein elektrischen Übertragung zwischen den Neuronen aus. Erst die Arbeiten von Otto Loewi um 1920 zeigten, dass eine chemische Substanz – der Vagusstoff, heute als Acetylcholin (ACh) bezeichnet – Signale vom **Nervus vagus** auf das Herz von Wirbeltieren überträgt.[1] Loewis Befunde lösten eine langjährige Debatte aus, in der zwei unterschiedliche Mechanismen von den führenden Wissenschaftlern ihrer Zeit vertreten wurden:

- Die physiologische Schule, vertreten von John Eccles, favorisierte eine ausschließlich **elektrische Signalübertragung**, bei der ein präsynaptisches Aktionspotenzial auf passive Weise einen postsynaptischen Strom erzeugt.
- Die pharmakologische Schule, die von Henry Dale angeführt wurde, argumentierte für eine **chemische Signalübertragung**. Hier führt ein Aktionspotenzial zur Freisetzung einer chemischen Substanz in den synaptischen Spalt, wodurch letztlich ein Strom in der postsynaptischen Zelle ausgelöst wird.

---

[1] Der Nervus vagus ist der X. Hirnnerv und ein Bestandteil des parasympathischen Nervensystems.

Synapsentyp	Komponenten	Entfernung zwischen prä- und postsynaptischer Membran	Übertragungsmechanismus	Synaptische Verzögerung	Übertragungsrichtung
Elektrisch	Gap-Junction-Kanäle	4 nm	Ionenstrom	Keine	Bidirektional
Chemisch	*Präsynaptisch*: Vesikel, aktive Zone; *postsynaptisch*: Rezeptoren	20 bis 40 nm	Neurotransmitter	Mindestens 0,3 ms, meist 1 bis 5 ms	Unidirektional

Tabelle 11.1 Eigenschaften elektrischer und chemischer Synapsen

Erst die Verbesserung physiologischer Messmethoden und die Entwicklung der Elektronenmikroskopie in den Jahren von 1950 bis 1960 ermöglichte den Nachweis, dass beide Mechanismen für synaptische Prozesse eingesetzt werden. ◨ Tab. 11.1 fasst die wichtigsten Eigenschaften der elektrischen und chemischen Signalübertragung zusammen.

11.1 Elektrische Synapsen

Elektrische Synapsen ermöglichen die direkte Weiterleitung des Stroms von einer Zelle zur nächsten über cytoplasmatische Brücken, die als **Gap Junctions** bezeichnet werden (▶ Abschn. 9.2.1). Die Membranen der beiden Zellen nähern sich bis auf einen Abstand von 4 nm, der es den Hemikanälen ermöglicht, aneinander zu docken und interzelluläre Kanäle auszubilden (◨ Abb. 11.1).

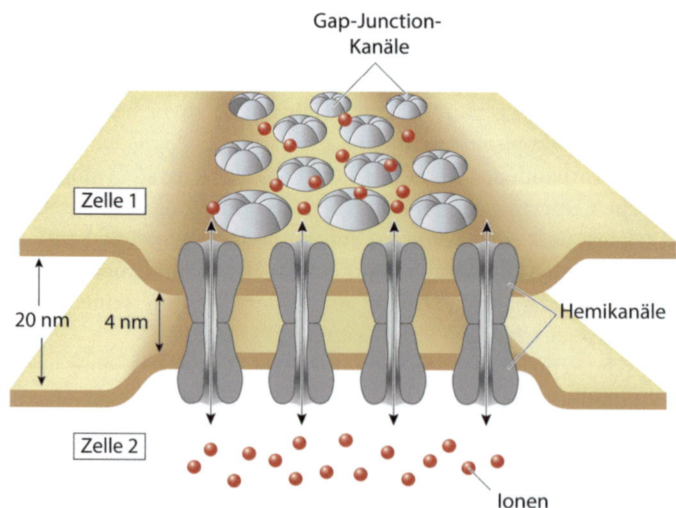

Abb. 11.1 Gap-Junction-Kanäle bilden elektrische Synapsen. In einer Gap Junction, die aus zahlreichen Kanälen besteht, nähern sich die Plasmamembranen benachbarter Zellen bis auf 4 nm. Jeweils zwei Hemikanäle docken aneinander und erzeugen einen interzellulären Kanal, der für Ionen und kleine Moleküle durchlässig ist

Die Ausbreitungsgeschwindigkeit und die Amplitude beim Stromfluss durch Gap Junctions werden ausschließlich von den elektrischen Eigenschaften der Zelle bestimmt. Relativ zeitaufwendige Prozesse, die der chemischen Signalübertragung zugrunde liegen – Freisetzung von Neurotransmittermolekülen, ihre Diffusion durch den synaptischen Spalt, Bindung an Rezeptoren und Öffnen von Ionenkanälen – treten bei elektrischen Synapsen nicht auf. Bedingt durch die direkte interzelluläre Verbindung zwischen zwei Zellen resultiert eine hohe Geschwindigkeit bei dieser Form der Signalleitung, die ein wesentliches Merkmal elektrischer Synapsen darstellt. Meist sind zahlreiche Nervenzellen über Gap Junctions miteinander verbunden; wir sprechen dann von einem **Netzwerk gekoppelter Zellen**. Ein solches Netzwerk liegt essenziellen physiologischen Funktionen, wie beispielsweise der koordinierten Kontraktion des Herzmuskels, zugrunde.

11.1.1 Physiologie und Funktion elektrischer Synapsen

Eine präsynaptische Depolarisation führt zu einem Spannungsgefälle zwischen erregter und nichterregter Zelle. Befinden sich zwischen beiden Zellen offene Gap-Junction-Kanäle, fließt ein Ionenstrom entlang des Spannungsgradienten von der depolarisierten in die nichtdepolarisierte Zelle. Die Gap-Junction-Kanäle setzen diesem elektrischen Strom einen bestimmten Widerstand entgegen, sodass ein Teil der Spannung über diesem Widerstand abfällt.[2] Daher ist die Amplitude der postsynaptischen Spannungsänderung in der Regel kleiner als die präsynaptische Depolarisation (◘ Abb. 11.2).

Außerdem beeinflusst der Durchmesser der prä- und postsynaptischen Fasern die Amplitude des weitergeleiteten Signals. Auf der präsynaptischen Seite bietet eine große Faser Platz für viele Ionenkanäle, sodass ein Ionenstrom mit einer großen Amplitude erzeugt werden kann. Andererseits bewirkt der höhere Eingangswiderstand einer kleinen postsynaptischen Faser eine relativ größere Spannungsänderung bei einer gegebenen Stromstärke (Gl. 10.33, ohmsches Gesetz). *Ein hinreichend großes Ausgangssignal in Kombination mit dem höheren Eingangswiderstand der nachgeschalteten Faser ermöglicht eine überschwellige postsynaptische Depolarisation und damit die direkte Weiterleitung eines Aktionspotenzials von einer Zelle zur nächsten.*

Auch unterschwellige präsynaptische Depolarisationen werden über Gap Junctions an nachgeschaltete Zellen weitergeleitet, wobei postsynaptisch ebenfalls kein Aktionspotenzial ausgelöst wird. Allerdings kann die unterschwellige Depolarisation spannungsabhängige Ca^{2+}-Kanäle öffnen, sodass der anschließende Einstrom von Ca^{2+}-Ionen intrazelluläre Effekte in der Postsynapse auslöst, die den Zustand einer einzelnen Zelle oder den funktionellen Zustand des gekoppelten Netzwerks verändern. Bei chemischen Synapsen ist in der Regel immer ein Aktionspotenzial zur Freisetzung von Neurotransmittermolekülen notwendig – eine unterschwellige präsynaptische Depolarisation verursacht demnach kein postsynaptisches Signal.[3]

Die Regulation von Gap-Junction-Kanälen hängt maßgeblich von den Connexinisoformen ab, aus denen sie aufgebaut sind (► Abschn. 11.1.2). Fast alle Gap Junctions werden vom intrazellulären pH-Wert und der Ca^{2+}-Konzentration im Cytoplasma gesteuert. Eine Ansäuerung des Cytoplasmas oder eine dauerhaft erhöhte Ca^{2+}-Konzentration treten meist bei geschä-

[2] Die Leitfähigkeit der im Herzmuskel vorkommenden Isoform Connexin45 beträgt 32 pF [9].

[3] Eine Ausnahme stellen sekundäre Sinneszellen in sensorischen Systemen dar, die ihre Signale mittels chemischer Synapsen weitergeben. Diese Zellen generieren keine Aktionspotenziale, sondern codieren die Reizintensität in Form graduierter Potenziale. In diesem Fall korreliert die Freisetzung von Neurotransmittermolekülen mit der Amplitude dieser Potenziale.

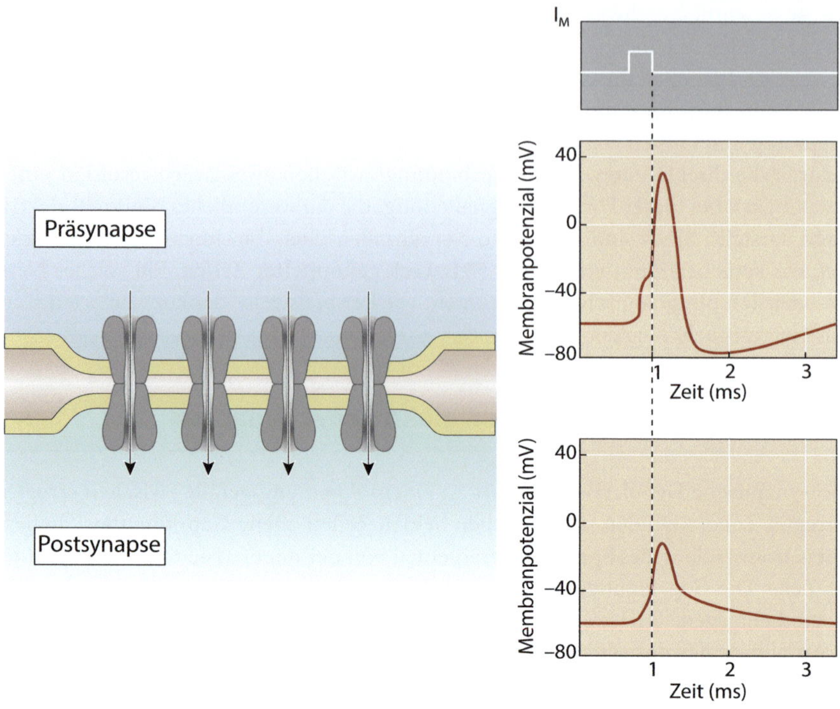

◘ Abb. 11.2   Signalübertragung durch Gap-Junction-Kanäle. Ein rechteckiges Stromsignal (I_M) erzeugt in der präsynaptischen Zelle ein Aktionspotenzial. Die Depolarisation breitet sich ohne Zeitverzögerung über Gap-Junction-Kanäle in die postsynaptische Zelle aus. Aufgrund des Widerstands der Kanäle sinkt die Spannungsamplitude im postsynaptischen Neuron

digten Zellen auf. Indem Gap Junctions als Reaktion auf diese intrazellulären Veränderungen schließen, wird die betroffene Zelle isoliert und das Ausbreiten der Schädigung innerhalb des Netzwerks verhindert.

Die von Connexinen gebildeten Ionenkanäle sind unspezifisch und erlauben den Durchtritt von Molekülen bis zu einem Molekulargewicht von etwa 1 kDa. Auf diese Weise können sich Signalmoleküle und kleine Metabolite des Intermediärstoffwechsels im Netzwerk gekoppelter Zellen per Diffusion ausbreiten. Neben der schnellen Signalleitung liegt in dieser **metabolischen Kopplung** eine zweite wichtige Funktion elektrischer Synapsen.

Die folgenden Beispiele verdeutlichen grundlegende Aufgaben elektrischer und metabolischer Kopplung auf der Ebene neuronaler Netze sowie des gesamten Organismus:

- **Fluchtreflexe.** Die extrem schnelle Umsetzung sensorischer Informationen in eine motorische Antwort des Organismus basiert auf elektrischen Synapsen. Über Gap Junctions gekoppelte Riesenfasersysteme bei Krebsen (*Crustacea*), Kopffüßern (*Cephalopoda*) und Insekten (*Insecta*) ermöglichen auf Grundlage einer annähernd verzögerungsfreien Signalübertragung eine außerordentlich schnelle Fluchtreaktion. Im Rückenmark der Vertebraten vermitteln **Mauthner-Zellen**, die ihren sensorischen Eingang über elektrische Synapsen erhalten, eine motorische Antwort ohne nennenswerte Latenzzeit.
- **Synchronisierung.** Die hohe Geschwindigkeit der Signalausbreitung ermöglicht die elektrische Synchronisierung einer großen Zahl von Zellen. Ein typisches Beispiel stellt der

Herzmuskel dar: *Da die Myokardzellen über Gap Junctions miteinander verbunden sind, breitet sich die Erregung koordiniert in Form einer Wellenfront über den Herzmuskel aus.* Aufgrund ihrer elektrischen Kopplung bilden die Myokardzellen ein **funktionelles Syncytium**, das die Eigenschaften der Erregungsausbreitung im Herzen wesentlich bestimmt (▶ Abschn. 6.2.2). In Nervensystemen vermitteln elektrische Synapsen die synchrone Aktivität zahlreicher Neurone in unterschiedlichen Frequenzbereichen – insbesondere Frequenzen oberhalb von 100 Hz sind zu schnell, um von chemischen Synapsen übertragen werden zu können. *Elektrische Synapsen dienen der Koordination einer großen Zahl von Nervenzellen in einem Netzwerk, das im Vergleich zu seinen einzelnen neuronalen Bestandteilen neue Eigenschaften hervorbringt* (**Emergenz**). Die präzise Zeitstruktur solcher oszillatorischen Netzwerke trägt möglicherweise zu kognitiven Prozessen wie Wahrnehmung, Lernen und Gedächtnis bei.

— **Metabolische Kopplung.** Die Permeabilität der Gap Junctions für kleinmolekulare Substanzen eröffnet die Möglichkeit einer chemischen Synchronisierung zahlreicher Zellen. Da hier allerdings Diffusionsprozesse für die Verteilung der Stoffe im Netzwerk verantwortlich sind, dauern diese Vorgänge deutlich länger als bei der Synchronisierung elektrischer Signale. Die Weitergabe von Signalmolekülen wie zyklisches AMP oder Inositol-1,4,5-trisphosphat gleicht den Funktionsstatus aller gekoppelten Zellen einander an, während der Austausch von ATP oder GTP zu einer gleichförmigen Energieversorgung innerhalb des Netzwerks beiträgt. Metabolische Kopplung tritt beispielsweise während der Embryogenese auf, wenn die Synchronisierung entsprechender Zelltypen für die räumlich und zeitlich exakte Ausbildung von Geweben und Organen von größter Bedeutung ist.

Gap Junctions in Gliazellen ermöglichen die Kommunikation zwischen verschiedenen Zellen, aber auch innerhalb einer Zelle. Im ersten Fall verbinden Gap Junctions Astrozyten zu einem gekoppelten glialen Netzwerk, über das sich Änderungen der Ca^{2+}-Konzentration ausbreiten können. Bisher konnte diesen Ca^{2+}-Signalen noch keine exakte physiologische Funktion zugeordnet werden, aber möglicherweise spielen sie eine Rolle bei Neuron-Glia-Interaktionen. Im zweiten Fall kommunizieren die einzelnen Lagen der von Schwann-Zellen gebildeten Myelinschicht über Gap Junctions miteinander. Sie tragen zur Stabilität der Myelinschicht bei und erlauben den Austausch von Ionen und Metaboliten zwischen den einzelnen Membranwicklungen.[4]

11.1.2   Aufbau elektrischer Synapsen

In der spezialisierten Region elektrischer Synapsen nähern sich die prä- und postsynaptischen Zellmembranen bis auf 4 nm einander an. Wie in ▶ Abschn. 9.2.1 beschrieben, besteht jeder Gap-Junction-Kanal aus zwei membranständigen **Connexonen** (Hemikanäle), deren extrazelluläre Regionen miteinander in Wechselwirkung treten und so einen durchgehenden Ionenkanal erzeugen (◨ Abb. 11.3). Jedes Connexon wird aus sechs identischen Untereinheiten (**Connexine**) gebildet, die sich radiärsymmetrisch um eine zentrale Pore anordnen. Die Pore weist mit 1,5 nm bis 2 nm einen relativ großen Durchmesser auf und ist mit zahlreichen posi-

---

[4] Mutationen des Gens für Connexin32 in Schwann-Zellen führen zum Charcot-Marie-Tooth-Syndrom, einer demyelinisierenden Erkrankung des peripheren Nervensystems. Darüber hinaus können Mutationen in Genen, die für myelinspezifische Proteine codieren, ebenfalls das Charcot-Marie-Tooth-Syndrom verursachen.

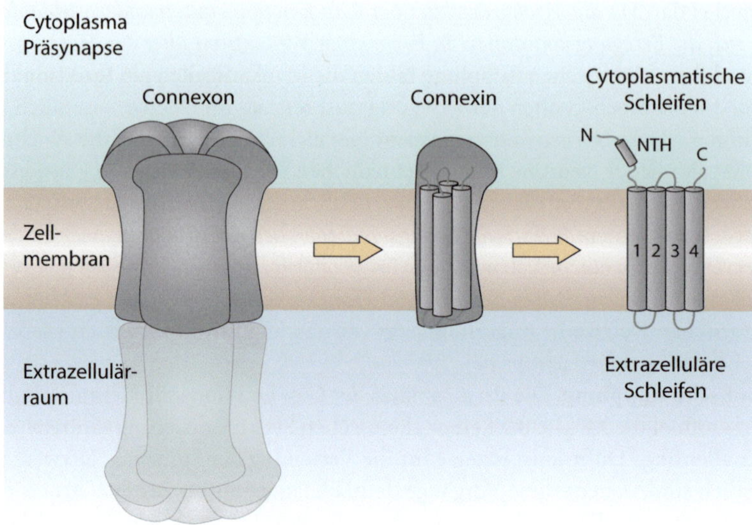

◘ Abb. 11.3 Aufbau von Gap-Junction-Kanälen. Ein Gap-Junction-Kanal besteht aus zwei Hemikanälen bzw. Connexonen, die aus sechs Untereinheiten, den Connexinen, aufgebaut sind. Jedes Connexin besitzt vier Transmembransegmente, N- und C-Terminus liegen im Cytoplasma. Extrazelluläre Schleifen dienen der Wechselwirkung mit Hemikanälen der benachbarten Zellmembran zur Ausbildung einer interzellulären Porenstruktur, während die cytoplasmatischen Schleifen regulatorische Funktionen haben. NTH, N-terminale α-Helix

tiv und negativ geladenen Aminosäuren ausgekleidet, die mit Ionen wechselwirken und deren Durchtritt durch die Kanalpore erleichtern.

In den meisten Fällen sind Gap-Junction-Kanäle in großer Zahl parallel als zweidimensionale Struktur, eine sogenannte Plaque, in der Zellmembran angeordnet (◘ Abb. 10.1). Da der Strom durch viele Kanäle gleichzeitig fließen kann, setzt eine Gap-Junction-Plaque dem Stromfluss einen relativ geringen Gesamtwiderstand entgegen.

Die Connexine bilden eine große Proteinfamilie mit mehr als 20 Mitgliedern. Einige Connexine besitzen eine intrinsische Spannungsabhängigkeit, die den Stromfluss auf eine Richtung festlegt. Diese sogenannte **Gleichrichtung** ist Grundlage für die Weiterleitung von Aktionspotenzialen in eine definierte Richtung – wie etwa beim Fluchtreflex der Crustaceen. Gleichrichtung erfordert eine strukturelle Asymmetrie der Gap-Junction-Kanäle, die im einfachsten Fall auf der Expression unterschiedlicher Connexone in den beiden gekoppelten Zellen beruht. Im Falle des Connexin26 fungiert vermutlich eine N-terminale, intrazelluläre α-Helix als Gating-Struktur, die den cytoplasmatischen Eingang zur Kanalpore verschließt. Infolgedessen leiten spannungsabhängige Gap Junctions nur Depolarisationen weiter, während Hyperpolarisationen auf die präsynaptische Seite beschränkt bleiben.[5]

11.1.3   Zusammenfassung

Elektrische Synapsen bestehen aus Gap-Junction-Kanälen, die cytoplasmatische Brücken zwischen benachbarten Zellen bilden. Sie ermöglichen die unmittelbare Weiterleitung einer prä-

---

[5] So werden von Aktionspotenzialen nur die depolarisierenden Anteile auf nachgeschaltete Zellen übertragen, die Hyperpolarisation gegen Ende eines Aktionspotenzials hingegen nicht.

synaptischen Depolarisation über einen relativ geringen elektrischen Widerstand in die postsynaptische Zelle. Ein Vorteil dieser direkten Verbindung ist die hohe Geschwindigkeit, mit der Potenzialänderungen weitergeleitet werden können; ein möglicher Nachteil liegt in der Reduktion der Spannungsamplitude im Verhältnis zum Ausgangssignal.

Bei zahlreichen Organismen vermitteln elektrische Synapsen Fluchtreflexe, indem sie eine direkte Verbindung zwischen sensorischem Eingang und motorischem Ausgang herstellen und so eine außerordentlich schnelle Verhaltensreaktion ermöglichen. Die hohe Leitungsgeschwindigkeit liegt auch der Synchronisierung der elektrischen Aktivität größerer Zellpopulationen zugrunde, die bei der Erregungsausbreitung im Myokard sowie bei oszillierenden neuronalen Netzwerken eine maßgebliche Rolle spielt.

Sechs Connexinuntereinheiten lagern sich zu einem pseudoradiärsymmetrischen Ionenkanal mit einer zentralen Pore zusammen, der als Connexon oder Hemikanal bezeichnet wird. Um einen funktionellen Gap-Junction-Kanal zu bilden, treten extrazelluläre Proteinsegmente zweier Connexone miteinander in eine dauerhafte Wechselwirkung. Auf diese Weise entsteht ein durchgängiger Ionenkanal, der den schmalen extrazellulären Spalt von 4 nm zwischen den Zellmembranen überbrückt und eine cytoplasmatische Kontinuität zwischen prä- und postsynaptischer Zelle herstellt. Aufgrund seiner Größe erlaubt der Ionenkanal neben Kationen und Anionen auch kleinmolekularen Substanzen den Durchtritt, sodass Zellen nicht nur elektrisch, sondern auch metabolisch miteinander gekoppelt sind.

11.2 Chemische Synapsen – Direkte Signalübertragung

Im Gegensatz zu den elektrischen Synapsen gibt es bei chemischen Synapsen keine cytoplasmatische Kontinuität. Vielmehr sind prä- und postsynaptische Zellen durch einen 20 bis 40 nm breiten **synaptischen Spalt** voneinander getrennt. Um diesen räumlichen Abstand bei der Weiterleitung von Signalen zu überbrücken, wird auf der präsynaptischen Seite ein **Neurotransmitter** freigesetzt. Neurotransmitter umfassen eine Vielzahl unterschiedlicher chemischer Substanzen, die nach ihrer Freisetzung über den synaptischen Spalt diffundieren und an jeweils spezifische Rezeptoren in der postsynaptischen Zellmembran binden. *Bei der direkten Signalübertragung wird aufgrund der Wechselwirkung von Transmitter und Rezeptor ein Ionenkanal geöffnet und eine Potenzialänderung in der postsynaptischen Zelle ausgelöst.* Da diese Spannungsänderung die nachgeschaltete Zelle entweder depolarisieren oder hyperpolarisieren kann, ermöglichen chemische Synapsen einen Vorzeichenwechsel bei der Weitergabe von Signalen als Grundlage für komplexere Rechenoperationen im Nervensystem.

◨ Abb. 11.4 fasst die Ereignisfolge an einer chemischen Synapse zusammen. Ein Aktionspotenzial wird über das Axon in die präsynaptische Endigung geleitet und depolarisiert dort die Zellmembran. Dadurch öffnen spannungsabhängige Ca^{2+}-Kanäle, Ca^{2+}-Ionen diffundieren entlang ihres elektrochemischen Gradienten in die Zelle hinein und lösen dort die Fusion synaptischer Vesikel mit der Zellmembran aus. Daraufhin werden Neurotransmittermoleküle in den synaptischen Spalt freigesetzt und diffundieren zur postsynaptischen Membran, wo sie an passende Rezeptoren binden. Aufgrund dieser Wechselwirkung ändert sich die Konformation der Rezeptorproteine und ein Ionenkanal wird freigegeben, sodass die Leitfähigkeit der postsynaptischen Zellmembran steigt. Infolgedessen fließen Ionen durch die offenen Rezeptorkanäle über die Zellmembran und verursachen eine Änderung des Membranpotenzials. Bei diesen **ionotropen Rezeptoren** befinden sich die Bindungsstelle für Transmitter und der Ionenkanal in demselben Proteinmolekül.

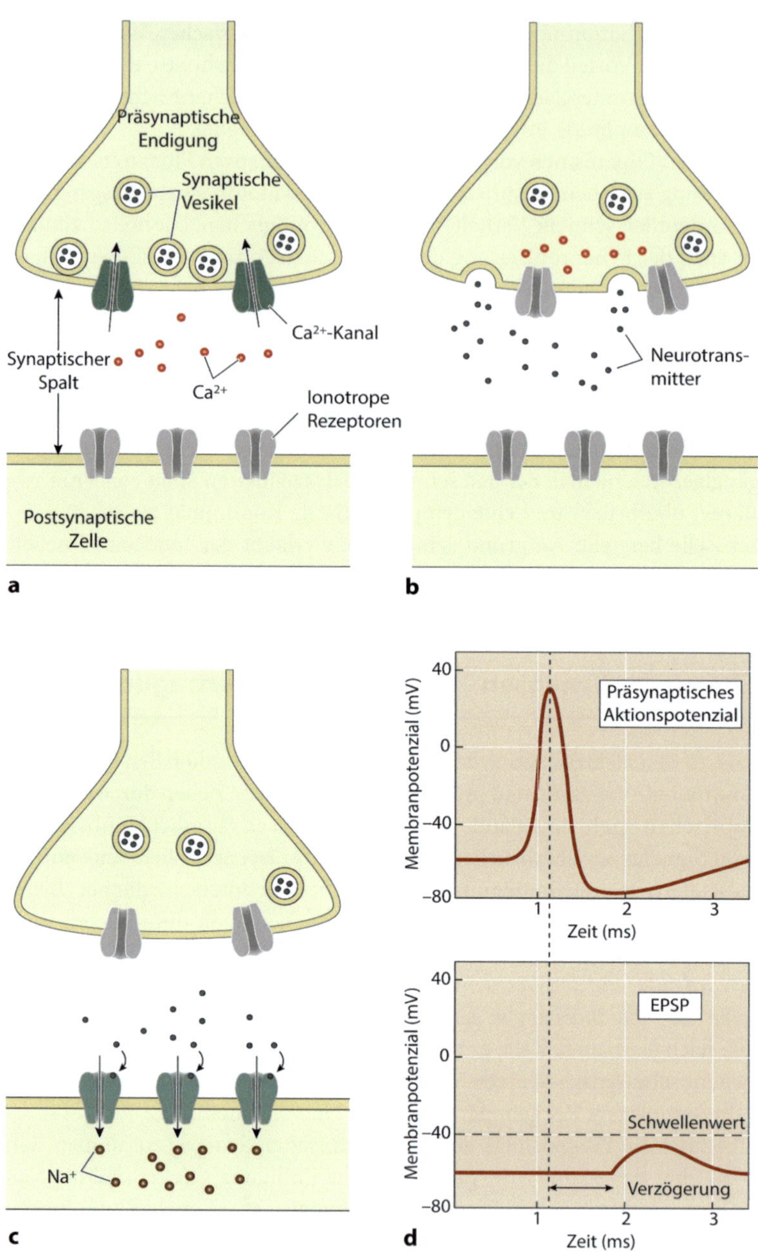

Abb. 11.4 Ereignisfolge an einer chemischen Synapse. **a** Ein Aktionspotenzial depolarisiert eine präsynaptische Endigung, wodurch spannungsabhängige Ca^{2+}-Kanäle öffnen und Ca^{2+}-Ionen in die Endigung diffundieren. **b** Die lokale Erhöhung der intrazellulären Ca^{2+}-Konzentration löst die Fusion synaptischer Vesikel mit der Plasmamembran der präsynaptischen Endigung aus. Infolgedessen treten Neurotransmitter in den synaptischen Spalt aus. **c** Die freigesetzten Neurotransmittermoleküle diffundieren über den synaptischen Spalt und binden an ionotrope Rezeptoren auf der postsynaptischen Seite. Der anschließende Einstrom von Kationen depolarisiert die postsynaptische Membran. **d** Ein präsynaptisches Aktionspotenzial wird in ein unterschwelliges exzitatorisches postsynaptisches Potenzial (EPSP) umgewandelt. Die Prozesse an einer chemischen Synapse führen zu einer Verzögerung der Signalweiterleitung

Die Ereignisse vom Eintreffen eines präsynaptischen Aktionspotenzials bis zur postsynaptischen Potenzialänderung benötigen mindestens 0,3 ms, dauern oft jedoch deutlich länger (◼ Tab. 11.1). Diese Verzögerung tritt an jeder chemischen Synapse auf und bestimmt zusammen mit der Geschwindigkeit der Weiterleitung in Dendriten und Axonen die Dauer der Signalübertragung zwischen Neuronen.

11.2.1 Struktur der neuromuskulären Synapse

Die **neuromuskuläre Synapse**[6] zwischen einem motorischen Axon mit Zellkörper im ventralen Horn des Rückenmarks und einer postsynaptischen Muskelfaser ist die am besten untersuchte chemische Synapse, da sie im Vergleich zu zentralnervösen Synapsen experimentell gut zugänglich ist und einen relativ einfachen Übertragungsmechanismus verwendet: Ein Axon setzt mit **Acetylcholin** eine einzige Art von Neurotransmitter frei, der an einen einzigen Rezeptortyp, den **nicotinergen Acetylcholinrezeptor** (nAChR), bindet.

Die Struktur der neuromuskulären Synapse weist einige Besonderheiten auf, aber viele ihrer Eigenschaften lassen sich auf andere chemische Synapsen übertragen. Das von Schwann-Zellen myelinisierte Axon der motorischen Faser verzweigt sich vor der Muskelfaser und bildet synaptische Terminalstrukturen, sogenannte Boutons, aus, die in flachen Vertiefungen auf der Muskelfaser liegen (◼ Abb. 11.5). Jeder dieser Boutons enthält zahlreiche Mitochondrien, was auf den hohen Energiebedarf synaptischer Prozesse hindeutet. Die Transmittersubstanz Acetylcholin ist in **synaptischen Vesikeln** gespeichert, membranumhüllten, annähernd runden Organellen, die in der **aktiven Zone** in der Nähe der Zellmembran gehäuft vorkommen. *In der aktiven Zone findet die Freisetzung der Transmittermoleküle statt.* Dieser Prozess wird auch als **Exozytose** bezeichnet.

Auf der postsynaptischen Seite befinden sich Einfaltungen der Membran, die in dieser Form nur bei der neuromuskulären Synapse vorkommen. Sie vergrößern die Oberfläche der Muskelzellmembran, sodass dort mehr Acetylcholinrezeptoren Platz finden.[7] *Die hohe Dichte an Ionenkanälen gewährleistet, dass ein präsynaptisches Aktionspotenzial immer eine überschwellige postsynaptische Depolarisation auslöst.* Die neuromuskuläre Synapse weist also einen sehr hohen Sicherheitsfaktor auf. Dies unterscheidet sie von den meisten zentralnervösen Synapsen, bei denen immer mehrere präsynaptische Aktionspotenziale gleichzeitig oder kurz hintereinander auftreten müssen, um eine überschwellige Potenzialänderung auf der postsynaptischen Seite auszulösen (▶ Abschn. 11.2.5).

Im Extrazellulärraum zwischen der prä- und postsynaptischen Membran befindet sich die **Basallamina**, die vor allem aus verschiedenen Kollagenen und Glykoproteinen besteht. Sie ist für Acetylcholin und alle Ionen des Extrazellulärraums vollständig durchlässig, stellt also kein Diffusionshindernis dar. Eine der wichtigsten Funktionen der Basallamina besteht in der exakten Ausrichtung der präsynaptischen aktiven Zonen und der postsynaptischen Membraneinfaltungen, wodurch die Diffusionsstrecke für Acetylcholin minimiert und somit der Zeitbedarf der synaptischen Übertragung verringert wird. Darüber hinaus bildet die Basallamina eine extrazelluläre Gerüststruktur zur Verankerung des Enzyms **Acetylcholinesterase**,

---

[6] Diese Synapse wird auch als neuromuskuläre Endplatte bezeichnet.
[7] Die ACh-Rezeptoren befinden sich vor allem im oberen Bereich der Einfaltungen. Dort weisen sie eine Dichte von etwa 10^4 Kanälen pro μm^2 auf.

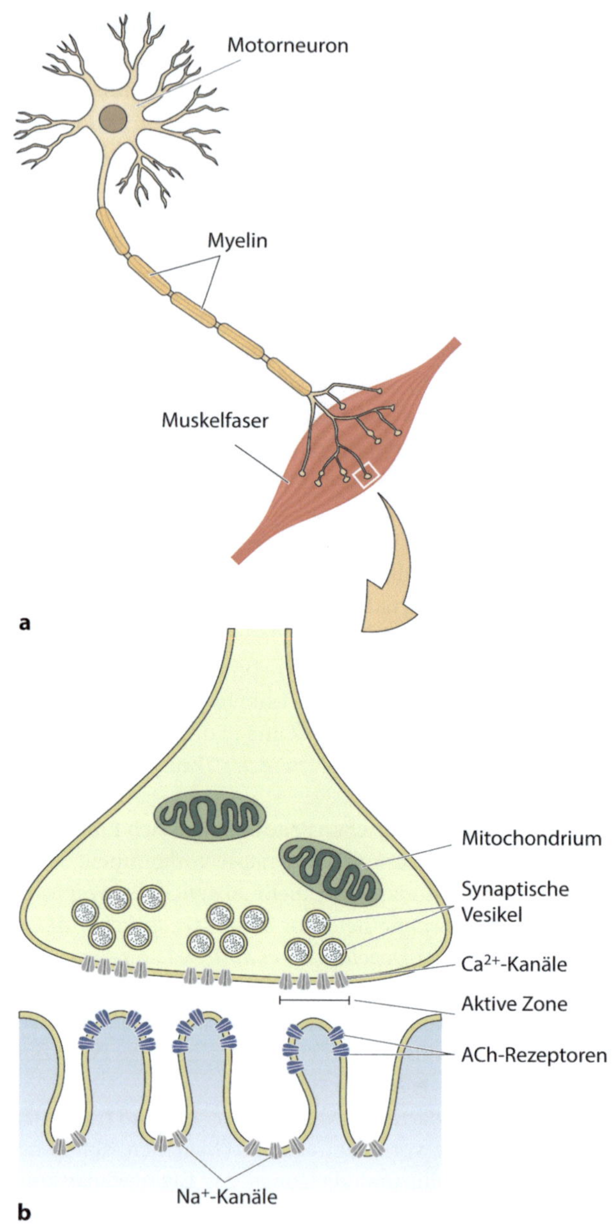

◘ Abb. 11.5 Aufbau der neuromuskulären Endplatte. **a** Innervation einer Muskelfaser durch ein Motorneuron. In der Nähe der Muskelfaser verzweigt sich das Axon und bildet mehrere Endigungen (Boutons), die von der Membran der Muskelzelle durch einen 100 nm breiten synaptischen Spalt getrennt sind. **b** Vergrößerte Ansicht der vom Rechteck in **a** eingeschlossenen Fläche. Die präsynaptische Endigung enthält Mitochondrien und synaptische Vesikel an mehreren aktiven Zonen. Die postsynaptische Membran der Muskelzelle weist aufgrund zahlreicher Einfaltungen eine vergrößerte Oberfläche auf. Im oberen Bereich der Einfaltungen befinden sich Rezeptoren für Acetylcholin (ACh), während spannungsabhängige Na⁺-Kanäle auf dem Boden der Einfaltungen lokalisiert sind. Die Basallamina ist nicht eingezeichnet

das mittels hydrolytischer Spaltung Acetylcholin aus dem synaptischen Spalt entfernt und damit die postsynaptische Antwort beendet. *Die räumliche Fixierung der Acetylcholinesterase in unmittelbarer Nähe der aktiven Zone gewährleistet eine kurze Verweildauer des Transmitters im synaptischen Spalt als Voraussetzung für eine hochfrequente Signalübertragung an der neuromuskulären Synapse.*

11.2.2 Exzitatorische postsynaptische Potenziale

Die Freisetzung von Acetylcholin aus den Endigungen motorischer Nerven erzeugt ein **exzitatorisches postsynaptisches Potenzial (EPSP)** in der Muskelzelle. *Ein EPSP ist erregend, weil es das Membranpotenzial in Richtung Schwellenwert depolarisiert und damit die Wahrscheinlichkeit erhöht, dass ein Aktionspotenzial ausgelöst wird.* Das neuromuskuläre EPSP ist mit einer Amplitude von etwa 50 mV außerordentlich groß, sodass ein einziges präsynaptisches Aktionspotenzial immer zu einer überschwelligen Depolarisation der postsynaptischen Zelle führt.

Acetylcholin bindet an nicotinerge Rezeptoren auf den Einfaltungen der postsynaptischen Membran. Durch die Wechselwirkung zwischen Transmittermolekülen und dem Rezeptor ändert sich die Konformation des Rezeptorproteins, sodass ein zentraler Ionenkanal freigegeben wird, der für Na^+ und K^+ permeabel ist.[8] Beide Ionen diffundieren entlang ihres elektrochemischen Gradienten über die postsynaptische Membran, wodurch letztlich ein EPSP ausgelöst wird. Trotz seiner großen Amplitude ist dieses EPSP jedoch kein Aktionspotenzial, denn es wird (1) durch nicotinerge ACh-Rezeptoren und nicht durch spannungsabhängige Na^+-Kanäle vermittelt und es weist (2) einen anderen Zeitverlauf als ein Aktionspotenzial auf. *Erst eine überschwellige Depolarisation der postsynaptischen Zelle öffnet hinreichend viele spannungsabhängige Na^+-Kanäle, sodass durch den regenerativen Einstrom von Na^+-Ionen ein Aktionspotenzial in der Muskelfaser erzeugt wird* (◘ Abb. 11.6a). Das Toxin Curare blockiert die Bindung von Acetylcholin an die nicotinergen Rezeptoren. Dadurch bleibt das EPSP unterschwellig und kann getrennt vom Aktionspotenzial untersucht werden (◘ Abb. 11.6b).[9]

Warum verursacht das Öffnen eines Ionenkanals, der ohne erkennbare Selektivität für alle physiologisch relevanten Kationen permeabel ist, eine Depolarisation? Na^+ strömt zwar in die Zelle hinein, aber K^+-Ionen verlassen sie gleichzeitig, was letztlich der in ▶ Abschn. 10.4.3 beschriebenen „Kurzschlusssituation" entspricht. Erinnern wir uns daran, dass der Ionenstrom über eine Membran sowohl vom elektrochemischen Gradienten als auch von der Leitfähigkeit g für das jeweilige Ion bestimmt wird. Daher gilt für die Na^+- und K^+-Ströme I_{Na} bzw. I_K, die durch den ACh-Rezeptorkanal fließen:

$$I_{Na} = g_{Na}\,(U_m - U_{Na}), \qquad (11.1)$$

$$I_K = g_K\,(U_m - U_K). \qquad (11.2)$$

Da der ACh-Rezeptorkanal für zwei Ionenarten gleichzeitig permeabel ist, liegt das Umkehrpotenzial des Ionenstroms weder beim Gleichgewichtspotenzial für K^+ (U_K) noch bei demjenigen für Na^+ (U_{Na}), sondern zwischen diesen beiden Werten. Ähnlich wie beim Ruhepotenzial bestimmt das Verhältnis von Einwärts- und Auswärtsstrom den exakten Wert des Umkehrpotenzials.

Der Beitrag der einzelnen Ionen zum Gesamtstrom lässt sich anhand der Strom-Spannungs-Kennlinie – der Abhängigkeit des Ionenstroms vom Membranpotenzial – bestimmen (◘ Abb. 11.7). Bei sehr negativen Membranspannungen befinden wir uns in der Nähe von U_K und

[8] Grundsätzlich können auch Ca^{2+}-Ionen durch den ACh-Rezeptorkanal diffundieren. Aufgrund der geringen extrazellulären Ca^{2+}-Konzentration ist deren Beitrag zum Gesamtstrom jedoch vernachlässigbar.

[9] Curare ist ein pflanzliches Alkaloid aus der Rinde verschiedener südamerikanischer Lianenarten. Es wirkt als kompetitiver Blocker an nicotinergen ACh-Rezeptoren und ist vor allem aufgrund seiner Verwendung als Pfeilgift bekannt.

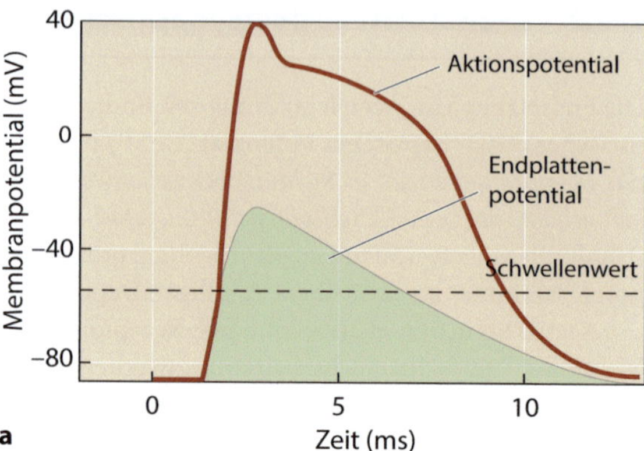

Abb. 11.6 Endplattenpotenzial und Aktionspotenzial. **a** Unter normalen Bedingungen besitzt ein Endplattenpotenzial eine überschwellige Amplitude und löst ein Aktionspotenzial in der Muskelfaser aus. Dabei geht das Endplattenpotenzial unmittelbar in das Aktionspotenzial über. **b** Curare und Acetylcholin konkurrieren um dieselbe Bindungsstelle an nicotinergen ACh-Rezeptoren. Dadurch bindet weniger Acetylcholin an die Rezeptoren, das Endplattenpotenzial bleibt unterschwellig und es wird kein Aktionspotenzial ausgelöst

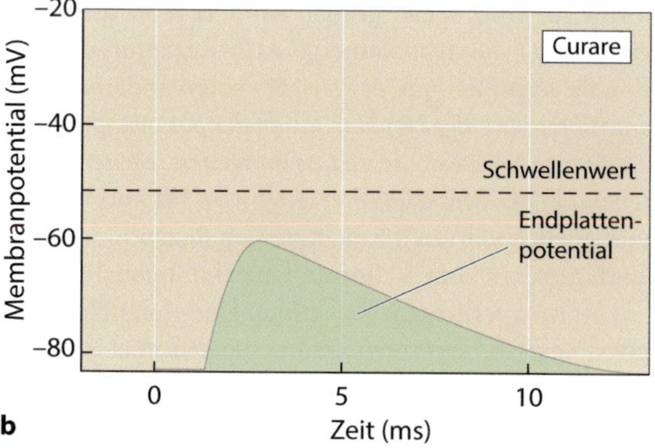

der Einwärtsstrom wird fast ausschließlich durch Na^+-Ionen getragen. Umgekehrt dominiert bei U_{Na} der K^+-Auswärtsstrom. Offene ACh-Rezeptorkanäle zeigen fast keine intrinsische Spannungsabhängigkeit, sondern wirken wie ohmsche Widerstände. Daher verläuft die Strom-Spannungs-Kennlinie des ACh-Rezeptorkanals annähernd linear mit einem Umkehrpotenzial U_{EPSP} in der Nähe des Nullpunkts.

Beim Umkehrpotenzial fließt definitionsgemäß kein Strom, da der Na^+-Einstrom und der K^+-Ausstrom gleich groß und entgegengesetzt sind. Die Summe der Ströme in den Gleichungen Gl. 11.1 und Gl. 11.2 ist demnach gleich null, und wir erhalten mit $U_m = U_{EPSP}$:

$$I_{Na} + I_K = 0, \tag{11.3}$$

$$g_{Na}\,(U_{EPSP} - U_{Na}) = -g_K\,(U_{EPSP} - U_K). \tag{11.4}$$

Umstellen der Gl. 11.4 nach U_{EPSP} ergibt:

$$U_{EPSP} = \frac{g_{Na}\,U_{Na} + g_k\,U_K}{g_{Na} + g_K}. \tag{11.5}$$

Das Umkehrpotenzial U_{EPSP} entspricht also dem Durchschnitt der Gleichgewichtspotenziale U_{Na} und U_K, die mit ihren jeweiligen Leitfähigkeiten gewichtet werden. Gl. 11.5 lässt sich auf jede beliebige Anzahl permeabler Ionen ausdehnen.

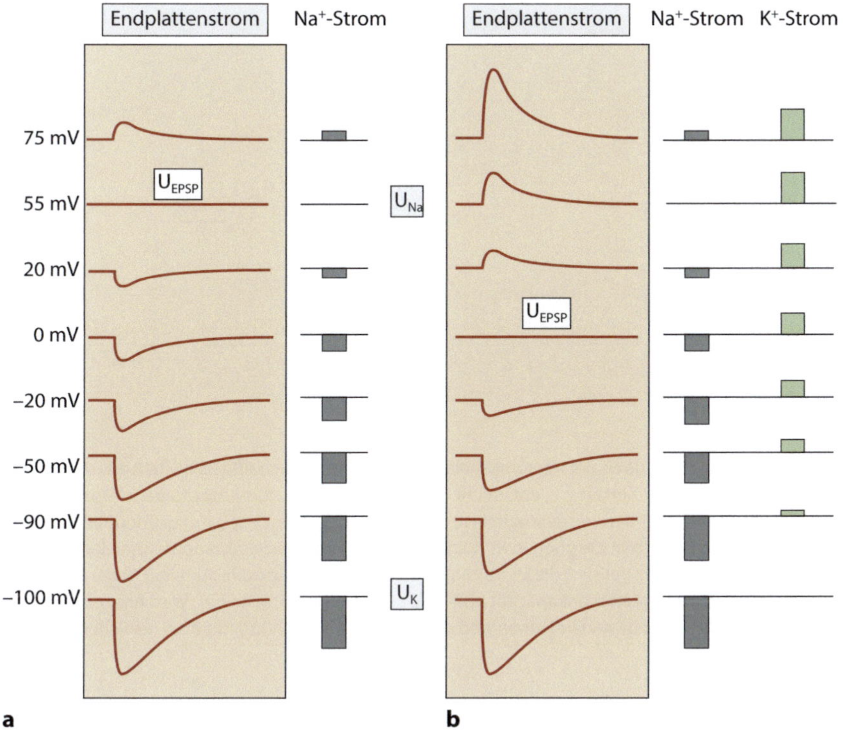

◘ Abb. 11.7 Das Endplattenpotenzial wird durch Na$^+$- und K$^+$-Ströme erzeugt. **a** In diesem hypothetischen Fall sind nur Na$^+$-Kanäle für das Endplattenpotenzial verantwortlich. Das Umkehrpotenzial U_{EPSP} liegt beim Gleichgewichtspotenzial für Na$^+$ (U_{Na}). **b** Da ACh-Rezeptorkanäle für Na$^+$- und K$^+$-Ionen permeabel sind, resultiert der Gesamtstrom an der neuromuskulären Endplatte aus der Summe von Na$^+$- und K$^+$-Strömen. Das Umkehrpotenzial liegt daher bei 0 mV, also zwischen den Gleichgewichtspotenzialen für Na$^+$ und K$^+$. Die Balkengrafiken *rechts* repräsentieren die Größe der Na$^+$- und K$^+$-Ströme bei den angegebenen Membranpotenzialen. Abweichungen nach unten stellen Einwärtsströme, Abweichungen nach oben Auswärtsströme dar

Was bedeutet dieser theoretische Zusammenhang praktisch für den Ionenstrom durch den ACh-Rezeptorkanal? Unter Ruhebedingungen beträgt gemäß Gl. 10.9 das Verhältnis der Leitfähigkeiten von Na$^+$ und K$^+$ etwa 1 : 25 = 0,04. Durch das Öffnen der ACh-Rezeptorkanäle erhöhen sich die Leitfähigkeiten beider Ionen gleichermaßen. Addieren wir auf beiden Seiten willkürlich 100 Einheiten, um die Veränderung der Leitfähigkeit zu simulieren, so beträgt das Verhältnis bei einem offenen Kanal nun 101 : 125 = 0,808. Im offenen Zustand ist die Leitfähigkeit der Membran für Na$^+$ und K$^+$ also annähernd gleich und das Umkehrpotenzial stellt sich gemäß Gl. 11.5 auf einen Wert in der Nähe von 0 mV ein.

11.2.3 Äquivalenzschaltkreis der neuromuskulären Endplatte

Eine synaptische Membran wie die neuromuskuläre Endplatte wird durch einen Äquivalenzschaltkreis dargestellt, der aus einem Kondensator (Zellmembran), zwei parallel geschalteten Leitfähigkeiten (konstitutiv offene K$^+$-Kanäle, synaptische Ionenkanäle) und zwei Batterien (Ruhemembranpotenzial, Umkehrpotenzial synaptischer Ströme) besteht (◘ Abb. 11.8). Die

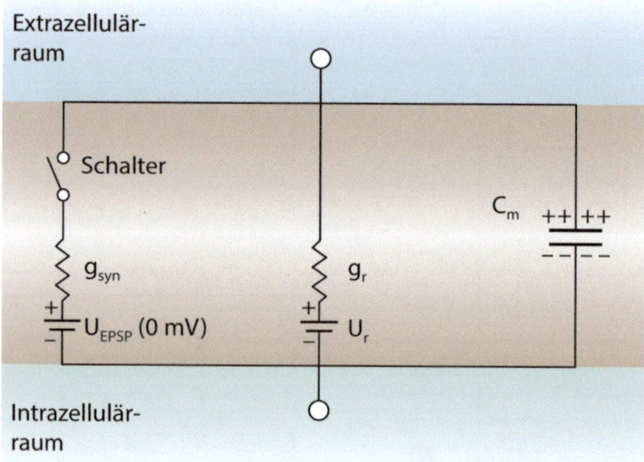

Abb. 11.8 Äquivalenzschaltkreis der neuromuskulären Endplatte. Der Schaltkreis besteht aus drei parallel angeordneten Elementen. Die Leitfähigkeit g_{syn} entspricht der Gesamtheit aller ACh-Rezeptorkanäle in der synaptischen Membran, die in Serie mit einer Batterie geschaltet ist, die das Umkehrpotenzial U_{EPSP} repräsentiert. Die Ionenleitfähigkeit g_r mit der Batterie U_r stellt die offenen K^+-Kanäle dar, die das Ruhemembranpotenzial der Muskelfaser von etwa -90 mV erzeugen. C_m symbolisiert die Membrankapazität. Ohne synaptische Aktivität ist der Schalter geöffnet und Strom fließt nur über die Membrankapazität und durch die Ruheleitfähigkeit g_r. Wird Acetylcholin freigesetzt, schließt der Schalter, synaptische Kanäle öffnen und die Leitfähigkeit g_{syn} wird mit dem restlichen Schaltkreis verbunden

Leitfähigkeit g_r geht auf die Gesamtheit aller unter Ruhebedingungen – keine synaptische Aktivierung, keine Aktionspotenziale – offenen Ionenkanäle zurück; die zugehörige Batterie ist das Ruhemembranpotenzial U_r. Die synaptische Leitfähigkeit g_{syn} entspricht der Leitfähigkeit aller aktivierten Rezeptorkanäle mit dem Umkehrpotenzial U_{EPSP} als Batterie.

Aufgrund dieser Anordnung im Schaltkreis kann die Amplitude eines synaptischen Potenzials sowohl durch Änderungen von g_r als auch von g_{syn} beeinflusst werden. Folgende Mechanismen verursachen eine stärkere postsynaptische Antwort:

1. Im Falle der Aktivierung von ACh-Rezeptorkanälen der neuromuskulären Synapse steigt die synaptische Leitfähigkeit kurzfristig weit über die Ruheleitfähigkeit an ($g_{syn} \gg g_r$) und das Membranpotenzial erreicht das Umkehrpotenzial (U_{EPSP}). *Die gleichzeitige Aktivierung einer größeren Zahl von Rezeptorkanälen führt also zu einem größeren postsynaptischen Potenzial.*

2. Ist jedoch $g_{syn} = g_r$, so ist die Amplitude des synaptischen Potenzials nur halb so groß, da die Hälfte des Stroms über die Ruheleitfähigkeit abfließt. Eine Verringerung von g_r – etwa durch das Schließen von K^+-Kanälen – erhöht also ebenfalls die Amplitude der postsynaptischen Potenzialänderung. Darüber hinaus bewirkt eine Erhöhung des Eingangswiderstands eine größere Spannungsamplitude in der postsynaptischen Zelle (▶ Abschn. 10.5.1).

Acetylcholin depolarisiert nicht nur die Skelettmuskelfasern der Willkürmuskulatur, sondern auch Neurone im Zentralnervensystem, die allerdings eine andere Isoform des nicotinergen ACh-Rezeptors exprimieren.[10] Der wichtigste erregende Transmitter im Gehirn ist jedoch

---

[10] Cholinerge Neurone befinden sich im Hirnstamm und im basalen Vorderhirn. Beide Gruppen von Neuronen spielen eine wichtige Rolle für die Regulation der Aufmerksamkeit. Eine Reduktion cholinerger Neurone im Vorderhirn korreliert mit Morbus Alzheimer.

Glutamat, dessen Bindung an **ionotrope Glutamatrezeptoren** gleichermaßen die Öffnung nichtselektiver Kationenkanäle bewirkt.

11.2.4 Zeitverlauf der Ströme durch ACh-Rezeptorkanäle

Der makroskopisch sichtbare postsynaptische Einwärtsstrom ist durch eine schnelle Aktivierung bis zu einer maximalen Amplitude, gefolgt von einer exponentiellen Abklingphase zurück zur Grundlinie gekennzeichnet. *Dieser Gesamtstrom repräsentiert die Summe der einzelnen Ionenströme durch alle aktivierten ACh-Rezeptorkanäle.* Die Ionenkanäle selbst öffnen weitgehend synchron, sobald ACh im synaptischen Spalt vorhanden ist und an die Rezeptoren bindet, die Dauer individueller Kanalöffnungen zeigt jedoch eine statistische Variabilität.

Allgemein wird die Bindung eines Transmitters T an einen Rezeptor R durch das folgende mehrstufige Schema von Gleichgewichtsreaktionen formal beschrieben:

$$T + R \underset{k_{-1}}{\overset{k_1}{\rightleftharpoons}} \underset{\text{geschlossen}}{TR} + T \underset{k_{-2}}{\overset{k_2}{\rightleftharpoons}} \underset{\text{geschlossen}}{T_2R} \underset{\alpha}{\overset{\beta}{\rightleftharpoons}} \underset{\text{offen}}{T_2R^*}. \tag{11.6}$$

Im Fall der neuromuskulären Synapse binden zwei Moleküle ACh nacheinander an den Rezeptor. Die Bindung des ersten Moleküls bildet den geschlossenen TR-Komplex, während nach der Bindung des zweiten ACh-Moleküls der zunächst geschlossene T_2R-Komplex innerhalb weniger Mikrosekunden in den offenen Zustand (T_2R^*) übergeht. Der Übergang zwischen geschlossenem und offenem Zustand wird durch die beiden Geschwindigkeitskonstanten α und β beschrieben.

Wenn ein Aktionspotenzial die Präsynapse depolarisiert, wird im selben Augenblick eine große Menge ACh freigesetzt. Die Konzentration von ACh im synaptischen Spalt steigt schlagartig auf einen Maximalwert an und alle verfügbaren ACh-Rezeptorkanäle öffnen annähernd gleichzeitig (◘ Abb. 11.9a). Anschließend fällt die Konzentration von ACh sehr schnell wieder ab, da die Moleküle entweder durch die Acetylcholinesterase hydrolysiert werden oder aber aus dem synaptischen Spalt hinaus diffundieren.

Die an den ACh-Rezeptor gebundenen Transmittermoleküle dissoziieren mit den Geschwindigkeitskonstanten k_{-2} und k_{-1} nach und nach ab, sodass die einzelnen Ionenkanäle unabhängig voneinander schließen und daher unterschiedliche Öffnungszeiten aufweisen. Der exponentielle Zeitverlauf der Abklingphase entspricht also dem zufälligen Schließen der ACh-Rezeptorkanäle. Die meisten Kanäle weisen nur sehr kurze Öffnungszeiten auf – daher der steile Abfall im Anfangsteil der Kurve. Einige wenige Kanäle bleiben jedoch länger geöffnet und tragen so zum weiteren abgeflachten Verlauf der Stromkurve bei (◘ Abb. 11.9b).[11]

11.2.5 Synaptische Integration

Im Unterschied zur neuromuskulären Synapse reagiert ein postsynaptisches Neuron im Zentralnervensystem in der Regel nicht mit einer überschwelligen Depolarisation auf ein einzelnes präsynaptisches Aktionspotenzial. Fast alle Neurone empfangen in jeder Sekunde Signale von zahlreichen, oft weit mehr als 1000 synaptischen Eingängen, die im Zellkörper – aber zum Teil auch lokal in der Peripherie des Neurons – verrechnet werden. Diese Kombination von

---

[11] Die Zeitkonstante τ der Abklingphase entspricht der mittleren Offenzeit der Kanäle und ist definiert als $\tau = 1/\alpha$.

◘ Abb. 11.9 Der Endplattenstrom setzt sich aus der Summe der Einzelkanalströme zusammen. **a** Zeitverlauf eines Endplattenstroms, der durch die Freisetzung von Acetylcholin (ACh) aus der motorischen Nervenendigung ausgelöst wurde. Der Strom erreicht ein Maximum und klingt mit exponentiellem Zeitverlauf ab. Die Zeitkonstante τ bezeichnet den Zeitpunkt, an dem die Stromamplitude auf 37 % ihres größten Wertes abgefallen ist. **b** Unmittelbar nach Gabe von ACh öffnen ACh-Rezeptorkanäle annähernd gleichzeitig; die einzelnen Ionenkanäle weisen aber eine unterschiedlich lange Offenzeit auf. In diesem idealisierten Beispiel ist die statistische Öffnungsdauer von sechs ACh-Rezeptorkanälen gezeigt. Die Addition der Einzelkanalströme erzeugt einen Gesamtstrom mit exponentiellem Zeitverlauf. Eine motorische Endplatte enthält Tausende ACh-Rezeptorkanäle, sodass die individuelle Öffnungsdauer der Kanäle nicht mehr auflösbar ist und ein glatter Kurvenverlauf resultiert (Teil **b** nach [6]. Mit freundlicher Genehmigung von Elsevier)

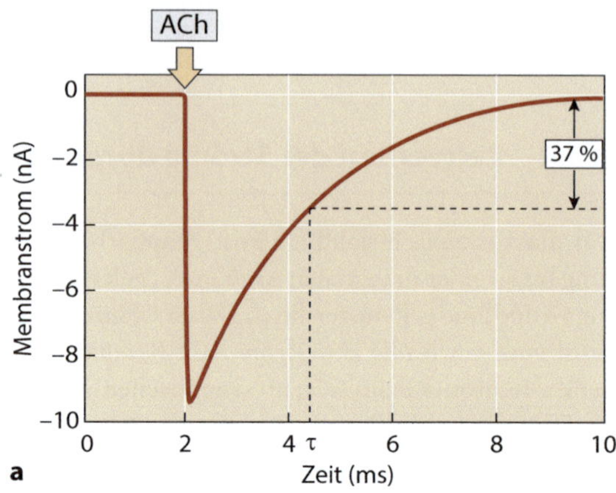

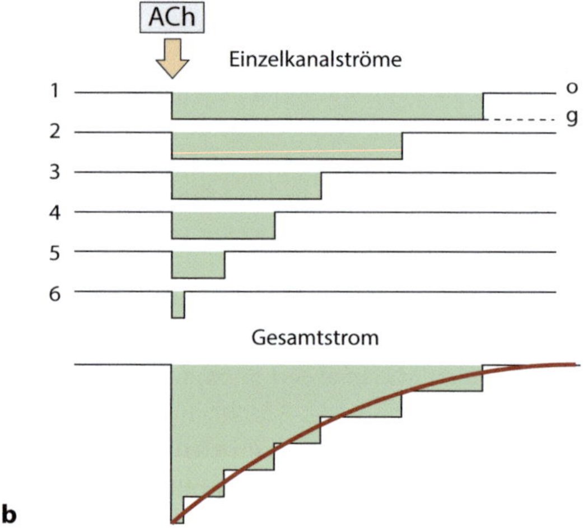

vielen annähernd gleichzeitigen Spannungsänderungen zu einer eindeutigen und definierten Antwort des postsynaptischen Neurons wird als **synaptische Integration** bezeichnet.

Die relativ einfache Verschaltung zwischen Motorneuron und Muskelfaser ist evolutionär auf hohe Verlässlichkeit und maximale Reaktionsgeschwindigkeit hin optimiert. Im Gegensatz dazu stellen die meisten Neurone des Zentralnervensystems weit mehr als nur Umschaltstationen dar, die Signale unverändert weiterleiten. Vielmehr ist die synaptische Integration Grundlage für sehr viel komplexere Verarbeitungsprozesse. Wir unterscheiden die zeitliche und die räumliche Summation von EPSPs als grundlegende Formen der synaptischen Integration.

— Voraussetzung für die **zeitliche Summation** ist eine relativ hohe Frequenz von Aktionspotenzialen in der präsynaptischen Endigung. Wenn die Aktionspotenziale innerhalb weniger Millisekunden aufeinanderfolgen, übersteigt die Dauer der Abklingphase der postsynaptischen Spannungsänderung das Zeitintervall bis zum nächsten EPSP. Einzelne EPSPs summieren sich auf und können auf diese Weise mit einer bestimmten Verzögerung eine überschwellige Potenzialänderung im postsynaptischen Neuron verursachen. Bei der zeitlichen Summation spielt die Zeitkonstante ebenfalls eine wichtige Rolle: Eine

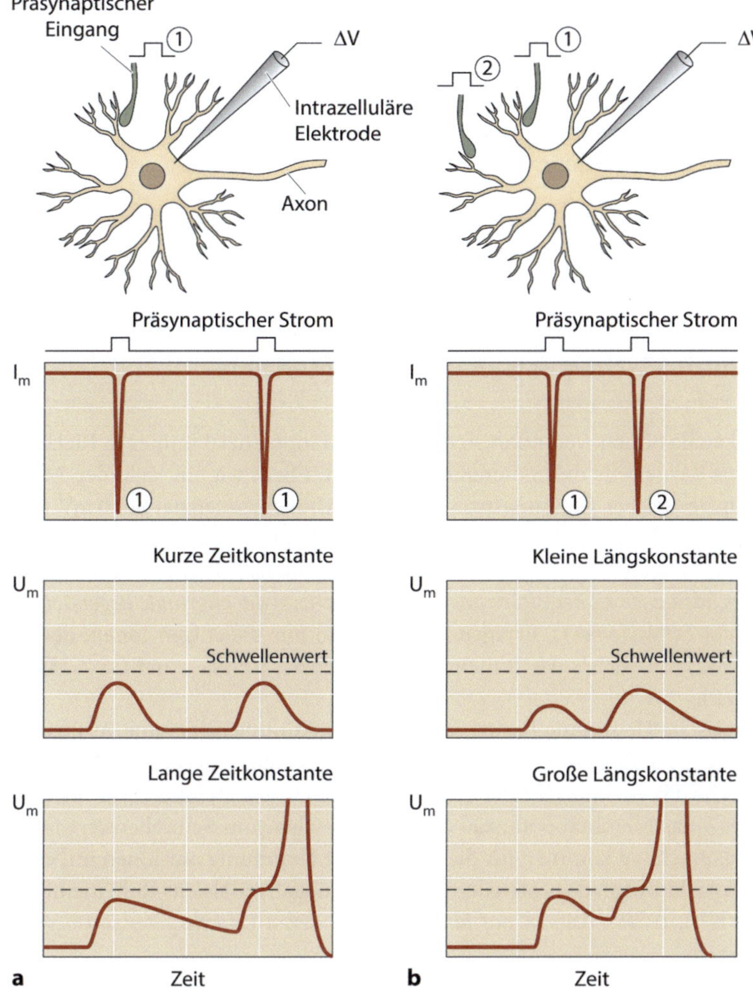

◘ Abb. 11.10 Zeitliche und räumliche Summation. **a** Zwei aufeinanderfolgende Strompulse an einer präsynaptischen Endigung lösen entsprechende Einwärtsströme und eine postsynaptische Depolarisation aus, die mit einer Elektrode im Soma gemessen wird. Bei einer kurzen Zeitkonstante ist die erste Depolarisation bereits abgeklungen, wenn die zweite Depolarisation einsetzt; insgesamt bleibt die postsynaptische Spannungsänderung unterschwellig. Eine längere Zeitkonstante ermöglicht die Addition beider postsynaptischer Potenziale. Infolgedessen überschreitet die Spannungsänderung den Schwellenwert und ein Aktionspotenzial wird ausgelöst. **b** Zeitlich versetzte Strompulse in zwei unterschiedlichen präsynaptischen Eingängen erzeugen zwei postsynaptische Depolarisationen. Bei einer kleinen Längskonstante ist die Signalamplitude so weit verringert, dass das Membranpotenzial auch bei Eintreffen des zweiten EPSP unterschwellig bleibt. Eine größere Längskonstante führt zu einer überschwelligen Addition beider EPSPs und zur Auslösung eines Aktionspotenzials

lange Zeitkonstante verzögert die Abklingphase eines EPSPs und erhöht die Wahrscheinlichkeit einer überschwelligen Summation (◘ Abb. 11.10a). *Die synaptische Integration mittels zeitlicher Summation basiert auf einer schnellen Folge präsynaptischer Aktionspotenziale in einem einzelnen Axon und einer langen Zeitkonstante der postsynaptischen Membran.*

— Die **räumliche Summation** beschreibt das annähernd gleichzeitige Eintreffen mehrerer Aktionspotenziale, die von unterschiedlichen Axonen stammend auf eine gemeinsame postsynaptische Zelle konvergieren (◘ Abb. 11.10b). In diesem Fall beeinflusst die Längskonstante die Amplitude der postsynaptischen Potenziale im Zellkörper. *Die räumliche Summation erfordert mehrere synaptische Kontakte sowie postsynaptische Dendriten mit einer großen Längskonstante.*

Da ein Neuron meist zahlreiche synaptische Kontakte besitzt, von denen jeder hochfrequent Aktionspotenziale erzeugen kann, treten beide Integrationsmechanismen in der Regel gemeinsam auf.

11.2.6　Inhibitorische postsynaptische Potenziale

Wenn Ionenkanäle öffnen, verändert sich das Membranpotenzial immer in Richtung des Umkehrpotenzials der jeweils diffundierenden Ionenart. Fließt wie im Falle der ACh-Rezeptorkanäle ein unspezifischer Kationenstrom, liegt das Umkehrpotenzial bei 0 mV und die Zelle depolarisiert, bis das Membranpotenzial 0 mV erreicht hat. Bei dieser Depolarisation wird der Schwellenwert, der in der Regel negativer als 0 mV ist, überschritten und ein Aktionspotenzial ausgelöst. *Grundsätzlich ist bei EPSPs das Umkehrpotenzial der zugrunde liegenden Ionenströme positiver als der Schwellenwert.* Erregend wirken also nur diejenigen Ionen, deren Gleichgewichtspotenzial positiver als das Ruhemembranpotenzial ist: Na^+ und Ca^{2+} (◘ Tab. 10.1 und ► Abschn. 10.2.2).

Die synaptische Hemmung besitzt für die Informationsverarbeitung in neuronalen Zellverbänden eine ähnlich große Bedeutung wie die Erregung. Hierbei werden **inhibitorische postsynaptische Potenziale (IPSPs)** erzeugt, bei denen die Zellmembran in der Regel hyperpolarisiert – das Membranpotenzial entfernt sich also vom Schwellenwert in die negative Richtung. Entsprechend kommen für die synaptische Hemmung nur Ionen mit einem Gleichgewichtspotenzial infrage, das entweder gleich oder negativer als das Ruhemembranpotenzial ist (Cl^- und K^+). *IPSPs basieren auf Ionenströmen, deren Umkehrpotenzial negativer als der Schwellenwert ist.*

Der Mechanismus der direkten synaptischen Hemmung entspricht demjenigen der Erregung: Freisetzung von Transmittermolekülen nach Vesikelfusion mit der präsynaptischen Membran, Diffusion über den synaptischen Spalt, Bindung an postsynaptische Rezeptoren und Freigabe einer zentralen Pore, die von den Transmembransegmenten des Rezeptorproteins gebildet wird.

Bei den wichtigsten hemmenden Transmittern handelt es sich um die Aminosäuren Glycin und γ-Aminobuttersäure (GABA), einem Derivat der Glutaminsäure. Die Bindung von GABA und Glycin an ihre jeweiligen Rezeptoren bewirkt das Öffnen eines Cl^--Kanals, wodurch das Membranpotenzial in Richtung des Cl^--Gleichgewichtspotenzials U_{Cl} von -65 mV verschoben wird.[12]

Abhängig von der Differenz zwischen dem jeweiligen Membranpotenzial U_m und dem Cl^--Gleichgewichtspotenzial hat das Öffnen von Cl^--Kanälen drei mögliche Konsequenzen (◘ Abb. 11.11):

---

[12] Die Rezeptoren für GABA und Glycin werden als GABA- bzw. Glycinrezeptoren bezeichnet. Bei den GABA-Rezeptoren existieren mit den ionotropen $GABA_A$- und den metabotropen $GABA_B$-Rezeptoren zwei Proteinfamilien, die sich grundlegend in ihrem Signaltransduktionsmechanismus unterscheiden. Bei den Glycinrezeptoren sind keine metabotropen Vertreter bekannt.

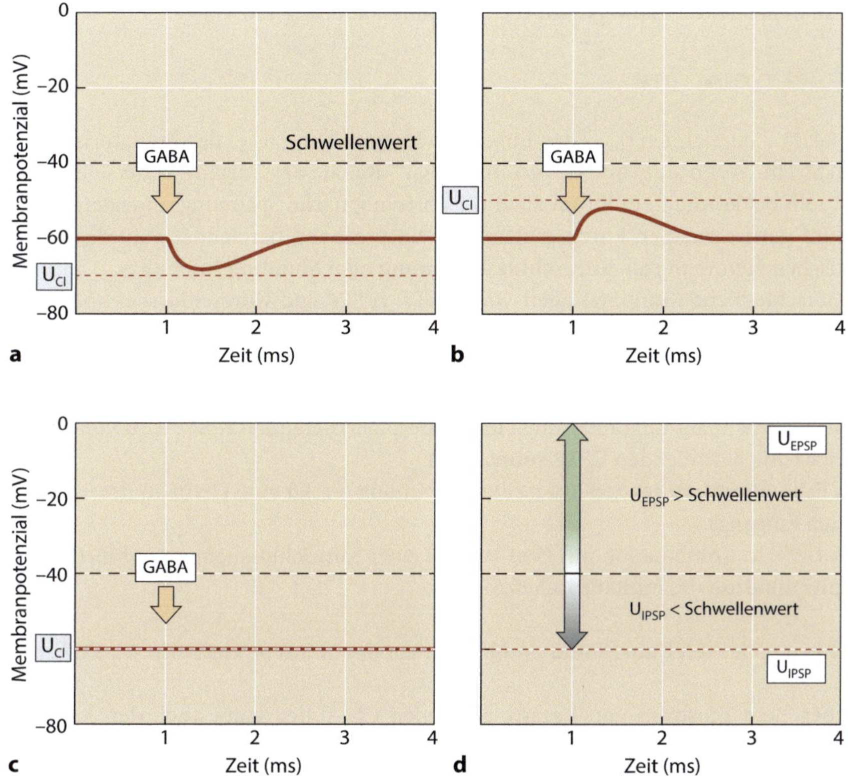

◘ Abb. 11.11 Die Lage des Schwellenwerts und des Gleichgewichtspotenzials bestimmen synaptische Hemmung und Erregung. **a** Das Gleichgewichtspotenzial für Cl^- U_{Cl} ist negativer als das Membranpotenzial ($U_m > U_{Cl}$). Cl^--Ionen strömen in die Zelle ein und hyperpolarisieren U_m in Richtung U_{Cl}. **b** Das Gleichgewichtspotenzial für Cl^- ist positiver als das Membranpotenzial ($U_m < U_{Cl}$), aber negativer als der Schwellenwert. Die Zelle depolarisiert, erreicht aber nicht den Schwellenwert. **c** Das Gleichgewichtspotenzial für Cl^- und das Membranpotenzial sind gleich groß ($U_m = U_{Cl}$). Es fließt kein Strom, die Zelle wird jedoch aufgrund des verringerten Membranwiderstands gehemmt. **d** Ist das Gleichgewichtspotenzial positiver als der Schwellenwert, resultiert eine Erregung; im umgekehrten Fall wird die Zelle gehemmt

1. $U_m > U_{Cl}$: In diesem Fall erfolgt ein Einstrom von Cl^- und damit eine Hyperpolarisation des Membranpotenzials.
2. $U_m < U_{Cl}$: Das Membranpotenzial depolarisiert von seinem aktuellen Wert bis zum Gleichgewichtspotenzial für Cl^-, aber nicht darüber hinaus. Da der Schwellenwert deutlich positiver ist als U_{Cl}, wird trotz der Depolarisation postsynaptisch kein Aktionspotenzial ausgelöst.
3. $U_m = U_{Cl}$: Das System ist im Gleichgewicht und es fließt kein Strom. Obwohl keine postsynaptische Potenzialänderung sichtbar ist, öffnen dennoch Cl^--Kanäle und hemmen die Zelle, indem sie den Eingangswiderstand der Membran verringern.

Der letzte Punkt wird verständlich, wenn wir den Zusammenhang zwischen Eingangswiderstand und postsynaptischer Spannungsänderung – eine praktische Anwendung des ohmschen Gesetzes – betrachten. Nehmen wir an, die postsynaptische Zellmembran wird durch ein EPSP depolarisiert; dann gilt für die Spannungsänderung ΔU_{EPSP}:

$$\Delta U_{\mathrm{EPSP}} = r_{\mathrm{input}} \cdot i_{\mathrm{EPSP}}. \tag{11.7}$$

In Gl. 11.7 bezeichnen r_{input} den Eingangswiderstand und i_{EPSP} den exzitatorischen synaptischen Strom. Wenn aufgrund der geöffneten Cl^--Kanäle der Eingangswiderstand sinkt, verringert sich bei konstantem Strom auch die postsynaptische Spannungsänderung. Die Membran wird gewissermaßen kurzgeschlossen – entsprechend bezeichnet man diese Form der synaptischen Hemmung als **Kurzschlusshemmung** oder Shunting Inhibition.

Unterschiedliche Kombinationen von EPSPs, IPSPs und Kurzschlusshemmung entsprechen mathematischen Operationen des postsynaptischen Neurons:

- Wenn mehrere EPSPs gleichzeitig auftreten oder schnell aufeinanderfolgen (räumliche bzw. zeitliche Summation), **addieren** sich ihre Amplituden.
- Die negative Spannungsänderung eines hyperpolarisierenden IPSPs wird von einem gleichzeitig auftretenden EPSP **subtrahiert**.
- Im Falle einer bestehenden Kurzschlusshemmung erfolgt eine **Division** des exzitatorischen Eingangs.
- Ein EPSP in Kombination mit dem Wegfall einer Kurzschlusshemmung führt zu einer **Multiplikation** des exzitatorischen Signals.

Die beiden letzten Punkte sind unmittelbar auf das ohmsche Gesetz in Gl. 11.7 zurückzuführen.

Neben dem Einstrom von negativ geladenen Cl^--Ionen kann auch der Ausstrom von K^+-Ionen eine Hyperpolarisation und damit eine postsynaptische Hemmung hervorrufen. Das Öffnen von K^+-Kanälen hyperpolarisiert das Membranpotenzial bis in die Nähe des K^+-Gleichgewichtspotenzials bei $-89\,\mathrm{mV}$. Dabei entfernt sich das Membranpotenzial weiter vom Schwellenwert, sodass eine synaptische Hemmung resultiert. Beispielsweise löst die Bindung von GABA an die metabotropen $GABA_B$-Rezeptoren das Öffnen von K^+-Kanälen aus und erzeugt auf diese Weise inhibitorische synaptische Potenziale.

In der Regel werden Neurotransmitter wie Acetylcholin und Glutamat als erregend, GABA und Glycin hingegen als hemmend bezeichnet. Dieser Sprachgebrauch geht auf die Tatsache zurück, dass die genannten Transmitter in den meisten Fällen diese postsynaptischen Effekte erzeugen. Ob eine Zelle depolarisiert oder hyperpolarisiert wird, hängt jedoch weniger mit der Transmittersubstanz als mit dem Rezeptor, an den sie bindet, zusammen. Der Rezeptor bildet den Ionenkanal und die Aminosäuresequenz der Kanalpore wiederum bestimmt die Ionenselektivität.

Bedingt durch die bestehenden intra- und extrazellulären Ionenkonzentrationen bedeutet Selektivität für ein Ion immer ein definiertes Gleichgewichtspotenzial. So kann ein K^+-Kanal mit einem Gleichgewichtspotenzial von $-89\,\mathrm{mV}$ nicht erregend und ein Na^+-Kanal mit $62\,\mathrm{mV}$ nicht hemmend sein.[13] *Hemmung oder Erregung werden weniger durch die Art des Neurotransmitters, sondern vielmehr durch die Selektivität des Ionenkanals in Kombination mit den bestehenden Konzentrationsgradienten bestimmt.*

◼ Tab. 11.2 fasst die wichtigsten erregenden und hemmenden ionotropen Neurotransmittersysteme zusammen.

---

[13] Die Werte der Gleichgewichtspotenziale stammen aus ◼ Tab. 10.1.

◻ Tabelle 11.2 Häufige ionotrope Neurotransmitter im Zentralnervensystem

Neurotransmitter	Rezeptor	Ionenstrom	Postsynaptischer Effekt
Acetylcholin	nAChR	Kationen	EPSP
Glutamat	AMPA	Na^+, K^+ $(Ca^{2+})^a$	EPSP
	Kainat	Na^+, K^+	
	NMDA	Na^+, K^+, Ca^{2+}	
GABA	$GABA_A$	Cl^-	IPSP
Glycin	GlyR	Cl^-	IPSP
Serotonin	$5-HT_3$	Kationen	EPSP

[a] Die Permeabilität von AMPA-Rezeptoren für Ca^{2+} hängt von der Zusammensetzung ihrer Untereinheiten ab.

11.2.7 Zusammenfassung

Bei chemischen Synapsen sind prä- und postsynaptische Membranen durch einen bis zu 40 nm breiten extrazellulären Spalt voneinander getrennt. Die Kommunikation zwischen vor- und nachgeschalteter Zelle erfolgt durch die präsynaptische Freisetzung eines Neurotransmitters, der über den synaptischen Spalt diffundiert und an postsynaptische Rezeptoren bindet. Je nachdem ob die postsynaptische Membran depolarisiert oder hyperpolarisiert wird, werden erregende (exzitatorische) und hemmende (inhibitorische) chemische Synapsen unterschieden.

An der neuromuskulären Synapse zwischen einem motorischen Axon und einer Skelettmuskelfaser wurden grundlegende Mechanismen der chemischen synaptischen Signalübertragung aufgeklärt. Der Neurotransmitter Acetylcholin wird in synaptischen Vesikeln gespeichert, die – ausgelöst durch ein Aktionspotenzial – im Prozess der Exozytose mit der präsynaptischen Membran fusionieren. Acetylcholin diffundiert über den synaptischen Spalt und bindet an postsynaptische nicotinerge Acetylcholinrezeptoren. Die Wechselwirkung von Transmitter und Rezeptor öffnet einen Ionenkanal, der Kationen die Passage über die Plasmamembran ermöglicht. Im Falle der neuromuskulären Synapse wird ein exzitatorisches postsynaptisches Potenzial (EPSP) ausgelöst, das immer zu einer überschwelligen Depolarisation und damit zu einer Kontraktion der Muskelfaser führt. Grundsätzlich erhöhen EPSPs die Wahrscheinlichkeit der Auslösung eines Aktionspotenzials, da das Gleichgewichtspotenzial der zugrunde liegenden Ionenströme positiver ist als der Schwellenwert.

Der Zeitverlauf von EPSPs ist durch einen schnellen Anstieg und eine exponentielle Abklingphase gekennzeichnet und entspricht der durchschnittlichen Offenzeit aller aktivierten Rezeptorkanäle. In der Regel muss mehr als ein Transmittermolekül an einen Rezeptor binden, um den Ionenkanal zu öffnen. Die Konformationsänderung vom geschlossenen in den offenen Zustand erfolgt innerhalb weniger Mikrosekunden und kann durch eine Gleichgewichtsreaktion beschrieben werden.

Inhibitorische postsynaptische Potenziale (IPSPs) verringern die Wahrscheinlichkeit der Auslösung eines Aktionspotenzials, indem sie die Permeabilität der postsynaptischen Membran für Cl^-- oder K^+-Ionen erhöhen. Das Gleichgewichtspotenzial dieser Ionen ist negativer als der Schwellenwert. Im Falle einer Kurzschlusshemmung ändert sich das postsynaptische Membranpotenzial nicht; durch das Öffnen von Cl^--Kanälen wird jedoch der Eingangswiderstand der Zelle und damit die Amplitude exzitatorischer Ereignisse verringert.

Im Zentralnervensystem beschreibt das Konzept der synaptischen Integration die Verrechnung zahlreicher synaptischer Eingänge miteinander. Grundlegende mathematische Operationen wie Addition, Subtraktion, Multiplikation und Division ermöglichen komplexe Verarbeitungsprozesse in vielfach verknüpften neuronalen Netzen. Die zeitliche Summation beschreibt die Addition schnell aufeinanderfolgender EPSPs, die durch eine hochfrequente Aktivität der präsynaptischen Endigung erzeugt werden. Bei der räumlichen Summation treffen Aktionspotenziale von mehreren Eingängen annähernd gleichzeitig an einem postsynaptischen Neuron ein. Während die Amplitude einzelner EPSPs relativ klein ist und zumeist unterschwellig bleibt, kann das Membranpotenzial durch die Addition von EPSPs den Schwellenwert zur Auslösung eines Aktionspotenzials überschreiten.

11.3   Chemische Synapsen – Indirekte Signalübertragung

Bei den bisher beschriebenen **ionotropen Rezeptoren** befinden sich die extrazelluläre Bindungsstelle für Neurotransmitter und der Ionenkanal in einem einzigen Proteinmolekül (◘ Abb. 11.12a). Die Bindung eines Neurotransmitters an den Rezeptor führt daher unmittelbar zum Öffnen eines Ionenkanals, wodurch entweder eine erregende oder eine hemmende postsynaptische Antwort erzeugt wird. Diese Potenzialänderungen erfolgen sehr schnell und dauern nicht lange an. Wenn sie überschwellig sind, lösen sie ein oder mehrere Aktionspotenziale aus, die entlang des Dendriten bis zum Zellkörper fortgeleitet werden. Aufgrund ihrer Geschwindigkeit vermitteln ionotrope Rezeptoren vor allem verhaltensrelevante Aufgaben des Nervensystems – von der einfachen sensomotorischen Integration mithilfe monosynaptischer Reflexe bis hin zur Koordination komplexer Bewegungsabfolgen als Reaktion auf einen visuellen oder auditorischen Reiz.[14]

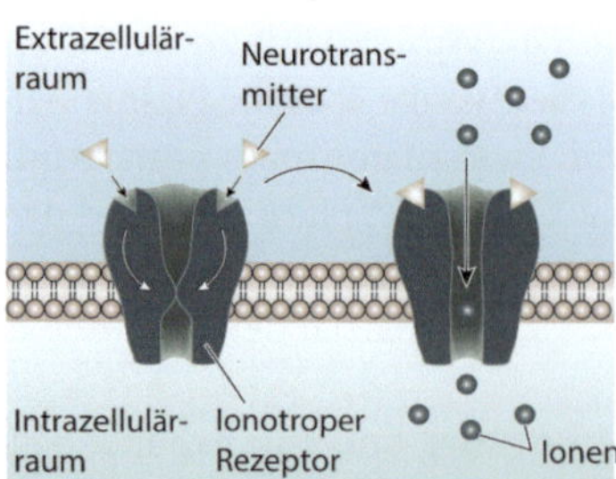

◘ **Abb. 11.12**   Direkte und indirekte synaptische Signalübertragung. **a** Bei der direkten Signalübertragung führt die Bindung eines Neurotransmitters an den Rezeptor unmittelbar zur Öffnung eines Ionenkanals in demselben Proteinmolekül. **b** Die indirekte Signalübertragung erfolgt im Falle der G-protein-gekoppelten Rezeptoren durch eine transmitterinduzierte Aktivierung eines G-Proteins. Dadurch wird eine intrazelluläre Signalkaskade ausgelöst, die letztendlich die Leitfähigkeit eines räumlich entfernten Ionenkanals verändert

---

[14] Ein monosynaptischer Reflex ist durch eine einzige Synapse zwischen sensorischem Eingang und motorischem Ausgang gekennzeichnet. Der Kniesehnenreflex stellt ein bekanntes Beispiel dar (► Abschn. 12.3.2).

Die schnelle Verarbeitung sensorischer Signale und die direkte Ausführung motorischer Kommandos beschreiben jedoch nur einen Teil der Funktionalität komplexer Nervensysteme. So versetzt der Sympathikus einen Organismus in einen anderen Zustand als die Aktivierung des Parasympathikus.[15] Durch das sympathische Nervensystem werden alle Notfallsysteme des Körpers aktiviert („fight or flight"), während der Parasympathikus die umgekehrten Reaktionen vermittelt („rest and digest"). In beiden Fällen laufen synaptische Veränderungen nicht innerhalb von Millisekunden ab, sondern vielmehr innerhalb eines Zeitfensters, das von Sekunden bis Minuten oder noch länger reicht. Häufig wird dadurch das Nervensystem vorübergehend in einen anderen Funktionszustand versetzt.

Reaktionen dieser Art erfolgen durch die indirekte Signalübertragung mithilfe **metabotroper Rezeptoren**. Diese Rezeptoren sind keine Ionenkanäle und sie bewirken keine unmittelbare Potenzialänderung eines postsynaptischen Neurons. Vielmehr löst die Bindung eines Transmitters an einen metabotropen Rezeptor eine intrazelluläre Signalkaskade aus, an deren Ende das Öffnen oder Schließen eines Ionenkanals mit den entsprechenden Stromflüssen, aber auch eine Veränderung des metabolischen Zustands der Zelle ohne erkennbare Potenzialänderung stehen kann (◘ Abb. 11.12b). Entsprechend vermitteln metabotrope Rezeptoren neben der Wirkung von Neurotransmittern auch die Effekte von Hormonen und Wachstumsfaktoren. *Metabotrope Rezeptoren beeinflussen ein bestehendes Verhalten als notwendige Anpassung an sich kontinuierlich verändernde Bedingungen.*

Die indirekte Signalübertragung wird durch **G-protein-gekoppelte Rezeptoren** (*G-Protein-Coupled Receptors*, GPCRs) sowie durch **Rezeptortyrosinkinasen** vermittelt. Während von Nervenzellen exprimierte GPCRs Neurotransmittermoleküle binden und länger andauernde Potenzialänderungen verursachen, sind Rezeptortyrosinkinasen vor allem an Wachstums- und Entwicklungsprozessen beteiligt.

11.3.1   G-protein-gekoppelte Rezeptoren

G-protein-gekoppelte Rezeptoren bilden eine sehr große Familie von Transmembranproteinen, die mit sieben α-Helices in der Plasmamembran verankert sind.[16] Alle GPCRs interagieren auf der Innenseite der Membran mit einem **G-Protein**, das die extrazelluläre Bindung des Transmitters als Signal ins Zellinnere überträgt. Die durch die Transmitterbindung induzierte Konformationsänderung des membranständigen Rezeptors aktiviert das G-Protein, das seinerseits intrazelluläre Signaltransduktionskaskaden auslöst. Auf diese Weise kann der Funktionszustand des Nervensystems auf sehr unterschiedlichen Ebenen – von einzelnen Synapsen bis hin zu neuronalen Ensembles mit Tausenden Zellen – mittel- bis langfristig angepasst werden.

G-Proteine binden abwechselnd die beiden Guaninnukleotide GTP und GDP, daher ihr Name. Als Trimere bestehen sie aus drei Untereinheiten, die als α, β und γ bezeichnet werden, wobei die α-Untereinheit die Zugehörigkeit eines G-Proteins zu einer von vier verschiedenen Klassen bestimmt. Im nichtaktivierten Zustand binden alle G-Proteine GDP; erst die Bindung eines Transmitters an den Rezeptor führt zum Austausch von GDP gegen GTP und damit zur Aktivierung des G-Proteins. Die α-Untereinheit ist eine GTPase, die ihr gebundenes GTP in-

---

[15] Sympathikus und Parasympathikus sind Teile des autonomen Nervensystems, das unterhalb der Schwelle zum Bewusstsein zahlreiche vitale Funktionen des Organismus steuert.

[16] Von den etwa 23.000 Genen des menschlichen Genoms codieren rund 800 für G-protein-gekoppelte Rezeptoren.

nerhalb weniger Sekunden wieder zu GDP hydrolysiert. Die Hydrolyse von GTP beendet die Aktivierungsphase des G-Proteins.

Zwischen der Bindung eines Neurotransmitters an einen GPCR und einer Spannungsänderung liegt eine Sequenz intrazellulärer Reaktionsschritte. Wir unterscheiden zwei grundlegende Wirkungsmechanismen:

1. G-Proteine wirken direkt auf Ionenkanäle, ohne Vermittlung eines Second Messengers. Dieser Mechanismus verläuft schneller als die im nächsten Punkt beschriebene Wirkungsweise; es fehlt jedoch ein Verstärkungseffekt.
2. Durch die G-Proteine werden intrazelluläre Enzyme aktiviert, die einen kleinmolekularen, diffusiblen zweiten Botenstoff (**Second Messenger**) erzeugen. Der Second Messenger wiederum löst biochemische Kaskaden aus, die das ursprüngliche Signal um ein Vielfaches verstärken.[17]

Beide Mechanismen werden in den folgenden Abschnitten anhand mehrerer Beispiele näher erläutert.

11.3.2   Direkte Wirkung von G-Proteinen

Die unmittelbare Wirkung von G-Proteinen auf einen Ionenkanal stellt die einfachste Variante einer indirekten Signalübertragung dar. Bei diesem Mechanismus dissoziiert nach Bindung des Neurotransmitters das $\beta\gamma$-Dimer von der α-Untereinheit eines G-Proteins ab und bindet auf der intrazellulären Seite an einen Ionenkanal, wodurch dessen Öffnungszustand verändert wird. Einige K^+-Kanäle sowie spannungsabhängige Ca^{2+}-Kanäle werden auf diese Weise reguliert.

Als Teil des Parasympathikus innerviert der Nervus vagus vor allem Bereiche des Herzatriums, insbesondere die Schrittmacherzentren (▶ Abschn. 6.3.2). Die Freisetzung von Acetylcholin aus den vagalen Nervenendigungen verursacht eine Hemmung der Schrittmacherzellen und somit eine Reduktion der Herzfrequenz. Diese Spannungsänderung ist zwar mit 50 bis 100 ms Verzögerung langsamer als ionotrope Mechanismen, andererseits aber deutlich schneller als die in ▶ Abschn. 11.3.3 beschriebene second-messenger-vermittelte Aktivierung.

Die Bindung von Acetylcholin an G-protein-gekoppelte muscarinerge M2-Rezeptoren führt zur Aktivierung eines inhibitorischen G_i-Proteins, das in eine α-Untereinheit und ein $\beta\gamma$-Dimer dissoziiert. Das $\beta\gamma$-Dimer bindet direkt an benachbarte K^+-Kanäle und öffnet sie (◘ Abb. 6.11b).[18] K^+-Ionen diffundieren durch die geöffneten Kanäle entlang ihres elektrochemischen Gradienten aus der Zelle hinaus und bewirken so eine Hyperpolarisation. Sehr wahrscheinlich ist der Wirkungsradius von $G_{\beta\gamma}$ räumlich eingeschränkt, indem G-Protein und K^+-Kanal zusammen einen funktionellen Komplex in der Plasmamembran der Schrittmacherzellen bilden.

Mithilfe eines ähnlichen, ebenfalls über $G_{\beta\gamma}$-Dimere gesteuerten Mechanismus kann die präsynaptische Transmitterfreisetzung außerordentlich genau reguliert werden. In diesem Fall aktivieren die freigesetzten Neurotransmittermoleküle nicht nur postsynaptische Rezeptoren, sondern auch sogenannte **Autorezeptoren** in der Membran der präsynaptischen Endigung.

---

[17] Ein Neurotransmitter oder ein Hormon ist ein primärer Botenstoff, der auf der extrazellulären Seite der Membran an einen Rezeptor bindet. Ein Second Messenger ist ein sekundärer Botenstoff, der die Information des primären Botenstoffes ins Zellinnere überträgt.

[18] Hierbei handelt es sich um sogenannte einwärts gleichrichtende K^+-Kanäle aus der GIRK-Familie.

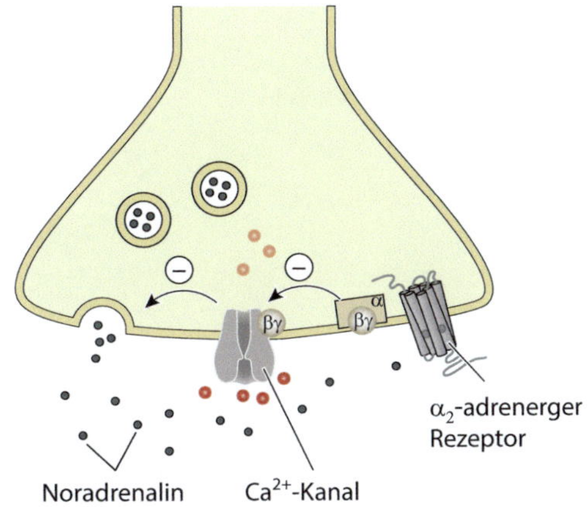

◘ Abb. 11.13 Regulation der Transmitterausschüttung durch präsynaptische Autorezeptoren. Noradrenalin wird in den synaptischen Spalt freigesetzt und bindet an α_2-adrenerge Autorezeptoren in der Membran der präsynaptischen Endigung. Die Aktivierung eines G-Proteins führt zur Bildung des $G_{\beta\gamma}$-Dimers, das benachbarte Ca^{2+}-Kanäle hemmt. Dadurch verringert sich der Einstrom von Ca^{2+}-Ionen in die Präsynapse und infolgedessen die weitere Freisetzung von Noradrenalin

Diese zu den GPCRs gehörenden Autorezeptoren registrieren die Konzentration des jeweiligen Neurotransmitters im synaptischen Spalt und passen die Freisetzungsrate durch eine Feedbackhemmung den Erfordernissen der Signalübertragung an. Eine Schlüsselfunktion spielt hierbei die intrazelluläre Konzentration an Ca^{2+}-Ionen (▶ Abschn. 11.4).

So bindet beispielsweise von adrenergen Neuronen freigesetztes **Noradrenalin** an präsynaptische metabotrope α_2-Rezeptoren. Infolge der Rezeptoraktivierung entsteht $G_{\beta\gamma}$, das wiederum unmittelbar spannungsabhängige Ca^{2+}-Kanäle blockiert (◘ Abb. 11.13). Der verringerte Einstrom von Ca^{2+} reduziert die weitere Freisetzung von Neurotransmittermolekülen.

Beide Mechanismen haben eine relativ schnell einsetzende Wirkung gemeinsam, die im Vergleich zu den inhibitorischen ionotropen Rezeptoren jedoch deutlich länger andauert. Ein aktivierter Rezeptor erzeugt ein $G_{\beta\gamma}$-Dimer, das wiederum mit einem Ionenkanal interagiert. Aufgrund der direkten Interaktion von G-Proteinen mit einem Ionenkanal ist das Zahlenverhältnis zwischen Rezeptormolekülen und Ionenkanälen 1 : 1 – das ursprüngliche Signal wird also nicht verstärkt.

11.3.3 Aktivierung von Second-Messenger-Systemen

Die intrazellulären Effekte zahlreicher G-Proteine basieren nicht auf der direkten Wirkung von $G_{\beta\gamma}$, sondern werden durch die α-Untereinheit vermittelt, die ihrerseits cytoplasmatische Enzyme aktiviert. Die Produkte dieser Enzymreaktionen – diffusible Second Messenger – verändern die biophysikalischen Eigenschaften von Ionenkanälen und haben darüber hinaus vielfältige intra- und transzelluläre Funktionen.[19] Im Unterschied zur direkten Aktivierung mithilfe von $G_{\beta\gamma}$ sind die hier beschriebenen Effekte langsamer und beeinflussen meist größere Regionen, bis hin zum gesamten Organismus. Ein weiterer wesentlicher Unterschied liegt in der enormen Verstärkungsfunktion intrazellulärer Signalkaskaden, sodass aus der Aktivierung weniger Rezeptoren ein lang andauerndes, systemisches Signal resultieren kann.

Für die synaptische Übertragung sind vor allem zwei Second-Messenger-Systeme von großer Bedeutung: (1) das cAMP/PKA-System und (2) das Phosphoinositolsystem.

---

[19] Intrazelluläre Messenger bleiben auf die Zelle beschränkt, in der sie produziert wurden; transzelluläre Botenstoffe können die Plasmamembran überqueren und als First Messenger auf benachbarte Zellen wirken.

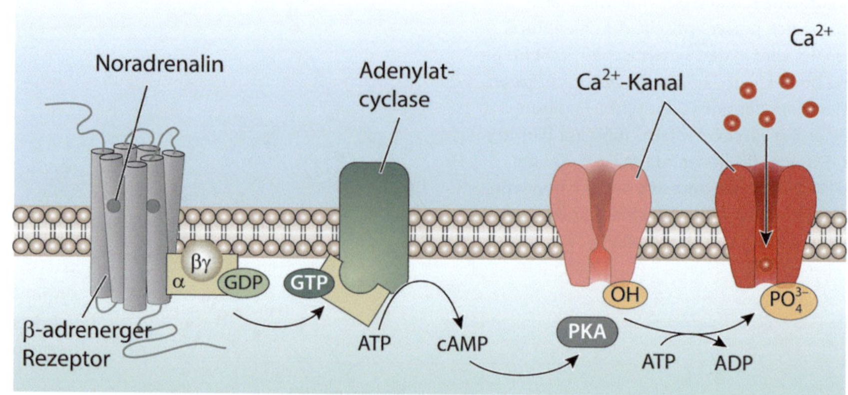

◘ Abb. 11.14 Aktivierung β-adrenerger Rezeptoren. Durch die Bindung von Noradrenalin an β-adrenerge Rezeptoren wird ein G-Protein aktiviert, dessen α-Untereinheit die membranständige Adenylatcyclase zur Bildung von cAMP anregt. cAMP wiederum aktiviert Proteinkinase A (PKA), die Hydroxylgruppen von Serin- und Threoninseitenketten an spannungsabhängigen Ca^{2+}-Kanälen phosphoryliert. Die Phosphorylierung verstärkt den Einstrom von Ca^{2+}-Ionen durch die spannungsabhängigen Kanäle

cAMP/PKA-System Dieses Second-Messenger-System besteht aus dem stimulatorischen G-Protein G_s, den Enzymen Adenylatcyclase und Proteinkinase A (PKA) sowie zyklischem AMP (cAMP) als diffusiblem Botenstoff.

Ein klassisches Beispiel für die Aktivierung des cAMP/PKA-Systems stellt die Bindung von Noradrenalin an β_1-adrenerge Rezeptoren in der Herzmuskulatur dar. Die Aktivierung des Sympathikus führt zur Freisetzung von Noradrenalin aus sympathischen Nervenendigungen und Adrenalin aus dem Nebennierenmark – beides elementare Bestandteile einer „Notfallreaktion". Wie in ▶ Abschn. 6.3.2 beschrieben, erhöht Noradrenalin insgesamt das Herzzeitvolumen und damit die akute Leistungsfähigkeit eines Organismus.

Die Bindung von Noradrenalin an β_1-adrenerge Rezeptoren aktiviert das G_s-Protein. Ausgelöst durch den Austausch von GDP gegen GTP dissoziiert der trimere Komplex und die G_α-Untereinheit diffundiert entlang der Membran, bis sie mit dem membranständigen Enzym **Adenylatcyclase** in Wechselwirkung tritt. Adenylatcyclase wandelt ATP in **cAMP** um, das an die regulatorische Untereinheit der **cAMP-abhängigen Proteinkinase** (PKA) bindet und sie auf diese Weise aktiviert. Als letzten Schritt in dieser Reaktionssequenz phosphoryliert PKA intrazelluläre Serin- und Threoninreste spannungsabhängiger Ca^{2+}-Kanäle (◘ Abb. 11.14). Diese Phosphorylierung bewirkt einen verstärkten Einstrom von Ca^{2+} durch die spannungsabhängigen Kanäle, sodass eine erhöhte Kontraktionskraft der Herzmuskelzellen resultiert.

Eine **Phosphorylierung** bezeichnet die kovalente Bindung einer oder mehrerer Phosphatgruppen an die Hydroxylgruppen bestimmter Aminosäuren. Die Phosphatgruppen selbst sowie die Energie für diese Reaktion stammen aus der Hydrolyse von ATP. Phosphorylierungen werden durch eine Enzymfamilie, die sogenannten **Kinasen** katalysiert. In umgekehrter Richtung vermitteln **Phosphatasen** die Abspaltung von Phosphatgruppen (Dephosphorylierung).

In der Regel verändern Phosphorylierungen und Dephosphorylierungen den Aktivitätszustand eines Proteins, indem eine Proteinkinase beispielsweise ein Protein „anschaltet" und eine Phosphatase es wieder „abschaltet". Phosphorylierbare Proteine dienen als **molekulare**

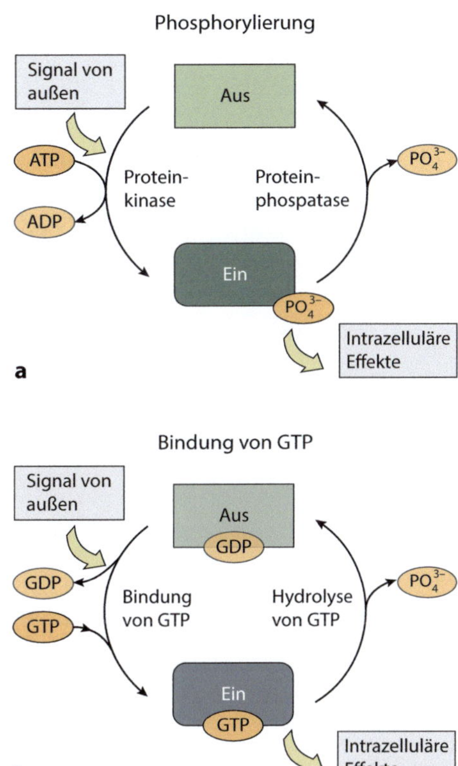

◻ Abb. 11.15 Intrazelluläre Proteine fungieren als molekulare Schalter. **a** Die von einer Proteinkinase katalysierte kovalente Anheftung einer Phosphatgruppe aktiviert das Protein, die Abspaltung der Phosphatgruppe durch eine Phosphatase führt zur Inaktivierung. **b** Auf ähnliche Weise verursacht der Austausch von GDP durch GTP eine Aktivierung eines GTP-bindenden Proteins, während die Hydrolyse von GTP den inaktiven Ausgangszustand wiederherstellt

Schalter, deren Umlegen das System in einen anderen Zustand versetzt (◻ Abb. 11.15a).[20] G-Proteine stellen ebenfalls molekulare Schalter dar, die durch den Austausch von GDP gegen GTP aktiviert und nach Hydrolyse von GTP inaktiviert werden (◻ Abb. 11.15b).

Phosphoinositolsystem Das Phospholipid Phosphatidylinositol-4,5-bisphosphat (PIP_2) macht zwar nur rund 1 % aller Membranlipide aus, spielt aber eine außerordentlich wichtige Rolle in der indirekten Signaltransduktion – als Botenstoff selbst sowie als Ausgangssubstanz für die im Folgenden beschriebene intrazelluläre Reaktionssequenz.

Phospholipase C, aktiviert durch das G-Protein G_q, katalysiert die Hydrolyse von PIP_2 in die beiden Second Messenger **Inositol-1,4,5-trisphosphat** (IP_3) und **Diacylglycerol** (DAG) (◻ Abb. 11.16). Das wasserlösliche IP_3 diffundiert ins Cytoplasma und bewirkt dort die Freisetzung von Ca^{2+}-Ionen aus intrazellulären Speichern, insbesondere aus dem endoplasmatischen Retikulum (ER). IP_3-Rezeptoren besitzen eine cytoplasmatische Bindungsstelle für IP_3 und eine Ca^{2+}-permeable Kanalpore, die die Membran des ER durchspannt. Die Bindung von IP_3 an IP_3-Rezeptoren öffnet einen zentralen Ionenkanal, sodass Ca^{2+} entlang seines elektrochemischen Gradienten aus dem Lumen des ER ins Cytoplasma gelangt. *Die Erhöhung der*

---

[20] Proteine können durch Phosphorylierung auch inaktiviert und durch Abspaltung der Phosphatgruppen aktiviert werden. Entscheidend ist der unmittelbare Wechsel zwischen zwei unterschiedlichen Aktivitätszuständen.

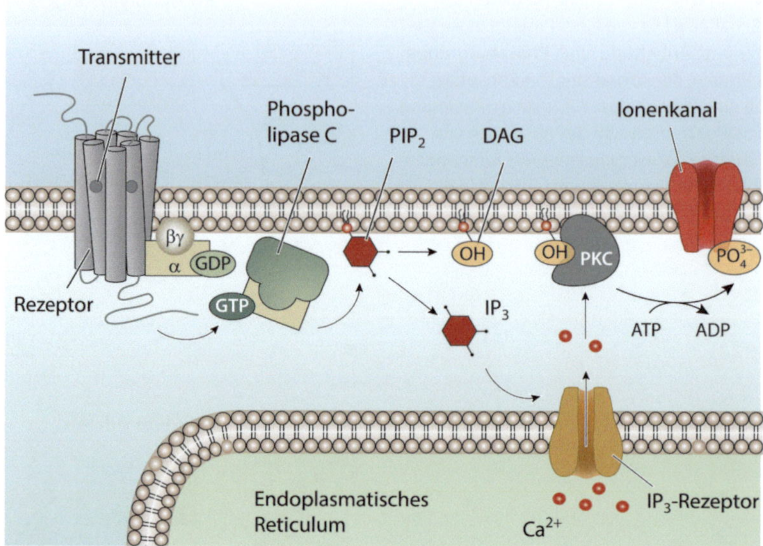

Abb. 11.16   Signalwege im Phosphoinositolsystem. Durch die Bindung eines Transmitters an einen metabotropen Rezeptor, der an ein G_q-Protein gekoppelt ist, wird Phospholipase C aktiviert, die ihrerseits die Hydrolyse von Phosphatidylinositol-4,5-bisphosphat (PIP_2) in Diacylglycerol (DAG) und Inositol-1,4,5-trisphosphat (IP_3) katalysiert. IP_3 bindet an IP_3-Rezeptoren in der Membran des endoplasmatischen Retikulums, wodurch die Freisetzung von Ca^{2+}-Ionen ins Cytoplasma induziert wird. Ca^{2+} aktiviert zusammen mit DAG die Proteinkinase C (PKC), die Ionenkanäle in der Plasmamembran phosphoryliert und so deren Funktionszustand verändert

intrazellulären Ca^{2+}-*Konzentration hat weitreichende Konsequenzen für die Signalerzeugung und -weiterleitung, wie etwa das direkte Gating von Ionenkanälen oder die Aktivierung Ca^{2+}-abhängiger Enzyme.*[21]

DAG hingegen ist lipidlöslich und verbleibt in der Plasmamembran. Dort aktiviert es **Proteinkinase C** (PKC), die ihrerseits verschiedene Proteine phosphoryliert und auf diese Weise deren Aktivitätszustand ändert. So löst beispielsweise in sensorischen Nervenendigungen die PKC-vermittelte Phosphorylierung von Ionenkanälen, eine überschießende Reaktion auf harmlose Wärmereize, die sogenannte thermische Hyperalgesie, aus [2].

Tab. 11.3 fasst die wichtigsten Mechanismen der indirekten Signalübertragung zusammen.

11.3.4   Synaptische Second-Messenger-Systeme

Im Unterschied zur schnellen direkten Signalübertragung durch ionotrope Rezeptoren besitzen indirekte Second-Messenger-Systeme Eigenschaften, die letztlich die Variabilität und Anpassungsfähigkeit synaptischer Mechanismen in wichtigen Punkten erweitern:

- Verstärkung extrazellulärer Signale durch intrazelluläre Reaktionskaskaden,
- Konvergenz zahlreicher unterschiedlicher Transmittersysteme auf wenige Signalwege,
- Divergenz von Transmitterwirkungen,
- lang andauernde und systemische Effekte.

---

[21] Beispiele für eine direkte Wirkung von Ca^{2+} auf Ionenkanäle stellen Ca^{2+}-abhängige K^+- und Cl^--Kanäle dar; bei den Enzymen spielen die Ca^{2+}-calmodulin-abhängige Proteinkinase (CaM-Kinase), die Phosphatase Calcineurin sowie die NO-Synthase eine wichtige Rolle.

◼ Tabelle 11.3 G-Proteine und Effektorsysteme

G-Protein	Enzym	Second Messenger	Rezeptoren
$G_{\alpha s}$	Adenylatcyclase	cAMP↑	β_1-adrenerge Rezeptoren
$G_{\alpha i}$	Adenylatcyclase	cAMP↓	α_2-adrenerge Rezeptoren
	K^+-Kanal (über $G_{\beta\gamma}$)	Hyperpolarisation	M2 muscarinerge Rezeptoren
$G_{\alpha olf}$	Adenylatcyclase	cAMP↑	Geruchsrezeptoren
$G_{\alpha q}$	Phospholipase C	IP_3↑, DAG↑	α_1-adrenerge Rezeptoren
$G_{\alpha t}$	Phosphodiesterase	cGMP↓	Rhodopsin in Stäbchen

Signalverstärkung Eine wesentliche Eigenschaft der indirekten Signalübertragung ist die hochgradige Verstärkung vergleichsweise kleiner Ausgangssignale. Das Ausmaß der Verstärkung hängt dabei im Wesentlichen von der Anzahl der Schritte innerhalb der Signalkaskade und von den Ausgangskonzentrationen der beteiligten Substanzen ab.

Obwohl metabotrope Rezeptoren meist nur in relativ geringer Kopienzahl in einer Synapse vorkommen, führt ihre Aktivierung zu einer ausgeprägten zellulären Antwort. So kann beispielsweise die Bindung von Noradrenalin an einen einzigen β_1-Rezeptor 10 bis 20 G_s-Proteine aktivieren. Jede G_s-Untereinheit interagiert zwar nur mit jeweils einem Adenylatcyclasemolekül, insgesamt werden aber so viele cAMP-Moleküle produziert, dass die intrazelluläre cAMP-Konzentration um das 10^4-Fache ansteigt. Weiterhin kann jede durch cAMP aktivierte Proteinkinase eine Vielzahl von Ionenkanälen phosphorylieren, wodurch letztlich die intrazelluläre Ca^{2+}-Konzentration signifikant ansteigt.

In sensorischen Systemen ist weniger die Anzahl der vorhandenen Rezeptoren, sondern vielmehr die Reizstärke ein limitierender Faktor – dennoch müssen auch schwache Reize erkannt und in eine sinnvolle Verhaltensantwort des Organismus umgesetzt werden. Die zuverlässige Detektion geringer Reizintensitäten erfordert ein System, das in der Lage ist, auch kleine Veränderungen eines Sinnesreizes zu registrieren und die sensorische Antwort entsprechend zu verstärken.

Das visuelle System hat sich beispielsweise hinsichtlich seiner Leistungsfähigkeit bei der Detektion von Lichtquanten evolutionär bis an die Grenze des physikalisch Möglichen entwickelt. In den Stäbchen der Säugerretina führt die Absorption eines einzigen Photons zu einem messbaren Spannungssignal. Diese außerordentlich hohe Empfindlichkeit wird durch ein effizientes Verstärkersystem ermöglicht, das mittels einer intrazellulären Signalkaskade eine Spannungsänderung von mehreren Millivolt in den Sensorzellen erzeugt (▶ Abschn. 13.4).

Konvergenz Im Falle der synaptischen Übertragung bezeichnet Konvergenz das Zusammenführen unterschiedlicher Neurotransmittersysteme auf eine gemeinsame Endstrecke. So wird etwa durch mehrere metabotrope Rezeptoren ein stimulatorisches G_s-Protein aktiviert, das in allen Fällen den cAMP/PKA-Signalweg mobilisiert (◼ Abb. 11.17a). Bei dieser Form der Konvergenz müssen die unterschiedlichen Rezeptoren von der Nervenzelle exprimiert werden.

Wir haben mit der komplementären Wirkung von Acetylcholin und Noradrenalin auf die Leistungsfähigkeit des Herzens zwei G-protein-gekoppelte Reaktionssequenzen kennengelernt, die – durch unterschiedliche Rezeptoren vermittelt – auf den ersten Blick parallel und unabhängig voneinander ablaufen. Beide Prozesse sind jedoch durch ein inhibitorisches G-

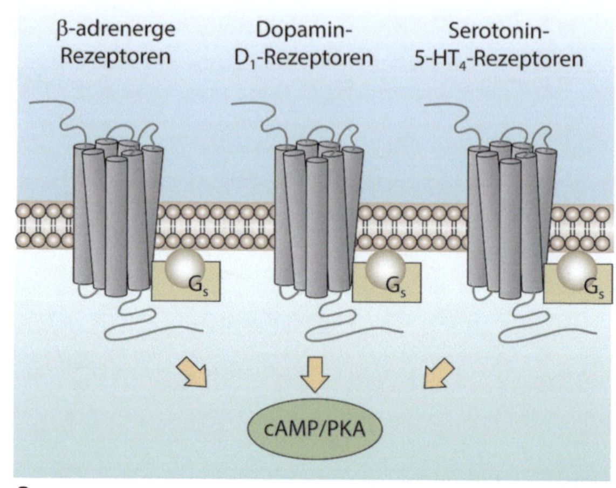

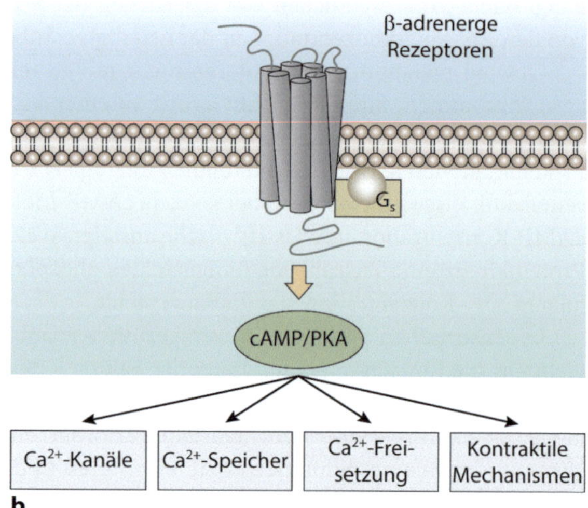

◘ Abb. 11.17 Konvergenz und Divergenz bei synaptischen Prozessen. **a** Konvergenz. Metabotrope Rezeptoren für unterschiedliche Neurotransmitter sind an das stimulatorische G-Protein G_s gekoppelt, sodass die Aktivierung dieser Rezeptoren auf das gemeinsame Effektorsystem cAMP/PKA konvergiert. **b** Divergenz. Durch die Aktivierung eines einzigen Rezeptortyps, wie beispielsweise β-adrenerge Rezeptoren, können verschiedene zelluläre Antworten ausgelöst werden

Protein miteinander verknüpft, denn die Aktivierung von G_i durch Bindung von Acetylcholin an muscarinerge M2-Rezeptoren hemmt die Aktivierung der Adenylatcyclase nach Bindung von Noradrenalin an β_1-Rezeptoren. Diese Wechselwirkung verhindert die Bildung von cAMP und damit den verstärkten Einstrom von Ca^{2+}-Ionen in die Herzmuskelzellen.

Der „Crosstalk" zwischen diesen beiden Mechanismen verdeutlicht ein grundlegendes Prinzip der indirekten Signalübertragung: Es gibt zwar viele Neurotransmitter und noch mehr metabotrope Rezeptoren, aber die Variabilität der daran anschließenden Übertragungsmechanismen ist verhältnismäßig gering. Drei Familien von G-Proteinen (G_s, G_q, G_i/G_o), vier Enzymsysteme (Proteinkinase A, Proteinkinase C, Phospholipase C, Phospholipase A_2) und nur wenige Second Messenger (cAMP, IP_3, PIP_2, DAG) vermitteln den weitaus größten Teil aller intrazellulären Reaktionen als Antwort auf die Aktivierung G-protein-gekoppelter Rezeptoren. *Diese zahlenmäßige Ungleichheit führt zu einer Konvergenz unterschiedlicher*

Transmittersysteme auf eine begrenzte Anzahl intrazellulärer Signalkaskaden als zentrale Voraussetzung für eine wechselseitige Steuerung.

Divergenz Unter Divergenz verstehen wir die Tatsache, dass ein Neurotransmitter über einen metabotropen Rezeptor mehrere unterschiedliche zelluläre Effekte hervorrufen kann (◐ Abb. 11.17b). *Diese einzelnen Effekte wirken in der Regel synergistisch und ermöglichen eine integrierte Antwort des Systems.*

Die aufgrund der Bindung von Noradrenalin an β_1-Rezeptoren aktivierte Adenylatcyclase erhöht nicht nur die Leitfähigkeit spannungsgesteuerter Ca^{2+}-Kanäle, sondern hat darüber hinaus Auswirkungen auf die intrazelluläre Speicherung und Freisetzung von Ca^{2+} sowie auf den kontraktilen Mechanismus selbst. Die Veränderungen in all diesen Ca^{2+}-abhängigen Prozessen unterstützen einander in ihrer gemeinsamen Wirkung und resultieren in einer verstärkten Kontraktionskraft des Herzens als koordinierte Antwort des Organismus auf eine veränderte physiologische Situation.

Langfristige Wirkungen Im Gegensatz zu der nur wenige Millisekunden dauernden direkten synaptischen Übertragung besitzen indirekte Mechanismen einen weitaus längeren Wirkungszeitraum. Zelluläre Effekte können mehrere Sekunden bis Minuten, aber auch während des gesamten Lebens eines Organismus andauern. Diese verschiedenen Zeitspannen basieren auf unterschiedlichen Mechanismen.

Die enzymatische Synthese und der Abbau von Second-Messenger-Molekülen beanspruchen Zeit und entsprechend verändern sich die intrazellulären Konzentrationen nur relativ langsam. Außerdem besitzt die G_α-Untereinheit eine bestimmte Halbwertszeit, bis sie durch die Hydrolyse von GTP schließlich inaktiviert wird. Beide Prozesse sind für die kürzere Wirkungsdauer (s bis min) der indirekten Mechanismen verantwortlich.

Die wirklich langfristigen Effekte basieren (1) auf der permanenten enzymatischen Aktivität von Proteinkinasen und (2) auf Veränderungen der Genexpression. Nach Aktivierung eines Signalwegs dienen Proteinkinasen selbst als Ziel für Phosphorylierungsreaktionen. Auf diese Weise dauerhaft aktiviert, sind die Proteinkinasen unabhängig von ihrem ursprünglichen Signalweg. Häufig bleiben solche konstitutiv aktivierten Kinasen auf eng umgrenzte Regionen der Zelle wie etwa die Dornfortsätze in den Dendriten beschränkt.

Die Phosphorylierung von Transkriptionsfaktoren, die ihrerseits in den Zellkern gelangen und dort an bestimmte DNA-Sequenzen binden, führt letztlich zu langfristigen Veränderungen der Genexpression. Hierbei werden selektiv Gene an- oder abgeschaltet, die zu einer Verstärkung oder Abschwächung bestimmter Synapsen führen. Lern- und Gedächtnisvorgänge können zum Teil auf derartige Änderungen der Genexpression zurückgeführt werden.

11.3.5 Rezeptortyrosinkinasen

Rezeptortyrosinkinasen sind Transmembranproteine, bestehend aus einer Untereinheit mit einer extrazellulären Bindungsstelle für Liganden, einem einzigen Transmembransegment und einer intrazellulären Domäne. In diesem Bereich weisen Rezeptortyrosinkinasen mehrere Tyrosinreste auf, deren Hydroxylgruppen im Zuge der Aktivierung der Kinasen phosphoryliert werden.

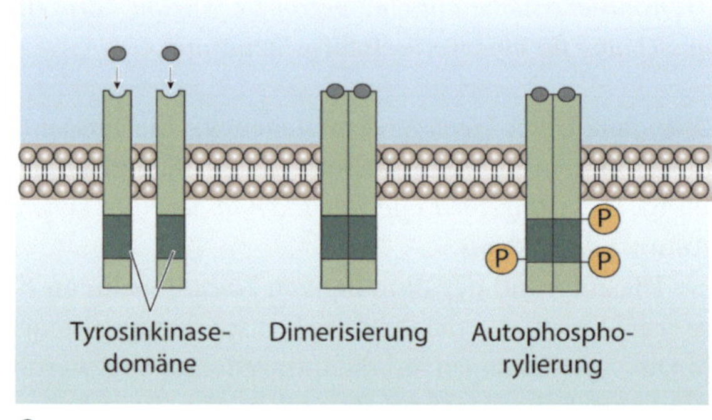

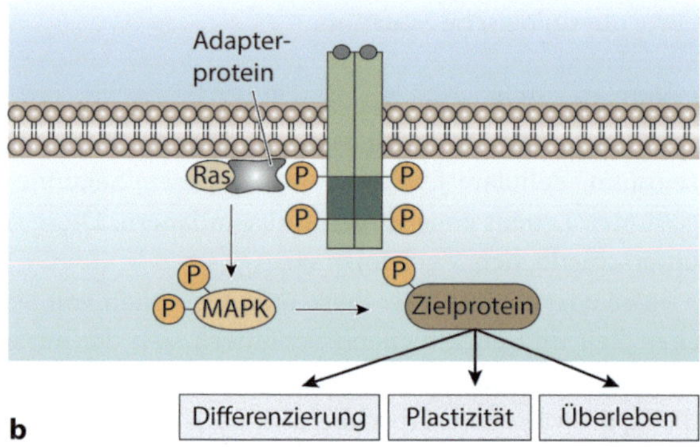

Abb. 11.18 Rezeptortyrosinkinasen vermitteln komplexe metabotrope Effekte. **a** Ohne extrazellulären Liganden liegen Rezeptortyrosinkinasen in monomerer Form vor. Die Bindung eines Liganden führt zu einer Dimerisierung und anschließenden Autophosphorylierung cytoplasmatischer Tyrosinreste. **b** Die Phosphorylierung der Rezeptortyrosinkinase löst mehrere intrazelluläre Signalwege aus, von denen nur die Aktivierung von Ras und mitogenaktivierter Proteinkinase (MAPK) dargestellt ist. MAPK ist eine Serin-Threonin-Kinase, die unterschiedliche Zielproteine phosphoryliert und auf diese Weise langfristige Veränderung der zellulären Eigenschaften verursacht

An die extrazelluläre Domäne binden vor allem Liganden wie Wachstumsfaktoren, neurotrophe Faktoren[22] und Zytokine[23]. Rezeptortyrosinkinasen spielen eine außerordentlich wichtige Rolle für Wachstumsprozesse, die Ausdifferenzierung von Zellen zu ihrem endgültigen Phänotyp, aber auch für das Überleben von Zellen wie etwa bei der Ausbildung von Nervenbahnen im Gehirn.

In der Regel liegen Rezeptortyrosinkinasen in der Membran als Monomere vor. Erst die Bindung eines Liganden führt zur Dimerisierung, indem sich zwei Untereinheiten miteinander verbinden und so eine intrazelluläre Tyrosinkinaseaktivität aktivieren. Die beiden Untereinheiten phosphorylieren sich anschließend gegenseitig und erzeugen so den aktiven Zustand, in dem die Rezeptortyrosinkinase cytoplasmatische Signalkaskaden auslösen kann (◘ Abb. 11.18a).

Rezeptortyrosinkinasen phosphorylieren zwar auch andere Proteine – zahlreiche intrazelluläre Effekte werden jedoch durch die Bindung von **Adapterproteinen** an die phosphorylierten Tyrosinreste der Kinase vermittelt. Die Adapterproteine erfahren dabei keine molekularen Veränderungen, aktivieren ihrerseits aber wieder andere Proteine, wie etwa das kleine GTP-bindende Protein **Ras** (◘ Abb. 11.18b). Ähnlich wie die in ▶ Abschn. 11.3.1 besprochenen heterotrimeren G-Proteine wird auch Ras durch den Austausch von GDP → GTP aktiviert. Dies

---

[22] Neurotrophe Faktoren oder Neurotrophine sind Proteine, die von einer Zielstruktur freigesetzt werden und so das Auswachsen von Neuronen hin zu dieser Zielstruktur steuern. Wichtige Neurotrophine sind *Nerve Growth Factor* (NGF), *Brain-Derived Neurotrophic Factor* (BDNF) und *Neurotrophin-3* (NT-3).

[23] Zytokine bilden eine Familie von Signalmolekülen, die von Zellen des Immunsystems freigesetzt werden und an Entzündungsprozessen beteiligt sind. Interferone und Interleukine, aber auch Histamin, Prostaglandine und Leukotriene gehören zu den Zytokinen.

löst eine intrazelluläre Kaskade von Reaktionen aus, in denen eine Proteinkinase die nächste phosphoryliert. Eine zentrale Rolle in diesem Signalweg spielen die **mitogenaktivierten Proteinkinasen** (MAPKs). MAPKs phosphorylieren Zielproteine wie Ionenkanäle, Strukturen des Cytoskeletts und Transkriptionsfaktoren, die – auf diese Weise aktiviert – neuronale Plastizität in Form des Langzeitgedächtnisses, aber auch das Ausdifferenzieren und Überleben von Nervenzellen vermitteln.

11.3.6 Zusammenfassung

Im Gegensatz zur schnellen und direkten Wirkung ionotroper Rezeptoren führt die Bindung eines Transmitters, Hormons oder Wachstumsfaktors an einen metabotropen Rezeptor zu einer intrazellulären Signalkaskade, an deren Ende eine langfristige Änderung des zellulären Funktionsstatus steht. Diese indirekte Signalübertragung wird durch G-protein-gekoppelte Rezeptoren (GPCRs) und Rezeptortyrosinkinasen vermittelt.

GPCRs sind Transmembranproteine, die auf ihrer intrazellulären Seite ein G-Protein binden. Die Aktivierung des Rezeptors durch einen Transmitter führt beim G-Protein zum Austausch von GDP gegen GTP, wodurch das G-Protein in eine G_α-Untereinheit und ein $G_{\beta\gamma}$-Dimer dissoziiert. Diese beiden Produkte der G-Proteinaktivierung lösen alle weiteren intrazellulären Reaktionen aus. Wir unterscheiden eine direkte von $G_{\beta\gamma}$ ausgehende Wirkung und einen indirekten Mechanismus, der von der G_α-Untereinheit ausgelöst wird.

Beim direkten Mechanismus bindet $G_{\beta\gamma}$ unmittelbar an einen Ionenkanal, woraufhin der Kanal entweder öffnet oder schließt. Beispielsweise bindet Acetylcholin an muscarinerge Rezeptoren und das dabei entstehende $G_{\beta\gamma}$-Dimer öffnet K^+-Kanäle in den Schrittmacherzellen des Herzens. Der Ausstrom von K^+-Ionen hyperpolarisiert die Zellen und senkt die Herzfrequenz. Andererseits kann $G_{\beta\gamma}$ präsynaptische Ca^{2+}-Kanäle schließen und auf diese Weise die Freisetzung von Neurotransmittern regulieren. Die in einer Zelle tatsächlich auftretenden Effekte hängen maßgeblich von der Expression der entsprechenden Rezeptoren ab.

Die G_α-Untereinheit löst indirekte intrazelluläre Effekte aus, die vor allem vom cAMP/PKA-System sowie vom Phosphoinositolsystem vermittelt werden. In beiden Fällen werden durch enzymatische Aktivität kleinmolekulare Second Messenger produziert, die ihrerseits Proteinkinasen aktivieren. Die anschließende Phosphorylierung von Ionenkanälen verändert deren Leitfähigkeit. Grundsätzlich wirkt die Phosphorylierung von Hydroxylgruppen als molekularer Schalter, dessen Umlegen Proteine unmittelbar in einen anderen Funktionszustand versetzt. Dieses Umschalten ist reversibel, indem Phosphatasen die Phosphatgruppen entfernen und den ursprünglichen Zustand wiederherstellen.

Das im Zuge der Hydrolyse von Phosphatidylinositol-4,5-bisphosphat gebildete Inositol-1,4,5-trisphosphat (IP_3) bindet an IP_3-Rezeptoren in der Membran des glatten endoplasmatischen Retikulums (ER), wodurch ein Ausstrom von Ca^{2+} aus dem ER und damit eine Erhöhung der intrazellulären Ca^{2+}-Konzentration induziert werden. Aufgrund der vielfältigen Wirkungen von Ca^{2+} in Nervenzellen ist dieser Mechanismus für die Signalverarbeitung von größter Bedeutung.

Second-Messenger-Systeme besitzen eine Reihe von Eigenschaften, die der synaptischen Übertragung ein neues Wirkungsspektrum erschließen. Hierzu gehören die Verstärkung von Signalen, die Konvergenz und Divergenz von Signalwegen sowie die zeitlich außerordentlich variablen Wirkungen, die sich von Sekunden und Minuten bis hin zur gesamten Lebensdauer eines Organismus erstrecken können.

Rezeptortyrosinkinasen binden Signalmoleküle wie Wachstumsfaktoren, Neurotrophine und Zytokine an einer extrazellulären Bindungsstelle. Ihre langfristigen Wirkungen basieren auf der Aktivierung komplexer, vielstufiger intrazellulärer Signalkaskaden, deren molekulare Ziele Ionenkanäle, Enzyme und Proteine des Cytoskeletts sowie Transkriptionsfaktoren sind.

Die Aktivierung von Rezeptortyrosinkinasen umfasst die Assoziation zweier Rezeptoren zu einem Dimer, gefolgt von einer Autophosphorylierung intrazellulärer Tyrosinreste. Der phosphorylierte Komplex besitzt einerseits selbst Kinaseaktivität, andererseits dient er als Bindungsstelle für Adapterproteine, die mittels kleiner G-Proteine wie Ras wiederum intrazelluläre Proteinkinasekaskaden auslösen können.

11.4   Mechanismen der Transmitterfreisetzung

Die Freisetzung von Neurotransmittermolekülen aus einem Axonterminalsystem wird in der Regel durch ein präsynaptisches Aktionspotenzial ausgelöst. Die im Zuge des Aktionspotenzials fließenden Na^+- und K^+-Ströme spielen jedoch für die Exozytose keine Rolle – die Depolarisation der Membran ist der entscheidende Stimulus für die Freisetzung. *Aufgrund der Depolarisation werden spannungsabhängige Ca^{2+}-Kanäle geöffnet und der kurzfristige Einstrom von Ca^{2+} in die Präsynapse dient als Trigger für die Transmitterfreisetzung.*

Für die Besprechung der Mechanismen der Transmitterfreisetzung kehren wir zur neuromuskulären Synapse zurück (▶ Abschn. 11.2.1). An diesem Präparat konnte nachgewiesen werden, dass der Transmitter Acetylcholin in definierten Mengen mit immer dergleichen Anzahl von Molekülen freigesetzt wird. Diese Einheiten, die alle annähernd gleich viele Transmittermoleküle enthalten, werden auch als **Quanten** bezeichnet und wir sprechen von einer **quantalen Freisetzung** von Transmittern. Annähernd gleichzeitig wurden mit elektronenmikroskopischen Methoden Vesikel in der präsynaptischen Endigung entdeckt, die als Speicherort für die Neurotransmittermoleküle bis zur Freisetzung fungieren. Die quantale Freisetzung von Neurotransmittern ist ein grundlegendes Prinzip der Signalübertragung an chemischen Synapsen.

11.4.1   Quantale Freisetzung von Neurotransmittern

Ein einzelnes Aktionspotenzial in der motorischen Nervenendigung löst ein exzitatorisches Potenzial (**Endplattenpotenzial**) in der postsynaptischen Muskelfaser aus, dessen Amplitude mit mehr als 50 mV immer überschwellig ist. Infolge dieser Depolarisation erzeugt die Muskelfaser ebenfalls ein Aktionspotenzial und kontrahiert. Präsynaptisches Aktionspotenzial und postsynaptische Antwort folgen mit einer für alle chemischen Synapsen charakteristischen zeitlichen Verzögerung von etwa 0,5 bis 1 ms aufeinander (◘ Abb. 11.19).[24]

Allerdings können auch ohne präsynaptische Aktionspotenziale Potenzialänderungen auf der postsynaptischen Seite gemessen werden. Im Gegensatz zum Endplattenpotenzial treten sie zufällig auf und ihre Amplitude beträgt meist weniger als 1 mV (◘ Abb. 11.20a). Diese **Miniaturpotenziale** werden durch Acetylcholin verursacht, sind unterschwellig und lösen daher keine Aktionspotenziale in der postsynaptischen Muskelfaser aus.

Wird die extrazelluläre Ca^{2+}-Konzentration verringert, bleibt die postsynaptische Antwort auch bei Auslösen eines präsynaptischen Aktionspotenzials unterschwellig. Im Gegensatz zur

---

[24] Die synaptische Verzögerung ist temperaturabhängig und steigt bei Abkühlen des Präparates an (7 ms bei 2,5 °C).

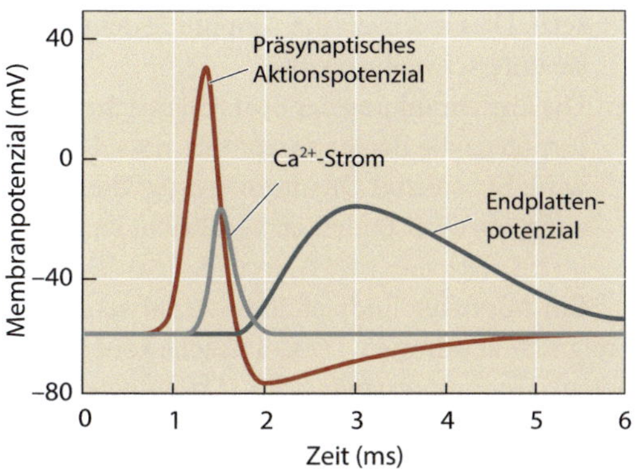

◼ Abb. 11.19 Zeitlicher Zusammenhang zwischen präsynaptischem Aktionspotenzial, Endplattenpotenzial und Einstrom von Ca^{2+}. Ein präsynaptisches Aktionspotenzial löst mit einer Verzögerung von etwa 1 ms ein postsynaptisches Endplattenpotenzial aus. Das Öffnen von Ca^{2+}-Kanälen, der Einstrom von Ca^{2+} in die Präsynapse, die Fusion der Vesikel mit der Plasmamembran, die Diffusion von Ca^{2+} über den synaptischen Spalt und die Änderungen der postsynaptischen Leitfähigkeit sind insgesamt für die Verzögerung verantwortlich. Der Ca^{2+}-Strom ist nicht skaliert; Amplituden von 300 bis 400 pA sind typisch

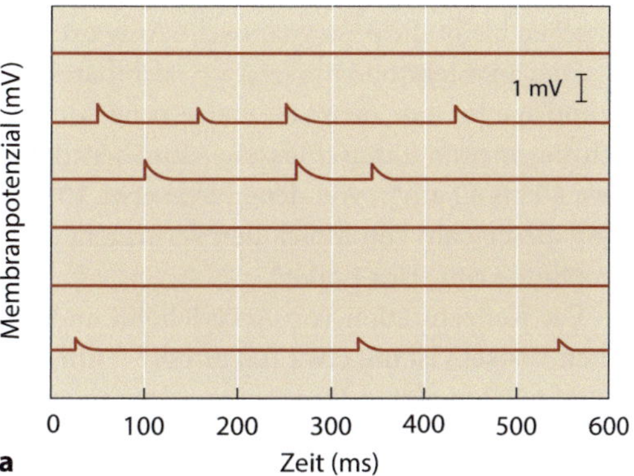

◼ Abb. 11.20 Miniaturpotenziale an der neuromuskulären Endplatte. **a** In der Membran der Muskelzelle treten spontan Spannungsänderungen mit annähernd gleicher Amplitude und ähnlichem Zeitverlauf auf. Diese Miniaturpotenziale kommen unabhängig von einer präsynaptischen Depolarisation vor. Mehrere Spannungsspuren sind untereinander dargestellt; aufgrund der statistischen Variabilität sind bei einigen Durchgängen keine Miniaturpotenziale zu sehen. **b** Wird die extrazelluläre Ca^{2+}-Konzentration verringert, führt ein präsynaptisches Aktionspotenzial zu unterschwelligen Spannungsänderungen in der postsynaptischen Zelle. Die Amplituden dieser Endplattenpotenziale sind ganzzahlige Vielfache der Miniaturpotenziale. Die *Pfeile* markieren den Zeitpunkt eines präsynaptischen Aktionspotenzials

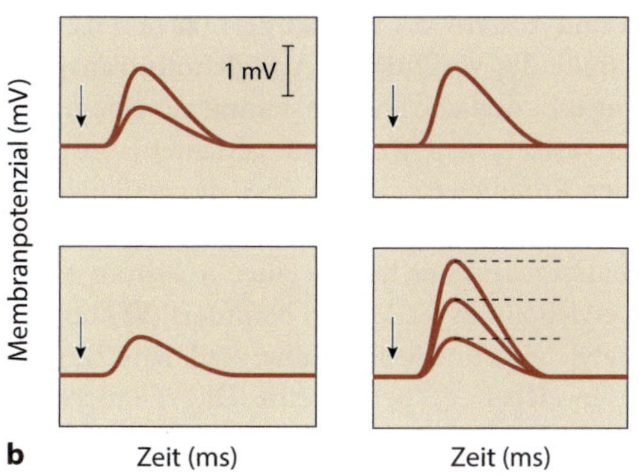

meist konstanten Spannung der spontanen Miniaturpotenziale weisen diese Endplattenpotenziale eine variable Amplitude auf. *Dabei nehmen die Spannungswerte nur ganzzahlige Vielfache der Amplitude der Miniaturpotenziale an* (◼ Abb. 11.20b).

Diese experimentellen Befunde lassen sich wie folgt interpretieren:

1. Die spontanen Miniaturpotenziale zeigen, dass ein präsynaptisches Aktionspotenzial für die Transmitterfreisetzung nicht notwendig ist.
2. Aufgrund einer Verringerung der extrazellulären Ca^{2+}-Konzentration wird auch bei einem Aktionspotenzial nur sehr wenig Acetylcholin aus der präsynaptischen Endigung freige-

setzt. Dies reduziert die Amplitude der postsynaptischen Spannungsänderung so weit, dass sie unterschwellig bleibt.

3. Die Einschränkung der postsynaptischen Amplituden auf ganzzahlige Vielfache der Miniaturpotenziale deutet darauf hin, dass Acetylcholin in Einheiten gleicher Menge freigesetzt wird. Ein solches Quantum erzeugt die kleinstmögliche Antwort, die gleichzeitige Freisetzung von zwei Einheiten verursacht eine doppelt so große Amplitude usw.

Ein normales Endplattenpotenzial setzt sich also aus einer Vielzahl einzelner quantaler Ereignisse zusammen. Diese Tatsache konkretisiert die Funktion des präsynaptischen Aktionspotenzials: *Ein präsynaptisches Aktionspotenzial erzeugt ein postsynaptisches Endplattenpotenzial, indem es die Freisetzung zahlreicher Neurotransmitterquanten synchronisiert.* Nur bei einer annähernd gleichzeitigen Freisetzung hinreichend vieler Einheiten kann ein überschwelliges postsynaptisches Potenzial zuverlässig erzeugt werden – ohne eine derartige Synchronisation hingegen bleibt die postsynaptische Antwort unterschwellig.

Die im Elektronenmikroskop sichtbaren **synaptischen Vesikel** bilden die strukturelle Grundlage für eine quantale Freisetzung von Neurotransmittern. Bei den Vesikeln handelt es sich um membranumschlossene, annähernd runde Strukturen mit einem Durchmesser von etwa 40 bis 60 nm[25], von denen jede etwa 10.000 Moleküle Acetylcholin enthält. Eine Freisetzung dieser Zahl von Molekülen verursacht ein postsynaptisches Miniaturpotenzial mit einer Amplitude von etwa 1 mV.[26]

Die Konzentration von Acetylcholin und auch anderer Neurotransmitter in den synaptischen Vesikeln ist mit etwa 100 mmol l^{-1} um ein Vielfaches höher als im Cytoplasma. Entsprechend müssen aktive Transportmechanismen für die Erzeugung dieses Konzentrationsgradienten eingesetzt werden. Die zahlreich vorhandenen Mitochondrien in der präsynaptischen Endigung spiegeln den erhöhten Bedarf an ATP wider.

Acetylcholin wird im Cytoplasma der präsynaptischen Endigung aus den Vorstufen Cholin und Acetyl-CoA synthetisiert (◘ Abb. 11.21a). Die Aufnahme in synaptische Vesikel erfolgt mithilfe des **vesikulären Acetylcholintransporters** (VAChT). Die für diesen Transportvorgang erforderliche Energie stammt aus einem elektrochemischen Gradienten, der vom Inneren des Vesikels ins Cytoplasma gerichtet ist. Eine V-ATPase erzeugt unter Hydrolyse von ATP einen Protonengradienten über der vesikulären Membran, der aus einem Konzentrationsgefälle von 1,4 pH-Einheiten und einer Spannungsdifferenz von etwa 40 mV besteht. Beide Gradienten zusammen treiben einen Ausstrom von Protonen ins Cytoplasma an, der im Gegenzug Acetylcholin in die Vesikel befördert (◘ Abb. 11.21b). Das Verhältnis 2 H$^+$: 1 ACh gilt nur für Acetylcholin und Monoamine; vesikuläre Transporter für andere Neurotransmitter besitzen eine abweichende Stöchiometrie. Da ATP nicht unmittelbar für den Transport von Acetylcholin verwendet wird, handelt es sich um einen sekundär-aktiven Transport (▶ Abschn. 1.7.2).

Acetylcholin wird im synaptischen Spalt vom Enzym Acetylcholinesterase zu Cholin und Acetat hydrolysiert. Mithilfe des membranständigen Cholintransporters erfolgt im Anschluss eine Wiederaufnahme von Cholin in die präsynaptische Endigung und dort die Neusynthese von Acetylcholin. Der Transport von Cholin ist sekundär-aktiv unter Ausnutzung des ins Zellinnere gerichteten Na$^+$-Gradienten.

---

[25] Nur kleinmolekulare Neurotransmitter wie Acetylcholin, GABA und Glutamat werden in Vesikeln dieser Größe gespeichert; Peptide hingegen befinden sich in größeren, elektronenoptisch dichten Vesikeln mit einem Durchmesser von 90 bis 250 nm.

[26] Aufgrund der Leitfähigkeit eines einzelnen nAChR werden etwa 3000 Moleküle Acetylcholin benötigt, um ein Miniaturpotenzial zu erzeugen. Die restlichen rund 7000 Moleküle binden nicht, sondern diffundieren aus dem synaptischen Spalt oder werden durch Acetylcholinesterase abgebaut.

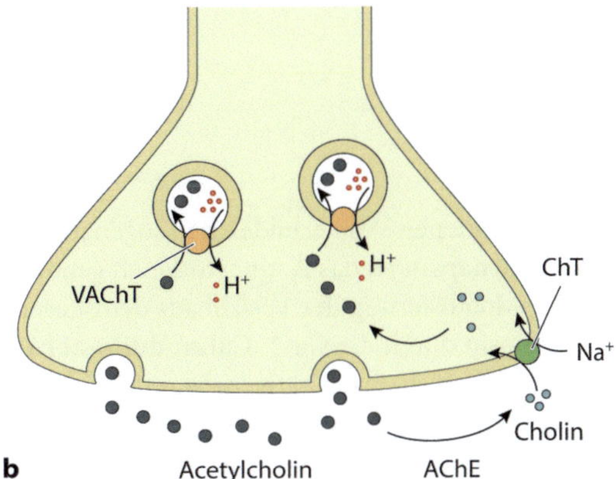

Abb. 11.21 Synthese von Acetylcholin in der präsynaptischen Endigung. **a** Die Synthese von Acetylcholin aus den Vorstufen Acetyl-CoA und Cholin wird von dem Enzym Acetylcholintransferase katalysiert. **b** Acetylcholin wird mithilfe eines Protonengradienten aus dem Cytoplasma in die synaptischen Vesikel transportiert. Im synaptischen Spalt hydrolysiert das Enzym Acetylcholinesterase Acetylcholin zu Cholin und Acetat; Cholin wird mithilfe des Cholintransporters (ChT) wieder in die präsynaptische Endigung aufgenommen. VAChT, vesikulärer Acetylcholintransporter

11.4.2 Vesikelzyklus

Die Fusion synaptischer Vesikel mit der Plasmamembran führt zu einer Einlagerung zusätzlicher Phospholipidmoleküle und somit zu einer Vergrößerung der Membranoberfläche. Daher existieren zelluläre Mechanismen, die in einem als **Endozytose** bezeichneten Prozess überschüssige Membranbestandteile wieder aus der präsynaptischen Endigung entfernen. Diese Phospholipide werden für die Bildung neuer synaptischer Vesikel innerhalb der Synapse wiederverwendet. Ursprünglich stammen synaptische Vesikel aus dem endoplasmatischen Retikulum und dem Golgi-Apparat im Soma des Neurons und werden mittels axonalen Transports in die synaptischen Endigungen befördert. Dieser Prozess ist jedoch viel zu langwierig, um bei verstärkter synaptischer Aktivität hinreichend viele Vesikel in kurzer Zeit bereitzustellen. Die lokale Wiederverwendung von Membranbestandteilen ermöglicht hingegen eine kontinuierliche Versorgung des Exozytoseprozesses mit synaptischen Vesikeln.

Der **Vesikelzyklus** beschreibt den Weg vesikulärer Membranbestandteile vom Zeitpunkt der Beladung synaptischer Vesikel mit Neurotransmittermolekülen bis hin zur Bildung neuer Vesikel. Er wird in der folgenden Aufzählung und in **Abb. 11.22** zusammengefasst.

1. Synaptische Vesikel werden in der präsynaptischen Endigung mittels sekundär-aktiven Transports mit Neurotransmittermolekülen beladen.

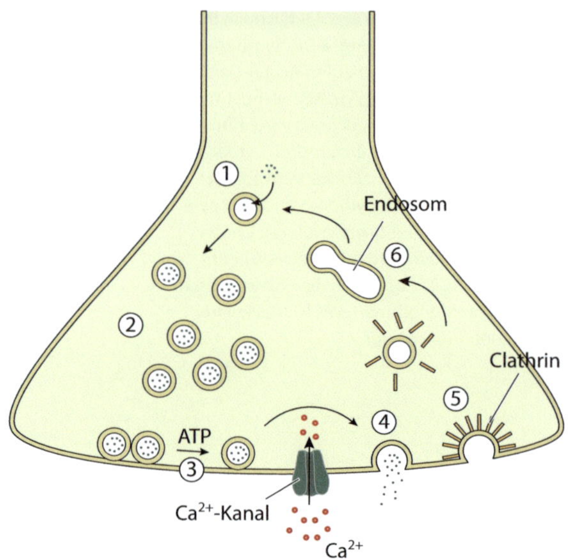

◨ Abb. 11.22 Synaptischer Vesikelzyklus. ① Synaptische Vesikel werden mit Neurotransmittermolekülen beladen und gelangen in den Reservepool ②. Nach Mobilisierung docken die Vesikel an die Plasmamembran in der aktiven Zone, wo das ATP-abhängige Priming stattfindet ③. Der Einstrom von Ca^{2+}-Ionen durch spannungsabhängige Ca^{2+}-Kanäle löst die Fusion der Vesikel mit der Membran aus ④. Durch eine clathrinvermittelte Endozytose werden Membranbestandteile internalisiert ⑤ und anschließend mit Endosomen fusioniert ⑥. Aus den Endosomen schnüren sich Vesikel zur erneuten Beladung mit Transmittermolekülen ab

2. Die beladenen Vesikel bilden den sogenannten **Reservepool**. Dort liegen sie durch das Protein **Synapsin** an das Actincytoskelett gebunden vor.
3. Die Mobilisierung der Vesikel aus dem Reservepool erfolgt mittels Phosphorylierung von Synapsin durch die **Ca^{2+}-Calmodulin-abhängige Kinase II** (CaMKII). Beladene Vesikel binden innerhalb der aktiven Zone der Synapse an Membranproteine, wo als Voraussetzung für die Fusion ein ATP-abhängiges **Priming** erfolgt. Die angedockten und fusionsbereiten Vesikel bilden den **Readily Releasable Pool**.
4. Ausgelöst durch eine kurzfristige lokale Erhöhung der intrazellulären Ca^{2+}-Konzentration fusionieren die Vesikel mit der Plasmamembran.
5. Membranbestandteile werden durch verschiedene Mechanismen internalisiert. Hierbei wird zwischen der Ausbildung einer reversiblen Fusionspore, einer **clathrin**vermittelten Endozytose und dem sogenannten *Bulk Retrieval* unterschieden.
6. Die internalisierte Membran fusioniert innerhalb der präsynaptischen Endigung mit Endosomen, aus denen sich wieder vesikuläre Strukturen abschnüren.

Der gesamte Vesikelzyklus beansprucht etwa eine Minute, wobei die Endozytose innerhalb von 10 bis 20 s abgeschlossen ist. Neben der Freisetzung von Neurotransmittern stellen das schnelle Recycling synaptischer Vesikel und die Größenkonstanz der präsynaptischen Membranoberfläche weitere wichtige Funktionen des Vesikelzyklus dar.

11.4.3 Mechanismus der Ca^{2+}-abhängigen Transmitterfreisetzung

Eine Vielzahl experimenteller Befunde hat eindeutig gezeigt, dass Ca^{2+}-Ionen für die Transmitterfreisetzung essenziell sind. So verursacht beispielsweise eine Verringerung der extrazellulären Ca^{2+}-Konzentration in der Umgebung der präsynaptischen Nervenendigung ein Endplattenpotenzial mit deutlich reduzierter Amplitude, da unter diesen Bedingungen weniger synaptische Vesikel mit der Plasmamembran fusionieren (▶ Abschn. 11.4.1).

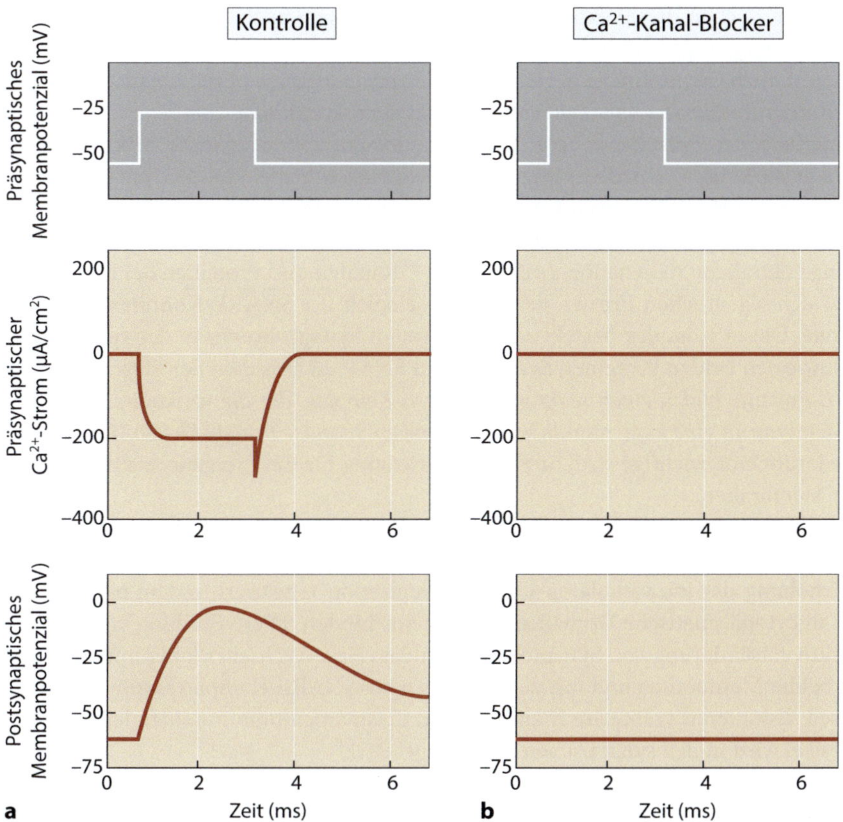

◘ Abb. 11.23 Ein präsynaptischer Ca^{2+}-Einstrom ist für eine postsynaptische Potenzialänderung notwendig. **a** In einem Kontrollexperiment wird das präsynaptische Membranpotenzial mit einem Spannungssprung depolarisiert, sodass Ca^{2+}-Ionen durch spannungsgesteuerte Ca^{2+}-Kanäle in die Präsynapse diffundieren (präsynaptischer Ca^{2+}-Strom). Infolgedessen werden Neurotransmittermoleküle freigesetzt und ein exzitatorisches postsynaptisches Potenzial ausgelöst. **b** Werden hingegen die präsynaptischen Ca^{2+}-Kanäle durch einen Blocker gehemmt, bleiben der Einstrom von Ca^{2+} und die postsynaptische Potenzialänderung aus

Aber wie hängen extrazelluläre Ca^{2+}-Ionen und die Steuerung der Transmitterfreisetzung zusammen? Diese Frage enthält zwei zentrale Aspekte: (1) Wie gelangt Ca^{2+} in das Cytoplasma der Zelle? (2) Welcher Mechanismus verknüpft eine Erhöhung der intrazellulären Ca^{2+}-Konzentration an die Fusion synaptischer Vesikel mit der Plasmamembran?

Eine Blockade präsynaptischer Ca^{2+}-Kanäle durch selektive Hemmstoffe reduziert die Transmitterfreisetzung, sodass das Endplattenpotenzial kleiner wird oder ganz ausbleibt (◘ Abb. 11.23).[27] Je größer die Zahl blockierter Ca^{2+}-Kanäle, desto geringer die Menge des freigesetzten Acetylcholins. Ausgelöst durch eine präsynaptische Depolarisation öffnen spannungsabhängige Ca^{2+}-Kanäle eine zentrale Kanalpore, worauf Ca^{2+}-Ionen entlang ihres elektrochemischen Gradienten aus dem Extrazellulärraum in die präsynaptische Endigung

---

[27] In der präsynaptischen Membran kommen hauptsächlich spannungsabhängige Ca^{2+}-Kanäle vom P/Q-Typ und vom N-Typ vor. Bestimmte Gifte wie das Spinnengift ω-Agatoxin blockieren selektiv Kanäle vom P/Q-Typ, während das Gift der Kegelschnecke ω-Conotoxin spezifisch für N-Typ-Kanäle ist.

diffundieren. Neben dieser extrazellulären Quelle können auch Ca^{2+}-Ionen, die im Verlauf indirekter Signalwege aus intrazellulären Speichern freigesetzt werden, eine Vesikelfusion auslösen. *Entscheidend für die Regulation der Exozytose ist eine Erhöhung der intrazellulären Ca^{2+}-Konzentration – unabhängig vom Weg, auf dem sie zustande kommt.*

Innerhalb der Präsynapse zeigt Ca^{2+} eine lokale, auf sogenannte **Mikrodomänen** beschränkte Wirkung. Die Ausbreitung des Ca^{2+}-Signals ist dabei räumlich auf die unmittelbare Nähe der spannungsabhängigen Ca^{2+}-Kanäle begrenzt und fällt innerhalb weniger Nanometer auf die normale intrazelluläre Konzentration ab. Entsprechend besteht an der Synapse eine sehr enge räumliche Assoziation zwischen Ca^{2+}-Kanälen und Proteinen der aktiven Zone.

Für den eigentlichen Prozess der Exozytose spielt der **SNARE-Komplex** eine maßgebliche Rolle. Dieser Komplex besteht aus dem Protein **Synaptobrevin** in der vesikulären Membran sowie den beiden Proteinen **Syntaxin** und **SNAP-25** aufseiten der Plasmamembran. *Die SNARE-Proteine bilden einen makromolekularen Komplex, der die vesikuläre und präsynaptische Membran in eine enge räumliche Beziehung zueinander bringt* (❏ Abb. 11.24). Diese Nähe ist wiederum eine wichtige strukturelle Voraussetzung für die energetisch aufwendige Fusion beider Membranen.

Die SNARE-Proteine binden jedoch kein Ca^{2+} – hierzu dient mit **Synaptotagmin** ein weiteres Protein in der Membran der synaptischen Vesikel. Synaptotagmin fungiert als Sensor, der eine Erhöhung der intrazellulären Ca^{2+}-Konzentration registriert, indem bis zu fünf Ca^{2+}-Ionen an cytoplasmatische Domänen des Proteins binden. Diese Bindung von Ca^{2+} bewirkt eine Aktivitätsänderung von Synaptotagmin, sodass eine Wechselwirkung mit den Phospholipiden beider Membranen und mit den Proteinen des SNARE-Komplexes möglich wird. Infolgedessen fusionieren vesikuläre Membran und Plasmamembran miteinander und der Inhalt der Vesikel wird in den synaptischen Spalt freigesetzt.[28]

11.4.4 Zusammenfassung

An der neuromuskulären Synapse bewirkt die Freisetzung von Acetylcholin aus der präsynaptischen Endigung eines Motorneurons ein postsynaptisches Endplattenpotenzial, das immer überschwellig ist und ein Aktionspotenzial einschließlich einer Kontraktion in der Muskelfaser auslöst. Das Endplattenpotenzial entsteht aus der Überlagerung zahlreicher Miniaturpotenziale, die jeweils durch die Fusion eines synaptischen Vesikels mit der Plasmamembran erzeugt werden. Ein Vesikel enthält etwa 10.000 Moleküle Acetylcholin, die in den synaptischen Spalt entlassen werden und dort entweder an postsynaptische Rezeptoren binden, durch das Enzym Acetylcholinesterase abgebaut werden oder aber in die umliegenden Zellzwischenräume diffundieren.

Eine quantale vesikuläre Freisetzung bezeichnet die Abgabe von Neurotransmittern in diskreten Einheiten mit weitgehend identischer Molekülzahl aus der präsynaptischen Endigung. Die nur wenige Millisekunden andauernde präsynaptische Depolarisation durch ein Aktionspotenzial synchronisiert die Vesikelfusion und löst auf diese Weise eine überschwellige postsynaptische Spannungsantwort aus.

Für die vesikuläre Freisetzung von Neurotransmittern werden u. a. folgende Moleküle benötigt: spannungsabhängige Ca^{2+}-Kanäle, die Proteine des SNARE-Komplexes Synaptobrevin,

---

[28] Synaptotagmin ist vor allem für die hier beschriebene schnelle synaptische Freisetzung essenziell. Eine ebenfalls Ca^{2+}-abhängige, langsamere Form der Freisetzung, die auch als asynchrone Freisetzung bezeichnet wird, tritt auch ohne funktionelles Synaptotagmin auf.

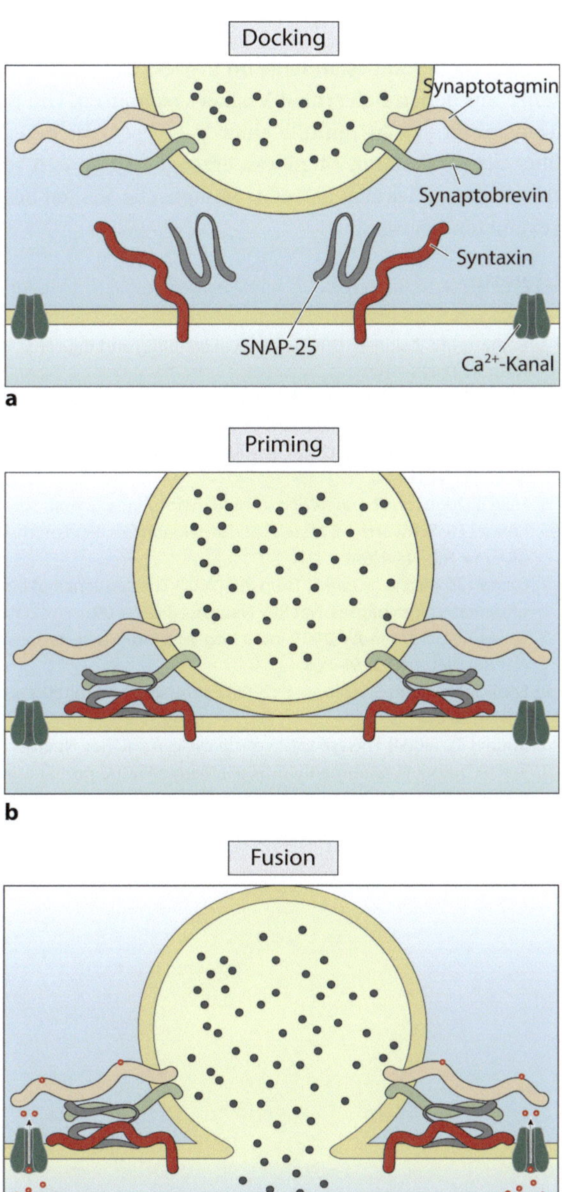

Abb. 11.24 Molekularer Mechanismus der Vesikelfusion. **a** Ein synaptisches Vesikel dockt im Bereich der aktiven Zone. Der Ca^{2+}-Sensor Synaptotagmin und das SNARE-Protein Synaptobrevin befinden sich in der vesikulären Membran; mit Synaptotagmin und SNAP-25 sind weitere SNARE-Proteine in der Plasmamembran verankert. **b** Beim Priming-Prozess ändert Syntaxin seine Konformation und bildet mit den beiden anderen SNARE-Proteinen einen stabilen Komplex. **c** Der Einstrom von Ca^{2+} durch spannungsabhängie Ca^{2+}-Kanäle und die Bindung von Ca^{2+} an Synaptotagmin lösen die Fusion beider Membranen aus

Syntaxin und SNAP-25 sowie der Ca^{2+}-Sensor Synaptotagmin. Eine präsynaptische Depolarisation öffnet spannungsabhängige Ca^{2+}-Kanäle, was zu einer kurzfristigen, räumlich auf sogenannte Mikrodomänen beschränkten Erhöhung der intrazellulären Ca^{2+}-Konzentration führt. Synaptotagmin besitzt cytoplasmatische Domänen, an die Ca^{2+}-Ionen binden, wodurch infolge komplexer Proteinumlagerungen die Fusion der vesikulären Membran und der Plasmamembran energetisch möglich wird.

Die Fusion von Vesikeln vergrößert die Oberfläche der präsynaptischen Membran. Daher werden Membranbestandteile im Prozess der Endozytose internalisiert und Endosomen zugeführt, aus denen sich erneut Vesikel abschnüren. Die Beladung der Vesikel mit dem jeweiligen Transmitter erfolgt mithilfe einer V-ATPase, die einen Protonen- und Spannungsgradienten über der vesikulären Membran erzeugt und so den sekundär-aktiven Transport von Neurotransmittermolekülen antreibt. Synaptische Vesikel beschreiben so einen als Vesikelzyklus bezeichneten Kreislauf.

Literatur

1. Bennett MV, Zukin RS (2004) Electrical coupling and neuronal synchronization in the mammalian brain. Neuron 41:495–511
2. Cesare P, McNaughton P (1997) Peripheral pain mechanisms. Curr Opin Neurobiol 7:493–499
3. Cowan WM, Südhof TC, Stevens CF (2003) Synapses. Johns Hopkins University Press, Baltimore
4. Gamper N, Shapiro MS (2007) Regulation of ion transport proteins by membrane phosphoinositides. Nat Rev Neurosci 8:921–934
5. Hille B (2001) Ion channels of excitable membranes. 3. Aufl, Sinauer, Sunderland
6. Kandel ER, Schwartz JH, Jessell TM, Siegelbaum SA, Hudspeth AJ (2013) Principles of Neural Science. 5. Aufl, McGraw Hill, New York
7. Lisman JE, Raghavachari S, Tsien RW (2007) The sequence of events underlying quantal transmission at central glutamatergic synapses. Nat Rev Neurosci 8:597–609
8. Sanes JR, Lichtman JW (2001) Induction, assembly, maturation and maintenance of a postsynaptic apparatus. Nat Rev Neurosci 2:791–805
9. Söhl G, Maxeiner S, Willecke K (2005) Expression and functions of neuronal gap junctions. Nat Rev Neurosci 6:191–200
10. Südhof TC (2004) The synaptic vesicle cycle. Annu Rev Neurosci 27:509–547
11. Wettschureck N, Offermanns S (2005) Mammalian G proteins and their cell type specific functions. Physiol Rev 85:1159–1204

Neuronale Kontrolle der Bewegung

Andreas Feigenspan

© Springer-Verlag GmbH Deutschland 2017
A. Feigenspan, *Prinzipien der Physiologie*, https://doi.org/10.1007/978-3-662-54117-3_12

Schlüsselkonzepte

1. Muskeln bestehen aus Muskelfasern, die ihrerseits aus Bündeln von Myofibrillen (Actin- und Myosinfilamente) aufgebaut sind.
2. Während der Muskelkontraktion gleiten die Myofibrillen unter Verbrauch von ATP aneinander vorbei, wodurch sich der Muskel verkürzt.
3. Die Interaktion von Actin und Myosin während des Querbrückenzyklus wird durch die intrazelluläre Ca^{2+}-Konzentration reguliert.
4. Spezifische Membransysteme in den Muskelfasern ermöglichen die räumliche und zeitliche Kopplung einer Depolarisation mit der Freisetzung von Ca^{2+} aus intrazellulären Speichern.
5. Ein Motorneuron und alle von diesem Motorneuron innervierten Muskelfasern bilden eine motorische Einheit, die kleinste funktionelle Einheit der Kraftentwicklung.
6. Einzelzuckungen können sich zeitlich zu einer vollständigen tetanischen Kontraktion mit maximaler Kraftentwicklung des Muskels überlagern.
7. Lokale Schaltkreise in Rückenmark und Hirnstamm sind Grundlage für schnelle reflektorische und stereotype periodische Bewegungsfolgen.
8. Die zentrale Kontrolle komplexer Bewegungen und ihre Feinjustierung durch sensomotorische Integrationsmechanismen erfolgen durch den motorischen Cortex, das Cerebellum und die Basalganglien.

» … to move things is all that mankind can do, for such the sole executant is muscle, whether in whispering a syllable or in felling a forest.
Charles Sherrington

Wir haben im letzten Kapitel am Beispiel der neuromuskulären Endplatte grundlegende physiologische Prinzipien der synaptischen Übertragung kennengelernt. Ein Motorneuron im Hirnstamm oder Rückenmark sendet Aktionspotenziale entlang seines Axons, wodurch die Freisetzung des Neurotransmitters Acetylcholin an der synaptischen Endigung ausgelöst wird. Auf der postsynaptischen Seite erzeugt Acetylcholin ein überschwelliges Endplattenpotenzial, das seinerseits ein Aktionspotenzial in der Muskelfaser verursacht. Das Aktionspotenzial breitet sich über die gesamte Länge der Muskelfaser aus und führt zu ihrer Kontraktion. Die synchrone Verkürzung zahlreicher Muskelfasern ist Grundlage für die gerichtete Bewegung eines Muskels, während die räumliche und zeitliche Koordination verschiedener Muskeln und Muskelgruppen Positionsänderungen eines Organismus in Anpassung an äußere oder innere Signale ermöglicht.

Aufgrund ihres charakteristischen Aussehens im Lichtmikroskop werden quergestreifte und glatte Muskulatur unterschieden. Namensgebend für die **quergestreifte Muskulatur** ist ein regelmäßiges Streifenmuster, das auf eine hochgeordnete Struktur intrazellulärer Proteine zurückzuführen ist. Zur quergestreiften Muskulatur gehören neben der in ▶ Kap. 6 beschriebenen **Herzmuskulatur** die **Skelettmuskulatur** der Willkürmotorik. Der **glatten Muskulatur** hingegen fehlt ein sichtbares Streifenmuster. Sie unterliegt in der Regel nicht der bewussten Kontrolle, sondern wird durch das autonome Nervensystem gesteuert, ohne dass die Vorgänge im Einzelnen ins Bewusstsein gelangen. Glatte Muskeln kommen als Komponenten der Wandstruktur von Blutgefäßen, Atemwegen, des Verdauungstrakts und anderer Organsysteme vor und dienen dort vor allem der Volumenregulation von Hohlorganen und der Erzeugung eines lang anhaltenden Muskeltonus.

Die in diesem Kapitel beschriebenen Prozesse beziehen sich ausschließlich auf die quergestreifte Skelettmuskulatur.

12.1 Elektromechanische Kopplung

Eine komplexe intrazelluläre Reaktionssequenz verknüpft das Auftreten eines Aktionspotenzials in der Muskelfaser mit dem eigentlichen Kontraktionsvorgang. In einem als **Erregungs-Kontraktions-Kopplung** bzw. als **elektromechanische Kopplung** bezeichneten Prozess wird eine Spannungsänderung über der Plasmamembran der Muskelfaser in eine mechanische Reaktion der Zelle umgesetzt. Die Verkürzung der Muskelfaser erfordert Energie, die in Form von ATP bereitgestellt wird. Wie bei jeder ATP-Hydrolyse wird ein Teil der in den Phosphoanhydridbindungen gespeicherten Energie in Form von Wärme freigesetzt (▶ Abschn. 2.3.4).

12.1.1 Aufbau einer Muskelfaser

Ein Skelettmuskel setzt sich aus zahlreichen einzelnen Zellen, den **Muskelfasern**, zusammen, die einen Durchmesser von 10 bis 100 μm und eine Länge von mehreren Zentimetern – entsprechend der Gesamtlänge des jeweiligen Muskels – besitzen. Muskelzellen sind lange, dünne Fasern, die durch die Fusion einkerniger **Myoblasten** zu einem vielkernigen Syncytium entstehen. Im Unterschied zum funktionellen Syncytium des Herzmuskels, das aus elektrisch gekoppelten, aber einkernigen Myokardzellen besteht (▶ Abschn. 6.2), weisen Skelettmuskelzellen ein echtes Syncytium mit einem vielkernigen Cytoplasmabereich auf.

Jede Muskelfaser wird nur an einer Stelle von einem einzigen Motorneuron innerviert. Die ursprüngliche Erregung in Form eines Endplattenpotenzials bleibt also auf einen kleinen Bereich von wenigen Mikrometern beschränkt, während eine annähernd gleichzeitige Depolarisation der gesamten Fasermembran für die Kontraktion erforderlich ist. Diese schnelle Depolarisation kann nur mithilfe eines Aktionspotenzials über die außerordentlich große Länge der Muskelfaser fortgeleitet werden.

Alle Muskelfasern enthalten in ihrem Cytoplasma zahlreiche **Myofibrillen** mit einem Durchmesser von jeweils etwa 1 μm, die sich parallel zueinander über die gesamte Länge einer Muskelfaser erstrecken. Myofibrillen bestehen aus dicken und dünnen Filamenten, deren wichtigste Proteinbestandteile **Myosin** bzw. **Actin** sind. Die im Lichtmikroskop sichtbare Querstreifung aus hellen und dunklen Banden entsteht durch die regelmäßige Anordnung dieser Filamente in Längsrichtung der Muskelfaser (◨ Abb. 12.1a). Parallel angeordnete Actin- und Myosinfilamente treten im Bereich der dunklen Banden (A-Banden) auf, während die helleren I-Banden ausschließlich aus Actinfilamenten bestehen. In der Mitte jeder I-Bande liegt mit der Z-Scheibe eine dunkle Linie; der Abstand zwischen zwei Z-Scheiben definiert ein **Sarkomer**. Eine Myofibrille setzt sich aus zahlreichen hintereinander angeordneten Sarkomeren zusammen.

Im Bereich der A-Banden überlappen Actin- und Myosinfilamente – bis auf die mittlere H-Zone, in der nur Myosinfilamente vorkommen. Im Überlappungsbereich bilden die beiden Filamente ein hexagonales Gitter aus, in dem ein dickes Myosinfilament von sechs dünnen Actinfilamenten umgeben ist (◨ Abb. 12.1b). Actin- und Myosinfilamente sind innerhalb des Sarkomers sowie in der extrazellulären Matrix mithilfe von Strukturproteinen verankert. Eine

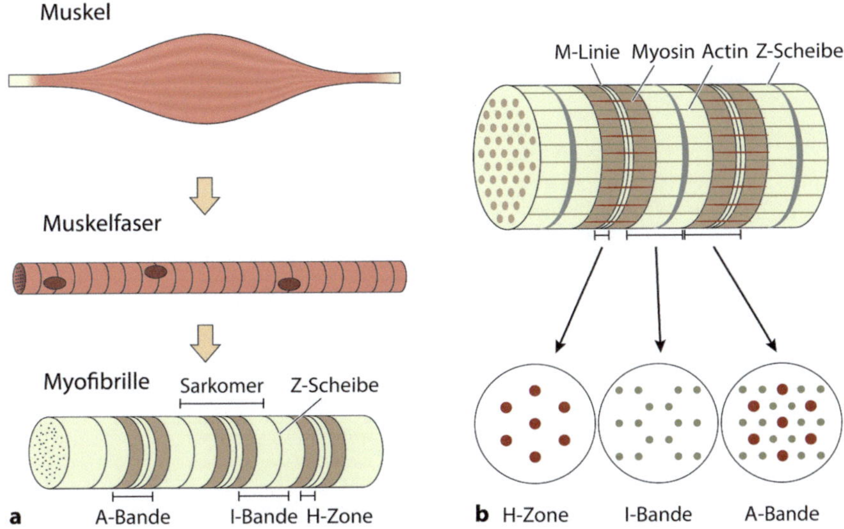

◘ Abb. 12.1 Aufbau der quergestreiften Skelettmuskulatur. **a** Organisation von Muskel, Muskelfasern und Myofibrillen. Eine Myofibrille besteht aus hintereinander angeordneten Sarkomeren, die jeweils von den Z-Scheiben begrenzt werden. **b** Vergrößerter Ausschnitt einer Myofibrille und Querschnitte durch H-Zone, I-Bande und A-Bande. In der H-Zone befinden sich Myosinmoleküle, während in der I-Bande Actinfilamente auftreten. Nur in der A-Bande kommen Actin- und Myosinfilamente zusammen vor

wichtige Rolle spielt hierbei das **Dystrophin**, welches Actin auf der intrazellulären Seite der Muskelfaser an Transmembranproteinen befestigt, die ihrerseits mit dem Kollagennetzwerk der extrazellulären Matrix verbunden sind.[1]

12.1.2 Gleitfilamenttheorie

Die Verkürzung eines Muskels erfolgt nicht durch Polymerisation oder Depolymerisation der Actin- und Myosinfilamente, sondern durch eine Änderung der räumlichen Beziehung der Filamente zueinander. Tatsächlich werden während einer Kontraktion Längenänderungen innerhalb des Querstreifenmusters beobachtet: Die Länge der A-Bande (Myosinfilamente) und der Abstand zwischen M-Scheibe und Beginn der H-Zone (Actinfilamente) bleiben konstant, während sich I-Bande und H-Zone in gleichem Maß verkürzen (◘ Abb. 12.2). Dieser Befund zeigt, dass sich die Länge der dicken und dünnen Filamente während einer Kontraktion nicht ändert, sondern die Filamente vielmehr aneinander entlanggleiten. *Die Gleitfilamenttheorie besagt, dass die Myofibrillen und damit die Muskelzellen verkürzt werden, indem sich der Überlappungsbereich der Filamente vergrößert.* Auch wenn sich jedes einzelne Sarkomer bei einer vollständigen Kontraktion nur um rund 0,4 μm verkürzt, resultiert aufgrund der großen Anzahl von Sarkomeren (etwa 400 pro mm Muskelfaser) eine makroskopisch sichtbare Längenänderung des Muskels.

---

[1] Muskeldystrophien gehen auf Mutationen in diesen Ankerproteinen zurück; so wird etwa die Duchenne-Dystrophie durch Veränderungen im Dystrophin-Gen selbst hervorgerufen. Bei Dystrophien führen Muskelkontraktionen zur Schädigung der Plasmamembran der Muskelzellen, was letztlich das Absterben der Muskelfasern und die Degeneration des Muskels zur Folge hat. Eine kausale Therapie dieser Gendefekte ist bisher nicht möglich.

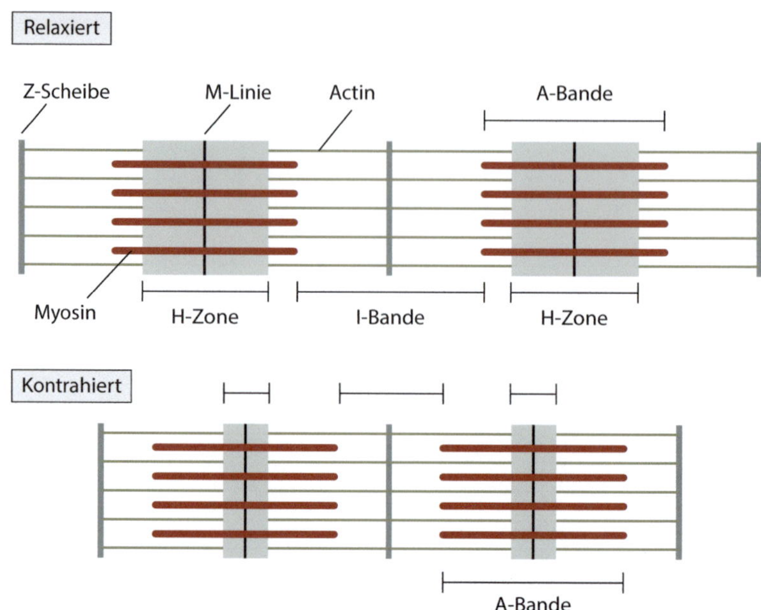

Abb. 12.2 Gleitfilamenttheorie der Muskelkontraktion. Im relaxierten Zustand überlappen Actin- und Myosinfilamente nur wenig. Daher sind die I-Bande und die H-Zone relativ breit. Wenn der Muskel kontrahiert, gleiten Actin und Myosin parallel gegeneinander und der Überlappungsgrad der Filamente nimmt zu. Entsprechend werden die I-Bande und die H-Zone kleiner, während die Breite der A-Bande unverändert bleibt

Bei einer Dehnung des Muskels werden die Filamente wieder auseinandergezogen, H-Zone und I-Bande werden also wieder breiter, während die Größe der A-Bande weiterhin konstant bleibt. Ohne Kontraktion oder Dehnung nimmt ein Muskel eine sogenannte **Gleichgewichtslänge** ein, die auf die elastischen Eigenschaften der verschiedenen Muskelproteine zurückzuführen ist.

12.1.3 Querbrückenzyklus

Gemäß der Gleitfilamenttheorie gleiten dicke und dünne Filamente aneinander vorbei und bewirken so die Verkürzung eines Sarkomers. Auf der Grundlage ihrer molekularen Strukturen treten bei diesem Prozess beide Filamenttypen so miteinander in Wechselwirkung, dass Kräfte übertragen werden können. Wir betrachten zunächst den Aufbau von Myosin- und Actinfilamenten.

Aufbau von Myosin Etwa 300 Myosinmoleküle polymerisieren zu einem Myosinfilament. Jedes Myosinmolekül besteht aus zwei funktionell unterschiedlichen Bereichen: (1) einer langgestreckten Schaft- und Halsregion, verantwortlich für die Assoziation zahlreicher Myosinmoleküle zu einem dicken Filament, und (2) einer globulären Kopfregion mit einer Bindungsstelle für Actin sowie einer ATP-hydrolysierenden Domäne. Insbesondere die Schaftregionen fügen sich zum Rückgrat eines Myosinfilaments zusammen, während die Kopfregionen seitlich aus dem Filament herausragen und sogenannte **Querbrücken** zu den benachbarten dünnen Actin-

Abb. 12.3 Aufbau von Myosin- und Actinfilamenten. **a** Mehrere Myosinmoleküle lagern sich zu einem dicken Filament zusammen. Ein einzelnes Myosinmolekül besteht aus zwei verdrillten schweren Ketten, aus denen die Schaft- und Halsregion aufgebaut wird. Jede schwere Kette endet mit einer globulären Domäne, die den Myosinkopf bildet. Die globuläre Domäne enthält eine Bindungsstelle für Actin und eine weitere Bindungsstelle für ATP. **b** Actinfilamente setzen sich aus zwei Ketten globulärer G-Actinmoleküle zusammen, die in Form einer lockeren Helix umeinander gewickelt sind. Die regulatorischen Proteine Tropomyosin und der Troponinkomplex sind ebenfalls Teil der dünnen Filamente

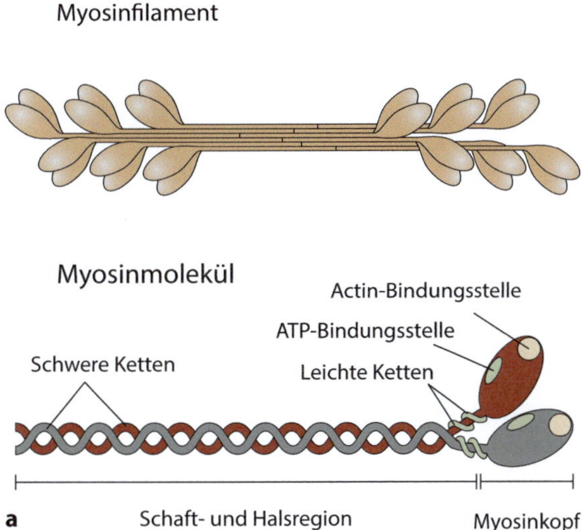

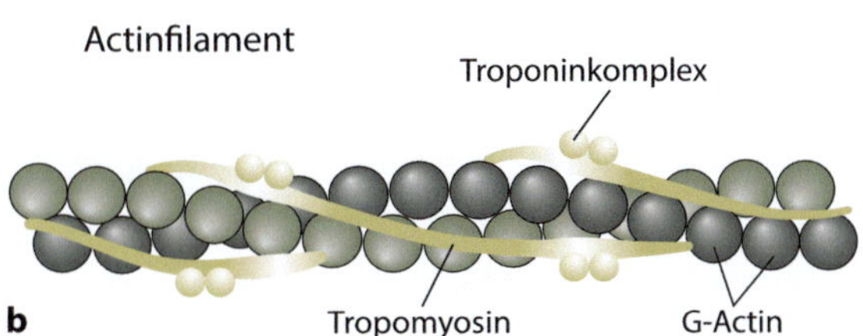

filamenten ausbilden. Die Halsregion fungiert als ein bewegliches Gelenk zwischen Schaft- und Kopfbereich. Das Protein Titin befestigt Myosinfilamente an den Z-Scheiben (**Abb. 12.3a**).

Aufbau von Actin Actinfilamente entstehen durch die Zusammenlagerung globulärer Actinmonomere (G-Actin) zu einer langgestreckten, doppelsträngigen Helix (F-Actin). Parallel zur Längsachse der Helix liegen die regulatorischen Proteine Tropomyosin und der Troponinkomplex, bestehend aus den Untereinheiten Troponin C, Troponin T und Troponin I (**Abb. 12.3b**). Actinfilamente werden mithilfe des Proteins α-Actinin an den Z-Scheiben verankert. Ohne diese Verankerung gleiten Actin- und Myosinfilamente zwar aneinander vorbei, es findet jedoch keine Verkürzung des Sarkomers statt.

Der **Querbrückenzyklus** bezeichnet die molekularen Wechselwirkungen zwischen Myosinkopf und Actinfilament, die durch die Hydrolyse von ATP angetrieben werden. *In diesem Prozess wird die chemische Energie des ATP in mechanische Energie – eine Verkürzung des Muskels und damit letztlich in Muskelkraft – umgewandelt.* Die Bindung und anschließende Hydrolyse von ATP führen zu einer teilweisen Rotation des Myosinkopfes um die Gelenkregion im Halsbereich, wodurch ein Teil der freigesetzten Energie in einer neuen Position des Myosinkopfes gespeichert wird.

Beim Querbrückenzyklus laufen die folgenden Schritte in einer definierten Reihenfolge ab (**Abb. 12.4**):

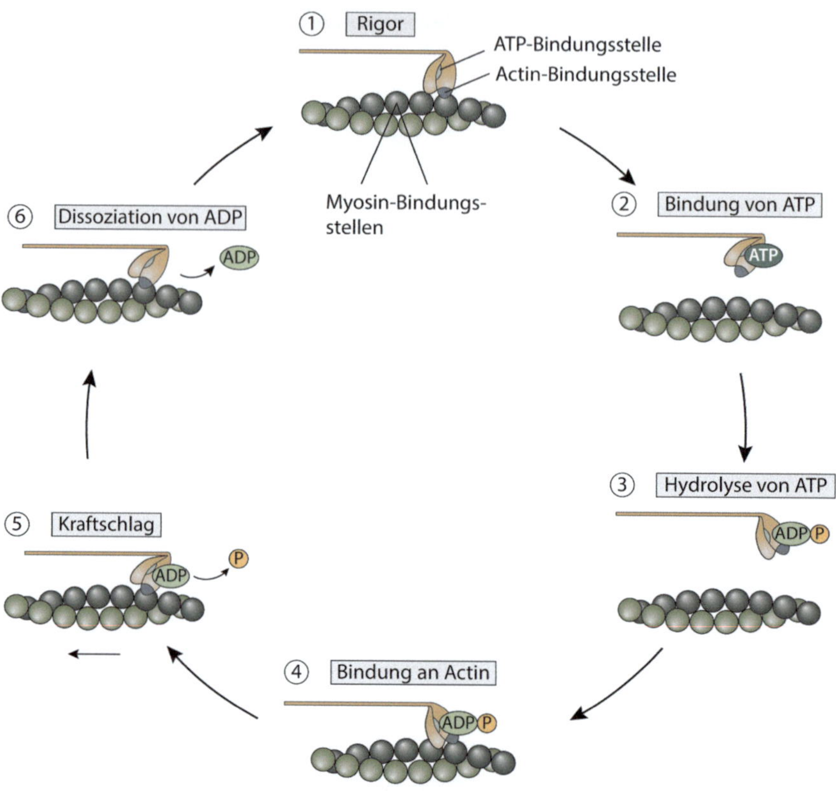

◘ Abb. 12.4 Querbrückenzyklus. Actin- und Myosinfilamente bilden Querbrücken untereinander aus, die durch die Hydrolyse eines ATP-Moleküls um 10 nm gegeneinander verschoben werden. Die beiden Myosinköpfe binden unabhängig voneinander an Actin

1. Der Myosinkopf ist hochaffin an Actin gebunden, die ATP-Bindungsstelle enthält jedoch kein ATP. Da unter diesen Bedingungen die Actin- und Myosinfilamente nicht voneinander getrennt werden können, wird dieser Status auch als **Rigor** bezeichnet. ATP ist erforderlich, um die Bindung zwischen Myosin und Actin wieder zu lösen. In lebenden Organismen, in denen ständig ATP nachgeliefert wird, ist dieser Zustand nur von kurzer Dauer; wenn nach dem Tod jedoch der ATP-Nachschub ausbleibt, verursacht die feste Bindung von Actin und Myosin die Totenstarre (Rigor mortis).
2. Die Bindung von ATP an den Myosinkopf löst den Actin-Myosin-Komplex, sodass beide Filamente nun in freier Form vorliegen. Für die Ablösung des Myosinkopfes von Actin ist nur die Bindung von ATP, jedoch nicht die Energie aus dessen Hydrolyse erforderlich.
3. Die ATPase-Domäne des Myosinkopfes hydrolysiert ATP in ADP und anorganisches Phosphat (P_i), wobei die frei werdende Energie in Form eines Myosin-ADP-P_i-Komplexes gespeichert wird. Der Myosinkopf ändert durch Drehung in der Halsregion seinen Winkel in Bezug auf die Schaftregion – er wird sozusagen „gespannt".
4. Der Myosinkopf bindet an Actin unter Bildung eines **niederaffinen** Actin-Myosin-ADP-P_i-Komplexes.
5. P_i wird freigesetzt und die dadurch ausgelöste Konformationsänderung im Myosinkopf führt zu einer **hochaffinen** Bindung zwischen Actin und Myosin als Voraussetzung für

den sogenannten **Kraftschlag**. Dabei klappt die Halsregion um und Actin- und Myosin-filamente werden um etwa 10 nm gegeneinander verschoben.

6. Am Ende des Kraftschlags dissoziiert ADP ab und bis zur Bindung des nächsten ATP-Moleküls verbleibt das System bei Schritt 1.

In dem hier dargestellten Prozess hat ATP zwei zentrale Funktionen: (1) Auflösen der Bindung zwischen Actin und Myosin und (2) Bereitstellen der Energie für den Kraftschlag. Bei jedem Querbrückenzyklus wird pro Actin-Myosin-Bindung ein Molekül ATP hydrolysiert, was eine Verschiebung der Filamente um 10 nm gegeneinander bewirkt.[2] In jedem Sarkomer arbeiten die einzelnen Querbrücken unabhängig voneinander und asynchron, sodass statistisch jede der sechs Phasen des Querbrückenzyklus in einem kontrahierenden Muskel vertreten ist. Durch die wiederholte, sehr schnelle Ausführung des Querbrückenzyklus kann sich ein Muskel innerhalb kurzer Zeit um über 10 % seiner Gesamtlänge verkürzen.

Die Hydrolyse des gesamten ATP-Vorrats einer Muskelzelle reicht für wenige Sekunden Muskelarbeit. Im kontrahierenden Muskel muss ATP daher so schnell nachgeliefert werden, dass die Konzentration im Cytoplasma der Muskelzelle nicht dauerhaft unter den physiologischen Wert von etwa 5 mmol l^{-1} fällt. Die Regeneration von ATP erfolgt hauptsächlich mithilfe der im Folgenden aufgelisteten Stoffwechselwege:

- Nachlieferung aus dem **Kreatinphosphatspeicher** gemäß der Lohmann-Reaktion (reicht für etwa 30 s Muskelarbeit)[3]:

$$\text{Kreatinphosphat} + \text{ADP} \xrightarrow{\text{Kreatin-Kinase}} \text{Kreatin} + \text{ATP}. \tag{12.1}$$

- **Anaerober Abbau von Glucose** in der Glykolyse. Hierbei entstehen zwei Mol ATP pro Mol Glucose, aber auch 2 Mol Lactat. ATP wird sehr schnell bereitgestellt, aber aufgrund der drohenden Übersäuerung durch Anhäufung von Lactat steht dieser Stoffwechselweg nur für etwa 100 s offen.
- **Oxidative Phosphorylierung** in den Mitochondrien. Die Energieausbeute ist mit 36 Mol ATP pro Mol Glucose deutlich höher als bei der anaeroben Glykolyse, außerdem besteht keine Übersäuerungsgefahr. Der aerobe Abbau von Glucose beginnt nach rund 30 s Muskelarbeit.
- **Abbau von Fettsäuren** in der β-Oxidation. Die Lipolyse im Fettgewebe setzt erst nach etwa 20 min Muskelarbeit ein; die Energieausbeute hängt von der jeweiligen Fettsäure ab, z. B. 119 Mol ATP pro Mol Stearinsäure ($C_{18}H_{36}O_2$).

Der Abbau von Fettsäuren erfolgt ebenfalls oxidativ, sodass sich die letzten beiden Wege der ATP-Regeneration nur in ihrem jeweiligen Zeitfenster unterscheiden.

◨ Tab. 12.1 fasst die drei grundlegenden Mechanismen der ATP-Produktion im Muskelgewebe zusammen.

12.1.4 Steuerung der Filamentbewegung

Der Querbrückenzyklus stellt den grundlegenden Mechanismus der Muskelkontraktion dar, beinhaltet jedoch noch keine regulatorischen Elemente. Für die Initiierung und präzise Steuerung von Muskelbewegungen sind Kontrollmechanismen erforderlich, die in den Ablauf des

---

[2] Jedes Halbsarkomer enthält etwa 10^{10} solcher Querbrücken.

[3] Die Reaktion in Gl. 12.1 ist reversibel. Während der Erholungsphase kann der Muskel aus Kreatin und ATP wieder Kreatinphosphat synthetisieren.

�’ Tabelle 12.1   ATP-Regeneration im Muskel von Wirbeltieren

Mechanismus	ATP-Gesamtausbeute[a] (mol)	Maximale ATP-Syntheserate[b] (μmol ATP /g min)	Hochfahren der ATP-Produktion
Kreatinphosphat	Gering (0,4)	Sehr hoch (96–360)	Schnell
Anaerobe Glykolyse	Moderat (1,5)	Hoch (60)	Schnell
Oxidative Phosphory-lierung	Sehr hoch (4×10^6 während der Lebenszeit)	Moderat (30 mit Glykogen, 20 mit Fettsäuren)	Langsam

[a] Die Schätzwerte stammen aus [2]; es wurde eine Person von 75 kg mit einer Lebensdauer von 70 Jahren angenommen.
[b] Maximale Syntheseraten stammen aus [10].

Querbrückenzyklus regulierend eingreifen. Die tägliche Erfahrung zeigt, dass wir einen ruhenden Muskel aktivieren können, entweder unbewusst in Form eines Reflexes oder aber willentlich durch ein motorisches Programm, das in kortikalen Hirnregionen erzeugt und an die Muskulatur weitergeleitet wird. Die willkürlichen Muskelbewegungen selbst reichen von feinmotorischen Prozessen wie dem Spielen eines Musikinstruments bis hin zu ballistischen Bewegungen mit großer Kraftentwicklung, etwa durch Aktivierung der Oberschenkelmuskulatur. Die Regulation so unterschiedlicher Bewegungsformen erfolgt auf zahlreichen, meist neuronalen Ebenen, die alle auf einen einheitlichen Mechanismus konvergieren – den Querbrückenzyklus.

Bei einem ruhenden Muskel liegen Actin- und Myosinfilamente getrennt voneinander vor, ATP wurde hydrolysiert und der Myosinkopf hat die chemische Energie der ATP-Hydrolyse in seiner Konformation gespeichert. Wir befinden uns am Ende von Schritt 3 des Querbrückenzyklus und das Sarkomer ist für den nächsten Schritt vorbereitet. Die Bildung des niederaffinen Actomyosinkomplexes in Schritt 4 wird jedoch durch das inhibitorische Protein **Tropomyosin** verhindert. Tropomyosin erstreckt sich über die Länge von sieben Actinmolekülen und blockiert im ruhenden Muskel genau die Stelle auf den Actinmolekülen, die mit dem Myosinkopf interagiert (◘ Abb. 12.5a). Dadurch wird die Ausbildung von Querbrücken und somit die Verkürzung des Sarkomers verhindert.

Damit der Querbrückenzyklus weiter ablaufen kann, müssen zunächst die Myosinbindungsstellen auf den Actinmolekülen freigegeben werden. *Die wichtigste physiologische Kontrollinstanz für die Kontraktion ist die intrazelluläre Ca^{2+}-Konzentration.* Ca^{2+} bindet an **Troponin C**, ein weiteres regulatorisches Protein der dünnen Filamente, das räumlich eng mit Tropomyosin assoziiert vorliegt. Die Bindung von Ca^{2+} löst eine Konformationsänderung in Troponin C aus, die auf Tropomyosin übertragen wird und zu einer Lageveränderung des Tropomyosin-Troponin-Komplexes führt (◘ Abb. 12.5b). Infolgedessen wird die sterische Blockade der hochaffinen Bindungsstellen aufgehoben, Myosin bindet an Actin und der Querbrückenzyklus läuft solange ab, bis die Ca^{2+}-Ionen wieder aus dem Cytoplasma der Muskelzelle entfernt worden sind.

Unter Ruhebedingungen beträgt die intrazelluläre Ca^{2+}-Konzentration weniger als $0,1\ \mu\mathrm{mol\,l^{-1}}$. Troponin C besitzt insgesamt vier Bindungsstellen für Ca^{2+}-Ionen, von denen zwei permanent, also auch bei der normalerweise sehr geringen intrazellulären Ca^{2+}-Konzentration, besetzt sind. Es müssen aber an allen vier Bindungsstellen Ca^{2+}-Ionen gebunden sein,

◘ Abb. 12.5 Regulation des Querbrückenzyklus durch Ca^{2+}-Ionen. **a** Bei einer niedrigen intrazellulären Ca^{2+}-Konzentration werden die Myosinbindungsstellen auf dem Actinmolekül durch Tropomyosin blockiert. **b** Wird die intrazelluläre Ca^{2+}-Konzentration erhöht, binden Ca^{2+}-Ionen an Troponin. Die dadurch erzeugte Konformationsänderung des Tropomyosins gibt die Bindungsstellen frei und erlaubt die Interaktion von Myosin und Actin und den weiteren Ablauf des Querbrückenzyklus mit der Verschiebung der Filamente gegeneinander

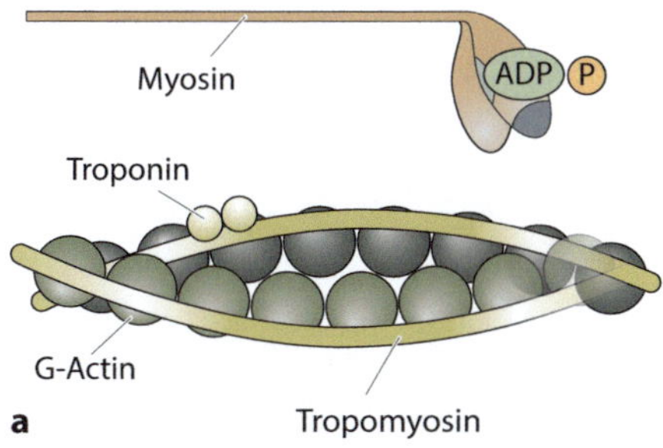

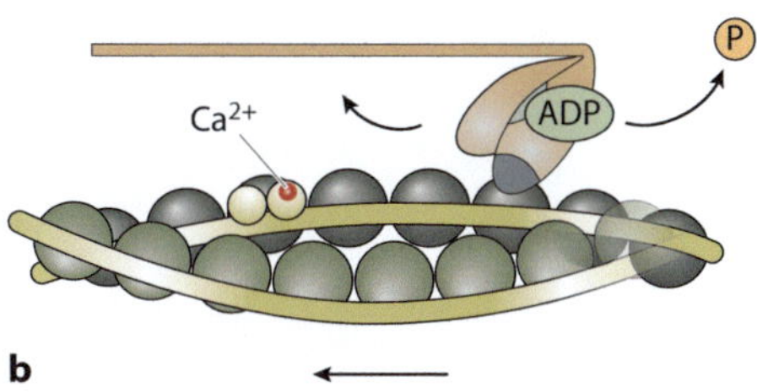

um Troponin C zu aktivieren. Die beiden anderen Bindungsstellen werden jedoch erst bei einer deutlich höheren intrazellulären Konzentration mit Ca^{2+}-Ionen besetzt. Dabei korreliert die jeweilige Ca^{2+}-Konzentration mit der Häufigkeit, mit der die hochaffinen Bindungsstellen auf dem Actinmolekül freigegeben werden. *Je mehr Ca^{2+} in einer Muskelfaser vorhanden ist, desto mehr Kraft kann der Muskel entwickeln und desto höher ist die Geschwindigkeit, mit der die Kraft ansteigt.*

12.1.5 Kopplung von Depolarisation und Ca^{2+}-Einstrom

Ein Aktionspotenzial in der Muskelfaser depolarisiert ihre Plasmamembran und wenige Millisekunden später kontrahiert die Muskelzelle. Gleichzeitig dient eine Erhöhung der intrazellulären Ca^{2+}-Konzentration als notwendiger Trigger für die Kontraktion. *Eine Depolarisation in Form eines Aktionspotenzials löst demnach eine Erhöhung der Ca^{2+}-Konzentration im Cytoplasma der Muskelzelle aus.*

Die Depolarisation findet an der Plasmamembran statt, während der Kontraktionsmechanismus von den Myofibrillen im Inneren der Faser ausgeführt wird. Das elektrische Signal muss also von der Zellmembran ins Zellinnere zu den Myofibrillen gelangen, um Aktionspotenzial und Kontraktion zeitlich miteinander zu verknüpfen. Entscheidend hierfür sind die charakteristischen Membransysteme der Muskelfasern, die den Signaltransport ins Innere der Zelle und die Freisetzung von Ca^{2+} aus intrazellulären Speichern ermöglichen (◘ Abb. 12.6):

- **T-Tubuli** bilden ein transversales Membransystem, das die Plasmamembran ins Innere der Muskelzelle hinein fortsetzt. Transversal bedeutet, dass die röhrenförmigen Einstülpungen der Plasmamembran annähernd im rechten Winkel zur Längsachse der Muskelfaser ausgerichtet sind. *Die Depolarisation setzt sich ausgehend von der Plasmamembran entlang der T-Tubuli fort und gelangt so in die Nähe der Myofibrillen.*

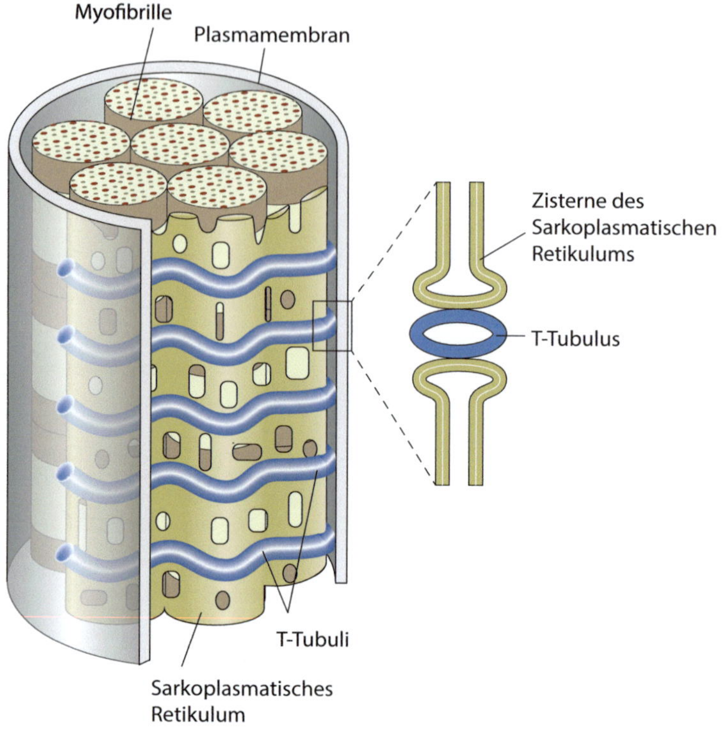

▣ Abb. 12.6   Interne Membransysteme einer Muskelzelle. T-Tubuli sind Einstülpungen der Plasmamembran, die quer zur Längsachse einer Muskelfaser verlaufen. In Längsrichtung breitet sich das sarkoplasmatische Retikulum (SR) aus, das als interner Ca^{2+}-Speicher dient. Der vergrößerte Ausschnitt zeigt die enge räumliche Beziehung zwischen den terminalen Ausstülpungen des SR, den sogenannten Zisternen, und den T-Tubuli. Dieser Membrankomplex wird als Triade bezeichnet

— Das **sarkoplasmatische Retikulum** (SR) stellt ein longitudinal verzweigtes Netzwerk von Röhren im Inneren einer Muskelfaser dar, das ebenfalls von einer Phospholipidmembran umschlossen ist. Bedingt durch die in Längsrichtung der Faser verlaufende Anordnung wird jede Myofibrille von SR umhüllt. *Das sarkoplasmatische Retikulum ist der zentrale Ca^{2+}-Speicher der Muskelfasern.*

In der Membran des SR befinden sich zahlreiche Ca^{2+}-ATPasen, die unter Einsatz metabolischer Energie in Form von ATP Ca^{2+}-Ionen aus dem Cytoplasma ins Innere des SR pumpen. Ca^{2+}-ATPasen gehören zur gleichen Proteinfamilie wie die Na^+/K^+-ATPasen; entsprechend handelt es sich beim Transport von Ca^{2+} ins Lumen des SR um einen primär-aktiven Transport. Obwohl Ca^{2+}-Pumpen auch in der Plasmamembran der Muskelfasern exprimiert werden, sind insbesondere die Ca^{2+}-ATPasen in der Membran des SR für die außerordentlich niedrige cytoplasmatische Ca^{2+}-Konzentration verantwortlich.

Muskelzellen besitzen mit dem SR einen Speicherort für Ca^{2+}-Ionen in unmittelbarer Nähe der Myofibrillen, wo Ca^{2+} durch Bindung an Troponin C den Querbrückenzyklus reguliert. Zahlreiche Experimente haben gezeigt, dass die Freisetzung von Ca^{2+} aus dem SR die Kontraktion der Muskelfaser auslöst. Dies bietet im Vergleich zu einem ebenfalls möglichen Einstrom von Ca^{2+}-Ionen aus dem Extrazellulärraum zwei wichtige Vorteile:

1. Bei einer Freisetzung aus intrazellulären Speichern sind die Diffusionswege für Ca^{2+}-Ionen deutlich kürzer, was die Verzögerung zwischen Depolarisation und Kontraktion verringert.
2. Außerdem erlaubt das vergleichsweise kleine Volumen des SR eine wesentlich höhere intraluminale Ca^{2+}-Konzentration, als dies im Extrazellulärraum möglich wäre – mit der Folge eines steileren elektrochemischen Ca^{2+}-Gradienten.

Die Freisetzung von Ca^{2+} aus dem SR infolge einer Depolarisation basiert strukturell auf der engen räumlichen Nähe zwischen dem System der T-Tubuli und den als terminale Zisternen bezeichneten Regionen des SR (◘ Abb. 12.6). Gleichzeitig werden membranständige Proteine benötigt, die zwei unterschiedliche Aufgaben erfüllen: (1) Detektion des Spannungssignals über der Plasmamembran und (2) Ausbildung eines für Ca^{2+} permeablen Ionenkanals in der Membran des SR.

Die erste Aufgabe erfüllen die sogenannten **Dihydropyridinrezeptoren**. Hierbei handelt es sich um modifizierte spannungsabhängige Ca^{2+}-Kanäle, die sich in der Membran der T-Tubuli befinden. Wie andere spannungsabhängige Ionenkanäle auch besitzen sie einen Spannungssensor in Form positiv geladener Aminosäuren, der Änderungen des Membranpotenzials registriert und in eine Konformationsänderung des Proteins umwandelt.[4] Im Gegensatz zu den in ▶ Abschn. 9.2 besprochenen spannungsabhängigen Kanälen enthalten die Dihydropyridinrezeptoren jedoch keinen funktionellen Ionenkanal. Da der Einstrom von Ca^{2+}-Ionen aus dem Extrazellulärraum bei der Muskelkontraktion keine Rolle spielt, liegt auch kein Selektionsdruck mehr auf dieser Funktion. Der Spannungssensor hingegen ist für die Detektion der Depolarisation von entscheidender Bedeutung – entsprechend konserviert ist das Transmembransegment mit den positiv geladenen Aminosäuren.

Die zweite Aufgabe übernehmen die **Ryanodinrezeptoren** in der Membran des SR.[5] Ryanodinrezeptoren sind Ca^{2+}-Kanäle, die räumlich eng mit den Dihydropyridinrezeptoren assoziiert in den terminalen Zisternen des SR vorliegen. Die spannungsinduzierte Konformationsänderung der Dihydropyridinrezeptoren wird aufgrund dieser räumlichen Nähe unmittelbar auf die Ryanodinrezeptoren übertragen, wodurch deren Kanalpore öffnet und Ca^{2+}-Ionen aus dem SR ins Cytoplasma der Muskelzelle diffundieren. Dort binden Ca^{2+}-Ionen an Troponin C und ermöglichen den Ablauf des Querbrückenzyklus.

Das Kontraktionssignal wird durch die Aktivität der Ca^{2+}-ATPasen beendet, die Ca^{2+}-Ionen ins SR zurückpumpen und die ursprüngliche cytoplasmatische Ca^{2+}-Konzentration wiederherstellen. Ca^{2+} dissoziiert von zwei der vier Bindungsstellen des Troponin C ab, wodurch Tropomyosin erneut die Myosinbindungsstellen auf dem Actinfilament blockiert, sodass der Querbrückenzyklus zum Stillstand kommt.

Die Freisetzung und Wiederaufnahme von Ca^{2+} als Reaktion auf ein einzelnes Aktionspotenzial erfolgt so schnell, dass nur ein Teil aller insgesamt möglichen Querbrücken ausgebildet wird. Dabei bleibt auch die Kraftentwicklung des Muskels unterhalb der theoretischen Erwartung. Eine maximale Kraft kann daher nur ausgeübt werden, wenn durch eine Serie von Aktionspotenzialen der Einstrom von Ca^{2+} den schnellen Abtransport ins SR übersteigt, sodass es zu einer länger andauernden Erhöhung der Ca^{2+}-Konzentration im Cytoplasma der Muskelfaser kommt.

---

[4] Bei der Familie der spannungsabhängigen Ionenkanäle befindet sich der Spannungssensor im vierten von insgesamt sechs Transmembransegmenten. Er ist durch mehrere positiv geladene Aminosäuren gekennzeichnet (▶ Abschn. 9.2.1).
[5] Ryanodinrezeptoren sind nach der Substanz Ryanodin benannt, die an die Rezeptoren bindet und dadurch einen Ca^{2+}-Kanal öffnet.

◨ Abb. 12.7 fasst die Sequenz der Ereignisse der Erregungs-Kontraktions-Kopplung in einer quergestreiften Muskelfaser zusammen.

12.1.6 Zusammenfassung

Wirbeltiere besitzen drei verschiedene Arten von Muskulatur. Die quergestreifte Skelettmuskulatur ist verantwortlich für alle Willkürbewegungen, obwohl auch einige meist unwillkürliche Muskelaktivitäten wie Atmen, Kältezittern oder die Körperhaltung selbst durch die Skelettmuskulatur vermittelt werden. Die Steuerung erfolgt über das Zentralnervensystem. Kontraktionen der ebenfalls quergestreiften Herzmuskulatur pumpen Blut durch das geschlossene Kreislaufsystem der Wirbeltiere. Die glatte Muskulatur, die kein Querstreifenmuster aufweist, sorgt für Kontraktionen der meisten Hohlorgane und Leitungsgefäße; sie wird vom vegetativen Nervensystem kontrolliert.

Ein Skelettmuskel setzt sich aus zahlreichen vielkernigen Muskelzellen oder Muskelfasern zusammen, in deren Cytoplasma Myofibrillen in Längsrichtung der Faser verlaufen. Bei den Myofibrillen handelt es sich um parallel angeordnete dicke und dünne Filamente. Die dicken Filamente werden vom Motorprotein Myosin gebildet, während die dünnen Filamente aus polymerisiertem Actin, einem Protein des Cytoskeletts, bestehen. Die Myofibrillen ordnen sich in Form von Sarkomeren an, die als funktionelle Grundeinheiten der Kontraktion fungieren.

Gemäß der Gleitfilamenttheorie verkürzt sich ein Muskel, indem dicke und dünne Filamente aneinander vorbei gleiten, wobei sich nicht die Länge der Filamente ändert, sondern vielmehr das Ausmaß ihrer Überlappung variiert.

Der Querbrückenzyklus beschreibt die Wechselwirkungen zwischen Actin und Myosin auf molekularer Ebene. Die Bewegung der Filamente gegeneinander und damit die Kraftentwicklung des Muskels basiert auf der Hydrolyse von ATP an einer ATPase-Domäne des Myosinkopfes. Die bei diesem Prozess frei werdende Energie ändert die Konformation des Myosinkopfes, sodass nach Bindung an die Myosinbindungsstelle auf dem Actinmolekül ein Kraftschlag ausgeführt werden kann, der beide Filamente um etwa 10 nm gegeneinander verschiebt. ATP bewirkt zudem die Trennung von Actin und Myosin voneinander – eine zentrale Voraussetzung für das Ablaufen des Querbrückenzyklus. Fehlt ATP, bilden beide Filamente einen starren Komplex, der als Rigor bezeichnet wird.

Der Prozess der elektromechanischen Kopplung verknüpft Depolarisation und Kontraktion der Muskelfaser miteinander. Das an der neuromuskulären Endplatte ausgelöste Aktionspotenzial breitet sich über die Oberfläche der Muskelfaser aus und gelangt über Einstülpungen der Plasmamembran, die sogenannten T-Tubuli, ins Innere der Faser. Dort registrieren Dihydropyridinrezeptoren, modifizierte spannungsabhängige Ca^{2+}-Kanäle, die Depolarisation, indem sie eine Konformationsänderung durchführen. Diese räumliche Umstrukturierung wird von räumlich eng benachbarten Ryanodinrezeptoren in der Membran des sarkoplasmatischen Retikulums (SR) in das Öffnen einer für Ca^{2+}-Ionen durchlässigen Kanalpore umgewandelt. Ca^{2+} diffundiert entlang seines elektrochemischen Gradienten aus dem SR ins Cytoplasma der Muskelfaser und bindet dort an das regulatorische Protein Troponin C, das zusammen mit Tropomyosin den Zugang zur Myosinbindungsstelle auf den Actinfilamenten kontrolliert. Die Bindung von Ca^{2+} an Troponin C gibt die Bindungsstelle frei und ermöglicht auf diese Weise die Interaktion von Actin und Myosin im Querbrückenzyklus.

Die intrazelluläre Ca^{2+}-Konzentration wird durch Ca^{2+}-ATPasen, vor allem in der Membran des sarkoplasmatischen Retikulums, reguliert. Sie transportieren unter Hydrolyse von ATP Ca^{2+}-Ionen gegen ein Konzentrationsgefälle aus dem Cytoplasma ins SR und stellen die niedrige intrazelluläre Ca^{2+}-Konzentration von 0,1 $\mu\text{mol}\,l^{-1}$ wieder her.

Abb. 12.7 Erregungs-Kontraktions-Kopplung in einer Muskelfaser. **a** Die präsynaptische Freisetzung von Acetylcholin (ACh) löst ein postsynaptisches Aktionspotenzial aus, das sich entlang der Zellmembran in die T-Tubuli hinein ausbreitet. Im sarkoplasmatischen Retikulum (SR) befinden sich Ca^{2+}-Ionen in hoher Konzentration. Die Ryanodinrezeptoren sind noch geschlossen und die Myosinköpfe bilden keine Querbrücken zu den Actinfilamenten aus. **b** Sobald die Depolarisation $\oplus$ die Dihydropyridinrezeptoren (DHPR) erreicht, ändern sie ihre Konformation, wodurch Ryanodinrezeptoren in der Membran des SR geöffnet werden. Infolgedessen diffundieren Ca^{2+}-Ionen entlang ihres elektrochemischen Gradienten ins Cytoplasma der Muskelfaser bis zu den Myofibrillen und binden dort an Troponin C. Dadurch wird die Myosinbindungsstelle auf den Actinfilamenten freigegeben und der anschließende Kraftschlag verschiebt die Filamente gegeneinander. Die Ca^{2+}-ATPase in der Membran des SR transportiert kontinuierlich Ca^{2+}-Ionen aus dem Cytoplasma zurück ins SR

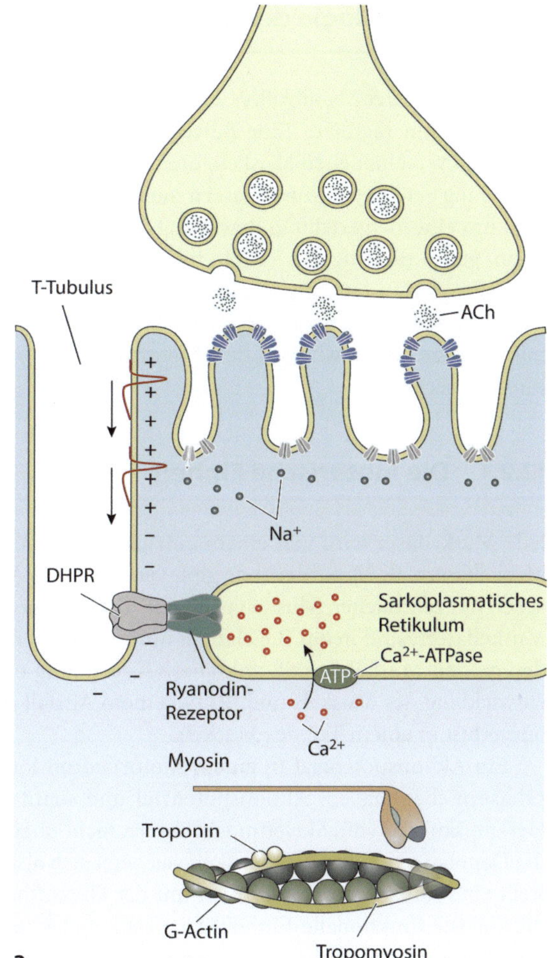

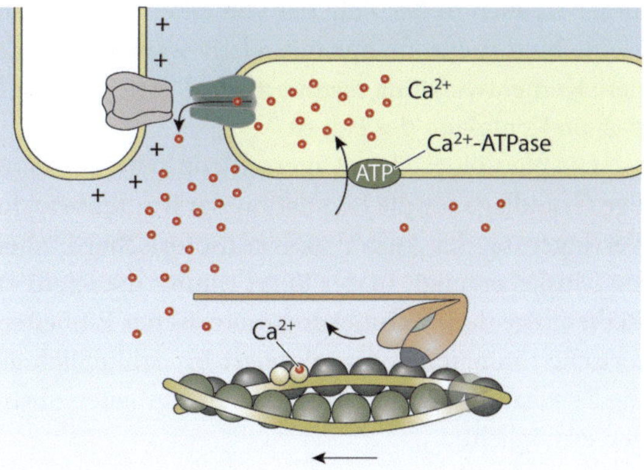

12.2   Physiologie der Kraftentwicklung

Auf der Ebene der Myofibrillen wird die Muskelkontraktion durch die cytoplasmatische Ca^{2+}-Konzentration reguliert. Eine Bewegungsfolge erfordert jedoch zahlreiche Muskelfasern, die zudem in verschiedenen Muskeln organisiert sind. Die Kontraktion aller an einer bestimmten Bewegung beteiligten Muskelfasern muss daher zeitlich und räumlich präzise koordiniert werden, um eine zielgerichtete Bewegung zu ermöglichen. Die Rolle des Nervensystems besteht darin, genau diejenigen Muskeln mit der passenden Stärke zu aktivieren, sodass ein motorisches Programm mit einer exakt abgestuften Kraftentwicklung ablaufen kann. Diese Aufgabe erfordert neben zahlreichen neuronalen Kontroll- und Steuerregionen eine definierte anatomische Beziehung zwischen den Motorneuronen in Rückenmark und Hirnstamm und den Muskelfasern.

12.2.1   Die motorische Einheit

Jede Muskelfaser wird von einem einzigen Motorneuron innerviert. Da es jedoch weit mehr Muskelfasern als Motorneurone gibt, verzweigt das Axon eines Motorneurons und bildet Synapsen mit zahlreichen Muskelfasern aus. Diese von einem einzigen Motorneuron innervierten Muskelfasern sind in der Regel nicht unmittelbar benachbart, sondern liegen weitgehend über den ganzen Muskel verteilt vor. Diese Anordnung ermöglicht (1) eine gleichmäßigere Kraftentwicklung des Muskels und (2) bei einem Ausfall des Motorneurons resultiert kein Funktionsverlust in einem Teil des Muskels.

Ein Aktionspotenzial in einem Motorneuron löst in allen synaptisch verbundenen Muskelfasern ebenfalls ein Aktionspotenzial und somit eine Kontraktion aus. Im Gegensatz zur Herzmuskulatur sind Skelettmuskelfasern nicht über Gap Junctions miteinander verbunden – die Depolarisation in einer Muskelfaser setzt sich also nicht in benachbarte Fasern fort. Daher stellt ein Motorneuron zusammen mit der Gesamtheit seiner postsynaptischen Muskelfasern die kleinste funktionelle Einheit der Kraftentwicklung eines Muskels dar. Entsprechend wird sie als **motorische Einheit** bezeichnet.

Motorische Einheiten unterscheiden sich sowohl in der Größe der Motorneuronen voneinander als auch in der Zahl der von einem Motorneuron innervierten Muskelfasern. So bilden kleine Motorneurone nur mit relativ wenigen Muskelfasern Synapsen aus, wodurch eine kleinere Kraftentwicklung resultiert, als dies bei großen Motorneuronen mit deutlich mehr synaptischen Kontakten der Fall ist.[6]

Die physiologischen Unterschiede zwischen den motorischen Einheiten bilden eine wichtige Grundlage für die Regulation der Kraftentwicklung in einem Muskel. Eine Erhöhung bzw. Verringerung der Anzahl aktiver motorischer Einheiten verstärkt bzw. reduziert die Kraft, die ein Muskel erzeugt. In der Regel nimmt die Kraftentwicklung in einem Muskel aufgrund der Reihenfolge der Rekrutierung motorischer Einheiten kontinuierlich zu. So werden kleine motorische Einheiten zuerst aktiviert bis schließlich auf der Stufe maximaler Kraftentwicklung die Zuschaltung großer motorischer Einheiten anstrengende und eher kurzfristige Bewegungen ermöglicht.

---

[6] In einem Augenmuskel des Menschen (Rectus lateralis) innerviert ein Motorneuron fünf Muskelfasern, während in der Beinmuskulatur (Musculus gastrocnemius) das Verhältnis 1 : 1800 beträgt. Der Augenmuskel enthält deutlich weniger Muskelfasern als der Beinmuskel, wird aber von sehr viel mehr Motorneuronen versorgt. Aufgrund dieses Innervationsverhältnisses lässt sich die Augenmuskulatur außerordentlich präzise steuern.

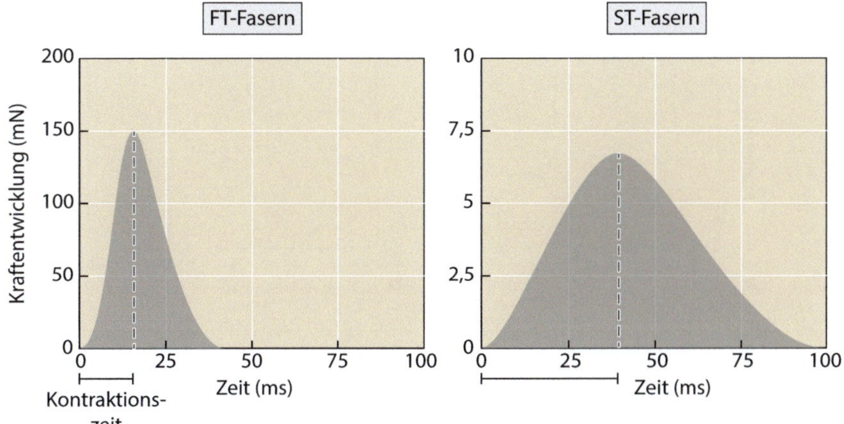

◙ Abb. 12.8 Schnelle und langsame motorische Einheiten. Die Grafiken zeigen die Kraftentwicklung einer Muskelfaser als Reaktion auf ein zum Zeitpunkt $t = 0$ ausgelöstes Aktionspotenzial. Die FT-Fasern weisen im Vergleich zu den ST-Fasern eine deutlich kürzere Kontraktionszeit auf. Außerdem ist die Kraftentwicklung bei den schnellen Fasern wesentlich höher

12.2.2 Kontraktionszeit und tetanische Stimulation

Neben der Zahl und Größe motorischer Einheiten bestimmt auch ihre Kontraktionszeit maßgeblich die Kraftentwicklung in einem aktivierten Muskel. Die **Kontraktionszeit** bezeichnet den Zeitraum zwischen der Auslösung eines einzelnen Aktionspotenzials und der maximalen Kraftentwicklung in der Muskelfaser. Daher gibt es auch bezüglich der Art der innervierten Muskulatur grundsätzliche Unterschiede zwischen motorischen Einheiten (◙ Abb. 12.8):

- **Langsame motorische Einheiten** enthalten vor allem Muskelfasern vom *Slow-twitch*-Typ (**ST-Fasern**). Diese sogenannten „roten" Muskelfasern zeichnen sich durch einen hohen Gehalt an Myoglobin und zahlreiche Mitochondrien sowie eine dichte Versorgung mit Kapillaren aus. Da sie Myosinisoformen exprimieren, bei denen die Schritte des Querbrückenzyklus langsamer ablaufen, benötigen ST-Fasern mehr Zeit für den Aufbau maximaler Kraft, aber auch für die Entspannungsphase. Bei geringer Kraftentwicklung kontrahieren diese Muskelfasern daher relativ langsam, sie ermüden aber nicht. Diese Eigenschaften werden vor allem in der Stützmotorik benötigt; ST-Fasern sind daher beim Menschen für die aufrechte Körperhaltung verantwortlich.
- **Schnelle motorische Einheiten** vom *Fast-twitch*-Typ (**FT-Fasern**) bestehen aus großen Motorneuronen, die sogenannte „weiße" Muskelfasern innervieren. Dieser Fasertyp kann zwar mehr Kraft als die ST-Fasern erzeugen, ermüdet jedoch aufgrund seines geringeren Gehalts an Mitochondrien und Myoglobin deutlich rascher. Hier läuft der Querbrückenzyklus schneller ab und der Kraftbeitrag pro Zeiteinheit ist entsprechend größer. Schnell ermüdbare motorische Einheiten kommen bei schnellen ballistischen Bewegungen mit großer Kraftentwicklung zum Einsatz.[7]

---

[7] ST- und FT-Fasern werden auch als Typ-I- bzw. Typ-II-Fasern bezeichnet, wobei Typ-II-Fasern noch in Unterklassen unterteilt werden.

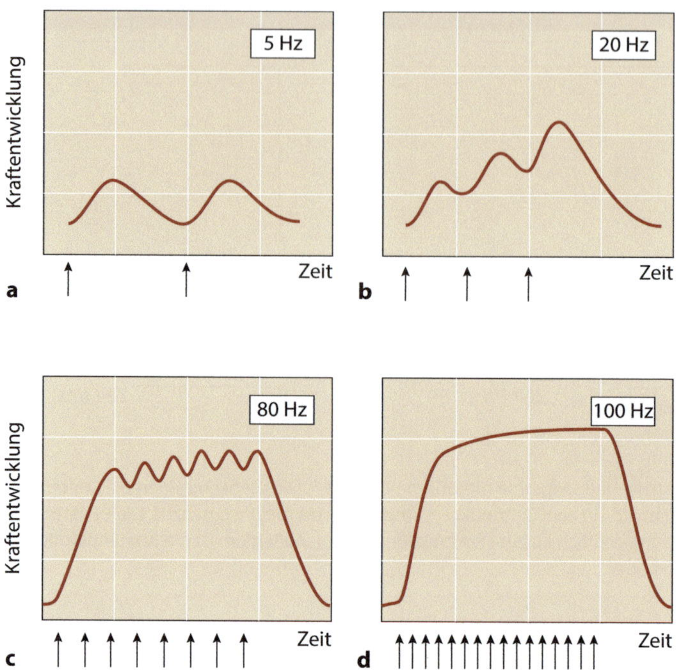

◘ Abb. 12.9   Zusammenhang zwischen Aktionspotenzialfrequenz und Kraftentwicklung in einer Muskelfaser. **a** Bei einer niedrigen Aktionspotenzialfrequenz erzeugt jedes Aktionspotenzial eine abgeschlossene Muskelzuckung. **b** Eine Frequenzsteigerung führt zu einer Summation einzelner Zuckungen mit einer insgesamt größeren Kraftentwicklung. **c** Die Kontraktionskraft erreicht ein Plateau; Einzelzuckungen sind noch erkennbar. **d** Bei einer maximalen Aktionspotenzialfrequenz verschmelzen die Einzelzuckungen zu einem glatten Tetanus und der Muskel produziert seine größtmögliche Kraft

Ein einzelnes Aktionspotenzial in einem Motorneuron verursacht eine kurze Kontraktion der Muskelfaser, eine sogenannte Einzelzuckung, die nur einen Bruchteil der maximal möglichen Kraft erzeugt. Allerdings feuern Motorneurone meist nicht nur ein einzelnes, sondern zahlreiche Aktionspotenziale, die in bestimmten zeitlichen Abständen aufeinanderfolgen. Die Anzahl der Aktionspotenziale pro Zeiteinheit (in s) stellt die Aktionspotenzialfrequenz in Hertz (Hz) dar. *Die Kontraktionszeit zusammen mit der jeweiligen Aktionspotenzialfrequenz bestimmen maßgeblich die Kraftentwicklung im Muskel.* Wir betrachten zunächst den Effekt der Frequenz auf die Kontraktionskraft.

Liegt bei einer niedrigen Frequenz (etwa 5 Hz) relativ viel Zeit zwischen zwei aufeinanderfolgenden Aktionspotenzialen, ist die erste Kontraktion vollständig abgeschlossen, bevor ein weiteres Aktionspotenzial eine erneute Kontraktion auslösen kann (◘ Abb. 12.9a). Die Zeit reicht also aus, um die cytoplasmatische Ca^{2+}-Konzentration wieder auf den Ruhewert zu senken. Grundsätzlich ist die Dauer eines Aktionspotenzials mit 1 bis 2 ms sehr viel kürzer als die Dauer einer Einzelzuckung (50 bis 500 ms). Bei einer höheren Frequenz von etwa 20 Hz kann daher das nächste Aktionspotenzial bereits auftreten, bevor die Ca^{2+}-Ionen vollständig ins SR zurücktransportiert worden sind. Infolge dieser **zeitlichen Summation** überlagern die Einzelzuckungen, wobei die Gesamtkraft des Muskels graduell ansteigt (◘ Abb. 12.9b). Bei einer weiteren Steigerung der Aktionspotenzialfrequenz auf 80 Hz erreicht die Kontraktionskraft ein Plateau – die individuellen Kontraktionsereignisse sind jedoch noch erkennbar (◘ Abb. 12.9c).

Dieser Zustand einer **unvollständigen tetanischen Kontraktion** wird schließlich bei Überschreiten der Tetanusverschmelzungsfrequenz zu einer **vollständigen tetanischen Kontraktion** („glatter Tetanus"), bei der die Einzelzuckungen nicht mehr als einzeln erkennbare Ereignisse auftreten (**O** Abb. 12.9d).[8]

Die Kontraktionszeit legt das mögliche Zeitfenster fest, in dem die Integration aufeinanderfolgender Aktionspotenziale stattfindet: *Die Tetanusverschmelzungsfrequenz wird überschritten, wenn die Zeit zwischen zwei Aktionspotenzialen weniger als ein Drittel der Kontraktionszeit beträgt.* Bei einer kurzen Kontraktionszeit ist für einen vollständigen Tetanus eine höhere Aktionspotenzialfrequenz erforderlich als bei einer langen Kontraktionszeit. Allerdings beschränkt letztlich die Refraktärzeit von 2 bis 3 ms die maximale Feuerrate einer Muskelfaser (► Abschn. 10.4).

12.2.3 Muskelmechanik und Muskelarbeit

Die Spannung, die ein Muskel entwickeln kann, hängt vom Ausmaß seiner Vordehnung ab. Die sogenannte **Ruhedehnungskurve** beschreibt die passive Spannung, die aufgrund einer Dehnung des Muskels über die Gleichgewichtslänge hinaus erzeugt wird. Die passiven Rückstellkräfte, die der Muskel dabei erfährt, sind hauptsächlich auf die elastische Dehnung von Titinmolekülen zurückzuführen; sie werden nicht durch eine Aktivierung des Querbrückenzyklus verursacht.

O Abb. 12.10a zeigt das Kraft-Längen-Diagramm eines Muskels und darin exemplarisch die Kraftentwicklung bei drei verschiedenen Muskellängen. Die Enden des Muskels sind fixiert, sodass sich seine Gesamtlänge nicht ändert (**isometrische Kontraktion**). Eine isometrische Kontraktion tritt bei dem Versuch auf, eine sehr schwere Last zu heben. Da in diesem Fall die Kraftentwicklung nicht ausreicht, um das Gewicht anzuheben, findet keine Verkürzung des Muskels statt. Wir beobachten eine maximale Kraftentwicklung in der Nähe der Gleichgewichtslänge, während bei einer Stauchung, aber auch bei einer Überdehnung des Muskels, deutlich geringere Kräfte erzeugt werden. Während einer solchen Kontraktion ohne Längenänderung addieren sich die aktive Kraft und die passive Vordehnung des Muskels zur Kurve der isometrischen Maxima.

Diese Beziehung zwischen Muskellänge und Spannung lässt sich durch die Gleitfilamenttheorie erklären (► Abschn. 12.1.2). Der Dehnungsgrad der Muskelfaser bestimmt die Länge der Sarkomere und damit das Ausmaß der Überlappung zwischen dicken und dünnen Filamenten (**O** Abb. 12.10b). Im Bereich der maximalen Kraftentwicklung, der einer Sarkomerlänge von 2,0 bis 2,25 μm entspricht, erlaubt die Überlappung eine optimale Ausbildung von Querbrücken zwischen Actin und Myosin. Bei kürzeren Sarkomerlängen beginnen die dünnen Filamente, mit sich selbst zu überlappen, wodurch die Wechselwirkungen zwischen Actin und Myosin behindert werden, bis schließlich bei noch weiterer Stauchung die Myosinfilamente an die Z-Scheiben stoßen. Andererseits bewirkt eine zunehmende Dehnung ein Auseinanderziehen der Filamente, sodass ihr Überlappungsbereich kleiner wird. Auch in diesem Fall können weniger Querbrücken ausgebildet werden und die Kraftentwicklung fällt entsprechend ab. Im Extremfall – bei einer Sarkomerlänge von 3,6 μm – überlappen beide Filamente nicht mehr, sodass

---

[8] Diese Art des Tetanus, der die Fusion von Einzelzuckungen beschreibt, darf nicht mit dem ebenfalls als Tetanus bezeichneten Wundstarrkrampf verwechselt werden. Bei Letzterem handelt es sich um eine Infektion mit dem Bakterium *Clostridium tetani*, wodurch die Freisetzung eines inhibitorischen Neurotransmitters aus Interneuronen im Rückenmark verhindert wird. Die daraus resultierende Übererregbarkeit von Motorneuronen verursacht die Symptomatik der Krankheit.

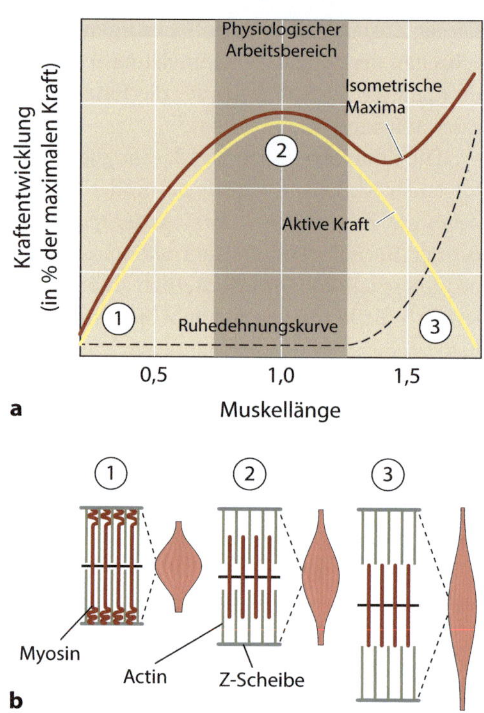

◘ Abb. 12.10 Die Kraftentwicklung eines Muskels hängt von seiner Länge ab. **a** Längen-Spannungs-Diagramm eines Skelettmuskels. Passive Vordehnung und aktive Kraft addieren sich zur Kurve der isometrischen Maxima. Die Muskellänge entspricht der Ruhelänge multipliziert mit dem auf der x-Achse angegebenen Faktor. **b** Überlappungsgrad der Filamente in einem Sarkomer bei unterschiedlichen Muskellängen. Am Punkt ① liegt der Muskel gestaucht vor, sodass die Myosinfilamente die Z-Scheiben an den Enden der Sarkomere berühren. Aufgrund der Stauchung stehen kaum Querbrücken für die Kraftentwicklung zur Verfügung. ② bezeichnet die optimale Muskellänge, bei der alle Myosinköpfe mit den Actinfilamenten in Wechselwirkung treten können. Bei ③ ist der Muskel so weit gestreckt, dass zwischen Actin- und Myosinfilamenten keine Querbrücken mehr ausgebildet werden können

keine Möglichkeit zur Querbrückenbildung besteht. Entsprechend geht die Kraftentwicklung des Muskels gegen null.

Die Übereinstimmung der Spannungskurve am intakten Muskel mit der an einzelnen Sarkomeren gemessenen Kurve bestätigt die Gleitfilamenttheorie und zeigt, dass jede Querbrücke einen bestimmten, unabhängigen Beitrag zur Kraftentwicklung eines Muskels leistet.

Bei einer **isotonischen Kontraktion** ist das Gewicht der Last geringer als die Kraftentwicklung des Muskels. Der Muskel kontrahiert zunächst isometrisch, bis die erzeugte Kraft dem Gewicht der Last entspricht. Dann wird bei konstanter Kraftentwicklung die Last angehoben, wobei sich der Muskel verkürzt.

Wie in ▶ Abschn. 2.1.2 beschrieben, ist Arbeit definiert als das Produkt aus Kraft und Weg. Übertragen auf eine isotonische Kontraktion setzt sich Muskelarbeit aus der Kraftentwicklung des Muskels und der Verkürzungsstrecke zusammen. Hieraus lassen sich folgende allgemeine Prinzipien ableiten (◘ Abb. 12.11):

- Die größte Verkürzung wird erreicht, wenn ein Muskel ohne Last kontrahiert. In diesem Fall wird jedoch keine Arbeit verrichtet, da die Last und somit die Kraftentwicklung des Muskels gleich null sind.
- Bei einer sehr großen Last, die nicht angehoben werden kann, verkürzt sich der Muskel nicht. Bei einer isometrischen Kontraktion leistet der Muskel keine Arbeit, da sich die Muskellänge nicht ändert.
- Zwischen diesen beiden Extremen steigt die Muskelarbeit an und erreicht bei etwa 40 % der maximalen Last einen Höchstwert.

Wir können die physikalischen Größen Kraft und Arbeit mit den anatomischen Eigenschaften eines Muskels in Form von Länge und Querschnittsfläche korrelieren. *Die Kraftent-*

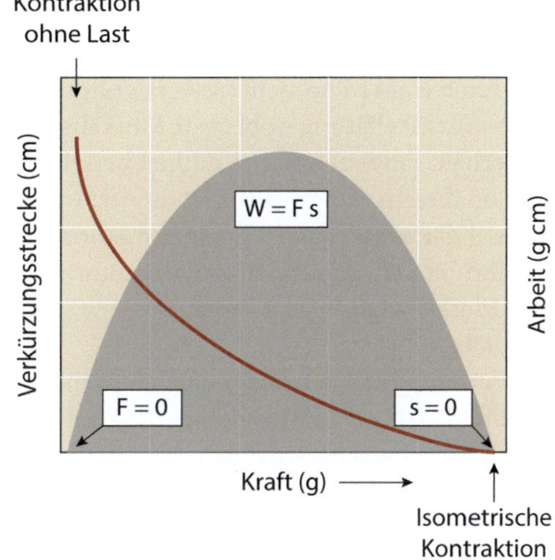

☐ **Abb. 12.11** Bei der Muskelkontraktion verrichtete Arbeit. Eine Verkürzung des Muskels ohne Last entspricht einer idealen isotonischen Kontraktion. Hierbei wird jedoch keine Arbeit verrichtet, da der Muskel keine Kraft erzeugt. Bei einer idealen isometrischen Kontraktion kann sich der Muskel nicht verkürzen, sodass ebenfalls keine Arbeit verrichtet wird. Zwischen diesen beiden Grenzfällen verrichtet der Muskel Arbeit, indem er Kraft erzeugt und dabei kontrahiert: $W = \mathbf{F} \cdot \mathbf{s} \neq 0$. Die *rote Linie* bezeichnet die Verkürzung des Muskels bei einer bestimmten Kraft; der *schattierte* Bereich gibt die jeweils verrichtete Arbeit an

wicklung eines Muskels ist proportional zu seiner Querschnittsfläche. Ein Muskel mit einer größeren Querschnittsfläche erzeugt mehr Kraft als ein dünnerer Muskel, da mehr Myofibrillen zur Verfügung stehen, deren parallele Anordnung eine größere Zahl von Querbrücken pro Flächeneinheit ermöglicht.

Die Länge einer Muskelfaser bestimmt die Arbeit, die vom Muskel verrichtet werden kann; sie trägt aber nicht zur Kraftentwicklung bei. Zwei Muskeln gleicher Dicke, aber unterschiedlicher Länge, erzeugen gleich viel Kraft, der längere Muskel verrichtet jedoch mehr Arbeit. Werden beide Parameter – also Querschnittsfläche und Länge – erhöht, steigt die Arbeit entsprechend Gl. 2.1 noch weiter an. Zudem verkürzen sich lange Muskelfasern schneller als kürzere Fasern, da sich die Kontraktionsgeschwindigkeiten der in Serie geschalteten Sarkomere addieren.

Zum Schluss dieses Abschnitts wollen wir kurz zwei Alltagsphänomene ansprechen, die in unmittelbarem Zusammenhang mit der Muskelmechanik stehen. Jeder hat die Erfahrung eines Muskelkaters gemacht, der sich in der Regel nach starker Belastung – insbesondere der ungeübten Muskulatur – unweigerlich einstellt. Ein Muskelkater wird nicht durch eine Übersäuerung der Muskulatur aufgrund einer übermäßigen Produktion von Milchsäure hervorgerufen, sondern durch Dehnungskräfte, die mikroskopische Verletzung (Mikrotraumen) innerhalb der Sarkomere verursachen. Der Schmerz ist vermutlich auf eine Bildung von Ödemen im Muskelgewebe, verbunden mit der Freisetzung schmerzauslösender Stoffe wie Bradykinin, zurückzuführen (▶ Abschn. 15.3.2).

Muskelkrämpfe sind unkontrollierte und meist sehr schmerzhafte Kontraktionen einzelner Muskeln. In manchen Fällen werden Muskelkrämpfe durch eine Überbeanspruchung, eine Dehydrierung, eine zu geringe Blutzufuhr oder durch einen Elektrolytmangel verursacht. Die allgemein verbreitete Überzeugung, dass ein Mangel an Magnesium (Mg^{2+}) Muskelkrämpfe auslöst, konnte jedoch bisher nicht bestätigt werden: Eine hohe Mg^{2+}-Konzentration im Körper durch entsprechende Supplementierung der Nahrung hat keine statistisch signifikante prophylaktische Wirkung auf die Ausbildung von Muskelkrämpfen.

12.2.4   Zusammenfassung

Das Axon eines Motorneurons verzweigt sich und bildet neuromuskuläre Endplatten mit zahlreichen Muskelfasern, wobei jede Muskelfaser synaptischen Eingang von nur einem Motorneuron erhält. Eine motorische Einheit besteht aus einem Motorneuron und allen Muskelfasern, die von diesem Motorneuron innerviert werden. Abhängig vom jeweiligen Muskel variiert die Anzahl der Muskelfasern in einer motorischen Einheit über drei Größenordnungen. Die Rekrutierung unterschiedlich großer motorischer Einheiten bestimmt maßgeblich die Präzision von Muskelbewegungen, indem sie eine übergangslose Anpassung der Kraftentwicklung ermöglicht.

Einzelne Muskelfasern unterscheiden sich im Grad ihrer Ermüdbarkeit, der wesentlich durch den Gehalt an Myoglobin, die Zahl der Mitochondrien und die Versorgungsdichte mit Kapillaren bestimmt wird. Langsame motorische Einheiten erzeugen relativ wenig Kraft, ermüden aber nicht und sind daher vor allem an Halteaufgaben beteiligt. Schnell ermüdbare motorische Einheiten kontrahieren mit hoher Geschwindigkeit und großer Kraftentwicklung, sind jedoch nicht ausdauernd. Dazwischen liegen schnelle, ermüdungsresistente motorische Einheiten.

Die Kontraktionszeit bezeichnet die Zeitdauer von der Auslösung eines Aktionspotenzials bis zur maximalen Kraftentwicklung in der Muskelfaser. Hier werden langsame ST-Fasern und schnellere FT-Fasern unterschieden. Im Gegensatz zur Herzmuskulatur ist bei der Skelettmuskulatur die Dauer eines Aktionspotenzials deutlich kürzer als die Dauer einer Einzelzuckung, was eine zeitliche Summation einzelner Kontraktionen erlaubt. Hohe Aktionspotenzialfrequenzen erzeugen so eine vollständige tetanische Kontraktion, in der der Muskel seine maximale Kraft ausüben kann.

Bei einer isometrischen Kontraktion bleibt die Muskellänge unverändert, während eine isotonische Kontraktion die Verkürzung des Muskels bei konstanter Kraftentwicklung bezeichnet. Die Kraftentwicklung eines Muskels hängt von seiner Vordehnung ab; sie entspricht der Summe aus aktiver Kontraktionskraft und passiver Dehnungskraft. Auf der Grundlage der Gleitfilamenttheorie bestimmt die Länge der Sarkomere das Ausmaß der Überlappung von dicken und dünnen Filamenten und somit die Möglichkeit der Ausbildung von Querbrücken. Bei einer optimalen Sarkomerlänge von etwa 2 μm wird die größte Kraft erzeugt, während sowohl eine Verkürzung als auch eine Verlängerung der Sarkomere die Kraftentwicklung verringert.

Ein Muskel kann nur dann Arbeit verrichten, wenn er Kraft entwickelt und sich gleichzeitig verkürzt. Die Kraftentwicklung ist proportional zur Querschnittsfläche einer Muskelfaser, während ihre Länge die mögliche Kontraktionsstrecke festlegt. Je größer das Volumen eines Muskels, desto mehr Arbeit kann er verrichten.

12.3   Spinale Mechanismen

Ein maßgeblicher Teil der motorischen Steuerung verläuft in spinalen Schaltkreisen, bestehend aus synaptisch miteinander verbundenen erregenden und hemmenden Interneuronen, die ihrerseits Motorneurone aktivieren oder inhibieren. Bereits auf der Ebene des Rückenmarks ermöglichen diese informationsverarbeitenden Prozesse sehr schnelle motorische Antworten auf plötzliche Lageänderungen des Körpers. Darüber hinaus automatisieren sie stereotype Verhaltensweisen, wie sie etwa bei verschiedenen Arten der Fortbewegung auftreten. Die Verlagerung relativ einfacher Motorprogramme, die auch ohne bewusste Steuerung ablaufen können, auf spinale Schaltkreise erlaubt schnellere Reaktionen und entlastet kortikale Verarbeitungskapa-

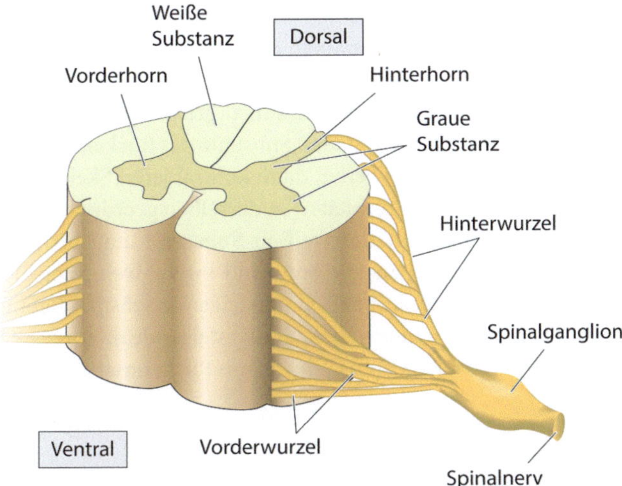

◘ **Abb. 12.12** Aufbau des Rückenmarks. Die graue Substanz des Rückenmarks besteht aus Zellkörpern, während die weiße Substanz von myelinisierten Fasertrakten gebildet wird. Die sensiblen Hinterwurzeln treten auf der dorsalen Seite ins Hinterhorn ein; ventral verlassen die motorischen Vorderwurzeln das Vorderhorn. Die segmental angeordneten Spinalnerven sind gemischte Nerven mit sensiblen und motorischen Anteilen (nach [3])

zitäten. Weiterhin „programmiert" das Gehirn bewusste komplexe Bewegungsfolgen, deren korrekte Ausführung mithilfe spinaler Reflexe durch negative Rückkopplungsschleifen kontrolliert wird.

Wir betrachten zunächst die Anatomie des Rückenmarks samt seiner sensorischen und motorischen Verbindungen zum restlichen Körper.

12.3.1 Aufbau des Rückenmarks

Das zum Zentralnervensystem gehörende Rückenmark ist segmental angeordnet, wobei aus jedem Segment links und rechts **Spinalnerven** austreten (◘ Abb. 12.12). Alle Somata der Nervenzellen befinden sich in der schmetterlingsförmigen **grauen Substanz** im Zentrum des Rückenmarks. Die Spinalnerven sind gemischte Nerven, bestehend aus afferenten bzw. sensiblen Fasern, die Informationen aus der Körperperipherie zum Rückenmark transportieren, und efferenten bzw. motorischen Fasern, die umgekehrt Motorkommandos in Form von Aktionspotenzialen an die Muskulatur senden. Kurz vor Eintritt in das Rückenmark verzweigen sich die Spinalnerven in eine dorsale und eine ventrale Wurzel, die auch als Hinter- und Vorderwurzel bezeichnet werden. Die **Hinterwurzeln** treten im Bereich des Hinterhorns ins Rückenmark ein, wo sie synaptische Kontakte mit den dort vorhandenen Interneuronen ausbilden. Die **Vorderwurzeln** hingegen, die sich aus den Axonen der Motorneuronen zusammensetzen, treten aus dem Vorderhorn aus. Die graue Substanz des Rückenmarks weist also unterschiedliche funktionelle Bereiche auf: Das Hinterhorn steht im Dienst der Sensibilität, während das Vorderhorn motorische Aufgaben übernimmt. Zwischen Vorder- und Hinterhorn liegt das Seitenhorn, das Zellen des vegetativen Nervensystems enthält.

Die Motorneurone im Vorderhorn sind **somatotopisch** angeordnet. *Somatotopie ist ein fundamentales Organisationsprinzip in Nervensystemen, das die Körperperipherie in geordneter*

Weise auf einen Neuronenpool abbildet. In einem Segment des Rückenmarks innervieren zur Mitte hin gelegene Motorneurone vor allem die Haltemuskulatur des Rumpfes, weiter seitlich liegende Neurone kontrollieren die oberen und unteren Extremitäten, während die Bewegung von Händen und Fingern von noch weiter außen gelegenen Motorneuronen gesteuert wird. Wenn wir in einem Querschnitt der grauen Substanz des Rückenmarks von innen nach außen hintereinander Motorneurone aktivieren, dann kontrahieren Skelettmuskeln von der Körpermitte bis in die Peripherie der Extremitäten in derselben geordneten Reihenfolge.

Die graue Substanz wird von der **weißen Substanz** umgeben; hierbei handelt es sich um Axonbündel von Nervenzellen, die aufgrund ihrer Myelinschicht weiß erscheinen. Die Rückenmarkbahnen werden funktionell in aufsteigende sensible Bahnen, die Informationen vom Rückenmark zum Gehirn übertragen, und absteigende motorische Bahnen unterteilt, die in umgekehrter Richtung Signale vom Gehirn zum Rückenmark leiten.[9]

12.3.2   Muskeldehnungsreflexe

Unter einem **Reflex** verstehen wir eine schnelle, unwillkürliche Reaktion des Organismus auf einen spezifischen Reiz. Bei gleicher Reizstärke laufen Reflexe unverändert ab. Reflexe basieren auf Regelkreisen, bestehend aus (1) einem Sensor in der Peripherie, (2) einer afferenten Bahn, (3) mindestens einem Neuron im Zentralnervensystem (meist im Rückenmark), (4) einer efferenten Bahn und (5) einem Effektorsystem (◘ Abb. 12.13a). Der monosynaptische Dehnungsreflex stellt das einfachste Beispiel für die Umwandlung eines sensorischen Signals in eine motorische Antwort dar. Die bekanntesten Dehnungsreflexe beim Menschen sind in der oberen Extremität der Bizepssehnenreflex und in der unteren Extremität der Kniesehnen- sowie der Achillessehnenreflex.

◘ Abb. 12.13b fasst die Ereignisse beim Muskeldehnungsreflex zusammen. Die passive Dehnung eines Muskels wird von sensorischen Neuronen registriert und in eine Sequenz von Aktionspotenzialen umgewandelt, deren Frequenz die jeweilige Reizstärke codiert. Die Zellkörper der sensorischen Neurone befinden sich nicht im Rückenmark, sondern in den Spinalganglien, einer Ansammlung von Nervenzellen auf beiden Seiten der Wirbelsäule. Die sensorischen Neurone sind vom pseudounipolaren Typ (► Abschn. 9.1.4): Ein peripheres Axon verläuft zur Muskelfaser, während ein zentrales Axon exzitatorische Synapsen mit Motorneuronen im Vorderhorn des Rückenmarks ausbildet. Infolgedessen wird ein Pool von Motorneuronen aktiviert und sendet Aktionspotenziale an die Muskelfasern der jeweiligen motorischen Einheit, die sich genau in dem Muskel befinden, der anfangs passiv gedehnt wurde. Wir sprechen daher auch von einem **Eigenreflex**. Durch die Kontraktion der Muskelfasern wird die Dehnung rückgängig gemacht und die ursprüngliche Muskellänge wiederhergestellt.

Der Muskeldehnungsreflex und seine Komponenten besitzen weitere wichtige Eigenschaften, die im Folgenden aufgelistet werden:

- Die Sensoren für die Muskellänge heißen **Muskelspindeln**. Sie werden in ► Abschn. 12.3.3 ausführlicher beschrieben.
- Bei den Axonen der sensorischen Neurone handelt es sich um **Ia-Afferenzen**, die mit über 100 m s^{-1} die höchsten Leitungsgeschwindigkeiten im menschlichen Körper auf-

[9] Anatomisch abgrenzbar sind Vorder-, Seiten- und Hinterstrangbahnen. Die wichtigsten sensiblen Bahnen verlaufen im Hinterstrang und im sensiblen Vorderseitenstrang, die wichtigste motorische Bahn ist die ebenfalls im Seitenstrang verlaufende Pyramidenbahn.

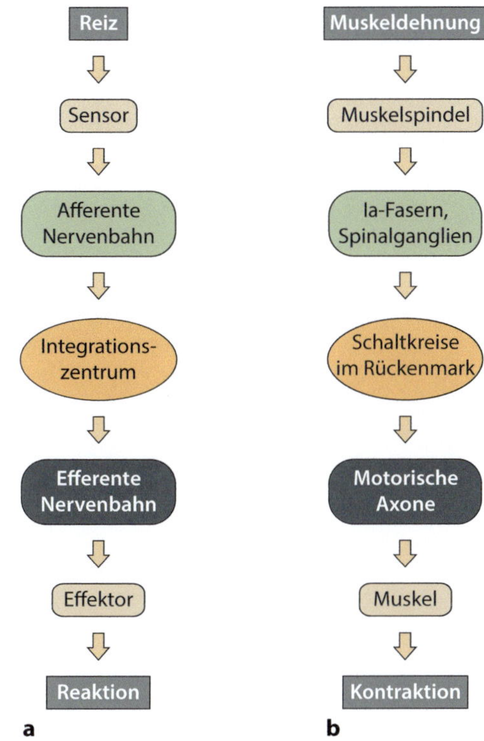

◘ Abb. 12.13 Komponenten eines Reflexbogens. **a** Allgemeiner Aufbau eines Reflexbogens. **b** Muskeldehnungsreflex

weisen.[10] Die hohe Geschwindigkeit der Signalübertragung ist Voraussetzung für eine schnelle Reaktion.

- Der Reflexbogen besteht nur aus zwei Nervenzellen – einem sensorischen Neuron und einem Motorneuron. Entsprechend ist nur eine Synapse an der Informationsübertragung innerhalb des Nervensystems beteiligt; wir sprechen daher von einem **monosynaptischen Reflex**.
- Die sensorischen Ia-Afferenzen bilden zusätzlich Synapsen mit hemmenden Interneuronen aus. Die inhibitorischen Interneurone hemmen ihrerseits Motorneurone, die antagonistische Muskelfasern aktivieren.[11] Diese Art der Verschaltung steigert die Effizienz des Reflexes, da eine Aktivierung antagonistischer Muskeln unterbunden wird.
- Die passive Dehnung eines großen Muskels aktiviert zahlreiche Muskelspindeln und jede Ia-Afferenz kontaktiert mehrere Motorneurone (Divergenz, ◘ Abb. 12.14a). Gleichzeitig konvergieren mehrere Ia-Afferenzen eines Muskels auf ein einziges Motorneuron (◘ Abb. 12.14b).[12] Die übliche Beschreibung eines monosynaptischen Reflexes wie in ◘ Abb. 12.13 stellt daher eine außerordentlich starke Vereinfachung dar.

---

[10] Die Kategorie Ia nach Lloyd und Hunt entspricht der Fasergruppe Aα nach Erlanger und Gasser (◘ Tab. 10.2).

[11] Da Muskelfasern nur aktiv kontrahieren, aber nicht wieder entspannen können, sind Muskeln in der Regel in entgegengesetzt wirkenden Paaren angeordnet (Beuger und Strecker bzw. Flexor und Extensor).

[12] Ein Motorneuron erhält insgesamt etwa 10.000 synaptische Kontakte, die von vielen Ia-Afferenzen, aber auch von hemmenden und erregenden Interneuronen stammen.

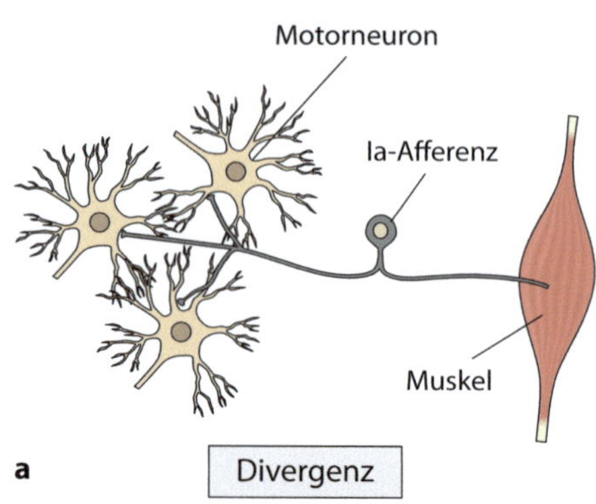

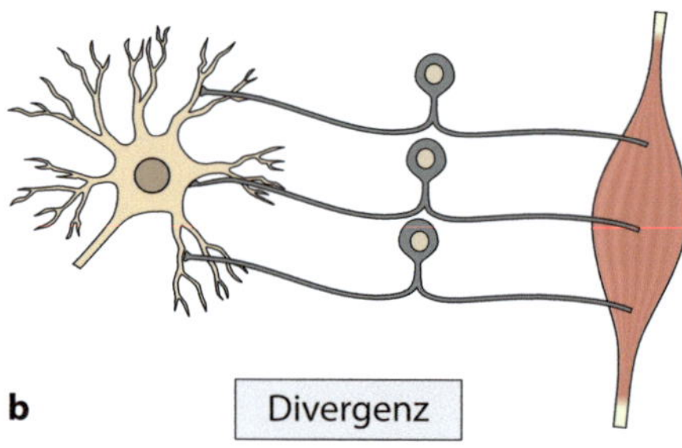

◻ Abb. 12.14 Divergenz und Konvergenz bei der sensorischen Muskelinnervation. **a** Divergenz. Ein sensorisches Neuron (Ia-Afferenz) kontaktiert zahlreiche Motorneurone. **b** Konvergenz. Informationen über die Muskellänge laufen mittels mehrerer sensorischer Afferenzen in einem Motorneuron zusammen

Der Muskeldehnungsreflex ist ein Beispiel für einen negativen Rückkopplungsmechanismus, der bei einer plötzlichen Änderung den Sollwert der Muskellänge wiederherstellt. Eine solche passive Dehnung verschiedener Muskelgruppen ist eine ständige Begleiterscheinung der Körperhaltung, insbesondere der aufrechten Haltung beim Menschen. Jede Verlagerung des Schwerpunkts führt zu einer Korrektur der Körperhaltung, die auf einer reflektorischen Muskelaktivität beruht. *Dehnungsreflexe sind Eigenreflexe, die der Lagestabilisierung und der Koordination von Bewegungen dienen.*

12.3.3 Muskelspindeln und α-γ-Koaktivierung

Muskelspindeln zählen zu den **Propriozeptoren**, eine zum somatosensorischen System gehörende Klasse von Sensoren, die Signale aus Skelettmuskulatur, Sehnen und Gelenken ans Zentralnervensystem übermitteln. Propriozeptoren sind für eine effiziente Bewegungskontrolle von außerordentlich großer Bedeutung, da sie das Gehirn mit Informationen über die Stellung und Lage von Extremitäten im dreidimensionalen Raum versorgen – eine zentrale Voraussetzung für die kortikale Programmierung von Bewegungen.

Ein Skelettmuskel besteht zum weitaus größten Teil aus sogenannten **extrafusalen Muskelfasern**, deren Kontraktion die eigentliche Muskelarbeit verrichtet. Darüber hinaus enthält ein Muskel **intrafusale Muskelfasern**, die sich anatomisch und funktionell von den extrafusalen

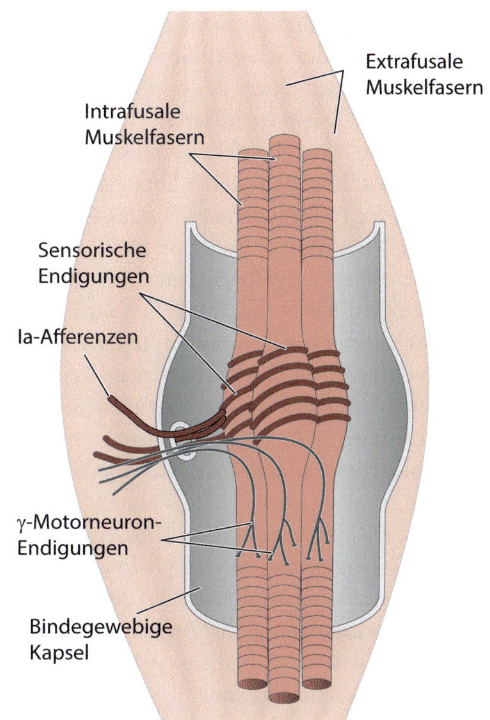

▣ Abb. 12.15 Aufbau einer Muskelspindel. Die von einer spindelförmigen Kapsel aus Bindegewebe umhüllten intrafusalen Muskelfasern liegen in paralleler Anordnung zu den extrafusalen Muskelfasern. Die zentralen Regionen der intrafusalen Fasern werden von sensorischen Endigungen der Ia-Afferenzen innerviert. An den kontraktilen Enden der intrafusalen Fasern bilden die Axonterminalien von γ-Motorneuronen neuromuskuläre Endplatten

Fasern unterscheiden.[13] Intrafusale Fasern besitzen nur an ihren Enden kontraktile Elemente, deren Verkürzung jedoch nicht zur Kraftentwicklung des Muskels beiträgt. Vielmehr bilden Gruppen von jeweils acht bis zehn intrafusalen Fasern eine **Muskelspindel**, die von einer bindegewebigen Hülle umgeben und parallel zu den extrafusalen Fasern ausgerichtet ist. *Aufgrund dieser parallelen Anordnung können Muskelspindeln Längenänderungen des Muskels registrieren.*

Der zentrale Bereich der intrafusalen Fasern wird durch axonale Endigungen von Ia-afferenten Fasern in Form einer spiraligen Umwicklung innerviert (▣ Abb. 12.15). Diese Nervenendigungen enthalten **Mechanosensoren**, die mechanische Kräfte in elektrische Signale umwandeln. Obwohl der Signaltransduktionsmechanismus im Einzelnen noch weitgehend unbekannt ist, geht man davon aus, dass mechanische Kräfte über ein elastisches Element – möglicherweise eine cytoplasmatische Domäne des Sensorproteins, die an Phospholipide oder an das Cytoskelett selbst gebunden ist – auf eine Kanalpore übertragen werden, die den Einstrom von Kationen ermöglicht [5]. Dadurch wird die Nervenendigung in Form eines **Rezeptorpotenzials** depolarisiert, das bei Überschreiten des Schwellenwerts eine Sequenz von Aktionspotenzialen im Axon des sensorischen Neurons auslöst. Die Aktionspotenziale werden in Richtung Zentralnervensystem weitergeleitet; ihre Frequenz codiert die Stärke des mechanischen Reizes.

---

[13] Morphologisch werden die intrafusalen Fasern hinsichtlich der Anordnung ihrer Zellkerne in Kernkettenfasern und in Kernsackfasern unterteilt. Beide Fasertypen unterscheiden sich auch funktionell: Kernsackfasern registrieren die Geschwindigkeit von Längenänderungen, während Kernkettenfasern eine kontinuierliche statische Dehnung erfassen.

Muskeldehnungsreflexe dienen vor allem der Stabilisierung der Körperhaltung. Jede unerwartete Verlagerung des Schwerpunkts löst eine passive Muskeldehnung und infolgedessen eine reflektorische Kontraktion des betroffenen Muskels aus, die das ursprüngliche Gleichgewicht wiederherstellt. Dabei registrieren Muskelspindeln eine plötzliche Längenänderung des Muskels, indem sie selbst ebenfalls gedehnt werden. Der zentralnervöse Anteil dieses Reflexbogens spielt sich ausschließlich auf der Ebene des Rückenmarks ab – der Bewegungsvorgang ist längst beendet, bevor Informationen über das Geschehen ins Bewusstsein gelangen.[14]

Neben dieser Verarbeitung von Lageinformationen auf einer unbewussten Ebene tragen die lokalen Schaltkreise des Rückenmarks auch zu einer bewussten Steuerung der Motorik bei. Zusätzlich zu dem bisher beschriebenen sensorischen Input aus der Körperperipherie enthalten spinale Schaltkreise einen großen Teil ihres synaptischen Eingangs über absteigende Bahnen aus dem Gehirn. *Die Schaltkreise des Rückenmarks dienen dabei der Feinsteuerung motorischer Programme.* Um diese Funktion erfüllen zu können, müssen die intrafusalen Muskelfasern so reguliert werden, dass sich ihre Länge gemeinsam mit der Länge der extrafusalen Fasern ändert. Nehmen wir an, ein Muskel kontrahiert; wenn sich die intrafusalen Fasern nicht ebenfalls verkürzen, sind sie im Verhältnis zum Muskel zu lang, sodass der zentrale Bereich erschlafft und seine Sensitivität verliert. *Die Innervation der intrafusalen Fasern an ihren kontraktilen Enden durch γ-Motorneurone ermöglicht eine Längenänderung der Fasern und damit eine aktive Anpassung an die jeweilige Länge des Muskels.*[15]

Ein Motorkommando des Zentralnervensystems aktiviert immer α- und γ-Motorneurone gemeinsam. Diese sogenannte **α-γ-Koaktivierung** ist von zentraler Bedeutung für die Regulation der Muskelkontraktion:

- Es wird sichergestellt, dass die Muskelspindeln gemeinsam mit der extrafusalen Muskulatur kontrahieren und so ihre sensorische Funktion kontinuierlich erfüllen können.
- Die Muskelspindeln kontrollieren, ob die eingesetzte Kontraktionskraft des Muskels für die zu hebende Last angemessen ist.

Wir wollen die letzte Funktion anhand zweier Fälle genauer betrachten. Nehmen wir zunächst an, dass ein sehr leichtes Gewicht, etwa ein Blatt Papier oder eine Zeitung, aufgehoben werden soll. Das Zentralnervensystem schätzt aufgrund anderer sensorischer Kanäle und der vorhandenen Erfahrungswerte das Gewicht des Objekts ab und erzeugt ein motorisches Kommando, das über absteigende Bahnen an die α- und γ-Motorneurone des Rückenmarks weitergegeben wird (◘ Abb. 12.16a). Extra- und intrafusale Fasern kontrahieren gleichzeitig. Dies führt einerseits zum Anheben des Gewichts, andererseits zu einer Entlastung der Muskelspindeln, die aufgrund ihrer Kontraktion weniger stark gedehnt werden. Entsprechend erzeugt die Ia-Afferenz der Muskelspindeln wenige bis gar keine Aktionspotenziale.

Im zweiten Beispiel gehen wir von einem deutlich schwereren Objekt aus, dessen Gewicht vom Gehirn unterschätzt wird (◘ Abb. 12.16b). Wiederum werden α- und γ-Motorneurone gemeinsam aktiviert; in diesem Fall reicht die Aktivität der α-Motorneurone jedoch nicht aus, um im Muskel so viel Kraft zu erzeugen, dass das Gewicht angehoben werden kann. In diesem Fall einer isometrischen Kontraktion verändern die extrafusalen Muskelfasern ihre Länge

---

[14] Bei allen derartigen Reflexen wird eine sogenannte Efferenzkopie aus dem Rückenmark an kortikale Regionen des Gehirns gesandt. Dadurch wird die Bewegung zwar im Nachhinein bewusst wahrgenommen, es handelt sich aber nicht um einen durch kortikale motorische Programme gesteuerten Bewegungsablauf.

[15] Bei den bisher beschriebenen Motorneuronen handelt es sich um α-Motorneurone. Sie innervieren extrafusale Fasern, während γ-Motorneurone Synapsen mit intrafusalen Fasern ausbilden. Beide Klassen von Motorneuronen befinden sich im Vorderhorn der grauen Substanz und beide verwenden den Neurotransmitter Acetylcholin.

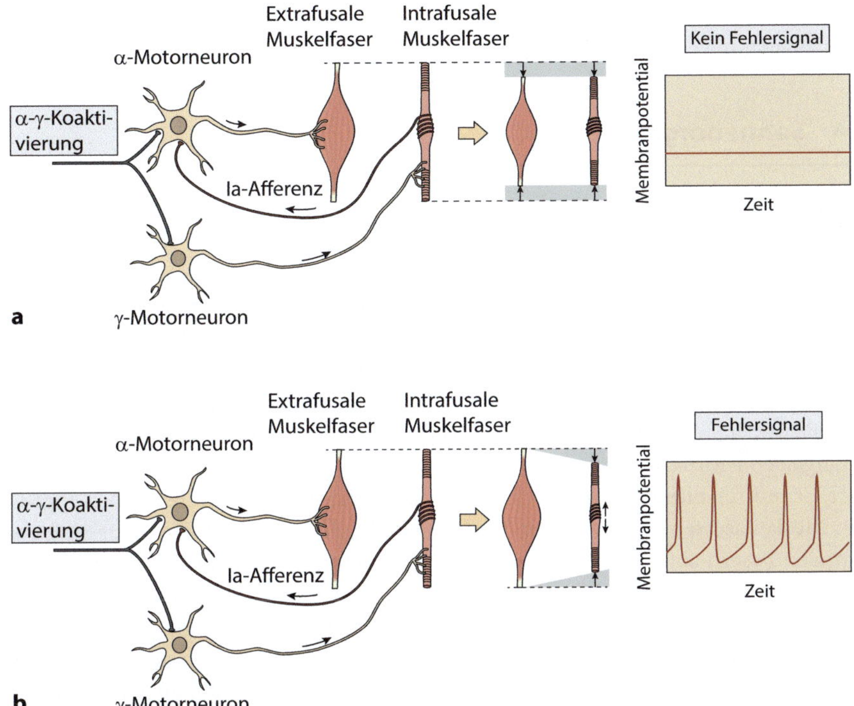

☐ **Abb. 12.16** Funktionelle Bedeutung der α-γ-Koaktivierung. **a** α- und γ-Motorneurone werden durch ein motorisches Programm zum Heben eines leichten Gewichts gemeinsam aktiviert. Infolgedessen kontrahiert die extra- und die intrafusale Muskulatur in gleichem Ausmaß. Die Dehnungsrezeptoren im zentralen Bereich der Muskelspindel werden daher nicht aktiviert und es entsteht kein Fehlersignal. **b** Wird ein schweres Gewicht unterschätzt, reicht die Kraftentwicklung des Muskels nicht aus, um die Last anzuheben. Die extrafusale Muskulatur kontrahiert daher nicht, während sich gleichzeitig die intrafusalen Muskelfasern aufgrund der Koaktivierung an ihren Enden verkürzen. Aufgrund der Kontraktion der intrafusalen Fasern resultiert eine Dehnung der zentralen Region, wodurch wiederum die Ia-Afferenzen aktiviert werden. Ein entsprechendes Fehlersignal wird in Form von Aktionspotenzialen ins Rückenmark und von dort in höhere motorische Zentren weitergeleitet, sodass das ursprüngliche Motorprogramm an das tatsächliche Gewicht der Last angepasst werden kann

nicht. Allerdings führt die Aktivierung der γ-Motorneurone zu einer Verkürzung der intrafusalen Fasern an ihren Enden, was wiederum eine Dehnung der zentralen Region und damit eine Aktivierung der dort vorhandenen Mechanosensoren zur Folge hat. *Die Salve von Aktionspotenzialen in der Ia-Afferenz dient als Fehlersignal, wobei die Aktionspotenzialfrequenz die Größe des Fehlers codiert.* Die Ia-Afferenz verschaltet im Rückenmark auf α-Motorneurone, die genau diejenigen extrafusalen Fasern ansteuern, die für das Anheben der Last verantwortlich sind. Diese zusätzliche Aktivierung rekrutiert weitere motorische Einheiten und ermöglicht eine Steigerung der Kraftentwicklung im Muskel, bis schließlich die Last angehoben werden kann.

Das letzte Beispiel zeigt, dass im Falle einer zentralnervösen Steuerung die vorhandenen Schaltkreise des Dehnungsreflexes zur Erzeugung eines Fehlersignals eingesetzt werden. Auf diese Weise wird die Ausführung eines motorischen Programms auf der Ebene des Rückenmarks überwacht und gegebenenfalls korrigiert. Die Mechanosensoren der Muskelspindeln können also auf zwei verschiedene Arten aktiviert werden: (1) durch Dehnung des Muskels selbst bei der reflektorischen Steuerung und (2) durch Kontraktion der intrafusalen Muskelfasern zur Erzeugung eines Fehlersignals.

12.3.4 Sehnenorgane

Sehnenorgane, auch als Golgi-Sehnenorgane bezeichnet, liegen im Bereich der Sehnen, nahe am Muskelansatz. Sie bestehen aus verzweigten, nichtmyelinisierten Nervenendigungen in einem Kollagengeflecht und sind von einer bindegewebigen Kapsel umgeben. **Ib-Afferenzen**, deren Zellkörper in den Spinalganglien lokalisiert sind, übertragen die Signale aus den Sehnenorganen ins Rückenmark. Im Gegensatz zur parallelen Lage der Muskelspindeln sind Sehnenorgane in Serie zu den extrafusalen Muskelfasern angeordnet. Daraus ergeben sich grundlegende Unterschiede in der Funktion dieser beiden Mechanosensoren in der Muskulatur: *Während Muskelspindeln Informationen über die Muskellänge ans Rückenmark weiterleiten, registrieren Sehnenorgane die Muskelspannung.*

Der Grund für dieses unterschiedliche Verhalten liegt in den mechanischen Eigenschaften der Muskelfasern im Vergleich zu den Sehnen. Bei einer passiven Dehnung reagieren die extrafusalen Fasern aufgrund der auseinander gleitenden Filamente mit einer Verlängerung, während die vergleichsweise starren Sehnenstrukturen ihre Länge kaum ändern. Daher werden die Muskelspindeln aktiviert, das Aktivitätsniveau der Sehnenorgane hingegen bleibt weitgehend konstant (◨ Abb. 12.17a).[16] Bei einer aktiven Kontraktion des Muskels kehren sich die Verhältnisse um. Die Muskelspindeln verkürzen sich zusammen mit dem Muskel und erzeugen daher kein Signal. Die vom Muskel generierte Kraft wird jedoch über die Sehnen auf das Skelett übertragen. Aufgrund der steigenden Spannung in den Sehnen verändert sich die Form des Kollagengeflechts, worauf die Sehnenorgane mit einer erhöhten Aktionspotenzialfrequenz reagieren (◨ Abb. 12.17b).

Die Aktivierung der Sehnenorgane ist Grundlage für den **Sehnenreflex**, dessen Effekt einem umgekehrten Dehnungsreflex entspricht. Ib-Afferenzen bilden synaptische Kontakte mit hemmenden und erregenden Interneuronen im Rückenmark aus (◨ Abb. 12.18). *Die inhibitorischen Interneurone hemmen Motorneurone desselben Muskels, während die exzitatorischen Interneurone Motorneurone des antagonistischen Muskels aktivieren.* Dieser negative Rückkopplungsmechanismus dient einerseits als Schutzreflex, um eine Überspannung des Muskels zu verhindern. Andererseits repräsentiert die gemeinsame Aktivität von Ia- und Ib-Afferenzen Muskellänge bzw. Muskelspannung und bildet damit insgesamt die Muskelsteifigkeit ab, die bei präzisen Zielbewegungen fortlaufend angepasst werden muss.

12.3.5 Polysynaptische Reflexe

Im Gegensatz zu den in ▶ Abschn. 12.3.2 besprochenen monosynaptischen Dehnungsreflexen, an denen nur zwei Neurone und eine Synapse beteiligt sind, besteht der Schaltkreis polysynaptischer Reflexe aus einer Kette miteinander verbundener Interneurone, die sich meist über mehrere Rückenmarksegmente erstrecken. Der **Beugereflex** ist ein polysynaptischer Fremd-

---

[16] Die Ib-Afferenzen zeigen unter Ruhebedingungen eine sogenannte Spontanaktivität, d. h., sie erzeugen kontinuierlich Aktionspotenziale mit einer relativ niedrigen Frequenz.

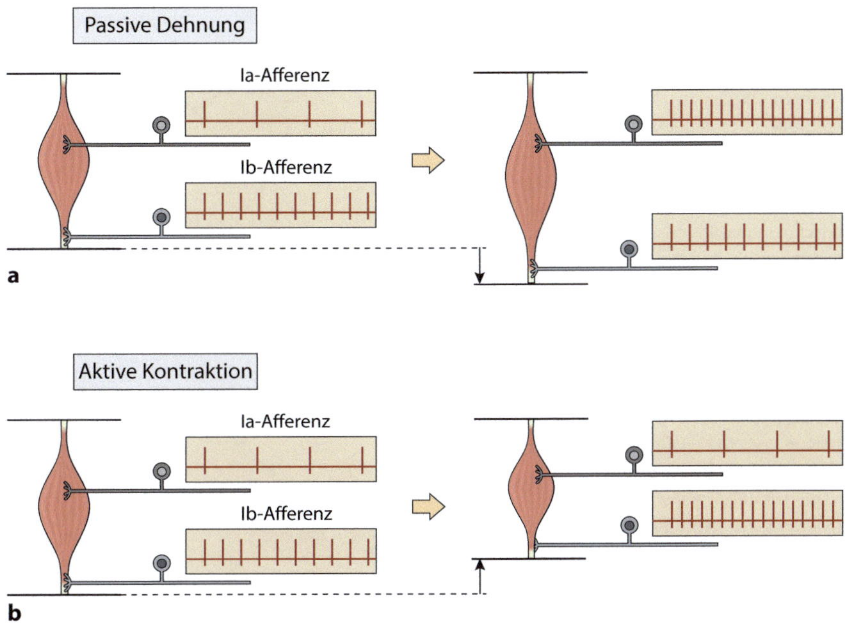

◘ Abb. 12.17 Reaktion von Muskelspindeln und Sehnenorganen auf eine Längenänderung des Muskels. **a** Bei einer passiven Dehnung des Muskels werden nur geringfügige Kräfte auf die rigide Sehnenstruktur ausgeübt. Daher ändert sich die Rate der Aktionspotenziale in der Ib-Afferenz nicht. Dagegen führt die Dehnung der parallel angeordneten Muskelspindeln zu einer Aktivitätssteigerung in den Ia-Afferenzen. **b** Eine aktive Kontraktion überträgt die Muskelspannung auf die Sehnen, was eine Deformation des Kollagengeflechts und eine Steigerung der Feuerrate in den Ib-Afferenzen zur Folge hat. Im Gegensatz dazu kontrahieren die intrafusalen Muskelfasern in gleichem Ausmaß wie der Muskel, sodass die Frequenz der Aktionspotenziale in den Ia-Afferenzen gleich bleibt

◘ Abb. 12.18 Schaltkreis des Sehnenreflexes. Ein Signal der Sehnenorgane wird von Ib-Afferenzen zum Rückenmark geleitet, wo die axonalen Endigungen synaptische Verschaltungen mit inhibitorischen und exzitatorischen Interneuronen ausbilden. Die inhibitorischen Interneurone hemmen Motorneurone, die den Muskel innervieren, aus dem das auslösende Signal stammt. Die exzitatorischen Interneurone aktivieren Motorneurone des antagonistischen Muskels. Im hier gezeigten Beispiel wird der Flexor gehemmt, während der Extensor kontrahiert, wodurch die Spannung in der Sehne des Flexors verringert wird

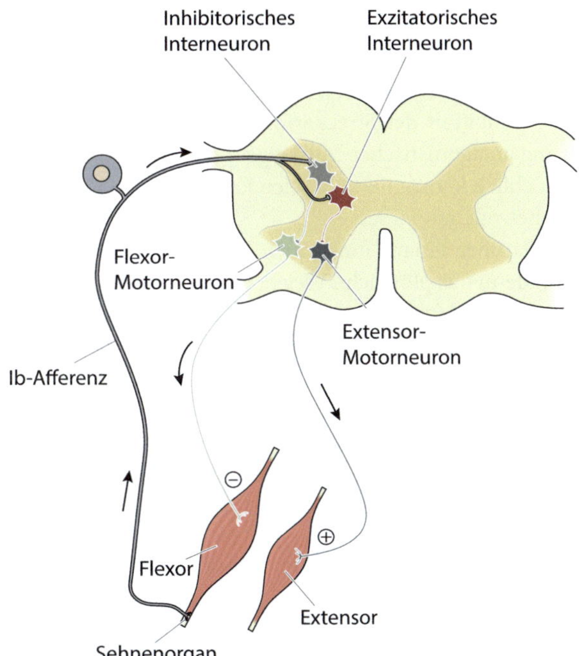

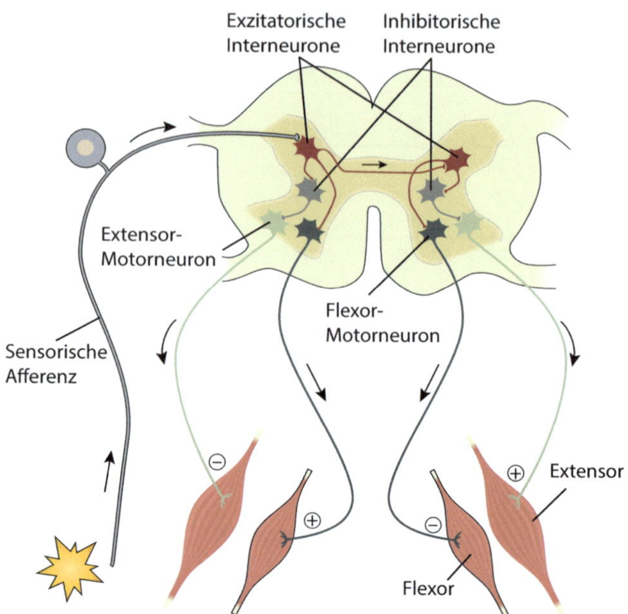

Abb. 12.19 Der gekreuzte Streckreflex als Beispiel für einen polysynaptischen Reflexbogen. Tritt auf der rechten Körperseite (*linke Hälfte der Grafik*) ein schmerzhafter Reiz auf, wird diese Information über sensorische Afferenzen ins Rückenmark weitergeleitet und auf exzitatorische und inhibitorische Interneurone verschaltet. Die daraus resultierende Hemmung von Extensormotorneuronen und Erregung von Flexormotorneuronen auf derselben Körperseite bewirken ein Wegziehen der betroffenen Extremität. Gleichzeitig kreuzen Axone die Mittellinie, verschalten auf Interneurone der Gegenseite und lösen dort ein spiegelbildliches Muster von Aktivierung und Hemmung der Motorneurone aus

reflex, der als wichtiger Schutzmechanismus dafür sorgt, dass ein Körperteil bei einer möglichen Schädigung sofort weggezogen wird.[17]

Wenn wir barfuß auf einen spitzen Stein oder eine Glasscherbe treten, ziehen wir den betroffenen Fuß sofort reflektorisch zurück, noch bevor der Schmerz bewusst wahrgenommen wird. Der mechanische Reiz wird in Form einer Aktionspotenzialsequenz codiert und gelangt über Afferenzen der Gruppen II, III und IV[18] ins Rückenmark, wo das Signal auf erregende und hemmende Interneurone verschaltet wird (■ Abb. 12.19). Die erregenden Interneurone aktivieren Motorneurone, die ihrerseits die Kontraktion der Beugemuskeln (Flexoren) auf derselben Körperseite verursachen. Gleichzeitig bewirken die hemmenden Interneurone eine Inhibition der Streckermuskulatur (Extensoren). Die reziproke Aktivierung und Hemmung antagonistischer Muskelgruppen stellt sicher, dass die Bewegung einer Extremität auch tatsächlich koordiniert ablaufen kann. Diese Hälfte des Reflexbogens ermöglicht das Anheben des betroffenen Fußes.

Darüber hinaus muss auch die andere Körperhälfte mit in den Reflex einbezogen werden, denn das plötzliche Wegziehen des Fußes verändert die Lagestabilität und erfordert eine Gewichtsverlagerung auf das andere Bein. Diese Koordination erfolgt ebenfalls als Teil des Beugereflexes, indem Axone erregender Interneurone auf die andere Seite des Rückenmarks kreuzen und dort ein spiegelbildliches Aktivierungsmuster der Motorneuronen auslösen. Die Aktivierung von Extensoren und Hemmung von Flexoren stabilisiert das andere Bein, sodass eine Verlagerung des Schwerpunkts auf die nichtbetroffene Seite erfolgen kann. In diesem Beispiel gewährleistet der **gekreuzte Streckreflex** eine stabile Körperhaltung; er hat aber außerdem eine große Bedeutung für Gangmotorik und Fortbewegung.

---

[17] Im Unterschied zum Eigenreflex sind bei einem Fremdreflex Sensor und Effektor in unterschiedlichen Organen lokalisiert.

[18] Die Einteilung in diese Gruppen erfolgt nach der jeweiligen Leitungsgeschwindigkeit. Dabei entsprechen der Fasertyp II der Kategorie Aβ, der Fasertyp III Aδ und der Fasertyp IV den unmyelinisierten C-Fasern (■ Tab. 10.2).

Normalerweise fallen uns Reflexe nur bei diagnostischen Untersuchungen auf, in denen sie weitgehend isoliert antagonistische Muskelpaare beeinflussen. Die bisherige Diskussion zeigt aber, dass Reflexe integrale Bestandteile weit umfangreicherer neuronaler Schaltkreise sind, in denen sie zentrale Aufgaben für die Halteökonomie und die Motorkoordination übernehmen.

12.3.6 Zentrale Mustergeneratoren

Das motorische Repertoire eines Organismus ist in der Regel nicht auf voneinander unabhängige Einzelbewegungen beschränkt, sondern besteht vielmehr aus Bewegungssequenzen, deren präzise zeitlich-räumliche Koordination für zielgerichtetes Verhalten essenziell ist.

Relativ gut untersucht sind stereotype oder periodische Bewegungen, wie sie etwa den Prozessen des Gehens, Fliegens oder Schwimmens zugrunde liegen. Diese stereotypen Bewegungsmuster basieren auf **zentralen Mustergeneratoren** (*Central Pattern Generator, CPG*) im Rückenmark. Dabei handelt es sich um Netzwerke miteinander verschalteter Interneurone und Motorneurone, die durch ein zeitlich wiederkehrendes Muster der Aktivierung von agonistischen und antagonistischen Muskelgruppen insgesamt eine gerichtete Bewegung produzieren. Diese periodische Aktivität wird ohne einen äußeren Zeitgeber erzeugt, d. h., die nach außen sichtbare Rhythmik ist entweder in den beteiligten Zellen selbst implementiert oder aber sie entsteht als emergente Eigenschaft eines neuronalen Netzes. Zentrale Mustergeneratoren werden aufgrund ihrer periodischen Aktivität auch als **Oszillatoren** bezeichnet.

Wir unterscheiden grundsätzlich zwei mögliche Mechanismen der Erzeugung periodischer Aktivität:

- **Schrittmacherneurone** (zelluläre Oszillatoren) erzeugen periodische Veränderungen ihres Membranpotenzials aufgrund ihrer spezifischen Ausstattung mit Ionenkanälen. Häufig zeigen Schrittmacherneurone ein sogenanntes bistabiles Membranpotenzial, das regelmäßig zwischen hyperpolarisierten und depolarisierten Phasen schwankt. Wenn die Depolarisation in Form eines Plateaupotentials länger andauert, werden in dieser Zeitspanne Salven von Aktionspotenzialen erzeugt (◘ Abb. 12.20a). Wir haben Schrittmacherneurone im Zusammenhang mit der Erzeugung des Atemrhythmus kennengelernt (▶ Abschn. 4.9.1).
- Die **reziproke Hemmung** basiert auf zwei oder mehr Neuronen, die inhibitorische Synapsen miteinander ausbilden (Netzwerkoszillatoren). Ein Netzwerkoszillator benötigt ein Startsignal in Form eines erregenden synaptischen Eingangs. Im einfachsten Fall hemmen sich zwei Neurone alternierend, wobei abwechselnd Aktionspotenzialsalven in den beiden Zellen ausgelöst werden (◘ Abb. 12.20b). Es muss allerdings entweder durch die intrinsischen Eigenschaften der Neurone oder aber durch einen äußeren Zeitgeber sichergestellt werden, dass die Aktivität tatsächlich alterniert – ansonsten hemmt das zuerst erregte Neuron kontinuierlich die nichterregte Nervenzelle. Fügen wir dem Netzwerk ein drittes Neuron hinzu, entsteht ein sogenanntes **Closed-Loop-Modell**, das ein dauerhaft stabiles Aktivitätsmuster aufweist (◘ Abb. 12.20c). Im gezeigten Beispiel erzeugt das Netzwerk die Sequenz 1 − 2 − 3 − 1 − 2 − 3 . . . , ohne dass eines der beteiligten Neurone selbst intrinsische rhythmische Aktivität aufweist. Netzwerkoszillatoren steuern antagonistische Muskelgruppen in den Extremitäten (Lokomotion, Flügelschlag) und im Rumpf (Schwimmbewegungen).

Zentrale Mustergeneratoren im Rückenmark koordinieren den vierfüßigen Gang von Wirbeltieren. Wenn die absteigenden motorischen Bahnen vom Gehirn zum Rückenmark durch-

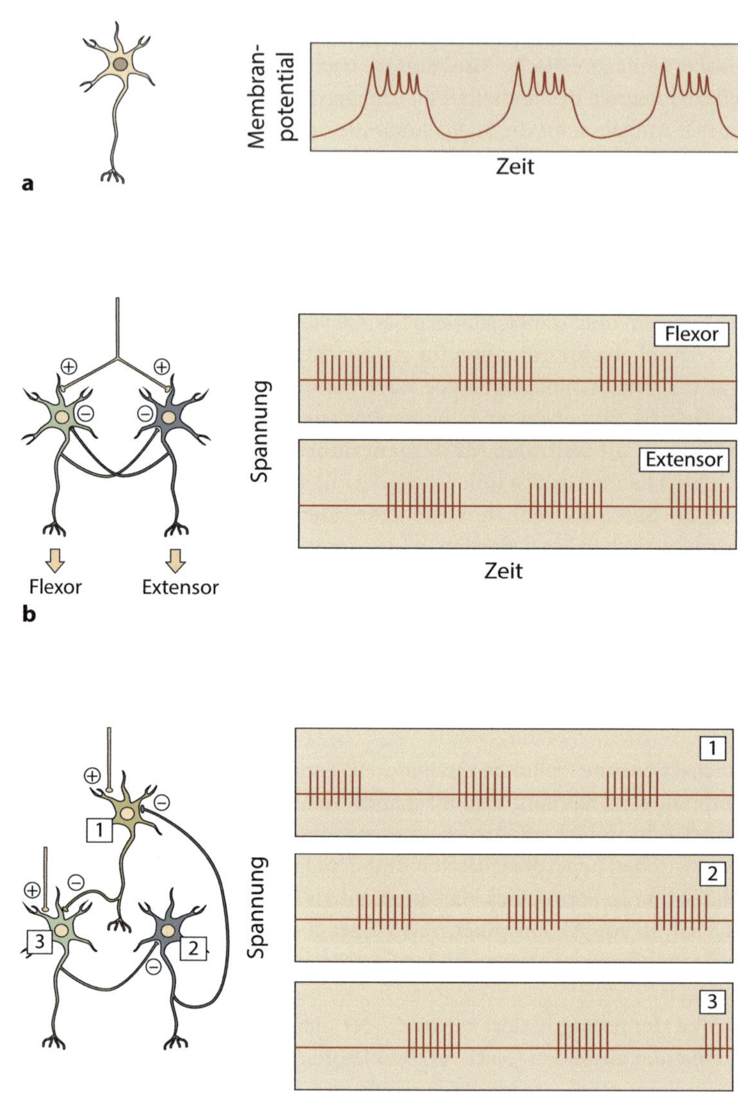

◻ Abb. 12.20 Modelle zentraler Mustergeneratoren. **a** Ein zellulärer Oszillator erzeugt einen periodischen Rhythmus, ohne synaptischen Eingang von anderen Zellen zu erhalten. Im hier gezeigten Beispiel fluktuiert das intrazellulär abgeleitete Membranpotenzial periodisch. Während der überschwelligen Depolarisationsphasen feuert die Zelle Salven von Aktionspotenzialen. **b** Bei der reziproken Hemmung sind zwei Neuronenpools durch inhibitorische Synapsen miteinander verknüpft, die ihrerseits Flexor- und Extensormuskeln innervieren. Aus dieser Verschaltung resultiert eine alternierende Aktivierung der beiden Muskelgruppen. **c** In diesem Closed-Loop-Modell eines Netzwerkoszillators sind drei Neuronenpools inhibitorisch miteinander verbunden. Durch Aktivierung von Zelle 1 wird Zelle 3 gehemmt und so die Blockierung von Zelle 2 aufgehoben. Die nun aktive Zelle 2 hemmt ihrerseits Zelle 1, wodurch die Hemmung von Zelle 3 entfällt. Diese regelmäßige Abfolge von Inhibition und Disinhibition erzeugt das periodische Muster $1 - 2 - 3 - 1 - 2 - 3$. Die *senkrechten Striche* in **a** und **b** stellen Aktionspotenziale dar

trennt sind, können Katzen immer noch weitgehend normale Gehbewegungen auf einem Laufband ausführen. Das Gehirn selbst ist demnach für die Koordination der Beinbewegung nicht notwendig; es löst jedoch über eine noradrenerge Projektion aus dem mesencephalen lokomotorischen Zentrum die oszillatorische Aktivität im Rückenmark aus.[19] Die Mustergeneratoren funktionieren prinzipiell auch ohne sensorisches Feedback – allerdings sind dann die Bewegungsabläufe sehr starr und unflexibel und können nicht adaptiv auf Hindernisse oder Unebenheiten im Gelände reagieren. Sensorische Rückmeldungen und die mit ihnen verbundenen Reflexbögen spielen daher eine wichtige Rolle in der Anpassung oszillatorischer Aktivitäten an die jeweiligen Gegebenheiten.

Komplexe stereotype Bewegungsabläufe werden durch mehrere Mustergeneratoren vermittelt, die synaptisch miteinander verbunden sind. So besitzen Salamander neben den Mustergeneratoren, die die Beine steuern, sogenannte Rumpfoszillatoren für wellenförmige Schwimmbewegungen. Die Stärke des mesencephalen Eingangs bestimmt, welche Mustergeneratoren jeweils dominieren und legt damit die Art der Fortbewegung fest [11]. In diesem Beispiel erfordert der Übergang vom Schwimmen zum Laufen – ein entscheidender evolutionärer Schritt in der Besiedlung terrestrischer Lebensräume – keine Befehle von höheren motorischen Zentren, sondern erfolgt auf der Ebene des Rückenmarks aufgrund der Interaktion der verschiedenen Mustergeneratoren.

12.3.7 Zusammenfassung

Das segmental angeordnete Rückenmark enthält in seiner grauen Substanz Motorneurone und Interneurone, die gemeinsam spinale Schaltkreise bilden. Obwohl diese Schaltkreise letztlich unter Kontrolle des Gehirns stehen, zeigen sie in der Vermittlung reflektorischer und stereotyper Bewegungsmuster ein hohes Maß an Unabhängigkeit.

Sensorische (afferente) Informationen aus der Körperperipherie gelangen über die Hinterwurzeln ins Hinterhorn des Rückenmarks, während motorische (efferente) Signale in Motorneuronen des Vorderhorns erzeugt werden und das Rückenmark über die Vorderwurzeln verlassen. Die Motorneurone sind somatotopisch angeordnet: Rumpfmuskulatur medial und Extremitäten distal. Die graue Substanz der Nervenzellen wird von der weißen Substanz umgeben, bei der es sich um myelinisierte Fasertrakte handelt, die in Form absteigender motorischer Bahnen vom Gehirn zum Rückenmark und als aufsteigende sensible Bahnen in umgekehrter Richtung verlaufen.

Ein Reflex ist eine schnelle, invariante Reaktion auf einen spezifischen Reiz. Beim monosynaptischen Muskeldehnungsreflex vermitteln Muskelspindeln über sensorische Bahnen Informationen über eine Dehnung des Muskels an Motorneurone, die ihrerseits den Muskel zur Kontraktion bringen. Sensorischer und motorischer Zweig dieses Reflexes sind nur durch eine einzige Synapse miteinander verbunden. Dieser negative Rückkopplungsmechanismus stellt die ursprüngliche Muskellänge wieder her und dient so der Lagestabilität und der Koordination von Bewegungen.

Die Mechanosensoren im Muskel bestehen aus intrafusalen Muskelfasern, die in Form von Muskelspindeln parallel zu den extrafusalen Fasern der Arbeitsmuskulatur angeordnet sind. Die Muskelspindeln können sowohl durch Dehnung des Muskels als auch durch ihre

---

[19] Das Mesencephalon (Mittelhirn) ist ein Teil des Hirnstamms. Dort befindet sich die *Formatio reticularis*, ein komplexes System verschiedener Kerne, das u. a. das mesencephale lokomotorische Zentrum enthält. Absteigende Bahnen aus der Formatio reticularis aktivieren Mustergeneratoren im Rückenmark.

Eigenkontraktion aktiviert werden. Nur die endständigen Regionen der intrafusalen Fasern sind kontraktil und werden von γ-Motorneuronen innerviert. Die α-γ-Koaktivierung bezeichnet die gleichzeitige Erregung von α- und γ-Motorneuronen durch ein zentrales motorisches Kommando. So wird beispielsweise bei einer Unterschätzung eines Gewichts ein Fehlersignal erzeugt, das die Kraftentwicklung der aktuellen Last anpasst.

In den Sehnen befinden sich Sehnenorgane, die in Serie zur extrafusalen Muskulatur angeordnet sind. Sehnenorgane registrieren die Spannung in der Sehne aufgrund einer aktiven Muskelkontraktion und wirken über den Sehnenreflex auf den Kontraktionszustand des Muskels zurück.

Polysynaptische Reflexe basieren auf einer Reihe hintereinander geschalteter Interneurone, die sich meist über mehrere Rückenmarksegmente erstreckt. Bei einem Kontakt mit einer potenziell schädigenden Quelle vermitteln der Beugereflex und der gekreuzte Streckreflex einen Schutzmechanismus, der ein Körperteil reflektorisch zurückzieht und gleichzeitig die Lagestabilität gewährleistet.

Stereotype, periodische Bewegungen werden durch die Aktivität zentraler Mustergeneratoren erzeugt, die in Form zellulärer Oszillatoren oder Netzwerkoszillatoren als modulare Schaltkreise in Gehirn und Rückenmark implementiert sind. Mustergeneratoren koordinieren weitgehend autonom stereotype Bewegungsfolgen, wie sie beispielsweise der Atmung oder verschiedenen Fortbewegungsarten zugrunde liegen. Eine übergeordnete Steuerung sowie eine flexible Anpassung erfolgen über motorische Signale aus höheren Hirnregionen bzw. aufgrund sensorischer Informationen aus der Körperperipherie.

12.4   Zentrale Kontrolle der Motorik

Obwohl die Mustergeneratoren und reflektorischen Schaltkreise in Rückenmark und Hirnstamm weitgehend unabhängig einfache motorische Programme implementieren, ist für koordinierte und flexible Bewegungssequenzen eine zentrale Steuerung und Kontrolle unbedingt erforderlich. Für motorische Aufgaben müssen Bewegungen und ihre genaue Abfolge geplant und angepasst werden. Darüber hinaus muss die korrekte und präzise Ausführung von Bewegungen – ihre Richtung und die Kontraktionsstärke aller beteiligten Muskeln – kontinuierlich sensorisch überwacht und gegebenenfalls durch Rückkopplungsmechanismen korrigiert werden. Für eine solche Steuerung ist eine exakte neuronale Repräsentation aller Muskeln im dreidimensionalen Raum und ihrer jeweiligen Stellung zueinander notwendig. Schließlich müssen Bewegungen zu einem bestimmten Zeitpunkt begonnen und auch wieder beendet werden können – bei gleichzeitiger Unterdrückung unwillkürlicher Muskelkontraktionen.

Diese außerordentlich komplexen Aufgaben erfordern die Aktivität mehrerer motorischer Zentren im Gehirn, die sensorische und motorische Informationen zeitlich und räumlich integrieren. Als Resultat dieser umfangreichen Signalverarbeitungsprozesse werden motorische Kommandos erzeugt, die präzise und zielgerichtete Bewegungen ermöglichen. Letztendlich laufen alle Steuersignale in den α-Motorneuronen des Vorderhorns zusammen – sie sind die entscheidende Schnittstelle zwischen Nervensystem und Muskulatur und stellen somit nach Charles Sherrington die „gemeinsame Endstrecke" der motorischen Steuerung dar [14].

Neben den lokalen Schaltkreisen in Hirnstamm und Rückenmark wird die Bewegungskontrolle durch drei weitere neuronale Systeme ausgeführt:

1. Motorneurone in **Cortex** und **Hirnstamm** bilden über absteigende Bahnen Synapsen mit Interneuronen in den Schaltkreisen des Rückenmarks aus.[20] α-Motorneurone werden seltener auch mithilfe einer direkten kortikalen Projektion ohne Beteiligung von Interneuronen angesteuert.

2. Komplexe Schaltkreise im **Cerebellum** (Kleinhirn) stehen nicht unmittelbar mit den α-Motorneuronen des Rückenmarks oder Hirnstamms in synaptischer Verbindung, sondern regulieren die Aktivität der „oberen" Motorneurone in Cortex und Hirnstamm.

3. Ein tief im Vorder- und Mittelhirn gelegener Komplex von Kernen, die sogenannten **Basalganglien**, sammelt Informationen aus annähernd allen kortikalen Bereichen und führt sie gezielt dem motorischen Cortex zu. Die Schaltkreise der Basalganglien bilden eine Schleifenstruktur, in denen der Ausgang wieder auf den Eingang zurückprojiziert.

In allen drei Systemen begründet die Art der Verschaltung die Möglichkeiten der Informationsverarbeitung und damit die jeweilige Funktion des Motorsystems bei der Erzeugung und Koordination von Bewegungen. Das Verständnis der zugrunde liegenden Mechanismen bleibt trotz detaillierter anatomischer und physiologischer Kenntnisse noch unvollständig. ◘ Abb. 12.21 fasst die an der Bewegungskontrolle beteiligten neuronalen Systeme zusammen.

12.4.1 Motorischer Cortex

Die Planung und Initiierung willkürlicher Bewegungen erfolgt im **Motorcortex**, einem vor der Zentralfurche gelegenen Teil der Großhirnrinde.[21] Der Motorcortex besteht aus dem (1) primären motorischen Cortex, dem (2) prämotorischen Cortex und (3) dem supplementärmotorischen Cortex. Die wichtigsten Projektionsneurone des Motorcortex sind die **Pyramidenzellen**, deren Axone über verschiedene absteigende Bahnen das Rückenmark erreichen.

Experimente von Wilder Penfield haben gezeigt, dass die elektrische Stimulation bestimmter Bereiche des **primären motorischen Cortex** immer die Kontraktion bestimmter Muskeln zur Folge hat. *Die Muskulatur des Körpers wird also in Form einer somatotopen Karte im primären motorischen Cortex abgebildet.* Es handelt sich jedoch weniger um eine Repräsentation einzelner Muskeln oder Muskelgruppen – daher ist auch die häufige Darstellung dieser somatotopen Karte in Form eines verzerrten Homunkulus außerordentlich irreführend. Vielmehr codiert die Aktivität einiger Pyramidenzellen die Kraft bzw. Änderungen der Kraft und die Aktionspotenzialfrequenz anderer Pyramidenzellen bestimmt die Richtung von Bewegungen. Statt einzelner Muskeln werden also Bewegungsstärke und Bewegungsrichtung codiert, was auf eine eher abstrakte Repräsentation der körpereigenen Muskulatur im primären motorischen Cortex hindeutet.

Der **prämotorische Cortex** liegt im Frontallappen unmittelbar rostral vor dem primären Motorcortex. Seine Ausgangsneurone beeinflussen die motorische Aktivität durch einen

---

[20] Die Motorneurone des Hirnstamms kommen in zwei unterschiedlichen funktionellen Schaltkreisen vor: (1) Lokale Schaltkreise im Hirnstamm dienen der reflektorischen Kontrolle der Kopf- und Halsmuskulatur. Sie entsprechen den Schaltkreisen des Rückenmarks und die Axone ihrer Motorneurone verlassen den Hirnstamm auf der Höhe des Kopfes bzw. Halses. (2) Darüber hinaus existieren weitere Motorneurone, die, in Nuclei organisiert, über absteigende Bahnen vor allem die Haltemuskulatur des Rumpfes steuern.

[21] Die Zentralfurche (Sulcus centralis) trennt den primären motorischen Cortex im Frontallappen vom somatosensorischen Cortex im Parietallappen und ist bei fast allen Säugern ausgeprägt.

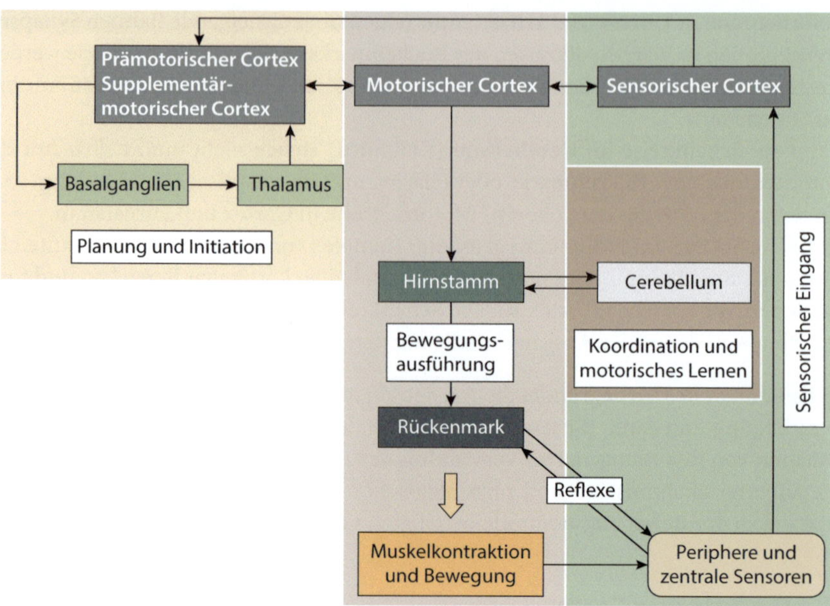

◘ Abb. 12.21   Neuronale Kontrolle der Motorik. Die Steuerung von Bewegungen wird von mehreren motorischen Zentren durchgeführt und enthält Rückkopplungsschleifen auf der Ebene der Basalganglien, des Cerebellums und des Rückenmarks. Der sensorische Eingang löst Bewegungen aus und gewährleistet einen kontinuierlichen Abgleich der tatsächlichen Bewegung mit dem ursprünglichen motorischen Programm

großen Anteil an Verschaltungen mit dem primären Motorcortex und über axonale Projektionen ins Rückenmark. Offensichtlich existiert also keine hierarchische Anordnung der motorischen Cortices, in der der prämotorische Cortex eine „höhere" Position einnimmt als der primäre Motorcortex. Zahlreiche Neurone im prämotorischen Cortex sind bereits vor dem eigentlichen Bewegungsbeginn aktiv – offensichtlich codieren diese Nervenzellen die Intention, eine bestimmte Bewegung auszuführen, jedoch nicht das eigentliche Motorprogramm selbst.

Weiterhin finden sich **Spiegelneurone** im prämotorischen Cortex von Primaten. Diese Neurone reagieren zwar auf eine bestimmte eigene Bewegung, sie werden aber ebenfalls aktiviert, wenn genau diese Bewegung bei einem anderen Primaten (auch bei einem Menschen) beobachtet wird. Spiegelneurone codieren offensichtlich eher das abstrakte Konzept von Bewegung als ihre tatsächliche Ausführung und sie spielen daher möglicherweise eine Rolle für motorisches Lernen durch Imitation.

Schließlich hat der **supplementärmotorische Cortex** mehr eine vorbereitende als eine exekutive Funktion für Bewegungen. Eine isolierte Schädigung dieses Teils des Motorcortex verursacht eine Bewegungsarmut (**Hypokinese**) bei unveränderter Kraftentwicklung der Muskulatur. In diesem Fall sind die für die Bewegungsplanung verantwortlichen Verbindungen zwischen dem supplementärmotorischen Cortex und den Basalganglien unterbrochen.

12.4.2   Cerebellum

Das **Cerebellum** oder Kleinhirn liegt auf der Höhe der Brücke (Pons) auf der dorsalen Seite des Hirnstamms und hat somit eine ideale Position, um Informationen aus den aufsteigenden sen-

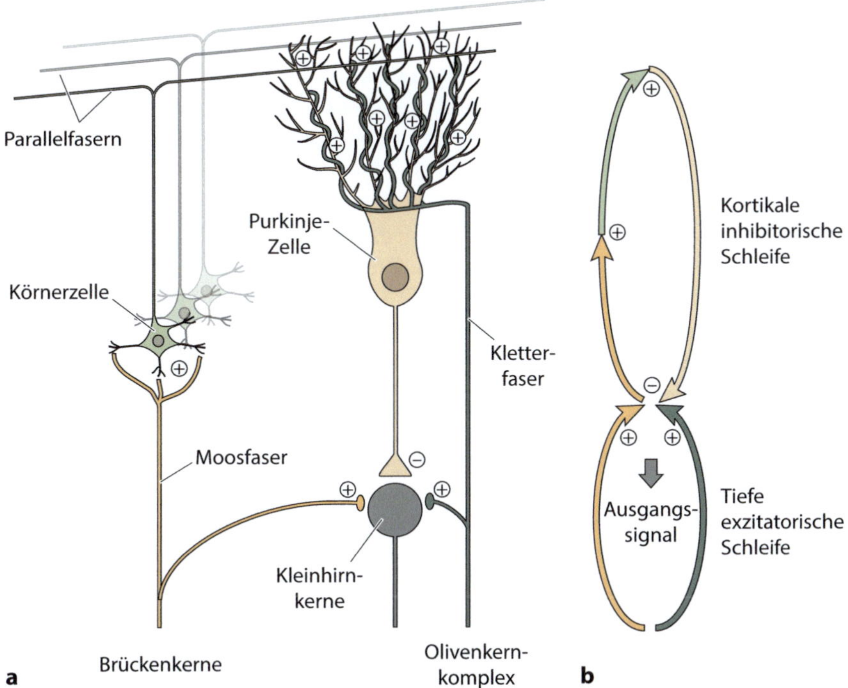

◘ Abb. 12.22 Exzitatorische und inhibitorische Verschaltungen im Cerebellum. **a** Purkinje-Zellen erhalten exzitatorische Signale von Kletterfasern und Parallelfasern. Eine Kopie dieser Signale wird gleichzeitig auf die tiefen Kleinhirnkerne übertragen, die ihrerseits einen inhibitorischen Eingang von den Purkinje-Zellen bekommen. Die Beiträge anderer Purkinje-Zellen und lokaler Interneurone sind nicht eingezeichnet. **b** Die tiefen Kleinhirnkerne und ihre aktivierenden Eingänge bilden eine exzitatorische Schleife in den tiefer gelegenen Schichten des Cerebellums, dessen Ausgangssignal von einer kortikalen inhibitorischen Schleife beeinflusst wird. ⊕ bezeichnet exzitatorische Synapsen, ⊖ inhibitorische Synapsen

sorischen Bahnen und den absteigenden motorischen Bahnen miteinander zu verrechnen. Für das Cerebellum relevante sensorische Signale umfassen vor allem Informationen über die Lage des Körpers im Raum, die durch den Gleichgewichtssinn, aber auch durch Propriozeptoren in Form von Muskelspindeln und Sehnenorganen vermittelt werden. *Das Cerebellum steuert nicht direkt Motorneurone im Rückenmark, sondern kontrolliert Bewegungen auf indirekte Weise, indem es Signale in den absteigenden motorischen Bahnen beeinflusst.*

Mit mehr als 50 Mrd. Neuronen besitzt das Cerebellum mehr Zellen als das Großhirn und weist etwa die Hälfte aller Zellen des gesamten Zentralnervensystems auf. Die meisten dieser Neurone befinden sich im hochgradig gefalteten **zerebellaren Cortex**, die restlichen sind in den **Kleinhirnkernen** lokalisiert. Die Kleinhirnkerne bilden den einzigen Ausgang des Cerebellums in andere Hirnregionen.

Das Cerebellum erhält seinen afferenten Eingang über zwei unterschiedliche Fasersysteme (◘ Abb. 12.22a):

1. **Kletterfasern** haben ihren Ursprung im Olivenkernkomplex der Medulla oblongata.[22] Jede Kletterfaser bildet zahlreiche Synapsen mit jeweils einer Purkinje-Zelle aus, den einzigen efferenten Neuronen des Kleinhirns.

---

[22] Der Olivenkernkomplex enthält Eingänge von wichtigen motorischen Zentren aus dem Rückenmark, dem Mittelhirn und dem Motorcortex.

2. Die vor allem aus den Brückenkernen stammenden **Moosfasern** verschalten mit exzitatorischen Synapsen auf sehr viele **Körnerzellen**, deren Axone bis zur Oberfläche des zerebellaren Cortex aufsteigen. Dort verzweigen sie sich t-förmig und bilden die sogenannten **Parallelfasern**, die ihrerseits exzitatorisch mit den Purkinje-Zellen verbunden sind. Jede Purkinje-Zelle erhält auf diese Weise einen erregenden synaptischen Eingang von etwa 100.000 Parallelfasern.

Purkinje-Zellen erhalten demnach zwei unterschiedliche erregende Eingänge, nämlich (1) über die Kletterfasern und (2) über die Parallelfasern. Die Purkinje-Zellen selbst verwenden GABA als Neurotransmitter, sodass der einzige Ausgang des Cerebellums inhibitorisch ist.

Eine weitere Ebene der motorischen Integration befindet sich in den Kleinhirnkernen. Dort werden die exzitatorischen Eingänge von Moosfasern und Kletterfasern mit dem hemmenden Input aus den Purkinje-Zellen verrechnet, wodurch letztlich eine Feinsteuerung motorischer Kommandos ermöglicht wird.

Die Schaltkreise innerhalb des Cerebellums sowie zwischen Cerebellum und Kleinhirnkernen sind deutlich komplexer als hier beschrieben. Wir fassen die Funktionsschleifen im Cerebellum sehr vereinfachend in der folgenden Liste zusammen (◨ Abb. 12.22b):

- Moos- und Kletterfasern aktivieren Neurone in den tiefen Kleinhirnkernen und bilden so die sogenannte **tiefe exzitatorische Schleife**.
- Signale von Moos- und Kletterfasern konvergieren gleichzeitig auf Purkinje-Zellen und werden dort verarbeitet.
- Die Purkinje-Zellen begründen eine Vorzeichenumkehr: Purkinje-Zellen reagieren auf den exzitatorischen Eingang mit einem inhibitorischen Ausgangssignal. Diese Signalintegration ist Grundlage für die sogenannte **kortikale inhibitorische Schleife**.
- Das Resultat der kortikalen inhibitorischen Schleife wird auf die tiefen Kleinhirnkerne zurückprojiziert und gelangt von dort in weitere motorische Areale des Gehirns.

Das Cerebellum ist das wichtigste Integrationszentrum des Gehirns für motorisches Lernen und für die Koordination von Bewegungen. Durch den kontinuierlichen Abgleich sensorischer Informationen mit dem aktuellen motorischen Output können mögliche Abweichungen in der Bewegungsausführung unmittelbar registriert und in Form eines Fehlersignals an motorische Areale in Cortex und Hirnstamm weitergegeben werden. Daher führen Schädigungen des Cerebellums zu unterschiedlichen Funktionsstörungen, die vor allem die Koordination und Präzision von Bewegungen betreffen. Bewegungen können zwar weiterhin ausgeführt werden, sie sind aber ungenau, wenig koordiniert und zudem durch ein beständiges Zittern begleitet, das sich meist in der Nähe des Bewegungsziels verstärkt. Dieser **Intentionstremor** spiegelt wahrscheinlich die Korrekturmaßnahmen des motorischen Cortex wider, der kompensatorisch die Funktion der Feinjustierung bei einem Ausfall des Cerebellums übernimmt.

Als Hauptsymptom infolge von Schädigungen des Kleinhirns treten Gleichgewichtsstörungen und Probleme bei der Koordination verschiedener Muskelgruppen im Rahmen komplexer Bewegungsabfolgen auf. Der normalerweise kontinuierliche Übergang von einzelnen Bewegungen ineinander geht verloren und die Bewegungen erscheinen ruckartig und abgehackt, zum Teil auch überschießend. In diesem Zusammenhang ist häufig die Spracherzeugung gestört, sodass sich Betroffene nur zögernd, unregelmäßig und ohne eine erkennbare Sprachmelodie artikulieren können. Alkohol und andere Substanzen mit sedativen Effekten, wie beispielsweise Barbiturate, wirken vor allem, aber nicht ausschließlich, auf das Kleinhirn, sodass die Symptome bei einer entsprechenden Intoxikation denen einer zerebellaren Läsion ähneln.

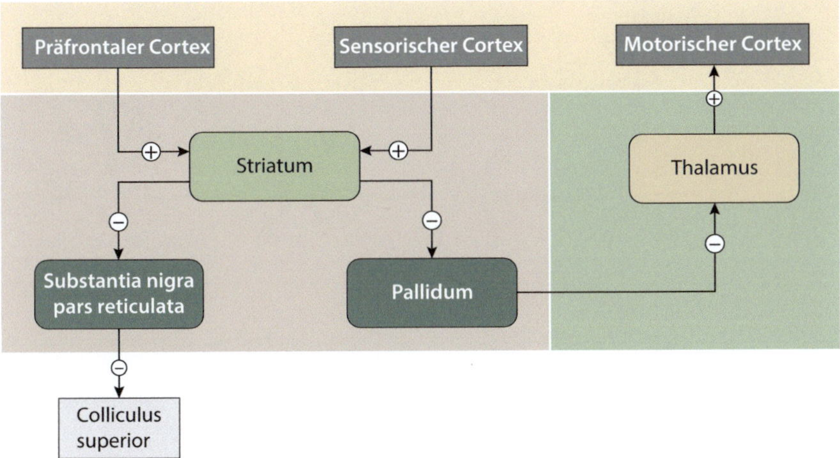

Abb. 12.23 Verschaltung der Basalganglien mit anderen Hirnregionen. Große Bereiche der Großhirnrinde senden exzitatorische Projektionen in das Striatum, von dem die Substantia nigra pars reticulata und das Pallidum gehemmt werden. Das Pallidum als wichtigste Ausgangsregion der Basalganglien hemmt Kernbereiche im Thalamus, die exzitatorisch mit dem motorischen Cortex verschaltet sind. Zwischen Eingang und Ausgang der Basalganglien sind zwei negative Synapsen hintereinander geschaltet. Die Projektion aus der Substantia nigra pars reticulata in den Colliculus superior dient der Steuerung sakkadischer Augenbewegungen

12.4.3 Basalganglien

Die Basalganglien im engeren Sinne bestehen aus zwei Kerngebieten im Vorderhirn: (1) dem **Striatum**, das sich aus dem **Nucleus caudatus** und dem **Putamen** zusammensetzt, und (2) dem **Pallidum** (Globus pallidus). Häufig wird die Definition auf den **Nucleus subthalamicus**[23] und die **Substantia nigra**[24] erweitert.

Das Striatum erhält vor allem exzitatorische Eingänge aus unterschiedlichen Regionen des Cortex, insbesondere aus dem präfrontalen Cortex im Frontallappen und dem sensorischen Cortex im Parietallappen (Abb. 12.23). Bei diesen kortikalen Regionen handelt es sich um **Assoziationscortices**, in denen bereits eine hochgradige Verarbeitung multimodaler Informationen stattgefunden hat, bevor sie synaptische Kontakte mit dem Striatum aufnehmen.[25] *Aufgrund dieser Verschaltung findet in den Basalganglien eine Integration von sensorischer und motorischer Information statt.*

Der Ausgang der Basalganglien über den Globus pallidus ist ähnlich wie der Output des Cerebellums inhibitorisch. Während die Basalganglien jedoch Signale aus fast allen Regionen des Cortex erhalten, projizieren sie hauptsächlich auf den motorischen Cortex. Diese Verschaltung verläuft über den Thalamus als Zwischenstation. Auf Grundlage der sensomotorischen Inte-

---

[23] Entwicklungsgeschichtlich gehört der Nucleus subthalamicus zum Zwischenhirn. Seine Schädigung kann zu unkontrollierten ballistischen Bewegungen führen.

[24] Die Substantia nigra ist ein Kernkomplex im Mittelhirn, der funktionell eng mit den Striatum verbunden ist.

[25] Im Gegensatz zu den primären sensorischen Cortices, die jeweils nur eine spezifische Sinnesmodalität verarbeiten, laufen in den Assoziationscortices die Informationen aus zahlreichen Sinneskanälen zusammen (multimodal). Hier werden beispielsweise visuelle mit olfaktorischen Sinneseindrücken verknüpft, sodass eine kohärente Wahrnehmung eines Objekts – etwa eine Rose mit ihrem charakteristischen Duft – resultiert.

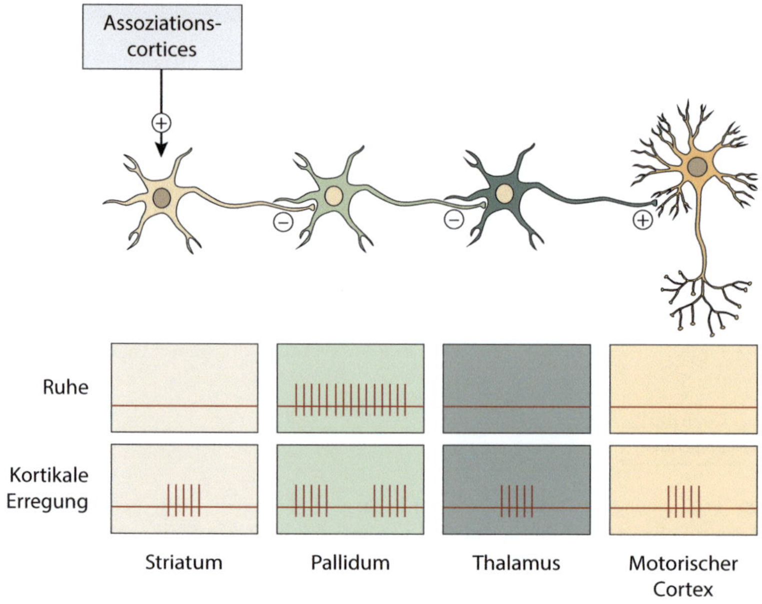

◘ Abb. 12.24 Disinhibierende Verschaltung zwischen Striatum und motorischem Cortex. Die Vorzeichen repräsentieren Erregung ⊕ und Hemmung ⊖. **a** Unter Ruhebedingungen erhält das Striatum keinen exzitatorischen Eingang von den Assoziationscortices. Infolgedessen zeigen striatale Neurone keine Aktivität, die Hemmung des Pallidums fällt weg und die Zellen dort sind kontinuierlich aktiv. Dadurch hemmen sie den Thalamus und indirekt den motorischen Cortex. **b** Durch vorübergehende exzitatorische Signale wird das Striatum aktiviert, hemmt während der Erregungsdauer das Pallidum, wodurch wiederum eine Disinhibition des Thalamus und damit eine Aktivierung des motorischen Cortex erzeugt wird. Die *senkrechten Striche* stellen Aktionspotenziale dar (nach [13]. Mit freundlicher Genehmigung von Oxford University Press.)

gration in den Basalganglien können so kortikale Motorprogramme initiiert und beeinflusst werden.

Eine zentrale Bedeutung in den Schaltkreisen der Basalganglien kommt der **Disinhibition** zu, die durch die Aufeinanderfolge zweier hemmender Synapsen implementiert wird. ◘ Abb. 12.24 fasst die Sequenz von Erregung und Hemmung am vereinfachten Fall einer 1 : 1-Verschaltung aufeinanderfolgender Neurone zusammen. Selbstverständlich sind an jedem Übertragungsschritt sehr viel mehr als die hier dargestellten Neurone beteiligt.

1. Kortikale Neurone bilden exzitatorische Synapsen mit Neuronen des Striatums aus. Eine Erregung der entsprechenden Cortexregionen verursacht eine Folge von Aktionspotenzialen im Striatum.
2. Das Striatum hemmt den Globus pallidus. Normalerweise zeigen Neurone des Globus pallidus Spontanaktivität; diese wird durch die striatale Hemmung vorübergehend unterbrochen. Während der kortikalen Erregung tritt also eine „Lücke" in der Spontanaktivität des Globus pallidus auf.
3. Globus pallidus und Thalamus sind ebenfalls inhibitorisch miteinander verbunden. Aufgrund der Spontanaktivität des Globus pallidus sind die thalamischen Neurone in Ruhe inhibiert. Fällt jedoch bei kortikaler Aktivität die Spontanaktivität zeitweilig aus, wird der Thalamus disinhibiert – also erregt – und erzeugt seinerseits Aktionspotenziale.
4. Der Thalamus projiziert mit exzitatorischen Synapsen auf den Motorcortex. Eine Erregung des Thalamus führt demnach zu einer Erregung im Motorcortex.

Was wird mit dieser komplexen Aufeinanderfolge erregender und hemmender Synapsen erreicht? Anschaulich formuliert fungieren die Basalganglien wie eine Art Tor, das zunächst geöffnet werden muss, damit der Motorcortex aktiviert werden kann. Unter Ruhebedingungen hemmt der Globus pallidus den Thalamus und damit auch den motorischen Cortex. In diesem Fall ist das Tor geschlossen und es werden unerwünschte oder spontane Bewegungen unterdrückt. Erst wenn aufgrund übergeordneter kortikaler Aktivität ein „Startsignal" gegeben wird, disinhibiert der Schaltkreis die beteiligten Neurone und die Motorprogramme des Cortex können ungehindert ablaufen.

Im Vergleich zum Cerebellum, das vor allem mit sensomotorischen Cortexregionen verschaltet ist, bekommen die Basalganglien ihren synaptischen Eingang vorwiegend aus multimodalen Assoziationsarealen der Großhirnrinde. Entsprechend unterschiedlich sind ihre Funktionen: *Eine Hauptaufgabe des Cerebellums besteht in der Koordination und Justierung von Bewegungen, während die Basalganglien Bewegungen beginnen oder beenden und an der Auswahl der für eine bestimmte Aufgabe passenden Bewegungssequenzen beteiligt sind.*

Neben den kortikalen Projektionen erhält das Striatum einen funktionell außerordentlich wichtigen dopaminergen Eingang aus der Substantia nigra. Der Neurotransmitter **Dopamin** wird in Zellen der sogenannten Pars compacta der Substantia nigra produziert und im Bereich des Striatums freigesetzt, wo er sowohl exzitatorische als auch inhibitorische Wirkungen vermittelt.[26] Auf diese Weise beeinflusst Dopamin nachhaltig die Integration kortikaler Eingänge im Bereich des Striatums.

Die Symptome der **Parkinsonkrankheit** beruhen auf einer Degeneration der dopaminergen Neurone in der Substantia nigra und einer daraus folgenden Verringerung der Dopaminkonzentration im Striatum. In diesem Fall ist der inhibitorische Einfluss der Basalganglien vergleichsweise erhöht, sodass eine verstärkte Hemmung von Thalamus und motorischem Cortex resultiert. Als unmittelbare Folge tritt eine **hypokinetische Bewegungsstörung** auf, bei der die Patienten Bewegungen nur langsam (Bradykinese) und mühevoll (Akinese) ausführen können. Die Betroffenen haben neben erhöhtem Muskeltonus und Ruhetremor zudem große Schwierigkeiten, eine Bewegung zu beginnen.

Degenerative Veränderungen der Basalganglien können auch die umgekehrte Symptomatik – eine **hyperkinetische Bewegungsstörung** – verursachen. Sie manifestiert sich pathologisch in Form der **Chorea Huntington**, einer autosomal dominant vererbten Erkrankung. Ein Überschuss repetitiver CAG-Tripletts im Gen für **Huntingtin** erzeugt ein Protein mit einer C-terminalen Anhäufung der Aminosäure Glutamin. Besonders betroffen sind inhibitorische Neurone im Striatum, die aufgrund der neurotoxischen Eigenschaften des mutierten Huntingtinproteins degenerieren. Der Verlust von striatalen Neuronen reduziert den inhibitorischen Einfluss der Basalganglien auf motorische Prozesse im Cortex und ruft so eine überschießende Erregung im Motorcortex hervor. Infolgedessen treten unkontrollierte und unwillkürliche Bewegungen auf, die auf einen Finger beschränkt sein können, sich jedoch häufig auch auf die Gesichtsmuskulatur und die Extremitäten erstrecken. Persönlichkeitsstörungen und kognitive Beeinträchtigungen bis hin zur Demenz deuten darauf hin, dass bei Chorea Huntington Gehirnfunktionen betroffen sind, die über rein motorische Verarbeitungsprozesse hinausgehen.

In ◘ Tab. 12.2 wird die neuronale Kontrolle der Bewegungsprozesse zusammengefasst.

---

[26] Erregung oder Hemmung hängt vom jeweiligen G-protein-gekoppelten Rezeptor ab (► Abschn. 11.3.1). D_1-Rezeptoren wirken exzitatorisch, D_2-Rezeptoren hingegen inhibitorisch.

Tabelle 12.2 Neuronale Kontrolle der Motorik

Region	Funktion	Eingang	Ausgang
Rückenmark	Spinale Reflexe, zentrale Mustergeneratoren	Sensoren in der Peripherie, absteigende Bahnen aus dem Gehirn	Hirnstamm, Cerebellum, Thalamus
Hirnstamm	Körperhaltung, Augenbewegungen	Cerebellum, Sensoren des visuellen Systems und Vestibularorgans	Rückenmark
Motorische Cortices	Bewegungsplanung und -koordination	Thalamus	Hirnstamm, Rückenmark, Cerebellum, Basalganglien
Cerebellum	Bewegungskontrolle, motorisches Lernen	Rückenmark, motorischer Cortex	Hirnstamm, motorischer Cortex
Thalamus	Synaptische Umschaltstation zum Cortex	Basalganglien, Cerebellum, Rückenmark	Cortex
Basalganglien	Planung und Initiierung von Bewegungen	Assoziationscortices	Motorischer Cortex, Hirnstamm

12.4.4 Zusammenfassung

Die α-Motorneurone in Rückenmark und Hirnstamm stellen die gemeinsame Endstrecke der motorischen Steuerung dar. Neben lokalen reflektorischen und oszillatorischen Schaltkreisen sind der motorische Cortex, das Cerebellum und die Basalganglien an der Initiierung, Kontrolle und Steuerung von Bewegungen beteiligt.

Der im Frontallappen liegende Motorcortex besteht aus dem primären motorischen Cortex, dem prämotorischen Cortex und dem supplementärmotorischen Cortex. Der primäre motorische Cortex ist somatotop organisiert und steuert komplexe Bewegungssequenzen, indem seine Ausgangsneurone, die Pyramidenzellen, über absteigende Bahnen entweder α-Motorneurone direkt aktivieren oder aber Interneurone lokaler Schaltkreise ansteuern. Der prämotorische Cortex codiert vor allem Bewegungsintentionen und enthält zudem Spiegelneurone, die bereits auf die Beobachtung einer bestimmten Bewegung reagieren und daher eher das Konzept „Bewegung“ repräsentieren als die Ausführung der Bewegung selbst. Der an der Bewegungsplanung beteiligte supplementärmotorische Cortex stellt möglicherweise eine Verknüpfung zwischen kognitiven und motorischen Prozessen her.

Das Cerebellum (Kleinhirn) ist das wichtigste sensomotorische Kontrollzentrum des Gehirns. Es verarbeitet sensorische und motorische Informationen in komplexen Schleifenstrukturen und dient der Koordination und Feinjustierung von Bewegungen sowie dem Lernen neuer motorischer Abläufe. Das Cerebellum enthält seinen Eingang durch Kletterfasern und Moosfasern und besitzt mit den Purkinje-Zellen ausschließlich inhibitorische Ausgangsneurone. Schädigungen des Cerebellums führen zu einem Verlust der Koordination und Präzision von Bewegungen.

Die Basalganglien bestehen aus mehreren Kernstrukturen, die sich im Vorderhirn (Striatum und Pallidum), im Zwischenhirn (Nucleus subthalamicus) und im Mittelhirn (Substantia nigra) befinden. Die Basalganglien erhalten hochgradig verarbeitete multimodale Signale aus unterschiedlichen Assoziationsregionen des Cortex als Grundlage für die Integration sensorischer und motorischer Informationen. Im Unterschied zum Cerebellum sind die Basalganglien an der Initiierung und Beendigung von Bewegungen und an der Auswahl passender motorischer Sequenzen beteiligt. Das Prinzip der Disinhibition – basierend auf einer Aufeinanderfolge zweier inhibitorischer Synapsen – ermöglicht den Basalganglien, unerwünschte oder spontan auftretende Bewegungen zu unterdrücken.

Die Parkinsonkrankheit und Chorea Huntington stellen zwei häufige degenerative Erkrankungen der Basalganglien dar. Im Verlauf der Parkinsonkrankheit sterben aus bislang unbekannten Gründen dopaminerge Neurone in der Substantia nigra ab, wodurch sich der inhibitorische Einfluss der Basalganglien auf motorische Prozesse erhöht. Daher können Bewegungen nur mit großer Mühe begonnen werden und sie laufen verlangsamt ab. Diese Symptomatik einer Bewegungsarmut wird als hypokinetische Bewegungsstörung bezeichnet. Bei Chorea Huntington hingegen handelt es sich um eine hyperkinetische Bewegungsstörung, die durch eine überschießende Erregung im motorischen Cortex und entsprechend unkontrollierte Bewegungsabläufe gekennzeichnet ist. Chorea Huntington wird durch eine autosomal dominante Mutation im Gen für Huntingtin hervorgerufen, die zum Absterben inhibitorischer Neurone im Striatum führt.

Literatur

1. Apps R, Garwicz M (2005) Anatomical and physiological foundations of cerebellar information processing. Nat Rev Neurosci 6:297–311
2. Åstrand PO, Rodahl K (1986) Textbook of Work Physiology: Physiological Bases of Exercise. 3. Aufl, McGraw-Hill, New York
3. Bear MF, Connors BW, Paradiso MA (2016) Neurowissenschaften. 3. Aufl, Springer, Heidelberg
4. Cattaneo E, Zuccato C, Tartari M (2005) Normal huntingtin function: an alternative approach to Huntington's disease. Nat Rev Neurosci 6:919–930
5. Delmas P, Hao J, Rodat-Despoix L (2011) Molecular mechanisms of mechanotransduction in mammalian sensory neurons. Nat Rev Neurosci 12:139–153
6. Dietz V (2002) Proprioception and locomotor disorders. Nat Rev Neurosci 3:781–790
7. Graziano M (2006) The organization of behavioral repertoire in motorcortex. Annu Rev Neurosci 29:105–134
8. Grillner S (2006) Biological pattern generation: the cellular and computational logic of networks in motion. Neuron 52:751–766
9. Hardy J (2010) Genetic analysis of pathways to Parkinson disease. Neuron 68:201–206
10. Hochachka PW, Somero GN (2002) Biochemical Adaptation. Oxford University Press, New York
11. Ijspeert AJ, Crespi A, Ryczko D, Cabelguen JM (2007) From swimmung to walking with a salamander robot driven by a spinal cord model. Science 315:1416–1420
12. Marder E, Calabrese RL (1996) Principles of rhythmic motor pattern generation. Physiol Rev 76:687–717
13. Purves D, Augustine GJ, Fitzpatrick D, Hall WC, LaMantia AS, White LE (2012) Neuroscience. 5. Aufl, Sinauer, Sunderland
14. Sherrington C (1947) The Integrative Action of the Nervous System. 2. Aufl, Yale University Press, New Haven

Sensorische Signalverarbeitung

Sensorische Systeme versorgen Organismen mit Informationen aus der Umwelt sowie aus ihrem Körperinneren, sodass sie letztlich ihr Verhalten flexibel an die jeweiligen Erfordernisse anpassen können. Dabei erfolgt eine Umwandlung der chemischen, mechanischen oder elektromagnetischen Energie eines Reizes in ein elektrisches Signal, das vom Nervensystem verarbeitet und weitergeleitet wird.

Die Umwandlung der Reizenergie in eine Spannungsänderung, das sogenannte **Rezeptorpotenzial**, wird als **Signaltransduktion** bezeichnet. Sie erfolgt auf molekularer Ebene aufgrund von Funktionsänderungen bestimmter **Rezeptoren**, die als Transmembranproteine in zelluären Membranen verankert sind. Die **Spezifität** für einen bestimmten Reiz wird durch die Art des Rezeptors festgelegt, die **Sensitivität** – also die Fähigkeit, unterschiedliche Intensitäten eines Reizes zu unterscheiden – hingegen durch den Mechanismus der Signaltransduktion und der nachfolgenden neuronalen Verschaltung.

Rezeptoren befinden sich in der Membran von **Sinneszellen** (Sensoren), in denen die eigentliche Signaltransduktion stattfindet. Die Effizienz der Energieumwandlung kann durch eine Erhöhung der Rezeptorzahl auf einer vergrößerten Membranoberfläche sowie mithilfe verstärkender intrazellulärer Signalwege wesentlich gesteigert werden.

Sinneszellen bilden meist zusammen mit anderen nichtneuronalen Zellen **Sinnesorgane**, deren wesentliche Funktion in einer Arbeitsteilung zwischen der Leitung des Reizes aus der Außenwelt zu den Sensoren und der Signaltransduktion besteht. So dient im Auge der Wirbeltiere der dioptrische Apparat der Weiterleitung von Lichtreizen bis hin zur Retina, wo die Photorezeptoren die elektromagnetische Strahlungsenergie in eine Spannungsänderung transformieren. *Reizleitung bezeichnet immer eine Weiterleitung des unveränderten physikalischen oder chemischen Reizes vor der Signaltransduktion; nach der Umwandlung in ein elektrisches Signal sprechen wir ausschließlich von Signalleitung.*

Sinnesorgane und alle mit ihrer Funktion verknüpften neuronalen Komponenten werden als **sensorische Systeme** bezeichnet. Entsprechend besteht das visuelle System der Wirbeltiere aus den Augen selbst und allen Regionen des Gehirns, die an der Verarbeitung visueller Informationen beteiligt sind.

Rezeptorpotenziale sind in der Regel Depolarisationen, die ihrerseits Aktionspotenziale auslösen – entweder in den Sinneszellen selbst oder aber in nachgeschalteten Neuronen. Die Reizstärke wird in Form der Aktionspotenzialfrequenz codiert: Je höher die Reizintensität, desto schneller folgen die Aktionspotenziale aufeinander. Da mit den Aktionspotenzialen nur eine Art von Signal für die Repräsentation zahlreicher Reizqualitäten (Sehen, Hören, Geruch, Geschmack usw.) zur Verfügung steht, stellt sich die Frage, wie ein Organismus zwischen diesen verschiedenen Reizen unterscheiden kann. Die Antwort liegt in einer präzisen Verschaltung zwischen Sinnesorgan und Gehirnregion. So werden beispielsweise Aktionspotenziale im visuellen Cortex als Veränderungen der Helligkeit interpretiert, diejenigen im auditorischen Cortex als Schall. *Allein die Art der aktivierten Rezeptoren und ihre neuronale Verschaltung bestimmen die Wahrnehmung der sensorischen Modalität eines Reizes.*

Das visuelle System

Andreas Feigenspan

© Springer-Verlag GmbH Deutschland 2017
A. Feigenspan, *Prinzipien der Physiologie*, https://doi.org/10.1007/978-3-662-54117-3_13

Schlüsselkonzepte

1. Die Evolution der Lichtwahrnehmung verläuft nach visuellen Aufgaben zunehmender Komplexität. Eine steigende Informationsmenge erfordert immer leistungsfähigere Nervensysteme.
2. Alle Formen der Lichtwahrnehmung sind für das von ihnen unterstützte Verhalten optimiert.
3. Die Entwicklung von Linsensystemen mit fokussierender Optik ermöglicht hochauflösendes räumliches Sehen.
4. Photorezeptoren absorbieren Photonen und wandeln die elektromagnetische Energie der Lichtquanten in ein zelluläres elektrisches Signal um.
5. Ziliare Photorezeptoren hyperpolarisieren auf einen Lichtreiz, während rhabdomerische Photorezeptoren depolarisieren. Die Amplitude dieses Rezeptorpotenzials codiert die Stärke des Lichtreizes.
6. Ein effizienter intrazellulärer Verstärkungsmechanismus ermöglicht die Detektion einzelner Photonen.
7. Die räumliche Auflösung von Komplexaugen entspricht der Anzahl ihrer Ommatidien, diejenige der Kameraaugen dem Durchmesser der Außensegmente ihrer Photorezeptoren.
8. Die Signalverarbeitung in der Retina beruht auf einer Dekonstruktion des visuellen Stimulus in seine grundlegenden Eigenschaften.
9. In höheren visuellen Zentren des Gehirns integrieren unterschiedliche signalverarbeitende Systeme Prozesse mit hoher zeitlicher und räumlicher Auflösung zu einem kohärenten Abbild der äußeren Welt.

» Vision is the process of discovering from images what is present in the world, and where it is.
David Marr

13.1 Vom Photorezeptor zum Auge

Grundsätzlich findet Evolution immer in dem Raum der Möglichkeiten statt, den die Naturgesetze eröffnen, und auch nur dann, wenn für die betroffenen Organismen aus Veränderungen ein Selektionsvorteil entsteht. Sensorische Funktionen stellen keine Ausnahme dar – die Evolution der Sinnesorgane und insbesondere diejenige des visuellen Systems ist untrennbar mit der Evolution von Bewegung und Verhalten verknüpft. Ob ein bestimmtes Verhalten mehr oder weniger erfolgreich ist, hängt von der Art und Menge der Informationen ab, die von den jeweiligen Sinnessystemen geliefert werden. Die Wahrnehmung von Licht und damit die Möglichkeit, Informationen auch aus größeren Entfernungen zu erhalten und zu verarbeiten, ist von zentraler Bedeutung für zahlreiche Organismen, einschließlich des Menschen. Größere Entfernungen bedeuten immer auch einen größeren Sicherheitsabstand und längere Reaktionszeiten. Die Evolution der Lichtsinneszellen (**Photorezeptoren**) ist ein unabhängiger Prozess, der vor der Evolution der Augen als komplexe Sinnesorgane stattgefunden hat.

Die wichtigste und wahrscheinlich älteste Eigenschaft visueller Systeme ist die Fähigkeit, Licht und Dunkelheit zu unterscheiden. Für diese Aufgabe sind zwei Komponenten essenziell:

1. lichtempfindliche Moleküle, die Lichtquanten absorbieren und ihre Energie in eine Konformationsänderung umwandeln,[1]
2. ein intrazellulärer Signaltransduktionsmechanismus, der die elektromagnetische Energie der Photonen in die elektrischen Signale des Nervensystems transformiert.

Aufgrund der geringen Energiemenge einzelner Lichtquanten muss die Signaltransduktion zudem eine wirkungsvolle Verstärkerfunktion erfüllen. *Für funktionelle Photorezeptoren werden also lichtempfindliche Moleküle und ein effizienter intrazellulärer Signalweg benötigt.*

Die von Augen gelieferte Informationsmenge geht weit über das hinaus, was einzelne Photorezeptoren leisten können – daher stellt die Evolution der verschiedenen Augentypen eine grundlegende Weiterentwicklung der Lichtwahrnehmung dar. Für die Konstruktion hochauflösender, abbildender Augen werden unterschiedliche Zelltypen mit ihren jeweils spezifischen Funktionen benötigt: Photorezeptoren und mit ihnen verknüpfte neuronale Schaltkreise, lichtbrechende Strukturen in Form von Linsensystemen, eine variable Blendenöffnung sowie Pigmentzellen zur Abschirmung. Die steigende Informationsmenge wird von einem zunehmend leistungsfähigeren und komplexeren Nervensystem verarbeitet, sodass die Evolution der Augen und die Höherentwicklung visueller Areale im Gehirn weitgehend parallel verlaufen.

13.1.1   Evolution von Photorezeptoren

Die zentrale Funktion von **Photorezeptoren** besteht in der Umwandlung elektromagnetischer Energie in ein elektrisches Signal innerhalb der Zelle. Bei einer Absorption von Photonen erfahren lichtempfindliche Moleküle eine Konformationsänderung, die über zahlreiche intrazelluläre Schritte zum Öffnen oder Schließen von Ionenkanälen und infolgedessen eine Spannungsänderung über der Membran des Photorezeptors bewirkt. Dabei umfasst das sichtbare Licht beim Menschen nur einen kleinen Ausschnitt des elektromagnetischen Spektrums mit Wellenlängen von 400 bis 750 nm, der bei anderen Organismen ins kurzwelligere Ultraviolett oder seltener ins langwelligere Ultrarot (Infrarot) verschoben sein kann.

Die Lichtempfindlichkeit basiert auf dem Photopigment **Retinal**, einem Aldehyd des Vitamins A_1, das wiederum aus der Spaltung von β-Carotin stammt – einem Bestandteil des Lichtsammelkomplexes photosynthetisch aktiver Organismen.[2] Lichtempfindliche Moleküle wurden also in der Entwicklung der Photorezeptoren nicht neu „erfunden", sondern vielmehr wurde mit einem Derivat des β-Carotins eine bereits vorhandene ähnliche Funktion in einem neuen Aufgabenbereich wiederverwendet. Aber erst die Kombination von Retinal mit einem Protein wie **Opsin** ermöglicht die Umwandlung der elektromagnetischen Energie in eine Konformationsänderung. Licht wirkt also auf ähnliche Weise wie ein Neurotransmitter bei der indirekten Signalübertragung (▶ Abschn. 11.3). Retinal und Opsin bilden gemeinsam einen funktionellen Lichtsensor, der als **Rhodopsin** bezeichnet wird. Unterschiedliche Isoformen der Proteinkomponente Opsin sind für die spektrale Empfindlichkeit von Photorezeptoren und damit für die Fähigkeit eines Organismus verantwortlich, Farben unterscheiden zu können.

Für die intrazelluläre Signalübertragung kommen die evolutionär sehr alten G-protein-gekoppelten Rezeptoren zum Einsatz, möglicherweise durch Umfunktionieren vorhandener Chemorezeptoren. Die chemischen Sinne sind wahrscheinlich die ältesten Sinnessysteme über-

---

[1] Lichtempfindliche Moleküle finden sich in fast allen Organismen (Prokaryonten, eukaryontische Einzeller, Pilze, Pflanzen und Tiere).
[2] Ein Mangel an Vitamin A führt u. a. zu einer Störung der Dunkeladaptation bis hin zur Nachtblindheit und tritt vor allem in den Entwicklungsländern auf. Als fettlösliches Vitamin muss Vitamin A zusammen mit anderen Lipiden aufgenommen werden, um physiologisch wirksam zu sein.

haupt, denn bereits Bakterien sind in der Lage, anziehende und abstoßende chemische Substanzen in ihrer Umgebung zu detektieren und mit einem entsprechenden Verhalten darauf zu reagieren.

Damit Photorezeptoren mit hinreichender Effizienz Photonen detektieren können, müssen die folgenden Bedingungen erfüllt sein:

- Eine **hohe Empfindlichkeit** ist Voraussetzung für das Sehen im Dunkeln und im Dämmerlicht (entsprechend Wassertiefen ab etwa 200 m). Hierzu müssen einzelne Photonen detektiert und in ein hinreichend großes elektrisches Signal umgewandelt werden. Membranstapel, die mit einer hohen Dichte lichtempfindlicher Moleküle ausgestattet sind, erhöhen die Wahrscheinlichkeit, dass ein Photon absorbiert wird. Außerdem potenziert eine mit den Lichtsensoren verknüpfte intrazelluläre Signalverstärkungskaskade das schwache Ausgangssignal millionenfach (Faktor 1 bis 2×10^6), sodass eine messbare Spannungsänderung im Photorezeptor resultiert.
- Für anspruchsvollere visuelle Aufgaben ist eine hohe Verarbeitungsgeschwindigkeit der kontinuierlich eingehenden Informationen erforderlich. Viele Transportvorgänge in den Photorezeptoren basieren auf Diffusionsprozessen, die nur über sehr kurze Entfernungen schnell genug ablaufen. Das Prinzip der **Kompartimentierung** – die Einteilung der Photorezeptoren in kleine, semiautonome Einheiten – gewährleistet kurze Diffusionsstrecken und somit schnellere Reaktionsgeschwindigkeiten.
- 11-cis-Retinal wird durch die Absorption eines Photons in All-trans-Retinal umgewandelt, kann aber in dieser molekularen Form keine weiteren Photonen im Rahmen der Signaltransduktion absorbieren (▶ Abschn. 13.4). Die Rückwandlung in 11-cis-Retinal ist daher eine unabdingbare Voraussetzung, um die Funktion der Photorezeptoren dauerhaft aufrechtzuerhalten. Diese Umwandlung erfolgt entweder mittels Licht einer anderen Wellenlänge (**Photokonversion**) oder aber durch die enzymatische Aktivität eines modifizierten Opsins (**Photoisomerase**).

Entwicklungsgeschichtlich stammen Photorezeptoren von zilientragenden Epithelzellen ab, denen das zentrale Mikrotubuluspaar fehlt. Sie differenzieren in ziliare und rhabdomerische Lichtsinneszellen, die sich hinsichtlich der Anordnung ihrer Membranstapel und ihrer Transduktionsmechanismen unterscheiden. Wirbeltiere besitzen weitgehend einheitlich ziliare Photorezeptoren, während Arthropoden vor allem rhabdomerische Lichtsinneszellen aufweisen.[3] Ansonsten ist aber kein Muster der Verteilung der Photorezeptortypen auf die verschiedenen Tierstämme erkennbar.

13.1.2 Evolution von Augen

Die Evolution der Lichtwahrnehmung kann als eine Folge von visuellen Aufgaben zunehmender Komplexität beschrieben werden (◑ Abb. 13.1). Bei jedem Übergang von einer Stufe zur nächsten wird das Leistungsspektrum durch evolutionäre Innovationen erweitert:
1. Wahrnehmung der Umgebungshelligkeit,
2. Detektion der Lichtrichtung,
3. räumliches Sehen mit geringer Auflösung,
4. räumliches Sehen mit hoher Auflösung.

---

[3] Möglicherweise lassen sich die lichtempfindlichen Ganglienzellen in der Retina der Säuger auf rhabdomerische Photorezeptoren zurückführen (▶ Abschn. 13.6.1).

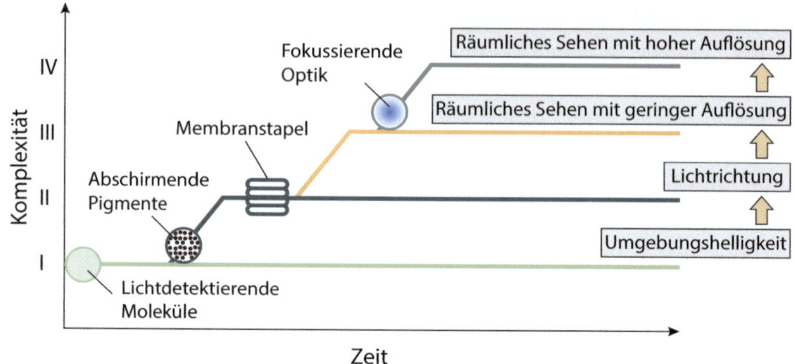

◘ Abb. 13.1   Schematische Darstellung der Evolution visueller Aufgaben auf einer Skala ansteigender Komplexität. Klasse-I-Aufgaben beinhalten die Detektion von Licht und Dunkelheit, Klasse-II-Aufgaben schließen das Erkennen der Lichtrichtung ein. Membranstapel ermöglichen eine verbesserte Lichtausbeute (Klasse-III-Aufgaben), die durch die Entwicklung einer fokussierenden Optik schließlich hochauflösendes Sehen ermöglicht (Klasse-IV-Aufgaben). Linsen- und Komplexaugen repräsentieren grundsätzlich unabhängig voneinander entstandene Übergänge von Klasse II nach Klasse III (nach [7])

◘ Abb. 13.2   Hypothetische lichtempfindliche Zelle. Diese ursprüngliche Lichtsinneszelle enthält in ihrer Plasmamembran lichtempfindliche Moleküle und Ionenkanäle, die über eine intrazelluläre Signalkette miteinander verknüpft sind. Die Absorption von Photonen verursacht eine Veränderung des Membranpotenzials der Zelle. Es liegt keine regionale Spezialisierung verschiedener Zellbereiche vor, da der Lichteinfall grundsätzlich aus allen Richtungen erfolgen kann

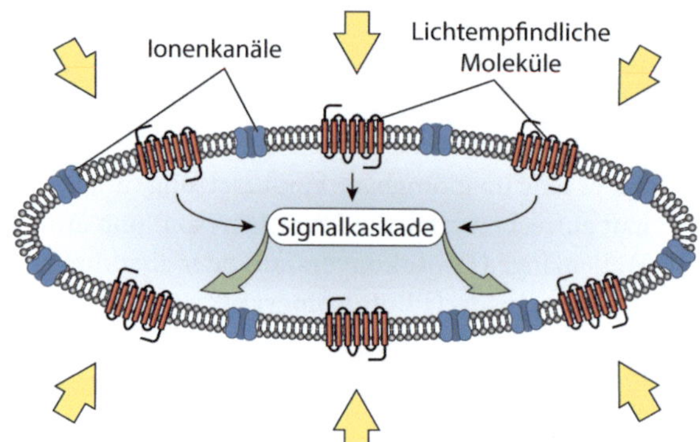

Am Anfang der visuellen Evolution steht die **Wahrnehmung der Umgebungshelligkeit**. Für diese grundlegende Aufgabe sind lichtempfindliche Moleküle in der Plasmamembran, ein Signaltransduktionsmechanismus sowie die Regeneration des Retinals erforderlich. Licht kann grundsätzlich aus allen möglichen Richtungen auf eine Zelle fallen, sodass Lichtsignale unabhängig von ihrer Richtung verarbeitet werden (◘ Abb. 13.2). Die richtige Einschätzung der Umgebungshelligkeit hat für einen einfachen Organismus eine Reihe von Vorteilen: (1) Synchronisation einer circadianen Rhythmik mit der Tageslänge[4], (2) Messung der Wassertiefe, (3) Warnung vor energiereicher und potenziell schädigender UV-Strahlung und (4) Detektion von Schatten.

Die Umgebungshelligkeit variiert von einem sonnigen Tag bis hin zu einer mondlosen Nacht mit bedecktem Himmel insgesamt über etwa neun Größenordnungen. Bei Wasserbewohnern hat zusätzlich die Wassertiefe einen wesentlichen Einfluss auf die Lichtintensität (Verringerung um 1,5 Größenordnungen pro 100 m, ab 600 m Dunkelheit). Für wasserlebende

---

[4] Der Wechsel der Lichtintensität in einem Rhythmus von 24 Stunden ist für viele Organismen relevant. So werden aufgrund einer circadianen Rhythmik vertikale Bewegungen in einer Wassersäule ausgeführt, um optimale Bedingungen für Photosynthese, Beutesuche o. Ä. zu erreichen.

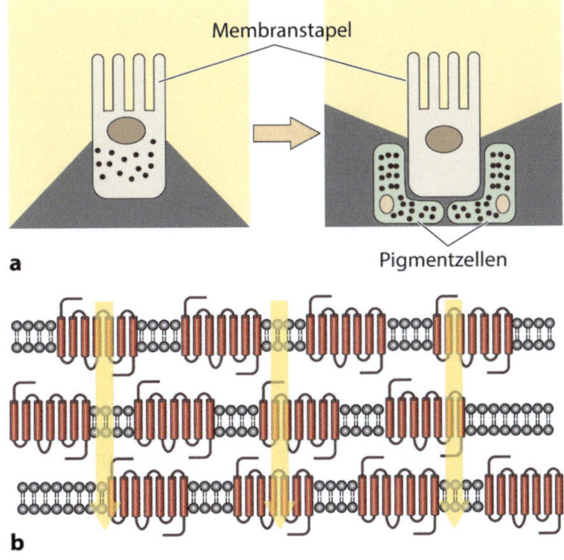

◘ Abb. 13.3 Funktionelle Bedeutung abschirmender Pigmente und Membranstapel. **a** Pigmente kommen entweder in den lichtempfindlichen Zellen selbst oder aber in benachbarten Zellen vor. Je kleiner der Winkel des einfallenden Lichts, desto exakter kann die Lichtrichtung bestimmt werden. **b** Membranstapel mit lichtempfindlichen Molekülen erhöhen die Wahrscheinlichkeit der Absorption von Photonen im Vergleich zu einer einzigen Membranschicht

Organismen sind Änderungen der Lichtintensität mehrdeutig, da sie sowohl durch die Wassertiefe als auch durch den tageszeitlichen Sonnenstand oder eine Wolkendecke verursacht werden können. Die spektrale Zusammensetzung des Lichts wird jedoch auf unterschiedliche Weise von einer Wasserschicht oder der Tageszeit beeinflusst. Daher ermöglicht die Evolution von Photopigmenten mit spektralen Empfindlichkeitsunterschieden eine gleichzeitige Einschätzung von Wassertiefe und Sonnenstand.

Für die Wahrnehmung der Umgebungshelligkeit sind noch keine spezialisierten Photorezeptoren erforderlich – gemessen wird die absolute Lichtmenge, die auf einen Organismus fällt. Entsprechend der Geschwindigkeit, mit der sich die Lichtintensität im Laufe des Tages ändert, arbeitet dieses System zwar vergleichsweise langsam, ist aber auch bei geringen Lichtintensitäten noch außerordentlich zuverlässig.

Eine Weiterentwicklung dieser ursprünglichen Aufgabe besteht in der **Detektion der Lichtrichtung**. Die Lichtrichtung enthält wichtige Informationen über die Umgebung und verschafft denjenigen Organismen, die diese Informationen für ihr Verhalten nutzen können, einen Selektionsvorteil. Zentrale Funktionen dieses Aufgabentyps beinhalten die Phototaxis[5] und die Orientierung des Körpers im Raum.

Zur Detektion der Lichtrichtung müssen die lichtempfindlichen Moleküle an Photorezeptoren gebunden vorliegen und der Lichteinfall muss teilweise abgeschirmt werden, wozu dunkle Farbstoffe (Pigmente) erforderlich sind. Pigmente als Schutz vor kurzwelliger UV-Strahlung existierten schon lange vor der Evolution der Lichtdetektion (z. B. Melanin). *Durch Synthese und Einbau von Pigmenten in Photorezeptoren oder benachbarten Zellen wird ein mehr oder weniger großes Segment des einfallenden Lichts abgeschirmt, sodass die Körperposition im Verhältnis zur Lichtquelle bestimmt werden kann.* Die Größe der verbleibenden Öffnung fungiert wie eine Blende und legt die Genauigkeit der Richtungsmessung fest (◘ Abb. 13.3a).

Dieser neue Aufgabentyp erfordert tief greifende Veränderungen der Eigenschaften von Photorezeptoren. Nicht mehr die langsam variierende absolute Lichtintensität wird verarbeitet,

---

[5] Phototaxis bezeichnet die durch Licht induzierte gerichtete Bewegung eines frei beweglichen Organismus, entweder auf die Lichtquelle zu (positive Phototaxis) oder von ihr weg (negative Phototaxis).

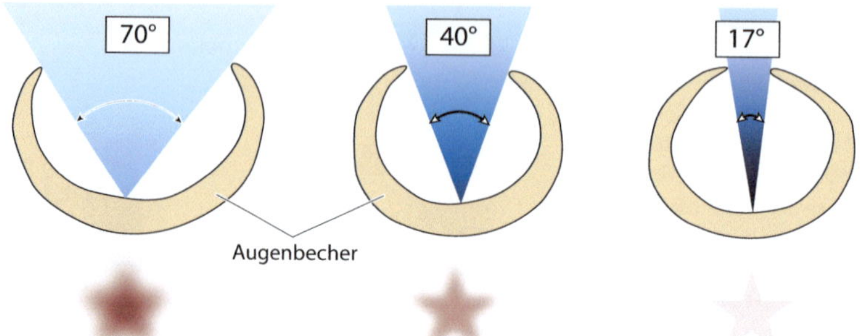

Abb. 13.4 Einfallswinkel und räumliche Auflösung. Je kleiner der Winkel des einfallenden Lichts, desto besser die Auflösung. Gleichzeitig gelangt jedoch immer weniger Licht in den Augenbecher und auf die dort vorhandenen lichtempfindlichen Zellen

sondern sekundenschnelle Änderungen der Beleuchtung, die deutlich geringere Intensitätsunterschiede aufweisen. Die Photorezeptoren müssen daher in der Lage sein, relativ schnelle Reaktionen bei hoher Kontrastempfindlichkeit auszuführen. Infolgedessen treten insbesondere bei geringen Lichtintensitäten erstmalig Spezialisierungen in Form von Membranstapeln auf (**Abb. 13.3b**).

Die Augenflecken der Planulalarve von Würfelquallen (*Cubozoa*) vertreten beispielhaft diesen Aufgabentypus. Die Photorezeptoren stellen autonome sensomotorische Einheiten dar, die Informationen über die Lichtintensität unmittelbar in Bewegung umsetzen und zwischengeschaltete Nervenzellen überflüssig machen. Sie ermöglichen den Tieren eine gerichtete Bewegung in Abhängigkeit von der Lichtintensität und der Lichtrichtung.

Erst auf der nächsten Ebene der Komplexität beginnt **räumliches Sehen**, allerdings noch mit eingeschränkter Auflösung. Mehrere, in unterschiedliche Richtungen weisende Photorezeptoren bilden ein sehr einfaches Auge. So wird erstmalig räumliches Sehen möglich und die Menge und Qualität der dadurch zur Verfügung stehenden Informationen verschaffen den betreffenden Organismen einen besonderen Selektionsvorteil, der sicher maßgeblich zu ihrem evolutionären Erfolg beigetragen hat. *Dieser Aufgabentyp ermöglicht die Interpretation von Eigenbewegungen im Verhältnis zur stationären Umgebung und ist damit wesentlich für das gezielte Aufsuchen oder aber Vermeiden von Objekten.*

Für räumliches Sehen muss der Einfallswinkel des Lichtes deutlich verkleinert werden, was sich jedoch unmittelbar auf die Helligkeit des Bildes auswirkt (**Abb. 13.4**). Bildauflösung und Helligkeit stehen im Gegensatz zueinander: Bei einer guten Auflösung (kleiner Einfallswinkel) gelangt relativ wenig Licht auf die Photorezeptoren und das entstehende Bild ist dunkel und kontrastarm. Ein großer Einfallswinkel hingegen erhöht zwar Helligkeit und Kontrast, hat andererseits aber ein unscharfes Bild zur Folge. *Der Gegensatz zwischen ausreichender Helligkeit und hoher Auflösung ist eine der wichtigsten Hürden in der Evolution des räumlichen Sehens.* Eine evolutionäre Lösung deutete sich schon beim letzten Aufgabentyp an. Aufgrund der geringen Lichtintensität werden Membranstapel mit zahlreichen Photopigmenten obligatorisch. Photorezeptoren treten in großer Anzahl in Erscheinung und ermöglichen zusammen mit den abschirmenden Pigmentzellen eine besser abgestufte Detektion der Lichtrichtung.

Ein Beispiel für diesen Augentyp stellen die Grubenaugen der Planarien dar. Sie bestehen aus einem Pigmentbecher und einer unterschiedlichen Anzahl von Photorezeptoren und repräsentieren eine Leistungsstufe räumlichen Sehens mit noch geringer Auflösung.

Eine zunehmende Verkleinerung der Eintrittsöffnung des Lichts ist eine zentrale Voraussetzung für eine verbesserte räumliche Auflösung – gleichzeitig erreicht jedoch immer weniger Licht die Photorezeptoren. Die beim letzten Aufgabentypus eingeführten Membranstapel mit einer hohen Dichte lichtempfindlicher Moleküle erhöhen zwar die Effizienz der Photonenabsorption deutlich, aber ab einem Öffnungswinkel von 10 bis 20 °C reichen auch sie nicht mehr aus. Mit einem Öffnungswinkel dieser Größe können zwar unbelebte Objekte in der Umgebung detektiert und eventuell vermieden werden, aber für **räumliches Sehen mit hoher Auflösung** werden sehr viel kleinere Öffnungswinkel benötigt – idealerweise vom Durchmesser eines Photorezeptors (5 bis 10 µm).

Eine außerordentlich erfolgreiche evolutionäre Strategie ist die Entwicklung einer fokussierenden Optik in Form von Linsen. *Mithilfe dieser lichtbrechenden Systeme wird die lichtempfindliche Oberfläche vom Durchmesser eines Photorezeptors auf den Durchmesser der jeweiligen Linse ausgedehnt.* Dies entspricht effektiv einer Vergrößerung des Öffnungswinkels ohne Verlust an räumlicher Auflösung und kann bei hinreichend großen Linsen die Lichtintensität auf den Photorezeptoren bis zu einem Faktor 10^9 verstärken, was sogar das Sehen bei Nacht oder in großen Wassertiefen ermöglicht. Eventuell sind Linsen als mechanische Stützelemente zur Formung eines Pigmentbechers und/oder als Schutz vor energiereicher UV-Strahlung entstanden und haben erst später durch die Einlagerung von Proteinen mit unterschiedlichen Brechungsindices fokussierende Eigenschaften erhalten.

Die evolutionäre Entwicklung von Linsensystemen eröffnet zwei grundlegend verschiedene Möglichkeiten, das räumliche Sehen zu optimieren:

1. die Maximierung der Anzahl an Photorezeptoren innerhalb eines Pigmentbechers. Die einzelnen Photorezeptoren werden dabei immer kleiner, bis die Eigenschaften des Lichts dieser Tendenz zur Miniaturisierung eine physikalische Grenze setzt.

2. Die Vervielfältigung einer modularen Struktur, die aus Photorezeptoren, Pigmentzellen und Linse besteht. In diesem Fall setzt sich das Auge aus zahlreichen Einzelaugen zusammen, die jeweils unabhängig voneinander einen kleinen Ausschnitt der Außenwelt abbilden.

Die erste Strategie wurde mit den Kameraaugen der Cephalopoda und der Wirbeltiere eingeschlagen, die zweite finden wir bei den Komplexaugen der Gliederfüßer. Beide Augentypen werden auch als abbildende Augen bezeichnet, da ein mehr oder weniger scharfes Bild der Außenwelt auf die Schicht der lichtempfindlichen Zellen projiziert wird. Dies bedeutet jedoch nicht, dass in den Sinnes- und Nervenzellen des Auges ein Bild entsteht. Vielmehr erfolgt die Wahrnehmung eines kohärenten Bildes auf bisher unbekannte Weise erst in den höheren visuellen Arealen des Gehirns.

◘ Tab. 13.1 fasst die Eigenschaften und die Leistungsfähigkeit der bisher besprochenen Augentypen zusammen.

13.1.3 Zusammenfassung

Können Strukturen mit der Komplexität von Linsenaugen tatsächlich durch kleinste evolutionäre Schritte entstehen? Schon Darwin erkannte das Auge als mögliches Problem für seine

◻ Tabelle 13.1 Visuelle Aufgaben und Augenevolution

Typ	Leistung	Evolutionäre Neuerung	Eigenschaften	Funktion	Beispielorganismen
I	Ungerichtete Wahrnehmung von Licht und Dunkelheit	Lichtempfindliche Moleküle, intrazellulärer Signaltransduktionsweg, Regeneration von Photopigmenten	Langsame Reaktionsgeschwindigkeit, großer dynamischer Bereich, keine Adaptation	Abschätzung der Wassertiefe, Synchronisation circadianer Rhythmus, Warnung vor energiereichem UV-Licht	*Ctenophora*
II	Wahrnehmung der Lichtrichtung	Abschirmende Pigmente	Moderate Reaktionsgeschwindigkeit, eingeschränkter dynamischer Bereich, Adaptation	Phototaxis	*Cnidaria* (Planulalarve), *Acoela*, *Bryozoa*, *Brachiopoda*
III	Räumliches Sehen, geringe Auflösung	Augenbecher mit zahlreichen Photorezeptoren, Membranstapel	Moderate Reaktionsgeschwindigkeit, eingeschränkter dynamischer Bereich, Adaptation	Orientierung in Bezug auf unbelebte Strukturen	*Plathelminthes*, *Gastropoda*
IV	Räumliches Sehen, hohe Auflösung	Fokussierende Optik	Hohe Reaktionsgeschwindigkeit, eingeschränkter dynamischer Bereich, Adaptation	Orientierung und Wechselwirkung mit anderen Organismen	*Vertebrata*, *Cephalopoda*, *Insecta*, *Chelicerata*

Evolutionstheorie und schrieb an einen Kollegen, dass ihm die Augenentwicklung einen kalten Schauder bereite.[6] Wir haben eine Sequenz von Aufgaben zunehmender Komplexität kennengelernt, mit der die Entwicklung von lichtempfindlichen Flecken bis hin zu den Linsenaugen der Wirbeltiere erklärt werden kann. Mit jeder Stufe der Komplexität steigt die zu verarbeitende Informationsmenge, sodass eine gleichzeitige Entwicklung größerer und leistungsfähigerer Nervensysteme stattfindet. Die besseren Verhaltensanpassungen stellen wesentliche Selektionsvorteile dar, die die Evolution des visuellen Systems weiter vorantreiben.

Die Entwicklung von Lichtsinneszellen setzt vor der Augenevolution ein und basiert vor allem auf der Umfunktionierung bereits vorhandener lichtempfindlicher Moleküle wie Retinal, einem Derivat des β-Carotins. Die Rekrutierung und Umwidmung G-protein-gekoppelter Rezeptoren, die als Chemorezeptoren ebenfalls schon lange Bestand haben, sind Grundlage für einen Signalweg, der die elektromagnetische Energie der Photonen in eine Spannungsänderung über der Zellmembran der Photorezeptoren umwandelt.

Die Evolution der Lichtwahrnehmung lässt sich funktionell auf vier visuelle Aufgaben zunehmender Komplexität zurückführen, die mit jeder Stufe eine größere Informationsmenge liefern. Die Wahrnehmung der Umgebungshelligkeit stellt die grundlegendste visuelle Anforderung dar und korreliert mit der Existenz lichtempfindlicher Moleküle und intrazellulärer

---

[6] „The eye to this day gives me a cold shudder, but when I think of the fine gradations, my reason tells me I ought to conquer the cold shudder" (Charles Darwin in einem Brief an Asa Gray 1860).

Signaltransduktionsprozesse, setzt aber noch keine Photorezeptoren voraus. Die zweite Aufgabe, die Detektion der Lichtrichtung, beruht auf dem Einsatz abschirmender Pigmente und ermöglicht den Organismen eine gezielte Orientierung im dreidimensionalen Raum.

Abbildende Augentypen repräsentieren eine völlig neue Qualität der visuellen Wahrnehmung. Wie bei einer Lochkamera erzeugt Licht, das durch eine kleine Öffnung fällt, eine Abbildung der Außenwelt auf einer lichtempfindlichen Schicht von Photorezeptoren. Je kleiner die Öffnung, desto schärfer wird diese Abbildung, aber desto weniger Licht gelangt bis zu den Photorezeptoren. Während beim niedrig auflösenden Sehen die Lichtempfindlichkeit durch den Einsatz von Membranstapeln nur bis zu einem bestimmten Wert erhöht werden kann, stellen Linsensysteme eine evolutionäre Schlüsselinnovation für das hochauflösende Sehen dar. Eine fokussierende Optik verstärkt die Lichtintensität, indem sie effektiv einen größeren Öffnungswinkel ohne Verlust der räumlichen Auflösung zulässt.

Die Kameraaugen der Wirbeltiere und die Komplexaugen der Gliederfüßer stellen zwei unterschiedliche Entwicklungswege in der Evolution des hochauflösenden Sehens dar.

13.2 Funktionelle Anatomie des Wirbeltierauges

Während die allgemeine Fähigkeit der Lichtwahrnehmung im Tierreich sehr weitverbreitet ist, haben nur 6 von 30 Metazoenstämmen optische Systeme entwickelt, die ein mehr oder weniger hochauflösendes Bild ihrer Umwelt erzeugen.[7] Grundsätzlich ist die Leistungsfähigkeit der Lichtsinnesorgane auf die artspezifischen Erfordernisse des jeweiligen Lebensraums abgestimmt. Außerordentlich vielfältige Variationen des Augenaufbaus zusammen mit adaptiven Veränderungen des Nervensystems oder Gehirns haben zur Entstehung hoch entwickelter Lichtsinnessysteme geführt, die den Organismen eine optimale Angepasstheit an oft sehr spezifische Anforderungen ermöglichen.

Wir wollen uns in diesem und im nächsten Abschnitt beispielhaft mit dem Aufbau der Wirbeltieraugen und der Komplexaugen der Arthropoden beschäftigen. Eine ausgezeichnete Übersicht über die anatomische Vielfalt von Augenbauplänen findet sich in [1] und [4].

13.2.1 Lichtbrechung

Das Linsenauge der Wirbeltiere ermöglicht eine hohe räumliche Auflösung und Lichtempfindlichkeit bei gleichzeitig präzisen Abbildungseigenschaften. Für diese Leistungen sind zwei unterschiedliche Bestandteile des Auges verantwortlich: (1) ein **dioptrischer Apparat**, der ein fokussiertes Bild der Außenwelt auf die Photorezeptorschicht projiziert, und (2) eine **Retina** (Netzhaut), die für die Umwandlung eines Lichtreizes in ein elektrisches Signal und dessen Weiterverarbeitung verantwortlich ist. Die **Chorioidea** (Aderhaut) versorgt die Retina mit Sauerstoff und Nährstoffen, während die **Sklera** (Lederhaut) als feste, bindegewebige Hülle dem gesamten Augapfel Stabilität verleiht (■ Abb. 13.5).

Der dioptrische Apparat besteht aus folgenden Komponenten:

- der transparenten **Cornea** (Hornhaut),
- der vorderen und hinteren **Augenkammer**, die mit Kammerwasser gefüllt sind,
- der von der Iris gebildeten **Pupillenöffnung**,

[7] Hierzu gehören die *Cnidaria, Mollusca, Annelida, Onychophora* und *Vertebrata*, die alle Linsenaugen besitzen, und die *Arthropoda* mit Komplexaugen.

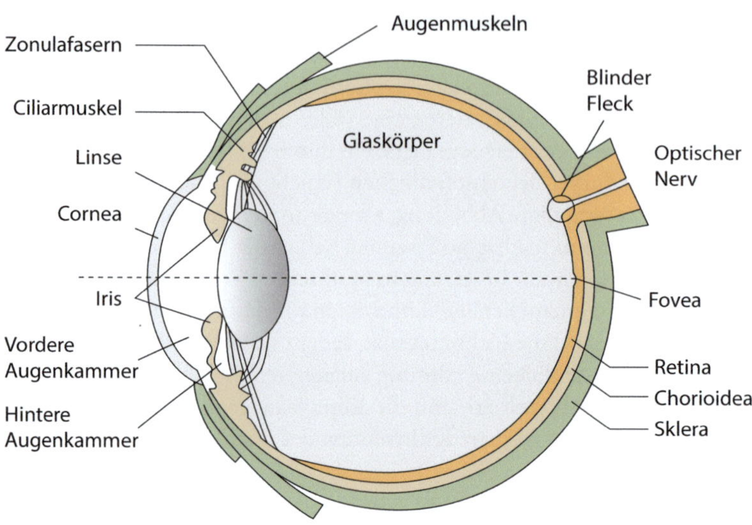

◘ Abb. 13.5   Aufbau des menschlichen Auges. Gezeigt ist ein Horizontalschnitt durch das linke Auge. Die *gestrichelte Linie* entspricht der optischen Achse des zusammengesetzten Linsensystems

- der durchsichtigen Linse,
- dem Glaskörper mit einer gelartigen Konsistenz.

Eine zentrale Aufgabe des dioptrischen Apparates ist die **Lichtbrechung**, die immer dann stattfindet, wenn Lichtstrahlen schräg auf die Trennfläche von zwei Medien mit unterschiedlichem Brechungsindex treffen.[8] Luft besitzt einen Brechungsindex von 1, Wasser hingegen von 1,33, während die Cornea einen Wert von 1,376 besitzt. Die Brechkraft D des Auges wird in Dioptrien (dpt) gemessen und entspricht dem Kehrwert der Brennweite f:

$$D = \frac{1}{f}. \tag{13.1}$$

Aus Gl. 13.1 folgt: *Je größer die Brennweite, desto geringer die Brechkraft einer Linse.* Eine Linse mit einer Brennweite von 10 cm hat demnach eine Brechkraft von 10 dpt. Sammellinsen bündeln das Licht und besitzen eine positive Brechkraft (+dpt), während Linsen mit negativer Brechkraft (−dpt) als Zerstreuungslinsen wirken.

Aufgrund des großen Unterschieds ihres Brechungsindex im Vergleich zur Luft trägt die Cornea mit 43 dpt am stärksten zur gesamten Brechkraft des Auges (59 dpt) bei. Linse (1,41) und Kammerwasser (1,34) besitzen eine ähnliche optische Dichte, sodass die Linse nur 19 dpt beisteuert (◘ Abb. 13.6). Das Kammerwasser selbst vermindert die Brechkraft um etwa −3 dpt. Die große Bedeutung der Cornea für die Lichtbrechung wird offensichtlich, wenn wir unter Wasser die Augen öffnen. In diesem Fall besitzen beide Medien (Wasser und Cornea) einen etwa gleich großen Brechungsindex; infolgedessen entfällt die Lichtbrechung an der Cornea und wir sehen ein außerordentlich unscharfes Bild.

---

[8] Der Brechungsindex ist ein Maß für die optische Dichte eines Materials.

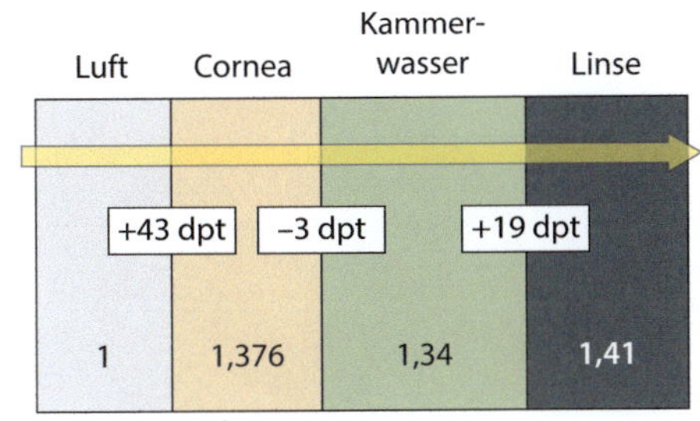

Abb. 13.6 Optische Eigenschaften der Komponenten des dioptrischen Apparates. Angegeben sind jeweils die Brechungsindices der optischen Medien sowie die Brechkraft (in dpt) beim Übergang des Lichts von einem Medium zum nächsten

13.2.2 Akkommodation

Die wichtigste Funktion der Linse betrifft die **Akkommodation**, d. h. die Fokussierung unterschiedlich weit entfernter Gegenstände auf die Retina. Zu diesem Zweck muss die Linse ihre Brennweite entfernungsabhängig variieren, was grundsätzlich durch zwei unterschiedliche Mechanismen möglich ist:

- Eine Linse mit konstanter Brechkraft wird entlang der Sehachse so verschoben, dass Gegenstände in verschiedenen Entfernungen jeweils scharf abgebildet werden.
- Durch eine Änderung ihres Krümmungsradius passt die Linse ihre Brechkraft dynamisch an.

Normalerweise wird die Brechkraft der Augen auf eine Entfernung eingestellt, die für den Lebensraum und die Lebensweise eines Organismus bedeutsam ist. Bei den meisten Säugetieren und auch beim Menschen liegt unter Ruhebedingungen eine Einstellung auf die Ferne vor.

Das Verschieben der Linse tritt vor allem bei wasserbewohnenden Wirbeltieren auf. Bei Haien (*Selachii*) beispielsweise sind die Augen in Ruhe auf Ferne eingestellt und die Linse wird durch Kontraktion eines Muskels nach vorn gedrückt, was eine Fokussierung naher Objekte ermöglicht. Die üblicherweise nahakkommodierten Knochenfische (*Teleostei*) ziehen mithilfe eines Muskels die Linse zur Retina hin, wodurch ein scharfes Abbild ferner Gegenstände auf der Photorezeptorschicht entsteht.

Die Säuger hingegen ändern bei der Akkommodation den Krümmungsradius und damit die Brechkraft ihrer Linse. Wenn keine äußeren Kräfte auf sie wirken, ist die Linse elastisch und nimmt eine weitgehend kugelförmige Gestalt an. Die am Linsenäquator ansetzenden **Zonulafasern** sind mit dem **Ziliarmuskel** verbunden, einem Ringmuskel, der seinerseits an der Sklera und Chorioidea befestigt ist. In Ruhe liegt der Ziliarmuskel in entspannter Form vor und besitzt somit einen größeren Durchmesser; der Augeninnendruck dehnt die Sklera und den Ziliarmuskel, wodurch die Zonulafasern angespannt werden, sodass die Krümmung der vorderen und hinteren Linsenflächen abnimmt (**Abb. 13.7a**). In dieser abgeflachten Form hat die Linse eine geringere Brechkraft und befindet sich im Zustand der **Fernakkommodation**. Kontrahiert hingegen der Ziliarmuskel, lässt der Zug der Zonulafasern nach und die Linse nimmt aufgrund ihrer Eigenelastizität eine kugelförmige Gestalt an (**Abb. 13.7b**). Aufgrund dieser Steigerung der Brechkraft können nun nahe Gegenstände auf der Retina scharf abgebildet werden (**Nahakkommodation**).

Die maximal mögliche Veränderung der Brechkraft der Linse wird als **Akkommodationsbreite** *A* bezeichnet. Sie entspricht der Differenz zwischen der Brechkraft am Nahpunkt und

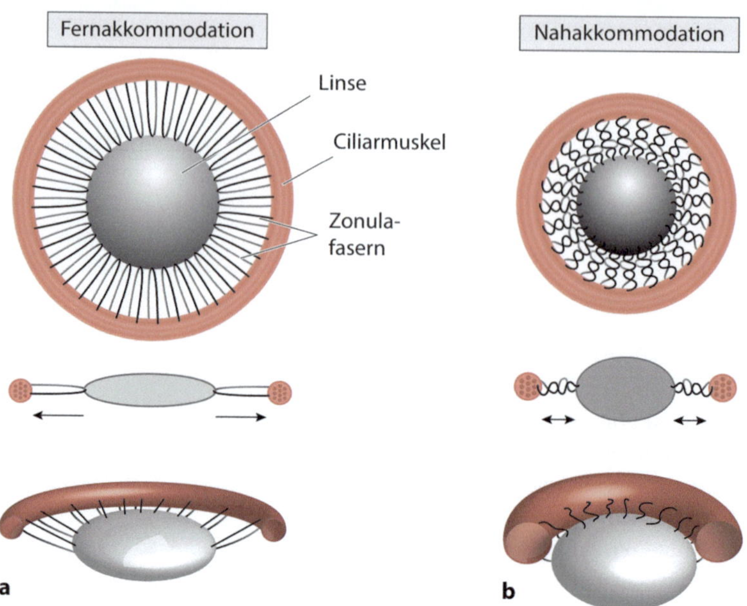

☐ **Abb. 13.7**   Akkommodation. **a** Bei der Fernakkommodation ist der Ziliarmuskel entspannt. Dadurch werden die Zonulafasern gestrafft und die Linse abgeflacht. Der untere Teil der Abbildung zeigt die flache Linse im Querschnitt. **b** Die Nahakkommodation erfolgt durch eine Kontraktion des Ziliarmuskels. Der Radius des Ringmuskels wird verkleinert und die Zonulafasern üben keine Zugspannung mehr auf die Linse aus, die sich infolgedessen stärker abrundet

am Fernpunkt:

$$A = \frac{1}{\text{Nahpunkt}} - \frac{1}{\text{Fernpunkt}}. \tag{13.2}$$

Beim Menschen beträgt die Akkommodationsbreite bei einem jugendlichen Auge bis zu 14 dpt, sodass Gegenstände in einer Entfernung von 7 cm bis unendlich fokussiert werden können. Dieser Wert fällt ab dem 40. Lebensjahr auf weniger als 3 dpt, sodass der Nahpunkt bei über 30 cm liegt. Diese sogenannte **Alterssichtigkeit** (Presbyopie), die auf einem zunehmenden Verlust der Elastizität der Linsenkapsel beruht, kann durch eine Lesebrille mit Sammellinse korrigiert werden.

13.2.3 Refraktionsanomalien

Unter **Refraktionsanomalien** verstehen wir Abweichungen von der Normalsichtigkeit, die im Fall von Kurz- und Weitsichtigkeit auf einem Missverhältnis zwischen der Länge des Augapfels (Bulbus) und der Brennweite des dioptrischen Apparates beruhen. Die Stabsichtigkeit wird durch eine übermäßig starke Krümmung der Cornea hervorgerufen.

Bei der **Kurzsichtigkeit** (Myopie) ist der Augapfel im Verhältnis zur Brennweite zu lang bzw. die Brechkraft des optischen Apparates ist für die vorhandene Bulbuslänge zu stark (☐ Abb. 13.8a). Dies kann beim Nahsehen durch eine unvollständige Nahakkommodation ausgeglichen werden, während ferne Gegenstände selbst bei maximaler Abflachung der Linse vor

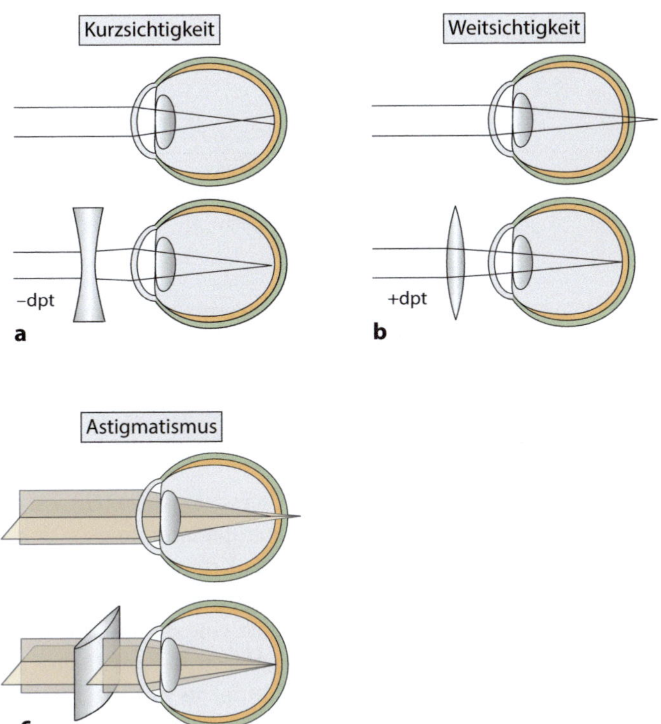

❑ Abb. 13.8 Refraktionsanomalien. **a** Bei Kurzsichtigkeit ist der Bulbus zu lang, sodass sich die Lichtstrahlen vor der Retina kreuzen. Zerstreuungslinsen (−dpt) sorgen für eine korrekte Abbildung. **b** Weitsichtigkeit beruht auf einem zu kurzen Bulbus und führt zu einer Fokussierung hinter der Retina, was durch eine Sammellinse (+dpt) korrigiert werden kann. **c** Beim Astigmatismus liegen unterschiedliche Krümmungsradien der Cornea in der horizontalen und vertikalen Richtung vor. Hier wird mithilfe einer Zylinderlinse eine scharfe Abbildung auf der Netzhaut erzeugt

der Retina abgebildet werden. Da die Lichtstrahlen hinter der Fokusebene wieder divergieren, entsteht ein unscharfes Bild.

Eine Korrektur der Myopie erfolgt mithilfe **konkaver Zerstreuungslinsen**, die die Brechkraft des Auges verringern („Minusgläser"). Dadurch wird die Brennweite des optischen Apparates so weit verlängert, dass die Fokusebene wieder auf der Retina liegt. Kurzsichtigkeit wird vor allem durch die unscharfe Abbildung naher Gegenstände verursacht, die ein kompensatorisches Längenwachstum des Augapfels auslöst. Ein zusätzliches Wachstum von 1 mm führt bereits zu einer Fehlsichtigkeit von −3 dpt.

Weitsichtigkeit (Hyperopie) beruht auf dem umgekehrten Sachverhalt: Der Bulbus ist zu kurz, sodass ein scharfes Bild erst hinter der Retina erzeugt wird (❑ Abb. 13.8b). Die vergleichsweise geringe Brechkraft reicht zwar aus, um in der Ferne noch scharf sehen zu können, aber die Fokussierung auf nahe Objekte ist nicht mehr möglich. Entsprechend wird die Brechkraft durch **konvexe Sammellinsen** („Plusgläser") verstärkt, die den Brennpunkt weiter nach vorn auf die Netzhaut verschieben.

Kurzsichtigkeit und Alterssichtigkeit gleichen sich nicht aus, da sie auf unterschiedlichen Mechanismen beruhen – auch bei einem alterssichtigen Kurzsichtigen befindet sich der Fernpunkt weiterhin vor der Retina. Da jedoch der Nahpunkt aufgrund der hohen Brechkraft etwas

◘ Tabelle 13.2 Myopie und Hyperopie im Vergleich

Merkmale	Myopie (Kurzsichtigkeit)	Hyperopie (Weitsichtigkeit)
Ursachen	Bulbus zu lang, Brechkraft zu groß	Bulbus zu kurz, Brechkraft zu gering
Lage des Brennpunkts	Vor der Retina	Hinter der Retina
Fernpunkt	Zwischen Auge und unendlich	Imaginär hinter dem Auge
Nahpunkt	Ans Auge herangerückt	Vom Auge weggerückt
Entstehung	Während der Augenentwicklung	Meist angeboren
Sehen ohne Korrektur	In der Ferne eingeschränkt	In der Nähe eingeschränkt
Korrektur	Konkavgläser (Zerstreuungslinsen)	Konvexgläser (Sammellinsen)

näher als bei einem Normalsichtigen liegt, setzt die Alterssichtigkeit meist erst später ein. ◘ Tab. 13.2 fasst die Unterschiede zwischen Myopie und Hyperopie zusammen.

Die **Stabsichtigkeit** (Astigmatismus) geht auf eine Krümmungsanomalie der Hornhautoberfläche zurück (◘ Abb. 13.8c). In diesem Fall können Objekte nicht in einem einheitlichen Brennpunkt abgebildet werden, sodass aus einem Punkt eine strichförmige Struktur resultiert und ein Quadrat zu einem Rechteck wird. Beim **regulären Astigmatismus** ist die Hornhaut häufig entlang des vertikalen Meridians stärker gekrümmt als in horizontaler Richtung, seltener tritt der umgekehrte Fall ein. Ein **irregulärer Astigmatismus** wird durch eine unregelmäßig gewölbte Hornhautoberfläche hervorgerufen, wie sie durch Verletzungen mit Narbenbildung zustande kommen kann.

Ein **physiologischer Astigmatismus**, der einer Abweichung zwischen vertikaler und horizontaler Achse um 0,5 dpt entspricht, bedarf keiner Korrektur. Höhere Werte eines regulären Astigmatismus werden durch zylindrische Korrekturlinsen ausgeglichen, während ein irregulärer Astigmatismus durch Brillengläser nicht korrigiert werden kann. In diesem Fall helfen Kontaktlinsen oder eine Hornhauttransplantation.

13.2.4 Pupille und Pupillenreflex

Die Pupille ist eine ringförmige Öffnung in der Iris, durch die der Lichteinfall ins Auge reguliert werden kann. Bei einer geringen Umgebungshelligkeit wird die Pupillenweite erhöht, sodass genügend Licht auf die Photorezeptoren trifft, während helles Licht die Pupille verkleinert, wodurch Blendeffekte verhindert werden. Die eintretende Lichtmenge verringert sich proportional zur Fläche der Pupille.[9] Bei Belichtung eines Auges reagiert sowohl das belichtete (direkte Lichtreaktion) als auch das nichtbelichtete Auge innerhalb von 0,3 bis 0,8 s mit einer Verengung der Pupille (konsensuelle Lichtreaktion). Diese schnelle Reaktion auf eine Änderung der Helligkeit wird reflektorisch vom vegetativen Nervensystem reguliert, wobei eine Arbeitsteilung zwischen Sympathikus und Parasympathikus vorliegt.

Zwei Systeme der glatten Muskulatur bestimmen die Pupillenweite: Durch Kontraktion des Ringmuskels **Musculus sphincter pupillae** wird die Pupille enger gestellt, während eine Kon-

---

[9] Die Pupillenfläche hängt vom Quadrat ihres Radius ab; eine Verringerung des Durchmessers um 5 mm bewirkt demnach eine 25fache Abschwächung des Lichteinfalls.

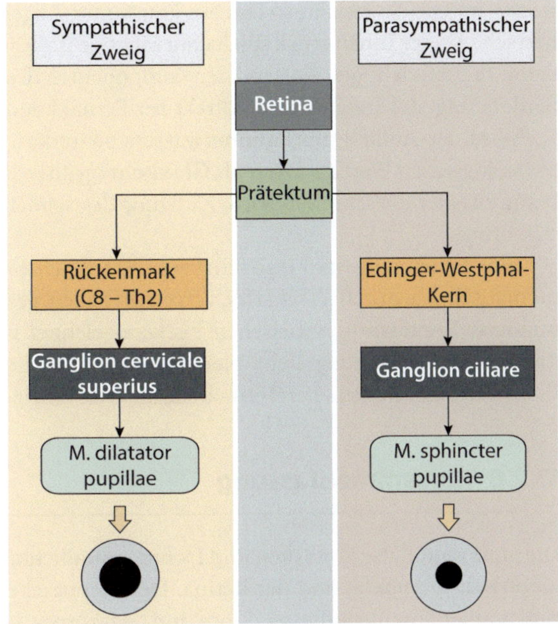

Abb. 13.9 Das autonome Nervensystem steuert den Pupillenreflex. Der sympathische Zweig des autonomen Nervensystems bewirkt eine Weitstellung der Pupille, während der parasympathische Zweig eine Engstellung verursacht. C, zervikal; Th, thorakal; M, Musculus

traktion des radial verlaufenden **Musculus dilatator pupillae** die Pupille erweitert. Der Reflexbogen geht von der Retina aus, die Informationen über die aktuell vorherrschende Helligkeit in eine Region des Mittelhirns, das Prätectum, sendet. Von dort erfolgt eine beidseitige parasympathische Innervation des Edinger-Westphal-Kerns, dessen präganglionäre Fasern zum **Ganglion ciliare** ziehen und anschließend als postganglionäre Fasern den Musculus sphincter pupillae innervieren (**Abb. 13.9**). Die Innervation des Edinger-Westphal-Kerns in beiden Gehirnhälften ist Grundlage für die konsensuelle Lichtreaktion. *Grundsätzlich erfolgt die Engstellung der Pupillen über einen parasympathischen Reflexbogen.*

Der sympathische Zweig des Reflexbogens nimmt seinen Ursprung im ersten thorakalen Segment des Rückenmarks, das ebenfalls von der prätektalen Region des Mittelhirns Signale über die Helligkeitsverhältnisse erhält. Die synaptische Umschaltung erfolgt im **Ganglion cervicale superius**, von dem aus direkt der Musculus dilatator pupillae innerviert wird (**Abb. 13.9**). *Demnach ist der Sympathikus für die Weitstellung der Pupillen verantwortlich.*

Die pupillenerweiternde Wirkung von **Atropin**, dem Gift der Tollkirsche (*Atropa belladonna*), beruht auf der Hemmung der muscarinischen Signalübertragung im parasympathischen Teil des Reflexbogens. Da die sympathischen Fasern normalerweise eine Grundaktivität aufweisen, wird bei einer Blockierung des Parasympathikus das Gleichgewicht zugunsten des Sympathikus verschoben, was zu einer Pupillenerweiterung führt.

13.2.5 Klinische Bezüge

Das **Kammerwasser** ist ein Ultrafiltrat der Plasmaflüssigkeit, das aus den Kapillaren des Ziliarkörpers in die Gewebezwischenräume gelangt und von dort über das Epithel des Ziliarkörpers in die hintere Augenkammer sezerniert wird. Der Abfluss erfolgt über den Schlemm-Kanal in der vorderen Augenkammer. Normalerweise stehen Produktion und Abfluss von Kammerwasser im Gleichgewicht, sodass ein konstanter Augeninnendruck von 14 bis 20 mmHg vorherrscht. Dieser Innendruck spielt eine wichtige Rolle für eine definierte Größe des Bulbus und damit für den richtigen Abstand der Komponenten des dioptrischen Apparats zueinander. Außerdem trägt der Innendruck indirekt zur Fernakkommodation bei (▶ Abschn. 13.2.2).

Wird der Abfluss des Kammerwassers behindert, steigt der Augeninnendruck über den physiologischen Wert an. Diese als **Glaukom** (grüner Star) bezeichnete Erkrankung führt langfristig zu einer fortschreitenden Schädigung des Sehnervs, was die Gefahr einer Erblindung mit sich bringt.[10]

Eine Eintrübung der Linse führt zum Krankheitsbild der **Katarakt** (grauer Star), das symptomatisch u. a. durch unscharfes, verzerrtes Sehen, gesteigertes Blendungsempfinden und verminderte Kontraste („Nebelsehen") gekennzeichnet ist. Da keine wirksame medikamentöse Therapie zur Verfügung steht, bleibt die operative Entfernung der getrübten Linse und das Einsetzen einer künstlichen Intraokularlinse als einzige Alternative.

13.2.6 Zusammenfassung

Die hohe räumliche Auflösung und Lichtempfindlichkeit des Wirbeltierauges beruhen auf dem dioptrischen Apparat und der Retina. Der dioptrische Apparat – bestehend aus Cornea, Augenkammer, Pupillenöffnung, Linse und Glaskörper – erzeugt ein fokussiertes Abbild der Außenwelt, während in der Retina die Signaltransduktion und eine neuronale Verarbeitung der visuellen Information stattfinden.

Eine Lichtbrechung erfolgt beim Übergang zwischen zwei Medien unterschiedlicher optischer Dichte. Die Gesamtbrechkraft des menschlichen Auges beträgt 59 dpt, wobei die Cornea mit 43 dpt den größten Beitrag leistet.

Die Linse trägt zwar auch zur Lichtbrechung bei, ihre wichtigste Funktion besteht aber in der Akkommodation – der Fokussierung unterschiedlich weit entfernter Gegenstände auf der Retina. Während die meisten wasserlebenden Wirbeltiere den Abstand ihrer Linse zur Retina verändern, erhöhen oder verringern terrestrische Organismen den Krümmungsradius und damit die Brechkraft ihrer Linse. Bei Säugern dienen der Ziliarmuskel gemeinsam mit den Zonulafasern der Akkommodation. Bei der Fernakkommodation sind die Zonulafasern gespannt und die Linse abgeflacht (Brechkraft sinkt). Hingegen kontrahiert bei der Nahakkommodation der Ziliarmuskel, was zu einer Entspannung der Zonulafasern und einer kugeligen Linsenform führt (Brechkraft steigt).

Abweichungen von der Normalsichtigkeit, die auf Brechungsfehlern im dioptrischen Apparat beruhen, werden als Refraktionsanomalien bezeichnet. Bei der Kurzsichtigkeit ist der Augapfel zu lang bzw. die Brechkraft des dioptrischen Apparats zu stark, sodass eine fokussierte Abbildung vor der Retina erzeugt wird. Umgekehrte Verhältnisse treten bei der Weitsichtigkeit auf: Die Brechkraft ist zu schwach und die Fokusebene liegt hinter der Retina. Eine Korrektur erfolgt bei der Kurzsichtigkeit durch eine konkave Zerstreuungslinse und bei der Weitsichtigkeit durch eine konvexe Sammellinse. Die Stabsichtigkeit geht auf eine unterschiedliche Brechkraft der Cornea in horizontaler und vertikaler Richtung zurück. In diesem Fall werden die verzerrenden Abbildungseigenschaften der Cornea durch eine Zylinderlinse ausgeglichen.

---

[10] Es wird zwischen einem chronischen Offenwinkelglaukom und einem akuten Winkelblockglaukom unterschieden. Während das Offenwinkelglaukom aufgrund einer moderaten Drucksteigerung jahrelang unbemerkt verlaufen kann, kommt es beim Winkelblockglaukom zu einem plötzlichen hochgradigen Anstieg des intraokularen Drucks, der mit starken Schmerzen und unmittelbaren Sehbeeinträchtigungen verbunden ist.

Licht fällt durch die Pupille, eine ringförmige Öffnung in der Iris, ins Auge. Eine Weitstellung der Pupillenöffnung tritt bei geringer Lichtintensität auf, während eine Engstellung eine mögliche Blendung bei hoher Lichtintensität verhindert. Die Regulation der Pupillenweite erfolgt reflektorisch unter Kontrolle des Parasympathikus (Engstellung) und des Sympathikus (Weitstellung).

Ein Glaukom (grüner Star) bezeichnet eine Erhöhung des Augeninnendrucks, die mit der Gefahr einer dauerhaften Schädigung des optischen Nervs und einer daraus resultierenden Erblindung einhergeht. Eine Katarakt (grauer Star) ist durch Eintrübungen oder Brechungsunregelmäßigkeiten der Linse gekennzeichnet, die für unscharfes und verzerrtes Sehen sowie für verminderte Kontrastwahrnehmung verantwortlich sind.

13.3 Das Komplexauge der Arthropoden

Das Linsenauge der Wirbeltiere besitzt nur eine einzige Linse, mit der eine Abbildung der Außenwelt auf die Retina projiziert wird. Da aufgrund unvermeidlicher Abbildungsfehler alle Linsen in ihrer Peripherie ein unscharfes Bild erzeugen, kann mit Linsenaugen nur das Zentrum des Gesichtsfelds scharf abgebildet werden. Der korrespondierende Bereich der Retina hat sich bei zahlreichen Organismen zu einer Fovea mit einem außerordentlich hohen räumlichen Auflösungsvermögen entwickelt (▶ Abschn. 13.5.2).

Ein Komplexauge hingegen bildet die Außenwelt mit einer Vielzahl identischer Linsen ab. Die modularen Einheiten eines Komplexauges unterscheiden sich nicht voneinander, sodass Peripherie und Zentrum des Gesichtsfeldes gleich gut abgebildet werden. Dadurch ergibt sich hinsichtlich der Schärfe zwar ein einheitlicheres Gesamtbild, aber da die einzelnen Einheiten in ihrer Größe nicht weiter reduziert werden können, ist eine im Vergleich zum Linsenauge deutlich gröbere Rasterung die Folge.[11] *Während bei den Komplexaugen der Durchmesser der einzelnen Linsen die Grenzen der räumlichen Auflösung bestimmt, ist bei den Kameraaugen der Wirbeltiere der Durchmesser einzelner Photorezeptoren für die Auflösung entscheidend.*

13.3.1 Aufbau von Ommatidien

Ein einzelnes Modul eines Komplexauges wird als **Ommatidium** bezeichnet und besteht aus einem dioptrischen Apparat und einer lichtempfindlichen Retinula.[12] Eine cuticuläre **Cornealinse** und ein **Kristallkegel** bilden den lichtbrechenden Teil eines Ommatidiums, während die Retinula aus sieben bis neun rhabdomerischen Sehzellen (Retinulazellen) besteht (◘ Abb. 13.10). Die rhodopsintragenden Mikrovilli aller Retinulazellen sind in Richtung einer zentralen Längsachse hin ausgerichtet und bilden dort häufig einen gemeinsamen Lichtleiter, das **Rhabdom**. Diejenige Retinulazelle, in der die Absorption eines Photons stattgefunden hat, leitet das Signal über ein Axon ans Gehirn weiter. Jedes Ommatidium wird durch unterschiedliche Typen von Pigmentzellen von seinen Nachbarn abgeschirmt, wodurch Streueffekte im Inneren des Komplexauges vermieden werden.

---

[11] Bei einem menschlichen Auge beträgt die Auflösung etwa 0,01°, bei einem Fliegenauge hingegen 2°. Dies entspricht einer räumlichen Auflösung von etwa 1 mm auf einer Entfernung von 5 m beim Menschen bzw. 17 cm bei der Fliege.

[12] Die Retinula entspricht der Gesamtheit der Photorezeptoren eines Ommatidiums. Die Retina des Komplexauges setzt sich aus allen Retinulae zusammen.

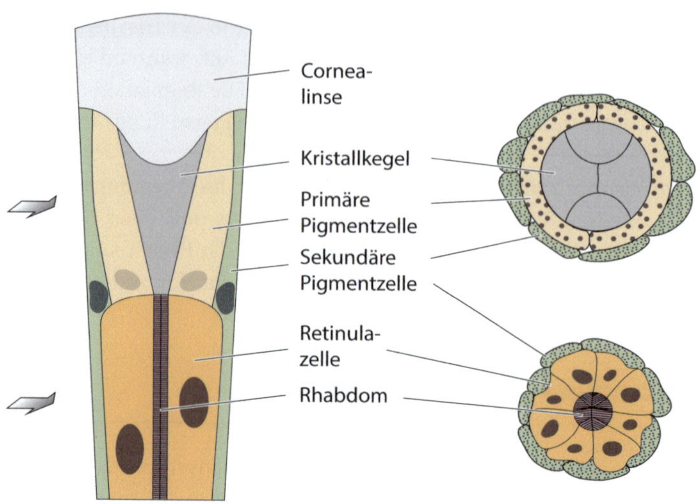

▢ Abb. 13.10   Aufbau eines Ommatidiums. *Links* ist ein Längsschnitt durch ein einzelnes Ommatidium gezeigt. Die Querschnitte auf der *rechten Seite* entsprechen den durch die *Pfeile* angedeuteten Positionen

Bei abbildenden Augen konkurrieren Lichtempfindlichkeit und Auflösungsvermögen miteinander (▶ Abschn. 13.1.2). Die kleinen Linsen einzelner Ommatidien erhöhen zwar die Auflösung, verringern aber gleichzeitig die Lichtempfindlichkeit des optischen Systems. Eine hohe Auflösung erfordert viele Linsen, eine hohe Lichtempfindlichkeit hingegen eine große Linsenoberfläche, sodass die Optimierung beider Faktoren zu immer größeren Augen führt. Die schnell fliegenden, räuberisch lebenden Libellen (*Odonata*) besitzen sehr leistungsfähige Komplexaugen, die mit ihren bis zu 30.000 Ommatidien am Ende dieses Entwicklungsprozesses stehen.

Arthropoden als artenreichste Tiergruppe besiedeln praktisch alle Lebensräume, die sehr verschiedene Anforderungen hinsichtlich Lichtempfindlichkeit und räumlicher Auflösung an das jeweilige optische System stellen. Die im Folgenden beschriebenen Appositions- und Superpositionsaugen sind die häufigsten Augentypen; sie repräsentieren unterschiedliche Angepasstheiten an die Vielfalt möglicher Anforderungen.

13.3.2   Appositionsauge

Tagaktive Insekten, denen hinreichend viel Licht zur Verfügung steht, besitzen in der Regel ein **Appositionsauge**. In diesem phylogenetisch ursprünglichen Typ der Komplexaugen arbeiten alle Ommatidien unabhängig voneinander, da sie optisch vollständig durch Pigmentzellen getrennt sind. Jede Retinula repräsentiert genau einen Bildpunkt, sodass die räumliche Auflösung durch Anzahl und Größe der Ommatidien festgelegt wird. Der Sehwinkel entspricht mit 1 bis 2° etwa dem Divergenzwinkel zweier Ommatidien (▢ Abb. 13.11a).

Die Cornealinse besitzt eine hohe Brechkraft, wodurch die einfallenden Lichtstrahlen exakt auf das obere Ende des Rhabdoms fokussiert werden. Der Kristallkegel gewährleistet den richtigen Abstand zwischen Cornealinse und Rhabdom, hat aber bei Appositionsaugen keine optischen Funktionen. Aufgrund des etwas höheren Brechungsindex der einzelnen Rhabdomere

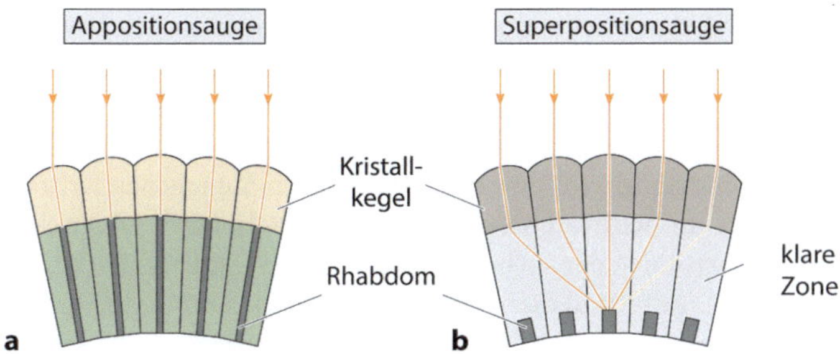

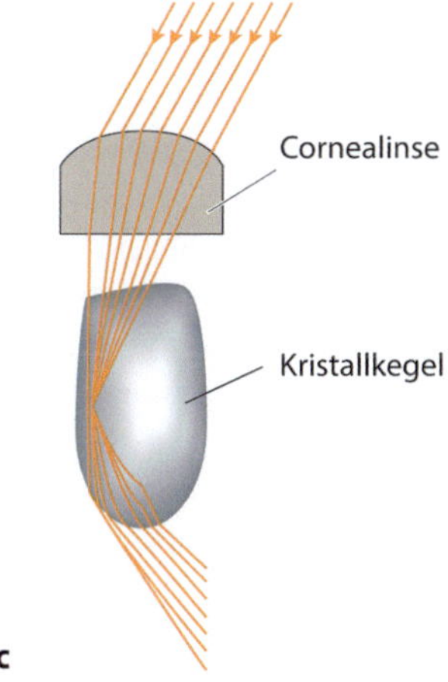

☉ Abb. 13.11   Strahlengang in Appositions- und Superpositionsaugen. **a** Im Appositionsauge wird das einfallende Licht durch die Cornealinse auf das obere Ende eines Rhabdoms fokussiert. **b** Die Optik des Superpositionsauges ermöglicht eine höhere Lichtausbeute, indem die einfallenden Strahlen auf ein einziges Rhabdom gebündelt werden. **c** Diese Bündelung wird durch einen afokalen Kristallkegel erzielt, dessen Brechungsindex vom Zentrum zum Rand hin abfällt. Aufgrund dieser Eigenschaften des Linsenzylinders werden schräg einfallende Strahlen zur optischen Achse hin gebrochen

wird das Licht an der Grenzfläche zu den Retinulazellen reflektiert und kann das Rhabdom nicht verlassen, das somit wie eine Art Lichtleiter fungiert.

Das Appositionsauge erzeugt nur bei hohen Lichtintensitäten ein scharfes Bild der Außenwelt, während in der Dämmerung oder bei Nacht nicht mehr genügend Photonen die Retinulazellen eines Ommatidiums erreichen.

13.3.3   Superpositionsauge

Eine deutliche Erhöhung der Lichtausbeute kann erreicht werden, wenn die Ommatidien nicht mehr unabhängig voneinander arbeiten, sondern Lichtstrahlen aus möglichst vielen Ommatidien auf ein Rhabdom zusammengeführt werden (Superposition). Entsprechend erstreckt sich die pigmentierte Zone nicht mehr bis zur Cornealinse, sondern die Ommatidien weisen eine relativ breite, lichtdurchlässige Zone auf (☉ Abb. 13.11b). Dennoch sind auch in diesem durchsichtigen Bereich Pigmentzellen vorhanden – es existieren jedoch Mechanismen, um die Pigmentgranula in bestimmten Regionen der Zelle zu konzentrieren.

Entscheidend für die Funktion dieses **Superpositionsauges** ist die Fokussierung des Lichts auf ein einziges Rhabdom, da die Erhöhung der Lichtempfindlichkeit sonst auf Kosten der Auflösung ginge. Diese Bündelung wird durch einen optisch inhomogenen Kristallkegel erreicht, dessen Brechungsindex im Zentrum höher ist als in der Peripherie. Dadurch wirkt der Kristallkegel wie ein Linsenzylinder, der auch schräg einfallende Lichtstrahlen zur optischen Achse hin bricht (◘ Abb. 13.10c). Aufgrund dieser optischen Superposition kann die Lichtausbeute im Vergleich zum Appositionsauge bis zu 100fach gesteigert werden.

Bei höherer Lichtintensität werden Pigmentgranula in Richtung Cornealinse verschoben. Dadurch arbeiten die Ommatidien wieder als unabhängige optische Module und aus dem Superpositionsauge wird ein Appositionsauge.

Neben der **optischen Superposition**, die auf den Brechungseigenschaften des Kristallkegels basiert, existieren auch **neuronale Superpositionsaugen**. Bei diesem Augentyp wird die Aktivität einzelner Retinulazellen durch Konvergenz auf ein nachgeschaltetes Neuron gebündelt und auf diese Weise die Lichtempfindlichkeit des Komplexauges insgesamt erhöht. Die Summation zahlreicher kleiner postsynaptischer Potenziale, die einzeln kaum vom Hintergrundrauschen des Sinnessystems zu unterscheiden sind, führt in den postsynaptischen Zellen zu einer vergleichsweise großen Potenzialänderung, die zuverlässig vom Nervensystem verarbeitet werden kann. *In allen Fällen bedeutet Superposition die Verstärkung einzelner kleiner Signale durch ihre Überlagerung, die mit optischen Methoden auf der Ebene des physikalischen Reizes selbst stattfinden kann (optische Superposition) oder aber nach der Signaltransduktion durch Konvergenz neuronaler Signale auf eine gemeinsame Zielstruktur (neuronale Superposition).*

13.3.4 Zusammenfassung

Das Komplexauge besteht aus funktionellen Modulen, den Ommatidien, die aus einer lichtbrechenden Cornealinse, einem Kristallkegel und sieben bis neun rhabdomerischen Photorezeptoren (Retinulazellen) aufgebaut sind. Pigmentzellen schirmen die Photorezeptoren benachbarter Ommatidien voneinander ab. Aufgrund seiner Struktur besitzt das Komplexauge eine im Vergleich zum Linsenauge geringere räumliche Auflösung, aber eine bessere zeitliche Auflösung.

Ein grundsätzliches Problem der Komplexaugen liegt in der geringen Lichtempfindlichkeit der einzelnen Ommatidien. Tagaktive Insekten, denen hinreichend viel Licht zur Verfügung steht, besitzen ein Appositionsauge, bei dem die Ommatidien unabhängig voneinander arbeiten. Die Lichtbrechung findet ausschließlich an der Cornealinse statt, deren Brennweite exakt der Länge des Kristallkegels entspricht. Appositionsaugen liefern scharfe Bilder bei hohen Lichtintensitäten.

Durch die optische Überlagerung von Lichtstrahlen kann eine vielfach höhere Lichtintensität auf der Retinula der Komplexaugen erreicht werden. In diesen optischen Superpositionsaugen fungiert der Kristallkegel als ein Linsenzylinder, der einfallende Strahlen zur optischen Achse hin bricht und so die Lichtausbeute verschiedener Ommatidien auf einem Rhabdom bündelt. Bei der neuronalen Superposition findet die Überlagerung nach der Signaltransduktion statt, indem mehrere Retinulazellen auf ein gemeinsames postsynaptisches Neuron konvergieren und so auch bei schwacher Lichtintensität durch räumliche Summation ein hinreichend großes Signal erzeugen.

13.4 Signaltransduktion in Photorezeptoren

Wir haben das Prinzip der Oberflächenvergrößerung bisher vor allem im Zusammenhang mit der Optimierung von Diffusionsprozessen kennengelernt. Bei den Photorezeptoren dient die Vergrößerung der Membranoberfläche in Form von Membranstapeln einer verbesserten Lichtausbeute, indem die größere Fläche mehr lichtempfindlichen Molekülen Platz bietet (▶ Abschn. 13.1.2). Photorezeptoren sind langgestreckte Zellen, die im Auge so ausgerichtet sind, dass sie das Licht in Längsrichtung passiert. Eine Stapelung von Membranen quer zur Ausbreitungsrichtung des Lichts erhöht die Wahrscheinlichkeit, dass ein Photon von einem lichtempfindlichen Molekül in einem dieser Stapel absorbiert wird.

Wir besprechen zunächst die Umwandlung eines Lichtreizes in eine elektrische Antwort bei den ziliaren Photorezeptoren der Wirbeltiere. Hierbei handelt es sich wahrscheinlich um die am besten untersuchten Sinneszellen in der sensorischen Physiologie.

13.4.1 Struktur ziliarer Photorezeptoren

Bei den **ziliaren Photorezeptoren** werden die Zilien zu rhodopsintragenden Membranen umgewandelt, wobei in den verschiedenen Tiergruppen sehr unterschiedliche Mechanismen zum Einsatz kommen. Bei den Wirbeltieren beispielsweise entwickelt sich das sogenannte **Außensegment** aus einem einzigen Zilium; es enthält 800 bis 1000 dicht gepackte Membranstapel, in denen die lichtabsorbierenden Moleküle untergebracht sind.[13] Das **Innensegment** beherbergt den Zellkern, Mitochondrien und alle anderen Organellen. Auf das Innensegment folgt die präsynaptische Endigung, an der durch die Freisetzung eines Neurotransmitters die Übertragung des Signals an nachgeschaltete Neurone erfolgt (◻ Abb. 13.12).

Die meisten Wirbeltiere besitzen zwei unterschiedliche Klassen von Photorezeptoren: (1) die lichtempfindlichen **Stäbchen** und (2) die etwas weniger lichtempfindlichen **Zapfen**. Die Stäbchen dienen daher vor allem dem Sehen bei geringen Lichtstärken, während Zapfen bei hohen Lichtintensitäten zum Einsatz kommen. Bei den Stäbchen nimmt das Außensegment eine langgestreckte, zylindrische Form an und die Membranscheibchen liegen losgelöst von der Plasmamembran im Außensegment. Die Zapfen hingegen besitzen ein deutlich kürzeres, zur Spitze hin verjüngtes Außensegment, in das sich die Discs als Teil der Plasmamembran einstülpen.

Trotz ihrer langgestreckten Form mit einer Ausdehnung von maximal 100 μm sind Photorezeptoren elektrisch relativ kompakte Strukturen. Daher kann auch ein Signal, das an der Spitze des Außensegments entsteht, ohne die Hilfe von Aktionspotenzialen bis zur synaptischen Endigung transportiert werden. *Photorezeptoren erzeugen keine Aktionspotenziale; das Rezeptorpotenzial gelangt durch eine rein passive Weiterleitung bis in die präsynaptische Endigung.*

13.4.2 Spannungsänderungen bei Belichtung

Im Dunkeln liegt das Membranpotenzial eines Photorezeptors zwischen $-30\,\text{mV}$ und $-40\,\text{mV}$ und ist damit deutlich positiver als das Ruhemembranpotenzial einer Nervenzelle. Wird der

---

[13] Die Membranstapel bestehen aus übereinander angeordneten Membranscheibchen, die auch als Discs bezeichnet werden.

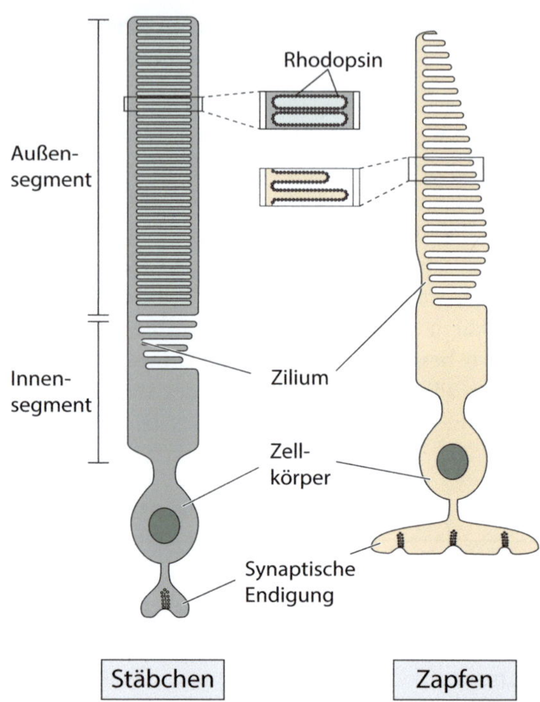

Abb. 13.12 Aufbau von Stäbchen und Zapfen im Wirbeltierauge. Das Außensegment ist der lichtempfindliche Teil der Photorezeptoren. Bei den Stäbchen liegen Membranscheiben gestapelt im Inneren des Außensegments, während die Zapfen durch zahlreiche Einstülpung der Zellmembran gekennzeichnet sind. Die vergrößerten Regionen zeigen mit Rhodopsin besetzte Membranstapel

Photorezeptor einem Lichtreiz ausgesetzt, fällt die Spannung über der Zellmembran auf etwa $-70\,mV$, entsprechend einem „normalen" Ruhemembranpotenzial (**Abb. 13.13**). *Ziliare Photorezeptoren reagieren mit einer Hyperpolarisation auf eine Belichtung, wobei die Amplitude der Spannungsänderung die Stärke des Lichtreizes codiert.* Dieses für eine Sinneszelle eher ungewöhnliche Spannungsprofil wirft die Frage auf, wie das depolarisierte Ruhepotenzial und die Hyperpolarisation durch einen Lichtreiz verursacht werden.

Wir haben in ▶ Abschn. 10.2.3 die Goldman-Hodgkin-Katz-Gleichung kennengelernt, die das Membranpotenzial in Abhängigkeit von Ionenkonzentrationen und Ionenpermeabilitäten formuliert (Gl. 10.7). Grundsätzlich bleiben die Konzentrationen der relevanten Ionen weitgehend konstant, wohingegen sich die Permeabilitäten aufgrund des Öffnens und Schließens von Ionenkanälen ändern. Bei den Photorezeptoren bestimmen insbesondere die Permeabilitäten für Na^+ (P_{Na}) und K^+ (P_K) sowie ihr Verhältnis zueinander (P_{Na}/P_K) den Wert des Membranpotenzials.

Beginnen wir mit einer einfachen theoretischen Überlegung: Bei einem Ruhepotenzial von $-70\,mV$ beträgt P_{Na}/P_K etwa 0,04, P_K ist also 25-mal größer als P_{Na} (▶ Abschn. 10.2.3). Nehmen wir stattdessen ein Verhältnis P_{Na}/P_K von 0,2 an, erhalten wir nach der Goldman-Gleichung einen Spannungswert von $-37\,mV$, was etwa dem Membranpotenzial eines Photorezeptors bei Dunkelheit entspricht. *Im Dunkeln besitzen Photorezeptoren eine vergleichsweise hohe Permeabilität für Na^+, die bei einer Belichtung sinkt.* Die lichtinduzierte Änderung des Membranpotenzials lässt sich also auf eine Verschiebung im Verhältnis von P_{Na} zu P_K zurückführen.

Doch wodurch wird diese Änderung von P_{Na}/P_K verursacht? Wie in ▶ Abschn. 11.2.2 am Beispiel des nicotinergen ACh-Rezeptorkanals gezeigt, führt das Öffnen eines unspezifischen Kationenkanals zu einer Erhöhung des Verhältnisses von P_{Na} zu P_K, während das Schließen

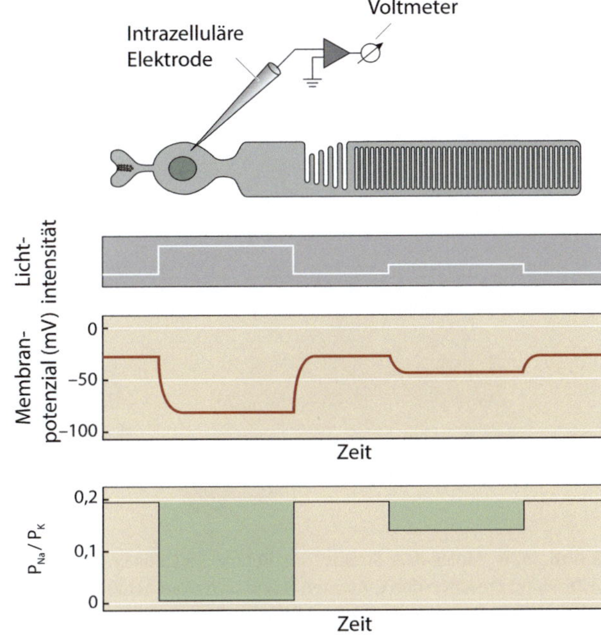

Abb. 13.13 Der Effekt von Licht und Dunkelheit auf das Membranpotenzial eines Photorezeptors. Bei einer hohen Lichtintensität ist die Amplitude der Hyperpolarisation größer als bei einer geringeren Lichtstärke. Die Veränderungen des Membranpotenzials werden durch Verschiebungen im Verhältnis der Permeabilität von Na$^+$ und K$^+$ (P_{Na}/P_K) verursacht

des Kanals eine Reduktion bewirkt. *Die Hyperpolarisation infolge eines Lichtreizes beruht auf einer Verringerung einer unspezifischen Ionenpermeabilität im Außensegment des Photorezeptors.* Im Dunkeln sind die Kationenkanäle in der Plasmamembran des Außensegments geöffnet und der Photorezeptor ist depolarisiert; bei Belichtung schließen die Kanäle, was zu einer Hyperpolarisation führt. Ab einer bestimmten Lichtintensität liegen alle unspezifischen Kationenkanäle in geschlossenem Zustand vor, sodass das Membranpotenzial nicht noch weiter absinken kann.

Die Signaltransduktion beginnt mit der Absorption von Photonen und endet mit dem Schließen von Kationenkanälen, was wiederum eine Änderung des Membranpotenzials bewirkt. Die intrazellulären Mechanismen, welche diese beiden Prozesse miteinander verknüpfen, werden im folgenden Abschnitt beschrieben.

13.4.3 Absorption von Photonen

Die Proteinkomponente **Opsin** und das Aldehyd **Retinal** bilden zusammen die lichtempfindlichen **Rhodopsine**.[14] Opsine gehören zu einer Proteinfamilie, die bereits in Bakterien vorkommt. Mit ihren sieben Transmembransegmenten zeigen Opsine die für G-protein-gekoppelte Rezeptoren typische Membranstruktur (▶ Abschn. 11.3.1).

Das Chromophor 11-cis-Retinal besteht aus einer Ringstruktur und einer Kohlenwasserstoffkette, deren Ende über eine kovalente Bindung mit einem Lysinrest des Opsins verknüpft ist. In dieser Form liegt das Retinal etwa annähernd parallel zur Membranoberfläche in der Mitte des Proteins. Das 11-cis-Retinal wird neben der kovalenten Bindung durch elektrostatische

---

[14] Häufig findet der Begriff Rhodopsin ausschließlich für das Photopigment der Stäbchen Verwendung. Hier werden jedoch alle Sehfarbstoffe im Tierreich, die auf einer Opsin-Retinal-Struktur basieren, als Rhodopsine bezeichnet.

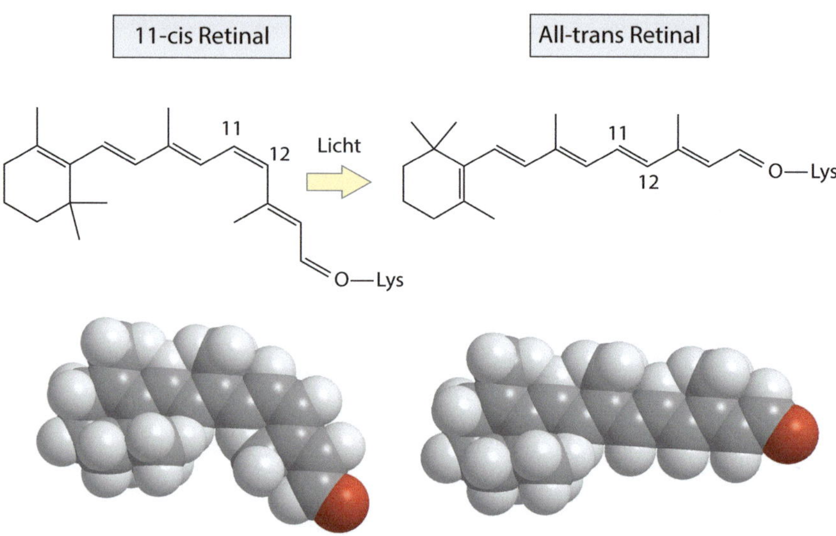

□ Abb. 13.14 Molekulare Struktur von Retinal. Im Dunkeln liegt Retinal aufgrund der *cis*-Konfiguration der Doppelbindung zwischen den C-Atomen 11 und 12 in einer gefalteten Form vor. Nach Absorption eines Photons streckt sich die Kohlenwasserstoffkette zum All-trans-Isomer. Für beide Isomere sind jeweils das Kohlenstoffgerüst und ein Kalottenmodell dargestellt

Wechselwirkungen mit sechs weiteren Aminosäuren, die auch für die Lage des Absorptionsmaximums eine wichtige Rolle spielen, stabilisiert. Durch entsprechende Aminosäuresubstitutionen kann das Rhodopsin somit artspezifisch an unterschiedliche Lichtbedingungen wie etwa an die spektralen Eigenschaften bestimmter Wassertiefen angepasst werden.

Die Doppelbindung zwischen den Positionen 11 und 12 der Kohlenwasserstoffkette des Retinals liegt in der *cis*-Konfiguration vor, was zu einem „Knick" in der Molekülstruktur führt (□ Abb. 13.14). Die Absorption eines einzigen Photons bewirkt die Umlagerung des Retinals von der 11-cis-Konfiguration in die All-trans-Form (**Photoisomerisation**), in der das Retinal eine eher langgestreckte Form annimmt. Bei dieser Reaktion werden etwa 60 % der Energie eines Photons als strukturelle Änderung innerhalb des Retinalmoleküls gespeichert. *Die Photoisomerisation ist der einzige lichtabhängige Prozess und bildet die Grundlage des Sehvorgangs.*

Aufgrund seiner Lage innerhalb des Proteinmoleküls wird die Konformationsänderung des Retinals auf das Opsin übertragen. Dadurch entsteht über mehrere kurzlebige Zwischenstufen das aktive **Metarhodopsin II**, das durchschnittlich bis zu 2,5 s stabil bleibt. Metarhodopsin II enthält eine intrazelluläre Bindungsstelle für **Transducin**, ein heterotrimeres G-Protein, das in aktivierter Form die Konformationsänderung des Opsins als Signal ins Innere des Photorezeptors weiterleitet.

Diese Weiterleitung ist erforderlich, da die Aktivierung von Rhodopsin in den Discs stattfindet, während sich die Ionenkanäle in der Plasmamembran befinden. *Eine intrazelluläre Signalkaskade, welche die Discs mit den Kanälen der Plasmamembran verbindet, verknüpft die Konformationsänderung des Retinals mit einer Änderung des Membranpotenzials der Photorezeptoren.*

13.4.4 Von Metarhodopsin II zum Rezeptorpotenzial

Licht wirkt grundsätzlich wie ein Neurotransmitter, der einen G-protein-gekoppelten Rezeptor aktiviert. *Die Analogie von Licht und einer chemischen Substanz verdeutlicht, dass nicht die Art des Stimulus selbst, sondern dessen Energiegehalt für die Aktivierung von Rezeptoren essenziell ist.* Während das Konzept der Energie für elektromagnetische Strahlung noch relativ naheliegend ist, stellt sich die Frage, wie es mit der Bindung eines Moleküls an einen Rezeptor in Einklang gebracht werden kann. Die Bindung erfolgt über schwache Wechselwirkungen, was zu einer Änderung der freien Energie ΔG des Rezeptors führt, wodurch wiederum eine Konformationsänderung im Rezeptorprotein ausgelöst wird.

Sobald sich ein Komplex aus Metarhodopsin II und Transducin (T) bildet, wird das GDP an der α-Untereinheit durch GTP ersetzt, Tα-GTP spaltet sich von der $\beta\gamma$-Untereinheit ab und aktiviert eine **Phosphodiesterase** (◨ Abb. 13.15a).[15] Die Phosphodiesterase ist mit der cytoplasmatischen Seite der Discmembran assoziiert und hydrolysiert in ihrer aktiven Form cGMP zu 5'-GMP, wodurch die intrazelluläre Konzentration von cGMP sinkt.

Wir haben zyklische Nukleotide bisher als Second Messenger kennengelernt, die Proteinkinasen aktivieren und auf diese Weise indirekt Effekte auf Ionenkanäle ausüben (▶ Abschn. 11.3.3). *In den Photorezeptoren hat cGMP jedoch eine direkte Wirkung auf die Permeabilität der Zellmembran, indem es an eine bestimmte Klasse von ligandengesteuerten Ionenkanälen bindet.* Diese sogenannten **CNG-Kanäle** öffnen, wenn zyklische Nukleotide mit ihren intrazellulären Bindungsstellen in Wechselwirkung treten.[16]

Im Dunkeln, wenn die cGMP-Konzentration im Außensegment der Photorezeptoren hoch ist, sind die intrazellulären Bindungsstellen der CNG-Kanäle mit cGMP besetzt. Durch die Bindung von cGMP wird der CNG-Kanal geöffnet und Kationen diffundieren kontinuierlich durch die zentrale Kanalpore in das Außensegment. Dieser als **Dunkelstrom** bezeichnete Einstrom positiver Ladungen stellt das Membranpotenzial des Photorezeptors auf den vergleichsweise depolarisierten Wert von -30 bis $40\,\mathrm{mV}$ ein. *Sinkt infolge einer Belichtung die Konzentration an cGMP, dissoziiert cGMP von seinen Bindungsstellen ab, die Kationenkanäle schließen und der Photorezeptor hyperpolarisiert* (◨ Abb. 13.15b).

Die Phosphodiesterase hydrolysiert nur frei im Cytoplasma vorhandenes cGMP, nicht jedoch die an die CNG-Kanäle gebundenen Moleküle. Bindung und Dissoziation von cGMP stellen eine reversible chemische Reaktion dar, für die das Massenwirkungsgesetz gilt:

$$\mathrm{cGMP} \cdot \mathrm{CNG} \rightleftharpoons \mathrm{cGMP} + \mathrm{CNG} \rightarrow 5'\text{-}\mathrm{GMP}. \tag{13.3}$$

cGMP diffundiert aus dem Komplex cGMP · CNG und wird als freies cGMP durch die Phosphodiesterase zu 5'-GMP hydrolysiert und so aus dem Gleichgewicht entfernt. Insgesamt verschiebt sich die Reaktion von links nach rechts in Richtung der Bildung von 5'-GMP.

Die intrazelluläre Signalkaskade dient der Überbrückung der Distanz zwischen Discmembranen und Plasmamembran. Darüber hinaus bildet sie die Grundlage für einen effizienten Verstärkungsmechanismus:

---

[15] Phosphodiesterasen spalten – wie ihr Name sagt – Phosphodiesterbindungen, die vor allem im Rückgrat von DNA und RNA Pentosen und Phosphatreste miteinander verbinden, aber auch bei zyklischen Nukleotiden wie cAMP und cGMP auftreten.
[16] Die Abkürzung CNG steht für *Cyclic Nucleotide Gated*.

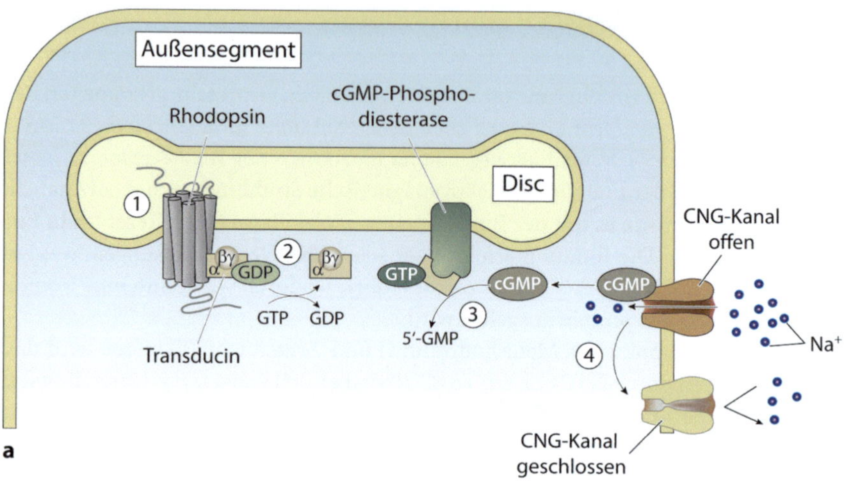

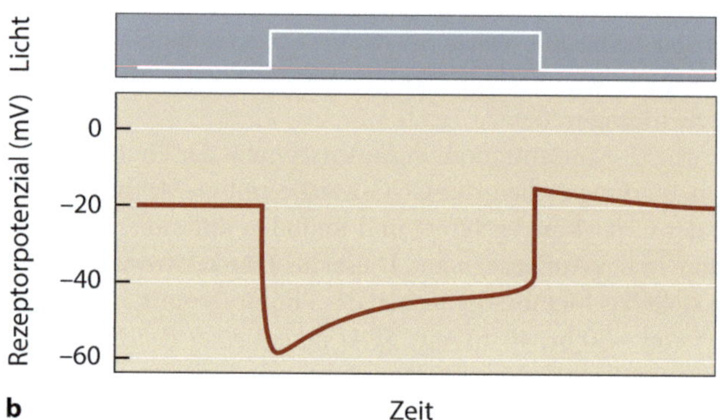

◻ **Abb. 13.15** Signaltransduktion im Außensegment eines ziliaren Photorezeptors. **a** Im Dunkeln werden die CNG-Kanäle durch eine hohe intrazelluläre Konzentration von cGMP offen gehalten und ermöglichen einen Einwärtsstrom von Na^+. Bei Belichtung des Photorezeptors und Absorption eines Photons ① wird in einem mit Rhodopsin assoziierten Transducinmolekül GDP gegen GTP ausgetauscht ②. Dessen α-Untereinheit aktiviert eine Phosphodiesterase, die cGMP zu 5'-GMP hydrolysiert ③. Infolgedessen sinkt die intrazelluläre cGMP-Konzentration und cGMP löst sich von den CNG-Kanälen ab, woraufhin die Kanäle schließen ④. **b** Ein ziliarer Photorezeptor reagiert auf eine Belichtung mit einer Hyperpolarisation

— Durch ein einziges Photon entstehen etwa 500 $T\alpha$-GTP-Moleküle.
— Ein aktiviertes Phosphodiesterasemolekül kann bis zu 4000 cGMP-Moleküle pro Sekunde hydrolysieren.

Die Absorption eines Photons bewirkt innerhalb einer Sekunde das Schließen von etwa 5000 CNG-Kanälen, wodurch der Dunkelstrom um rund 5 % reduziert wird. Dies führt zwar noch nicht zur Wahrnehmung eines Lichtreizes, jedoch zu einem messbaren Rezeptorpotenzial mit einer Amplitude von etwa 1 mV.

13.4.5 Inaktivierende Mechanismen

Wir nehmen nicht nur einen Wechsel von dunkel nach hell als visuellen Reiz wahr, sondern auch eine Veränderung in umgekehrter Richtung – folglich müssen Mechanismen existieren, die den intrazellulären Signalweg von aktiviertem Rhodopsin bis hin zu cGMP wieder unterbrechen. Diese Inaktivierung der Signalkaskade findet auf vier verschiedenen Ebenen statt:

1. Abschalten von Metarhodopsin II,
2. Inaktivierung von $T\alpha$-GTP,
3. Wiederherstellung der ursprünglichen cGMP-Konzentration,
4. Rückwandlung von All-trans-Retinal in die 11-cis-Form.

Eine Schlüsselfunktion bei der Regulation nimmt das Rhodopsin ein, das in Form von Metarhodopsin II immer wieder von Neuem G-Proteine aktiviert. Die lichtinduzierte Konformationsänderung legt aber gleichzeitig Phosphorylierungsstellen am C-terminalen Ende des Rhodopsinmoleküls frei, die nach und nach von der **Rhodopsinkinase** mit Phosphatresten versehen werden. Das phosphorylierte Rhodopsin bindet in einem weiteren Schritt an das Protein **Arrestin**. Dieser Komplex kann keine weiteren Transducinmoleküle aktivieren, sodass die Signalkaskade unterbrochen wird.

Die α-Untereinheit besitzt eine endogene GTPase-Aktivität, die das aktivierte Transducin ($T\alpha$-GTP) durch Hydrolyse von GTP zu GDP inaktiviert.

Damit die CNG-gesteuerten Kationenkanäle erneut öffnen und den Dunkelstrom erzeugen können, muss die intrazelluläre cGMP-Konzentration wieder erhöht werden. Das Enzym **Guanylatcyclase** synthetisiert cGMP aus GTP, hat also eine zur Phosphodiesterase entgegengesetzte Wirkung (◘ Abb. 13.16). Die katalytische Aktivität der Guanylatcyclase wiederum wird durch die intrazelluläre Ca^{2+}-Konzentration reguliert. Dieser Regulationsmechanismus stellt sicher, dass nicht beide Enzymsysteme gleichzeitig aktiv sind, und verhindert auf diese Weise eine wirkungslose Hydrolyse von GTP.

Im Dunkeln gelangen Ca^{2+}-Ionen durch die CNG-Kanäle in die Zelle und werden durch einen Na^+/Ca^{2+}-Austauscher wieder in den Extrazellulärraum befördert. Unter diesen Bedingungen etabliert sich ein Gleichgewichtszustand mit einer intrazellulären Ca^{2+}-Konzentration von etwa $500\,\text{nmol}\,l^{-1}$, bei der die Guanylatcyclase in einer inaktiven Form vorliegt. Infolge einer Belichtung schließen die CNG-Kanäle, während der Na^+/Ca^{2+}-Austauscher weiterhin Ca^{2+}-Ionen über die Membran nach außen transportiert. Die intrazelluläre Ca^{2+}-Konzentration sinkt auf Werte von $50\,\text{nmol}\,l^{-1}$, sodass die Guanylatcyclase aktiviert und die ursprüngliche cGMP-Konzentration wiederhergestellt wird (◘ Abb. 13.17).[17]

Da All-trans-Retinal keine weiteren Photonen absorbieren kann, muss es wieder in 11-cis-Retinal umgewandelt werden, damit eine erneute Photoabsorption und die anschließende Signaltransduktion ablaufen können. In den Photorezeptoren der Wirbeltiere verbleibt das All-trans-Retinal noch für einige Minuten an Opsin gebunden, bevor es abgespalten und wieder zu 11-cis-Retinal isomerisiert wird. Dieser Umwandlung liegt ein aufwendiger biochemischer Prozess zugrunde, der im **Pigmentepithel** stattfindet, einer unmittelbar an die Außensegmente der Photorezeptoren angrenzenden Zellschicht. All-trans-Retinal wird in den Photorezeptoren

---

[17] Die Regulation durch intrazelluläre Ca^{2+}-Ionen ist sehr viel komplexer als hier dargestellt. Ca^{2+} aktiviert das Protein Recoverin, das die Lebensdauer von Metarhodopsin II verlängert. Über das Ca^{2+}-bindende Protein Calmodulin wirkt Ca^{2+} unmittelbar auf die CNG-Kanäle, indem es die Affinität von cGMP verringert und damit einen reduzierten Dunkelstrom verursacht.

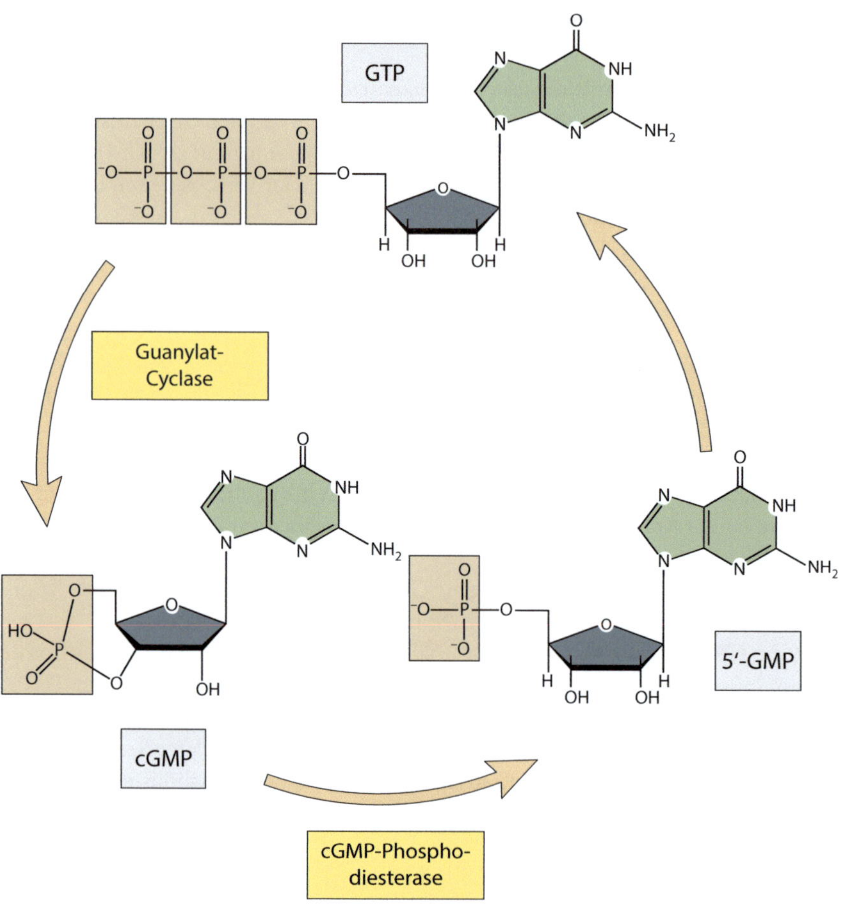

◘ Abb. 13.16 Umwandlung von GTP in cGMP und 5'-GMP. Guanylatcyclase katalysiert die Synthese von cGMP, das wiederum von der cGMP-Phosphodiesterase zu 5'-GMP hydrolysiert wird. Aus 5'-GMP entsteht in einer mehrstufigen Reaktion wieder GTP

zunächst zu Retinol reduziert und anschließend in die Zellen des Pigmentepithels transportiert, wo eine Isomerase die Konversion in 11-cis-Retinol katalysiert. Nach Oxidation zu 11-cis-Retinal erfolgt der Rücktransport in das Außensegment der Photorezeptoren und die kovalente Bindung an Opsin erzeugt wieder ein aktivierbares Rhodopsinmolekül.

13.4.6   Rhabdomerische Photorezeptoren

In den Komplexaugen zahlreicher Arthropoden kommen ausnahmslos rhabdomerische Photorezeptoren zum Einsatz. Bei diesem Photorezeptortyp sind die Zilien weitgehend verschwunden. Übereinander liegende Mikrovilli (60.000 bei *Drosophila*) bilden Membranstapel aus, die senkrecht zum Lichteinfall ausgerichtet sind (◘ Abb. 13.18). Diese als **Rhabdomer** bezeichnete Struktur enthält über 100 Mio. Rhodopsinmoleküle, wodurch eine effiziente Absorption von

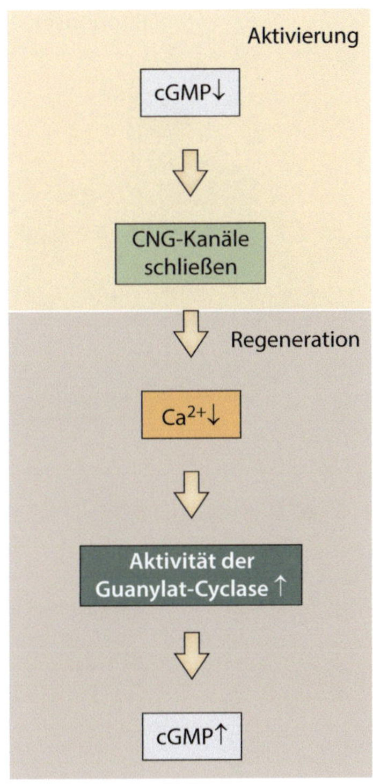

◘ Abb. 13.17 Regulation der intrazellulären cGMP-Konzentration durch Ca^{2+}. Sinkt die intrazelluläre cGMP-Konzentration, schließen die CNG-Kanäle und es gelangt weniger Ca^{2+} in das Außensegment. Dadurch wird eine Ca^{2+}-induzierte Hemmung der Guanylatcyclase aufgehoben und die cGMP-Konzentration steigt wieder an

Photonen ermöglicht wird. Die Membranen der Mikrovilli enthalten neben Rhodopsin auch die G-Proteine und Ionenkanäle des Signaltransduktionswegs.

◘ Abb. 13.19a fasst die Signaltransduktion bei rhabdomerischen Photorezeptoren zusammen. Wie bei den ziliaren Photorezeptoren auch führt die Absorption eines Photons durch 11-cis-Retinal zur Photoisomerisation in All-trans-Retinal. Die folgende Aktivierung eines heterotrimeren G-Proteins (Austausch von GDP durch GTP) und dessen Dissoziation in eine α-Untereinheit und ein $\beta\gamma$-Dimer entsprechen ebenfalls dem Signalweg ziliarer Rezeptoren. Im nächsten Schritt wird jedoch statt der cGMP-Phosphodiesterase die **Phospholipase C** akti-

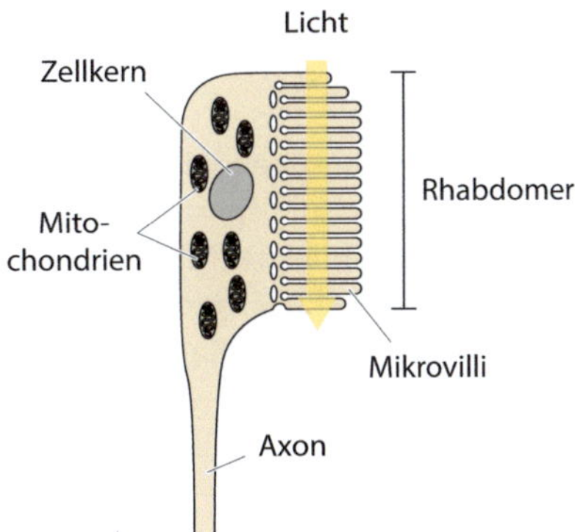

◘ Abb. 13.18 Aufbau eines rhabdomerischen Photorezeptors. Die Retinulazellen in den Komplexaugen der Arthropoden besitzen diesen Photorezeptortyp, der durch einen senkrecht zum Lichteinfall ausgerichteten Mikrovillisaum (Rhabdomer) gekennzeichnet ist. Die lichtempfindlichen Moleküle befinden sich in der Membran der Mikrovilli

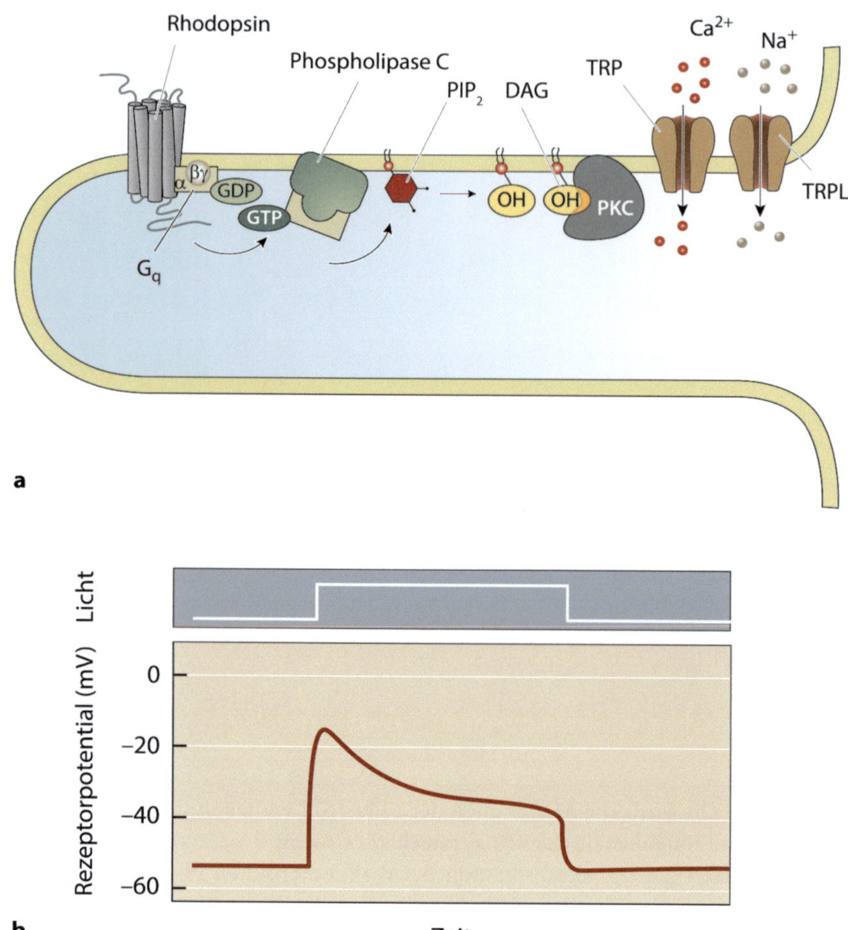

◻ Abb. 13.19 Signaltransduktion in den Mikrovilli eines rhabdomerischen Photorezeptors. **a** Nach Absorption eines Photons wird ein mit Rhodopsin assoziiertes G_q-Protein aktiviert, das nach Austausch von GDP gegen GTP die katalytische Aktivität der Phospholipase C erhöht. Die hydrolytische Spaltung von PIP_2 in IP_3 und DAG führt zum Öffnen eines Ca^{2+}-selektiven TRP-Kanals sowie eines TRPL-Kanals, der für Na^+-Ionen permeabel ist. Die in die Zelle diffundierenden Ca^{2+}-Ionen aktivieren Proteinkinase C (PKC), welche die TRP-Kanäle durch Phosphorylierung wieder schließt. **b** Rhabdomerische Photorezeptoren reagieren mit einer Depolarisation auf eine Belichtung

viert, die das Phospholipid Phosphatidylinositol-4,5-bisphosphat (PIP_2) in Diacylglycerol und Inositol-1,4,5-trisphosphat (IP_3) spaltet (▶ Abschn. 11.3.3).

In der Membran der Mikrovilli befinden sich zwei unterschiedliche Kanaltypen, die als TRP und TRPL bezeichnet werden.[18] Der molekulare Mechanismus, der die Spaltung von PIP_2 mit dem Öffnen von **TRP-Kanälen** verknüpft, ist noch nicht endgültig geklärt.[19] In jedem Fall

---

[18] TRP steht für *Transient Receptor Potential*. TRP-Kanäle bilden eine vergleichsweise große Proteinfamilie, die an zahlreichen sensorischen Prozessen beteiligt ist.

[19] In diesem Zusammenhang werden drei unterschiedliche Mechanismen diskutiert: (1) Bei der Spaltung von PIP_2 entstehen Protonen, die TRP-Kanäle direkt öffnen; (2) Diacylglycerol induziert das Öffnen der TRP-Kanäle; (3) IP_3 setzt Ca^{2+}-Ionen aus intrazellulären Speichern frei, die auf unbekannte Weise die TRP-Kanäle öffnen.

führt das Öffnen der TRP-Kanäle zu einem Einstrom von Kationen (Na^+ und Ca^{2+}), wodurch die Membran des Photorezeptors depolarisiert wird (◘ Abb. 13.19b). *Im Gegensatz zu den ziliaren Photorezeptoren reagieren die rhabdomerischen Lichtsinneszellen auf die Absorption eines Photons mit einer Depolarisation.* Rhabdomerische Photorezeptoren erzeugen keine Aktionspotenziale; die Spannungsänderung wird elektrotonisch an die Synapse weitergeleitet.

Auch im Rahmen der Inaktivierung des Signalwegs existieren wesentliche Unterschiede im Vergleich beider Rezeptortypen. So werden bei rhabdomerischen Rezeptoren die Kationenkanäle durch eine Ca^{2+}-gesteuerte Proteinkinase C sehr schnell wieder geschlossen. Insgesamt vergehen von der Absorption eines Lichtquants durch Rhodopsin bis zur Entstehung eines Rezeptorpotenzials weniger als 20 ms, was die Integrationszeit ziliarer Photorezeptoren mit 200 bis 700 ms deutlich unterschreitet.

Ein weiterer wichtiger Unterschied betrifft die Umwandlung von All-trans-Retinal zurück in das 11-cis-Isomer, die bei rhabdomerischen Rezeptoren durch eine weitere Photonenabsorption im langwelligen Spektralbereich (etwa 580 nm) erfolgt. Diese Photokonversion findet direkt im Metarhodopsin II statt, sodass die relativ zeitaufwendigen Prozesse ziliarer Photorezeptoren – die Dissoziation des Komplexes in Retinal und Opsin, die enzymatische Umwandlung sowie der Transport zum Pigmentepithel und zurück zum Photorezeptor – entfallen.

Die außerordentlich hohe Geschwindigkeit der Signalkaskade und ihrer inaktivierenden Mechanismen erlaubt Insekten und anderen Arthropoden mit rhabdomerischen Photorezeptoren eine sehr schnelle Verarbeitung von Lichtsignalen mit einer zeitlichen Auflösung von bis zu 300 Hz. Dieser Wert bedeutet, dass im Abstand von etwa 3 ms aufeinanderfolgende Bilder noch als Einzelbilder wahrgenommen werden. Beim Menschen hingegen liegt diese sogenannte **Flimmerfusionsfrequenz** bei etwa 25 Hz, was einem Bild in 40 ms entspricht. Diese hohe zeitliche Auflösung ermöglicht Fliegen bei Fangversuchen ein weitgehend müheloses Entkommen; unsere langsame Verarbeitungsgeschwindigkeit hingegen beschert uns den Eindruck sich rückwärts drehender Räder der Postkutschen zahlloser Westernfilme.[20]

13.4.7 Zusammenfassung

Die Signaltransduktion umfasst alle Prozesse von der Absorption eines Photons bis hin zu einer Spannungsänderung im Photorezeptor. Ziliare Photorezeptoren reagieren auf eine Belichtung mit einer Hyperpolarisation ihres Membranpotenzials, rhabdomerische Photorezeptoren hingegen mit einer Depolarisation. Beide Photorezeptoren erzeugen keine Aktionspotenziale.

Die Potenzialänderung bei ziliaren Photorezeptoren beruht auf einer Verschiebung der Permeabilitätsverhältnisse von Na^+ und K^+ zugunsten von P_{Na}. Bei einem Lichtreiz schließen Kationenkanäle, der Einstrom von Kationen wird unterbrochen und die Zellmembran hyperpolarisiert.

Das Protein Opsin und das Aldehyd Retinal, ein Derivat des Vitamins A_1, bilden zusammen das Sehpigment Rhodopsin. Der einzige lichtabhängige Schritt beim Sehvorgang besteht in der Isomerisation von 11-cis-Retinal zu All-trans-Retinal. Die Energie der elektromagnetischen Strahlung wird dabei in eine Konformationsänderung der Proteinkomponente Opsin übertragen, die in Form von Metarhodopsin II das heterotrimere G-Protein Transducin

---

[20] Unser Gehirn interpretiert Veränderungen in aufeinanderfolgenden Bildern als Bewegung. Wird ein Kinofilm mit 25 Bildern pro Sekunde gedreht, werden Einzelbilder in einem Abstand von 40 ms aufgenommen. Wenn die Speichen des Rades sich innerhalb dieses Zeitraums so weit drehen, dass sie wieder genau dieselbe Position einnehmen, scheint das Rad stillzustehen. Ist die Geschwindigkeit jedoch geringer, wird der Eindruck erweckt, dass sich das Rad rückwärts dreht. Dieses Phänomen bezeichnet man auch als Stroboskopeffekt.

aktiviert. Die α-Untereinheit des Transducins steuert die katalytische Aktivität einer cGMP-Phosphodiesterase, die cGMP in 5'-GMP spaltet. Aufgrund der verringerten intrazellulären cGMP-Konzentration löst sich cGMP von unspezifischen Kationenkanälen vom CNG-Typ ab, die daraufhin schließen. Die Signalkaskade überbrückt die Distanz zwischen den Membranstapeln im Innern des Photorezeptors und der Plasmamembran, wo sich die Ionenkanäle befinden. Außerdem bewirkt sie eine so große Signalverstärkung, dass die kleinstmögliche physikalische Einheit – ein einziges Photon – eine messbare Veränderung des Ruhepotenzials erzeugt.

Die Inaktivierungsmechanismen der Signalkaskade umfassen die Phosphorylierung von Rhodopsin und die nachfolgende Bindung von Arrestin, die endogene GTPase-Aktivität des Transducins, die Ca^{2+}-abhängige Aktivierung der Guanylatcyclase und schließlich die Umwandlung von All-trans-Retinal in das 11-cis-Isomer im Pigmentepithel der Retina. Alle Mechanismen wirken synergistisch, indem sie ein vorhandenes Spannungssignal beenden und das System für die Verarbeitung weiterer Lichtsignale zurücksetzen.

Rhabdomerische Photorezeptoren sind durch zahlreiche Mikrovilli gekennzeichnet, die sich an einer Seite des Photorezeptors senkrecht übereinander zu einem Rhabdomer anordnen. Dem Rezeptorpotenzial rhabdomerischer Photorezeptoren liegt eine Signalkaskade zugrunde, die ausgehend von aktiviertem Rhodopsin und einem G_q-Protein die katalytische Aktivität der Phospholipase C erhöht. Ausgelöst durch die Spaltung von Phosphatidylinositol-4,5-bisphosphat werden Kationenkanäle vom TRP-Typ geöffnet, woraufhin der Einstrom von Na^+ und Ca^{2+} eine Depolarisation des Photorezeptors bewirkt.

Die Rückwandlung des All-trans-Retinals erfolgt gebunden an Rhodopsin, indem ein Photon mit einer anderen Wellenlänge absorbiert und dessen Energie für die Konversion in die 11-cis-Form eingesetzt wird. Rhabdomerische Photorezeptoren zeigen eine wesentlich schnellere Verarbeitungsgeschwindigkeit von Lichtsignalen als ziliare Photorezeptoren.

13.5   Signalverarbeitung in der Retina

Die Retina der Wirbeltiere entsteht als eine Ausstülpung des Zwischenhirns, gehört also trotz ihrer peripheren Lage zum Zentralnervensystem. Hier findet neben der Signaltransduktion bereits eine Verarbeitung der visuellen Informationen statt. Beim Menschen konvergieren die Signale von ca. 120 Mio. Stäbchen und etwa 6 Mio. Zapfen über mehrere synaptische Kontakte auf rund eine Million Ganglienzellen, deren Axone den optischen Nerv (**Nervus opticus**) bilden. Die von den Photorezeptoren gelieferte Datenmenge wird während der synaptischen Übertragung in den verschiedenen Zellschichten der Retina so weit reduziert und modifiziert, dass sie vom optischen Nerven in Form von Aktionspotenzialsalven an nachgeschaltete visuelle Zentren übermittelt werden kann. Nicht jeder Lichtreiz, den die Photorezeptoren detektieren, wird also bewusst wahrgenommen, sondern nur diejenigen Signale, die den „Flaschenhals" des Nervus opticus passieren. *Eine wesentliche Aufgabe der synaptischen Schaltkreise der Retina besteht in einer Dekonstruktion des visuellen Stimulus in grundlegende Eigenschaften, die als neuronale Signale codiert ans Gehirn weitergeleitet und dort auf unbekannte Weise zu einer kohärenten visuellen Wahrnehmung der Außenwelt führen.*

13.5.1   Zellulärer Aufbau der Retina

Die Retina der Wirbeltiere zeigt einen sehr regelmäßigen Aufbau, bestehend aus drei zellulären und zwei synaptischen Schichten (◻ Abb. 13.20a). Diese hochgeordnete Struktur ist Grundlage

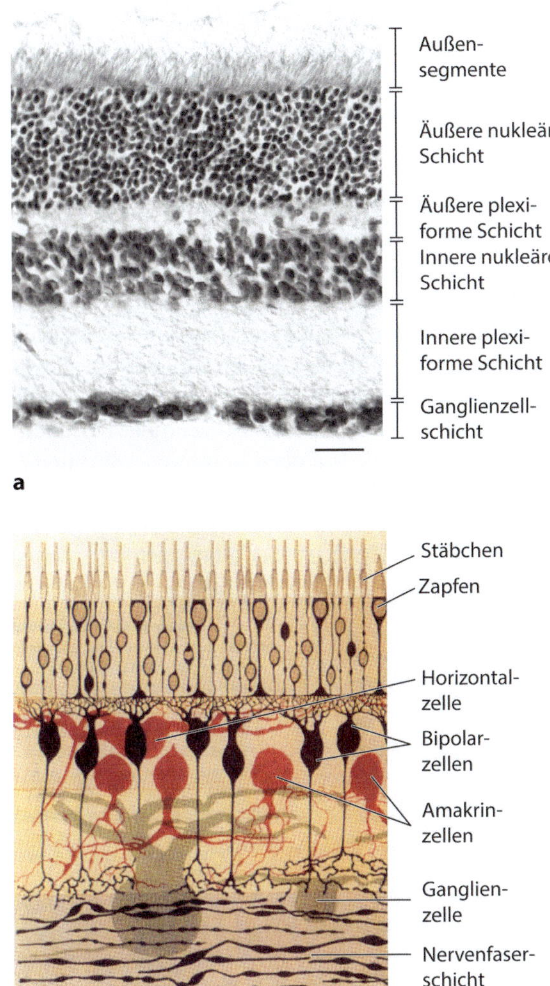

Abb. 13.20 Aufbau der Säugetierretina. **a** Nissl-Färbung eines Querschnitts der Retina. Mit dieser Methode werden Strukturen des Zellkörpers eines Neurons sichtbar gemacht, während Dendriten und Axone weitgehend ungefärbt bleiben. Anhand der Anfärbung können drei zelluläre Schichten (äußere und innere nukleäre Schicht sowie Ganglienzellschicht) und zwei synaptische Schichten (äußere und innere plexiforme Schicht) identifiziert werden. Maßstabsbalken, 25 μm. **b** Tartuferis (1887) klassisches Diagramm stellt den zellulären Aufbau der Retina dar. Zapfen und Stäbchen bilden die äußere nukleäre Schicht, während die innere nukleäre Schicht aus Bipolar-, Horizontal- und Amakrinzellen besteht. Die synaptischen Verbindungen zwischen den verschiedenen Zelltypen liegen in zwei separaten Schichten

der Informationsverarbeitung in der Retina, die wir in vertikale und laterale Signalbahnen aufteilen:

- In den **vertikalen Signalbahnen** wird das Aktivierungsmuster der Photorezeptoren über nachgeschaltete Nervenzellen an die Projektionsneurone der Retina weitergegeben. Ihre synaptischen Verknüpfungen sind weitgehend exzitatorisch und basieren auf der Freisetzung des Neurotransmitters Glutamat. Bei den vertikalen Signalbahnen handelt es sich um mehrere parallel geschaltete Informationskanäle, die jeweils verschiedene Eigenschaften des visuellen Signals verarbeiten.
- Die überwiegend inhibitorischen **lateralen Signalbahnen** verändern die in den vertikalen Bahnen übermittelten Informationen. Mithilfe lokaler Schaltkreise werden bestimmte Eigenschaften der visuellen Signale verstärkt oder abgeschwächt.

Die Photorezeptoren – Zapfen und Stäbchen – bilden die erste Zellschicht der Retina, die sogenannte äußere nukleäre Schicht. Die Aufgabe der Photorezeptoren besteht in der Umwandlung der Energie der elektromagnetischen Strahlung in ein elektrisches Signal.

Die Photorezeptoren sind in einer ersten synaptischen Schicht (äußere plexiforme Schicht) mit zwei unterschiedlichen Klassen retinaler Neurone verschaltet, den Horizontalzellen und den Bipolarzellen. **Horizontalzellen** erhalten ihren synaptischen Eingang von allen Photorezeptoren, die im Bereich ihres dendritischen Feldes liegen, und sie bilden selbst Synapsen mit Bipolarzellen und in einigen Spezies auch mit Photorezeptoren aus. Diese Art der Verschaltung ist Grundlage für die **laterale Inhibition** – ein zentrales Verarbeitungsprinzip in zahlreichen sensorischen Systemen, das der Verstärkung von Kontrasten dient.

Bei den **Bipolarzellen** unterscheiden wir zunächst Stäbchen- und Zapfenbipolarzellen, je nach ihrem synaptischen Kontakt mit dem jeweiligen Photorezeptortyp. Abhängig von ihren physiologischen Eigenschaften werden die Zapfenbipolarzellen weiterhin in On- und Offzellen unterteilt (▶ Abschn. 13.5.3). Als zentraler Bestandteil der vertikalen Signalbahn übertragen Bipolarzellen Signale von den Photorezeptoren auf die Ganglienzellen.

Wie bei den Horizontalzellen auch, verlaufen die Dendriten der **Amakrinzellen** hauptsächlich in horizontaler Richtung. Sie erhalten synaptischen Eingang von Bipolarzellen und anderen Amakrinzellen und bilden ihrerseits synaptische Kontakte mit Bipolarzellen, aber auch mit den Ganglienzellen in der dritten Zellschicht aus. Die Funktionen der Amakrinzellen, die in mehr als 40 morphologisch unterschiedlichen Typen vorkommen, sind bis auf wenige Ausnahmen weitgehend unbekannt. Die Somata von Horizontalzellen, Bipolarzellen und Amakrinzellen liegen in der zweiten Zellschicht der Retina, der inneren nukleären Schicht. Ihre Synapsen untereinander sowie mit den Ganglienzellen bilden die außerordentlich komplexe zweite synaptische Schicht (innere plexiforme Schicht).

Ganglienzellen sind die einzigen Projektionsneurone der Retina. Sie besitzen Axone, die sich zum Nervus opticus bündeln, der das Auge verlässt und über mehrere Umschaltstationen die visuellen Verarbeitungsregionen des Cortex erreicht.

13.5.2 Inverse Retina – Fovea und blinder Fleck

Bedingt durch seine Entwicklung aus dem Zwischenhirn weist das Wirbeltierauge eine **inverse Retina** auf.[21] Die Photorezeptoren liegen auf der lichtabgewandten Seite der Retina, sodass das Licht zunächst mehrere Zellschichten passieren muss, bevor es in den Außensegmenten der Photorezeptoren vom Rhodopsin absorbiert werden kann. Trotz ihrer weitgehenden Transparenz verursachen die aufeinanderfolgenden zellulären und synaptischen Schichten Lichtbrechungen und Streueffekte und tragen somit zu einer Verschlechterung der optischen Abbildung bei. Erschwerend kommen noch die Blutgefäße hinzu, die zur Versorgung der inneren Retina auf der Ganglienzellschicht verlaufen und vom Licht passiert werden müssen.

Eine Lösung dieser Probleme besteht in der Ausbildung einer **Fovea**[22], die vor allem bei Primaten auftritt. Hierbei handelt es sich um eine annähernd kreisförmige Region der Retina, in der das Licht direkt auf die Photorezeptoren trifft. Alle potenziell störenden anderen zellulären Strukturen sowie die Blutgefäße liegen am Rand der Fovea, sodass sich eine Art Grube in der Retina bildet, die beim menschlichen Auge einen Durchmesser von etwa 1,2 mm besitzt.

---

[21] Bei Cephalopoden entsteht die Retina aus epidermalem Epithel, die Photorezeptoren sind daher dem Lichteinfall zugewandt (everse Retina).
[22] *Fovea* (lat.) Grube.

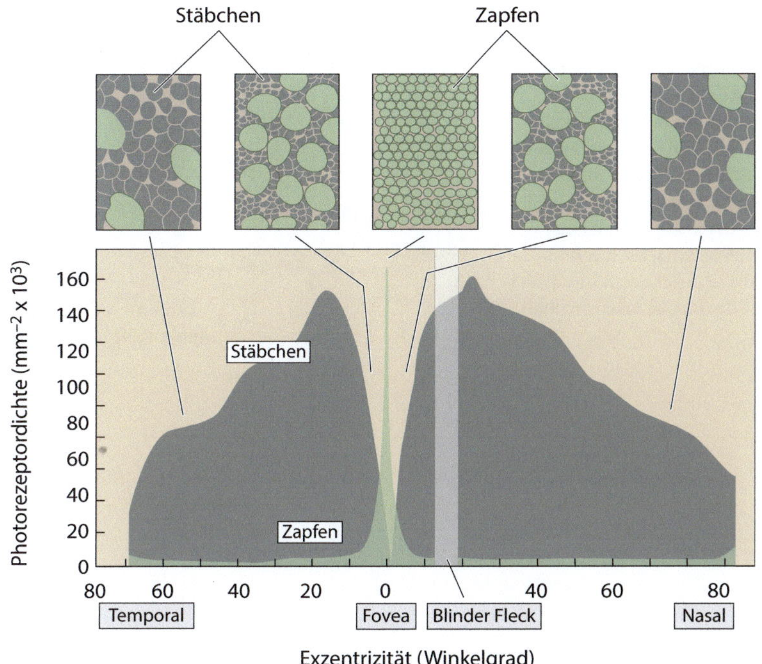

◘ Abb. 13.21 Verteilung von Photorezeptoren in der menschlichen Retina. In der Fovea kommen ausschließlich Zapfen vor, deren Durchmesser dort sehr viel kleiner ist als in der übrigen Retina. Stäbchen finden sich mit Ausnahme der Fovea in relativ hoher Dichte über die gesamte Retina verteilt. Die *Kästen* über der Verteilung von Stäbchen und Zapfen zeigen schematische Aufsichten auf die Photorezeptorschicht in verschiedenen Abständen zur Fovea

Die Fovea wird häufig als die Stelle des schärfsten Sehens bezeichnet. Für diese Eigenschaft sind zwei anatomische Besonderheiten verantwortlich – Zapfendichte und Verschaltung:

— Eine Besonderheit der Fovea betrifft die Verteilung der Photorezeptoren: In der Fovea treten ausschließlich Zapfen auf, deren Anzahl im parafovealen Bereich und in der Peripherie der Retina deutlich abfällt (◘ Abb. 13.21).[23] Die hohe Zapfendichte in der Fovea geht mit einer entsprechenden Verringerung des Durchmessers der einzelnen Zapfen einher, was wiederum die optische Auflösung an dieser Stelle maßgeblich erhöht: *Je geringer der Durchmesser der Außensegmente, desto kleiner der Abstand zwischen zwei Punkten, die noch als getrennt voneinander wahrgenommen werden.* Gleichzeitig fungieren die Außensegmente als eine Art Lichtleiter; aus physikalischen Gründen kann der Durchmesser daher nicht beliebig verkleinert werden, ohne diese Funktion zu beeinträchtigen.

— In den meisten Regionen der Retina konvergieren zahlreiche Photorezeptoren auf eine Bipolarzelle, wodurch die räumliche Auflösung der Photorezeptoren auf die geringere Dichte der Bipolarzellen reduziert wird (◘ Abb. 13.22a). In der Fovea liegt hingegen eine 1 : 1-Verschaltung zwischen Zapfen und Zapfenbipolarzellen vor (◘ Abb. 13.22b), wobei

---

[23] Da nur die weniger lichtempfindlichen Zapfen in der Fovea vorkommen, verschwinden Objekte mit geringer Leuchtdichte, wie etwa schwach leuchtende Sterne, beim Versuch, sie zu fixieren. Erst wenn wir etwas neben das Objekt schauen, fällt das Licht auf die parafovealen Stäbchen und das Objekt kann wieder wahrgenommen werden.

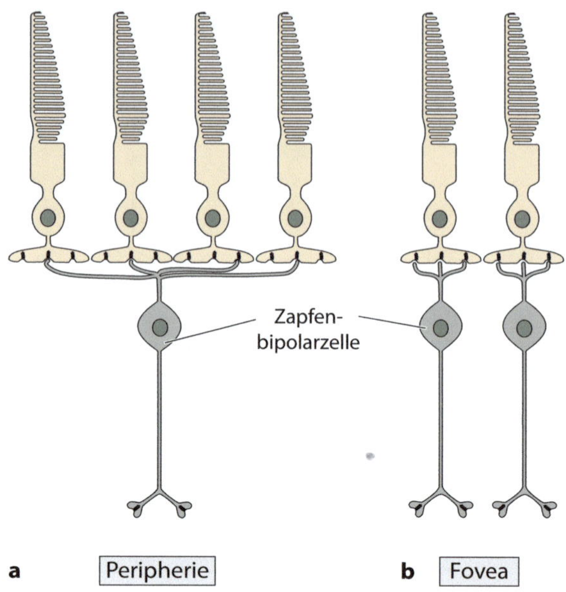

◘ Abb. 13.22 Verschaltung zwischen Photorezeptoren und Bipolarzellen. **a** In der retinalen Peripherie konvergieren Signale von mehreren Zapfen auf eine einzige Zapfenbipolarzelle. Die räumliche Information, die in der Position eines aktivierten Zapfens enthalten ist, geht dadurch verloren. **b** In der Fovea der Primaten ist jeweils ein Zapfen mit einer Zapfenbipolarzelle synaptisch verbunden, sodass die räumliche Auflösung auch auf der Ebene der Bipolarzellen erhalten bleibt

jede Bipolarzelle ihr Signal immer nur an eine Ganglienzelle weitergibt.[24] *Die hohe Zapfendichte in der Fovea ermöglicht eine exzellente räumliche Auflösung und aufgrund der fehlenden Konvergenz eine weitgehend verlustfreie Weitergabe der räumlichen Informationen an nachgeschaltete Zellen der Retina.*

Diese Spezialisierungen führen dazu, dass Primaten nur dann scharf sehen können, wenn das Bild durch den dioptrischen Apparat direkt auf die Fovea projiziert wird. Der täuschende subjektive Eindruck eines vollständig fokussierten Gesichtsfelds liegt an der Effizienz unserer Kopf- und Augenmuskeln, deren kontinuierliche Bewegung dafür sorgt, dass Objekte von Interesse auf der Fovea abgebildet werden.[25]

Der sogenannte **blinde Fleck** ist eine unmittelbare Konsequenz des inversen Aufbaus der Retina. Die Axone der Ganglienzellen verlaufen in der Nervenfaserschicht, die unmittelbar an den Glaskörper angrenzt. Damit die Axone als Nervus opticus das Auge verlassen können, müssen sie zunächst alle Zellschichten der Retina durchqueren. An dieser Austrittsstelle, die auch als **Papille** bezeichnet wird, existieren keine Photorezeptoren und daher wird auch dieser Bereich des Gesichtsfeldes nicht in Form elektrischer Signale im Gehirn repräsentiert.

Die Ausdehnung des blinden Flecks auf der Retina beträgt etwa 6° Sehwinkel und stellt grundsätzlich einen Gesichtsfeldausfall (Skotom) dar. Dieses Skotom wird jedoch subjektiv nicht wahrgenommen, da sich die blinden Flecke beider Augen auf nichtkorrespondierenden Stellen der Retina befinden.[26] Daher kann der Ausfall beim beidäugigen (binokularen) Sehen durch Informationen vom jeweils anderen Auge kompensiert werden. Da jedoch auch beim Sehen mit nur einem Auge in der Regel kein Ausfall im Gesichtsfeld auftritt, findet offensichtlich

---

[24] Dieses als *Midget-System* bezeichnete Verschaltungsprinzip wurde bisher nur bei Primaten beschrieben.

[25] Wenn wir beispielsweise ein Wort auf der Seite eines Buches fixieren, stellen wir fest, dass wir gleichzeitig nur wenige Wörter in unmittelbarer Nähe des fixierten Begriffs lesen können, während alle weiter entfernten Wörter so unscharf abgebildet werden, dass sie nicht mehr lesbar sind.

[26] Korrespondierende Retinastellen beziehen sich auf das beidäugige Sehen. Sie bezeichnen diejenigen Regionen der Retinae beider Augen, die denselben Ausschnitt des Gesichtsfeldes verarbeiten.

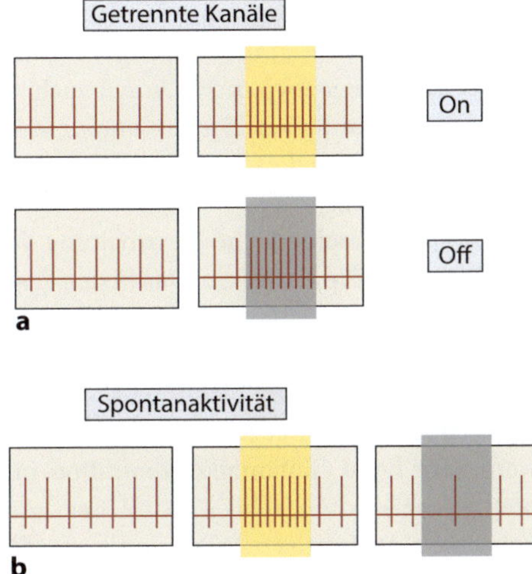

Abb. 13.23 Codierungsstrategien zur Unterscheidung von Helligkeit und Dunkelheit. **a** Werden die Informationen in zwei getrennten Kanälen (On und Off) verarbeitet, verursacht sowohl eine Erhöhung als auch eine Verringerung der Lichtintensität eine Steigerung der Aktionspotenzialfrequenz. **b** Eine Zelle mit einer regelmäßigen Spontanaktivität zeigt eine Erhöhung der Aktionspotenzialfrequenz während der Belichtung bzw. eine Reduktion im Dunkeln

eine Verrechnung mit Informationen aus benachbarten Bereichen statt, indem höhere visuelle Regionen diese Informationen zu einer sinnvollen Ergänzung der Lücke im Gesichtsfeld nutzen. Beispielsweise wird eine fortlaufende Kontur oder ein Muster, das auf den blinden Fleck fällt, so „aufgefüllt", dass wir keinen Bruch innerhalb der Struktur wahrnehmen.

13.5.3 On- und Offsysteme

Ein Großteil der visuellen Information besteht in raumzeitlichen Veränderungen der Lichtintensität. Wir können vor einem konstant grauen Hintergrund einerseits Objekte wahrnehmen, die heller sind als dieser Hintergrund, andererseits aber auch dunklere Objekte. Diese Fähigkeit kann auf neuronaler Ebene durch zwei unterschiedliche Mechanismen implementiert werden:

1. Sowohl eine Zunahme als auch eine Abnahme der Lichtintensität wird in Form einer Erhöhung der Aktionspotenzialfrequenz von den Ganglienzellen codiert (**Abb. 13.23a**). Da hier gegensätzliche Reizmuster durch die gleichsinnige Veränderung eines einzigen Parameters repräsentiert werden, ist eine präzise und invariante Verschaltung der beteiligten Zellen von der Retina bis zum Gehirn für eine korrekte Interpretation der jeweiligen Leuchtdichte erforderlich.

2. Alternativ ist es auch möglich, die Aktionspotenzialfrequenz spontan aktiver Zellen[27] bei einer Zunahme der Helligkeit zu erhöhen und bei einer Abnahme zu senken (**Abb. 13.23b**). Diese Strategie erfordert eine sehr konstante Spontanaktivität, die nicht zusätzlich durch andere Faktoren beeinflusst wird.

Das Wirbeltierauge setzt die erste Strategie der Codierung von Lichtintensitäten ein, indem Informationen über Unterschiede in der Leuchtdichte von zwei getrennten neuronalen Kanälen in der Retina verarbeitet und an das Gehirn weitergeleitet werden. Ganglienzellen weisen meist eine Spontanaktivität mit relativ niedriger Frequenz auf, die durch eine länger anhaltende

---

[27] Spontan aktive Neurone erzeugen kontinuierlich Aktionspotenziale mit einer relativ niedrigen Frequenz. Ähnlich den Schrittmacherzellen des Herzens ist ihre spezifische Ausstattung mit Ionenkanälen für eine regelmäßige überschwellige Depolarisation verantwortlich. Vgl. auch ▶ Abschn. 14.3.4 und Fußnote 12 dort.

Belichtung im Rahmen von Adaptationsprozessen verringert wird. Eine Erhöhung der Spontanaktivität ist zwar ein zuverlässiges Signal, die Reduktion einer ohnehin niedrigen Frequenz möglicherweise jedoch nicht, zumal auch Adaptationsprozesse einen ähnlichen Effekt auf die Spontanaktivität haben. *Die Evolution zweier unabhängiger Systeme in Form eines On- und eines Offkanals ermöglicht in jedem Fall eine eindeutige Antwort auf Änderungen der Helligkeit in beide Richtungen.*

Diese unterschiedliche Verarbeitung von Leuchtdichteunterschieden beginnt bereits auf der Ebene der Bipolarzellen. Das in den Zapfen generierte Signal wird synaptisch an zwei anatomisch und physiologisch verschiedene Typen von Zapfenbipolarzellen weitergegeben: On- und Offbipolarzellen.

Eine Erhöhung der Lichtintensität löst bei **Onbipolarzellen** eine Depolarisation aus, eine Verringerung hingegen eine Hyperpolarisation. Dieser Bipolarzelltyp besitzt im Dunkeln, wenn eine hohe Glutamatkonzentration im synaptischen Spalt vorliegt, ein negatives Membranpotenzial von -60 bis -50 mV, das durch eine lichtinduzierte Verringerung der Glutamatkonzentration positivere Werte annimmt (◙ Abb. 13.24a). Onbipolarzellen exprimieren den metabotropen Glutamatrezeptor mGluR6 in ihren dendritischen Membranen. Die Bindung von Glutamat an diesen Rezeptor aktiviert ein heterotrimeres G-Protein, das in eine α-Untereinheit und ein $\beta\gamma$-Dimer dissoziiert. Im Zuge einer direkten Interaktion schließt die $\beta\gamma$-Untereinheit einen Kationenkanal der TRP-Familie (TRPM1), sodass die Zelle hyperpolarisiert [5, 11]. Bei Belichtung bindet weniger Glutamat an den metabotropen Rezeptor und entsprechend weniger $G_{\beta\gamma}$ steht zur Verfügung – die Kationenkanäle öffnen und die Zelle depolarisiert (◙ Abb. 13.25). *Im Falle der Synapse zwischen Zapfen und Onbipolarzellen findet eine Vorzeichenumkehr statt: Eine Hyperpolarisation der Zapfen bewirkt eine Depolarisation der Bipolarzellen und umgekehrt.* Das Signal der Onbipolarzellen wird mit demselben Vorzeichen auf Onganglienzellen übertragen, sodass eine Belichtung eine Erhöhung ihrer Aktionspotenzialfrequenz verursacht, während eine Abdunklung eine reduzierte Feuerrate zur Folge hat.

Offbipolarzellen weisen bei geringen Lichtintensitäten ein vergleichsweise depolarisiertes Membranpotenzial auf, das bei Belichtung auf negativere Werte im Bereich des normalen Ruhepotenzials fällt (◙ Abb. 13.24b). Photorezeptoren setzen im Dunkeln den Neurotransmitter Glutamat frei, der an postsynaptische Rezeptoren bindet und auf diese Weise eine Änderung des Membranpotenzials verursacht. Da Offbipolarzellen ionotrope Glutamatrezeptoren in ihren Dendriten exprimieren, führt die Freisetzung von Glutamat im Dunkeln zum Öffnen eines unspezifischen Kationenkanals und damit zu dem beobachteten depolarisierten Membranpotenzial. Bei Belichtung wird weniger Glutamat freigesetzt, die Rezeptorkanäle schließen und die Zellmembran hyperpolarisiert. *Eine präsynaptische Depolarisation löst eine postsynaptische Depolarisation aus, eine präsynaptische Hyperpolarisation entsprechend eine postsynaptische Hyperpolarisation – das Vorzeichen der Potenzialänderung bleibt an der Synapse zwischen Zapfen und Offbipolarzellen gleich.*

Ein Zapfen codiert die von ihm registrierte Helligkeit in Form einer Freisetzung von Glutamat; dieses Ausgangssignal wird auf zwei verschiedene nachgeschaltete Zelltypen übertragen, in denen es gegensätzliche physiologische Reaktionen auslöst. *Dieses Beispiel verdeutlicht, dass nicht ein Neurotransmitter an sich erregend oder hemmend ist, sondern dass vielmehr seine Wirkung auf das Membranpotenzial maßgeblich durch den jeweils exprimierten Rezeptor bestimmt wird.*

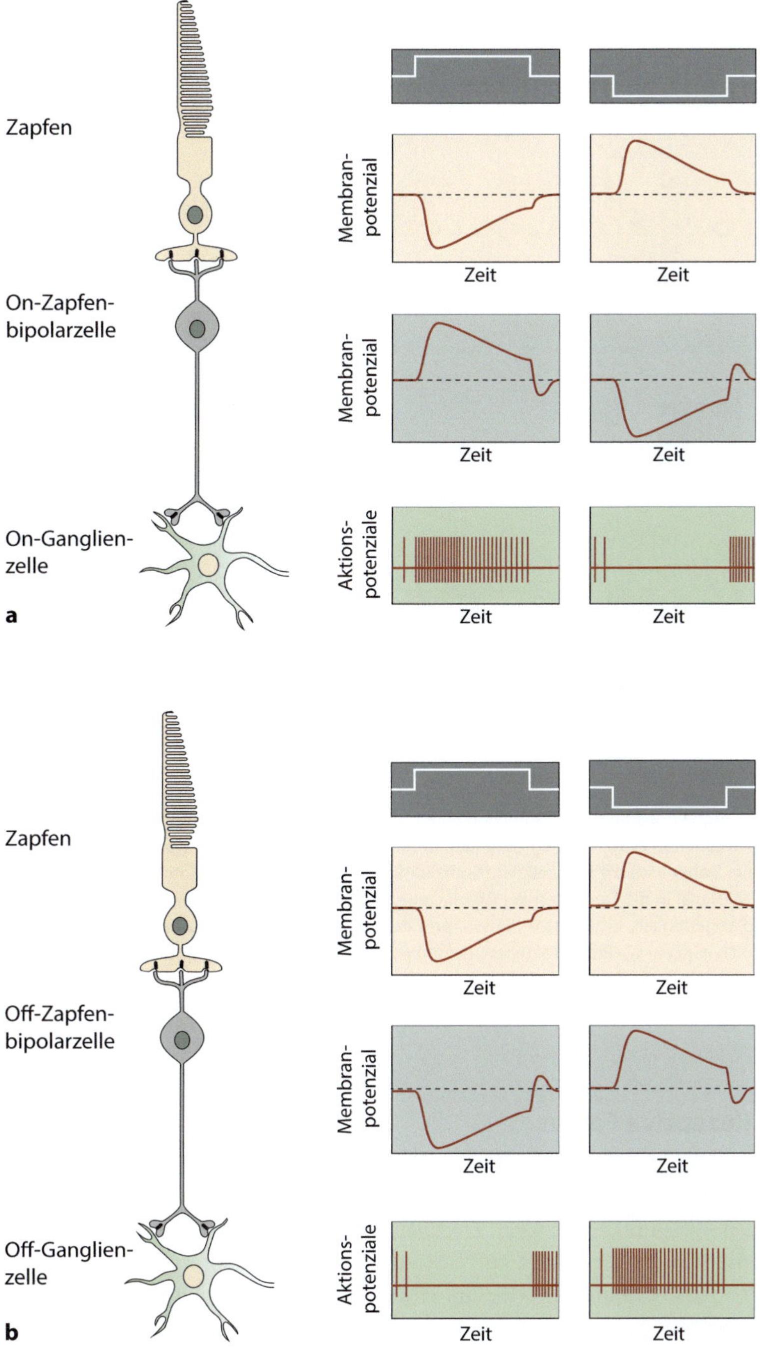

◻ Abb. 13.24 Codierung von hell und dunkel durch On- und Offzapfenbipolarzellen in der Säugerretina. **a** Onbipolarzellen reagieren auf die Belichtung eines präsynaptischen Photorezeptors mit einer Depolarisation, auf eine Abdunklung dagegen mit einer Hyperpolarisation. An der Synapse zwischen Zapfen und Onbipolarzelle findet also eine Umkehr des Vorzeichens statt. **b** Offbipolarzellen werden durch eine Verringerung der Lichtintensität depolarisiert. Beide Bipolarzelltypen geben ihr Signal mit unverändertem Vorzeichen an die entsprechenden Ganglienzellen weiter

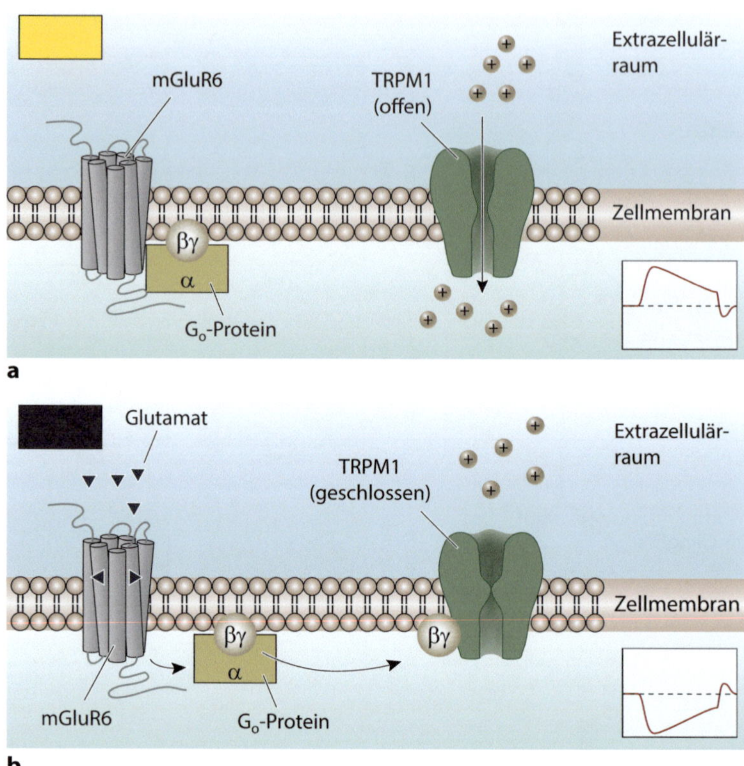

◘ Abb. 13.25 Signaltransduktion in Onbipolarzellen. **a** Bei hoher Lichtintensität liegen die präsynaptischen Zapfen hyperpolarisiert vor und es steht wenig Glutamat für die Bindung an den metabotropen Glutamatrezeptor mGluR6 zur Verfügung. Daher wird die intrazelluläre Signalkaskade nicht aktiviert und Kationen diffundieren durch einen offenen TRPM1-Kanal in die Dendriten der Bipolarzelle, wo sie zu einer Depolarisation führen. **b** Werden die Photorezeptoren abgedunkelt, erhöht sich die synaptische Konzentration von Glutamat, das an mGluR6-Rezeptoren bindet. Dadurch wird ein G$_o$-Protein aktiviert, dessen $\beta\gamma$-Dimer den TRPM1-Kanal schließt. Infolgedessen gelangen keine Kationen mehr in die Zelle und die Spannung über der Membran fällt auf das Niveau des Ruhepotenzials. Die *Einsätze jeweils rechts unten* zeigen die Änderungen des Membranpotenzials bei den entsprechenden Lichtintensitäten

13.5.4   Rezeptive Felder

Bipolarzellen reagieren mit graduierten Potenzialänderungen auf unterschiedliche Belichtungsstärken – wie Photorezeptoren erzeugen sie selbst keine Aktionspotenziale. Dies ist auch nicht erforderlich, da die relativ kurze Strecke von den Photorezeptoren zu den Ganglienzellen durch passive Signalweiterleitung schnell überbrückt werden kann. Ganglienzellen als Projektionsneurone hingegen senden die Signale über den Nervus opticus in eine Region des Thalamus, den seitlichen Kniehöcker (**Corpus geniculatum laterale**). Für diesen deutlich längeren Weg werden die visuellen Informationen in Form von Aktionspotenzialsequenzen mit einer bestimmten Frequenz codiert.

Ganglienzellen erhalten einen spezifischen Eingang von Bipolarzellen: Onbipolarzellen verschalten auf **Onganglienzellen** und Offbipolarzellen auf **Offganglienzellen**. Alle Bipolarzelltypen setzen Glutamat an ihren Synapsen frei und alle Ganglienzelltypen exprimieren ionotrope Glutamatrezeptoren. Da Glutamat nur bei einer präsynaptischen Depolarisation freigesetzt wird und ionotrope Glutamatrezeptoren eine postsynaptische Depolarisation bewirken, ändert sich das Vorzeichen der Potenzialänderung zwischen Bipolar- und Ganglienzellen nicht. Daher reagieren Onganglienzellen auf eine Helligkeitssteigerung mit einer Erhöhung ihrer Aktionspotenzialfrequenz und auf eine Abdunkelung mit einer Verringerung ihrer Feuerrate (◘ Abb. 13.24). Offganglienzellen zeigen das genau entgegengesetzte Verhalten. Durch diese Verschaltung werden im Interesse einer möglichst zuverlässigen Signaldetektion gegenläufige Veränderungen immer durch ein eindeutiges Antwortmuster repräsentiert (▶ Abschn. 13.5.3).

Das Antwortverhalten der Ganglienzellen ist allerdings deutlich komplexer als im bisher beschriebenen Schema angedeutet. Dies liegt an den wenig verstandenen modulatorischen Einflüssen der Amakrinzellen und an der Tatsache, dass die Antwort der Ganglienzellen nicht nur durch die jeweils belichtete Region, sondern auch durch benachbarte unbelichtete Regionen maßgeblich beeinflusst wird. Der zweite Punkt führt uns zum Konzept der **rezeptiven Felder**.

Rezeptive Felder spielen eine entscheidende Rolle bei der Signalverarbeitung in zahlreichen sensorischen Systemen. *Im einfachsten Fall bezeichnet ein rezeptives Feld das Innervationsgebiet einer afferenten Nervenfaser.* Liegt ein Reiz innerhalb des rezeptiven Feldes, wird die Sensorzelle erregt, liegt er dagegen außerhalb, wird sie gehemmt. Demnach besteht ein rezeptives Feld aus zwei Regionen – einem **Zentrum** und einem **Umfeld**. Reize im Zentrum und im Umfeld lösen gegensätzliche Spannungsänderungen in der Zelle aus und erst die Integration dieser Signale bestimmt die endgültige Reaktion der Sensorzelle.

Im Falle der Signalverarbeitung in der Netzhaut sind rezeptive Felder auf jeder Ebene der retinalen Organisation implementiert. So besteht beispielsweise das rezeptive Feld einer Ganglienzelle aus all denjenigen Photorezeptoren, die über Bipolarzellen mit genau dieser Ganglienzelle verschaltet sind (◘ Abb. 13.26). *Große rezeptive Felder setzen ein hohes Maß an Konvergenz voraus und führen zu einer vergleichsweise niedrigen räumlichen Auflösung; kleine rezeptive Felder hingegen sind die strukturelle Grundlage für eine hohe räumliche Auflösung.*

Bei der Säugerretina unterscheiden wir folgende physiologische Antwortmuster:
- Eine Erhöhung der Helligkeit im rezeptiven Feldzentrum einer Onganglienzelle führt zu einer gesteigerten Aktionspotenzialfrequenz während der Belichtungsdauer, während eine Helligkeitserhöhung im Umfeld des rezeptiven Feldes die Onganglienzelle hemmt (◘ Abb. 13.27a).
- Licht im rezeptiven Feldzentrum einer Offganglienzelle reduziert die Aktionspotenzialfrequenz, eine Belichtung des Umfelds erhöht sie (◘ Abb. 13.27b).

Unabhängig von seiner Helligkeit führt Licht, das sowohl das Zentrum als auch das Umfeld des rezeptiven Feldes überdeckt, zu keiner nennenswerten Änderung im Aktivitätsmuster der Ganglienzellen. Ein optimaler Reiz für eine Onganglienzelle besteht vielmehr aus einem Lichtfleck, der das Zentrum des rezeptiven Feldes ausfüllt, während das Umfeld im Dunkeln liegt; bei einer Offganglienzelle ist es genau umgekehrt. *Auf der Ebene der Ganglienzellen werden also nicht absolute Lichtintensitäten codiert, sondern Kontraste, die exakt auf die Grenzen zwischen Zentrum und Umfeld der rezeptiven Felder fallen.* Kontraste enthalten deutlich mehr Informationen und sind daher für das Verhalten wesentlich relevanter als reine Lichtintensitäten, da die Objektwahrnehmung – die Unterscheidung zwischen Hintergrund und Vordergrund – maßgeblich auf Kontrasten und ihrer korrekten Interpretation basiert.

Die Fläche der gesamten Retina wird durch die rezeptiven Felder der On- und Offganglienzellen in Form eines regelmäßigen Mosaiks aufgeteilt. Daher fällt jeder mögliche Kontrast, der

◻ Abb. 13.26 Rezeptives Feld einer Ganglienzelle in der Säugerretina. Zahlreiche Zapfen konvergieren auf mehrere Zapfenbipolarzellen und diese wiederum auf eine einzige Ganglienzelle. Das rezeptive Feld der dargestellten Ganglienzelle entspricht dem Ausschnitt des Gesichtsfeldes, der auf die Photorezeptoren projiziert wird

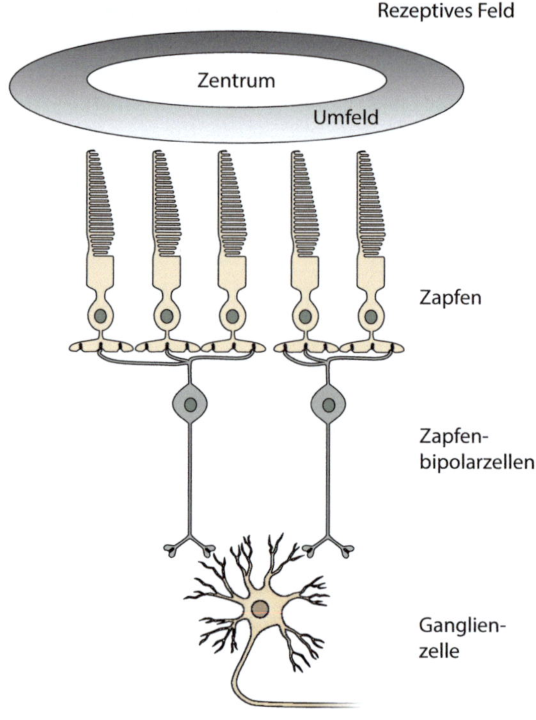

◻ Abb. 13.27 Rezeptive Felder von On- und Offganglienzellen. **a** Ein Lichtreiz im Zentrum des rezeptiven Feldes einer Onganglienzelle erhöht die Frequenz der Aktionspotenziale, während derselbe Reiz im Umfeld eine Hemmung verursacht. **b** Bei Offganglienzellen verursacht ein Lichtreiz im rezeptiven Feldzentrum eine Hemmung, eine Reizung des Umfeldes dagegen eine Aktivierung

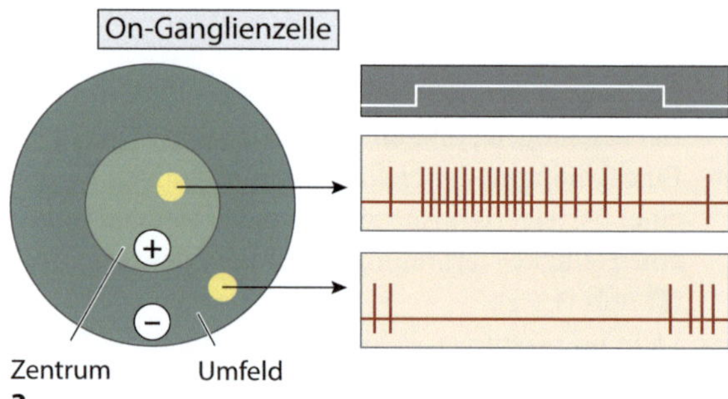

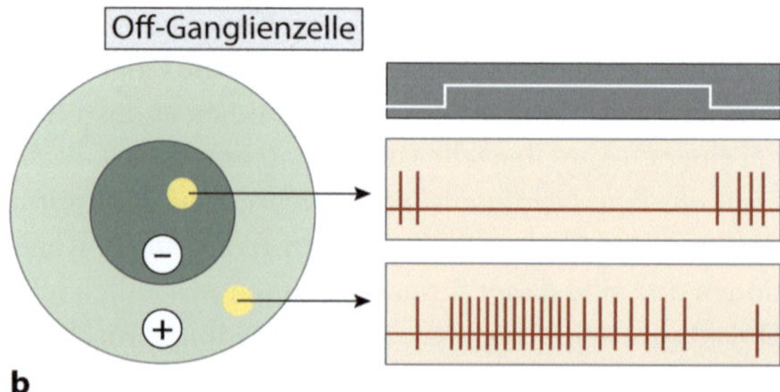

in einer auf die Retina projizierten Abbildung der Außenwelt auftritt, auf eine entsprechende Grenzregion zwischen Zentrum und Umfeld zahlreicher rezeptiver Felder.

13.5.5 Zusammenfassung

Die hochgeordnete Struktur der Wirbeltierretina ist Grundlage für ihre komplexe Verarbeitung visueller Signale. Die Zapfen und Stäbchen bilden die äußere nukleäre Schicht, Bipolarzellen, Horizontalzellen und Amakrinzellen die innere nukleäre Schicht, während vor allem Ganglienzellen in der dritten Zellschicht auftreten. Die einzelnen zellulären Schichten sind über Synapsen, die in den beiden plexiformen Schichten angeordnet sind, miteinander verbunden.

Die vertikale Signalbahn vermittelt die Weitergabe visueller Informationen von den Photorezeptoren über Bipolarzellen bis zu den Ganglienzellen, deren Axone zum Nervus opticus gebündelt das Auge an der Papille verlassen. Inhibitorische Horizontalzellen und Amakrinzellen bilden eine laterale Signalbahn, die bestimmte visuelle Eigenschaften im vertikalen Informationsfluss extrahiert und verstärkt.

Die Retina des Wirbeltierauges besitzt aufgrund ihrer Entwicklung eine inverse Struktur – das Licht muss erst mehrere Zellschichten durchdringen, bevor es die Photorezeptoren erreicht. In der Fovea der Primaten trifft das Licht jedoch direkt auf die dort vorhandenen Zapfen, da alle anderen zellulären Bestandteile zur Seite geschoben sind. Zusammen mit einer sehr hohen Zapfendichte und einer 1 : 1-Verschaltung der Zapfen mit Bipolarzellen und Ganglienzellen erreicht das Auge hier seine höchste räumliche Auflösung.

Der blinde Fleck bezeichnet die Austrittsstelle des optischen Nerven. Da sich hier keine Photorezeptoren befinden, liegt grundsätzlich ein Gesichtsfeldausfall (Skotom) vor. Dieses Skotom wird durch zusätzliche visuelle Informationen vom anderen Auge sowie zentralnervöse Kompensationsmechanismen so weit ausgeglichen, dass es in der Regel nicht ins Bewusstsein gelangt.

Die Verarbeitung von Helligkeitsänderungen erfolgt über zwei parallel verlaufende Kanäle. Sie nehmen ihren Ausgang in Zapfen, die auf On- und Offzapfenbipolarzellen verschalten. Dabei löst die durch Belichtung modulierte Freisetzung von Glutamat zwei gegensätzliche physiologische Reaktionen in den Zapfenbipolarzellen aus: Onbipolarzellen reagieren auf eine Zunahme der Helligkeit mit einer Depolarisation, Offbipolarzellen hingegen mit einer Hyperpolarisation. Bei einer Abnahme der Helligkeit verändert sich das Membranpotenzial beider Zelltypen in genau umgekehrter Richtung.

Die Signalverarbeitung in der Retina basiert auf einer Verschaltung der Zellen in Form konzentrischer rezeptiver Felder. Das rezeptive Feld einer Ganglienzelle umfasst die Fläche aller Photorezeptoren, deren Aktivität in dieser Ganglienzelle eine Änderung des Membranpotenzials verursacht. Onganglienzellen reagieren auf einen Lichtpunkt in ihrem rezeptiven Feldzentrum mit einer Aktionspotenzialsalve, während sie durch eine Belichtung ihres Umfelds gehemmt werden. Bei Offganglienzellen reduziert Licht im Zentrum ihres rezeptiven Feldes die Aktionspotenzialfrequenz, während sie durch einen Dunkelreiz erhöht wird. In der Retina werden nicht absolute Lichtintensitäten codiert, sondern Kontraste, die wesentliche Informationen für die Identifizierung von Objekten vor einem Hintergrund enthalten.

13.6   Signalverarbeitung im visuellen System

Informationen über die visuelle Umwelt, die nach zahlreichen Verarbeitungsschritten die Ganglienzellen erreichen, werden über den Nervus opticus als zeitlich variable Muster von Aktionspotenzialen an andere Regionen des Gehirns übermittelt. Die Ganglienzellen fungieren hierbei ebenfalls als parallele Übertragungskanäle, die getrennt voneinander jeweils spezifische Eigenschaften des visuellen Reizes weitergeben. In keinem Fall wird in der Retina ein Bild erzeugt und weitergeleitet – wer oder was im Gehirn sollte sich dieses Bild auch ansehen?

13.6.1   Projektionsgebiete der Ganglienzellen

Die Ganglienzellen senden Axone in sehr unterschiedliche Regionen des Gehirns. Das optische Tectum des Mittelhirns[28] als stammesgeschichtlich altes und zunächst funktionell wichtigstes Projektionsgebiet wird mit der Entwicklung einer immer komplexeren Großhirnrinde von spezialisierten kortikalen Regionen abgelöst. Bei Säugern spielen die visuellen Zentren des Mittelhirns auch weiterhin eine wichtige Rolle für reflektorische Regulationsprozesse; sie sind jedoch nicht an der bewussten Wahrnehmung und Interpretation von Objekten beteiligt.

Wir haben bereits das Prätectum als Integrationszentrum für den Pupillenreflex kennengelernt (▶ Abschn. 13.2.4). Ebenfalls im Tectum liegen die **Colliculi superiores**, die als Teil der **Vierhügelplatte** sensorischen Eingang von retinalen Ganglienzellen erhalten. Von hier aus werden vor allem reflektorische Augenbewegungen reguliert. Schädigungen in diesem Teil des Mittelhirns haben keinen Einfluss auf die bewusste Bildwahrnehmung, sondern auf die Integration der visuellen Wahrnehmung mit den passenden Augenbewegungen. Daher sind schnelle, auf ein Ziel hin gerichtete Augenbewegungen (Sakkaden), aber auch der Lidschlussreflex, der bei plötzlich näher kommenden visuellen Reizen auftritt, beeinträchtigt oder fallen ganz aus.

Ein weiteres Projektionsgebiet retinaler Ganglienzellen ist der **Nucleus suprachiasmaticus** im **Hypothalamus**, der als Impulsgeber für den circadianen Rhythmus dient. Diese sogenannte „innere Uhr" muss mit dem tageszeitlichen Hell-Dunkel-Wechsel synchronisiert werden, da sie sonst nicht exakt den 24-Stunden-Rhythmus repräsentiert.[29] Der wichtigste Zeitgeber ist helles Licht; diese Information wird von lichtempfindlichen Ganglienzellen registriert und an den Nucleus suprachiasmaticus weitergeleitet.

Die **lichtempfindlichen Ganglienzellen**, die unabhängig von den Zapfen und Stäbchen als Photorezeptoren fungieren, stellen eine zahlenmäßig kleine Subpopulation aller Ganglienzellen dar. Sie besitzen mit **Melanopsin** ihr eigenes Photopigment, das über intrazelluläre Signalwege die Aktionspotenzialfrequenz dieses Ganglienzelltyps lichtabhängig moduliert. Im Unterschied zu den Photorezeptoren wird jedoch kein hochauflösendes räumliches Aktivitätsmuster erzeugt, sondern nur der tageszeitliche Wechsel von hell und dunkel als neuronale Signale repräsentiert, sodass wenige lichtempfindliche Ganglienzellen für diese Funktion ausreichen. Patienten, die aufgrund einer Degeneration aller Stäbchen und Zapfen erblindet sind, können weiterhin ihren circadianen Rhythmus mit der Tageslänge synchronisieren.

Die bewusste visuelle Wahrnehmung findet in Regionen der Großhirnrinde statt, die ihre Informationen auf indirektem Weg von den Ganglienzellen erhalten. Nach der Kreuzung der Sehnerven im **Chiasma opticum** enden die Axone der Ganglienzellen im **Corpus geniculatum**

---

[28] Das Tectum ist das „Dach" des Mittelhirns und bedeckt es als Vierhügelplatte auf seiner dorsalen Seite.
[29] Zahlreiche Experimente haben gezeigt, dass der Eigenrhythmus des Nucleus suprachiasmaticus beim Menschen etwa 25 Stunden beträgt.

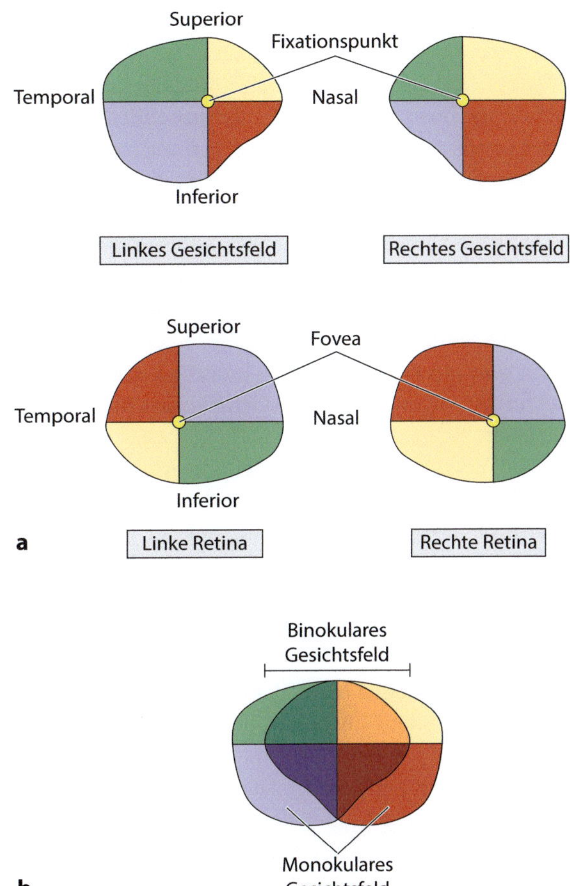

▢ Abb. 13.28 Projektion des linken und rechten Gesichtsfeldes auf die Retina. **a** Die Retina wird in Quadranten aufgeteilt, in die entsprechende Bereiche des Gesichtsfeldes projizieren. Hierbei fällt der Fixationspunkt auf die Fovea, die den Schnittpunkt der Quadranten bildet. Die Farben repräsentieren korrespondierende Regionen des Gesichtsfeldes und der Retina. **b** Linkes und rechtes Gesichtsfeld überlappen im nasalen Bereich und bilden dort ein binokulares Gesichtsfeld. Dieser Teil der Außenwelt wird von beiden Augen gesehen

laterale des Thalamus, einem wesentlichen Bestandteil des Zwischenhirns. Dort werden sie auf andere Neurone umgeschaltet, die ihrerseits Axone in Form der Sehstrahlung (Radiatio optica) in den **primären visuellen Cortex** senden.

13.6.2 Binokulares Sehen

Jedes Auge sieht einen bestimmten Ausschnitt der Umwelt, besitzt also ein definiertes **Gesichtsfeld**. Bei einer frontalen Augenstellung, wie sie etwa bei Primaten auftritt, überlappen die Gesichtsfelder beider Augen teilweise und ermöglichen so das **binokulare Tiefensehen**. Die Wahrnehmung räumlicher Tiefe ist für die Objekterkennung und die Abschätzung von Entfernungen von außerordentlich großer Bedeutung.

Konventionsgemäß unterteilen wir die Retina in vier Quadranten, deren horizontale und vertikale Linien sich in der Fovea schneiden (▢ Abb. 13.28a). Die vertikale Linie teilt die Retina in eine nasale und eine temporale Hälfte, die horizontale Linie in eine obere und eine untere Hälfte.[30]

---

[30] Nasal bedeutet zur Nase hin gelegen, temporal in Richtung Schläfe.

Wenn beide Augen geöffnet sind, wird das linke Gesichtsfeld auf den nasalen Teil der linken Retina und auf den temporalen Teil der rechten Retina abgebildet. Umgekehrt fällt das rechte Gesichtsfeld auf die temporale Retina des linken und auf die nasale Retina des rechten Auges. Das periphere Sehen ist ausschließlich monokular, während im Zentrum ein mehr oder weniger großer Bereich existiert, der von beiden Augen gleichzeitig abgedeckt wird. Dieses **binokulare Gesichtsfeld** besteht aus zwei symmetrischen Halbfeldern, deren Ausdehnung von der Gesichtsform und der Größe der Nase bestimmt wird (◘ Abb. 13.28b).

Für die Verarbeitung visueller Informationen im Gehirn gilt grundsätzlich: *Das linke Gesichtsfeld wird von der rechten Gehirnhälfte verarbeitet und umgekehrt das rechte Gesichtsfeld von der linken Gehirnhälfte.* Bei zahlreichen Vertebraten befinden sich die Augen nicht frontal, sondern seitlich am Kopf. Sie besitzen kein oder nur ein kleines binokulares Gesichtsfeld und die Axone ihrer Ganglienzellen kreuzen vollständig am Chiasma opticum, sodass der Ausgang des linken Auges in die rechte Gehirnhälfte und der des rechten Auges in die linke Gehirnhälfte projiziert.[31]

Bei Vertebraten mit frontaler Augenstellung ist die Projektion des Nervus opticus etwas komplizierter, da ein Objekt nicht nur auf ein Auge, sondern auf Bereiche beider Retinae fällt. Damit dennoch die Verarbeitung auf der jeweils anderen Gehirnseite stattfinden kann, teilt sich der Nervus opticus beider Augen auf (◘ Abb. 13.29):

- Die temporale Retina bildet jeweils das Gesichtsfeld der gegenüberliegenden Seite ab. Die Axone von Ganglienzellen der temporalen Retina bleiben also auf derselben Seite (**ipsilateral**).
- Die nasale Retina bildet das Gesichtsfeld derselben Seite ab. Entsprechend kreuzen die Axone nasaler Ganglienzellen im **Chiasma opticum** auf die Gegenseite (**kontralateral**).

Die Grenze zwischen ipsilateraler und kontralateraler Projektion verläuft genau durch die Fovea und entspricht hier der oben erwähnten vertikalen Linie zwischen nasaler und temporaler Retina. Die präzise Trennung der Axone in links und rechts ist von grundlegender Bedeutung für die Erzeugung eines einheitlichen Seheindrucks bei zwei großteils überlappenden Gesichtsfeldern – das Sehen von Doppelbildern stellt in der Regel einen pathologischen Zustand dar.

Eine allgemeine Frage hinsichtlich der Entwicklung von Nervensystemen führt jedoch weit über die Retina hinaus: Wie unterscheiden Axone zwischen links und rechts bzw. welche Mechanismen liegen einem Kreuzen der Mittellinie oder dem Verbleib auf derselben Seite zugrunde? Im Falle der Entwicklung retinaler Axone hängt die Unterscheidung zwischen ipsilateraler und kontralateraler Projektion von der Expression bestimmter Transkriptionsfaktoren und Zelladhäsionsmolekülen der Ephrinfamilie ab [8].[32]

Aufgrund der Besonderheiten der retinalen Projektionen zum Corpus geniculatum laterale und weiter zum primären visuellen Cortex führen Schädigungen an bestimmten Stellen der Sehbahn zu charakteristischen Gesichtsfeldausfällen. Wird beispielsweise der rechte Nervus opticus durchtrennt, entspricht dies funktionell einem Verlust des rechten Auges. Das Gesichtsfeld in der äußeren rechten Peripherie fällt aus, da die nasale rechte Retina ihre Signale nicht

[31] Die Signale von korrespondierenden Retinastellen werden bei diesen Tieren über das Corpus callosum, das die beiden Gehirnhälften miteinander verbindet, zusammengeführt.

[32] Ephrine sind eine Familie diffusibler Signalmoleküle, die an den Eph-Rezeptor in der Membran von Zielzellen binden. Eph-Rezeptoren stellen die größte Gruppe von Rezeptortyrosinkinasen (▶ Abschn. 11.3.5). Die Wechselwirkungen zwischen Ephrin und Eph-Rezeptoren regulieren Prozesse wie die Wegführung von Axonen im Zentralnervensystem, die Ausbildung retinotoper Karten und das Auswachsen von Blutgefäßen (Angiogenese).

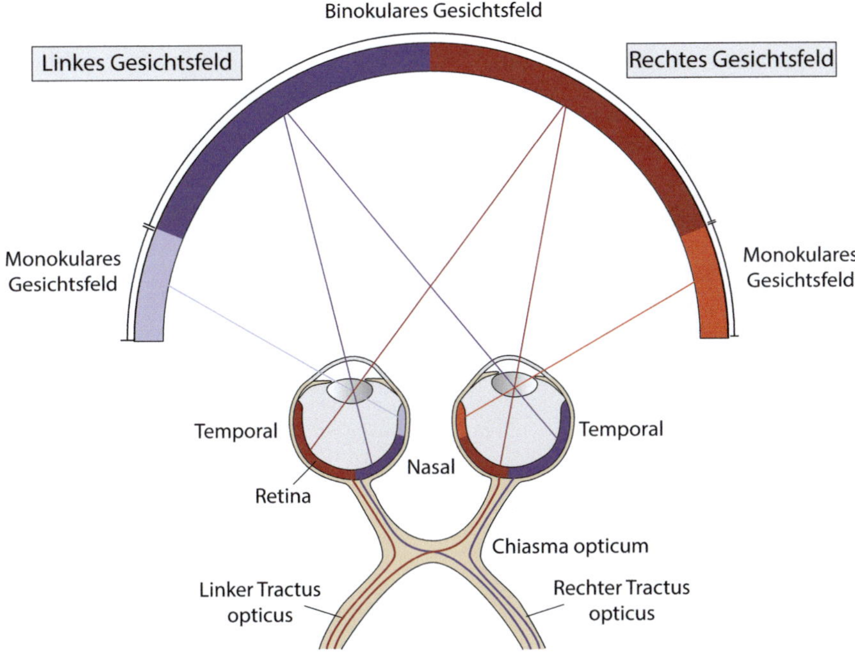

◘ Abb. 13.29 Beidäugiges Sehen bei frontaler Augenstellung. Das linke Gesichtsfeld wird auf die nasale linke und die temporale rechte Retina projiziert. Die Axone der Ganglienzellen aus dem nasalen Teil des linken Auges kreuzen die Mittellinie im Chiasma opticum und ziehen auf der Gegenseite im Tractus opticus zum Gehirn, während die temporalen Axone der rechten Retina auf derselben Seite bleiben. Beim rechten Auge verlaufen die Projektionen genau spiegelbildlich. Aufgrund dieser anatomischen Verschaltung werden Signale aus dem linken Gesichtsfeld in der rechten Gehirnhälfte verarbeitet, während das rechte Gesichtsfeld in der linken Gehirnhälfte repräsentiert wird

weiterleiten kann, während der Verlust von binokularen Signalen aus der temporalen rechten Retina vom linken Auge kompensiert wird (◘ Abb. 13.30a).

Eine Schädigung im Bereich des Chiasma opticum führt zu einem Verlust der monokularen Peripherie auf beiden Seiten. Da bei diesem Krankheitsbild ausschließlich die kreuzenden Fasern betroffen sind, werden die Signale aus den beiden nasalen Regionen der Retina, die ihrerseits die Peripherie des rechten und linken Gesichtsfelds abbilden, nicht weitergeleitet (◘ Abb. 13.30b). Hieraus resultiert das Krankheitsbild der **bitemporalen Hemianopsie**, die auch als Scheuklappenphänomen oder Tunnelblick bezeichnet wird.[33] Schädigungen an anderen Stellen der Sehbahn führen zu jeweils charakteristischen Gesichtsfeldausfällen, die ein wichtiges diagnostisches Werkzeug darstellen.

13.6.3 Primärer visueller Cortex

Nach einer synaptischen Umschaltung im Corpus geniculatum laterale des Thalamus ziehen die Axone in der **Sehstrahlung** zum primären visuellen Cortex, wo sie in der Zellschicht 4C

---

[33] Aufgrund ihrer anatomischen Lage können Tumore der Hypophyse, etwa ein Hypophysenadenom, auf das Chiasma drücken und die beschriebenen Gesichtsfeldausfälle auslösen.

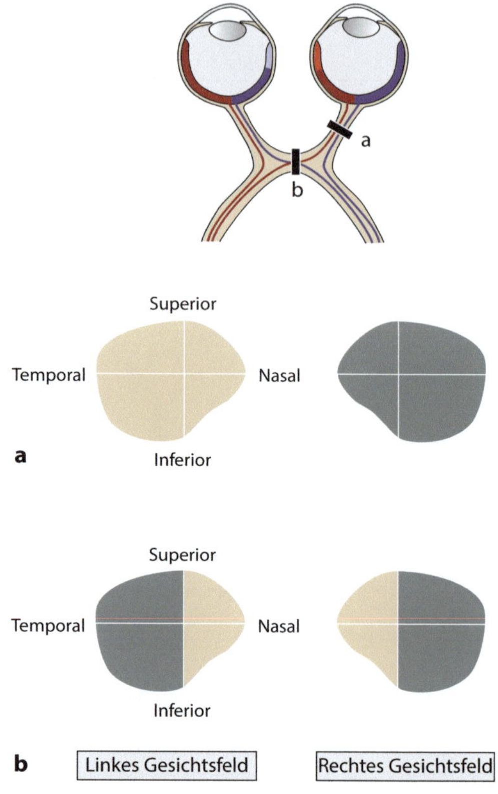

Abb. 13.30 Gesichtsfeldausfälle bei Läsionen im Nervus opticus und im Chiasma opticum. **a** Wird der optische Nerv des rechten Auges durchtrennt, können vom rechten Auge keine Signale mehr an das Gehirn weitergeleitet werden. Daher fällt das monokulare Gesichtsfeld des rechten Auges aus. Der binokulare Anteil des rechten Gesichtsfeldes wird vom linken Auge kompensiert. **b** Eine Durchtrennung der Sehnervenkreuzung verhindert, dass Signale von der rechten und linken nasalen Retina weitergeleitet werden. Da die nasale Retina jeweils die temporalen Regionen des Gesichtsfeldes abbildet, resultiert ein Verlust des peripheren Sehvermögens

enden.[34] Dort bilden sie Synapsen mit **Sternzellen**, relativ kleinen Interneuronen, deren Axone den Cortex nicht verlassen, sondern die Signale in lokalen Schaltkreisen an die **Pyramidenzellen** in anderen kortikalen Schichten weitergeben.

Das für die Retina eingeführte Konzept der rezeptiven Felder lässt sich auch auf den primären visuellen Cortex übertragen. Allerdings sind die kleinen Lichtpunkte, die sehr effektiv retinale Ganglienzellen und auch die synaptisch mit ihnen verbundenen Zellen im Corpus geniculatum laterale erregen und hemmen, im visuellen Cortex weitgehend wirkungslos. Vielmehr reagieren kortikale Neurone besonders gut, wenn helle Balken mit einer bestimmten Orientierung im Raum auf ihr rezeptives Feld fallen. So antwortet beispielsweise eine Zelle mit einer hohen Aktionspotenzialfrequenz auf einen senkrecht ausgerichteten Stimulus, aber schon deutlich schlechter, wenn der Balken um einige Grad von der Vertikalen abweicht (Abb. 13.31a).

Zellen mit einer solchen rezeptiven Feldstruktur sind offensichtlich prädestiniert, Kontraste einer bestimmten Orientierung im Raum durch eine Erhöhung ihrer Aktionspotenzialfrequenz zu repräsentieren. Wenn wir uns umsehen, besteht ein Großteil der visuellen Information in unserer Umgebung hauptsächlich aus genau diesen senkrechten und waagrechten Linien, inklusive aller anderen möglichen Orientierungen von 0 bis 180°. Basierend auf den Eigen-

---

[34] Der visuelle Cortex wird wie alle anderen Regionen des Neocortex auch in sechs cytoarchitektonische Schichten unterteilt, die insgesamt etwa 2 mm dick sind. Die lichtmikroskopisch sichtbaren Schichten unterscheiden sich aufgrund (1) der Morphologie der dort vorhandenen Zellen, (2) des Eingangs und Ausgangs sowie (3) der Verschaltungen untereinander.

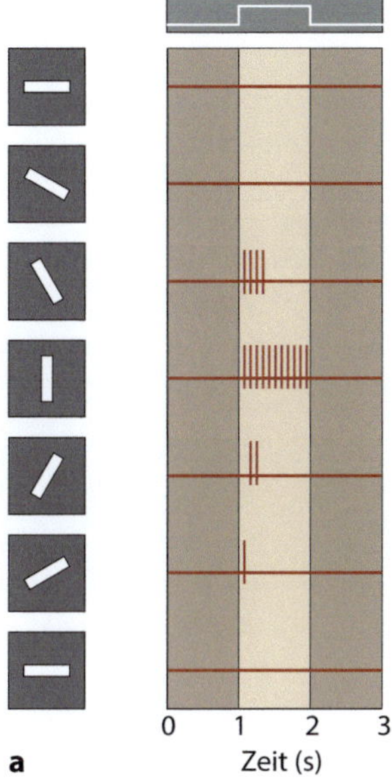

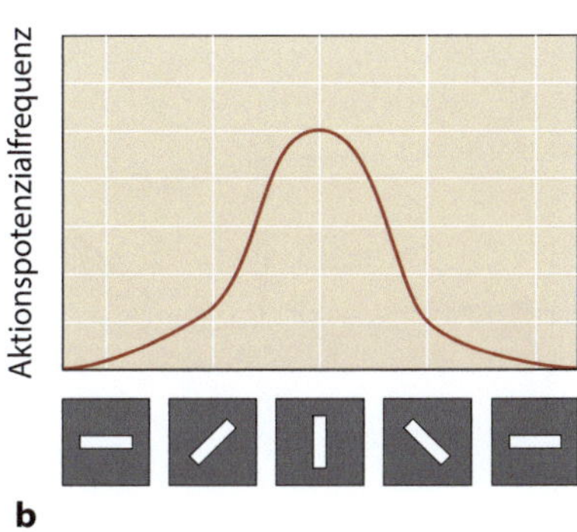

Abb. 13.31 Orientierungsspezifität im primären visuellen Cortex. **a** Bei anästhesierten Tieren wird die neuronale Aktivität mit einer extrazellulären Elektrode gemessen. Als Reiz dienen Lichtbalken mit einer systematisch veränderten räumlichen Orientierung, die den Tieren präsentiert werden. Ein Neuron reagiert auf Balken einer bestimmten Ausrichtung mit einer Salve von Aktionspotenzialen, während andere Orientierungen des Balkens kleinere oder gar keine Antworten hervorrufen. **b** Die in **a** gemessene Aktionspotenzialfrequenz wird gegen die Orientierung des Balkens aufgetragen. Es resultiert eine Tuningkurve, die die Orientierungsspezifität der abgeleiteten Nervenzelle darstellt (nach [9]. Mit freundlicher Genehmigung von Oxford University Press.)

schaften dieser **orientierungsspezifischen Zellen** lassen sich folgende allgemeine Prinzipien ableiten:

- Jede mögliche Orientierung einer Kante wird durch zahlreiche orientierungsspezifische Zellen abgedeckt; es gibt also keine „Lücken" in der Repräsentation des sensorischen Raums.
- Eine orientierungsspezifische Zelle reagiert zwar auf eine bestimmte Ausrichtung des Reizes am besten, sie ist aber nicht ausschließlich für diese Orientierung spezifisch. Bei einer Auftragung von Antwortstärke gegen die Orientierung des Balkens resultiert eine glockenförmige **Tuningkurve** oder Tuningfunktion, deren Breite die Ungenauigkeit wiedergibt, mit der Orientierungen von dieser bestimmten Zelle codiert werden (**Abb.** 13.31b).
- Wir können Winkel sehr präzise erfassen, auf jeden Fall sehr viel genauer, als es die Breite der Tuningkurve einer Zelle allein erlauben würde. Dies bedeutet, dass nicht eine einzige oder auch nur wenige Zellen für die Repräsentation einer bestimmten Orientierung verantwortlich sind, sondern dass die gleichzeitige Aktivität zahlreicher orientierungsspezifischer Zellen eine bestimmte Kantenrichtung codiert. *Die Codierung eines Stimulus als Aktivitätsmuster eines neuronalen Ensembles ermöglicht eine außerordentlich präzise räumliche Repräsentation sensorischer Informationen.*

Die orientierungsspezifischen Zellen sind in Form von Säulen angeordnet. Dies bedeutet, dass in radialer Richtung – also von der Cortexoberfläche nach innen – alle Zellen rezeptive Fel-

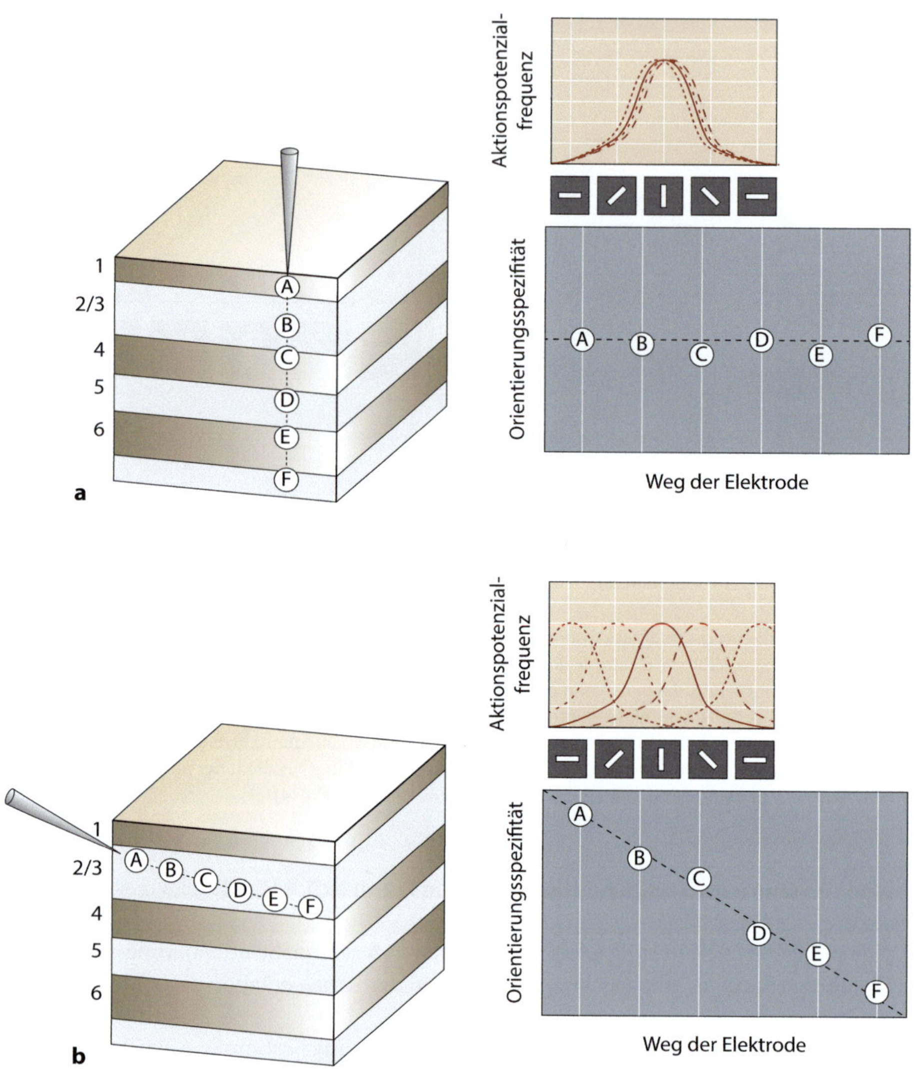

▣ Abb. 13.32 Orientierungsspezifische Zellen im primären visuellen Cortex sind in Form von Säulen angeordnet. **a** Mit einer Elektrode werden in radialer Richtung von der Cortexoberfläche bis zur weißen Substanz Neurone in den verschiedenen Schichten des primären visuellen Cortex abgeleitet. In dieser Richtung besitzen alle Zellen eine weitgehend identische Orientierungsspezifität; in diesem Beispiel reagieren sie am besten auf einen senkrecht ausgerichteten Balken. Die Tuningkurven der einzelnen Zellen zeigen nur wenig Variabilität. **b** Werden hingegen Zellen in tangentialer Richtung nach und nach mit einer Elektrode abgeleitet, resultiert eine systematisch variierende Orientierungsspezifität (nach [9]. Mit freundlicher Genehmigung von Oxford University Press.)

der mit weitgehend identischer Orientierungsspezifität besitzen (▣ Abb. 13.32a). In tangentialer Richtung, parallel zur Cortexoberfläche, ändert sich die Orientierungsspezifität auf systematische Weise (▣ Abb. 13.32b). Dieses Muster wiederholt sich in Abständen von etwa 1 mm über die gesamte Cortexoberfläche, sodass für das gesamte Gesichtsfeld orientierungsspezifische Zellen für eine bestimmte Kantenausrichtung zur Verfügung stehen.

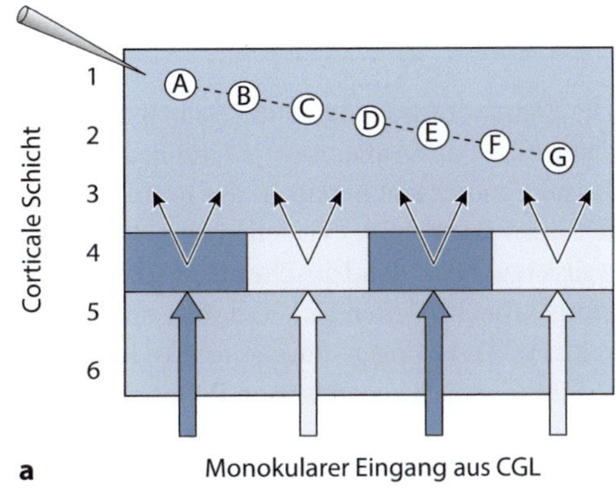

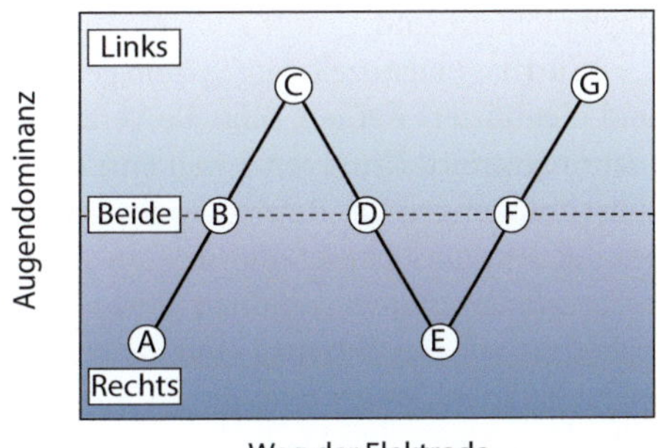

Abb. 13.33 Monokulare und binokulare Regionen im primären visuellen Cortex. **a** Die Zellen in Schicht 4 des primären visuellen Cortex erhalten einen augenspezifischen Eingang aus dem Corpus geniculatum laterale (CGL). Sie reagieren also selektiv auf die Reizung des linken oder des rechten Auges. Ausgehend von Schicht 4 konvergieren Axone aus benachbarten okularen Dominanzsäulen auf Neurone in darüber und darunter gelegene Schichten des Cortex, sodass dort zum Teil Signale aus beiden Augen verarbeitet werden. Bei einem tangentialen Weg der Elektrode werden abwechselnd Dominanzsäulen des rechten und des linken Auges durchquert. **b** Zwischen ausschließlich monokularen und rein binokularen Neuronen gibt es eine kontinuierliche Übergangszone, in der die Nervenzellen von einem Auge stärker aktiviert werden als von dem anderen (nach [9]. Mit freundlicher Genehmigung von Oxford University Press.)

Die Schicht 4C des visuellen Cortex erhält einen **augenspezifischen Eingang** vom Corpus geniculatum laterale, d. h., die Informationen aus dem linken und rechten Auge werden hier noch getrennt von unterschiedlichen Neuronen verarbeitet. Die Nervenzellen aller anderen kortikalen Schichten sind jedoch grundsätzlich binokular, zeigen aber in der Regel eine eindeutige Präferenz für eines der beiden Augen. Diese Neurone sind in **okularen Dominanzsäulen** ebenfalls sehr regelmäßig im visuellen Cortex angeordnet.

Nehmen wir an, Zellen eines bestimmten Bereichs in Schicht 4C reagieren ausschließlich auf eine Stimulation des rechten Auges. Die Verarbeitung dieses Signals erfolgt durch aufsteigende Fortsätze in die Schichten 2/3 und 4B darüber, deren Neurone wiederum in tiefer gelegene Schichten projizieren. Auf diese Weise entsteht eine vertikale Säule oberhalb und unterhalb der für das rechte Auge spezifischen Region in 4C (■ Abb. 13.33). Entsprechende Säulen existieren auch für benachbarte Regionen, die eine Selektivität für das andere Auge zeigen. Die Neurone in höheren Schichten erhalten synaptische Eingänge aus mehreren Säulen und können auf diese Weise Signale aus beiden Augen verarbeiten. Insbesondere im Grenzbereich zwischen zwei augenspezifischen Regionen reagieren die Zellen annähernd gleich stark auf binokularen Input, während sie im Zentrum der okularen Dominanzsäulen meist eine Präferenz für nur ein Auge zeigen.

13.6.4   Prinzipien der Signalverarbeitung in der Sehbahn

Die Signalverarbeitung in der Sehbahn beruht auf der Extraktion bestimmter Eigenschaften eines Bildes der Außenwelt, jedoch nicht auf einer Repräsentation des Bildes als Ganzes. Diese Extraktion beginnt bereits in der Retina, indem unterschiedliche Ganglienzelltypen bestimmte Eigenschaften eines visuellen Signals weiterleiten. **M-Ganglienzellen**[35] besitzen ein großes, weitverzweigtes dendritisches Feld und Axone mit relativ großem Durchmesser, die Signale etwas schneller leiten als die Axone anderer Ganglienzelltypen. Sie reagieren vorwiegend auf zeitliche Änderungen eines Stimulus, können jedoch keine Farbinformationen verarbeiten.

Im Gegensatz dazu weisen **P-Ganglienzellen** ein deutlich kleineres dendritisches Feld auf; sie reagieren vor allem auf die dauerhafte Präsenz eines visuellen Reizes und sind farbempfindlich. Aufgrund dieser anatomischen und physiologischen Besonderheiten kommen beiden Zelltypen jeweils spezifische Funktionen bei der Signalverarbeitung zu, die in Form eines **magnozellulären** und **parvozellulären Systems** über gezielte Verschaltungen in der Sehbahn implementiert sind.

Wird das magnozelluläre System geschädigt, können weiterhin Objekte problemlos erkannt und identifiziert werden, schnelle Veränderungen wie etwa Bewegungen werden jedoch nicht mehr registriert. Hingegen bringt eine selektive Schädigung des parvozellulären Systems keine Einschränkungen der Bewegungswahrnehmung mit sich, allerdings erhebliche Schwierigkeiten bei der räumlichen Auflösung sowie der Erkennung und Unterscheidung von Farben. *Das parvozelluläre System vermittelt demnach visuelle Aufgaben, die eine hohe räumliche Auflösung erfordern, wie das Erkennen von Objekten auf Grundlage ihrer Größe, Gestalt und Farbe. Das magnozelluläre System hingegen ist für eine hohe zeitliche Auflösung verantwortlich, die für die Lokalisation eines Objekts sowie für die Einschätzung seiner Geschwindigkeit und Bewegungsrichtung notwendig ist.* Das koniozelluläre System trägt möglicherweise mit der Verarbeitung von Informationen aus dem kurzwelligen Spektralbereich zur Integration der Farbwahrnehmung bei.

Diese grundsätzliche Arbeitsteilung wird – ausgehend von der Retina über das Corpus geniculatum laterale bis hin zur Eingangsschicht 4C des visuellen Cortex – durch eine präzise Zielführung der axonalen Endigungen umgesetzt.[36]

Aus dem primären visuellen Cortex gelangen die Signale in weitere kortikale Regionen, die sich im Okzipital-, Temporal- und Parietallappen des Großhirns befinden. Auch hier liegt eine funktionelle Dekonstruktion der Informationen in verschiedene Kategorien vor, die von unterschiedlichen Hirnregionen weiterverarbeitet werden:

- Die **parietale** (dorsale) **Bahn** verläuft ausgehend vom primären visuellen Cortex über mehrere kortikale Regionen – einschließlich der bewegungsspezifischen Area MT – bis zum Parietallappen. *Die Hauptfunktion dieser Bahn besteht in der Detektion von Bewegungen und Bewegungsrichtungen, der Lokalisation von Objekten sowie der Wahrnehmung räumlicher Tiefe.* Vereinfachend wird diese Bahn häufig als **Wo-Bahn** bezeichnet.
- Die **temporale** (ventrale) **Bahn** hat ihren Ursprung ebenfalls im primären visuellen Cortex und zieht in den unteren Bereich des Temporallappens. *Hier werden vor allem hochauflösende räumliche Informationen und Farben verarbeitet, die letztlich der Erken-*

---

[35] Traditionell werden M-Ganglienzellen als Y-Zellen bezeichnet, die P-Ganglienzellen als X-Zellen und die Zellen des koniozellulären Systems als W-Zellen.

[36] Axone des magno- und parvozellulären Systems enden in unterschiedlichen Schichten, die als 4Cα und 4Cβ bezeichnet werden.

nung von Objekten dienen. Entsprechend heißt diese Bahn auch **Was-Bahn.** Am Ende dieser Bahn stehen Neurone, die beispielsweise sehr selektiv auf bestimmte Ansichten individueller Gesichter reagieren, etwa nur auf eine Vorderansicht oder nur auf ein Profil.

Nach ihrem Eingang in Schicht 4C konvergieren die Bahnen aus dem magnozellulären und parvozellulären System zumindest teilweise. Obwohl die parietale Bahn einen Großteil ihrer Signale aus dem magnozellulären System erhält, verarbeitet sie eindeutig auch Informationen aus dem parvozellulären System – für die temporale Bahn und das parvozelluläre System gilt Entsprechendes. Neben diesem Zugriff auf die jeweils andere Informationskategorie interagieren beide Bahnen kontinuierlich, um die Integration der visuellen Kognition mit passenden Handlungsabläufen zu steuern.

13.6.5 Zusammenfassung

Die etwa eine Million Axone retinaler Ganglienzellen bilden den Nervus opticus, der visuelle Informationen aus einem Auge in andere Hirnregionen weiterleitet. Hierzu gehören die im Tectum des Mittelhirns liegenden Colliculi superiores, die reflektorische Augenbewegungen steuern, sowie der Nucleus suprachiasmaticus im Hypothalamus. Dieses kleine Kerngebiet, das seinen synaptischen Eingang von lichtempfindlichen Ganglienzellen erhält, ist für die Synchronisation des circadianen Rhythmus mit dem tageszeitlichen Wechsel von hell und dunkel verantwortlich. Ein für die bewusste visuelle Wahrnehmung wesentliches Projektionsziel retinaler Ganglienzellen ist das Corpus geniculatum laterale im Thalamus, wo eine synaptische Verschaltung auf Nervenzellen erfolgt, deren Axone in der Sehstrahlung zum primären visuellen Cortex verlaufen.

Das binokulare Gesichtsfeld besteht aus dem Überlappungsbereich der Gesichtsfelder von rechtem und linkem Auge, der abhängig von der individuellen Augenstellung und Gesichtsform unterschiedlich groß ausfällt. Der Tractus opticus besteht aus Axonen der temporalen Retina, die auf derselben Seite verbleiben, und Axonen der nasalen Retina, die im Chiasma opticum auf die andere Seite kreuzen. Bedingt durch diese axonale Wegführung verarbeitet die rechte Gehirnhälfte visuelle Reize aus dem linken Gesichtsfeld und umgekehrt.

Axone der Sehstrahlung enden in der Schicht 4C des primären visuellen Cortex und werden von dort in darüber- und darunterliegende Schichten weitergeleitet. Kortikale Neurone reagieren bevorzugt auf die Orientierung von Kanten im Raum; solche orientierungsspezifischen Zellen, die durch ihre Aktionspotenzialfrequenz Winkel von 0 bis 180° codieren, sind regelmäßig in Säulen von etwa 1 mm Durchmesser angeordnet. Diese Säulen sind regelmäßig über den gesamten Cortex verteilt und bilden die Grundlage für eine lückenlose neuronale Repräsentation des visuellen Raums.

Bis auf die Schicht 4C sind die Nervenzellen aller anderen Schichten des Cortex binokular, sie reagieren also auf eine Reizung beider Augen. Die meisten dieser Neurone besitzen jedoch eine okulare Dominanz, indem sie eine mehr oder weniger stark ausgeprägte Präferenz für eines der beiden Augen zeigen.

M-Ganglienzellen bilden den Ausgangspunkt des magnozellulären Systems, dessen physiologische Eigenschaften eine hohe zeitliche Auflösung visueller Signale ermöglichen. Das parvozelluläre System beginnt mit P-Ganglienzellen und ist für eine hohe räumliche Auflösung verantwortlich. Diese Arbeitsteilung setzt sich in Form der parietalen und temporalen Bahnen über den primären visuellen Cortex hinaus fort. Neben dieser parallelen Verarbeitung in höheren Hirnregionen findet eine kontinuierliche Interaktion zwischen den einzelnen Kanälen als Voraussetzung für eine umfassende Integration aller Komponenten der visuellen Information statt.

Literatur

1. Heldmaier G, Neuweiler G, Rössler W (2013) Vergleichende Tierphysiologie. 2. Aufl, Springer, Heidelberg
2. Kravitz DJ, Saleem KS, Baker CI, Mishkin M (2011) A new neural framework for visuospatial processing. Nat Rev Neurosci 12:217–230
3. Lamb TD, Collin SP, Pugh EN (2007) Evolution of the vertebrate eye: opsins, photoreceptors, retina and eye cup. Nat Rev Neurosci 8:960–976
4. Land MF, Nilsson DE (2012) Animal Eyes. Oxford University Press, Oxford
5. Morgans CW, Zhang J, Jeffrey BG, Nelson SM, Burke NS, Duvoisin RM, Brown RL (2009) TRPM1 is required for the depolarizing light response in retinal ON-bipolar cells. Proc Natl Acad Sci USA 106:19174–19178
6. Nassi JJ, Callaway EM (2009) Parallel processing strategies of the primate visual system. Nat Rev Neurosci 10:360–372
7. Nilsson DE (2009) The evolution of eyes and visually guided behaviour. Phil Trans Roy Soc B 364:2833–2847
8. Polleux F, Ince-Dunn G, Ghosh A (2007) Transcriptional regulation of vertebrate axon guidance and synapse formation. Nat Rev Neurosci 8:331–340
9. Purves D, Augustine GJ, Fitzpatrick D, Hall WC, LaMantia AS, White LE (2012) Neuroscience. 5. Aufl, Sinauer, Sunderland
10. Rodieck RW (1998) The First Steps in Seeing. Sinauer, Sunderland
11. Shen Y, Rampino MA, Carroll RC, Nawy S (2012) G-protein-mediated inhibition of the Trp channel TRPM1 requires the $G\beta\gamma$ dimer. Proc Natl Acad Sci USA 109:8752–8757
12. Wässle H (2004) Parallel processing in the mammalian retina. Nat Rev Neurosci 5:747–757
13. Wolfe JM, Kluender KR, Levi DM (2015) Sensation & Perception. 4. Aufl, Sinauer, Sunderland

Hören und Gleichgewicht

Andreas Feigenspan

© Springer-Verlag GmbH Deutschland 2017
A. Feigenspan, *Prinzipien der Physiologie*, https://doi.org/10.1007/978-3-662-54117-3_14

Schlüsselkonzepte

1. Hören und Gleichgewichtssinn basieren auf einer mechanoelektrischen Transduktion, bei der das Anspannen von Proteinfäden Ionenkanäle öffnet.
2. Die evolutionären Vorteile einer mechanoelektrischen Transduktion liegen in ihrer außerordentlichen Schnelligkeit und hohen Empfindlichkeit.
3. Lautstärke und Tonhöhe auditorischer Signale werden durch die Amplitude des Rezeptorpotenzials bzw. durch eine Ortstransformation auf die Basilarmembran der Cochlea codiert.
4. Die Frequenzzusammensetzung eines Schallereignisses wird über die gesamte Hörbahn tonotop repräsentiert.
5. Haarzellen besitzen zwei Regionen mit unterschiedlichen Gleichgewichtspotenzialen für K^+. Daher führt das Öffnen von K^+-Kanälen in den Stereovilli zu einem Ausstrom von K^+, das Öffnen basolateraler K^+-Kanäle zu einem Einstrom.
6. Die horizontale Lokalisation einer Schallquelle beruht auf der Auswertung von Laufzeit- und Intensitätsunterschieden zwischen beiden Ohren. Die hohe Präzision setzt eine binaurale Verschaltung auf einer frühen Ebene der Hörbahn voraus.
7. Das Vestibularorgan registriert Drehbeschleunigungen und lineare Beschleunigungen als Grundlage für den Gleichgewichtssinn und die räumliche Orientierung des Körpers relativ zur Schwerkraft.

> It is more fun to talk with someone who doesn't use long, difficult words but rather short, easy words like „What about lunch?"
>
> *A.A. Milne*

14.1   Physikalische Grundlagen des Hörens

Neben dem Sehen ist der Hörsinn der wichtigste Fernsinn, der auch bei Dunkelheit oder wenn Objekte die Sicht versperren, zuverlässig Informationen liefert. Die Empfindlichkeit des Gehörs wurde in den langen Zeiträumen der bisherigen Evolution bis in den Grenzbereich des physikalisch Sinnvollen gesteigert. Die akustischen Detektoren im Innenohr registrieren Vibrationen, deren Amplitude dem Durchmesser eines Wasserstoffatoms entspricht. Gleichzeitig können auch zwei Töne unterschieden werden, deren Tonhöhen nicht mehr als 0,1 bis 0,3 % auseinanderliegen. Diese exzellente Frequenzauflösung ist Grundlage für das Verständnis und letztlich auch für die Erzeugung von Sprache, einer zentralen Form der Kommunikation. Schließlich erlaubt das Hören mit zwei Ohren die Lokalisation einer Schallquelle, indem Unterschiede in der Laufzeit des Signals von nur 10 µs zwischen beiden Ohren detektiert und ausgewertet werden.

Bevor wir uns mit der Verarbeitung auditorischer Signale beschäftigen, besprechen wir zunächst die physikalischen Grundlagen des Hörens.

14.1.1   Amplitude, Frequenz und Phase

Aus physikalischer Sicht handelt es sich bei **Schallwellen** um periodische Druckänderungen in einem elastischen Medium, in der Regel Luft oder Wasser, die sich in Schwingungsrichtung

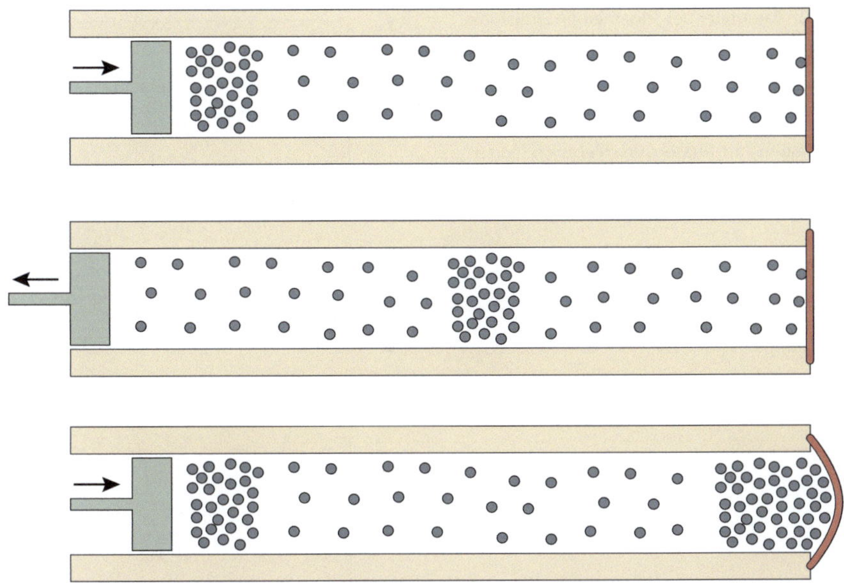

☐ Abb. 14.1 Erzeugung longitudinaler Schallwellen mithilfe eines beweglichen Stempels. Die im Stempel befindliche Luft wird periodisch verdichtet und verdünnt. Wenn eine Verdichtungswelle auf die Membran am Ende des Stempels trifft, werden die Impulse der Luftmoleküle auf die Membran übertragen, wodurch sie ausgebeult wird (nach [8])

ausbreiten. Je dichter das Medium, desto höher ist die Geschwindigkeit der Ausbreitung. In Luft breitet sich Schall mit etwa $340\,\mathrm{m\,s^{-1}}$ aus, im dichteren Wasser dagegen mit rund $1500\,\mathrm{m\,s^{-1}}$.

Zur Veranschaulichung von Schallwellen stellen wir uns eine luftgefüllte Röhre vor, in der durch Vorwärts- und Rückwärtsbewegungen eines Stempels die Luft periodisch verdichtet und wieder verdünnt wird (☐ Abb. 14.1). Die dadurch erzeugte Druckwelle bewegt sich longitudinal, also in Längsrichtung der Röhre. Im dreidimensionalen Raum hingegen breitet sich der Schall ausgehend von einer Schallquelle kugelförmig aus.

Auf molekularer Ebene wird die kinetische Energie der Stempelbewegung auf Gasmoleküle übertragen, die eine kurze Strecke in Vorwärtsrichtung beschleunigt werden, bevor sie mit anderen Molekülen zusammenstoßen. Dadurch geben sie den Impuls an ihre Nachbarn weiter und die Verdichtung setzt sich entsprechend fort. Eine Membran am Ende der Röhre beult sich aus, wenn die Druckenergie der Verdichtungswelle auf sie trifft, und schwingt während der Verdünnungsphase wieder zurück. *Die einzelnen Gasmoleküle bewegen sich dabei nicht vorwärts, sondern geben lediglich ihre Energie an andere Moleküle weiter.* Auf diese Weise werden periodische Änderungen des Schalldrucks in Schwingungen einer Membran umgewandelt, die als Trommelfell wiederum Ausgangspunkt für die Weiterleitung auditorischer Signale ins Innenohr ist.

Amplitude, Frequenz und Phase stellen wichtige Kenngrößen für periodische Schwingungen dar und sind für die Wahrnehmung und Lokalisation von Schallereignissen von zentraler Bedeutung. Wir beginnen mit einer allgemeinen Form der Sinusfunktion, mit der periodische Schwingungsvorgänge beschrieben werden:

$$y = a \cdot \sin(bx + c). \tag{14.1}$$

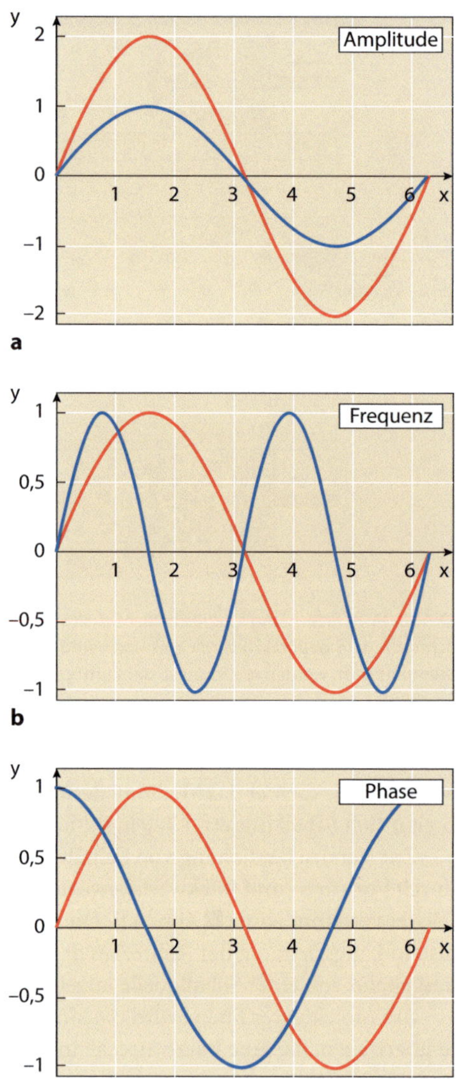

■ **Abb. 14.2** Parameter der allgemeinen Sinusfunktion $y = a \cdot \sin(bx + c)$. **a** Bei der *roten Kurve* ist die Amplitude a im Vergleich zur *blauen Kurve* verdoppelt. **b** Die *blaue Sinusfunktion* weist eine doppelt so hohe Frequenz b auf wie die *rote Sinuskurve*. **c** Die *blaue* und *rote Kurve* zeigen eine Phasenverschiebung c von π

Der Parameter a in Gl. 14.1 bewirkt eine Veränderung der **Amplitude** (■ Abb. 14.2a). Im Beispiel oben entspricht er der Kraft, mit der der Stempel in die Röhre hineingedrückt wird. Die Amplitude einer periodischen Druckänderung wird physikalisch als Schalldruck in Pascal (Pa) angegeben und als **Lautstärke** wahrgenommen.

Der Faktor b im Argument der Sinusfunktion verändert die Periode der Schwingung und damit ihre **Frequenz** (■ Abb. 14.2b). Dieser Wert beschreibt die Anzahl der Schwingungen pro Sekunde und wird in Hertz (Hz) angegeben. Eine Frequenz von 1000 Hz bedeutet, dass die Luftsäule in der Röhre 1000-mal pro Sekunde hin und her schwingt. Die Frequenz einer Schwingung wird subjektiv als **Tonhöhe** interpretiert, wobei niedrige Frequenzen tiefen Tönen entsprechen und hohe Frequenzen hohen Tönen.

◘ Tabelle 14.1 Dezibelskala

dB	P_x/P_0
0	1
20	10
40	100
60	1000
80	10.000
100	100.000

Die Konstante c in Gl. 14.1 verschiebt die Sinuskurve entlang der x-Achse und ist somit ein Maß für die **Phase** einer Schwingung (◘ Abb. 14.2c). Die Phasenverschiebung spielt eine wichtige Rolle bei der **Ortung von Schallereignissen.**

Ähnlich wie das visuelle System nur einen kleinen Ausschnitt des elektromagnetischen Spektrums verarbeiten kann, reagiert das auditorische System nur innerhalb eines bestimmten Frequenzbereichs. Beim Menschen liegt der Bereich hörbarer Frequenzen etwa zwischen 20 Hz und 20.000 Hz; andere Organismen sind in der Lage, sowohl tiefere Frequenzen (Infraschall) als auch höhere Frequenzen (Ultraschall) wahrzunehmen.[1]

14.1.2 Schalldruckpegel

Schall als Druckänderung wird wie jeder andere Druck auch in Pa gemessen. Bei allen Organismen existiert ein unterer Schwellenwert, der kleinstmögliche Druck, der noch als Schallereignis wahrgenommen wird. Diese sogenannte **Hörschwelle** ist frequenzabhängig und beträgt beim Menschen 20 μPa bei einer Frequenz von 1000 Hz. Die Schmerzgrenze wird bei etwa 63 Pa erreicht, sodass der Umfang des Schalldrucks insgesamt sechs bis sieben Größenordnungen umfasst.

Da die physiologischen Größenordnungen des Schalldrucks eher unhandlich sind, wird in der Regel der **Schalldruckpegel** zur Beschreibung von Druckamplituden verwendet. Der Begriff „Pegel" weist darauf hin, dass ein Schalldruck P_x in ein logarithmisches Verhältnis zu einem Bezugsschalldruck P_0 gesetzt wird, der annähernd der Hörschwelle des Menschen entspricht (2×10^{-5} Pa). Die Definition des Schalldruckpegels L lautet daher wie folgt:

$$L = 20 \cdot \lg \frac{P_x}{P_0}. \tag{14.2}$$

Die Dimension des Schalldruckpegels ist das **Dezibel** (dB). Zur Vermeidung von Verwechslungen mit anderen ebenfalls in dB gemessenen Pegeln wird beim Schalldruckpegel meist der Zusatz SPL (Sound Pressure Level) hinzugefügt.

Bei der Beurteilung von Schalldruckpegeln müssen wir vor allem beachten, dass die Dezibelskala nichtlinear ist: Eine Steigerung von 20 dB verzehnfacht den Schalldruck, 100 dB entsprechen einer Steigerung um den Faktor 100.000 (◘ Tab. 14.1). Ein Wert von 0 dB bedeutet

---

[1] Große Tiere wie Elefanten und Wale benutzen Infraschall zur innerartlichen Kommunikation, Ultraschall dient u. a. Fledermäusen zur Orientierung im Raum.

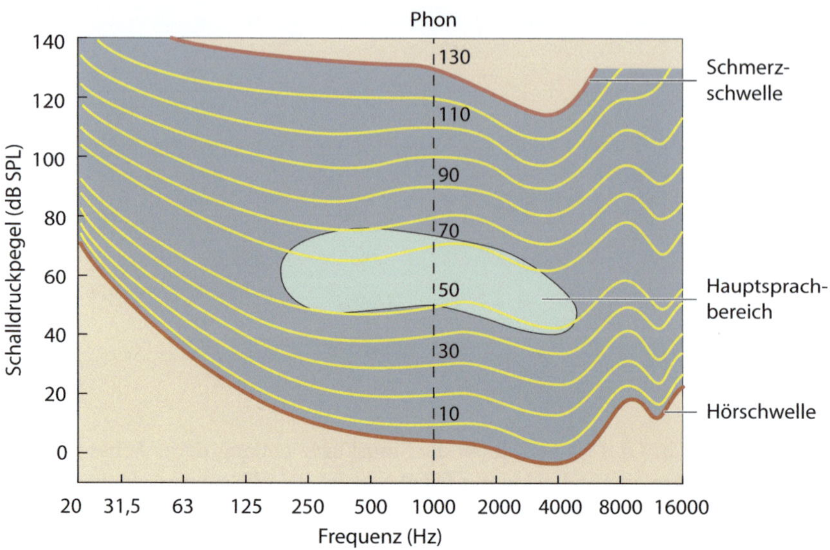

◘ Abb. 14.3   Kurven subjektiv gleich empfundener Lautheit. Diese sogenannten Isophone verlaufen gekrümmt und werden in Phon angegeben. Bei 1000 Hz stimmen sie mit der Dezibelskala überein. Demnach entsprechen beispielsweise 10 Phon 10 dB bei 1000 Hz, 40 dB bei 63 Hz und 4 dB bei 4000 Hz

nicht absolute Stille – vielmehr liegt ein Schalldruck im Bereich der Hörschwelle des Menschen vor. Der Schalldruckpegel kann auch negative Werte annehmen, wenn der gemessene Schalldruck kleiner ist als der Bezugswert P_0.

Die subjektiv wahrgenommene Lautstärke ist frequenzabhängig. Dies bedeutet, dass sehr tiefe, aber auch sehr hohe Töne deutlich mehr Schallenergie benötigen, damit sie mit derselben subjektiven Lautstärke wahrgenommen werden, als Töne in einem Frequenzbereich von 2 bis 5 kHz. Die Auftragung des Schalldruckpegels gegen die Frequenz führt zu einer Schar von **Isophonen**, also Kurven gleich laut empfundener Töne. So beträgt die Hörschwelle des Menschen bei 20 Hz etwa 70 dB, bei 1000 Hz hingegen nur rund 3 dB, ein etwa 2000-facher Unterschied des Schalldrucks (**◘** Abb. 14.3). Die Isophone bilden die sogenannte **Hörfläche**, in deren Mitte sich beim Menschen der **Hauptsprachbereich** befindet. Er umfasst diejenigen Frequenzen, bei denen bereits ein relativ geringer Schalldruckpegel zur bewussten Wahrnehmung eines akustischen Signals ausreicht.

◘ Tab. 14.2 stellt Schalldruckpegel und entsprechende Alltagsgeräusche beispielhaft gegenüber.

14.1.3   Komplexe Töne und Fourier-Analyse

Wir haben bisher nur ideale periodische Druckänderungen in Form von Sinusfunktionen betrachtet. Hierbei handelt es sich um **reine Töne**, die definitionsgemäß nur aus einer einzigen Frequenz bestehen. Reine Töne können zwar leicht mit einer Stimmgabel erzeugt werden, kommen aber in der normalen akustischen Umwelt eher selten vor.

▣ Tabelle 14.2 Schalldruckpegel und Alltagsgeräusche

Schalldruckpegel (dB)	Geräusch
0	Hörschwelle
20	Raschelndes Laub
30–40	Bibliothek
50–70	Normale Sprache
70–90	Verkehrslärm
100–120	Presslufthammer
130	Startender Düsenjet, Schmerzgrenze

Musik besteht aus **Klängen**, komplexen Tönen, die aus einem Grundton und mehreren Obertönen zusammengesetzt sind.[2] Je nachdem, ob ein Instrument aus Holz oder aus Metall besteht, kommen nur bestimmte Obertöne vor, die einen unterschiedlichen Energiegehalt besitzen. Die jeweilige Kombination der Obertöne, das harmonische Spektrum, bestimmt die Klangfarbe eines Instruments.

Während Klänge noch eine eindeutige Periodizität aufweisen, sind **Geräusche** wie etwa das Rauschen von Blättern oder die menschliche Sprache aperiodisch. Insgesamt stellen Geräusche jedoch die Hauptquelle für akustische Informationen aus der Umwelt dar.

Unabhängig von ihrer Komplexität können alle Schallereignisse als eine Kombination von Sinusfunktionen mit unterschiedlichen Amplituden, Frequenzen und Phasen dargestellt werden. Diese Zerlegung eines Signals in seine spektralen Komponenten wird als **Fourier-Analyse** bezeichnet.[3] Umgekehrt kann durch eine Überlagerung dieser einzelnen Sinusfunktionen das ursprüngliche Schallsignal wieder rekonstruiert werden.

Die Zerlegung eingehender Schallsignale in ihre verschiedenen Frequenzen stellt eine zentrale Strategie der Verarbeitung von Schallereignissen dar. Wir werden in ▶ Abschn. 14.3.4 sehen, dass die Basilarmembran in der Cochlea bedingt durch ihre strukturellen Eigenschaften eine Frequenzanalyse der eintreffenden Schallereignisse vornimmt.

14.1.4 Zusammenfassung

Schallwellen sind periodische Druckänderungen in einem elastischen Medium wie Luft oder Wasser. Die kinetische Energie wird von Molekül zu Molekül weitergegeben, sodass abwechselnd Zonen von Verdichtung und Verdünnung innerhalb des Mediums entstehen, während die Moleküle selbst an Ort und Stelle verbleiben.

Die Amplitude der periodischen Druckänderung wird in Pascal (Pa) gemessen und subjektiv als Lautstärke wahrgenommen. Die Frequenz beschreibt die Anzahl der Schwingungen pro Sekunde mit der Einheit Hertz (Hz) und wird vom Gehirn als Tonhöhe interpretiert. Der für

---

[2] In der Regel sind Obertöne ganzzahlige Vielfache des Grundtons und werden als Harmonische bezeichnet.
[3] Unter spektralen Komponenten verstehen wir die unterschiedlichen Frequenzen, aus denen komplexe Schallsignale aufgebaut sind.

den Menschen hörbare Frequenzbereich liegt zwischen 20 Hz und 20 kHz. Schließlich bezeichnet die Phase die Verschiebung einer Schwingung entlang der Zeitachse; diese Information ist für die horizontale Lokalisation einer Schallquelle von großer Bedeutung.

Normalerweise wird zur Beschreibung von Druckamplituden der Schalldruckpegel verwendet. Diese in Dezibel (dB) angegebene Größe setzt einen Schalldruck in ein logarithmisches Verhältnis zu einem Bezugsschalldruck, der in der Nähe der menschlichen Hörschwelle liegt. Aufgrund der logarithmischen Definition bedeutet eine Erhöhung des Schalldruckpegels um 20 dB eine Verzehnfachung des Schalldrucks.

Die Lautstärke, mit der ein Ton wahrgenommen wird, ist frequenzabhängig – zwischen 2 bis 5 kHz ist das Gehör des Menschen am empfindlichsten. Gleich laut empfundene Töne liegen auf Isophonen und die Gesamtheit der Isophone bildet die Hörfläche.

Bei reinen Tönen handelt es sich um ideale Sinusschwingungen, während Klänge aus Sinusschwingungen mit unterschiedlichen Frequenzen bestehen. Geräusche hingegen unterliegen keiner offensichtlichen Periodizität, sie können jedoch mithilfe der Fourier-Analyse in ihre spektralen Komponenten zerlegt werden. Die Basilarmembran der Cochlea führt eine solche Frequenzanalyse als Grundlage der auditorischen Signalverarbeitung durch.

14.2 Funktioneller Aufbau des Ohrs

Schallereignisse sind wichtige Informationsträger, und das auditorische System transformiert ihren Informationsgehalt in dynamische Aktivitätsmuster neuronaler Netzwerke. Zu diesem Zweck muss die mechanische Energie der Druckänderungen in die elektrischen Signale des Nervensystems umgewandelt werden. Außen- und Mittelohr der Säugetiere vermitteln hierbei die Weiterleitung und Verstärkung des mechanischen Reizes, während im Innenohr die Signaltransduktion in ein Rezeptorpotenzial stattfindet.

14.2.1 Außenohr

Das **Außenohr** umfasst alle Strukturen von der Ohrmuschel (Pinna) bis zum Trommelfell (◻ Abb. 14.4). Die **Ohrmuschel**, die es in dieser Form nur bei Säugetieren gibt, dient ähnlich einer Parabolantenne der Fokussierung auftreffender Schallwellen auf den äußeren Gehörgang.

Der äußere Gehörgang, der beim Menschen etwa 2,5 cm in den Kopf hineinführt, stellt einen schützenden Abstand zwischen Ohrmuschel und Trommelfell her. Darüber hinaus besitzt das Außenohr zwei wichtige Funktionen:

- Die unregelmäßig geformte Oberfläche der Ohrmuschel filtert Frequenzen abhängig von der vertikalen Position der Schallquelle. So werden mehr hohe Frequenzanteile in den Gehörgang übertragen, wenn sich die Schallquelle in einer im Vergleich zum Ohr erhöhten Position befindet. *Diese spektrale Verschiebung wird von unserem Gehirn als Information über die vertikale Position einer Schallquelle im Raum interpretiert.*
- Durch passive Resonanzeffekte werden Frequenzen um 3 kHz im Gehörgang selektiv verstärkt. Aufgrund dieser Verstärkung sind wir besonders empfindlich für Frequenzen zwischen 2 kHz und 5 kHz, wodurch auch unmittelbar das Sprachverständnis betroffen ist. Wichtige akustische Hinweise zur Unterscheidung ähnlich klingender Laute liegen genau in diesem Frequenzband, sodass eine reduzierte Empfindlichkeit zwischen 2 kHz und 5 kHz zu Problemen bei der Spracherkennung und damit dem Verständnis gesprochener Sprache führt.

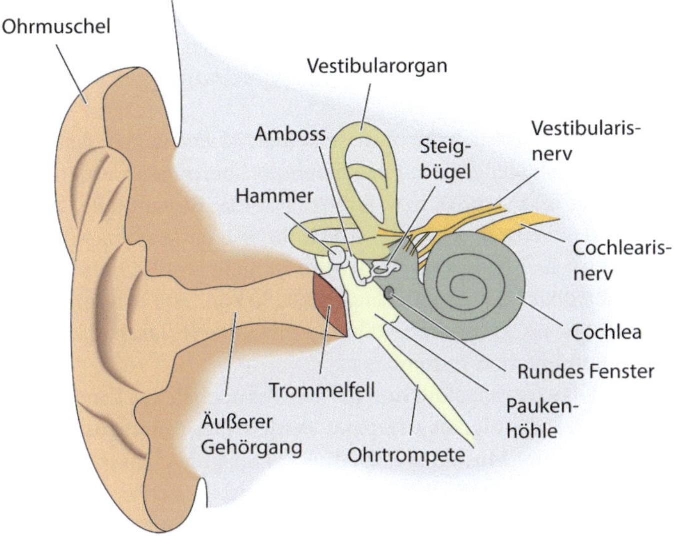

◘ Abb. 14.4 Aufbau des menschlichen Ohrs. Das Außenohr besteht aus der Ohrmuschel und dem äußeren Gehörgang, das Mittelohr enthält die Kette der Gehörknöchelchen in der Paukenhöhle und das Innenohr die Cochlea und das vestibuläre Labyrinth des Gleichgewichtsorgans

14.2.2 Mittelohr

Das **Trommelfell** grenzt Außen- und Mittelohr voneinander ab, während eine weitere Membran, das **ovale Fenster**, die Grenze zum Innenohr darstellt. Beide Membranen sind über die Kette der **Gehörknöchelchen**, Hammer (Malleus), Amboss (Incus) und Steigbügel (Stapes), gelenkig miteinander verbunden. Die Gehörknöchelchen liegen in der luftgefüllten **Paukenhöhle** (Cavitas tympani), die über die **Ohrtrompete** (Tuba auditiva) mit dem Rachenraum in Verbindung steht.[4]

Schallwellen erreichen als Druckänderungen der Luft das Außenohr; sie müssen jedoch im Innenohr auf eine Flüssigkeit übertragen werden. Aufgrund der unterschiedlichen Impedanz[5] beider Medien werden normalerweise mehr als 99,9 % der Schallenergie an der Grenzfläche zwischen Luft und Wasser reflektiert. *Die wichtigste Funktion des Mittelohrs besteht in einer Verstärkung des Schalldrucks, sodass genug Schallenergie auf die Flüssigkeit des Innenohrs übertragen wird.* Diese sogenannte **Impedanzanpassung** basiert auf zwei mechanischen Prozessen:

— Die Gehörknöchelchen übertragen die auf das relativ großflächige Trommelfell auftreffende Kraft auf die viel kleinere Fläche des ovalen Fensters. Da Druck als Kraft pro Fläche definiert ist, erhöht sich der Druck auf das Innenohr im Verhältnis der beiden Flächen zueinander. Beim Menschen beträgt dieses Flächenverhältnis 17 : 1 – es ist der wichtigste Verstärkungsfaktor.

---

[4] Die auch als eustachische Röhre bezeichnete Ohrtrompete sorgt für eine Belüftung des Mittelohrs, sodass ein Druckausgleich zwischen dem Luftdruck in der Umgebung und dem Druck in der Paukenhöhle stattfinden kann. Große Druckunterschiede, wie sie manchmal bei Start und Landung von Flugzeugen auftreten können, verursachen mehr oder weniger starke Schmerzen im Bereich des Mittelohrs.
[5] In diesem Zusammenhang verstehen wir unter Impedanz den Widerstand eines Mediums, in Bewegung versetzt zu werden.

- Hammer und Amboss wirken wie Hebelarme, wobei der Amboss etwas kürzer ist als der Hammer. Diese Untersetzung der beiden Hebellängen bewirkt am Steigbügel eine Krafterhöhung bei einer verringerten Bewegungsgeschwindigkeit der Gehörknöchelchen.

Insgesamt wird der Schalldruck durch diese beiden Mechanismen fast 200-fach verstärkt, wodurch etwa 65 % der Schallenergie auf das Innenohr übertragen werden.

Aufgrund der Masse und Steifheit bzw. Elastizität seiner Bestandteile, Trommelfell, Gehörknöchelchen und ovales Fenster, wirkt das Mittelohr wie ein Bandpassfilter innerhalb eines mittleren Frequenzbereichs.[6] Dieses Frequenzband ist nicht absolut, sondern an die Lebensbedingungen der verschiedenen Säugerarten angepasst. So können Fledermäuse auch Ultraschall mit Frequenzen von über 120 kHz hören, während Elefanten Infraschall im Frequenzband von 20 bis 40 Hz zur Kommunikation nutzen.

Die mechanische Übertragungsfunktion der Gehörknöchelchen kann durch zwei Muskeln an bestimmte Lautstärken des Signals angepasst werden. Der **Musculus tensor tympani** setzt am Hammer an, während der **Musculus stapedius** am Steigbügel inseriert. Für diese kleinsten quergestreiften Muskeln des Körpers werden zwei wichtige Funktionen diskutiert:

1. Eine reflektorische Kontraktion beider Muskeln bei sehr lauten Geräuschen versteift die Kette der Gehörknöchelchen, wodurch die potenziell schädliche Übertragung hoher Energien auf das Innenohr gedämpft wird. Aufgrund der Verzögerung der zugrunde liegenden Reflexbahn funktioniert diese adaptive Reaktion aber nur bei anhaltend lauten Geräuschen; für sehr kurze, plötzlich einsetzende Geräusche, wie etwa ein lauter Knall, ist der Reflex zu langsam.[7]
2. Beide Muskeln kontrahieren vor dem Sprechen, Schlucken und anderen allgemeinen Körperbewegungen. Dadurch werden selektiv niederfrequente Anteile körpereigener Geräusche gedämpft und so möglicherweise eine Maskierung eintreffenden Schalls innerhalb dieses Frequenzbereichs verhindert bzw. reduziert. Die Muskeln des Mittelohrs dienen demnach einer Verbesserung des Signal-Rausch-Verhältnisses, indem sie die Wahrnehmung körpereigener Geräusche frequenzabhängig unterdrücken.

Die Gehörknöchelchen der Säuger sind evolutionär aus dem primären Kiefergelenk der Vertebraten entstanden. Durch den Umbau des Kiefers zum sekundären Kiefergelenk, das nun die Funktion des Kauens übernimmt, kann das ursprüngliche primäre Kiefergelenk in eine rein schallleitende Struktur umgewandelt werden. Da sich dieser komplexe Umbau höchstwahrscheinlich nur einmal im Verlauf der Wirbeltierevolution vollzogen hat, gilt der Besitz von Hammer und Amboss als eindeutiges Kriterium für alle Mammalia.

14.2.3 Innenohr

Das Innenohr besteht aus dem **Vestibularorgan** und der schneckenförmig aufgerollten **Cochlea**. Während das Vestibularorgan als Beschleunigungssensor Informationen über die Lage und Bewegung des Körpers im Raum verarbeitet (▶ Abschn. 14.5), findet in der Cochlea die Umwandlung der Schallenergie in elektrische Signale statt. Diese Funktion ist derjenigen der

---

[6] Ein Bandpassfilter lässt einen bestimmten Frequenzbereich passieren, während sowohl tiefere als auch höhere Frequenzen des Signals herausgefiltert werden.

[7] Solche kurzen, sehr lauten Geräusche können eine irreversible Schädigung des Innenohrs in Form eines Knalltraumas hervorrufen. Aber auch dauerhaft einwirkende Schalldruckpegel von mehr als 85 dB führen in der Regel langfristig zu einer Lärmschwerhörigkeit.

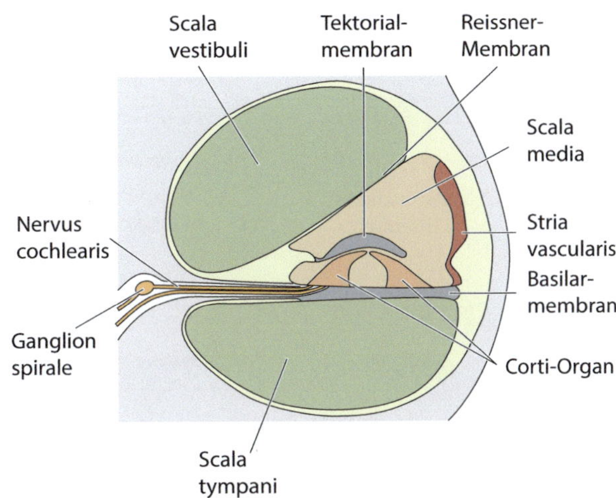

◘ Abb. 14.5 Schematischer Querschnitt durch die Cochlea. Oben und unten liegen die mit Perilymphe gefüllten Scala vestibuli und Scala tympani, in der Mitte die Endolymphe enthaltende Scala media. Scala vestibuli und Scala media werden von der Reissner-Membran, Scala media und Scala tympani von der Basilarmembran getrennt. Auf der Basilarmembran liegt das Corti-Organ, das die äußeren und inneren Haarsinneszellen trägt. Die Tektorialmembran überdeckt das Corti-Organ

Photorezeptoren in der Retina analog, die die Energie elektromagnetischer Strahlung in neuronale Signale konvertieren.

Die Cochlea des menschlichen Ohrs ist etwa erbsengroß – in ausgerolltem Zustand beträgt ihre Länge 3 bis 4 cm. Sie enthält drei parallele, flüssigkeitsgefüllte Kanäle, die von außen nach innen als **Scala vestibuli**, **Scala media** und **Scala tympani** bezeichnet werden (◘ Abb. 14.5).

Die Scala vestibuli beginnt am ovalen Fenster und verläuft bis zur Spitze der Cochlea, dem **Helicotrema**, wo sie in die Scala tympani übergeht. Beide Scalae enthalten **Perilymphe**, deren Zusammensetzung mit einer hohen Na^+- und einer niedrigen K^+-Konzentration weitgehend einer normalen extrazellulären Flüssigkeit entspricht (◘ Tab. 7.1). Die Scala media liegt zwischen den beiden anderen Kanälen und ist mit **Endolymphe** gefüllt. Die Endolymphe ist ebenfalls eine Extrazellulärlösung, die jedoch mit 140 mmol l^{-1} eine auffallend hohe K^+-Konzentration enthält. Die unterschiedliche ionale Zusammensetzung von Perilymphe und Endolymphe ist für die Erzeugung von Rezeptorpotenzialen und damit für die Signaltransduktion im Innenohr von entscheidender Bedeutung.

Die in der Mitte liegende Scala media wird durch die **Reissner-Membran** von der Scala vestibuli und durch die **Basilarmembran** von der Scala tympani getrennt. Im Gegensatz zum Trommelfell, dem ovalen Fenster und auch der Reissner-Membran handelt es sich bei der Basilarmembran nicht um eine dehnbare, häutige Membran, sondern um eine fibröse Struktur mit variabler Elastizität.

Auf der Basilarmembran befindet sich das **Corti-Organ**, ein komplexes epitheliales Gewebe, das aus mehreren Typen von Stütz- und Sinneszellen besteht (◘ Abb. 14.6). Insgesamt 3500 **innere Haarzellen** liegen in einer Reihe entlang des Corti-Organs – sie stellen die eigentlichen Schallsensoren dar. Darüber hinaus bilden etwa 15.000 **äußere Haarzellen** drei parallele Reihen von Sinneszellen, die als cochleäre Verstärkerelemente fungieren. Sowohl innere als auch äußere Haarzellen können nach einer Schädigung nicht regeneriert werden.

Haarzellen sind keine Neurone, sondern sekundäre Sinneszellen, d. h., sie besitzen kein eigenes Axon, sondern werden von afferenten Nervenfasern innerviert, die Synapsen direkt am Zellkörper der Haarzellen ausbilden. Die präsynaptischen Haarzellen setzen Glutamat als Neurotransmitter frei, der bei Bindung an die ionotropen Glutamatrezeptoren der afferenten Nervenfasern eine postsynaptische Depolarisation auslöst – es handelt sich also um eine

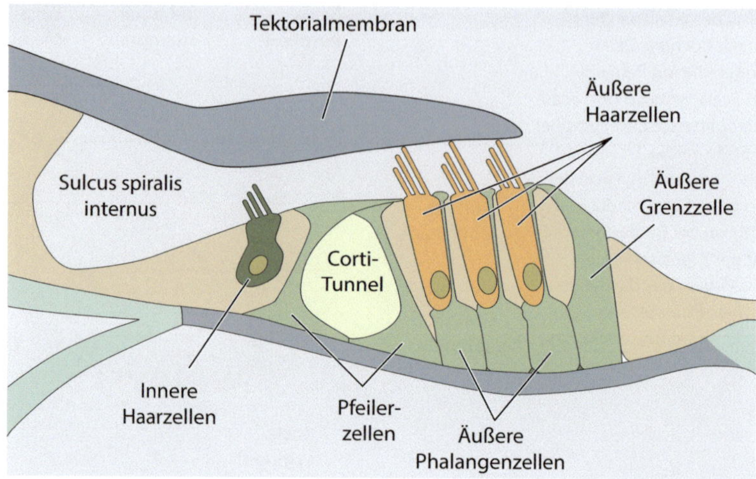

▫ Abb. 14.6   Corti-Organ im Innenohr. Die komplexe Innervation der inneren und äußeren Haarsinneszellen ist der Übersichtlichkeit halber nicht eingezeichnet

exzitatorische Synapse. Die Innervation erfolgt über Fasern des auditorischen Nervs, deren Zellkörper im **Ganglion spirale** liegen.

An ihrem apikalen Pol besitzen die Haarzellen der Cochlea Mikrovilli, die häufig mit dem Begriff „Stereozilien" belegt werden. Bei diesen Ausstülpungen der Plasmamembran handelt sich jedoch nicht um Zilien im eigentlichen Sinne, da ihnen die für Zilien typischen Mikrotubuli fehlen. Die „Haare" der Haarsinneszellen werden daher im Folgenden als **Stereovilli** bezeichnet.

Das Corti-Organ wird von einer weiteren Membran, der **Tektorialmembran**, überdeckt. Hierbei handelt es sich um eine gelatinöse Struktur, die mit den Stereovilli der äußeren Haarzellen in Kontakt steht, während die Stereovilli der inneren Haarzellen die Tektorialmembran nicht unmittelbar berühren.

14.2.4 Zusammenfassung

Das Ohr der Säugetiere besteht aus Außen-, Mittel- und Innenohr. Ohrmuschel, Gehörgang und Trommelfell bilden das Außenohr, das der Leitung von Schalldruck, einer Verstärkung im Frequenzband zwischen 2 kHz und 5 kHz sowie der Lokalisation von Schallereignissen in der Vertikalen dient.

Zentraler Bestandteil des Mittelohrs sind die drei Gehörknöchelchen Hammer, Amboss und Steigbügel. Sie übertragen in einer gelenkig miteinander verknüpften Kette den Schalldruck vom Trommelfell auf das ovale Fenster am Eingang des Innenohrs. Die wichtigste Funktion des Mittelohrs besteht in der Impedanzanpassung – einer Verstärkung des Schalldrucks, die für die Übertragung der Schallenergie aus dem Medium Luft auf die dichtere Flüssigkeit der Scala vestibuli erforderlich ist. Die Effizienz der Schallleitung durch die Gehörknöchelchen kann durch zwei Muskeln im Mittelohr, den Musculus tensor tympani und den Musculus stapedius, an die jeweilige Geräuschsituation angepasst werden.

Das Innenohr besitzt zwei Komponenten mit unterschiedlichen Funktionen: Das Vestibularorgan detektiert Beschleunigungen des Körpers und dient der Lagestabilisation, während die Cochlea Schallereignisse verarbeitet. Sie besteht aus drei flüssigkeitsgefüllten Kanälen, von denen die Scala vestibuli und die Scala tympani mit Perilymphe, die Scala media hingegen mit Endolymphe gefüllt ist. Perilymphe und Endolymphe weisen einen unterschiedlichen Gehalt an K^+-Ionen auf, was bei der Signaltransduktion eine zentrale Rolle spielt.

Die Umwandlung von Druckänderungen in elektrische Signale findet in den Haarzellen des Corti-Organs statt, das sich als epitheliale Struktur auf der Basilarmembran befindet. Haarzellen sind sekundäre Sinneszellen, die an ihrem apikalen Pol zahlreiche Stereovilli ausbilden. Es werden innere Haarzellen, in denen die Signaltransduktion stattfindet, und äußere Haarzellen unterschieden, die als cochleärer Verstärker dienen. Die Tektorialmembran überdeckt innere und äußere Haarzellen, wobei nur die Stereovilli der äußeren Haarzellen in unmittelbarem Kontakt mit der Tektorialmembran stehen.

14.3   Signaltransduktion in der Cochlea

Änderungen im Schalldruck lassen das Trommelfell mit einer bestimmten Frequenz hin und her schwingen. Die Schallenergie wird über Hammer, Amboss und Steigbügel mechanisch auf das ovale Fenster übertragen, dessen periodische Bewegung wiederum die Flüssigkeitssäule der Scala vestibuli abwechselnd verdichtet und verdünnt. Bisher hat sich an der physikalischen Qualität des Reizes noch nichts geändert – die Druckänderungen wurden lediglich verstärkt, teilweise gefiltert und bis ins Innenohr weitergeleitet. Erst in den Haarzellen des Corti-Organs findet die Umwandlung in elektrische Signale statt.

Im Vergleich zu den mehr als 100 Mio. Photorezeptoren der menschlichen Retina sind die Haarzellen der Cochlea mit etwa 14.000 eindeutig in der Unterzahl. Hinsichtlich ihrer Empfindlichkeit arbeiten sie jedoch ähnlich wie Photorezeptoren am physikalischen Limit, während die Geschwindigkeit der Signaltransduktion diejenige des visuellen Systems bei Weitem übertrifft.[8]

Schallereignisse besitzen mit Frequenz und Amplitude zwei physikalische Eigenschaften, die als Tonhöhe und Lautstärke unterschiedliche Wahrnehmungen hervorrufen. Zur Codierung dieser beiden Parameter steht jedoch nur ein einziges elektrisches Signal, nämlich eine Folge von Aktionspotenzialen, zur Verfügung. Daher stellt sich neben der Frage nach dem Mechanismus der Signaltransduktion das grundsätzliche Problem, wie zwei Eigenschaften durch eine einzige Signalform innerhalb des Nervensystems repräsentiert werden können.

14.3.1   Erzeugung einer Wanderwelle auf der Basilarmembran

Die Cochlea liegt eingebettet im Felsenbein, einem der härtesten Knochen des Körpers. Die vom ovalen Fenster auf die Scala vestibuli übertragenen Druckänderungen können daher nicht nach außen weitergegeben werden, sondern sie versetzen die **Basilarmembran** in vertikale Schwingungen. Diese Auf- und Abwärtsbewegungen der Basilarmembran werden auf

---

[8] Eine Bildfolge von 25 Bildern pro Sekunde wird von uns als eine kontinuierliche Bewegung wahrgenommen. Dies entspricht einer Verarbeitungsgeschwindigkeit von 40 ms, der 10 µs im auditorischen System gegenüberstehen – eine 4000-fach höhere Geschwindigkeit.

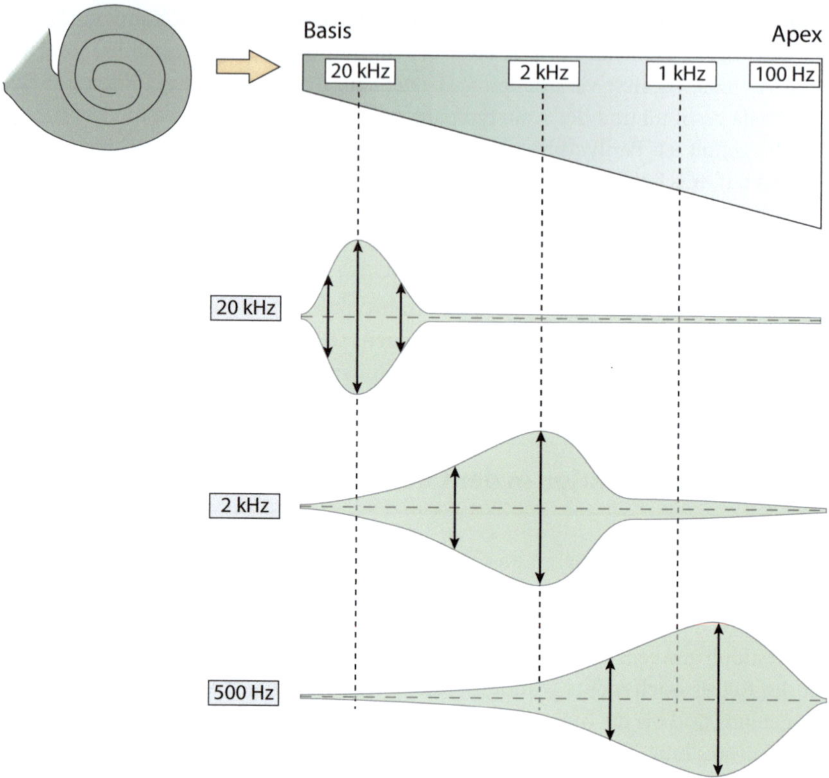

◘ Abb. 14.7 Repräsentation der Frequenz auf der Basilarmembran. In entrolltem Zustand der Cochlea zeigt sich in der Aufsicht eine unterschiedliche Breite der Basilarmembran von der Basis bis zum Apex. Hohe Frequenzen werden im Bereich der Basis abgebildet, während tiefe Frequenzen in der Nähe des Apex repräsentiert werden. Aufgrund ihrer strukturellen Eigenschaften besitzt die Basilarmembran ein frequenzabhängiges Schwingungsmaximum an unterschiedlichen Orten. Die drei *unteren* Grafiken verdeutlichen die vertikale Auslenkung der Basilarmembran bei drei verschiedenen Frequenzen in der Seitenansicht

den Flüssigkeitsraum der Scala tympani übertragen und schließlich über das runde Fenster in Richtung Mittelohr abgegeben. Die vertikalen Auslenkungen der Basilarmembran stellen die mechanische Grundlage für die Signaltransduktion im Innenohr dar.

Die Basilarmembran stellt – ausgehend von ihrer Basis unmittelbar hinter dem ovalen Fenster bis zur Spitze der Cochlea (Apex) im Bereich des Helicotremas – keine einheitliche Struktur dar. Vielmehr ist die Basis schmal und relativ steif, während der Apex eher breit ist und eine flexiblere Konsistenz aufweist. Ähnlich den unterschiedlich langen Saiten einer Harfe, reagiert die Basis der Basilarmembran auf hohe Frequenzen, der Apex dagegen auf niedrige Frequenzanteile. Zwischen Basis und Apex ändert die Basilarmembran kontinuierlich ihre strukturellen Eigenschaften, sodass alle hörbaren Frequenzen von einem bestimmten Ort der Basilarmembran repräsentiert werden (◘ Abb. 14.7).

Ein akustischer Reiz verursacht eine vertikale Auslenkung der Basilarmembran, die als sogenannte **Wanderwelle** von der Basis bis zum Apex der Basilarmembran verläuft. *Aufgrund der Strukturunterschiede zwischen Basis und Apex zeigt die Amplitude der Wanderwelle* *ein frequenzabhängiges Maximum in einem begrenzten Bereich der Basilarmembran.*[9] Die unterschiedlichen Frequenzen eines Schallereignisses werden also ortsabhängig auf der Basilarmembran abgebildet – dies ist der Schlüssel zum Verständnis der Frequenzcodierung.

14.3.2 Mechanoelektrische Transduktion

Die Umwandlung des mechanischen Reizes Druckänderung in ein elektrisches Signal beginnt mit der Auslenkung der Stereovilli der Haarzellen. Die Wanderwelle verursacht eine Auf- und Abwärtsbewegung der Basilarmembran sowie der über dem Corti-Organ liegenden Tektorialmembran. Da Basilarmembran und Tektorialmembran an unterschiedlichen Positionen verankert sind, führt die vertikale Schwingung zu einer relativen Bewegung beider Membranen gegeneinander: Es resultiert eine Scherkraft, die die Stereovilli der Haarsinneszellen auslenkt (◘ Abb. 14.8).

Die Stereovilli sind winzige, durch ein Actinskelett gestützte Fortsätze, die sich der Größe nach angeordnet am apikalen Ende der Haarzellen befinden. Benachbarte Stereovilli werden durch dünne Proteinfäden, die sogenannten **Tip-Links**, miteinander verbunden. Am Ende der Tip-Links befinden sich mechanosensitive Ionenkanäle, die vor allem für K^+-Ionen durchlässig sind.

Wird das Bündel der Stereovilli in Richtung des längsten Stereovillus ausgelenkt, spannen die Tip-Links an, und aufgrund dieser Zugspannung öffnen die Ionenkanäle an ihrem Ende (◘ Abb. 14.9). Die in die Haarzelle diffundierenden K^+-Ionen verursachen eine Depolarisation des Membranpotenzials, wodurch wiederum spannungsabhängige Ca^{2+}-Kanäle in der basolateralen Membran geöffnet werden. Der Einstrom von Ca^{2+}-Ionen in die Zelle löst eine Ca^{2+}-abhängige Freisetzung von Glutamat am basalen Pol der Haarzelle aus. Schwingt die Basilarmembran zurück, werden die Stereovilli in die umgekehrte Richtung ausgelenkt. Dadurch verringert sich die Zugspannung an den Tip-Links und die mechanosensitiven Ionenkanäle schließen. Infolgedessen kehrt das Potenzial der Haarzelle zum Ruhewert zurück und die Ausschüttung von Glutamat wird beendet.

Die Auslenkung der Basilarmembran aktiviert mechanosensitive Kationenkanäle in den Stereovilli der Haarzellen und erzeugt so eine graduierte Potenzialänderung, die in eine periodische Freisetzung von Glutamat umgewandelt wird. Die Haarzellen selbst erzeugen keine Aktionspotenziale – diese entstehen erst in den afferenten Nervenfasern infolge der Bindung von Glutamat an ionotrope Glutamatrezeptoren und der dadurch induzierten überschwelligen Depolarisation (◘ Tab. 11.2). Die direkte mechanische Öffnung von Ionenkanälen durch die Auslenkung der Stereovilli wird als **mechanoelektrische Kopplung** bezeichnet – sie ist sowohl für die hohe Geschwindigkeit als auch für die bemerkenswerte Empfindlichkeit des Transduktionsmechanismus verantwortlich.

Die Signaltransduktion in den Haarzellen findet innerhalb von nur 10 µs statt. Eine solch hohe Geschwindigkeit kann nur durch ein System implementiert werden, das Ionenkanäle direkt mittels einer mechanischen Kraftübertragung öffnet. Selbst eine Auslenkung der Stereovilli von weniger als 1 nm erzeugt über die Tip-Links bereits genug Kraft, um einige Io-

---

[9] Zur Veranschaulichung wird häufig eine Welle, die entlang eines fixierten Seils verläuft, genannt. Da die Amplitude dieser Welle auf der gesamten Länge des Seils gleich groß ist, lässt sich dieses Beispiel nur begrenzt als Analogie zu einer Wanderwelle verstehen.

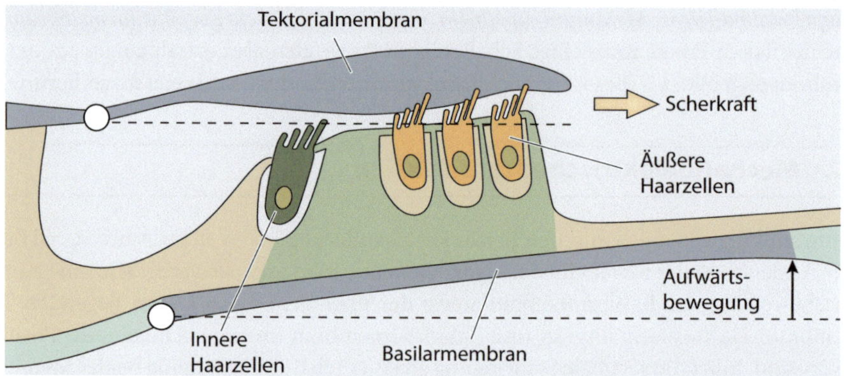

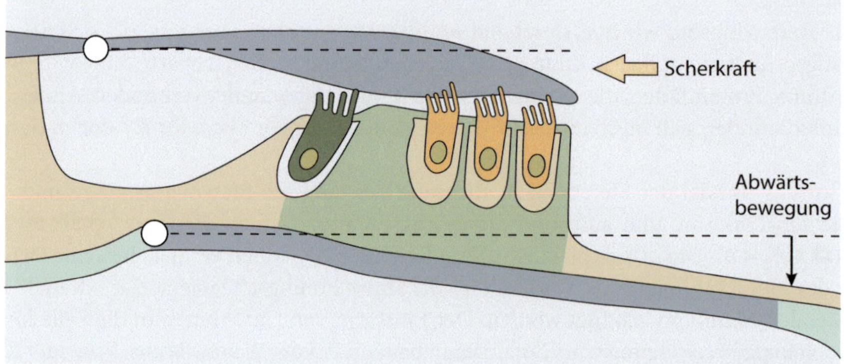

◼ Abb. 14.8 Auslenkung der Stereovilli bei Auf- und Abwärtsbewegungen des Corti-Organs. Aufgrund der unterschiedlichen Aufhängungspunkte von Tektorial- und Basilarmembran entstehen bei Schwingungen beider Membranen Scherkräfte. Im Falle einer Aufwärtsbewegung der Basilarmembran werden die Stereovilli der Haarzellen in Richtung des längsten Stereovillus ausgelenkt, während bei einer Abwärtsbewegung eine entgegengesetzt gerichtete Scherkraft auftritt

nenkanäle zu öffnen. Die bei der visuellen und olfaktorischen Signaltransduktion eingesetzten Second-Messenger-Systeme sind zwar hochempfindlich, jedoch aufgrund der zahlreichen Reaktionsschritte viel zu langsam, um innerhalb weniger Mikrosekunden eine Potenzialänderung auslösen zu können.

Die außerordentlich hohe Effizienz der Signalübertragung birgt jedoch auch grundsätzliche Risiken:

- Durch sehr laute Geräusche können die Stereovilli der Haarzellen abreißen. Da beim Menschen keine Regeneration der Stereovilli oder ein Ersatz abgestorbener Haarzellen stattfindet, ist ein irreversibler Hörverlust die Folge.
- Aufgrund der verhältnismäßig geringen Anzahl von Haarzellen bewirkt ein Verlust weniger Zellen bereits eine signifikante Verschlechterung der Hörleistung, meist in einem bestimmten Frequenzbereich.

Ein Ausfall der inneren Haarzellen führt zu einem vollständigen Hörverlust, während eine Schädigung der äußeren Haarzellen eine Schwerhörigkeit verursacht, bei der sowohl die Schallempfindung als auch die Frequenzunterscheidung betroffen sind. Dadurch wird insbesondere

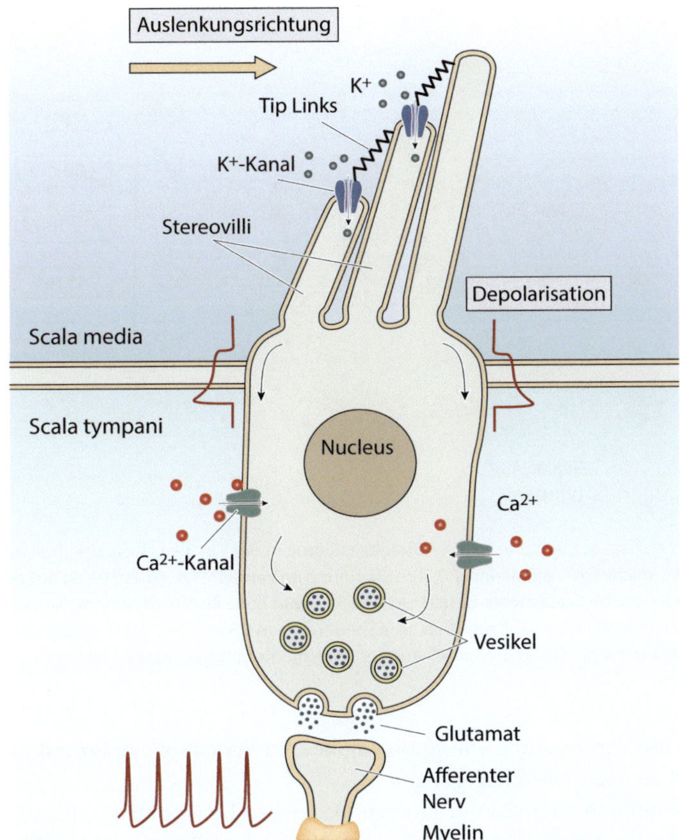

☐ Abb. 14.9 Mechanoelektrische Transduktion in Haarzellen. Wenn das Bündel der Stereovilli zum längsten Stereovillus ausgelenkt wird, werden die Tip-Links angespannt und infolgedessen öffnen K^+-Kanäle. K^+-Ionen diffundieren in die Stereovilli und verursachen eine Depolarisation der Zellmembran, die sich vom apikalen Ende über die gesamte Haarzelle ausbreitet. Durch die Depolarisation werden spannungsabhängige Ca^{2+}-Kanäle in der basolateralen Membran geöffnet und der Einstrom von Ca^{2+}-Ionen löst die Exozytose des Neurotransmitters Glutamat aus

das Sprachverständnis deutlich eingeschränkt, das maßgeblich auf eine intakte Frequenzunterscheidung angewiesen ist.

14.3.3 Ionale Grundlagen der Mechanotransduktion

Die Haarzellen stehen in Kontakt mit zwei unterschiedlichen Flüssigkeitsräumen: Die Stereovilli am apikalen Pol der Zellen ragen in die Endolymphe der Scala media, während die basolaterale Region von der Perilymphe der Scala tympani umgeben ist. Die Endolymphe besitzt mit rund 150 mmol l^{-1} eine hohe K^+-Konzentration, die Perilymphe hingegen den relativ geringen K^+-Gehalt einer „normalen" Extrazellulärlösung. Die beiden Flüssigkeitsräume werden durch Tight Junctions zwischen den apikalen und basalen Regionen der Zelle strikt voneinan-

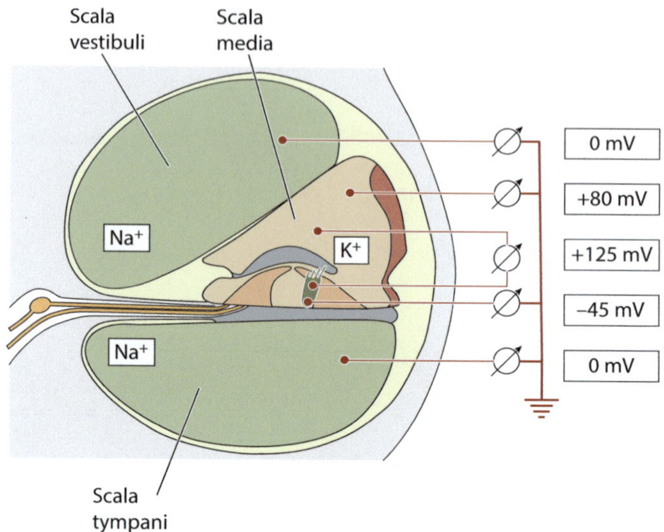

◘ Abb. 14.10 Potenziale der verschiedenen Flüssigkeitsräume in der Cochlea. Scala vestibuli und Scala tympani enthalten eine Na^+-reiche Extrazellulärlösung; ihre Spannung im Verhältnis zu einem Punkt außerhalb der Cochlea beträgt 0 mV. Die K^+-reiche Scala media besitzt ein Potenzial von etwa 80 mV. Bei einem Ruhemembranpotenzial der äußeren Haarzellen von ca. −45 mV resultiert eine Spannung von 125 mV über der Membran der Stereovilli. Diese Spannungsdifferenz treibt die Diffusion von K^+ aus der Scala media in die Haarzellen an

der getrennt; eine Vermischung von Endolymphe und Perilymphe aufgrund undichter Tight Junctions führt zu einer Hörschädigung.

Das Ruhemembranpotenzial der inneren Haarzellen beträgt etwa −45 mV im Verhältnis zur Perilymphe, deren Potenzial definitionsgemäß gleich null gesetzt wird (◘ Abb. 14.10). Die K^+-reiche Endolymphe besitzt ein Potenzial von 80 mV, das sogenannte **endocochleäre Potenzial**. *Es besteht also ein elektrischer Gradient zwischen der Scala media und dem Intrazellulärraum der inneren Haarzellen von etwa 125 mV, der die wichtigste Triebkraft für den Einstrom von K^+-Ionen durch die offenen mechanosensitiven Kanäle darstellt.* Trotz der hohen intrazellulären K^+-Konzentration diffundieren K^+-Ionen in die Haarzelle und führen dort zu einer Depolarisation.

Wenn hingegen K^+-Kanäle auf der basolateralen Seite der Haarzellen öffnen, diffundieren K^+-Ionen aus der Zelle hinaus. Dies entspricht der in ▸ Abschn. 10.2.1 beschriebenen Situation: Aufgrund des Konzentrationsgradienten zur K^+-armen Perilymphe und der daraus resultierenden Abweichung vom K^+-Gleichgewichtspotenzial verlassen K^+-Ionen die Zelle und repolarisieren das Membranpotenzial, bis der Ruhewert wieder erreicht ist.

Die inneren Haarzellen verwenden mit K^+ eine einzige Ionenart sowohl für die Erzeugung des Rezeptorpotenzials als auch für dessen Repolarisation. Dies ist nur möglich, indem die Haarzelle mit zwei Funktionsräumen unterschiedlicher K^+-Konzentration interagiert, sodass zwei verschiedene Nernst-Potenziale für K^+ über der jeweiligen Membran existieren:

— Am apikalen Pol mit Kontakt zur K^+-reichen Endolymphe besteht ein K^+-Gleichgewichtspotenzial von etwa 0 mV. Entsprechend steht die gesamte elektrische Potenzialdifferenz von 125 mV für den K^+-Einstrom über die Membran der Stereovilli zur Verfügung.

— Im basolateralen Bereich der Zelle herrscht das „normale" K^+-Gleichgewichtspotenzial von −85 mV vor und K^+-Ionen diffundieren bei einer Depolarisation des Membranpotenzials aus der Haarzelle hinaus.

Die Verwendung von K^+ zur Depolarisation und Repolarisation der Membran stellt sicher, dass der eigentliche Prozess der Signaltransduktion ohne den Einsatz metabolischer Energie für Pumpen und Transporter stattfinden kann. Selbst bei andauernder auditorischer Stimulation bleibt der K^+-Gradient unverändert, da die Flüssigkeitsräume der Endolymphe und Perilymphe im Verhältnis zum Intrazellulärraum der Haarzellen so groß sind, dass die Ionenverschiebungen zumindest kurz- bis mittelfristig keinen nennenswerten Einfluss auf die K^+-Konzentrationen haben.

Dennoch wird für die Signaltransduktion Energie benötigt, denn die Erzeugung der K^+-reichen Endolymphe basiert letztlich auf ATP-getriebenen Transportprozessen. Ionenpumpen in der **Stria vascularis** sezernieren aktiv K^+-Ionen in die Endolymphe der Scala media und sorgen dort für eine hohe K^+-Konzentration.[10] Das endocochleäre Potenzial stellt sozusagen die „Batterie" dar, deren Spannung den Signaltransduktionsprozess in den inneren Haarzellen energetisch antreibt.

14.3.4 Codierung von Amplitude und Frequenz

Wir kommen nun auf die Frage zurück, wie Amplitude und Frequenz eines auditorischen Reizes durch eine einzige Signalform – die Aktionspotenzialfrequenz – repräsentiert werden können. Beginnen wir mit der Codierung der Amplitude.

Ein lauter Ton bewirkt eine stärkere Schwingung des Trommelfells und des ovalen Fensters, sodass größere Druckschwankungen in der Perilymphe der Scala vestibuli auftreten. Dadurch bewegt sich die Basilarmembran mit einer größeren Amplitude auf und ab, was wiederum zu einer stärkeren Abscherung der Stereovilli der inneren Haarzellen führt. Entsprechend diffundieren mehr K^+-Ionen in die Haarzellen hinein und ein größeres Rezeptorpotenzial entsteht, sodass mehr Glutamat freigesetzt wird und die einzelnen Aktionspotenziale in den afferenten Nervenfasern schneller aufeinanderfolgen. *Die Amplitude eines Schallereignisses und damit die Lautstärke eines Tons wird durch die Frequenz der Aktionspotenziale im auditorischen Nerv codiert.*

Die Analyse und Codierung der Tonhöhe sind komplexer und beruhen auf der Synergie folgender Mechanismen:

- Aufgrund ihrer mechanischen und strukturellen Eigenschaften reagieren einzelne Abschnitte der Basilarmembran auf bestimmte Frequenzen eines Reizes am besten (▶ Abschn. 14.3.1). Allerdings erzeugt eine definierte Frequenz unter diesen Bedingungen noch kein scharf abgegrenztes Maximum, sondern benachbarte Regionen auf der Basilarmembran schwingen ebenfalls und aktivieren daher die mit ihnen verbundenen Haarzellen (◘ Abb. 14.7). Die mechanischen Eigenschaften der Basilarmembran allein ermöglichen zwar eine grundsätzliche Frequenzanalyse, die jedoch noch zu ungenau ist, um das exzellente Unterscheidungsvermögen zwischen eng benachbarten Frequenzen zu erklären.
- Die äußeren Haarzellen verengen diesen Raum, indem sie das Amplitudenmaximum der Wanderwelle ausschließlich in einer sehr eng umgrenzten Region verstärken. Diese cochleäre Verstärkerfunktion basiert auf einer efferenten Innervation und einer aktiven periodischen Längenänderung der äußeren Haarzellen, die durch das Protein **Prestin** vermittelt werden.

---

[10] Die Stria vascularis ist eine verdickte epitheliale Struktur in der Wand der Scala media. Schleifendiuretika in hoher Dosierung blockieren einen Ionentransporter in der Stria vascularis (▶ Abschn. 8.3.3), was zu einem Zusammenbruch des endocochleären Potenzials und zu Hörstörungen führt.

— Die Stereovilli der äußeren Haarzellen besitzen selbst Resonanzeigenschaften – mit kurzen, steifen Stereovilli an der Basis, die in Richtung Apex zunehmend länger und elastischer werden.

Die Cochlea führt eine Analyse der Tonhöhe durch, indem verschiedene Abschnitte der Basilarmembran auf unterschiedliche Frequenzen abgestimmt („getunt") sind. *Jede Frequenz wird auf einen eindeutigen Ort der Basilarmembran abgebildet und auf diese Weise in eine räumliche Information transformiert.* Die Depolarisation einer einzelnen inneren Haarzelle repräsentiert demnach eine bestimmte Frequenz und die Depolarisation einer benachbarten Haarzelle eine etwas höhere oder tiefere Frequenz. Von der Basis bis zum Apex werden, ausgehend von den höchsten Frequenzen, kontinuierlich tiefere Töne abgebildet und wenn keine Haarzellen ausfallen, existieren auch keine Lücken in dieser Frequenztransformation. Dieses auch als **Tonotopie** oder Ortscodierung bezeichnete Prinzip funktioniert jedoch nur, wenn die Information über die jeweils spezifische Herkunft einer Hörnervenfaser durch eine präzise Verschaltung im Verlauf der Hörbahn erhalten bleibt.[11]

Jede Hörnervenfaser besitzt eine charakteristische Tuningkurve mit einer bestimmten **Bestfrequenz**, welche die maximale Empfindlichkeit dieser Faser kennzeichnet (◑ Abb. 14.11). Die Tuningkurven werden unmittelbar an der Hörschwelle aufgezeichnet und sie entsprechen dem Schalldruckpegel, der für eine signifikante Erhöhung der Aktionspotenzialfrequenz über die spontane Entladungsrate hinaus erforderlich ist. Je geringer die aufgewendete Schallenergie, desto höher ist die Empfindlichkeit für eine bestimmte Frequenz.

Ein Ton mit einer tiefen Frequenz depolarisiert Haarzellen am Apex der Basilarmembran und die Lautstärke dieses Tons wird durch die Aktionspotenzialfrequenz aller afferenten Nervenfasern, die diese Haarzellen innervieren, codiert. Da benachbarte Nervenfasern ihre Aktionspotenzialfrequenz nicht erhöhen, können die auditorischen Zentren des Gehirns anhand dieser Ortsinformationen Lautstärke und Tonhöhe eines Schallsignals interpretieren.

Obwohl der bisher dargestellte Mechanismus grundsätzlich die Frequenzcodierung korrekt beschreibt, funktioniert er jedoch nur in einer idealen Welt reiner Sinustöne im Bereich der Hörschwelle. In der auditorischen Realität liegen dagegen komplexe Klänge und Geräusche vor, welche zudem eine größere und variable Lautstärke aufweisen.

Komplexe Klänge machen es erforderlich, dass mehr als eine Frequenz gleichzeitig von der Cochlea codiert wird – nehmen wir der Einfachheit halber an, jeweils ein hoher und ein tiefer Ton versetzen die Basilarmembran in Schwingungen. *In diesem Fall verringert der tiefere Ton die Aktionspotenzialfrequenz in denjenigen Hörnervenfasern, die den höheren Ton codieren* (**Zweitonunterdrückung**). Offensichtlich verändert eine weitere Schwingungsfrequenz die mechanischen Eigenschaften der Basilarmembran, wobei es keine Rolle spielt, ob diese Frequenz etwas niedriger oder etwas höher ist. Dieses einfache Beispiel verdeutlicht, dass die Analyse und Repräsentation von Klängen und Geräuschen komplexer sind als die Summe der Reaktionen individueller Hörnervenfasern auf einzelne Frequenzen.

Darüber hinaus erschwert der Schalldruckpegel, also die Lautstärke von Schallereignissen, die Frequenzanalyse. ◑ Abb. 14.12 zeigt die Frequenzselektivität einer Hörnervenfaser bei unterschiedlich lauten Tönen. Die abgebildete Faser ist nur bei einem Schalldruckpegel von 20 dB im Bereich ihrer Bestfrequenz von etwa 2000 Hz maximal empfindlich. Mit steigendem Schalldruckpegel sinkt die Selektivität deutlich: Das definierte Maximum wird bei 80 dB zu einem breiten Plateau, das zwischen 500 Hz und 2500 Hz keine Frequenzunterscheidung mehr erlaubt. In diesem Frequenzband erzeugt die Hörnervenfaser Aktionspotenziale mit einer ma-

---

[11] Jede innere Haarzelle wird von 10 bis 30 auditorischen Nervenfasern innerviert.

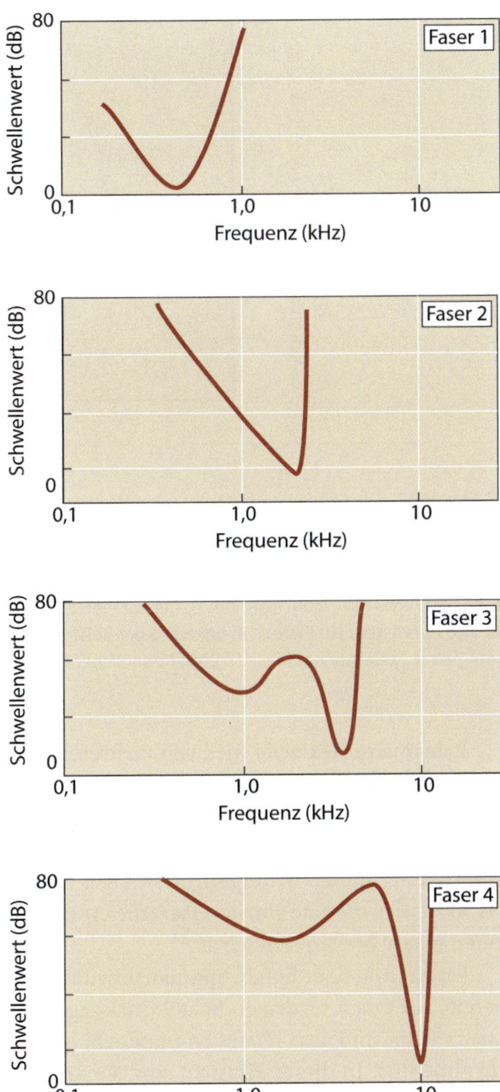

◘ Abb. 14.11 Idealisierte Tuningkurven von vier Hörnervenfasern. Die Axone des Hörnerven erzeugen spontan, also auch ohne einen akustischen Reiz, Aktionspotenziale. Der Schwellenwert auf der y-Achse ist derjenige Lautstärkepegel, bei dem die Aktivität in der Nervenfaser die Spontanaktivität signifikant übersteigt. Die Frequenz auf der x-Achse ist logarithmisch aufgetragen. Die Tuningkurven zeichnen sich durch ein charakteristisches Minimum aus, bei dem bereits eine geringfügige Erhöhung der Lautstärke zu einer Aktivitätssteigerung im Hörnerven führt. Jede Faser besitzt ein individuelles frequenzabhängiges Minimum

ximalen Rate – sie befindet sich also in der **Sättigung**, in der eine differenzierte Antwort der Faser als Voraussetzung für eine zuverlässige Codierung der Signalstärke nicht mehr möglich ist. Bei einer hohen Schallintensität werden die Stereovilli der zugehörigen Haarzellen maximal ausgelenkt, unabhängig davon, ob die Frequenz des Tons 500 Hz oder 2500 Hz beträgt. Die Lautstärke normaler Sprache liegt in einem Bereich von 50 bis 70 dB (◘ Tab. 14.2), also bereits in dem Bereich des Schalldrucks, der eine exakte Frequenzunterscheidung nicht mehr zulässt. Da jedoch eine präzise Differenzierung individueller, auch eng benachbarter Frequenzen eine entscheidende Voraussetzung für das auditorische Sprachverständnis darstellt, müssen zusätzliche Mechanismen zur Frequenzanalyse der Sprache beitragen.

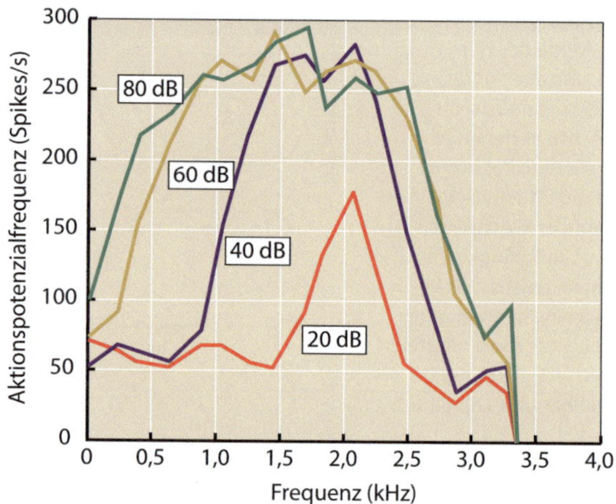

◘ Abb. 14.12   Die Frequenzselektivität einer Hörnervenfaser nimmt mit zunehmender Lautstärke ab. Die Aktivität der Hörnervenfaser wurde in Aktionspotenzialen pro Sekunde bei verschiedenen Schalldruckpegeln gemessen und gegen die Frequenz des Schallreizes aufgetragen. Die einzelnen Kurven repräsentieren die Aktivität der Faser bei einer bestimmten Lautstärke. Die Faser besitzt eine charakteristische Frequenz von etwa 2000 Hz und zeigt dort ein eng umrissenes Maximum (*rote Kurve*). Bei höheren Schalldruckpegeln steigt die Aktionspotenzialfrequenz weiter an und es entsteht ein Plateau in der Nähe der Bestfrequenz, das bei 60 dB und 80 dB einen Frequenzbereich von annähernd 2 kHz umfasst (nach [12]. Mit freundlicher Genehmigung von Oxford University Press.)

Jede innere Haarzelle wird von mehreren afferenten Nervenfasern innerviert, die sich hinsichtlich ihrer Spontanaktivität unterscheiden. Unter Spontanaktivität eines Neurons verstehen wir die Erzeugung von Aktionspotenzialen auch in Abwesenheit eines Reizes.[12] Demnach weisen einige Hörnervenfasern auch bei völliger Stille eine deutliche Aktivität auf, während andere Fasern unter diesen Bedingungen weniger oder gar keine Aktionspotenziale erzeugen. Die 10 bis 30 Fasern, die eine einzige Haarzelle innervieren, decken hinsichtlich ihrer Spontanaktivität einen relativ breiten Bereich ab.[13]

Fasern mit einer hohen Spontanaktivität (> 30 Aktionspotenziale pro Sekunde) reagieren bereits auf einen niedrigen Schalldruckpegel mit einer Erhöhung ihrer Aktionspotenzialfrequenz – sie sind also relativ empfindlich, erreichen aber sehr schnell den Sättigungsbereich (◘ Abb. 14.13). In dieser Hinsicht sind sie mit den hochempfindlichen Stäbchen des visuellen Systems vergleichbar. Bei hohen Lautstärken können diese Fasern Frequenzen daher nicht unterscheiden. Umgekehrt benötigen Fasern mit einer niedrigen Spontanaktivität (< 10 Aktionspotenziale pro Sekunde) einen höheren Schalldruckpegel, um ihr Aktivitätsniveau nennenswert zu steigern. Diese Fasern entsprechen eher den Zapfen des visuellen Systems, indem sie für eine Aktivitätsänderung zwar eine größere Reizenergie benötigen, ihre Selektivität jedoch über einen größeren dynamischen Bereich aufrechterhalten können.

---

[12] Wenn ein Neuron spontan aktiv ist, kann ein Signal in beide Richtungen moduliert werden – Abnahme bzw. Zunahme ḋer Aktionspotenzialfrequenz. Ein nichtaktives Neuron kann jedoch nur mit einer Zunahme der Aktivität auf einen Reiz reagieren.

[13] Die Spontanaktivität ist keine intrinsische Eigenschaft der afferenten Nervenfasern, sondern wird vermutlich auf der präsynaptischen Seite durch die Anzahl spannungsabhängiger Ca^{2+}-Kanäle reguliert. Diese Ca^{2+}-Kanäle öffnen bereits in der Nähe des Ruhemembranpotenzials der Haarzellen, sodass eine relativ geringe Zahl offener Kanäle für ein Fusionsereignis ausreicht. Durch eine Veränderung der Zahl der Kanäle kann die Spontanaktivität der Nervenfaser erhöht oder verringert werden [7].

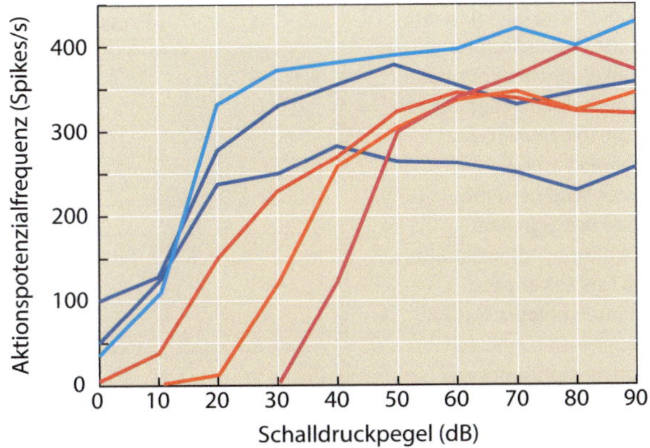

◘ Abb. 14.13 Abhängigkeit der Aktionspotenzialfrequenz vom Schalldruckpegel in verschiedenen Hörnervenfasern. Alle hier dargestellten Axone innervieren eine einzige innere Haarzelle, besitzen also die gleiche Bestfrequenz. Die *roten* Fasern weisen eine relativ geringe Spontanaktivität auf, während die *blauen* Fasern eine hohe Spontanaktivität zeigen. Die Spontanaktivität entspricht der Aktionspotenzialfrequenz bei 0 dB. Alle sechs Fasern reagieren auf eine Erhöhung des Schalldrucks mit verstärkter Aktivität, wobei die Fasern mit geringer Spontanaktivität erst bei einer deutlich höheren Schallintensität eine Frequenzsteigerung zeigen (nach [12]. Mit freundlicher Genehmigung von Oxford University Press.)

Das unterschiedliche Aktivitätsniveau individueller Hörnervenfasern bildet ein zeitlich dynamisches Muster, das die Frequenz weitgehend unabhängig von der Lautstärke abbildet. Die Interpretation von Signalen, die von etwa 14.000 Hörnervenfasern stammend gleichzeitig die auditorischen Zentren des Gehirns erreichen, ist Grundlage für eine sehr genaue Frequenzunterscheidung auch bei variabler Lautstärke. Während einzelne Axone die Frequenz eines auditorischen Signals nur relativ ungenau repräsentieren, wird durch eine Analyse des Aktivitätsmusters zahlreicher parallel geschalteter Fasern eine außerordentlich hohe Genauigkeit bei der Unterscheidung von Signalen erzielt.

Neben der Ortscodierung durch die Basilarmembran können Informationen hinsichtlich der Frequenz eines Schallsignals auch in zeitlicher Form repräsentiert werden. Häufig entstehen Aktionspotenziale bei einem periodischen Signal immer an einer bestimmten Stelle im Zeitverlauf des Signals – wir sprechen in diesem Fall von einer **Phasenkopplung**. So wird die in ◘ Abb. 14.14a gezeigte Hörnervenfaser immer bei einem aufsteigenden Verlauf der Sinusschwingung aktiv. Dieser zeitliche Code bedeutet nicht, dass die Aktionspotenzialfrequenz der Faser der Frequenz des Tons entspricht. *Vielmehr reagiert die Faser periodisch mit einer Erhöhung der Feuerrate, während die eigentliche Aktionspotenzialfrequenz die Lautstärke codiert.*

Aufgrund der Refraktärzeit der Na^+-Kanäle stößt diese Form der Phasenkopplung ab etwa 1000 Hz an ihre Grenzen. Bei höheren Frequenzen können jedoch mehrere Fasern arbeitsteilig einen präzisen zeitlichen Code erzeugen (◘ Abb. 14.14b). Nehmen wir an, eine Hörnervenfaser reagiert auf die Schwingungen $1, 4, 7, \ldots$ mit einer Erhöhung ihrer Aktionspotenzialfrequenz, eine zweite Faser hingegen auf die Schwingungen $2, 5, 8, \ldots$ und eine dritte Faser auf die Schwingungen $3, 6, 9$ etc. Unter diesen Bedingungen werden drei Hörnervenfasern benötigt, um die Schwingung vollständig zu repräsentieren. Diese Strategie wird als **Salvenprinzip** bezeichnet.

Orts- und Zeitcodierung können auch gemeinsam in einer Hörnervenfaser auftreten, um unterschiedliche Frequenzen zu repräsentieren. So reagiert eine Hörnervenfaser mit einer Bestfrequenz von 10 kHz, weil Haarzellen an der Basis der Cochlea ausgelenkt werden (Ortsco-

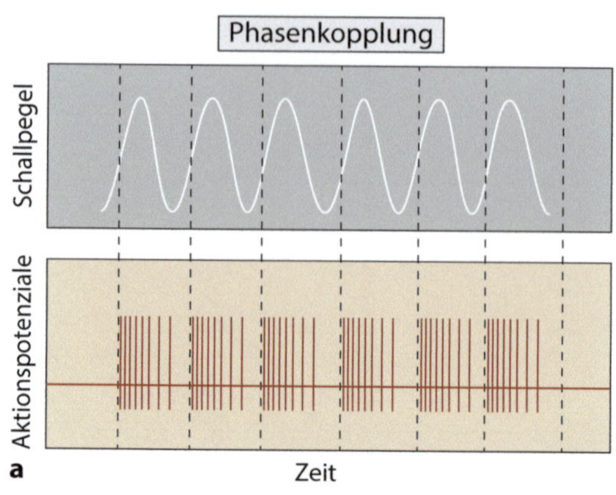

◘ Abb. 14.14   Zeitliche Codierung der Frequenz eines Schallsignals. **a** Bei der Phasenkopplung wird die Hörnervenfaser an einem bestimmten Punkt im Zeitverlauf des periodischen Signals aktiv. Die Aktionspotenziale folgen zunächst in kurzen Abständen aufeinander und werden nach und nach seltener. Wird derselbe Punkt der nächsten Periode des Signals erreicht, wiederholt sich die Aktionspotenzialsalve der auditorischen Faser. **b** Das Salvenprinzip benötigt mehr als eine Hörnervenfaser; das Aktivitätsmuster aller aktiven Fasern kann auch höherfrequente Schallsignale repräsentieren

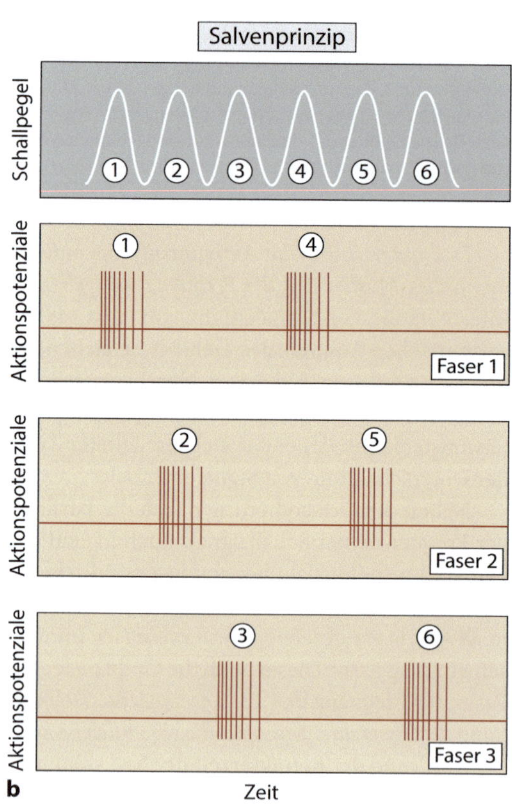

dierung). Eine gleichzeitig vorhandene Frequenzkomponente von beispielsweise 400 Hz wird mithilfe der Phasenkopplung als zeitlicher Code in derselben Hörnervenfaser dargestellt.

14.3.5 Lokalisation von Schall

Mit unserem Sehsinn können wir problemlos Objekte in der visuellen Welt lokalisieren, da sie auf einem bestimmten Bereich der Retina projiziert und Signale aus dem jeweiligen Ge-

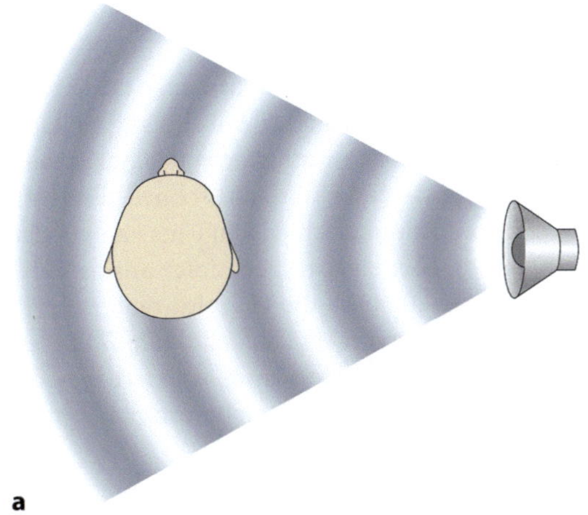

◘ Abb. 14.15 Horizontale Schalllokalisation mittels interauraler Laufzeitunterschiede. **a** Schall, der von einer Quelle auf der rechten Seite erzeugt wird, erreicht das rechte Ohr früher als das linke Ohr. **b** Interaurale Laufzeitunterschiede für verschiedene Positionen einer Schallquelle rund um den Kopf. Der maximale Laufzeitunterschied zwischen rechtem und linkem Ohr beträgt 0,6 ms

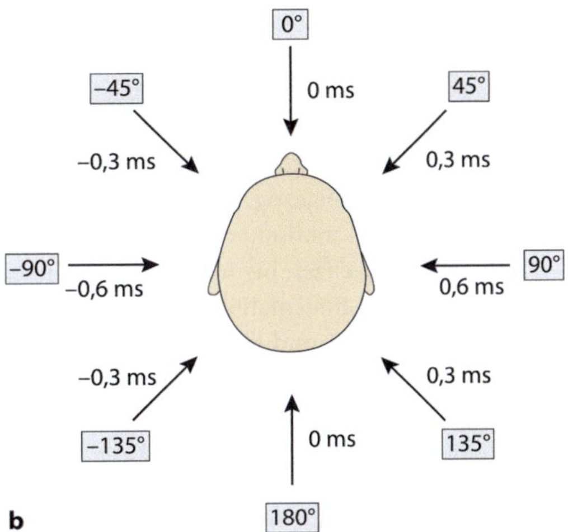

sichtsfeld ortsspezifisch in entsprechenden Regionen des visuellen Cortex verarbeitet werden (▶ Abschn. 13.6.2). Die Lokalisation von Schall kann aber nicht auf diese Weise erfolgen, da die Anordnung der Haarzellen in der Cochlea nicht den auditorischen Raum repräsentiert. Die von einer Schallquelle ausgehende Energie gelangt gleichermaßen in beide Ohren und aktiviert dort Haarzellen, unabhängig von der horizontalen und vertikalen Position der Schallquelle in Bezug auf den Empfänger.

Ähnlich wie zur Wahrnehmung räumlicher Tiefe zwei Augen erforderlich sind, werden zur **horizontalen Schalllokalisation** zwei Ohren benötigt. Auch wenn die Schallenergie letztlich beide Ohren erreicht, kommt sie etwas früher und etwas lauter bei dem Ohr an, das sich näher an der Schallquelle befindet. *Unterschiede in der Laufzeit und Intensität des Schalldrucks zwischen beiden Ohren sind also wichtige Hinweise auf den Ort einer Schallquelle.*

Interaurale Laufzeitunterschiede Ein plötzliches Geräusch von rechts erreicht das rechte Ohr früher als das linke Ohr (◘ Abb. 14.15a). Bei einer Schallgeschwindigkeit in Luft von 343 m s^{-1} und einer durchschnittlichen Breite des Kopfes von etwa 20 cm kommt der Schall mit einer zeitlichen Verzögerung von 0,6 ms am linken Ohr an. Schall direkt von vorn bzw. von hinten erreicht beide Ohren gleichzeitig, während alle Winkel dazwischen einen Laufzeitunterschied zwischen 0 ms und 0,6 ms verursachen (D Abb. 14.15b). Die meisten Menschen sind in der Lage, Schall mit einer Genauigkeit von 1 bis 2° zu lokalisieren, was einer Laufzeitdifferenz von etwa 10 µs entspricht. Die mechanoelektrische Signaltransduktion im Corti-Organ ist eine entscheidende Voraussetzung für derart schnelle Ereignisse (▶ Abschn. 14.3.2).

Ein Laufzeitunterschied von 0 ms kann bedeuten, dass sich die Schallquelle in gerader Linie vor uns, aber ebenso auch hinter uns befinden kann. Mit Ausnahme der Situation bei 90°, wenn die Schallquelle direkt rechts oder links lokalisiert ist, kann bei keinem Winkel allein anhand der interauralen Laufzeitdifferenz eindeutig zwischen vorn und hinten unterschieden werden. Entscheidende Hinweise liefert hier die Ohrmuschel, die aufgrund ihrer asymmetrischen Oberflächenstruktur bestimmte Signalfrequenzen positionsabhängig verstärkt oder abschwächt.

Die bisherige Diskussion berücksichtigt nur neu einsetzende Schallereignisse – wir können aber auch Dauertöne trotz ihrer kontinuierlichen Präsenz an beiden Ohren ebenso exakt lokalisieren. Die wichtigste Informationsquelle für das auditorische System ist in diesem Fall die Phase der Schwingung (▶ Abschn. 14.1.1). Nehmen wir an, wir sind einem von rechts kommenden Dauerton von 400 Hz ausgesetzt. Eine solche Frequenz besitzt eine Wellenlänge von etwa 86 cm, also deutlich mehr als die Kopfbreite von 20 cm. Das Maximum der Druckänderung trifft zunächst am rechten Ohr und nach 0,6 ms auch am linken Ohr ein. Die zeitliche Differenz zwischen beiden Druckmaxima wird als interauraler Laufzeitunterschied zur Lokalisation der Schallquelle herangezogen.

Diese Strategie funktioniert jedoch nur, wenn die Wellenlänge größer als die Kopfbreite ist, schließt also Frequenzen bis maximal 1700 Hz ein. Bei höheren Frequenzen kann die Phase nicht mehr als Ortsinformation verwendet werden, da sich mehrere Druckmaxima gleichzeitig zwischen rechtem und linkem Ohr befinden und es keine 0,6 ms dauert, bis das nächste Maximum das linke Ohr erreicht. *Laufzeitunterschiede sind also im Falle höherfrequenter kontinuierlicher Töne nicht zur Schalllokalisation geeignet.*[14]

Die Auswertung interauraler Laufzeitunterschiede findet in einem Kerngebiet des Hirnstamms, dem **Nucleus olivaris superior** (oberer Olivenkern), statt. Neurone im oberen Olivenkern sind sogenannte **binaurale Neurone**, auf die synaptische Eingänge von beiden Ohren konvergieren, sodass sie Laufzeitunterschiede zwischen linkem und rechtem Ohr verrechnen können.

In einem anschaulichen Modell definiert die Länge des Axons, das von Neuronen des Cochleariskerns[15] bis zum Olivenkern verläuft, die Laufzeit eines Aktionspotenzials: Je länger das Axon, desto mehr Zeit benötigt ein Aktionspotenzial vom Zellkörper bis zur Synapse. Trifft ein Schallreiz zuerst am rechten Ohr ein, erzeugen zunächst die Neurone des rechten Cochleariskerns Aktionspotenziale. Mit einer Verzögerung von 0,6 ms erreicht der Schalldruck das linke Ohr, was zu Aktionspotenzialen in Axonen des linken Cochleariskerns führt. Beide Aktivitätsmuster konvergieren auf Neurone im oberen Olivenkern. Allerdings kommen die Aktionspotenziale aufgrund der unterschiedlichen Axonlängen nur bei wenigen Neuronen gleichzeitig an, die auf diese Weise als **Koinzidenzdetektoren** fungieren (D Abb. 14.16). Die Summierung von EPSPs, die durch gleichzeitig ankommende präsynaptische Aktionspotenziale ausgelöst

---

[14] Bei plötzlich einsetzenden höherfrequenten Tönen besteht weiterhin eine eindeutige Beziehung zwischen dem ersten Maximum und dem Laufzeitunterschied zwischen beiden Ohren.

[15] Der Cochleariskern (Nucleus cochlearis) befindet sich beidseitig im Hirnstamm und erhält synaptischen Eingang von den Hörnervenfasern.

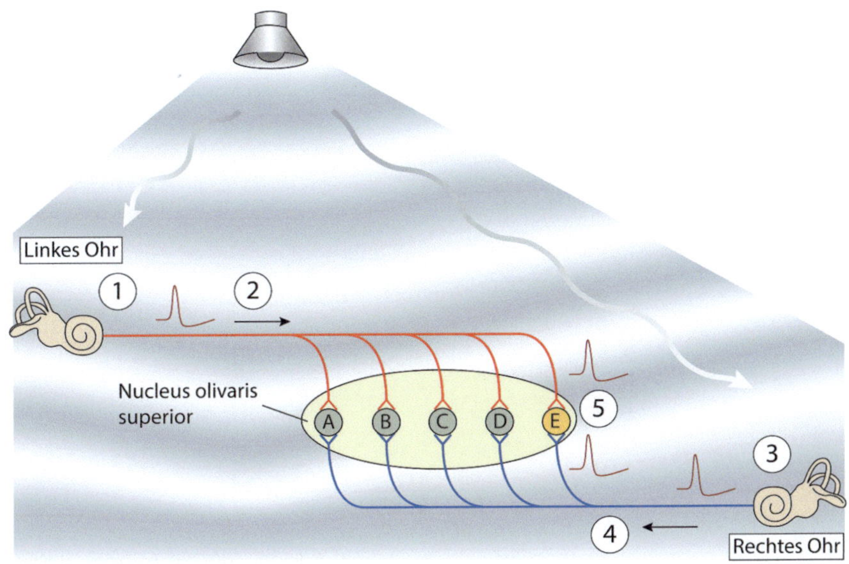

Abb. 14.16 Modell der Schalllokalisation mithilfe interauraler Laufzeitunterschiede. Neurone im Nucleus olivaris superior (A–E) erhalten Eingang aus den Cochleariskernen der rechten und linken Körperseite. ① Der Schall kommt zuerst im linken Ohr an, woraufhin das Signal in Form von Aktionspotenzialen aus dem linken Cochleariskern zum oberen Olivenkern weitergeleitet wird ②. Etwas später erreichen die Schallwellen auch das rechte Ohr ③ und Aktionspotenziale werden von dort in Richtung Olivenkern geschickt ④. Aufgrund der unterschiedlichen Axonlängen erreichen die Signale von beiden Ohren nur das Neuron E gleichzeitig, während sie in den Neuronen A–D zeitversetzt ankommen und dort keine überschwellige Aktivität auslösen (nach [5])

werden, führt zu einem höheren Aktivitätsniveau in der nachgeschalteten Nervenzelle als bei einem zeitlich versetzten Eintreffen (▶ Abschn. 11.2.5). Dieses erhöhte Aktivitätsniveau repräsentiert den interauralen Laufzeitunterschied und wird von höheren auditorischen Regionen als horizontale Position einer Schallquelle interpretiert.

Interaurale Intensitätsunterschiede Wenn bei hochfrequenten Schallsignalen die Länge der Schallwellen kürzer ist als die Breite des Kopfes, wirft der Kopf einen Schallschatten. Bei einem Ton von rechts bedeutet dies, dass der Schalldruckpegel am rechten Ohr höher ist als am linken Ohr, das im Schallschatten des Kopfes liegt. Von vorn oder von hinten kommende Geräusche verursachen einen gleich großen Schalldruck an beiden Ohren, während die dazwischen liegenden Winkel zu entsprechend abgestuften interauralen Intensitätsunterschieden führen.[16]

Töne mit einer Frequenz von weniger als 1700 Hz verursachen keine Intensitätsunterschiede zwischen beiden Ohren, da aufgrund der großen Wellenlängen kein Schallschatten entsteht. Die Druckwellen werden sozusagen um den Kopf herum gebogen und erzeugen so eine gleich laute Schallempfindung in beiden Ohren.

Die Verarbeitung interauraler Intensitätsunterschiede findet ebenfalls im oberen Olivenkern statt. Einige Neurone in diesem Kerngebiet erhalten exzitatorische Eingänge vom ipsilateralen Ohr und inhibitorische Eingänge vom kontralateralen Ohr (**Abb. 14.17**). Ist beispiels-

---

[16] Aufgrund von Unregelmäßigkeiten in der Kopfform ist die Korrelation zwischen dem Winkel der Schallquelle und dem Intensitätsunterschied nicht ausnahmslos linear.

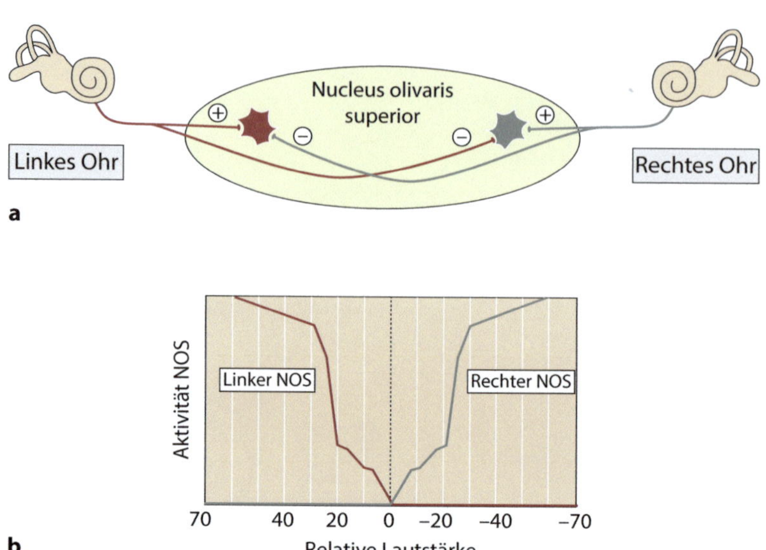

▣ Abb. 14.17   Horizontale Schalllokalisation mittels interauraler Intensitätsunterschiede. **a** Sehr vereinfachte schematische Darstellung der Verschaltung im Nucleus olivaris superior (NOS). Neurone erhalten exzitatorischen Eingang vom ipsilateralen Ohr und inhibitorischen Eingang vom kontralateralen Ohr. **b** Die Aktivität im Nucleus olivaris superior korreliert mit der horizontalen Position der Schallquelle in Bezug auf den Empfänger. Die negativen Zahlenwerte repräsentieren einen Ton, der auf der rechten Seite lauter ist, bei den positiven Zahlen kommt der Ton von der linken Seite

weise der Schalldruckpegel am rechten Ohr größer, werden bestimmte Neurone des rechten Olivenkerns stärker erregt und diejenigen des linken Olivenkerns stärker gehemmt. Auf der linken Seite liegt ein geringerer Schalldruckpegel an, sodass sowohl die Aktivierung im linken Olivenkern als auch die Hemmung der rechten Seite schwächer ausfällt. Insgesamt resultiert ein vergleichsweise höheres Aktivitätsniveau in den Neuronen des rechten Olivenkerns, das letztlich als Lokalisation einer hochfrequenten Schallquelle auf der rechten Seite interpretiert wird.

Interaurale Zeit- und Intensitätsunterschiede spielen für die **vertikale Schalllokalisation** beim Menschen keine Rolle, da beide Größen von der Höhe der Schallquelle unabhängig sind. Daher können wir mit nur einem Ohr feststellen, in welcher vertikalen Position sich ein Objekt relativ zu uns befindet. Die Ohrmuschel stellt die wichtigste Struktur zur vertikalen Schalllokalisation dar. Die unregelmäßige Form der Ohrmuschel mit ihren zahlreichen Vorsprüngen und Einbuchtungen führt zu einer vielfachen Reflexion eines Teils der Schallwellen, bevor sie über den Gehörgang auf das Trommelfell treffen, während andere Schallwellen direkt in den Gehörgang gelangen. *Das Frequenzspektrum reflektierter Schallwellen verändert sich systematisch mit der Höhe der Schallquelle, sodass der Vergleich von reflektierten und nichtreflektierten Schallwellen eine exakte Bestimmung der vertikalen Position ermöglicht.*

Das Beispiel einiger Eulenarten zeigt, dass eine vertikale Schalllokalisation auch ohne äußerlich sichtbare Ohrmuscheln möglich ist. Bei diesen Eulen befinden sich beide Ohren an etwas unterschiedlichen Positionen am Kopf, sodass ähnlich wie bei der horizontalen Ortung auch für die vertikale Lokalisation interaurale Intensitäts- und Laufzeitunterschiede herangezogen werden.[17]

---

[17] Bei mehreren Eulenarten spielt auch der Gesichtsschleier, dessen Federn die Schallwellen in Richtung Ohren lenken, eine wichtige Rolle bei der Lokalisation von Schallquellen.

14.3.6 Zusammenfassung

Die Schallenergie wird von den Gehörknöchelchen des Mittelohrs auf das flüssigkeitsgefüllte Innenohr übertragen. Die dadurch entstehenden Druckänderungen in der Scala tympani führen zu einer Auslenkung der Basilarmembran in Form einer Wanderwelle. Aufgrund struktureller Unterschiede der Basilarmembran zeigt die Wanderwelle ein frequenzabhängiges Maximum, das sich bei hohen Frequenzen an der Basis, bei tiefen Frequenzen am Apex der Basilarmembran befindet. Unterschiedliche Frequenzen werden also auf verschiedenen Regionen der Basilarmembran abgebildet.

Die Schwingungen der Basilarmembran und Tektorialmembran verursachen eine Scherbewegung beider Membranen relativ zueinander, sodass die Stereovilli der inneren Haarzellen ausgelenkt werden. Dadurch spannen zwischen den Stereovilli verlaufende Proteinfäden (Tip-Links) an, wodurch wiederum mechanosensitive Ionenkanäle geöffnet werden. Der Einstrom von K^+-Ionen depolarisiert die Haarzelle und führt zu einer Ca^{2+}-abhängigen Freisetzung von Glutamat. Die mechanoelektrische Kopplung verläuft außerordentlich schnell und weist eine hohe Empfindlichkeit auf.

Der apikale Pol der inneren Haarzellen, an dem sich die Stereovilli befinden, steht mit der K^+-reichen Endolymphe in Kontakt, die basolaterale Region hingegen mit der Perilymphe, die eine geringe K^+-Konzentration aufweist. Aus dieser Anordnung resultieren zwei unterschiedliche Gleichgewichtspotenziale, die den Einstrom von K^+-Ionen in die Stereovilli und den Ausstrom von K^+ durch basolaterale Kanäle erklären: Im Bereich der Stereovilli ($U_K = 0\,mV$) verursacht die Differenz zwischen dem endocochleären Potenzial und dem Ruhepotenzial der Haarzellen von 125 mV die Diffusion von K^+ in die Zelle, während in der basolateralen Region ($U_K = -85\,mV$) K^+ die Zelle entlang des Konzentrationsgradienten verlässt. Ein- und Ausstrom von K^+-Ionen erfolgen passiv; es ist jedoch metabolische Energie zur Erzeugung der hohen K^+-Konzentration in der Endolymphe erforderlich, die in Form des endocochleären Potenzials für die Signaltransduktion im auditorischen System gespeichert wird.

Amplitude und Frequenz eines Schallsignals – subjektiv als Lautstärke und Tonhöhe empfunden – werden beide in Form von Aktionspotenzialsalven codiert. Ein höherer Schalldruckpegel führt zu einer verstärkten Freisetzung von Glutamat an der Synapse zwischen inneren Haarzellen und den afferenten Hörnervenfasern und dort entsprechend zu einer höheren Aktionspotenzialfrequenz. Die Codierung der Tonhöhe basiert auf unterschiedlichen Mechanismen: (1) der frequenzabhängigen Auslenkung bestimmter Bereiche der Basilarmembran, (2) der Verstärkung des Amplitudenmaximums der Wanderwelle durch die periodische Kontraktion der äußeren Haarzellen und (3) den unterschiedlichen Resonanzeigenschaften der Stereovilli der inneren Haarzellen. In allen Fällen findet eine Transformation der Frequenz auf einen bestimmten Ort auf der Basilarmembran statt (Ortscodierung). Diese Ortsinformation wird durch eine tonotope Abbildung auf höhere auditorische Zentren zur Interpretation von Tonhöhen verwendet. Aufgrund ihrer ortsgebundenen Verschaltung mit inneren Haarzellen besitzen einzelne Hörnervenfasern eine bestimmte Bestfrequenz, bei der bereits sehr geringe Schallintensitäten eine Erhöhung der Feuerrate in der Nervenfaser auslösen.

Die wechselnde Frequenzzusammensetzung komplexer Klänge und Geräusche sowie deren variable Lautstärke stellen weitere Komplikationen für die cochleäre Frequenzanalyse dar. Zweitonunterdrückung sowie die multiple Innervation der inneren Haarzellen mit 10 bis 30 Hörnervenfasern, die ihrerseits eine unterschiedliche Spontanaktivität aufweisen, erzeugen verteilte zeitlich dynamische Aktivitätsmuster, die Frequenzen sehr viel genauer repräsentieren als die Aktivität einer einzelnen Hörnervenfaser.

Eine zusätzliche Möglichkeit der Frequenzcodierung besteht in der Phasenkopplung, bei der eine Erhöhung der Feuerrate immer mit einer bestimmten Phase eines periodischen Signals korreliert. Bei Tonhöhen oberhalb von etwa 1 kHz umgeht das Salvenprinzip die aufgrund der Refraktärzeit auftretenden Beschränkungen der Phasenkopplung.

Die Lokalisation eines Schallereignisses in der horizontalen Ebene basiert auf interauralen Laufzeit- und Intensitätsunterschieden. Bei niedrigen Frequenzen besteht eine direkte Beziehung zwischen der horizontalen Position und der zeitlichen Differenz, mit der ein Schallsignal an beiden Ohren ankommt. Laufzeitunterschiede von nur 10 µs können von binauralen Neuronen im oberen Olivenkern, die als Koinzidenzdetektoren fungieren, ausgewertet werden. Bei höheren Frequenzen wirft der Kopf einen Schallschatten, der unmittelbar einen Unterschied in der Intensität des Schalldrucks zwischen beiden Ohren bewirkt. Die unterschiedliche Lautstärke wird ebenfalls von Neuronen im oberen Olivenkern durch ipsilateral erregende und kontralateral hemmende Synapsen in eine horizontale Lokalisation umgerechnet.

Eine vertikale Ortung ist auch mit nur einem Ohr möglich; sie beruht auf den anatomischen Unregelmäßigkeiten der Ohrmuschel, die zu einer höhenabhängigen Reflexion und Überlagerung bestimmter Frequenzanteile führt. Grundsätzlich findet die Lokalisation von Schallsignalen nicht innerhalb der Cochlea, sondern auf höheren Ebenen der Hörbahn statt.

14.4   Die Hörbahn

Die Hörbahn beginnt mit den afferenten Hörnervenfasern, deren Zellkörper im Spiralganglion liegen. Sie stellen die ersten Neurone der Hörbahn dar, deren Axone zu den ipsilateralen Cochleariskernen in der Medulla oblongata ziehen. Die Neurone der Cochleariskerne erhalten Eingang von jeweils einem Ohr; sie dienen einerseits als synaptische Umschaltstationen, andererseits extrahieren sie bereits bestimmte Eigenschaften aus den auditorischen Signalen.

Der kleinere Teil der Fasern bleibt ipsilateral, der größere Teil kreuzt auf die gegenüberliegende Seite und beide Fasertrakte verschalten auf die oberen Olivenkerne des Hirnstamms. Dieses Kerngebiet spielt eine wesentliche Rolle für das Richtungshören (► Abschn. 14.3.5). Im Gegensatz zum visuellen System, in dem die Signale bis hin zum Cortex in für beide Augen getrennten Bahnen verlaufen, konvergieren in der Hörbahn Signale aus beiden Ohren bereits nach einer Synapse auf gemeinsame, binaurale Neurone.

Von den oberen Olivenkernen steigen die Fasern der Hörbahn zum **Colliculus inferior** im Mittelhirn auf, wobei fast der gesamte Eingang vom jeweils kontralateralen Ohr stammt.[18] Im Colliculus inferior werden Informationen zur horizontalen und vertikalen Lokalisation von Schallereignissen zusammengeführt, sodass in dieser Hirnregion erstmalig eine Repräsentation des auditorischen Raums erzeugt wird. Darüber hinaus werden Geräusche mit komplexen Zeitmustern hier verarbeitet.

Vom Colliculus inferior verläuft die Hörbahn zum **Corpus geniculatum mediale** im Zwischenhirn, wo auditorische Signale auf ihre Frequenzzusammensetzung und ihren Zeitverlauf hin analysiert werden. Die letzte Station ist der im Temporallappen liegende **auditorische Cortex**, der für die bewusste Wahrnehmung von Schall und beim Menschen für die Spracherkennung verantwortlich ist.

Die Hörbahn von der Cochlea bis zum auditorischen Cortex besteht aus zahlreichen Hirnregionen, in denen immer komplexere Eigenschaften auditorischer Signale verarbeitet werden. Ein grundlegendes Prinzip ist die tonotope Organisation der synaptischen Verbindungen, mit

---

[18] Die tatsächliche Verschaltung ist deutlich komplexer als hier ausgeführt; auf die einzelnen Kerngebiete kann jedoch im Rahmen dieser Darstellung nicht eingegangen werden.

der die ursprüngliche Frequenzcodierung über alle Stationen der Hörbahn hinweg aufrechterhalten wird. Diese Konstanz der Verschaltung verdeutlicht die große Bedeutung der Frequenzanalyse für die Wahrnehmung und Interpretation von Geräuschen.

Im Vergleich zur Sehbahn fällt auf, dass ein bedeutender Teil der Signalverarbeitung bereits in subkortikalen Arealen stattfindet. Im visuellen System hingegen werden Eigenschaften eines komplexen Reizes erst im primären visuellen Cortex und in noch höheren Hirnregionen analysiert (▶ Abschn. 13.6.4). Diese Unterschiede sind möglicherweise auf die Evolution der Säuger zurückzuführen, die zu Beginn als nachtaktive Organismen einem hohen Prädationsdruck der dominierenden Saurier ausgesetzt waren. Unter diesen Bedingungen spielen Gehör und Geruch eine sehr viel wichtigere Rolle als der Sehsinn. Der Wechsel vieler Säugerarten zu einer tagaktiven Lebensweise nach dem Verschwinden der Saurier korreliert zeitlich mit einer sehr starken Vergrößerung des Cortex, in dem nun die Verarbeitung visueller Reize stattfinden konnte. Für diese Annahme spricht auch die Tatsache, dass die auditorische Verarbeitung von Sprache – eine evolutionär eher neue Errungenschaft – fast ausschließlich in kortikalen Regionen abläuft.

14.5 Vestibularorgan und Gleichgewichtssinn

Der Gleichgewichtssinn kommt im Zusammenhang mit den klassischen fünf Sinnen – Sehen, Hören, Riechen, Schmecken und Tasten – nicht vor, möglicherweise weil er in der Regel eher verborgen im Hintergrund arbeitet. Erst wenn Funktionsstörungen in Form von Schwindel, verschwommenem Sehen, Problemen beim aufrechten Stand und Gehen sowie scheinbare Eigenbewegungen auftreten, werden wir uns der grundlegenden Bedeutung des Gleichgewichtssinns bewusst.

Bereits in 400 Mio. Jahre alten fossilen Fischen nachgewiesen, besitzt der Gleichgewichtssinn eine lange evolutionäre Geschichte innerhalb der Vertebraten. Offensichtlich ist die Fähigkeit, sich im Schwerefeld der Erde zu orientieren, die eigene Bewegung einzuschätzen sowie visuelle Sinnesinformationen trotz der Eigenbewegung stabil zu halten, von großem Vorteil. Insbesondere in der Evolution des Menschen führen die Größe und Leistungsfähigkeit des Vestibularorgans zu einer deutlich verbesserten Blick- und Körperstabilisierung, wodurch ausdauerndes Laufen begünstigt wird [2]. In evolutionärem Maßstab wiederum hat körperliche Aktivität einen positiven Einfluss auf die Gehirngröße [10], sodass entwicklungsgeschichtlich die Größe des menschlichen Gehirns möglicherweise indirekt durch die Funktionalität des Vestibularorgans beeinflusst wurde [12].

14.5.1 Modalitäten räumlicher Orientierung

Unsere räumliche Orientierung umfasst drei verschiedene Sinnesmodalitäten: Drehbewegungen, lineare Bewegungen und die Stellung des Kopfes im Raum. Mit Drehbeschleunigung, linearer Beschleunigung und Gravitationsbeschleunigung werden drei unterschiedliche Arten von Reizen verarbeitet. Beschleunigungen stellen Änderungen der Geschwindigkeit dar: Sie sind positiv, wenn sich die Geschwindigkeit erhöht, und negativ, wenn sie verringert wird. *Das Vestibularorgan reagiert demnach nicht auf eine konstante Geschwindigkeit, da in diesem Fall die Beschleunigung gleich null ist.*

Die **Bogengangsorgane** registrieren Drehbeschleunigungen. Diese Form der Beschleunigung tritt auf, wenn wir den Kopf schütteln oder unseren ganzen Körper – etwa bei einer

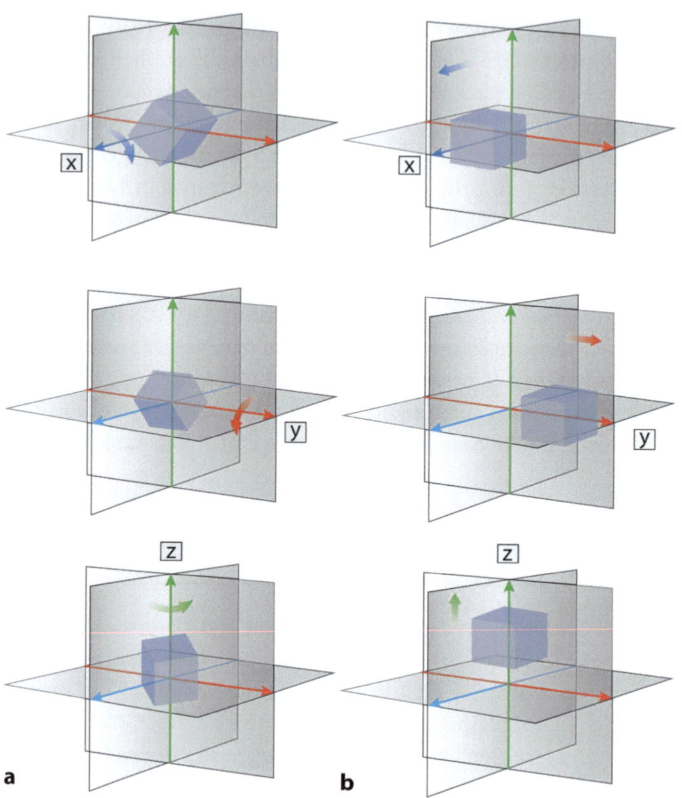

⬛ Abb. 14.18   Repräsentation möglicher Bewegungsrichtungen im dreidimensionalen Raum. **a** Ein Körper kann sich in einer Rotationsbewegung um die x-, y- und z-Achse drehen. **b** Außerdem sind geradlinige Translationsbewegungen entlang der jeweiligen Achsen möglich

Pirouette – in eine Drehbewegung versetzen. Wir können alle möglichen Drehbewegungen auf die drei Achsen eines dreidimensionalen Koordinatensystems zurückführen (⬛ Abb. 14.18a). Diese Bewegungsrichtungen werden durch drei Bogengangsorgane repräsentiert.

Die **Makulaorgane** verarbeiten sogenannte Translationsbeschleunigungen, die lineare Bewegungen in den drei Raumdimensionen verursachen (vorwärts – rückwärts, rechts – links, oben – unten; ⬛ Abb. 14.18b). Typische Beispiele für lineare Bewegungen sind die Fahrt in einem Zug oder in einem Lift.

Die Schwerkraft (Gravitationskraft) stellt ebenfalls eine Translationsbeschleunigung dar; allerdings nehmen wir diese Form der Beschleunigung grundsätzlich anders wahr als die lineare Beschleunigung bei einer Autofahrt. Vielmehr wird die Schwerkraft als Stellung des Kopfes und damit des gesamten Körpers im Raum interpretiert. Hier existieren jedoch nur zwei Richtungen – ein Vorwärtsneigen des Kopfes (Drehung um die y-Achse) und ein Seitwärtsneigen des Kopfes (Drehung um die x-Achse). Eine Drehung um die z-Achse (Schütteln des Kopfes) verursacht keine Veränderungen im Schwerefeld und wird daher als Rotation interpretiert. Als Grundlage für diese differenzielle Wahrnehmung werden lineare Beschleunigung und Erdbeschleunigung von unterschiedlichen Makulaorganen verarbeitet.

Neben der bereits angesprochenen Richtung enthält jede dieser Beschleunigungsformen mit der Amplitude eine weitere Qualität: Wir können langsam zu Fuß unterwegs sein oder

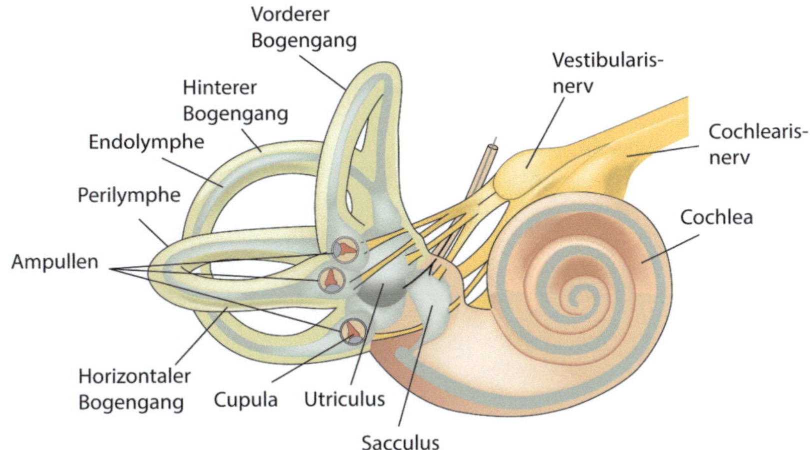

◘ Abb. 14.19 Das Vestibularorgan des Menschen. Das Bogengangsorgan besteht aus den drei Bogengängen, an deren Beginn jeweils eine Verdickung in Form einer Ampulle liegt. Die im Anschnitt gezeigten Ampullen enthalten die Cupula, die auf Drehbeschleunigungen reagiert. Die Makulaorgane Utriculus und Sacculus sind in geschlossenem Zustand dargestellt

deutlich schneller mit einem Auto. Ähnlich wie bei der Codierung von Schalldruckpegel und Frequenz im auditorischen System müssen also zwei unterschiedliche Qualitäten in Form von Aktionspotenzialsalven repräsentiert werden (▶ Abschn. 14.3.4).

14.5.2   Das Bogengangsorgan der Säuger

Für das Verständnis der physiologischen Funktionsweise sind zunächst grundlegende Kenntnisse über die anatomischen Eigenschaften des Vestibularorgans erforderlich. Die drei Bogengangsorgane werden in einen horizontalen sowie einen vorderen und einen hinteren Bogengang unterteilt, die annähernd senkrecht aufeinander stehen und auch als **vestibuläres Labyrinth** bezeichnet werden (◘ Abb. 14.19). Jeder Bogengang bildet einen annähernd kreisförmigen, geschlossenen Kanal innerhalb des Felsenbeins, der in der Mitte mit Endolymphe gefüllt ist. Durch eine Membran von der Endolymphe getrennt befindet sich die Perilymphe. Beide extrazelluläre Flüssigkeiten stehen mit der Endo- und Perilymphe der Cochlea in Verbindung und besitzen die entsprechend hohen bzw. niedrigen K^+-Konzentrationen.

Am Beginn der einzelnen Bogengänge befindet sich eine als **Ampulle** bezeichnete Verdickung des Kanals, in der mit den Haarzellen die eigentlichen Beschleunigungsdetektoren lokalisiert sind. Pro Ampulle liegen etwa 7000 Haarzellen in einem sensorischen Epithel (**Crista**). Das apikale Ende der Haarzellen ist von Endolymphe umgeben und die Stereovilli ragen in eine gallertartige Masse, die sogenannte **Cupula**, hinein, die ihrerseits zwischen der Crista und der gegenüberliegenden Wand der Ampulle aufgespannt ist (◘ Abb. 14.20).[19] Die Aufhängung der Cupula in dem mit Endolymphe gefüllten zentralen Kanal des Bogengangs ist Grundlage der Signaltransduktion – in diesem Fall der Umwandlung von Drehbeschleunigungen in ein neuronales Signal.

---

[19] Im Gegensatz zu den Haarzellen der Cochlea besitzen die Haarzellen des Vestibularorgans ein echtes Stereocilium (Kinocilium) mit der für Zilien charakteristischen Anordnung der Mikrotubuli.

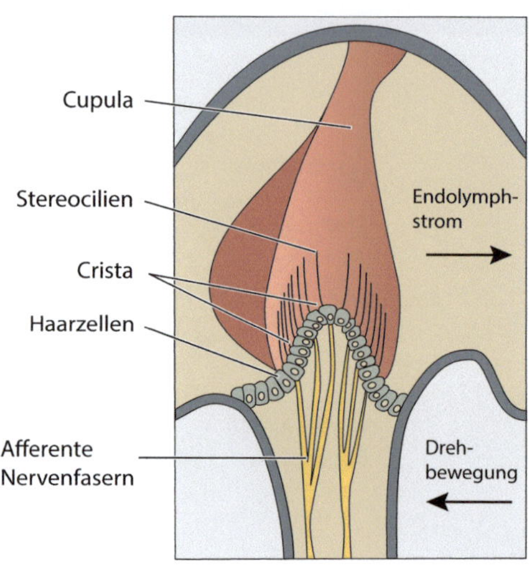

◘ Abb. 14.20   Schematischer Querschnitt durch die Ampulle eines Bogengangs. Bei einer Drehbewegung wird die Cupula durch die Endolymphströmung in Gegenrichtung ausgelenkt. Dadurch erfahren die Stereovilli der Haarzellen eine Scherkraft, die mechanosensitive Kanäle öffnet

Aufgrund ihrer Trägheit bewegt sich bei einer plötzlich einsetzenden Drehung des Kopfes die Endolymphe zunächst nicht mit und drückt daher gegen die Cupula, die der Bewegung des Kopfes folgt. Die Cupula bewegt sich also relativ zu einer stehenden Flüssigkeitssäule und wird aufgrund ihrer Elastizität im mittleren Bereich ausgelenkt. Dies verursacht eine Bewegung der Stereovilli der Haarzellen, was wiederum Änderungen des Membranpotenzials und der Feuerrate des afferenten Nerven bewirkt.[20] Alle Haarzellen innerhalb einer Crista besitzen dieselbe Ausrichtung, werden also durch eine Bewegung der Cupula gleichermaßen aktiviert (◘ Abb. 14.21).

Codierung der Amplitude   Eine Auslenkung hin zum Kinocilium depolarisiert die Haarzelle, die mit einer verstärkten Freisetzung von Glutamat an der Synapse auf diese Spannungsänderung reagiert. Eine Auslenkung in die Gegenrichtung verursacht eine Hyperpolarisation mit entsprechender Verringerung der Glutamatfreisetzung. Die afferenten Nerven weisen mit etwa 100 Hz eine relativ hohe Spontanaktivität auf, sodass eine Depolarisation der präsynaptischen Haarzelle zu einer Erhöhung der Aktionspotenzialfrequenz, eine Hyperpolarisation dagegen zu einer Reduktion der spontanen Feuerrate führt (◘ Abb. 14.22).

Die horizontalen Bogengänge beider Ohren sind in Form eines **Push-Pull-Systems** angeordnet. Bei einer Kopfdrehung nach rechts werden die Haarzellen des rechten horizontalen Bogengangs depolarisiert, während diejenigen des linken horizontalen Bogengangs hyperpolarisieren. Infolgedessen nimmt die Aktionspotenzialfrequenz im rechten Nervus vestibularis zu, im linken hingegen ab. Bei einer Linksdrehung des Kopfes kehren sich die Aktivitätsverhältnisse entsprechend um. Aufgrund der Anordnung am Kopf bilden der rechte hintere und der linke vordere Bogengang sowie der rechte vordere und der linke hintere Bogengang funktionelle Paarungen mit komplementären Aktivitätsmustern.

Die Änderung der Aktionspotenzialfrequenz im afferenten Nerven ist direkt proportional zum Ausmaß der Drehbeschleunigung: Eine große Änderung der Geschwindigkeit führt zu

---

[20] Die Haarzellen des Vestibularorgans werden von afferenten Nervenfasern innerviert, die ihren Ursprung im Ganglion vestibulare haben. Ihre Axone bilden den Nervus vestibularis, der mit dem Nervus cochlearis zum VIII. Hirnnerv, dem Nervus vestibulocochlearis, zusammentritt.

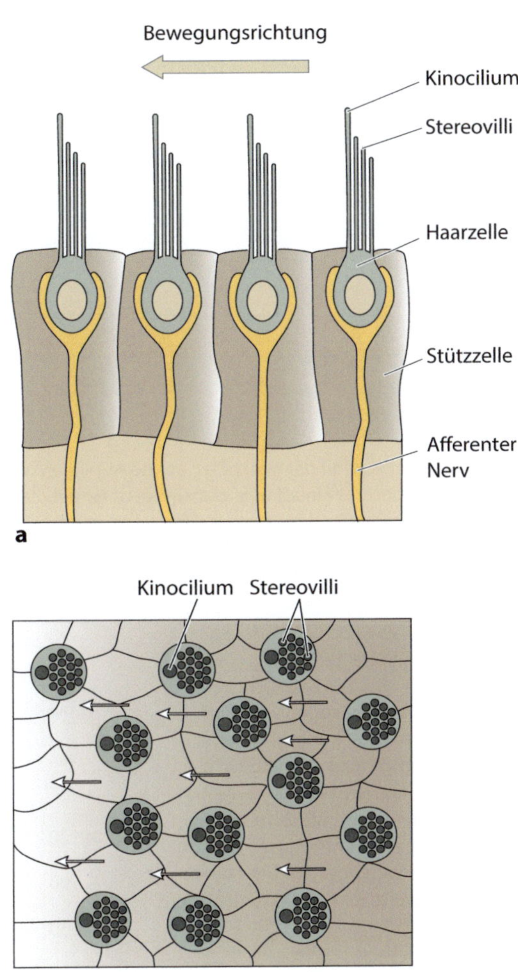

◘ Abb. 14.21 Ausrichtung der Haarzellen im sensorischen Epithel. **a** Schematischer Querschnitt durch die Crista eines Bogengangsorgans. Die Stereovilli der Haarzellen sind der Länge nach zum Kinocilium hin angeordnet. Eine Bewegung in Pfeilrichtung führt zu einer Depolarisation der Haarzellen. **b** Aufsicht auf die zweidimensionale Anordnung der Haarzellen. Alle Haarzellen besitzen dieselbe Orientierung; die *Pfeile* geben eine exzitatorische Bewegungsrichtung an

einer entsprechend deutlichen Veränderung der Spontanaktivität, eine geringfügige Änderung dagegen nur zu einer relativ kleinen Erhöhung oder Verringerung der Feuerrate.

Codierung der Bewegungsrichtung Alle möglichen Bewegungen im dreidimensionalen Raum setzen sich aus unterschiedlichen Komponenten in x-, y- und z-Richtung zusammen. Jeder der drei Bogengänge wird also durch eine Bewegung entsprechend den Anteilen der verschiedenen Richtungen an der Gesamtbewegung aktiviert – das Gehirn interpretiert das resultierende Aktivitätsmuster in den afferenten Nerven als Bewegungsrichtung.

Beim plötzlichen Einsetzen einer Drehbewegung kommt es in dem jeweiligen Bogengang zu einer Erhöhung der neuronalen Aktivität, bis die Geschwindigkeit einen konstanten Wert erreicht hat (◘ Abb. 14.23). Bleibt diese Bewegung im weiteren Verlauf jedoch gleichförmig, d. h., tritt keine zusätzliche Beschleunigung auf, geht die Aktivität auf das Ruheniveau zurück. Ein Abbremsen verursacht die umgekehrte Reaktion: Die Cupula wird in Gegenrichtung ausgelenkt, die Haarzelle hyperpolarisiert und die Feuerrate des afferenten Nerven fällt auf Werte unterhalb der Spontanaktivität. Sitzt man beispielsweise auf einem Drehstuhl und lässt sich

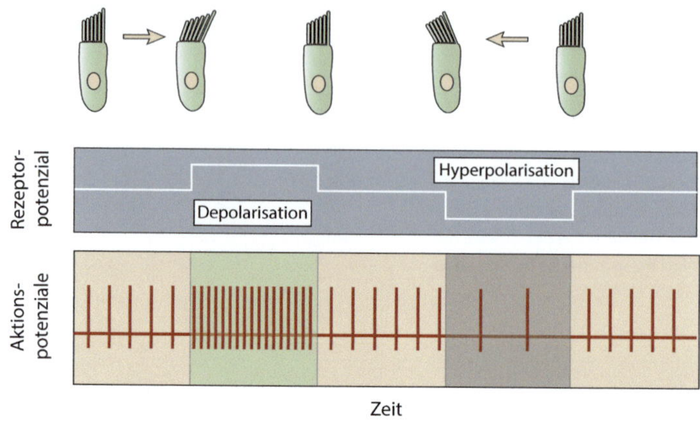

Abb. 14.22 Reaktion der Haarzellen auf Bewegungen in verschiedene Richtungen. Wird das Bündel der Stereovilli in Richtung des Kinociliums ausgelenkt, ist ein depolarisierendes Rezeptorpotenzial die Folge. Aufgrund der erhöhten Transmitterausschüttung der Haarzellen steigt die Aktionspotenzialfrequenz im afferenten Nerven. Bei einer Ablenkung in die umgekehrte Richtung hyperpolarisiert die Haarzelle, die Transmitterfreisetzung geht zurück und die Aktionspotenzialfrequenz fällt unter die Spontanaktivität

Abb. 14.23 Veränderungen der Spontanaktivität im afferenten Nerven eines Bogengangsorgans. Die vergleichsweise hohe spontane Entladungsrate wird durch eine Beschleunigung weiter erhöht. Bleibt die Geschwindigkeit daraufhin auf einem konstanten Niveau, nimmt die Aktionspotenzialfrequenz wieder bis auf den Ruhewert ab. Ein Abbremsen führt zu einem kurzfristigen Absinken der Aktionspotenzialfrequenz auf Werte unterhalb der Spontanaktivität

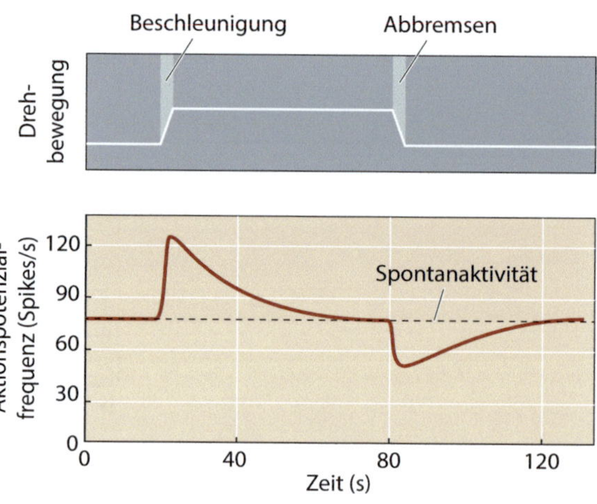

mit langsamer Geschwindigkeit drehen, bleibt die träge Endolymphe zunächst gegenüber der Körperbewegung zurück. Infolgedessen wird die Cupula ausgelenkt und die depolarisierten Haarzellen erhöhen die Aktivität im afferenten Nerven. Im weiteren Verlauf der Drehbewegung beginnt auch die Endolymphe mit einer Rotation und bewegt sich schließlich genauso schnell wie der Körper. Die Aktionspotenzialfrequenz nimmt daher ab und erreicht dann wieder den Ruhewert, wenn es keine Relativbewegung mehr zwischen Endolymphe und dem restlichen Körper gibt, sodass die Cupula nicht mehr ausgelenkt wird. Kommt die Drehbewegung des Stuhls zum Stillstand, dreht sich die Endolymphe noch eine kurze Zeit weiter und drückt die Cupula in die Gegenrichtung. Dies wiederum verursacht eine Hyperpolarisation der Haarzelle und eine Reduktion der neuronalen Aktivität.

Informationen aus den Bogengangsorganen über Drehbewegungen werden kontinuierlich mit visuellen Signalen verrechnet, sodass mithilfe kompensatorischer Augenbewegungen immer ein fokussiertes Abbild auf die Fovea projiziert wird. Bei einer konstanten Drehbewegung gehen die Signale aus den Bogengangsorganen nach und nach zurück. Wird nun der Drehstuhl angehalten, senden die Bogengangsorgane wieder Signale über eine vermeintliche Drehbewegung in umgekehrter Richtung und das visuelle System reagiert erneut mit kompensatorischen Augenbewegungen, die uns nun eine sich um uns drehende Welt suggerieren. Diese Form des **Schwindels** resultiert aus irreführenden Signalen der Bogengangsorgane und dem daraus folgenden Missverhältnis zwischen Körperbewegung und Augenbewegung.

14.5.3 Die Makulaorgane der Säuger

Säuger besitzen zwei Makulaorgane, die als **Utriculus** (Macula utriculi) und **Sacculus** (Macula sacculi) bezeichnet werden und der Detektion von Translationsbeschleunigungen dienen. Beide Makulaorgane stehen etwa senkrecht aufeinander, wobei der Sacculus bei aufrechter Körperhaltung annähernd vertikal ausgerichtet ist, der Utriculus hingegen weitgehend horizontal.

Namensgebend für beide Strukturen ist das Vorhandensein einer **Makula**, einer ebenen Schicht von Haarzellen, deren Stereovilli in eine gallertartige Membran aus Mucopolysacchariden hineinragen, die zusätzlich Kristalle aus Calciumcarbonat enthält (◘ Abb. 14.24a). Diese als **Statolithen** (Otolithen) bezeichneten Kristalle erhöhen die Dichte der Membran im Verhältnis zur Endolymphe und zu den zellulären Bestandteilen der Makula. Aufgrund dieser höheren Dichte verursachen die Schwerkraft bzw. lineare Beschleunigungen in die verschiedenen Richtungen Scherkräfte, die die Membran relativ zu den Haarzellen verschieben und auf diese Weise die apikalen Stereovilli auslenken. Die Haarzellen reagieren vor allem auf eine Verschiebung parallel zur Ebene der Makula, während senkrecht zu dieser Ebene wirkende Kräfte keinen Effekt haben. Eine aufrechte Körperhaltung führt daher zu einer maximalen Aktivierung der Haarzellen des Sacculus durch die Gravitationskraft, während die Haarzellen des Utriculus kaum oder gar nicht depolarisiert werden. Umgekehrt induziert eine horizontale Beschleunigung, wie sie etwa beim Anfahren eines Autos auftritt, eine Aktivierung von Haarzellen des Utriculus, aber nicht von denjenigen des Sacculus.

Codierung der Amplitude Wie bereits für die Bogengangsorgane beschrieben, werden die Stereovilli proportional zur Reizstärke ausgelenkt, was wiederum zu einem entsprechend skalierten Rezeptorpotenzial in den Haarzellen führt. Die Menge des daraufhin freigesetzten Glutamats bestimmt die Änderung der Spontanaktivität in den afferenten Nervenfasern als Maß für die ursprüngliche Reizstärke. Da die meisten Bewegungen aus mehreren Richtungskomponenten bestehen und daher nicht ausschließlich Utriculus oder Sacculus stimulieren, wird die Amplitude der Gesamtbewegung durch das Erregungsmuster aller aktiven Haarzellen repräsentiert.

Codierung der Bewegungsrichtung Grundsätzlich gilt, dass eine Auslenkung des Stereovillibündels in Richtung Kinocilium immer zu einer Depolarisation führt, bei einer Deflektion in umgekehrter Richtung werden die Haarzellen hyperpolarisiert. Daher bestimmt letztlich die räumliche Anordnung der Haarzellen, welche Bewegungsrichtung von ihnen detektiert werden kann. Bei den Bogengangsorganen sind alle Haarzellen gleichförmig ausgerichtet, da die jeweils mögliche Richtung bereits durch die Orientierung der drei Bogengänge vorgegeben ist. In den Makulaorganen ist die Situation etwas komplizierter; es gelten die folgenden Prinzipien (◘ Abb. 14.24b):

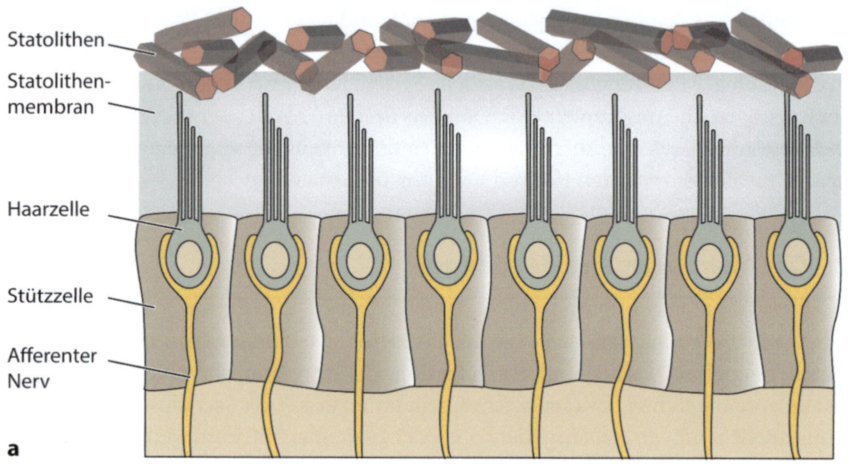

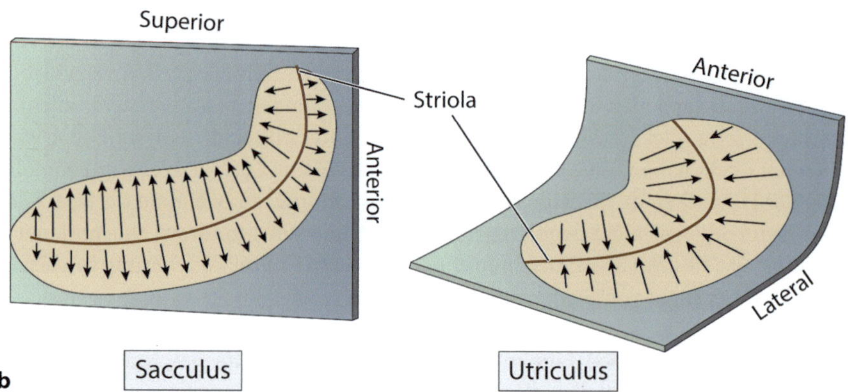

Abb. 14.24   Aufbau der Makulaorgane. **a** Schematischer Querschnitt durch den Utriculus. Bündel von Stereovilli ragen in die gallertartige Statolithenmembran, die durch Statolithen beschwert wird. Der Sacculus ist sehr ähnlich aufgebaut. **b** Ausrichtung der Haarzellen in den beiden Makulaorganen. Aufgrund der räumlichen Orientierung des sensorischen Epithels werden alle möglichen Bewegungsrichtungen durch entsprechend orientierte Haarzellen repräsentiert

- Populationen von Haarzellen sind in gegensätzlicher Orientierung angeordnet und eine zentrale Struktur, die als **Striola** bezeichnet wird, trennt diese Regionen.
- In jedem Makulaorgan werden alle Richtungen systematisch durch passend orientierte Haarzellen abgedeckt.

Aus dieser spezifischen anatomischen Anordnung resultiert eine präzise Codierung der Bewegungsrichtung. Eine Population von Haarzellen wird durch eine bestimmte Richtung der Bewegung maximal depolarisiert und der afferente Nerv erhöht demnach seine Aktivität auf die höchstmögliche Frequenz. Die Haarzellen direkt gegenüber auf der anderen Seite der Striola werden hingegen maximal hyperpolarisiert mit einer entsprechenden Reduktion der Spontanaktivität in der Nervenfaser. Alle anderen Gruppen von Haarzellen werden gemäß ihrer Ausrichtung mehr oder weniger stark depolarisiert bzw. hyperpolarisiert, sodass ein richtungsspezifisches Muster resultiert, das in nachgeschalteten Hirnarealen als Bewegungsrichtung interpretiert wird. Hinzu kommt noch der Push-Pull-Mechanismus, der auf dem zentralnervösen Vergleich der aus beiden Ohren stammenden Informationen beruht (▶ Abschn. 14.5.2).

14.5.4 Zentrale Verarbeitung vestibulärer Signale

Der Nervus vestibularis leitet Signale über Kopfhaltung und Bewegungen des Körpers an den vestibulären Komplex im Hirnstamm weiter, der im Wesentlichen aus vier großen Kernen besteht. Die Informationen aus den Bogengangs- und den Makulaorganen werden auf dieser Ebene noch weitgehend getrennt verarbeitet: Afferente Nerven aus den Bogengangsorganen enden vorwiegend im Nucleus superior und im Nucleus medialis, während Sacculus und Utriculus zum Nucleus lateralis projizieren. Entsprechend reagieren Neurone im Nucleus superior am besten auf Rotationsbewegungen, diejenigen im Nucleus lateralis hingegen auf die jeweilige Kopfposition.[21]

Zusätzlich zu den vestibulären Afferenzen erhalten die Vestibulariskerne sensorische Eingänge aus dem visuellen System sowie von Propriozeptoren aus dem Halsbereich. Zentralnervöse Afferenzen umfassen Eingänge vom Rückenmark, dem Colliculus superior, dem Kleinhirn und aus kortikalen Regionen. Informationen, die ausschließlich aus dem Vestibularorgan stammen, sind aufgrund des beweglichen Kopfes nicht eindeutig, sodass nur mithilfe zusätzlicher Signale die Lage des Körpers im dreidimensionalen Raum bestimmt werden kann. Aus diesen Verrechnungsprozessen resultieren zahlreiche Muskelreflexe, die das Gleichgewicht des Körpers erhalten und so beispielsweise den aufrechten Gang ermöglichen.[22]

Efferenzen der Vestibulariskerne verlaufen zum Rückenmark, zum Kleinhirn und über den Thalamus zum vestibulären Cortex. Mittels dieser Ausgänge kontrollieren die Vestibulariskerne die Haltemotorik in Form von Körperhaltung und Gleichgewicht, dienen der Blickstabilisierung und vermitteln auf der kortikalen Ebene die bewusste Wahrnehmung der Eigenbewegung und der Position des Körpers im Raum.

14.5.5 Zusammenfassung

Die Beschleunigung des Kopfes, entweder in einer Rotationsbewegung oder einer linearen Translationsbewegung, wird vom Vestibularorgan in ein neuronales Signal umgewandelt, das die Orientierung unseres Körpers im Raum repräsentiert.

Die in den drei Raumdimensionen angeordneten Bogengangsorgane registrieren Drehbeschleunigungen, während die beiden annähernd senkrecht aufeinander stehenden Makulaorgane Translationsbeschleunigungen erfassen. Werden bei einer plötzlich einsetzenden Beschleunigung die Stereovilli der Haarzellen in Richtung des Kinociliums ausgelenkt, führen die aus der Endolymphe einströmenden K^+-Ionen zu einer Depolarisation; bei einer Ablenkung in umgekehrter Richtung erfolgt eine Hyperpolarisation des Membranpotenzials. Die dynami-

---

[21] Diese Trennung ist jedoch nicht absolut. Zahlreiche Neurone in den Vestibulariskernen integrieren Informationen über Drehbeschleunigungen und lineare Beschleunigungen.

[22] Es werden statische und statokinetische Muskelreflexe unterschieden. Statische Reflexe sind Steh- und Stellreflexe, die durch eine bestimmte Körperhaltung ausgelöst werden, während statokinetische Reflexe aufgrund von Körperbewegungen ablaufen.

sche Modulation der Freisetzungsrate von Glutamat an der Synapse erhöht oder verringert die Aktionspotenzialfrequenz der afferenten Nervenfasern relativ zu ihrer Spontanaktivität.

Die kreisförmigen Bogengangsorgane verdicken sich zur Ampulle, die das sensorische Epithel (Crista) enthält. Die Haarzellen der Crista ragen in eine gallertartige Cupula hinein, die bei einer Drehbeschleunigung im Verhältnis zur trägen Endolymphe ausgelenkt wird. Die Richtung der Drehbewegung wird durch das unterschiedliche Aktivierungsmuster der drei Bogengangsorgane festgelegt, während die Stärke, mit der die Stereovilli der Haarzellen ausgelenkt werden, die Amplitude der Bewegung repräsentiert.

Die beiden Makulaorgane – Utriculus und Sacculus – detektieren Bewegungen, die durch lineare Beschleunigungen des Körpers ausgelöst werden. Makulaorgane besitzen eine weitgehend ebene Schicht von Haarzellen, die in eine von Statolithen beschwerte gallertartige Membran hineinragen. Aufgrund der höheren Dichte dieser Membran im Verhältnis zur umgebenden Endolymphe entstehen bei Translationsbeschleunigungen Scherkräfte, die die Stereovilli der Haarzellen auslenken. Auch in den Makulaorganen ist die Auslenkung der Stereovilli proportional zur Reizstärke, während die Bewegungsrichtung durch die räumliche Anordnung der Haarzellenbündel in der Makula repräsentiert wird.

Zusätzliche Informationen zur Bewegungsrichtung werden durch einen direkten Vergleich der Eingänge beider Vestibularorgane, dem sogenannten Push-Pull-Mechanismus gewonnen. Dieser Mechanismus basiert auf der komplementären Aktivierung von Haarzellen des rechten und linken Vestibularorgans durch eine bestimmte Bewegungsrichtung und einer zentralnervösen Verarbeitung dieser Signale.

Signale aus dem Vestibularorgan werden in den Vestibulariskernen des Hirnstamms mit sensorischen und zentralnervösen Informationen verrechnet. Diese Verarbeitungsprozesse sind Grundlage für die Regulation der Haltemuskulatur, die Steuerung der Blickmotorik und die bewusste Wahrnehmung der Lage des Körpers im Raum.

Literatur

1. Angelaki DE, Cullen KE (2008) Vestibular system: the many facets of a multimodal sense. Annu Rev Neurosci 31:125–150
2. Bramble DM, Lieberman D (2004) Endurance running and the evolution of *Homo*. Nature 432:345–352
3. Gillespie PG, Müller U (2009) Mechanotransduction by hair cells: Models, molecules, and mechanisms. Cell 139:33–44
4. Hudspeth AJ (2008) Making an effort to listen: mechanical amplification in the ear. Neuron 59:530–545
5. Jeffress LA (1948) A place theory of sound localization. J Comp Physiol Psychol 41:35–38
6. King AJ, Nelken I (2009) Unraveling the principles of auditory cortical processing: Can we learn from the visual system? Nat Neurosci 12:698–701
7. Matthews G, Fuchs P (2010) The diverse roles of ribbon synapses in sensory neurotransduction. Nat Rev Neurosci 11:812–822
8. Müller W, Frings S, Möhrlen F (2015) Tier- und Humanphysiologie. 5. Aufl, Springer Spektrum, Berlin, Heidelberg
9. Purves D, Augustine GJ, Fitzpatrick D, Hall WC, LaMantia AS, White LE (2012) Neuroscience. 5. Aufl, Sinauer, Sunderland
10. Raichlen DA, Gordon AD (2011) Relationship between exercise capacity and brain size in mammals. PLoS ONE 6:e20601
11. Vollrath MA, Kwan KY, Corey DP (2007) The micromachinery of mechanotransduction in hair cells. Annu Rev Neurosci 30:339–365
12. Wolfe JM, Kluender KR, Levi DM (2015) Sensation & Perception. 4. Aufl, Sinauer, Sunderland
13. Zhao B, Müller U (2015) The elusive mechanotransduction machinery of hair cells. Curr Opin Neurobiol 34:172–179

Somatosensorik

Andreas Feigenspan

© Springer-Verlag GmbH Deutschland 2017
A. Feigenspan, *Prinzipien der Physiologie*, https://doi.org/10.1007/978-3-662-54117-3_15

Schlüsselkonzepte

1. Die somatosensorische Wahrnehmung basiert auf der Verarbeitung mechano-, thermo- und propriozeptiver Signale, die in parallelen Kanälen weitergeleitet und im Gehirn zusammengeführt werden.
2. Schnell adaptierende Sensoren registrieren Informationen über Veränderungen eines Reizes, während langsam adaptierende Sensoren Reizstärke und -dauer repräsentieren.
3. Somatosensorische Reize werden in peripheren Nervenendigungen in ein depolarisierendes Rezeptorpotenzial umgewandelt, dessen Amplitude die Stärke des Reizes codiert.
4. Die sensorische Bedeutung einer Körperregion für einen Organismus korreliert unmittelbar mit der Größe der kortikalen Repräsentation dieses Areals.
5. Nichtschmerzhafte Kälte- und Wärmereize werden von unterschiedlichen Rezeptoren detektiert und in getrennten Signalbahnen verarbeitet.
6. Schmerzen sind subjektive Empfindungen, die im Gehirn erzeugt werden und ein wichtiges Warnsignal darstellen. Sie beruhen auf einer erhöhten Aktivität nozizeptiver Neurone.

» If you prick us do we not bleed? If you tickle us do we not laugh? If you poison us do we not die? And if you wrong us shall we not revenge?
  William Shakespeare

Das somatosensorische System verarbeitet eine Vielzahl verschiedener Reize, die von unterschiedlichen Mechanosensoren in neuronale Signale umgewandelt und in zahlreiche kortikale Hirnregionen übertragen werden. Daher wird das somatosensorische System in mehrere Subsysteme unterteilt:

- Die **mechanische Oberflächensensibilität** umfasst Informationen über Druck, Berührung, Spannung und Vibration. Sie wird durch Mechanosensoren in der Haut vermittelt. Die Oberflächensensibilität ermöglicht die Identifizierung und Handhabung von Objekten, ohne auf visuelle oder auditorische Signale angewiesen zu sein.
- Die **Thermosensibilität** basiert auf der Aktivierung peripherer Warm- und Kaltsensoren, die auf Änderungen der Umgebungstemperatur reagieren.
- Die **Propriozeption** ist Grundlage für die Wahrnehmung der Lage des Körpers im Raum, insbesondere der Position der Extremitäten. Neben dem Vestibularorgan (▶ Abschn. 14.5) tragen Muskelspindeln und Sehnenorgane (▶ Abschn. 12.3) in der Skelettmuskulatur zu dieser Empfindung bei.
- Der **Schmerzsinn** (**Nozizeption**) ist ein außerordentlich wichtiger Schutzmechanismus, der uns vor Gefahren in Form gewebeschädigender Reize warnt. **Juckempfindungen** – lange Zeit als eine unterschwellige Form des Schmerzes interpretiert – werden sehr wahrscheinlich durch spezifische, von der Schmerzbahn unabhängige Neurone vermittelt.
- Die **Viszerozeption** registriert Signale aus den Eingeweiden.

Es ist eine interessante Erfahrung, sich einmal für einige Minuten die Augen zu verbinden und alltägliche Tätigkeiten wie Duschen oder Anziehen auszuführen. Dabei wird sofort deutlich, wie sehr wir uns normalerweise auf visuelle Informationen verlassen, um uns in unserer Umwelt zurechtzufinden. Dennoch können zahlreiche Handlungen auch ohne visuelle Unterstützung durchaus effizient ausgeführt werden: So sollte es keine Probleme bereiten, sich die Socken mit geschlossenen Augen anzuziehen oder ein Hemd zuzuknöpfen. Die Somatosensorik ist jedoch im Gegensatz zum visuellen und auditorischen System kein Fernsinn, sondern erfordert einen unmittelbaren Kontakt des Organismus mit dem jeweiligen Reiz. Dieser Kontakt setzt in der Regel eine aktive Handlung vonseiten des Organismus voraus.

15.1 Mechanische Sensibilität

Die Sensoren[1] für die Transduktion mechanischer Reize befinden sich in der Haut, die beim Menschen mit einer Oberfläche von etwa $1,8\,m^2$ das größte Sinnesorgan darstellt. Die Haut besteht im Wesentlichen aus drei aufeinanderfolgenden Schichten: (1) einem mehrschichtigen, zum Teil verhornten Plattenepithel, der **Epidermis** (Oberhaut), (2) der vorwiegend bindegewebigen **Dermis** (Lederhaut) und (3) der **Subkutis** (Unterhaut), die lockeres Bindegewebe sowie Fettgewebe enthält. Verschiedene Mechanosensoren befinden sich in allen drei Hautschichten – sie übertragen biologisch relevante Signale mithilfe afferenter Nerven in zentrale Regionen des Gehirns.

15.1.1 Mechanosensoren der Haut

In die Hautschichten eingebettet liegen vier verschiedene Typen von Mechanosensoren, die aufgrund ihrer strukturellen Eigenschaften unterschiedliche taktile Reize detektieren.[2] Es handelt sich hierbei um parallel verschaltete Sinneskanäle, die jeweils ihren spezifischen Beitrag zu einer als einheitlich empfundenen Sinneswahrnehmung leisten. Ein Stein, den wir in der Hand halten, besitzt eine charakteristische Oberflächenbeschaffenheit, Temperatur, Form und ein bestimmtes Gewicht – Eigenschaften, die gemeinsam zu einer zusammenhängenden taktilen Wahrnehmung des Steins beitragen. Wie in anderen sensorischen Systemen auch, werden komplexe Reize dieser Art durch periphere Sensoren in ihre elementaren Eigenschaften zerlegt, in parallelen Kanälen weiterverarbeitet und schließlich in höheren Hirnregionen, v. a. im cerebralen Cortex, auf bisher unbekannte Weise wieder zu einer kohärenten Wahrnehmung verknüpft.

Die funktionell unterschiedlichen Mechanosensoren werden durch drei grundlegende Eigenschaften beschrieben:

1. Jeder Sensor antwortet am besten auf einen bestimmten Stimulus wie etwa Druck, Berührung oder Vibration. Die Spezifität ist jedoch nicht absolut – ein druckempfindlicher Sensor reagiert auch auf einen Vibrationsreiz, allerdings mit geringerer Empfindlichkeit.
2. Die Sensoren werden nur dann aktiviert, wenn der Reiz innerhalb ihres **rezeptiven Feldes** auftritt. Hierunter verstehen wir das von jeweils einem Sensor versorgte Hautareal. *Je höher die Sensordichte, desto kleiner ist das rezeptive Feld und desto höher die räumliche Auflösung der jeweiligen Sinnesqualität.*
3. Die Sensoren adaptieren mit unterschiedlicher Geschwindigkeit auf einen anhaltenden Stimulus. **Schnell adaptierende Mechanosensoren** (FA, *Fast Adapting*) reagieren nur auf den Beginn und das Ende eines Reizes – sie registrieren also vor allem Veränderungen. **Langsam adaptierende Mechanosensoren** (SA, *Slow Adapting*) bleiben während der gesamten Dauer des Stimulus aktiv, auch wenn die Aktionspotenzialfrequenz nach einem anfängli-

---

[1] Wir sprechen im Folgenden von Sensoren (Mechanosensoren, Thermosensoren etc.), wenn Sinneszellen bezeichnet werden sollen. Der Begriff Rezeptor wird für molekulare Strukturen, wie beispielsweise mechano- oder thermosensitive Ionenkanäle, verwendet (s. a. (▶ Abschn. 10.4.4), Fußnote 17).
[2] Unter taktilen Reizen verstehen wir Druck, Spannungen und Vibrationen der Haut, die mithilfe des Tastsinns registriert werden.

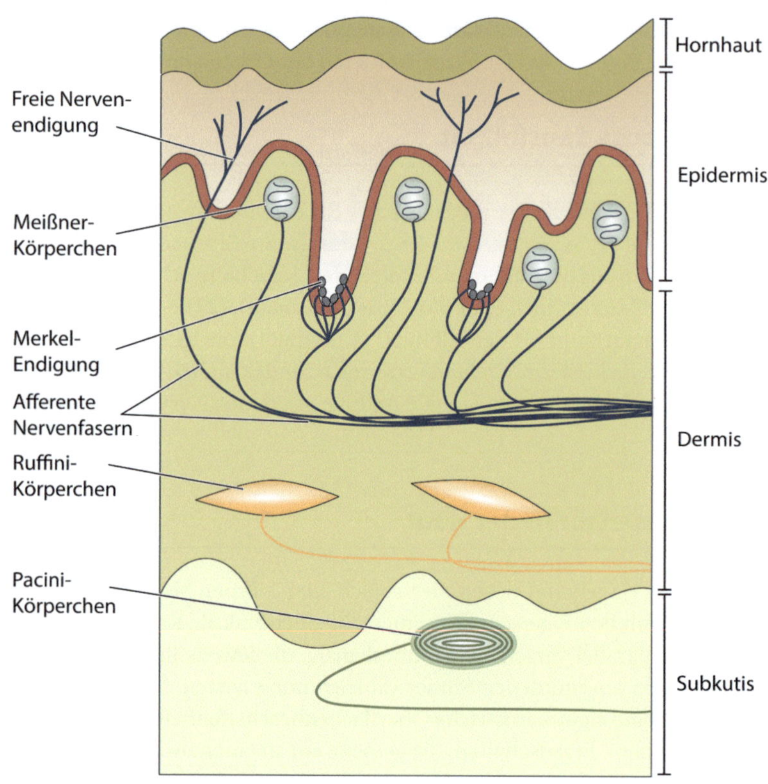

◻ Abb. 15.1   Mechanosensoren in der Haut. Der schematische Querschnitt durch die haarlose menschliche Haut zeigt die Epidermis, die Dermis und den oberen Teil der Subkutis. Mechanosensoren befinden sich in allen drei Schichten

chen Maximum etwas zurückgeht. Dieser Sensortyp codiert die Reizgröße unabhängig von der Geschwindigkeit, mit der sie sich ändert.

Die im Folgenden beschriebenen Mechanosensoren bestehen aus einer kapselartigen Struktur, in die afferente Nervenendigungen eingebettet sind (◻ Abb. 15.1). Die Kapsel dient in der Regel als eine Art Filter, der nur bestimmte Eigenschaften eines mechanischen Reizes auf die Nervenfaser überträgt. Die Signaltransduktion erfolgt in den Nervenendigungen, in deren Zellmembranen mechanosensitive Ionenkanäle auf einen Reiz hin öffnen und eine Depolarisation, das Rezeptorpotenzial, auslösen. Größe und Dauer des Rezeptorpotenzials bestimmen gemeinsam mit den Eigenschaften der afferenten Fasern die Aktionspotenzialfrequenz in den sensorischen Neuronen. Die sensorischen Afferenzen gehören zum Typ Aβ (◻ Tab. 10.2).

Merkel-Endigungen (Merkel-Zell-Axon-Komplexe) finden sich einzeln oder in Gruppen in der Epidermis und kommen an berührungsempfindlichen Stellen wie den Fingerspitzen besonders häufig vor. Sie bestehen aus 50 bis 70 umgewandelten Epithelzellen, den sogenannten Merkel-Zellen, die von einer afferenten Nervenendigung innerviert werden. Die Frage, wo die Signaltransduktion stattfindet, ist noch nicht abschließend geklärt. Merkel-Zellen sind zwar erregbare Zellen, die spannungsabhängige Ca^{2+}-Kanäle und die für eine synaptische Freisetzung benötigten Proteine exprimieren (▶ Abschn. 11.4.3). Möglicherweise findet jedoch die Signaltransduktion erst mithilfe der Mechanosensoren der afferenten Nervenfasern statt und die

Aktivität der Merkel-Zellen dient lediglich der Modulation der postsynaptischen Aktionspotenzialfrequenz. Aktuelle Befunde deuten auf eine Arbeitsteilung innerhalb des Merkel-Zell-Axon-Komplexes hin: Die epithelialen Merkel-Zellen signalisieren statische Reize, wie einen anhaltenden Druck, während die afferenten Endigungen dynamische Stimuli – etwa einen sich über die Haut bewegenden Gegenstand – verarbeiten [9, 14].

Merkel-Endigungen besitzen mit 0,5 mm die höchste räumliche Auflösung im Vergleich zu allen anderen in der Haut vorhandenen Mechanosensoren.[3] Sie werden am besten durch senkrecht auf die Haut einwirkende oder sich langsam bewegende taktile Reize aktiviert. So kann beispielsweise das raumzeitliche Codierungsmuster der Brailleschrift aufgrund der Aktivität von Merkel-Endigungen dechiffriert werden. Die afferenten Nervenfasern sind langsam adaptierend. *Das Aktivierungsmuster der Merkel-Endigungen bildet die Oberflächenbeschaffenheit von Gegenständen mit hoher räumlicher Präzision ab.*

Ruffini-Körperchen sind spindelförmige Strukturen in der Dermis, deren Längsachse annähernd parallel zur Hautoberfläche verläuft.[4] Sie bestehen aus einer zellulären Kapsel, in die kollagene Fasern eingelagert sind. Diese Faserbündel werden von einer sensorischen Nervenendigung umwickelt, die sich vermutlich bei einer mechanischen Beanspruchung verformt.

Funktionell handelt es sich bei Ruffini-Körperchen um langsam adaptierende Rezeptoren, die sich von den Merkel-Zell-Axon-Komplexen durch eine geringere Empfindlichkeit und eine noch langsamere Adaptation unterscheiden. Aufgrund ihrer Struktur und Lage werden sie vor allem durch eine tangentiale Dehnung der Haut aktiviert, wie sie beispielsweise beim Spreizen der Finger zum Ergreifen einer Kaffeetasse auftritt. *Ruffini-Körperchen können anhand des Dehnungsmusters der Haut die Richtung von Objektbewegungen registrieren und sie vermitteln Informationen bezüglich der Position von Hand und Fingern.*

Meißner-Körperchen kommen in den Papillarleisten der unbehaarten Haut vor.[5] Ihre Kapsel besteht aus mehreren lamellenartig angeordneten Schwann-Zellen (▶ Abschn. 9.1.5) und ein bis zwei Perineuralzellen[6], zwischen denen zwei bis sechs afferente Nervenfasern enden. Die Kapsel besitzt eine eher längliche Struktur, wobei ihre Längsachse weitgehend senkrecht zur Hautoberfläche orientiert ist. Dieser Typ von Mechanosensoren reagiert deutlich empfindlicher auf Druckänderungen als Merkel-Zellen; die im Vergleich größeren rezeptiven Felder sind jedoch für eine geringere räumliche Auflösung verantwortlich.

Meißner-Körperchen sprechen am besten auf Vibrationen im tieferen Frequenzbereich von 5 bis 50 Hz an, die charakteristisch für über die Hautoberfläche gleitende Objekte sind. Die Afferenzen adaptieren schnell und bilden die Geschwindigkeit der Bewegung mit einer entsprechenden Aktionspotenzialfrequenz ab. Wenn etwa der Kaffeebecher langsam aus der Hand zu rutschen droht, wird diese Objektbewegung relativ zur Haut von diesen Mechanosensoren registriert. *Meißner-Körperchen reagieren demnach vor allem auf niederfrequente dynamische Deformationen der Haut und sind für die Regulation der Griffkraft von großer Bedeutung.*

Pacini-Körperchen liegen tief im subkutanen Gewebe. Bei diesen Mechanosensoren wird eine sensorische Nervenfaser zwiebelartig durch zahlreiche Schichten von Schwann-Zellen und Perineuralzellen umhüllt. Bedingt durch diese kapselartige Struktur werden bevorzugt Vibrationen im Bereich von 50 bis 700 Hz registriert. Solche Vibrationen entstehen, wenn ein Objekt erstmalig die Hautoberfläche berührt, beispielsweise beim Landen einer Mücke auf

---

[3] Eine räumliche Auflösung von 0,5 mm bedeutet, dass Oberflächenstrukturen, die einen halben Millimeter auseinander liegen, als zwei unterschiedliche Punkte wahrgenommen werden (Zwei-Punkt-Schwelle).
[4] Ruffini-Körperchen kommen auch in Sehnen und im Zahnhalteapparat vor.
[5] Papillarleisten bilden als charakteristische Hautlinien die strukturelle Grundlage für Fingerabdrücke.
[6] Perineuralzellen bilden die zellulären Bestandteile des Perineuriums, das die Axone peripherer Nerven bündelt. Perineuralzellen sind flache Epithelzellen, die den Fibroblasten des Bindegewebes ähneln.

Tabelle 15.1   Mechanosensoren der Haut (nach [12])

	Kleine rezeptive Felder		Große rezeptive Felder	
	Merkel	**Meißner**	**Ruffini**	**Pacini**
Vorkommen	Epidermis, v. a. Finger- und Zehenspitzen	Papillarleisten	Dermis	Dermis und Subkutis
Adaptation	Langsam	Schnell	Langsam	Schnell
Effektiver Stimulus	Vorsprünge, Kanten, Ecken	Niederfrequente Vibrationen	Dehnung der Haut	Höherfrequente Vibrationen
Sensorische Funktion	Form und Textur von Oberflächen	Bewegungskontrolle, Griffkraft	Hand- und Fingerstellung	Übertragene Vibrationen, Werkzeuggebrauch
Rezeptive Feldgröße	$9\,mm^2$	$22\,mm^2$	$60\,mm^2$	Finger oder Hand
Innervationsdichte (Fingerbeere)	$100\,cm^{-2}$	$150\,cm^{-2}$	$10\,cm^{-2}$	$20\,cm^{-2}$
Räumliche Auflösung	0,5 mm	3 mm	> 7 mm	> 10 mm
Höchste Empfindlichkeit	5 Hz	50 Hz	0,5 Hz	200 Hz
Schwellenwert der Verformung	$8\,\mu m$	$2\,\mu m$	$40\,\mu m$	$0{,}01\,\mu m$

dem Arm. Außerdem werden Vibrationen von Objekten, die in der Hand gehalten werden und andere Objekte berühren, übertragen – etwa beim Gebrauch von Werkzeugen und beim Schreiben.

Trotz ihrer Lage in den tieferen Gewebeschichten sind die Pacini-Körperchen die empfindlichsten Mechanosensoren der Haut. Sie können bereits auf eine mechanische Verformung von 10 nm mit einer Erhöhung ihrer Aktionspotenzialfrequenz reagieren. Ihre sensorischen Afferenzen sind schnell adaptierend und besitzen große rezeptive Felder, die eine hohe räumliche Auflösung ausschließen. *Pacini-Körperchen vermitteln also vor allem höherfrequente Vibrationsreize, die von anderen Objekten auf die Haut übertragen werden.*

In der behaarten Haut übernehmen **Haarfollikelrezeptoren**, die auf eine Auslenkung der Haare reagieren, die Funktion der dort fehlenden Meißner-Körperchen.

Tab. 15.1 fasst die wichtigsten Eigenschaften der Mechanosensoren der Haut zusammen.

15.1.2   Mechanismen der Signaltransduktion

Die Signaltransduktion erfolgt in den Endigungen sensorischer Nervenfasern. Hierbei handelt es sich um die peripheren Fortsätze pseudounipolarer Neurone, deren Zellkörper entweder in

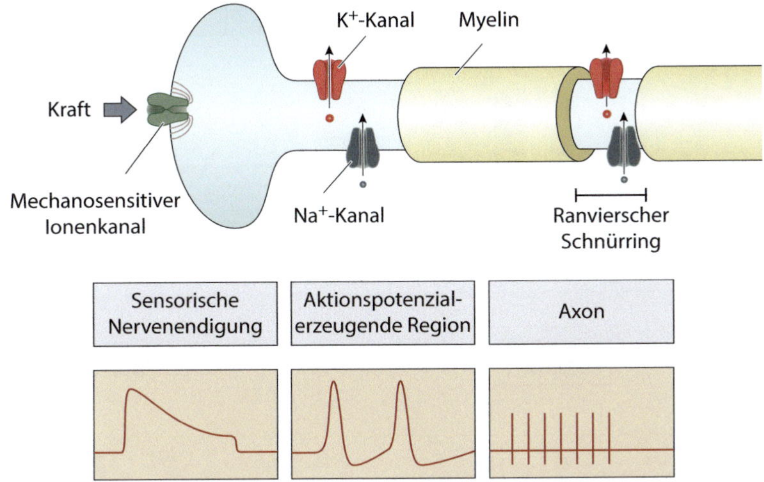

◘ Abb. 15.2 Aufbau und Eigenschaften sensorischer Nervenendigungen. Eine mechanische Kraft wird durch mechanosensitive Ionenkanäle in ein depolarisierendes Rezeptorpotenzial umgewandelt. In der aktionspotenzial-erzeugenden Region des Axons befinden sich Na^+- und K^+-Kanäle in hoher Dichte, die das Rezeptorpotenzial in eine Sequenz von Aktionspotenzialen transformieren. Die Aktionspotenziale, deren Frequenz die Reizstärke codiert, werden als afferentes Signal entlang der myelinisierten $A\beta$-Faser ins Zentralnervensystem weitergeleitet

den **Trigeminusganglien**[7] im Hirnstamm oder in den parallel zum Rückenmark angeordneten **Spinalganglien** liegen. Die sensorischen Neurone der Trigeminusganglien versorgen den Kopfbereich, während die somatosensorische Innervation des übrigen Körpers von den Spinalganglien ausgeht.

In einer sensorischen Endigung befinden sich mechanosensitive Ionenkanäle, die als sogenannte **Mechanotransducer** einen mechanischen Reiz in den Einstrom von Kationen umwandeln. Na^+- und Ca^{2+}-Ionen diffundieren entlang ihres elektrochemischen Gradienten in die Nervenendigung und erzeugen dort eine schnelle Depolarisation, das **Rezeptorpotenzial** (◘ Abb. 15.2). *Bei einem Rezeptorpotenzial handelt es sich um eine vorübergehende Depolarisation der Membran, deren Amplitude innerhalb bestimmter Grenzen die Reizstärke codiert.* Da die Entfernung von der sensorischen Endigung in der Körperperipherie bis zum zugehörigen Soma zu groß für eine passive Weiterleitung ist, werden Aktionspotenziale zur Signalübertragung erzeugt. Diese Aufgabe übernimmt eine unmittelbar auf die sensorische Endigung folgende Region, die sich durch eine hohe Dichte spannungsabhängiger Na^+- und K^+-Kanäle auszeichnet. Die Spannungsänderungen werden entlang myelinisierter $A\beta$-Fasern mit einer Geschwindigkeit von 30 bis 70 m s^{-1} in Richtung höherer Verarbeitungszentren weitergeleitet.

Mechanosensitive Ionenkanäle sind Transmembranproteine, die auf mechanische Reize wie Zug- oder Druckspannungen mit der Öffnung einer zentralen, ionenpermeablen Pore reagieren. Als Beispiele für eine mechanoelektrische Transduktion haben wir die Prozesse in den Haarzellen des Innenohrs und Vestibularorgans kennengelernt, wo Tip-Links die physikalische Kraft auf K^+-Kanäle übertragen (► Abschn. 14.3.2). Im Falle der Mechanosensoren der Haut wurden bisher weder die Ionenkanäle selbst zweifelsfrei identifiziert, noch sind die molekula-

---

[7] Der Nervus trigeminus ist der V. Hirnnerv. Er tritt auf der rechten und linken Körperseite jeweils lateral von der Brücke aus, wo er ein sensibles Ganglion, das Ganglion trigeminale bildet.

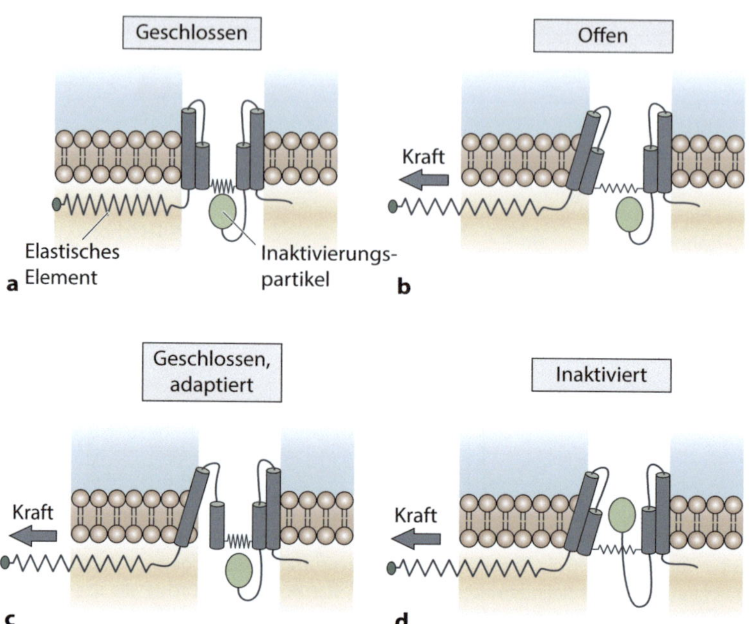

☐ Abb. 15.3 Mechanismus der Mechanotransduktion. Eine mechanische Kraft wird durch ein elastisches Element auf einen Ionenkanal übertragen. **a** Liegt keine Krafteinwirkung vor, ist das elastische Element entspannt und der Ionenkanal geschlossen. **b** Eine mechanische Kraft spannt das elastische Element an, wodurch Domänen des Ionenkanals auseinandergezogen werden, sodass der Kanal öffnet. **c** Bei andauernder Krafteinwirkung adaptiert der Kanal, indem er in eine geschlossene Konformation zurückkehrt. **d** Die Inaktivierung stellt eine Alternative zur Adaptation dar. In diesem Fall wird die Kanalpore durch ein Inaktivierungspartikel blockiert (nach [3]. Mit freundlicher Genehmigung von Nature Publishing Group.)

ren Mechanismen der Transduktion im Detail bekannt.[8] Sehr wahrscheinlich werden mechanische Kräfte mithilfe elastischer Strukturen, die mit Membranlipiden und/oder cytoskelettalen Elementen verbunden sind, auf einen Ionenkanal übertragen (☐ Abb. 15.3).

Bedingt durch die Art des jeweils exprimierten Mechanotransducers können biologisch relevante Parameter eines mechanischen Reizes codiert werden. Die in ▶ Abschn. 15.1.1 beschriebenen Mechanosensoren unterscheiden sich physiologisch in ihrer Adaptationsgeschwindigkeit: Merkel-Zellen beispielsweise sind langsam adaptierend, Meißner-Körperchen hingegen adaptieren schnell. Ein schnell adaptierender Mechanosensor reagiert auf eine abrupte Verformung mit einer Salve von Aktionspotenzialen, wohingegen eine langsame Verformung oder eine dauerhaft einwirkende Kraft keine oder nur wenige Aktionspotenziale auslöst. Im Gegensatz dazu führen beide Reizarten bei einem langsam adaptierenden Mechanosensor zu einer andauernden Aktivität (☐ Abb. 15.4). *Aufgrund ihrer Adaptationsrate fungieren schnell adaptierende Mechanosensoren als Geschwindigkeitsdetektoren, die dynamische Reizänderungen codieren, während langsam adaptierende Mechanosensoren eher statische Eigenschaften eines Reizes repräsentieren.* Diese unterschiedlichen Antworteigenschaften lassen sich auf ein individuelles Expressionsmuster mechanosensitiver Ionenkanäle in den Nervenendigungen zurückführen.

---

[8] Die Kationenkanäle Piezo1 und Piezo2 gelten als vielversprechende Kandidaten für die Mechanotransduktion in der Haut [1].

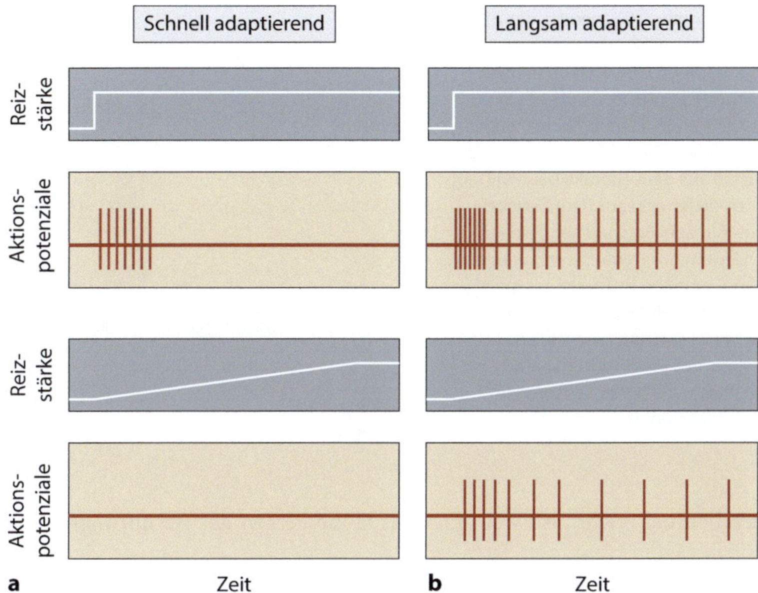

◘ Abb. 15.4 Schnell und langsam adaptierende Mechanosensoren. **a** Schnell adaptierende Sensoren reagieren nur auf eine plötzliche Änderung eines Reizes, während eine langsame Steigerung der Reizstärke keine Aktionspotenziale in der afferenten Nervenfaser auslöst. **b** Langsam adaptierende Mechanosensoren reagieren auf beide Änderungen der Reizstärke mit einer Folge von Aktionspotenzialen. In den jeweils *oberen Kästen* ist die Änderung der Reizstärke dargestellt, darunter das entsprechende afferente Signal

15.1.3 Signalbahnen ins Gehirn

Sensorische Signale treten über die dorsalen Wurzeln der **Spinalnerven** ins Rückenmark ein und ziehen auf derselben Körperseite in den **Hinterstrangbahnen** bis zu den somatosensorischen Kerngebieten der Medulla oblongata. Die Verschaltung auf das zweite Neuron erfolgt also erst in den **Hinterstrangkernen** des Hirnstamms, die sich in der hinteren Wand der Medulla oblongata befinden. Der **Nucleus cuneatus** verarbeitet sensorische Signale aus dem Hand-, Arm- und Halsbereich, der **Nucleus gracilis** entsprechende Afferenzen aus dem Rumpf und den unteren Extremitäten.

Die Hinterstrangbahnen selbst weisen eine **somatotope Gliederung** auf (◘ Abb. 15.5). Die Bahnen verlaufen von unten nach oben und neu hinzutretende Axone gliedern sich jeweils seitlich an bereits bestehende Bahnen an. Entsprechend finden sich die unteren Körperregionen im mittleren (medialen) Bereich der Hinterstrangbahnen, während die Fasern aus dem Halsbereich am weitesten seitlich (lateral) angelagert werden. Daher können sensorische Neurone, die die untere Körperhälfte innervieren, fast die gesamte Länge des Organismus durchspannen – etwa von der Fußunterseite bis ins verlängerte Mark des Hirnstamms.

Eine Schädigung der Hinterstrangbahnen auf einer Seite führt zu einem Verlust des Berührungsempfindens auf derselben Seite; gleichzeitig sind das Vibrationsempfinden und die Propriozeption beeinträchtigt. Da sensorische Informationen über die Gelenkstellung und die Muskelspannung fehlen, weisen die betreffenden Patienten einen unsicheren Gang auf und können sich nur mit geöffneten Augen im Raum orientieren. Eine Störung der somatosenso-

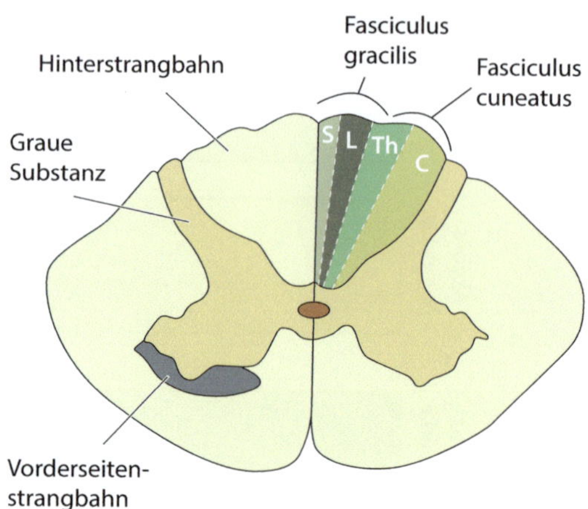

◻ Abb. 15.5 Somatotope Gliederung der Hinterstrangbahn. Afferente Nervenfasern aus den unteren Körperregionen verlaufen im medialen Bereich der Hinterstrangbahn. Fasern aus dem Sakralbereich (S) und dem Lumbalbereich (L) liegen im Inneren der Hinterstrangbahn, an die sich lateral Fasern aus dem Thorakalbereich (Th) und ganz außen diejenigen aus dem Zervikalbereich (C) anschließen. Entsprechend ziehen die afferenten Fasern aus Sakral-, Lumbal- und unteren Thorakalregionen im Fasciculus gracilis zum Nucleus gracilis, während die restlichen Fasern als Fasciculus cuneatus zum Nucleus cuneatus projizieren. Die Vorderseitenstrangbahn übermittelt Signale von Thermosensoren und Nozizeptoren an das Gehirn

rischen Verarbeitung reicht also weit über das bloße Fehlen der Berührungsempfindlichkeit hinaus.

Die Fasern der zweiten Neurone in den Hinterstrangkernen kreuzen auf die Gegenseite und ziehen als **Lemniscus medialis** zum Thalamus im Zwischenhirn. *Daher werden mechanische Reize auf der rechten Körperseite von der linken Gehirnhälfte verarbeitet und umgekehrt.* Auch im Lemniscus medialis bleibt die somatotope Organisation der Projektion aus den verschiedenen Körperregionen erhalten.

Im **Nucleus ventralis posterior** des Thalamus erfolgt die Umschaltung auf das dritte Neuron. Vom Thalamus zieht ein Faserbündel, die **Capsula interna**, zum **somatosensorischen Cortex** (SI), der im Gyrus postcentralis des Scheitellappens lokalisiert ist. Hier und in weiteren somatosensorischen kortikalen Arealen findet die bewusste Wahrnehmung mechanischer Reize statt.

Sensorische Signale aus der Kopfregion werden zunächst in den Trigeminuskernen umgeschaltet. Die Fasern der zweiten Neurone lagern sich als **Lemniscus trigeminalis** dem Lemniscus medialis an und erreichen den Thalamus, wo sie von unterschiedlichen Regionen innerhalb des Nucleus ventralis posterior verarbeitet und an den somatosensorischen Cortex weitergeleitet werden.

Die Verarbeitung taktiler Reize im primären somatosensorischen Cortex SI beruht auf folgenden allgemeinen Eigenschaften:

- SI besteht aus vier verschiedenen Regionen, von denen jede eine vollständige Repräsentation des Körpers enthält. *Innerhalb dieser kortikalen Bereiche verarbeiten die Nervenzellen jeweils unterschiedliche mechanische Reize, wie beispielsweise eine Aktivierung der Mechanosensoren der Haut oder der Propriozeptoren der Skelettmuskulatur.*
- Bestimmte Körperregionen wie Hände (insbesondere Fingerspitzen) und Kopf (vor allem Lippen und Zunge) sind beim Menschen im SI deutlich überrepräsentiert. Die außerordentliche Komplexität von Fingerbewegungen sowie von Mimik und Sprache erfordert entsprechende Verschaltungen und ausgedehnte Verarbeitungsareale. Bei Ratten hingegen sind vor allem diejenigen kortikalen Bereiche, in denen Signale aus den Vibrissen des Gesichts verarbeitet werden, relativ zu den anderen Kopfregionen vergrößert. *Die sensorische Bedeutung einer Körperregion korreliert also mit der Größe des kortikalen Areals, das Signale aus dieser Region verarbeitet.*

Die kortikale Repräsentation der Hand liegt in unmittelbarer Nähe derjenigen Areale, die das Gesicht abbilden. Fehlt der sensorische Eingang aus der Hand etwa aufgrund einer Amputation, können sich die Gesichtsareale in die vormaligen Handbereiche ausdehnen. Da Informationen über diese Umstrukturierung kortikaler Karten nicht an höhere Hirnregionen weitergegeben werden, wird häufig eine Berührung im Gesicht als eine Reizung der fehlenden Hand wahrgenommen. *Grundsätzlich führt die neuronale Plastizität kontinuierlich zu aktivitätsabhängigen Veränderungen der Verschaltung auch im erwachsenen Gehirn.*

Plastische Phänomene können auch unterschiedliche Sinnessysteme einschließen. So führt das Verbinden der Augen bei freiwilligen Versuchspersonen innerhalb weniger Tage zu einer Verarbeitung somatosensorischer Informationen mithilfe des visuellen Cortex. Das Lesen der Brailleschrift wird also in das visuelle System, das keinen sensorischen Eingang über die Retina mehr bekommt, „ausgelagert" [10].

15.1.4 Zusammenfassung

Mechanosensoren wandeln mechanische Reize wie Druck, Spannungen und Vibrationen in elektrische Signale um. Jeder Sensor besitzt eine hohe, jedoch keine absolute Empfindlichkeit für einen bestimmten Stimulus. Die Größe des rezeptiven Feldes bestimmt die Genauigkeit der räumlichen Auflösung (Zwei-Punkt-Schwelle). Schnell adaptierende Mechanosensoren registrieren Veränderungen eines Signals und fungieren als Geschwindigkeitsdetektoren, während langsam adaptierende Sensoren die Reizintensität über den gesamten Zeitraum des Stimulus codieren. In der Regel besitzen Mechanosensoren eine kapselartige Struktur, die aus Proteinen und/oder Zellen des Bindegewebes besteht. Diese Kapsel fungiert wie ein Filter, der nur bestimmte Frequenzen eines Signals passieren lässt.

Merkel-Endigungen kommen vor allem an berührungsempfindlichen Stellen der Epidermis vor. Aufgrund ihrer hohen räumlichen Auflösung sind sie für eine Analyse der Oberflächenbeschaffenheit von Gegenständen besonders geeignet. Ruffini-Körperchen befinden sich in der Dermis der Haut, wo sie – parallel zur Hautoberfläche angeordnet – Dehnungsreize verarbeiten, die Informationen bezüglich der Position von Hand und Fingern beinhalten. Meißner-Körperchen in der unbehaarten Haut reagieren auf Vibrationen mit tiefen Frequenzen, wodurch eine präzise Regulation der Griffkraft ermöglicht wird. Die tief im subkutanen Gewebe liegenden Pacini-Körperchen werden durch höherfrequente Vibrationen aktiviert, die insbesondere über ein in der Hand gehaltenes Objekt übertragen werden.

Pseudounipolare Neurone in den Spinalganglien und in den Trigeminuskernen senden afferente Axone in die Peripherie, wo sie die Kapselstrukturen in den verschiedenen Hautschichten kontaktieren und gemeinsam Mechanosensoren bilden. In den Endigungen der afferenten Fasern befinden sich Ionenkanäle, die auf einen mechanischen Reiz hin öffnen und durch den Einstrom von Kationen eine Depolarisation des Membranpotenzials verursachen. Dieses Rezeptorpotenzial bildet in Amplitude und Dauer den auslösenden Reiz ab. Ist das Rezeptorpotenzial überschwellig, werden Aktionspotenziale erzeugt, die entlang der myelinisierten $A\beta$-Fasern in Richtung Zentralnervensystem weitergeleitet werden. Die Adaptationsgeschwindigkeit der Mechanosensoren selbst bestimmt, ob eine afferente Faser zur schnell oder langsam adaptierenden Kategorie gehört.

Die somatosensorische Signalbahn aus der Körperperipherie ins Gehirn besteht aus insgesamt drei hintereinander geschalteten Neuronen. Die zentralen Axone der somatosensorischen Neurone in den Spinalganglien ziehen in der Hinterstrangbahn des Rückenmarks ipsilateral bis in die Hinterstrangkerne der Medulla oblongata. Von dort kreuzen Fortsätze des zweiten Neurons auf die Gegenseite und bilden den Lemniscus medialis, der auf das dritte Neuron in den somatosensorischen Kerngebieten des Thalamus verschaltet. Axone thalamischer Neurone verlaufen in der Capsula interna zum primären somatosensorischen Cortex und weiter zu übergeordneten Arealen, in denen die bewusste Wahrnehmung taktiler Reize erfolgt.

Die Signalbahn zeigt insgesamt eine somatotope Repräsentation des Körpers, die sich im somatosensorischen Cortex in Form von vier vollständigen Karten der gesamten Körperoberfläche manifestiert. Mechanosensorisch wichtige Bereiche sind im Verhältnis zu ihrer tatsächlichen Größe im somatosensorischen Cortex überproportional repräsentiert. Die neuronale Plastizität führt zu einer ständigen Umstrukturierung der kortikalen Karten in Abhängigkeit von der Aktivität der sensorischen Kanäle.

15.2   Thermosensibilität

Die Temperatur spielt für biologische Prozesse eine außerordentlich wichtige Rolle (▶ Abschn. 3.1) und die Fähigkeit, auf Änderungen der Umgebungstemperatur angemessen zu reagieren, ist für das Überleben eines Organismus essenziell. Daher stellt die Sensibilität für Temperaturreize eine der ältesten Sinnesleistungen dar, die von Bakterien bis hin zu Wirbeltieren in allen Lebewesen vorkommt. Bei Säugern verursachen Temperaturänderungen unbewusste physiologische Reaktionen und/oder bewusste Verhaltensanpassungen, die letztlich der Konstanthaltung der Körpertemperatur dienen.

15.2.1   Thermosensoren

Thermosensoren sind freie Nervenendigungen in der Epidermis der Haut; sie besitzen im Gegensatz zu den Mechanosensoren keine umhüllenden Strukturen (◐ Abb. 15.1). Bei den zugehörigen Sinneszellen handelt es sich um pseudounipolare Neurone, deren Zellkörper in den Spinalganglien liegen und von dort zentrale Axone ins Rückenmark senden. Diese Bahnen leiten Signale über Temperaturänderungen im Bereich des Rumpfes ins Zentralnervensystem. Sie unterscheiden sich von der mechanosensorischen Signalbahn und werden zusammen mit der Schmerzbahn in ▶ Abschn. 15.3.3 besprochen. Der Versorgung des Kopfes dienen pseudounipolare Neurone im rechten und linken Trigeminalganglion, deren zentrale Axone in einem der Trigeminuskerne (**Nucleus spinalis**) auf das zweite Neuron umgeschaltet und von dort im **Lemniscus medialis** in Richtung Cortex weitergeleitet werden.

Bei der Verarbeitung temperaturrelevanter Signale unterscheiden wir insgesamt drei getrennte Bahnen, von denen jede eine wichtige physiologische Funktion vermittelt:

— **Rückziehreflex.** Thermosensorische Neurone in den Spinalganglien verschalten auf Interneurone im Rückenmark, die wiederum Motorneurone im gleichen oder in benachbarten Rückenmarksegmenten aktivieren.[9] Die Motorneurone bewirken eine Muskelkontraktion, die zum Wegziehen des betroffenen Körperteils führt. Diese reflektorische Signalbahn wird bei schmerzhaft starken Kälte- und Wärmereizen aktiviert, um eine temperaturbedingte unmittelbare Gewebeschädigung zu vermeiden.

---

[9] Zum Verschaltungsprinzip s. ◐ Abb. 12.18.

■ **Wahrnehmung der Temperatur.** Ausgehend von Spinal- und Trigeminalganglien werden die Signale über mehrere aufeinanderfolgende Neurone bis zum somatosensorischen Cortex weitergeleitet (▶ Abschn. 15.1.3). Hier findet die bewusste Wahrnehmung der Temperatur statt, auf deren Grundlage willkürliche Verhaltensänderungen eingeleitet werden können.[10]

■ **Unbewusste thermoregulatorische Prozesse.** Thermosensorische Informationen werden in die präoptische Region des Hypothalamus übertragen, die ihrerseits temperaturempfindliche Neurone enthält (▶ Abschn. 3.4.1). Die Integration peripherer und zentraler Temperatursignale innerhalb des Hypothalamus löst thermoregulatorische Prozesse wie die Engstellung oder die Erweiterung peripherer Blutgefäße, Muskelzittern sowie die Thermogenese im braunen Fettgewebe aus (▶ Abschn. 3.5).

Wärme- und Kälteempfindungen treten bei endothermen Organismen auf, wenn Abweichungen von der Indifferenztemperatur der Thermoneutralzone vorliegen (▶ Abschn. 3.4.3). Beim Menschen reagieren **Kaltsensoren** maximal bei einer Temperatur von etwa 25 °C, während **Warmsensoren** bei rund 43 °C ihre höchste Aktivität zeigen (◘ Abb. 15.6). Temperaturen unterhalb von etwa 20 °C und oberhalb von ca. 45 °C aktivieren Nozizeptoren, deren Signale als thermische Schmerzreize ins Bewusstsein gelangen.

Die Temperaturempfindungen „warm" bzw. „kalt" werden unabhängig voneinander in getrennten Kanälen verarbeitet. Kaltsensoren leiten ihre Signale vorwiegend über myelinisierte Aδ-Fasern, Warmsensoren hingegen bestehen hauptsächlich aus nichtmyelinisierten C-Fasern mit geringerer Leitungsgeschwindigkeit (◘ Tab. 10.2). Warm- und Kaltsensoren besitzen rezeptive Felder auf der Hautoberfläche, deren Größe durch die Innervationsdichte mit freien Nervenendigungen bestimmt wird. Sie treten im Gesicht und hier insbesondere im Mundbereich am häufigsten auf, wohingegen der Rumpf eine relativ geringe Dichte an Thermosensoren aufweist. Grundsätzlich kommen mehr Kaltsensoren als Warmsensoren vor.

Das Temperaturempfinden zeigt eine ausgeprägte **Adaptation**, die auf einfache Weise durch den Drei-Schalen-Versuch von Weber verdeutlicht wird. Wenn wir die linke Hand in warmes Wasser von 38 °C und die rechte Hand in kaltes Wasser von 26 °C tauchen, nehmen wir zunächst einen deutlichen Temperaturunterschied wahr, der jedoch nach einigen Minuten verschwindet. Die Thermosensoren adaptieren an die jeweilige Wassertemperatur, sodass die zentrale Verrechnung keinen oder nur noch einen geringfügigen Unterschied zwischen der rechten und linken Hand anzeigt. Werden anschließend jedoch beide Hände gleichzeitig in 33 °C warmes Wasser – entsprechend der normalen Hauttemperatur – getaucht, fühlt sich die linke Hand zunächst kühler an als die rechte. Diese Befunde zeigen, dass *Thermosensoren vor allem auf steigende oder fallende Temperaturen reagieren, während eine konstante Temperatur aufgrund von Adaptationsprozessen wenig oder keine Aktivitätsänderung hervorruft.*

15.2.2　Thermorezeptoren und Signaltransduktion

Die Thermosensibilität basiert auf den biophysikalischen Eigenschaften von Ionenkanälen, die durch Änderungen der Temperatur geöffnet oder geschlossen werden. Grundsätzlich ist die Funktion aller Proteine von der Temperatur abhängig, was im Falle von Stoffwechselraten quantitativ durch den Q_{10}-Wert beschrieben wird (▶ Abschn. 3.1.3). Auch für die temperatur-

---

[10] Eine Wahrnehmung der absoluten Temperatur gibt es nicht. Es können lediglich Temperaturunterschiede zwischen verschiedenen Objekten oder Abweichungen von der Thermoneutralzone wahrgenommen werden.

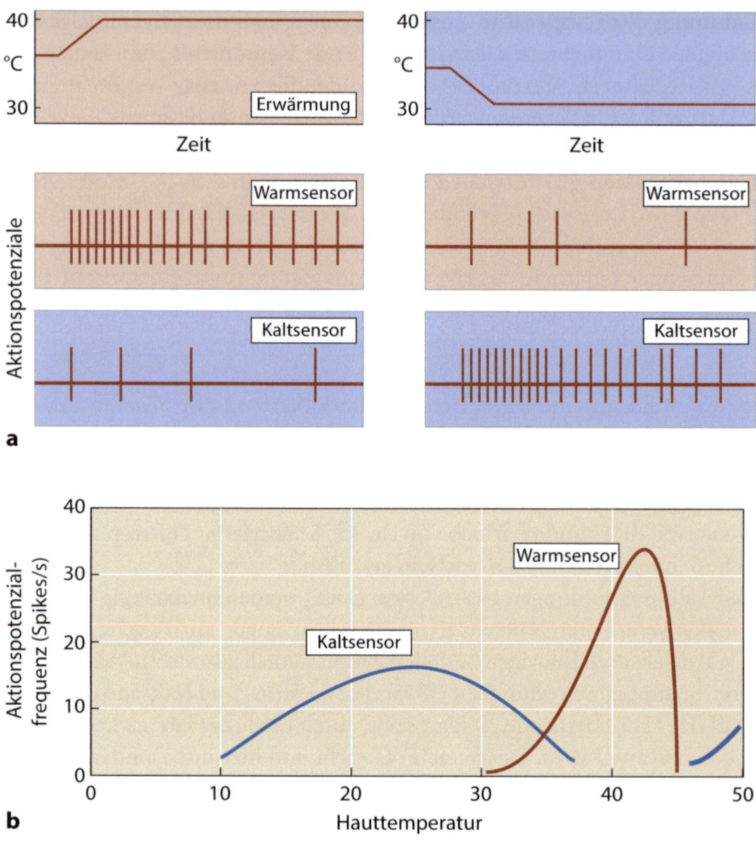

◘ Abb. 15.6 Aktivität von Kalt- und Warmsensoren. **a** Eine Erwärmung der Hautoberfläche führt zu einer Erhöhung der Aktionspotenzialfrequenz bei Warmsensoren, während die Entladungsrate der Kaltsensoren unverändert bleibt. Bei einer Abkühlung reagieren beide Sensortypen genau umgekehrt. Kalt- und Warmsensoren zeigen während einer Temperaturänderung die höchste Aktivität; eine konstant tiefe bzw. hohe Temperatur bewirkt eine geringfügige Adaptation. **b** Durchschnittliche Aktivitätsrate von Kalt- und Warmsensoren bei unterschiedlichen Hauttemperaturen. Die Aktivierung von Kaltrezeptoren bei Temperaturen über 45 °C verursacht eine paradoxe Kälteempfindung

abhängige Permeabilität von spannungsabhängigen oder ligandengesteuerten Ionenkanälen lässt sich der Q_{10}-Wert anwenden. Er beträgt normalerweise 1,2 bis 1,5, was auf einen relativ geringen Einfluss der Temperatur auf das Gating der Kanäle hindeutet. Bei Ionenkanälen hingegen, die spezifisch durch eine Erhöhung der Temperatur geöffnet werden, liegt der Q_{10}-Wert oberhalb von 5; Kanäle, die durch eine Verringerung der Temperatur aktiviert werden, besitzen einen Q_{10}-Wert, der kleiner als 0,2 ist. *Die Temperaturabhängigkeit ist demnach eine spezifische Eigenschaft thermosensitiver Ionenkanäle und nicht eine allgemeine Folge temperaturinduzierter molekularer Umlagerungsprozesse.*

Die Identität der an der Thermosensibilität beteiligten Ionenkanäle ist zu diesem Zeitpunkt noch nicht abschließend geklärt, aber offensichtlich spielen Vertreter der **TRP-Kanäle** (*Transient Receptor Potential*) als „molekulare Thermometer" eine entscheidende Rolle bei der Signaltransduktion. TRP-Kanäle bestehen aus vier Untereinheiten, von denen jede sechs Transmembrandomänen besitzt. Sie ähneln damit sowohl in ihrer Quartärstruktur als auch in ihrer Membrantopologie den spannungsgesteuerten Ionenkanälen (◘ Abb. 15.7a; ▶ Abschn. 9.2.1).

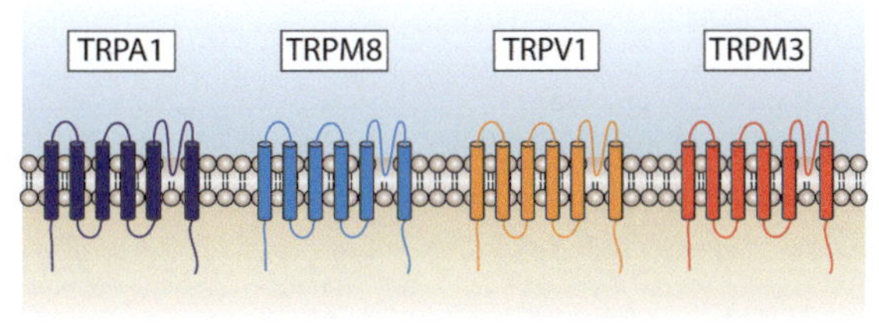

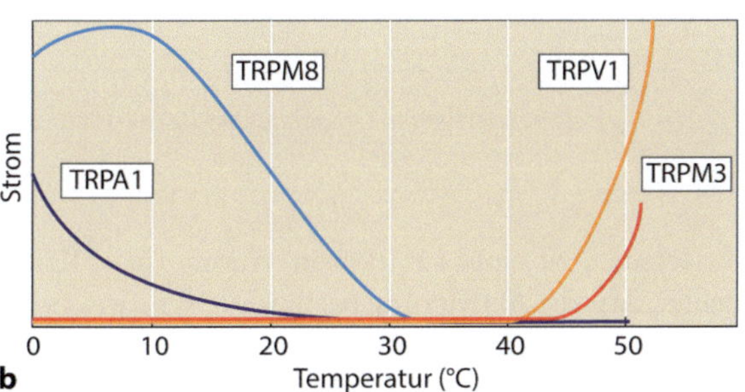

Abb. 15.7 Struktur und Temperaturabhängigkeit thermosensitiver Ionenkanäle. **a** Alle TRP-Kanäle besitzen sechs Transmembransegmente, eine Porenschleife und einen intrazellulären N- und C-Terminus. **b** Abhängig von ihrem Typ reagieren TRP-Kanäle auf unterschiedliche Temperaturen mit einem Öffnen ihrer Kanalpore, sodass Kationen in die Zelle hineindiffundieren. Der Ionenstrom ist qualitativ aufgetragen

TRP-Kanäle sind Kationenkanäle, denen jedoch der Selektivitätsfilter der spannungsgesteuerten Ionenkanäle fehlt. Daher können sie nicht zwischen Na^+-, K^+- und Ca^{2+}-Ionen unterscheiden. Das Öffnen der TRP-Kanäle führt aufgrund des Einstroms von Na^+ und Ca^{2+} zur Depolarisation der Zellmembran.

Erstmalig wurde TRPV1 als Rezeptor für Capsaicin, einer Substanz, die Chilis ihre Schärfe verleiht, beschrieben. TRPV1 reagiert jedoch nicht nur auf Capsaicin, sondern vor allem auf Temperaturen von mehr als 43 °C und stellt damit einen wärmespezifischen Schmerzrezeptor (Nozizeptor) dar. *Eine schmerzhafte Wärmeempfindung und der durch Chilis hervorgerufene brennende Schmerz werden also durch denselben Rezeptortyp vermittelt.* TRPM3 wird wie TRPV1 ebenfalls von Neuronen in den Spinalganglien exprimiert und signalisiert noch höhere Temperaturen (**Abb. 15.7b**). TRPV1 und TRPM3 sind allerdings Nozizeptoren, die durch Wärmereize unterhalb der Schmerzschwelle nicht aktiviert werden. Die eindeutige Identifizierung nichtnozizeptiver Wärmerezeptoren steht noch aus.[11]

Eine nichtschmerzhafte Kälteempfindung wird sehr wahrscheinlich durch den Ionenkanal TRPM8 vermittelt (**Abb. 15.7b**). Interessanterweise reagiert TRPM8 auch auf Substanzen, wie beispielsweise Menthol oder Eukalyptusöl, die eine subjektive Kälteempfindung hervorrufen. TRPA1 schließlich zeigt ein im Vergleich zu TRPM8 nach links verschobenes Aktivierungsprofil und ist damit möglicherweise an der schmerzhaften Kälteempfindung beteiligt.[12]

Zahlreiche TRP-Kanäle besitzen neben ihrer thermosensitiven Funktion Eigenschaften ligandengesteuerter Ionenkanäle, indem chemische Substanzen wie Capsaicin oder Menthol mit einer Bindungsstelle auf dem Kanalprotein in Wechselwirkung treten. Capsaicin vermittelt ein brennend scharfes Empfinden, während Menthol als kühlend wahrgenommen wird. Obwohl keine Temperaturänderung vorliegt, aktiviert das Öffnen dieser TRP-Kanäle eine Signalbahn,

---

[11] Mögliche Kandidaten umfassen Ionenkanäle, die nicht zur TRP-Familie gehören, beispielsweise temperaturabhängige K^+-Kanäle, die auch für das Ruhemembranpotenzial verantwortlich sind [13].
[12] Die Rolle von TRPA1 als Nozizeptor für Kältereize wird aufgrund z. T. widersprüchlicher Befunde kontrovers diskutiert.

● **Tabelle 15.2** Eigenschaften thermosensitiver TRP-Kanäle				
Kanal	Q_{10}**-Wert (bei −70 mV)**	T_{50} **(°C bei −70 mV)**	**Substanz**	**Funktion**
TRPV1	10,8	49	Capsaicin, Piperin, Senföle	Nozizeptor bei Wärme
TRPM3	5,3	61	–	Nozizeptor bei Wärme
TRPM8	0,14	8	Menthol, Eukalyptusöl	Kälterezeptor
TRPA1	0,22	5	Menthol, Senföle, Zimtaldehyd	Nozizeptor bei Kälte

Der T_{50}-Wert bezeichnet die Temperatur, bei der die Hälfte der Ionenkanäle geöffnet ist.

die letztlich zu einer subjektiven Wärme- bzw. Kälteempfindung führt. Dies wiederum bedeutet, dass die Aktivierung bestimmter sensorischer Bahnen und ihrer Projektionsgebiete im Cortex einen spezifischen, invarianten Sinneseindruck hervorruft.

● Tab. 15.2 fasst die Eigenschaften der wichtigsten aktuell bekannten thermosensitiven TRP-Kanäle zusammen. Sehr wahrscheinlich sind neben den bisher beschriebenen TRP-Kanälen noch andere Ionenkanäle, die entweder auch zur TRP-Familie oder aber zu anderen Familien von Ionenkanälen gehören, an der Transduktion thermischer Reize beteiligt.

Eine bislang ungeklärte Frage betrifft den oder die Mechanismen, die einem temperaturabhängigen Gating von Ionenkanälen zugrunde liegen. Gegenwärtig werden die folgenden Möglichkeiten diskutiert:

- **Intrinsische Temperaturabhängigkeit.** Der Ionenkanal selbst reagiert auf Temperaturänderungen mit einer Konformationsänderung, wodurch seine Leitfähigkeit erhöht oder verringert wird (● Abb. 15.8a). TRPM8 und TRPV1 werden wahrscheinlich mithilfe eines derartigen Mechanismus aktiviert.
- **Änderungen der Membraneigenschaften.** Lipidmembranen reagieren hochgradig empfindlich auf Temperaturerhöhungen, indem sie einen Phasenübergang von einem quasikristallinen in einen gelartigen Zustand vollziehen (▶ Abschn. 3.1). Durch diesen Prozess können theoretisch mechanische Kräfte auf ein Transmembranprotein übertragen und so ein zentraler Ionenkanal geöffnet werden (● Abb. 15.8b). In diesem Modell ist Thermosensitivität eine indirekte Form der Mechanosensitivität des Kanals.
- **Aktivierung eines intrazellulären Liganden.** Die katalytische Aktivität eines Enzyms ist meist außerordentlich temperaturabhängig. So kann eine Erhöhung der Temperatur ein Enzym aktivieren, das die Synthese einer intrazellulären Substanz katalysiert, die ihrerseits als Ligand für einen thermosensitiven Ionenkanal fungiert. Die Erhöhung der intrazellulären Konzentration dieses Liganden führt zu einer höheren Offenwahrscheinlichkeit des Ionenkanals. Dieses Modell basiert auf den ligandenbindenden Eigenschaften einiger thermosensitiver Kanäle (● Abb. 15.8c).
- **Phosphorylierung.** Eine Temperaturänderung kann die katalytische Aktivität einer Kinase wie etwa Proteinkinase A oder Proteinkinase C verändern, was wiederum den Phosphorylierungszustand eines thermosensitiven Ionenkanals beeinflusst. Phosphorylierung und Dephosphorylierung sind bekannte Mechanismen zur Regulation der Permeabilität bei zahlreichen Ionenkanälen (● Abb. 15.8d).

○ Abb. 15.8 Mögliche Mechanismen der Regulation thermosensitiver Ionenkanäle. **a** Änderungen der Temperatur (ΔT) führen unmittelbar zu einer Konformationsänderung und damit zu einem Öffnen des Kanals. **b** Die Temperatur beeinflusst die Eigenschaften der Zellmembran und der Kanal reagiert auf Veränderungen der Dicke, der Spannung oder der Krümmung der Membran. **c** Ein inaktives intrazelluläres Enzym wird durch eine Temperaturänderung aktiviert und stellt einen Liganden her, dessen Bindung an den Kanal die Kanalpore öffnet. **d** Eine Änderung der Temperatur aktiviert eine intrazelluläre Kinase, die den Kanal durch eine Phosphorylierungsreaktion öffnet (nach [13]. Mit freundlicher Genehmigung von Nature Publishing Group.)

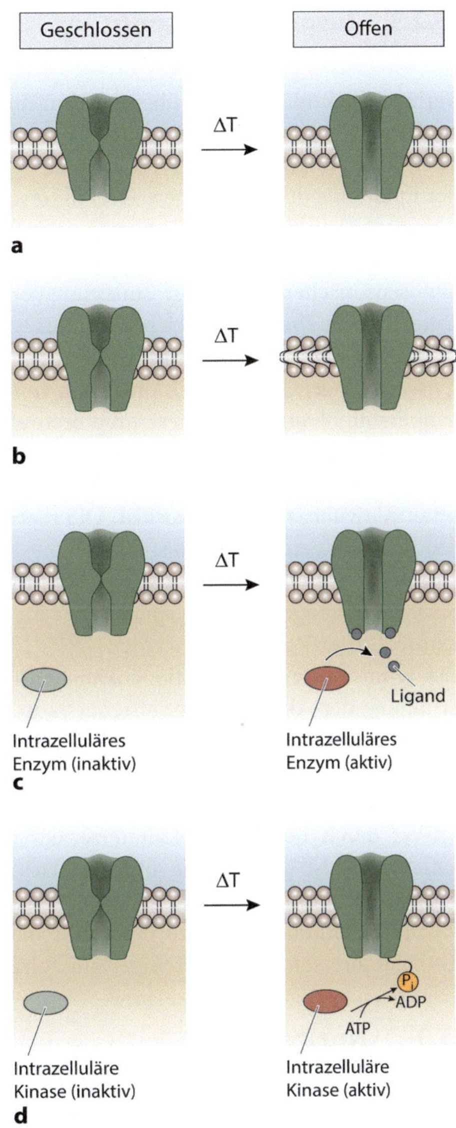

— **Rekrutierung von Untereinheiten.** Eine Temperaturänderung kann die Konformation und/oder Lokalisation von Untereinheiten beeinflussen, die zum Öffnen des Ionenkanals erforderlich sind.

Der erste Mechanismus, die intrinsische Temperaturabhängigkeit des Ionenkanals, basiert auf der Annahme einer thermosensitiven Region innerhalb des Proteins. Diese Region wird von einer konservierten Aminosäuresequenz gebildet, die mit dem Spannungssensor spannungsabhängiger Ionenkanäle vergleichbar ist (▶ Abschn. 9.2.1). Offensichtlich befinden sich diese thermosensitiven Bereiche jedoch in unterschiedlichen, relativ weit voneinander entfernten Regionen des Proteins, sodass wahrscheinlich zahlreiche submolekulare Konformationsänderungen letztlich für die Temperaturabhängigkeit des Kanals verantwortlich sind.

15.2.3   Zusammenfassung

Verlässliche Informationen über die Umgebungstemperatur sind für das Überleben eines Organismus von zentraler Bedeutung. Änderungen der Temperatur oder Abweichungen von der Thermoneutralzone werden von Thermosensoren registriert, die als freie Nervenendigung in der Epidermis der Haut liegen. Drei unterschiedliche Signalbahnen vermitteln wichtige physiologische Funktionen der Thermosensitivität: (1) Rückziehreflex zur Vermeidung kälte- oder wärmebedingter Gewebeschädigungen, (2) bewusste Wahrnehmung der Temperatur im somatosensorischen Cortex zur Einleitung von Verhaltensänderungen, (3) unbewusste thermoregulatorische Prozesse im Hypothalamus zur Konstanthaltung der Körpertemperatur.

Kaltsensoren zeigen eine maximale Reaktion bei einer Temperatur von etwa 25 °C, Warmsensoren hingegen bei 43 °C. Unterhalb von 20 °C und oberhalb von 45 °C werden zusätzlich temperaturabhängige Schmerzrezeptoren aktiviert. Kalt- und Warmsensoren zeichnen sich durch eine schnelle Adaptation aus: Temperaturänderungen führen zu einer Verstärkung der Aktionspotenzialfrequenz in der afferenten Nervenfaser, während eine konstante Temperatur keine Aktivitätssteigerung auslöst. Die thermosensitiven Nozizeptoren hingegen zeigen eine deutlich geringere Adaptation.

Die Umwandlung thermischer Reize in zelluläre elektrische Signale erfolgt in den freien Nervenendigungen mithilfe spezifischer Ionenkanäle der TRP-Familie. Für die Transduktion schmerzhafter Wärmereize werden TRPV1 und TRPM3 diskutiert, die bei entsprechend hohen Temperaturen einen Kationenkanal öffnen, was zur Depolarisation der Endigung und zur Erhöhung der Aktionspotenzialfrequenz in den afferenten Nervenfasern führt. TRPV1 wird ebenfalls durch Capsaicin aktiviert, wodurch die brennende Schärfe von Chilis hervorgerufen wird.

TRPM8 vermittelt nichtschmerzhafte Kälteempfindungen, während möglicherweise TRPA1 durch nozizeptive Kältereize aktiviert wird. Das temperaturabhängige Gating der Ionenkanäle ist gegenwärtig nicht geklärt. Mögliche Mechanismen reichen von einer intrinsischen Temperaturabhängigkeit der Kanäle über temperaturbedingte Änderungen der Membranfluidität bis hin zu einer Aktivierung intrazellulärer Enzyme, deren katalytische Aktivität ihrerseits von der Temperatur abhängt.

15.3   Nozizeption

Die meist unangenehme subjektive Wahrnehmung von Schmerzen, die sogenannte **Nozizeption**, stellt ein außerordentlich wichtiges Warnsignal dar, das den Organismus vor körperlichen Schäden schützt. Die eigentliche Schmerzempfindung entsteht im Gehirn, das die elektrische Aktivität in eng umgrenzten kortikalen Arealen als Schmerz in einer bestimmten Körperregion interpretiert. Nozizeption wird nicht durch eine übermäßige Aktivierung der bereits besprochenen Mechano- und Thermosensoren verursacht, sondern beruht auf getrennten Sensoren (**Nozizeptoren**) und spezifischen zentralnervösen Bahnen. Eine seltene Mutation in einem spannungsabhängigen Na^+-Kanal, der vor allem von Nozizeptoren exprimiert wird, verursacht eine gestörte Signalerzeugung und -weiterleitung. Daher gelangen normalerweise schmerzhafte Reize aus der Peripherie nicht ins Gehirn, was den Verlust der Schmerzwahrnehmung beim Menschen zur Folge hat. Die Verarbeitung nichtschmerzhafter thermischer und mechanischer Reize bleibt hingegen unbeeinträchtigt [4, 5]. Da die betroffenen Patienten keine Schmerzen spüren, fehlen entscheidende Rückmeldungen über schädigende Prozesse – mit der Folge häufiger Verletzungen und einer signifikant reduzierten Lebenserwartung.

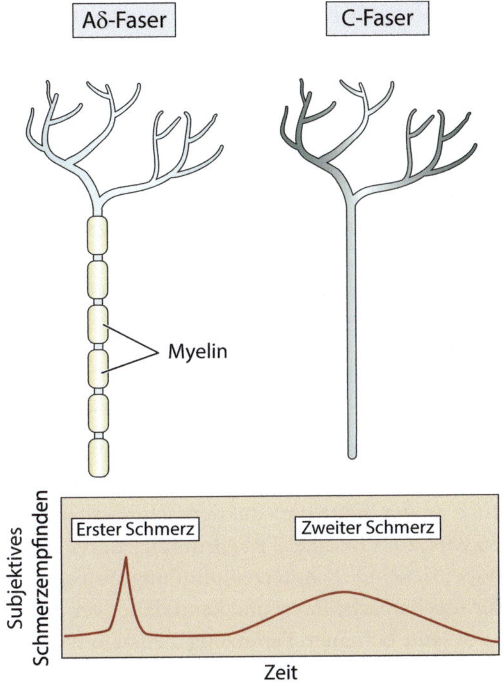

◘ Abb. 15.9 Erster und zweiter Schmerz. Der als stechend scharf empfundene erste Schmerz wird von myelinisierten Aδ-Fasern weitergeleitet, während nichtmyelinisierte, langsamere C-Fasern den zweiten Schmerz vermitteln. Die Verästelungen der Nervenfasern repräsentieren freie Nervenendigungen in den Geweben des Körpers

15.3.1 Nozizeptoren

Nozizeptoren sind spezifische Sensoren in der Haut und in den inneren Organen, die potenziell schädigende thermische, mechanische oder chemische Reize (**noxische Reize**) in ein graduiertes Rezeptorpotenzial und anschließend in eine Folge von Aktionspotenzialen in den afferenten Nervenfasern umwandeln. Sie liegen als unspezialisierte freie Nervenendigungen in der Epidermis der Haut und in den Organen. Die eigentlichen Sinneszellen sind pseudounipolare Neurone, deren Zellkörper sich entweder in den Spinalganglien oder in den Trigeminusganglien befinden. Meist werden Nozizeptoren hinsichtlich der Leitungsgeschwindigkeit ihrer Axone unterschieden, die entweder zu den myelinisierten Aδ- oder den nichtmyelinisierten C-Fasern gehören (◘ Abb. 15.9).

— **Hochschwellige Nozizeptoren** reagieren auf starke mechanische Reize. Ihre Signale werden schnell mithilfe von Aδ-Fasern ins Zentralnervensystem geleitet, wo sie zur Wahrnehmung eines kurzen, stechend scharfen Schmerzes führen, dem sogenannten **ersten Schmerz**. Ein derartiger Schmerz tritt beispielsweise bei einem Schnitt in den Finger auf. Die Aktivierung dieser Nozizeptoren löst einen Rückziehreflex als unmittelbare Schutzreaktion aus, der zeitlich vor der bewussten Schmerzwahrnehmung abläuft.

— **Polymodale Nozizeptoren** leiten ihre Signale vor allem mittels langsamer C-Fasern weiter. Polymodal bedeutet, dass diese Schmerzsensoren sowohl durch übermäßige Hitze und Kälte als auch durch mechanische und chemische Einflüsse aktiviert werden können. Sie stellen die zahlenmäßig größte Gruppe nozizeptiver Afferenzen und sind für ein lang anhaltendes, dumpfes Schmerzempfinden, den sogenannten **zweiten Schmerz**, verantwortlich. Dieser Schmerz hat einen brennenden und bohrenden Charakter und tritt meist etwas zeitverzögert nach Verletzungen auf.

- **Schlafende Nozizeptoren** sind im gesunden Gewebe inaktiv, können aber durch Entzündungsprozesse aktiviert werden. Dann reagieren sie bereits auf schwache mechanische Reize, die normalerweise kein Schmerzempfinden auslösen. Die Senkung der Reizschwelle führt zu einer Schmerzüberempfindlichkeit, die als **primäre Hyperalgesie** bezeichnet wird.

Innerhalb der Aδ-Fasern wird noch zwischen zwei Klassen von Sensoren unterschieden: (1) Sensoren, die vor allem auf mechanische und chemische Reize, aber weniger auf schmerzhafte Wärme oder Kälte reagieren, und (2) Sensoren mit einer niedrigen Schwelle für Wärme und einer hohen Schwelle für mechanische/chemische Reize.

15.3.2 Signaltransduktion

Ionenkanäle der TRP-Familie sind für die Umwandlung schmerzhaft kalter und warmer Reize in ein Rezeptorpotenzial verantwortlich (▶ Abschn. 15.2.2) und sie sind sehr wahrscheinlich auch an der Signaltransduktion schmerzhafter mechanischer und chemischer Reize beteiligt. So wird zum Beispiel TRPA1 durch zahlreiche Chemikalien aktiviert, die alle eine brennende oder prickelnde Schmerzempfindung auslösen. TRPA1 dient möglicherweise auch als Rezeptor für mechanische Reize und kann daher verschiedene noxische Stimuli integrieren.

Wenn bei einer Verletzung Zellen zerstört werden, treten ATP und K^+-Ionen aus dem geschädigten Bereich in das Interstitium des umliegenden Gewebes aus. Hinzu kommen Entzündungsmediatoren wie **Bradykinin**[13] und **Prostaglandine**, wobei das Prostaglandin PGE_2 eine zentrale Rolle spielt. Prostaglandine werden aus Arachidonsäure mithilfe des Enzyms **Cyclooxygenase** synthetisiert. Die schmerzstillende Wirkung leichter Schmerzmittel wie Acetylsalicylsäure – dem Wirkstoff in Aspirin – und Ibuprofen beruht auf der Hemmung der Cyclooxygenase, wodurch die Synthese von PGE_2 verhindert wird.[14]

Die genannten Entzündungsmediatoren üben eine indirekte Wirkung auf TRP-Kanäle aus, indem sie über G-Proteine und intrazelluläre Signalkaskaden die Permeabilität der Ionenkanäle verändern. Bradykinin und PGE_2 vermitteln zwei grundlegende intrazelluläre Mechanismen (◘ Abb. 15.10).

- Bradykinin bindet an Bradykininrezeptoren in der Membran der freien Nervenendigung, was zu einer G-protein-vermittelten Aktivierung von Phospholipase C (PLC) führt. PLC katalysiert die Bildung von Diacylglycerol, das wiederum Proteinkinase C (PKC) aktiviert. Die Phosphorylierung von TRPV1-Kanälen durch PKC führt zum Einstrom von Kationen (Na^+ und Ca^{2+}) und zur Depolarisation des Nozizeptors.
- Durch die Bindung von PGE_2 an einen membranständigen Prostaglandinrezeptor wird das Enzym Adenylatcyclase aktiviert. Adenylatcyclase erhöht die intrazelluläre Konzentration von cAMP, wodurch die Proteinkinase A aktiviert wird, die ihrerseits den TRPV1-Kanal phosphoryliert und auf diese Weise öffnet.

Neben den genannten Substanzen sind noch andere inflammatorisch wirksame Stoffe, darunter zahlreiche Zytokine, an der Aktivierung der Nozizeptoren beteiligt. Sie können Nozizep-

---

[13] Bradykinin gehört zu den Kininen und kommt vor allem im Blutplasma vor, wo es eine gefäßerweiternde Wirkung besitzt.

[14] Schmerzmittel mit dieser Wirkungsweise werden als nichtsteroidale Entzündungshemmer (Antiphlogistika) bezeichnet. Sie unterscheiden sich von den steroidalen Antiphlogistika, bei denen es sich um Glucocorticoide handelt, die die Phospholipase A_2 hemmen und somit die Bildung von Arachidonsäure aus Phospholipiden verhindern.

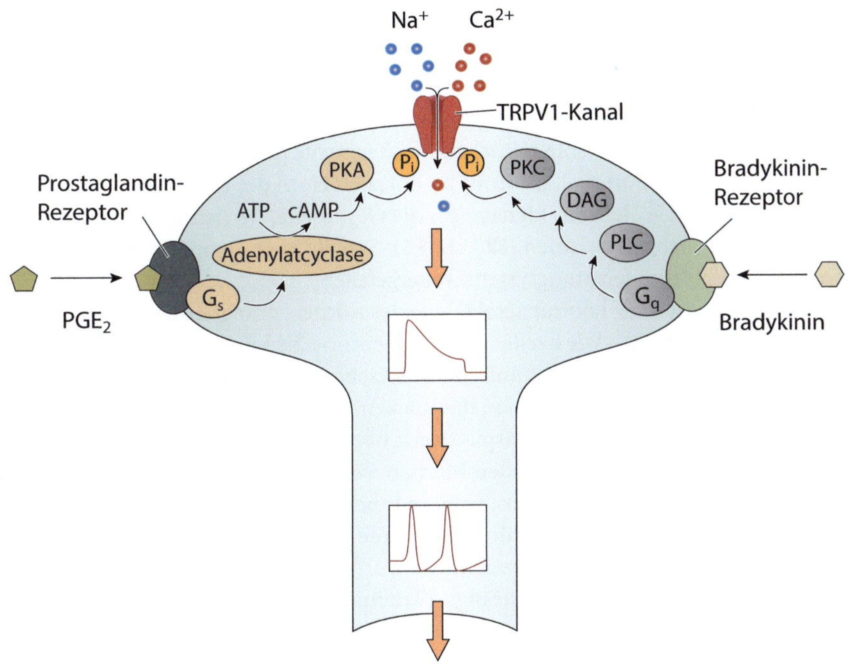

◘ Abb. 15.10 Signaltransduktion in einer nozizeptiven Nervenendigung. Entzündungsmediatoren wie Bradykinin und Prostaglandin PGE_2 binden an membranständige G-protein-gekoppelte Rezeptoren, wodurch eine intrazelluläre Signalkaskade ausgelöst wird. Proteinkinase A (PKA) und Proteinkinase C (PKC) phosphorylieren einen TRPV1-Ionenkanal, der auf diese Weise geöffnet wird und den Einstrom von Kationen in die Nervenendigung ermöglicht. Das überschwellige Rezeptorpotenzial löst die Erzeugung von Aktionspotenzialen aus, die entlang der Nervenfaser ins Zentralnervensystem weitergeleitet werden

toren sensibilisieren und somit zu der erhöhten Schmerzempfindlichkeit beitragen, die häufig entzündliche Prozesse begleitet. Diese **periphere Sensibilisierung** ist die Grundlage für die primäre Hyperalgesie. In diesem Fall stellt bereits die normale Körpertemperatur einen schmerzhaften Wärmereiz dar, der durch Kühlen der entzündeten Geweberegion reduziert werden kann. *Bei der primären Hyperalgesie wird der Schwellenwert eines Nozizeptors wie TRPV1 so weit gesenkt, dass bereits nichtnoxische Temperaturen eine Schmerzempfindung erzeugen.*

Bedingt durch die Plastizität synaptischer Verbindungen kann eine kontinuierliche niederfrequente Aktivität von Nozizeptoren in den zweiten Neuronen des Rückenmarks eine überschießende Erregung auslösen, die als Schmerz wahrgenommen wird. Hierbei handelt es sich um eine **zentrale Sensibilisierung**, die für die **sekundäre Hyperalgesie** verantwortlich ist. Diese Form der Schmerzüberempfindlichkeit beruht auf zentralnervösen, meist spinalen Mechanismen und reicht in ihrer räumlichen Ausdehnung über den pathologisch veränderten Bereich hinaus. *Aufgrund der zentralen Sensibilisierung kommt es bei der sekundären Hyperalgesie auch ohne sensorische Reize zu einer Schmerzempfindung.*

In der Regel gehen die Entzündungsprozesse und damit auch die Hyperalgesie nach einer gewissen Zeit zurück und das normale Schmerzempfinden stellt sich wieder ein. Eine dauerhafte Schädigung zentraler Schmerzbahnen, wie sie bei Herpesinfektionen, Diabetes, multipler Sklerose, Schlaganfällen und anderen Erkrankungen auftreten kann, führt hingegen zu chronischen **neuropathischen Schmerzen**, die außerordentlich schwer zu behandeln sind.

15.3.3   Aufsteigende und absteigende Bahnen

Die zentralen Fasern der pseudounipolaren Nozizeptoren treten wie alle anderen sensorischen Fasern auch über die dorsalen Wurzeln ins Rückenmark ein. Dort verzweigen sie sich t-förmig und verlaufen über die Länge weniger Rückenmarksegmente nach oben und nach unten, bevor sie auf ein spinales Interneuron (2. Neuron) im dorsalen Horn des Rückenmarks umgeschaltet werden. Die Axone des 2. Neurons kreuzen auf die Gegenseite, wo sie im **Vorderseitenstrangsystem** in Richtung Gehirn verlaufen (■ Abb. 15.5). Signale über Temperaturänderungen werden ebenfalls im Vorderseitenstrangsystem weitergeleitet.

Die Umschaltung auf die kontralaterale Seite des Körpers erfolgt also bereits auf der Höhe des Rückenmarks und nicht – wie bei der mechanosensorischen Bahn – erst in der Medulla oblongata (▶ Abschn. 15.1.3). Dieser anatomische Unterschied hat wichtige Konsequenzen für die Lokalisation einer unvollständigen Läsion des Rückenmarks, die mechanosensorische und nozizeptive Bahnen durchtrennt. Wird beispielsweise bei einer Halbseitenläsion das Rückenmark nur auf der rechten Seite beschädigt, fallen Mechanosensibilität und Propriozeption unterhalb der Läsionsstelle auf derselben Seite aus, während die Schmerz- und Temperaturempfindung auf der gegenüberliegenden Seite gestört sind. Diese dissoziierte Empfindungsstörung wird auch als **Brown-Séquard-Syndrom** bezeichnet.

Die Hauptbahn des Vorderseitenstrangs (**Tractus spinothalamicus**) schließt sich dem **Lemniscus medialis** an und zieht zu verschiedenen Kernen innerhalb des Thalamus und anschließend in den somatosensorischen Cortex, wo die bewusste Bewertung des Schmerzes hinsichtlich seiner Lokalisation, Intensität und Qualität erfolgt. Ein kleinerer Teil des Vorderseitenstrangs, der **Tractus spinoreticularis**, projiziert in die **Formatio reticularis** des Hirnstamms und wird dort auf andere Thalamuskerne sowie den Hypothalamus verschaltet. Dieses Projektionssystem löst vegetative und emotionale Reaktionen auf einen Schmerzreiz aus. Emotionale Komponenten der Schmerzwahrnehmung umfassen die unangenehmen und beängstigenden Empfindungen, die meist mit Schmerzen verbunden sind. Projektionen in die Formatio reticularis des Hirnstamms und vor allem in limbische Areale sind demnach für die bewusste affektive Bewertung von Schmerzreizen verantwortlich.[15]

Zahlreiche Beobachtungen deuten darauf hin, dass die subjektive Schmerzempfindung hochgradig variabel ist und sehr stark von den jeweiligen Umständen abhängt. So berichteten etwa während des Zweiten Weltkriegs auf dem Schlachtfeld schwer verletzte Soldaten, dass sie kaum oder überhaupt keine Schmerzen empfanden. Gleichzeitig unterliegt die Schmerzwahrnehmung einem gut dokumentierten **Placeboeffekt**[16]: Beispielsweise konnte in einer Studie bei 75 % der Patienten postoperativer Schmerz durch Injektion einer Kochsalzlösung zufriedenstellend behandelt werden. Diese Befunde legen nahe, dass die subjektive Schmerzwahrnehmung durch Signale aus dem Gehirn, die über absteigende Bahnen ins Rückenmark gelangen, nachhaltig verändert werden kann.

Diese absteigenden Bahnen entspringen in unterschiedlichen Hirnregionen und beeinflussen letztlich die Projektionsneurone im dorsalen Horn des Rückenmarks – die 2. Neurone der Schmerzbahn. Neben inhibitorischen Interneuronen im Rückenmark, die Glycin als Neurotransmitter verwenden, existieren lokale Interneurone, die **endogene Opioide** synthetisieren

---

[15] Das limbische System besteht aus einer Reihe subkortikaler Kerngebiete, wie der Amygdala, sowie kortikaler Regionen, beispielsweise dem cingulären Cortex. Das limbische System spielt eine wesentliche Rolle bei der Integration emotionalen Verhaltens.

[16] Unter einem Placeboeffekt verstehen wir eine physiologische Reaktion auf eine pharmakologisch unwirksame Substanz wie Kochsalz oder Glucose.

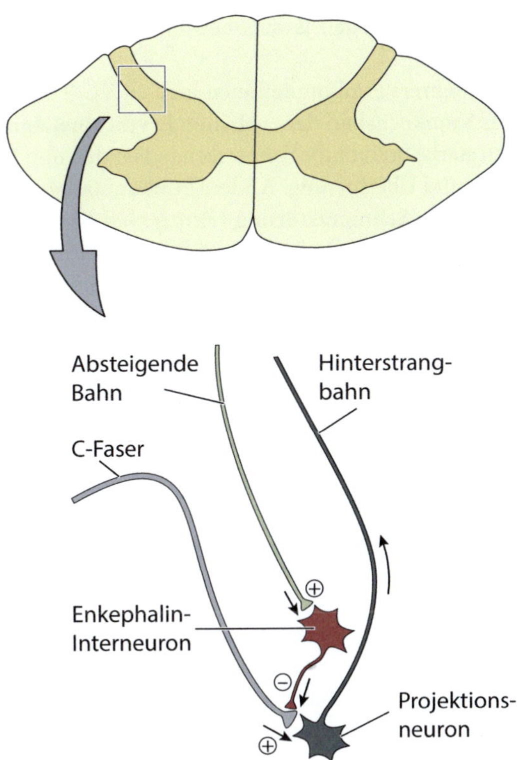

Abb. 15.11 Modulation der Schmerzbahn durch opioidfreisetzende Interneurone. Der *Kasten* zeigt die synaptische Verschaltung im dorsalen Horn des Rückenmarks. C-Fasern leiten nozizeptive Signale über die dorsalen Wurzeln ins Rückenmark, wo sie exzitatorische Synapsen mit Projektionsneuronen ausbilden. Die Axone der Projektionsneurone verlaufen in den Hinterstrangbahnen zu den somatosensorischen Kerngebieten in der Medulla oblongata. Absteigende Bahnen aus Hirnstammkernen aktivieren Enkephalin enthaltende Interneurone, die ihrerseits mit inhibitorischen Synapsen auf die Axonterminalien der C-Fasern verschalten. Die Übertragung nozizeptiver Signale von den C-Fasern auf die Projektionsneurone wird aufgrund dieser synaptischen Hemmung abgeschwächt. $\oplus$ bezeichnet exzitatorische Synapsen, $\ominus$ inhibitorische Synapsen

und an den Synapsen zwischen nozizeptiven Afferenzen und den Projektionsneuronen freisetzen (**Abb. 15.11**). Bedingt durch den hemmenden Einfluss der Opioide werden die Projektionsneurone der Schmerzbahn weniger stark oder gar nicht aktiviert, sodass die bewusste Schmerzempfindung entsprechend schwächer ausgeprägt ist.

Derivate des Opiums, wie beispielsweise Morphium, werden therapeutisch als starkes Schmerzmittel (Analgetikum) eingesetzt. Morphium kann seine analgetische Wirkung nur entfalten, wenn es an einen passenden Rezeptor bindet. Da es jedoch höchst unwahrscheinlich ist, dass sich ein solcher Rezeptor evolutionär aufgrund einer externen Verabreichung von Opiaten entwickelt hat, liegt die Vermutung nahe, dass es körpereigene Substanzen geben muss, die an die entsprechenden Rezeptoren binden. Inzwischen sind mit den **Enkephalinen**, **Endorphinen** und **Dynorphinen** drei unterschiedliche Gruppen endogener Opioide identifiziert worden. Bei diesen Opioiden handelt es sich um kurze Neuropeptide, die an G-protein-gekoppelte Opioidrezeptoren binden und intrazellulär eine Hemmung der neuronalen Aktivität in den postsynaptischen Neuronen der Schmerzbahn verursachen.

15.3.4 Natriumkanäle und Schmerz

Das in den freien Nervenendigungen erzeugte Rezeptorpotenzial wird – wenn es überschwellig ist – in eine Folge von Aktionspotenzialen umgewandelt, deren Frequenz die Stärke des Schmerzreizes codiert. Aktionspotenziale werden von spannungsabhängigen Na^+-Kanälen generiert, von denen jeweils bestimmte Isoformen in den nozizeptiven Endigungen vorkommen.[17]

Mehrere Punktmutationen im Gen *SCN 9A*, das die $Na_v 1.7$-Isoform codiert, verursachen das Krankheitsbild der **erblichen Erythromelalgie** (EEM). Symptome der Erkrankung umfassen starke brennende Schmerzen in Händen und Füßen, verbunden mit einer Schwellung, Rötung und Überhitzung. Andere Punktmutationen in demselben Gen sind für die **extreme paroxysmale Schmerzstörung** (*Paroxysmal Extreme Pain Disorder*, PEPD) verantwortlich.[18] Im Gegensatz zu diesen funktionssteigernden Mutationen führt der vollständige Funktionsverlust von $Na_v 1.7$-Kanälen bedingt durch eine homozygote Nonsense-Mutation zu einer Form der Schmerzunempfindlichkeit, die als **kongenitale Schmerzinsensitivität** bezeichnet wird [4]. Andere sensorische Leistungen – insbesondere mechano- und thermosensorische Wahrnehmungen – sind mit einer Ausnahme nicht beeinträchtigt: Da $Na_v 1.7$ auch an der olfaktorischen Signalleitung maßgeblich beteiligt ist, verursacht ein Funktionsverlust dieses Kanals Störungen bei der Geruchswahrnehmung bis hin zur Anosmie. *Insgesamt deuten diese Befunde auf eine zentrale Rolle von* $Na_v 1.7$ *in der Weiterleitung schmerzrelevanter Signale hin.*

Erythromelalgie und PEPD werden durch Mutationen hervorgerufen, die zu einer Funktionssteigerung eines spannungsabhängigen Na^+-Kanals führen (*Gain-of-function*-Mutationen). Eine Verschiebung der Strom-Spannungs-Kennlinie nach links in Richtung hyperpolarisierter Potenziale aktiviert die mutierten Kanäle bereits bei schwachen Depolarisationen, von denen Wildtypkanäle normalerweise nicht geöffnet werden (◘ Abb. 15.12a). Darüber hinaus beeinträchtigen die Gain-of-function-Mutationen die Inaktivierung der $Na_v 1.7$-Kanäle, sodass sie im Vergleich zum Wildtyp erst bei positiveren Spannungen bzw. zu einem geringen Teil überhaupt nicht inaktivieren (◘ Abb. 15.12b).

Alle Gain-of-function-Mutationen erweitern das Spannungsfenster, in dem der mutierte Ionenkanal für Na^+ *permeabel ist.* Infolgedessen werden Aktionspotenziale bereits bei normalerweise unterschwelligen Depolarisationen ausgelöst (◘ Abb. 15.13a) und sie weisen im Vergleich zu den nichtmutierten Kanälen eine höhere Frequenz auf (◘ Abb. 15.13b).

$Na_v 1.9$ ist ein weiterer spannungsgesteuerter Na^+-Kanal, der von nozizeptiven Afferenzen in den Spinalganglien und den Trigeminusganglien exprimiert wird. Dieser Kanal zeigt eine Reihe pharmakologischer und elektrophysiologischer Besonderheiten:
1. Resistenz gegenüber Tetrodotoxin (▶ Abschn. 10.4.4),
2. Aktivierung bei negativeren Potenzialen,
3. Inaktivierung bei positiveren Potenzialen,
4. extrem langsame Inaktivierung.

Die Eigenschaften 2 und 3 führen zu dauerhaft offenen Na^+-Kanälen in einem Spannungsbereich zwischen $-70\,mV$ und $-40\,mV$ und daher zu einem kontinuierlichen Einstrom von Na^+-Ionen beim Ruhemembranpotenzial (◘ Abb. 15.14).

$Na_v 1.9$ trägt mit seiner Na^+-Leitfähigkeit zu einem vergleichsweise depolarisierten Ruhemembranpotenzial bei und verlängert das durch unterschwellige Reize erzeugte Rezeptorpotenzial. Ähnlich wie bei den mutierten $Na_v 1.7$-Kanälen wird bei $Na_v 1.9$ der Schwellenwert für die Auslösung von Aktionspotenzialen gesenkt und die Aktionspotenzialfrequenz bei einer bestimmten Reizstärke erhöht. *Der Einstrom von* Na^+*-Ionen durch* $Na_v 1.9$*-Kanäle ist weni-*

---

[17] Bei Säugern wurden bisher neun Isoformen spannungsgesteuerter Na^+-Kanäle nachgewiesen, von denen drei – $Na_v 1.7$, $Na_v 1.8$ und $Na_v 1.9$ – in nozizeptiven Neuronen der Spinalganglien exprimiert werden und an der Signalleitung in den Schmerzbahnen beteiligt sind.

[18] Die Symptomatik der PEPD ist ähnlich der EEM, allerdings sind die Schmerzattacken auf rektale, okuläre und mandibuläre Regionen beschränkt.

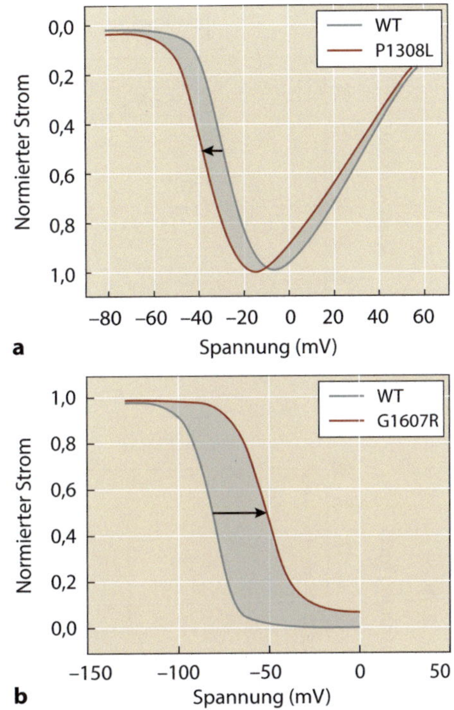

◘ Abb. 15.12 Punktmutationen verändern die biophysikalischen Eigenschaften von Na_v 1.7-Kanälen. **a** Die Strom-Spannungs-Kennlinie zeigt die Größe des Stroms in Abhängigkeit von der Spannung. Zur besseren Vergleichbarkeit wurde der Strom auf die maximale Stromamplitude normiert. Der unveränderte Wildtyp-(WT-)Kanal öffnet bei etwa −50 mV und erreicht einen maximalen Einwärtsstrom bei −10 mV. Eine Erythromelalgie verursachende Punktmutation (P1308L) im Gen des Na_v 1.7-Kanals führt zu einer Verschiebung der Strom-Spannungs-Kennlinie nach links, sodass der Kanal bereits bei Spannungen im Bereich des Ruhemembranpotenzials öffnet. **b** Die schnelle Inaktivierung schließt spannungsabhängige Na^+-Kanäle und verhindert so vorübergehend die Erzeugung von Aktionspotenzialen. Symptome der extremen paroxysmalen Schmerzstörung werden durch Punktmutationen im Gen des Na_v 1.7-Kanals hervorgerufen, die die Inaktivierung der Kanäle beeinflussen. Die Mutation G1607R verschiebt die Inaktivierung um etwa 30 mV in die positive Richtung, sodass weniger Kanäle inaktivieren, wodurch eine Übererregbarkeit in der Schmerzbahn hervorgerufen wird (nach [4])

ger für die Amplitude der in diesen Nozizeptoren erzeugten Aktionspotenziale verantwortlich, sondern bestimmt vielmehr, ob und mit welcher Frequenz Aktionspotenziale generiert werden. Diese Eigenschaften prädestinieren Na_v 1.9 für eine Rolle im Rahmen der Signalleitung in der Schmerzbahn.

Gain-of-function-Mutationen im Gen *SCN11A*, das den Na_v 1.9-Kanal codiert, rufen eine Übererregbarkeit sensorischer Neurone in den Spinalganglien hervor, die wiederum für **periphere Neuropathien** verantwortlich ist.[19] Diese Übererregbarkeit äußert sich in Form eines depolarisierten Ruhepotenzials, einer höheren Zahl von Neuronen mit Spontanaktivität sowie einer erhöhten Aktionspotenzialfrequenz bei einem schwachen depolarisierenden Stimulus.

Neben der Signaltransduktion in der Membran der freien Nervenendigungen spielen die Erzeugung und Weiterleitung von Aktionspotenzialen in den peripheren Nerven eine entscheidende Rolle für die Schmerzwahrnehmung. Durch einen einzigen Aminosäureaustausch kann sich die spannungsabhängige Aktivierung von Na^+-Kanalisoformen, die selektiv in der Schmerzbahn exprimiert werden, zu etwas positiveren Potenzialen verschieben, wodurch Übererregbarkeit und chronische Schmerzen ausgelöst werden. Umgekehrt bewirkt ein Funktionsverlust dieser Na^+-Kanäle eine vollständige Unempfindlichkeit gegenüber Schmerzen, ohne dass andere sensorische Leistungen eingeschränkt werden. Aufgrund ihrer spezifischen Expression in den peripheren Schmerzbahnen sind diese Na^+-Kanalisoformen vielversprechende Zielstrukturen für eine effektive therapeutische Schmerzbehandlung, die andere Na^+-kanalvermittelte Funktionen unbeeinträchtigt lässt.

---

[19] Neuropathische Schmerzen (Neuralgien) werden nicht durch eine Verletzung von Gewebe verursacht, sondern entstehen aufgrund von Schädigungen oder Funktionsstörungen in den signalleitenden Nerven. Bei einer peripheren Neuropathie sind die Axone der pseudounipolaren Neurone in den Spinalganglien betroffen.

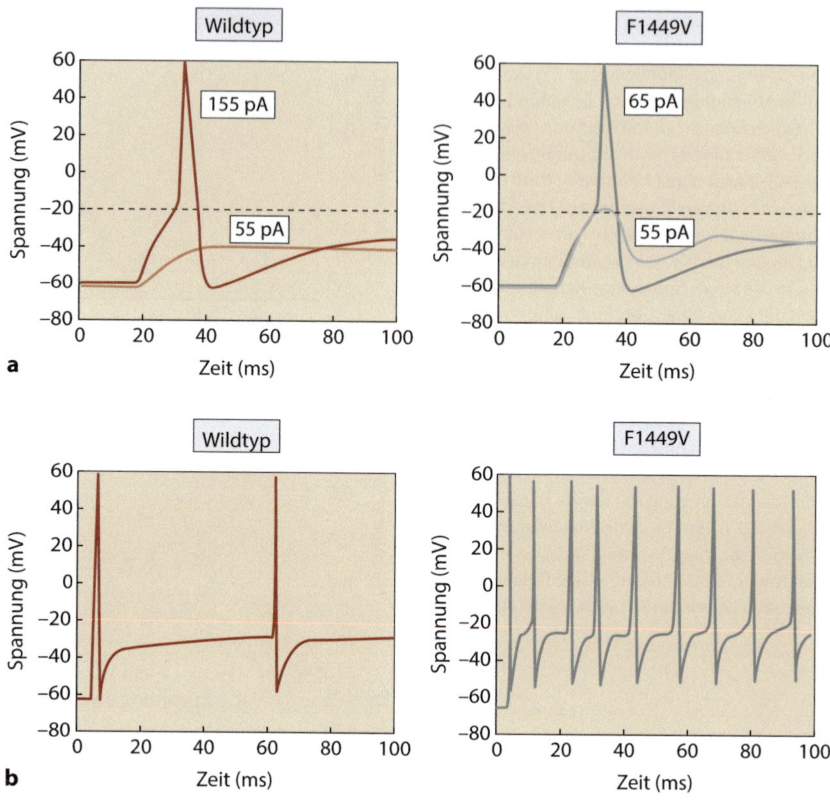

◘ Abb. 15.13 Übererregbarkeit von Na_v 1.7-Kanälen in Spinalganglien. Auslösung von Aktionspotenzialen in Neuronen von Spinalganglien, die unveränderte Na_v 1.7-Kanäle (Wildtyp, *links*) oder die Punktmutation F1449V exprimieren (*rechts*). Die Mutation F1449V tritt bei Erythromelalgie auf. Aktionspotenziale werden durch Injektion eines positiven Stroms erzeugt. **a** Bei der mutanten Form des Kanals wird bereits bei Stromamplituden ein Aktionspotenzial ausgelöst, die bei der Wildtypform des Kanals nur eine unterschwellige Depolarisation verursachen. Die *gestrichelte Linie* markiert den Schwellenwert zur Auslösung eines Aktionspotenzials. **b** Eine überschwellige Depolarisation löst im Wildtyp nur relativ wenige Aktionspotenziale aus, während eine gleich starke Depolarisation die Aktionspotenzialfrequenz bei der Punktmutation deutlich erhöht (nach [4])

◘ Abb. 15.14 Biophysikalische Eigenschaften von Na_v 1.9-Kanälen. Aktivierungs- und Inaktivierungskurven für Na_v 1.9-Kanäle sowie für TTX-sensitive Na^+-Kanäle sind in einem einzigen Diagramm dargestellt. Im Vergleich zu den TTX-sensitiven Na^+-Kanälen überlappen Aktivierungs- und Inaktivierungskurven der Na_v 1.9-Kanäle in einem breiteren Spannungsfenster (*schattierte Bereiche*). In diesem Spannungsbereich sind die Kanäle konstitutiv geöffnet und bewirken so eine leichtere Erregbarkeit der Zellen (nach [5])

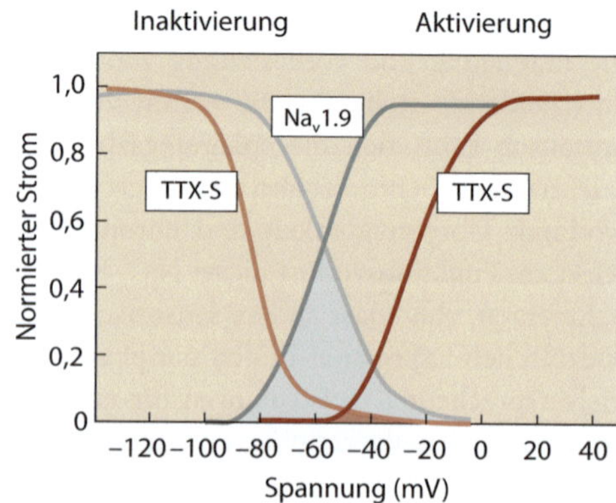

15.3.5   Zusammenfassung

Schmerz ist ein außerordentlich wichtiges Warnsignal, das den Körper vor schädigenden mechanischen, thermischen und chemischen Einflüssen schützt. Spezifische Schmerzfasern, die als freie Nervenendigungen in der Epidermis der Haut und den inneren Organen liegen, wandeln noxische Reize in elektrische Signale um, die vom Gehirn als Schmerz interpretiert werden und zu angepassten Verhaltensänderungen führen. Hochschwellige Nozizeptoren, die vor allem auf starke mechanische Stimuli reagieren, senden Signale über myelinisierte $A\delta$-Fasern ins Rückenmark und vermitteln einen kurzen, scharfen ersten Schmerz. Polymodale Nozizeptoren leiten thermische und chemische Reize mittels nichtmyelinisierter C-Fasern weiter und rufen einen länger andauernden, brennenden zweiten Schmerz hervor. Schlafende Nozizeptoren werden erst durch Entzündungsprozesse aktiviert und verursachen eine Senkung der Schmerzschwelle (primäre Hyperalgesie).

Noxische thermische, aber möglicherweise auch mechanische und chemische Reize werden von unspezifischen Kationenkanälen der TRP-Familie in ein Rezeptorpotenzial umgewandelt. Bei Verletzungen spielt das Entzündungsmilieu, das aus ATP, K^+-Ionen, Bradykinin, Prostaglandinen, verschiedenen Zytokinen und zahlreichen anderen Substanzen besteht, eine wesentliche Rolle für die Schmerzentstehung. Bradykinin und Prostaglandin E_2 binden an spezifische Rezeptoren in der Membran der freien Nervenendigung und aktivieren intrazelluläre Signaltransduktionswege, an deren Ende Phosphorylierungsprozesse die Leitfähigkeit von TRP-Kanälen erhöhen.

Die zentrale Sensibilisierung (sekundäre Hyperalgesie) wird durch plastische Veränderungen der Synapsen zwischen Nozizeptoren und den 2. Neuronen im Rückenmark aufgrund andauernder unterschwelliger Aktivität hervorgerufen. Sie kann zu schwer therapierbaren chronischen neuropathischen Schmerzen führen.

Alle nozizeptiven Bahnen, aber auch Fasern, die nichtnozizeptive thermische Signale weiterleiten, kreuzen etwa auf der Höhe ihres Eintritts ins Rückenmark auf die kontralaterale Seite und steigen anschließend im Vorderseitenstrang gebündelt zum Gehirn auf. Eine Halbseitenläsion des Rückenmarks führt daher zu einer differenziellen Empfindungsstörung, dem Brown-Séquard-Syndrom.

Die sensorisch diskriminative Bewertung eines Schmerzreizes – Lokalisation, Intensität und Art des Schmerzes – erfolgt im somatosensorischen Cortex. Emotionale Aspekte werden hingegen in anderen Hirnregionen verarbeitet, wobei das limbische System mit Amygdala und cingulärem Cortex eine zentrale Bedeutung besitzt.

Die subjektive Schmerzwahrnehmung wird durch absteigende Bahnen, die endogene Opioide als Neurotransmitter verwenden, maßgeblich beeinflusst. Auf diese Weise können die Aktivität von Projektionsneuronen der Schmerzbahn und damit das Schmerzempfinden situationsbedingt angepasst werden.

Die zelltypspezifische Expression der Na^+-Kanalisoformen $Na_v1.7 - 1.9$ in den peripheren Nervenendigungen sensorischer Neurone ist für die Erzeugung von Aktionspotenzialen zur Weiterleitung schmerzrelevanter Signale von großer Bedeutung. Gain-of-function-Mutationen in diesen Kanälen führen zu Übererregbarkeit und gesteigertem Schmerzempfinden, während ein Funktionsverlust eine vollständige Schmerzunempfindlichkeit zur Folge hat.

Literatur

1. Coste B, Mathur J, Schmidt M, Earley TJ, Ranade S, Petrus MJ, Dubin AE, Patapoutian A (2010) Piezo1 and Piezo2 are essential components of distinct mechanically activated cation channels. Science 330:55–60
2. Costigan M, Scholz J, Woolf CJ (2009) Neuropathic pain: A maladaptive response of the nervous system to damage. Annu Rev Neurosci 32:1–32
3. Delmas P, Hao J, Rodat-Despoix L (2011) Molecular mechanisms of mechanotransduction in mammalian sensory neurons. Nat Rev Neurosci 12:139–153
4. Dib-Hajj SD, Yang Y, Black JA, Waxman SG (2013) The Na_v 1.7 sodium channel: From molecule to man. Nat Rev Neurosci 14:49–62
5. Dib-Hajj SD, Black JA, Waxman SG (2015) Na_v 1.9: A sodium channel linked to human pain. Nat Rev Neurosci 16:511–519
6. Fields H (2004) State-dependent opioid control of pain. Nat Rev Neurosci 5:565–575
7. Flor H, Nikolajsen L, Jensen TS (2006) Phantom limb pain: A case of maladaptive CNS plasticity? Nat Rev Neurosci 7:873–881
8. Lumpkin EA, Caterina MJ (2007) Mechanisms of sensory transduction in the skin. Nature 445:858–865
9. Maksimovic S, Nakatani M, Baba Y, Nelson AM, Marshall KL, Wellnitz SA, Firozi P, Woo SH, Ranade S, Patapoutian A, Lumpkin EA (2014) Epidermal Merkel cells are mechanosensory cells that tune mammalian touch receptors. Nature 509:617–621
10. Merabat LB, Pascual-Leone A (2010) Neural reorganization following sensory loss: The opportunity of change. Nat Rev Neurosci 11:44–52
11. Patapoutian A, Peier AM, Story GM, Viswanath V (2003) ThermoTRP channels and beyond: Mechanisms of temperature sensation. Nat Rev Neurosci 4:529–539
12. Purves D, Augustine GJ, Fitzpatrick D, Hall WC (2012) Neuroscience. 5. Aufl, Sinauer, Sunderland
13. Vriens J, Nilius B, Voets T (2014) Peripheral thermosensation in mammals. Nat Rev Neurosci 15:573–589
14. Woo SH, Ranade S, Weyer AD, Dubin AE, Baba Y, Qiu Z, Petrus M, Miyamoto T, Reddy K, Lumpkin EA, Stucky CL, Patapoutian A (2014) Piezo2 is required for Merkel-cell mechanotransduction. Nature 509:622–626

Chemische Sinne

Andreas Feigenspan

© Springer-Verlag GmbH Deutschland 2017
A. Feigenspan, *Prinzipien der Physiologie*, https://doi.org/10.1007/978-3-662-54117-3_16

> **Schlüsselkonzepte**
> 1. Die chemischen Sinne ermöglichen die Erkennung flüchtiger oder löslicher Stoffe und tragen zur Nahrungsaufnahme, zur Vermeidung von Gefahren und zur innerartlichen Kommunikation bei.
> 2. Die große Zahl von Genen, die für olfaktorische Rezeptoren codieren, ermöglicht gemeinsam mit einem kombinatorischen Code die Detektion einer nahezu unbegrenzten Anzahl von Geruchsstoffen.
> 3. Alle olfaktorischen Rezeptoren sind G-protein-gekoppelte Rezeptoren, die infolge der Bindung eines Geruchsstoffs den cAMP/PKA-Signalweg aktivieren.
> 4. Der Einstrom von Kationen durch CNG-Kanäle löst eine Sequenz von Aktionspotenzialen in den Riechsinneszellen aus.
> 5. Das Aktivierungsmuster der Riechsinneszellen wird in ein räumliches und zeitliches Aktivierungsmuster der Glomeruli im Bulbus olfactorius umgewandelt.
> 6. Die Geschmacksqualitäten salzig, sauer, süß, bitter und umami werden von jeweils spezifischen Geschmackssinneszellen in ein elektrisches Signal umgewandelt.
> 7. Das Trigeminussystem ähnelt in vielen Eigenschaften der Thermo- und Schmerzrezeption.

Die Detektion chemischer Substanzen in der Umgebung steht wahrscheinlich am Anfang aller sensorischen Leistungen. Die wesentlichen Interaktionen der ersten einzelligen Organismen mit der Außenwelt bestanden darin, energiereiche Nahrungsstoffe zu erkennen und mögliche Giftstoffe zu vermeiden. Darüber hinaus übernehmen chemische Sinne wichtige Funktionen als chemisches Kommunikationssystem, das Informationen über Vertreter derselben Art vermittelt.

Traditionell werden bei den chemischen Sinnen das olfaktorische System (Geruch), das gustatorische System (Geschmack) und das Trigeminussystem unterschieden. Der **Geruchssinn** ist ein Fernsinn, der die Ortung einer Reizquelle auch aus sicherer Entfernung – allerdings mit relativ geringer räumlicher und zeitlicher Präzision – erlaubt. Der **Geschmackssinn** basiert auf dem direkten Kontakt einer Substanz mit körpereigenen Sensoren; er ist ein Nahsinn zur endgültigen Prüfung der Nahrung vor der Aufnahme in den Körper. Das **Trigeminussystem** schließlich dient vor allem der Detektion von Reizstoffen (Irritantien), die mit Augen, Nase oder Mund in Berührung kommen.

16.1   Das olfaktorische System

Das olfaktorische System vermittelt Informationen hinsichtlich der Art, Konzentration und Qualität zahlreicher chemischer Substanzen. Diese **Geruchsstoffe** müssen jedoch flüchtig sein, sodass sie mit einem Luftstrom, wie beispielsweise der Atemluft, an die entsprechenden Rezeptoren gelangen können. Die von wasserbewohnenden Organismen wahrgenommenen Geruchsstoffe sind wasserlöslich. **Pheromone** bezeichnen Geruchsstoffe, die ausschließlich der innerartlichen Kommunikation dienen. Sie werden in einem spezialisierten chemosensorischen Areal, dem **Vomeronasalorgan** in der Nasenhöhle detektiert.[1]

---

[1] Beim Menschen wird zwar embryonal ein Vomeronasalorgan angelegt, das jedoch im Laufe der weiteren fötalen Entwicklung vollständig zurückgebildet wird.

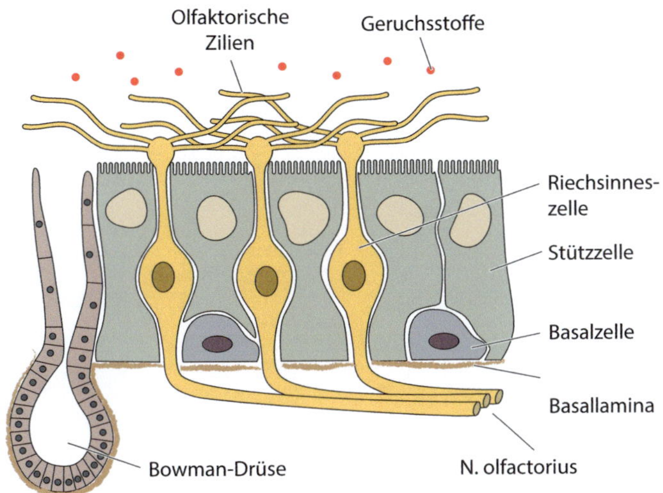

◘ Abb. 16.1 Aufbau des Riechepithels. Die schematische Darstellung zeigt die Anordnung der wichtigsten Zellty-pen des Riechepithels. Die Riechsinneszellen detektieren mit ihren olfaktorischen Zilien Geruchsstoffe; sie werden kontinuierlich aus den Basalzellen regeneriert. Die Axone der Riechsinneszellen bilden den Nervus olfactorius. Bowman-Drüsen produzieren Mucus und Odorant Binding Proteins

Am Anfang dieses Kapitels steht der Aufbau des olfaktorischen Systems der Säuger, bevor die molekularen Mechanismen der Signaltransduktion und schließlich die Strategien der Codierung olfaktorischer Signale besprochen werden.

16.1.1 Aufbau des olfaktorischen Systems

Am Beginn der Geruchswahrnehmung stehen die **Riechsinneszellen** im olfaktorischen Epithel, das beim Menschen aus einem etwa 5 bis 10 cm^2 großen Schleimhautbereich im Dach der Nasenhöhle besteht (◘ Abb. 16.1). Dieses **Riechepithel** enthält neben den sensorischen Neuronen Stützzellen und Basalzellen. Die Riechsinneszellen sind **primäre Sinneszellen**, deren Axone den Nervus olfactorius (I. Hirnnerv) bilden und durch die Siebbeinplatte (Lamina cribrosa) in den Bulbus olfactorius ziehen.

Beim Menschen kommen wahrscheinlich zwischen fünf und zehn Mio. Riechsinneszellen vor, die es uns ermöglichen, über eine Billion (10^{12}) verschiedene Gerüche zu unterscheiden[1].[2] Die Riechsinneszellen sind vergleichsweise ungeschützt allen in der Atemluft vorhandenen Substanzen, also auch aggressiven Chemikalien und Mikroorganismen ausgesetzt. Daher haben sie beim Menschen mit etwa vier Wochen nur eine relativ kurze Lebensdauer und werden regelmäßig durch sich teilende und zu Riechsinneszellen differenzierende Basalzellen erneuert. Die Sensoren des olfaktorischen Systems besitzen demnach eine Regenerationsfähigkeit, die den Photorezeptoren der Retina und den Haarzellen des Innenohrs fehlt.

Riechsinneszellen sind bipolare Neurone mit einem einzigen Dendriten, der zur Oberflächenvergrößerung mehrere Mikrovilli ausbildet. Obwohl häufig als olfaktorische Zilien bezeichnet, fehlt diesen Strukturen die für echte Zilien charakteristische Anordnung von Mikro-

---

[2] Damit können wir deutlich mehr Gerüche unterscheiden als Farben (etwa 7,5 Mio.) oder Töne (etwa 340.000).

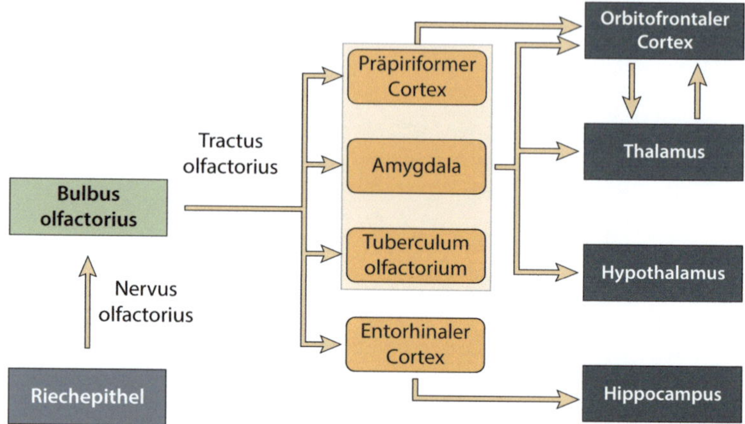

◘ Abb. 16.2 Die wichtigsten Stationen der Riechbahn. Die in den Riechsinneszellen der Nasenschleimhaut erzeugten olfaktorischen Signale gelangen über den Nervus olfactorius in den Bulbus olfactorius im Gehirn und von dort in verschiedene Zielgebiete. Die Amygdala und der entorhinale Cortex gehören zum limbischen System. Der entorhinale Cortex sendet Axone zum Hippocampus, während die anderen Regionen synaptische Verbindungen mit Neuronen im Hypothalamus, Thalamus und orbitofrontalen Cortex ausbilden

tubuli. Die olfaktorischen Zilien ragen in eine Schleimschicht (Mucus), die von den Bowman-Drüsen im Riechepithel kontinuierlich produziert wird. Geruchsstoffe, die über die Atemluft in die Nasenhöhle gelangen, müssen daher erst in dieser wässrigen Lösung gelöst werden, bevor sie mit den Geruchsrezeptoren auf den Sinneszellen in Kontakt treten können. Dieser Prozess wird durch spezifische Proteine in der Schleimschicht unterstützt, die die Geruchsstoffe binden (**Odorant-Binding Proteins**, OBP) und zu den Rezeptoren transportieren.

Im Bulbus olfactorius werden die Axone der Riechsinneszellen auf die 2. Neurone der Riechbahn – Mitralzellen und Büschelzellen – umgeschaltet. Diese synaptische Umschaltung erfolgt in den **Glomeruli**, die für die Codierung olfaktorischer Signale und damit für die Identifizierung von Gerüchen eine große Bedeutung haben (▶ Abschn. 16.1.3).

Die Axone der 2. Neurone ziehen als Tractus olfactorius zu verschiedenen Zielregionen im Gehirn, die u. a. die Amygdala, den entorhinalen Cortex und den präpiriformen Cortex (primäre Riechrinde) umfassen (◘ Abb. 16.2). Diese Signalbahn weist im Vergleich zu den anderen sensorischen Modalitäten einige Besonderheiten auf:

- Die kortikalen Zielgebiete der olfaktorischen Signalbahn bestehen nur aus drei Schichten und sind phylogenetisch älter als der sechsschichtige Neocortex des visuellen, auditorischen und somatosensorischen Systems.
- Olfaktorische Signale erreichen den Cortex ohne eine synaptische Umschaltung in Kernen des Thalamus. Erst weiterführende Bahnen beziehen schließlich auch den Thalamus in die Signalverarbeitung ein.
- Olfaktorische Signale gelangen nach nur wenigen Synapsen in limbische Areale (Amygdala und entorhinaler Cortex), was sehr wahrscheinlich den hohen emotionalen Gehalt von Geruchsreizen erklärt. Gerüche werden meist unmittelbar als angenehm oder unangenehm eingestuft.

Eine Kartierung unterschiedlicher Geruchskategorien – in Analogie zu den somatotopen Karten der Mechanosensibilität oder den retinotopen Projektionen im visuellen System – liegt für den präpiriformen Cortex und auch für andere Stationen innerhalb der olfaktorischen Signalbahn bisher nicht vor. Es wurde lediglich nachgewiesen, dass die einzige biologisch relevante Kategorie eines Geruchs – angenehm oder unangenehm – von unterschiedlichen Gehirnregionen repräsentiert wird.

Ein Funktionsverlust im olfaktorischen System führt zu Riechstörungen, die als **Anosmie** bezeichnet werden. Eine Anosmie kann auf einzelne Geruchsstoffe beschränkt sein, aber auch den kompletten Ausfall des Geruchssinns mit sich bringen. Relativ häufig kommen genetisch bedingte Geruchsstörungen vor, bei denen meist die Rezeptoren für bestimmte Geruchsstoffe defekt sind. Eine vollständige Anosmie kann durch eine traumatische Verlagerung der Siebbeinplatte hervorgerufen werden, etwa durch einen Schlag vor die Stirn, wodurch die Axone der Riechsinneszellen durchtrennt werden. Die Riechsinneszellen sind zwar zur Regeneration befähigt, allerdings dauert der Prozess des Auswachsens neuer Axone so lange, dass die einsetzende Narbenbildung die Siebbeinplatte vorher verschließt. Die Verbindung zwischen den Sensoren des Riechepithels und dem Bulbus olfactorius im Gehirn bleibt dauerhaft unterbrochen – mit der Folge eines irreversiblen Ausfalls der Geruchswahrnehmung. Eine Erkältung führt aufgrund einer verdickten Schleimschicht hingegen nur zu einer vorübergehenden Anosmie.

Erstaunlicherweise wird eine Anosmie, immerhin ein Komplettausfall eines sensorischen Systems, nicht als eine gravierende Einschränkung der Lebensqualität angesehen.[3] Dennoch betrifft der Verlust des Geruchssinns beinah alle Lebensbereiche: Essen und Getränke schmecken nicht mehr, was häufig mit Mangelernährung und Gewichtsverlust einhergeht, die kognitive Bewertung von Erlebnissen ist eingeschränkt, Erinnerungen verarmen und die psychische Gesundheit leidet nachhaltig, bis hin zu einer klinischen Depression. Aus diagnostischer Sicht stellen Störungen der Geruchswahrnehmung frühe Kennzeichen neurodegenerativer Erkrankungen wie Morbus Alzheimer und Morbus Parkinson dar, die oft Jahre vor den charakteristischen Symptomen dieser Krankheiten auftreten.

16.1.2 Olfaktorische Rezeptoren und Signaltransduktion

Geruchsstoffe binden an spezifische Rezeptorproteine in der Membran der Riechsinneszellen. Die Rezeptoren befinden sich vor allem in der Membran der olfaktorischen Zilien, während die anderen Regionen einer Riechsinneszelle relativ wenige Rezeptoren exprimieren (◘ Abb. 16.3). Die Bindung führt zu einem Einwärtsstrom positiver Ladungen und damit zu einem Rezeptorpotenzial, das in den primären Sinneszellen in eine Sequenz von Aktionspotenzialen umgewandelt wird.

Die Geruchsrezeptoren werden von der größten bekannten Genfamilie codiert, die bei Säugern 3 bis 5 % des gesamten Genoms ausmacht. Beim Menschen wurden bisher etwa 950 Gene nachgewiesen, bei der Maus 1500 und bei Hunden, die für ihre herausragenden olfaktorischen Fähigkeiten bekannt sind, rund 1200 Gene. Allerdings stellen im menschlichen Genom mehr als die Hälfte dieser Gene sogenannte **Pseudogene** dar, die aufgrund von Mutationen entweder nicht in eine stabile mRNA transkribiert oder deren Transkript nicht translatiert werden kann. Die Anzahl der Pseudogene ist bei den anderen genannten Spezies deutlich geringer, sodass ihr überlegener Geruchssinn zumindest teilweise auf eine größere Anzahl verschiedener funktionsfähiger olfaktorischer Rezeptoren zurückzuführen ist. Darüber hinaus trägt die Zahl

---

[3] Die American Medical Association stuft eine vollständige Anosmie mit etwa 3 bis 5 % Verlust an Lebensqualität ein, während eine Erblindung mit 85 % Verlust bewertet wird.

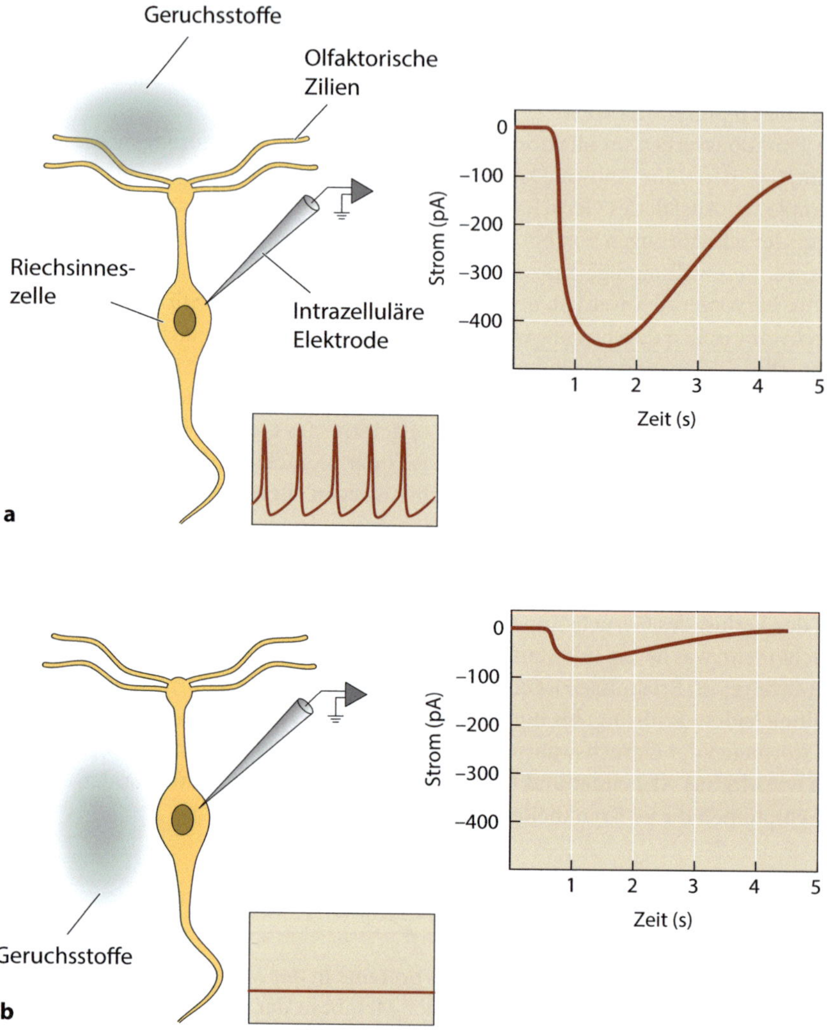

◙ Abb. 16.3 Erzeugung von Rezeptorpotenzialen in den olfaktorischen Zilien. **a** Die Applikation eines Geruchsstoffes in der Nähe der olfaktorischen Zilien führt zu einem Rezeptorpotenzial, das mithilfe einer intrazellulären Elektrode vom Soma abgeleitet werden kann. Das Rezeptorpotenzial wird am Axonhügel in eine Folge von Aktionspotenzialen transformiert. **b** Der gleiche Geruchsstoff in derselben Konzentration am Soma appliziert erzeugt nur eine vergleichsweise kleine Potenzialänderung und daher keine Aktionspotenziale

der Geruchssinneszellen, die bei Mäusen und Hunden deutlich höher ist als beim Menschen, wesentlich zur Empfindlichkeit des Geruchssinns bei. Schließlich sind bei Hunden etwa 5 % der Gehirnregionen mit der Verarbeitung olfaktorischer Signale beschäftigt – beim Menschen sind es nur 0,1 %.

Die Tatsache, dass so viele olfaktorische Gene beim Menschen funktionslos sind, deutet auf einen allgemeinen evolutionären Trend hin. Mutationen sammeln sich immer dann an, wenn der Selektionsdruck auf eine Struktur oder einen Prozess sinkt, es für die Organismen also keinen unmittelbaren Nachteil bedeutet, wenn sie auf eine bestimmte Funktion verzichten müs-

◻ Tabelle 16.1 G-protein-gekoppelte olfaktorische Rezeptoren bei Säugern

Rezeptor	Ligand	Vorkommen	Gene[a]
Olfaktorische Rezeptoren	Geruchsstoffe	Riechepithel, Vomeronasalorgan	~1000
Trace Amine-Associated Receptors (TAAR)	Amine	Riechepithel	15
Formyl Peptide Receptors (FPR)	Pathogen- und entzündungs-bezogene Substanzen	Vomeronasalorgan	7
Vomeronasal Receptor 1 (V1R)	Kleine flüchtige Moleküle, sulfat-haltige Steroide	Vomeronasalorgan	~150
Vomeronasal Receptor 2 (V2R)	Peptide (ESP1, MHC-Peptide), MUPs, sulfathaltige Steroide	Vomeronasalorgan	~200

[a] Die angegebenen Zahlenwerte beziehen sich auf das Genom der Maus.
ESP1, Exocrine Gland-Secreting Peptide 1; MHC, Major Histocompatibility Complex; MUP, Major Urinary Protein (modifiziert nach [5]).

sen. Offenbar ging der Entwicklung des Säugergehirns zunächst eine Steigerung olfaktorischer Fähigkeiten voraus, die unseren Vorfahren vor etwa 200 Mio. Jahren einen entscheidenden Selektionsvorteil verschaffte, der wiederum eine Höherentwicklung des Gehirns ermöglichte [8]. In der Evolution des menschlichen Gehirns hat dann ein sensorischer Paradigmenwechsel stattgefunden, indem das visuelle System den Geruchssinn als wichtigstes Sensorium abgelöst hat. Entsprechend sind in unserem Gehirn große Teile des Neocortex an der Verarbeitung visueller Signale beteiligt, während olfaktorische Regionen auf phylogenetisch ältere Cortexareale beschränkt bleiben.

Bei den Geruchsrezeptoren handelt es sich um G-protein-gekoppelte Rezeptoren, die als Transmembranproteine in den olfaktorischen Zilien der Riechsinneszellen exprimiert werden. *Jede Geruchssinneszelle exprimiert nur einen Rezeptortyp.* Die Bindung eines Moleküls an einen Geruchsrezeptor aktiviert eine intrazelluläre Signaltransduktionskaskade, die räumlich vom Rezeptor getrennte Ionenkanäle öffnet. Der Einstrom von Kationen durch die Ionenkanäle verursacht ein Rezeptorpotenzial, dessen Amplitude mit der Konzentration des Geruchsstoffs korreliert. Im Riechepithel der Säuger wurden bisher fünf G-protein-gekoppelte chemosensorische Rezeptortypen nachgewiesen, von denen hier aber nur die olfaktorischen Rezeptoren genauer besprochen werden sollen (◻ Tab. 16.1).

Die intrazellulären Prozesse, die durch eine Aktivierung olfaktorischer Rezeptoren ausgelöst werden, folgen weitgehend dem cAMP/PKA-Weg (▶ Abschn. 11.3.3). Die extrazelluläre Bindung eines Geruchsmoleküls an einen Rezeptor aktiviert das G-Protein G_{olf}, das nur im olfaktorischen System vorkommt. Funktionell gehört es zur Gruppe der G_s-Proteine, da seine α-Untereinheit eine Isoform der **Adenylatcyclase (ACIII)** aktiviert (◻ Abb. 16.4). Die katalytische Aktivität der Adenylatcyclase erhöht die intrazelluläre Konzentration von zyklischem AMP (cAMP), das als intrazellulärer Ligand für eine bestimmte Klasse von Ionenkanälen dient. Diese unspezifischen Kationenkanäle werden durch zyklische Nukleotide wie cAMP geöffnet und heißen daher *Cyclic Nucleotide-Gated Channels* oder **CNG-Kanäle** (◻ Tab. 9.1). Im Unterschied zu synaptischen Rezeptorkanälen mit einer extrazellulären Bindungsstelle für Transmittermoleküle binden bei den CNG-Kanälen die Liganden auf der intrazellulären Seite an den Ionenkanal.

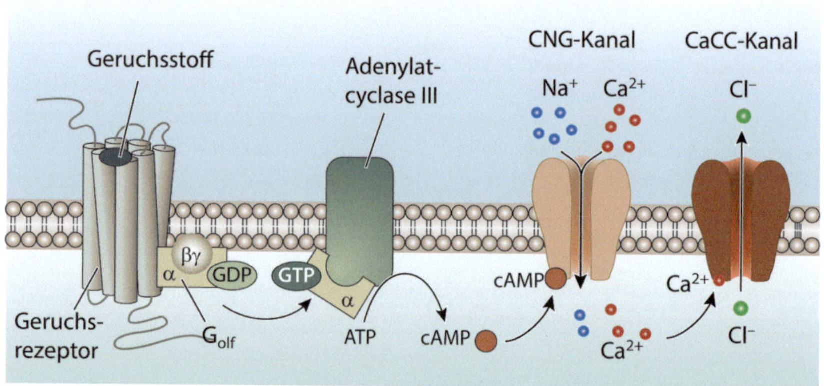

Abb. 16.4 Signaltransduktion in den Riechsinneszellen der Säuger. Die Bindung eines Geruchsstoffs an einen olfaktorischen Rezeptor aktiviert das G-Protein G_{olf}, Adenylatcyclase III und einen CNG-Kanal. Der Einstrom von Na^+ und Ca^{2+} führt zu einer initialen Depolarisation, die durch das Öffnen von Ca^{2+}-abhängigen Cl^--Kanälen (CaCC) und den Ausstrom von Cl^--Ionen verstärkt wird

Durch die geöffneten CNG-Kanäle diffundieren Kationen – Na^+ und Ca^{2+} – in die olfaktorischen Zilien der Geruchssinneszellen ein und führen zu einer Depolarisation des Membranpotenzials. Die einströmenden Ca^{2+}-Ionen erfüllen aber noch eine weitere Funktion, indem sie **Ca^{2+}-abhängige Chloridkanäle** (CaCC) öffnen (**Abb. 16.4**). Die Riechsinneszellen besitzen im Vergleich zu anderen Neuronen eine deutlich höhere intrazelluläre Cl^--Konzentration. Daher ist der elektrochemische Gradient für die Diffusion von Cl^- von innen nach außen gerichtet und beim Öffnen der CaCC-Kanäle diffundiert Cl^- aus der Zelle hinaus. Der Verlust negativer Ladungen verstärkt die Depolarisation, die durch das Öffnen der CNG-Kanäle initiiert wurde. Tatsächlich wird bei Nagetieren die Depolarisation der Riechsinneszellen fast ausschließlich durch die CaCC-Kanäle verursacht – die CNG-Kanäle lösen die Spannungsänderung lediglich durch eine initiale Erhöhung der intrazellulären Ca^{2+}-Konzentration aus.

Bekanntermaßen adaptieren wir außerordentlich schnell an die meisten Gerüche in unserer Umgebung. Beispielsweise nehmen wir den Geruch von Kaffee intensiv wahr, sobald wir einen Raum betreten; innerhalb weniger Minuten haben wir uns jedoch an diesen Geruch „gewöhnt" und registrieren ihn nicht länger. Die Codierung der zeitlichen Eigenschaften eines Geruchsreizes setzt ein schnelles Abschalten der intrazellulären Signalwege voraus. Die zugrunde liegenden Adaptationsprozesse beruhen auf den folgenden komplementären molekularen Mechanismen (**Abb. 16.5**):

- **Phosphorylierung des Geruchsrezeptors durch verschiedene Kinasen** (Proteinkinasen A und C). Die Phosphorylierung ermöglicht die Bindung von β-Arrestin an den Rezeptor und dessen Inaktivierung – ein ebenfalls im visuellen System verwendeter Mechanismus zum Abschalten von aktiviertem Rhodopsin (▶ Abschn. 13.4.5). *Phosphorylierte Rezeptoren können nicht erneut von Geruchsstoffen aktiviert werden.*
- **Reduktion der intrazellulären cAMP-Konzentration.** Die Ca^{2+}-calmodulin-abhängige Kinase II (CaMKII) hemmt die Neusynthese von cAMP durch die Adenylatcyclase und fördert dessen Abbau durch die Phosphodiesterase. *Die verringerte cAMP-Konzentration bewirkt ein Schließen der CNG-Kanäle, wodurch die CNG-vermittelte Depolarisation und der Einstrom von Ca^{2+}-Ionen beendet werden.*

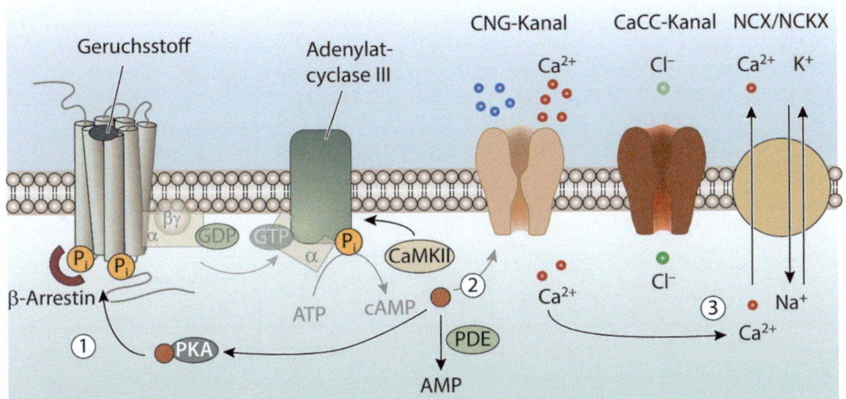

Abb. 16.5 Adaptationsprozesse in Riechsinneszellen. ① Die Phosphorylierung des Geruchsrezeptors durch Proteinkinase A (PKA) führt zur Bindung von β-Arrestin, wodurch die Aktivierung von G_{olf} unterbrochen wird. ② Aktiviert durch den Ca^{2+}-Calmodulin-Komplex phosphoryliert CaMKII die Adenylatcyclase und hemmt so die Bildung von cAMP. Vorhandenes cAMP wird durch eine ebenfalls vom Ca^{2+}-Calmodulin-Komplex aktivierte Phosphodiesterase (PDE) zu inaktivem AMP hydrolysiert. ③ Der verstärkte Transport von Ca^{2+}-Ionen aus der Zelle mittels eines Na^+/Ca^{2+}-Transporters (NCX) und/oder eines $Na^+/Ca^{2+}/K^+$-Kotransporters (NCKX) senkt die intrazelluläre Ca^{2+}-Konzentration, sodass die Ca^{2+}-abhängigen Cl^--Kanäle schließen

— **Transport von Ca^{2+} aus der Zelle**. Primär- und sekundär-aktive Transportsysteme (Ca^{2+}-ATPasen bzw. Na^+/Ca^{2+}-Austauscher) transportieren Ca^{2+}-Ionen gegen ihren Konzentrationsgradienten in den Extrazellulärraum. *Aufgrund der verringerten intrazellulären Ca^{2+}-Konzentration schließen CaCC-Kanäle und die Riechsinneszelle hyperpolarisiert.*

Im visuellen System sind G-protein-gekoppelte Rezeptoren für die Signalverstärkung von großer Bedeutung (▶ Abschn. 13.4.4). Im olfaktorischen System ist jedoch die Affinität der Geruchsstoffe für die jeweiligen Rezeptoren so gering, dass der Rezeptor-Liganden-Komplex sehr kurzlebig ist. Dies wiederum verringert die Wahrscheinlichkeit der Aktivierung eines G-Proteins samt der nachgeschalteten Signalkaskade und verhindert eine Verstärkung des Signals. Warum aber benötigen Riechsinneszellen im Gegensatz zu den Photorezeptoren offensichtlich keine Signalverstärkung? Eine mögliche Antwort auf diese Frage liegt in der normalerweise vorkommenden Konzentration von Geruchsstoffen, bei der mehrere Millionen Moleküle pro Sekunde auf die Rezeptoren einer Riechsinneszelle treffen. Selbst bei einer niedrigen Bindungsaffinität ist die Wahrscheinlichkeit einer intrazellulären Reaktion hoch genug, um zuverlässig eine Depolarisation auszulösen. Im visuellen System hingegen werden bei geringen Lichtintensitäten nur wenige Photonen pro Sekunde absorbiert – entsprechend ist eine Signalverstärkung zur Erzeugung eines Rezeptorpotenzials erforderlich.

Einige Insekten sind in der Lage, auf einzelne Moleküle eines Pheromons mit einer Verhaltensreaktion zu antworten. Allerdings verwenden Insekten zur Erkennung olfaktorischer Signale keinen metabotropen Mechanismus wie die Wirbeltiere. Vielmehr exprimieren sie ionotrope Rezeptorkanäle, die ähnlich wie synaptische Rezeptoren auf die Bindung des Geruchsstoffs mit dem Öffnen einer kationenpermeablen Kanalpore reagieren [5]. Hier stellt sich also die Frage, wie ein System ohne Signalverstärkung eine so überaus hohe Empfindlichkeit er-

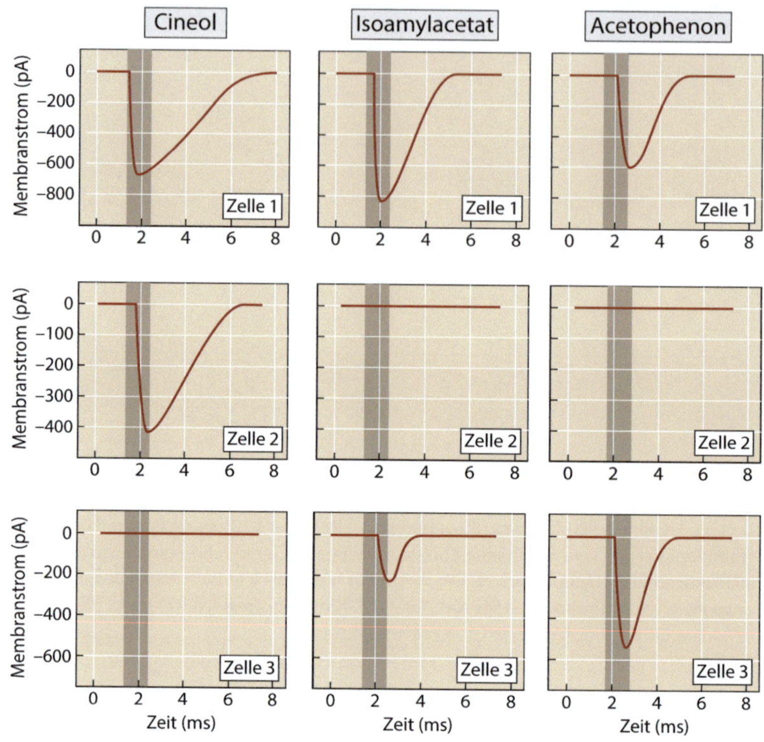

Abb. 16.6 Selektivität der Antwort von Riechsinneszellen auf bestimmte Geruchsstoffe. Zelle 1 reagiert mit einer ähnlich großen Depolarisation auf die Substanzen Cineol, Isoamylacetat und Acetophenon. Zelle 2 wird nur durch Cineol aktiviert, während Zelle 3 schwach auf Isoamylacetat und sehr gut auf Acetophenon reagiert. Der *schattierte Bereich* gibt die Dauer der Applikation der jeweiligen Geruchsstoffe an (nach [3]. Mit freundlicher Genehmigung von John Wiley & Sons.)

reichen kann. Die ionotropen Rezeptorkanäle der Insekten besitzen eine sehr hohe Affinität für die passenden Geruchsstoffe, sodass die Bindung an den Rezeptor die Ionenkanäle für mehrere Sekunden öffnet. Die Offenwahrscheinlichkeit der Kanäle liegt dann in der Nähe von 1 und entsprechend viel Strom fließt über die Membran in die Zelle. Gleichzeitig reicht bei dem hohen Eingangswiderstand der Geruchssinneszellen der Insekten bereits ein relativ kleiner Einwärtsstrom aus, um eine deutliche Depolarisation der Zelle zu verursachen (Gl. 10.30). *Hohe Affinität, hohe Offenwahrscheinlichkeit und hoher Eingangswiderstand sind gemeinsam für die außerordentliche Empfindlichkeit der Pheromonrezeptoren der Insekten verantwortlich.*

16.1.3 Codierung olfaktorischer Reize

Geruchssinneszellen exprimieren jeweils einen einzigen Typ von Geruchsrezeptor, der wiederum für einen bestimmten Geruchsstoff oder eine Klasse verwandter Geruchsstoffe eine hohe Spezifität zeigt. Allerdings können auch andere Geruchsstoffe diesen Rezeptor aktivieren, wenn auch mit geringerer Affinität. Die in **Abb. 16.6** gezeigte Riechsinneszelle 1 reagiert auf die

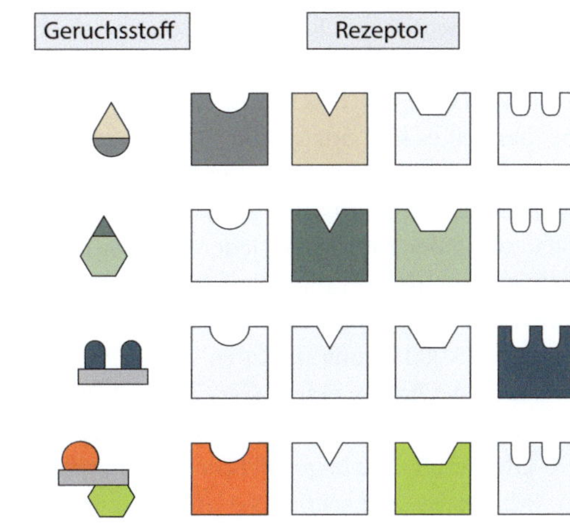

Abb. 16.7 Kombinatorischer Code zur Repräsentation von Geruchsstoffen. Schematisch dargestellt sind verschiedene Geruchsstoffe mit einem charakteristischen Oberflächenprofil und vier verschiedene olfaktorische Rezeptoren. Die passend gefärbten Rezeptoren *rechts* binden die Geruchsstoffe auf der *linken Seite*. Jeder Geruchsstoff wird durch eine eindeutige Kombination aktivierter Rezeptoren repräsentiert, die ein spezifisches Aktivitätsmuster in den Riechsinneszellen und den nachgeschalteten Neuronen hervorruft. Mithilfe dieses kombinatorischen Codes kann theoretisch eine unbegrenzte Anzahl verschiedener Geruchsstoffe vom Nervensystem unterschieden werden (nach [6]. Mit freundlicher Genehmigung von Elsevier.)

drei Geruchsstoffe Cineol, Isoamylacetat und Acetophenon annähernd gleich gut.[4] Neuron 2 hingegen reagiert nur auf Cineol, während Neuron 3 am besten durch Acetophenon und etwas weniger gut durch Isoamylacetat aktiviert wird. Eine spezifische Geruchsempfindung wird also nicht durch die Aktivierung eines einzigen Rezeptortyps und der Depolarisation derjenigen Geruchssinneszellen, die diesen Rezeptor exprimieren, ausgelöst. *Vielmehr erzeugt die mehr oder weniger starke Bindung des Geruchsstoffs an mehrere unterschiedliche Rezeptoren ein charakteristisches Aktivitätsmuster, das im Riechepithel entsteht und über die olfaktorischen Signalbahnen ins Gehirn weitergeleitet wird.*

Geruchsstoffe werden demnach im Nervensystem mithilfe eines kombinatorischen Codes repräsentiert, der letztlich die fast unbegrenzte Unterscheidungsfähigkeit des olfaktorischen Systems ermöglicht (**Abb. 16.7**). Unter der Annahme, dass ein Geruchsstoff von drei verschiedenen Rezeptoren gebunden werden kann, lassen sich bereits Millionen unterschiedlicher Kombinationen errechnen. Das grundlegende biologische Problem besteht in der Erzeugung einer so hohen Variabilität, dass prinzipiell alle Substanzen unabhängig von ihrer molekularen Struktur detektiert werden können. Im Immunsystem wurde dieses Problem der Variabilität evolutionär auf der Ebene der DNA gelöst, indem Rearrangements von Gensequenzen in Lymphozyten die Vielfalt von Antikörpern und T-Zell-Rezeptoren erzeugen. Im Gegensatz dazu arbeitet das olfaktorische System auf der Ebene vorgefertigter Proteine, deren unterschiedliche Aktivierungsmuster einen kombinatorischen Code bilden, der variabel genug ist, um nahezu alle denkbaren Substanzen zu repräsentieren.

Die Wahrnehmung eines Geruchsstoffs hängt auch in hohem Maße von seiner Konzentration in der Atemluft ab. Häufig riecht eine Substanz in niedriger Konzentration eher angenehm fruchtig oder blumig, in höherer Dosierung jedoch unangenehm faulig. Wenn mehr Moleküle vorhanden sind, werden zunehmend auch Geruchsrezeptoren mit niedrigerer Affinität rekrutiert, sodass ein neues Aktivierungsmuster der Riechsinneszellen resultiert. Mit der ver-

---

[4] Cineol kommt in Eukalyptusöl und Lorbeer vor und riecht kampferartig. Isoamylacetat ist ein Essigsäureester und hat einen bananenartigen Geruch. Als Bestandteil einiger ätherischer Öle besitzt Acetophenon einen süßlichen Geruch, der an Orangenblüten erinnert.

änderten neuronalen Repräsentation verschiebt sich auch die subjektive Wahrnehmung eines Geruchsstoffes.

Die Axone der Riechsinneszellen enden in den **Glomeruli** im Bulbus olfactorius. Hierbei handelt es sich um 100 bis 200 μm große Strukturen, in denen exzitatorische synaptische Kontakte mit den Dendriten der Mitralzellen – den wichtigsten Projektionsneuronen zu nachgeschalteten olfaktorischen Regionen – sowie mit Büschelzellen ausgebildet werden. Im Bulbus olfactorius der Maus wird jeder Glomerulus von etwa 25 Mitralzellen kontaktiert, die wiederum synaptischen Eingang von etwa 25.000 Axonen der Riechsinneszellen erhalten. Diese konvergente Verschaltung weist eine Reihe von Besonderheiten auf:

- Alle 25.000 Axone stammen von Riechsinneszellen, die denselben Rezeptortyp exprimieren. Die von einem Geruchsstoff aktivierten Riechsinneszellen projizieren demnach ausschließlich in wenige, weitgehend spiegelbildlich im Bulbus olfactorius angeordnete Glomeruli. *Das ursprüngliche Aktivierungsmuster der Riechsinneszellen wird also in ein räumliches und zeitliches Aktivierungsmuster der Glomeruli transformiert.*
- Die hochgradige Konvergenz der Signalbahn, in der durchschnittlich 1000 Axone auf eine einzige postsynaptische Zelle verschalten, steigert die Empfindlichkeit der Mitralzellen für Geruchsstoffe, die in niedrigen Konzentrationen vorkommen. Darüber hinaus wird das Signal-Rausch-Verhältnis verbessert, indem im Hintergrund vorhandene irrelevante Gerüche „herausgemittelt" werden. *Die Konvergenz in den Glomeruli erhöht die Wahrscheinlichkeit, dass ein Geruchsstoff detektiert wird.*
- Trotz der kurzen Lebensdauer und der ständigen Regeneration der Riechsinneszellen bleibt die Verschaltung in den Glomeruli unverändert – eine entscheidende Voraussetzung für eine zeitlich invariante neuronale Repräsentation und damit für das Wiedererkennen von Gerüchen. *Die Axone regenerierender Riechsinneszellen müssen daher ihren Weg zum passenden Glomerulus finden* – ein Prozess, an dem möglicherweise die Geruchsrezeptoren selbst auf bisher unbekannte Weise beteiligt sind.

Darüber hinaus findet im Bulbus olfactorius eine erste Verarbeitung olfaktorischer Signale statt. Interneurone wie Körnerzellen und periglomeruläre Zellen sorgen mithilfe inhibitorischer Synapsen für eine Kontrastverstärkung zwischen Glomeruli mit unterschiedlichen Aktivitätsniveaus, sodass unwesentliche Hintergrundsignale unterdrückt und wichtige Signale aus dem Rauschen hervorgehoben und weitergeleitet werden. Diese Prozesse der lateralen Inhibition dienen daher ebenfalls einer Verbesserung des Signal-Rausch-Verhältnisses und somit einer effizienteren Detektion biologisch relevanter Geruchsstoffe.

Die Axone der Mitral- und Büschelzellen verlaufen als Tractus olfactorius zum präpiriformen Cortex, wo sie mit Pyramidenzellen exzitatorische Synapsen ausbilden. Entsprechend reagieren Pyramidenzellen auf bestimmte Geruchsstoffe mit hoher Empfindlichkeit, auf andere schwächer oder gar nicht. Die Pyramidenzellen mit gleichem Antwortprofil sind jedoch weitgehend über den präpiriformen Cortex verteilt und nicht in einzelnen, konservierten Regionen lokalisiert – die präzise räumliche Organisation der Glomeruli wird also in diesen kortikalen Regionen nicht wiederholt.

Im orbitofrontalen Cortex, der vom präpiriformen Cortex und anderen olfaktorischen Arealen nach einer synaptischen Umschaltung im Thalamus erreicht wird, findet die bewusste Wahrnehmung und Unterscheidung von Gerüchen statt. Signale aus anderen sensorischen Systemen erreichen ebenfalls den orbitofrontalen Cortex, wo sie durch multimodale Assoziationsprozesse zu einer einheitlichen Wahrnehmung eines Objekts – beispielsweise Geruch, Geschmack und Aussehen einer Banane – zusammengeführt werden.

16.1.4 Zusammenfassung

Das olfaktorische System ist ein Fernsinn, der Informationen über Art, Konzentration und Qualität chemischer Substanzen in der Umgebung eines Organismus vermittelt. Im Dach der Nasenhöhle befindet sich das Riechepithel, das neben den sensorischen Riechsinneszellen auch Stütz- und Basalzellen enthält. Riechsinneszellen sind bipolare Neurone, deren Axone als Nervus olfactorius den Bulbus olfactorius im Gehirn erreichen und dort auf das 2. Neuron umgeschaltet werden. Auf der anderen Seite der Zelle bilden sie einen einzigen Dendriten aus, der mit zahlreichen als olfaktorische Zilien bezeichneten Mikrovilli in eine Schleimschicht ragt, die das gesamte Riechepithel überzieht. Riechsinneszellen werden kontinuierlich aus Basalzellen erneuert.

Jede Riechsinneszelle exprimiert nur einen bestimmten Rezeptortyp. Diese olfaktorischen Rezeptoren gehören zu den G-protein-gekoppelten Rezeptoren und befinden sich in der Membran der olfaktorischen Zilien, wo sie mit den Geruchsstoffen in Wechselwirkung treten. Die Bindung eines Geruchsstoffes an eine extrazelluläre Bindungsstelle auf dem Rezeptormolekül führt zur Abspaltung der α-Untereinheit eines als G_{olf} bezeichneten G-Proteins und zum Austausch von GDP gegen GTP, wodurch das Enzym Adenylatcyclase aktiviert wird. Ausgelöst durch die Erhöhung der intrazellulären cAMP-Konzentration werden CNG-Kanäle geöffnet, die als kationenpermeable Ionenkanäle neben Na^+ auch den Einstrom von Ca^{2+}-Ionen in die Zelle erlauben. Ca^{2+} wiederum aktiviert Ca^{2+}-abhängige Cl^--Kanäle und der Ausstrom von Cl^- verursacht gemeinsam mit dem Einstrom von Kationen das depolarisierende Rezeptorpotenzial in den Riechsinneszellen.

Adaptationsprozesse im olfaktorischen System beruhen auf Mechanismen, die eine Unterbrechung der intrazellulären Signalkaskade bewirken: Phosphorylierung der Geruchsrezeptoren, Verringerung der cAMP-Konzentration und Entfernung von Ca^{2+} aus der Zelle.

Moleküle eines bestimmten Geruchsstoffes binden mit unterschiedlicher Affinität an mehrere Rezeptoren und erzeugen so ein individuelles Aktivierungsmuster innerhalb der Population der Riechsinneszellen. Dieses Muster stellt einen kombinatorischen Code dar, durch den eine theoretisch unbegrenzte Anzahl verschiedener Gerüche repräsentiert werden kann. Alle Riechsinneszellen, die einen bestimmten Rezeptor exprimieren, senden ihre Axone zu wenigen Glomeruli im Bulbus olfactorius, die spiegelbildlich auf beiden Seiten der Mittellinie des Gehirns liegen. Geruchsreize werden also in Form eines dynamischen Aktivierungsmusters der im Bulbus olfactorius vorhandenen Glomeruli codiert. Inhibitorische Interneurone verstärken Aktivitätsunterschiede zwischen einzelnen Glomeruli und verbessern so die Signalerkennung vor einem Hintergrund biologisch irrelevanter Gerüche.

Die olfaktorische Signalbahn verläuft über den Tractus olfactorius – bestehend aus den Axonen der Mitral- und Büschelzellen – in den präpiriformen Cortex (primäre Riechrinde) und weiter zur Amygdala und bis zum entorhinalen Cortex. Der unmittelbare Kontakt zu Arealen des limbischen Systems ist für den hohen emotionalen Gehalt von Geruchssignalen verantwortlich. In den Assoziationsregionen des orbitofrontalen Cortex, den die olfaktorischen Signale nach einer synaptischen Umschaltung im Thalamus erreichen, finden sehr wahrscheinlich die Integration von Geruchsempfindungen mit anderen sensorischen Modalitäten und die bewusste Wahrnehmung von Gerüchen statt.

16.2   Das gustatorische System

Was wir normalerweise als „Geschmack" einer Speise oder eines Getränks wahrnehmen, ist tatsächlich eine Mischung aus verschiedenen sensorischen Modalitäten: Geschmack, Geruch, Temperatur, Beschaffenheit und gegebenenfalls irritierende chemische Komponenten. Entsprechend wirken gustatorische, olfaktorische, thermo- und mechanosensitive Afferenzen sowie das Trigeminussystem zusammen, um diese komplexe Wahrnehmung zu erzeugen. Insbesondere das olfaktorische System ist für eine hochgradig differenzierte Geschmackswahrnehmung von zentraler Bedeutung, da flüchtige Geruchsstoffe auf retronasalem Weg aus der Mundhöhle über den Rachenraum in die Nasenhöhle gelangen und dort an die Geruchsrezeptoren der Riechsinneszellen binden.

Mit den Rezeptoren des eigentlichen Geschmackssinns können wir nur zwischen süß, sauer, salzig, bitter und umami[5] unterscheiden. Offensichtlich existieren in einigen Geschmackssinneszellen auch spezifische Membranrezeptoren für Fettsäuren. Der Geschmack von Fett ist daher möglicherweise eine weitere Sinnesqualität des gustatorischen Systems. Auch wenn dies für einen Feinschmecker sicher nicht ausreicht, erfüllen diese wenigen Kategorien doch wichtige biologische Funktionen: Sie weisen auf grundlegende Nährstoffe hin (süß, salzig, umami) und warnen vor potenziellen Gefahren (sauer, bitter). Der Geschmackssinn stellt die letzte Kontrollinstanz zur Prüfung von Nahrung vor der Aufnahme in den Gastrointestinaltrakt dar. Darüber hinaus löst der Geschmackssinn zusammen mit olfaktorischen und visuellen Signalen vegetative Reflexe aus, die den Magen-Darm-Trakt auf die Aufnahme und Verdauung der Nahrung vorbereiten.

16.2.1   Aufbau des gustatorischen Systems

Die meisten Geschmacksstoffe sind nichtflüchtige, hydrophile Substanzen, die gut in der wässrigen Lösung des Speichels löslich sind. Sie binden an Geschmacksrezeptoren, die von **Geschmackssinneszellen** exprimiert werden. Bei den Geschmackssinneszellen handelt es sich im Gegensatz zu den Riechsinneszellen nicht um Neurone, sondern um spezialisierte Epithelzellen, die an ihrer apikalen Seite Mikrovilli zur Vergrößerung ihrer rezeptiven Oberfläche ausbilden. In der Membran der Mikrovilli befinden sich die Geschmacksrezeptoren.

Die Geschmackssinneszellen bilden im Bereich von Mund und Pharynx sogenannte **Geschmacksknospen**, von denen Menschen insgesamt etwa 5000 besitzen. Eine Geschmacksknospe enthält zwischen 50 und 100 langgestreckte Geschmackssinneszellen, die ähnlich den Segmenten einer Orange angeordnet sind. Die Sinneszellen in den Geschmacksknospen sind fast vollständig von Epithelzellen umgeben, die nur einen zentralen Porus von etwa $10\,\mu m$ Durchmesser freigeben. Über diesen Porus stehen die apikalen Mikrovilli der Geschmackssinneszellen in Kontakt mit der wässrigen Lösung in der Mundhöhle und dort findet die Bindung der Geschmacksstoffe an die Rezeptoren statt (◘ Abb. 16.8). Ähnlich wie die Riechsinneszellen besitzen auch die Geschmackssinneszellen aufgrund des ständigen Kontakts mit unterschiedlichen, z. T. aggressiven Stoffen eine relativ geringe Lebensdauer und werden daher kontinuierlich aus sich differenzierenden Basalzellen regeneriert.

Bei den **Geschmackspapillen** handelt es sich um morphologische Spezialisierungen des umliegenden Gewebes, in das die Geschmacksknospen eingebettet sind. Sie finden sich vor allem auf Zunge, Gaumen und im Rachenraum bis in den oberen Teil der Speiseröhre. Grund-

---

[5] Der Begriff „umami" stammt aus dem Japanischen und bedeutet „wohlschmeckend".

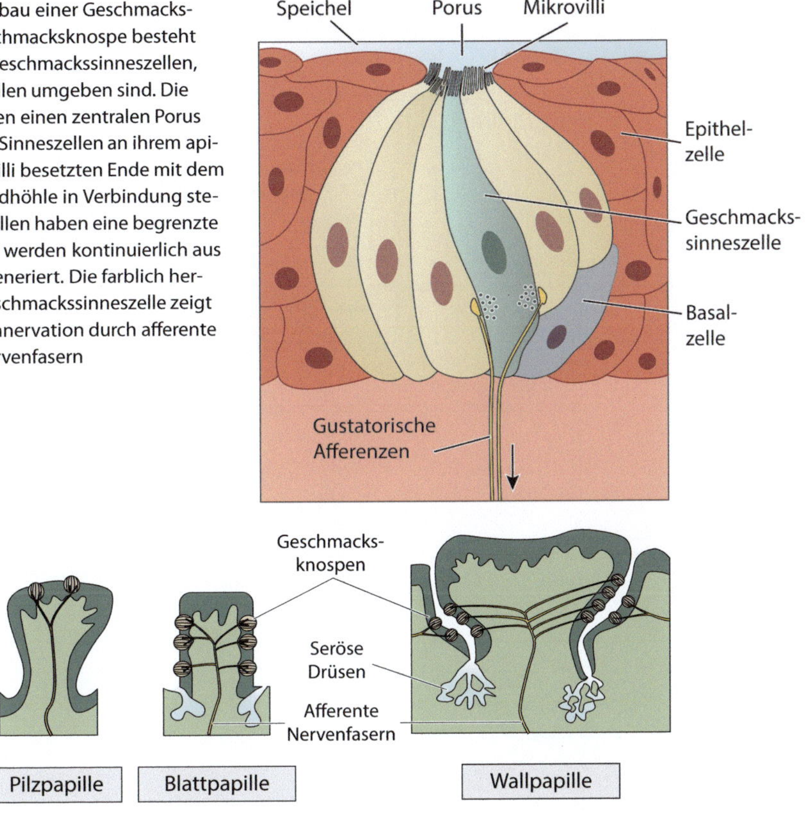

◼ Abb. 16.8 Aufbau einer Geschmacksknospe. Eine Geschmacksknospe besteht aus zahlreichen Geschmackssinneszellen, die von Epithelzellen umgeben sind. Die Epithelzellen lassen einen zentralen Porus frei, über den die Sinneszellen an ihrem apikalen, mit Mikrovilli besetzten Ende mit dem Speichel der Mundhöhle in Verbindung stehen. Die Sinneszellen haben eine begrenzte Lebensdauer und werden kontinuierlich aus Stammzellen regeneriert. Die farblich hervorgehobene Geschmackssinneszelle zeigt beispielhaft die Innervation durch afferente gustatorische Nervenfasern

◼ Abb. 16.9 Morphologisch unterschiedliche Typen von Geschmackspapillen. Pilzpapillen bilden die zahlenmäßig größte Gruppe der Geschmackspapillen. Blattpapillen am Zungenrand und Wallpapillen im hinteren Zungenbereich enthalten jeweils zahlreiche Geschmacksknospen (nach [9])

sätzlich werden anhand ihrer Morphologie und zahlenmäßigen Ausstattung mit Geschmacksknospen drei unterschiedliche Typen von Geschmackspapillen[6] unterschieden (◼ Abb. 16.9):

- Etwa 200 bis 400 **Pilzpapillen** bilden in den vorderen zwei Dritteln der Zunge die größte Gruppe der Geschmackspapillen. Jede Pilzpapille enthält weniger als 10 Geschmacksknospen – insgesamt sind etwa 25 % aller Geschmacksknospen in den Pilzpapillen lokalisiert.
- Zwischen neun und zehn **Wallpapillen** befinden sich im hinteren Zungenbereich. Wallpapillen sind durch eine annähernd kreisförmige Vertiefung gekennzeichnet, in deren Wandstrukturen bis zu 250 Geschmacksknospen (50 %) liegen.
- Der hintere seitliche Zungenrand enthält schließlich noch auf jeder Seite zwei **Blattpapillen**, die aus jeweils etwa 20 parallelen Erhöhungen mit rund 600 Geschmacksknospen (25 %) bestehen.

Die Geschmackssinneszellen sind sekundäre Sinneszellen ohne eigenes Axon; sie müssen daher von afferenten Nervenfasern innerviert werden. Abhängig von der Lokalisation der Ge-

---

[6] Manchmal werden noch die sogenannten Fadenpapillen zu den Geschmackspapillen gezählt. Sie befinden sich auf der Zunge und übertragen ausschließlich mechanosensitive, jedoch keine chemosensitiven Reize.

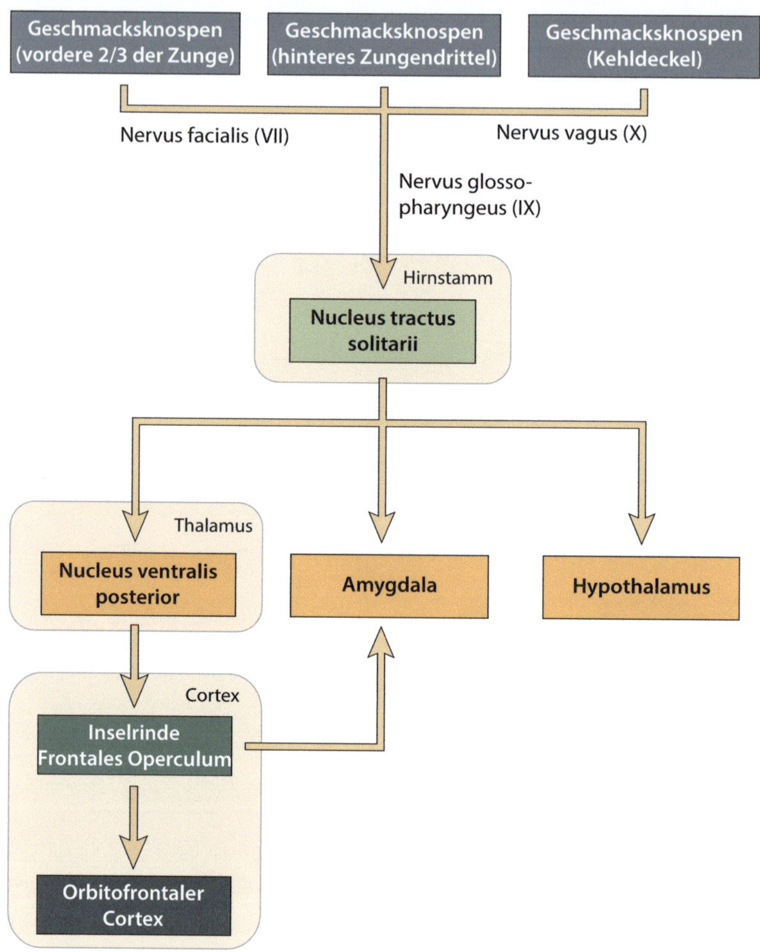

◘ Abb. 16.10   Signalwege des gustatorischen Systems. Signale über Geschmacksstoffe gelangen ausgehend von den Geschmacksknospen über drei verschiedene Hirnnerven (VII, IX und X) zum Nucleus tractus solitarii im Hirnstamm. Von dort projizieren Axone zum Nucleus ventralis posterior im Thalamus, wo sie auf kortikale Bahnen umgeschaltet werden. Gleichzeitig werden gustatorische Signale vom Nucleus tractus solitarii zur Amygdala und zum Hypothalamus weitergeleitet, wo die emotionalen Aspekte der Geschmackswahrnehmung verarbeitet werden

schmacksknospen bilden drei Hirnnerven (Nervus facialis, Nervus glossopharyngeus, Nervus vagus) synaptische Kontakte mit den Sinneszellen aus. Die Zellkörper dieser afferenten sensorischen Neurone liegen in hirnnahen Ganglien (Ganglion geniculi, Ganglion inferius), von wo aus sie zentrale Fortsätze zu bestimmten Regionen des **Nucleus tractus solitarii** im Hirnstamm senden. Ausgehend von diesem Kerngebiet teilt sich die gustatorische Signalbahn in zwei funktionell unterschiedliche Zweige auf (◘ Abb. 16.10).

Einerseits ziehen Axone zum ipsilateralen **Nucleus ventralis posterior** im Thalamus und von dort weiter zum Neocortex (**Inselrinde** und **frontales Operculum**), wo die bewusste Geschmackswahrnehmung stattfindet. Von dort werden Signale in sekundäre Rindenfelder des orbitofrontalen Cortex weitergeleitet, die zum Teil mit den olfaktorischen Arealen überlappen (▶ Abschn. 16.1.3). Sehr wahrscheinlich findet in diesen Regionen die Integration von Geruchs- und Geschmacksinformationen zu einer einheitlichen Wahrnehmung statt.

Ein anderer Teil der Axone projiziert vom Nucleus tractus solitarii zur Amygdala und zum Hypothalamus, die als Komponenten des limbischen Systems die emotionalen Anteile der Geschmackswahrnehmung wie etwa Vorlieben für bestimmte Nahrungsmittel bestimmen. Darüber hinaus werden auch unbewusste autonome Reaktionen – Verziehen der Gesichtsmuskulatur bei sauren oder bitteren Geschmacksstoffen – durch das limbische System vermittelt.

16.2.2 Signaltransduktion in Geschmackssinneszellen

In jeder Geschmacksknospe kommen drei unterschiedliche Typen von Geschmackssinneszellen vor, von denen jede nur für eine bestimmte Qualität – süß, sauer, salzig, bitter und umami – spezifisch ist. Die Einteilung erfolgt anhand der exprimierten Rezeptoren, der verwendeten Transmitter und des Mechanismus der Transmitterfreisetzung (■ Abb. 16.11):

- **Typ-I**-Zellen stellen die größte Gruppe von Zellen in den Geschmacksknospen dar und besitzen Funktionen, die im Nervensystem von Gliazellen übernommen werden: Aufnahme und Abbau von Transmittermolekülen sowie Entfernen von K^+ aus dem Extrazellulärraum. Darüber hinaus sind Typ-I-Zellen möglicherweise an der Signaltransduktion beim Salzgeschmack beteiligt.
- **Typ-II**-Zellen exprimieren G-protein-gekoppelte Rezeptoren und vermitteln die Geschmacksempfindungen süß, bitter und umami. Eine Typ-II-Zelle besitzt ausschließlich Rezeptoren für eine dieser drei Geschmacksqualitäten. Die Zellen verwenden als Transmitter ATP, das mithilfe eines noch unverstandenen Prozesses durch Hemikanäle in den Extrazellulärraum entlassen wird, wozu die Freisetzung von Ca^{2+}-Ionen aus intrazellulären Speichern erforderlich ist.[7] Typ-II-Zellen bilden keine erkennbaren synaptischen Strukturen mit den in unmittelbarer Nähe verlaufenden afferenten Nervenfasern. Sie sind außerdem in der Lage, Aktionspotenziale zu erzeugen.
- **Typ-III**-Zellen setzen Serotonin als Transmittersubstanz an konventionellen Synapsen mittels einer Ca^{2+}-abhängigen Exozytose frei. Der hierfür erforderliche Anstieg der intrazellulären Ca^{2+}-Konzentration erfolgt durch die Aktivierung spannungsabhängiger Ca^{2+}-Kanäle in der Plasmamembran. Aufgrund ihrer Ausstattung mit spannungsabhängigen Na^+- und K^+-Kanälen können sie ebenfalls Aktionspotenziale erzeugen. Typ-III-Zellen reagieren auf saure Geschmacksstoffe mit einer Depolarisation. Allerdings besitzen sie auch Rezeptoren für ATP, d. h., sie erhalten und integrieren Signale von Typ-II-Zellen. Daher reagieren Typ-III-Zellen insgesamt relativ unspezifisch auf die Qualitäten süß, bitter, umami und sauer.

Geschmacksknospen sind nicht für eine bestimmte Geschmacksqualität spezifisch, sondern vermitteln aufgrund ihrer heterogenen Ausstattung mit Geschmackssinneszellen in der Regel alle fünf Qualitäten. Darüber hinaus sind einzelne Geschmacksqualitäten nicht auf bestimmte Bereiche der Zunge beschränkt, sondern können überall – wenn auch mit unterschiedlicher Intensität – wahrgenommen werden.

Die Wechselwirkung von Geschmacksstoffen mit Rezeptoren und Ionenkanälen in der Membran der Geschmackssinneszellen löst eine Depolarisation der Zellmembran aus. Obwohl Geschmackssinneszellen keine Neurone sind, besitzen Typ-II- und Typ-III-Zellen spannungsabhängige Na^+- und K^+-Kanäle, was sie zur Erzeugung von Aktionspotenzialen befähigt. Hier

[7] Es ist nicht abschließend geklärt, ob diese Hemikanäle aus Connexinen oder den verwandten Pannexinen bestehen; experimentelle Befunde legen jedoch eine Beteiligung von Pannexinen nahe.

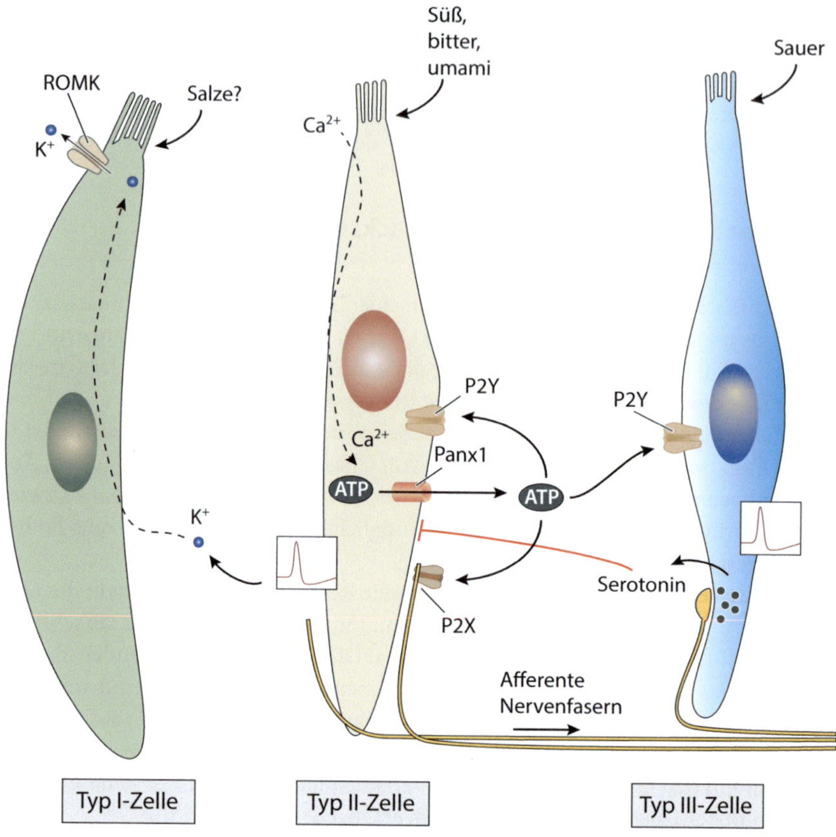

◻ Abb. 16.11   Einteilung der Geschmackssinneszellen in drei Klassen. Die Klassifizierung basiert auf ultrastrukturellen Merkmalen, der Expression charakteristischer Gene sowie zelltypspezifischen Funktionen. Typ-I-Zellen nehmen Neurotransmitter und K$^+$-Ionen auf; Letztere werden apikal durch einen ROMK-Kanal in den Extrazellulärraum abgegeben. Typ-II-Zellen werden von süß, bitter und umami aktiviert, woraufhin sie ATP wahrscheinlich durch Pannexinkanäle (Panx1) in Abhängigkeit von intrazellulärem Ca^{2+} freisetzen. ATP bindet an P2X-Rezeptoren, die von afferenten Nervenendigungen exprimiert werden, sowie an P2Y-Rezeptoren auf denselben und auf benachbarten Sinneszellen. Typ-III-Zellen setzen nach Reizung mit sauren Geschmacksstoffen Serotonin an einer konventionellen Synapse frei. ATP und Serotonin aktivieren die afferenten Nervenfasern, während Typ-II-Zellen von Serotonin gehemmt werden. Typ-II- und Typ-III-Zellen können Aktionspotenziale erzeugen (Klassifizierung nach [2])

stellt sich allerdings die Frage, warum relativ kleine Zellen ohne ein Axon Aktionspotenziale benötigen, da die Signale nicht über lange Strecken weitergeleitet werden müssen. Diese Frage lässt sich zur Zeit nicht abschließend beantworten; es werden jedoch folgende Möglichkeiten diskutiert:

- Die Freisetzung von ATP durch Hemikanäle in Typ-II-Zellen erfordert eine starke Depolarisation, die nur in Form von Aktionspotenzialen bereitgestellt werden kann.
- Durch Aktionspotenziale werden spannungsabhängige Ca^{2+}-Kanäle geöffnet und ein Einstrom von Ca^{2+} ausgelöst, der wiederum für die Freisetzung von Serotonin in Typ-III-Zellen benötigt wird.
- Die Aktionspotenzialfrequenz in den Geschmackssinneszellen dient bereits der Codierung der Intensität und Qualität des Reizes.

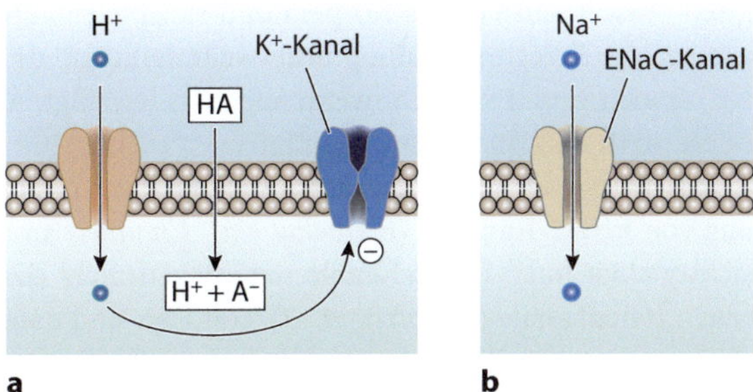

Abb. 16.12 Molekulare Mechanismen der Signaltransduktion von sauer und salzig. **a** Protonen diffundieren über selektive Ionenkanäle aus dem Extrazellulärraum in die Zelle, während organische Säuren (HA) über die Zellmembran ins Zellinnere gelangen, wo sie in H^+ und ihre jeweiligen Anionen (A^-) dissoziieren. Protonen induzieren das Schließen von K^+-Kanälen, wodurch die Zellmembran depolarisiert. **b** Na^+-Ionen diffundieren entlang ihres elektrochemischen Gradienten durch konstitutiv geöffnete ENaC-Kanäle in die Geschmackssinneszelle

Wir wollen im Folgenden auf die Signaltransduktion der verschiedenen Geschmacksqualitäten im Einzelnen eingehen.

Sauer Säuren sind durch die Anwesenheit von Protonen (H^+) in einer wässrigen Lösung und einen pH-Wert kleiner als 7 gekennzeichnet. Eine übermäßige Aufnahme von Säuren – etwa in Form unreifer Früchte – kann den Säure-Basen-Haushalt des Körpers durcheinanderbringen, sodass die rechtzeitige Erkennung von Säuren eine wichtige biologische Schutzfunktion darstellt. Allerdings ist der pH-Wert allein kein verlässliches Kriterium: Essigsäure bei pH 3,9 schmeckt sauer, während Salzsäure bei gleichem pH-Wert keinen sauren Geschmack aufweist. Außerdem werden schwache organische Säuren ebenfalls als sauer wahrgenommen, obwohl sie den pH-Wert der Lösung nur wenig ändern. *Die Intensität einer sauren Geschmackswahrnehmung kann also nicht allein auf die extrazellulär vorhandene Protonenkonzentration zurückgeführt werden.*

Gegenwärtig werden zwei Mechanismen zur Detektion von Säuren diskutiert, die sich jedoch nicht gegenseitig ausschließen (**Abb. 16.12a**).

1. H^+ diffundiert entlang seines elektrochemischen Gradienten durch spezifische Ionenkanäle in das Cytoplasma der Geschmackssinneszelle.[8] Die positiven Ladungen der Protonen führen zu einer Depolarisation der Geschmackssinneszelle.
2. Schwache organische Säuren können durch die Plasmamembran diffundieren und dissoziieren erst im Cytoplasma in H^+ und ein Säureanion (A^-). Die intrazelluläre Ansäuerung bewirkt das Schließen von K^+-Kanälen und eine Depolarisation der Membran.

Infolge der Depolarisation öffnen spannungsabhängige Ca^{2+}-Kanäle und Ca^{2+}-Ionen diffundieren in die Zelle hinein. Die Erhöhung der intrazellulären Ca^{2+}-Konzentration löst die Exozytose synaptischer Vesikel und die Freisetzung von Serotonin in Typ-III-Zellen aus.

Salzig Salze wie beispielsweise Kochsalz (NaCl) dissoziieren in wässriger Lösung in ihre Ionen – in diesem Fall Na^+ und Cl^-. Beide Ionen sind essenziell für die Konstanz von Blutvolumen,

---

[8] Die entsprechenden Ionenkanäle werden als PKD2L1 (*Polycystic Kidney Disease 2-Like 1*) bezeichnet [4]. PKD2L1 codiert ein Polypeptid mit einer signifikanten Sequenzhomologie zu PKD2, einem Gen, dessen Mutation die Erkrankung *Polycystic Kidney Disease* (Zystenniere) verursacht.

Blutdruck sowie für den Wasserhaushalt des Körpers und sie spielen außerdem eine zentrale Rolle bei allen Prozessen der Erregungsbildung und -weiterleitung. Für den Salzgeschmack sind hauptsächlich Na^+-Ionen verantwortlich, wenn auch das jeweilige Anion zur Salzwahrnehmung – insbesondere zu dessen Intensität – beiträgt.

Das weitgehende Ausschalten der Salzwahrnehmung durch das Diuretikum Amilorid deutet auf eine Beteiligung von **ENaC-Kanälen** (*Epithelial* Na^+ *Channel*) an der Signaltransduktion dieser Geschmacksqualität hin.[9] ENaC-Kanäle unterliegen nicht den Gating-Prozessen der bisher beschriebenen Ionenkanäle (▶ Abschn. 9.2.3), sondern sind dauerhaft geöffnet. Daher diffundieren Na^+-Ionen entlang ihres elektrochemischen Gradienten durch die offenen ENaC-Kanäle in die Geschmackssinneszelle und depolarisieren mit ihren positiven Ladungen das Zellinnere (◘ Abb. 16.12b).

Wir haben ENaC-Kanäle bereits im Zusammenhang mit der Osmoregulation im Süßwasser (▶ Abschn. 7.3.1) und der Regulation der Na^+-Ausscheidung in der Niere kennengelernt (▶ Abschn. 8.3.4). Die apikal einströmenden Na^+-Ionen werden durch eine basolaterale Na^+/K^+-ATPase wieder aus der Zelle entfernt, sodass der Konzentrationsgradient für Na^+ über der Zellmembran weitgehend unverändert bleibt.

Die zellulären Grundlagen und der Mechanismus der Signaltransduktion bei Salzen werfen weiterhin ungeklärte Fragen auf:

- Typ-I-Zellen gelten zwar als vielversprechende Kandidaten; die Identität der „Salzzellen“ ist jedoch bisher nicht zweifelsfrei nachgewiesen.
- Neben ENaC sind möglicherweise noch andere Ionenkanäle an der Signaltransduktion beteiligt.
- Ein weiteres ungelöstes Problem betrifft die Tatsache, dass die subjektive Geschmacksempfindung von der Salzkonzentration abhängt. In sehr geringer Konzentration schmeckt NaCl nämlich nicht salzig, sondern hat einen eher süßen oder sogar bitteren Geschmack.

Süß Ein sehr häufiger Stimulus für die Wahrnehmung eines süßen Geschmacks ist Saccharose, ein aus Glucose und Galaktose bestehendes Disaccharid (▶ Abschn. 1.3.2). Allerdings erzeugen auch Monosaccharide wie Glucose und höherkettige Oligosaccharide, aber selbst einige Aminosäuren, wie beispielsweise Alanin und Glycin, sowie Peptide eine Süßempfindung, was für die Herstellung künstlicher Süßstoffe („Aspartam“) genutzt wird. Neben Alkoholen wie Glycerol und Sorbitol schmecken auch verdünnte Lösungen von NaCl und Salze von Beryllium und Blei ebenfalls süß. Trotz dieser außerordentlich großen strukturellen Vielfalt existiert offenbar ein chemisches Leitmotiv, das die Bindung an einen gemeinsamen Rezeptor ermöglicht.

16

Süß schmeckende Substanzen binden an Dimere aus T1R2- und T1R3-Rezeptoren (◘ Abb. 16.13a). Hierbei handelt es sich um G-protein-gekoppelte Rezeptoren, deren Aktivierung eine intrazelluläre Signalkaskade – beginnend mit dem spezifischen G-Protein $G_{\alpha 14}$ – auslöst. Die Dissoziation des G-Proteins in eine G_α-Untereinheit und ein $\beta\gamma$-Dimer aktiviert zwei parallel verlaufende Signalwege:

1. $G_{\beta\gamma}$ aktiviert die Phospholipase $PLC_{\beta 2}$, die Phosphatidylinositol-4,5-bisphosphat in Diacylglycerol und Inositol-1,4,5-trisphosphat (IP_3) spaltet (▶ Abschn. 11.3.3). IP_3 löst die Freisetzung von Ca^{2+} aus intrazellulären Speichern aus und der Anstieg der Ca^{2+}-Konzentration wiederum öffnet TRPM5-Kanäle. Der Einstrom von Na^+-Ionen durch TRPM5-Kanäle depolarisiert die Geschmackssinneszelle und führt zur Freisetzung von ATP.

[9] Die Salzwahrnehmung besitzt auch eine amiloridunempfindliche Komponente. Daher sind neben dem Einstrom von Na^+ durch ENaC-Kanäle wahrscheinlich noch weitere Mechanismen an der Transduktion dieser Geschmacksqualität beteiligt.

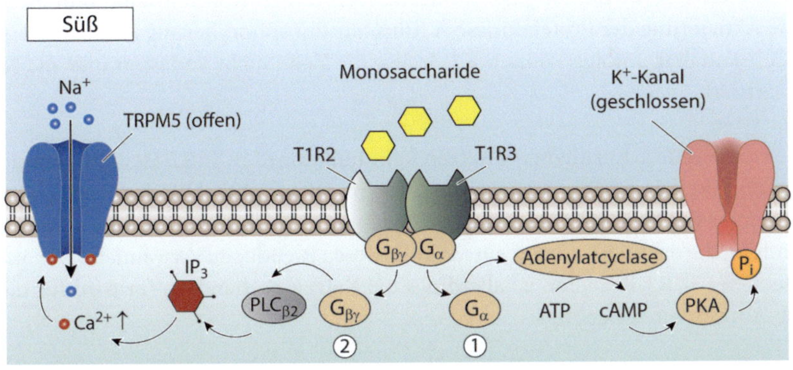

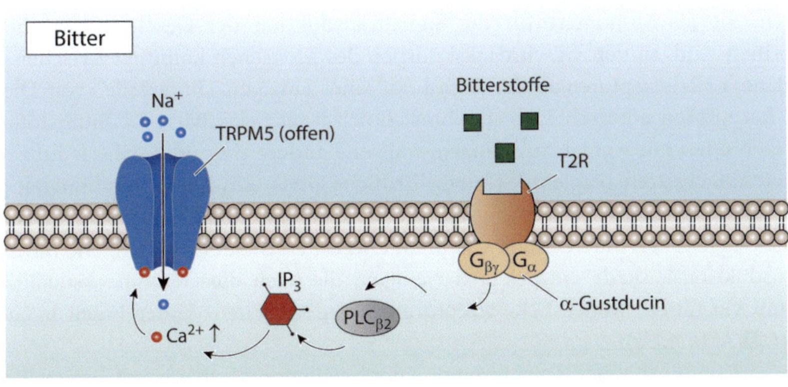

◘ Abb. 16.13 Molekulare Mechanismen der Signaltransduktion von süß, umami und bitter. **a** Die Bindung von süß schmeckenden Substanzen, wie beispielsweise Monosacchariden, an den aus T1R2 und T1R3 gebildeten dimeren Rezeptorkomplex aktiviert ein G-Protein, wodurch über zwei unterschiedliche Signalwege eine Depolarisation der Geschmackssinneszelle hervorgerufen wird. ① G_α aktiviert den cAMP/PKA-Signalweg, an dessen Ende K+-Kanäle phosphoryliert und daraufhin geschlossen werden. ② Das $\beta\gamma$-Dimer induziert mittels Phospholipase C (PLC) und IP_3 die Freisetzung von Ca^{2+} aus intrazellulären Speichern, wodurch der Ca^{2+}-abhängige Kationenkanal TRPM5 geöffnet wird. **b** Aminosäuren binden an einen dimeren Rezeptorkomplex aus T1R1 und T1R3 und aktivieren eine intrazelluläre Signalkaskade, die zum Öffnen von TRPM5-Kanälen führt. **c** Bitterstoffe interagieren mit einem monomeren Rezeptor (T2R), wodurch G_α-Gustducin aktiviert wird. Der intrazelluläre Signalweg entspricht demjenigen für umami

2. $G_{\alpha 14}$ induziert eine Erhöhung der intrazellulären cAMP-Konzentration und die anschließende Aktivierung der Proteinkinase A führt zur Phosphorylierung und damit Hemmung von K^+-Kanälen. Infolge können K^+-Ionen die Zelle nicht verlassen und die Membran depolarisiert.

Katzen und andere Karnivoren besitzen kein funktionelles T1R2-Gen und können daher wahrscheinlich keinen Süßgeschmack wahrnehmen. Offensichtlich ist der Selektionsdruck auf diesen Rezeptor bei Fleischfressern nicht groß genug, um eine Ansammlung von Mutationen zu verhindern, die das T1R2-Gen in ein funktionsloses Pseudogen verwandeln. Der andere Teil des Dimers, der T1R3-Rezeptor, ist allerdings bei Katzen vorhanden – er wird für die Erkennung von Aminosäuren benötigt.

Umami Diese Geschmacksqualität wird vor allem von Aminosäuren hervorgerufen und vermittelt den typischen Fleischgeschmack einer proteinreichen Nahrung. Da insbesondere das Natriumsalz von Glutamat diesen Effekt hervorruft, wird es häufig als sogenannter „Geschmacksverstärker" eingesetzt. Auch Guanosin- und Inosinmonophosphate (GMP und IMP), die ebenfalls in Fleisch, Käse, aber auch in Tomaten vorkommen, vermitteln die Geschmacksqualität umami.

Die Signaltransduktion für umami beginnt mit der Bindung an einen dimeren G-protein-gekoppelten Rezeptor, bestehend aus T1R1 und T1R3. Die intrazelluläre Kaskade verläuft wie beim Süßgeschmack über $PLC_{\beta 2}$ und IP_3, gefolgt vom Ca^{2+}-abhängigen Öffnen membranständiger TRPM5-Kanäle (◨ Abb. 16.13b).

Bitter Natürlich vorkommende giftige Substanzen schmecken häufig bitter. Daher stellt die Fähigkeit, diese Substanzen anhand ihres Geschmacks zu erkennen, eine sehr wichtige evolutionäre Schutzfunktion dar.

Etwa 30 unterschiedliche Gene codieren bei Säugern eine entsprechende Zahl von T2R-Rezeptoren, die als Monomere für die Signaltransduktion der Geschmacksqualität bitter verantwortlich sind. In den Geschmacksknospen des Menschen kommen zwischen 4 bis 11 verschiedene T2R-Rezeptoren in der Membran einer einzigen „Bitterzelle" vor. Die einzelnen T2R-Rezeptoren unterscheiden sich hinsichtlich ihrer Selektivität für Bitterstoffe: Einige Rezeptoren binden nur wenige Substanzen, während andere eher unspezifisch auf zahlreiche bittere Geschmacksstoffe reagieren. Unterschiedliche Gene und Bindungsaffinitäten gemeinsam erlauben eindeutige Aktivierungsmuster in den Geschmackssinneszellen, auf deren Grundlage Organismen bittere Stoffe erkennen und unterscheiden können. Die intrazelluläre Signaltransduktionskaskade entspricht derjenigen, die auch die Geschmacksqualitäten süß und umami vermittelt, wobei T2R-Rezeptoren die spezifische α-Untereinheit α-Gustducin aktivieren (◨ Abb. 16.13c).

Trotz der Komplexität der Rezeptoren und der beteiligten Mechanismen besitzt die Signaltransduktion bei der Geschmackswahrnehmung die folgenden grundlegenden Eigenschaften:
-   Bei den Geschmacksqualitäten sauer und salzig führt der Einstrom von Kationen zu einer Depolarisation der Sinneszelle.
-   Die Geschmacksqualitäten süß, bitter und umami werden durch einen G-protein-gekoppelten Signalweg vermittelt, der zur Öffnung von TRPM5-Kanälen und einem Einstrom von Kationen führt.

Tabelle 16.2 Geschmacksqualitäten und Signaltransduktion

	Sauer	Salzig	Süß	Umami	Bitter
Sinneszelle	Typ III	Typ I (?)	Typ II		
Rezeptortyp	Ionenkanal	Ionenkanal	G-protein-gekoppelte Rezeptoren		
	PKD2L1	ENaC	T1R2/T1R3	T1R1/T1R3	T2R
Signaltransduktion	Einstrom von H^+	Einstrom von Na^+	Gustducin, PLCβ2, IP$_3$, TRPM5		
Transmitter	Serotonin	Unbekannt	ATP		
Transmitterfreisetzung	Einstrom von Ca^{2+} durch spannungsabhängige Kanäle, vesikuläre Exozytose	Unbekannt	Freisetzung von Ca^{2+} aus intrazellulären Speichern, Hemikanäle		

- G-protein-gekoppelte Signalwege münden in einer nichtvesikulären Freisetzung von ATP, während durch den Einstrom von Protonen Serotonin auf konventionelle Weise freigesetzt wird.
- Zur Transmitterfreisetzung ist eine starke Depolarisation der Zellmembran – vermittelt durch Aktionspotenziale – erforderlich.

Tab. 16.2 fasst die Geschmacksqualitäten und die mit ihnen assoziierten Signalwege zusammen.

16.2.3 Codierung von Geschmacksreizen

Wenn süße, bittere oder umami Geschmacksstoffe an ihre Rezeptoren binden, setzen Typ-II-Zellen ATP frei, das auf unbekannte Weise afferente Nervenendigungen depolarisiert. Gleichzeitig aktiviert ATP benachbarte Typ-III-Zellen, die daraufhin Serotonin freisetzen. Aufgrund dieses parakrinen Mechanismus reagieren Typ-III-Zellen unspezifisch auf die genannten Reize. ATP besitzt aber noch einen dritten Wirkungsort: Es bindet an purinerge Rezeptoren auf den Typ-II-Zellen selbst und erhöht mittels einer positiven Rückkopplung auf diese Weise seine eigene Freisetzung (Abb. 16.11).

Das von den Typ-III-Zellen freigesetzte Serotonin bindet ebenfalls an mehrere Zielstrukturen, indem es (1) afferente Nervenfasern aktiviert und (2) durch einen parakrinen Mechanismus Typ-II-Zellen hemmt (Abb. 16.11). Zwischen den verschiedenen Typen von Geschmackssinneszellen existieren positive und negative Rückkopplungsmechanismen, die möglicherweise zu einer Kontrastverstärkung der gustatorischen Signale, aber auch zu adaptiven Prozessen beitragen. Signalverarbeitung und Codierung von Geschmacksreizen beginnen also schon auf der Ebene der Sinneszellen.

Grundsätzlich können komplexe sensorische Signale auf drei unterschiedliche Arten in neuronalen Netzwerken codiert werden (Abb. 16.14):

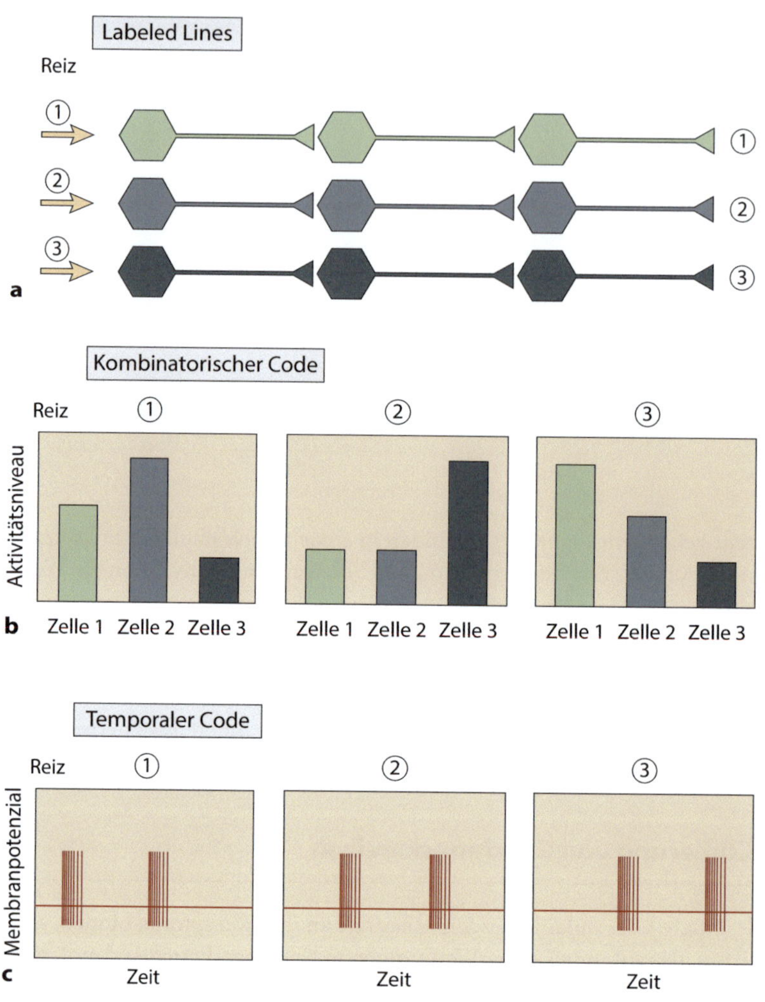

Abb. 16.14   Codierungsstrategien sensorischer Signale. **a** Im Labeled-Lines-Code sind die Zellen der Signalbahn invariant miteinander verschaltet. Eine Eigenschaft des Reizes wird durch neuronale Aktivität in einem bestimmten Teil der Signalbahn codiert. **b** Bei einem kombinatorischen Code reagieren die Sinneszellen auf mehrere Reize, jedoch mit einem eindeutigen Aktivitätsniveau. Die Aktivität aller Zellen zusammen ergibt ein Muster, das den ursprünglichen Reiz eindeutig repräsentiert. **c** In einem temporalen Code wird das zeitliche Muster eines Reizes in ein neuronales Signal mit einer bestimmten, reizkorrelierten Zeitstruktur umgewandelt

— Ein sogenannter **Labeled-Lines-Code** basiert auf der spezifischen Aktivierung einer bestimmten Population von Sinneszellen durch einen Reiz oder eine Auswahl weniger sehr ähnlicher Reize. Die Information über diesen Reiz ist in der Signalbahn – angefangen bei den peripheren Sensoren bis hin zu den entsprechenden kortikalen Arealen – in bestimmten Populationen von Neuronen gespeichert. Die Repräsentation der Tonhöhe in Form einer tonotopen Verschaltung innerhalb der Hörbahn ist ein Beispiel für diese Codierungsstrategie (▶ Abschn. 14.4).

— Eine Sinneszelle reagiert auf verschiedene Reize, sodass die Reaktion einer einzelnen Zelle einen bestimmten Reiz nicht eindeutig repräsentiert. Da sich aber verschiedene Sinneszellen in der Stärke ihrer jeweiligen Antwort unterscheiden, bildet das über zahlreiche Zellen verteilte Aktivierungsmuster den ursprünglichen Reiz ab. Dieser Codierungsstrategie liegt ein **kombinatorischer Code** zugrunde, den wir beim olfaktorischen System kennengelernt haben (▶ Abschn. 16.1.3).

— Eine dritte Möglichkeit ist ein **temporaler Code**, in dem das zeitliche Muster von Aktionspotenzialen die Reizqualität codiert. Auch diese Codierungsstrategie kommt im auditorischen System vor: Die Phasenkopplung zur Repräsentation von Frequenzen ist ein Beispiel für einen temporalen Code (▶ Abschn. 14.3.4).

Gegenwärtig werden alle drei Strategien für die Codierung gustatorischer Reize diskutiert, wobei wir zwischen peripherer und zentralnervöser Verarbeitung unterscheiden müssen. Die Geschmackssinneszellen in der Peripherie und ihre afferenten Nervenfasern zeigen eine hohe, wenn auch nicht ausschließliche Reizspezifität. Die Aktivierung von „Bittersensoren" auf der Zunge führt also zu einer verstärkten Aktivität in „Bitterfasern", aber nicht in denjenigen Fasern, die Signale über süß oder umami weiterleiten. Andererseits konnten auch Nervenfasern nachgewiesen werden, die deutlich unspezifischer auf gustatorische Reize reagieren. Gemeinsam deuten diese Befunde auf die Implementierung eines Labeled-Lines-Codes hin, der möglicherweise durch eine kombinatorische Strategie ergänzt wird.

Einzelne Neurone im Hirnstamm und im gustatorischen Cortex sind wahrscheinlich weniger auf die Detektion bestimmter Reize festgelegt, sondern fungieren als Bestandteile neuronaler Schaltkreise an der multisensorischen Integration eintreffender Signale. Im Nucleus tractus solitarii laufen Signale aus der Geschmacksbahn, aus dem Trigeminussystem und dem Magen-Darm-Trakt zusammen, sodass bereits im Hirnstamm eine Verrechnung gustatorischer, somatosensorischer und gastrointestinaler Informationen erfolgt.

Dieses Prinzip der multisensorischen Integration setzt sich bis in den orbitofrontalen Cortex fort, wo gustatorische, somatosensorische und olfaktorische Signale in gemeinsamen Schaltkreisen verarbeitet werden. Einzelne Neurone in diesen Netzwerken können daher durch unterschiedliche Reize aktiviert werden und spezifische Repräsentationen entstehen erst durch die dynamischen Aktivitätsmuster neuronaler Populationen. Aus diesen neuronalen Verarbeitungsprozessen resultiert eine einheitliche Wahrnehmung, die alle beteiligten Sinnesmodalitäten einschließt und es Organismen ermöglicht, innerhalb kürzester Zeit eine Entscheidung hinsichtlich der aufgenommenen Nahrung zu treffen.

Der subjektive Geschmack der Nahrung hat natürlich einen maßgeblichen Einfluss auf die Nahrungsaufnahme, die wiederum über komplexe Regelkreise reguliert wird (▶ Abschn. 1.8.2). Interessanterweise verändern einige Peptidhormone, die Signale über den Versorgungszustand eines Organismus vermitteln, die Schwellenwerte für bestimmte Geschmacksqualitäten. Beispielsweise wirken anorexigene Peptide wie Leptin direkt auf Geschmackssinneszellen, indem sie deren Antwort auf süß schmeckende Substanzen reduzieren. Möglicherweise verknüpfen diese Peptide die sensorische Verarbeitung gustatorischer Reize mit motivationalen Zuständen wie Appetit und Sattheit.

16.2.4 Zusammenfassung

Der Geschmackssinn repräsentiert eine komplexe Mischung aus unterschiedlichen Sinnesmodalitäten, wobei insbesondere olfaktorische Komponenten eine wichtige Rolle spielen. Das gustatorische System – der Geschmack im eigentlichen Sinn – differenziert zwischen fünf verschiedenen Sinnesqualitäten: süß, sauer, salzig, bitter und umami. Er ermöglicht es einem Organismus, zwischen Nährstoffen und wichtigen Elektrolyten einerseits sowie giftigen und unverdaulichen Substanzen andererseits zu unterscheiden, und stellt so eine letzte Kontrollinstanz vor der Nahrungsaufnahme dar.

Die insgesamt etwa 5000 Geschmackssinneszellen beim Menschen sind in Geschmacksknospen angeordnet, von denen wiederum mehrere in Form von Geschmackspapillen (Pilz-, Wall- und Blattpapillen) auf Zunge, Gaumen und im Rachenraum vorkommen. Als sekundäre Sinneszellen werden die Geschmackssensoren durch die afferenten Nervenfasern dreier Hirnnerven innerviert, deren zentrale Fortsätze als Geschmacksbahn zunächst zum Nucleus tractus solitarii im Hirnstamm und dann über den Thalamus zum gustatorischen Cortex und weiter zum orbitofrontalen Cortex ziehen. In jeder dieser Hirnregionen findet eine synaptische Umschaltung auf die jeweils nächsten Neurone statt.

In den Geschmacksknospen kommen drei Typen von Sinneszellen vor. Typ-I-Zellen übernehmen vor allem gliale Funktionen und sind möglicherweise an der Detektion von Salzen mithilfe epithelialer Na^+-Kanäle (ENaC) beteiligt. Typ-II-Zellen exprimieren G-protein-gekoppelte Rezeptoren der T1R- und T2R-Familien, die süß, bitter und umami in die Aktivierung des Phosphoinositolsystems gefolgt vom Öffnen von TRPM5-Kationenkanälen umwandeln. Sie setzen Serotonin als Neurotransmitter an konventionellen Synapsen frei. Typ-III-Zellen schließlich vermitteln die Detektion von Säuren. Ihr Transmitter ist ATP, das höchstwahrscheinlich durch Pannexin1-Hemikanäle die Zellen verlässt.

Die Signalverarbeitung beginnt innerhalb der Geschmacksknospen durch transmittergesteuerte positive und negative Rückkopplungsmechanismen zwischen Typ-II- und Typ-III-Zellen. Für die Peripherie wird vor allem ein Labeled-Lines-Code vermutet, während in den zentralnervösen Regionen eine multimodale Integration gustatorischer, olfaktorischer und somatosensorischer Signale stattfindet, die den Organismen eine kohärente Geschmackswahrnehmung als Grundlage für eine sichere Identifizierung von Nahrungsstoffen ermöglicht.

16.3   Trigeminale Chemorezeption

Neben dem Geruchs- und Geschmackssinn existiert mit dem Trigeminussystem noch eine dritte Möglichkeit der Chemorezeption. Mit diesem System werden vor allem **Reizstoffe** wie Säuren, Chlorgas, Ammoniak und Senföle (z. B. Zwiebeln) detektiert, die nach Kontakt mit der Haut oder den Schleimhäuten in Mund und Nase Niesen, Tränenfluss sowie verstärkte Schweiß- und Speichelproduktion auslösen. Die erhöhte Sekretion von Flüssigkeiten dient der Verdünnung dieser potenziell schädigenden Substanzen. Fast alle Stoffe, die normalerweise an Geruchs- und Geschmacksrezeptoren binden, aktivieren auch das Trigeminussystem, wenn sie in hinreichend hoher Konzentration vorliegen.

Neuronale Grundlage des Trigeminussystems ist der **Nervus trigeminus**, der als V. Hirnnerv aus der Brücke im Hirnstamm austritt und mit drei großen Ästen den Gesichtsbereich afferent versorgt. Im **Ganglion trigeminale** befinden sich pseudounipolare Neurone, deren periphere Fortsätze als freie Nervenendigungen in Haut und Schleimhäuten liegen. Die zentralen Axone ziehen zu den sensiblen Trigeminuskernen im Hirnstamm, wo sie auf das 2. Neuron umgeschaltet werden. Die weitere Signalbahn entspricht in ihrem Verlauf mit einer synaptischen Umschaltung im Thalamus auf das 3. Neuron und anschließender Projektion in den Gyrus postcentralis des Cortex der somatosensorischen Signalbahn (▶ Abschn. 15.1.3).

Bei den afferenten Neuronen handelt es sich vor allem um polymodale Nozizeptoren, die Wärme- und Schmerzreize aus dem Gesichtsbereich verarbeiten. Die bisher bekannten Mechanismen der Signaltransduktion basieren auf den in ▶ Abschn. 15.2 und ▶ Abschn. 15.3 behandelten Rezeptoren der *Transient-Receptor-Potential*-Familie. Diese TRP-Kanäle sind unspezifische Kationenkanäle, die durch Bindung einer passenden Substanz an eine extrazelluläre Bindungsstelle geöffnet werden und durch den folgenden Einstrom positiv geladener Ionen ein depolarisierendes Rezeptorpotenzial auslösen.

Literatur

1. Bushdid C, Magnasco MO, Vosshall LB, Keller A (2014) Humans can discriminate more than 1 trillion olfactory stimuli. Science 343:1370–1372
2. Chaudhari N, Roper SD (2010) The cell biology of taste. J Cell Biol 190:285–296
3. Firestein P, Picco C, Menini A (1993) The relation between stimulus and response in olfactory receptor cells of the tiger salamander. J Physiol 468:1–10
4. Huang AL, Chen X, Hoon MA, Chandrashekar J, Guo W, Tränkner D, Ryba NJP, Zuker CS (2006) The cells and logic for mammalian sour taste detection. Nature 442:934–938
5. Kaupp BU (2010) Olfactory signalling in vertebrates and insects: differences and commonalities. Nat Rev Neurosci 11:188-200
6. Malnic B, Hirono J, Sato T, Buck LB (1999) Combinatorial receptor codes for odors. Cell 96:713–723
7. Roper SD (2007) Signal transduction and information processing in mammalian taste buds. Pflugers Arch 454:759–776
8. Rowe TB, Macrinin TE, Luo ZX (2011) Fossil evidence on origin of the mammalian brain. Science 332:955-957
9. Schmidt RF, Lang F, Heckmann M (2010) Physiologie des Menschen. 31. Aufl, Springer, Heidelberg
10. Simon SA, de Araujo IE, Gutierrez R, Nicolelis MA (2006) The neural mechanism of gustation: a distributed processing code. Nat Rev Neurosci 7:890–901

Serviceteil

Sachverzeichnis

Sachverzeichnis

Tonizität 289
Tonotopie 618
Toxin 437
Trachea 190
Tracheen 180, 197
Tracheolen 197
Tractus spinoreticularis 660
Tractus spinothalamicus 660
Transaminasen 323
Transaminierung 81
Transcytose 47
Transducin 568
Transport
- parazellulärer 334
- transzellulärer 334
Transporter 8
Trigeminusganglien 645
Trigeminussystem 692, 693
Triglyceride 15, 16
Trimethylaminoxid 312
Trommelfell 607
Tropomyosin 501, 504
Troponin 501
Troponin C 504
TRP-Kanäle 134, 574, 652
Trypsin 37
T-Tubuli 262
Tubuli 330
Tubulus
- distaler 335, 344
- proximaler 335
Turbinalia 315

U

Überernährung 8
Ulcus 31
Ultrafiltration 331
Umkehrpotenzial 433
Unterernährung 8
Unterkühlung 128
Urease 326
Ureotelie 326

Uricotelie 326
Ussing-Modell 332
Utriculus 635

V

Vasa recta 357
Vasodilatation 213
Vasokonstriktion 213
V-ATPase 488
Venen 220, 224, 225
Venenklappen 224
Venolen 140, 220, 222
venöse Reserve 169
Ventilation 156, 160, 179
- intermittierend 198
Ventilebene 259
Ventilebenenmechanismus 225
ventrale respiratorische Gruppe,
    VRG 201
Ventrikel 250
Ventrobronchien 194
Verdauung 8, 27
- Fette 38
- Kohlenhydrate 38
- Proteine 36–38
Verdauungstrakt 27
Verhalten 371
Vesikelzyklus 489, 490
vesikulärer Acetylcholintransporter,
    VAChT 488
Vestibularorgan 608
visköser Widerstand 193
Viskosität 217
visueller Cortex 591
- orientierungsspezifische Zellen 593
Viszerozeption 640
Vitamin A 546
Vitamine 10
Volumenregulation 298
Volumenstrom 212
Vomeronasalorgan 668
Vorderseitenstrangsystem 660

Vorderwurzel 517
Vorhofflattern 283
Vorhofflimmern 283
Vorlast 274
V-Typ-ATPase 307

W

Wallpapillen 681
Wanderwelle 612
Wärme 68
Wärmeleitfähigkeit 137
Warmsensoren 651
Was-Bahn 597
Weitsichtigkeit *siehe* Hyperopie
Widerstandsgefäße 222
Wieczorek-Harvey-Modell 333
Wiederkäuer 40
Windkesselfunktion 221, 229
Winterschlaf 57, 145–147
Wo-Bahn 596

X

Xenobiotika 322

Z

Zapfen 565
Zeitkonstante 422, 469
zeitliche Summation 512
zentraler Mustergenerator 527
Zerstreuungslinse 557
Ziliarmuskel 555
zitterfreie Wärmebildung 143–145
Zonulafasern 555
Zustandsfunktion 87
Zweitonunterdrückung 618
Zwerchfell *siehe* Diaphragma
Zwischenrippenmuskeln 192
Zymogene 37
Zytokine 137

If you have any concerns about our products,
you can contact us on
ProductSafety@springernature.com

In case Publisher is established outside the EU,
the EU authorized representative is:
Springer Nature Customer Service Center GmbH
Europaplatz 3, 69115 Heidelberg, Germany

Printed by Libri Plureos GmbH
in Hamburg, Germany